Mathematik für Ingenieure und Naturwissenschaftler Band 2

Die drei Bände *Mathematik für Ingenieure und Naturwissenschaftler* werden durch eine Formelsammlung, ein Buch mit Klausur- und Übungsaufgaben sowie ein Buch mit Anwendungsbeispielen zu einem Lehr- und Lernsystem ergänzt:

Lothar Papula
Mathematische Formelsammlung
für Ingenieure und Naturwissenschaftler

Mit zahlreichen Abbildungen und Rechenbeispielen
und einer ausführlichen Integraltafel

Mathematik für Ingenieure
und Naturwissenschaftler – Klausur- und Übungsaufgaben

Mathematik für Ingenieure
und Naturwissenschaftler – Anwendungsbeispiele

Aufgabenstellungen aus Naturwissenschaft und Technik
mit ausführlichen Lösungen

Lothar Papula

Mathematik für Ingenieure und Naturwissenschaftler Band 2

Ein Lehr- und Arbeitsbuch für das Grundstudium

14., überarbeitete und erweiterte Auflage

Mit 345 Abbildungen, 300 Beispielen aus Naturwissenschaft und Technik sowie 324 Übungsaufgaben mit ausführlichen Lösungen

 Springer Vieweg

Lothar Papula
Wiesbaden, Deutschland

ISBN 978-3-658-07789-1   ISBN 978-3-658-07790-7 (eBook)
DOI 10.1007/978-3-658-07790-7

Die Deutsche Nationalbibliothek verzeichnet diese Publikation in der Deutschen Nationalbibliografie; detaillierte bibliografische Daten sind im Internet über http://dnb.d-nb.de abrufbar.

Springer Vieweg
© Springer Fachmedien Wiesbaden 1983, 1984, 1986, 1988, 1990, 1991, 1994, 1997, 2000, 2001, 2007, 2008, 2009, 2015

Lektorat: Thomas Zipsner

Gedruckt auf säurefreiem und chlorfrei gebleichtem Papier.

Springer Fachmedien Wiesbaden GmbH ist Teil der Fachverlagsgruppe Springer Science+Business Media (www.springer.com)

Vorwort

Das dreibändige Werk **Mathematik für Ingenieure und Naturwissenschaftler** ist ein Lehr- und Arbeitsbuch für das *Grund-* und *Hauptstudium* der naturwissenschaftlich-technischen Disziplinen im Hochschulbereich. Es wird durch eine **mathematische Formelsammlung**, einen **Klausurentrainer** und ein Buch mit **Anwendungsbeispielen** zu einem kompakten *Lehr-* und *Lernsystem* ergänzt. Die Bände 1 und 2 lassen sich dem *Grundstudium* zuordnen, während der dritte Band spezielle Themen überwiegend aus dem *Hauptstudium* behandelt.

Zur Stoffauswahl des zweiten Bandes

Aufbauend auf den im ersten Band dargestellten *Grundlagen* (Gleichungen und lineare Gleichungssysteme, Vektoralgebra, Funktionen und Kurven, Differential- und Integralrechnung für Funktionen von einer Variablen, Potenzreihenentwicklungen, komplexe Zahlen und Funktionen) werden in dem vorliegenden zweiten Band folgende Stoffgebiete behandelt:

- **Lineare Algebra:** Vektoren, reelle und komplexe Matrizen, Determinanten, lineare Gleichungssysteme, Eigenwerte und Eigenvektoren einer quadratischen Matrix
- **Fourier-Reihen (in reeller und komplexer Form)**
- **Differential- und Integralrechnung für Funktionen von mehreren Variablen:** Partielle Ableitungen, totales Differential, Anwendungen (relative Extremwerte, Extremwertaufgaben mit Nebenbedingungen, lineare Fehlerfortpflanzung), Doppel- und Dreifachintegrale mit Anwendungen
- **Gewöhnliche Differentialgleichungen:** Lineare Differentialgleichungen 1., 2. und *n*-ter Ordnung, Anwendungen insbesondere in der Schwingungslehre, numerische Integration gewöhnlicher Differentialgleichungen, Systeme linearer Differentialgleichungen
- **Fourier-Transformationen**
- **Laplace-Transformationen**

Eine Übersicht über die Inhalte der Bände 1 und 3 erfolgt im Anschluss an das Inhaltsverzeichnis.

Zur Darstellung des Stoffes

Auch in diesem Band wird eine anschauliche, anwendungsorientierte und leicht verständliche Darstellungsform des mathematischen Stoffes gewählt. Begriffe, Zusammenhänge, Sätze und Formeln werden durch zahlreiche Beispiele aus Naturwissenschaft und Technik und anhand vieler Abbildungen näher erläutert.

Einen wesentlichen Bestandteil dieses Werkes bilden die **Übungsaufgaben** am Ende eines jeden Kapitels (nach Abschnitten geordnet). Sie dienen zum Einüben und Vertiefen des Stoffes. Die im Anhang dargestellten ausführlich kommentierten Lösungen ermöglichen dem Leser eine ständige Selbstkontrolle.

Zur äußeren Form

Zentrale Inhalte wie Definitionen, Sätze, Formeln, Tabellen, Zusammenfassungen und Beispiele werden besonders hervorgehoben:

- Definitionen, Sätze, Formeln, Tabellen und Zusammenfassungen sind *gerahmt* und *grau* unterlegt.
- Anfang und Ende eines Beispiels sind durch das Symbol ■ gekennzeichnet.

Bei der (bildlichen) Darstellung von Flächen und räumlichen Körpern werden *Grauraster* unterschiedlicher Helligkeit verwendet, um besonders anschauliche und aussagekräftige Bilder zu erhalten.

Zum Einsatz von Computeralgebra-Programmen

In zunehmendem Maße werden leistungsfähige Computeralgebra-Programme wie z. B. MATLAB, MAPLE, MATHCAD oder MATHEMATICA bei der mathematischen Lösung naturwissenschaftlich-technischer Probleme in Praxis und Wissenschaft erfolgreich eingesetzt. Solche Programme können bereits im Grundstudium ein nützliches und sinnvolles *Hilfsmittel* sein und so als „*Kontrollinstanz*" beim Lösen von Übungsaufgaben verwendet werden (Überprüfung der von *Hand* ermittelten Lösungen mit Hilfe eines Computeralgebra-Programms auf einem PC). Die meisten der in diesem Werk gestellten Aufgaben lassen sich auf diese Weise problemlos lösen.

Zur 14. Auflage

Die **Lösungen** der zahlreichen Übungsaufgaben wurden komplett überarbeitet und wesentlich ausführlicher dargestellt (mit allen Zwischenschritten und Zwischenergebnissen). Gerade für Studienanfänger sind detaillierte Lösungswege besonders hilfreich für ein erfolgreiches Studium. Kürzen eines gemeinsamen Faktors in komplizierteren Brüchen wird in der Regel durch Grauunterlegung gekennzeichnet. Alle Angaben über Integrale beziehen sich auf die *Integraltafel* der **Mathematischen Formelsammlung** des Autors.

Eine Bitte des Autors

Für sachliche und konstruktive Hinweise und Anregungen bin ich stets dankbar. Sie sind eine unverzichtbare Voraussetzung und Hilfe für die permanente Verbesserung des Lehrwerkes.

Ein Wort des Dankes . . .

. . . an alle Fachkollegen und Studierenden, die durch Anregungen und Hinweise zur Verbesserung dieses Werkes beigetragen haben,

. . . an die Mitarbeiter des Verlages, besonders an Herrn Thomas Zipsner, für die hervorragende Zusammenarbeit während der Entstehung und Drucklegung dieses Werkes,

. . . an Frau Diane Schulz von der Beltz Bad Langensalza GmbH für den ausgezeichneten mathematischen Satz,

. . . an Herrn Dr. Wolfgang Zettelmeier für die hervorragende Qualität der Abbildungen.

Wiesbaden, im Frühjahr 2015   *Lothar Papula*

Inhaltsverzeichnis

Inhaltsübersicht Band 1

Inhaltsübersicht Band 3

I Lineare Algebra

1 Vektoren

In Band 1 (Kap. II) haben wir uns bereits ausführlich mit den Vektoren der Ebene und des dreidimensionalen Anschauungsraumes beschäftigt. Die Darstellung eines Vektors erfolgte dabei in einem zwei- bzw. dreidimensionalen kartesischen Koordinatensystem durch einen sog. *Spaltenvektor* mit zwei bzw. drei Vektorkoordinaten. Für zahlreiche Anwendungen in den naturwissenschaftlich-technischen Disziplinen ist eine *Erweiterung* des Vektorbegriffes auf Räume der Dimensionen 4, 5, ... , n sehr hilfreich.

n-dimensionaler Vektor

Unter einem *n-dimensionalen Vektor* verstehen wir n reelle Zahlen, *Vektorkoordinaten* genannt, in einer bestimmten Reihenfolge. Wir wählen – wie in den Räumen $\mathbb{R}^2$ und $\mathbb{R}^3$ – die symbolische Schreibweise in Form eines Spaltenvektors [1]:

$$\mathbf{a} = \begin{pmatrix} a_1 \\ a_2 \\ \vdots \\ a_n \end{pmatrix} \quad \begin{array}{l} n\text{-dimensionaler Spaltenvektor mit den Vektorkoordinaten} \\ a_1, a_2, \ldots, a_n \end{array}$$

Auch die Schreibweise als „Zeilenvektor" ist grundsätzlich möglich:

$$\mathbf{a} = \begin{pmatrix} a_1 & a_2 & \ldots & a_n \end{pmatrix}$$

Rechenoperationen für n-dimensionale Vektoren

Die n-dimensionalen Vektoren sollen dabei den *gleichen* Rechenoperationen und Rechenregeln genügen wie die Vektoren der Ebene und des Anschauungsraumes:

– *Addition* und *Subtraktion* zweier Vektoren erfolgen *komponentenweise*;

– Die *Multiplikation* eines Vektors mit einem *Skalar* (einer reellen Zahl) erfolgt ebenfalls *komponentenweise*;

– Das *Skalarprodukt* zweier Vektoren wird (wie bisher) gebildet, indem man zunächst die entsprechenden Vektorkoordinaten miteinander multipliziert und dann die Produkte aufaddiert.

---

[1] Vektoren werden (wie in der linearen Algebra allgemein üblich) durch kleine lateinische Buchstaben in **Fettdruck** (aber *ohne* Pfeil) gekennzeichnet.

Für n-dimensionale Vektoren werden somit folgende *Rechenoperationen* vereinbart:

Rechenoperationen für n-dimensionale Vektoren

1. Addition und Subtraktion von Vektoren

$$\mathbf{a} \pm \mathbf{b} = \begin{pmatrix} a_1 \\ a_2 \\ \vdots \\ a_n \end{pmatrix} \pm \begin{pmatrix} b_1 \\ b_2 \\ \vdots \\ b_n \end{pmatrix} = \begin{pmatrix} a_1 \pm b_1 \\ a_2 \pm b_2 \\ \vdots \\ a_n \pm b_n \end{pmatrix} \tag{I-1}$$

2. Multiplikation eines Vektors mit einem Skalar

$$\lambda\,\mathbf{a} = \lambda \begin{pmatrix} a_1 \\ a_2 \\ \vdots \\ a_n \end{pmatrix} = \begin{pmatrix} \lambda\,a_1 \\ \lambda\,a_2 \\ \vdots \\ \lambda\,a_n \end{pmatrix} \qquad (\lambda \in \mathbb{R}) \tag{I-2}$$

3. Skalarprodukt zweier Vektoren

$$\mathbf{a} \cdot \mathbf{b} = \begin{pmatrix} a_1 \\ a_2 \\ \vdots \\ a_n \end{pmatrix} \cdot \begin{pmatrix} b_1 \\ b_2 \\ \vdots \\ b_n \end{pmatrix} = a_1 b_1 + a_2 b_2 + \ldots + a_n b_n \tag{I-3}$$

Anmerkungen

(1)   Die n-dimensionalen Vektoren bilden in ihrer Gesamtheit den *n-dimensionalen Raum* $\mathbb{R}^n$. Eine geometrisch anschauliche Deutung dieser Vektoren ist nur für $n = 2$ bzw. $n = 3$, d. h. in der Ebene $\mathbb{R}^2$ bzw. im Anschauungsraum $\mathbb{R}^3$ möglich (siehe Band 1, Kap. II). Für $n > 3$ stoßen wir an die Grenzen unseres Vorstellungsvermögens.

(2)   Es gelten die *gleichen* Rechenoperationen wie im $\mathbb{R}^2$ und $\mathbb{R}^3$. *Ausnahmen: Vektor-* bzw. *Spatprodukte* sind nur im 3-dimensionalen Anschauungsraum definiert.

Betrag eines Vektors

Auch die *Betragsbildung* erfolgt analog wie bei ebenen und räumlichen Vektoren:

$$|\mathbf{a}| = a = \sqrt{a_1^2 + a_2^2 + \ldots + a_n^2} = \sqrt{\mathbf{a} \cdot \mathbf{a}} \tag{I-4}$$

Spezielle Vektoren

Nullvektor 0: Alle n Vektorkoordinaten haben den Wert 0.

Einheitsvektoren $\mathbf{e}_i$ $(i = 1, 2, \ldots, n)$: Die i-te Vektorkoordinate hat den Wert 1, alle übrigen den Wert 0.

$$\mathbf{e}_1 = \begin{pmatrix} 1 \\ 0 \\ 0 \\ \vdots \\ 0 \end{pmatrix} ; \quad \mathbf{e}_2 = \begin{pmatrix} 0 \\ 1 \\ 0 \\ \vdots \\ 0 \end{pmatrix} ; \quad \ldots ; \quad \mathbf{e}_n = \begin{pmatrix} 0 \\ 0 \\ 0 \\ \vdots \\ 1 \end{pmatrix}$$

Komponentendarstellung eines Vektors

Jeder Vektor $\mathbf{a}$ lässt sich in eindeutiger Weise als *Linearkombination* der speziellen Einheitsvektoren $\mathbf{e}_1, \mathbf{e}_2, \ldots, \mathbf{e}_n$ darstellen:

$$\mathbf{a} = \begin{pmatrix} a_1 \\ a_2 \\ \vdots \\ a_n \end{pmatrix} = a_1 \mathbf{e}_1 + a_2 \mathbf{e}_2 + \ldots + a_n \mathbf{e}_n \tag{I-5}$$

Die Einheitsvektoren sind *paarweise orthogonal*, d. h. ihr Skalarprodukt *verschwindet*. Somit gilt:

$$\mathbf{e}_i \cdot \mathbf{e}_j = \begin{cases} 0 & i \neq j \\ & \text{für} \\ 1 & i = j \end{cases} \tag{I-6}$$

Sie bilden eine sog. *Basis* des n-dimensionalen Raumes $\mathbb{R}^n$ und werden daher auch als *Basisvektoren* bezeichnet. Es handelt sich bei den Einheitsvektoren $\mathbf{e}_1, \mathbf{e}_2, \ldots, \mathbf{e}_n$ um sog. *linear unabhängige* Vektoren, mit denen wir uns später noch eingehend beschäftigen werden (siehe hierzu Abschnitt 5.6).

■ **Beispiel**

Mit den 4-dimensionalen Vektoren

$$\mathbf{a} = \begin{pmatrix} 1 \\ 2 \\ 0 \\ 5 \end{pmatrix} , \quad \mathbf{b} = \begin{pmatrix} -1 \\ 2 \\ 1 \\ 3 \end{pmatrix} \quad \text{und} \quad \mathbf{c} = \begin{pmatrix} 2 \\ -1 \\ 1 \\ 0 \end{pmatrix}$$

führen wir die folgenden Rechenoperationen durch:

$$\mathbf{a} + \mathbf{b} = \begin{pmatrix} 1 \\ 2 \\ 0 \\ 5 \end{pmatrix} + \begin{pmatrix} -1 \\ 2 \\ 1 \\ 3 \end{pmatrix} = \begin{pmatrix} 1-1 \\ 2+2 \\ 0+1 \\ 5+3 \end{pmatrix} = \begin{pmatrix} 0 \\ 4 \\ 1 \\ 8 \end{pmatrix}$$

$$\mathbf{a} - \mathbf{c} = \begin{pmatrix} 1 \\ 2 \\ 0 \\ 5 \end{pmatrix} - \begin{pmatrix} 2 \\ -1 \\ 1 \\ 0 \end{pmatrix} = \begin{pmatrix} 1-2 \\ 2+1 \\ 0-1 \\ 5-0 \end{pmatrix} = \begin{pmatrix} -1 \\ 3 \\ -1 \\ 5 \end{pmatrix}$$

$$2\mathbf{a} - 3\mathbf{b} + 4\mathbf{c} = 2\begin{pmatrix} 1 \\ 2 \\ 0 \\ 5 \end{pmatrix} - 3\begin{pmatrix} -1 \\ 2 \\ 1 \\ 3 \end{pmatrix} + 4\begin{pmatrix} 2 \\ -1 \\ 1 \\ 0 \end{pmatrix} =$$

$$= \begin{pmatrix} 2 \\ 4 \\ 0 \\ 10 \end{pmatrix} + \begin{pmatrix} 3 \\ -6 \\ -3 \\ -9 \end{pmatrix} + \begin{pmatrix} 8 \\ -4 \\ 4 \\ 0 \end{pmatrix} =$$

$$= \begin{pmatrix} 2+3+8 \\ 4-6-4 \\ 0-3+4 \\ 10-9+0 \end{pmatrix} = \begin{pmatrix} 13 \\ -6 \\ 1 \\ 1 \end{pmatrix}$$

$$\mathbf{a} \cdot \mathbf{b} = \begin{pmatrix} 1 \\ 2 \\ 0 \\ 5 \end{pmatrix} \cdot \begin{pmatrix} -1 \\ 2 \\ 1 \\ 3 \end{pmatrix} = 1 \cdot (-1) + 2 \cdot 2 + 0 \cdot 1 + 5 \cdot 3 =$$

$$= -1 + 4 + 0 + 15 = 18$$

$$\mathbf{a} \cdot \mathbf{c} = \begin{pmatrix} 1 \\ 2 \\ 0 \\ 5 \end{pmatrix} \cdot \begin{pmatrix} 2 \\ -1 \\ 1 \\ 0 \end{pmatrix} = 1 \cdot 2 + 2 \cdot (-1) + 0 \cdot 1 + 5 \cdot 0 =$$

$$= 2 - 2 + 0 + 0 = 0 \quad \Rightarrow \quad \mathbf{a} \quad \text{und} \quad \mathbf{c} \quad \text{sind orthogonale Vektoren}$$

$$|\mathbf{a}| = \sqrt{1^2 + 2^2 + 0^2 + 5^2} = \sqrt{1+4+0+25} = \sqrt{30}$$

$$|\mathbf{b}| = \sqrt{(-1)^2 + 2^2 + 1^2 + 3^2} = \sqrt{1+4+1+9} = \sqrt{15} \qquad \blacksquare$$

2 Reelle Matrizen

2.1 Ein einführendes Beispiel

Wir betrachten den in Bild I-1 skizzierten *Gleichstromkreis*. Er enthält die drei ohmschen Widerstände R_1, R_2 und R_3 sowie eine Spannungsquelle mit der Spannung U.

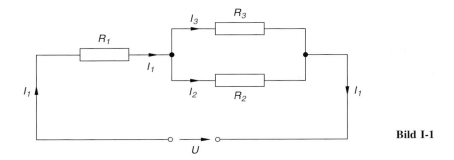

Bild I-1

Die Teilströme I_1, I_2 und I_3 sind dabei durch R_1, R_2, R_3 und U *eindeutig* bestimmt. Zwischen diesen *Größen* bestehen nämlich aufgrund der *Kirchhoffschen Regeln* die folgenden linearen Beziehungen:

Nach der Knotenpunktsregel [2]:

$$I_1 - I_2 - I_3 = 0$$

Nach der Maschenregel [3]:

$$R_1 I_1 + R_2 I_2 \qquad = U$$
$$R_2 I_2 - R_3 I_3 = 0$$

Die Teilströme genügen somit dem *inhomogenen* linearen *Gleichungssystem*

$$
\begin{aligned}
I_1 - \quad I_2 - \quad I_3 &= 0 \\
R_1 I_1 + R_2 I_2 \qquad\quad &= U \\
R_2 I_2 - R_3 I_3 &= 0
\end{aligned}
\qquad\qquad (\text{I-7})
$$

---

[2] *Knotenpunktsregel:* In einem *Knotenpunkt* ist die Summe der zu- und abfließenden Ströme gleich *null* (zufließende Ströme werden positiv, abfließende Ströme negativ gerechnet).

[3] *Maschenregel:* In jeder *Masche* ist die Summe der Spannungen gleich *null*.

Die Koeffizienten dieses Systems fassen wir zu einem rechteckigen Schema mit drei Zeilen und drei Spalten, einer sog. *Matrix* **A**, zusammen:

$$\mathbf{A} = \begin{pmatrix} 1 & -1 & -1 \\ R_1 & R_2 & 0 \\ 0 & R_2 & -R_3 \end{pmatrix} \qquad\qquad \text{(I-8)}$$

A wird in diesem Zusammenhang auch als *Koeffizientenmatrix* des linearen Gleichungssystems (I-7) bezeichnet und beschreibt den *strukturellen* Aufbau des in Bild I-1 dargestellten Netzwerkes. Mit der Lösung dieses Anwendungsbeispiels beschäftigen wir uns später in Abschnitt 5.7.

2.2 Definition einer reellen Matrix

Definition: Unter einer reellen Matrix **A** vom Typ (m, n) versteht man ein aus $m \cdot n$ *reellen* Zahlen bestehendes rechteckiges Schema mit m waagerecht angeordneten Zeilen und n senkrecht angeordneten Spalten:

$$\mathbf{A} = \begin{pmatrix} a_{11} & a_{12} & \dots & a_{1k} & \dots & a_{1n} \\ a_{21} & a_{22} & \dots & a_{2k} & \dots & a_{2n} \\ \vdots & \vdots & & \vdots & & \vdots \\ a_{i1} & a_{i2} & \dots & a_{ik} & \dots & a_{in} \\ \vdots & \vdots & & \vdots & & \vdots \\ a_{m1} & a_{m2} & \dots & a_{mk} & \dots & a_{mn} \end{pmatrix} \leftarrow i\text{-te Zeile}$$

$$\uparrow$$
$$k\text{-te Spalte}$$

Wir führen weitere Bezeichnungen ein:

a_{ik}: *Matrixelemente* $(i = 1, 2, \dots, m; \; k = 1, 2, \dots, n)$

i: *Zeilenindex*

k: *Spaltenindex*

m: Anzahl der Zeilen (Zeilenzahl)

n: Anzahl der Spalten (Spaltenzahl)

Anmerkungen

(1)   Eine reelle Matrix ist ein *geordnetes Zahlenschema* aus reellen Zahlen und besitzt *keinen* Zahlenwert (im Gegensatz zu den später noch einzuführenden *Determinanten*).

(2)   Eine reelle Matrix wird bis auf weiteres kurz als *Matrix* bezeichnet.

(3)   Gebräuchliche Schreibweisen für eine Matrix sind:

$$\mathbf{A}, \quad \mathbf{A}_{(m,\,n)}, \quad (a_{ik}), \quad (a_{ik})_{(m,\,n)}$$

(4)   Eine Matrix vom Typ (m, n) wird auch kurz als (m, n)-Matrix bezeichnet.

(5)   Der Platz, den ein Matrixelement a_{ik} innerhalb der Matrix $\mathbf{A}$ einnimmt, ist durch die beiden Indizes i und k *eindeutig* festgelegt (das Indexpaar i, k kann als *Platzziffer* aufgefasst werden). Das Matrixelement a_{ik} befindet sich dabei in der *i-ten* Zeile und der *k-ten Spalte*:

$$\mathbf{A} = \begin{pmatrix} a_{11} & \cdots & \cdot & \cdots & a_{1n} \\ \cdot & \cdots & \cdot & \cdots & \cdot \\ \cdot & \cdots & \boxed{a_{ik}} & \cdots & \cdot \\ \cdot & \cdots & \cdot & \cdots & \cdot \\ a_{m1} & \cdots & \cdot & \cdots & a_{mn} \end{pmatrix} \quad \leftarrow i\text{-te Zeile}$$

$$\uparrow$$
$$k\text{-te Spalte}$$

(6)   *Sonderfall $m = n$*: Die Matrix enthält *gleichviele* Zeilen und Spalten und wird daher als *n-reihige quadratische* Matrix oder Matrix *n-ter Ordnung* bezeichnet. Verkürzte Ausdrucksweise: *quadratische* oder *n-reihige* Matrix.

(7)   Die obige Definition einer (reellen) Matrix lässt sich sinngemäß auch auf den *komplexen* Zahlenbereich übertragen. Wir gehen darauf am Ende dieses Kapitels in Abschnitt 6 näher ein.

■   **Beispiele**

(1)   Die Matrix

$$\mathbf{A} = \begin{pmatrix} 3 & 1 & 5 & 0 \\ 2 & -3 & 0 & 1 \end{pmatrix}$$

besitzt 2 Zeilen und 4 Spalten und ist daher vom Typ (2, 4). Ihre Elemente lauten der Reihe nach: $a_{11} = 3$, $a_{12} = 1$, $a_{13} = 5$, $a_{14} = 0$, $a_{21} = 2$, $a_{22} = -3$, $a_{23} = 0$, $a_{24} = 1$.

(2)   Die Matrix

$$\mathbf{A} = \begin{pmatrix} 1 & 1 & 1 \\ 0 & 2 & 3 \\ 4 & 1 & 0 \end{pmatrix}$$

ist ein Beispiel für eine *3-reihige (quadratische)* Matrix.   ■

Spezielle Matrizen

Nullmatrix **0**: Matrix, deren Elemente sämtlich *verschwinden*.

Spaltenmatrix: Matrix mit nur *einer* Spalte. Sie ist vom Typ $(m, 1)$ und besitzt die Form

$$\mathbf{A}_{(m, 1)} = \begin{pmatrix} a_1 \\ a_2 \\ \vdots \\ a_m \end{pmatrix}$$

Zeilenmatrix: Matrix mit nur *einer* Zeile. Sie ist vom Typ $(1, n)$ und in der Form

$$\mathbf{A}_{(1, n)} = (a_1 \quad a_2 \quad \ldots \quad a_n)$$

darstellbar.

Anmerkungen

(1)   Eine Spaltenmatrix wird auch als *Spaltenvektor*, eine Zeilenmatrix auch als *Zeilenvektor* bezeichnet.

(2)   Die Zeilen einer Matrix werden daher auch als *Zeilenvektoren*, die Spalten auch als *Spaltenvektoren* bezeichnet. Eine (m, n)-Matrix enthält demnach genau m Zeilenvektoren und n Spaltenvektoren:

$$\mathbf{A} = \begin{pmatrix} a_{11} & a_{12} & \ldots & a_{1k} & \ldots & a_{1n} \\ a_{21} & a_{22} & \ldots & a_{2k} & \ldots & a_{2n} \\ \vdots & \vdots & & \vdots & & \vdots \\ a_{i1} & a_{i2} & \ldots & a_{ik} & \ldots & a_{in} \\ \vdots & \vdots & & \vdots & & \vdots \\ a_{m1} & a_{m2} & \ldots & a_{mk} & \ldots & a_{mn} \end{pmatrix} \begin{matrix} \leftarrow \mathbf{a}^1 \\ \leftarrow \mathbf{a}^2 \\ \\ \leftarrow \mathbf{a}^i \\ \\ \leftarrow \mathbf{a}^m \end{matrix} \Bigg\} \text{ Zeilenvektoren}$$

$$\underbrace{\begin{matrix} \uparrow & \uparrow & & \uparrow & & \uparrow \\ \mathbf{a}_1 & \mathbf{a}_2 & & \mathbf{a}_k & & \mathbf{a}_n \end{matrix}}_{\text{Spaltenvektoren}}$$

Spaltenvektoren werden *unten* rechts, Zeilenvektoren *oben* rechts indiziert. Der *Spaltenvektor* $\mathbf{a}_k$ besitzt dann genau m Komponenten, ist also ein Vektor aus dem $\mathbb{R}^m$, während der *Zeilenvektor* $\mathbf{a}^i$ genau n Komponenten besitzt und damit aus dem $\mathbb{R}^n$ stammt (der Index „i" im Vektorsymbol $\mathbf{a}^i$ hat hier also *nicht* die Bedeutung eines Exponenten):

$$\mathbf{a}_k = \underbrace{\begin{pmatrix} a_{1k} \\ a_{2k} \\ \vdots \\ a_{mk} \end{pmatrix}}_{k\text{-ter Spaltenvektor}} \qquad \underbrace{\mathbf{a}^i = (\, a_{i1} \quad a_{i2} \quad \ldots \quad a_{in}\,)}_{i\text{-ter Zeilenvektor}}$$

Die (m, n)-Matrix $\mathbf{A}$ lässt sich dann wie folgt durch Zeilen- bzw. Spaltenvektoren beschreiben:

$$\mathbf{A} = (\mathbf{a}_1 \quad \mathbf{a}_2 \quad \ldots \quad \mathbf{a}_n) \qquad (\textit{Zeile} \text{ aus } n \text{ Spaltenvektoren})$$

$$\mathbf{A} = \begin{pmatrix} \mathbf{a}^1 \\ \mathbf{a}^2 \\ \vdots \\ \mathbf{a}^m \end{pmatrix} \qquad (\textit{Spalte} \text{ aus } m \text{ Zeilenvektoren})$$

■ **Beispiele**

(1) $\mathbf{0} = \begin{pmatrix} 0 & 0 & 0 \\ 0 & 0 & 0 \end{pmatrix}$ ist eine *Nullmatrix* vom Typ $(2, 3)$.

(2) $\mathbf{A} = \begin{pmatrix} 1 \\ 4 \\ 0 \\ 3 \end{pmatrix}, \qquad \mathbf{B} = \begin{pmatrix} 5 \\ -2 \\ 1 \end{pmatrix}, \qquad \mathbf{C} = \begin{pmatrix} 1 \\ 9 \end{pmatrix}$

$\mathbf{A}, \mathbf{B}$ und $\mathbf{C}$ sind *Spaltenmatrizen*, d. h. *Spaltenvektoren* mit den Dimensionen 4 bzw. 3 bzw. 2.

(3) $\mathbf{A} = (\,1 \quad 5 \quad 7\,), \qquad \mathbf{B} = (\,-10 \quad 3 \quad 5 \quad 8 \quad 0\,)$

$\mathbf{A}$ und $\mathbf{B}$ sind *Zeilenmatrizen* (*Zeilenvektoren*) mit den Dimensionen 3 bzw. 5.

(4) Die $(2, 4)$-Matrix $\mathbf{A} = \begin{pmatrix} 1 & 4 & 0 & 2 \\ 2 & 0 & 1 & 5 \end{pmatrix}$ enthält *zwei* Zeilenvektoren, nämlich

$$\mathbf{a}^1 = (\,1 \quad 4 \quad 0 \quad 2\,) \quad \text{und} \quad \mathbf{a}^2 = (\,2 \quad 0 \quad 1 \quad 5\,)$$

und *vier* Spaltenvektoren, nämlich

$$\mathbf{a}_1 = \begin{pmatrix} 1 \\ 2 \end{pmatrix}, \qquad \mathbf{a}_2 = \begin{pmatrix} 4 \\ 0 \end{pmatrix}, \qquad \mathbf{a}_3 = \begin{pmatrix} 0 \\ 1 \end{pmatrix} \quad \text{und} \quad \mathbf{a}_4 = \begin{pmatrix} 2 \\ 5 \end{pmatrix} \quad ■$$

2.3 Transponierte einer Matrix

Definition: Werden in einer Matrix **A** Zeilen und Spalten miteinander vertauscht, so erhält man die *Transponierte* $\mathbf{A}^T$ der Matrix **A**.

Anmerkungen

(1)   Zwischen den Elementen a_{ik} einer Matrix **A** und den Elementen a_{ik}^T der *transponierten* Matrix $\mathbf{A}^T$ besteht der folgende Zusammenhang:

$$a_{ik}^T = a_{ki} \qquad \text{(für alle } i \text{ und } k) \tag{I-9}$$

(*Vertauschen* der beiden Indizes).

(2)   Ist **A** eine Matrix vom Typ (m, n), so ist ihre Transponierte $\mathbf{A}^T$ vom Typ (n, m).

(3)   Die Transponierte einer *n-reihigen* Matrix ist wieder eine *n-reihige* Matrix.

(4)   Durch *2-maliges Transponieren* erhält man wieder die Ausgangsmatrix, d. h. es gilt stets $(\mathbf{A}^T)^T = \mathbf{A}$.

(5)   Durch Transponieren geht ein *Zeilenvektor* in einen *Spaltenvektor* über und umgekehrt.

■ **Beispiele**

Wir *transponieren* die Matrizen

$$\mathbf{A} = \begin{pmatrix} 1 & 3 \\ 4 & 2 \\ 0 & -8 \end{pmatrix}, \qquad \mathbf{B} = \begin{pmatrix} 1 & 1 & 1 \\ 0 & -2 & 5 \\ 7 & 6 & 0 \end{pmatrix}, \qquad \mathbf{C} = \begin{pmatrix} 1 \\ 2 \\ 9 \end{pmatrix}$$

und erhalten:

$$\mathbf{A}^T = \begin{pmatrix} 1 & 4 & 0 \\ 3 & 2 & -8 \end{pmatrix}, \qquad \mathbf{B}^T = \begin{pmatrix} 1 & 0 & 7 \\ 1 & -2 & 6 \\ 1 & 5 & 0 \end{pmatrix}, \qquad \mathbf{C}^T = (1 \quad 2 \quad 9)$$

Der *Spaltenvektor* **C** ist dabei in den *Zeilenvektor* $\mathbf{C}^T$ übergeführt worden.   ■

2.4 Spezielle quadratische Matrizen

Quadratische Matrizen spielen in den naturwissenschaftlich-technischen Anwendungen eine besondere Rolle. Sie besitzen die folgende Gestalt:

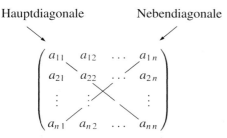

Hauptdiagonale   Nebendiagonale

$$\begin{pmatrix} a_{11} & a_{12} & \ldots & a_{1n} \\ a_{21} & a_{22} & \ldots & a_{2n} \\ \vdots & \vdots & & \vdots \\ a_{n1} & a_{n2} & \ldots & a_{nn} \end{pmatrix}$$

Anmerkungen

(1) Die *Hauptdiagonale* einer quadratischen Matrix verläuft von *links oben* nach *rechts unten*. Sie verbindet die *Diagonalelemente* a_{ii}, $i = 1, 2, \ldots, n$ miteinander. Die *Nebendiagonale* verläuft von *rechts oben* nach *links unten*.

(2) *Transponieren* bedeutet bei einer quadratischen Matrix **A**: *Spiegelung* der Elemente von **A** an der *Hauptdiagonalen*.

Wir beschreiben nun einige *spezielle quadratische* Matrizen, die in den Anwendungen von besonderer Bedeutung sind.

2.4.1 Diagonalmatrix

Definition: Eine *n-reihige* quadratische Matrix $\mathbf{A} = (a_{ik})$ heißt *Diagonalmatrix*, wenn alle *außerhalb* der Hauptdiagonalen liegenden Elemente verschwinden:

$$a_{ik} = 0 \qquad \text{für} \qquad i \neq k \tag{I-10}$$

$(i, k = 1, 2, \ldots, n)$.

Eine *n-reihige Diagonalmatrix* besitzt daher die Gestalt

$$\begin{pmatrix} a_{11} & 0 & \ldots & 0 \\ 0 & a_{22} & \ldots & 0 \\ \vdots & \vdots & & \vdots \\ 0 & 0 & \ldots & a_{nn} \end{pmatrix}$$

■ **Beispiel**

$$\mathbf{A} = \begin{pmatrix} 4 & 0 & 0 \\ 0 & 5 & 0 \\ 0 & 0 & -3 \end{pmatrix}$$ ist eine *3-reihige Diagonalmatrix* mit den Diagonalelementen

$$a_{11} = 4, \qquad a_{22} = 5, \qquad a_{33} = -3. \qquad\qquad\qquad ■$$

2.4.2 Einheitsmatrix

Die Einheitsmatrix ist ein *Sonderfall* der Diagonalmatrix:

> **Definition:** Eine *n*-reihige quadratische Diagonalmatrix mit den Diagonalelementen
> $a_{ii} = 1 \ (i = 1, 2, \ldots, n)$ heißt *n-reihige Einheitsmatrix* **E**.

Die *n-reihige Einheitsmatrix* besitzt also die Gestalt

$$\mathbf{E} = \begin{pmatrix} 1 & 0 & \ldots & 0 \\ 0 & 1 & \ldots & 0 \\ \vdots & \vdots & & \vdots \\ 0 & 0 & \ldots & 1 \end{pmatrix}$$

■ **Beispiel**

$$\begin{pmatrix} 1 & 0 & 0 \\ 0 & 1 & 0 \\ 0 & 0 & 1 \end{pmatrix}$$ ist eine *3-reihige Einheitsmatrix*. ■

2.4.3 Dreiecksmatrix

Häufig treten Matrizen auf, deren Elemente ober- *oder* unterhalb der Hauptdiagonalen sämtlich *verschwinden*. Sie führen uns zum Begriff einer *Dreiecksmatrix*:

> **Definition:** Eine *n*-reihige quadratische Matrix wird als *Dreiecksmatrix* bezeichnet,
> wenn alle Elemente ober- *oder* unterhalb der Hauptdiagonalen ver-
> schwinden.

Wir unterscheiden noch zwischen einer *unteren* und einer *oberen* Dreiecksmatrix:

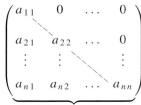

$$\begin{pmatrix} a_{11} & 0 & \dots & 0 \\ a_{21} & a_{22} & \dots & 0 \\ \vdots & \vdots & & \vdots \\ a_{n1} & a_{n2} & \dots & a_{nn} \end{pmatrix} \qquad \begin{pmatrix} a_{11} & a_{12} & \dots & a_{1n} \\ 0 & a_{22} & \dots & a_{2n} \\ \vdots & \vdots & & \vdots \\ 0 & 0 & \dots & a_{nn} \end{pmatrix}$$

  Untere Dreiecksmatrix   *Obere* Dreiecksmatrix

Anmerkungen

(1) Für die Elemente einer *unteren* bzw. *oberen* Dreiecksmatrix gilt demnach:

   Untere Dreiecksmatrix: $a_{ik} = 0$ für $i < k$

   Obere Dreiecksmatrix: $a_{ik} = 0$ für $i > k$

(2) Die Diagonalmatrix ist ein *Sonderfall* der Dreiecksmatrix.

■ **Beispiele**

$$\mathbf{A} = \begin{pmatrix} 1 & 0 & 0 \\ 3 & 1 & 0 \\ 4 & 0 & 5 \end{pmatrix} \text{ ist eine \textit{untere Dreiecksmatrix} der Ordnung 3.}$$

$$\mathbf{B} = \begin{pmatrix} 4 & 1 & 0 & 4 \\ 0 & 5 & 0 & 0 \\ 0 & 0 & 0 & 2 \\ 0 & 0 & 0 & 1 \end{pmatrix} \text{ ist eine \textit{obere Dreiecksmatrix} der Ordnung 4.}$$

■

2.4.4 Symmetrische Matrix

Definition: Eine n-reihige quadratische Matrix $\mathbf{A} = (a_{ik})$ heißt *symmetrisch*, wenn

$$a_{ik} = a_{ki} \tag{I-11}$$

für alle i und k ist $(i, k = 1, 2, \dots, n)$.

Anmerkung

Bei einer *symmetrischen* Matrix sind die Elemente *spiegelsymmetrisch zur Hauptdiagonalen* angeordnet. Daher gilt für eine *symmetrische* Matrix $\mathbf{A}$ stets $\mathbf{A}^{\mathsf{T}} = \mathbf{A}$.

■ **Beispiel**

Die Elemente der 3-reihigen, quadratischen Matrix

$$\mathbf{A} = \begin{pmatrix} 1 & 4 & -2 \\ 4 & 5 & 0 \\ -2 & 0 & 8 \end{pmatrix}$$

liegen *spiegelsymmetrisch* zur Hauptdiagonalen. $\mathbf{A}$ ist daher eine *symmetrische* Matrix.

■

2.4.5 Schiefsymmetrische Matrix

Definition: Eine n-reihige quadratische Matrix $\mathbf{A} = (a_{ik})$ heißt *schiefsym-metrisch* oder *antisymmetrisch*, wenn

$$a_{ik} = -a_{ki} \qquad\qquad\qquad\qquad \text{(I-12)}$$

für alle i und k ist $(i, k = 1, 2, \ldots, n)$.

Anmerkungen

(1) Bei einer *schiefsymmetrischen* Matrix $\mathbf{A}$ verschwinden *sämtliche* Diagonalelemen-te: $a_{ii} = 0$ für $i = 1, 2, \ldots, n$. Dies folgt unmittelbar aus der Definitionsglei-chung (I-12) für $i = k$:

$$a_{ii} = -a_{ii} \quad \Rightarrow \quad 2a_{ii} = 0 \quad \Rightarrow \quad a_{ii} = 0 \qquad\qquad \text{(I-13)}$$

(2) Beim *Transponieren* einer *schiefsymmetrischen* Matrix $\mathbf{A}$ ändern sämtliche Matrix-elemente ihr *Vorzeichen*. Eine *schiefsymmetrische* Matrix erfüllt demnach die Be-dingung $\mathbf{A}^{\mathsf{T}} = -\mathbf{A}$.

■ **Beispiele**

(1) Die 3-reihige, quadratische Matrix

$$\mathbf{A} = \begin{pmatrix} 0 & 4 & 3 \\ -4 & 0 & -5 \\ -3 & 5 & 0 \end{pmatrix}$$

ist *schiefsymmetrisch*:

$$a_{11} = a_{22} = a_{33} = 0 \quad \text{(alle Diagonalelemente verschwinden)}$$

$$a_{12} = -a_{21} = 4, \qquad a_{13} = -a_{31} = 3, \qquad a_{23} = -a_{32} = -5$$

(2) Die 3-reihige, quadratische Matrix

$$\mathbf{B} = \begin{pmatrix} 1 & 4 & -2 \\ -4 & 0 & 3 \\ 2 & -3 & 0 \end{pmatrix}$$

dagegen ist *nicht schiefsymmetrisch.* Begründung: *Nicht alle* Diagonalelemente verschwinden (es ist $a_{11} = 1 \neq 0$).   ∎

2.5 Gleichheit von Matrizen

Definition: Zwei Matrizen $\mathbf{A} = (a_{ik})$ und $\mathbf{B} = (b_{ik})$ vom gleichen Typ
(m, n) heißen *gleich*, $\mathbf{A} = \mathbf{B}$, wenn

$$a_{ik} = b_{ik} \qquad\qquad (\text{I-14})$$

für alle i, k ist $(i = 1, 2, \ldots, m; k = 1, 2, \ldots, n)$.

Anmerkung

Gleiche Matrizen stimmen also in ihrem Typ und in sämtlichen einander entsprechenden,
d. h. gleichstelligen Elementen überein.

∎ **Beispiele**

$$\mathbf{A} = \begin{pmatrix} 1 & 5 \\ 0 & 3 \end{pmatrix}, \qquad \mathbf{B} = \begin{pmatrix} 1 & 5 \\ 0 & 3 \end{pmatrix}, \qquad \mathbf{C} = \begin{pmatrix} 1 & 5 \\ 0 & 7 \end{pmatrix}$$

Es ist $a_{11} = b_{11} = 1$, $a_{12} = b_{12} = 5$, $a_{21} = b_{21} = 0$, $a_{22} = b_{22} = 3$ und
somit $\mathbf{A} = \mathbf{B}$.
Aber: Die Matrizen $\mathbf{A}$ und $\mathbf{C}$ sind voneinander *verschieden*, da $a_{22} = 3$, $c_{22} = 7$
und somit $a_{22} \neq c_{22}$ ist: $\mathbf{A} \neq \mathbf{C}$. Die gleiche Aussage gilt für die Matrizen $\mathbf{B}$
und $\mathbf{C}$.   ∎

2.6 Rechenoperationen für Matrizen

Wir erklären in diesem Abschnitt die folgenden *Rechenoperationen* für Matrizen:

– *Addition und Subtraktion von Matrizen*
– *Multiplikation einer Matrix mit einem (reellen) Skalar*
– *Multiplikation von Matrizen (sie ist nur unter bestimmten Voraussetzungen möglich)*

Die Rechenregeln sind dabei weitgehend die gleichen wie bei *Vektoren* (abgesehen von
der Matrizenmultiplikation).

2.6.1 Addition und Subtraktion von Matrizen

Matrizen werden wie Vektoren *elementweise* addiert und subtrahiert.

Definition: Zwei Matrizen $\mathbf{A} = (a_{ik})$ und $\mathbf{B} = (b_{ik})$ vom *gleichen* Typ (m, n) werden *addiert* bzw. *subtrahiert,* indem man die entsprechenden, d. h. *gleichstelligen* Matrixelemente *addiert* bzw. *subtrahiert.* Die Matrix

$$\mathbf{C} = \mathbf{A} + \mathbf{B} = (c_{ik}) \qquad \text{mit} \qquad c_{ik} = a_{ik} + b_{ik} \qquad (\text{I-15})$$

heißt die *Summe* von $\mathbf{A}$ und $\mathbf{B}$, die Matrix

$$\mathbf{D} = \mathbf{A} - \mathbf{B} = (d_{ik}) \qquad \text{mit} \qquad d_{ik} = a_{ik} - b_{ik} \qquad (\text{I-16})$$

die *Differenz* von $\mathbf{A}$ und $\mathbf{B}$ $(i = 1, 2, \ldots, m; k = 1, 2, \ldots, n)$.

Anmerkungen

(1) *Addition* und *Subtraktion* sind nur für Matrizen *gleichen* Typs erklärt. *Summenmatrix* $\mathbf{C} = \mathbf{A} + \mathbf{B}$ und *Differenzmatrix* $\mathbf{D} = \mathbf{A} - \mathbf{B}$ sind vom *gleichen* Typ wie $\mathbf{A}$ und $\mathbf{B}$.

(2) Weitere übliche Schreibweisen für die *Summe* bzw. *Differenz* zweier Matrizen sind:

$$\mathbf{C} = (c_{ik}) = (a_{ik}) + (b_{ik}) = (a_{ik} + b_{ik})$$
$$\mathbf{D} = (d_{ik}) = (a_{ik}) - (b_{ik}) = (a_{ik} - b_{ik})$$

Rechenregeln

$\mathbf{A}, \mathbf{B}$ und $\mathbf{C}$ sind Matrizen vom gleichen Typ:

Kommutativgesetz $\qquad \mathbf{A} + \mathbf{B} = \mathbf{B} + \mathbf{A}$ $\hfill (\text{I-17})$

Assoziativgesetz $\qquad \mathbf{A} + (\mathbf{B} + \mathbf{C}) = (\mathbf{A} + \mathbf{B}) + \mathbf{C}$ $\hfill (\text{I-18})$

Transponieren $\qquad (\mathbf{A} + \mathbf{B})^{\mathbf{T}} = \mathbf{A}^{\mathbf{T}} + \mathbf{B}^{\mathbf{T}}$ $\hfill (\text{I-19})$

■ **Beispiele**

$$\mathbf{A} = \begin{pmatrix} 1 & 5 & -3 \\ 4 & 0 & 8 \end{pmatrix}, \qquad \mathbf{B} = \begin{pmatrix} 5 & 1 & 3 \\ -1 & 4 & 7 \end{pmatrix}$$

Wir bilden die *Summe* $\mathbf{C} = \mathbf{A} + \mathbf{B}$ und die *Differenz* $\mathbf{D} = \mathbf{A} - \mathbf{B}$ und erhalten:

$$\mathbf{C} = \mathbf{A} + \mathbf{B} = \begin{pmatrix} (1 + 5) & (5 + 1) & (-3 + 3) \\ (4 - 1) & (0 + 4) & (8 + 7) \end{pmatrix} = \begin{pmatrix} 6 & 6 & 0 \\ 3 & 4 & 15 \end{pmatrix}$$

$$\mathbf{D} = \mathbf{A} - \mathbf{B} = \begin{pmatrix} (1 - 5) & (5 - 1) & (-3 - 3) \\ (4 + 1) & (0 - 4) & (8 - 7) \end{pmatrix} = \begin{pmatrix} -4 & 4 & -6 \\ 5 & -4 & 1 \end{pmatrix} \qquad ■$$

2.6.2 Multiplikation einer Matrix mit einem Skalar

Die Multiplikation eines *Vektors* mit einem reellen Skalar erfolgt *komponentenweise*, die einer *Matrix elementweise*.

Definition: Eine Matrix $\mathbf{A} = (a_{ik})$ vom Typ (m, n) wird mit einem reellen Skalar λ *multipliziert*, indem man jedes Matrixelement a_{ik} mit dem Skalar λ multipliziert:

$$\lambda \cdot \mathbf{A} = \lambda \cdot (a_{ik}) = (\lambda \cdot a_{ik}) \qquad \text{(I-20)}$$

$(i = 1, 2, \ldots, m; k = 1, 2, \ldots, n)$.

Anmerkungen

(1)   Die Matrix $\lambda \cdot \mathbf{A}$ ist das *Produkt* aus der Matrix $\mathbf{A}$ und dem Skalar λ.

(2)   Die Matrizen $\lambda \cdot \mathbf{A}$ und $\mathbf{A}$ sind vom *gleichen* Typ (m, n).

(3)   Der Multiplikationspunkt im Produkt $\lambda \cdot \mathbf{A}$ wird meist weggelassen: $\lambda \cdot \mathbf{A} = \lambda \mathbf{A}$.

(4)   Besitzen *alle* Elemente einer Matrix einen *gemeinsamen* Faktor, so kann dieser *vor* die Matrix gezogen werden.

Rechenregeln

λ und μ sind reelle Skalare, $\mathbf{A}$ und $\mathbf{B}$ Matrizen vom gleichen Typ:

Assoziativgesetz $\qquad \lambda(\mu \mathbf{A}) = \mu(\lambda \mathbf{A}) = (\lambda \mu)\mathbf{A}$ $\qquad\qquad$ (I-21)

Distributivgesetze $\qquad (\lambda + \mu)\mathbf{A} = \lambda \mathbf{A} + \mu \mathbf{A}$

$$\lambda(\mathbf{A} + \mathbf{B}) = \lambda \mathbf{A} + \lambda \mathbf{B} \qquad\qquad \text{(I-22)}$$

Transponieren $\qquad (\lambda \mathbf{A})^{\mathsf{T}} = \lambda \mathbf{A}^{\mathsf{T}}$ $\qquad\qquad$ (I-23)

■   **Beispiele**

(1) $\mathbf{A} = \begin{pmatrix} 1 & -5 & 3 \\ 4 & 1 & 0 \end{pmatrix}$

Wir berechnen die Matrizen $\mathbf{B} = 4\mathbf{A}$ und $\mathbf{C} = -3\mathbf{A}$:

$$\mathbf{B} = 4\mathbf{A} = 4 \cdot \begin{pmatrix} 1 & -5 & 3 \\ 4 & 1 & 0 \end{pmatrix} = \begin{pmatrix} 4 & -20 & 12 \\ 16 & 4 & 0 \end{pmatrix}$$

$$\mathbf{C} = -3\mathbf{A} = -3 \cdot \begin{pmatrix} 1 & -5 & 3 \\ 4 & 1 & 0 \end{pmatrix} = \begin{pmatrix} -3 & 15 & -9 \\ -12 & -3 & 0 \end{pmatrix}$$

(2)   Die Elemente der Matrix $\mathbf{A} = \begin{pmatrix} 5 & 10 & -20 \\ 0 & -5 & 30 \end{pmatrix}$ besitzen den *gemeinsamen*

Faktor 5. Wir ziehen ihn *vor* die Matrix:

$$\mathbf{A} = \begin{pmatrix} 5 & 10 & -20 \\ 0 & -5 & 30 \end{pmatrix} = 5 \cdot \begin{pmatrix} 1 & 2 & -4 \\ 0 & -1 & 6 \end{pmatrix}$$ ∎

2.6.3 Multiplikation von Matrizen

Wir führen den Begriff der *Matrizenmultiplikation* zunächst anhand eines einfachen Beispiels ein. Dazu betrachten wir die Matrizen

$$\mathbf{A} = \begin{pmatrix} 1 & 5 \\ 2 & 3 \end{pmatrix} \quad \text{und} \quad \mathbf{B} = \begin{pmatrix} 4 & 1 & 2 \\ 1 & 0 & 3 \end{pmatrix} \tag{I-24}$$

Matrix $\mathbf{A}$ ist vom Typ (2, 2), Matrix $\mathbf{B}$ vom Typ (2, 3). Die Zeilenvektoren von $\mathbf{A}$ und Spaltenvektoren von $\mathbf{B}$ besitzen genau *zwei* Komponenten. Wir bilden nun *Skalarprodukte* aus jeweils einem Zeilenvektor von $\mathbf{A}$ und einem Spaltenvektor von $\mathbf{B}$ nach folgendem Schema:

$$\begin{matrix} \text{1. Zeilenvektor} \rightarrow \\ \text{2. Zeilenvektor} \rightarrow \end{matrix} \begin{pmatrix} 1 & 5 \\ 2 & 3 \end{pmatrix} \cdot \begin{pmatrix} 4 & 1 & 2 \\ 1 & 0 & 3 \end{pmatrix} = \begin{pmatrix} c_{11} & c_{12} & c_{13} \\ c_{21} & c_{22} & c_{23} \end{pmatrix}$$

$$\begin{matrix} \uparrow & \uparrow & \uparrow \\ 1. & 2. & 3. \end{matrix}$$

Spaltenvektor

Zunächst wird der 1. Zeilenvektor von $\mathbf{A}$ der Reihe nach mit *jedem* der drei Spaltenvektoren von $\mathbf{B}$ *skalar* multipliziert. Dann multiplizieren wir den 2. Zeilenvektor von $\mathbf{A}$ *skalar* der Reihe nach mit *jedem* der drei Spaltenvektoren von $\mathbf{B}$. Wir erhalten insgesamt *sechs* Skalarprodukte:

$$c_{11} = (\text{1. Zeilenvektor von } \mathbf{A}) \cdot (\text{1. Spaltenvektor von } \mathbf{B}) = 1 \cdot 4 + 5 \cdot 1 = 9$$

$$c_{12} = (\text{1. Zeilenvektor von } \mathbf{A}) \cdot (\text{2. Spaltenvektor von } \mathbf{B}) = 1 \cdot 1 + 5 \cdot 0 = 1$$

$$c_{13} = (\text{1. Zeilenvektor von } \mathbf{A}) \cdot (\text{3. Spaltenvektor von } \mathbf{B}) = 1 \cdot 2 + 5 \cdot 3 = 17$$

$$c_{21} = (\text{2. Zeilenvektor von } \mathbf{A}) \cdot (\text{1. Spaltenvektor von } \mathbf{B}) = 2 \cdot 4 + 3 \cdot 1 = 11$$

$$c_{22} = (\text{2. Zeilenvektor von } \mathbf{A}) \cdot (\text{2. Spaltenvektor von } \mathbf{B}) = 2 \cdot 1 + 3 \cdot 0 = 2$$

$$c_{23} = (\text{2. Zeilenvektor von } \mathbf{A}) \cdot (\text{3. Spaltenvektor von } \mathbf{B}) = 2 \cdot 2 + 3 \cdot 3 = 13$$

Der *erste* Index im Skalarprodukt c_{ik} kennzeichnet dabei den *Zeilenvektor* von $\mathbf{A}$, der *zweite* Index den *Spaltenvektor* $\mathbf{B}$, die an der Skalarproduktbildung beteiligt sind. So ist z. B. c_{21} das skalare Produkt aus dem 2. Zeilenvektor von $\mathbf{A}$ und dem 1. Spaltenvektor von $\mathbf{B}$.

Die sechs Zahlen $c_{11}, c_{12}, c_{13}, c_{21}, c_{22}, c_{23}$ fassen wir nun zu einer *Matrix* **C** vom Typ (2, 3) zusammen:

$$\mathbf{C} = \begin{pmatrix} c_{11} & c_{12} & c_{13} \\ c_{21} & c_{22} & c_{23} \end{pmatrix} = \begin{pmatrix} 9 & 1 & 17 \\ 11 & 2 & 13 \end{pmatrix} \tag{I-25}$$

und bezeichnen **C** als *Produkt* der Matrizen **A** und **B**. Wir schreiben dafür

$$\begin{pmatrix} 1 & 5 \\ 2 & 3 \end{pmatrix} \cdot \begin{pmatrix} 4 & 1 & 2 \\ 1 & 0 & 3 \end{pmatrix} = \begin{pmatrix} 9 & 1 & 17 \\ 11 & 2 & 13 \end{pmatrix} \tag{I-26}$$

oder kurz

$$\mathbf{C} = \mathbf{A} \cdot \mathbf{B} \tag{I-27}$$

Die Elemente eines Matrizenproduktes $\mathbf{C} = \mathbf{A} \cdot \mathbf{B}$ sind demnach *Skalarprodukte* aus einem *Zeilenvektor* von **A** und einem *Spaltenvektor* von **B**. Die Skalarproduktbildung ist jedoch nur möglich, wenn *beide* Vektoren *gleichviele* Komponenten besitzen, d. h. von *gleicher* Dimension sind. Dies aber bedeutet, dass die *Spaltenzahl* von **A** mit der *Zeilenzahl* von **B** *übereinstimmen* muss. Vertauschen wir in unserem Beispiel die *Reihenfolge* der beiden Faktoren **A** und **B**, so ist das „Produkt"

$$\mathbf{B} \cdot \mathbf{A} = \begin{pmatrix} 4 & 1 & 2 \\ 1 & 0 & 3 \end{pmatrix} \cdot \begin{pmatrix} 1 & 5 \\ 2 & 3 \end{pmatrix} \tag{I-28}$$

nicht erklärt: Denn die Zeilenvektoren des linken Faktors **B** sind *3-dimensionale* Vektoren, die Spaltenvektoren des rechten Faktors **A** dagegen *2-dimensionale* Vektoren, eine Skalarproduktbildung ist daher *nicht* möglich.

Nach diesen Vorbereitungen sind wir nun in der Lage, den Begriff eines *Matrizenproduktes* in allgemeiner Form zu definieren.

Definition: $\mathbf{A} = (a_{ik})$ sei eine Matrix vom Typ (m, n), $\mathbf{B} = (b_{ik})$ eine Matrix vom Typ (n, p). Dann heißt die Matrix

$$\mathbf{C} = \mathbf{A} \cdot \mathbf{B} = (c_{ik}) \tag{I-29}$$

mit den Elementen

$$c_{ik} = a_{i1} b_{1k} + a_{i2} b_{2k} + \ldots + a_{in} b_{nk} =$$

$$= \sum_{j=1}^{n} a_{ij} b_{jk} \tag{I-30}$$

das *Produkt* aus **A** und **B** $(i = 1, 2, \ldots, m; k = 1, 2, \ldots, p)$.

Anmerkungen

(1) Die Produktbildung ist nur möglich, wenn die *Spaltenzahl* von **A** mit der *Zeilenzahl* von **B** *übereinstimmt*.

(2) Das Matrizenprodukt **A** · **B** ist vom Typ (m, p).

(3) Das Matrixelement c_{ik} des Matrizenproduktes **A** · **B** ist das *Skalarprodukt* aus dem i-ten Zeilenvektor von **A** und dem k-ten Spaltenvektor von **B**:

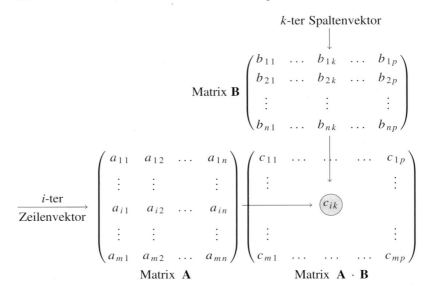

(4) Im Produkt **A** · **B** wird **A** als *linker* und **B** als *rechter* Faktor bezeichnet.

(5) Es ist im Allgemeinen **A** · **B** $\neq$ **B** · **A**, d. h. die Matrizenmultiplikation ist eine *nicht kommutative* Rechenoperation.

(6) Der Multiplikationspunkt im Matrizenprodukt **A** · **B** wird meist weggelassen: **A** · **B** = **A B**.

Zur praktischen Berechnung eines Matrizenproduktes (Falk-Schema)

Für die *praktische* Berechnung eines *Matrizenproduktes* **C** = **A** · **B** ist das nachfolgende Schema nach *Falk* besonders geeignet. Dabei wird der *linke* Faktor **A** *links unten* und der *rechte* Faktor **B** *rechts oben* angeordnet. Das Matrixelement c_{ik} des Matrizenproduktes **C** = **A** · **B** befindet sich dann im *Schnittpunkt* der i-ten Zeile von **A** mit der k-ten Spalte von **B**:

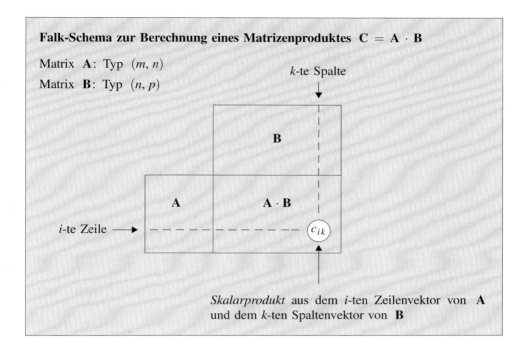

Falk-Schema zur Berechnung eines Matrizenproduktes $C = A \cdot B$

Matrix A: Typ (m, n)

Matrix B: Typ (n, p)

k-te Spalte

B

A $A \cdot B$

i-te Zeile $\longrightarrow$ c_{ik}

Skalarprodukt aus dem i-ten Zeilenvektor von A
und dem k-ten Spaltenvektor von B

■ **Beispiel**

Wir berechnen das Produkt $C = A \cdot B$ der Matrizen

$$A = \begin{pmatrix} 1 & 4 & 2 \\ 4 & 0 & -3 \end{pmatrix} \quad \text{und} \quad B = \begin{pmatrix} 1 & 1 & 0 \\ -2 & 3 & 5 \\ 0 & 1 & 4 \end{pmatrix}$$

nach dem *Falk*-Schema:

				1	1	0
		B		-2	3	5
				0	1	4
A	1	4	2	-7	15	28
	4	0	-3	4	1	-12

$$A \cdot B$$

Somit gilt:

$$C = A \cdot B = \begin{pmatrix} 1 & 4 & 2 \\ 4 & 0 & -3 \end{pmatrix} \cdot \begin{pmatrix} 1 & 1 & 0 \\ -2 & 3 & 5 \\ 0 & 1 & 4 \end{pmatrix} = \begin{pmatrix} -7 & 15 & 28 \\ 4 & 1 & -12 \end{pmatrix}$$ ■

Wir fassen die Ergebnisse dieses Abschnitts zusammen:

Regeln für die Matrizenmultiplikation

Bei der *Multiplikation* zweier Matrizen $\mathbf{A}$ und $\mathbf{B}$ sind folgende Regeln zu beachten:

1. Die Produktbildung $\mathbf{C} = \mathbf{A} \cdot \mathbf{B}$ ist nur möglich, wenn die *Spaltenzahl* von $\mathbf{A}$ mit der *Zeilenzahl* von $\mathbf{B}$ übereinstimmt.

2. Das Matrixelement c_{ik} des Matrizenproduktes $\mathbf{A} \cdot \mathbf{B}$ ist das *skalare Produkt* aus dem i-ten Zeilenvektor von $\mathbf{A}$ und dem k-ten Spaltenvektor von $\mathbf{B}$.

3. Die Berechnung des Matrizenproduktes $\mathbf{C} = \mathbf{A} \cdot \mathbf{B}$ erfolgt zweckmäßigerweise nach dem Anordnungsschema von *Falk*.

Rechenregeln

Assoziativgesetz	$\mathbf{A}(\mathbf{B}\,\mathbf{C}) = (\mathbf{A}\,\mathbf{B})\,\mathbf{C}$	(I-31)
Distributivgesetze	$\mathbf{A}(\mathbf{B} + \mathbf{C}) = \mathbf{A}\,\mathbf{B} + \mathbf{A}\,\mathbf{C}$	
	$(\mathbf{A} + \mathbf{B})\,\mathbf{C} = \mathbf{A}\,\mathbf{C} + \mathbf{B}\,\mathbf{C}$	(I-32)
Weitere Gesetze	$(\mathbf{A}\,\mathbf{B})^{\mathbf{T}} = \mathbf{B}^{\mathbf{T}}\mathbf{A}^{\mathbf{T}}$	(I-33)
	$\mathbf{A}\,\mathbf{E} = \mathbf{E}\,\mathbf{A} = \mathbf{A}$	(I-34)

Anmerkung

Die einzelnen Rechenoperationen müssen natürlich durchführbar sein. So ist beispielsweise das Produkt $(\mathbf{A} + \mathbf{B})\,\mathbf{C}$ nur erklärt, wenn die Matrizen $\mathbf{A}$ und $\mathbf{B}$ beide vom gleichen Typ (m, n) und die Matrix $\mathbf{C}$ vom Typ (n, p) sind.

■ **Beispiele**

(1) Wir berechnen mit den beiden *3-reihigen* Matrizen

$$\mathbf{A} = \begin{pmatrix} 1 & 4 & -2 \\ 0 & 1 & 1 \\ -3 & 2 & 5 \end{pmatrix} \quad \text{und} \quad \mathbf{B} = \begin{pmatrix} 3 & 0 & 1 \\ -2 & 1 & 5 \\ 2 & 3 & 8 \end{pmatrix}$$

die *Matrizenprodukte* $\mathbf{A} \cdot \mathbf{B}$ und $\mathbf{B} \cdot \mathbf{A}$:

		B	3	0	1	
			-2	1	5	
			2	3	8	
A	1	4	-2	-9	-2	5
	0	1	1	0	4	13
	-3	2	5	-3	17	47

$$\Rightarrow \quad \mathbf{A} \cdot \mathbf{B} = \begin{pmatrix} -9 & -2 & 5 \\ 0 & 4 & 13 \\ -3 & 17 & 47 \end{pmatrix}$$

$\mathbf{A} \cdot \mathbf{B}$

$$
\begin{array}{c}
\mathbf{A} \quad
\begin{array}{rrr}
1 & 4 & -2 \\
0 & 1 & 1 \\
-3 & 2 & 5
\end{array}
\end{array}
$$

$$
\mathbf{B} \quad
\begin{array}{rrr}
3 & 0 & 1 \\
-2 & 1 & 5 \\
2 & 3 & 8
\end{array}
\quad
\begin{array}{rrr}
0 & 14 & -1 \\
-17 & 3 & 30 \\
-22 & 27 & 39
\end{array}
\quad \Rightarrow \quad \mathbf{B} \cdot \mathbf{A} =
\begin{pmatrix}
0 & 14 & -1 \\
-17 & 3 & 30 \\
-22 & 27 & 39
\end{pmatrix}
$$

$$\mathbf{B} \cdot \mathbf{A}$$

Es ist $\mathbf{A} \cdot \mathbf{B} \neq \mathbf{B} \cdot \mathbf{A}$.

(2)   Wir bilden das *Matrizenprodukt* $\mathbf{A} \cdot \mathbf{B}$ mit

$$
\mathbf{A} =
\begin{pmatrix}
1 & -3 & 2 \\
0 & 2 & 1
\end{pmatrix}
\quad \text{und} \quad
\mathbf{B} =
\begin{pmatrix}
1 \\
5 \\
4
\end{pmatrix}:
$$

$$
\mathbf{B} \quad
\begin{array}{r}
1 \\
5 \\
4
\end{array}
$$

$$
\mathbf{A} \quad
\begin{array}{rrr}
1 & -3 & 2 \\
0 & 2 & 1
\end{array}
\quad
\begin{array}{r}
-6 \\
14
\end{array}
\quad \Rightarrow \quad \mathbf{A} \cdot \mathbf{B} =
\begin{pmatrix}
-6 \\
14
\end{pmatrix}
$$

$$\mathbf{A} \cdot \mathbf{B}$$

∎

3 Determinanten

3.1 Ein einführendes Beispiel

Bei der Lösung naturwissenschaftlich-technischer Probleme stößt man immer wieder auf *lineare Gleichungssysteme*. Es stellt sich dabei sofort die Frage nach der *Lösbarkeit* eines solchen Systems:

1. Ist das vorliegende lineare Gleichungssystem überhaupt *lösbar*?

2. Falls *ja*, wie lauten die *Lösungen* des Systems?

Bei der Beantwortung dieser Fragestellungen erweist sich eine gewisse mathematische Größe, die die Bezeichnung *Determinante* erhält, als ein außerordentlich nützliches Hilfsmittel.

Zur Einführung des Determinantenbegriffes betrachten wir ein lineares Gleichungssystem mit zwei Gleichungen und zwei Unbekannten:

(I) $a_{11} x_1 + a_{12} x_2 = c_1$

(II) $a_{21} x_1 + a_{22} x_2 = c_2$

(I-35)

Es soll nun untersucht werden, unter *welchen* Voraussetzungen dieses Gleichungssystem *eindeutig* lösbar ist, d. h. genau *eine* Lösung besitzt. Dazu eliminieren wir zunächst die Unbekannte x_2 wie folgt: Gleichung (I) wird mit a_{22}, Gleichung (II) mit $-a_{12}$ multipliziert, anschließend werden die Gleichungen addiert. Wir erhalten dann eine *Bestimmungsgleichung* für die Unbekannte x_1:

(I) $a_{11}x_1 + a_{12}x_2 = c_1 \mid \cdot a_{22}$

(II) $a_{21}x_1 + a_{22}x_2 = c_2 \mid \cdot (-a_{12})$

$$
\begin{aligned}
\text{(I)} \quad & a_{11}a_{22}x_1 + a_{12}a_{22}x_2 = c_1 a_{22} \\
\text{(II)} \quad & -a_{12}a_{21}x_1 - a_{12}a_{22}x_2 = -c_2 a_{12}
\end{aligned} \Bigg\} +
$$

$$a_{11}a_{22}x_1 - a_{12}a_{21}x_1 = c_1 a_{22} - c_2 a_{12}$$

$$(a_{11}a_{22} - a_{12}a_{21})\, x_1 = c_1 a_{22} - c_2 a_{12} \qquad\qquad \text{(I-36)}$$

Analog gewinnen wir eine *Bestimmungsgleichung* für die Unbekannte x_2, indem wir die Größe x_1 wie folgt aus dem ursprünglichen Gleichungssystem (I-35) *eliminieren*: Gleichung (I) wird mit $-a_{21}$, Gleichung (II) mit a_{11} multipliziert, anschließend werden die Gleichungen addiert. Dies führt zu der folgenden *Bestimmungsgleichung* für x_2:

$$(a_{11}a_{22} - a_{12}a_{21})x_2 = c_2 a_{11} - c_1 a_{21} \qquad\qquad \text{(I-37)}$$

Damit haben wir für die unbekannten Größen x_1 und x_2 jeweils eine Bestimmungsgleichung gewonnen:

$$
\begin{aligned}
(a_{11}a_{22} - a_{12}a_{21})x_1 &= c_1 a_{22} - c_2 a_{12} \\
(a_{11}a_{22} - a_{12}a_{21})x_2 &= c_2 a_{11} - c_1 a_{21}
\end{aligned} \qquad\qquad \text{(I-38)}
$$

Falls $a_{11}a_{22} - a_{12}a_{21} \neq 0$ ist, lassen sich diese Gleichungen nach x_1 bzw. x_2 auflösen und das lineare Gleichungssystem (I-35) besitzt die *eindeutige Lösung*

$$x_1 = \frac{c_1 a_{22} - c_2 a_{12}}{a_{11}a_{22} - a_{12}a_{21}}, \qquad x_2 = \frac{c_2 a_{11} - c_1 a_{21}}{a_{11}a_{22} - a_{12}a_{21}} \qquad\qquad \text{(I-39)}$$

Die aus den vier Elementen der *Koeffizientenmatrix* $\mathbf{A} = \begin{pmatrix} a_{11} & a_{12} \\ a_{21} & a_{22} \end{pmatrix}$ berechnete Größe

$$D = a_{11}a_{22} - a_{12}a_{21} \qquad\qquad \text{(I-40)}$$

wird als *2-reihige Determinante* oder *Determinante 2. Ordnung* bezeichnet und durch das Symbol

$$D = \begin{vmatrix} a_{11} & a_{12} \\ a_{21} & a_{22} \end{vmatrix} = a_{11}a_{22} - a_{12}a_{21} \qquad\qquad \text{(I-41)}$$

gekennzeichnet[4]. Unter Verwendung des Determinantenbegriffes können wir damit die folgende Bedingung für die *eindeutige Lösbarkeit* eines linearen Gleichungssystems mit zwei Gleichungen und zwei Unbekannten formulieren:

---

[4] Die *Determinante* D wird in diesem Zusammenhang auch als *Koeffizientendeterminante* des linearen Gleichungssystems (I-35) bezeichnet.

Über die eindeutige Lösbarkeit eines linearen Gleichungssystems mit zwei Gleichungen und zwei Unbekannten

Ein lineares Gleichungssystem mit zwei Gleichungen und zwei Unbekannten besitzt *genau eine* Lösung, wenn die Koeffizientendeterminante *nicht verschwindet*.

3.2 Zweireihige Determinanten

Aus *didaktischen* Gründen beschäftigen wir uns zunächst mit den *zweireihigen* Determinanten und ihren Eigenschaften.

3.2.1 Definition einer zweireihigen Determinante

Wir ordnen einer *2-reihigen, quadratischen* Matrix nach der folgenden Rechenvorschrift einen Zahlenwert, *Determinante* genannt, zu:

Definition: Unter der *Determinante* einer 2-reihigen quadratischen Matrix $\mathbf{A} = (a_{ik})$ versteht man die Zahl

$$D = \begin{vmatrix} a_{11} & a_{12} \\ a_{21} & a_{22} \end{vmatrix} = a_{11} a_{22} - a_{12} a_{21} \qquad \text{(I-42)}$$

Anmerkungen

(1) Weitere symbolische *Schreibweisen* für die Determinante einer 2-reihigen Matrix $\mathbf{A}$ sind:

$$D, \quad \det \mathbf{A}, \quad |\mathbf{A}|, \quad |a_{ik}|$$

(2) D heißt auch *2-reihige Determinante* oder *Determinante 2. Ordnung*.

(3) Die Zahlen a_{11}, a_{12}, a_{21} und a_{22} heißen *Elemente* der Determinante.

Die durch Gleichung (I-42) definierte *2-reihige* Determinante kann dabei mit Hilfe der folgenden *Regel* berechnet werden:

Berechnung einer 2-reihigen Determinante

$$\begin{vmatrix} a_{11} & a_{12} \\ a_{21} & a_{22} \end{vmatrix} = a_{11} a_{22} - a_{12} a_{21} \qquad \text{(I-43)}$$

―――― Hauptdiagonale   - - - - Nebendiagonale

Der Wert einer 2-reihigen Determinante ist gleich dem Produkt der beiden Hauptdiagonalelemente *minus* dem Produkt der beiden Nebendiagonalelemente.

■ **Beispiele**

Wir berechnen die *Determinanten* der folgenden 2-reihigen Matrizen:

$$\mathbf{A} = \begin{pmatrix} 3 & 5 \\ -2 & 4 \end{pmatrix}, \quad \mathbf{B} = \begin{pmatrix} 5 & 3 \\ -10 & -6 \end{pmatrix}, \quad \mathbf{C} = \begin{pmatrix} 1 & 0 \\ 0 & 1 \end{pmatrix}$$

Es ist:

$$\det \mathbf{A} = \begin{vmatrix} 3 & 5 \\ -2 & 4 \end{vmatrix} = 3 \cdot 4 - (-2) \cdot 5 = 12 + 10 = 22$$

$$\det \mathbf{B} = \begin{vmatrix} 5 & 3 \\ -10 & -6 \end{vmatrix} = 5 \cdot (-6) - (-10) \cdot 3 = -30 + 30 = 0$$

$$\det \mathbf{C} = \begin{vmatrix} 1 & 0 \\ 0 & 1 \end{vmatrix} = 1 \cdot 1 - 0 \cdot 0 = 1 \qquad ■$$

3.2.2 Eigenschaften zweireihiger Determinanten

In diesem Abschnitt werden wir uns mit den wesentlichen *Eigenschaften* der *2-reihigen* Determinanten vertraut machen und sie zu *Regeln* zusammenfassen. Sie gelten im Übrigen *sinngemäß* auch für die später noch zu definierenden Determinanten *höherer* Ordnung.

> **Regel 1:** Der Wert einer 2-reihigen Determinante ändert sich *nicht*, wenn Zeilen und Spalten miteinander *vertauscht* werden.

Anmerkungen

(1)   Man bezeichnet diesen Vorgang auch als *Stürzen* der Determinante.

(2)   Die Vertauschung von Zeilen und Spalten kann auch durch eine *Spiegelung* der Elemente an der *Hauptdiagonalen* erreicht werden. Dabei geht die Matrix **A** in ihre *Transponierte* $\mathbf{A}^T$ über. Es gilt somit für *jede* 2-reihige Matrix **A**:

$$\det \mathbf{A}^T = \det \mathbf{A} \qquad\qquad\qquad (\text{I-44})$$

(3)   Aus **Regel 1** ziehen wir noch eine wichtige *Folgerung*: Alle für *Zeilen* bewiesenen Determinanteneigenschaften gelten *sinngemäß* auch für *Spalten*. Es genügt daher, alle weiteren Eigenschaften (Regeln) für *Zeilenvektoren* zu beweisen.

Beweis: Durch *Stürzen* der Determinante

$$\det \mathbf{A} = \begin{vmatrix} a_{11} & a_{12} \\ a_{21} & a_{22} \end{vmatrix} = a_{11}a_{22} - a_{12}a_{21} \tag{I-45}$$

erhalten wir:

$$\det \mathbf{A}^{\mathsf{T}} = \begin{vmatrix} a_{11} & a_{21} \\ a_{12} & a_{22} \end{vmatrix} = a_{11}a_{22} - a_{12}a_{21} = \det \mathbf{A} \tag{I-46}$$

Der Wert der Determinante hat sich dabei *nicht* geändert.

■ **Beispiel**

$$\det \mathbf{A} = \begin{vmatrix} 8 & 5 \\ -3 & 2 \end{vmatrix} = 8 \cdot 2 - (-3) \cdot 5 = 16 + 15 = 31$$

$$\det \mathbf{A}^{\mathsf{T}} = \begin{vmatrix} 8 & -3 \\ 5 & 2 \end{vmatrix} = 8 \cdot 2 - 5 \cdot (-3) = 16 + 15 = 31$$

Somit gilt erwartungsgemäß:

$$\det \mathbf{A}^{\mathsf{T}} = \det \mathbf{A} = 31 \qquad\qquad ■$$

> **Regel 2:** Beim Vertauschen der beiden Zeilen (oder Spalten) ändert eine 2-reihige Determinante ihr *Vorzeichen*.

Beweis: Wir vertauschen in der Determinante $\begin{vmatrix} a_{11} & a_{12} \\ a_{21} & a_{22} \end{vmatrix}$ die beiden *Zeilen* miteinander und erhalten:

$$\begin{vmatrix} a_{21} & a_{22} \\ a_{11} & a_{12} \end{vmatrix} = a_{12}a_{21} - a_{11}a_{22} =$$

$$= -(a_{11}a_{22} - a_{12}a_{21}) = - \begin{vmatrix} a_{11} & a_{12} \\ a_{21} & a_{22} \end{vmatrix} \tag{I-47}$$

Es tritt dabei – wie behauptet – ein *Vorzeichenwechsel* ein.

■ **Beispiel**

$$\det \mathbf{A} = \begin{vmatrix} 7 & 3 \\ 4 & -1 \end{vmatrix} = 7 \cdot (-1) - 4 \cdot 3 = -7 - 12 = -19$$

Wir vertauschen nun beide *Spalten*. Die Determinante ändert dabei ihr *Vorzeichen*:

$$\begin{vmatrix} 3 & 7 \\ -1 & 4 \end{vmatrix} = 3 \cdot 4 - (-1) \cdot 7 = 12 + 7 = 19 = - \begin{vmatrix} 7 & 3 \\ 4 & -1 \end{vmatrix}$$ ■

Regel 3: Werden die Elemente einer *beliebigen* Zeile (oder Spalte) einer 2-reihigen Determinante mit einem reellen Skalar λ *multipliziert*, so multipliziert sich die Determinante mit λ.

Beweis: Wir multiplizieren die Elemente der *1. Zeile* der zweireihigen Determinante

$$\det \mathbf{A} = \begin{vmatrix} a_{11} & a_{12} \\ a_{21} & a_{22} \end{vmatrix} \quad \text{mit dem Skalar } \lambda \text{ und erhalten:}$$

$$\begin{vmatrix} \lambda a_{11} & \lambda a_{12} \\ a_{21} & a_{22} \end{vmatrix} = \lambda a_{11} a_{22} - \lambda a_{12} a_{21} = \lambda (a_{11} a_{22} - a_{12} a_{21}) =$$

$$= \lambda \cdot \begin{vmatrix} a_{11} & a_{12} \\ a_{21} & a_{22} \end{vmatrix} = \lambda \cdot \det \mathbf{A} \qquad \text{(I-48)}$$

Zum gleichen Ergebnis gelangen wir, wenn wir die Elemente der *2. Zeile* mit λ multiplizieren oder die 1. oder 2. Spalte mit λ multiplizieren.

Unmittelbar aus der **Regel 3** folgen die **Regeln 4** und **5**:

Regel 4: Eine 2-reihige Determinante wird mit einem reellen Skalar λ *multipliziert*, indem man die Elemente einer *beliebigen* Zeile (oder Spalte) mit λ multipliziert.

Regel 5: Besitzen die Elemente einer Zeile (oder Spalte) einer 2-reihigen Determinante einen *gemeinsamen* Faktor λ, so darf dieser *vor* die Determinante gezogen werden.

Anmerkung

Man beachte den folgenden *Unterschied*: Eine *Matrix* wird mit einem Skalar λ multipliziert, indem *jedes* Matrixelement mit λ multipliziert wird. Im Gegensatz dazu erfolgt die Multiplikation einer *Determinante* mit einem Skalar λ, indem man die Elemente *einer* beliebigen Zeile (oder Spalte) mit λ multipliziert.

■ **Beispiel**

In der Determinante $\begin{vmatrix} -24 & 7 \\ -32 & 1 \end{vmatrix}$ besitzen die Elemente der *1. Spalte* den *gemeinsamen*

Faktor -8, den wir nach **Regel 5** *vor* die Determinante ziehen dürfen. Es ist somit:

$$\begin{vmatrix} -24 & 7 \\ -32 & 1 \end{vmatrix} = \begin{vmatrix} (-8 \cdot 3) & 7 \\ (-8 \cdot 4) & 1 \end{vmatrix} = -8 \cdot \begin{vmatrix} 3 & 7 \\ 4 & 1 \end{vmatrix} = -8\,(3 \cdot 1 - 4 \cdot 7) =$$

$$= -8\,(3 - 28) = -8 \cdot (-25) = 200 \qquad ■$$

Regel 6: Eine 2-reihige Determinante besitzt den Wert *null*, wenn sie (mindestens) eine der folgenden Bedingungen erfüllt:

    1. Alle Elemente einer Zeile (oder Spalte) sind gleich *null*.

    2. Beide Zeilen (*oder* Spalten) stimmen *überein*.

    3. Die Zeilen (oder Spalten) sind zueinander *proportional*.

Anmerkungen

Zwei Zeilen (Spalten) sind *gleich*, wenn sie in ihren entsprechenden Elementen *übereinstimmen*. *Proportionalität* zweier Zeilen (Spalten) bedeutet: Einander entsprechende Elemente stehen in einem *festen* Zahlenverhältnis.

Beweis:

Zu 1.: Wir nehmen zunächst an, dass sämtliche Elemente der *1. Zeile* verschwinden: $a_{11} = a_{12} = 0$. Dann aber ist – wie behauptet –

$$D = \begin{vmatrix} a_{11} & a_{12} \\ a_{21} & a_{22} \end{vmatrix} = \begin{vmatrix} 0 & 0 \\ a_{21} & a_{22} \end{vmatrix} = 0 \cdot a_{22} - 0 \cdot a_{21} = 0 \qquad \text{(I-49)}$$

Analog verläuft der Beweis, wenn die Elemente der *2. Zeile* verschwinden.

Zu 2.: Die Determinante besitze zwei *gleiche* Zeilen: $a_{21} = a_{11}, a_{22} = a_{12}$. Dann gilt:

$$D = \begin{vmatrix} a_{11} & a_{12} \\ a_{21} & a_{22} \end{vmatrix} = \begin{vmatrix} a_{11} & a_{12} \\ a_{11} & a_{12} \end{vmatrix} = a_{11}a_{12} - a_{11}a_{12} = 0 \qquad (\text{I-50})$$

Zu 3.: Wir wollen annehmen, dass die *2. Zeile* das λ-fache der *1. Zeile* ist: $a_{21} = \lambda a_{11}$, $a_{22} = \lambda a_{12}$. Dann folgt:

$$D = \begin{vmatrix} a_{11} & a_{12} \\ a_{21} & a_{22} \end{vmatrix} = \begin{vmatrix} a_{11} & a_{12} \\ \lambda a_{11} & \lambda a_{12} \end{vmatrix} = \lambda \cdot \underbrace{\begin{vmatrix} a_{11} & a_{12} \\ a_{11} & a_{12} \end{vmatrix}}_{0} = \lambda \cdot 0 = 0 \quad (\text{I-51})$$

(die Determinante enthält zwei *gleiche* Zeilen und *verschwindet* somit nach **Regel 6**, 2.).

■ **Beispiele**

Die Determinanten der folgenden 2-reihigen Matrizen *verschwinden*:

$$\mathbf{A} = \begin{pmatrix} 1 & 5 \\ 0 & 0 \end{pmatrix}, \qquad \mathbf{B} = \begin{pmatrix} 4 & 2 \\ 8 & 4 \end{pmatrix}, \qquad \mathbf{C} = \begin{pmatrix} 4 & 3 \\ 4 & 3 \end{pmatrix}, \qquad \mathbf{D} = \begin{pmatrix} 1 & 0 \\ 0 & 0 \end{pmatrix}$$

Begründung:

det $\mathbf{A} = 0$: Die Elemente der 2. Zeile sind *Nullen*.

det $\mathbf{B} = 0$: Die beiden Zeilen (bzw. Spalten) sind zueinander *proportional* (Faktor 2).

det $\mathbf{C} = 0$: Die beiden Zeilenvektoren *stimmen überein*.

det $\mathbf{D} = 0$: Die Elemente der 2. Zeile (bzw. 2. Spalte) sind *Nullen*.   ■

Regel 7: Der Wert einer 2-reihigen Determinante ändert sich *nicht*, wenn man zu einer Zeile (oder Spalte) ein *beliebiges* Vielfaches der *anderen* Zeile (bzw. *anderen* Spalte) elementweise addiert.

Beweis: Wir addieren zur *1. Zeile* der Determinante $\begin{vmatrix} a_{11} & a_{12} \\ a_{21} & a_{22} \end{vmatrix}$ das λ-fache der *2. Zeile* und erhalten dann:

$$\begin{vmatrix} (a_{11} + \lambda a_{21}) & (a_{12} + \lambda a_{22}) \\ a_{21} & a_{22} \end{vmatrix} = (a_{11} + \lambda a_{21})a_{22} - (a_{12} + \lambda a_{22})a_{21} =$$

$$= a_{11}a_{22} + \lambda a_{21}a_{22} - a_{12}a_{21} - \lambda a_{21}a_{22} =$$

$$= a_{11}a_{22} - a_{12}a_{21} = \begin{vmatrix} a_{11} & a_{12} \\ a_{21} & a_{22} \end{vmatrix} \qquad (\text{I-52})$$

Das gleiche Ergebnis erhalten wir, wenn wir zur *2. Zeile* das λ-fache der *1. Zeile* addieren. Damit ist **Regel 7** bewiesen.

■ **Beispiel**

Addieren wir zur *1. Zeile* der Determinante $\begin{vmatrix} -6 & 5 \\ 1 & 4 \end{vmatrix}$ das *6-fache* der *2. Zeile*, so hat

sich nach **Regel 7** der Wert der Determinante *nicht* geändert. Es ist somit:

$$\begin{vmatrix} -6 & 5 \\ 1 & 4 \end{vmatrix} = \begin{vmatrix} (-6+6) & (5+24) \\ 1 & 4 \end{vmatrix} = \begin{vmatrix} 0 & 29 \\ 1 & 4 \end{vmatrix} = 0 \cdot 4 - 1 \cdot 29 = -29$$

Wir bestätigen dieses Ergebnis, indem wir die Ausgangsdeterminante *direkt* berechnen:

$$\begin{vmatrix} -6 & 5 \\ 1 & 4 \end{vmatrix} = -6 \cdot 4 - 1 \cdot 5 = -24 - 5 = -29$$ ■

Regel 8: Multiplikationstheorem für Determinanten

Für zwei 2-reihige Matrizen **A** und **B** gilt stets

$$\det (\mathbf{A} \cdot \mathbf{B}) = (\det \mathbf{A}) \cdot (\det \mathbf{B}) \tag{I-53}$$

d. h. die Determinante eines *Matrizenproduktes* **A** · **B** ist gleich dem *Produkt* der Determinanten der beiden Faktoren **A** und **B**.

Auf den Beweis dieser Regel verzichten wir.

Anmerkung

Mit Hilfe des *Multiplikationstheorems* (**Regel 8**) lässt sich die Determinante eines *Matrizenproduktes* **A** · **B** direkt aus den Determinanten der beiden *Faktoren* berechnen. Die oft mühsame Ausrechnung des Matrizenproduktes *entfällt* somit!

■ **Beispiel**

$$\mathbf{A} = \begin{pmatrix} 1 & 4 \\ 5 & -2 \end{pmatrix}, \qquad \mathbf{B} = \begin{pmatrix} -2 & -3 \\ 4 & 1 \end{pmatrix}$$

Die Berechnung der Determinante des *Matrizenproduktes* **A** · **B** geschieht am einfachsten nach dem *Multiplikationstheorem* (**Regel 8**). Wir erhalten mit

$$\det \mathbf{A} = \begin{vmatrix} 1 & 4 \\ 5 & -2 \end{vmatrix} = 1 \cdot (-2) - 5 \cdot 4 = -2 - 20 = -22$$

$$\det \mathbf{B} = \begin{vmatrix} -2 & -3 \\ 4 & 1 \end{vmatrix} = -2 \cdot 1 - 4 \cdot (-3) = -2 + 12 = 10$$

den folgenden Wert:

$$\det (\mathbf{A} \cdot \mathbf{B}) = (\det \mathbf{A}) \cdot (\det \mathbf{B}) = (-22) \cdot 10 = -220$$

Zur *Kontrolle* berechnen wir jetzt die Determinante $\det (\mathbf{A} \cdot \mathbf{B})$ auf einem *anderen* Wege, müssen dabei allerdings einen Mehraufwand an Zeit und Arbeit in Kauf nehmen. Zunächst bilden wir nach dem Anordnungsschema von *Falk* das Matrizenprodukt $\mathbf{A} \cdot \mathbf{B}$ und im Anschluss daran die Determinante $\det (\mathbf{A} \cdot \mathbf{B})$.

$$
\begin{array}{cc|cc}
 & \mathbf{B} & -2 & -3 \\
 & & 4 & 1 \\
\hline
\mathbf{A} & 1 \quad 4 & 14 & 1 \\
 & 5 \quad -2 & -18 & -17
\end{array}
\qquad \Rightarrow \qquad
\mathbf{A} \cdot \mathbf{B} = \begin{pmatrix} 14 & 1 \\ -18 & -17 \end{pmatrix}
$$

$$\mathbf{A} \cdot \mathbf{B}$$

$$\det (\mathbf{A} \cdot \mathbf{B}) = \begin{vmatrix} 14 & 1 \\ -18 & -17 \end{vmatrix} = 14 \cdot (-17) - (-18) \cdot 1 =$$

$$= -238 + 18 = -220 \qquad \blacksquare$$

Regel 9: Die Determinante einer 2-reihigen *Dreiecksmatrix* $\mathbf{A}$ besitzt den Wert

$$\det \mathbf{A} = a_{11} a_{22} \qquad (\text{I-54})$$

d. h. die Determinante einer *Dreiecksmatrix* ist gleich dem *Produkt der Hauptdiagonalelemente*.

Anmerkungen

(1) Da die Diagonalmatrix ein *Sonderfall* der Dreiecksmatrix ist, gilt für ihre Determinante ebenfalls $D = a_{11} a_{22}$.

(2) Einheitsmatrix $\mathbf{E}$ und Nullmatrix $\mathbf{0}$ wiederum sind *Sonderfälle* der Diagonalmatrix. Für ihre Determinanten gilt daher:

$$\det \mathbf{E} = \begin{vmatrix} 1 & 0 \\ 0 & 1 \end{vmatrix} = 1 \cdot 1 = 1 \qquad (\text{I-55})$$

$$\det \mathbf{0} = \begin{vmatrix} 0 & 0 \\ 0 & 0 \end{vmatrix} = 0 \cdot 0 = 0 \qquad (\text{I-56})$$

Beweis: Wir beweisen **Regel 9** für eine *obere* Dreiecksmatrix:

$$D = \begin{vmatrix} a_{11} & a_{12} \\ 0 & a_{22} \end{vmatrix} = a_{11} a_{22} - 0 \cdot a_{12} = a_{11} a_{22} \qquad (\text{I-57})$$

■ **Beispiele**

(1) Die Determinanten der *Dreiecksmatrizen* $\mathbf{A} = \begin{pmatrix} 5 & -4 \\ 0 & -3 \end{pmatrix}$ und $\mathbf{B} = \begin{pmatrix} 7 & 0 \\ -8 & 5 \end{pmatrix}$ besitzen die folgenden Werte:

$$\det \mathbf{A} = \begin{vmatrix} 5 & -4 \\ 0 & -3 \end{vmatrix} = 5 \cdot (-3) = -15$$

$$\det \mathbf{B} = \begin{vmatrix} 7 & 0 \\ -8 & 5 \end{vmatrix} = 7 \cdot 5 = 35$$

(2) $\mathbf{A} = \begin{pmatrix} -6 & 0 \\ 0 & -4 \end{pmatrix}$ ist eine *Diagonalmatrix*. Ihre Determinante besitzt den Wert

$$\det \mathbf{A} = \begin{vmatrix} -6 & 0 \\ 0 & -4 \end{vmatrix} = (-6) \cdot (-4) = 24$$ ■

3.3 Dreireihige Determinanten

3.3.1 Definition einer dreireihigen Determinante

Auf *3-reihige* Determinanten stößt man beispielsweise, wenn man ein lineares Gleichungssystem mit drei Gleichungen und drei Unbekannten vom Typ

$$a_{11}x_1 + a_{12}x_2 + a_{13}x_3 = c_1$$
$$a_{21}x_1 + a_{22}x_2 + a_{23}x_3 = c_2 \qquad\qquad\qquad \text{(I-58)}$$
$$a_{31}x_1 + a_{32}x_2 + a_{33}x_3 = c_3$$

auf seine *Lösbarkeit* hin untersucht. Wir werden später zeigen, dass ein solches System nur dann genau *eine* Lösung besitzt, wenn der aus den Elementen der 3-reihigen *Koeffizientenmatrix*

$$\mathbf{A} = \begin{pmatrix} a_{11} & a_{12} & a_{13} \\ a_{21} & a_{22} & a_{23} \\ a_{31} & a_{32} & a_{33} \end{pmatrix} \qquad\qquad\qquad \text{(I-59)}$$

gebildete Term

$$D = a_{11}a_{22}a_{33} + a_{12}a_{23}a_{31} + a_{13}a_{21}a_{32} -$$
$$- a_{13}a_{22}a_{31} - a_{11}a_{23}a_{32} - a_{12}a_{21}a_{33} \qquad\qquad \text{(I-60)}$$

einen von Null *verschiedenen* Wert besitzt (siehe hierzu Abschnitt 5). Die Zahl *D* heißt *Determinante* von **A**. Sie wird in diesem Zusammenhang meist als *Koeffizientendeterminante* des Gleichungssystems (I-58) bezeichnet.

Definition: Unter der *Determinante* einer *3-reihigen* quadratischen Matrix $\mathbf{A} = (a_{ik})$ versteht man die Zahl

$$D = \begin{vmatrix} a_{11} & a_{12} & a_{13} \\ a_{21} & a_{22} & a_{23} \\ a_{31} & a_{32} & a_{33} \end{vmatrix} =$$

$$= a_{11}a_{22}a_{33} + a_{12}a_{23}a_{31} + a_{13}a_{21}a_{32} -$$
$$- a_{13}a_{22}a_{31} - a_{11}a_{23}a_{32} - a_{12}a_{21}a_{33} \qquad \text{(I-61)}$$

Anmerkungen

(1)   Die Determinante D heißt auch *3-reihige Determinante* oder *Determinante 3. Ordnung*. Gebräuchliche Schreibweisen sind:

$$D, \quad \begin{vmatrix} a_{11} & a_{12} & a_{13} \\ a_{21} & a_{22} & a_{23} \\ a_{31} & a_{32} & a_{33} \end{vmatrix}, \quad \det \mathbf{A}, \quad |\mathbf{A}|, \quad |a_{ik}|$$

(2)   Die neun Zahlen a_{ik} sind die *Elemente* der Determinante $(i, k = 1, 2, 3)$.

Die Berechnung einer *3-reihigen* Determinante erfolgt zweckmäßigerweise nach der folgenden, von *Sarrus* stammenden Regel:

Berechnung einer 3-reihigen Determinante nach Sarrus (Regel von Sarrus)

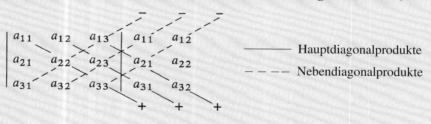

$$D = a_{11}a_{22}a_{33} + a_{12}a_{23}a_{31} + a_{13}a_{21}a_{32} -$$
$$- a_{13}a_{22}a_{31} - a_{11}a_{23}a_{32} - a_{12}a_{21}a_{33} \qquad \text{(I-62)}$$

Die Spalten 1 und 2 der Determinante werden nochmals rechts neben die Determinante gesetzt. Den Determinantenwert erhält man dann, indem man die drei Hauptdiagonalprodukte (———) addiert und von dieser Summe die drei Nebendiagonalprodukte (— — — —) subtrahiert.

Anmerkung

Es sei ausdrücklich darauf hingewiesen, dass die Regel von *Sarrus* nur für *3-reihige* Determinanten gilt.

■ **Beispiel**

Wir berechnen die Determinante der *3-reihigen* Matrix $\mathbf{A} = \begin{pmatrix} 1 & -2 & 7 \\ 0 & 3 & 2 \\ 5 & -1 & 4 \end{pmatrix}$ nach der *Regel von Sarrus*:

$$\det \mathbf{A} = \begin{vmatrix} 1 & -2 & 7 \\ 0 & 3 & 2 \\ 5 & -1 & 4 \end{vmatrix} = 1 \cdot 3 \cdot 4 + (-2) \cdot 2 \cdot 5 + 7 \cdot 0 \cdot (-1) -$$

$$- 7 \cdot 3 \cdot 5 - 1 \cdot 2 \cdot (-1) - (-2) \cdot 0 \cdot 4 =$$

$$= 12 - 20 + 0 - 105 + 2 - 0 = -111 \qquad ■$$

In Abschnitt 3.2.2 haben wir bereits darauf hingewiesen, dass die für *2-reihige* Determinanten hergeleiteten Rechenregeln *sinngemäß* auch für Determinanten *höherer Ordnung* und somit auch für *3-reihige* Determinanten gelten.

Rechenregeln für 3-reihige Determinanten

Für *3-reihige* Determinanten gelten *sinngemäß* die gleichen Rechenregeln wie für *2-reihige* Determinanten (Regel 1 bis Regel 9 aus Abschnitt 3.2.2).

■ **Beispiele**

(1)   Es ist

$$\begin{vmatrix} 4 & 2 & 1 \\ 10 & 5 & 0 \\ -6 & -3 & 1 \end{vmatrix} = 0$$

Begründung: Die Spalten 1 und 2 sind zueinander *proportional* (Faktor 2). Nach **Regel 6**, (3) aus Abschnitt 3.2.2 besitzt die Determinante daher den Wert *null*.

(2) Wir berechnen unter Verwendung des *Multiplikationstheorems* (**Regel 8** aus Abschnitt 3.2.2) und der Regel von *Sarrus* die Determinante des Matrizenproduktes **A** · **B** mit

$$\mathbf{A} = \begin{pmatrix} 1 & 0 & -1 \\ 2 & 5 & 4 \\ 0 & 1 & 5 \end{pmatrix} \quad \text{und} \quad \mathbf{B} = \begin{pmatrix} -3 & 0 & -2 \\ 3 & 2 & 1 \\ 1 & 8 & 1 \end{pmatrix} :$$

$$\det(\mathbf{A} \cdot \mathbf{B}) = (\det \mathbf{A}) \cdot (\det \mathbf{B}) = \underbrace{\begin{vmatrix} 1 & 0 & -1 \\ 2 & 5 & 4 \\ 0 & 1 & 5 \end{vmatrix}}_{19} \cdot \underbrace{\begin{vmatrix} -3 & 0 & -2 \\ 3 & 2 & 1 \\ 1 & 8 & 1 \end{vmatrix}}_{-26} =$$

$$= 19 \cdot (-26) = -494$$

Die Determinanten wurden nach der Regel von *Sarrus* berechnet (bitte nachrechnen).

(3) Nach **Regel 9** aus Abschnitt 3.2.2 gilt (**A** ist eine *obere Dreiecksmatrix*):

$$\det \mathbf{A} = \begin{vmatrix} 2 & 1 & 6 \\ 0 & 4 & 2 \\ 0 & 0 & 3 \end{vmatrix} = 2 \cdot 4 \cdot 3 = 24$$

(4) Die Gleichung einer *Geraden* durch zwei feste (voneinander verschiedene) Punkte $P_1 = (x_1; y_1)$ und $P_2 = (x_2; y_2)$ lässt sich durch die Determinantengleichung

$$\begin{vmatrix} x_1 & x_2 & x \\ y_1 & y_2 & y \\ 1 & 1 & 1 \end{vmatrix} = 0$$

darstellen, wobei x und y die Koordinaten des laufenden Punktes P auf der Geraden bedeuten. Denn die Entwicklung der 3-reihigen Determinante nach der *Regel von Sarrus* führt auf die folgende *lineare* Funktion:

$$x_1 y_2 + x_2 y + x y_1 - x y_2 - x_1 y - x_2 y_1 = 0$$

$$\underbrace{(y_1 - y_2)}_{a} x + \underbrace{(x_2 - x_1)}_{b} y + \underbrace{(x_1 y_2 - x_2 y_1)}_{c} = a x + b y + c = 0$$

Diese Gerade enthält sowohl P_1 als auch P_2. Setzt man nämlich für x und y die Koordinaten von P_1 bzw. P_2 in die Determinantengleichung ein, so besitzt die Determinante jeweils zwei *gleiche* Spalten (Spalten 1 und 3 bzw. 2 und 3) und muss daher *verschwinden*, d. h. die Geradengleichung ist erfüllt.   ∎

3.3.2 Entwicklung einer dreireihigen Determinante nach Unterdeterminanten (Laplacescher Entwicklungssatz)

Wir führen zunächst den Begriff einer *Unterdeterminante* ein.

> **Definition:** Die aus einer 3-reihigen Determinante D durch Streichen der i-ten Zeile und k-ten Spalte erhaltene 2-reihige Determinante heißt *Unterdeterminante* von D und wird durch das Symbol D_{ik} gekennzeichnet ($i, k = 1, 2, 3$).

So geht beispielsweise die Unterdeterminante D_{12} aus D durch Streichen der *1. Zeile* und *2. Spalte* hervor. Zu einer 3-reihigen Determinante gibt es insgesamt neun 2-reihige Unterdeterminanten: $D_{11}, D_{12}, D_{13}, D_{21}, D_{22}, D_{23}, D_{31}, D_{32}, D_{33}$.

Die mit dem *Vorzeichenfaktor* $(-1)^{i+k}$ versehene Unterdeterminante D_{ik} wird als *algebraisches Komplement* A_{ik} des Elementes a_{ik} in der Determinante D bezeichnet. Es ist demnach

$$A_{ik} = (-1)^{i+k} \cdot D_{ik} \tag{I-63}$$

Die algebraischen Komplemente sind somit nichts anderes als die mit *alternierenden* Vorzeichen versehenen *Unterdeterminanten*. Das Vorzeichen kann dabei dem folgenden *Schachbrettmuster* entnommen werden:

	1	2	3
1	+	−	+
2	−	+	−
3	+	−	+

Der Vorzeichenfaktor von A_{ik} steht im Schnittpunkt der i-ten Zeile mit der k-ten Spalte ($i, k = 1, 2, 3$).

Beispiel: A_{23} besitzt einen *negativen* Vorzeichenfaktor (*grau* unterlegt).

■ **Beispiel**

Gegeben ist die *3-reihige* Determinante $D = \begin{vmatrix} 1 & 4 & 6 \\ 5 & -2 & 3 \\ 0 & 1 & 7 \end{vmatrix}$. Wir berechnen die *Unter-*

determinanten D_{11}, D_{23} und die zugehörigen *algebraischen Komplemente* A_{11}, A_{23} (die *grau* markierten Zeilen und Spalten werden gestrichen):

$$D_{11} = \begin{vmatrix} 1 & 4 & 6 \\ 5 & -2 & 3 \\ 0 & 1 & 7 \end{vmatrix} = \begin{vmatrix} -2 & 3 \\ 1 & 7 \end{vmatrix} = -2 \cdot 7 - 1 \cdot 3 = -14 - 3 = -17$$

$$A_{11} = (-1)^{1+1} \cdot D_{11} = (-1)^2 \cdot (-17) = 1 \cdot (-17) = -17$$

$$D_{23} = \begin{vmatrix} 1 & 4 & 6 \\ 5 & -2 & 3 \\ 0 & 1 & 7 \end{vmatrix} = \begin{vmatrix} 1 & 4 \\ 0 & 1 \end{vmatrix} = 1 \cdot 1 - 0 \cdot 4 = 1$$

$$A_{23} = (-1)^{2+3} \cdot D_{23} = (-1)^5 \cdot 1 = (-1) \cdot 1 = -1 \qquad \blacksquare$$

Wir sind nun in der Lage, eine 3-reihige Determinante durch *2-reihige Unterdeterminanten* darzustellen. Dazu formen wir die Definitionsformel (I-61) der 3-reihigen Determinante wie folgt um:

$$D = a_{11}a_{22}a_{33} + a_{12}a_{23}a_{31} + a_{13}a_{21}a_{32} -$$

$$- a_{13}a_{22}a_{31} - a_{11}a_{23}a_{32} - a_{12}a_{21}a_{33} =$$

$$= a_{11}\underbrace{(a_{22}a_{33} - a_{23}a_{32})}_{D_{11}} - a_{12}\underbrace{(a_{21}a_{33} - a_{23}a_{31})}_{D_{12}} + a_{13}\underbrace{(a_{21}a_{32} - a_{22}a_{31})}_{D_{13}}$$

$$(\text{I-64})$$

(die Elemente a_{11}, a_{12} und a_{13} treten in jeweils *zwei* Summanden auf; durch *Ausklammern* erhält man den angegebenen Ausdruck). Die drei Klammerausdrücke repräsentieren dabei die *Unterdeterminanten* D_{11}, D_{12} und D_{13} von D:

$$D_{11} = \begin{vmatrix} a_{11} & a_{12} & a_{13} \\ a_{21} & a_{22} & a_{23} \\ a_{31} & a_{32} & a_{33} \end{vmatrix} = \begin{vmatrix} a_{22} & a_{23} \\ a_{32} & a_{33} \end{vmatrix} = a_{22}a_{33} - a_{23}a_{32}$$

$$D_{12} = \begin{vmatrix} a_{11} & a_{12} & a_{13} \\ a_{21} & a_{22} & a_{23} \\ a_{31} & a_{32} & a_{33} \end{vmatrix} = \begin{vmatrix} a_{21} & a_{23} \\ a_{31} & a_{33} \end{vmatrix} = a_{21}a_{33} - a_{23}a_{31} \qquad (\text{I-65})$$

$$D_{13} = \begin{vmatrix} a_{11} & a_{12} & a_{13} \\ a_{21} & a_{22} & a_{23} \\ a_{31} & a_{32} & a_{33} \end{vmatrix} = \begin{vmatrix} a_{21} & a_{22} \\ a_{31} & a_{32} \end{vmatrix} = a_{21}a_{32} - a_{22}a_{31}$$

Damit lässt sich die Determinante D auch in der Form

$$D = a_{11}D_{11} - a_{12}D_{12} + a_{13}D_{13} \qquad (\text{I-66})$$

oder auch – unter Verwendung der *algebraischen Komplemente* $A_{11} = D_{11}$, $A_{12} = -D_{12}$ und $A_{13} = D_{13}$ – in der Form

$$D = a_{11}A_{11} + a_{12}A_{12} + a_{13}A_{13} = \sum_{k=1}^{3} a_{1k}A_{1k} \qquad (\text{I-67})$$

darstellen. Die einzelnen Summanden sind dabei die *Produkte der Elemente der 1. Zeile mit dem jeweils zugehörigen algebraischen Komplement*. Die Darstellung (I-67) wird daher auch als *Entwicklung der 3-reihigen Determinante nach den Elementen der 1. Zeile* bezeichnet.

Eine 3-reihige Determinante D lässt sich aber ebenso nach den Elementen der *2.* oder *3. Zeile* entwickeln. Die *Entwicklungsformel* lautet dann beispielsweise für die 2. Zeile wie folgt:

$$D = a_{21}A_{21} + a_{22}A_{22} + a_{23}A_{23} = \sum_{k=1}^{3} a_{2k}A_{2k} \qquad \text{(I-68)}$$

Auch eine Entwicklung nach den Elementen der *1., 2. oder 3. Spalte* ist möglich. Bei Entwicklung nach der *1. Spalte* erhalten wir z. B.:

$$D = a_{11}A_{11} + a_{21}A_{21} + a_{31}A_{31} = \sum_{i=1}^{3} a_{i1}A_{i1} \qquad \text{(I-69)}$$

Wir fassen diese wichtigen Aussagen in dem von *Laplace* stammenden *Entwicklungssatz* zusammen:

Laplacescher Entwicklungssatz

Eine 3-reihige Determinante lässt sich nach jeder ihrer drei Zeilen oder Spalten wie folgt *entwickeln*:

Entwicklung nach der i-ten Zeile:

$$D = \sum_{k=1}^{3} a_{ik}A_{ik} \qquad (i = 1, 2, 3) \qquad \text{(I-70)}$$

Entwicklung nach der k-ten Spalte:

$$D = \sum_{i=1}^{3} a_{ik}A_{ik} \qquad (k = 1, 2, 3) \qquad \text{(I-71)}$$

Dabei bedeuten:

$A_{ik} = (-1)^{i+k} \cdot D_{ik}$: *Algebraisches Komplement* von a_{ik} in D

$\qquad D_{ik}$:   *2-reihige Unterdeterminante* von D (in D wird die i-te Zeile und k-te Spalte gestrichen)

Anmerkungen

(1) Der Wert einer 3-reihigen Determinante ist *unabhängig* von der Zeile oder Spalte, nach der entwickelt wird.

(2) In der Praxis entwickelt man stets nach derjenigen Zeile oder Spalte, die die *meisten* Nullen enthält, da diese Elemente *keinen* Beitrag zum Determinantenwert leisten.

(3) Bei einer 3-reihigen Determinante bringt die Entwicklung nach *Laplace* in der Regel *keine* nennenswerte Erleichterung. Meist ist es bequemer, die Determinante nach der Regel von *Sarrus* zu berechnen.

(4) Für das algebraische Komplement A_{ik} ist auch die Bezeichnung *Adjunkte* gebräuchlich.

■ **Beispiel**

$$D = \begin{vmatrix} 1 & -5 & 3 \\ 4 & 0 & 2 \\ 3 & 6 & -7 \end{vmatrix} = ?$$

Wir wählen die *2. Zeile* als *Entwicklungszeile*, da in ihr *ein* Element verschwindet ($a_{22} = 0$) (aus dem gleichen Grund hätten wir uns auch für die *2. Spalte* entscheiden können). Die Entwicklung lautet dann nach dem Laplaceschen Entwicklungssatz (I-70):

$$D = a_{21} A_{21} + a_{22} A_{22} + a_{23} A_{23} = 4 A_{21} + 0 A_{22} + 2 A_{23} = 4 A_{21} + 2 A_{23}$$

Zunächst berechnen wir die benötigten *Unterdeterminanten* D_{21} und D_{23} und daraus die zugehörigen *algebraischen Komplemente* A_{21} und A_{23}:

$$D_{21} = \begin{vmatrix} 1 & -5 & 3 \\ 4 & 0 & 2 \\ 3 & 6 & -7 \end{vmatrix} = \begin{vmatrix} -5 & 3 \\ 6 & -7 \end{vmatrix} = (-5) \cdot (-7) - 6 \cdot 3 = 17$$

$$D_{23} = \begin{vmatrix} 1 & -5 & 3 \\ 4 & 0 & 2 \\ 3 & 6 & -7 \end{vmatrix} = \begin{vmatrix} 1 & -5 \\ 3 & 6 \end{vmatrix} = 1 \cdot 6 - 3 \cdot (-5) = 6 + 15 = 21$$

$$A_{21} = (-1)^{2+1} \cdot D_{21} = (-1) \cdot 17 = -17$$

$$A_{23} = (-1)^{2+3} \cdot D_{23} = (-1) \cdot 21 = -21$$

Die Determinante besitzt damit den folgenden Wert:

$$D = 4 A_{21} + 2 A_{23} = 4 \cdot (-17) + 2 \cdot (-21) = -68 - 42 = -110$$

■

3.4 Determinanten höherer Ordnung

3.4.1 Definition einer *n*-reihigen Determinante

Determinanten 2. und 3. Ordnung sind *Zahlen*, die den 2- bzw. 3-reihigen quadratischen Matrizen aufgrund einer bestimmten *Rechenvorschrift* zugeordnet werden. Ihre Eigenschaften und Rechenregeln sind in den beiden vorangegangenen Abschnitten ausführlich behandelt worden.

In diesem Abschnitt soll der Determinantenbegriff *verallgemeinert*, d. h. auf *n-reihige* quadratische Matrizen übertragen werden. Nach einer bestimmten Rechenvorschrift, die wir noch festlegen müssen, werden wir einer *n-reihigen* Matrix $\mathbf{A} = (a_{ik})$ eine *Zahl* zuordnen, die als *Determinante n-ter Ordnung* oder *n-reihige Determinante* bezeichnet und durch das Symbol

$$D = \det \mathbf{A} = \begin{vmatrix} a_{11} & a_{12} & \dots & a_{1n} \\ a_{21} & a_{22} & \dots & a_{2n} \\ \vdots & \vdots & & \vdots \\ a_{n1} & a_{n2} & \dots & a_{nn} \end{vmatrix} \qquad (\text{I-72})$$

gekennzeichnet wird. Die Festlegung der *Zuordnungsvorschrift*

$$\mathbf{A} \mapsto \det \mathbf{A} \qquad (\text{I-73})$$

muss dabei so erfolgen, dass die bekannten Eigenschaften und Rechenregeln der 2- und 3-reihigen Determinanten auch für *n*-reihige Determinanten *unverändert* gültig bleiben. Mit anderen Worten: *Für Determinanten bestehen – unabhängig von der Ordnung – einheitliche Rechenregeln.*

Anmerkungen

(1)   Die n^2 Zahlen a_{ik} heißen Elemente der Determinante $(i, k = 1, 2, \dots, n)$.

(2)   In Ergänzung zu den 2- und 3-reihigen Determinanten wird der Wert einer *1-reihigen* Determinante wie folgt festgelegt ($\mathbf{A} = (a)$ ist eine *1-reihige* Matrix):

$$\mathbf{A} = (a) \;\Rightarrow\; \det \mathbf{A} = a \qquad (\text{I-74})$$

Der Wert einer *1-reihigen* Determinante entspricht demnach dem Wert des einzigen *Matrixelementes.*

■   **Beispiele**

$$\mathbf{A} = (5) \;\Rightarrow\; \det \mathbf{A} = 5$$

$$\mathbf{B} = (-3) \;\Rightarrow\; \det \mathbf{B} = -3 \qquad\qquad ■$$

Festlegung der Rechenvorschrift für *n*-reihige Determinanten

Eine *3-reihige* Determinante kann bekanntlich aufgrund des *Laplaceschen Entwicklungssatzes* nach den Elementen einer *beliebigen* Zeile oder Spalte entwickelt werden, d. h. aus 2-reihigen *Unterdeterminanten* berechnet werden. Beispielsweise erhalten wir bei einer Entwicklung nach der *1. Zeile*:

$$\det \mathbf{A} = \sum_{k=1}^{3} a_{1k} A_{1k} = a_{11} A_{11} + a_{12} A_{12} + a_{13} A_{13} \tag{I-75}$$

oder in ausführlicher Schreibweise

$$\begin{vmatrix} a_{11} & a_{12} & a_{13} \\ a_{21} & a_{22} & a_{23} \\ a_{31} & a_{32} & a_{33} \end{vmatrix} = a_{11} \begin{vmatrix} a_{22} & a_{23} \\ a_{32} & a_{33} \end{vmatrix} - a_{12} \begin{vmatrix} a_{21} & a_{23} \\ a_{31} & a_{33} \end{vmatrix} + a_{13} \begin{vmatrix} a_{21} & a_{22} \\ a_{31} & a_{32} \end{vmatrix}$$

Auch eine *2-reihige* Determinante lässt sich *entwickeln*, etwa nach den Elementen der *1. Zeile*. Die *Entwicklungsformel* lautet dann ganz analog:

$$\det \mathbf{A} = \sum_{k=1}^{2} a_{1k} A_{1k} = a_{11} A_{11} + a_{12} A_{12} \tag{I-76}$$

Dabei sind A_{11} und A_{12} die mit einem Vorzeichen nach *Schachbrettmuster* versehenen *1-reihigen Unterdeterminanten* von $\det \mathbf{A}$, die man aus $\det \mathbf{A}$ durch Streichen der 1. Zeile und der 1. bzw. 2. Spalte erhält [5]:

$$A_{11} = (-1)^{1+1} \cdot \begin{vmatrix} a_{11} & a_{12} \\ a_{21} & a_{22} \end{vmatrix} = (-1)^2 \cdot |a_{22}| = a_{22}$$

$$\tag{I-77}$$

$$A_{12} = (-1)^{1+2} \cdot \begin{vmatrix} a_{11} & a_{12} \\ a_{21} & a_{22} \end{vmatrix} = (-1)^3 \cdot |a_{21}| = -a_{21}$$

Zur Erinnerung: $|a_{22}|$ und $|a_{21}|$ sind *1-reihige Determinanten* und nicht zu verwechseln mit Beträgen!

Die *Entwicklung* der 2-reihigen Determinante nach den Elementen der *1. Zeile* führt zu der bekannten Definitionsformel (I-42):

$$\begin{vmatrix} a_{11} & a_{12} \\ a_{21} & a_{22} \end{vmatrix} = a_{11} A_{11} + a_{12} A_{12} = a_{11} a_{22} - a_{12} a_{21} \tag{I-78}$$

Wir halten fest: Durch *Entwicklung* nach den Elementen einer Zeile oder Spalte lässt sich die Ordnung einer Determinante *reduzieren*. Eine *3-reihige* Determinante wird dabei auf *2-reihige* Determinanten, eine *2-reihige* Determinante auf *1-reihige* Determinanten

---

[5] Die Größe A_{ik} ist das *algebraische Komplement* von a_{ik} in $\det \mathbf{A}$.

zurückgeführt. Es liegt daher nahe, den Wert einer Determinante *höherer* Ordnung $(n \geq 4)$ durch eine Art *Entwicklungsvorschrift* nach dem Muster der 2- und 3-reihigen Determinanten festzulegen. Eine *4-reihige* Determinante würde demnach durch die Rechenvorschrift *Entwicklung nach den Elementen der 1. Zeile* wie folgt auf *3-reihige* Determinanten zurückgeführt:

$$D = \begin{vmatrix} a_{11} & a_{12} & a_{13} & a_{14} \\ a_{21} & a_{22} & a_{23} & a_{24} \\ a_{31} & a_{32} & a_{33} & a_{34} \\ a_{41} & a_{42} & a_{43} & a_{44} \end{vmatrix} =$$

$$= a_{11}A_{11} + a_{12}A_{12} + a_{13}A_{13} + a_{14}A_{14} = \sum_{k=1}^{4} a_{1k}A_{1k} \qquad \text{(I-79)}$$

A_{1k} ist dabei die mit dem *Vorzeichenfaktor* $(-1)^{1+k}$ versehene *3-reihige Unterdeterminante* D_{1k}, die man aus D durch Streichen der 1. Zeile und k-ten Spalte erhält $(k = 1, 2, 3, 4)$.

- **Beispiel**

Wir berechnen die folgende *4-reihige* Determinante nach der *Definitionsvorschrift Entwicklung der Determinante nach den Elementen der 1. Zeile* und erhalten [6]:

$$\begin{vmatrix} 1 & 2 & -3 & 4 \\ 0 & 4 & 5 & 1 \\ 1 & 1 & 0 & 2 \\ -1 & 3 & 4 & 0 \end{vmatrix} = 1 \cdot \underbrace{\begin{vmatrix} 4 & 5 & 1 \\ 1 & 0 & 2 \\ 3 & 4 & 0 \end{vmatrix}}_{2} - 2 \cdot \underbrace{\begin{vmatrix} 0 & 5 & 1 \\ 1 & 0 & 2 \\ -1 & 4 & 0 \end{vmatrix}}_{-6} +$$

$$+ (-3) \cdot \underbrace{\begin{vmatrix} 0 & 4 & 1 \\ 1 & 1 & 2 \\ -1 & 3 & 0 \end{vmatrix}}_{-4} - 4 \cdot \underbrace{\begin{vmatrix} 0 & 4 & 5 \\ 1 & 1 & 0 \\ -1 & 3 & 4 \end{vmatrix}}_{4} =$$

$$= 1 \cdot 2 - 2 \cdot (-6) + (-3) \cdot (-4) - 4 \cdot 4 =$$

$$= 2 + 12 + 12 - 16 = 10$$

Die Berechnung der *3-reihigen* Unterdeterminanten erfolgte dabei nach der *Regel von Sarrus* (zu Übungszwecken bitte nachrechnen!). ∎

---

[6] Wir werden später sehen, dass auch *n-reihige* Determinanten nach einer *beliebigen* Zeile oder Spalte entwickelt werden können. In der Praxis wird man daher stets nach derjenigen Zeile oder Spalte entwickeln, die die *meisten* Nullen enthält. An dieser Stelle jedoch müssen wir noch auf die *Definitionsvorschrift* („Entwicklung nach Elementen der 1. Zeile") zurückgreifen.

Allgemein legen wir für eine *Determinante n-ter Ordnung* die folgende *Entwicklungsvor-schrift* fest:

Definition: Der Wert einer *n-reihigen Determinante* $D = \det \mathbf{A}$ wird *rekursiv* nach der *Entwicklungsformel*

$$D = \det \mathbf{A} = \sum_{k=1}^{n} a_{1k} A_{1k} =$$

$$= a_{11} A_{11} + a_{12} A_{12} + \ldots + a_{1n} A_{1n} \qquad \text{(I-80)}$$

berechnet (*Entwicklung nach den Elementen der 1. Zeile*).

Dabei bedeuten:

$A_{1k} = (-1)^{1+k} \cdot D_{1k}$: *Algebraisches Komplement* von a_{1k} in D

D_{1k}: $(n-1)$*-reihige Unterdeterminante* von D (in D wird die 1. Zeile und k-te Spalte gestrichen)

Anmerkungen

(1) Durch die *Entwicklungsvorschrift* (I-80) wird einer *n*-reihigen quadratischen Matrix $\mathbf{A} = (a_{ik})$ ein Zahlenwert $\det \mathbf{A}$, die *Determinante* von $\mathbf{A}$, zugeordnet.

(2) Durch *wiederholte* (*rekursive*) Anwendung der allgemeinen Entwicklungsformel (I-80) lässt sich eine *n*-reihige Determinante auf *3-reihige* Determinanten zurückführen, deren Berechnung nach der *Regel von Sarrus* erfolgen kann. Allerdings wächst die Anzahl der zu berechnenden 3-reihigen Determinanten mit zunehmender Ordnung rasch ins *Uferlose* und führt damit zu einem meist nicht mehr vertretbaren Rechenaufwand. In Abschnitt 3.4.4 werden wir uns mit diesem Problem näher auseinandersetzen.

■ **Beispiel**

Wir berechnen den Wert der *4-reihigen* Determinante

$$\det \mathbf{A} = \begin{vmatrix} 1 & 0 & -5 & 10 \\ 0 & 1 & 2 & 5 \\ 3 & 0 & -6 & 3 \\ 1 & 4 & 3 & 2 \end{vmatrix}$$

nach der *Entwicklungsvorschrift* (I-80) und erhalten:

$$\det \mathbf{A} = 1 \cdot \underbrace{\begin{vmatrix} 1 & 2 & 5 \\ 0 & -6 & 3 \\ 4 & 3 & 2 \end{vmatrix}}_{123} + (-5) \cdot \underbrace{\begin{vmatrix} 0 & 1 & 5 \\ 3 & 0 & 3 \\ 1 & 4 & 2 \end{vmatrix}}_{57} - 10 \cdot \underbrace{\begin{vmatrix} 0 & 1 & 2 \\ 3 & 0 & -6 \\ 1 & 4 & 3 \end{vmatrix}}_{9} =$$

$$= 1 \cdot 123 - 5 \cdot 57 - 10 \cdot 9 = 123 - 285 - 90 = -252$$

Das Element $a_{12} = 0$ liefert *keinen* Beitrag, die 3-reihigen Unterdeterminanten wurden nach der *Regel von Sarrus* berechnet.   ∎

3.4.2 Laplacescher Entwicklungssatz

Die Berechnung einer *n-reihigen* Determinante erfolgt definitionsgemäß durch *Entwicklung der Determinante nach den Elementen der 1. Zeile*. Von den 2- und 3-reihigen Determinanten ist bekannt, dass die Entwicklung auch nach einer *beliebigen* anderen Zeile oder Spalte vorgenommen werden kann, ohne dass sich dabei der Wert der Determinante ändert. Dieser von *Laplace* stammende *Entwicklungssatz* bleibt auch für *n-reihige* Determinanten unverändert gültig. Er lautet [7]:

Laplacescher Entwicklungssatz

Eine *n-reihige* Determinante lässt sich nach den Elementen einer *beliebigen* Zeile oder Spalte wie folgt entwickeln:

Entwicklung nach der *i*-ten Zeile:

$$D = \sum_{k=1}^{n} a_{ik} A_{ik} \qquad (i = 1, 2, \ldots, n) \tag{I-81}$$

Entwicklung nach der *k*-ten Spalte:

$$D = \sum_{i=1}^{n} a_{ik} A_{ik} \qquad (k = 1, 2, \ldots, n) \tag{I-82}$$

Dabei bedeuten:

$A_{ik} = (-1)^{i+k} \cdot D_{ik}$: *Algebraisches Komplement* von a_{ik} in D

D_{ik}: $\quad (n-1)$-*reihige Unterdeterminante* von D (in D wird die *i*-te Zeile und *k*-te Spalte gestrichen)

---

[7] Auf den Beweis des Entwicklungssatzes müssen wir im Rahmen dieser Darstellung verzichten (Literaturhinweis: z. B. Fetzer/Fränkel: Mathematik, Bd. 1).

Anmerkungen

(1)   Der Wert einer *n*-reihigen Determinante ist *unabhängig* von der Entwicklungszeile oder Entwicklungsspalte.

(2)   *Grundsätzlich* gilt: Es wird nach derjenigen Zeile oder Spalte entwickelt, die die *meisten* Nullen enthält (*geringster* Arbeitsaufwand!).

(3)   Der Vorzeichenfaktor im algebraischen Komplement A_{ik} kann wiederum nach der *Schachbrettregel* bestimmt werden.

■   **Beispiele**

(1) $\det \mathbf{A} = \begin{vmatrix} 1 & 2 & -3 & 5 \\ 0 & 12 & 0 & 1 \\ 1 & 0 & -1 & 2 \\ -1 & 2 & 2 & 1 \end{vmatrix} = ?$

Wir entwickeln die Determinante zweckmäßigerweise nach der *2. Zeile*, da diese zwei Nullen enthält $(a_{21} = a_{23} = 0)$ und erhalten:

$$\det \mathbf{A} = a_{21} A_{21} + a_{22} A_{22} + a_{23} A_{23} + a_{24} A_{24} =$$

$$= 0 A_{21} + 12 A_{22} + 0 A_{23} + 1 A_{24} = 12 A_{22} + 1 A_{24} =$$

$$= 12 \cdot \underbrace{\begin{vmatrix} 1 & -3 & 5 \\ 1 & -1 & 2 \\ -1 & 2 & 1 \end{vmatrix}}_{9} + 1 \cdot \underbrace{\begin{vmatrix} 1 & 2 & -3 \\ 1 & 0 & -1 \\ -1 & 2 & 2 \end{vmatrix}}_{-6} =$$

$$= 12 \cdot 9 + 1 \cdot (-6) = 108 - 6 = 102$$

(2) $\det \mathbf{A} = \begin{vmatrix} 1 & 5 & 5 & 0 \\ -2 & 1 & -2 & 3 \\ 0 & 1 & 1 & 0 \\ 1 & 2 & 4 & 0 \end{vmatrix} = ?$

Durch Entwicklung nach den Elementen der 4. Spalte (diese enthält drei Nullen) erhalten wir:

$$\det \mathbf{A} = a_{14} A_{14} + a_{24} A_{24} + a_{34} A_{34} + a_{44} A_{44} =$$

$$= 0 A_{14} + 3 A_{24} + 0 A_{34} + 0 A_{44} = 3 A_{24} =$$

$$= 3 \cdot \underbrace{\begin{vmatrix} 1 & 5 & 5 \\ 0 & 1 & 1 \\ 1 & 2 & 4 \end{vmatrix}}_{2} = 3 \cdot 2 = 6$$

■

3.4.3 Rechenregeln für *n*-reihige Determinanten

Die in Abschnitt 3.2.2. hergeleiteten *Rechenregeln für 2-reihige* Determinanten gelten sinngemäß auch für Determinanten *höherer Ordnung* (*n*-ter Ordnung). Wir stellen diese *Regeln* in allgemeiner Form wie folgt zusammen:

Rechenregeln für *n*-reihige Determinanten

Regel 1: Der Wert einer Determinante ändert sich *nicht*, wenn Zeilen und Spalten miteinander *vertauscht* werden, d. h. die Determinante „gestürzt" wird.

Regel 2: Beim *Vertauschen* zweier Zeilen (oder Spalten) ändert eine Determinante ihr *Vorzeichen*.

Regel 3: Werden die Elemente einer *beliebigen* Zeile (oder Spalte) mit einem reellen Skalar λ multipliziert, so multipliziert sich die Determinante mit λ.

Regel 4: Eine Determinante wird mit einem reellen Skalar λ multipliziert, indem man die Elemente einer *beliebigen* Zeile (oder Spalte) mit λ multipliziert.

Regel 5: Besitzen die Elemente einer Zeile (oder Spalte) einen *gemeinsamen* Faktor λ, so darf dieser *vor* die Determinante gezogen werden.

Regel 6: Eine Determinante besitzt den Wert *null*, wenn sie mindestens eine der folgenden Bedingungen erfüllt:

1. *Alle* Elemente einer Zeile (oder Spalte) sind *Nullen*.
2. *Zwei* Zeilen (oder Spalten) sind *gleich*.
3. *Zwei* Zeilen (oder Spalten) sind zueinander *proportional*.
4. Eine Zeile (oder Spalte) ist als *Linearkombination* der übrigen Zeilen (oder Spalten) darstellbar.

Regel 7: Der Wert einer Determinante ändert sich *nicht*, wenn man zu einer Zeile (oder Spalte) ein beliebiges Vielfaches einer *anderen* Zeile (oder Spalte) addiert.

Regel 8: Multiplikationstheorem für Determinanten

Für zwei *n*-reihige Matrizen **A** und **B** gilt stets

$$\det (\mathbf{A} \cdot \mathbf{B}) = (\det \mathbf{A}) \cdot (\det \mathbf{B}) \qquad\qquad (\text{I-83})$$

d. h. die Determinante eines *Matrizenproduktes* **A** · **B** ist gleich dem *Produkt* der Determinanten der beiden Faktoren **A** und **B**.

Regel 9: Die Determinante einer *n*-reihigen *Dreiecksmatrix* **A** besitzt den Wert

$$\det \mathbf{A} = a_{11} a_{22} \ldots a_{nn} \qquad\qquad (\text{I-84})$$

d. h. die Determinante der Dreiecksmatrix ist gleich dem *Produkt* der Hauptdiagonalelemente. Diese Regel gilt auch für den Sonderfall einer *Diagonalmatrix*.

Anmerkungen

(1) *Zu* **Regel 1**: *Vertauschen* von Zeilen und Spalten bedeutet eine *Spiegelung* der Matrixelemente an der Hauptdiagonalen (auch *Stürzen* der Determinante genannt). Dabei geht die Matrix **A** in die *Transponierte* $\mathbf{A}^T$ über. **Regel 1** besagt damit:

$$\det \mathbf{A} = \det \mathbf{A}^T \tag{I-85}$$

(2) *Zu* **Regel 4**: Wir weisen ausdrücklich auf den folgenden *Unterschied* zwischen Determinanten und Matrizen bezüglich der Multiplikation mit einem *Skalar* hin:

Die Multiplikation einer *Matrix* **A** mit einem Skalar λ erfolgt, indem man *jedes* Matrixelement mit λ multipliziert. Dagegen wird eine *Determinante* mit einem Skalar λ multipliziert, indem man alle Elemente *einer* beliebigen Zeile (oder Spalte) mit λ multipliziert. Dabei gilt:

$$\det (\lambda \mathbf{A}) = \lambda^n \cdot \det \mathbf{A} \tag{I-86}$$

(3) *Zu* **Regel 6**: Zwei Zeilen (oder Spalten) sind *gleich*, wenn sie *elementweise* übereinstimmen. *Proportionalität* zweier Zeilen (oder Spalten) bedeutet, dass einander entsprechende Elemente in einem *festen* Zahlenverhältnis stehen.

Eine *Linearkombination* aus Zeilen- bzw. Spaltenvektoren entsteht, wenn man diese Vektoren mit *Konstanten* multipliziert und anschließend *aufaddiert*.

$\det \mathbf{A} = 0$ bedeutet, dass die Zeilen- bzw. Spaltenvektoren *linear abhängig* sind (siehe Abschnitt 5.6).

(4) *Zu* **Regel 8**: Mit Hilfe des *Multiplikationstheorems* lässt sich die Determinante eines Matrizenproduktes **A** · **B** direkt aus den Determinanten der beiden *Faktoren* **A** und **B** berechnen. Die oft mühsame Ausrechnung des Matrizenproduktes **A** · **B** entfällt dabei.

Für eine *Potenz* $\mathbf{A}^k = \mathbf{A} \cdot \mathbf{A} \cdots \mathbf{A}$ aus k Faktoren liefert **Regel 8** das folgende Ergebnis:

$$\det (\mathbf{A}^k) = (\det \mathbf{A})^k \tag{I-87}$$

(5) Wir folgern aus **Regel 9**:

$$\det \mathbf{E} = 1, \qquad \det \mathbf{0} = 0 \tag{I-88}$$

■ **Beispiele**

(1) Die Determinanten der folgenden quadratischen Matrizen *verschwinden*:

$$\mathbf{A} = \begin{pmatrix} 1 & 1 & -3 \\ 0 & 0 & 0 \\ 4 & 5 & 3 \end{pmatrix}, \qquad \mathbf{B} = \begin{pmatrix} -1 & 4 & 1 & 0 \\ -5 & 20 & 5 & 0 \\ 1 & 1 & 2 & 3 \\ 1 & 0 & 1 & 1 \end{pmatrix},$$

$$\mathbf{C} = \begin{pmatrix} 4 & 0 & 4 \\ 1 & 3 & 1 \\ 5 & 1 & 5 \end{pmatrix}, \qquad \mathbf{D} = \begin{pmatrix} 1 & 1 & 5 \\ 1 & 0 & 2 \\ 1 & 2 & 8 \end{pmatrix}$$

Begründung:

det $\mathbf{A} = 0$: *Alle* Elemente der 2. Zeile sind *Nullen* (**Regel 6**, (1)).

det $\mathbf{B} = 0$: Zeile 1 und Zeile 2 sind zueinander *proportional*; die 2. Zeile ist genau das 5-fache der 1. Zeile (**Regel 6**, (3)).

det $\mathbf{C} = 0$: Spalte 1 und Spalte 3 sind *gleich* (**Regel 6**, (2)).

det $\mathbf{D} = 0$: Spalte 3 ist eine *Linearkombination* der Spalten 1 und 2 (**Regel 6**, (4)). Es gilt (wir bezeichnen die Spaltenvektoren der Reihe nach mit $\mathbf{a}_1, \mathbf{a}_2$ und $\mathbf{a}_3$):

$$\mathbf{a}_1 = \begin{pmatrix} 1 \\ 1 \\ 1 \end{pmatrix}, \qquad \mathbf{a}_2 = \begin{pmatrix} 1 \\ 0 \\ 2 \end{pmatrix}, \qquad \mathbf{a}_3 = \begin{pmatrix} 5 \\ 2 \\ 8 \end{pmatrix}$$

$$\mathbf{a}_3 = 2\,\mathbf{a}_1 + 3\,\mathbf{a}_2 =$$

$$= 2 \begin{pmatrix} 1 \\ 1 \\ 1 \end{pmatrix} + 3 \begin{pmatrix} 1 \\ 0 \\ 2 \end{pmatrix} = \begin{pmatrix} 2 \\ 2 \\ 2 \end{pmatrix} + \begin{pmatrix} 3 \\ 0 \\ 6 \end{pmatrix} = \begin{pmatrix} 5 \\ 2 \\ 8 \end{pmatrix}$$

(2) Wir berechnen mit Hilfe des *Multiplikationstheorems* (**Regel 8**) die Determinante des *Matrizenproduktes* $\mathbf{A} \cdot \mathbf{B}$ mit

$$\mathbf{A} = \begin{pmatrix} 1 & 4 & -2 \\ 0 & 3 & 1 \\ 1 & -5 & 2 \end{pmatrix} \qquad \text{und} \qquad \mathbf{B} = \begin{pmatrix} 0 & 2 & 3 \\ 7 & 1 & 4 \\ -2 & 3 & 1 \end{pmatrix}$$

und erhalten:

$$\det (\mathbf{A} \cdot \mathbf{B}) = (\det \mathbf{A}) \cdot (\det \mathbf{B}) = \underbrace{\begin{vmatrix} 1 & 4 & -2 \\ 0 & 3 & 1 \\ 1 & -5 & 2 \end{vmatrix}}_{21} \cdot \underbrace{\begin{vmatrix} 0 & 2 & 3 \\ 7 & 1 & 4 \\ -2 & 3 & 1 \end{vmatrix}}_{39} =$$

$$= 21 \cdot 39 = 819$$

Die Determinanten von $\mathbf{A}$ und $\mathbf{B}$ wurden nach der Regel von *Sarrus* berechnet.

(3) Nach **Regel 9** ist

$$\det \mathbf{A} = \begin{vmatrix} 4 & 8 & 0 & -2 \\ 0 & 1 & 1 & 4 \\ 0 & 0 & 12 & 1 \\ 0 & 0 & 0 & -3 \end{vmatrix} = 4 \cdot 1 \cdot 12 \cdot (-3) = -144$$

($\mathbf{A}$ ist eine *obere Dreiecksmatrix*). ∎

3.4.4. Regeln zur praktischen Berechnung einer *n*-reihigen Determinante

Eine *n-reihige* Determinante (mit $n > 3$) lässt sich durch *wiederholte* Anwendung des *Laplaceschen Entwicklungssatzes* auf *3-reihige* Determinanten zurückführen, deren Wert dann nach der *Regel von Sarrus* bestimmt werden kann. Dabei ist allerdings zu beachten, dass die *Anzahl* der zu berechnenden 3-reihigen Determinanten mit zunehmender Ordnung *n* der Determinanten rasch ansteigt. Wir geben hierzu zwei einfache Beispiele:

■ **Beispiele**

(1) Entwickelt man eine *5-reihige* Determinante nach *Laplace*, so erhält man zunächst *fünf* 4-reihige Unterdeterminanten und aus *jeder* dieser 4-reihigen Determinanten durch abermalige Entwicklung *vier* 3-reihige Unterdeterminanten. Insgesamt wären somit $5 \cdot 4 = 20$ *dreireihige* Determinanten nach der *Regel von Sarrus* zu berechnen! Schematisch lässt sich diese *Reduzierung* einer 5-reihigen Determinante auf 3-reihige Determinanten wie folgt darstellen:

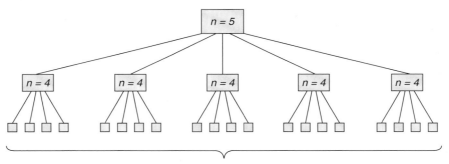

Insgesamt 5 · 4 = 20 dreireihige Determinanten

(2) Entwickelt man eine *6-reihige* Determinante nach dem gleichen Schema, so erhält man nach drei Entwicklungsschritten bereits $6 \cdot 5 \cdot 4 = 120$ 3-reihige Determinanten!   ■

Diese Beispiele zeigen, dass die Berechnung einer Determinante *höherer* Ordnung (zunächst) nur unter *erheblichem* und *meist nicht mehr vertretbarem Rechenaufwand* durchführbar ist. Die Rechnung vereinfacht sich jedoch enorm, wenn in einer Zeile (oder Spalte) *mehrere* Nullen stehen und die Determinante dann nach dieser Zeile (bzw. Spalte) entwickelt wird. Enthält eine Zeile (oder Spalte) *nur* Nullen, so besitzt die Determinante nach **Regel 6**, (1) den Wert *null*. Ansonsten tritt der *günstigste* Fall genau dann ein, wenn alle Elemente einer Zeile (oder Spalte) bis auf *ein* Element verschwinden. Dann führt die Entwicklung der Determinante nach dieser Zeile (bzw. Spalte) zu *einer einzigen* $(n - 1)$-reihigen Unterdeterminante (anstatt von *n* Unterdeterminanten).

In der Praxis lässt sich dies stets erreichen, indem man die Determinante mit Hilfe bestimmter Regeln zunächst so umformt, dass in einer Zeile (oder Spalte) nur noch *ein einziges* von null verschiedenes Element steht. Umformungen dieser Art, die den Wert der Determinante *nicht* verändern, heißen *elementare Umformungen*. Zu ihnen zählen:

Elementare Umformungen einer Determinante

Der Wert einer Determinante wird durch die folgenden *elementaren Umformungen* in den Zeilen bzw. Spalten *nicht verändert*:

1. Ein den Elementen einer Zeile (oder Spalte) *gemeinsamer* Faktor darf *vor* die Determinante gezogen werden.

2. Zu einer Zeile (oder Spalte) darf ein beliebiges Vielfaches einer *anderen* Zeile (oder einer *anderen* Spalte) *addiert* bzw. *subtrahiert* werden.

3. Zwei Zeilen (oder Spalten) dürfen *vertauscht* werden, wenn gleichzeitig das Vorzeichen der Determinante *geändert* wird.

Die aufgeführten *elementaren Umformungen* versetzen uns in die Lage, eine Determinante *höherer* Ordnung (n-ter Ordnung mit $n > 3$) mit einem *vertretbaren* Rechenaufwand wie folgt zu berechnen:

Praktische Berechnung einer *n*-reihigen Determinante ($n > 3$)

Die Berechnung einer n-reihigen Determinante $(n > 3)$ erfolgt zweckmäßigerweise nach dem folgenden Schema:

1. Mit Hilfe *elementarer Umformungen* werden zunächst alle Elemente einer Zeile (oder Spalte) bis auf eines zu *null* gemacht.

2. Dann wird die n-reihige Determinante nach den Elementen dieser Zeile (oder Spalte) *entwickelt*. Man erhält genau eine $(n - 1)$-reihige Unterdeterminante.

3. Das unter 1. und 2. beschriebene Verfahren wird nun auf die $(n - 1)$-reihige Unterdeterminante angewandt und führt zu einer einzigen $(n - 2)$-reihigen Unterdeterminante. Durch *wiederholte Reduzierung* gelangt man schließlich zu einer einzigen *3-reihigen* Determinante, deren Wert dann nach der *Regel von Sarrus* berechnet werden kann.

Anmerkung

Will man in einer *Zeile* Nullen erzeugen, so müssen *Spalten* addiert werden.

■ **Beispiele**

(1)   Wir berechnen die 4-reihige Determinante

$$D = \begin{vmatrix} 2 & 2 & 0 & 0 \\ 4 & 1 & -3 & 2 \\ 0 & -1 & 2 & 1 \\ 1 & -1 & 0 & 0 \end{vmatrix}$$

schrittweise mit Hilfe der folgenden *elementaren Umformungen*:

1. Zunächst wird zur 1. Zeile das Doppelte der 4. Zeile addiert:

$$D = \begin{vmatrix} 4 & 0 & 0 & 0 \\ 4 & 1 & -3 & 2 \\ 0 & -1 & 2 & 1 \\ 1 & -1 & 0 & 0 \end{vmatrix}$$

2. In der 1. Zeile ist nur noch das 1. Element von null verschieden. Wir entwickeln die Determinante daher nach dieser Zeile:

$$D = 4A_{11} = 4 \cdot (-1)^{1+1} \cdot \begin{vmatrix} 4 & 0 & 0 & 0 \\ 4 & 1 & -3 & 2 \\ 0 & -1 & 2 & 1 \\ 1 & -1 & 0 & 0 \end{vmatrix} = 4 \cdot \begin{vmatrix} 1 & -3 & 2 \\ -1 & 2 & 1 \\ -1 & 0 & 0 \end{vmatrix}$$

(*grau* markierte Zeilen und Spalten wurden gestrichen). Die restlichen Elemente der 1. Zeile liefern keinen Beitrag.

3. Die verbliebene 3-reihige Determinante berechnen wir nach der *Regel von Sarrus* (Alternative: Entwicklung nach der 3. Zeile):

$$D = 4(0 + 3 + 0 + 4 - 0 - 0) = 4 \cdot 7 = 28$$

(2)   Die Berechnung der *5-reihigen* Determinante

$$D = \begin{vmatrix} -1 & 1 & 0 & -2 & 0 \\ 0 & 2 & 1 & -1 & 4 \\ 1 & 0 & 0 & -3 & 1 \\ 1 & 2 & 0 & 0 & 3 \\ 0 & -2 & 1 & 2 & 2 \end{vmatrix}$$

kann schrittweise wie folgt geschehen:

1. Drei Elemente der 3. Spalte sind bereits null. Eine vierte Null erzeugen wir, indem wir von der 2. Zeile die 5. Zeile subtrahieren:

$$D = \begin{vmatrix} -1 & 1 & 0 & -2 & 0 \\ 0 & 4 & 0 & -3 & 2 \\ 1 & 0 & 0 & -3 & 1 \\ 1 & 2 & 0 & 0 & 3 \\ 0 & -2 & 1 & 2 & 2 \end{vmatrix}$$

2. Diese Determinante entwickeln wir nach der 3. Spalte (nur das letzte Element liefert einen Beitrag):

$$D = (-1)^{3+5} \cdot 1 \cdot \begin{vmatrix} -1 & 1 & 0 & -2 & 0 \\ 0 & 4 & 0 & -3 & 2 \\ 1 & 0 & 0 & -3 & 1 \\ 1 & 2 & 0 & 0 & 3 \\ 0 & -2 & 1 & 2 & 2 \end{vmatrix} = \begin{vmatrix} -1 & 1 & -2 & 0 \\ 0 & 4 & -3 & 2 \\ 1 & 0 & -3 & 1 \\ 1 & 2 & 0 & 3 \end{vmatrix}$$

(gestrichen: 3. Spalte und 5. Zeile, grau markiert)

3. In der verbliebenen 4-reihigen Determinante addieren wir jetzt zur 3. und 4. Zeile jeweils die 1. Zeile:

$$D = \begin{vmatrix} -1 & 1 & -2 & 0 \\ 0 & 4 & -3 & 2 \\ 0 & 1 & -5 & 1 \\ 0 & 3 & -2 & 3 \end{vmatrix}$$

4. Da in der 1. Spalte nur das 1. Element von null verschieden ist, entwickeln wir die Determinante nach dieser Spalte. Die verbliebene 3-reihige Determinante berechnen wir dann nach der *Regel von Sarrus*:

$$D = (-1)^{1+1} \cdot (-1) \cdot \begin{vmatrix} -1 & 1 & -2 & 0 \\ 0 & 4 & -3 & 2 \\ 0 & 1 & -5 & 1 \\ 0 & 3 & -2 & 3 \end{vmatrix} = - \begin{vmatrix} 4 & -3 & 2 \\ 1 & -5 & 1 \\ 3 & -2 & 3 \end{vmatrix} =$$

$$= -(-60 - 9 - 4 + 30 + 8 + 9) = 26$$

(gestrichen: 1. Zeile und 1. Spalte, grau markiert) ∎

4 Ergänzungen

Aufgrund des Determinantenbegriffes sind wir nun in der Lage, die folgenden wichtigen Begriffe aus der Matrizenrechnung einzuführen:

– *Reguläre* bzw. *singuläre* Matrix
– *Inverse* Matrix
– *Orthogonale* Matrix
– *Rang einer* Matrix

Sie spielen bei der Untersuchung des *Lösungsverhaltens* eines *linearen Gleichungssystems* eine bedeutende Rolle.

4.1 Reguläre Matrix

> **Definition:** Eine *n*-reihige Matrix **A** heißt *regulär*, wenn ihre Determinante einen von null verschiedenen Wert besitzt. Anderenfalls heißt sie *singulär*.

Anmerkungen

(1) **A** ist *regulär*, wenn det **A** $\neq 0$ ist, und *singulär*, wenn det **A** $= 0$ ist.

(2) Man beachte: Die Begriffe *reguläre Matrix* und *singuläre Matrix* sind nur für *quadratische* Matrizen definiert.

■ **Beispiele**

(1) Die 3-reihige Matrix $\mathbf{A} = \begin{pmatrix} 1 & 0 & 2 \\ -1 & 4 & 1 \\ -2 & 1 & 2 \end{pmatrix}$ ist *regulär*, da ihre Determinante einen von null *verschiedenen* Wert besitzt:

$$\det \mathbf{A} = \begin{vmatrix} 1 & 0 & 2 \\ -1 & 4 & 1 \\ -2 & 1 & 2 \end{vmatrix} = 8 + 0 - 2 + 16 - 1 - 0 = 21 \neq 0$$

(2) Die 2-reihige Matrix $\mathbf{A} = \begin{pmatrix} -4 & 2 \\ 6 & -3 \end{pmatrix}$ dagegen ist wegen

$$\det \mathbf{A} = \begin{vmatrix} -4 & 2 \\ 6 & -3 \end{vmatrix} = (-4) \cdot (-3) - 6 \cdot 2 = 12 - 12 = 0$$

singulär.   ■

4.2 Inverse Matrix

Aus der Gleichungslehre ist bekannt, dass die lineare Gleichung $ax = 1$ für $a \neq 0$ *genau eine* Lösung $x = 1/a = a^{-1}$ besitzt. Diese Zahl heißt der *Kehrwert* von a oder die zu a *inverse* Zahl. In der Matrizenrechnung entspricht der Gleichung $ax = 1$ die *Matrizengleichung* $\mathbf{A} \cdot \mathbf{X} = \mathbf{E}$. Dabei ist $\mathbf{A}$ eine vorgegebene n-reihige Matrix, $\mathbf{E}$ die n-reihige *Einheitsmatrix* und $\mathbf{X}$ eine ebenfalls n-reihige, aber noch *unbekannte* Matrix. Die Lösung dieser Gleichung – falls eine solche überhaupt existiert – führt uns dann zum Begriff der *inversen Matrix*.

Definition: Gibt es zu einer n-reihigen Matrix $\mathbf{A}$ eine Matrix $\mathbf{X}$ mit

$$\mathbf{A} \cdot \mathbf{X} = \mathbf{X} \cdot \mathbf{A} = \mathbf{E} \tag{I-89}$$

so heißt $\mathbf{X}$ die zu $\mathbf{A}$ *inverse Matrix*. Sie wird durch das Symbol $\mathbf{A}^{-1}$ gekennzeichnet.

Anmerkungen

(1) Eine *quadratische* Matrix besitzt – wenn überhaupt – *genau eine* Inverse.

(2) Besitzt eine Matrix $\mathbf{A}$ eine *inverse* Matrix $\mathbf{A}^{-1}$, so heißt $\mathbf{A}$ *invertierbar* (*umkehrbar*). Die Matrix $\mathbf{A}^{-1}$ wird auch als *Kehrmatrix*, *Umkehrmatrix* oder *Inverse* von $\mathbf{A}$ bezeichnet. Sie ist wie $\mathbf{A}$ n-reihig.

(3) Es ist $\mathbf{A} \cdot \mathbf{A}^{-1} = \mathbf{A}^{-1} \cdot \mathbf{A} = \mathbf{E}$, d. h. $\mathbf{A}$ und $\mathbf{A}^{-1}$ sind *kommutativ*.

Es lässt sich zeigen, dass *nicht jede* quadratische Matrix umkehrbar ist. Vielmehr existiert die Inverse $\mathbf{A}^{-1}$ einer Matrix $\mathbf{A}$ nur dann, wenn $\mathbf{A}$ *regulär*, d. h. $\det \mathbf{A} \neq 0$ ist. Diese Bedingung ist *notwendig und hinreichend*. Eine *reguläre* Matrix ist somit *stets umkehrbar* und sie besitzt genau *eine* Inverse. *Singuläre* Matrizen dagegen sind *nicht* invertierbar.

■ **Beispiel**

Wir zeigen: Die Matrix $\mathbf{X} = \begin{pmatrix} 1 & -2 \\ -1 & 3 \end{pmatrix}$ ist die Inverse von $\mathbf{A} = \begin{pmatrix} 3 & 2 \\ 1 & 1 \end{pmatrix}$.

$$\mathbf{A} \cdot \mathbf{X} = \begin{pmatrix} 3 & 2 \\ 1 & 1 \end{pmatrix} \cdot \begin{pmatrix} 1 & -2 \\ -1 & 3 \end{pmatrix} = \begin{pmatrix} (3-2) & (-6+6) \\ (1-1) & (-2+3) \end{pmatrix} = \begin{pmatrix} 1 & 0 \\ 0 & 1 \end{pmatrix}$$

$$\mathbf{X} \cdot \mathbf{A} = \begin{pmatrix} 1 & -2 \\ -1 & 3 \end{pmatrix} \cdot \begin{pmatrix} 3 & 2 \\ 1 & 1 \end{pmatrix} = \begin{pmatrix} (3-2) & (2-2) \\ (-3+3) & (-2+3) \end{pmatrix} = \begin{pmatrix} 1 & 0 \\ 0 & 1 \end{pmatrix}$$

Somit gilt (wie gefordert): $\mathbf{A} \cdot \mathbf{X} = \mathbf{X} \cdot \mathbf{A} = \begin{pmatrix} 1 & 0 \\ 0 & 1 \end{pmatrix} = \mathbf{E}$ ■

Die Matrixelemente der Inversen $\mathbf{A}^{-1}$ können dabei wie folgt aus den algebraischen Komplementen A_{ik} und der Determinante $\det \mathbf{A}$ berechnet werden (ohne Beweis):

Berechnung der inversen Matrix unter Verwendung von Unterdeterminanten

Zu jeder *regulären* n-reihigen Matrix $\mathbf{A}$ gibt es genau eine *inverse* Matrix $\mathbf{A}^{-1}$ mit

$$\mathbf{A}^{-1} = \frac{1}{\det \mathbf{A}} \cdot \begin{pmatrix} A_{11} & A_{21} & \dots & A_{n1} \\ A_{12} & A_{22} & \dots & A_{n2} \\ \vdots & \vdots & & \vdots \\ A_{1n} & A_{2n} & \dots & A_{nn} \end{pmatrix} \qquad \text{(I-90)}$$

Dabei bedeuten:

$A_{ik} = (-1)^{i+k} \cdot D_{ik}$: *Algebraisches Komplement* von a_{ik} in $\det \mathbf{A}$

D_{ik}: $(n-1)$-*reihige Unterdeterminante* von $\det \mathbf{A}$ (in der Determinante $\det \mathbf{A}$ wird die i-te Zeile und k-te Spalte gestrichen)

Anmerkungen

(1)   Man beachte die *Reihenfolge* der Indizes. In der i-ten Zeile und k-ten Spalte von $\mathbf{A}^{-1}$ befindet sich das algebraische Komplement A_{ki} und *nicht* etwa A_{ik} (*Vertauschung der beiden Indizes!*).

(2)   Damit eine Matrix $\mathbf{A}$ *invertierbar* ist, muss sie folgende Eigenschaften besitzen:

   1. $\mathbf{A}$ ist eine *quadratische* Matrix;
   2. $\det \mathbf{A} \neq 0$, d. h. $\mathbf{A}$ ist eine *reguläre* Matrix.

(3)   Häufig führt man die zu $\mathbf{A}$ *adjungierte* Matrix

$$\mathbf{A}_{\text{adj}} = (\mathbf{A}_{ik})^{\mathbf{T}} = \begin{pmatrix} A_{11} & A_{12} & \dots & A_{1n} \\ A_{21} & A_{22} & \dots & A_{2n} \\ \vdots & \vdots & & \vdots \\ A_{n1} & A_{n2} & \dots & A_{nn} \end{pmatrix}^{\mathbf{T}} = \begin{pmatrix} A_{11} & A_{21} & \dots & A_{n1} \\ A_{12} & A_{22} & \dots & A_{n2} \\ \vdots & \vdots & & \vdots \\ A_{1n} & A_{2n} & \dots & A_{nn} \end{pmatrix}$$

$$\text{(I-91)}$$

ein. Die *inverse* Matrix $\mathbf{A}^{-1}$ berechnet sich dann aus $\mathbf{A}_{\text{adj}}$ wie folgt:

$$\mathbf{A}^{-1} = \frac{1}{\det \mathbf{A}} \cdot \mathbf{A}_{\text{adj}} \qquad \text{(I-92)}$$

(4)   Die Berechnung der *inversen* Matrix mit Hilfe von *Determinanten* erfordert in der Praxis einen *hohen* Rechenaufwand. Wir werden in Abschnitt 5.5 ein *praktikableres* Verfahren kennenlernen, das auf einer Anwendung des *Gaußschen Algorithmus* beruht.

Rechenregeln

$\mathbf{A}$ und $\mathbf{B}$ sind reguläre n-reihige Matrizen:

$$(\mathbf{A}^{-1})^{-1} = \mathbf{A} \tag{I-93}$$

$$(\mathbf{A}^{-1})^{\mathbf{T}} = (\mathbf{A}^{\mathbf{T}})^{-1} \tag{I-94}$$

$$(\mathbf{A}\,\mathbf{B})^{-1} = \mathbf{B}^{-1}\mathbf{A}^{-1} \tag{I-95}$$

■ **Beispiel**

Die 3-reihige Matrix $\mathbf{A} = \begin{pmatrix} 1 & 0 & -1 \\ -8 & 4 & 1 \\ -2 & 1 & 0 \end{pmatrix}$ ist wegen $\det \mathbf{A} = -1 \neq 0$ *regulär*

und daher *invertierbar* (*umkehrbar*). Wir berechnen zunächst die benötigten *Unterdeterminanten* D_{ik} und daraus die zugehörigen *algebraischen Komplemente* A_{ik} unter Verwendung der *Schachbrettregel*:

$$D_{11} = \begin{vmatrix} 4 & 1 \\ 1 & 0 \end{vmatrix} = -1, \quad D_{12} = \begin{vmatrix} -8 & 1 \\ -2 & 0 \end{vmatrix} = 2, \quad D_{13} = \begin{vmatrix} -8 & 4 \\ -2 & 1 \end{vmatrix} = 0,$$

$$D_{21} = \begin{vmatrix} 0 & -1 \\ 1 & 0 \end{vmatrix} = 1, \quad D_{22} = \begin{vmatrix} 1 & -1 \\ -2 & 0 \end{vmatrix} = -2, \quad D_{23} = \begin{vmatrix} 1 & 0 \\ -2 & 1 \end{vmatrix} = 1,$$

$$D_{31} = \begin{vmatrix} 0 & -1 \\ 4 & 1 \end{vmatrix} = 4, \quad D_{32} = \begin{vmatrix} 1 & -1 \\ -8 & 1 \end{vmatrix} = -7, \quad D_{33} = \begin{vmatrix} 1 & 0 \\ -8 & 4 \end{vmatrix} = 4$$

$$A_{11} = +D_{11} = -1, \quad A_{12} = -D_{12} = -2, \quad A_{13} = +D_{13} = 0,$$

$$A_{21} = -D_{21} = -1, \quad A_{22} = +D_{22} = -2, \quad A_{23} = -D_{23} = -1,$$

$$A_{31} = +D_{31} = 4, \quad A_{32} = -D_{32} = 7, \quad A_{33} = +D_{33} = 4$$

Die zu $\mathbf{A}$ *inverse* Matrix $\mathbf{A}^{-1}$ lautet somit:

$$\mathbf{A}^{-1} = \frac{1}{\det \mathbf{A}} \cdot \begin{pmatrix} A_{11} & A_{21} & A_{31} \\ A_{12} & A_{22} & A_{32} \\ A_{13} & A_{23} & A_{33} \end{pmatrix} = \frac{1}{-1} \cdot \begin{pmatrix} -1 & -1 & 4 \\ -2 & -2 & 7 \\ 0 & -1 & 4 \end{pmatrix} =$$

$$= -1 \cdot \begin{pmatrix} -1 & -1 & 4 \\ -2 & -2 & 7 \\ 0 & -1 & 4 \end{pmatrix} = \begin{pmatrix} 1 & 1 & -4 \\ 2 & 2 & -7 \\ 0 & 1 & -4 \end{pmatrix}$$

Zur *Kontrolle* berechnen wir die Matrizenprodukte $\mathbf{A} \cdot \mathbf{A}^{-1}$ und $\mathbf{A}^{-1} \cdot \mathbf{A}$ unter Verwendung des Falk-Schemas und erhalten erwartungsgemäß jeweils die Einheitsmatrix $\mathbf{E}$:

Linkes Falk-Schema:

				$\mathbf{A}^{-1}$	1	1	-4
					2	2	-7
					0	1	-4
$\mathbf{A}$	1	0	-1		1	0	0
	-8	4	1		0	1	0
	-2	1	0		0	0	1

$$\mathbf{A} \cdot \mathbf{A}^{-1} = \mathbf{E}$$

Rechtes Falk-Schema:

				$\mathbf{A}$	1	0	-1
					-8	4	1
					-2	1	0
$\mathbf{A}^{-1}$	1	1	-4		1	0	0
	2	2	-7		0	1	0
	0	1	-4		0	0	1

$$\mathbf{A}^{-1} \cdot \mathbf{A} = \mathbf{E} \qquad \blacksquare$$

4.3 Orthogonale Matrix

Im Zusammenhang mit *Koordinatentransformationen* treten häufig Matrizen auf, deren Spalten- bzw. Zeilenvektoren *orthogonale Einheitsvektoren* darstellen. Wir definieren eine solche Matrix wie folgt:

> **Definition:** Eine *n*-reihige Matrix $\mathbf{A}$ heißt *orthogonal*, wenn das Matrizenprodukt aus $\mathbf{A}$ und ihrer Transponierten $\mathbf{A}^{\mathbf{T}}$ die Einheitsmatrix $\mathbf{E}$ ergibt:
>
> $$\mathbf{A} \cdot \mathbf{A}^{\mathbf{T}} = \mathbf{E} \tag{I-96}$$

Wir wollen uns jetzt mit den Eigenschaften einer *orthogonalen* Matrix näher befassen. Bei der Matrizenmultiplikation $\mathbf{A} \cdot \mathbf{A}^{\mathbf{T}}$ wird der *i*-te Zeilenvektor von $\mathbf{A}$ *skalar* mit dem *k*-ten Spaltenvektor von $\mathbf{A}^{\mathbf{T}}$ multipliziert:

$$\sum_{j=1}^{n} a_{ij} a_{jk}^{T} \qquad (i, k = 1, 2, \ldots, n) \tag{I-97}$$

Unter Berücksichtigung von $a_{jk}^{T} = a_{kj}$ lässt sich dieses Skalarprodukt auch wie folgt schreiben:

$$\sum_{j=1}^{n} a_{ij} a_{jk}^{T} = \sum_{j=1}^{n} a_{ij} a_{kj} \tag{I-98}$$

Dies aber ist genau das *Skalarprodukt* aus dem *i-ten* und dem *k-ten Zeilenvektor* von $\mathbf{A}$. Da die Matrizenmultiplikation auf die Einheitsmatrix $\mathbf{E}$ führt, muss man im Falle *gleicher* Zeilenvektoren $(i = k)$ den Wert 1 und im Falle *verschiedener* Zeilenvektoren

$(i \neq k)$ den Wert 0 erhalten. Somit gilt:

$$\sum_{j=1}^{n} a_{ij} a_{kj} = \begin{cases} 1 & i = k \\ & \text{für} \\ 0 & i \neq k \end{cases} \tag{I-99}$$

$(i, k = 1, 2, \ldots, n)$. Diese Beziehung aber bedeutet, dass die *Zeilenvektoren* einer orthogonalen Matrix $\mathbf{A}$ *normiert* sind, also *Einheitsvektoren* darstellen und zueinander *orthogonal* sind (paarweise orthogonale Zeilenvektoren). Ein Vektorsystem mit diesen Eigenschaften wird als *orthonormiert* bezeichnet. Die Zeilenvektoren einer orthogonalen Matrix sind also *orthonormiert* [8]. Die gleiche Aussage gilt auch für die *Spaltenvektoren* einer orthogonalen Matrix.

Eine weitere wichtige Eigenschaft einer orthogonalen Matrix $\mathbf{A}$ ist ihre *Regularität*. Für ihre Determinante erhalten wir unter Verwendung der **Regeln 1** und **8** für Determinanten zunächst die folgende Beziehung:

$$\det (\mathbf{A} \cdot \mathbf{A}^{\mathbf{T}}) = (\det \mathbf{A}) \cdot \underbrace{(\det \mathbf{A}^{\mathbf{T}})}_{\det \mathbf{A}} = (\det \mathbf{A})^2 = \det \mathbf{E} = 1 \tag{I-100}$$

Daraus folgt dann $\det \mathbf{A} = 1$ *oder* $\det \mathbf{A} = -1$. Somit ist $\det \mathbf{A} \neq 0$ und $\mathbf{A}$ *regulär*.

Eine *orthogonale* Matrix $\mathbf{A}$ ist also stets *regulär* und besitzt daher eine (eindeutig bestimmte) *inverse* Matrix $\mathbf{A}^{-1}$. Zwischen diesen Matrizen besteht dann bekanntlich die Beziehung

$$\mathbf{A} \cdot \mathbf{A}^{-1} = \mathbf{A}^{-1} \cdot \mathbf{A} = \mathbf{E} \tag{I-101}$$

Wir multiplizieren jetzt die Matrizengleichung $\mathbf{A} \cdot \mathbf{A}^{\mathbf{T}} = \mathbf{E}$ von *links* mit der Inversen $\mathbf{A}^{-1}$:

$$\mathbf{A}^{-1} \cdot (\mathbf{A} \cdot \mathbf{A}^{\mathbf{T}}) = \mathbf{A}^{-1} \cdot \mathbf{E} \tag{I-102}$$

Für die beiden Seiten erhalten wir dann unter Beachtung der Beziehung (I-101):

$$\mathbf{A}^{-1} \cdot (\mathbf{A} \cdot \mathbf{A}^{\mathbf{T}}) = \underbrace{(\mathbf{A}^{-1} \cdot \mathbf{A})}_{\mathbf{E}} \cdot \mathbf{A}^{\mathbf{T}} = \mathbf{E} \cdot \mathbf{A}^{\mathbf{T}} = \mathbf{A}^{\mathbf{T}} \tag{I-103}$$

$$\mathbf{A}^{-1} \cdot \mathbf{E} = \mathbf{A}^{-1}$$

Somit gilt:

$$\mathbf{A}^{\mathbf{T}} = \mathbf{A}^{-1} \tag{I-104}$$

d. h. eine *orthogonale* Matrix geht beim *Transponieren* in die *inverse* Matrix über. Aus Gleichung (I-101) folgt dann für $\mathbf{A}^{-1} = \mathbf{A}^{\mathbf{T}}$ die *Vertauschbarkeit* von $\mathbf{A}$ und $\mathbf{A}^{\mathbf{T}}$:

$$\mathbf{A} \cdot \mathbf{A}^{\mathbf{T}} = \mathbf{A}^{\mathbf{T}} \cdot \mathbf{A} = \mathbf{E} \tag{I-105}$$

---

[8] Aus dieser Eigenschaft erklärt sich auch die Bezeichnung *orthogonale* Matrix.

Wir fassen die wichtigsten Eigenschaften einer orthogonalen Matrix wie folgt zusammen:

Eigenschaften einer orthogonalen Matrix

1. Die *Zeilen-* bzw. *Spaltenvektoren* einer *orthogonalen* Matrix **A** bilden ein *orthonormiertes* System, stellen also zueinander *orthogonale Einheitsvektoren* dar. Dieser Eigenschaft verdanken die orthogonalen Matrizen auch ihren Namen.

2. Die *Determinante* einer orthogonalen Matrix **A** besitzt den Wert $+1$ oder -1:

$$\det \mathbf{A} = +1 \qquad \text{oder} \qquad \det \mathbf{A} = -1 \qquad\qquad \text{(I-106)}$$

   Eine orthogonale Matrix ist daher stets *regulär*.

3. Bei einer orthogonalen Matrix **A** sind die Transponierte $\mathbf{A}^T$ und die Inverse $\mathbf{A}^{-1}$ *identisch*:

$$\mathbf{A}^T = \mathbf{A}^{-1} \qquad\qquad \text{(I-107)}$$

4. Die *Inverse* einer orthogonalen Matrix ist *orthogonal*.

5. Das *Produkt* orthogonaler Matrizen ist wiederum eine *orthogonale* Matrix.

Anmerkungen

(1)   Die *Einheitsmatrizen* sind *orthogonale* Matrizen.

(2) n-reihige Matrizen, deren Zeilen- bzw. Spaltenvektoren ein *orthonormiertes* System bilden, sind stets *orthogonal*. Diese Aussage gilt auch für jede n-reihige Matrix **A** mit $\mathbf{A}^T = \mathbf{A}^{-1}$.

(3)   Zwar gilt für eine orthogonale Matrix **A** *stets* $\det \mathbf{A} = \pm 1$ oder $|\det \mathbf{A}| = 1$. Die Umkehrung jedoch gilt *nicht*, d. h. aus $\det \mathbf{A} = \pm 1$ dürfen wir *nicht* folgern, dass **A** orthogonal ist (siehe hierzu das nachfolgende Beispiel (1)).

■ **Beispiele**

(1)   Die 2-reihige Matrix $\mathbf{A} = \begin{pmatrix} 1 & 2 \\ 1 & 1 \end{pmatrix}$ ist wegen

$$\det \mathbf{A} = \begin{vmatrix} 1 & 2 \\ 1 & 1 \end{vmatrix} = 1 - 2 = -1 \neq 0$$

zwar *regulär*, sie ist jedoch *nicht* orthogonal:

$$\mathbf{A} \cdot \mathbf{A}^T = \begin{pmatrix} 1 & 2 \\ 1 & 1 \end{pmatrix} \cdot \begin{pmatrix} 1 & 1 \\ 2 & 1 \end{pmatrix} = \begin{pmatrix} 1+4 & 1+2 \\ 1+2 & 1+1 \end{pmatrix} = \begin{pmatrix} 5 & 3 \\ 3 & 2 \end{pmatrix} \neq \mathbf{E}$$

Die Bedingung $\mathbf{A} \cdot \mathbf{A}^T = \mathbf{E}$ für eine orthogonale Matrix ist somit *nicht* erfüllt.

(2) Bei der *Drehung* eines kartesischen x, y-Koordinatensystems um den Winkel φ um den Koordinatennullpunkt gelten für einen beliebigen Punkt P der Ebene die folgenden *Transformationsgleichungen*:

$$\begin{pmatrix} u \\ v \end{pmatrix} = \underbrace{\begin{pmatrix} \cos\varphi & \sin\varphi \\ -\sin\varphi & \cos\varphi \end{pmatrix}}_{\mathbf{A}} \begin{pmatrix} x \\ y \end{pmatrix}$$

Dabei sind x, y die Koordinaten im „alten" x, y-System und u, v die Koordinaten im „neuen" u, v-System (Bild I-2).

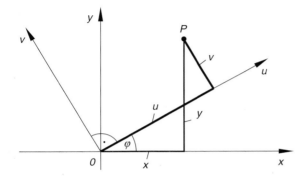

Bild I-2
Drehung eines ebenen kartesischen x, y-Koordinatensystems

Die Transformationsmatrix $\mathbf{A}$ ist *orthogonal*. Denn es gilt:

$$\mathbf{A} \cdot \mathbf{A}^{\mathbf{T}} = \begin{pmatrix} \cos\varphi & \sin\varphi \\ -\sin\varphi & \cos\varphi \end{pmatrix} \cdot \begin{pmatrix} \cos\varphi & -\sin\varphi \\ \sin\varphi & \cos\varphi \end{pmatrix} =$$

$$= \begin{pmatrix} (\cos^2\varphi + \sin^2\varphi) & (-\sin\varphi \cdot \cos\varphi + \sin\varphi \cdot \cos\varphi) \\ (-\sin\varphi \cdot \cos\varphi + \sin\varphi \cdot \cos\varphi) & (\sin^2\varphi + \cos^2\varphi) \end{pmatrix} =$$

$$= \begin{pmatrix} 1 & 0 \\ 0 & 1 \end{pmatrix} = \mathbf{E} \qquad \text{(unter Beachtung von } \sin^2\varphi + \cos^2\varphi = 1)$$

(3) Die Vektoren

$$\mathbf{a}_1 = \frac{1}{2}\begin{pmatrix} \sqrt{2} \\ \sqrt{2} \\ 0 \end{pmatrix}, \qquad \mathbf{a}_2 = \begin{pmatrix} 0 \\ 0 \\ 1 \end{pmatrix} \qquad \text{und} \qquad \mathbf{a}_3 = \frac{1}{2}\begin{pmatrix} -\sqrt{2} \\ \sqrt{2} \\ 0 \end{pmatrix}$$

können als *Spaltenvektoren* einer 3-reihigen Matrix $\mathbf{A}$ aufgefasst werden. Ist diese Matrix *orthogonal*?

Lösung: Wir zeigen, dass die Vektoren $\mathbf{a}_1, \mathbf{a}_2$ und $\mathbf{a}_3$ ein *orthonormiertes* System bilden. Zunächst einmal gilt für ihre Beträge:

$$|\mathbf{a}_1| = \frac{1}{2}\sqrt{(\sqrt{2})^2 + (\sqrt{2})^2 + 0^2} = \frac{1}{2}\sqrt{2+2} = \frac{1}{2}\sqrt{4} = \frac{1}{2}\cdot 2 = 1$$

$$|\mathbf{a}_2| = \sqrt{0^2 + 0^2 + 1^2} = 1$$

$$|\mathbf{a}_3| = \frac{1}{2}\sqrt{(-\sqrt{2})^2 + (\sqrt{2})^2 + 0^2} = \frac{1}{2}\sqrt{2+2} = \frac{1}{2}\sqrt{4} = \frac{1}{2}\cdot 2 = 1$$

Die Vektoren sind also *normiert*, d. h. *Einheitsvektoren*. Sie sind auch *orthogonal*, da die aus *verschiedenen* Vektoren gebildeten Skalarprodukte stets *verschwinden*:

$$\mathbf{a}_1 \cdot \mathbf{a}_2 = \frac{1}{2}\begin{pmatrix} \sqrt{2} \\ \sqrt{2} \\ 0 \end{pmatrix} \cdot \begin{pmatrix} 0 \\ 0 \\ 1 \end{pmatrix} = \frac{1}{2}(0 + 0 + 0) = 0$$

$$\mathbf{a}_1 \cdot \mathbf{a}_3 = \frac{1}{2}\begin{pmatrix} \sqrt{2} \\ \sqrt{2} \\ 0 \end{pmatrix} \cdot \frac{1}{2}\begin{pmatrix} -\sqrt{2} \\ \sqrt{2} \\ 0 \end{pmatrix} = \frac{1}{4}(-2 + 2 + 0) = 0$$

$$\mathbf{a}_2 \cdot \mathbf{a}_3 = \begin{pmatrix} 0 \\ 0 \\ 1 \end{pmatrix} \cdot \frac{1}{2}\begin{pmatrix} -\sqrt{2} \\ \sqrt{2} \\ 0 \end{pmatrix} = \frac{1}{2}(0 + 0 + 0) = 0$$

Die aus den drei Vektoren gebildete *3-reihige* Matrix

$$\mathbf{A} = \begin{pmatrix} \frac{1}{2}\sqrt{2} & 0 & -\frac{1}{2}\sqrt{2} \\ \frac{1}{2}\sqrt{2} & 0 & \frac{1}{2}\sqrt{2} \\ 0 & 1 & 0 \end{pmatrix} = \frac{1}{2}\sqrt{2}\begin{pmatrix} 1 & 0 & -1 \\ 1 & 0 & 1 \\ 0 & \sqrt{2} & 0 \end{pmatrix}$$

ist daher *orthogonal*.   ■

4.4 Rang einer Matrix

Unterdeterminanten einer Matrix

Zunächst wollen wir den für *quadratische* Matrizen erklärten Begriff einer *Unterdeterminante* auch auf *nichtquadratische* (*m, n*)-Matrizen ausdehnen. Zur Einführung betrachten wir dazu die Matrix

$$\mathbf{A} = \begin{pmatrix} 2 & 1 & -4 \\ 0 & 8 & 3 \end{pmatrix}$$

Sie enthält zwei Zeilen und drei Spalten. Durch Streichen *einer* der drei Spalten lassen sich aus **A** insgesamt drei verschiedene 2-reihige Matrizen gewinnen, deren Determinanten wiederum als *2-reihige Unterdeterminanten* von **A** bezeichnet werden [9]. Es sind dies, wenn wir der Reihe nach die 1., 2. bzw. 3. Spalte in **A** streichen, die folgenden Determinanten:

$$\begin{vmatrix} 1 & -4 \\ 8 & 3 \end{vmatrix} = 35, \qquad \begin{vmatrix} 2 & -4 \\ 0 & 3 \end{vmatrix} = 6, \qquad \begin{vmatrix} 2 & 1 \\ 0 & 8 \end{vmatrix} = 16$$

Wir können aus der Matrix **A** aber auch *1-reihige Unterdeterminanten* bilden, indem wir jeweils *eine* Zeile und zwei Spalten in **A** streichen. Durch Streichen der 1. Zeile und der 1. und 2. Spalte in **A** erhalten wir beispielsweise die *1-reihige* Unterdeterminante

$$|3| = 3$$

Insgesamt gibt es *sechs* verschiedene *1-reihige Unterdeterminanten*:

$$|3| = 3, \quad |8| = 8, \quad |0| = 0, \quad |-4| = -4, \quad |1| = 1, \quad |2| = 2$$

Wir definieren daher den Begriff einer *Unterdeterminante p-ter Ordnung* von **A** wie folgt:

Definition: Werden in einer Matrix **A** vom Typ (*m, n*) $m - p$ Zeilen und $n - p$ Spalten gestrichen, so heißt die Determinante der *p*-reihigen Restmatrix eine *Unterdeterminante p-ter Ordnung* von **A**.

Anmerkungen

(1) Eine *Unterdeterminante p-ter Ordnung* wird auch als *p-reihige Unterdeterminante* bezeichnet.

(2) Ist **A** eine *n-reihige* Matrix, so sind jeweils $n - p$ Zeilen und $n - p$ Spalten zu streichen, um eine *p-reihige* Unterdeterminante von **A** zu erhalten.

---

[9] Zu **A** selbst lässt sich *keine* Determinante bilden (da hier $m \neq n$ ist).

■ **Beispiel**

$$A = \begin{pmatrix} 4 & 1 & 0 & -1 \\ 2 & -1 & 5 & 3 \\ 1 & 5 & 0 & 6 \end{pmatrix}$$ ist eine Matrix vom Typ (3, 4). Aus ihr lassen sich durch

Streichen *einer* Spalte insgesamt vier *3-reihige* Unterdeterminanten bilden. Durch Streichen der 4. Spalte in **A** erhalten wir beispielsweise die folgende *3-reihige* Unterdeterminante:

$$\begin{vmatrix} 4 & 1 & 0 \\ 2 & -1 & 5 \\ 1 & 5 & 0 \end{vmatrix} = 0 + 5 + 0 - 0 - 100 - 0 = -95$$

2-reihige Unterdeterminanten entstehen, wenn in **A** *eine* Zeile und *zwei* Spalten gestrichen werden. Insgesamt existieren 18 verschiedene *2-reihige* Unterdeterminanten. So erhält man beispielsweise durch Streichen der 1. Zeile und der 1. und 2. Spalte die *2-reihige* Unterdeterminante

$$\begin{vmatrix} 5 & 3 \\ 0 & 6 \end{vmatrix} = 30 - 0 = 30$$ ■

Rang einer Matrix

Der *Rang* einer Matrix ermöglicht Aussagen über die Lösbarkeit und die Art der Lösungen eines linearen Gleichungssystems (siehe hierzu den späteren Abschnitt 5.3). Diesen äußerst wichtigen Begriff führen wir aufgrund der folgenden Überlegungen ein:

Von einer vorgegebenen (*m, n*)-Matrix **A** bilden wir zunächst *alle* möglichen Unterdeterminanten, betrachten dann aber nur diejenigen unter ihnen, die einen von null *verschiedenen* Wert besitzen. Unter ihnen gibt es dann mindestens *eine* Unterdeterminante von **A**, die im Vergleich zu allen übrigen die *höchste* Ordnung besitzt. Die Ordnung *r* dieser Unterdeterminante von **A** heißt dann der *Rang r* der Matrix **A**. Wir definieren daher:

> **Definition:** Unter dem *Rang* einer Matrix **A** vom Typ (*m, n*) wird die *höchste* Ordnung *r* aller von null verschiedenen Unterdeterminanten von **A** verstanden. Symbolische Schreibweise:
>
> $$\text{Rg}\,(A) = r \tag{I-108}$$

Anmerkungen

(1)   Der *Rang r* einer Matrix **A** ist somit wie folgt bestimmt:

      1. Unter den *r*-reihigen Unterdeterminanten von **A** gibt es *mindestens eine* von null verschiedene Determinante;

      2. *Alle* Unterdeterminanten von **A** mit *höherer* Ordnung verschwinden.

(2)   Der Rang r ist höchstens gleich der *kleineren* der beiden Zahlen m und n:

$$r \leq \begin{cases} m & m \leq n \\ & \text{für} \\ n & n < m \end{cases} \tag{I-109}$$

(3)   Für eine *n-reihige* Matrix $\mathbf{A}$ ist stets $r \leq n$. Insbesondere gilt für eine *reguläre* bzw. *singuläre* Matrix:

$$\begin{aligned} &\textit{Reguläre Matrix } \mathbf{A}: \qquad \det \mathbf{A} \neq 0, \qquad \text{d. h.} \qquad r = n \\ &\textit{Singuläre Matrix } \mathbf{A}: \qquad \det \mathbf{A} = 0, \qquad \text{d. h.} \qquad r < n \end{aligned} \tag{I-110}$$

(4)   Für die *n*-reihige *Nullmatrix* $\mathbf{0}$ wird festgesetzt: $\text{Rg}\,(\mathbf{0}) = 0$.

Bei der Bestimmung des Ranges r einer (m, n)-Matrix stützen wir uns (zunächst) auf die Definition des Matrizenranges. Für $m \leq n$ ist r *höchstens gleich m*: $r \leq m$. Dies führt zu dem folgenden *Rechenverfahren zur Rangbestimmung* einer Matrix:

Rangbestimmung einer Matrix unter Verwendung von Unterdeterminanten

Der Rang r einer (m, n)-Matrix $\mathbf{A}$ kann wie folgt bestimmt werden (für $m \leq n$):

1. Zunächst werden die *m-reihigen* Unterdeterminanten von $\mathbf{A}$ berechnet. Es ist $r = m$, wenn es unter ihnen wenigstens *eine* von null verschiedene Determinante gibt.

2. Verschwinden aber *sämtliche m*-reihigen Unterdeterminanten von $\mathbf{A}$, so ist r *höchstens gleich m − 1*. Es ist daher zu prüfen, ob es wenigstens *eine* von null verschiedene $(m − 1)$-*reihige* Unterdeterminante von $\mathbf{A}$ gibt. Ist dies der Fall, so ist $r = m − 1$. Andernfalls ist r *höchstens gleich m − 2*. Das beschriebene Verfahren wird dann solange fortgesetzt, bis man auf eine von null *verschiedene* Unterdeterminante von $\mathbf{A}$ stößt. Die *Ordnung* r dieser Determinante ist dann der gesuchte *Rang* der Matrix $\mathbf{A}$.

Anmerkungen

(1)   Ist $\mathbf{A}$ eine (m, n)-Matrix mit $n \leq m$, so ist in dem beschriebenen Verfahren zur Rangbestimmung von $\mathbf{A}$ die Zahl m durch die Zahl n zu ersetzen.

(2)   Die Rangbestimmung einer Matrix nach diesem Verfahren kann in der Praxis mit *erheblichem* Rechenaufwand verbunden sein. Ein *besseres* Verfahren werden wir bald kennenlernen (Rangbestimmung einer Matrix mit Hilfe *elementarer Matrixumformungen*).

■ **Beispiel**

Wir bestimmen den *Rang r* der Matrix

$$\mathbf{A} = \begin{pmatrix} 1 & 1 & 1 & 0 \\ 2 & -1 & 1 & 3 \\ 1 & -2 & 0 & 3 \end{pmatrix}$$

vom Typ (3, 4). Er kann *höchstens gleich* 3 sein: $r \leq 3$. Wir prüfen zunächst, ob es (wenigstens) *eine* von null verschiedene *3-reihige* Unterdeterminante von **A** gibt. Dies ist *nicht* der Fall (bitte nachrechnen):

$$\begin{vmatrix} 1 & 1 & 0 \\ -1 & 1 & 3 \\ -2 & 0 & 3 \end{vmatrix} = \begin{vmatrix} 1 & 1 & 0 \\ 2 & 1 & 3 \\ 1 & 0 & 3 \end{vmatrix} = \begin{vmatrix} 1 & 1 & 0 \\ 2 & -1 & 3 \\ 1 & -2 & 3 \end{vmatrix} = \begin{vmatrix} 1 & 1 & 1 \\ 2 & -1 & 1 \\ 1 & -2 & 0 \end{vmatrix} = 0$$

Daher ist $r < 3$. Der Matrizenrang kann somit *höchstens* gleich 2 sein, d. h. $r \leq 2$. Wir prüfen jetzt, ob es (wenigstens) *eine* von null verschiedene *2-reihige* Unterdeterminante von **A** gibt. Eine solche Unterdeterminante existiert tatsächlich. Durch Streichen der 1. Zeile und der 1. und 2. Spalte in **A** erhalten wir die folgende *nichtverschwindende 2-reihige* Unterdeterminante:

$$\begin{vmatrix} 1 & 3 \\ 0 & 3 \end{vmatrix} = 3 \neq 0$$

Die Matrix **A** besitzt somit den Rang $r = 2$.   ■

Ein weiteres, in der Praxis *brauchbares* Verfahren zur *Rangbestimmung einer Matrix* beruht auf der Möglichkeit, eine Matrix **A** mit Hilfe sog. *elementarer Umformungen* in eine *ranggleiche* Matrix **B** zu überführen. Die *elementaren Umformungen* sind uns dabei zum Teil bereits von den *linearen Gleichungssystemen* her bekannt (vgl. hierzu Band 1, Kap. I, Abschnitt 5.2).

Elementare Umformungen einer Matrix

Der *Rang r* einer Matrix **A** ändert sich *nicht*, wenn sie den folgenden *elementaren Umformungen* unterworfen wird:

1. Zwei Zeilen (oder Spalten) werden miteinander *vertauscht*.

2. Die Elemente einer Zeile (oder Spalte) werden mit einer beliebigen von null verschiedenen Zahl *multipliziert* oder durch eine solche Zahl *dividiert*.

3. Zu einer Zeile (oder Spalte) wird ein beliebiges *Vielfaches* einer *anderen* Zeile (bzw. *anderen* Spalte) addiert oder subtrahiert.

Man kann nun zeigen, dass sich eine (m, n)-Matrix **A** vom Rang r mit Hilfe der oben aufgeführten *elementaren Umformungen* stets in eine *ranggleiche* Matrix **B** vom gleichen Typ und von *trapezförmiger* Gestalt überführen lässt [10]:

$$\mathbf{B} = \begin{pmatrix} b_{11} & b_{12} & \cdots & b_{1r} & | & b_{1,r+1} & b_{1,r+2} & \cdots & b_{1n} \\ 0 & b_{22} & \cdots & b_{2r} & | & b_{2,r+1} & b_{2,r+2} & \cdots & b_{2n} \\ \vdots & \vdots & & \vdots & | & \vdots & \vdots & & \vdots \\ 0 & 0 & \cdots & b_{rr} & | & b_{r,r+1} & b_{r,r+2} & \cdots & b_{rn} \\ \hline 0 & 0 & \cdots & 0 & | & 0 & 0 & \cdots & 0 \\ 0 & 0 & \cdots & 0 & | & 0 & 0 & \cdots & 0 \\ \vdots & \vdots & & \vdots & | & \vdots & \vdots & & \vdots \\ 0 & 0 & \cdots & 0 & | & 0 & 0 & \cdots & 0 \end{pmatrix} \begin{matrix} \left.\begin{matrix} \\ \\ \\ \\ \end{matrix}\right\} r \text{ Zeilen} \\ \left.\begin{matrix} \\ \\ \\ \\ \end{matrix}\right\} \begin{matrix}(m-r) \text{ Zeilen} \\ (\text{,,Nullzeilen``})\end{matrix} \end{matrix} \qquad \text{(I-111)}$$

$$\underbrace{\qquad\qquad\qquad}_{r \text{ Spalten}} \quad \underbrace{\qquad\qquad\qquad}_{(n-r) \text{ Spalten}}$$

Wir beschreiben die *Eigenschaften* dieser Matrix etwas genauer:

1. Die letzten $m - r$ Zeilen enthalten nur *Nullen* (sog. „Nullzeilen``) und brauchen daher nicht weiter berücksichtigt zu werden. Die verbleibende *Restmatrix* besitzt damit r Zeilen und n Spalten.

2. Alle Elemente *unterhalb* der Hauptdiagonalen (sie verbindet die Elemente b_{11}, $b_{22}, \ldots, b_{rr}$) sind gleich *null*.

3. Die *Hauptdiagonalelemente* sind sämtlich *ungleich* null:

$$b_{ii} \neq 0 \qquad \text{für} \qquad i = 1, 2, \ldots, r \qquad \text{(I-112)}$$

4. Der *Rang* der Matrix **B** ist r, da es eine von null verschiedene *r-reihige* Unterdeterminante von B gibt, nämlich

$$\begin{vmatrix} b_{11} & b_{12} & \cdots & b_{1r} \\ 0 & b_{22} & \cdots & b_{2r} \\ \vdots & \vdots & & \vdots \\ 0 & 0 & \cdots & b_{rr} \end{vmatrix} = b_{11} b_{22} \ldots b_{rr} \neq 0 \qquad \text{(I-113)}$$

und ferner *sämtliche* Unterdeterminanten von *höherer* Ordnung verschwinden (sie enthalten *mindestens* eine Nullzeile).

---

[10] Die äußere Form der Matrix **B** (*ohne* Nullzeilen) erinnert an ein *Trapez* (grau unterlegt).

Die *Rangbestimmung* einer Matrix kann daher auch wie folgt geschehen:

Rangbestimmung einer Matrix mit Hilfe elementarer Umformungen

Der *Rang* Rg (A) einer (m, n)-Matrix A kann auch wie folgt bestimmt werden:

Die Matrix wird zunächst mit Hilfe *elementarer Umformungen* auf die folgende sog. *Trapezform* gebracht:

$$
\left.
\begin{pmatrix}
b_{11} & b_{12} & \cdots & b_{1r} & b_{1,r+1} & b_{1,r+2} & \cdots & b_{1n} \\
0 & b_{22} & \cdots & b_{2r} & b_{2,r+1} & b_{2,r+2} & \cdots & b_{2n} \\
\vdots & \vdots & & \vdots & \vdots & \vdots & & \vdots \\
0 & 0 & \cdots & b_{rr} & b_{r,r+1} & b_{r,r+2} & \cdots & b_{rn} \\
0 & 0 & \cdots & 0 & 0 & 0 & \cdots & 0 \\
0 & 0 & \cdots & 0 & 0 & 0 & \cdots & 0 \\
\vdots & \vdots & & \vdots & \vdots & \vdots & & \vdots \\
0 & 0 & \cdots & 0 & 0 & 0 & \cdots & 0
\end{pmatrix}
\right.
\begin{array}{l}
\left.\vphantom{\begin{matrix}1\\1\\1\\1\end{matrix}}\right\} r \text{ Zeilen} \\[2em]
\left.\vphantom{\begin{matrix}1\\1\\1\\1\end{matrix}}\right\} \begin{array}{l} m - r \\ \text{Nullzeilen} \end{array}
\end{array}
\tag{I-114}
$$

($b_{ii} \neq 0$ für $i = 1, 2, \ldots, r$). Der *Rang* von A ist dann gleich der *Anzahl* r der *nichtverschwindenden* Zeilen: Rg (A) = r.

■ **Beispiel**

Wir bestimmen den *Rang* der (3, 4)-Matrix

$$
A = \begin{pmatrix} 1 & 3 & -5 & 0 \\ 2 & 7 & -8 & 7 \\ -1 & 0 & 11 & 21 \end{pmatrix}
$$

indem wir die Matrix A der Reihe nach den folgenden *elementaren Umformungen* unterwerfen (die jeweils durchgeführte Umformung wird an die betreffende Zeile geschrieben; Z_i: i-te Zeile):

$$
A = \begin{pmatrix} 1 & 3 & -5 & 0 \\ 2 & 7 & -8 & 7 \\ -1 & 0 & 11 & 21 \end{pmatrix} \begin{matrix} \\ -2Z_1 \\ +Z_1 \end{matrix} \Rightarrow \begin{pmatrix} 1 & 3 & -5 & 0 \\ 0 & 1 & 2 & 7 \\ 0 & 3 & 6 & 21 \end{pmatrix} \begin{matrix} \\ \\ -3Z_2 \end{matrix} \Rightarrow
$$

$$
\begin{pmatrix} 1 & 3 & -5 & 0 \\ 0 & 1 & 2 & 7 \\ 0 & 0 & 0 & 0 \end{pmatrix} \leftarrow \text{„Nullzeile"}
$$

Die Matrix hat jetzt die gewünschte *Trapezform* (I-114). Ihr *Rang* beträgt somit Rg (A) = 2.   ■

5 Lineare Gleichungssysteme

5.1 Allgemeine Vorbetrachtungen

Ein *lineares Gleichungssystem* mit m Gleichungen und n Unbekannten vom Typ

$$
\begin{aligned}
a_{11}x_1 + a_{12}x_2 + \ldots + a_{1n}x_n &= c_1 \\
a_{21}x_1 + a_{22}x_2 + \ldots + a_{2n}x_n &= c_2 \\
\vdots \qquad \vdots \qquad\qquad \vdots \qquad \vdots \\
a_{m1}x_1 + a_{m2}x_2 + \ldots + a_{mn}x_n &= c_m
\end{aligned}
\tag{I-115}
$$

(im Folgenden kurz als *lineares* (m, n)-*System* bezeichnet) lässt sich unter Verwendung von *Matrizen* in einer besonders übersichtlichen Form darstellen. Aus diesem Grund fassen wir zunächst die Koeffizienten a_{ik} des linearen Systems zu einer *Koeffizientenmatrix* $\mathbf{A}$, die unbekannten Größen $x_1, x_2, \ldots, x_n$ zu einem *Spaltenvektor* $\mathbf{x}$ und die absoluten Glieder $c_1, c_2, \ldots, c_m$ zu einem *Spaltenvektor* $\mathbf{c}$ wie folgt zusammen:

$$
\mathbf{A} = \begin{pmatrix} a_{11} & a_{12} & \ldots & a_{1n} \\ a_{21} & a_{22} & \ldots & a_{2n} \\ \vdots & \vdots & & \vdots \\ a_{m1} & a_{m2} & \ldots & a_{mn} \end{pmatrix}, \quad
\mathbf{x} = \begin{pmatrix} x_1 \\ x_2 \\ \vdots \\ x_n \end{pmatrix}, \quad
\mathbf{c} = \begin{pmatrix} c_1 \\ c_2 \\ \vdots \\ c_m \end{pmatrix}
\tag{I-116}
$$

Der Spaltenvektor $\mathbf{x}$ wird in diesem Zusammenhang auch als *Lösungsvektor* bezeichnet. Das lineare (m, n)-System besitzt dann in der *Matrizenschreibweise* die besonders einfache Gestalt

$$
\mathbf{A}\,\mathbf{x} = \mathbf{c}
\tag{I-117}
$$

Unter Verwendung des *Falk-Schemas* lässt sich leicht zeigen, dass das Matrizenprodukt $\mathbf{A}\,\mathbf{x}$ zu einem *Spaltenvektor* führt, dessen Komponenten genau die auf der linken Seite von (I-115) stehenden Ausdrücke sind:

$$
\begin{array}{c|c}
\mathbf{x} & \begin{matrix} x_1 \\ x_2 \\ \vdots \\ x_n \end{matrix} \\
\hline
\mathbf{A}\;\begin{matrix} a_{11} & a_{12} & \cdots & a_{1n} \\ a_{21} & a_{22} & \cdots & a_{2n} \\ \vdots & \vdots & & \vdots \\ a_{m1} & a_{m2} & \cdots & a_{mn} \end{matrix} & \begin{matrix} a_{11}x_1 + a_{12}x_2 + \ldots + a_{1n}x_n \\ a_{21}x_1 + a_{22}x_2 + \ldots + a_{2n}x_n \\ \vdots \qquad \vdots \qquad\qquad \vdots \\ a_{m1}x_1 + a_{m2}x_2 + \ldots + a_{mn}x_n \end{matrix}
\end{array}
$$

$$\mathbf{A}\,\mathbf{x}$$

Anmerkungen

(1)   Das lineare Gleichungssystem (I-117) heißt *homogen*, wenn $\mathbf{c} = \mathbf{0}$ ist, d. h. *alle* Absolutglieder verschwinden. Ein *homogenes* System ist daher stets in der Matrizenform

$$\mathbf{A}\,\mathbf{x} = \mathbf{0} \qquad\qquad\qquad\qquad\qquad\qquad\qquad\qquad\text{(I-118)}$$

darstellbar. Ein *inhomogenes* System liegt vor, wenn *mindestens ein* Absolutglied von null verschieden ist, d. h. $\mathbf{c} \neq \mathbf{0}$ ist.

(2)   Für $m = n$ liegt der in den Anwendungen besonders wichtige *Sonderfall* eines *quadratischen* linearen Gleichungssystems vor (auch *lineares* (*n, n*)-System genannt). Die Koeffizientenmatrix $\mathbf{A}$ ist in diesem Falle *quadratisch*.

Bei späteren Untersuchungen über das *Lösungsverhalten* eines linearen Gleichungssystems spielt die sog. *erweiterte Koeffizientenmatrix*[11]

$$(\mathbf{A} \mid \mathbf{c}) = \begin{pmatrix} a_{11} & a_{12} & \dots & a_{1n} & c_1 \\ a_{21} & a_{22} & \dots & a_{2n} & c_2 \\ \vdots & \vdots & & \vdots & \vdots \\ a_{m1} & a_{m2} & \dots & a_{mn} & c_m \end{pmatrix} \qquad\qquad\text{(I-119)}$$

eine bedeutende Rolle. Sie entsteht aus der Koeffizientenmatrix $\mathbf{A}$ durch *Hinzufügen* einer weiteren Spalte mit den Absolutgliedern $c_1, c_2, \dots, c_m$ und ist daher vom Typ $(m, n + 1)$.

■   **Beispiele**

(1)   Das inhomogene lineare (2, 3)-System

$$x_1 - 2x_2 + x_3 = 1$$
$$x_1 + x_2 - 4x_3 = 8$$

lautet in der *Matrizenform*:

$$\begin{pmatrix} 1 & -2 & 1 \\ 1 & 1 & -4 \end{pmatrix} \begin{pmatrix} x_1 \\ x_2 \\ x_3 \end{pmatrix} = \begin{pmatrix} 1 \\ 8 \end{pmatrix}$$

---

[11] Mit der Schreibweise $(\mathbf{A} \mid \mathbf{c})$ bringen wir zum Ausdruck, dass die Matrix $\mathbf{A}$ um den Spaltenvektor $\mathbf{c}$ *erweitert* wurde.

(2)   Das in der *Matrizenform* vorliegende lineare Gleichungssystem

$$\begin{pmatrix} 1 & -3 & 5 \\ 0 & 2 & 8 \\ 5 & 7 & 0 \end{pmatrix} \begin{pmatrix} x_1 \\ x_2 \\ x_3 \end{pmatrix} = \begin{pmatrix} 0 \\ 1 \\ 3 \end{pmatrix}$$

lautet in der herkömmlichen Schreibweise, auch *Komponentenschreibweise* genannt, wie folgt:

$$\begin{aligned} x_1 - 3x_2 + 5x_3 &= 0 \\ 2x_2 + 8x_3 &= 1 \\ 5x_1 + 7x_2 \quad\;\; &= 3 \end{aligned}$$ ∎

In Band 1 (Kap. I, Abschnitt 5) wurde bereits gezeigt, wie man ein lineares (m, n)-System $\mathbf{A}\,\mathbf{x} = \mathbf{c}$ mit Hilfe des *Gaußschen Algorithmus* lösen kann. Wir erinnern in diesem Zusammenhang an die folgende Aussage über das *Lösungsverhalten* eines solchen Gleichungssystems:

Über die Lösungsmenge eines linearen (m, n)-Systems

  1. Inhomogenes lineares Gleichungssystem $\mathbf{A}\,\mathbf{x} = \mathbf{c}$ (mit $\mathbf{c} \neq \mathbf{0}$)

    Das System besitzt entweder genau *eine* Lösung oder *unendlich* viele Lösungen oder überhaupt *keine* Lösung.

  2. Homogenes lineares Gleichungssystem $\mathbf{A}\,\mathbf{x} = \mathbf{0}$

    Das System besitzt entweder genau *eine* Lösung, nämlich die *triviale* Lösung $\mathbf{x} = \mathbf{0}$, oder *unendlich* viele Lösungen (darunter die triviale Lösung).

Eine Entscheidung darüber, ob ein vorgegebenes lineares (m, n)-System überhaupt *lösbar* ist und ob das System im Falle der Lösbarkeit genau *eine* Lösung oder gar *unendlich* viele Lösungen besitzt, konnte dabei erst im Verlaufe der Rechnung getroffen werden. Häufig interessieren in den Anwendungen weniger die Lösungen an sich als das *Lösungsverhalten* des linearen Systems. Wir werden uns daher in diesem Abschnitt vorrangig mit den folgenden Problemstellungen befassen:

1. Unter *welchen* Voraussetzungen ist ein lineares Gleichungssystem *lösbar*?

2. *Wann* besitzt ein lineares Gleichungssystem genau *eine* Lösung, *wann* dagegen *unendlich* viele Lösungen?

5.2 Gaußscher Algorithmus

Vorbemerkung

In Band 1 wurde bereits gezeigt, wie ein lineares Gleichungssystem $\mathbf{A}\mathbf{x} = \mathbf{c}$ mit Hilfe des *Gaußschen Algorithmus* gelöst werden kann. In diesem Abschnitt werden wir sehen, dass dieser Algorithmus auf elementaren *Zeilenumformungen* in der *erweiterten* Koeffizientenmatrix $(\mathbf{A} \,|\, \mathbf{c})$ des linearen Systems beruht.

Der *Gaußsche Algorithmus* ist ein in der Praxis weit verbreitetes Lösungsverfahren für ein lineares Gleichungssystem. Er beruht auf den folgenden (aus Band 1 bereits bekannten) *äquivalenten Umformungen* des Gleichungssystems [12]:

1. Zwei Gleichungen dürfen miteinander *vertauscht* werden.
2. Jede Gleichung darf mit einer beliebigen von Null verschiedenen Zahl *multipliziert* oder durch eine solche Zahl *dividiert* werden.
3. Zu jeder Gleichung darf ein beliebiges Vielfaches einer *anderen* Gleichung *addiert* werden.

Gegebenenfalls muss noch eine Umnummerierung der Unbekannten (Vertauschung von Spalten) vorgenommen werden.

Mit Hilfe dieser *Umformungen* lässt sich dann ein lineares (m, n)-System $\mathbf{A}\mathbf{x} = \mathbf{c}$ in ein *äquivalentes gestaffeltes* System $\mathbf{A}^* \mathbf{x} = \mathbf{c}^*$ überführen, aus dem sich dann (im Falle der *Lösbarkeit*) die unbekannten Größen $x_1, x_2, \ldots, x_n$ *sukzessiv* berechnen lassen.

Uns interessieren nun insbesondere die *Veränderungen* in der Koeffizientenmatrix $\mathbf{A}$ und in der *erweiterten* Koeffizientenmatrix $(\mathbf{A} \,|\, \mathbf{c})$, die durch die *äquivalenten Umformungen* des linearen Systems hervorgerufen werden. Die *Wirkungen* der Äquivalenzumformungen auf diese Matrizen wollen wir dabei zunächst anhand eines einfachen Beispiels näher studieren. Wir wählen dazu das lineare $(3, 3)$-System

$$
\begin{aligned}
x_1 + 2x_2 - 2x_3 &= 7 \\
2x_1 + 3x_2 &= 0 \\
2x_1 + x_2 + 8x_3 &= -28
\end{aligned}
\quad \text{oder} \quad
\begin{pmatrix} 1 & 2 & -2 \\ 2 & 3 & 0 \\ 2 & 1 & 8 \end{pmatrix}
\begin{pmatrix} x_1 \\ x_2 \\ x_3 \end{pmatrix}
=
\begin{pmatrix} 7 \\ 0 \\ -28 \end{pmatrix}
$$

$$(\text{I-120})$$

aus und unterwerfen dieses System der Reihe nach den folgenden *äquivalenten Umformungen* (*Gaußscher Algorithmus*; wir verwenden das aus Band 1 bekannte Rechenschema):

---

[12] *Äquivalente Umformungen* verändern lediglich die *äußere* Gestalt eines linearen Gleichungssystems, *nicht* aber dessen Lösungsmenge.

	x_1	x_2	x_3	c_i	s_i
E_1	1	2	-2	7	8
$-2 \cdot E_1$	2 -2	3 -4	0 4	0 -14	5 -16
$-2 \cdot E_1$	2 -2	1 -4	8 4	-28 -14	-17 -16
E_2		-1	4	-14	-11
$-3 \cdot E_2$		-3 3	12 -12	-42 42	-33 33
			0	0	0

Wir haben damit das Gleichungssystem (I-120) in das *gestaffelte* System

$$
\begin{aligned}
x_1 + 2x_2 - 2x_3 &= 7 \\
- x_2 + 4x_3 &= -14 \\
0 x_3 &= 0
\end{aligned}
\qquad\qquad\text{(I-121)}
$$

übergeführt, das nun *sukzessiv* von unten nach oben gelöst werden kann. Die letzte Gleichung $0x_3 = 0$ ist dabei für *jedes* $x_3 \in \mathbb{R}$ erfüllt, d. h. die Unbekannte x_3 ist als *frei wählbarer Parameter* zu betrachten (wir setzen daher $x_3 = \lambda$ mit $\lambda \in \mathbb{R}$). Das lineare Gleichungssystem (I-120) besitzt somit *unendlich* viele (noch von dem Parameter λ abhängige) Lösungen, die in der folgenden Form darstellbar sind:

$$
\begin{aligned}
x_1 &= -6\lambda - 21 \\
x_2 &= 4\lambda + 14 \\
x_3 &= \lambda
\end{aligned}
\qquad \text{oder} \qquad
\mathbf{x} = \begin{pmatrix} -6\lambda - 21 \\ 4\lambda + 14 \\ \lambda \end{pmatrix}
\qquad (\lambda \in \mathbb{R}) \qquad \text{(I-122)}
$$

Bei den beschriebenen äquivalenten Umformungen des Systems (I-120) wurde sowohl die Koeffizientenmatrix $\mathbf{A}$ als auch die erweiterte Koeffizientenmatrix $(\mathbf{A} \mid \mathbf{c})$ in eine jeweils *ranggleiche* Matrix mit *trapezförmiger* Gestalt übergeführt (Nullzeilen grau unterlegt):

$$
\mathbf{A} = \begin{pmatrix} 1 & 2 & -2 \\ 2 & 3 & 0 \\ 2 & 1 & 8 \end{pmatrix} \;\Rightarrow\; \mathbf{A}^* = \begin{pmatrix} 1 & 2 & -2 \\ 0 & -1 & 4 \\ 0 & 0 & 0 \end{pmatrix}
$$

$$
\operatorname{Rg}(\mathbf{A}) = \operatorname{Rg}(\mathbf{A}^*) = 2 \qquad\qquad\qquad \text{(I-123)}
$$

$$
(\mathbf{A} \mid \mathbf{c}) = \left(\begin{array}{ccc|c} 1 & 2 & -2 & 7 \\ 2 & 3 & 0 & 0 \\ 2 & 1 & 8 & -28 \end{array} \right) \;\Rightarrow\; (\mathbf{A}^* \mid \mathbf{c}^*) = \left(\begin{array}{ccc|c} 1 & 2 & -2 & 7 \\ 0 & -1 & 4 & -14 \\ 0 & 0 & 0 & 0 \end{array} \right)
$$

$$
\operatorname{Rg}(\mathbf{A} \mid \mathbf{c}) = \operatorname{Rg}(\mathbf{A}^* \mid \mathbf{c}^*) = 2 \qquad\qquad\qquad \text{(I-124)}
$$

Im Übrigen genügt es, wenn wir uns bei unseren Untersuchungen auf die *erweiterte* Koeffizientenmatrix beschränken, da sie die Koeffizientenmatrix *mitenthält*:

$$(\mathbf{A} \mid \mathbf{c}) = \underbrace{\begin{pmatrix} 1 & 2 & -2 \\ 2 & 3 & 0 \\ 2 & 1 & 8 \end{pmatrix}}_{\mathbf{A}} \left.\begin{matrix} 7 \\ 0 \\ -28 \end{matrix}\right) \;\Rightarrow\; (\mathbf{A}^* \mid \mathbf{c}^*) = \underbrace{\begin{pmatrix} 1 & 2 & -2 \\ 0 & -1 & 4 \\ 0 & 0 & 0 \end{pmatrix}}_{\mathbf{A}^*} \left.\begin{matrix} 7 \\ -14 \\ 0 \end{matrix}\right)$$

$$(\text{I-125})$$

Die *äquivalenten Umformungen* des linearen Gleichungssystems $\mathbf{A}\,\mathbf{x} = \mathbf{c}$ haben also in den Matrizen $\mathbf{A}$ und $(\mathbf{A} \mid \mathbf{c})$ lediglich *elementare Zeilenumformungen* zur Folge und überführen diese Matrizen (im Falle der *Lösbarkeit* des Systems) in die *Trapezform*. Der *Rang* der Matrizen wird dabei *nicht* verändert (siehe hierzu Abschnitt 4.4). *Zulässige elementare Zeilenumformungen* sind:

1. *Vertauschen* zweier Zeilen.

2. *Multiplikation* bzw. *Division* einer Zeile mit einer von Null verschiedenen Zahl.

3. *Addition* eines Vielfachen einer Zeile zu einer *anderen* Zeile.

Ein lineares Gleichungssystem $\mathbf{A}\,\mathbf{x} = \mathbf{c}$ kann demnach gelöst werden, indem man zunächst die *erweiterte* Koeffizientenmatrix $(\mathbf{A} \mid \mathbf{c})$ des Systems mit Hilfe *elementarer Zeilenumformungen* in die *Trapezform* $(\mathbf{A}^* \mid \mathbf{c}^*)$ bringt (dies ist im Falle der Lösbarkeit *immer* möglich) und anschließend das dann vorliegende *äquivalente gestaffelte* System $\mathbf{A}^*\mathbf{x} = \mathbf{c}^*$ schrittweise löst.

Wir fassen diese wichtigen Aussagen zusammen:

Lösen eines linearen Gleichungssystems $\mathbf{A}\,\mathbf{x} = \mathbf{c}$ mit Hilfe des Gaußschen Algorithmus

Den *äquivalenten Umformungen* eines linearen Gleichungssystems $\mathbf{A}\,\mathbf{x} = \mathbf{c}$ entsprechen *elementare Zeilenumformungen* in der Koeffizientenmatrix $\mathbf{A}$ und der *erweiterten* Koeffizientenmatrix $(\mathbf{A} \mid \mathbf{c})$. Im Falle der *Lösbarkeit* des linearen Systems lassen sich die Lösungen wie folgt gewinnen:

1. Zunächst wird die *erweiterte* Koeffizientenmatrix $(\mathbf{A} \mid \mathbf{c})$ (und damit auch die Koeffizientenmatrix $\mathbf{A}$ selbst) mit Hilfe *elementarer Zeilenumformungen* in eine *ranggleiche* Matrix mit *Trapezform* übergeführt:

$$\mathbf{A} \Rightarrow \mathbf{A}^* \qquad \text{und} \qquad (\mathbf{A} \mid \mathbf{c}) \Rightarrow (\mathbf{A}^* \mid \mathbf{c}^*) \qquad\qquad (\text{I-126})$$

2. Das lineare Gleichungssystem liegt dann in der *gestaffelten* Form $\mathbf{A}^*\mathbf{x} = \mathbf{c}^*$ vor und lässt sich *sukzessiv* von unten nach oben lösen.

Anmerkung

Man beachte, dass beim *Gaußschen Algorithmus* nur elementare *Zeilenumformungen* zulässig sind. *Ausnahme*: *Umnummerierung* der Variablen, die einer Spaltenvertauschung in der *Koeffizientenmatrix* entspricht.

■ **Beispiel**

Wir kehren zu unserem Anfangsbeispiel zurück und lösen das nun in der *Matrizenform*

$$\begin{pmatrix} 1 & 2 & -2 \\ 2 & 3 & 0 \\ 2 & 1 & 8 \end{pmatrix} \begin{pmatrix} x_1 \\ x_2 \\ x_3 \end{pmatrix} = \begin{pmatrix} 7 \\ 0 \\ -28 \end{pmatrix}$$

dargestellte lineare Gleichungssystem (I-120) mit Hilfe *elementarer Zeilenumformungen* in der *erweiterten* Koeffizientenmatrix $(\mathbf{A} \mid \mathbf{c})$ wie folgt, wobei wir die jeweils durchgeführte *elementare Zeilenumformung* an die entsprechende Zeile der Matrix schreiben (Z_i: i-te Zeile):

$$(\mathbf{A} \mid \mathbf{c}) = \underbrace{\begin{pmatrix} 1 & 2 & -2 \\ 2 & 3 & 0 \\ 2 & 1 & 8 \end{pmatrix}}_{\mathbf{A}} \left. \begin{matrix} 7 \\ 0 \\ -28 \end{matrix} \right) \begin{matrix} \\ -2Z_1 \\ -2Z_1 \end{matrix} \quad \Rightarrow \quad \begin{pmatrix} 1 & 2 & -2 \\ 0 & -1 & 4 \\ 0 & -3 & 12 \end{pmatrix} \left. \begin{matrix} 7 \\ -14 \\ -42 \end{matrix} \right) \begin{matrix} \\ \\ -3Z_2 \end{matrix}$$

$$\Rightarrow \quad \underbrace{\begin{pmatrix} 1 & 2 & -2 \\ 0 & -1 & 4 \\ 0 & 0 & 0 \end{pmatrix}}_{\mathbf{A}^*} \left. \begin{matrix} 7 \\ -14 \\ 0 \end{matrix} \right) = (\mathbf{A}^* \mid \mathbf{c}^*)$$

Nullzeile

Koeffizientenmatrix und *erweiterte* Koeffizientenmatrix besitzen jetzt die gewünschte *Trapezform*. Das *gestaffelte* System lautet somit:

$$x_1 + 2x_2 - 2x_3 = 7$$
$$- x_2 + 4x_3 = -14$$
$$0x_3 = 0$$

Es wird (wie wir bereits weiter vorne gezeigt haben) durch

$$x_1 = -6\lambda - 21, \qquad x_2 = 4\lambda + 14, \qquad x_3 = \lambda$$

gelöst ($x_3 = \lambda$ ist ein frei wählbarer *Parameter* mit $\lambda \in \mathbb{R}$). ■

5.3 Lösungsverhalten eines linearen (m, n)-Gleichungssystems

Wir untersuchen in diesem Abschnitt das *Lösungsverhalten* eines linearen (m, n)-Systems vom allgemeinen Typ $\mathbf{A}\,\mathbf{x} = \mathbf{c}$ oder (in der Komponentenschreibweise)

$$
\begin{aligned}
a_{11}x_1 + a_{12}x_2 + \ldots + a_{1n}x_n &= c_1 \\
a_{21}x_1 + a_{22}x_2 + \ldots + a_{2n}x_n &= c_2 \\
\vdots \qquad\quad \vdots \qquad\qquad\quad \vdots \qquad\quad &\ \vdots \\
a_{m1}x_1 + a_{m2}x_2 + \ldots + a_{mn}x_n &= c_m
\end{aligned}
\qquad\qquad \text{(I-127)}
$$

Mit Hilfe *äquivalenter Umformungen* lässt sich dieses System in ein *äquivalentes gestaffeltes* System der Form

$$
\begin{aligned}
a_{11}^{*}x_1 + a_{12}^{*}x_2 + \ldots + a_{1r}^{*}x_r + a_{1,r+1}^{*}x_{r+1} + \ldots + a_{1n}^{*}x_n &= c_1^{*} \\
a_{22}^{*}x_2 + \ldots + a_{2r}^{*}x_r + a_{2,r+1}^{*}x_{r+1} + \ldots + a_{2n}^{*}x_n &= c_2^{*} \\
\vdots \qquad\qquad \vdots \qquad\qquad\qquad\quad \vdots \qquad\qquad\ \vdots \\
a_{rr}^{*}x_r + a_{r,r+1}^{*}x_{r+1} + \ldots + a_{rn}^{*}x_n &= c_r^{*} \\
0 &= c_{r+1}^{*} \\
0 &= c_{r+2}^{*} \\
\vdots \qquad\ \ \vdots \\
0 &= c_m^{*}
\end{aligned}
$$

$$\text{(I-128)}$$

überführen ($a_{ii}^{*} \neq 0$ für $i = 1, 2, \ldots, r$). Unter Verwendung von *Matrizen* lässt sich dafür auch schreiben

$$
\mathbf{A}^{*}\mathbf{x} = \mathbf{c}^{*} \qquad\qquad\qquad\qquad\qquad\qquad\qquad\qquad \text{(I-129)}
$$

Der Übergang vom linearen System $\mathbf{A}\,\mathbf{x} = \mathbf{c}$ zum *äquivalenten* System $\mathbf{A}^{*}\mathbf{x} = \mathbf{c}^{*}$ können wir *symbolisch* wie folgt darstellen:

$$
\mathbf{A}\,\mathbf{x} = \mathbf{c} \quad \xrightarrow[\text{Umformungen}]{\text{Äquivalente}} \quad \mathbf{A}^{*}\mathbf{x} = \mathbf{c}^{*} \qquad\qquad \text{(I-130)}
$$

Die Koeffizientenmatrix $\mathbf{A}^{*}$ geht dabei aus der Koeffizientenmatrix $\mathbf{A}$ und die *erweiterte* Koeffizientenmatrix $(\mathbf{A}^{*} \mid \mathbf{c}^{*})$ aus der *erweiterten* Koeffizientenmatrix $(\mathbf{A} \mid \mathbf{c})$ durch *elementare Zeilenumformungen* hervor:

$$
\left.\begin{aligned}
\mathbf{A} \\
(\mathbf{A} \mid \mathbf{c})
\end{aligned}\right\} \quad \xrightarrow[\text{Zeilenumformungen}]{\text{Elementare}} \quad \left\{\begin{aligned}
\mathbf{A}^{*} \\
(\mathbf{A}^{*} \mid \mathbf{c}^{*})
\end{aligned}\right. \qquad\qquad \text{(I-131)}
$$

Die Matrizen $\mathbf{A}^*$ und $(\mathbf{A}^* \mid \mathbf{c}^*)$ besitzen die folgenden *Strukturen*:

$$(\mathbf{A}^* \mid \mathbf{c}^*) = \begin{pmatrix} a_{11}^* & a_{12}^* & \cdots & a_{1r}^* & a_{1,r+1}^* & \cdots & a_{1n}^* & c_1^* \\ 0 & a_{22}^* & \cdots & a_{2r}^* & a_{2,r+1}^* & \cdots & a_{2n}^* & c_2^* \\ \vdots & \vdots & & \vdots & \vdots & & \vdots & \vdots \\ 0 & 0 & \cdots & a_{rr}^* & a_{r,r+1}^* & \cdots & a_{rn}^* & c_r^* \\ 0 & 0 & \cdots & 0 & 0 & \cdots & 0 & c_{r+1}^* \\ 0 & 0 & \cdots & 0 & 0 & \cdots & 0 & c_{r+2}^* \\ \vdots & \vdots & & \vdots & \vdots & & \vdots & \vdots \\ 0 & 0 & \cdots & 0 & 0 & \cdots & 0 & c_m^* \end{pmatrix} \qquad \text{(I-132)}$$

$$\underbrace{}_{\mathbf{A}^*}$$

Die *grau* unterlegten Elemente entscheiden dabei über die Lösbarkeit des Systems.

Das lineare (m, n)-System $\mathbf{A}\,\mathbf{x} = \mathbf{c}$ bzw. $\mathbf{A}^*\mathbf{x} = \mathbf{c}^*$ ist offensichtlich nur *lösbar*, wenn die Elemente $c_{r+1}^*, c_{r+2}^*, \ldots, c_m^*$ *sämtlich verschwinden*. Andernfalls erhalten wir *widersprüchliche* Gleichungen, in denen die *linke* Seite den Wert null und die *rechte* Seite einen von null *verschiedenen* Wert besitzt. Die *erweiterte* Koeffizientenmatrix $(\mathbf{A}^* \mid \mathbf{c}^*)$ muss daher im Falle der *Lösbarkeit* die spezielle Form

$$(\mathbf{A}^* \mid \mathbf{c}^*) = \begin{pmatrix} a_{11}^* & a_{12}^* & \cdots & a_{1r}^* & a_{1,r+1}^* & \cdots & a_{1n}^* & c_1^* \\ 0 & a_{22}^* & \cdots & a_{2r}^* & a_{2,r+1}^* & \cdots & a_{2n}^* & c_2^* \\ \vdots & \vdots & & \vdots & \vdots & & \vdots & \vdots \\ 0 & 0 & \cdots & a_{rr}^* & a_{r,r+1}^* & \cdots & a_{rn}^* & c_r^* \\ 0 & 0 & \cdots & 0 & 0 & \cdots & 0 & 0 \\ 0 & 0 & \cdots & 0 & 0 & \cdots & 0 & 0 \\ \vdots & \vdots & & \vdots & \vdots & & \vdots & \vdots \\ 0 & 0 & \cdots & 0 & 0 & \cdots & 0 & 0 \end{pmatrix} \left.\begin{array}{c} \\ \\ \\ \\ \\ \\ \\ \end{array}\right\} \begin{array}{c} (m-r) \\ \text{Nullzeilen} \end{array} \qquad \text{(I-133)}$$

$$\underbrace{}_{\mathbf{A}^*}$$

annehmen. Beide Matrizen, sowohl $\mathbf{A}^*$ als auch $(\mathbf{A}^* \mid \mathbf{c}^*)$, sind dann von *trapezförmiger* Gestalt und enthalten jeweils in den letzten $m - r$ Zeilen nur *Nullen*. Sie stimmen daher in ihrem *Rang* überein:

$$\text{Rg}\,(\mathbf{A}^*) = \text{Rg}\,(\mathbf{A}^* \mid \mathbf{c}^*) = r \qquad \text{(I-134)}$$

Da das System $\mathbf{A}^*\mathbf{x} = \mathbf{c}^*$ durch *äquivalente Umformungen* bzw. *elementare Zeilenumformungen* aus dem System $\mathbf{A}\,\mathbf{x} = \mathbf{c}$ hervorgeht, sind $\mathbf{A}$ und $\mathbf{A}^*$ bzw. $(\mathbf{A} \mid \mathbf{c})$ und $(\mathbf{A}^* \mid \mathbf{c}^*)$ jeweils *ranggleich*. Ein lineares (m, n)-System $\mathbf{A}\,\mathbf{x} = \mathbf{c}$ ist demnach nur *lösbar*, wenn $\mathbf{A}$ und $(\mathbf{A} \mid \mathbf{c})$ vom *gleichen* Rang sind.

Die Bedingung

$$\text{Rg}\,(\mathbf{A}) = \text{Rg}\,(\mathbf{A}\,|\,\mathbf{c}) = r \tag{I-135}$$

ist somit *notwendig und hinreichend* für die *Lösbarkeit* eines linearen Systems. Wir halten diese wichtige Aussage in einem Satz fest:

Über die Lösbarkeit eines linearen (m, n)-Systems

Ein lineares (m, n)-System $\mathbf{A}\,\mathbf{x} = \mathbf{c}$ ist dann und nur dann *lösbar*, wenn der Rang der Koeffizientenmatrix $\mathbf{A}$ mit dem Rang der *erweiterten* Koeffizientenmatrix $(\mathbf{A}\,|\,\mathbf{c})$ *übereinstimmt*:

$$\text{Rg}\,(\mathbf{A}) = \text{Rg}\,(\mathbf{A}\,|\,\mathbf{c}) = r \qquad (r \le m;\, r \le n) \tag{I-136}$$

Anmerkungen

(1)   Ein lineares (m, n)-System $\mathbf{A}\,\mathbf{x} = \mathbf{c}$ ist *unlösbar*, wenn $\text{Rg}\,(\mathbf{A}) \ne \text{Rg}\,(\mathbf{A}\,|\,\mathbf{c})$ ist. In diesem Fall ist stets $\text{Rg}\,(\mathbf{A}\,|\,\mathbf{c}) > \text{Rg}\,(\mathbf{A})$.

(2)   In einem *homogenen* linearen (m, n)-System $\mathbf{A}\,\mathbf{x} = \mathbf{0}$ ist die *Lösbarkeitsbedingung* $\text{Rg}\,(\mathbf{A}) = \text{Rg}\,(\mathbf{A}\,|\,\mathbf{c}) = r$ *stets* erfüllt. Denn die *erweiterte* Koeffizientenmatrix $(\mathbf{A}\,|\,\mathbf{0})$ unterscheidet sich von der Koeffizientenmatrix $\mathbf{A}$ lediglich durch eine *zusätzliche* Spalte mit lauter *Nullen*, die aber den Matrizenrang in *keiner* Weise verändert:

$$(\mathbf{A}\,|\,\mathbf{0}) = \underbrace{\begin{pmatrix} a_{11} & a_{12} & \dots & a_{1n} \\ a_{21} & a_{22} & \dots & a_{2n} \\ \vdots & \vdots & & \vdots \\ a_{m1} & a_{m2} & \dots & a_{mn} \end{pmatrix}}_{\mathbf{A}} \left. \begin{matrix} 0 \\ 0 \\ \vdots \\ 0 \end{matrix} \right) \tag{I-137}$$

$\llcorner$ Diese *Nullspalte* hat *keinen* Einfluss auf den Matrizenrang

Fallunterscheidungen bei einem lösbaren linearen System

Im Falle der *Lösbarkeit* eines linearen (m, n)-Systems $\mathbf{A}\,\mathbf{x} = \mathbf{c}$ müssen wir noch die Fälle $r = n$ und $r < n$ unterscheiden.

1. Fall: $r = n$

Das *gestaffelte* System $\mathbf{A}^*\mathbf{x} = \mathbf{c}^*$ besitzt für $r = n$ die *quadratische* Form

$$a_{11}^* x_1 + a_{12}^* x_2 + \dots + a_{1n}^* x_n = c_1^*$$

$$a_{22}^* x_2 + \dots + a_{2n}^* x_n = c_2^* \tag{I-138}$$

$$\vdots \qquad \vdots$$

$$a_{nn}^* x_n = c_n^*$$

Die Koeffizientenmatrix $\mathbf{A}^*$ ist eine (obere) *Dreiecksmatrix*, die *erweiterte* Koeffizientenmatrix $(\mathbf{A}^* \mid \mathbf{c}^*)$ besitzt *Trapezform*:

$$(\mathbf{A}^* \mid \mathbf{c}^*) = \underbrace{\begin{pmatrix} a_{11}^* & a_{12}^* & \ldots & a_{1n}^* \\ 0 & a_{22}^* & \ldots & a_{2n}^* \\ \vdots & \vdots & & \vdots \\ 0 & 0 & \ldots & a_{nn}^* \end{pmatrix}}_{\mathbf{A}^*} \left.\begin{matrix} c_1^* \\ c_2^* \\ \vdots \\ c_n^* \end{matrix}\right) \qquad \text{(I-139)}$$

Das lineare Gleichungssystem besitzt jetzt genau *eine* Lösung, die man *sukzessiv* von unten nach oben aus dem *gestaffelten* System (I-138) berechnet.

2. Fall: $r < n$

Das *gestaffelte* System $\mathbf{A}^* \mathbf{x} = \mathbf{c}^*$ besitzt für $r < n$ eine *rechteckige* Gestalt:

$$a_{11}^* x_1 + a_{12}^* x_2 + \ldots + a_{1r}^* x_r + a_{1,r+1}^* x_{r+1} + \ldots + a_{1n}^* x_n = c_1^*$$
$$a_{22}^* x_2 + \ldots + a_{2r}^* x_r + a_{2,r+1}^* x_{r+1} + \ldots + a_{2n}^* x_n = c_2^*$$
$$\vdots \qquad\qquad \vdots \qquad\qquad\qquad \vdots \qquad\qquad \vdots \qquad\qquad \text{(I-140)}$$
$$a_{rr}^* x_r + a_{r,r+1}^* x_{r+1} + \ldots + a_{rn}^* x_n = c_r^*$$

Wir haben in diesem Fall mehr Unbekannte (Anzahl: n) als Gleichungen (Anzahl: r): $n > r$: Daher sind $n - r$ der Unbekannten, z. B. $x_{r+1}, x_{r+2}, \ldots, x_n$, *frei wählbare* und voneinander unabhängige *Größen* (Parameter). Das *gestaffelte* System (I-140) wird dann wiederum *sukzessiv* von unten nach oben gelöst. Wir erhalten *unendlich* viele Lösungen, die noch von $n - r$ *Parametern* abhängen.

Ein lineares Gleichungssystem zeigt damit das folgende *Lösungsverhalten*:

Über das Lösungsverhalten eines linearen (m, n)-Systems $\mathbf{A}\mathbf{x} = \mathbf{c}$

1. Ein lineares (m, n)-System $\mathbf{A}\mathbf{x} = \mathbf{c}$ ist nur *lösbar*, wenn Koeffizientenmatrix $\mathbf{A}$ und *erweiterte* Koeffizientenmatrix $(\mathbf{A} \mid \mathbf{c})$ *ranggleich* sind:

$$\text{Rg}\,(\mathbf{A}) = \text{Rg}\,(\mathbf{A} \mid \mathbf{c}) = r \qquad\qquad \text{(I-141)}$$

2. Im Falle der *Lösbarkeit* besitzt das lineare System die folgende *Lösungsmenge*:

Für $r = n$: Genau *eine* Lösung;

Für $r < n$: *Unendlich* viele Lösungen, wobei $n - r$ der insgesamt n Unbekannten *frei wählbare Parameter* sind.

Anmerkungen

(1) Ein lineares (m, n)-System $\mathbf{A}\mathbf{x} = \mathbf{c}$ ist *unlösbar*, wenn Koeffizientenmatrix $\mathbf{A}$ und *erweiterte* Koeffizientenmatrix $(\mathbf{A} \mid \mathbf{c})$ von *unterschiedlichem* Rang sind, d. h. $\mathrm{Rg}\,(\mathbf{A}) \neq \mathrm{Rg}\,(\mathbf{A} \mid \mathbf{c})$ ist.

(2) Bei einem *homogenen* linearen System $\mathbf{A}\mathbf{x} = \mathbf{0}$ ist die *Lösbarkeitsbedingung* $\mathrm{Rg}\,(\mathbf{A}) = \mathrm{Rg}\,(\mathbf{A} \mid \mathbf{c})$ *stets* erfüllt. Ein *homogenes* lineares System ist daher *immer* lösbar und besitzt wenigstens die *triviale* Lösung $x_1 = x_2 = \ldots = x_n = 0$. Sie ist die *einzige* Lösung, wenn $r = n$ ist. *Nichttriviale* Lösungen, d. h. von $\mathbf{x} = \mathbf{0}$ verschiedene Lösungen, existieren nur für $r < n$.

Die oben aufgeführten *Kriterien* für die Lösbarkeit eines linearen Gleichungssystems lassen sich in einem Schema besonders übersichtlich wie folgt darstellen:

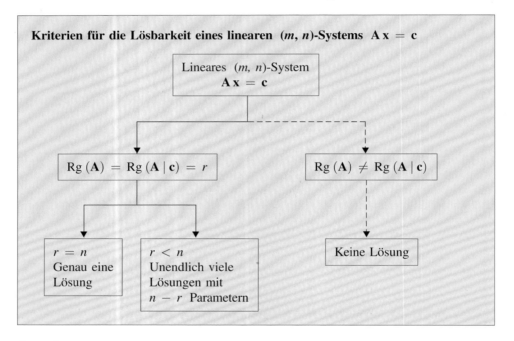

Anmerkung

Ein *homogenes* lineares (m, n)-System $\mathbf{A}\mathbf{x} = \mathbf{0}$ ist bekanntlich *stets* lösbar. Der durch den gestrichelten Weg angedeutete Fall kann daher nur für ein *inhomogenes* System eintreten.

■ **Beispiele**

(1) Wir zeigen mit Hilfe von *Determinanten*, dass das lineare (3, 2)-System

$$3x_1 - 4x_2 = 2$$
$$-x_1 + 5x_2 = 4$$
$$5x_1 + 2x_2 = 12$$

nicht lösbar ist. Der Rang der Koeffizientenmatrix

$$\mathbf{A} = \begin{pmatrix} 3 & -4 \\ -1 & 5 \\ 5 & 2 \end{pmatrix}$$

beträgt $\mathrm{Rg}\,(\mathbf{A}) = 2$, da es wenigstens *eine* von null verschiedene *zweireihige* Unterdeterminante gibt, nämlich

$$\begin{vmatrix} -1 & 5 \\ 5 & 2 \end{vmatrix} = -2 - 25 = -27 \neq 0$$

(in $\mathbf{A}$ wurde die *1. Zeile* gestrichen). Die *erweiterte* Koeffizientenmatrix

$$(\mathbf{A} \mid \mathbf{c}) = \begin{pmatrix} 3 & -4 & 2 \\ -1 & 5 & 4 \\ 5 & 2 & 12 \end{pmatrix}$$

ist *quadratisch* und sogar *regulär*:

$$\det (\mathbf{A} \mid \mathbf{c}) = \begin{vmatrix} 3 & -4 & 2 \\ -1 & 5 & 4 \\ 5 & 2 & 12 \end{vmatrix} = 180 - 80 - 4 - 50 - 24 - 48 = -26$$

Somit ist $\mathrm{Rg}\,(\mathbf{A} \mid \mathbf{c}) = 3$ und damit $\mathrm{Rg}\,(\mathbf{A}) \neq \mathrm{Rg}\,(\mathbf{A} \mid \mathbf{c})$. Das vorliegende Gleichungssystem ist daher *unlösbar*.

(2) Wir untersuchen mit Hilfe der *Matrizenrechnung* das Lösungsverhalten des folgenden linearen (4, 3)-Systems:

$$4x_1 - x_2 - x_3 = 6$$
$$x_1 \qquad\quad + 2x_3 = 0$$
$$-x_1 + 2x_2 + 2x_3 = 2$$
$$3x_1 - x_2 \qquad\quad = 3$$

Die erweiterte Koeffizientenmatrix des Systems wird zunächst den folgenden *elementaren Zeilenumformungen* unterworfen (Z_i: i-te Zeile):

$$(\mathbf{A} \mid \mathbf{c}) = \begin{pmatrix} 4 & -1 & -1 & 6 \\ 1 & 0 & 2 & 0 \\ -1 & 2 & 2 & 2 \\ 3 & -1 & 0 & 3 \end{pmatrix} \begin{matrix} \curvearrowright \\ \curvearrowleft \end{matrix} \Rightarrow \begin{pmatrix} 1 & 0 & 2 & 0 \\ 4 & -1 & -1 & 6 \\ -1 & 2 & 2 & 2 \\ 3 & -1 & 0 & 3 \end{pmatrix} \begin{matrix} \\ -4Z_1 \\ +Z_1 \\ -3Z_1 \end{matrix}$$

$$\Rightarrow \begin{pmatrix} 1 & 0 & 2 & 0 \\ 0 & -1 & -9 & 6 \\ 0 & 2 & 4 & 2 \\ 0 & -1 & -6 & 3 \end{pmatrix} \begin{matrix} \\ \\ +2Z_2 \\ -Z_2 \end{matrix} \Rightarrow \begin{pmatrix} 1 & 0 & 2 & 0 \\ 0 & -1 & -9 & 6 \\ 0 & 0 & -14 & 14 \\ 0 & 0 & 3 & -3 \end{pmatrix} \begin{matrix} \\ \\ : 14 \\ : 3 \end{matrix}$$

$$\Rightarrow \begin{pmatrix} 1 & 0 & 2 & 0 \\ 0 & -1 & -9 & 6 \\ 0 & 0 & -1 & 1 \\ 0 & 0 & 1 & -1 \end{pmatrix} \begin{matrix} \\ \\ \\ +Z_3 \end{matrix} \Rightarrow \begin{pmatrix} 1 & 0 & 2 & 0 \\ 0 & -1 & -9 & 6 \\ 0 & 0 & -1 & 1 \\ 0 & 0 & 0 & 0 \end{pmatrix} = (\mathbf{A}^* \mid \mathbf{c}^*)$$

$$\underbrace{\qquad\qquad}_{\mathbf{A}^*} \qquad \text{Nullzeile}$$

$$\text{Rg}\,(\mathbf{A}) = \text{Rg}\,(\mathbf{A}^*) = 3, \qquad \text{Rg}\,(\mathbf{A} \mid \mathbf{c}) = \text{Rg}\,(\mathbf{A}^* \mid \mathbf{c}^*) = 3$$

Das lineare Gleichungssystem ist somit wegen $\text{Rg}\,(\mathbf{A}) = \text{Rg}\,(\mathbf{A} \mid \mathbf{c}) = 3$ *lösbar* und besitzt genau *eine* Lösung, da $r = n = 3$ ist. Die Lösung berechnen wir aus dem *gestaffelten* System $\mathbf{A}^* \mathbf{x} = \mathbf{c}^*$ *sukzessiv* von unten nach oben:

Gestaffeltes System

$$x_1 \qquad + 2x_3 = 0 \quad \Rightarrow \quad x_1 = -2x_3 = -2\,(-1) = 2$$

$$-x_2 - 9x_3 = 6 \quad \Rightarrow \quad x_2 = -6 - 9x_3 = -6 - 9\,(-1) = 3 \quad \uparrow$$

$$-\ x_3 = 1 \quad \Rightarrow \quad x_3 = -1 \quad \uparrow$$

Lösung: $x_1 = 2, \quad x_2 = 3, \quad x_3 = -1$ ∎

5.4 Lösungsverhalten eines quadratischen linearen Gleichungssystems

Für $m = n$ erhalten wir den in den Anwendungen besonders häufigen und wichtigen *Sonderfall* eines *quadratischen* linearen Gleichungssystems mit n Gleichungen und n Unbekannten:

$$
\begin{aligned}
a_{11}x_1 + a_{12}x_2 + \ldots + a_{1n}x_n &= c_1 \\
a_{21}x_1 + a_{22}x_2 + \ldots + a_{2n}x_n &= c_2 \\
\vdots \qquad \vdots \qquad\qquad \vdots \qquad \vdots \\
a_{n1}x_1 + a_{n2}x_2 + \ldots + a_{nn}x_n &= c_n
\end{aligned}
\qquad \text{oder} \qquad \mathbf{A}\,\mathbf{x} = \mathbf{c} \qquad \text{(I-142)}
$$

Die Koeffizientenmatrix $\mathbf{A}$ ist dabei *quadratisch* (n-reihig), die *erweiterte* Koeffizientenmatrix $(\mathbf{A}\mid\mathbf{c})$ vom Typ $(n, n + 1)$:

$$
(\mathbf{A}\mid\mathbf{c}) = \underbrace{\begin{pmatrix} a_{11} & a_{12} & \ldots & a_{1n} \\ a_{21} & a_{22} & \ldots & a_{2n} \\ \vdots & \vdots & & \vdots \\ a_{n1} & a_{n2} & \ldots & a_{nn} \end{pmatrix}}_{\mathbf{A}} \left.\begin{matrix} c_1 \\ c_2 \\ \vdots \\ c_n \end{matrix}\right) \qquad \text{(I-143)}
$$

Wir beschäftigen uns zunächst mit den *inhomogenen* und anschließend mit den *homogenen* quadratischen Systemen. Dabei behalten alle für (m, n)-Systeme hergeleiteten Sätze auch für *quadratische* (n, n)-Systeme ihre Gültigkeit.

5.4.1 Inhomogenes lineares (n, n)-System

Nach den Ausführungen über die linearen (m, n)-Systeme in Abschnitt 5.3 ist ein *inhomogenes* lineares (n, n)-System $\mathbf{A}\,\mathbf{x} = \mathbf{c}$ nur *lösbar*, wenn Koeffizientenmatrix $\mathbf{A}$ und *erweiterte* Koeffizientenmatrix $(\mathbf{A}\mid\mathbf{c})$ vom *gleichen* Rang r sind:

$$
\text{Rg}\,(\mathbf{A}) = \text{Rg}\,(\mathbf{A}\mid\mathbf{c}) = r \qquad \text{(I-144)}
$$

Ein lineares (n, n)-System besitzt dabei genau *eine* Lösung, wenn $r = n$ und somit $\mathbf{A}$ eine *reguläre* Matrix ist. Dies ist für $\det \mathbf{A} \neq 0$ der Fall. Ist die Koeffizientenmatrix $\mathbf{A}$ dagegen *singulär*, d. h. ist $\det \mathbf{A} = 0$, so erhalten wir entweder *unendlich* viele Lösungen, falls $\text{Rg}\,(\mathbf{A}) = \text{Rg}\,(\mathbf{A}\mid\mathbf{c}) = r < n$ ist, oder überhaupt *keine* Lösung, wenn nämlich Koeffizientenmatrix $\mathbf{A}$ und *erweiterte* Koeffizientenmatrix $(\mathbf{A}\mid\mathbf{c})$ in ihrem Rang *nicht* übereinstimmen, d. h. $\text{Rg}\,(\mathbf{A}) \neq \text{Rg}\,(\mathbf{A}\mid\mathbf{c})$ ist.

Das *Lösungsverhalten* eines *inhomogenen* linearen (n, n)-Systems $\mathbf{A}\,\mathbf{x} = \mathbf{c}$ lässt sich demnach schematisch wie folgt darstellen:

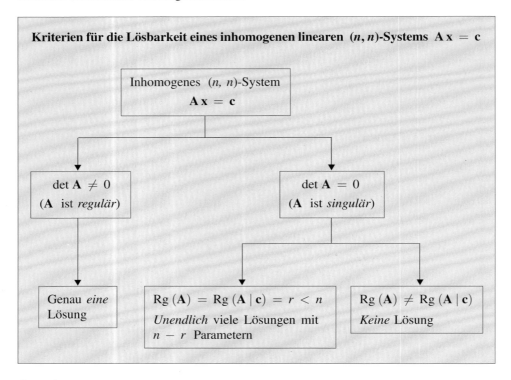

Kriterien für die Lösbarkeit eines inhomogenen linearen (n, n)-Systems $\mathbf{A}\,\mathbf{x} = \mathbf{c}$

Inhomogenes (n, n)-System
$\mathbf{A}\,\mathbf{x} = \mathbf{c}$

$\det \mathbf{A} \neq 0$
($\mathbf{A}$ ist *regulär*)

$\det \mathbf{A} = 0$
($\mathbf{A}$ ist *singulär*)

Genau *eine*
Lösung

$\mathrm{Rg}\,(\mathbf{A}) = \mathrm{Rg}\,(\mathbf{A}\,|\,\mathbf{c}) = r < n$
Unendlich viele Lösungen mit
$n - r$ Parametern

$\mathrm{Rg}\,(\mathbf{A}) \neq \mathrm{Rg}\,(\mathbf{A}\,|\,\mathbf{c})$
Keine Lösung

Anmerkung

Ein *inhomogenes* lineares (n, n)-System $\mathbf{A}\,\mathbf{x} = \mathbf{c}$ besitzt demnach genau dann *eine* Lösung, wenn die Koeffizientenmatrix $\mathbf{A}$ *regulär*, d. h. $\det \mathbf{A} \neq 0$ ist. Diese Lösung kann auch mit Hilfe der *inversen* Koeffizientenmatrix $\mathbf{A}^{-1}$ wie folgt berechnet werden:

$$\mathbf{A}\,\mathbf{x} = \mathbf{c} \quad \Rightarrow \quad \mathbf{A}^{-1}(\mathbf{A}\,\mathbf{x}) = \mathbf{A}^{-1}\mathbf{c} \quad \Rightarrow \quad \underbrace{(\mathbf{A}^{-1}\mathbf{A})}_{\mathbf{E}}\,\mathbf{x} = \mathbf{A}^{-1}\mathbf{c} \quad \Rightarrow$$

$$\mathbf{E}\,\mathbf{x} = \mathbf{A}^{-1}\mathbf{c} \quad \Rightarrow \quad \mathbf{x} = \mathbf{A}^{-1}\mathbf{c} \tag{I-145}$$

■ **Beispiele**

(1)   Die Koeffizientenmatrix $\mathbf{A}$ des *inhomogenen* linearen Gleichungssystems

$$\begin{pmatrix} 2 & 3 & 2 \\ -1 & -1 & -3 \\ 3 & 5 & 5 \end{pmatrix} \begin{pmatrix} x \\ y \\ z \end{pmatrix} = \begin{pmatrix} 2 \\ -5 \\ 3 \end{pmatrix}$$

ist *regulär*, da ihre Determinante nicht verschwindet:

$$\det \mathbf{A} = \begin{vmatrix} 2 & 3 & 2 \\ -1 & -1 & -3 \\ 3 & 5 & 5 \end{vmatrix} = -10 - 27 - 10 + 6 + 30 + 15 = 4 \neq 0$$

Das lineare (3, 3)-System besitzt demnach genau *eine* Lösung, die wir mit Hilfe des *Gaußschen Algorithmus* bestimmen wollen (wir verwenden dabei das aus Band 1 bekannte Rechenschema):

	x	y	z	c_i	s_i
	2	3	2	2	9
$2 \cdot E_1$	-2	-2	-6	-10	-20
E_1	-1	-1	-3	-5	-10
	3	5	5	3	16
$3 \cdot E_1$	-3	-3	-9	-15	-30
E_2		1	-4	-8	-11
		2	-4	-12	-14
$-2 \cdot E_2$		-2	8	16	22
			4	4	8

Das *gestaffelte* System lautet damit:

$$-x - y - 3z = -5 \quad \Rightarrow \quad x = -y - 3z + 5 = 4 - 3 \cdot 1 + 5 = 6$$
$$y - 4z = -8 \quad \Rightarrow \quad y = -8 + 4z = -8 + 4 \cdot 1 = -4 \uparrow$$
$$4z = 4 \quad \Rightarrow \quad z = 1 \uparrow$$

Es wird also durch $x = 6$, $y = -4$, $z = 1$ gelöst.

(2)   Wir zeigen mit Hilfe von *Determinanten*, dass das *inhomogene* lineare (3, 3)-System

$$\begin{aligned} x_1 + x_2 + x_3 &= 1 \\ -x_1 - 2x_2 + x_3 &= 2 \\ x_1 - x_2 + 5x_3 &= 0 \end{aligned}$$

nicht lösbar ist. Zunächst einmal ist die Koeffizientenmatrix $\mathbf{A}$ wegen

$$\det \mathbf{A} = \begin{vmatrix} 1 & 1 & 1 \\ -1 & -2 & 1 \\ 1 & -1 & 5 \end{vmatrix} = -10 + 1 + 1 + 2 + 1 + 5 = 0$$

singulär. Daher ist ihr Rang *kleiner* als 3: $\mathrm{Rg}\,(\mathbf{A}) < 3$.

Die *erweiterte* Koeffizientenmatrix

$$(\mathbf{A} \mid \mathbf{c}) = \begin{pmatrix} 1 & 1 & 1 & 1 \\ -1 & -2 & 1 & 2 \\ 1 & -1 & 5 & 0 \end{pmatrix}$$

besitzt dagegen den Rang $\mathrm{Rg}\,(\mathbf{A} \mid \mathbf{c}) = 3$, da es eine von null verschiedene *dreireihige* Unterdeterminante von $(\mathbf{A} \mid \mathbf{c})$ gibt, nämlich

$$\begin{vmatrix} 1 & 1 & 1 \\ -2 & 1 & 2 \\ -1 & 5 & 0 \end{vmatrix} = 0 - 2 - 10 + 1 - 10 - 0 = -21 \neq 0$$

(in $(\mathbf{A} \mid \mathbf{c})$ wurde die *1. Spalte* gestrichen). Somit ist $\mathrm{Rg}\,(\mathbf{A}) < \mathrm{Rg}\,(\mathbf{A} \mid \mathbf{c})$ und damit $\mathrm{Rg}\,(\mathbf{A}) \neq \mathrm{Rg}\,(\mathbf{A} \mid \mathbf{c})$, d. h. das vorliegende (3, 3)-System ist *unlösbar*.

(3)   Wir bestimmen die Lösungsmenge des *inhomogenen* linearen (4, 4)-Systems

$$\begin{aligned} x_1 + \ x_2 + \ x_3 + 3x_4 &= 0 \\ 2x_2 \qquad\quad + 2x_4 &= 5 \\ -x_1 - \ x_2 - 2x_3 - 2x_4 &= 4 \\ 2x_1 + 4x_2 + 2x_3 + 8x_4 &= 5 \end{aligned}$$

mit Hilfe der *Matrizenrechnung*. In der *erweiterten* Koeffizientenmatrix $(\mathbf{A} \mid \mathbf{c})$ werden die folgenden *elementaren Zeilenumformungen* vorgenommen (Z_i: i-te Zeile):

$$(\mathbf{A} \mid \mathbf{c}) = \begin{pmatrix} 1 & 1 & 1 & 3 & 0 \\ 0 & 2 & 0 & 2 & 5 \\ -1 & -1 & -2 & -2 & 4 \\ 2 & 4 & 2 & 8 & 5 \end{pmatrix} \begin{matrix} \\ \\ +Z_1 \\ -2Z_1 \end{matrix} \Rightarrow \begin{pmatrix} 1 & 1 & 1 & 3 & 0 \\ 0 & 2 & 0 & 2 & 5 \\ 0 & 0 & -1 & 1 & 4 \\ 0 & 2 & 0 & 2 & 5 \end{pmatrix} \begin{matrix} \\ \\ \\ -Z_2 \end{matrix}$$

$$\Rightarrow \begin{pmatrix} 1 & 1 & 1 & 3 & 0 \\ 0 & 2 & 0 & 2 & 5 \\ 0 & 0 & -1 & 1 & 4 \\ \underbrace{0 \quad 0 \quad 0 \quad 0}_{\mathbf{A}^*} & \Big| & 0 \end{pmatrix} = (\mathbf{A}^* \mid \mathbf{c}^*)$$

$\overset{\longleftharpoonup}{\quad}$ Nullzeile

$$\mathrm{Rg}\,(\mathbf{A}) = \mathrm{Rg}\,(\mathbf{A}^*) = 3, \qquad \mathrm{Rg}\,(\mathbf{A} \mid \mathbf{c}) = \mathrm{Rg}\,(\mathbf{A}^* \mid \mathbf{c}^*) = 3$$

Die *erweiterte* Koeffizientenmatrix hat jetzt die gewünschte *Trapezform*. Wegen Rg $(\mathbf{A})$ = Rg $(\mathbf{A} \mid \mathbf{c})$ = 3 ist das lineare System *lösbar*, besitzt aber *unendlich* viele Lösungen mit *einem* Parameter, da $n - r = 4 - 3 = 1$ ist. Diese Lösungen bestimmen wir aus dem *gestaffelten* System

$$x_1 + \quad x_2 + x_3 + 3x_4 = 0$$

$$2x_2 \qquad + 2x_4 = 5$$

$$-x_3 + \quad x_4 = 4$$

Wir wählen x_4 als *Parameter*: $x_4 = \lambda$ (mit $\lambda \in \mathbb{R}$). Für die übrigen Unbekannten erhalten wir dann *sukzessiv* von unten nach oben die folgenden *parameterabhängigen* Werte:

$$-x_3 + x_4 = 4 \quad \Rightarrow \quad x_3 = x_4 - 4 = \lambda - 4$$

$$2x_2 + 2x_4 = 5 \quad \Rightarrow \quad x_2 = -x_4 + 2{,}5 = -\lambda + 2{,}5$$

$$x_1 + x_2 + x_3 + 3x_4 = 0 \quad \Rightarrow$$

$$x_1 = -x_2 - x_3 - 3x_4 = -(-\lambda + 2{,}5) - (\lambda - 4) - 3\lambda =$$

$$= \lambda - 2{,}5 - \lambda + 4 - 3\lambda = -3\lambda + 1{,}5$$

Das lineare System besitzt somit die *unendliche* Lösungsmenge

$$\left.\begin{array}{l} x_1 = -3\lambda + 1{,}5 \\ x_2 = -\lambda + 2{,}5 \\ x_3 = \lambda - 4 \\ x_4 = \lambda \end{array}\right\} \quad \text{mit} \quad \lambda \in \mathbb{R}$$

∎

5.4.2 Homogenes lineares (n, n)-System

Ein *homogenes* lineares (n, n)-System vom Typ

$$\begin{array}{l} a_{11}x_1 + a_{12}x_2 + \ldots + a_{1n}x_n = 0 \\ a_{21}x_1 + a_{22}x_2 + \ldots + a_{2n}x_n = 0 \\ \vdots \qquad \vdots \qquad \qquad \vdots \qquad \vdots \\ a_{n1}x_1 + a_{n2}x_2 + \ldots + a_{nn}x_n = 0 \end{array} \qquad \text{oder} \qquad \mathbf{A}\,\mathbf{x} = \mathbf{0} \qquad \text{(I-146)}$$

ist als *Sonderfall* eines homogenen (m, n)-Systems nach Abschnitt 5.3 *stets* lösbar, da die *erweiterte* Koeffizientenmatrix $(\mathbf{A} \mid \mathbf{0})$ *ranggleich* mit der (quadratischen) Koeffizientenmatrix $\mathbf{A}$ ist:

$$\text{Rg}\,(\mathbf{A}) = \text{Rg}\,(\mathbf{A} \mid \mathbf{0}) = r \qquad \qquad \text{(I-147)}$$

Das *homogene* (*n, n*)-System besitzt dabei genau *eine* Lösung, nämlich die *triviale Lösung* $x_1 = x_2 = \ldots = x_n = 0$ oder $\mathbf{x} = \mathbf{0}$, wenn die Koeffizientenmatrix $\mathbf{A}$ *regulär*, d. h. $\det \mathbf{A} \neq 0$ ist. *Nichttriviale* Lösungen, d. h. von der trivialen Lösung $\mathbf{x} = \mathbf{0}$ *verschiedene* Lösungen, gibt es nur, wenn $\mathbf{A}$ *singulär*, d. h. $\det \mathbf{A} = 0$ ist. In diesem Fall existieren *unendlich* viele Lösungen, die noch von $n - r$ Parametern abhängen, wobei r der Rang von $\mathbf{A}$ und $(\mathbf{A} \mid \mathbf{0})$ ist.

Das *Lösungsverhalten* eines *homogenen* linearen (*n, n*)-Systems lässt sich daher wie folgt schematisch darstellen:

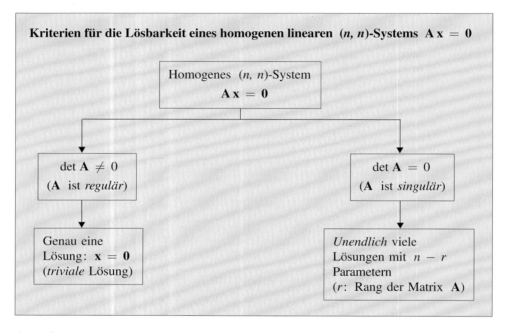

Kriterien für die Lösbarkeit eines homogenen linearen (*n, n*)-Systems $\mathbf{A}\,\mathbf{x} = \mathbf{0}$

Homogenes (*n, n*)-System
$\mathbf{A}\,\mathbf{x} = \mathbf{0}$

$\det \mathbf{A} \neq 0$
($\mathbf{A}$ ist *regulär*)

$\det \mathbf{A} = 0$
($\mathbf{A}$ ist *singulär*)

Genau eine
Lösung: $\mathbf{x} = \mathbf{0}$
(*triviale* Lösung)

Unendlich viele
Lösungen mit $n - r$
Parametern
(r: Rang der Matrix $\mathbf{A}$)

Anmerkung

Ist $\mathbf{A}$ *regulär*, d. h. $\det \mathbf{A} \neq 0$, so besitzt das homogene System *nur* die *triviale* Lösung. *Nichttriviale* Lösungen, d. h. vom Nullvektor *verschiedene* Lösungen, liegen nur dann vor, wenn $\mathbf{A}$ *singulär*, d. h. $\det \mathbf{A} = 0$ ist.

■ **Beispiele**

(1)   Wir untersuchen das *Lösungsverhalten* des *homogenen* linearen Gleichungssystems

$$2x_1 + 5x_2 - 3x_3 = 0$$
$$4x_1 - 4x_2 + x_3 = 0$$
$$4x_1 - 2x_2 = 0$$

Die Koeffizientenmatrix $\mathbf{A}$ ist wegen

$$\det \mathbf{A} = \begin{vmatrix} 2 & 5 & -3 \\ 4 & -4 & 1 \\ 4 & -2 & 0 \end{vmatrix} = 0 + 20 + 24 - 48 + 4 - 0 = 0$$

singulär. Das homogene System besitzt somit *nichttriviale* Lösungen.

Wir überführen nun das homogene System $\mathbf{A}\mathbf{x} = \mathbf{0}$ mit Hilfe *elementarer Zeilen-umformungen* in ein *äquivalentes gestaffeltes* System $\mathbf{A}^*\mathbf{x} = \mathbf{0}$ [13]:

$$\mathbf{A} = \begin{pmatrix} 2 & 5 & -3 \\ 4 & -4 & 1 \\ 4 & -2 & 0 \end{pmatrix} \begin{matrix} \\ -2Z_1 \\ -2Z_1 \end{matrix} \Rightarrow \begin{pmatrix} 2 & 5 & -3 \\ 0 & -14 & 7 \\ 0 & -12 & 6 \end{pmatrix} \begin{matrix} \\ :(-7) \\ :6 \end{matrix} \Rightarrow$$

$$\begin{pmatrix} 2 & 5 & -3 \\ 0 & 2 & -1 \\ 0 & -2 & 1 \end{pmatrix} \begin{matrix} \\ \\ +Z_2 \end{matrix} \Rightarrow \begin{pmatrix} 2 & 5 & -3 \\ 0 & 2 & -1 \\ 0 & 0 & 0 \end{pmatrix} = (\mathbf{A}^*) \;\leftharpoondown$$

$$r = \mathrm{Rg}\,(\mathbf{A}) = \mathrm{Rg}\,(\mathbf{A}^*) = 2 \qquad\qquad \text{Nullzeile}$$

Die Lösungen des homogenen (3, 3)-Systems hängen somit noch von *einem* Parameter ab, da $n - r = 3 - 2 = 1$ ist. Wir lösen das *gestaffelte* System

$$2x_1 + 5x_2 - 3x_3 = 0$$
$$2x_2 - x_3 = 0$$

und erhalten mit dem *Parameter* $x_3 = \lambda$ (mit $\lambda \in \mathbb{R}$) die folgende *unendliche* Lösungsmenge:

$$x_1 = 0{,}25\,\lambda, \qquad x_2 = 0{,}5\,\lambda, \qquad x_3 = \lambda \qquad (\lambda \in \mathbb{R})$$

(2)   Besitzt das *homogene* lineare Gleichungssystem

$$\begin{pmatrix} 1 & -2 & 0 & -1 \\ 4 & 1 & 1 & 1 \\ 1 & -2 & 1 & 3 \\ 0 & -1 & 4 & 4 \end{pmatrix} \begin{pmatrix} x_1 \\ x_2 \\ x_3 \\ x_4 \end{pmatrix} = \begin{pmatrix} 0 \\ 0 \\ 0 \\ 0 \end{pmatrix}$$

nichttriviale Lösungen?

---

[13] Bei einem *homogenen* System genügt es, die elementaren Zeilenumformungen in der *Koeffizientenmatrix* $\mathbf{A}$ vorzunehmen (die Absolutglieder des homogenen Systems bleiben gleich null).

Um diese Frage zu beantworten, müssen wir die Koeffizientendeterminante

$$\det \mathbf{A} = \begin{vmatrix} 1 & -2 & 0 & -1 \\ 4 & 1 & 1 & 1 \\ 1 & -2 & 1 & 3 \\ 0 & -1 & 4 & 4 \end{vmatrix}$$

berechnen. Dies geschieht wie folgt: Zunächst addieren wir zur 4. Spalte die 1. Spalte und zur 2. Spalte das 2-fache der 1. Spalte. Anschließend wird die Determinante nach den Elementen der 1. Zeile *entwickelt* (diese Zeile enthält 3 Nullen). Wir erhalten dann:

$$\det \mathbf{A} = \begin{vmatrix} 1 & 0 & 0 & 0 \\ 4 & 9 & 1 & 5 \\ 1 & 0 & 1 & 4 \\ 0 & -1 & 4 & 4 \end{vmatrix} = 1 \cdot \begin{vmatrix} 9 & 1 & 5 \\ 0 & 1 & 4 \\ -1 & 4 & 4 \end{vmatrix} = \begin{vmatrix} 9 & 1 & 5 \\ 0 & 1 & 4 \\ -1 & 4 & 4 \end{vmatrix} =$$

$$= 36 - 4 + 0 + 5 - 144 - 0 = -107$$

Wegen $\det \mathbf{A} = -107 \neq 0$ ist das vorgegebene homogene System nur *trivial* lösbar. *Einzige* Lösung ist somit die triviale Lösung $x_1 = x_2 = x_3 = x_4 = 0$. ∎

5.4.3 Cramersche Regel

Nach den Ausführungen aus Abschnitt 5.4.1 besitzt ein lineares (n, n)-Gleichungssystem $\mathbf{A}\mathbf{x} = \mathbf{c}$ genau *eine* Lösung, wenn die Koeffizientenmatrix $\mathbf{A}$ *regulär* ist. Dann existiert auch die zu $\mathbf{A}$ *inverse* Matrix $\mathbf{A}^{-1}$ und die Lösung des Systems lässt sich wie folgt berechnen: Wir multiplizieren die Matrizengleichung $\mathbf{A}\mathbf{x} = \mathbf{c}$ von *links* mit $\mathbf{A}^{-1}$:

$$\mathbf{A}^{-1} \cdot \mathbf{A}\mathbf{x} = \mathbf{A}^{-1} \cdot \mathbf{c} \tag{I-148}$$

Die *linke* Seite dieser Gleichung lässt sich noch wie folgt umformen:

$$\mathbf{A}^{-1} \cdot \mathbf{A}\mathbf{x} = \underbrace{(\mathbf{A}^{-1} \cdot \mathbf{A})}_{\mathbf{E}} \mathbf{x} = \mathbf{E}\mathbf{x} = \mathbf{x} \tag{I-149}$$

Der Lösungsvektor $\mathbf{x}$ ist somit das *Matrizenprodukt* aus der zu $\mathbf{A}$ *inversen* Matrix $\mathbf{A}^{-1}$ und dem Spaltenvektor $\mathbf{c}$:

$$\mathbf{x} = \mathbf{A}^{-1} \cdot \mathbf{c} \tag{I-150}$$

Wir berechnen jetzt dieses Produkt, wobei wir die Darstellung (I-90) für $\mathbf{A}^{-1}$ verwenden, und erhalten:

$$\mathbf{x} = \mathbf{A}^{-1} \cdot \mathbf{c} = \frac{1}{\det \mathbf{A}} \begin{pmatrix} A_{11} & A_{21} & \dots & A_{n1} \\ A_{12} & A_{22} & \dots & A_{n2} \\ \vdots & \vdots & & \vdots \\ A_{1n} & A_{2n} & \dots & A_{nn} \end{pmatrix} \begin{pmatrix} c_1 \\ c_2 \\ \vdots \\ c_n \end{pmatrix} =$$

$$= \frac{1}{\det \mathbf{A}} \begin{pmatrix} c_1 A_{11} + c_2 A_{21} + \dots + c_n A_{n1} \\ c_1 A_{12} + c_2 A_{22} + \dots + c_n A_{n2} \\ \vdots \qquad \vdots \qquad\qquad \vdots \\ c_1 A_{1n} + c_2 A_{2n} + \dots + c_n A_{nn} \end{pmatrix} \qquad \text{(I-151)}$$

oder in *komponentenweiser* Darstellung:

$$x_1 = \frac{c_1 A_{11} + c_2 A_{21} + \dots + c_n A_{n1}}{\det \mathbf{A}}$$

$$x_2 = \frac{c_1 A_{12} + c_2 A_{22} + \dots + c_n A_{n2}}{\det \mathbf{A}} \qquad\qquad \text{(I-152)}$$

$$\vdots \qquad\qquad \vdots$$

$$x_n = \frac{c_1 A_{1n} + c_2 A_{2n} + \dots + c_n A_{nn}}{\det \mathbf{A}}$$

Im *Nenner* dieser Formelausdrücke steht die *Koeffizientendeterminante* $D = \det \mathbf{A}$. Auch der jeweilige *Zähler* lässt sich durch eine *Determinante* darstellen. Ersetzen wir in der Koeffizientendeterminante $D = \det \mathbf{A}$ beispielsweise die *1. Spalte* durch die Absolutglieder $c_1, c_2, \dots, c_n$ des Systems, so erhalten wir die *n-reihige* Determinante

$$D_1 = \begin{vmatrix} c_1 & a_{12} & a_{13} & \dots & a_{1n} \\ c_2 & a_{22} & a_{23} & \dots & a_{2n} \\ \vdots & \vdots & \vdots & & \vdots \\ c_n & a_{n2} & a_{n3} & \dots & a_{nn} \end{vmatrix} \qquad\qquad \text{(I-153)}$$

Durch *Entwicklung* von D_1 nach den Elementen der *1. Spalte* folgt weiter:

$$D_1 = c_1 A_{11} + c_2 A_{21} + \dots + c_n A_{n1} \qquad\qquad \text{(I-154)}$$

Dies aber ist genau der *Zähler* im Formelausdruck für x_1, den wir damit auch wie folgt schreiben können:

$$x_1 = \frac{D_1}{D} \qquad (D = \det \mathbf{A}) \qquad\qquad \text{(I-155)}$$

Entsprechend erhalten wir für die restlichen Unbekannten $x_2, x_3, \ldots, x_n$ der Reihe nach:

$$x_2 = \frac{D_2}{D}, \qquad x_3 = \frac{D_3}{D}, \qquad \ldots, \qquad x_n = \frac{D_n}{D} \tag{I-156}$$

Die *Hilfsdeterminanten* $D_1, D_2, \ldots, D_n$ gewinnt man aus der Koeffizientendeterminante $D = \det \mathbf{A}$, indem man der Reihe nach die 1., 2., ..., n-te Spalte durch die Absolutglieder $c_1, c_2, \ldots, c_n$ ersetzt.

Wir fassen zusammen:

Cramersche Regel

Ein lineares (n, n)-System $\mathbf{A}\,\mathbf{x} = \mathbf{c}$ mit *regulärer* Koeffizientenmatrix $\mathbf{A}$ besitzt die *eindeutig* bestimmte Lösung

$$x_i = \frac{D_i}{D} \qquad (i = 1, 2, \ldots, n) \tag{I-157}$$

Dabei bedeuten:

D: Koeffizientendeterminante $(D = \det \mathbf{A} \neq 0)$

D_i: *Hilfsdeterminante*, die aus D hervorgeht, indem man die *i-te* Spalte durch die Absolutglieder $c_1, c_2, \ldots, c_n$ ersetzt.

Anmerkungen

(1)   Man beachte: Die *Cramersche Regel* darf *nur* angewandt werden, wenn die Koeffizientenmatrix $\mathbf{A}$ *regulär*, d. h. $D = \det \mathbf{A} \neq 0$ ist.

(2)   Um die Lösung eines (n, n)-Systems nach der *Cramerschen Regel* zu bestimmen, müssen insgesamt $n + 1$ n-reihige Determinanten berechnet werden, nämlich $D, D_1, D_2, \ldots, D_n$. Der Rechenaufwand ist dabei – insbesondere bei Determinanten *höherer* Ordnung – erheblich. In der Praxis wird man daher die Lösung eines linearen (n, n)-Systems für $n > 3$ stets mit Hilfe des *Gaußschen Algorithmus* bestimmen. Die *Cramersche Regel* spielt dagegen bei *theoretischen* Betrachtungen eine gewisse Rolle.

■ **Beispiel**

Das *inhomogene* lineare Gleichungssystem

$$2x_1 + x_2 + 3x_3 = 8$$

$$-x_1 - 4x_2 + x_3 = 3$$

$$x_1 + 2x_2 - 4x_3 = 1$$

besitzt genau *eine* Lösung, da die Koeffizientendeterminante D einen von null verschiedenen Wert besitzt:

$$D = \det \mathbf{A} = \begin{vmatrix} 2 & 1 & 3 \\ -1 & -4 & 1 \\ 1 & 2 & -4 \end{vmatrix} = 32 + 1 - 6 + 12 - 4 - 4 = 31 \neq 0$$

Die Lösung bestimmen wir nach der *Cramerschen Regel*. Dazu benötigen wir noch die folgenden *Hilfsdeterminanten*:

$$D_1 = \begin{vmatrix} 8 & 1 & 3 \\ 3 & -4 & 1 \\ 1 & 2 & -4 \end{vmatrix} = 128 + 1 + 18 + 12 - 16 + 12 = 155$$

$$D_2 = \begin{vmatrix} 2 & 8 & 3 \\ -1 & 3 & 1 \\ 1 & 1 & -4 \end{vmatrix} = -24 + 8 - 3 - 9 - 2 - 32 = -62$$

$$D_3 = \begin{vmatrix} 2 & 1 & 8 \\ -1 & -4 & 3 \\ 1 & 2 & 1 \end{vmatrix} = -8 + 3 - 16 + 32 - 12 + 1 = 0$$

Das lineare Gleichungssystem besitzt demnach die folgende *Lösung*:

$$x_1 = \frac{D_1}{D} = \frac{155}{31} = 5, \qquad x_2 = \frac{D_2}{D} = \frac{-62}{31} = -2, \qquad x_3 = \frac{D_3}{D} = \frac{0}{31} = 0$$

∎

5.5 Berechnung einer inversen Matrix nach dem Gaußschen Algorithmus (Gauß-Jordan-Verfahren)

Das in Abschnitt 4.2 besprochene Verfahren zur Berechnung einer *inversen* Matrix erweist sich in der Praxis infolge des *hohen* Rechenaufwandes als *wenig geeignet*. Von *Gauß* und *Jordan* stammt ein wesentlich praktikableres Verfahren. Es beruht auf den aus Abschnitt 5.2 bereits bekannten *elementaren Zeilenumformungen* einer Matrix (*Gaußscher Algorithmus*).

Im Rahmen dieser Darstellung müssen wir uns auf eine kurze Beschreibung dieses Verfahrens zur Berechnung einer inversen Matrix beschränken:

Berechnung einer inversen Matrix mit Hilfe elementarer Zeilenumformungen (Gauß-Jordan-Verfahren)

Zu jeder *regulären* n-reihigen Matrix $\mathbf{A}$ gibt es genau eine *inverse* Matrix $\mathbf{A}^{-1}$, die schrittweise wie folgt berechnet werden kann:

1. Zunächst wird aus der **Matrix A** und der n-reihigen Einheitsmatrix $\mathbf{E}$ die neue Matrix

$$(\mathbf{A} \mid \mathbf{E}) = \left(\underbrace{\begin{array}{cccc} a_{11} & a_{12} & \dots & a_{1n} \\ a_{21} & a_{22} & \dots & a_{2n} \\ \vdots & \vdots & & \vdots \\ a_{n1} & a_{n2} & \dots & a_{nn} \end{array}}_{\mathbf{A}} \left| \underbrace{\begin{array}{cccc} 1 & 0 & \dots & 0 \\ 0 & 1 & \dots & 0 \\ \vdots & \vdots & & \vdots \\ 0 & 0 & \dots & 1 \end{array}}_{\mathbf{E}} \right. \right) \tag{I-158}$$

vom Typ $(n, 2n)$ gebildet.

2. Diese Matrix wird nun mit Hilfe *elementarer Zeilenumformungen* so umgeformt, dass die Einheitsmatrix $\mathbf{E}$ den ursprünglichen Platz der Matrix $\mathbf{A}$ einnimmt. Die gesuchte *inverse* Matrix $\mathbf{A}^{-1}$ befindet sich dann auf dem ursprünglichen Platz der Einheitsmatrix $\mathbf{E}$:

$$\left(\underbrace{\begin{array}{cccc} 1 & 0 & \dots & 0 \\ 0 & 1 & \dots & 0 \\ \vdots & \vdots & & \vdots \\ 0 & 0 & \dots & 1 \end{array}}_{\mathbf{E}} \left| \underbrace{\begin{array}{cccc} b_{11} & b_{12} & \dots & b_{1n} \\ b_{21} & b_{22} & \dots & b_{2n} \\ \vdots & \vdots & & \vdots \\ b_{n1} & b_{n2} & \dots & b_{nn} \end{array}}_{\mathbf{B} = \mathbf{A}^{-1}} \right. \right) = (\mathbf{E} \mid \mathbf{A}^{-1}) \tag{I-159}$$

■ **Beispiel**

Wir kehren zu dem Beispiel aus Abschnitt 4.2 zurück und berechnen die zur *regulären* 3-reihigen Matrix

$$\mathbf{A} = \begin{pmatrix} 1 & 0 & -1 \\ -8 & 4 & 1 \\ -2 & 1 & 0 \end{pmatrix}$$

gehörige *inverse* Matrix $\mathbf{A}^{-1}$, diesmal nach dem *Gauß-Jordan-Verfahren*. Die jeweils durchgeführten Operationen schreiben wir dabei *rechts* an die Matrix (Z_i: i-te Zeile):

$$(\mathbf{A}\mid\mathbf{E}) = \underbrace{\begin{pmatrix} 1 & 0 & -1 \\ -8 & 4 & 1 \\ -2 & 1 & 0 \end{pmatrix}}_{\mathbf{A}} \left. \underbrace{\begin{pmatrix} 1 & 0 & 0 \\ 0 & 1 & 0 \\ 0 & 0 & 1 \end{pmatrix}}_{\mathbf{E}} \right\vert \begin{matrix} \\ +8Z_1 \\ +2Z_1 \end{matrix} \Rightarrow$$

$$\begin{pmatrix} 1 & 0 & -1 \\ 0 & 4 & -7 \\ 0 & 1 & -2 \end{pmatrix} \left\vert \begin{matrix} 1 & 0 & 0 \\ 8 & 1 & 0 \\ 2 & 0 & 1 \end{matrix} \right) \text{\Large ⤸} \qquad \Rightarrow$$

$$\begin{pmatrix} 1 & 0 & -1 \\ 0 & 1 & -2 \\ 0 & 4 & -7 \end{pmatrix} \left\vert \begin{matrix} 1 & 0 & 0 \\ 2 & 0 & 1 \\ 8 & 1 & 0 \end{matrix} \right) \begin{matrix} \\ \\ -4Z_2 \end{matrix} \Rightarrow$$

$$\begin{pmatrix} 1 & 0 & -1 \\ 0 & 1 & -2 \\ 0 & 0 & 1 \end{pmatrix} \left\vert \begin{matrix} 1 & 0 & 0 \\ 2 & 0 & 1 \\ 0 & 1 & -4 \end{matrix} \right) \begin{matrix} +Z_3 \\ +2Z_3 \\ \\ \end{matrix} \Rightarrow$$

$$\underbrace{\begin{pmatrix} 1 & 0 & 0 \\ 0 & 1 & 0 \\ 0 & 0 & 1 \end{pmatrix}}_{\mathbf{E}} \left\vert \underbrace{\begin{matrix} 1 & 1 & -4 \\ 2 & 2 & -7 \\ 0 & 1 & -4 \end{matrix}}_{\mathbf{A}^{-1}} \right) = (\mathbf{E}\mid\mathbf{A}^{-1})$$

Die zu $\mathbf{A}$ *inverse* Matrix $\mathbf{A}^{-1}$ lautet somit:

$$\mathbf{A}^{-1} = \begin{pmatrix} 1 & 1 & -4 \\ 2 & 2 & -7 \\ 0 & 1 & -4 \end{pmatrix} \qquad\qquad\qquad ■$$

5.6 Lineare Unabhängigkeit von Vektoren

5.6.1 Ein einführendes Beispiel

Die im Bild I-3 dargestellten ebenen Vektoren $\mathbf{a}$ und $\mathbf{b}$ sind zueinander *parallel* bzw. *antiparallel* und somit in beiden Fällen *kollinear*, d. h. sie lassen sich durch Parallelverschiebung in eine *gemeinsame* Linie bringen.

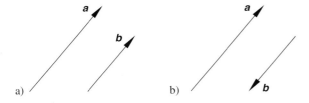

Bild I-3
Kollineare Vektoren
a) parallele Vektoren
b) antiparallele Vektoren

Jeder der beiden Vektoren ist daher – wie aus Band 1, Kap. II bereits bekannt – als ein bestimmtes *Vielfaches* des anderen Vektors in der Form

$$\mathbf{a} = c_1 \mathbf{b} \qquad \text{bzw.} \qquad \mathbf{b} = c_2 \mathbf{a} \tag{I-160}$$

darstellbar. Im Falle *paralleler* Vektoren sind beide Koeffizienten c_1 und c_2 *positiv*, bei *antiparallelen* Vektoren beide *negativ*. Wir können den Zusammenhang zwischen den Vektoren $\mathbf{a}$ und $\mathbf{b}$ aber auch durch eine *lineare* Vektorgleichung vom Typ

$$\lambda_1 \mathbf{a} + \lambda_2 \mathbf{b} = \mathbf{0} \tag{I-161}$$

ausdrücken, wobei die Koeffizienten λ_1 und λ_2 beide von null verschieden sind. Zwischen den beiden Vektoren besteht somit eine *lineare Beziehung* oder *lineare Abhängigkeit*. Sie werden daher folgerichtig als *linear abhängige* Vektoren bezeichnet.

Jetzt betrachten wir zwei ebene Vektoren $\mathbf{a}$ und $\mathbf{b}$ mit *verschiedenen* Richtungen. Solche Vektoren lassen sich durch Parallelverschiebung *nicht* in eine gemeinsame Linie bringen, da sie miteinander einen von $0°$ und $180°$ verschiedenen Winkel φ bilden (Bild I-4) [14].

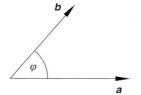

Bild I-4
Nichtkollineare Vektoren

In diesem Fall kann daher *keiner* der beiden Vektoren als ein Vielfaches des anderen Vektors ausgedrückt werden. Wir haben es hier mit sog. *linear unabhängigen* Vektoren zu tun, zwischen denen es also *keine* Beziehung vom Typ $\mathbf{a} = c_1 \mathbf{b}$ bzw. $\mathbf{b} = c_2 \mathbf{a}$ geben kann. Eine lineare Vektorgleichung der Form

$$\lambda_1 \mathbf{a} + \lambda_2 \mathbf{b} = \mathbf{0} \tag{I-162}$$

kann demnach bei *linear unabhängigen* Vektoren nur dann bestehen, wenn *beide* Koeffizienten *verschwinden*, also $\lambda_1 = \lambda_2 = 0$ ist. Offensichtlich lässt sich in diesem Fall ein *beliebiger* Vektor $\mathbf{c}$ der Ebene durch eine *Linearkombination* der Vektoren $\mathbf{a}$ und $\mathbf{b}$ wie folgt darstellen:

$$\mathbf{c} = \lambda \mathbf{a} + \mu \mathbf{b} \tag{I-163}$$

In Bild I-5 wird dieser Zusammenhang verdeutlicht.

Die drei Vektoren $\mathbf{a}$, $\mathbf{b}$ und $\mathbf{c}$ sind dabei – im Gegensatz zu den beiden Vektoren $\mathbf{a}$ und $\mathbf{b}$ – *linear abhängig*, da in der aus Gleichung (I-163) folgenden Vektorbeziehung

$$\lambda \mathbf{a} + \mu \mathbf{b} - \mathbf{c} = \mathbf{0} \tag{I-164}$$

nicht alle Koeffizienten verschwinden (der Vektor $\mathbf{c}$ beispielsweise tritt mit dem von null *verschiedenen* Koeffizienten -1 auf).

---

[14] Die Vektoren $\mathbf{a}$ und $\mathbf{b}$ sind *nichtkollinear*.

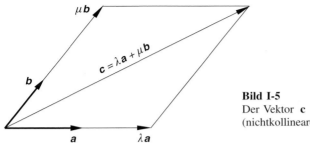

Bild I-5
Der Vektor **c** ist als Linearkombination der (nichtkollinearen) Vektoren **a** und **b** darstellbar

5.6.2 Linear unabhängige bzw. linear abhängige Vektoren

Am Beispiel zweier *nichtkollinearer* Vektoren der Ebene haben wir den Begriff der *linearen Unabhängigkeit von Vektoren* eingeführt. Wir definieren diesen Begriff daher allgemein wie folgt:

Definition: Die n Vektoren $\mathbf{a}_1, \mathbf{a}_2, \dots, \mathbf{a}_n$ aus dem m-dimensionalen Raum $\mathbb{R}^m$ heißen *linear unabhängig*, wenn die lineare Vektorgleichung

$$\lambda_1 \mathbf{a}_1 + \lambda_2 \mathbf{a}_2 + \dots + \lambda_n \mathbf{a}_n = \mathbf{0} \qquad (I\text{-}165)$$

nur für $\lambda_1 = \lambda_2 = \dots = \lambda_n = 0$ erfüllt werden kann.

Verschwinden jedoch *nicht alle* Koeffizienten in dieser Gleichung, so heißen die Vektoren *linear abhängig*.

Anmerkung

Im Falle der *linearen Abhängigkeit* gibt es also *mindestens einen* von null verschiedenen Koeffizienten in der Vektorgleichung (I-165).

■ **Beispiele**

(1) Die beiden Basisvektoren (Einheitsvektoren) $\mathbf{e}_x = \begin{pmatrix} 1 \\ 0 \end{pmatrix}$ und $\mathbf{e}_y = \begin{pmatrix} 0 \\ 1 \end{pmatrix}$ der Ebene sind *linear unabhängig*. Die Vektorgleichung

$$\lambda_1 \mathbf{e}_x + \lambda_2 \mathbf{e}_y = \mathbf{0}$$

führt nämlich zu dem homogenen linearen Gleichungssystem

$$\begin{aligned} \lambda_1 \cdot 1 + \lambda_2 \cdot 0 &= 0 \\ \lambda_1 \cdot 0 + \lambda_2 \cdot 1 &= 0 \end{aligned} \quad \text{oder} \quad \lambda_1 \begin{pmatrix} 1 \\ 0 \end{pmatrix} + \lambda_2 \begin{pmatrix} 0 \\ 1 \end{pmatrix} = \begin{pmatrix} 0 \\ 0 \end{pmatrix}$$

mit der eindeutigen Lösung $\lambda_1 = \lambda_2 = 0$.

(2)   An einem Massenpunkt greifen gleichzeitig drei Kräfte $\mathbf{F}_1, \mathbf{F}_2$ und $\mathbf{F}_3$ an. Wir
       fassen diese Einzelkräfte in der üblichen Weise zu einer *resultierenden* Kraft

$$\mathbf{F}_R = \mathbf{F}_1 + \mathbf{F}_2 + \mathbf{F}_3$$

zusammen. Die vier Kraftvektoren bilden dann in ihrer Gesamtheit ein System aus
linear abhängigen Vektoren, da in der linearen Vektorgleichung

$$\mathbf{F}_R - \mathbf{F}_1 - \mathbf{F}_2 - \mathbf{F}_3 = \mathbf{0}$$

sogar *alle vier* Koeffizienten von null *verschieden* sind.   ∎

Enthält das Vektorsystem $\mathbf{a}_1, \mathbf{a}_2, \ldots, \mathbf{a}_n$ den *Nullvektor* (etwa $\mathbf{a}_k = \mathbf{0}$), so sind die n
Vektoren sicher *linear abhängig*. Denn die lineare Vektorgleichung

$$\lambda_1 \mathbf{a}_1 + \lambda_2 \mathbf{a}_2 + \ldots + \lambda_k \mathbf{0} + \ldots + \lambda_n \mathbf{a}_n = \mathbf{0} \qquad \text{(I-166)}$$

lässt sich für ein beliebiges $\lambda_k \neq 0$ und *Nullsetzen* der übrigen Koeffizienten $\lambda_i \, (i \neq k)$
stets erfüllen.

Kommen unter den n Vektoren $\mathbf{a}_1, \mathbf{a}_2, \ldots, \mathbf{a}_n$ zwei *gleiche* oder *kollineare* Vektoren
vor, so sind sie ebenfalls *linear abhängig*. Diese Aussage gilt auch dann, wenn *mindestens einer* der n Vektoren als *Linearkombination* der übrigen Vektoren darstellbar ist.

Wir fassen diese Aussagen wie folgt zusammen:

Linear abhängige Vektoren

Ein System aus n Vektoren $\mathbf{a}_1, \mathbf{a}_2, \ldots, \mathbf{a}_n$ besitze *mindestens* eine der folgenden
drei Eigenschaften:

1. Das Vektorsystem enthält den *Nullvektor*.

2. Das Vektorsystem enthält zwei *gleiche* oder zwei *kollineare* Vektoren.

3. Mindestens einer der n Vektoren ist als *Linearkombination* der übrigen Vektoren darstellbar [15].

Die Vektoren $\mathbf{a}_1, \mathbf{a}_2, \ldots, \mathbf{a}_n$ sind dann *linear abhängig*.

∎   **Beispiele**

(1)   Die in Bild I-6 dargestellten ebenen Vektoren $\mathbf{e}_x, \mathbf{e}_y$ und $\mathbf{a}$ sind *linear abhängig*,
       da sich der dritte Vektor $\mathbf{a}$ wie folgt als *Linearkombination* der beiden übrigen
       Vektoren darstellen lässt:

$$\mathbf{a} = 5\,\mathbf{e}_x + 3\,\mathbf{e}_y$$

---

[15] Hier gilt auch die *Umkehrung*: Sind die Vektoren $\mathbf{a}_1, \mathbf{a}_2, \ldots, \mathbf{a}_n$ *linear abhängig*, so ist mindestens einer
der Vektoren als *Linearkombination* der übrigen darstellbar.

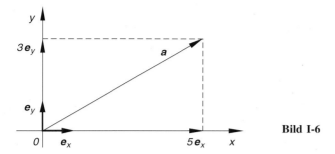

Bild I-6

(2) Die aus n Einzelkräften $\mathbf{F}_1, \mathbf{F}_2, \ldots, \mathbf{F}_n$, die alle an einem Massenpunkt angreifen, gebildete *resultierende* Kraft

$$\mathbf{F}_R = \mathbf{F}_1 + \mathbf{F}_2 + \ldots + \mathbf{F}_n$$

ist eine spezielle *Linearkombination* dieser Kraftvektoren (nämlich die *Vektorsumme*). Die $n + 1$ Kräfte $\mathbf{F}_1, \mathbf{F}_2, \ldots, \mathbf{F}_n$ und $\mathbf{F}_R$ sind daher *linear abhängig*.

∎

5.6.3 Kriterien für die lineare Unabhängigkeit von Vektoren

Wir wollen uns jetzt mit *Kriterien* für die lineare Unabhängigkeit von n Vektoren $\mathbf{a}_1, \mathbf{a}_2, \ldots, \mathbf{a}_n$ des m-dimensionalen Raumes $\mathbb{R}^m$ beschäftigen. Die gegebenen Vektoren können dabei wie folgt als *Spaltenvektoren* einer Matrix $\mathbf{A}$ vom Typ (m, n) aufgefasst werden:

$$\mathbf{A} = \begin{pmatrix} a_{11} & a_{12} & \ldots & a_{1k} & \ldots & a_{1n} \\ a_{21} & a_{22} & \ldots & a_{2k} & \ldots & a_{2n} \\ \vdots & \vdots & & \vdots & & \vdots \\ a_{m1} & a_{m2} & \ldots & a_{mk} & \ldots & a_{mn} \end{pmatrix} \qquad \text{(I-167)}$$

$$\begin{array}{cccc} \uparrow & \uparrow & \ldots \ \uparrow & \uparrow \\ \mathbf{a}_1 & \mathbf{a}_2 & \mathbf{a}_k & \mathbf{a}_n \end{array}$$

Der Spaltenvektor $\mathbf{a}_k$ besitzt also der Reihe nach die Komponenten a_{1k}, $a_{2k}, \ldots, a_{mk}$ $(k = 1, 2, \ldots, n)$. Das Matrixelement a_{ik} ist demnach die i-te Komponente des k-ten Spaltenvektors $\mathbf{a}_k$.

Mit diesen Bezeichnungen können wir die lineare Vektorgleichung

$$\lambda_1 \mathbf{a}_1 + \lambda_2 \mathbf{a}_2 + \ldots + \lambda_n \mathbf{a}_n = \mathbf{0} \qquad \text{(I-168)}$$

wie folgt auch als *Matrizengleichung* schreiben:

$$
\begin{pmatrix} a_{11} & a_{12} & \dots & a_{1n} \\ a_{21} & a_{22} & \dots & a_{2n} \\ \vdots & \vdots & & \vdots \\ a_{m1} & a_{m2} & \dots & a_{mn} \end{pmatrix} \begin{pmatrix} \lambda_1 \\ \lambda_2 \\ \vdots \\ \lambda_n \end{pmatrix} = \begin{pmatrix} 0 \\ 0 \\ \vdots \\ 0 \end{pmatrix} \qquad \text{oder} \qquad \mathbf{A}\boldsymbol{\lambda} = \mathbf{0} \qquad (\text{I-169})
$$

Es handelt sich hierbei um ein *homogenes lineares Gleichungssystem* mit den n unbekannten Koeffizienten $\lambda_1, \lambda_2, \dots, \lambda_n$, die wir noch zu dem Spaltenvektor $\boldsymbol{\lambda}$ zusammengefasst haben. Aus Abschnitt 5.3 wissen wir bereits, dass dieses System *stets* lösbar ist, wobei allerdings noch *zwei* Fälle zu unterscheiden sind, die wir jetzt diskutieren wollen.

1. Fall: $r = n$

Der Rang r der aus den Spaltenvektoren $\mathbf{a}_1, \mathbf{a}_2, \dots, \mathbf{a}_n$ gebildeten Koeffizientenmatrix $\mathbf{A}$ ist *gleich* der Anzahl n der vorgegebenen Vektoren [16]. In diesem Fall gibt es nach den Ausführungen aus Abschnitt 5.3 *genau eine* Lösung, nämlich die *triviale* Lösung $\boldsymbol{\lambda} = \mathbf{0}$, bei der also alle Unbekannten $\lambda_1, \lambda_2, \dots, \lambda_n$ *verschwinden*:

$$
r = n \quad \Rightarrow \quad \lambda_1 = \lambda_2 = \dots = \lambda_n = 0 \qquad (\text{I-170})
$$

Die n Vektoren $\mathbf{a}_1, \mathbf{a}_2, \dots, \mathbf{a}_n$ sind daher *linear unabhängig*.

2. Fall: $r < n$

Der Rang r der Koeffizientenmatrix $\mathbf{A}$ ist jetzt *kleiner* als die Anzahl n der vorgegebenen Vektoren. In diesem Sonderfall gibt es bekanntlich *unendlich* viele Lösungen für die unbekannten Koeffizienten, d. h., also auch Lösungen, bei denen *nicht alle* λ_i verschwinden:

$$
r < n \quad \Rightarrow \quad \text{nicht alle} \quad \lambda_i = 0 \qquad (i = 1, 2, \dots, n) \qquad (\text{I-171})
$$

Die n Vektoren $\mathbf{a}_1, \mathbf{a}_2, \dots, \mathbf{a}_n$ sind in diesem Falle daher *linear abhängig*.

Damit können wir das folgende *Kriterium* für die *lineare Unabhängigkeit* von Vektoren formulieren:

Kriterium für die lineare Unabhängigkeit von Vektoren

n Vektoren $\mathbf{a}_1, \mathbf{a}_2, \dots, \mathbf{a}_n$ des m-dimensionalen Raumes $\mathbb{R}^m$ sind genau dann *linear unabhängig*, wenn die aus ihnen gebildete Matrix $\mathbf{A} = (\mathbf{a}_1\, \mathbf{a}_2\, \dots\, \mathbf{a}_n)$ den Rang $r = n$ besitzt. Sie sind jedoch *linear abhängig*, wenn $r < n$ ist.

---

[16] Wegen $r \leq n$ und $r \leq m$ kann dieser Fall nur für $n \leq m$ eintreten.

■ **Beispiele**

(1) Die aus den drei Vektoren $\mathbf{a} = \begin{pmatrix} 1 \\ 0 \\ 1 \end{pmatrix}$, $\mathbf{b} = \begin{pmatrix} 2 \\ 1 \\ 3 \end{pmatrix}$ und $\mathbf{c} = \begin{pmatrix} 4 \\ 1 \\ 1 \end{pmatrix}$ des drei-

dimensionalen Raumes gebildete quadratische Matrix

$$\mathbf{A} = \begin{pmatrix} 1 & 2 & 4 \\ 0 & 1 & 1 \\ 1 & 3 & 1 \end{pmatrix}$$

ist *regulär*, da ihre Determinante *nicht verschwindet*:

$$\det \mathbf{A} = \begin{vmatrix} 1 & 2 & 4 \\ 0 & 1 & 1 \\ 1 & 3 & 1 \end{vmatrix} = 1 + 2 + 0 - 4 - 3 - 0 = -4 \neq 0$$

Die Matrix besitzt damit den Rang $r = 3$. Wegen $r = n = 3$ handelt es sich hier also um *linear unabhängige* Vektoren.

(2) Drei Vektoren $\mathbf{a}_1, \mathbf{a}_2$ und $\mathbf{a}_3$ des $\mathbb{R}^4$ bilden die folgende (4, 3)-Matrix:

$$\mathbf{A} = \begin{pmatrix} 1 & 0 & 3 \\ 1 & 2 & -1 \\ 1 & 1 & 1 \\ 1 & 0 & 3 \end{pmatrix}$$

Um festzustellen, ob sie *linear unabhängig* sind, bestimmen wir zunächst den *Rang* dieser Matrix mit Hilfe elementarer *Zeilenumformungen* (Z_i: i-te Zeile):

$$\mathbf{A} = \begin{pmatrix} 1 & 0 & 3 \\ 1 & 2 & -1 \\ 1 & 1 & 1 \\ 1 & 0 & 3 \end{pmatrix} \begin{matrix} \\ -Z_1 \\ -Z_1 \\ -Z_1 \end{matrix} \Rightarrow \begin{pmatrix} 1 & 0 & 3 \\ 0 & 2 & -4 \\ 0 & 1 & -2 \\ 0 & 0 & 0 \end{pmatrix} \begin{matrix} \\ -0{,}5\,Z_2 \\ \\ \end{matrix} \Rightarrow$$

$$\begin{pmatrix} 1 & 0 & 3 \\ 0 & 2 & -4 \\ 0 & 0 & 0 \\ 0 & 0 & 0 \end{pmatrix} \Big\} \text{ Nullzeilen}$$

Die Matrix besitzt jetzt die gewünschte *Trapezform*, für ihren Rang gilt somit $\text{Rg}(\mathbf{A}) = r = 2$. Wegen $n = 3$ und somit $r < n = 3$ sind die Vektoren $\mathbf{a}_1, \mathbf{a}_2$ und $\mathbf{a}_3$ *linear abhängig*. Zwischen ihnen besteht der folgende Zusammenhang (wie man leicht nachrechnet):

$$\mathbf{a}_3 = 3\,\mathbf{a}_1 - 2\,\mathbf{a}_2 = 3\begin{pmatrix} 1 \\ 1 \\ 1 \\ 1 \end{pmatrix} - 2\begin{pmatrix} 0 \\ 2 \\ 1 \\ 0 \end{pmatrix} = \begin{pmatrix} 3-0 \\ 3-4 \\ 3-2 \\ 3-0 \end{pmatrix} = \begin{pmatrix} 3 \\ -1 \\ 1 \\ 3 \end{pmatrix} \qquad \blacksquare$$

Wir können aus dem Kriterium für linear unabhängige Vektoren noch weitere Schlüsse ziehen:

Sonderfall: $m = n$

Es liegen n Vektoren $\mathbf{a}_1, \mathbf{a}_2, \ldots, \mathbf{a}_n$ aus dem $\mathbb{R}^n$ vor, die aus ihnen gebildete Matrix $\mathbf{A}$ ist daher *quadratisch*. Dann aber gilt:

$$\mathbf{A} \Big\langle \begin{array}{l} \textit{regulär},\ \text{d. h. } \det \mathbf{A} \neq 0 \quad \Rightarrow \quad r = n \quad \Rightarrow \quad \textit{linear unabhängige} \text{ Vektoren} \\[2mm] \textit{singulär},\ \text{d. h. } \det \mathbf{A} = 0 \quad \Rightarrow \quad r < n \quad \Rightarrow \quad \textit{linear abhängige} \text{ Vektoren} \end{array}$$

Sonderfall: $n > m$

Die Anzahl n der Vektoren ist *größer* als die Dimension m des Raumes, aus dem sie stammen. Für den Rang r der Matrix $\mathbf{A}$ gilt dann:

$$r \leq m, \qquad r \leq n, \qquad m < n \quad \Rightarrow \quad r \leq m < n \quad \Rightarrow \quad r < n$$

Der Rang r der Matrix $\mathbf{A}$ ist somit *kleiner* als die Anzahl n der Vektoren, diese sind daher *linear abhängig*.

Folgerung aus den beiden Sonderfällen: Ist die Anzahl der Vektoren *größer* als die Dimension des Raumes, aus dem sie stammen, so sind die Vektoren stets *linear abhängig*. Die Dimension des Raumes gibt somit die *Maximalzahl* an *linear unabhängigen* Vektoren in diesem Raum an. Im $\mathbb{R}^3$ beispielsweise gibt es maximal drei linear unabhängige Vektoren; vier, fünf oder mehr Vektoren sind dagegen stets linear abhängig.

Wir fassen diese wichtigen Ergebnisse wie folgt zusammen:

Über die lineare Abhängigkeit bzw. Unabhängigkeit von Vektoren

1. n Vektoren $\mathbf{a}_1, \mathbf{a}_2, \ldots, \mathbf{a}_n$ des n-dimensionalen Raumes $\mathbb{R}^n$ sind genau dann *linear unabhängig*, wenn die aus diesen Vektoren gebildete n-reihige Matrix $\mathbf{A}$ *regulär* ist, d. h. $\det \mathbf{A} \neq 0$ gilt:

$$\mathbf{A} \; regulär \quad \Leftrightarrow \quad linear\ unabhängige \; \text{Vektoren} \qquad (\text{I-172})$$

2. Ist $\mathbf{A}$ jedoch *singulär*, d. h. gilt $\det \mathbf{A} = 0$, so sind die Vektoren *linear abhängig*:

$$\mathbf{A} \; singulär \quad \Leftrightarrow \quad linear\ abhängige \; \text{Vektoren} \qquad (\text{I-173})$$

Dies ist der Fall, wenn das Vektorsystem

  a) den *Nullvektor* oder

  b) zwei *kollineare* Vektoren

enthält oder wenn

  c) einer der Vektoren als *Linearkombination* der übrigen Vektoren darstellbar ist.

3. Unter den Vektoren des n-dimensionalen Raumes $\mathbb{R}^n$ gibt es *maximal n* linear unabhängige Vektoren. *Mehr* als n Vektoren sind jedoch stets *linear abhängig*.

Anmerkung

Der Rang r einer (m, n)-Matrix $\mathbf{A}$ mit m Zeilen (Zeilenvektoren) und n Spalten (Spaltenvektoren) lässt sich auch wie folgt deuten: r ist die *Maximalzahl* linear unabhängiger *Zeilen*- bzw. *Spaltenvektoren* $(r \leq m, r \leq n)$.

■ **Beispiele**

(1) Die drei Basisvektoren $\mathbf{e}_x = \begin{pmatrix} 1 \\ 0 \\ 0 \end{pmatrix}$, $\mathbf{e}_y = \begin{pmatrix} 0 \\ 1 \\ 0 \end{pmatrix}$ und $\mathbf{e}_z = \begin{pmatrix} 0 \\ 0 \\ 1 \end{pmatrix}$ des drei-

dimensionalen Anschauungsraumes sind *linear unabhängig*. Denn die aus ihnen gebildete 3-reihige Matrix

$$\mathbf{A} = (\mathbf{e}_x \, \mathbf{e}_y \, \mathbf{e}_z) = \begin{pmatrix} 1 & 0 & 0 \\ 0 & 1 & 0 \\ 0 & 0 & 1 \end{pmatrix}$$

ist *regulär*, da ihre Determinante von null verschieden ist:

$$\det \mathbf{A} = \begin{vmatrix} 1 & 0 & 0 \\ 0 & 1 & 0 \\ 0 & 0 & 1 \end{vmatrix} = 1 \cdot 1 \cdot 1 = 1 \neq 0 \qquad (\mathbf{A}: \text{Diagonalmatrix})$$

(2)   Dagegen sind die drei in einer Ebene liegenden Vektoren

$$\mathbf{a} = \begin{pmatrix} 1 \\ 0 \end{pmatrix}, \qquad \mathbf{b} = \begin{pmatrix} 2 \\ 1 \end{pmatrix} \quad \text{und} \quad \mathbf{c} = \begin{pmatrix} -1 \\ 5 \end{pmatrix}$$

linear abhängig.

Begründung: Im $\mathbb{R}^2$ gibt es *maximal zwei* linear unabhängige Vektoren, *mehr als zwei* Vektoren (hier: drei) sind also stets *linear abhängig.*

Zum gleichen Ergebnis führt eine Untersuchung des Ranges r der aus $\mathbf{a}$, $\mathbf{b}$ und $\mathbf{c}$ gebildeten Matrix

$$\mathbf{A} = (\mathbf{a} \, \mathbf{b} \, \mathbf{c}) = \begin{pmatrix} 1 & 2 & -1 \\ 0 & 1 & 5 \end{pmatrix}$$

Streicht man in $\mathbf{A}$ die 3. Spalte, so hat die entsprechende 2-reihige Unterdeterminante den von 0 verschiedenen Wert 1. Somit gilt: $\text{Rg}(\mathbf{A}) = r = 2$ und daher ist $r < n = 3$. Die drei Vektoren sind daher nach dem Kriterium für die lineare Unabhängigkeit von Vektoren *linear abhängig.*   ∎

5.7 Ein Anwendungsbeispiel:
Berechnung eines elektrischen Netzwerkes

Das in Abschnitt 2.1 im Rahmen eines einführenden Beispiels behandelte *elektrische Netzwerk* mit den ohmschen Widerständen R_1, R_2, R_3 und einer Spannungsquelle U führte uns zu dem *inhomogenen* linearen Gleichungssystem

$$\begin{aligned} I_1 - I_2 - I_3 &= 0 \\ R_1 I_1 + R_2 I_2 &= U \\ R_2 I_2 - R_3 I_3 &= 0 \end{aligned} \qquad \text{oder} \qquad \underbrace{\begin{pmatrix} 1 & -1 & -1 \\ R_1 & R_2 & 0 \\ 0 & R_2 & -R_3 \end{pmatrix}}_{\mathbf{A}} \begin{pmatrix} I_1 \\ I_2 \\ I_3 \end{pmatrix} = \begin{pmatrix} 0 \\ U \\ 0 \end{pmatrix}$$

für die unbekannten Teilströme I_1, I_2 und I_3 (siehe hierzu auch Bild I-1). Das System besitzt wegen

$$D = \det \mathbf{A} = \begin{vmatrix} 1 & -1 & -1 \\ R_1 & R_2 & 0 \\ 0 & R_2 & -R_3 \end{vmatrix} = -(R_1 R_2 + R_1 R_3 + R_2 R_3) \neq 0$$

eine *reguläre* Koeffizientenmatrix $\mathbf{A}$ und ist somit *eindeutig* lösbar. Die Teilströme I_1, I_2 und I_3 berechnen wir nach der *Cramerschen Regel* unter Verwendung der drei folgenden *Hilfsdeterminanten*:

$$D_1 = \begin{vmatrix} 0 & -1 & -1 \\ U & R_2 & 0 \\ 0 & R_2 & -R_3 \end{vmatrix} = -R_2 U - R_3 U = -(R_2 + R_3) U$$

$$D_2 = \begin{vmatrix} 1 & 0 & -1 \\ R_1 & U & 0 \\ 0 & 0 & -R_3 \end{vmatrix} = -R_3 U$$

$$D_3 = \begin{vmatrix} 1 & -1 & 0 \\ R_1 & R_2 & U \\ 0 & R_2 & 0 \end{vmatrix} = -R_2 U$$

Wir erhalten:

$$I_1 = \frac{D_1}{D} = \frac{(R_2 + R_3) U}{R_1 R_2 + R_1 R_3 + R_2 R_3}$$

$$I_2 = \frac{D_2}{D} = \frac{R_3 U}{R_1 R_2 + R_1 R_3 + R_2 R_3}$$

$$I_3 = \frac{D_3}{D} = \frac{R_2 U}{R_1 R_2 + R_1 R_3 + R_2 R_3}$$

6 Komplexe Matrizen

Bisher haben wir uns ausschließlich mit *reellen* Matrizen beschäftigt. Bei der mathematischen Behandlung von *linearen Netzwerken* und *Vierpolen* (auch *Zweitore* genannt) stößt man jedoch auf Matrizen, deren Elemente *komplexe* Größen darstellen. So kann man z. B. die *komplexen Widerstände* in einer solchen Schaltung in einer sog. *Widerstandsmatrix* zusammenfassen. Wir geben daher in diesem Abschnitt eine kurze Einführung in die *komplexe Matrizenrechnung* und beginnen mit einem einfachen Beispiel.

6.1 Ein einführendes Beispiel

Der in Bild I-7 dargestellte *Vierpol*, auch *Zweitor* genannt, enthält einen *komplexen Querwiderstand* $\underline{Z}$, bestehend aus einem ohmschen Widerstand R und einer Induktivität L in Reihenschaltung.

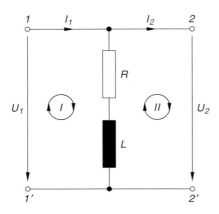

Bild I-7
Vierpol (auch Zweitor genannt)
mit einem komplexen Querwiderstand

Am „Eingangstor" (Klemmenpaar 1,1′) liegt die komplexe Eingangsspannung U_1, am „Ausgangstor" (Klemmenpaar 2,2′) die komplexe Ausgangsspannung U_2[17]. Die (ebenfalls komplexen) Eingangs- und Ausgangsströme I_1 und I_2 besitzen die eingezeichneten Zählrichtungen. Ist ω die Kreisfrequenz der Wechselspannungen und Wechselströme, so besitzt der *komplexe Querwiderstand* den Wert

$$\underline{Z} = R + j\omega L \tag{I-174}$$

Zur vollständigen Beschreibung des Vierpols oder Zweitors benötigen wir den (linearen) Zusammenhang zwischen den vier Strom- und Spannungsgrößen. Diese linearen Gleichungen erhalten wir durch Anwendung der *Maschenregel*[18] auf die im Bild eingezeichneten Maschen (I) und (II):

$$\begin{aligned}\text{(I)} \quad & -U_1 + \underline{Z}I_1 - \underline{Z}I_2 = 0 \\ \text{(II)} \quad & U_2 - \underline{Z}I_1 + \underline{Z}I_2 = 0\end{aligned} \tag{I-175}$$

Wir lösen diese Gleichungen noch nach U_1 bzw. U_2 auf:

$$\begin{aligned}\text{(I)} \quad & U_1 = \underline{Z}I_1 - \underline{Z}I_2 \\ \text{(II)} \quad & U_2 = \underline{Z}I_1 - \underline{Z}I_2\end{aligned} \tag{I-176}$$

---

[17] In der Wechselstromtechnik werden Spannungen und Ströme ebenso wie Widerstände durch *komplexe* (meist zeitabhängige) Größen dargestellt.

[18] *Maschenregel*: In jeder *Masche* ist die Summe der Spannungen gleich *null*.

Dieses inhomogene lineare Gleichungssystem lässt sich in der *Matrizenform* auch wie folgt darstellen:

$$\underbrace{\begin{pmatrix} U_1 \\ U_2 \end{pmatrix}}_{\mathbf{U}} = \underbrace{\begin{pmatrix} \underline{Z} & -\underline{Z} \\ \underline{Z} & -\underline{Z} \end{pmatrix}}_{\mathbf{Z}} \underbrace{\begin{pmatrix} I_1 \\ I_2 \end{pmatrix}}_{\mathbf{I}} \qquad \text{oder} \qquad \mathbf{U} = \mathbf{Z}\,\mathbf{I} \tag{I-177}$$

In dieser Darstellung sind die beiden Stromgrößen I_1 und I_2 die *unabhängigen* Variablen und die beiden Spannungsgrößen U_1 und U_2 die *abhängigen* Variablen. Zwischen dem *Spannungsvektor* $\mathbf{U} = \begin{pmatrix} U_1 \\ U_2 \end{pmatrix}$, dem *Stromvektor* $\mathbf{I} = \begin{pmatrix} I_1 \\ I_2 \end{pmatrix}$ und der sog. *Widerstandsmatrix*

$$\mathbf{Z} = \begin{pmatrix} \underline{Z} & -\underline{Z} \\ \underline{Z} & -\underline{Z} \end{pmatrix} = \begin{pmatrix} R + j\omega L & -(R + j\omega L) \\ R + j\omega L & -(R + j\omega L) \end{pmatrix} \tag{I-178}$$

besteht dann die *lineare* Beziehung

$$\mathbf{U} = \mathbf{Z}\,\mathbf{I} \tag{I-179}$$

Diese Matrizengleichung repräsentiert das *Ohmsche Gesetz* für die in Bild I-7 beschriebene Vierpolschaltung in der speziellen *Matrizenform*. Die *Widerstandsmatrix* (I-178) enthält dabei *komplexe* Größen, nämlich den *komplexen Querwiderstand* des Vierpols oder Zweitors und liefert uns somit ein erstes Beispiel für eine *komplexe Matrix*, d. h. eine Matrix mit *komplexen* Elementen. Durch die *komplexe Widerstandsmatrix* $\mathbf{Z}$ werden die elektrischen Eigenschaften und damit das Verhalten des Vierpols in eindeutiger Weise beschrieben.

6.2 Definition einer komplexen Matrix

Bislang haben wir uns ausschließlich mit *reellen* Matrizen beschäftigt, d. h. also mit Matrizen, deren Elemente *reelle* Zahlen darstellen. Diese Einschränkung lassen wir jetzt fallen.

> **Definition:** Eine Matrix $\mathbf{A}$ wird als *komplex* bezeichnet, wenn ihre Matrixelemente a_{ik} *komplexe* Zahlen darstellen. Symbolische Schreibweise:
>
> $$\mathbf{A} = (a_{ik}) = (b_{ik} + j \cdot c_{ik}) \tag{I-180}$$
>
> $$(i = 1, 2, \ldots, m; k = 1, 2, \ldots, n)$$

Anmerkung

Die reellen Zahlen b_{ik} und c_{ik} sind der *Real-* bzw. *Imaginärteil* des komplexen Matrixelementes $a_{ik} = b_{ik} + j \cdot c_{ik}$, j ist die *imaginäre Einheit* (mit $j^2 = -1$).

■ **Beispiele**

(1) $A = \begin{pmatrix} 1 - j & 5 + 2j \\ 2 & 2 - 3j \end{pmatrix}$ ist eine 2-reihige *komplexe* Matrix.

(2) $A = \begin{pmatrix} 2 + 2j & 3 - j & 1 + 5j \\ 4 & 1 + j & 5 + 2j \end{pmatrix}$ ist eine *komplexe* Matrix vom Typ (2,3).   ■

6.3 Rechenoperationen und Rechenregeln für komplexe Matrizen

Die für *reelle* Matrizen definierten Rechenoperationen, Rechenregeln und Aussagen lassen sich sinngemäß auch auf *komplexe* Matrizen übertragen. So werden beispielsweise zwei komplexe Matrizen vom *gleichen* Typ wie im Reellen *elementweise addiert* und *subtrahiert*. Die *Multiplikation* einer komplexen Matrix mit einem (reellen oder komplexen) *Skalar* erfolgt ebenfalls *elementweise*. Auch für die *Matrizenmultiplikation* gilt (unter den aus Abschnitt 2.6.3 bekannten Voraussetzungen) die alte Regel *Zeilenvektor des linken Faktors mal Spaltenvektor des rechten Faktors*.

Eine komplexe Matrix $A = (a_{ik}) = (b_{ik} + j \cdot c_{ik})$ lässt sich stets (ähnlich wie eine komplexe Zahl) in einen *Realteil* B und einen *Imaginärteil* C zerlegen oder aufspalten:

$$A = (a_{ik}) = (b_{ik} + j \cdot c_{ik}) = (b_{ik}) + (j \cdot c_{ik}) =$$

$$= \underbrace{(b_{ik})}_{B} + j \cdot \underbrace{(c_{ik})}_{C} = B + j \cdot C \qquad \text{(I-181)}$$

Wir fassen diese Aussage wie folgt zusammen:

Rechenoperationen und Rechenregeln für komplexe Matrizen

1. Eine *komplexe* Matrix A vom Typ (m, n) mit den (komplexen) Matrixelementen $a_{ik} = b_{ik} + j \cdot c_{ik}$ lässt sich stets in der Form

$$A = B + j \cdot C \qquad \text{(I-182)}$$

darstellen. Die *reellen* Matrizen

$$B = (b_{ik}) \qquad \text{und} \qquad C = (c_{ik}) \qquad \text{(I-183)}$$

sind der *Real-* bzw. *Imaginärteil* von A und dabei vom *gleichen* Typ wie A.

---

2. Für *komplexe* Matrizen gelten sinngemäß die gleichen Rechenregeln wie für reelle Matrizen:

   - Komplexe Matrizen vom gleichen Typ werden *elementweise addiert* und *subtrahiert*.
   - Die *Multiplikation* einer komplexen Matrix mit einem (reellen oder komplexen) *Skalar* erfolgt ebenfalls *elementweise*.
   - Die *Multiplikation* zweier komplexer Matrizen erfolgt wie im Reellen, indem man die Zeilenvektoren des *linken* Faktors *skalar* mit den Spaltenvektoren des *rechten* Faktors multipliziert [19].

3. Für eine *quadratische* komplexe Matrix lässt sich wie im Reellen eine *Determinante* bilden, die i. Allg. jedoch einen *komplexen* Wert besitzen wird.

Anmerkung

Eine komplexe Matrix $\mathbf{A}$ geht durch *Spiegelung* ihrer Matrixelemente an der *Hauptdiagonalen* in ihre *Transponierte* $\mathbf{A}^{\mathrm{T}}$ über. Die Begriffe „reguläre Matrix" und „inverse Matrix" gelten sinngemäß auch im Komplexen.

■ **Beispiele**

(1) $\quad \mathbf{A} = \begin{pmatrix} 3 - 2\,\mathrm{j} & 1 + 5\,\mathrm{j} \\ 1 - 4\,\mathrm{j} & 2 + 2\,\mathrm{j} \\ 3 & 4 - 2\,\mathrm{j} \end{pmatrix}, \quad \mathbf{B} = \begin{pmatrix} 1 - \mathrm{j} & 2 + 3\,\mathrm{j} \\ 2 & 6 - 4\,\mathrm{j} \\ \mathrm{j} & 1 + 2\,\mathrm{j} \end{pmatrix}$

Beide Matrizen sind vom *gleichen* Typ (je 3 Zeilen und Spalten) und können daher *elementweise* addiert und subtrahiert werden:

$$\mathbf{A} + \mathbf{B} = \begin{pmatrix} 4 - 3\,\mathrm{j} & 3 + 8\,\mathrm{j} \\ 3 - 4\,\mathrm{j} & 8 - 2\,\mathrm{j} \\ 3 + \mathrm{j} & 5 \end{pmatrix}$$

$$\mathbf{A} - \mathbf{B} = \begin{pmatrix} 2 - \mathrm{j} & -1 + 2\,\mathrm{j} \\ -1 - 4\,\mathrm{j} & -4 + 6\,\mathrm{j} \\ 3 - \mathrm{j} & 3 - 4\,\mathrm{j} \end{pmatrix}$$

(2) Wir multiplizieren die beiden 2-reihigen komplexen Matrizen

$$\mathbf{A} = \begin{pmatrix} 1 + 2\,\mathrm{j} & 3 - \mathrm{j} \\ 2 - 2\,\mathrm{j} & 1 + \mathrm{j} \end{pmatrix} \quad \text{und} \quad \mathbf{B} = \begin{pmatrix} \mathrm{j} & 5 - \mathrm{j} \\ 2 & 1 - \mathrm{j} \end{pmatrix}$$

und erhalten:

---

[19] Hier ist zu beachten, dass die Matrizenmultiplikation nur unter den in Abschnitt 2.6.3 genannten Voraussetzungen möglich ist (Spaltenzahl des linken Faktors = Zeilenzahl des rechten Faktors).

$$C = A \cdot B = \begin{pmatrix} 1 + 2j & 3 - j \\ 2 - 2j & 1 + j \end{pmatrix} \begin{pmatrix} j & 5 - j \\ 2 & 1 - j \end{pmatrix} = \begin{pmatrix} c_{11} & c_{12} \\ c_{21} & c_{22} \end{pmatrix}$$

$$c_{11} = (1 + 2j)j + (3 - j)2 = j - 2 + 6 - 2j = 4 - j$$

$$c_{12} = (1 + 2j)(5 - j) + (3 - j)(1 - j) =$$
$$= 5 + 10j - j + 2 + 3 - j - 3j - 1 = 9 + 5j$$

$$c_{21} = (2 - 2j)j + (1 + j)2 = 2j + 2 + 2 + 2j = 4 + 4j$$

$$c_{22} = (2 - 2j)(5 - j) + (1 + j)(1 - j) =$$
$$= 10 - 10j - 2j - 2 + 1 + 1 = 10 - 12j$$

Ergebnis:

$$C = A \cdot B = \begin{pmatrix} 4 - j & 9 + 5j \\ 4 + 4j & 10 - 12j \end{pmatrix}$$

■

6.4 Konjugiert komplexe Matrix, konjugiert transponierte Matrix

Konjugiert komplexe Matrix

> **Definition:** Wird in einer komplexen Matrix A jedes Matrixelement a_{ik} durch das zugehörige *konjugiert komplexe* Element a_{ik}^* ersetzt, so erhält man die *konjugiert komplexe* Matrix A^*.

Anmerkungen

(1)   Den Übergang $A \to A^*$ bezeichnet man auch als *Konjugierung*.

(2)   Beim Übergang von der komplexen Matrix A zur zugehörigen *konjugiert komplexen* Matrix A^* gilt somit:

$$a_{ik} = b_{ik} + j \cdot c_{ik} \to a_{ik}^* = b_{ik} - j \cdot c_{ik} \tag{I-184}$$

A^* besitzt daher die folgende Darstellung:

$$A^* = (b_{ik} - j \cdot c_{ik}) = (b_{ik}) - j \cdot (c_{ik}) = B - j \cdot C \tag{I-185}$$

Der Übergang von der komplexen Matrix A zur *konjugiert komplexen* Matrix A^* lässt sich auch durch die *formale Substitution* $j \to -j$ beschreiben:

$$A = B + j \cdot C \xrightarrow{\ j \to -j\ } A^* = B - j \cdot C \tag{I-186}$$

Rechenregeln

$$(\mathbf{A}^*)^* = \mathbf{A} \tag{I-187}$$

$$(\mathbf{A} + \mathbf{B})^* = \mathbf{A}^* + \mathbf{B}^* \tag{I-188}$$

$$(\mathbf{A} \cdot \mathbf{B})^* = \mathbf{A}^* \cdot \mathbf{B}^* \tag{I-189}$$

■ **Beispiele**

(1) $\mathbf{A} = \begin{pmatrix} 1 + 2\mathrm{j} & 4 + 5\mathrm{j} & \mathrm{j} \\ 2 - 3\mathrm{j} & 2 & 3 - \mathrm{j} \end{pmatrix}$

Die *konjugiert komplexe* Matrix $\mathbf{A}^*$ lautet:

$$\mathbf{A}^* = \begin{pmatrix} 1 - 2\mathrm{j} & 4 - 5\mathrm{j} & -\mathrm{j} \\ 2 + 3\mathrm{j} & 2 & 3 + \mathrm{j} \end{pmatrix}$$

(2) $\mathbf{A} = \begin{pmatrix} \mathrm{j} & 3 - 2\mathrm{j} \\ 2 & 4 + 3\mathrm{j} \end{pmatrix}, \qquad \mathbf{B} = \begin{pmatrix} 1 & \mathrm{j} \\ \mathrm{j} & 1 \end{pmatrix}$

Wir berechnen die Matrix $(\mathbf{A} \cdot \mathbf{B})^*$ mit Hilfe der Rechenregel (I-189) auf zwei *verschiedene* Arten:

1. Lösungsweg: $\mathbf{A}, \mathbf{B} \rightarrow \mathbf{A} \cdot \mathbf{B} \rightarrow (\mathbf{A} \cdot \mathbf{B})^*$

$$\mathbf{A} \cdot \mathbf{B} = \begin{pmatrix} \mathrm{j} & 3 - 2\mathrm{j} \\ 2 & 4 + 3\mathrm{j} \end{pmatrix} \cdot \begin{pmatrix} 1 & \mathrm{j} \\ \mathrm{j} & 1 \end{pmatrix} = \begin{pmatrix} 2 + 4\mathrm{j} & 2 - 2\mathrm{j} \\ -1 + 4\mathrm{j} & 4 + 5\mathrm{j} \end{pmatrix} \quad \Rightarrow$$

$$(\mathbf{A} \cdot \mathbf{B})^* = \begin{pmatrix} 2 - 4\mathrm{j} & 2 + 2\mathrm{j} \\ -1 - 4\mathrm{j} & 4 - 5\mathrm{j} \end{pmatrix}$$

2. Lösungsweg: $\mathbf{A}, \mathbf{B} \rightarrow \mathbf{A}^*, \mathbf{B}^* \rightarrow \mathbf{A}^* \cdot \mathbf{B}^*$

$$\mathbf{A}^* = \begin{pmatrix} -\mathrm{j} & 3 + 2\mathrm{j} \\ 2 & 4 - 3\mathrm{j} \end{pmatrix}, \qquad \mathbf{B}^* = \begin{pmatrix} 1 & -\mathrm{j} \\ -\mathrm{j} & 1 \end{pmatrix} \quad \Rightarrow$$

$$\mathbf{A}^* \cdot \mathbf{B}^* = \begin{pmatrix} -\mathrm{j} & 3 + 2\mathrm{j} \\ 2 & 4 - 3\mathrm{j} \end{pmatrix} \cdot \begin{pmatrix} 1 & -\mathrm{j} \\ -\mathrm{j} & 1 \end{pmatrix} = \begin{pmatrix} 2 - 4\mathrm{j} & 2 + 2\mathrm{j} \\ -1 - 4\mathrm{j} & 4 - 5\mathrm{j} \end{pmatrix}$$

Somit gilt (wie erwartet):

$$(\mathbf{A} \cdot \mathbf{B})^* = \mathbf{A}^* \cdot \mathbf{B}^* = \begin{pmatrix} 2 - 4\mathrm{j} & 2 + 2\mathrm{j} \\ -1 - 4\mathrm{j} & 4 - 5\mathrm{j} \end{pmatrix} \qquad\qquad ■$$

Konjugiert transponierte Matrix

Durch *Transponieren* der zur Matrix $\mathbf{A}$ konjugiert komplexen Matrix $\mathbf{A}^*$ erhält man definitionsgemäß die sog. *konjugiert transponierte* Matrix $\overline{\mathbf{A}} = (\mathbf{A}^*)^{\mathbf{T}}$:

Definition: Wird die komplexe Matrix $\mathbf{A}$ zunächst *konjugiert* und anschließend *transponiert*, so erhält man die *konjugiert transponierte* Matrix

$$\overline{\mathbf{A}} = (\mathbf{A}^*)^{\mathbf{T}} \qquad\qquad (\text{I-190})$$

Anmerkungen

(1)   Der Übergang von $\mathbf{A}$ zur zugehörigen *konjugiert transponierten* Matrix $\overline{\mathbf{A}}$ lässt sich wie folgt schematisch darstellen:

$$\mathbf{A} \xrightarrow{\text{Konjugieren}} \mathbf{A}^* \xrightarrow{\text{Transponieren}} (\mathbf{A}^*)^{\mathbf{T}} = \overline{\mathbf{A}}$$

Für die Matrixelemente a_{ik} gilt daher:

$$a_{ik} \rightarrow a_{ik}^* \rightarrow a_{ki}^* \qquad\qquad (\text{I-191})$$

Die *konjugiert transponierte* Matrix $\mathbf{A}$ besitzt somit die folgenden Matrixelemente:

$$\overline{a}_{ik} = a_{ki}^* \qquad\qquad (\text{I-192})$$

(2)   Die Operationen „Konjugieren" und „Transponieren" sind *vertauschbar*:

$$\overline{\mathbf{A}} = (\mathbf{A}^*)^{\mathbf{T}} = (\mathbf{A}^{\mathbf{T}})^* \qquad\qquad (\text{I-193})$$

Rechenregeln

$$\overline{\overline{\mathbf{A}}} = \mathbf{A} \qquad\qquad (\text{I-194})$$

$$\overline{(\mathbf{A} + \mathbf{B})} = \overline{\mathbf{A}} + \overline{\mathbf{B}} \qquad\qquad (\text{I-195})$$

$$\overline{(\mathbf{A} \cdot \mathbf{B})} = \overline{\mathbf{B}} \cdot \overline{\mathbf{A}} \qquad\qquad (\text{I-196})$$

■ **Beispiele**

(1) $\mathbf{A} = \begin{pmatrix} 1+j & 3+2j & 1+2j \\ 2 & -1+4j & j \\ 2-j & 5 & 1-3j \end{pmatrix}$

Wir bilden die zugehörige *konjugiert transponierte* Matrix $\overline{\mathbf{A}}$:

1. Schritt: $\mathbf{A} \rightarrow \mathbf{A}^*$

$$\mathbf{A}^* = \begin{pmatrix} 1-j & 3-2j & 1-2j \\ 2 & -1-4j & -j \\ 2+j & 5 & 1+3j \end{pmatrix}$$

2. Schritt: $\mathbf{A}^* \rightarrow (\mathbf{A}^*)^{\mathrm{T}} = \overline{\mathbf{A}}$

$$(\mathbf{A}^*)^{\mathrm{T}} = \overline{\mathbf{A}} = \begin{pmatrix} 1 - j & 2 & 2 + j \\ 3 - 2j & -1 - 4j & 5 \\ 1 - 2j & -j & 1 + 3j \end{pmatrix}$$

(2) $\mathbf{A} = \begin{pmatrix} 1 + j & 2 - 3j \\ 4 - j & 1 - 5j \end{pmatrix}$

Wir bilden die zugehörige *konjugiert transponierte* Matrix $\overline{\mathbf{A}}$ auf zwei *verschiedene* Arten:

1. Lösungsweg: $\mathbf{A} \rightarrow \mathbf{A}^* \rightarrow (\mathbf{A}^*)^{\mathrm{T}} = \overline{\mathbf{A}}$

$$\mathbf{A}^* = \begin{pmatrix} 1 - j & 2 + 3j \\ 4 + j & 1 + 5j \end{pmatrix} \quad \Rightarrow \quad \overline{\mathbf{A}} = (\mathbf{A}^*)^{\mathrm{T}} = \begin{pmatrix} 1 - j & 4 + j \\ 2 + 3j & 1 + 5j \end{pmatrix}$$

2. Lösungsweg: $\mathbf{A} \rightarrow \mathbf{A}^{\mathrm{T}} \rightarrow (\mathbf{A}^{\mathrm{T}})^* = \overline{\mathbf{A}}$

$$\mathbf{A}^{\mathrm{T}} = \begin{pmatrix} 1 + j & 4 - j \\ 2 - 3j & 1 - 5j \end{pmatrix} \quad \Rightarrow \quad \overline{\mathbf{A}} = (\mathbf{A}^{\mathrm{T}})^* = \begin{pmatrix} 1 - j & 4 + j \\ 2 + 3j & 1 + 5j \end{pmatrix}$$

Somit gilt (wie erwartet):

$$\overline{\mathbf{A}} = (\mathbf{A}^*)^{\mathrm{T}} = (\mathbf{A}^{\mathrm{T}})^* = \begin{pmatrix} 1 - j & 4 + j \\ 2 + 3j & 1 + 5j \end{pmatrix} \qquad \blacksquare$$

6.5 Spezielle komplexe Matrizen

Wir beschreiben in diesem Abschnitt einige besonders wichtige *quadratische* Matrizen, die in den technischen Anwendungen (insbesondere in der Elektrotechnik) eine bedeutende Rolle spielen. Es handelt sich dabei um die *hermiteschen, schiefhermiteschen* und *unitären* Matrizen. Sie entsprechen im *Reellen* der Reihe nach den *symmetrischen, schiefsymmetrischen* und *orthogonalen* Matrizen.

6.5.1 Hermitesche Matrix

Definition: Eine n-reihige komplexe Matrix $\mathbf{A} = (a_{ik})$ heißt *hermitesch*, wenn

$$\mathbf{A} = \overline{\mathbf{A}} \tag{I-197}$$

ist.

Anmerkung

Für die Matrixelemente einer *hermiteschen* Matrix $\mathbf{A} = (a_{ik})$ gilt somit:

$$a_{ik} = a_{ki}^* \qquad (i, k = 1, 2, \ldots, n) \tag{I-198}$$

■ **Beispiel**

Wir zeigen, dass die Matrix $\mathbf{A} = \begin{pmatrix} 4 & 2-2j & 1-3j \\ 2+2j & 1 & -j \\ 1+3j & j & 2 \end{pmatrix}$ *hermitesch* ist. Zu-

nächst berechnen wir die zugehörige *konjugiert transponierte* Matrix $\overline{\mathbf{A}} = (\mathbf{A}^*)^{\mathsf{T}}$:

$$\mathbf{A}^* = \begin{pmatrix} 4 & 2+2j & 1+3j \\ 2-2j & 1 & j \\ 1-3j & -j & 2 \end{pmatrix}$$

$$(\mathbf{A}^*)^{\mathsf{T}} = \overline{\mathbf{A}} = \begin{pmatrix} 4 & 2-2j & 1-3j \\ 2+2j & 1 & -j \\ 1+3j & j & 2 \end{pmatrix}$$

Somit gilt:

$$\mathbf{A} = \overline{\mathbf{A}} = \begin{pmatrix} 4 & 2-2j & 1-3j \\ 2+2j & 1 & -j \\ 1+3j & j & 2 \end{pmatrix}$$

d. h. $\mathbf{A}$ ist *hermitesch*.   ■

Wir beschäftigen uns noch mit einigen besonders wichtigen Eigenschaften der *hermiteschen* Matrizen:

1. Die *Hauptdiagonalelemente* a_{ii} einer *hermiteschen* Matrix $\mathbf{A}$ sind immer *reell*. Denn aus (I-198) folgt für $i = k$:

$$a_{ii} = a_{ii}^* \qquad (i = 1, 2, \ldots, n) \tag{I-199}$$

Eine komplexe Zahl mit dieser Eigenschaft ist *reell*, da der in der Gaußschen Zahlenebene dargestellte zugehörige Bildpunkt auf der *reellen* Achse liegt.

2. Im *Reellen* ist $\mathbf{A}^* = \mathbf{A}$. Dann aber gilt dort für eine *hermitesche* Matrix $\mathbf{A}$:

$$\mathbf{A} = \overline{\mathbf{A}} = (\mathbf{A}^*)^{\mathsf{T}} = \mathbf{A}^{\mathsf{T}} \quad \Rightarrow \quad \mathbf{A} = \mathbf{A}^{\mathsf{T}} \tag{I-200}$$

Die Matrix $\mathbf{A}$ ist damit *symmetrisch*.

Folgerung: Im *Reellen* fallen die Begriffe „hermitesche" Matrix und „symmetrische" Matrix zusammen.

3. Wir zeigen noch, dass eine *hermitesche* Matrix $\mathbf{A} = \mathbf{B} + j \cdot \mathbf{C}$ stets einen *symmetrischen* Realteil $\mathbf{B}$ und einen *schiefsymmetrischen* Imaginärteil $\mathbf{C}$ besitzt. Aus $\mathbf{A} = \overline{\mathbf{A}} = (\mathbf{A}^*)^{\mathsf{T}}$ folgt nämlich:

$$\mathbf{A} = \mathbf{B} + j \cdot \mathbf{C} = \overline{\mathbf{A}} = (\mathbf{B} - j \cdot \mathbf{C})^{\mathsf{T}} = \mathbf{B}^{\mathsf{T}} - j \cdot \mathbf{C}^{\mathsf{T}} \tag{I-201}$$

Real- und *Imaginärteil* müssen auf beiden Seiten dieser Matrizengleichung jeweils übereinstimmen.

Somit gilt

$$\mathbf{B} = \mathbf{B}^T \quad \text{und} \quad \mathbf{C} = -\mathbf{C}^T \tag{I-202}$$

Dies aber bedeutet, dass der *Realteil* **B** eine *symmetrische* und der *Imaginärteil* **C** eine *schiefsymmetrische* Matrix darstellen.

Wir fassen die wichtigsten Eigenschaften einer *hermiteschen* Matrix wie folgt zusammen:

Eigenschaften einer hermiteschen Matrix

Eine *n*-reihige *hermitesche* Matrix $\mathbf{A} = \mathbf{B} + j \cdot \mathbf{C}$ besitzt die folgenden Eigenschaften:

1. Alle *Hauptdiagonalelemente* a_{ii} sind *reell* $(i = 1, 2, \ldots, n)$.

2. Der *Realteil* **B** ist stets eine *symmetrische*, der *Imaginärteil* **C** dagegen stets eine *schiefsymmetrische* Matrix.

3. Die *Determinante* det **A** einer *hermiteschen* Matrix **A** besitzt stets einen *reellen* Wert.

4. Im *Reellen* fallen die Begriffe *hermitesche* Matrix und *symmetrische* Matrix zusammen.

Anmerkung

Es gilt auch die *Umkehrung* der *zweiten* Eigenschaft. Besitzt demnach eine *komplexe* Matrix $\mathbf{A} = \mathbf{B} + j \cdot \mathbf{C}$ einen *symmetrischen* Realteil **B** und einen *schiefsymmetrischen* Imaginärteil **C**, so ist **A** *hermitesch*!

■ **Beispiele**

(1) Wir wollen zunächst zeigen, dass die 2-reihige komplexe Matrix

$$\mathbf{A} = \begin{pmatrix} 1 & 3 - 4j \\ 3 + 4j & 5 \end{pmatrix}$$

hermitesch ist. Dazu zerlegen wir **A** in einen *Real-* und einen *Imaginärteil*:

$$\mathbf{A} = \begin{pmatrix} 1 & 3 - 4j \\ 3 + 4j & 5 \end{pmatrix} = \begin{pmatrix} 1 & 3 \\ 3 & 5 \end{pmatrix} + \begin{pmatrix} 0 & -4j \\ 4j & 0 \end{pmatrix} =$$

$$= \underbrace{\begin{pmatrix} 1 & 3 \\ 3 & 5 \end{pmatrix}}_{\text{Realteil } \mathbf{B}} + j \underbrace{\begin{pmatrix} 0 & -4 \\ 4 & 0 \end{pmatrix}}_{\text{Imaginärteil } \mathbf{C}} = \mathbf{B} + j \cdot \mathbf{C}$$

Realteil **B** ist *symmetrisch*, Imaginärteil **C** dagegen *schiefsymmetrisch*. Somit ist **A** eine *hermitesche* Matrix. Sie besitzt (wie erwartet) ausschließlich *reelle* Hauptdiagonalelemente, nämlich $a_{11} = 1$ und $a_{22} = 5$, und eine *reellwertige* Determinante:

$$\det \mathbf{A} = \begin{vmatrix} 1 & 3 - 4\,\mathrm{j} \\ 3 + 4\,\mathrm{j} & 5 \end{vmatrix} = 1 \cdot 5 - \underbrace{(3 - 4\,\mathrm{j})(3 + 4\,\mathrm{j})}_{\text{3. Binom}} =$$

$$= 5 - (9 - 16\,\mathrm{j}^2) = 5 - (9 + 16) = 5 - 25 = -20$$

(2)   Die Matrix $\mathbf{A} = \begin{pmatrix} 1 & 2 - \mathrm{j} \\ 2 + \mathrm{j} & 5\,\mathrm{j} \end{pmatrix}$ kann *nicht* hermitesch sein, da sie ein *nicht-reelles* Hauptdiagonalelement enthält, nämlich das *imaginäre* Element $a_{22} = 5\,\mathrm{j}$.

■

6.5.2 Schiefhermitesche Matrix

> **Definition:** Eine n-reihige komplexe Matrix $\mathbf{A} = (a_{ik})$ heißt *schiefhermitesch*, wenn
>
> $$\mathbf{A} = -\overline{\mathbf{A}} \tag{I-203}$$
>
> ist.

Anmerkung

Die Matrixelemente einer *schiefhermiteschen* Matrix $\mathbf{A} = (a_{ik})$ erfüllen somit die Bedingung

$$a_{ik} = -a_{ki}^* \qquad (i, k = 1, 2, \ldots, n) \tag{I-204}$$

■ **Beispiel**

Wir zeigen, dass die 2-reihige komplexe Matrix $\mathbf{A} = \begin{pmatrix} 2\,\mathrm{j} & -1 + \mathrm{j} \\ 1 + \mathrm{j} & 3\,\mathrm{j} \end{pmatrix}$ *schiefhermitesch* ist. Zunächst berechnen wir die zugehörige *konjugiert transponierte* Matrix $\overline{\mathbf{A}} = (\mathbf{A}^*)^{\mathrm{T}}$:

$$\mathbf{A}^* = \begin{pmatrix} -2\,\mathrm{j} & -1 - \mathrm{j} \\ 1 - \mathrm{j} & -3\,\mathrm{j} \end{pmatrix} \quad \Rightarrow \quad (\mathbf{A}^*)^{\mathrm{T}} = \overline{\mathbf{A}} = \begin{pmatrix} -2\,\mathrm{j} & 1 - \mathrm{j} \\ -1 - \mathrm{j} & -3\,\mathrm{j} \end{pmatrix}$$

Somit gilt

$$\overline{\mathbf{A}} = \begin{pmatrix} -2\,\mathrm{j} & 1 - \mathrm{j} \\ -1 - \mathrm{j} & -3\,\mathrm{j} \end{pmatrix} = -\underbrace{\begin{pmatrix} 2\,\mathrm{j} & -1 + \mathrm{j} \\ 1 + \mathrm{j} & 3\,\mathrm{j} \end{pmatrix}}_{\mathbf{A}} = -\mathbf{A}$$

Aus $\overline{\mathbf{A}} = -\mathbf{A}$ folgt $\mathbf{A} = -\overline{\mathbf{A}}$, d. h. die Matrix **A** ist *schiefhermitesch*.   ■

Eine *schiefhermitesche* Matrix besitzt stets rein *imaginäre* Hauptdiagonalelemente, wobei die Zahl Null als *Grenzfall* dazu gehört. Denn aus (I-204) folgt unmittelbar für $i = k$:

$$a_{ii} = -a_{ii}^{*} \qquad (i = 1, 2, \ldots, n) \tag{I-205}$$

Komplexe Zahlen mit dieser Eigenschaft liegen aber in der *Gaußschen Zahlenebene* genau auf der *imaginären* Achse (*Richtungsumkehr* des zugehörigen Zeigers). Weitere Eigenschaften einer *schiefhermiteschen* Matrix sind (ohne Beweis):

Eigenschaften einer schiefhermiteschen Matrix

Eine *n*-reihige *schiefhermitesche* Matrix $\mathbf{A} = \mathbf{B} + j \cdot \mathbf{C}$ besitzt die folgenden Eigenschaften:

1. Alle *Hauptdiagonalelemente* a_{ii} sind *imaginär* $(i = 1, 2, \ldots, n)$ [20].

2. Der *Realteil* $\mathbf{B}$ ist eine *schiefsymmetrische*, der *Imaginärteil* $\mathbf{C}$ dagegen eine *symmetrische* Matrix.

3. Im *Reellen* fallen die Begriffe *schiefhermitesche* Matrix und *schiefsymmetrische* Matrix zusammen.

Anmerkung

Die *zweite* Aussage lässt sich auch *umkehren*: Eine *komplexe* Matrix $\mathbf{A} = \mathbf{B} + j \cdot \mathbf{C}$ mit einem *schiefsymmetrischen* Realteil $\mathbf{B}$ und einem *symmetrischen* Imaginärteil $\mathbf{C}$ ist immer *schiefhermitesch*!

■ **Beispiel**

Die 2-reihige komplexe Matrix $\mathbf{A} = \begin{pmatrix} 2j & -1-j \\ 1-j & 5j \end{pmatrix}$ lässt sich wie folgt in einen *Real-* und einen *Imaginärteil* zerlegen:

$$\mathbf{A} = \begin{pmatrix} 2j & -1-j \\ 1-j & 5j \end{pmatrix} = \begin{pmatrix} 0 & -1 \\ 1 & 0 \end{pmatrix} + \begin{pmatrix} 2j & -j \\ -j & 5j \end{pmatrix} =$$

$$= \underbrace{\begin{pmatrix} 0 & -1 \\ 1 & 0 \end{pmatrix}}_{\text{Realteil } \mathbf{B}} + j \underbrace{\begin{pmatrix} 2 & -1 \\ -1 & 5 \end{pmatrix}}_{\text{Imaginärteil } \mathbf{C}} = \mathbf{B} + j \cdot \mathbf{C}$$

Da der *Realteil* $\mathbf{B}$ eine *schiefsymmetrische*, der Imaginärteil $\mathbf{C}$ dagegen eine *symmetrische* Matrix darstellt, ist $\mathbf{A}$ selbst eine *schiefhermitesche* Matrix.

■

---

[20] Die Null wird hier als *Grenzfall* einer imaginären Zahl betrachtet und dazu gerechnet $(0 \cdot j = 0)$.

6.5.3 Unitäre Matrix

Definition: Eine n-reihige komplexe Matrix $\mathbf{A} = (a_{ik})$ heißt *unitär*, wenn das Matrizenprodukt aus $\mathbf{A}$ und der zugehörigen *konjugiert transponierten* Matrix $\overline{\mathbf{A}}$ die *Einheitsmatrix* $\mathbf{E}$ ergibt:

$$\mathbf{A} \cdot \overline{\mathbf{A}} = \mathbf{E} \qquad\qquad (\text{I-206})$$

Anmerkung

Die Reihenfolge der beiden Faktoren in der Definitionsformel (I-206) darf *vertauscht* werden, d. h. für eine *unitäre* Matrix $\mathbf{A}$ gilt stets:

$$\mathbf{A} \cdot \overline{\mathbf{A}} = \overline{\mathbf{A}} \cdot \mathbf{A} = \mathbf{E} \qquad\qquad (\text{I-207})$$

■ **Beispiel**

Um zu zeigen, dass die 2-reihige komplexe Matrix $\mathbf{A} = \begin{pmatrix} 0 & j \\ -j & 0 \end{pmatrix}$ *unitär* ist, berechnen wir zunächst die zugehörige *konjugiert transponierte* Matrix $\overline{\mathbf{A}}$:

$$\mathbf{A}^* = \begin{pmatrix} 0 & -j \\ j & 0 \end{pmatrix} \quad \Rightarrow \quad \overline{\mathbf{A}} = (\mathbf{A}^*)^{\mathbf{T}} = \begin{pmatrix} 0 & j \\ -j & 0 \end{pmatrix}$$

Für das Matrizenprodukt $\mathbf{A} \cdot \overline{\mathbf{A}}$ erhalten wir dann:

$$\mathbf{A} \cdot \overline{\mathbf{A}} = \begin{pmatrix} 0 & j \\ -j & 0 \end{pmatrix} \cdot \begin{pmatrix} 0 & j \\ -j & 0 \end{pmatrix} = \begin{pmatrix} 1 & 0 \\ 0 & 1 \end{pmatrix} = \mathbf{E}$$

Die Matrix $\mathbf{A}$ ist somit *unitär*.   ■

Ist $\mathbf{A}$ *reell* und *unitär*, so gilt $\mathbf{A}^* = \mathbf{A}$ und weiter $\overline{\mathbf{A}} = (\mathbf{A}^*)^{\mathbf{T}} = \mathbf{A}^{\mathbf{T}}$. Aus der Definitionsformel (I-206) folgt dann:

$$\mathbf{A} \cdot \overline{\mathbf{A}} = \mathbf{A} \cdot \mathbf{A}^{\mathbf{T}} = \mathbf{E} \qquad\qquad (\text{I-208})$$

Die Matrix $\mathbf{A}$ ist somit *orthogonal*. Dies aber bedeutet, dass im *Reellen* die Begriffe „unitäre" Matrix und „orthogonale" Matrix zusammenfallen.

Allgemein lassen sich für *unitäre* Matrizen folgende Eigenschaften nachweisen:

Eigenschaften einer unitären Matrix

Eine *unitäre* Matrix **A** besitzt die folgenden Eigenschaften:

1. Die *konjugiert transponierte* Matrix $\overline{\mathbf{A}}$ ist identisch mit der *inversen* Matrix $\mathbf{A}^{-1}$:

$$\overline{\mathbf{A}} = \mathbf{A}^{-1} \qquad (\text{I-209})$$

2. Eine *unitäre* Matrix **A** ist stets *regulär*, da ihre Determinante betragsmäßig den Wert 1 besitzt und somit immer von null *verschieden* ist:

$$|\det \mathbf{A}| = 1 \quad \Rightarrow \quad \det \mathbf{A} \neq 0 \qquad (\text{I-210})$$

Daher gibt es zu jeder *unitären* Matrix **A** eine *Inverse* $\mathbf{A}^{-1}$.

3. Im *Reellen* fallen die Begriffe *unitäre* Matrix und *orthogonale* Matrix zusammen.

4. Die *Inverse* einer unitären Matrix ist ebenso wie das *Produkt* unitärer Matrizen wiederum eine *unitäre* Matrix.

■ **Beispiel**

Anhand der bereits als *unitär* erkannten 2-reihigen komplexen Matrix $\mathbf{A} = \begin{pmatrix} 0 & j \\ -j & 0 \end{pmatrix}$ wollen wir die soeben festgehaltenen Eigenschaften einer *unitären* Matrix verifizieren.

Die *Determinante* von **A** besitzt den Betrag 1 (wie erwartet):

$$\det \mathbf{A} = \begin{vmatrix} 0 & j \\ -j & 0 \end{vmatrix} = 0 + j^2 = -1 \quad \Rightarrow \quad |\det \mathbf{A}| = |-1| = 1$$

Ferner wollen wir zeigen, dass $\overline{\mathbf{A}} = \mathbf{A}^{-1}$ ist. Dazu berechnen wir zunächst die *konjugiert transponierte* Matrix $\overline{\mathbf{A}}$:

$$\mathbf{A}^* = \begin{pmatrix} 0 & -j \\ j & 0 \end{pmatrix} \quad \Rightarrow \quad \overline{\mathbf{A}} = (\mathbf{A}^*)^{\mathsf{T}} = \begin{pmatrix} 0 & j \\ -j & 0 \end{pmatrix}$$

Die noch benötigte *inverse* Matrix $\mathbf{A}^{-1}$ berechnen wir mit Hilfe von *Unterdeterminanten* nach Formel (I-90).

Die *algebraischen Komplemente* der vier Matrixelemente in der Determinante von $\mathbf{A}$ lauten dabei wie folgt:

$$A_{11} = (-1)^{1+1} \cdot D_{11} = (-1)^2 \cdot 0 = 0$$

$$A_{12} = (-1)^{1+2} \cdot D_{12} = (-1)^3 \cdot (-j) = j$$

$$A_{21} = (-1)^{2+1} \cdot D_{21} = (-1)^3 \cdot j = -j$$

$$A_{22} = (-1)^{2+2} \cdot D_{22} = (-1)^4 \cdot 0 = 0$$

Somit ist

$$\mathbf{A}^{-1} = \frac{1}{\det \mathbf{A}} \begin{pmatrix} A_{11} & A_{21} \\ A_{12} & A_{22} \end{pmatrix} = \frac{1}{-1} \begin{pmatrix} 0 & -j \\ j & 0 \end{pmatrix} = -1 \begin{pmatrix} 0 & -j \\ j & 0 \end{pmatrix} = \begin{pmatrix} 0 & j \\ -j & 0 \end{pmatrix}$$

die zu $\mathbf{A}$ gehörende *Inverse*. Sie ist *identisch* mit der *konjugiert transponierten* Matrix $\overline{\mathbf{A}}$, was zu erwarten war. In diesem Beispiel gilt sogar $\mathbf{A}^{-1} = \overline{\mathbf{A}} = \mathbf{A}$.

∎

7 Eigenwerte und Eigenvektoren einer quadratischen Matrix

In zahlreichen naturwissenschaftlich-technischen Anwendungen stößt man auf sog. *Matrizeneigenwertprobleme*. Die dabei grundlegenden Begriffe wie *Eigenwert* und *Eigenvektor* einer quadratischen (reellen oder auch komplexen) Matrix wollen wir zunächst an einem einfachen geometrischen Beispiel erläutern.

7.1 Ein einführendes Beispiel

Wir betrachten die *Spiegelung* eines beliebigen Punktes $P = (x_1; x_2)$ an der x_1-Achse einer Ebene (Bild I-8). Der Punkt P geht dabei in den „Bildpunkt" $P' = (u_1; u_2)$ über. Die *Transformationsgleichungen* können wir unmittelbar aus dem Bild ablesen. Sie lauten wie folgt:

$$\begin{matrix} u_1 = x_1 & & u_1 = 1 \cdot x_1 + 0 \cdot x_2 \\ & \text{oder} & \\ u_2 = -x_2 & & u_2 = 0 \cdot x_1 - 1 \cdot x_2 \end{matrix} \qquad \text{(I-211)}$$

Wir bringen diese Gleichungen noch in die *Matrizenform*:

$$\underbrace{\begin{pmatrix} u_1 \\ u_2 \end{pmatrix}}_{\mathbf{u}} = \underbrace{\begin{pmatrix} 1 & 0 \\ 0 & -1 \end{pmatrix}}_{\mathbf{A}} \underbrace{\begin{pmatrix} x_1 \\ x_2 \end{pmatrix}}_{\mathbf{x}} \qquad \text{oder} \qquad \mathbf{u} = \mathbf{A}\,\mathbf{x} \qquad \text{(I-212)}$$

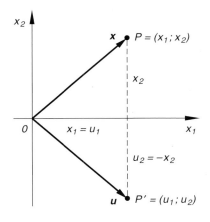

Bild I-8
Spiegelung eines Punktes P an der x_1-Achse

Der Vektor $\mathbf{x}$ ist dabei der *Ortsvektor* des Punktes P, der Vektor $\mathbf{u}$ der *Ortsvektor* des zugehörigen Bildpunktes P'.

Jetzt interessieren wir uns ausschließlich für alle diejenigen (vom Nullvektor *verschiedenen*) Ortsvektoren, die bei dieser Spiegelung in einen Vektor *gleicher* Richtung oder *Gegenrichtung* übergehen [21]. Diese (noch unbekannten) Vektoren genügen also der Bedingung

$$\mathbf{u} = \lambda\,\mathbf{x} \qquad (\text{mit } \lambda \in \mathbb{R}) \tag{I-213}$$

und somit der folgenden Matrizengleichung:

$$\mathbf{A}\,\mathbf{x} = \lambda\,\mathbf{x} = \lambda\,\mathbf{E}\,\mathbf{x} \qquad \text{oder} \qquad (\mathbf{A} - \lambda\,\mathbf{E})\,\mathbf{x} = \mathbf{0} \tag{I-214}$$

Dabei ist $\mathbf{A}$ die 2-reihige Matrix aus Gleichung (I-212) und $\mathbf{E}$ die 2-reihige *Einheitsmatrix*. Die als *charakteristische Matrix* von $\mathbf{A}$ bezeichnete Matrix $\mathbf{A} - \lambda\,\mathbf{E}$ besitzt die folgende Gestalt:

$$\mathbf{A} - \lambda\,\mathbf{E} = \begin{pmatrix} 1 & 0 \\ 0 & -1 \end{pmatrix} - \lambda \begin{pmatrix} 1 & 0 \\ 0 & 1 \end{pmatrix} = \begin{pmatrix} 1 - \lambda & 0 \\ 0 & -1 - \lambda \end{pmatrix} \tag{I-215}$$

Die Matrizengleichung (I-214) lautet daher in ausführlicher Schreibweise:

$$\begin{pmatrix} 1 - \lambda & 0 \\ 0 & -1 - \lambda \end{pmatrix} \begin{pmatrix} x_1 \\ x_2 \end{pmatrix} = \begin{pmatrix} 0 \\ 0 \end{pmatrix} \tag{I-216}$$

Dieses *homogene lineare Gleichungssystem* mit den beiden unbekannten Koordinaten x_1 und x_2 enthält noch einen (ebenfalls unbekannten) *Parameter* λ und ist bekanntlich nur dann nichttrivial lösbar, wenn die Koeffizientendeterminante *verschwindet*.

---

[21] Die Vektoren $\mathbf{u}$ und $\mathbf{x}$ sollen also *kollinear* sein.

Aus der Bedingung

$$\det (\mathbf{A} - \lambda\,\mathbf{E}) = |\mathbf{A} - \lambda\,\mathbf{E}| = \begin{vmatrix} 1 - \lambda & 0 \\ 0 & -1 - \lambda \end{vmatrix} = 0 \qquad (\text{I-217})$$

erhalten wir die sog. *charakteristische Gleichung* der Matrix $\mathbf{A}$:

$$\det (\mathbf{A} - \lambda\,\mathbf{E}) = (1 - \lambda)(-1 - \lambda) = 0 \qquad (\text{I-218})$$

Die Lösungen dieser Gleichung heißen *Eigenwerte* der Matrix $\mathbf{A}$. Sie lauten hier also:

$$\lambda_1 = 1, \qquad \lambda_2 = -1 \qquad (\text{I-219})$$

Zu diesen Eigenwerten gehören bestimmte Ortsvektoren, die in diesem Zusammenhang als *Eigenvektoren* der Matrix $\mathbf{A}$ bezeichnet werden. Man erhält sie, indem man in das homogene lineare Gleichungssystem (I-216) für den Parameter λ den jeweiligen *Eigenwert* einsetzt und anschließend das Gleichungssystem löst. Mit der Bestimmung dieser Eigenvektoren wollen wir uns jetzt näher befassen.

Eigenvektoren zum Eigenwert $\lambda_1 = 1$

Einsetzen des *ersten* Eigenwertes $\lambda_1 = 1$ in die Gleichung (I-216) liefert das homogene lineare Gleichungssystem

$$\begin{aligned} 0 \cdot x_1 + 0 \cdot x_2 &= 0 \\ 0 \cdot x_1 - 2 \cdot x_2 &= 0 \end{aligned} \qquad (\text{I-220})$$

Das System *reduziert* sich auf die *eine* Gleichung

$$-2 x_2 = 0 \qquad (\text{I-221})$$

mit der *Lösung* $x_2 = 0$. Da die *erste* Unbekannte x_1 in dieser Gleichung *nicht* auftritt, dürfen wir über x_1 *frei verfügen* und setzen daher $x_1 = \alpha$. Das Gleichungssystem (I-220) besitzt damit die von dem *reellen Parameter* α abhängige Lösung

$$x_1 = \alpha, \qquad x_2 = 0 \qquad \text{oder} \qquad \mathbf{x}_1 = \begin{pmatrix} \alpha \\ 0 \end{pmatrix} = \alpha \begin{pmatrix} 1 \\ 0 \end{pmatrix} \qquad (\text{I-222})$$

($\alpha \in \mathbb{R}$). Der zum Eigenwert $\lambda_1 = 1$ gehörige *Eigenvektor* ist somit bis auf einen *beliebigen konstanten* Faktor $\alpha \neq 0$ eindeutig bestimmt. Wir wählen $\alpha = 1$ und erhalten den *normierten Eigenvektor*

$$\tilde{\mathbf{x}}_1 = \begin{pmatrix} 1 \\ 0 \end{pmatrix} \qquad (\text{I-223})$$

Alle weiteren zum Eigenwert $\lambda_1 = 1$ gehörenden Eigenvektoren sind dann ein *Vielfaches* (α-faches) des *normierten* Eigenvektors $\tilde{\mathbf{x}}_1$ ($\alpha \neq 0$). In der Praxis beschränkt man sich daher auf die Angabe dieses Eigenvektors und betrachtet $\tilde{\mathbf{x}}_1$ als den zum Eigenwert $\lambda_1 = 1$ gehörenden Eigenvektor.

Geometrische Deutung: Die zum Eigenwert $\lambda_1 = 1$ gehörenden Eigenvektoren sind die *Ortsvektoren* der auf der x_1-Achse liegenden Punkte, die bei der Spiegelung an dieser Achse *in sich selbst* übergehen (*ausgenommen* ist der Nullpunkt; Bild I-9).

$$\mathbf{x}_1 = \begin{pmatrix} \alpha \\ 0 \end{pmatrix} \xrightarrow[\;x_1\text{-Achse}\;]{\text{Spiegelung an der}} \mathbf{u}_1 = \begin{pmatrix} \alpha \\ 0 \end{pmatrix} = \mathbf{x}_1$$

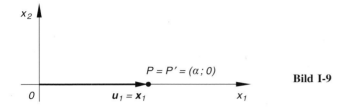

Bild I-9

Eigenvektoren zum Eigenwert $\lambda_2 = -1$

Wir setzen jetzt den *zweiten* Eigenwert $\lambda_2 = -1$ in die Gleichung (I-216) ein und erhalten das homogene lineare Gleichungssystem

$$\begin{aligned} 2 \cdot x_1 + 0 \cdot x_2 &= 0 \\ 0 \cdot x_1 + 0 \cdot x_2 &= 0 \end{aligned} \qquad\qquad (\text{I-224})$$

Das System *reduziert* sich auf die *eine* Gleichung

$$2 x_1 = 0 \qquad\qquad (\text{I-225})$$

mit der *Lösung* $x_1 = 0$. Die *zweite* Unbekannte tritt in dieser Gleichung *nicht* auf, darf daher *frei gewählt* werden. Wir setzen $x_2 = \beta$ und erhalten für das Gleichungssystem (I-224) die von dem *reellen Parameter* β abhängige Lösung

$$x_1 = 0, \qquad x_2 = \beta \qquad \text{oder} \qquad \mathbf{x}_2 = \begin{pmatrix} 0 \\ \beta \end{pmatrix} = \beta \begin{pmatrix} 0 \\ 1 \end{pmatrix} \qquad (\text{I-226})$$

($\beta \in \mathbb{R}$). Wiederum ist der Eigenvektor bis auf einen *beliebigen konstanten* Faktor $\beta \neq 0$ eindeutig bestimmt. Wir wählen $\beta = 1$ und erhalten so den *normierten Eigenvektor*

$$\tilde{\mathbf{x}}_2 = \begin{pmatrix} 0 \\ 1 \end{pmatrix} \qquad\qquad (\text{I-227})$$

Alle weiteren zum Eigenwert $\lambda_2 = -1$ gehörenden Eigenvektoren sind dann ein *Vielfaches* (β-faches) dieses *normierten* Eigenvektors $\tilde{\mathbf{x}}_2$ ($\beta \neq 0$).

Geometrische Deutung: Die zum Eigenwert $\lambda_2 = -1$ gehörenden Eigenvektoren sind die *Ortsvektoren* der auf der x_2-Achse liegenden Punkte (wiederum mit *Ausnahme* des Nullpunktes), die bei der Spiegelung an der x_1-Achse in den jeweiligen *Gegenvektor* übergehen (*Richtungsumkehr* des Ortsvektors bei *gleichbleibender* Länge; Bild I-10):

$$\mathbf{x}_2 = \begin{pmatrix} 0 \\ \beta \end{pmatrix} \xrightarrow[\;x_1\text{-Achse}\;]{\text{Spiegelung an der}} \mathbf{u}_2 = -\begin{pmatrix} 0 \\ \beta \end{pmatrix} = -\mathbf{x}_2$$

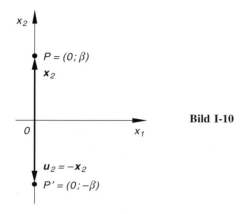

Bild I-10

Fazit

Die *Eigenvektoren* der Transformationsmatrix $\mathbf{A}$ sind in diesem Beispiel diejenigen (vom Nullvektor *verschiedenen*) *Ortsvektoren*, die bei der Spiegelung an der x_1-Achse entweder *in sich selbst* oder in den entsprechenden *Gegenvektor* übergehen. Den beiden Eigenwerten kommt dabei die folgende *geometrische* Bedeutung zu:

$\boldsymbol{\lambda_1 = 1}$: Richtung und Länge der Ortsvektoren bleiben bei der Spiegelung *erhalten* (Punkte auf der x_1-Achse mit *Ausnahme* des Nullpunktes; Bild I-9)

$\boldsymbol{\lambda_2 = -1}$: *Richtungsumkehr* der Ortsvektoren bei der Spiegelung (Punkte auf der x_2-Achse mit *Ausnahme* des Nullpunktes; Bild I-10)

Die Spiegelung an der x_1-Achse haben wir in eindeutiger Weise durch die 2-reihige *Transformationsmatrix*

$$\mathbf{A} = \begin{pmatrix} 1 & 0 \\ 0 & -1 \end{pmatrix} \tag{I-228}$$

beschreiben können.

Die *Eigenwerte* und *Eigenvektoren* dieser Matrix lieferten uns dabei diejenigen Ortsvektoren, die bei dieser Spiegelung entweder *unverändert* blieben oder aber eine *Richtungsumkehr* erfuhren. Man nennt allgemein ein Problem dieser Art ein *Matrixeigenwertproblem*. Die Aufgabe besteht dann darin, die *Eigenwerte* und *Eigenvektoren* einer vorgegebenen (quadratischen) Matrix **A** zu bestimmen.

7.2 Eigenwerte und Eigenvektoren einer 2-reihigen Matrix

A sei eine 2-reihige Matrix [22]. Wir ordnen dann jedem Vektor **x** der Ebene durch die *Abbildungsgleichung* (*Transformationsgleichung*)

$$\mathbf{y} = \mathbf{A}\mathbf{x} \tag{I-229}$$

in eindeutiger Weise einen *Bildvektor* **y** der gleichen Ebene zu. Wie in unserem einführenden Beispiel können wir wiederum den Vektor **x** als den *Ortsvektor* eines Punktes *P* auffassen, der bei dieser Transformation in den Ortsvektor **y** = **A**x des zugeordneten *Bildpunktes P'* übergeführt wird.

Unsere *Problemstellung* lautet jetzt wie folgt: Gibt es bestimmte Richtungen, die sich von den anderen Richtungen dadurch unterscheiden, dass der *Urbildvektor* **x** und der zugehörige *Bildvektor* **y** = **A**x in eine *gemeinsame* Linie (Gerade) fallen? Für eine solche bevorzugte Richtung muss also gelten: Fällt der Urbildvektor **x** in diese Richtung, so liegt auch der Bildvektor **y** = **A**x in dieser Richtung (Bild I-11).

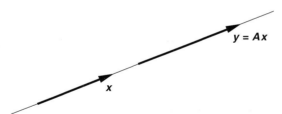

Bild I-11
Sonderfall: Urbildvektor **x** und der zugehörige Bildvektor **y** = **A**x fallen in eine gemeinsame Linie, sind also kollineare Vektoren

Es wird also gefordert, dass **x** und **y** = **A**x *kollineare* Vektoren sind. Der Bildvektor **y** = **A**x ist dann ein *Vielfaches* (λ-faches) des Urbildvektors **x**:

$$\mathbf{y} = \mathbf{A}\mathbf{x} = \lambda\mathbf{x} \tag{I-230}$$

Die (noch unbekannten) *Urbildvektoren* genügen somit der Matrizengleichung

$$\mathbf{A}\mathbf{x} = \lambda\mathbf{x} = \lambda\mathbf{E}\mathbf{x} \qquad \text{oder} \qquad (\mathbf{A} - \lambda\mathbf{E})\mathbf{x} = \mathbf{0} \tag{I-231}$$

---

[22] Bei unseren weiteren Ausführungen gehen wir zunächst von einer *reellen* Matrix aus, lassen diese Einschränkung jedoch später fallen.

Durch diese Gleichung wird ein sog. *Matrixeigenwertproblem* beschrieben. Die Matrix $\mathbf{A} - \lambda \mathbf{E}$ ist die sog. *charakteristische Matrix* von $\mathbf{A}$. In ausführlicher Schreibweise lautet die Matrizengleichung (I-231) wie folgt:

$$(\mathbf{A} - \lambda \mathbf{E})\,\mathbf{x} = \begin{pmatrix} a_{11} - \lambda & a_{12} \\ a_{21} & a_{22} - \lambda \end{pmatrix} \begin{pmatrix} x_1 \\ x_2 \end{pmatrix} = \begin{pmatrix} 0 \\ 0 \end{pmatrix} \qquad \text{(I-232)}$$

Nichttriviale Lösungen, d. h. vom Nullvektor $\mathbf{0}$ *verschiedene* Lösungen treten jedoch nur dann auf, wenn die Koeffizientendeterminante des homogenen linearen Gleichungssystems (I-232) *verschwindet*. Dies führt zu der folgenden *charakteristischen Gleichung* mit dem unbekannten Parameter λ:

$$\det\,(\mathbf{A} - \lambda \mathbf{E}) = \begin{vmatrix} a_{11} - \lambda & a_{12} \\ a_{21} & a_{22} - \lambda \end{vmatrix} = 0 \qquad \text{(I-233)}$$

Die 2-reihige Determinante $\det\,(\mathbf{A} - \lambda \mathbf{E})$ wird dabei als *charakteristisches Polynom* $p\,(\lambda)$ der Matrix $\mathbf{A}$ bezeichnet. Die Lösungen der charakteristischen Gleichung heißen *Eigenwerte*, die zugehörigen (vom Nullvektor verschiedenen) Lösungsvektoren *Eigenvektoren* der Matrix $\mathbf{A}$.

Die *Eigenwerte* der Matrix $\mathbf{A}$ werden aus der *charakteristischen Gleichung* (I-233) berechnet, sind also die *Nullstellen* des *charakteristischen Polynoms* $p\,(\lambda)$:

$$\det\,(\mathbf{A} - \lambda \mathbf{E}) = \begin{vmatrix} a_{11} - \lambda & a_{12} \\ a_{21} & a_{22} - \lambda \end{vmatrix} = (a_{11} - \lambda)\,(a_{22} - \lambda) - a_{12}\,a_{21} =$$

$$= \lambda^2 - \underbrace{(a_{11} + a_{22})}_{\text{Sp}\,(\mathbf{A})}\lambda + \underbrace{(a_{11}\,a_{22} - a_{12}\,a_{21})}_{\det \mathbf{A}} =$$

$$= \lambda^2 - \text{Sp}\,(\mathbf{A}) \cdot \lambda + \det \mathbf{A} = 0 \qquad \text{(I-234)}$$

Die *Koeffizienten* dieser quadratischen Gleichung haben dabei die folgende Bedeutung: Der *erste* Koeffizient ist die mit einem Minuszeichen versehene sog. *Spur* der Matrix $\mathbf{A}$, definiert durch die Gleichung

$$\text{Sp}\,(\mathbf{A}) = a_{11} + a_{22} \qquad \text{(I-235)}$$

(*Summe der Hauptdiagonalelemente*). Der *zweite* Koeffizient ist die *Koeffizientendeterminante*

$$\det \mathbf{A} = \begin{vmatrix} a_{11} & a_{12} \\ a_{21} & a_{22} \end{vmatrix} = a_{11}\,a_{22} - a_{12}\,a_{21} \qquad \text{(I-236)}$$

Sind λ_1 und λ_2 die beiden *Eigenwerte*, d. h. die beiden Lösungen der charakteristischen Gleichung (I-234), so können wir das *charakteristische Polynom*

$$p(\lambda) = \lambda^2 - (a_{11} + a_{22})\lambda + (a_{11}a_{22} - a_{12}a_{21}) =$$
$$= \lambda^2 - \text{Sp}(\mathbf{A}) \cdot \lambda + \det \mathbf{A} \qquad (\text{I-237})$$

auch in der *Produktform*

$$p(\lambda) = (\lambda - \lambda_1)(\lambda - \lambda_2) = \lambda^2 - (\lambda_1 + \lambda_2)\lambda + \lambda_1\lambda_2 \qquad (\text{I-238})$$

darstellen (Zerlegung in *Linearfaktoren*). Durch einen Vergleich der Koeffizienten in den beiden Gleichungen (I-237) und (I-238) erhalten wir dann zwei wichtige Beziehungen zwischen der *Spur* und der *Determinante* von $\mathbf{A}$ einerseits und den beiden *Eigenwerten* λ_1 und λ_2 der Matrix $\mathbf{A}$ andererseits:

$$\text{Sp}(\mathbf{A}) = a_{11} + a_{22} = \lambda_1 + \lambda_2$$
$$\det \mathbf{A} = a_{11}a_{22} - a_{12}a_{21} = \lambda_1\lambda_2 \qquad (\text{I-239})$$

Dies aber bedeutet, dass die *Spur* der Matrix $\mathbf{A}$ gleich der *Summe* und die *Determinante* von $\mathbf{A}$ gleich dem *Produkt* der beiden Eigenwerte ist.

Die Berechnung des zum Eigenwert λ_i gehörenden *Eigenvektors* $\mathbf{x}_i$ erfolgt dann aus dem homogenen linearen Gleichungssystem

$$(\mathbf{A} - \lambda_i\mathbf{E})\mathbf{x}_i = \mathbf{0} \qquad (i = 1, 2) \qquad (\text{I-240})$$

Wir fassen die Ergebnisse wie folgt zusammen:

Eigenwerte und Eigenvektoren einer 2-reihigen Matrix

Durch die Matrizengleichung

$$(\mathbf{A} - \lambda\mathbf{E})\mathbf{x} = \mathbf{0} \qquad (\text{I-241})$$

wird ein *zweidimensionales Eigenwertproblem* beschrieben.

Dabei bedeuten:

$\mathbf{A}$:   2-reihige (reelle oder komplexe) Matrix

$\mathbf{E}$:   2-reihige *Einheitsmatrix*

λ: *Eigenwert* der Matrix $\mathbf{A}$

$\mathbf{x}$:   *Eigenvektor* der Matrix $\mathbf{A}$ zum Eigenwert λ

$\mathbf{A} - \lambda\mathbf{E}$: *Charakteristische Matrix* von $\mathbf{A}$

Bestimmung der Eigenwerte und Eigenvektoren

Die *Eigenwerte* und *Eigenvektoren* der Matrix **A** lassen sich dann schrittweise wie folgt berechnen:

1. Die *Eigenwerte* sind die Lösungen der *charakteristischen Gleichung*

$$\det(\mathbf{A} - \lambda\,\mathbf{E}) = 0 \tag{I-242}$$

   (*quadratische* Gleichung mit den beiden Lösungen λ_1 und λ_2).

2. Einen zum Eigenwert λ_i gehörigen *Eigenvektor* $\mathbf{x}_i$ erhält man als Lösungsvektor des homogenen linearen Gleichungssystems

$$(\mathbf{A} - \lambda_i\,\mathbf{E})\,\mathbf{x}_i = \mathbf{0} \qquad (i = 1, 2) \tag{I-243}$$

   Er wird üblicherweise in der *normierten* Form angegeben.

Eigenschaften der Eigenwerte

1. Die *Spur* der Matrix **A** ist gleich der *Summe* der beiden Eigenwerte:

$$\text{Sp}(\mathbf{A}) = \lambda_1 + \lambda_2 \tag{I-244}$$

2. Die *Determinante* von **A** ist gleich dem *Produkt* der beiden Eigenwerte:

$$\det \mathbf{A} = \lambda_1 \lambda_2 \tag{I-245}$$

Anmerkungen

(1) Sind die beiden Eigenwerte voneinander *verschieden*, so sind die zugehörigen Eigenvektoren *linear unabhängig*.

(2) Zu einem *doppelten* (*zweifachen*) Eigenwert gehören mindestens ein, höchstens aber zwei *linear unabhängige* Eigenvektoren.

■ **Beispiele**

(1) Wir berechnen die *Eigenwerte* der 2-reihigen Matrix $\mathbf{A} = \begin{pmatrix} -2 & -5 \\ 1 & 4 \end{pmatrix}$. Sie sind die Lösungen der folgenden *charakteristischen Gleichung*:

$$\det(\mathbf{A} - \lambda\,\mathbf{E}) = \begin{vmatrix} -2 - \lambda & -5 \\ 1 & 4 - \lambda \end{vmatrix} = (-2 - \lambda)(4 - \lambda) + 5 =$$

$$= -8 - 4\lambda + 2\lambda + \lambda^2 + 5 = \lambda^2 - 2\lambda - 3 = 0$$

Die *Eigenwerte* lauten demnach: $\lambda_1 = -1$, $\lambda_2 = 3$.

Der zum Eigenwert $\lambda_1 = -1$ gehörende *Eigenvektor* wird aus dem homogenen linearen Gleichungssystem

$$(\mathbf{A} + 1\,\mathbf{E})\,\mathbf{x} = \mathbf{0} \qquad \text{oder} \qquad \begin{pmatrix} -1 & -5 \\ 1 & 5 \end{pmatrix} \begin{pmatrix} x_1 \\ x_2 \end{pmatrix} = \begin{pmatrix} 0 \\ 0 \end{pmatrix}$$

bestimmt. In ausführlicher Schreibweise lautet dieses System wie folgt:

$$-x_1 - 5x_2 = 0$$
$$x_1 + 5x_2 = 0$$

Dieses Gleichungssystem *reduziert* sich auf *eine* Gleichung (die obere Gleichung ist das -1-fache der unteren und umgekehrt):

$$x_1 + 5x_2 = 0$$

Eine der beiden Unbekannten ist somit *frei wählbar*. Wir entscheiden uns für x_2 und setzen daher $x_2 = \alpha$ ($\alpha \in \mathbb{R}$). Die vom reellen Parameter α abhängige Lösung lautet dann $x_1 = -5\alpha$, $x_2 = \alpha$. Der Lösungsvektor (Eigenvektor)

$$\mathbf{x}_1 = \begin{pmatrix} -5\alpha \\ \alpha \end{pmatrix} = \alpha \begin{pmatrix} -5 \\ 1 \end{pmatrix} \qquad (\alpha \neq 0)$$

wird noch *normiert*, d. h. auf die Länge 1 gebracht:

$$|x_1| = |\alpha| \cdot \sqrt{(-5)^2 + 1^2} = |\alpha| \cdot \sqrt{26} = 1 \quad \Rightarrow \quad |\alpha| = \frac{1}{\sqrt{26}}$$

Wir entscheiden uns für die positive Lösung $\alpha = 1/\sqrt{26}$ und erhalten:

$$\tilde{\mathbf{x}}_1 = \frac{1}{\sqrt{26}} \begin{pmatrix} -5 \\ 1 \end{pmatrix}$$

Analog lässt sich der zum Eigenwert $\lambda_2 = 3$ gehörende *Eigenvektor* aus dem homogenen linearen Gleichungssystem

$$(\mathbf{A} - 3\,\mathbf{E})\,\mathbf{x} = \mathbf{0} \qquad \text{oder} \qquad \begin{pmatrix} -5 & -5 \\ 1 & 1 \end{pmatrix} \begin{pmatrix} x_1 \\ x_2 \end{pmatrix} = \begin{pmatrix} 0 \\ 0 \end{pmatrix}$$

bestimmen. Dieses Gleichungssystem lautet in ausführlicher Schreibweise:

$$-5x_1 - 5x_2 = 0$$
$$x_1 + x_2 = 0$$

Es *reduziert* sich auf die *eine* Gleichung

$$x_1 + x_2 = 0$$

die aber noch *zwei* unbekannte Größen enthält. Wir können daher *eine* der beiden Unbekannten *frei wählen* und entscheiden uns dabei für x_2, d. h. wir setzen $x_2 = \beta$ (mit $\beta \in \mathbb{R}$). Die von dem reellen Parameter β abhängige Lösung ist dann $x_1 = -\beta$, $x_2 = \beta$. Der gesuchte *Eigenvektor* lautet somit

$$\mathbf{x}_2 = \begin{pmatrix} -\beta \\ \beta \end{pmatrix} = \beta \begin{pmatrix} -1 \\ 1 \end{pmatrix} \qquad (\beta \neq 0)$$

oder (in der *normierten* Form)

$$\tilde{\mathbf{x}}_2 = \frac{1}{\sqrt{2}} \begin{pmatrix} -1 \\ 1 \end{pmatrix}$$

Die *normierten* Eigenvektoren $\tilde{\mathbf{x}}_1$ und $\tilde{\mathbf{x}}_2$ der Matrix $\mathbf{A}$ sind dabei *linear unabhängig*, da sie zu *verschiedenen* Eigenwerten gehören.

(2)   Durch die Transformationsmatrix

$$\mathbf{A} = \begin{pmatrix} \cos\varphi & \sin\varphi \\ -\sin\varphi & \cos\varphi \end{pmatrix}$$

wird die *Drehung* eines ebenen x_1, x_2-Koordinatensystems um den Winkel φ um den Nullpunkt beschrieben (Bild I-12). Für welche Drehwinkel hat die Matrix $\mathbf{A}$ *reelle* Eigenwerte $(0° < \varphi < 360°)$?

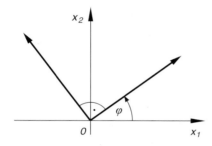

Bild I-12
Drehung eines ebenen kartesischen
x_1, x_2-Koordinatensystems um den
Koordinatenursprung

Lösung: Die *Eigenwerte* berechnen sich aus der *charakteristischen Gleichung*

$$\det(\mathbf{A} - \lambda\mathbf{E}) = \begin{vmatrix} \cos\varphi - \lambda & \sin\varphi \\ -\sin\varphi & \cos\varphi - \lambda \end{vmatrix} = (\cos\varphi - \lambda)^2 + \sin^2\varphi =$$

$$= \cos^2\varphi - 2(\cos\varphi)\cdot\lambda + \lambda^2 + \sin^2\varphi =$$

$$= \lambda^2 - 2(\cos\varphi)\cdot\lambda + \underbrace{\sin^2\varphi + \cos^2\varphi}_{1} =$$

$$= \lambda^2 - 2(\cos\varphi)\cdot\lambda + 1 = 0$$

Sie lauten:

$$\lambda_{1/2} = \cos\varphi \pm \sqrt{\cos^2\varphi - 1}$$

Reelle Werte sind demnach nur möglich, wenn die Bedingung

$$\cos^2\varphi - 1 \geq 0 \qquad \text{und damit} \qquad \cos^2\varphi \geq 1$$

erfüllt ist. Andererseits gilt stets $\cos^2\varphi \leq 1$. *Beide* Bedingungen *zusammen* führen dann auf die Gleichung

$$\cos^2\varphi = 1$$

Sie besitzt im Intervall $0° < \varphi < 360°$ genau *eine* Lösung, nämlich $\varphi = 180°$ oder (im Bogenmaß) $\varphi = \pi$. Dieser Wert entspricht einer *Drehung* des Koordinatensystems um 180° im *Gegenuhrzeigersinn*. Zum Winkel $\varphi = \pi$ gehört der *doppelte Eigenwert* $\lambda_{1/2} = \cos \pi = -1$. Die zugehörigen (linear unabhängigen) *Eigenvektoren* lassen sich dann aus dem homogenen linearen Gleichungssystem

$$(\mathbf{A} + 1\,\mathbf{E})\,\mathbf{x} = \mathbf{0} \qquad \text{oder} \qquad \begin{pmatrix} 0 & 0 \\ 0 & 0 \end{pmatrix} \begin{pmatrix} x_1 \\ x_2 \end{pmatrix} = \begin{pmatrix} 0 \\ 0 \end{pmatrix}$$

bestimmen (in der Matrix $\mathbf{A}$ wurde $\varphi = \pi$ gesetzt). Dieses Gleichungssystem lautet in ausführlicher Schreibweise

$$0 \cdot x_1 + 0 \cdot x_2 = 0$$
$$0 \cdot x_1 + 0 \cdot x_2 = 0$$

und *reduziert* sich auf die *eine* Gleichung

$$0 \cdot x_1 + 0 \cdot x_2 = 0$$

Die Unbekannten x_1 und x_2 sind somit beide *frei wählbar*. Wir setzen daher $x_1 = \alpha$ und $x_2 = \beta$ (mit $\alpha, \beta \in \mathbb{R}$). Damit erhalten wir den von *zwei* Parametern abhängigen Lösungsvektor (Eigenvektor)

$$\mathbf{x} = \begin{pmatrix} \alpha \\ \beta \end{pmatrix}$$

und daraus für $\alpha = 1$, $\beta = 0$ bzw. $\alpha = 0$, $\beta = 1$ die beiden *linear unabhängigen* (und bereits normierten) *Eigenvektoren*

$$\tilde{\mathbf{x}}_1 = \begin{pmatrix} 1 \\ 0 \end{pmatrix} \qquad \text{und} \qquad \tilde{\mathbf{x}}_2 = \begin{pmatrix} 0 \\ 1 \end{pmatrix}$$

Der *allgemeine* Lösungsvektor $\mathbf{x}$ ist dann als *Linearkombination* dieser (orthonormierten) Eigenvektoren $\tilde{\mathbf{x}}_1$ und $\tilde{\mathbf{x}}_2$ darstellbar:

$$\mathbf{x} = \alpha\,\tilde{\mathbf{x}}_1 + \beta\,\tilde{\mathbf{x}}_2 = \alpha \begin{pmatrix} 1 \\ 0 \end{pmatrix} + \beta \begin{pmatrix} 0 \\ 1 \end{pmatrix} = \begin{pmatrix} \alpha \\ \beta \end{pmatrix}$$

Er beschreibt den *Ortsvektor* des Punktes $P = (\alpha; \beta)$ und geht bei der Drehung des Koordinatensystems um 180° in den *Gegenvektor*

$$\mathbf{u} = \mathbf{A}\,\mathbf{x} = \begin{pmatrix} -1 & 0 \\ 0 & -1 \end{pmatrix} \begin{pmatrix} \alpha \\ \beta \end{pmatrix} = \begin{pmatrix} -\alpha \\ -\beta \end{pmatrix} = -\begin{pmatrix} \alpha \\ \beta \end{pmatrix} = -\mathbf{x}$$

über. Diese Aussage wird in Bild I-13 verdeutlicht. Der *zweifache Eigenwert* $\lambda_{1/2} = -1$ bewirkt also lediglich eine *Richtungsumkehr* des Ortsvektors $\mathbf{x}$ (*Punktspiegelung* am Koordinatenursprung, der Nullpunkt selbst muss wiederum *ausgenommen* werden).

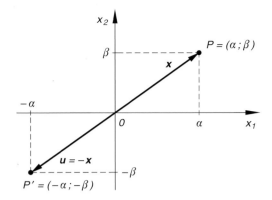

Bild I-13
Punktspiegelung am
Koordinatenursprung

■

7.3 Eigenwerte und Eigenvektoren einer *n*-reihigen Matrix

Im vorangegangenen Abschnitt haben wir uns ausführlich mit den Eigenwerten und Eigenvektoren einer *2-reihigen* Matrix beschäftigt. Analoge Betrachtungen führen bei einer
n-reihigen Matrix **A** auf das *n-dimensionale Eigenwertproblem*

$$\mathbf{A}\,\mathbf{x} = \lambda\,\mathbf{x} \qquad \text{oder} \qquad (\mathbf{A} - \lambda\,\mathbf{E})\,\mathbf{x} = \mathbf{0} \tag{I-246}$$

Die Lösung dieser Aufgabe, d. h. die Bestimmung der *Eigenwerte* und der zugehörigen
Eigenvektoren, erfolgt dann ähnlich wie bei einer 2-reihigen Matrix.

Eigenwerte und Eigenvektoren einer *n*-reihigen Matrix

Durch die Matrizengleichung

$$(\mathbf{A} - \lambda\,\mathbf{E})\,\mathbf{x} = \mathbf{0} \tag{I-247}$$

wird ein *n-dimensionales Eigenwertproblem* beschrieben.

Dabei bedeuten:

   A: *n*-reihige (reelle oder komplexe) Matrix

   E: *n*-reihige *Einheitsmatrix*

   λ: *Eigenwert* der Matrix **A**

   x: *Eigenvektor* der Matrix **A** zum Eigenwert λ

A $- \lambda$ **E**: *Charakteristische Matrix* von **A**

Bestimmung der Eigenwerte und Eigenvektoren

Die *Eigenwerte* und *Eigenvektoren* der Matrix $\mathbf{A}$ lassen sich dann schrittweise wie folgt berechnen:

1. Die *Eigenwerte* sind die Lösungen der *charakteristischen Gleichung*

$$\det (\mathbf{A} - \lambda \mathbf{E}) = 0 \qquad \text{(I-248)}$$

   (algebraische Gleichung *n-ten Grades* mit den Lösungen $\lambda_1, \lambda_2, \ldots, \lambda_n$).

2. Einen zum Eigenwert λ_i gehörigen *Eigenvektor* $\mathbf{x}_i$ erhält man als Lösungsvektor des homogenen linearen Gleichungssystems

$$(\mathbf{A} - \lambda_i \mathbf{E}) \, \mathbf{x}_i = \mathbf{0} \qquad (i = 1, 2, \ldots, n) \qquad \text{(I-249)}$$

   Er wird üblicherweise in der *normierten* Form angegeben.

   (Bei einem *mehrfachen* Eigenwert können auch *mehrere* Eigenvektoren auftreten, siehe weiter unten).

Eigenschaften der Eigenwerte und Eigenvektoren

1. Die *Spur* der Matrix $\mathbf{A}$ ist gleich der *Summe* aller Eigenwerte [23]:

$$\text{Sp} \, (\mathbf{A}) = \lambda_1 + \lambda_2 + \ldots + \lambda_n \qquad \text{(I-250)}$$

2. Die *Determinante* von $\mathbf{A}$ ist gleich dem *Produkt* aller Eigenwerte [23]:

$$\det \mathbf{A} = \lambda_1 \lambda_2 \ldots \lambda_n \qquad \text{(I-251)}$$

3. Sind *alle* Eigenwerte voneinander *verschieden*, so gehört zu jedem Eigenwert genau *ein* linear unabhängiger Eigenvektor, der bis auf einen (beliebigen) *konstanten* Faktor eindeutig bestimmt ist. Die n Eigenvektoren werden üblicherweise *normiert* und sind *linear unabhängig*.

4. Tritt ein Eigenwert dagegen *k-fach* auf, so gehören hierzu *mindestens ein*, *höchstens* aber k linear unabhängige Eigenvektoren.

5. Die zu *verschiedenen* Eigenwerten gehörenden Eigenvektoren sind immer *linear unabhängig*.

Anmerkungen

(1) Die Eigenwerte der Matrix $\mathbf{A}$ sind die *Nullstellen* des charakteristischen Polynoms $p(\lambda) = \det (\mathbf{A} - \lambda \mathbf{E})$.

(2) Eine *n-reihige* Matrix $\mathbf{A}$ ist genau dann *regulär*, wenn *sämtliche* Eigenwerte von null *verschieden* sind.

(3) Ist λ_i ein Eigenwert der *regulären* Matrix $\mathbf{A}$, so ist der Kehrwert $1/\lambda_i$ ein Eigenwert der *inversen* Matrix $\mathbf{A}^{-1}$.

(4) Beim Auftreten *mehrfacher* Eigenwerte kann also die *Gesamtzahl* linear unabhängiger Eigenvektoren *kleiner* sein als n.

---

[23] *Mehrfach* auftretende Werte werden entsprechend oft berücksichtigt.

■ **Beispiele**

(1) Welche *Eigenwerte* und *Eigenvektoren* besitzt die 3-reihige Matrix

$$\mathbf{A} = \begin{pmatrix} 1 & 0 & 0 \\ -1 & 3 & 0 \\ 0 & -3 & 0 \end{pmatrix} ?$$

Lösung: Die *Eigenwerte* sind die Lösungen der *charakteristischen Gleichung*

$$\det (\mathbf{A} - \lambda \mathbf{E}) = \begin{vmatrix} 1-\lambda & 0 & 0 \\ -1 & 3-\lambda & 0 \\ 0 & -3 & -\lambda \end{vmatrix} = -\lambda (1-\lambda)(3-\lambda) = 0$$

Sie lauten: $\lambda_1 = 0$, $\lambda_2 = 1$, $\lambda_3 = 3$.

Wir bestimmen jetzt die zugehörigen *Eigenvektoren*.

Eigenvektor zum Eigenwert $\lambda_1 = 0$

Der *Eigenvektor* genügt dem homogenen linearen Gleichungssystem

$$(\mathbf{A} - 0\,\mathbf{E})\,\mathbf{x} = \mathbf{0} \qquad \text{oder} \qquad \begin{pmatrix} 1 & 0 & 0 \\ -1 & 3 & 0 \\ 0 & -3 & 0 \end{pmatrix} \begin{pmatrix} x_1 \\ x_2 \\ x_3 \end{pmatrix} = \begin{pmatrix} 0 \\ 0 \\ 0 \end{pmatrix}$$

In ausführlicher Schreibweise:

$$\begin{aligned} x_1 \qquad\quad &= 0 \\ -x_1 + 3x_2 &= 0 \\ -3x_2 &= 0 \end{aligned}$$

Die Lösung lautet: $x_1 = 0$, $x_2 = 0$, $x_3 = \alpha$. Dabei ist $\alpha \neq 0$ eine willkürliche Konstante (da x_3 in den Gleichungen *nicht* auftritt, können wir über diese Unbekannte *frei verfügen* und setzen daher $x_3 = \alpha$ mit $\alpha \in \mathbb{R}$). Der zum Eigenwert $\lambda_1 = 0$ gehörende *Eigenvektor* lautet somit:

$$\mathbf{x}_1 = \begin{pmatrix} 0 \\ 0 \\ \alpha \end{pmatrix} = \alpha \begin{pmatrix} 0 \\ 0 \\ 1 \end{pmatrix} \qquad (\alpha \neq 0)$$

Er ist bis auf den *konstanten* Faktor $\alpha \neq 0$ eindeutig bestimmt. Durch *Normierung* erhalten wir schließlich den gesuchten *Eigenvektor*

$$\tilde{\mathbf{x}}_1 = \begin{pmatrix} 0 \\ 0 \\ 1 \end{pmatrix}$$

Eigenvektor zum Eigenwert $\lambda_2 = 1$

Das homogene lineare Gleichungssystem lautet jetzt:

$$(\mathbf{A} - 1\,\mathbf{E})\,\mathbf{x} = \mathbf{0} \qquad \text{oder} \qquad \begin{pmatrix} 0 & 0 & 0 \\ -1 & 2 & 0 \\ 0 & -3 & -1 \end{pmatrix} \begin{pmatrix} x_1 \\ x_2 \\ x_3 \end{pmatrix} = \begin{pmatrix} 0 \\ 0 \\ 0 \end{pmatrix}$$

In ausführlicher Schreibweise:

$$-x_1 + 2x_2 \qquad\;\; = 0$$
$$-3x_2 - x_3 = 0$$

Da dieses System *drei* Unbekannte, aber nur *zwei* Gleichungen besitzt, kann *eine* der unbekannten Größen *frei gewählt* werden. Wir entscheiden uns für die Unbekannte x_2 und setzen $x_2 = \beta$ (mit $\beta \in \mathbb{R}$). Das Gleichungssystem wird dann gelöst durch $x_1 = 2\beta$, $x_2 = \beta$, $x_3 = -3\beta$. Damit lautet der zum Eigenwert $\lambda_2 = 1$ gehörende *Eigenvektor* wie folgt:

$$\mathbf{x}_2 = \begin{pmatrix} 2\beta \\ \beta \\ -3\beta \end{pmatrix} = \beta \begin{pmatrix} 2 \\ 1 \\ -3 \end{pmatrix} \qquad (\beta \neq 0)$$

Er ist bis auf den *konstanten* Faktor $\beta \neq 0$ eindeutig bestimmt. Durch *Normierung* folgt schließlich:

$$\tilde{\mathbf{x}}_2 = \frac{1}{\sqrt{14}} \begin{pmatrix} 2 \\ 1 \\ -3 \end{pmatrix}$$

Eigenvektor zum Eigenwert $\lambda_3 = 3$

Diesmal erhalten wir das homogene lineare Gleichungssystem

$$(\mathbf{A} - 3\,\mathbf{E})\,\mathbf{x} = \mathbf{0} \qquad \text{oder} \qquad \begin{pmatrix} -2 & 0 & 0 \\ -1 & 0 & 0 \\ 0 & -3 & -3 \end{pmatrix} \begin{pmatrix} x_1 \\ x_2 \\ x_3 \end{pmatrix} = \begin{pmatrix} 0 \\ 0 \\ 0 \end{pmatrix}$$

In ausführlicher Schreibweise:

$$-2x_1 \qquad\qquad\;\; = 0$$
$$-x_1 \qquad\qquad\; = 0$$
$$-3x_2 - 3x_3 = 0$$

Die Lösung lautet: $x_1 = 0$, $x_2 = -\gamma$, $x_3 = \gamma$. Dabei ist $\gamma \neq 0$ eine *willkürliche* Konstante (wir können über x_2 *oder* x_3 frei verfügen, wobei wir uns für x_3 entschieden und daher $x_3 = \gamma$ gesetzt haben mit $\gamma \in \mathbb{R}$).

Der zum Eigenwert $\lambda_3 = 3$ gehörende *Eigenvektor* ist damit bis auf den *konstanten* Faktor $\gamma \neq 0$ eindeutig bestimmt. Er lautet:

$$\mathbf{x}_3 = \begin{pmatrix} 0 \\ -\gamma \\ \gamma \end{pmatrix} = \gamma \begin{pmatrix} 0 \\ -1 \\ 1 \end{pmatrix}$$

oder in der *normierten* Form (Betrag = 1):

$$\tilde{\mathbf{x}}_3 = \frac{1}{\sqrt{2}} \begin{pmatrix} 0 \\ -1 \\ 1 \end{pmatrix}$$

Die drei Eigenvektoren sind – wie erwartet – *linear unabhängig*, da die aus ihnen gebildete 3-reihige Matrix [24]

$$\mathbf{B} = \begin{pmatrix} 0 & 2 & 0 \\ 0 & 1 & -1 \\ 1 & -3 & 1 \end{pmatrix}$$

wegen

$$\det \mathbf{B} = \begin{vmatrix} 0 & 2 & 0 \\ 0 & 1 & -1 \\ 1 & -3 & 1 \end{vmatrix} = 0 - 2 + 0 - 0 - 0 - 0 = -2 \neq 0$$

regulär ist.

(2) Die *Eigenwerte* der 3-reihigen Matrix $\mathbf{A} = \begin{pmatrix} 0 & 1 & 1 \\ 1 & 0 & 1 \\ 1 & 1 & 0 \end{pmatrix}$ sind die Lösungen der *charakteristischen Gleichung*

$$\det (\mathbf{A} - \lambda \mathbf{E}) = \begin{vmatrix} -\lambda & 1 & 1 \\ 1 & -\lambda & 1 \\ 1 & 1 & -\lambda \end{vmatrix} = -\lambda^3 + 1 + 1 + \lambda + \lambda + \lambda =$$

$$= -\lambda^3 + 3\lambda + 2 = 0$$

Sie lauten: $\lambda_{1/2} = -1$ und $\lambda_3 = 2$.

Wir bestimmen jetzt die zugehörigen *Eigenvektoren*.

---

[24] Die konstanten Koeffizienten (Normierungsfaktoren) der Eigenvektoren haben wir der Einfachheit halber weggelassen, da sie in diesem Zusammenhang *ohne* Bedeutung sind.

Eigenvektoren zum Eigenwert $\lambda_{1/2} = -1$

Die gesuchten *Eigenvektoren* genügen dem homogenen linearen Gleichungssystem

$$(\mathbf{A} + 1\,\mathbf{E})\,\mathbf{x} = \mathbf{0} \qquad \text{oder} \qquad \begin{pmatrix} 1 & 1 & 1 \\ 1 & 1 & 1 \\ 1 & 1 & 1 \end{pmatrix} \begin{pmatrix} x_1 \\ x_2 \\ x_3 \end{pmatrix} = \begin{pmatrix} 0 \\ 0 \\ 0 \end{pmatrix}$$

In ausführlicher Schreibweise:

$$x_1 + x_2 + x_3 = 0$$
$$x_1 + x_2 + x_3 = 0$$
$$x_1 + x_2 + x_3 = 0$$

Das Gleichungssystem *reduziert* sich somit auf die *eine* Gleichung

$$x_1 + x_2 + x_3 = 0$$

in der *zwei* der drei Unbekannten *frei wählbar* sind. Wir entscheiden uns für die Unbekannten x_2 und x_3, setzen daher $x_2 = \alpha$, $x_3 = \beta$ und erhalten damit die folgende Lösung:

$$x_1 = -\alpha - \beta\,, \qquad x_2 = \alpha\,, \qquad x_3 = \beta$$

α und β sind dabei zwei *beliebige* reelle Konstanten. Für $\alpha = 1$, $\beta = 0$ bzw. $\alpha = 0$, $\beta = 1$ erhalten wir die beiden *linear unabhängigen* Eigenvektoren

$$\mathbf{x}_1 = \begin{pmatrix} -1 \\ 1 \\ 0 \end{pmatrix} \qquad \text{und} \qquad \mathbf{x}_2 = \begin{pmatrix} -1 \\ 0 \\ 1 \end{pmatrix}$$

und daraus durch *Normierung* die gesuchten (linear unabhängigen) Eigenvektoren

$$\tilde{\mathbf{x}}_1 = \frac{1}{\sqrt{2}} \begin{pmatrix} -1 \\ 1 \\ 0 \end{pmatrix} \qquad \text{und} \qquad \tilde{\mathbf{x}}_2 = \frac{1}{\sqrt{2}} \begin{pmatrix} -1 \\ 0 \\ 1 \end{pmatrix}$$

Eigenvektor zum Eigenwert $\lambda_3 = 2$

Der zum Eigenwert $\lambda_3 = 2$ gehörende *Eigenvektor* wird aus dem homogenen linearen Gleichungssystem

$$(\mathbf{A} - 2\,\mathbf{E})\,\mathbf{x} = \mathbf{0} \qquad \text{oder} \qquad \begin{pmatrix} -2 & 1 & 1 \\ 1 & -2 & 1 \\ 1 & 1 & -2 \end{pmatrix} \begin{pmatrix} x_1 \\ x_2 \\ x_3 \end{pmatrix} = \begin{pmatrix} 0 \\ 0 \\ 0 \end{pmatrix}$$

ermittelt.

Das homogene lineare Gleichungssystem

$$-2x_1 + x_2 + x_3 = 0$$
$$x_1 - 2x_2 + x_3 = 0$$
$$x_1 + x_2 - 2x_3 = 0$$

besitzt die vom *Parameter* γ abhängige Lösung $x_1 = x_2 = x_3 = \gamma$. Der bis auf einen *konstanten* Faktor $\gamma \neq 0$ bestimmte Eigenvektor lautet damit:

$$\mathbf{x}_3 = \begin{pmatrix} \gamma \\ \gamma \\ \gamma \end{pmatrix} = \gamma \begin{pmatrix} 1 \\ 1 \\ 1 \end{pmatrix} \qquad (\gamma \neq 0)$$

Durch *Normierung* wird daraus schließlich

$$\tilde{\mathbf{x}}_3 = \frac{1}{\sqrt{3}} \begin{pmatrix} 1 \\ 1 \\ 1 \end{pmatrix}$$

Die drei normierten Eigenvektoren $\tilde{\mathbf{x}}_1$, $\tilde{\mathbf{x}}_2$ und $\tilde{\mathbf{x}}_3$ sind *linear unabhängig*, da die Determinante der aus ihnen gebildeten Matrix *nicht* verschwindet (die Normierungsfaktoren haben wir dabei der Einfachheit halber weggelassen, da sie in diesem Zusammenhang *keine* Bedeutung haben):

$$\begin{vmatrix} -1 & -1 & 1 \\ 1 & 0 & 1 \\ 0 & 1 & 1 \end{vmatrix} = 0 + 0 + 1 - 0 + 1 + 1 = 3 \neq 0 \qquad \blacksquare$$

7.4 Eigenwerte und Eigenvektoren spezieller Matrizen

7.4.1 Eigenwerte und Eigenvektoren einer Diagonal- bzw. Dreiecksmatrix

Die *Eigenwerte* einer n-reihigen (oberen) *Dreiecksmatrix* vom allgemeinen Typ

$$\mathbf{A} = \begin{pmatrix} a_{11} & a_{12} & \dots & a_{1n} \\ 0 & a_{22} & \dots & a_{2n} \\ \vdots & \vdots & & \vdots \\ 0 & 0 & \dots & a_{nn} \end{pmatrix} \qquad (\text{I-252})$$

sind die Lösungen der *charakteristischen Gleichung*

$$\det (\mathbf{A} - \lambda\,\mathbf{E}) = \begin{vmatrix} a_{11} - \lambda & a_{12} & \ldots & a_{1n} \\ 0 & a_{22} - \lambda & \ldots & a_{2n} \\ \vdots & \vdots & & \vdots \\ 0 & 0 & \ldots & a_{nn} - \lambda \end{vmatrix} = 0 \qquad \text{(I-253)}$$

Nach der **Regel 9** für Determinanten aus Abschnitt 3.4.3 folgt weiter

$$\det (\mathbf{A} - \lambda\,\mathbf{E}) = (a_{11} - \lambda)(a_{22} - \lambda) \ldots (a_{nn} - \lambda) = 0 \qquad \text{(I-254)}$$

und somit durch *Nullsetzen* der einzelnen Faktoren schließlich

$$\lambda_1 = a_{11}, \qquad \lambda_2 = a_{22}, \qquad \ldots, \qquad \lambda_n = a_{nn} \qquad \text{(I-255)}$$

Die Eigenwerte einer *oberen Dreiecksmatrix* sind demnach genau die Elemente in der *Hauptdiagonalen* der Matrix. Diese Aussage gilt natürlich auch für eine *untere Dreiecksmatrix* und selbstverständlich auch für eine *Diagonalmatrix*, da diese ja einen *Sonderfall* der Dreiecksmatrix darstellt.

Wir fassen zusammen:

Eigenwerte einer Diagonal- bzw. Dreiecksmatrix

Die *Eigenwerte* einer *n*-reihigen *Diagonal-* bzw. *Dreiecksmatrix* **A** sind identisch mit den *Hauptdiagonalelementen*:

$$\lambda_i = a_{ii} \qquad (i = 1, 2, \ldots, n) \qquad \text{(I-256)}$$

■ **Beispiele**

(1) $\mathbf{A} = \begin{pmatrix} 2 & 0 & 0 \\ -5 & 4 & 0 \\ 3 & 0 & 8 \end{pmatrix}$ ist eine *untere Dreiecksmatrix* mit den Eigenwerten

$\lambda_1 = 2, \lambda_2 = 4$ und $\lambda_3 = 8$.

(2) Die 4-reihige *Diagonalmatrix* $\mathbf{B} = \begin{pmatrix} -2 & 0 & 0 & 0 \\ 0 & 1 & 0 & 0 \\ 0 & 0 & 2 & 0 \\ 0 & 0 & 0 & 1 \end{pmatrix}$ besitzt die Eigenwerte

$\lambda_1 = -2, \lambda_{2/3} = 1$ und $\lambda_4 = 2$, d. h. also zwei *einfache* und einen *doppelten* Eigenwert. ■

7.4.2 Eigenwerte und Eigenvektoren einer symmetrischen Matrix

In den naturwissenschaftlich-technischen Anwendungen kommt den *symmetrischen* Matrizen $(\mathbf{A} = \mathbf{A}^T)$ eine besondere Bedeutung zu. Ihre *Eigenwerte* und *Eigenvektoren* besitzen die folgenden Eigenschaften (ohne Beweis):

Über die Eigenwerte und Eigenvektoren einer symmetrischen Matrix

Die *Eigenwerte* und *Eigenvektoren* einer n-reihigen *symmetrischen* Matrix $\mathbf{A}$ besitzen die folgenden Eigenschaften:

1. Alle n Eigenwerte sind *reell*.

2. Es gibt insgesamt genau n *linear unabhängige* Eigenvektoren.

3. Zu jedem *einfachen* Eigenwert gehört genau *ein* linear unabhängiger Eigenvektor, zu jedem *k-fachen* Eigenwert dagegen genau k linear unabhängige Eigenvektoren.

4. Eigenvektoren, die zu *verschiedenen* Eigenwerten gehören, sind *orthogonal*.

■ **Beispiel**

Die *Eigenwerte* der 2-reihigen *symmetrischen* Matrix $\mathbf{A} = \begin{pmatrix} 1 & 2 \\ 2 & -2 \end{pmatrix}$ erhalten wir aus der folgenden *charakteristischen Gleichung*:

$$\det(\mathbf{A} - \lambda\,\mathbf{E}) = \begin{vmatrix} 1 - \lambda & 2 \\ 2 & -2 - \lambda \end{vmatrix} = (1 - \lambda)(-2 - \lambda) - 4 =$$

$$= -2 + 2\lambda - \lambda + \lambda^2 - 4 = \lambda^2 + \lambda - 6 = 0$$

Sie lauten: $\lambda_1 = -3$, $\lambda_2 = 2$. Der zum Eigenwert $\lambda_1 = -3$ gehörende *Eigenvektor* wird aus dem homogenen linearen Gleichungssystem

$$(\mathbf{A} + 3\,\mathbf{E})\,\mathbf{x} = \mathbf{0} \qquad \text{oder} \qquad \begin{pmatrix} 4 & 2 \\ 2 & 1 \end{pmatrix} \begin{pmatrix} x_1 \\ x_2 \end{pmatrix} = \begin{pmatrix} 0 \\ 0 \end{pmatrix}$$

bestimmt. Dieses Gleichungssystem lautet in ausführlicher Schreibweise:

$$4x_1 + 2x_2 = 0$$

$$2x_1 + \;\, x_2 = 0$$

Da die beiden Gleichungen zueinander *proportional* sind, dürfen wir eine der beiden Gleichungen weglassen. Das System *reduziert* sich damit auf die *eine* Gleichung

$$2x_1 + x_2 = 0$$

Eine der beiden Unbekannten ist daher *frei wählbar*. Wir entscheiden uns für x_1 und setzen $x_1 = \alpha$ (mit $\alpha \in \mathbb{R}$). Das Gleichungssystem besitzt damit die von dem *reellen*

Parameter α abhängige Lösung $x_1 = \alpha$, $x_2 = -2\alpha$. Somit ist

$$\mathbf{x}_1 = \begin{pmatrix} \alpha \\ -2\alpha \end{pmatrix} = \alpha \begin{pmatrix} 1 \\ -2 \end{pmatrix} \qquad (\alpha \neq 0)$$

der gesuchte *Eigenvektor*, den wir verabredungsgemäß noch *normieren*:

$$\tilde{\mathbf{x}}_1 = \frac{1}{\sqrt{5}} \begin{pmatrix} 1 \\ -2 \end{pmatrix}$$

Der *zweite* Eigenwert $\lambda_2 = 2$ führt auf das homogene lineare Gleichungssystem

$$(\mathbf{A} - 2\mathbf{E})\,\mathbf{x} = \mathbf{0} \qquad \text{oder} \qquad \begin{pmatrix} -1 & 2 \\ 2 & -4 \end{pmatrix} \begin{pmatrix} x_1 \\ x_2 \end{pmatrix} = \begin{pmatrix} 0 \\ 0 \end{pmatrix}$$

In ausführlicher Schreibweise:

$$-x_1 + 2x_2 = 0$$

$$2x_1 - 4x_2 = 0$$

Wiederum sind die beiden Gleichungen zueinander *proportional*. Wir dürfen daher die untere Gleichung weglassen und erhalten das *reduzierte* System

$$-x_1 + 2x_2 = 0$$

Eine der beiden Unbekannten ist dabei *frei wählbar*. Wir entscheiden uns diesmal für die *zweite* Unbekannte und setzen daher $x_2 = \beta$ (mit $\beta \in \mathbb{R}$). Die Lösung lautet damit in Abhängigkeit von dem *reellen Parameter* β wie folgt: $x_1 = 2\beta$, $x_2 = \beta$. Somit ist

$$\mathbf{x}_2 = \begin{pmatrix} 2\beta \\ \beta \end{pmatrix} = \beta \begin{pmatrix} 2 \\ 1 \end{pmatrix} \qquad (\beta \neq 0)$$

der zum Eigenwert $\lambda_2 = 2$ gehörende *Eigenvektor*, den wir noch *normieren*:

$$\tilde{\mathbf{x}}_2 = \frac{1}{\sqrt{5}} \begin{pmatrix} 2 \\ 1 \end{pmatrix}$$

Die beiden (normierten) Eigenvektoren $\tilde{\mathbf{x}}_1$ und $\tilde{\mathbf{x}}_2$ sind – wie erwartet – *orthogonal*, da sie zu *verschiedenen* Eigenwerten gehören. In der Tat *verschwindet* das Skalarprodukt dieser Vektoren:

$$\tilde{\mathbf{x}}_1 \cdot \tilde{\mathbf{x}}_2 = \frac{1}{\sqrt{5}} \begin{pmatrix} 1 \\ -2 \end{pmatrix} \cdot \frac{1}{\sqrt{5}} \begin{pmatrix} 2 \\ 1 \end{pmatrix} = \frac{1}{5}(2 - 2) = 0 \qquad \blacksquare$$

7.4.3 Eigenwerte und Eigenvektoren einer hermiteschen Matrix

Über die *Eigenwerte* und *Eigenvektoren* einer *hermiteschen* Matrix **A** lassen sich ähnliche Aussagen machen wie bei einer *symmetrischen* Matrix:

Über die Eigenwerte und Eigenvektoren einer hermiteschen Matrix

Die *Eigenwerte* und *Eigenvektoren* einer n-reihigen *hermiteschen* Matrix **A** besitzen die folgenden Eigenschaften:

1. Alle n Eigenwerte sind *reell*.

2. Es gibt insgesamt genau n *linear unabhängige* Eigenvektoren.

3. Zu jedem *einfachen* Eigenwert gehört genau *ein* linear unabhängiger Eigenvektor, zu jedem *k-fachen* Eigenwert gehören dagegen stets k linear unabhängige Eigenvektoren.

Anmerkung

Die Eigenvektoren einer *hermiteschen* Matrix besitzen im Allgemeinen *komplexe* Komponenten oder Vektorkoordinaten. Im *Komplexen* wird der *Betrag* eines Spalten- oder Zeilenvektors **x** nach der Formel

$$|\mathbf{x}| = \sqrt{\mathbf{x} \cdot \mathbf{x}^*} \tag{I-257}$$

gebildet. Dabei ist $\mathbf{x}^*$ der zugehörige *konjugiert komplexe* Vektor, der aus dem Vektor **x** durch *Konjugierung* gewonnen wird (alle komplexen Vektorkomponenten werden durch die entsprechenden *konjugiert komplexen* Werte ersetzt) und $\mathbf{x} \cdot \mathbf{x}^*$ das *formale Skalarprodukt* aus **x** und $\mathbf{x}^*$ (berechnet wie im *Reellen*).

■ **Beispiel**

Die 2-reihige (komplexe) Matrix $\mathbf{A} = \begin{pmatrix} 1 & j \\ -j & 1 \end{pmatrix}$ ist *hermitesch*. Ihre *Eigenwerte* erhalten wir aus der *charakteristischen Gleichung*

$$\det(\mathbf{A} - \lambda\mathbf{E}) = \begin{vmatrix} 1 - \lambda & j \\ -j & 1 - \lambda \end{vmatrix} = (1 - \lambda)^2 + j^2 =$$

$$= 1 - 2\lambda + \lambda^2 - 1 = \lambda^2 - 2\lambda = \lambda(\lambda - 2) = 0$$

Sie lauten: $\lambda_1 = 0$, $\lambda_2 = 2$.

Der zum *ersten* Eigenwert $\lambda_1 = 0$ gehörende *Eigenvektor* lässt sich aus dem homogenen linearen Gleichungssystem

$$(\mathbf{A} - 0\,\mathbf{E})\,\mathbf{x} = \mathbf{0} \qquad \text{oder} \qquad \begin{pmatrix} 1 & j \\ -j & 1 \end{pmatrix} \begin{pmatrix} x_1 \\ x_2 \end{pmatrix} = \begin{pmatrix} 0 \\ 0 \end{pmatrix}$$

bestimmen.

Dieses Gleichungssystem lautet in ausführlicher Schreibweise:

$$x_1 + j \cdot x_2 = 0$$
$$-j \cdot x_1 + x_2 = 0$$

Es *reduziert* sich auf die eine Gleichung

$$x_1 + j \cdot x_2 = 0$$

da die beiden Gleichungen zueinander *proportional*, d. h. *linear abhängig* sind [25]. Wir können daher über *eine* der beiden Unbekannten *frei verfügen* und entscheiden uns hier zweckmäßigerweise für x_2, d. h. wir setzen $x_2 = \alpha$ (mit $\alpha \in \mathbb{R}$). Damit erhalten wir die vom *Parameter* α abhängige Lösung $x_1 = -j\,\alpha$, $x_2 = \alpha$ und den *Eigenvektor*

$$\mathbf{x}_1 = \begin{pmatrix} -j\,\alpha \\ \alpha \end{pmatrix} = \alpha \begin{pmatrix} -j \\ 1 \end{pmatrix} \qquad (\alpha \neq 0)$$

Für die *Normierung* dieses Eigenvektors benötigen wir noch den *Betrag* von $\mathbf{x}_1$:

$$\mathbf{x}_1 \cdot \mathbf{x}_1^* = \alpha \begin{pmatrix} -j \\ 1 \end{pmatrix} \cdot \alpha \begin{pmatrix} j \\ 1 \end{pmatrix} = \alpha^2 \, (-j^2 + 1) = \alpha^2 \, (1 + 1) = 2\,\alpha^2$$

Der *normierte Eigenvektor* $\tilde{\mathbf{x}}_1$ muss also die Bedingung

$$|\tilde{\mathbf{x}}_1| = \sqrt{\tilde{\mathbf{x}}_1 \cdot \tilde{\mathbf{x}}_1^*} = \sqrt{2\,\alpha^2} = \sqrt{2}\,|\alpha| = 1$$

erfüllen. Der gesuchte (positive) *Normierungsfaktor* beträgt somit $\alpha = 1/\sqrt{2}$ und der zum Eigenwert $\lambda_1 = 0$ gehörende *normierte Eigenvektor* lautet demnach wie folgt:

$$\tilde{\mathbf{x}}_1 = \frac{1}{\sqrt{2}} \begin{pmatrix} -j \\ 1 \end{pmatrix}$$

Der *zweite* Eigenwert $\lambda_2 = 2$ führt auf das homogene lineare Gleichungssystem

$$(\mathbf{A} - 2\,\mathbf{E})\,\mathbf{x} = \mathbf{0} \qquad \text{oder} \qquad \begin{pmatrix} -1 & j \\ -j & -1 \end{pmatrix} \begin{pmatrix} x_1 \\ x_2 \end{pmatrix} = \begin{pmatrix} 0 \\ 0 \end{pmatrix}$$

oder (in ausführlicher Schreibweise)

$$-x_1 + j \cdot x_2 = 0$$
$$-j \cdot x_1 - x_2 = 0$$

Wiederum sind beide Gleichungen zueinander *proportional*. Denn die *untere* Gleichung geht aus der *oberen* Gleichung durch Multiplikation mit j hervor.

---

[25] Multipliziert man z. B. die *obere* der beiden Gleichungen mit $-j$, so erhält man genau die *untere* Gleichung.

Das *reduzierte* System

$$-x_1 + j \cdot x_2 = 0$$

wird allgemein durch $x_1 = j\beta$, $x_2 = \beta$ gelöst, wobei wir $x_2 = \beta$ als *freien Parameter* gewählt haben (mit $\beta \in \mathbb{R}$). Der zweite *Eigenvektor* lautet daher:

$$\mathbf{x}_2 = \begin{pmatrix} j\beta \\ \beta \end{pmatrix} = \beta \begin{pmatrix} j \\ 1 \end{pmatrix} \qquad (\beta \neq 0)$$

Durch *Normierung* folgt schließlich:

$$\tilde{\mathbf{x}}_2 = \frac{1}{\sqrt{2}} \begin{pmatrix} j \\ 1 \end{pmatrix}$$

∎

7.5 Ein Anwendungsbeispiel: Normalschwingungen gekoppelter mechanischer Systeme

Bild I-14 zeigt zwei *identische* schwingungsfähige mechanische Systeme, die jeweils aus einer Schwingungsmasse m und einer elastischen Feder mit der Federkonstanten c bestehen und über eine *Kopplungsfeder* mit der Federkonstanten k miteinander *verbunden*, d. h. *gekoppelt* sind.

Bild I-14 Kopplung zweier schwingungsfähiger Systeme (Masse m, Federkonstante c) über eine Kopplungsfeder (Federkonstante k)

Dieses System ist zu sog. *Normalschwingungen* in Richtung der Systemachse fähig. Beide Massen schwingen dabei *harmonisch* mit der gleichen Kreisfrequenz ω, ihre Lagekoordinaten x_1 und x_2 sind also *periodische* Funktionen der Zeit mit der Schwingungsdauer $T = 2\pi/\omega$. Die noch unbekannten Kreisfrequenzen dieser Normalschwingungen sind die Wurzeln aus den (reellen) Eigenwerten der sog. *Systemmatrix* $\mathbf{A}$, die hier das folgende Aussehen hat:

$$\mathbf{A} = \begin{pmatrix} (c+k)/m & -k/m \\ -k/m & (c+k)/m \end{pmatrix} = \begin{pmatrix} \alpha & -\beta \\ -\beta & \alpha \end{pmatrix}$$

(mit den Abkürzungen $\alpha = (c+k)/m$ und $\beta = k/m$).

Die Berechnung der benötigten Eigenwerte erfolgt aus der *charakteristischen Gleichung*

$$\det\left(\mathbf{A} - \lambda\,\mathbf{E}\right) = \begin{vmatrix} \alpha - \lambda & -\beta \\ -\beta & \alpha - \lambda \end{vmatrix} = (\alpha - \lambda)^2 - \beta^2 = 0$$

Wir erhalten:

$$(\alpha - \lambda)^2 = \beta^2 \quad \Rightarrow \quad \alpha - \lambda = \pm\beta \quad \Rightarrow \quad \lambda = \alpha \mp \beta$$

Die *Eigenwerte* der Systemmatrix **A** lauten somit:

$$\lambda_1 = \alpha - \beta = \frac{c+k}{m} - \frac{k}{m} = \frac{c+k-k}{m} = \frac{c}{m}$$

$$\lambda_2 = \alpha + \beta = \frac{c+k}{m} + \frac{k}{m} = \frac{c+k+k}{m} = \frac{c+2k}{m}$$

Durch *Wurzelziehen* erhalten wir daraus die gesuchten *Kreisfrequenzen* der Normalschwingungen:

$$\omega_1 = +\sqrt{\lambda_1} = \sqrt{\frac{c}{m}} \qquad \text{und} \qquad \omega_2 = +\sqrt{\lambda_2} = \sqrt{\frac{c+2k}{m}}$$

Das System besitzt also *zwei* Normalschwingungen in Richtung der Systemachse. Sie erfolgen mit den Kreisfrequenzen ω_1 bzw. ω_2, wobei der *erste* Wert der sog. *Eigenkreisfrequenz* ω_0, d. h. der Kreisfrequenz der *entkoppelten* Feder-Masse-Systeme entspricht:

$$\omega_1 = \omega_0 = \sqrt{\frac{c}{m}}$$

Die Massen schwingen dabei *in Phase*, die Kopplungsfeder wird bei dieser Normalschwingung *nicht* beansprucht. Bild I-15 verdeutlicht diesen Schwingungstyp.

Bild I-15 Die Massen der gekoppelten Systeme schwingen in *Phase* (d. h. synchron)

Bei der *zweiten* der beiden möglichen Normalschwingungen mit der *größeren* Kreisfrequenz $\omega_2 > \omega_1$ dagegen schwingen die Massen in *Gegenphase*, wobei die Kopplungsfeder diesmal in *maximaler* Weise beansprucht wird. Dieser Schwingungstyp wird in Bild I-16 verdeutlicht.

Bild I-16 Die Massen der gekoppelten Systeme schwingen in *Gegenphase*

Übungsaufgaben

Zu Abschnitt 1

1)   Führen Sie mit den 4-dimensionalen Vektoren

$$\mathbf{a} = \begin{pmatrix} 1 \\ 2 \\ -1 \\ 5 \end{pmatrix}, \quad \mathbf{b} = \begin{pmatrix} 3 \\ 5 \\ -2 \\ 6 \end{pmatrix}, \quad \mathbf{c} = \begin{pmatrix} 1 \\ 0 \\ 5 \\ 1 \end{pmatrix} \quad \text{und} \quad \mathbf{d} = \begin{pmatrix} 7 \\ -2 \\ -3 \\ 1 \end{pmatrix}$$

die folgenden Rechenoperationen durch:

a) $\mathbf{s}_1 = 2\,\mathbf{a} - 5\,\mathbf{b} + \mathbf{c} - 2\,\mathbf{d}$

b) $\mathbf{s}_2 = 4\,\mathbf{b} - 3\,\mathbf{a} + 2\,\mathbf{d}$

c) $\mathbf{s}_3 = -3\,\mathbf{a} + 8\,\mathbf{c} + 3\,\mathbf{b} - 2\,\mathbf{d}$

d) $\mathbf{s}_4 = 3\,\mathbf{a} - 2\,\mathbf{b} + 5\,\mathbf{c} - 10\,\mathbf{d}$

2)   Berechnen Sie mit den 5-dimensionalen Vektoren

$$\mathbf{a} = \begin{pmatrix} 2 \\ 1 \\ -2 \\ 5 \\ 3 \end{pmatrix}, \quad \mathbf{b} = \begin{pmatrix} 1 \\ 1 \\ 0 \\ 2 \\ 4 \end{pmatrix}, \quad \mathbf{c} = \begin{pmatrix} 0 \\ -2 \\ -1 \\ 3 \\ 6 \end{pmatrix} \quad \text{und} \quad \mathbf{d} = \begin{pmatrix} 1 \\ 1 \\ 0 \\ 1 \\ 5 \end{pmatrix}$$

folgende Skalarprodukte:

a) $2\,(\mathbf{a} \cdot \mathbf{c})$ b) $(3\,\mathbf{a} - \mathbf{b}) \cdot (\mathbf{c} + 2\,\mathbf{d})$ c) $(2\,\mathbf{a} + 3\,\mathbf{b} - \mathbf{c}) \cdot (2\,\mathbf{c} + 3\,\mathbf{d})$

3)   Welche Beträge besitzen die folgenden Vektoren?

$$\mathbf{a} = \begin{pmatrix} 1 \\ 1 \\ 2 \\ 3 \end{pmatrix}, \quad \mathbf{b} = \begin{pmatrix} 5 \\ 0 \\ -5 \end{pmatrix}, \quad \mathbf{c} = \begin{pmatrix} 2 \\ 1 \\ 5 \\ 3 \\ 4 \end{pmatrix}, \quad \mathbf{d} = \begin{pmatrix} 2 \\ 1 \\ 3 \\ 8 \end{pmatrix}, \quad \mathbf{e} = \begin{pmatrix} -2 \\ 4 \\ 0 \\ 6 \end{pmatrix}$$

Zu Abschnitt 2

1) *Transponieren* Sie die folgenden Matrizen:

$$\mathbf{A} = \begin{pmatrix} 1 & 5 & 3 \\ -5 & 1 & 0 \\ 4 & 0 & 1 \end{pmatrix}, \quad \mathbf{B} = \begin{pmatrix} 3 & 1 & -2 \\ 4 & -5 & 0 \end{pmatrix}, \quad \mathbf{C} = \begin{pmatrix} 3 & -2 \\ 2 & 5 \\ 8 & 10 \end{pmatrix}$$

2) Welche der nachstehenden Matrizen sind *symmetrisch*, welche *schiefsymmetrisch*?

$$\mathbf{A} = \begin{pmatrix} 0 & 1 & 4 & 0 \\ -1 & 0 & -3 & 5 \\ -4 & 3 & 0 & -8 \\ 0 & -5 & 8 & 0 \end{pmatrix}, \quad \mathbf{B} = \begin{pmatrix} 5 & 0 & -3 \\ 0 & 5 & 7 \\ -3 & 7 & 1 \end{pmatrix},$$

$$\mathbf{C} = \begin{pmatrix} 1 & 0 & -1 \\ 0 & 1 & 5 \\ -1 & 5 & 1 \end{pmatrix}, \quad \mathbf{D} = \begin{pmatrix} 0 & -a & b \\ a & 0 & -1 \\ -b & 1 & 0 \end{pmatrix}, \quad \mathbf{E} = \begin{pmatrix} 1 & -4 & -3 \\ -4 & 0 & 2 \\ -3 & 2 & 8 \end{pmatrix}$$

3) Zeige: Jede *n*-reihige Matrix **A** lässt sich in eine Summe aus einer *symmetrischen* Matrix **B** und einer *schiefsymmetrischen* Matrix **C** zerlegen: $\mathbf{A} = \mathbf{B} + \mathbf{C}$.

4) Berechnen Sie mit den (2, 3)-Matrizen

$$\mathbf{A} = \begin{pmatrix} 3 & 2 & 5 \\ -1 & 2 & 3 \end{pmatrix}, \quad \mathbf{B} = \begin{pmatrix} 1 & 8 & -2 \\ 3 & 0 & 1 \end{pmatrix} \quad \text{und} \quad \mathbf{C} = \begin{pmatrix} 5 & 0 & 10 \\ 0 & -2 & 8 \end{pmatrix}$$

die folgenden Ausdrücke (Matrizen):

a) $\mathbf{A} + \mathbf{B} + \mathbf{C}$ b) $3\mathbf{A} - 2(\mathbf{B} + 5\mathbf{C})$ c) $3\mathbf{A}^{\mathsf{T}} - 4(\mathbf{B} + 2\mathbf{C})^{\mathsf{T}}$

d) $2(\mathbf{A} + \mathbf{B}) - 3(\mathbf{A}^{\mathsf{T}} - \mathbf{B}^{\mathsf{T}})^{\mathsf{T}} + 5(\mathbf{C} - 2\mathbf{A})$

5) Führen Sie mit den Matrizen

$$\mathbf{A} = \begin{pmatrix} 3 & 4 & 0 \\ -1 & 5 & 3 \end{pmatrix}, \quad \mathbf{B} = \begin{pmatrix} -3 & 3 \\ 1 & -1 \\ 0 & 2 \end{pmatrix} \quad \text{und} \quad \mathbf{C} = \begin{pmatrix} 1 & 4 & 0 \\ 2 & 1 & 3 \end{pmatrix}$$

die folgenden Rechenoperationen durch (soweit diese überhaupt möglich sind):

a) $2\mathbf{A} + \mathbf{C} - \mathbf{B}^{\mathsf{T}}$ b) $\mathbf{A}^{\mathsf{T}} - \mathbf{B} - 3\mathbf{C}^{\mathsf{T}}$ c) $2\mathbf{A} + \mathbf{B}^{\mathsf{T}} - \mathbf{C}$

d) $\mathbf{A} - 2\mathbf{C} + \mathbf{B}$

6) Berechnen Sie unter Verwendung des *Falk-Schemas* die Matrizenprodukte $A \cdot A = A^2$, $A \cdot B$, $B \cdot A$ und $B \cdot B = B^2$ (soweit diese existieren) mit

a) $A = \begin{pmatrix} 3 & 4 & 2 \\ 1 & 5 & 3 \\ 0 & 1 & 0 \end{pmatrix}$, $B = \begin{pmatrix} 1 & 5 & 3 \\ -2 & 1 & 0 \\ -4 & 0 & 3 \end{pmatrix}$

b) $A = \begin{pmatrix} 1 & 2 & 3 & 7 \\ 0 & 2 & 0 & 1 \end{pmatrix}$, $B = \begin{pmatrix} 4 & 1 \\ 1 & 1 \\ 0 & -2 \\ 1 & 3 \end{pmatrix}$

Zeigen Sie ferner anhand dieser Beispiele, dass i. Allg. $A \cdot B \neq B \cdot A$ ist.

7) Gegeben sind die Matrizen

$$A = \begin{pmatrix} 2 & 4 & 1 \\ 1 & 3 & 5 \end{pmatrix}, \qquad B = \begin{pmatrix} 3 & 1 & 1 \\ 0 & 2 & 1 \\ -1 & 5 & 1 \end{pmatrix}, \qquad C = \begin{pmatrix} -2 & 0 & 3 \\ 2 & 5 & 1 \\ -1 & 1 & 1 \end{pmatrix}$$

Berechnen Sie (falls möglich):

a) $(A \cdot B) \cdot C$ b) $A \cdot (B \cdot C)$ c) $A \cdot (B + C)^T$ d) $(A \cdot B)^T$

e) $(B \cdot A)^T$

Zu Abschnitt 3

1) Berechnen Sie die Determinanten der folgenden 2-reihigen Matrizen:

$$A = \begin{pmatrix} 2 & 3 \\ 4 & -5 \end{pmatrix}, \qquad B = \begin{pmatrix} a & a \\ b & b \end{pmatrix}, \qquad C = \begin{pmatrix} 3 & 11 \\ x & 2x \end{pmatrix}$$

2) Welchen Wert besitzen die 3-reihigen Determinanten?

$$D_1 = \begin{vmatrix} 1 & 4 & 7 \\ 2 & 5 & 8 \\ 3 & 6 & 9 \end{vmatrix}, \qquad D_2 = \begin{vmatrix} -2 & 8 & 2 \\ 1 & 0 & 7 \\ 4 & 3 & 1 \end{vmatrix}, \qquad D_3 = \begin{vmatrix} 3 & 4 & -10 \\ -7 & 4 & 1 \\ 0 & 2 & 8 \end{vmatrix}$$

(Berechnung nach der *Regel von Sarrus*)

3) Für welche *reellen* Parameter λ verschwinden die Determinanten?

a) $\begin{vmatrix} 1-\lambda & 2 \\ 1 & -2-\lambda \end{vmatrix}$

   b) $\begin{vmatrix} 1-\lambda & 2 & 0 \\ 0 & 3-\lambda & 1 \\ 0 & 0 & 2-\lambda \end{vmatrix}$

4) Begründen Sie (ohne Rechnung), warum die nachstehenden Determinanten verschwinden:

a) $\det \mathbf{A} = \begin{vmatrix} 1 & -2 & 3 \\ -4 & 8 & 0 \\ 0{,}5 & -1 & 3 \end{vmatrix}$

   b) $\det \mathbf{B} = \begin{vmatrix} 1 & 0 & -2 \\ 5 & 0 & 3 \\ 0 & 0 & 4 \end{vmatrix}$

c) $\det \mathbf{C} = \begin{vmatrix} 1 & 4 & -3 & 6 \\ 0 & 2 & 3 & 8 \\ 1 & 4 & -3 & 6 \\ 0 & 1 & 1 & 1 \end{vmatrix}$

   d) $\det \mathbf{D} = \begin{vmatrix} 6 & -3 & -15 & 24 \\ 3 & 5 & -7 & 0 \\ -2 & 1 & 5 & -8 \\ 1 & 1 & 0 & 0 \end{vmatrix}$

5) Berechnen Sie die 4-reihige Determinante

$$\det \mathbf{A} = \begin{vmatrix} 2 & 5 & 1 & 4 \\ -5 & 3 & 0 & 0 \\ 1 & 7 & 0 & -3 \\ 9 & 3 & 4 & 5 \end{vmatrix}$$

durch *Entwicklung*

a) nach den Elementen der *2. Zeile*,

b) nach den Elementen der *3. Spalte*.

6) Berechnen Sie den Wert der folgenden 4-reihigen Determinanten mit Hilfe des *Laplaceschen Entwicklungssatzes*:

a) $\det \mathbf{A} = \begin{vmatrix} 1 & 0 & 3 & 4 \\ -2 & 1 & 0 & 3 \\ 1 & 4 & 1 & 5 \\ 0 & 2 & 2 & 0 \end{vmatrix}$

   b) $\det \mathbf{A} = \begin{vmatrix} 1 & 0 & 5 & 3 \\ 1 & 2 & 2 & 1 \\ 0 & 1 & 3 & 1 \\ 4 & 0 & 2 & -3 \end{vmatrix}$

Hinweis: Entwickeln Sie jeweils nach derjenigen Zeile oder Spalte, die die meisten Nullen enthält.

7) Berechnen Sie mit möglichst geringem Rechenaufwand die Determinante der folgenden Matrizen:

a) $\mathbf{A} = \begin{pmatrix} 1 & 0 & 0 \\ 0 & -2 & 0 \\ 4 & 1 & 5 \end{pmatrix}$ b) $\mathbf{B} = \begin{pmatrix} 1 & 0 & 0 & 0 \\ 0 & 4 & 0 & 0 \\ 0 & 0 & 3 & 0 \\ 0 & 0 & 0 & 4 \end{pmatrix}$

8) Man zeige mit Hilfe *elementarer Umformungen*, die den Wert der Determinante nicht verändern, dass die nachstehenden Determinanten verschwinden:

a) $|\mathbf{A}| = \begin{vmatrix} 4 & 6 & 8 \\ 3 & 1 & 4 \\ -2 & 4 & 0 \end{vmatrix}$ b) $|\mathbf{A}| = \begin{vmatrix} -1 & 1 & 0 & 2 \\ 2 & 4 & 3 & 5 \\ -1 & 8 & 1 & 5 \\ 1 & 3 & 2 & 4 \end{vmatrix}$

9) Berechnen Sie nach dem *Multiplikationstheorem* für Determinanten die Determinante des Matrizenproduktes $\mathbf{C} = \mathbf{A} \cdot \mathbf{B}$ für

a) $\mathbf{A} = \begin{pmatrix} 1 & 4 & 0 \\ 0 & 3 & 4 \\ -1 & 1 & 0 \end{pmatrix}$, $\mathbf{B} = \begin{pmatrix} 1 & 1 & 1 \\ 2 & 1 & 2 \\ 0 & 1 & 5 \end{pmatrix}$

b) $\mathbf{A} = \begin{pmatrix} -2 & 3 & 9 \\ 7 & 0 & 1 \\ 1 & 1 & 0 \end{pmatrix}$, $\mathbf{B} = \begin{pmatrix} -1 & 1 & 3 \\ 2 & 5 & 9 \\ 0 & 6 & 1 \end{pmatrix}$

10) Das *Vektorprodukt* $\vec{a} \times \vec{b}$ zweier Vektoren $\vec{a}$ und $\vec{b}$ aus dem Anschauungsraum kann bekanntlich *formal* in Form einer *3-reihigen Determinante* dargestellt werden (siehe Band 1, Kap. II) [26]:

$$\vec{a} \times \vec{b} = \begin{vmatrix} \vec{e}_x & \vec{e}_y & \vec{e}_z \\ a_x & a_y & a_z \\ b_x & b_y & b_z \end{vmatrix} \qquad (\vec{e}_x, \vec{e}_y, \vec{e}_z: \text{ Basisvektoren})$$

Berechnen Sie mit dieser Formel das Drehmoment $\vec{M} = \vec{r} \times \vec{F}$ für

$$\vec{r} = \begin{pmatrix} 1 \\ -2 \\ 5 \end{pmatrix} \text{m} \qquad \text{und} \qquad \vec{F} = \begin{pmatrix} 10 \\ 20 \\ 50 \end{pmatrix} \text{N} \,.$$

---

[26] Wir kennzeichnen in dieser Aufgabe – wie in der elementaren Vektorrechnung üblich – Vektoren durch *Pfeile*.

11) Aus Band 1, Kap. II ist bekannt: Das *Spatprodukt* $[\vec{a}\ \vec{b}\ \vec{c}] = \vec{a} \cdot (\vec{b} \times \vec{c})$ dreier Vektoren aus dem Anschauungsraum kann aus den skalaren Vektorkomponenten mit Hilfe der Determinante

$$[\vec{a}\ \vec{b}\ \vec{c}] = \begin{vmatrix} a_x & a_y & a_z \\ b_x & b_y & b_z \\ c_x & c_y & c_z \end{vmatrix}$$

berechnet werden. Zeigen Sie, dass die drei Vektoren

$$\vec{a} = \begin{pmatrix} 1 \\ 2 \\ 2 \end{pmatrix}, \qquad \vec{b} = \begin{pmatrix} 0 \\ -4 \\ 3 \end{pmatrix} \qquad \text{und} \qquad \vec{c} = \begin{pmatrix} 3 \\ -6 \\ 15 \end{pmatrix}$$

komplanar sind, d. h. in einer Ebene liegen.

Hinweis: Das Spatprodukt $[\vec{a}\ \vec{b}\ \vec{c}]$ muss verschwinden [27].

12) Führen Sie die folgenden Determinanten höherer Ordnung durch *fortlaufende Reduzierung* auf eine einzige 3-reihige Determinante zurück und berechnen Sie diese nach der *Regel von Sarrus*:

a) $\det \mathbf{A} = \begin{vmatrix} -1 & -3 & 1 & 6 \\ 3 & 1 & 4 & 5 \\ -2 & -2 & 3 & 3 \\ -2 & -3 & 1 & 4 \end{vmatrix}$
b) $\det \mathbf{A} = \begin{vmatrix} 1 & 4 & 0 & 0 & 1 \\ 2 & 0 & 1 & 2 & -1 \\ 1 & 1 & -2 & -3 & -4 \\ 3 & 4 & 0 & 0 & 1 \\ 0 & 1 & 1 & 3 & 5 \end{vmatrix}$

Zu Abschnitt 4

1) Welche Matrizen sind *regulär*, welche *singulär*?

$$\mathbf{A} = \begin{pmatrix} 1 & 0 & 2 \\ 0 & 1 & 3 \\ -1 & 5 & 4 \end{pmatrix}, \quad \mathbf{B} = \begin{pmatrix} 4 & 1 & -3 \\ 0 & 1 & 1 \\ -8 & 1 & 9 \end{pmatrix}, \quad \mathbf{C} = \begin{pmatrix} 1 & 0 & 1 & 2 \\ 0 & 1 & 1 & -1 \\ 3 & 0 & 1 & 4 \\ 2 & 0 & 1 & 3 \end{pmatrix}$$

---

[27] Wir kennzeichnen in dieser Aufgabe – wie in der elementaren Vektorrechnung üblich – Vektoren durch *Pfeile*.

2) Zeigen Sie, dass **A** eine *reguläre* Matrix ist und bestimmen Sie die *inverse Matrix* $\mathbf{A}^{-1}$. Das Ergebnis ist anhand der Beziehung $\mathbf{A}^{-1} \cdot \mathbf{A} = \mathbf{A} \cdot \mathbf{A}^{-1} = \mathbf{E}$ zu überprüfen.

a) $\mathbf{A} = \begin{pmatrix} \sin\varphi & \cos\varphi \\ -\cos\varphi & \sin\varphi \end{pmatrix}$

b) $\mathbf{A} = \begin{pmatrix} 1 & 2 \\ 0{,}5 & 3 \end{pmatrix}$

c) $\mathbf{A} = \begin{pmatrix} -1 & 0 & 0 \\ 1 & 1 & 0 \\ 1 & 0 & -1 \end{pmatrix}$

d) $\mathbf{A} = \begin{pmatrix} 3 & 1 & 4 \\ 0 & 1 & -2 \\ 1 & 2 & 0 \end{pmatrix}$

3) Zeigen Sie, dass die folgenden 2-reihigen Matrizen *orthogonal* sind. Welchen Wert besitzt die jeweilige *Determinante*? Wie lauten die inversen Matrizen?

$$\mathbf{A} = \begin{pmatrix} 1/2 & -\sqrt{3}/2 \\ \sqrt{3}/2 & 1/2 \end{pmatrix}, \qquad \mathbf{B} = \frac{1}{10}\begin{pmatrix} -8 & 6 \\ 6 & 8 \end{pmatrix}$$

4) Welche der folgenden 3-reihigen Matrizen sind *orthogonal*?

$$\mathbf{A} = \begin{pmatrix} 1 & 0 & 1 \\ 2 & -2 & 0 \\ 0 & -1 & 3 \end{pmatrix}, \qquad \mathbf{B} = \frac{1}{3}\begin{pmatrix} 2 & 2 & 1 \\ 1 & -2 & 2 \\ 2 & -1 & -2 \end{pmatrix},$$

$$\mathbf{C} = \begin{pmatrix} 0 & 1/\sqrt{2} & -1/\sqrt{2} \\ 0 & 1/\sqrt{2} & 1/\sqrt{2} \\ 1 & 0 & 0 \end{pmatrix}$$

5) Zeigen Sie, dass die Matrix $\mathbf{A} = \begin{pmatrix} 1/\sqrt{2} & 1/\sqrt{2} \\ -1/\sqrt{2} & 1/\sqrt{2} \end{pmatrix}$ die für eine *orthogonale* Matrix *hinreichende* Bedingung $\mathbf{A}^{\mathbf{T}} = \mathbf{A}^{-1}$ erfüllt.

6) Matrix **A** beschreibt die *Spiegelung* eines Raumpunktes $P = (x; y; z)$ an der x, y-Ebene, Matrix **B** die *Drehung* des räumlichen kartesischen Koordinatensystems um die z-Achse um den Winkel α. Zeigen Sie, dass beide Matrizen *orthogonal* sind.

$$\mathbf{A} = \begin{pmatrix} 1 & 0 & 0 \\ 0 & 1 & 0 \\ 0 & 0 & -1 \end{pmatrix}, \qquad \mathbf{B} = \begin{pmatrix} \cos\alpha & \sin\alpha & 0 \\ -\sin\alpha & \cos\alpha & 0 \\ 0 & 0 & 1 \end{pmatrix}$$

7) Zeigen Sie, dass die *Zeilen-* bzw. *Spaltenvektoren* der 3-reihigen Matrix

$$A = \begin{pmatrix} 2/\sqrt{5} & -1/\sqrt{30} & -1/\sqrt{6} \\ 1/\sqrt{5} & 2/\sqrt{30} & 2/\sqrt{6} \\ 0 & 5/\sqrt{30} & -1/\sqrt{6} \end{pmatrix}$$

ein *orthonormiertes* Vektorsystem bilden, die Matrix **A** daher *orthogonal* ist. Bestimmen Sie die *inverse* Matrix A^{-1} sowie die *Determinante* von **A**.

8) Bestimmen Sie den *Rang* der nachfolgenden Matrizen unter ausschließlicher Verwendung von Unterdeterminanten:

$$A = \begin{pmatrix} 2 & 1 & 0 \\ 0 & 3 & 4 \\ -4 & 1 & 4 \end{pmatrix}, \quad B = \begin{pmatrix} 2 & 1 & 1 & -1 \\ 1 & 1 & 2 & 0 \\ 7 & 2 & -6 & 4 \end{pmatrix},$$

$$C = \begin{pmatrix} 1 & 0 & -2 \\ 2 & 1 & 4 \\ 5 & 3 & 14 \\ 7 & 2 & 2 \end{pmatrix}, \quad D = \begin{pmatrix} 3 & 1 & 4 \\ 0 & -1 & 5 \end{pmatrix}$$

9) Bestimmen Sie den Matrizenrang mittels *elementarer Umformungen* in den Zeilen bzw. Spalten:

a) $A = \begin{pmatrix} 2 & -1 & -1 \\ 3 & 4 & 1 \\ 1 & 2 & 0 \end{pmatrix}$

b) $B = \begin{pmatrix} 1 & 0 & -1 & 1 \\ 2 & 3 & 1 & 5 \\ 3 & 2 & -1 & 6 \\ 0 & 5 & 5 & 5 \end{pmatrix},$

c) $C = \begin{pmatrix} -1 & 2 & 1 & 8 & -1 \\ 0 & 3 & -3 & 15 & -3 \\ 2 & 5 & -3 & 29 & -7 \end{pmatrix}$

d) $D = \begin{pmatrix} 1 & 1 & 2 & -3 & 0 & 1 \\ -2 & 3 & 1 & 0 & 1 & 2 \\ -5 & 10 & 5 & -3 & 3 & 1 \\ -1 & 4 & 3 & -3 & 1 & 1 \end{pmatrix}$

10) Zeigen Sie, dass die folgende 5-reihige Matrix *regulär* ist:

$$A = \begin{pmatrix} 2 & 5 & 4 & 1 & 6 \\ 5 & 11 & 8 & 2 & 13 \\ 3 & 13 & 11 & 2 & 15 \\ -1 & 1 & 1 & 1 & 1 \\ 3 & 10 & 8 & 2 & 12 \end{pmatrix}$$

Hinweis: Rangbestimmung mit Hilfe elementarer Zeilen- bzw. Spaltenumformungen in der Matrix.

Zu Abschnitt 5

1) Lösen Sie die folgenden inhomogenen linearen Gleichungssysteme mit Hilfe *elementarer Umformungen* in den Zeilen der erweiterten Koeffizientenmatrix (*Gaußscher Algorithmus*):

a)
$$\begin{aligned} 2x_1 - 3x_2 &= 11 \\ -5x_1 + x_2 &= -8 \\ x_1 - 5x_2 &= 16 \end{aligned}$$

b)
$$\begin{pmatrix} 1 & 1 & 2 & 0 \\ -3 & 2 & 0 & 1 \\ 8 & -2 & -2 & 2 \end{pmatrix} \begin{pmatrix} x_1 \\ x_2 \\ x_3 \\ x_4 \end{pmatrix} = \begin{pmatrix} 1 \\ 5 \\ 0 \end{pmatrix}$$

c)
$$\begin{aligned} 3x_2 - 5x_3 + x_4 &= 0 \\ -x_1 - 3x_2 \qquad - x_4 &= -5 \\ -2x_1 + x_2 + 2x_3 + 2x_4 &= 2 \\ -3x_1 + 4x_2 + 2x_3 + 2x_4 &= 8 \end{aligned}$$

2) Zeigen Sie: Das lineare (4, 3)-System

$$\begin{aligned} x_1 + x_2 - x_3 &= 2 \\ -2x_1 \qquad + x_3 &= -2 \\ 5x_1 - x_2 + 2x_3 &= 4 \\ 2x_1 + 6x_2 - 3x_3 &= 5 \end{aligned}$$

ist *nicht lösbar*.

3) Gegeben ist das *homogene* lineare (4, 3)-System

$$\begin{aligned} 2x_1 - x_2 + 4x_3 &= 0 \\ -4x_1 + 5x_2 + 3x_3 &= 0 \\ 2x_1 - 2x_2 + x_3 &= 0 \\ 6x_1 \qquad + 5x_3 &= 0 \end{aligned}$$

Es ist zu zeigen, dass dieses System nur *trivial* lösbar ist.

4) Ist das *homogene* lineare Gleichungssystem

$$\begin{pmatrix} 1 & 1 & 2 \\ 0 & 1 & -1 \\ 3 & 4 & 5 \\ 3 & 5 & 4 \end{pmatrix} \begin{pmatrix} x_1 \\ x_2 \\ x_3 \end{pmatrix} = \begin{pmatrix} 0 \\ 0 \\ 0 \\ 0 \end{pmatrix}$$

nichttrivial lösbar? Gegebenenfalls sind sämtliche Lösungen zu bestimmen.

5) Zeigen Sie, dass das *homogene* lineare (3, 3)-System

$$\begin{pmatrix} -2 & 1 & 1 \\ 1 & -2 & 1 \\ 1 & 1 & -2 \end{pmatrix} \begin{pmatrix} x_1 \\ x_2 \\ x_3 \end{pmatrix} = \begin{pmatrix} 0 \\ 0 \\ 0 \end{pmatrix}$$

nichttriviale Lösungen besitzt. Wie lauten die Lösungen?

6) Für welche *reellen* Werte des Parameters λ besitzt das homogene lineare Gleichungssystem *nichttriviale* Lösungen?

a) $\begin{pmatrix} -\lambda & 1 \\ 1 & -\lambda \end{pmatrix} \begin{pmatrix} x \\ y \end{pmatrix} = \begin{pmatrix} 0 \\ 0 \end{pmatrix}$

b) $\begin{pmatrix} 2+\lambda & 0 & 0 & 0 \\ 0 & 2-\lambda & 0 & 0 \\ 1 & -2 & -\lambda & -1 \\ 2 & -4 & 1 & -\lambda \end{pmatrix} \begin{pmatrix} x_1 \\ x_2 \\ x_3 \\ x_4 \end{pmatrix} = \begin{pmatrix} 0 \\ 0 \\ 0 \\ 0 \end{pmatrix}$

7) Lösen Sie die folgenden *homogenen* linearen (n, n)-Systeme:

a) $\begin{aligned} x_1 + 2x_2 + 3x_3 &= 0 \\ x_1 + x_2 &= 0 \\ 2x_2 + 5x_3 &= 0 \end{aligned}$

b) $\begin{pmatrix} -2 & 1 & 4 & 3 \\ 1 & 2 & 4 & 0 \\ 0 & 2 & 5 & 1 \\ 4 & 1 & 0 & 1 \end{pmatrix} \begin{pmatrix} x_1 \\ x_2 \\ x_3 \\ x_4 \end{pmatrix} = \begin{pmatrix} 0 \\ 0 \\ 0 \\ 0 \end{pmatrix}$

8) Zeigen Sie: Das *inhomogene* quadratische Gleichungssystem

$$\begin{aligned} 2x_1 + 3x_2 + x_3 &= -1 \\ -4x_1 - 8x_2 - 3x_3 &= 7 \\ -2x_1 - 5x_2 - 2x_3 &= -6 \end{aligned}$$

ist *nicht lösbar*.

9) Untersuchen Sie das *Lösungsverhalten* der folgenden quadratischen linearen Gleichungssysteme und bestimmen Sie im Falle der Lösbarkeit sämtliche Lösungen:

a) $\begin{pmatrix} 1 & 2 & -3 \\ 0 & 1 & -1 \\ 2 & 9 & 11 \end{pmatrix} \begin{pmatrix} x_1 \\ x_2 \\ x_3 \end{pmatrix} = \begin{pmatrix} 5 \\ 8 \\ 50 \end{pmatrix}$

b) $\begin{pmatrix} 2 & 5 & -1 & 0 \\ -1 & 8 & 8 & -4 \\ 4 & 2 & -16 & 10 \\ 0 & 1 & 1 & -4 \end{pmatrix} \begin{pmatrix} x_1 \\ x_2 \\ x_3 \\ x_4 \end{pmatrix} = \begin{pmatrix} -1 \\ -13 \\ 0 \\ -1 \end{pmatrix}$

$$
\begin{aligned}
x_1 \qquad\quad + 2x_3 - 5x_4 &= 0 \\
x_1 + 4x_2 + 4x_3 - 5x_4 &= 10 \\
x_1 + 2x_2 + 3x_3 - 5x_4 &= 5 \\
4x_1 + 2x_2 + 9x_3 - 20x_4 &= 5
\end{aligned}
$$

c)

d)
$$
\begin{pmatrix}
1 & 1 & 0 & -1 & 0 \\
0 & 1 & 4 & 2 & 6 \\
-4 & 0 & 2 & 5 & -7 \\
2 & 1 & 3 & 0 & -2 \\
5 & 3 & 4 & -4 & 1
\end{pmatrix}
\begin{pmatrix}
x_1 \\ x_2 \\ x_3 \\ x_4 \\ x_5
\end{pmatrix}
=
\begin{pmatrix}
1 \\ 42 \\ -21 \\ -8 \\ 4
\end{pmatrix}
$$

10) Zeigen Sie, dass die folgenden quadratischen linearen Gleichungssysteme genau *eine* Lösung besitzen und bestimmen Sie diese Lösung nach der *Cramerschen Regel*:

a)
$$
\begin{aligned}
x_1 + 2x_2 \qquad\quad &= 3 \\
x_1 + 7x_2 + 4x_3 &= 18 \\
3x_1 + 13x_2 + 4x_3 &= 30
\end{aligned}
$$

b)
$$
\begin{pmatrix}
1 & 2 & -4 \\
-3 & 1 & 5 \\
0 & 4 & 10
\end{pmatrix}
\begin{pmatrix}
x_1 \\ x_2 \\ x_3
\end{pmatrix}
=
\begin{pmatrix}
0 \\ 1 \\ 0
\end{pmatrix}
$$

c)
$$
\begin{pmatrix}
10 & -3 \\
4 & 5
\end{pmatrix}
\begin{pmatrix}
x_1 \\ x_2
\end{pmatrix}
=
\begin{pmatrix}
4 \\ 3
\end{pmatrix}
$$

d)
$$
\begin{aligned}
10x_1 - 4x_2 + 5x_3 &= -13 \\
2x_1 + 8x_2 - 7x_3 &= 35 \\
7x_1 - x_2 + 9x_3 &= 20
\end{aligned}
$$

11) Man berechne Teilströme und Gesamtstrom im Netzwerk nach Bild I-17 für die Widerstands- und Spannungswerte $R = 60\,\Omega$, $R_1 = R_3 = 100\,\Omega$, $R_2 = 200\,\Omega$, $U = 10\,\text{V}$ (Anwendung der Maschen- und Knotenpunktregel).

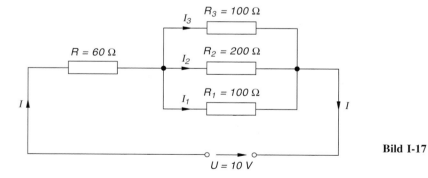

Bild I-17

12) Die nachfolgenden Matrizen sind *regulär*. Berechnen Sie die jeweils zugehörige *inverse* Matrix nach dem *Gauß-Jordan-Verfahren*.

$$
\mathbf{A} = \begin{pmatrix}
3 & 1 & 4 \\
1 & 2 & 0 \\
0 & 1 & -2
\end{pmatrix}, \quad
\mathbf{B} = \begin{pmatrix}
4 & 5 & -1 \\
2 & 0 & 1 \\
3 & 1 & 0
\end{pmatrix}, \quad
\mathbf{C} = \begin{pmatrix}
3 & 4 & 2 \\
1 & 5 & 3 \\
0 & 1 & 0
\end{pmatrix}
$$

13) Begründen Sie, warum die folgenden Vektoren *linear abhängig* sind:

a) $\mathbf{a} = \begin{pmatrix} 1 \\ 2 \\ 5 \end{pmatrix}$, $\qquad \mathbf{b} = \begin{pmatrix} 2 \\ 0 \\ 2 \end{pmatrix}$, $\qquad \mathbf{c} = \begin{pmatrix} 0 \\ 0 \\ 0 \end{pmatrix}$

b) $\mathbf{a} = \begin{pmatrix} 1 \\ 0 \\ 1 \end{pmatrix}$, $\qquad \mathbf{b} = \begin{pmatrix} 3 \\ -1 \\ 4 \end{pmatrix}$, $\qquad \mathbf{c} = \begin{pmatrix} -3 \\ 0 \\ -3 \end{pmatrix}$

c) $\mathbf{a}_1 = \begin{pmatrix} 1 \\ 0 \\ 1 \end{pmatrix}$, $\qquad \mathbf{a}_2 = \begin{pmatrix} 1 \\ 1 \\ 0 \end{pmatrix}$, $\qquad \mathbf{a}_3 = \begin{pmatrix} 0 \\ -2 \\ 2 \end{pmatrix}$

d) $\mathbf{a} = \begin{pmatrix} 1 \\ 2 \end{pmatrix}$, $\qquad \mathbf{b} = \begin{pmatrix} 3 \\ 1 \end{pmatrix}$, $\qquad \mathbf{c} = \begin{pmatrix} 2 \\ 0 \end{pmatrix}$, $\qquad \mathbf{d} = \begin{pmatrix} -1 \\ -1 \end{pmatrix}$

14) Zeigen Sie die *lineare Unabhängigkeit* der folgenden Vektoren:

a) $\mathbf{a}_1 = \begin{pmatrix} 2 \\ 1 \\ 0 \end{pmatrix}$, $\qquad \mathbf{a}_2 = \begin{pmatrix} -1 \\ 2 \\ 5 \end{pmatrix}$, $\qquad \mathbf{a}_3 = \begin{pmatrix} -1 \\ 2 \\ -1 \end{pmatrix}$

b) $\mathbf{a} = \begin{pmatrix} -1 \\ 6 \\ 4 \end{pmatrix}$, $\qquad \mathbf{b} = \begin{pmatrix} 1 \\ -2 \\ -2 \end{pmatrix}$, $\qquad \mathbf{c} = \begin{pmatrix} 1 \\ 2 \\ 3 \end{pmatrix}$

c) $\mathbf{a} = \begin{pmatrix} 1 \\ 0 \\ 4 \end{pmatrix}$, $\qquad \mathbf{b} = \begin{pmatrix} 2 \\ 3 \\ 1 \end{pmatrix}$

15) Zeigen Sie zunächst, dass die Vektoren

$$\mathbf{a} = \begin{pmatrix} 1 \\ 2 \\ 0 \\ 1 \end{pmatrix}, \qquad \mathbf{b} = \begin{pmatrix} 0 \\ 1 \\ 1 \\ 0 \end{pmatrix} \qquad \text{und} \qquad \mathbf{c} = \begin{pmatrix} 4 \\ 9 \\ 1 \\ 4 \end{pmatrix}$$

linear abhängig sind und stellen Sie anschließend den Vektor **c** als *Linearkombination* der beiden übrigen Vektoren dar.

16)   Zeigen Sie, dass die drei räumlichen Vektoren

$$\mathbf{a} = \begin{pmatrix} 1 \\ 4 \\ 1 \end{pmatrix}, \quad \mathbf{b} = \begin{pmatrix} 2 \\ -1 \\ 2 \end{pmatrix} \quad \text{und} \quad \mathbf{c} = \begin{pmatrix} 10 \\ 4 \\ 10 \end{pmatrix}$$

komplanar sind, d. h. in einer *gemeinsamen Ebene* liegen.

17)   Für welchen Wert des Parameters λ sind die Vektoren

$$\mathbf{a}_1 = \begin{pmatrix} 1 \\ 1 \\ 1 \end{pmatrix}, \quad \mathbf{a}_2 = \begin{pmatrix} -\lambda \\ 2 \\ 5 \end{pmatrix} \quad \text{und} \quad \mathbf{a}_3 = \begin{pmatrix} -2 \\ \lambda \\ 7 \end{pmatrix}$$

linear abhängig?

18)   Sind die Spalten- bzw. Zeilenvektoren der folgenden Matrizen *linear unabhängig?*

a) $\mathbf{A} = \begin{pmatrix} 1 & 2 & 0 \\ 1 & 4 & 1 \\ -2 & 1 & 0 \end{pmatrix}$ b) $\mathbf{A} = \begin{pmatrix} 1 & 3 & -1 \\ 0 & 1 & -1 \\ 2 & 1 & 3 \end{pmatrix}$

Zu Abschnitt 6

1)   Berechnen Sie mit den (2, 3)-Matrizen

$$\mathbf{A} = \begin{pmatrix} 3+j & 2-j & 2 \\ 2 & 1+j & 1 \end{pmatrix}, \quad \mathbf{B} = \begin{pmatrix} 1 & 2+2j & 1 \\ 0 & 4-3j & 1 \end{pmatrix}$$

$$\text{und} \quad \mathbf{C} = \begin{pmatrix} 1-j & 2 & 3-j \\ 1+j & 5 & 1+j \end{pmatrix}$$

die folgenden Ausdrücke (Matrizen):

a) $\mathbf{A} + \mathbf{B} + \mathbf{C}$ b) $3\mathbf{A} - 4(\mathbf{B} - 2\mathbf{C})$ c) $2\mathbf{A}^{\mathbf{T}} - 3(\mathbf{B} - \mathbf{C})^{\mathbf{T}}$

2)   Berechnen Sie unter Verwendung des *Falk-Schemas* die Matrizenprodukte
$\mathbf{A} \cdot \mathbf{A} = \mathbf{A}^2$, $\mathbf{A} \cdot \mathbf{B}$, $\mathbf{B} \cdot \mathbf{A}$ und $\mathbf{B} \cdot \mathbf{B} = \mathbf{B}^2$ (soweit diese existieren) für

a) $\mathbf{A} = \begin{pmatrix} 2+j & 1+j \\ 2 & 1-j \end{pmatrix}, \quad \mathbf{B} = \begin{pmatrix} 2j & 3-3j \\ 5j & 1+2j \end{pmatrix}$

b) $\mathbf{A} = \begin{pmatrix} 2 & 1+j & 1 \\ 1 & 5 & j \end{pmatrix}, \quad \mathbf{B} = \begin{pmatrix} 1 & 1+2j \\ 1-j & j \\ 2 & 1-2j \end{pmatrix}$

3)   Welchen Wert besitzt die jeweilige *Determinante*?

$$\mathbf{A} = \begin{pmatrix} 2 & 1-j \\ 1+j & 3 \end{pmatrix}, \quad \mathbf{B} = \begin{pmatrix} -2j & -1-j \\ 1-j & -3j \end{pmatrix}, \quad \mathbf{C} = \begin{pmatrix} j & -1 & -j \\ 1 & 2j & 3 \\ j & -3 & 3j \end{pmatrix}$$

4)   Bilden Sie die jeweils zugehörige *konjugiert komplexe* Matrix $\mathbf{A}^*$ sowie die *konjugiert transponierte* Matrix $\overline{\mathbf{A}}$:

a) $\mathbf{A} = \begin{pmatrix} 2+j & 1+2j & j \\ 0 & 2-2j & 1 \\ 1-j & 5+3j & j \end{pmatrix}$ b) $\mathbf{A} = \begin{pmatrix} 10+5j & 1-2j \\ 3-2j & 4+2j \\ 5+5j & 1-2j \end{pmatrix}$

5)   Welche der nachstehenden Matrizen sind *hermitesch*, welche *schiefhermitesch*?

$$\mathbf{A} = \begin{pmatrix} 1 & j & 0 \\ -j & 0 & 1 \\ 0 & 1 & 1 \end{pmatrix}, \qquad \mathbf{B} = \begin{pmatrix} 1 & 2-j & 1-2j \\ 2+j & 1 & 5-4j \\ 1+2j & 5+4j & 0 \end{pmatrix},$$

$$\mathbf{C} = \begin{pmatrix} -2j & -1-j \\ 1-j & -3j \end{pmatrix}, \qquad \mathbf{D} = \begin{pmatrix} 2j & -2 & -5+5j \\ 2 & j & -8+j \\ 5+5j & 8+j & 2j \end{pmatrix}$$

6)   Zerlegen Sie die folgenden Matrizen in ihren *Real-* und *Imaginärteil* und prüfen Sie dann, welche Matrizen *hermitesch* bzw. *schiefhermitesch* sind:

$$\mathbf{A} = \begin{pmatrix} -j & -5+2j \\ 5+2j & -4j \end{pmatrix}, \qquad \mathbf{B} = \begin{pmatrix} 1 & 2-4j \\ 2+4j & 2 \end{pmatrix},$$

$$\mathbf{C} = \begin{pmatrix} -j & -3 & 0 \\ 3 & -j & 5 \\ 0 & -5 & -j \end{pmatrix}, \qquad \mathbf{D} = \begin{pmatrix} 1 & -j & 1-2j \\ j & 2 & 4 \\ 1+2j & 4 & 3 \end{pmatrix}$$

Welchen Wert besitzen die zugehörigen *Determinanten*?

7)   Zeigen Sie auf möglichst einfachem Wege, dass die Matrix $\mathbf{A} = \begin{pmatrix} j & j \\ j & -j \end{pmatrix}$ *nicht unitär* sein kann.

8)   Zeigen Sie, dass die folgenden Matrizen *unitär* sind:

$$\mathbf{A} = \frac{1}{\sqrt{12}} \begin{pmatrix} 2 & 1 - \sqrt{3}\,j & -1 - \sqrt{3}\,j \\ -2j & \sqrt{3} - j & \sqrt{3} + j \\ -2 & 2 & -2 \end{pmatrix},$$

$$\mathbf{B} = \frac{1}{\sqrt{3}} \begin{pmatrix} 1 + j & 1 \\ j & -1 - j \end{pmatrix}, \qquad \mathbf{C} = \begin{pmatrix} j & 0 \\ 0 & j \end{pmatrix}$$

Zu Abschnitt 7

1)   Bestimmen Sie die *Eigenwerte* und *Eigenvektoren* der folgenden 2-reihigen Matrizen:

a) $\mathbf{A} = \begin{pmatrix} 1 & -1 \\ 0 & 2 \end{pmatrix}$ b) $\mathbf{A} = \begin{pmatrix} 0 & 1 \\ 1 & 0 \end{pmatrix}$ c) $\mathbf{A} = \begin{pmatrix} 5 & 1 \\ 4 & 2 \end{pmatrix}$

2)   Welche *Eigenwerte* und *Eigenvektoren* besitzen die 2-reihigen Matrizen

$$\mathbf{A} = \begin{pmatrix} -1 & 2 \\ 4 & 1 \end{pmatrix}, \qquad \mathbf{B} = \begin{pmatrix} 0 & -j \\ j & 0 \end{pmatrix} \qquad \text{und} \qquad \mathbf{C} = \begin{pmatrix} 1 & -1 \\ 1 & 1 \end{pmatrix} ?$$

3)   Berechnen Sie die *Spur* und die *Determinante* der Matrix **A** aus den *Eigenwerten* der Matrix:

a) $\mathbf{A} = \begin{pmatrix} 1 & 2 \\ 3 & 0 \end{pmatrix}$ b) $\mathbf{A} = \begin{pmatrix} 1 & -1 \\ -2 & 0 \end{pmatrix}$ c) $\mathbf{A} = \begin{pmatrix} 1 & 0 \\ 0 & -1 \end{pmatrix}$

4)   Bestimmen Sie die *Eigenwerte* und *Eigenvektoren* der folgenden 3-reihigen Matrizen:

a) $\mathbf{A} = \begin{pmatrix} 2 & 1 & 1 \\ 2 & 3 & 4 \\ -1 & -1 & -2 \end{pmatrix}$ b) $\mathbf{B} = \begin{pmatrix} -2 & 2 & -3 \\ 2 & 1 & -6 \\ -1 & -2 & 0 \end{pmatrix}$

c) $\mathbf{C} = \begin{pmatrix} 0 & 1 & -1 \\ 1 & 0 & 1 \\ 1 & -1 & 2 \end{pmatrix}$ d) $\mathbf{D} = \begin{pmatrix} 0 & -4 & -2 \\ 1 & 4 & 1 \\ 2 & 4 & 4 \end{pmatrix}$

5)   Zeigen Sie: Die Matrix $\mathbf{A} = \begin{pmatrix} a & b & a \\ b & a & a \\ a & a & b \end{pmatrix}$ besitzt u. a. den *Eigenwert* $\lambda_1 = 2a + b$. Wie lauten die übrigen Eigenwerte?

6) Berechnen Sie die *Eigenwerte* der jeweiligen Matrix **A** und daraus die *Spur* und die *Determinante* von **A**:

a) $\mathbf{A} = \begin{pmatrix} 1 & 2 & -1 \\ 0 & -1 & 1 \\ 1 & -1 & 1 \end{pmatrix}$ b) $\mathbf{A} = \begin{pmatrix} 0 & 1 & 0 \\ 0 & 0 & 1 \\ -10 & 1 & 10 \end{pmatrix}$

c) $\mathbf{A} = \begin{pmatrix} 2 & 1 & 1 \\ 2 & 3 & 2 \\ 3 & 3 & 4 \end{pmatrix}$

7) Bestimmen Sie die *Eigenvektoren* der Matrix $\mathbf{A} = \begin{pmatrix} 7 & 2 & 0 \\ 2 & 6 & 2 \\ 0 & 2 & 5 \end{pmatrix}$ und zeigen Sie,

dass die aus ihnen gebildete 3-reihige Matrix *orthogonal* ist.

8) Welche *Eigenwerte* besitzt die 4-reihige Matrix $\mathbf{A} = \begin{pmatrix} 2 & 0 & 1 & 2 \\ 0 & 2 & -2 & -4 \\ 0 & 0 & 0 & 1 \\ 0 & 0 & -1 & 0 \end{pmatrix}$?

9) Zeigen Sie, dass die Eigenvektoren der 3-reihigen Matrix $\mathbf{A} = \begin{pmatrix} -2 & 2 & -1 \\ 7 & 3 & -1 \\ -4 & -4 & -2 \end{pmatrix}$

linear unabhängig sind. Welchen Wert besitzen *Spur* und *Determinante* von **A**?

10) Welche *Eigenwerte* besitzen die folgenden Matrizen? *Begründen Sie* das Ergebnis *ohne* Rechnung.

$$\mathbf{A} = \begin{pmatrix} 1 & 0 & 0 \\ 0 & 5 & 0 \\ 2 & 1 & 8 \end{pmatrix}, \quad \mathbf{B} = \begin{pmatrix} 4 & 0 & 0 & 0 \\ 0 & 5 & 0 & 0 \\ 0 & 0 & 0 & 0 \\ 0 & 0 & 0 & 1 \end{pmatrix}, \quad \mathbf{C} = \begin{pmatrix} 4 & -1 & 3 \\ 0 & -2 & 1 \\ 0 & 0 & 5 \end{pmatrix}$$

11) Die mathematische Behandlung einer 2-stufigen *chemischen Reaktion* vom Typ $X \to Y \to Z$ führt auf das folgende *Eigenwertproblem*:

$$\begin{vmatrix} (-k_1 - \lambda) & 0 & 0 \\ k_1 & (-k_2 - \lambda) & 0 \\ 0 & k_2 & -\lambda \end{vmatrix} = 0$$

Wie lauten die *Eigenwerte*?

X, Y, Z: Molekülsorten; $k_1 > 0$, $k_2 > 0$: Geschwindigkeitskonstanten

12) Wie lauten die *Eigenwerte* und *Eigenvektoren* der folgenden 2-reihigen *symmetrischen* Matrizen?

a) $\mathbf{A} = \begin{pmatrix} 0 & 1 \\ 1 & 0 \end{pmatrix}$ b) $\mathbf{A} = \begin{pmatrix} -2 & -4 \\ -4 & 4 \end{pmatrix}$

13) Berechnen Sie die *Eigenwerte* der folgenden *schiefsymmetrischen* Matrix:

$$\mathbf{A} = \begin{pmatrix} 0 & -2 & 2 \\ 2 & 0 & -1 \\ -2 & 1 & 0 \end{pmatrix}.$$

14) Wie lauten die *Eigenwerte* und *Eigenvektoren* der folgenden 3-reihigen *symmetrischen* Matrizen?

a) $\mathbf{A} = \begin{pmatrix} 0 & 1 & 1 \\ 1 & 0 & 1 \\ 1 & 1 & 0 \end{pmatrix}$ b) $\mathbf{A} = \begin{pmatrix} 2 & 1 & 0 \\ 1 & 2 & 1 \\ 0 & 1 & 2 \end{pmatrix}$

15) Welche *Eigenwerte* besitzen die folgenden *symmetrischen* Matrizen?

$$\mathbf{A} = \begin{pmatrix} 2 & 1 & 1 \\ 1 & 2 & 1 \\ 1 & 1 & 2 \end{pmatrix}, \quad \mathbf{B} = \begin{pmatrix} 3 & -1 & 1 \\ -1 & 5 & -1 \\ 1 & -1 & 3 \end{pmatrix}, \quad \mathbf{C} = \begin{pmatrix} a & 1 & 0 \\ 1 & b & 1 \\ 0 & 1 & a \end{pmatrix}$$

16) Bestimmen Sie die *Eigenwerte* der folgenden *symmetrischen* Matrix:

$$\mathbf{A} = \begin{pmatrix} 3 & 1 & -1 & 1 \\ 1 & 3 & 1 & -1 \\ -1 & 1 & 3 & 1 \\ 1 & -1 & 1 & 3 \end{pmatrix}$$

17) Bestimmen Sie *Eigenwerte* und *Eigenvektoren* der folgenden *hermiteschen* Matrix:

$$\mathbf{A} = \begin{pmatrix} 4 & 2j \\ -2j & 1 \end{pmatrix}.$$

II Fourier-Reihen

1 Fourier-Reihe einer periodischen Funktion

1.1 Einleitung

Periodische (meist zeitabhängige) Vorgänge spielen in Naturwissenschaft und Technik eine bedeutende Rolle. In einfachen Fällen lässt sich ein *zeitlich periodischer* Vorgang wie beispielsweise die Schwingung eines Federpendels oder eine Wechselspannung durch eine *phasenverschobene Sinusfunktion* vom Typ

$$y(t) = A \cdot \sin(\omega t + \varphi) \qquad\qquad (\text{II-1})$$

beschreiben, die man auch als *Überlagerung* (Superposition) *gleichfrequenter* Sinus- und Kosinusfunktionen darstellen kann:

$$y(t) = A_1 \cdot \sin(\omega t) + A_2 \cdot \cos(\omega t) \qquad\qquad (\text{II-2})$$

Wir sprechen dann von einer *harmonischen Schwingung* oder *Sinusschwingung* mit der Kreisfrequenz ω und der Schwingungsdauer $T = 2\pi / \omega$ (Bild II-1) [1]:

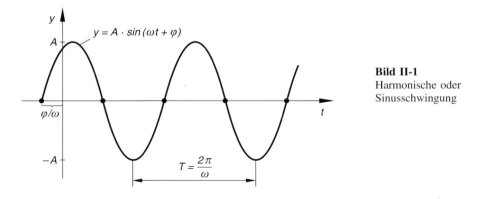

Bild II-1
Harmonische oder
Sinusschwingung

---

[1] *Harmonische Schwingungen* wurden bereits in Band 1 (Kap. III, Abschnitt 9.5.1) ausführlich behandelt. Statt der phasenverschobenen Sinusfunktion kann auch eine *phasenverschobene Kosinusfunktion* verwendet werden.

In den naturwissenschaftlich-technischen Anwendungen (insbesondere in der Elektrotechnik) treten jedoch häufig auch zeitabhängige Vorgänge auf, die zwar *periodisch*, aber *nicht mehr sinusförmig* verlaufen. Wir nennen zwei einfache Beispiele:

— *Kippschwingung* (*Kippspannung*, auch *Sägezahnimpuls* genannt, siehe Bild II-2)
— *Sinusimpuls* (Sinushalbwellen) eines Einweggleichrichters (Bild II-3)

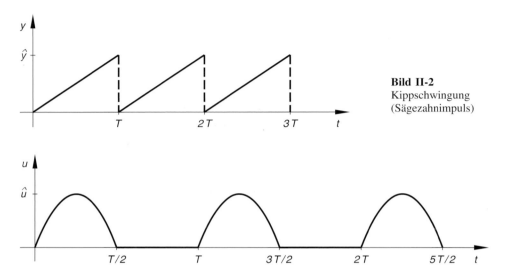

Bild II-2
Kippschwingung
(Sägezahnimpuls)

Bild II-3 Sinusimpuls eines Einweggleichrichters

Von *grundsätzlichem* Interesse ist daher die Frage, ob man eine *nichtsinusförmige* Schwingung aus *harmonischen Einzelschwingungen* zusammensetzen kann. Wir werden später zeigen, dass es unter gewissen Voraussetzungen tatsächlich möglich ist, einen Schwingungsvorgang $y = y(t)$ mit der Schwingungs- oder Periodendauer T und der Kreisfrequenz $\omega_0 = 2\pi / T$ in eine unendliche Summe aus *sinus-* und *kosinusförmigen* Einzelschwingungen wie folgt zu *entwickeln*:

$$y(t) = \frac{a_0}{2} + \sum_{n=1}^{\infty} \left[a_n \cdot \cos(n\omega_0 t) + b_n \cdot \sin(n\omega_0 t) \right] =$$

$$= \frac{a_0}{2} + a_1 \cdot \cos(\omega_0 t) + a_2 \cdot \cos(2\omega_0 t) + a_3 \cdot \cos(3\omega_0 t) + \ldots$$

$$\ldots + b_1 \cdot \sin(\omega_0 t) + b_2 \cdot \sin(2\omega_0 t) + b_3 \cdot \sin(3\omega_0 t) + \ldots$$

$$\text{(II-3)}$$

Diese Darstellung in Form einer unendlichen *trigonometrischen Reihe*[2] heißt *Fourier-Reihe*, die Entwicklung selbst wird als *harmonische* oder *Fourier-Analyse* bezeichnet.

---

[2] Die Zerlegung (II-3) enthält noch den *zeitunabhängigen* (d. h. konstanten) Bestandteil $a_0 / 2$.

In dieser Darstellung erscheint die Gesamtschwingung $y = y(t)$ als *ungestörte Über-lagerung* unendlich vieler *harmonischer Teilschwingungen* mit den Kreisfrequenzen ω_0, $2\omega_0$, $3\omega_0$, ... Die Kreisfrequenzen der einzelnen Schwingungskomponenten sind somit stets *ganzzählige* Vielfache von ω_0, der sog. *Grundkreisfrequenz*. Die Teilschwingung mit der *kleinsten* Kreisfrequenz (ω_0) heißt *Grundschwingung*, alle übrigen Teilschwingungen werden als *Oberschwingungen* bezeichnet.

Vom *physikalischen* Standpunkt aus bedeutet die Darstellung einer nichtsinusförmigen Schwingung $y = y(t)$ durch ihre Fourier-Reihe eine *Zerlegung* der Schwingung in ihre *harmonischen Schwingungskomponenten*. Sie wird daher in den Anwendungen auch als *Fourier-Zerlegung* bezeichnet. Die „Entwicklungskoeffizienten" a_0, a_1, a_2, a_3, ..., b_1, b_2, b_3, ... heißen *Fourierkoeffizienten*.

1.2 Entwicklung einer periodischen Funktion in eine Fourier-Reihe

Bei den weiteren Überlegungen gehen wir zunächst von einer nichtsinusförmigen periodischen Funktion $f(x)$ mit der Periode $p = 2\pi$ aus (Bild II-4).

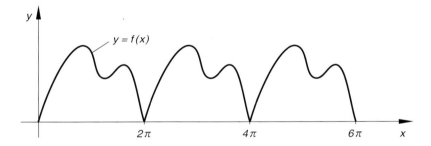

Bild II-4 Bild einer nichtsinusförmigen periodischen Funktion (Periode: $p = 2\pi$)

Sie kann unter gewissen Voraussetzungen, auf die wir später noch eingehen werden, in eine unendliche *trigonometrische Reihe* der Form

$$f(x) = \frac{a_0}{2} + \sum_{n=1}^{\infty} [a_n \cdot \cos(nx) + b_n \cdot \sin(nx)] =$$

$$= \frac{a_0}{2} + a_1 \cdot \cos x + a_2 \cdot \cos(2x) + a_3 \cdot \cos(3x) + \ldots$$

$$\ldots + b_1 \cdot \sin x + b_2 \cdot \sin(2x) + b_3 \cdot \sin(3x) + \ldots \qquad \text{(II-4)}$$

entwickelt werden. Diese Art der Darstellung heißt *Fourier-Reihe* von $f(x)$. Sie enthält neben den Sinus- und Kosinusfunktionen mit den *Kreisfrequenzen* 1, 2, 3, ... noch ein *konstantes* Glied $a_0/2$. Die Konstanten a_0, a_1, a_2, a_3, ..., b_1, b_2, b_3, ... der Entwicklung (II-4) sind die *Fourierkoeffizienten*, mit deren Berechnung wir uns jetzt beschäftigen werden.

Berechnung der Fourierkoeffizienten

Für die Berechnung der Fourierkoeffizienten werden einige Integrale benötigt, die wir in der folgenden **Tabelle 1** zusammengestellt haben.

Tabelle 1: Integrale, die für die Berechnung der Fourierkoeffizienten benötigt werden $(m, n \in \mathbb{N}^*)$

$$\int_0^{2\pi} \cos(nx)\, dx = \frac{1}{n} \left[\sin(nx)\right]_0^{2\pi} = 0$$

$$\int_0^{2\pi} \sin(nx)\, dx = -\frac{1}{n} \left[\cos(nx)\right]_0^{2\pi} = 0$$

$$\int_0^{2\pi} \cos(nx) \cdot \cos(mx)\, dx = \begin{cases} \left[\dfrac{\sin(n-m)x}{2(n-m)} + \dfrac{\sin(n+m)x}{2(n+m)}\right]_0^{2\pi} = 0 & (n \neq m) \\[3ex] \left[\dfrac{1}{2}x + \dfrac{1}{4n} \cdot \sin(2nx)\right]_0^{2\pi} = \pi & (n = m) \end{cases}$$

$$\int_0^{2\pi} \sin(nx) \cdot \cos(mx)\, dx = \begin{cases} -\left[\dfrac{\cos(n-m)x}{2(n-m)} + \dfrac{\cos(n+m)x}{2(n+m)}\right]_0^{2\pi} = 0 & (n \neq m) \\[3ex] \dfrac{1}{2n}\left[\sin^2(nx)\right]_0^{2\pi} = 0 & (n = m) \end{cases}$$

$$\int_0^{2\pi} \sin(nx) \cdot \sin(mx)\, dx = \begin{cases} \left[\dfrac{\sin(n-m)x}{2(n-m)} - \dfrac{\sin(n+m)x}{2(n+m)}\right]_0^{2\pi} = 0 & (n \neq m) \\[3ex] \left[\dfrac{1}{2}x - \dfrac{1}{4n} \cdot \sin(2nx)\right]_0^{2\pi} = \pi & (n = m) \end{cases}$$

(1) Berechnung des Fourierkoeffizienten a_0

Wir integrieren die Fourier-Reihe (II-4) *gliedweise* im Periodenintervall $(0, 2\pi)$, wobei wir die (konstanten) Fourierkoeffizienten vor das Integral ziehen:

$$\int_0^{2\pi} f(x)\, dx = \frac{a_0}{2} \cdot \int_0^{2\pi} 1\, dx + \sum_{n=1}^{\infty} \left[a_n \cdot \int_0^{2\pi} \cos(nx)\, dx + b_n \cdot \int_0^{2\pi} \sin(nx)\, dx\right]$$

$$(\text{II-5})$$

Für die einzelnen Integrale gilt dann unter Verwendung von Tabelle 1:

$$\int\limits_0^{2\pi} 1\, dx = \Big[x \Big]_0^{2\pi} = 2\pi, \quad \int\limits_0^{2\pi} \cos(nx)\, dx = 0, \quad \int\limits_0^{2\pi} \sin(nx)\, dx = 0 \qquad \text{(II-6)}$$

Gleichung (II-5) reduziert sich daher auf

$$\int\limits_0^{2\pi} f(x)\, dx = \frac{a_0}{2} \cdot 2\pi = a_0 \pi \qquad \text{(II-7)}$$

Wir erhalten damit für den Fourierkoeffizienten a_0 die Integralformel

$$a_0 = \frac{1}{\pi} \cdot \int\limits_0^{2\pi} f(x)\, dx \qquad \text{(II-8)}$$

(2) Berechnung der Fourierkoeffizienten a_n $(n = 1, 2, 3, \ldots)$

Wir multiplizieren die Fourier-Reihe (II-4) zunächst mit $\cos(mx)$ $(m \in \mathbb{N}^*)$ und integrieren anschließend wiederum gliedweise über das Periodenintervall $(0, 2\pi)$:

$$\int\limits_0^{2\pi} f(x) \cdot \cos(mx)\, dx = \frac{a_0}{2} \cdot \int\limits_0^{2\pi} \cos(mx)\, dx +$$

$$+ \sum_{n=1}^{\infty} \left[a_n \cdot \int\limits_0^{2\pi} \cos(nx) \cdot \cos(mx)\, dx + b_n \cdot \int\limits_0^{2\pi} \sin(nx) \cdot \cos(mx)\, dx \right] \qquad \text{(II-9)}$$

Die anfallenden Integrale berechnen sich nach Tabelle 1 wie folgt:

$$\int\limits_0^{2\pi} \cos(mx)\, dx = 0 \qquad \text{(II-10)}$$

Für $m \neq n$:

$$\int\limits_0^{2\pi} \cos(nx) \cdot \cos(mx)\, dx = 0, \quad \int\limits_0^{2\pi} \sin(nx) \cdot \cos(mx)\, dx = 0 \qquad \text{(II-11)}$$

Für $m = n$:

$$\int\limits_0^{2\pi} \cos(nx) \cdot \cos(mx)\, dx = \int\limits_0^{2\pi} \cos^2(nx)\, dx = \pi \qquad \text{(II-12)}$$

$$\int\limits_0^{2\pi} \sin(nx) \cdot \cos(mx)\, dx = \int\limits_0^{2\pi} \sin(nx) \cdot \cos(nx)\, dx = 0 \qquad \text{(II-13)}$$

Daher ist

$$\int\limits_0^{2\pi} f(x) \cdot \cos(mx)\, dx = \int\limits_0^{2\pi} f(x) \cdot \cos(nx)\, dx = a_n\, \pi \qquad \text{(II-14)}$$

und somit

$$a_n = \frac{1}{\pi} \cdot \int\limits_0^{2\pi} f(x) \cdot \cos(nx)\, dx \qquad \text{(II-15)}$$

(3) Berechnung der Fourierkoeffizienten b_n $(n = 1, 2, 3, \ldots)$

Die Fourier-Reihe (II-4) wird jetzt zunächst mit $\sin(mx)$ $(m \in \mathbb{N}^*)$ multipliziert und anschließend in den Grenzen von $x = 0$ bis $x = 2\pi$ integriert:

$$\int\limits_0^{2\pi} f(x) \cdot \sin(mx)\, dx = \frac{a_0}{2} \cdot \int\limits_0^{2\pi} \sin(mx)\, dx +$$

$$+ \sum_{n=1}^{\infty} \left[a_n \cdot \int\limits_0^{2\pi} \cos(nx) \cdot \sin(mx)\, dx + b_n \cdot \int\limits_0^{2\pi} \sin(nx) \cdot \sin(mx)\, dx \right] \qquad \text{(II-16)}$$

Die anfallenden Integrale werden wiederum nach Tabelle 1 berechnet:

$$\int\limits_0^{2\pi} \sin(mx)\, dx = 0 \qquad \text{(II-17)}$$

Für $m \neq n$:

$$\int\limits_0^{2\pi} \cos(nx) \cdot \sin(mx)\, dx = 0\,, \qquad \int\limits_0^{2\pi} \sin(nx) \cdot \sin(mx)\, dx = 0 \qquad \text{(II-18)}$$

Für $m = n$:

$$\int\limits_0^{2\pi} \cos(nx) \cdot \sin(mx)\, dx = \int\limits_0^{2\pi} \cos(nx) \cdot \sin(nx)\, dx = 0 \qquad \text{(II-19)}$$

$$\int\limits_0^{2\pi} \sin(nx) \cdot \sin(mx)\, dx = \int\limits_0^{2\pi} \sin^2(nx)\, dx = \pi \qquad \text{(II-20)}$$

Aus Gleichung (II-16) folgt somit

$$\int_{0}^{2\pi} f(x) \cdot \sin(mx)\, dx = \int_{0}^{2\pi} f(x) \cdot \sin(nx)\, dx = b_n \pi \qquad \text{(II-21)}$$

und hieraus schließlich

$$b_n = \frac{1}{\pi} \cdot \int_{0}^{2\pi} f(x) \cdot \sin(nx)\, dx \qquad \text{(II-22)}$$

Die Fourierkoeffizienten $a_0,\ a_1,\ a_2,\ a_3,\ \ldots,\ b_1,\ b_2,\ b_3,\ \ldots$ lassen sich demnach aus den Integralformeln (II-8), (II-15) und (II-22) berechnen.

Wir fassen die Ergebnisse wie folgt zusammen:

Fourier-Reihe einer periodischen Funktion (in reeller Form)

Eine *periodische* Funktion $f(x)$ mit der Periode $p = 2\pi$ lässt sich unter bestimmten Voraussetzungen (siehe weiter unten) in eine unendliche *trigonometrische Reihe* der Form

$$f(x) = \frac{a_0}{2} + \sum_{n=1}^{\infty} \left[a_n \cdot \cos(nx) + b_n \cdot \sin(nx) \right] \qquad \text{(II-23)}$$

entwickeln (sog. *Fourier-Reihe* von $f(x)$). Die Berechnung der *Fourierkoeffizienten* $a_0,\ a_1,\ a_2,\ a_3,\ \ldots,\ b_1,\ b_2,\ b_3,\ \ldots$ erfolgt dabei aus den Integralformeln

$$a_0 = \frac{1}{\pi} \cdot \int_{0}^{2\pi} f(x)\, dx$$

$$a_n = \frac{1}{\pi} \cdot \int_{0}^{2\pi} f(x) \cdot \cos(nx)\, dx \qquad \left. \begin{array}{c} \\ \\ \\ \end{array} \right\} \qquad \text{(II-24)}$$

$$\left. b_n = \frac{1}{\pi} \cdot \int_{0}^{2\pi} f(x) \cdot \sin(nx)\, dx \quad \right\} \quad (n = 1, 2, 3, \ldots)$$

Anmerkung

Die Fourier-Reihe einer periodischen Funktion lässt sich auch in *komplexer* Form darstellen. Wir werden im nächsten Abschnitt darauf eingehen.

Voraussetzung für die Entwicklung

Die Entwicklung einer periodischen Funktion $f(x)$ in eine *Fourier-Reihe* ist unter den folgenden Voraussetzungen möglich (sog. *Dirichletsche Bedingungen*):

1. Das Periodenintervall lässt sich in *endlich* viele Teilintervalle zerlegen, in denen $f(x)$ *stetig* und *monoton* ist.

2. In den *Unstetigkeitsstellen* (es kommen nur Sprungunstetigkeiten mit endlichen Sprüngen in Frage) existiert sowohl der links- als auch der rechtsseitige Grenzwert.

Unter diesen Voraussetzungen konvergiert die Fourier-Reihe von $f(x)$ für *alle* $x \in \mathbb{R}$. In den *Stetigkeitsstellen* von $f(x)$ stimmt die Reihe mit der Funktion $f(x)$ überein, während sie in den *Sprungstellen* das *arithmetische Mittel* aus dem links- und rechtsseitigen Grenzwert der Funktion liefert. So besitzt beispielsweise die Fourier-Reihe der in Bild II-5 skizzierten *Kippschwingung* in den Unstetigkeitsstellen (Sprungstellen) $x_k = k \cdot 2\pi$ (mit $k = 0, \pm 1, \pm 2, \ldots$) den Funktionswert $(4 + 0)/2 = 2$.

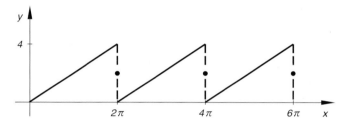

Bild II-5 „Kippschwingung" mit den Sprungstellen $x_k = k \cdot 2\pi$ (mit $k = 0, \pm 1, \pm 2, \ldots$)

Symmetriebetrachtungen

Die Fourier-Reihe einer *geraden* Funktion $f(x)$ enthält nur *gerade* Reihenglieder, d. h. neben dem *konstanten* Glied nur *Kosinusglieder* ($b_n = 0$ für $n = 1, 2, 3, \ldots$):

$$f(x) = \frac{a_0}{2} + \sum_{n=1}^{\infty} a_n \cdot \cos(nx) \tag{II-25}$$

Die Fourier-Reihe einer *ungeraden* Funktion $f(x)$ enthält dagegen nur *ungerade* Reihenglieder, d. h. ausschließlich *Sinusglieder* ($a_n = 0$ für $n = 0, 1, 2, \ldots$):

$$f(x) = \sum_{n=1}^{\infty} b_n \cdot \sin(nx) \tag{II-26}$$

Anmerkungen

(1) Die Integration darf über ein *beliebiges* Periodenintervall der Länge 2π erstreckt werden (beispielsweise auch über das Intervall $(-\pi, \pi)$).

(2) Durch *Abbruch* der Fourier-Reihe (II-23) nach *endlich* vielen Gliedern erhält man eine Näherungsfunktion für $f(x)$ in Form einer *trigonometrischen Reihe*. Ähnlich wie bei den Potenzreihen gilt auch hier: Je *mehr* Glieder berücksichtigt werden, um so *besser* ist die Näherung (siehe hierzu das nachfolgende Beispiel).

(3)   Die Fourier-Entwicklung ist keineswegs auf periodische Funktionen mit der Periode
       2π beschränkt. Sie lässt sich auch auf periodische Funktionen mit *beliebiger* Peri-
       ode p ausdehnen. Diesen *allgemeinen* Fall behandeln wir im folgenden Abschnitt
       im Zusammenhang mit der Zerlegung einer nichtsinusförmigen Schwingung in ihre
       harmonischen Schwingungskomponenten. Der *allgemeine* Fall kann jedoch stets (mit
       Hilfe einer geeigneten Substitution) auf den hier dargestellten *speziellen* Fall der
       Fourier-Entwicklung einer Funktion mit der Periode 2π zurückgeführt werden.

■   **Beispiel**

Wir entwickeln die in Bild II-6 dargestellte *Rechteckkurve* mit der Funktionsgleichung

$$f(x) = \begin{cases} 1 & 0 \leq x \leq \pi \\ & \text{für} \\ -1 & \pi < x < 2\pi \end{cases}$$

und der Periode $p = 2\pi$ in eine Fourier-Reihe.

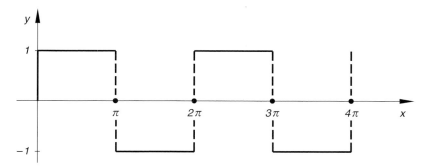

Bild II-6 Rechteckkurve (Rechteckimpuls)

Da $f(x)$ eine *ungerade* Funktion ist, reduziert sich ihre Entwicklung auf

$$f(x) = \sum_{n=1}^{\infty} b_n \cdot \sin(nx)$$

(nur Sinusglieder). Die Berechnung der Fourierkoeffizienten b_n geschieht nach der Formel (II-24), wobei wir die Integration abschnittsweise durchführen müssen:

$$b_n = \frac{1}{\pi} \cdot \int_0^{2\pi} f(x) \cdot \sin(nx)\, dx = \frac{1}{\pi} \left[\int_0^{\pi} 1 \cdot \sin(nx)\, dx + \int_{\pi}^{2\pi} (-1) \cdot \sin(nx)\, dx \right] =$$

$$= \frac{1}{\pi} \left[\int_0^{\pi} \sin(nx)\, dx - \int_{\pi}^{2\pi} \sin(nx)\, dx \right] =$$

$$= \frac{1}{\pi} \left[\left[-\frac{1}{n} \cdot \cos(nx) \right]_0^\pi - \left[-\frac{1}{n} \cdot \cos(nx) \right]_\pi^{2\pi} \right] =$$

$$= \frac{1}{n\pi} \left[\left[-\cos(nx) \right]_0^\pi + \left[\cos(nx) \right]_\pi^{2\pi} \right] =$$

$$= \frac{1}{n\pi} \left[-\cos(n\pi) + \underbrace{\cos 0}_{1} + \underbrace{\cos(n\,2\pi)}_{1} - \cos(n\pi) \right] =$$

$$= \frac{1}{n\pi} \left[2 - 2 \cdot \cos(n\pi) \right] = \frac{2}{n\pi} \left[1 - \cos(n\pi) \right]$$

Der Wert des Summanden $\cos(n\pi)$ hängt dabei noch davon ab, ob n *gerade* oder *ungerade* ist (Fallunterscheidung):

$$\cos(n\pi) = \begin{cases} 1 \\ -1 \end{cases} \text{für} \quad \begin{array}{l} n = \text{gerade, d.\,h. } n = 2, 4, 6, \ldots \\ n = \text{ungerade, d.\,h. } n = 1, 3, 5, \ldots \end{array}$$

Die Fourierkoeffizienten *verschwinden* daher für *gerades* n, d.\,h. für $n = 2k$ ($k \in \mathbb{N}^*$):

$$b_{2k} = \frac{2}{2k\pi}(1 - 1) = 0$$

Für *ungerades* n, d.\,h. für $n = 2k - 1$ ($k \in \mathbb{N}^*$) besitzen die Fourierkoeffizienten dagegen den Wert

$$b_{2k-1} = \frac{2}{(2k-1)\pi}(1 + 1) = \frac{4}{(2k-1)\pi} = \frac{4}{\pi} \cdot \frac{1}{2k-1}$$

Die *Fourier-Reihe* der *Rechteckkurve* besitzt damit die Gestalt

$$f(x) = \sum_{k=1}^{\infty} \frac{4}{\pi} \cdot \frac{1}{2k-1} \cdot \sin(2k-1)x = \frac{4}{\pi} \cdot \sum_{k=1}^{\infty} \frac{\sin(2k-1)x}{2k-1} =$$

$$= \frac{4}{\pi} \left[\sin x + \frac{1}{3} \cdot \sin(3x) + \frac{1}{5} \cdot \sin(5x) + \ldots \right]$$

Durch *Abbruch* dieser Reihe nach dem 1., 2. bzw. 3. Glied erhalten wir die folgenden *Näherungsfunktionen*:

1. Näherung: $\quad f_1(x) = \frac{4}{\pi} \cdot \sin x$

2. Näherung: $\quad f_2(x) = \frac{4}{\pi} \left[\sin x + \frac{1}{3} \cdot \sin(3x) \right]$

3. Näherung: $\quad f_3(x) = \frac{4}{\pi} \left[\sin x + \frac{1}{3} \cdot \sin(3x) + \frac{1}{5} \cdot \sin(5x) \right]$

Bild II-7, a) bis c) zeigt den Verlauf dieser Näherungskurven im direkten Vergleich mit der Rechteckkurve. Die Approximation wird dabei (erwartungsgemäß) mit zunehmender Anzahl der Glieder immer besser.

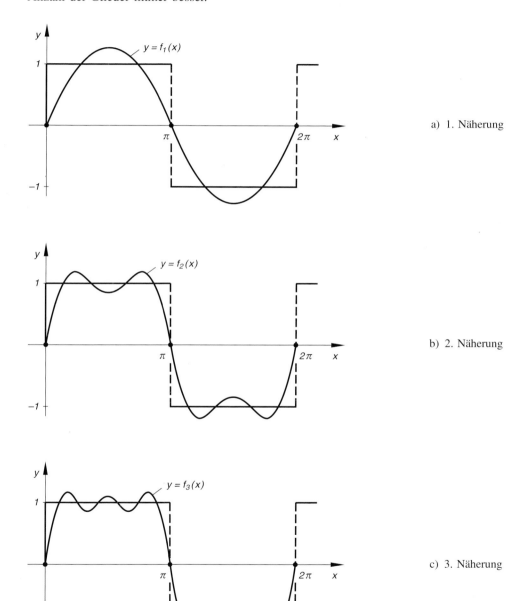

a) 1. Näherung

b) 2. Näherung

c) 3. Näherung

Bild II-7 Näherungsfunktionen der Rechteckkurve

Bild II-8 zeigt die Rechteckkurve und ihre ersten drei Näherungskurven.

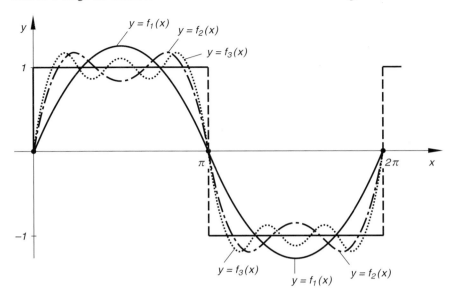

Bild II-8 Rechteckkurve im direkten Vergleich mit ihren ersten drei Näherungsfunktionen

■

1.3 Komplexe Darstellung der Fourier-Reihe

Die Fourier-Reihe einer periodischen Funktion mit der Periode $p = 2\pi$ lässt sich auch in *komplexer Form* darstellen. Bei der Herleitung dieser Darstellungsform gehen wir zunächst von der *reellen* Form (II-23) aus und ersetzen in dieser die trigonometrischen Funktionen $\cos(nx)$ und $\sin(nx)$ mit Hilfe der *komplexen* e-Funktion wie folgt [3]:

$$\cos(nx) = \frac{1}{2}\left(e^{jnx} + e^{-jnx}\right) \tag{II-27}$$

$$\sin(nx) = \frac{1}{2j}\left(e^{jnx} - e^{-jnx}\right) = -\frac{1}{2}j\left(e^{jnx} - e^{-jnx}\right) \tag{II-28}$$

Die relle Form (II-23) geht dann über in

$$f(x) = \frac{a_0}{2} + \sum_{n=1}^{\infty}\left[\frac{1}{2}a_n\left(e^{jnx} + e^{-jnx}\right) - \frac{1}{2}jb_n\left(e^{jnx} - e^{-jnx}\right)\right] \tag{II-29}$$

---

[3] Diese Beziehungen erhält man aus den Eulerschen Formeln $e^{j\varphi} = \cos\varphi + j \cdot \sin\varphi$ und $e^{-j\varphi} = \cos\varphi - j \cdot \sin\varphi$ durch Addition bzw. Subtraktion der beiden Gleichungen (mit $\varphi = nx$).

Der unter dem Summenzeichen stehende Ausdruck kann noch vereinfacht werden:

$$\frac{1}{2} a_n \cdot e^{jnx} + \frac{1}{2} a_n \cdot e^{-jnx} - \frac{1}{2} j b_n \cdot e^{jnx} + \frac{1}{2} j b_n \cdot e^{-jnx} =$$

$$= \left(\frac{1}{2} a_n - \frac{1}{2} j b_n \right) \cdot e^{jnx} + \left(\frac{1}{2} a_n + \frac{1}{2} j b_n \right) \cdot e^{-jnx} =$$

$$= \frac{1}{2} (a_n - j b_n) \cdot e^{jnx} + \frac{1}{2} (a_n + j b_n) \cdot e^{-jnx} \qquad \text{(II-30)}$$

Einsetzen in Gleichung (II-29) und Aufspalten der Summe in zwei Teilsummen ergibt dann:

$$f(x) = \frac{a_0}{2} + \sum_{n=1}^{\infty} \frac{1}{2} (a_n - j b_n) \cdot e^{jnx} + \sum_{n=1}^{\infty} \frac{1}{2} (a_n + j b_n) \cdot e^{-jnx} \qquad \text{(II-31)}$$

Mit den Abkürzungen

$$c_0 = \frac{a_0}{2}, \qquad c_n = \frac{1}{2} (a_n - j b_n), \qquad c_{-n} = \frac{1}{2} (a_n + j b_n) \qquad \text{(II-32)}$$

erhalten wir schließlich [4]:

$$f(x) = c_0 + \sum_{n=1}^{\infty} c_n \cdot e^{jnx} + \sum_{n=1}^{\infty} c_{-n} \cdot e^{-jnx} \qquad \text{(II-33)}$$

In der 2. Summe setzen wir vorübergehend $k = -n$ und somit $n = -k$. Der neue Summationsindex k läuft dann von $k = -1$ bis hin zu $k = -\infty$:

$$f(x) = c_0 + \sum_{n=1}^{\infty} c_n \cdot e^{jnx} + \sum_{k=-1}^{-\infty} c_k \cdot e^{jkx} \qquad \text{(II-34)}$$

Da die Bezeichnung des Summationsindex ohne jede Bedeutung ist, ersetzen wir in der 2. Summe k durch n und erhalten:

$$f(x) = c_0 + \sum_{n=1}^{\infty} c_n \cdot e^{jnx} + \sum_{n=-1}^{-\infty} c_n \cdot e^{jnx} \qquad \text{(II-35)}$$

Da e^{jnx} für $n = 0$ den Wert $e^{j0x} = e^0 = 1$ annimmt, lässt sich der konstante Summand c_0 in der Darstellung (II-35) auch in der Form

$$c_0 = c_0 \cdot e^{j0x} \qquad \text{(II-36)}$$

schreiben und wir können diesen Summand und die beiden Teilsummen zu *einer* unendlichen Summe zusammenfassen, wobei der Summationsindex n alle Werte von $-\infty$ über 0 bis $+\infty$ durchläuft:

---

[4] Man beachte: c_{-n} und c_n sind zueinander *konjugiert komplex*: $c_{-n} = c_n^*$.

$$f(x) = c_0 \cdot e^{j0x} + \sum_{n=1}^{\infty} c_n \cdot e^{jnx} + \sum_{n=-1}^{-\infty} c_n \cdot e^{jnx} =$$

$$= \underbrace{\sum_{n=-1}^{-\infty} c_n \cdot e^{jnx}}_{n = -\infty \text{ bis } -1} + \underbrace{c_0 \cdot e^{j0x}}_{n = 0} + \underbrace{\sum_{n=1}^{\infty} c_n \cdot e^{jnx}}_{n = 1 \text{ bis } \infty} = \sum_{n=-\infty}^{\infty} c_n \cdot e^{jnx}$$

$$\text{(II-37)}$$

Berechnung der komplexen Fourierkoeffizienten c_n   ($n = 0, \pm 1, \pm 2, \dots$)

Wir wollen jetzt eine Formel für die *Berechnung* der komplexen Fourierkoeffizienten c_n herleiten. Aus diesem Grund multiplizieren wir die Gleichung (II-37) beiderseits mit e^{-jmx} und integrieren dann *gliedweise* über das Periodenintervall, d. h. von $x = 0$ bis hin zu $x = 2\pi$:

$$\int_0^{2\pi} f(x) \cdot e^{-jmx} \, dx = \int_0^{2\pi} \left(\sum_{n=-\infty}^{\infty} c_n \cdot e^{jnx} \right) \cdot e^{-jmx} \, dx =$$

$$= \sum_{n=-\infty}^{\infty} \int_0^{2\pi} c_n \cdot e^{jnx} \cdot e^{-jmx} \, dx = \sum_{n=-\infty}^{\infty} c_n \cdot \int_0^{2\pi} e^{j(n-m)x} \, dx =$$

$$= \sum_{n=-\infty}^{\infty} c_n \cdot \int_0^{2\pi} e^{jkx} \, dx \qquad \text{(II-38)}$$

(mit $k = n - m$). Bei der Auswertung des unter dem Summenzeichen stehenden Integrals sind die Fälle $k = 0$ und $k \neq 0$ zu unterscheiden.

1. Fall: $k = 0$,   d. h. $m = n$

$$\int_0^{2\pi} e^{j0x} \, dx = \int_0^{2\pi} 1 \, dx = \left[x \right]_0^{2\pi} = 2\pi - 0 = 2\pi \qquad \text{(II-39)}$$

2. Fall: $k \neq 0$,   d. h. $m \neq n$

$$\int_0^{2\pi} e^{jkx} \, dx = \left[\frac{e^{jkx}}{jk} \right]_0^{2\pi} = \frac{e^{jk2\pi} - e^0}{jk} = \frac{e^{jk2\pi} - 1}{jk} \qquad \text{(II-40)}$$

Mit der *Eulerschen Formel* lässt sich $e^{jk2\pi}$ wie folgt berechnen:

$$e^{jk2\pi} = \cos(k2\pi) + j \cdot \sin(k2\pi) = \underbrace{\cos 0}_{1} + j \cdot \underbrace{\sin 0}_{0} = 1 \qquad \text{(II-41)}$$

$$(\cos(k2\pi) = \cos 0 = 1 \quad \text{und} \quad \sin(k2\pi) = \sin 0 = 0)$$

Das Integral (II-40) *verschwindet* daher für $k \neq 0$:

$$\int_{0}^{2\pi} e^{jkx} \, dx = \frac{e^{jk2\pi} - 1}{jk} = \frac{1-1}{jk} = 0 \qquad \text{(II-42)}$$

Somit gilt:

$$\int_{0}^{2\pi} e^{j(n-m)} \, dx = \begin{cases} 2\pi & m = n \\ & \text{für} \\ 0 & m \neq n \end{cases} \qquad \text{(II-43)}$$

In der Gleichung (II-38) verschwinden daher alle Summanden der rechten Seite bis auf den Summand für $m = n$. Daher gilt:

$$\int_{0}^{2\pi} f(x) \cdot e^{-jnx} \, dx = c_n \cdot 2\pi \qquad \text{(II-44)}$$

Daraus erhalten wir die gesuchte *Integralformel* für die Berechnung der komplexen Fourier-Koeffizienten:

$$c_n = \frac{1}{2\pi} \cdot \int_{0}^{2\pi} f(x) \cdot e^{-jnx} \, dx \qquad \text{(II-45)}$$

Wir fassen das Ergebniss kurz zusammen:

Komplexe Darstellung der Fourier-Reihe einer periodischen Funktion $f(x)$ mit der Periode $p = 2\pi$

$$f(x) = \sum_{n=-\infty}^{\infty} c_n \cdot e^{jnx} \qquad \text{(II-46)}$$

Die Berechnung der komplexen Fourier-Koeffizienten c_n erfolgt mit der *Integralformel*

$$c_n = \frac{1}{2\pi} \cdot \int_{0}^{2\pi} f(x) \cdot e^{-jnx} \, dx \qquad (n = 0, \pm 1, \pm 2, \ldots) \qquad \text{(II-47)}$$

Anmerkungen

(1) Die Berechnung der Fourier-Koeffizienten ist im *Komplexen* meist einfacher als im Reellen, da in der Integralformel (II-47) keine trigonometrischen Funktionen mehr auftreten.

(2)   In der *komplexen* Darstellung (II-46) wird die periodische Funktion $f(x)$ in *komplexe Teilschwingungen* vom Typ e^{jnx} zerlegt, die sich nach der Eulerschen Formel als *komplexe Linearkombinationen gleichfrequenter* Kosinus- und Sinusschwingungen erweisen:

$$e^{jnx} = \cos(nx) + j \cdot \sin(nx) \tag{II-48}$$

1.4 Übergang von der komplexen zur reellen Darstellungsform

Der *Zusammenhang* zwischen den *reellen* Fourier-Koeffizienten a_n, b_n und den *komplexen* Fourier-Koeffizienten c_n ist durch die Gleichungen (II-32) gegeben. Aus ihnen gewinnen wir für die *reellen* Koeffizienten folgende *Umrechnungsformeln*:

$$a_0 = 2c_0 \tag{II-49}$$

$$c_n + c_{-n} = c_n + c_n^* = \frac{1}{2}(a_n - jb_n) + \frac{1}{2}(a_n + jb_n) =$$

$$= \frac{1}{2}(a_n - jb_n + a_n + jb_n) = \frac{1}{2}(2a_n) = a_n \tag{II-50}$$

$$c_n - c_{-n} = c_n - c_n^* = \frac{1}{2}(a_n - jb_n) - \frac{1}{2}(a_n + jb_n) =$$

$$= \frac{1}{2}(a_n - jb_n - a_n - jb_n) = \frac{1}{2}(-2jb_n) = -jb_n \tag{II-51}$$

Die letzte Gleichung multiplizieren wir mit j und beachten dabei, dass $j^2 = -1$ ist:

$$j(c_n - c_{-n}) = j(c_n - c_n^*) = -j^2 \cdot b_n = -(-1) \cdot b_n = b_n \tag{II-52}$$

Damit ergeben sich folgende Umrechnungen zwischen den Fourier-Koeffizienten der reellen und der komplexen Fourier-Zerlegung:

Zusammenhang zwischen den reellen und den komplexen Fourier-Koeffizienten

1. Übergang von der reellen zur komplexen Form ($n \in \mathbb{N}^*$)

$$c_0 = \frac{1}{2}a_0, \qquad c_n = \frac{1}{2}(a_n - jb_n), \qquad c_{-n} = c_n^* = \frac{1}{2}(a_n + jb_n) \tag{II-53}$$

2. Übergang von der komplexen zur reellen Form ($n \in \mathbb{N}^*$)

$$a_0 = 2c_0, \qquad a_n = c_n + c_{-n} = c_n + c_n^*,$$

$$b_n = j(c_n - c_{-n}) = j(c_n - c_n^*) \tag{II-54}$$

■ **Beispiel**

Im vorherigen Abschnitt haben wir die *Rechteckkurve* mit der Funktionsgleichung

$$f(x) = \begin{cases} 1 & 0 \le x \le \pi \\ & \text{für} \\ -1 & \pi < x < 2\pi \end{cases}$$

und der Periode $p = 2\pi$ in eine *reelle* Fourier-Reihe entwickelt (siehe hierzu auch Bild II-6). Jetzt interessieren wir uns nur für die *komplexe* Darstellung, wobei wir (da die reelle Darstellung *bekannt* ist) zwei verschiedene Möglichkeiten haben, die *komplexen* Fourierkoeffizienten c_n zu bestimmen.

1. Lösungweg: Berechnung der komplexen Fourier-Koeffizienten c_n aus den (als bekannt vorausgesetzten) *reellen* Koeffizienten

$$a_n = 0 \quad \text{und} \quad b_n = \begin{cases} 0 & n = \text{gerade} \\ & \text{für} \\ \dfrac{4}{\pi} \cdot \dfrac{1}{n} & n = \text{ungerade} \end{cases}$$

(die reelle Entwicklung enthält nur *Sinusterme* mit *ungeradem* Index). Aus den Umrechnungsbeziehungen (II-53) folgt dann:

$$c_0 = \frac{1}{2} a_0 = \frac{1}{2} \cdot 0 = 0$$

Da *alle* Koeffizienten a_n sowie die *geraden* Koeffizienten b_n *verschwinden*, können nur die *ungeraden* komplexen Koeffizienten c_n von Null verschieden sein:

$$c_n = 0 \quad \text{für} \quad n = \text{gerade}$$

$$c_n = \frac{1}{2} (a_n - \mathrm{j} b_n) = \frac{1}{2} \left(0 - \mathrm{j} \cdot \frac{4}{\pi} \cdot \frac{1}{n} \right) = -\frac{2\mathrm{j}}{\pi} \cdot \frac{1}{n} \quad \text{für} \quad n = \text{ungerade}$$

Somit gilt für jedes $k \in \mathbb{N}^*$:

$$c_{2k} = 0, \quad c_{2k-1} = -\frac{2\mathrm{j}}{\pi} \cdot \frac{1}{2k-1}$$

Die *komplexe* Darstellung der Rechteckkurve lautet damit:

$$f(x) = -\frac{2\mathrm{j}}{\pi} \cdot \sum_{k=-\infty}^{\infty} \frac{1}{2k-1} \cdot \mathrm{e}^{\mathrm{j}(2k-1)x} = -\frac{2\mathrm{j}}{\pi} \cdot \sum_{k=-\infty}^{\infty} \frac{\mathrm{e}^{\mathrm{j}(2k-1)x}}{2k-1}$$

2. Lösungsweg: Berechnung der komplexen Fourier-Koeffizienten c_n auf *direktem* Wege über die *Integralformel* (II-47):

$$c_n = \frac{1}{2\pi} \cdot \int_0^{2\pi} f(x) \cdot e^{-jnx}\, dx =$$

$$= \frac{1}{2\pi} \left\{ \int_0^{\pi} 1 \cdot e^{-jnx}\, dx + \int_{\pi}^{2\pi} (-1) \cdot e^{-jnx}\, dx \right\} =$$

$$= \frac{1}{2\pi} \left\{ \int_0^{\pi} e^{-jnx}\, dx - \int_{\pi}^{2\pi} e^{-jnx}\, dx \right\}$$

Die Auswertung der beiden Teilintegrale erfolgt mit der *Integraltafel*, wobei die Fälle $n = 0$ und $n \neq 0$ zu unterscheiden sind (das 2. Integral ist ein *uneigentliches* Integral wegen der Sprungstellen bei π und 2π):

1. Fall: $n = 0$

$$c_0 = \frac{1}{2\pi} \left\{ \int_0^{\pi} e^0\, dx - \int_{\pi}^{2\pi} e^0\, dx \right\} = \frac{1}{2\pi} \left\{ \int_0^{\pi} 1\, dx - \int_{\pi}^{2\pi} 1\, dx \right\} =$$

$$= \frac{1}{2\pi} \left\{ \left[x \right]_0^{\pi} - \left[x \right]_{\pi}^{2\pi} \right\} = \frac{1}{2\pi} \left\{ (\pi - 0) - (2\pi - \pi) \right\} =$$

$$= \frac{1}{2\pi} (\pi - \pi) = 0$$

2. Fall: $n \neq 0$

$$c_n = \frac{1}{2\pi} \left\{ \int_0^{\pi} e^{-jnx}\, dx - \int_{\pi}^{2\pi} e^{-jnx}\, dx \right\} = \frac{1}{2\pi} \left\{ \left[\frac{e^{-jnx}}{-jn} \right]_0^{\pi} - \left[\frac{e^{-jnx}}{-jn} \right]_{\pi}^{2\pi} \right\} =$$

$$= -\frac{1}{2\pi jn} \left\{ \left[e^{-jnx} \right]_0^{\pi} - \left[e^{-jnx} \right]_{\pi}^{2\pi} \right\} =$$

$$= -\frac{1}{2\pi j n} \{e^{-jn\pi} - e^0 - (e^{-jn2\pi} - e^{-jn\pi})\} =$$

$$= -\frac{1}{2\pi j n} (e^{-jn\pi} - 1 - e^{-jn2\pi} + e^{-jn\pi}) =$$

$$= -\frac{1}{2\pi j n} (2 \cdot e^{-jn\pi} - e^{-jn2\pi} - 1) = \frac{j}{2\pi n} (2 \cdot e^{-jn\pi} - e^{-jn2\pi} - 1)$$

(nach Erweitern mit j unter Beachtung von $j^2 = -1$)

Mit der *Eulerschen Formel* berechnen wir die Werte der in der Klammer stehenden Summanden:

$$e^{-jn\pi} = \cos(n\pi) - j \cdot \underbrace{\sin(n\pi)}_{0} = \cos(n\pi) = \begin{cases} 1 & n = \text{gerade} \\ & \text{für} \\ -1 & n = \text{ungerade} \end{cases}$$

$$e^{-jn2\pi} = \underbrace{\cos(n2\pi)}_{1} - j \cdot \underbrace{\sin(n2\pi)}_{0} = 1 - j \cdot 0 = 1$$

Somit müssen wir noch die Fälle $n = 2k$ (*gerades n*) und $n = 2k - 1$ (*ungerades n*) unterscheiden:

$$c_{n=2k} = c_{2k} = \frac{j}{2\pi(2k)} (2 \cdot 1 - 1 - 1) = \frac{j}{4\pi k} (2 - 2) = 0$$

$$c_{n=2k-1} = c_{2k-1} = \frac{j}{2\pi(2k-1)} (2 \cdot (-1) - 1 - 1) =$$

$$= \frac{j}{2\pi(2k-1)} \cdot (-4) = \frac{-2j}{\pi(2k-1)} = -\frac{2j}{\pi} \cdot \frac{1}{2k-1}$$

Es treten nur *ungerade* Fourier-Koeffizienten auf (in völliger Übereinstimmung mit dem Ergebnis des 1. Lösungsweges). ∎

2 Anwendungen

2.1 Fourier-Zerlegung einer Schwingung (harmonische Analyse)

Wir betrachten einen *nichtsinusförmigen* Schwingungsvorgang $y = y(t)$ mit der Schwingungsdauer T und der Kreisfrequenz $\omega_0 = 2\pi / T$ (Bild II-9):

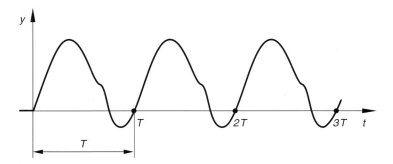

Bild II-9 Nichtsinusförmiger Schwingungsvorgang

Die *zeitabhängige periodische* Funktion $y(t)$ lässt sich dann unter den bekannten Voraussetzungen [5] in eine *Fourier-Reihe* vom Typ

$$y(t) = \frac{a_0}{2} + \sum_{n=1}^{\infty} \left[a_n \cdot \cos(n\omega_0 t) + b_n \cdot \sin(n\omega_0 t) \right] =$$

$$= \frac{a_0}{2} + a_1 \cdot \cos(\omega_0 t) + a_2 \cdot \cos(2\omega_0 t) + a_3 \cdot \cos(3\omega_0 t) + \dots$$

$$\dots + b_1 \cdot \sin(\omega_0 t) + b_2 \cdot \sin(2\omega_0 t) + b_3 \cdot \sin(3\omega_0 t) + \dots$$

$$(\text{II-55})$$

entwickeln. Diese Entwicklung in unendlich viele *Sinus-* und *Kosinusfunktionen* bedeutet aus physikalischer Sicht eine *Zerlegung* der Schwingung $y(t)$ in ihre *harmonischen Bestandteile*, auch Schwingungskomponenten genannt. Sie bestehen aus der *Grundschwingung* mit der Grundkreisfrequenz ω_0 und den *harmonischen Oberschwingen*, deren Kreisfrequenzen *ganzzahlige* Vielfache der Grundkreisfrequenz sind: $2\omega_0$, $3\omega_0, 4\omega_0, \dots$. Bringen wir umgekehrt Grundschwingung und Oberschwingungen zur *ungestörten Überlagerung*, so erhalten wir als *Resultierende* genau die Schwingung $y = y(t)$ (*Superpositionsprinzip* der Physik). Die Fourier-Koeffizienten a_0, a_1, a_2, a_3, ..., b_1, b_2, b_3, ... bestimmen dabei die *Amplituden* der harmonischen Teilschwingungen und somit letztlich deren *Anteile* an der Gesamtschwingung.

---

[5] $y(t)$ muss im Periodenintervall die *Dirichletschen* Bedingungen erfüllen.

Die als *harmonische Analyse* oder auch *Fourier-Analyse* bezeichnete *Zerlegung* einer nichtsinusförmigen Schwingung $y = y(t)$ in *Grundschwingung* und *harmonische Oberschwingungen* läuft somit auf die Bestimmung der Fourier-Koeffizienten in der Entwicklung (II-55) hinaus. Sie können mit Hilfe der folgenden Integralformeln berechnet werden:

Fourier-Zerlegung einer nichtsinusförmigen Schwingung (in reeller Form)

Ein *nichtsinusförmiger* Schwingungsvorgang $y = y(t)$ mit der Kreisfrequenz ω_0 und der Schwingungsdauer (Periodendauer) $T = 2\pi / \omega_0$ kann wie folgt nach *Fourier* in seine harmonischen Bestandteile (*Grundschwingung* und *Oberschwingungen*) zerlegt werden:

$$y(t) = \frac{a_0}{2} + \sum_{n=1}^{\infty} [a_n \cdot \cos(n\omega_0 t) + b_n \cdot \sin(n\omega_0 t)] \qquad \text{(II-56)}$$

Dabei bedeuten:

ω_0:   Kreisfrequenz der *Grundschwingung*

$n\omega_0$: Kreisfrequenzen der *harmonischen Oberschwingungen* $(n = 2, 3, 4, \ldots)$

Die Fourier-Koeffizienten dieser Zerlegung werden dabei aus den Integralformeln

$$a_0 = \frac{2}{T} \cdot \int\limits_{(T)} y(t)\, dt$$

$$\left. \begin{aligned} a_n &= \frac{2}{T} \cdot \int\limits_{(T)} y(t) \cdot \cos(n\omega_0 t)\, dt \\[2em] b_n &= \frac{2}{T} \cdot \int\limits_{(T)} y(t) \cdot \sin(n\omega_0 t)\, dt \end{aligned} \right\} \quad (n = 1, 2, 3, \ldots) \qquad \text{(II-57)}$$

berechnet.

Anmerkungen

(1)   Das Symbol (T) unter dem Integralzeichen bedeutet, dass die Integration über ein (beliebiges) *Periodenintervall* der Länge T zu erstrecken ist.

(2)   Die Berechnung des Koeffizienten a_0 ist auch mit der Formel (II-57) für $n = 0$ möglich, da $\cos(0\,\omega_0 t) = \cos 0 = 1$ ist.

(3)   Ein Beispiel folgt in Abschnitt 2.3.

Die in der Fourier-Zerlegung (II-56) auftretenden *gleichfrequenten* Kosinus- und Sinus-schwingungen können z. B. mit Hilfe des *Zeigerdiagramms* [6] zu einer *phasenverschobe-nen Sinusschwingung* zusammengeführt werden (siehe Bild II-10):

$$a_n \cdot \cos(n\omega_0 t) + b_n \cdot \sin(n\omega_0 t) = A_n \cdot \sin(n\omega_0 t + \varphi_n) \qquad \text{(II-58)}$$

(A_n: Amplitude; φ_n: Nullphasenwinkel; $n = 1, 2, 3, \ldots$).

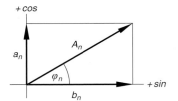

$$A_n^2 = a_n^2 + b_n^2, \qquad \tan\varphi_n = \frac{a_n}{b_n}$$

Bild II-10

Dies führt zu der folgenden Darstellung der Fourier-Reihe durch phasenverschobene Sinusschwingungen:

Fourier-Zerlegung einer nichtsinusförmigen Schwingung $y(t)$ in phasenver-schobene Sinusschwingungen

$$y(t) = \frac{a_0}{2} + \sum_{n=1}^{\infty} [a_n \cdot \cos(n\omega_0 t) + b_n \cdot \sin(n\omega_0 t)] =$$

$$= A_0 + \sum_{n=1}^{\infty} A_n \cdot \sin(n\omega_0 t + \varphi_n) =$$

$$= \sum_{n=0}^{\infty} A_n \cdot \sin(n\omega_0 t + \varphi_n) \qquad \text{(II-59)}$$

Zusammenhang zwischen a_n, b_n und A_n, φ_n (siehe hierzu auch Bild II-10):

$$A_0 = \frac{a_0}{2}, \qquad \varphi_0 = \frac{\pi}{2}$$

$$\qquad\qquad\qquad\qquad\qquad\qquad\qquad\qquad\qquad \text{(II-60)}$$

$$A_n = \sqrt{a_n^2 + b_n^2}, \qquad \tan\varphi_n = \frac{a_n}{b_n}$$

Bezeichnungen

A_n: Amplitudenspektrum

φ_n: Phasenspektrum

---

[6] Die Darstellung von harmonischen Schwingungen im Zeigerdiagramm wurde ausführlich in Band 1 behandelt (Kap. III, Abschnitt 9.5).

Anmerkungen

(1) Dem *konstanten* Anteil $A_0 = a_0/2$ wird die Kreisfrequenz $\omega = 0$ und der Nullphasenwinkel $\varphi_0 = \pi/2$ zugeordnet (der Schwingungsanteil $A_n \cdot \sin(n\omega_0 t + \varphi_n)$ hat dann für $n = 0$ den richtigen Wert $a_0/2$).

(2) Amplituden- und Phasenspektrum sind *Linienspektren* (nur *diskrete* Werte von ω sind möglich: $\omega = n\omega_0$ mit $n = 0, 1, 2, \ldots$).

Fourier-Analyse in komplexer Form

Die *Fourier-Analyse* einer nichtsinusförmigen Schwingung $y = y(t)$ lässt sich auch in *komplexer* Form durchführen:

Fourier-Zerlegung einer nichtsinusförmigen Schwingung $y = y(t)$ in komplexer Form

$$y(t) = \sum_{n=-\infty}^{\infty} c_n \cdot e^{jn\omega_0 t} \qquad \text{(II-61)}$$

Die *Berechnung* der komplexen Fourierkoeffizienten c_n erfolgt mit der *Integralformel*

$$c_n = \frac{1}{T} \cdot \int_0^T y(t) \cdot e^{-jn\omega_0 t}\, dt \qquad \text{(II-62)}$$

Dabei bedeuten:

ω_0: Kreisfrequenz der Schwingung

T: Schwingungs- oder Periodendauer $(T = 2\pi/\omega_0)$

Anmerkungen

(1) Das Spektrum $|c_n|$ ist eine Funktion der *diskreten* Variablen n bzw. $n\omega_0$ (*Linienspektrum*).

(2) Die *Umrechnung* zwischen der *reellen* und der *komplexen* Darstellungsform erfolgt über die Gleichungen (II-53) bzw. (II-54).

2.2 Zusammenstellung wichtiger Fourier-Reihen (Tabelle)

In Tabelle 2 haben wir die Fourier-Reihen einiger in den Anwendungen besonders wichtiger periodischer Funktionen (Impulse) mit der Perioden- oder Schwingungsdauer T zusammengestellt.

Tabelle 2: Fourier-Reihen einiger besonders wichtiger periodischer Funktionen
(T: Perioden- oder Schwingungsdauer)

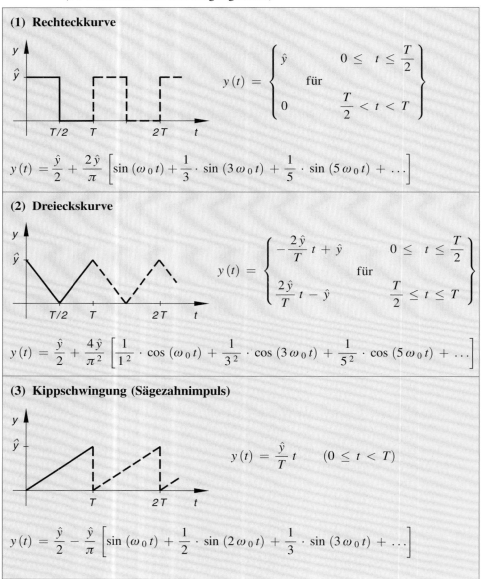

(1) Rechteckkurve

$$y(t) = \begin{cases} \hat{y} & 0 \le t \le \dfrac{T}{2} \\[2mm] & \text{für} \\[2mm] 0 & \dfrac{T}{2} < t < T \end{cases}$$

$$y(t) = \frac{\hat{y}}{2} + \frac{2\hat{y}}{\pi}\left[\sin(\omega_0 t) + \frac{1}{3}\cdot\sin(3\omega_0 t) + \frac{1}{5}\cdot\sin(5\omega_0 t) + \ldots\right]$$

(2) Dreieckskurve

$$y(t) = \begin{cases} -\dfrac{2\hat{y}}{T}\,t + \hat{y} & 0 \le t \le \dfrac{T}{2} \\[2mm] & \text{für} \\[2mm] \dfrac{2\hat{y}}{T}\,t - \hat{y} & \dfrac{T}{2} \le t \le T \end{cases}$$

$$y(t) = \frac{\hat{y}}{2} + \frac{4\hat{y}}{\pi^2}\left[\frac{1}{1^2}\cdot\cos(\omega_0 t) + \frac{1}{3^2}\cdot\cos(3\omega_0 t) + \frac{1}{5^2}\cdot\cos(5\omega_0 t) + \ldots\right]$$

(3) Kippschwingung (Sägezahnimpuls)

$$y(t) = \frac{\hat{y}}{T}\,t \qquad (0 \le t < T)$$

$$y(t) = \frac{\hat{y}}{2} - \frac{\hat{y}}{\pi}\left[\sin(\omega_0 t) + \frac{1}{2}\cdot\sin(2\omega_0 t) + \frac{1}{3}\cdot\sin(3\omega_0 t) + \ldots\right]$$

Tabelle 2: (Fortsetzung)

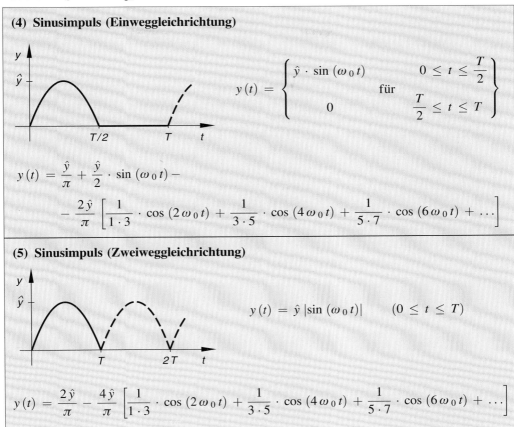

(4) Sinusimpuls (Einweggleichrichtung)

$$y(t) = \begin{cases} \hat{y} \cdot \sin(\omega_0 t) & 0 \leq t \leq \dfrac{T}{2} \\[2mm] & \text{für} \\[2mm] 0 & \dfrac{T}{2} \leq t \leq T \end{cases}$$

$$y(t) = \frac{\hat{y}}{\pi} + \frac{\hat{y}}{2} \cdot \sin(\omega_0 t) -$$

$$- \frac{2\hat{y}}{\pi} \left[\frac{1}{1 \cdot 3} \cdot \cos(2\omega_0 t) + \frac{1}{3 \cdot 5} \cdot \cos(4\omega_0 t) + \frac{1}{5 \cdot 7} \cdot \cos(6\omega_0 t) + \dots \right]$$

(5) Sinusimpuls (Zweiweggleichrichtung)

$$y(t) = \hat{y} \, |\sin(\omega_0 t)| \qquad (0 \leq t \leq T)$$

$$y(t) = \frac{2\hat{y}}{\pi} - \frac{4\hat{y}}{\pi} \left[\frac{1}{1 \cdot 3} \cdot \cos(2\omega_0 t) + \frac{1}{3 \cdot 5} \cdot \cos(4\omega_0 t) + \frac{1}{5 \cdot 7} \cdot \cos(6\omega_0 t) + \dots \right]$$

2.3 Ein Anwendungsbeispiel: Fourier-Zerlegung einer Kippspannung

Wir betrachten den in Bild II-11 dargestellten zeitlichen Verlauf einer Kippspannung mit der Schwingungsdauer T:

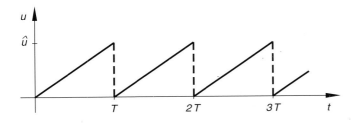

Bild II-11
Zeitlicher Verlauf
einer Kippspannung
(Sägezahnimpuls)

Diese *sägezahnförmige* Impulsfolge wird im Periodenintervall $0 \leq t < T$ durch die Funktionsgleichung

$$u(t) = \frac{\hat{u}}{T} \cdot t \qquad\qquad\qquad\qquad\qquad\qquad \text{(II-63)}$$

beschrieben. Die Zerlegung dieser periodischen Funktion in *Grundschwingung* und *Oberschwingungen* erfordert die Berechnung der *reellen* Fourier-Koeffizienten a_n und b_n. Wir wählen den rechnerisch bequemeren *komplexen* Ansatz (II-61) und gehen anschließend zur *reellen* Darstellung über. Die Berechnung der komplexen Fourier-Koeffizienten c_n mit Hilfe der Integralformel (II-62) führt auf das folgende Integral:

$$c_n = \frac{1}{T} \cdot \int_0^T u(t) \cdot e^{-jn\omega_0 t} \, dt = \frac{\hat{u}}{T^2} \cdot \underbrace{\int_0^T t \cdot e^{-jn\omega_0 t} \, dt}_{I_n} = \frac{\hat{u}}{T^2} \cdot I_n \qquad \text{(II-64)}$$

Das Intergral I_n wird unter Verwendung der *Integraltafel* ausgewertet, wobei die Fälle $n = 0$ und $n \neq 0$ zu unterscheiden sind.

> 1. Fall: $n = 0$

$$I_0 = \int_0^T t \cdot e^0 \, dt = \int_0^T t \cdot 1 \, dt = \int_0^T t \, dt = \left[\frac{1}{2} t^2 \right]_0^T = \frac{1}{2} T^2$$

$$c_0 = \frac{\hat{u}}{T^2} \cdot I_0 = \frac{\hat{u}}{T^2} \cdot \frac{1}{2} T^2 = \frac{\hat{u}}{2} \qquad\qquad\qquad \text{(II-65)}$$

> 2. Fall: $n \neq 0$ Integral Nr. 313 mit $a = -jn\omega_0$

$$I_n = \int_0^T t \cdot e^{-jn\omega_0 t} \, dt = \left[\frac{-jn\omega_0 t - 1}{j^2 n^2 \omega_0^2} \cdot e^{-jn\omega_0 t} \right]_0^T =$$

$$= \left[\frac{jn\omega_0 t + 1}{n^2 \omega_0^2} \cdot e^{-jn\omega_0 t} \right]_0^T = \frac{1}{n^2 \omega_0^2} \left[(jn\omega_0 t + 1) \cdot e^{-jn\omega_0 t} \right]_0^T =$$

$$= \frac{1}{n^2 \omega_0^2} \left[(jn\omega_0 T + 1) \cdot e^{-jn\omega_0 T} - 1 \right] \qquad\qquad \text{(II-66)}$$

(unter Berücksichtigung von $e^0 = 1$ und $j^2 = -1$)

Mit $\omega_0 T = 2\pi$ und dem nach der Eulerschen Formel berechneten Wert

$$\mathrm{e}^{-\mathrm{j}\, n\,\omega_0 T} = \mathrm{e}^{-\mathrm{j}\, n\, 2\pi} = \underbrace{\cos\,(n\,2\pi)}_{1} - \mathrm{j} \cdot \underbrace{\sin\,(n\,2\pi)}_{0} = 1 - \mathrm{j}\,0 = 1 \qquad \text{(II-67)}$$

folgt dann:

$$I_n = \frac{1}{n^2\,\omega_0^2}\,[\,(\mathrm{j}\,n\,2\pi + 1) \cdot 1 - 1\,] = \frac{\mathrm{j}\,n\,2\pi + 1 - 1}{n^2\,\omega_0^2} = \frac{\mathrm{j}\,n\,2\pi}{n^2\,\omega_0^2} = \frac{\mathrm{j}\,2\pi}{n\,\omega_0^2}$$

$$c_n = \frac{\hat{u}}{T^2} \cdot I_n = \frac{\hat{u}}{T^2} \cdot \frac{\mathrm{j}\,2\pi}{n\,\omega_0^2} = \mathrm{j} \cdot \frac{\hat{u}\,(2\pi)}{n\,(\omega_0 T)^2} = \mathrm{j} \cdot \frac{\hat{u}\,(2\pi)}{n\,\underbrace{(2\pi)^2}} =$$

$$\hspace{4cm}\underbrace{}_{2\pi}$$

$$= \mathrm{j} \cdot \frac{\hat{u}}{n\,2\pi} = \mathrm{j} \cdot \frac{\hat{u}}{2\,\pi\,n} \qquad \text{(II-68)}$$

Aus den *komplexen* Fourier-Koeffizienten c_n berechnen wir jetzt die gesuchten Koeffizienten a_n und b_n der *reellen* Fourier-Zerlegung mit Hilfe der Umrechnungsformeln (II-54):

$$a_0 = 2\,c_0 = 2 \cdot \frac{\hat{u}}{2} = \hat{u} \qquad \text{(II-69)}$$

$$a_n = c_n + c_n^* = \mathrm{j} \cdot \frac{\hat{u}}{2\,\pi\,n} - \mathrm{j} \cdot \frac{\hat{u}}{2\,\pi\,n} = 0 \qquad \text{(II-70)}$$

$$b_n = \mathrm{j}\,(c_n - c_n^*) = \mathrm{j}\left(\mathrm{j} \cdot \frac{\hat{u}}{2\,\pi\,n} - (-\mathrm{j}) \cdot \frac{\hat{u}}{2\,\pi\,n}\right) = \mathrm{j} \cdot 2\mathrm{j} \cdot \frac{\hat{u}}{2\,\pi\,n} =$$

$$= \mathrm{j}^2 \cdot \frac{\hat{u}}{\pi\,n} = -\frac{\hat{u}}{\pi\,n} = -\frac{\hat{u}}{\pi} \cdot \frac{1}{n} \qquad \text{(II-71)}$$

Die Kippspannung enthält somit neben dem konstanten Anteil nur *Sinusanteile*, ihre *Fourier-Reihe* besitzt demnach die folgende Gestalt:

$$u\,(t) = \frac{a_0}{2} + \sum_{n=1}^{\infty} b_n \cdot \sin\,(n\,\omega_0 t) = \frac{\hat{u}}{2} - \frac{\hat{u}}{\pi} \cdot \sum_{n=1}^{\infty} \frac{1}{n} \cdot \sin\,(n\,\omega_0 t) =$$

$$= \frac{\hat{u}}{2} - \frac{\hat{u}}{\pi} \cdot \left[\sin\,(\omega_0 t) + \frac{1}{2} \cdot \sin\,(2\,\omega_0 t) + \frac{1}{3} \cdot \sin\,(3\,\omega_0 t) + \ldots\right]$$

$$\text{(II-72)}$$

In der Kippspannung sind demnach folgende *Komponenten* enthalten (sog. *harmonische Analyse*):

1. Der *Gleichspannungsanteil* $\hat{u} / 2$.

2. Die sinusförmige *Grundschwingung* mit der Kreisfrequenz ω_0 und der Amplitude $\hat{u} / \pi$.

3. *Sinusförmige Oberschwingungen* mit den Kreisfrequenzen $2\omega_0, 3\omega_0, 4\omega_0, \dots$ und den Amplituden $\hat{u} / 2\pi, \hat{u} / 3\pi, \hat{u} / 4\pi, \dots$.

Einen sehr anschaulichen Einblick in die Struktur der Kippspannung gewinnt man aus dem sog. *Amplitudenspektrum* (Bild II-12). In ihm werden die *Amplituden* der einzelnen Schwingungskomponenten als Funktion der *Kreisfrequenz* abgetragen. Dem Amplitudenspektrum können wir unmittelbar entnehmen, *welche Schwingungskomponenten* in der Kippspannung enthalten sind und mit *welchen (prozentualen) Anteilen* sie an der Gesamtschwingung beteiligt sind. Dem Gleichspannungsanteil $\hat{u} / 2$ wird dabei die Kreisfrequenz $\omega = 0$ zugeordnet.

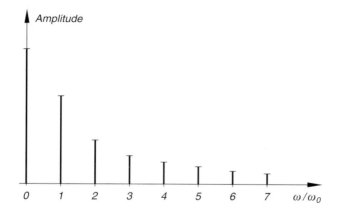

Bild II-12
Amplitudenspektrum
einer Kippspannung

Übungsaufgaben

Zu Abschnitt 1

Hinweis: Die Fourier-Reihen sind stets in der *reellen* Form darzustellen (Ausnahme: Aufgabe 4).

1) Die in Bild II-13 skizzierte periodische Funktion besteht aus *Parabelbögen*. Ihre Funktionsgleichung lautet im Periodenintervall $0 \le x \le 2\pi$:

$$f(x) = x(2\pi - x) = 2\pi x - x^2$$

Bestimmen Sie die Fourier-Reihe dieser Funktion.

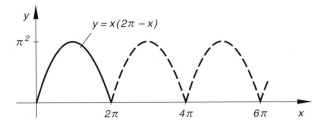

Bild II-13 Parabelförmiger Impuls

2) Wie lautet die Fourier-Reihe der in Bild II-14 dargestellten periodischen Funktion mit der Gleichung $f(x) = x$ im Periodenintervall $0 \leq x < 2\pi$?

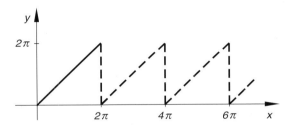

Bild II-14

3) Bestimmen Sie die Fourier-Reihe der in Bild II-15 skizzierten periodischen Funktion, die im Periodenintervall $[-\pi; \pi]$ durch die Gleichung $f(x) = |x|$ beschrieben wird.

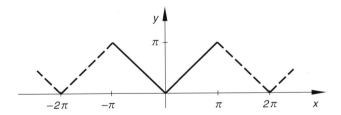

Bild II-15

4) Eine periodische Funktion wird im Periodenintervall $-\pi \leq x \leq \pi$ durch die Gleichung $f(x) = e^x$ beschrieben. Wie lautet ihre Fourier-Reihe in *komplexer* Darstellung? Leiten Sie anschließend aus der komplexen Form die *reelle* Form her.

Zu Abschnitt 2

1) Zerlegen Sie den folgenden *Kosinusimpuls* (*Einweggleichrichtung* nach Bild II-16) in seine *harmonischen* Komponenten (*Fourier-Zerlegung*):

$$u(t) = \begin{cases} \hat{u} \cdot \cos t & -\dfrac{\pi}{2} \leq t \leq \dfrac{\pi}{2} \\[2mm] & \text{für} \\[2mm] 0 & \dfrac{\pi}{2} \leq t \leq \dfrac{3}{2}\pi \end{cases} \qquad (\text{Periode}: p = 2\pi)$$

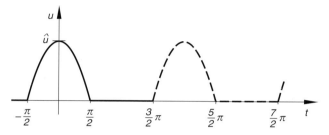

Bild II-16 Kosinusimpuls (Einweggleichrichtung)

2) Wie lautet die *Fourier-Zerlegung* des in Bild II-17 dargestellten *Dreiecksimpulses*?

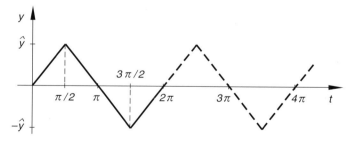

Bild II-17 Dreiecksimpuls

3) Bild II-18 zeigt einen *trapezförmigen* Impuls. Zerlegen Sie diese periodische Funktion in ihre *harmonischen* Komponenten.

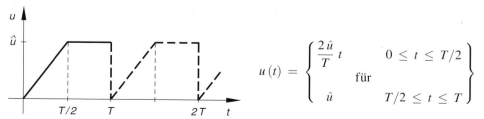

Bild II-18 Trapezförmiger Impuls

$$u(t) = \begin{cases} \dfrac{2\hat{u}}{T}\, t & 0 \leq t \leq T/2 \\[2mm] & \text{für} \\[2mm] \hat{u} & T/2 \leq t \leq T \end{cases}$$

4) Wie lautet die *Fourier-Zerlegung* der in Bild II-19 dargestellten *Kippschwingung* (*Sägezahnfunktion*)?

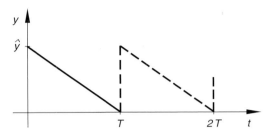

Bild II-19 Kippschwingung (sägezahnförmiger Impuls)

5) Zerlegen Sie den in Bild II-20 dargestellten *Sinusimpuls* (*Zweiweggleichrichtung*) mit der Funktionsgleichung

$$y(t) = \hat{y} \cdot |\sin(\omega_0 t)| \qquad (0 \le t \le T)$$

in seine *harmonischen* Bestandteile (*Fourier-Analyse*).

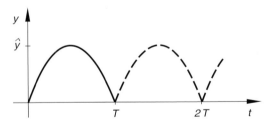

Bild II-20 Sinusimpuls (Zweiweggleichrichtung)

III Differential- und Integralrechnung für Funktionen von mehreren Variablen

1 Funktionen von mehreren Variablen

1.1 Definition einer Funktion von mehreren Variablen

Bisher hatten wir uns ausschließlich mit Funktionen von *einer* unabhängigen Variablen beschäftigt. Sie wurden zur Beschreibung von *Zusammenhängen* und *Abhängigkeiten* zwischen *zwei* physikalisch-technischen Größen x und y herangezogen und meist in der (bequemeren) *expliziten* Form $y = f(x)$ dargestellt. In den Anwendungen treten jedoch auch Größen auf, die von *mehr als einer* Variablen abhängen. Wir müssen daher den bisherigen Funktionsbegriff *erweitern*. Dies führt uns schließlich zu dem Begriff einer *Funktion von mehreren unabhängigen Variablen*. Wir erläutern das Problem zunächst an zwei einfachen Anwendungsbeispielen.

■ **Beispiele**

(1) **Ohmsches Gesetz**

Die an einem ohmschen Widerstand R abfallende Spannung U hängt nach dem *ohmschen Gesetz* $U = RI$ vom Widerstand R *und* der Stromstärke I ab, d. h. U ist eine *Funktion* von R und I (Bild III-1):

$$U = U(R; I) = RI$$

Die Schreibweise $U(R; I)$ bringt dabei die Abhängigkeit der Größe U von den Größen R und I zum Ausdruck.

Bild III-1
Spannungsabfall an einem ohmschen Widerstand

(2) **Wurfparabel beim schiefen Wurf**

Wir betrachten die in Bild III-2 skizzierte *Flugbahn* (*Wurfparabel*) eines Körpers, der mit der Geschwindigkeit v_0 unter einem Winkel α gegen die Horizontale abgeworfen wurde. Die Wurfweite W hängt dabei nicht nur von der Abwurfgeschwindigkeit v_0, sondern auch noch vom Abwurfwinkel α ab.

Zwischen diesen Größen besteht im luftleeren Raum der folgende Zusammenhang:

$$W = W(v_0; \alpha) = \frac{2 \cdot v_0^2 \cdot \sin \alpha \cdot \cos \alpha}{g} = \frac{v_0^2 \cdot \sin(2\alpha)}{g}$$

(g: Erdbeschleunigung; $2 \cdot \sin \alpha \cdot \cos \alpha = \sin(2\alpha)$). Die Wurfweite W ist somit eine *Funktion* von v_0 und α.

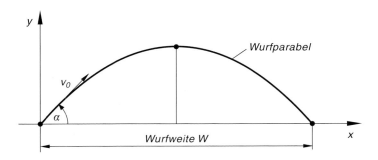

Bild III-2 Wurfparabel beim schiefen Wurf

Aufgrund dieser Beispiele definieren wir den Begriff einer *Funktion von zwei Variablen* nun wie folgt:

Definition: Unter einer *Funktion von zwei unabhängigen Variablen* versteht man eine Vorschrift, die jedem geordneten Zahlenpaar $(x; y)$ aus einer Menge D genau ein Element z aus einer Menge W zuordnet. Symbolische Schreibweise:

$$z = f(x; y) \quad \text{oder} \quad z = z(x; y) \tag{III-1}$$

Wir führen noch die folgenden, allgemein üblichen Bezeichnungen ein:

x, y: *Unabhängige Variable* (*unabhängige Veränderliche*)

z: *Abhängige Variable* (*abhängige Veränderliche*) oder *Funktionswert*

f: *Funktionszeichen* (Funktionssymbol)

D: *Definitionsbereich* der Funktion

W: *Wertebereich* oder *Wertevorrat* der Funktion

Anmerkungen

(1) x, y und z sind im Folgenden stets *reelle* Variable.

(2) Der *Definitionsbereich* D einer Funktion $z = f(x; y)$ kann als eine *flächenhafte* Punktmenge der x, y-Ebene aufgefasst werden (siehe nachfolgende Beispiele).

■ **Beispiele**

(1) $z = z(x; y) = 2x + y + 5$

Definitionsbereich D: $x, y \in \mathbb{R}$ (x, y-Ebene)
Wertebereich W: $z \in \mathbb{R}$

(2) $z = z(x; y) = x^2 + y^2$

Definitionsbereich D: $x, y \in \mathbb{R}$ (x, y-Ebene)
Wertebereich W: $z \geq 0$ (wegen $x^2 + y^2 \geq 0$)

(3) $z = z(x; y) = \sqrt{25 - x^2 - y^2}$

Definitionsbereich D: $25 - x^2 - y^2 \geq 0$, d. h. $x^2 + y^2 \leq 25$

Der in Bild III-3 skizzierte Definitionsbereich besteht aus allen Punkten $(x; y)$, die von dem Mittelpunktskreis mit dem Radius $r = 5$ eingeschlossen werden (*einschließlich* der Randpunkte).
Wertebereich W: $0 \leq z \leq 5$ (wegen $0 \leq 25 - x^2 - y^2 \leq 25$)

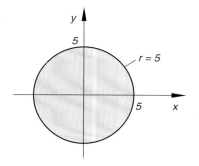

Bild III-3
Definitionsbereich der
Funktion $z = \sqrt{25 - x^2 - y^2}$

(4)   **Zustandsgleichung eines idealen Gases**

Bei einem *idealen Gas* besteht zwischen den Größen p (Druck), V (Volumen) und T (absolute Temperatur) der folgende Zusammenhang:

$$p = p(V; T) = \frac{RT}{V} \qquad \text{(für 1 Mol; } R \text{: allgemeine Gaskonstante)}$$

Definitionsbereich D: $V > 0$ und $T \geq 0$
Wertebereich W: $p \geq 0$ ■

Analog gelangt man zu Funktionen von *mehr als zwei* unabhängigen Variablen. Bei Funktionen von *drei* unabhängigen Variablen werden diese meist der Reihe nach mit x, y, z und die *abhängige* Variable mit u bezeichnet. Wir verwenden dann die *symbolische Schreibweise*

$$u = f(x; y; z) \quad \text{oder} \quad u = u(x; y; z) \tag{III-2}$$

Eine Funktion von n unabhängigen Variablen kennzeichnen wir durch das *Symbol*

$$y = f(x_1; x_2; \ldots; x_n) \quad \text{oder} \quad y = y(x_1; x_2; \ldots; x_n) \tag{III-3}$$

Die indizierten Größen $x_1, x_2, \ldots, x_n$ sind dabei die *unabhängigen* Variablen, y ist die *abhängige* Variable, auch Funktionswert genannt.

■ **Beispiele**

(1) $u = u(x; y; z) = \ln(x^2 + y^2 + z^2 + 1)$

   Definitionsbereich D: $x^2 + y^2 + z^2 + 1 > 0$, d.h. $x, y, z \in \mathbb{R}$

   Wertebereich W: $u \geq 0$

(2)   **Reihenschaltung von Widerständen**

   Aus der Physik ist bekannt: Bei der *Reihenschaltung von n* ohmschen Widerständen $R_1, R_2, \ldots, R_n$ *addieren* sich die Einzelwiderstände zu einem *Gesamtwiderstand R* (Bild III-4):

   $$R = R(R_1; R_2; \ldots; R_n) = R_1 + R_2 + \ldots + R_n$$

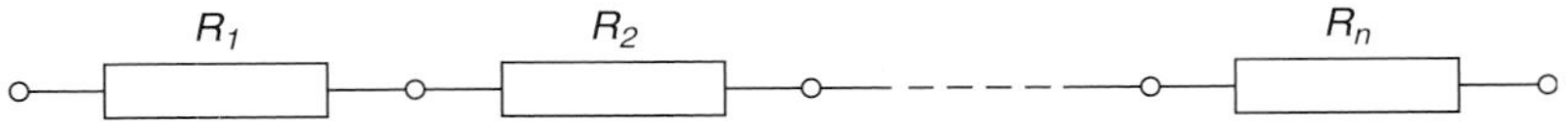

   Bild III-4 Reihenschaltung von n Widerständen

   R ist somit eine *Funktion* der n unabhängigen Variablen $R_1, R_2, \ldots, R_n$ und für $R_1 \geq 0$, $R_2 \geq 0$, $\ldots$, $R_n \geq 0$ definiert. Der *Wertebereich* dieser Funktion ist $R \geq 0$.   ■

1.2 Darstellungsformen einer Funktion

Wir beschränken uns in diesem Abschnitt auf Funktionen von *zwei* unabhängigen Variablen, für die es noch *anschauliche* graphische Darstellungsmöglichkeiten gibt.

1.2.1 Analytische Darstellung

In der *analytischen* Darstellungsform liegt die Funktion in Form einer *Gleichung* (hier auch *Funktionsgleichung* genannt) vor.

Dabei wird noch zwischen der *expliziten* und der *impliziten* Form unterschieden:

$z = f(x; y)$:   *Explizite* Darstellung (die Funktion ist nach *einer* Variablen – in der Regel wie hier nach z – aufgelöst).

$F(x; y; z) = 0$:   *Implizite* Darstellung (die Funktion ist *nicht* nach einer der drei Variablen aufgelöst).

■ **Beispiele**

(1) *Explizit* dargestellt sind die folgenden Funktionen:

$$z = 2x + y + 1, \quad z = x^2 + y^2, \quad z = 2 \cdot \sin(x - y), \quad z = x \cdot e^{xy}$$

(2) Die folgenden Funktionen liegen in *impliziter* Form vor:

$$x^2 + y^2 + z - 1 = 0, \quad 2x - 8y + 5z + 3 = 0$$

(3) Die Gleichung $x^2 + y^2 + z^2 - 1 = 0$ dagegen beschreibt *keine* Funktion, da die Auflösung nach der Variablen z nicht eindeutig ist (*zwei* Lösungen):

$$z = \pm \sqrt{1 - x^2 - y^2} \quad \text{(für} \quad x^2 + y^2 \leq 1)$$ ■

1.2.2 Darstellung durch eine Funktionstabelle (Funktionstafel)

Setzt man in die (als bekannt vorausgesetzte) Funktionsgleichung $z = f(x; y)$ für die beiden *unabhängigen* Variablen x und y der Reihe nach bestimmte Werte ein, so erhält man eine *Funktionstabelle* oder *Funktionstafel* der folgenden allgemeinen Form:

2. unabhängige Variable y

y \ x	y_1	y_2	$\cdots$	y_k	$\cdots$	y_n	
x_1	z_{11}	z_{12}	$\cdots$	z_{1k}	$\cdots$	z_{1n}	
x_2	z_{21}	z_{22}	$\cdots$	z_{2k}	$\cdots$	z_{2n}	
$\vdots$	$\vdots$	$\vdots$	$\cdots$	$\vdots$	$\cdots$	$\vdots$	
x_i	z_{i1}	z_{i2}	$\cdots$	z_{ik}	$\cdots$	z_{in}	$\leftarrow$ i-te Zeile
$\vdots$	$\vdots$	$\vdots$	$\cdots$	$\vdots$	$\cdots$	$\vdots$	
x_m	z_{m1}	z_{m2}	$\cdots$	z_{mk}	$\cdots$	z_{mn}	

1. unabhängige Variable x

↑
k-te Spalte

Sie enthält genau $m \cdot n$ Funktionswerte in m Zeilen und n Spalten. Die Funktionstabelle erinnert an eine *Matrix* vom Typ (m, n). So erhält man beispielsweise die in der 1. Zeile stehenden Funktionswerte $z_{11}, z_{12}, \ldots, z_{1n}$, indem man in die Funktionsgleichung $z = f(x; y)$ für die *erste* unabhängige Variable x jeweils den Wert x_1 und für die *zweite* unabhängige Variable y der Reihe nach die Werte $y_1, y_2, \ldots, y_n$ einsetzt. Allgemein gilt: Der Funktionswert $z_{ik} = f(x_i; y_k)$ befindet sich an der Schnittstelle der *i-ten* Zeile mit der *k-ten* Spalte (*eingekreister*, grau unterlegter Wert in der Funktionstabelle).

Anmerkung

Eine solche Funktionstafel kann auch das Ergebnis einer *Messreihe* aus $m \cdot n$ Einzelmessungen sein.

■ **Beispiel**

Die *Schwingungsdauer* T eines (reibungsfrei schwingenden) *Federpendels* hängt bekanntlich wie folgt von der Federkonstanten c und der Schwingungsmasse m ab:

$$T = T(c; m) = 2\pi \sqrt{\frac{m}{c}}$$

Es stehen *drei* verschiedene elastische Federn mit den Federkonstanten

10 N/m,   15 N/m,   20 N/m

sowie *sechs* verschiedene Massen mit den Werten

100 g,   200 g,   300 g,   400 g,   500 g,   600 g

zur Verfügung. Daraus lassen sich insgesamt $3 \cdot 6 = 18$ *verschiedene* Federpendel bilden, deren Schwingungsdauern wir wie folgt in einer Funktionstafel zusammenstellen (c in N/m, m in kg, T in s):

c \ m	0,1	0,2	0,3	0,4	0,5	0,6
10	0,628	0,889	1,088	1,257	1,405	1,539
15	0,513	0,726	0,889	1,026	1,147	1,257
20	0,444	0,628	0,770	0,889	0,993	1,088

■

1.2.3 Graphische Darstellung

1.2.3.1 Darstellung einer Funktion als Fläche im Raum

Durch die Funktionsgleichung $z = f(x; y)$ wird jedem Zahlenpaar $(x_0; y_0)$ aus dem Definitionsbereich D der Funktion genau ein Funktionswert $z_0 = f(x_0; y_0)$ zugeordnet. Wir deuten nun die drei Zahlen x_0, y_0 und z_0 als *kartesische* Koordinaten eines Punktes P_0 in einem *dreidimensionalen* Anschauungsraum, dem wir ein *rechtwinkliges* x, y, z-Koordinatensystem zugrunde legen (die Koordinatenachsen stehen paarweise senkrecht aufeinander, siehe Bild III-5). Der Funktionswert z_0 besitzt dabei die geometrische Bedeutung einer *Höhenkoordinate*: Der Punkt $P_0 = (x_0; y_0; z_0)$ liegt im Abstand $|z_0|$ *ober-* oder *unterhalb* der x, y-Ebene, je nachdem ob $z_0 > 0$ oder $z_0 < 0$ ist. Liegt P_0 in der x, y-Ebene, so ist $z_0 = 0$. Ordnet man auf diese Weise jedem Zahlenpaar $(x; y) \in D$ einen *Raumpunkt* $P = (x; y; z)$ mit $z = f(x; y)$ zu, so erhält man in der Regel eine über dem Definitionsbereich D liegende *Fläche*, die in anschaulicher Weise den Verlauf der Funktion $z = f(x; y)$ widerspiegelt (Bild III-6).

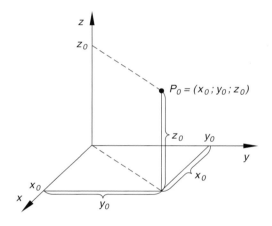

Bild III-5
Kartesische Koordinaten
eines Raumpunktes

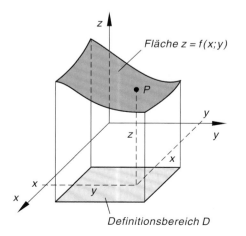

Bild III-6
Geometrische Darstellung
einer Funktion $z = f(x; y)$
als Fläche im Raum

Geometrische Darstellung einer Funktion $z = f(x; y)$ als Fläche im Raum

Eine Funktion $z = f(x; y)$ von *zwei* unabhängigen Variablen kann in einem drei-dimensionalen kartesischen Raum durch eine über dem Definitionsbereich D lie-gende *Fläche* dargestellt werden (Bild III-6). Der Funktionswert z besitzt dabei die geometrische Bedeutung einer *Höhenkoordinate*.

■ **Beispiele**

(1) **Ebenen im Raum**

Das geometrische Bild einer *linearen* Funktion von Typ $ax + by + cz + d = 0$ ist eine *Ebene*. Wir behandeln zunächst einige *Sonderfälle*:

Koordinatenebenen (Bild III-7)

x, y-Ebene: $z = 0$

x, z-Ebene: $y = 0$

y, z-Ebene: $x = 0$

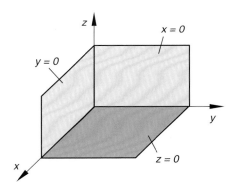

Bild III-7

Parallelebenen

$z = $ const. $ = a$ ist die Funktionsgleichung einer Ebene, die im Abstand $d = |a|$ *parallel* zur x, y-Ebene $z = 0$ verläuft (Bild III-8). Für $a > 0$ liegt die Ebene *ober-halb*, für $a < 0$ *unterhalb* der x, y-Ebene, für $a = 0$ fällt sie mit dieser zusammen.

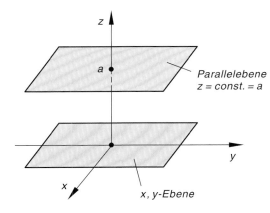

Bild III-8
Ebene $z = $ const. $ = a$
(parallel zur x, y-Ebene;
Skizze für $a > 0$)

Beispiele hierfür sind:

$z = 4$:   Parallelebene im Abstand $d = 4$ *oberhalb* der x, y-Ebene

$z = -2$:   Parallelebene im Abstand $d = 2$ *unterhalb* der x, y-Ebene

Analog beschreiben die Gleichungen $y = $ const. $= a$ und $x = $ const. $= a$ Ebenen, die im Abstand $d = |a|$ *parallel* zur x, z- bzw. y, z-Ebene verlaufen.

Ebenen in allgemeiner Lage

Die *räumliche* Lage einer Ebene mit der allgemeinen Funktionsgleichung $ax + by + cz + d = 0$ lässt sich aus ihren Schnittpunkten $S_x = (x; 0; 0)$, $S_y = (0; y; 0)$ und $S_z = (0; 0; z)$ mit den drei Koordinatenachsen bestimmen (Bild III-9). Denn eine Ebene ist bekanntlich durch *drei* Punkte eindeutig festgelegt. So erhalten wir beispielsweise für die Ebene $3x + 6y + 4z = 12$ die folgenden drei Achsenschnittpunkte:

$$S_x: \quad 3x + 6 \cdot 0 + 4 \cdot 0 = 12 \quad \Rightarrow \quad x = 4, \quad \text{d. h.} \quad S_x = (4; 0; 0)$$
$$S_y: \quad 3 \cdot 0 + 6y + 4 \cdot 0 = 12 \quad \Rightarrow \quad y = 2, \quad \text{d. h.} \quad S_y = (0; 2; 0)$$
$$S_z: \quad 3 \cdot 0 + 6 \cdot 0 + 4z = 12 \quad \Rightarrow \quad z = 3, \quad \text{d. h.} \quad S_z = (0; 0; 3)$$

Durch diese Schnittpunkte ist die Ebene *eindeutig* bestimmt. Sie besitzt die in Bild III-10 skizzierte räumliche Lage (das grau unterlegte Dreieck ist Teil der unendlich großen Ebene).

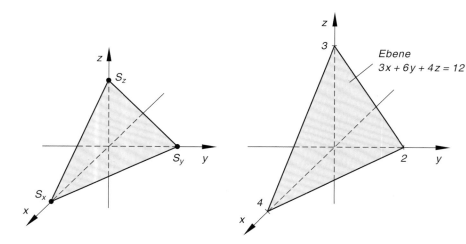

Bild III-9

Ebene in allgemeiner Lage

Bild III-10

Ebene $3x + 6y + 4z = 12$

(2)   **Rotationsflächen**

Die Funktionsgleichung einer zur z-Achse *rotationssymmetrischen* Fläche besitzt die allgemeine Form

$$z = f\left(\sqrt{x^2 + y^2}\right)$$

Eine solche *Rotationsfläche* entsteht durch Drehung der Kurve $z = f(x)$ um die z-Achse (Bild III-11a)). Dabei bewegt sich der eingezeichnete Kurvenpunkt $P = (x; z)$ mit $z = f(x)$ auf einer *Kreisbahn* um die z-Achse. Die x-Koordinate wird somit zum Radius r des beschriebenen Kreises, der im räumlichen x, y, z-Koordinatensystem nach Bild III-11b) durch die Gleichungen

$$x^2 + y^2 = r^2, \qquad z = f(r) = \text{const.}$$

beschrieben werden kann. Mit $r = \sqrt{x^2 + y^2}$ erhalten wir aus $z = f(r)$ schließlich die Gleichung der gesuchten Rotationsfläche:

$$z = f(r) = f\left(\sqrt{x^2 + y^2}\right) \qquad (\text{für} \quad a \le r \le b)$$

Formal gesehen erhält man die Gleichung dieser Fläche aus der Kurvengleichung $z = f(x)$ mit Hilfe der *Substitution* $x \to \sqrt{x^2 + y^2}$:

$$\text{Kurve} \quad z = f(x) \quad \xrightarrow{\ x \to \sqrt{x^2 + y^2}\ } \quad \text{Rotationsfläche} \quad z = f\left(\sqrt{x^2 + y^2}\right)$$

Im Zusammenhang mit den *Zylinderkoordinaten* gehen wir darauf noch näher ein (siehe hierzu Abschnitt 3.2.2.2).

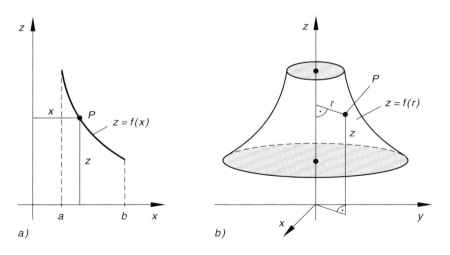

a)   b)

Bild III-11 Durch Drehung der in Bild a) dargestellten Kurve $z = f(x)$, $a \le x \le b$ um die z-Achse entsteht die in Bild b) skizzierte Rotationsfläche $z = f(r)$, $a \le r \le b$ mit $r = \sqrt{x^2 + y^2}$

Ein einfaches Beispiel für eine *Rotationsfläche* liefert die *Mantelfläche eines Rotationsparaboloids* (Bild III-12), die durch Rotation der *Normparabel* $z = x^2$ um die z-Achse entsteht. Die Funktionsgleichung der Rotationsfläche lautet daher $z = r^2 = x^2 + y^2$.

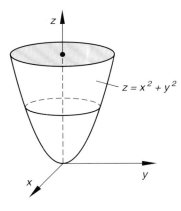

Bild III-12
Rotationsfläche $z = x^2 + y^2$
(Mantelfläche eines Rotationsparaboloids)

Ein weiteres einfaches Beispiel für eine Rotationsfläche liefert die Oberfläche einer *Halbkugel* vom Radius R, beschrieben durch die implizite Funktionsgleichung

$$x^2 + y^2 + z^2 = R^2, \qquad z \geq 0$$

oder durch die explizite Gleichung

$$z = \sqrt{R^2 - x^2 - y^2} \qquad (\text{mit } x^2 + y^2 \leq R^2)$$

Sie entsteht durch Drehung des *Halbkreises*

$$x^2 + z^2 = R^2, \qquad z \geq 0$$

um die z-Achse.   ∎

1.2.3.2 Schnittkurvendiagramme

Einen sehr anschaulichen Einblick in die *Struktur* einer Funktion $z = f(x; y)$ ermöglichen häufig auch *Schnittkurven-* oder *Schnittliniendiagramme*, die man durch *ebene* Schnitte der zugehörigen Bildfläche erhält. Meist werden dabei Schnittebenen *parallel* zu einer der drei *Koordinatenebenen* gewählt. Das bekannteste Schnittliniendiagramm ist das sog. *Höhenliniendiagramm*, das wir aus diesem Grunde auch vorrangig behandeln wollen.

Beim *Höhenliniendiagramm* werden alle auf der Fläche $z = f(x; y)$ gelegenen Punkte *gleicher* Höhe $z = c$ zu einer Flächenkurve zusammengefasst (Bild III-13).

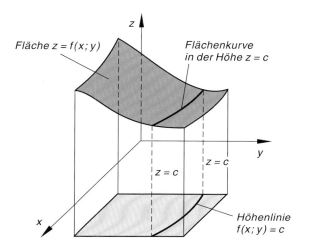

Bild III-13
Zum Begriff der Höhenlinie
einer Funktion $z = f(x; y)$

Diese Kurve lässt sich auch als Schnitt der Fläche $z = f(x; y)$ mit der zur x, y-Ebene *parallelen* Ebene $z = c$ auffassen. Die Projektion einer solchen *Linie gleicher Höhe* in die x, y-Ebene wird als *Höhenlinie* bezeichnet. Für *jeden* zulässigen Wert der Höhenkoordinate z erhalten wir dann eine Flächenkurve gleicher Höhe und somit genau *eine* Höhenlinie. Die *Höhenlinien* einer Funktion (Fläche) $z = f(x; y)$ sind demnach durch die Gleichung

$$f(x; y) = \text{const.} = c \tag{III-4}$$

definiert. Sie bilden in ihrer Gesamtheit das *Höhenliniendiagramm* der Funktion, wobei verabredungsgemäß der Wert der Höhenkoordinate z an die zugehörige Höhenlinie geschrieben wird.

Höhenliniendiagramm einer Funktion $z = f(x; y)$ (Bild III-13)

Die *Höhenlinien* einer Funktion $z = f(x; y)$ genügen der impliziten Kurvengleichung

$$f(x; y) = \text{const.} = c \tag{III-5}$$

c: Wert der Höhenkoordinate z (Kurvenparameter)

Anmerkungen

(1)   Die durch Gleichung (III-5) definierten *Höhenlinien* repräsentieren eine *einparametrige* Kurvenschar mit der Höhenkoordinate $z = c$ als *Parameter.* Zu jedem (zulässigen) Parameterwert gehört dabei genau eine Höhenlinie.

(2)   Die Höhenlinien sind die Projektionen der *Linien gleicher Höhe* in die x, y-Koordinatenebene.

■   **Beispiel**

Die *Höhenlinien* der bereits bekannten Rotationsfläche $z = x^2 + y^2$ (*Mantel eines Rotationsparaboloids*, siehe Bild III-12) genügen der Gleichung

$$x^2 + y^2 = \text{const.} = c$$

Für jeden *positiven* Wert des Parameters c erhalten wir hieraus einen *Mittelpunktskreis* mit dem Radius $r = \sqrt{c}$:

c	1	2	3	4	...
$r = \sqrt{c}$	1	$\sqrt{2}$	$\sqrt{3}$	2	...

Der Höhenkoordinate $c = 0$ entspricht der Nullpunkt $(0; 0)$. Für $c < 0$ liefert die Gleichung $x^2 + y^2 = c$ *keine* Lösungskurven. Das *Höhenliniendiagramm* der Funktion $z = x^2 + y^2$ besteht somit aus einem System *konzentrischer* Mittelpunktskreise (Bild III-14). Denn jeder Schnitt der Fäche $z = x^2 + y^2$ mit einer zur x, y-Ebene *parallelen* Ebene $z = c$ mit $c > 0$ ergibt wegen der Rotationssymmetrie der Fläche einen *Kreis*, dessen Mittelpunkt auf der positiven z-Achse liegt (Bild III-15). Die Projektion dieser Kreise in die x, y-Ebene führt dann zu den konzentrischen Kreisen.

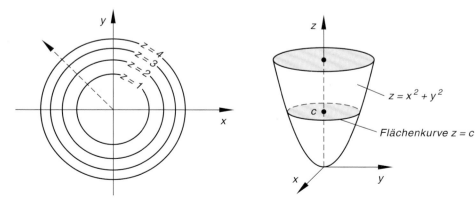

Bild III-14 Höhenliniendiagramm der Funktion (Fläche) $z = x^2 + y^2$

Bild III-15 Schnitt der Fläche $z = x^2 + y^2$ mit der Parallelebene $z = c$

Wir bewegen uns nun auf der Rotationsfläche in der durch den Pfeil gekennzeichneten Richtung nach außen (siehe hierzu Bild III-14). Dabei kreuzen wir die Höhenlinien mit *zunehmender* Höhenkoordinate. Der Weg führt daher nach *oben* und diese Aussage gilt für *jeden* Weg, der vom Nullpunkt aus auf der Fläche nach *außen* führt. Man erkennt jetzt leicht, dass die Rotationsfläche $z = x^2 + y^2$ die bereits aus Bild III-12 bekannte Gestalt besitzt.   ■

Analog lassen sich Schnitte der Fläche $z = f(x; y)$ mit Ebenen, die zu einer der beiden übrigen Koordinatenebenen *parallel* verlaufen, erzeugen. Die Schnittkurven werden anschließend wiederum in die entsprechende Koordinatenebene projiziert und ergeben das gesuchte *Schnittkurvendiagramm*. So führen beispielsweise die Schnitte der Fläche $z = f(x; y)$ mit den *Parallelebenen* $x = $ const. $= c$, d. h. Ebenen, die *parallel* zur y, z-Ebene $x = 0$ verlaufen, zu der *einparametrigen* Kurvenschar

$$z = f(x = c; y) \qquad\qquad\qquad\qquad\qquad\qquad\qquad \text{(III-6)}$$

mit dem *Kurvenparameter* c. Alle Kurven liegen dabei in der y, z-Ebene (Projektionsebene) und bilden in ihrer Gesamtheit das zugehörige *Schnittkurvendiagramm*. Wir fassen zusammen:

Schnittkurvendiagramme einer Funktion $z = f(x; y)$

Die folgenden *Schnittkurvendiagramme* der Funktion $z = f(x; y)$ ergeben sich durch Schnitte der zugehörigen Bildfläche mit Ebenen *parallel* zu einer der drei Koordinatenebenen:

1. *Schnitte parallel zur x, y-Ebene* (Schnittebenen: $z = $ const. $= c$):

$$f(x; y) = \text{const.} = c \qquad\qquad\qquad\qquad\qquad \text{(III-7)}$$

   (Höhenliniendiagramm)

2. *Schnitte parallel zur y, z-Ebene* (Schnittebenen: $x = $ const. $= c$):

$$z = f(x = c; y) \qquad\qquad\qquad\qquad\qquad\qquad \text{(III-8)}$$

3. *Schnitte parallel zur x, z-Ebene* (Schnittebenen: $y = $ const. $= c$):

$$z = f(x; y = c) \qquad\qquad\qquad\qquad\qquad\qquad \text{(III-9)}$$

Anmerkungen

(1) Die *Schnittkurvendiagramme* repräsentieren somit *einparametrige Kurvenscharen*. Ihre Gleichungen erhält man aus der Funktionsgleichung $z = f(x; y)$, indem man der Reihe nach *eine* der drei Variablen (Koordinaten) *festhält*, d. h. als *Parameter* betrachtet.

(2) Das *Höhenliniendiagramm* ist ein *spezielles* Schnittkurvendiagramm mit der Höhenkoordinate z als Kurvenparameter ($z = $ const. $= c$).

(3) In den physikalisch-technischen Anwendungen wird das Schnittliniendiagramm einer Funktion meist als *Kennlinienfeld* bezeichnet.

■ **Beispiele**

(1) Das *Höhenliniendiagramm* der Rotationsfläche $z = x^2 + y^2$ haben wir bereits bestimmt. Es besteht aus den in Bild III-14 dargestellten *konzentrischen* Mittelpunktskreisen.

Wir bestimmen nun die Schnittkurven der Fläche mit Ebenen, die zur y, z-Ebene *parallel* verlaufen ($x = c$). Sie genügen der Gleichung

$$z = c^2 + y^2 \quad \text{oder} \quad z = y^2 + c^2$$

und repräsentieren somit ein System von *Normalparabeln*, deren Scheitelpunkte $S = (0; c^2)$ wegen $c^2 \geq 0$ auf der positiven z-Achse liegen (siehe Bild III-16):

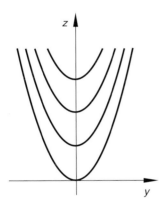

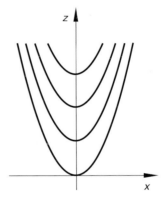

Bild III-16
Schnittkurvendiagramm
der Fläche $z = x^2 + y^2$
(Schnitte parallel zur y, z-Ebene)

Bild III-17
Schnittkurvendiagramm
der Fläche $z = x^2 + y^2$
(Schnitte parallel zur x, z-Ebene)

Auch die Schnitte mit den *Parallelebenen* zur x, z-Koordinatenebene führen wegen der *Rotationssymmetrie* der Fläche zu einem Schnittkurvendiagramm vom *gleichen* Typ mit dem Kurvenparameter $y = c$ (Bild III-17):

$$z = x^2 + c^2$$

(2) Ein *typisches* Anwendungsbeispiel für ein *Kennlinienfeld* liefert die *Zustandsgleichung eines idealen Gases* ($pV = RT$ für 1 Mol). Wir wählen die *absolute Temperatur* T als Parameter und erhalten das in Bild III-18 dargestellte Kennlinienfeld. Es besteht aus den *rechtwinkligen Hyperbeln*

$$p(V) = \frac{RT}{V} = \frac{\text{const.}}{V} \quad (V > 0)$$

(p: Druck; V: Volumen; R: allgemeine Gaskonstante)

Sie beschreiben die Abhängigkeit des Gasdruckes p vom Gasvolumen V für den Fall, dass die Zustandsänderung *isotherm*, d. h. bei *konstanter* Temperatur erfolgt. Man bezeichnet diese *Kurven gleicher Temperatur* daher auch als *Isothermen* (aus physikalischen Gründen bleiben sie auf den *1. Quadrant* beschränkt, da $V > 0$ und somit auch $p > 0$ gilt).

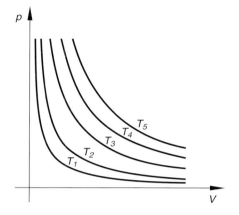

Bild III-18
Isothermen eines idealen Gases
($T_1 < T_2 < T_3 < T_4 < T_5$)

∎

1.3 Grenzwert und Stetigkeit einer Funktion

Die uns von den Funktionen einer Variablen bereits bekannten Begriffe *Grenzwert* und *Stetigkeit* einer Funktion lassen sich sinngemäß auch auf Funktionen von mehreren Variablen übertragen, wobei wir uns im Folgenden auf Funktionen von zwei unabhängigen Variablen beschränken werden.

Grenzwert einer Funktion

Mit dem *Grenzwert* einer Funktion $z = f(x; y)$ an der Stelle $(x_0; y_0)$ lässt sich das Verhalten der Funktion untersuchen, wenn man sich dieser Stelle beliebig nähert (ohne sie jemals zu erreichen). Wir gehen dabei davon aus, dass die Funktion in einer gewissen Umgebung von $(x_0; y_0)$ definiert ist, eventuell mit Ausnahme dieser Stelle selbst. Diese Funktion hat dann definitionsgemäß an der Stelle $(x_0; y_0)$ den *Grenzwert* g, wenn sich die Funktionswerte $f(x; y)$ beim Grenzübergang $(x; y) \rightarrow (x_0; y_0)$ dem Wert g beliebig nähern [1]. Symbolische Schreibweise:

$$\lim_{(x; y) \rightarrow (x_0; y_0)} f(x; y) = g \tag{III-10}$$

Mit anderen Worten: Aus $(x; y) \rightarrow (x_0; y_0)$ folgt stets $f(x; y) \rightarrow g$, und zwar *unabhängig* vom eingeschlagenen Weg für jede Folge von Zahlenpaaren $(x; y)$, die sich beliebig der Stelle $(x_0; y_0)$ nähern.

---

[1] Die Schreibweise $(x; y) \rightarrow (x_0; y_0)$ bedeutet: die Variablen x und y streben unabhängig voneinander gegen x_0 bzw. y_0.

Anmerkungen

(1)   Eine Funktion $f(x;y)$ kann auch in einer Definitionslücke $(x_0;y_0)$ einen Grenz-
      wert haben, obwohl sie dort *nicht* definiert ist.

(2)   Anschauliche Deutung des Grenzwertes auf der *Bildfläche* von $z = f(x;y)$: Be-
      wegt man sich auf dieser Fläche in Richtung der Stelle $(x_0;y_0)$, so unterscheidet
      sich die erreichte Höhe immer weniger vom Grenzwert g.

■   **Beispiel**

Wir prüfen, ob die mit *Ausnahme* der Stelle $(0;0)$ überall definierte Funktion mit der

Gleichung $f(x;y) = \dfrac{x^2 - y^2}{x^2 + y^2}$ an dieser Stelle einen *Grenzwert* hat. Dazu untersuchen

wir das Verhalten der Funktion, wenn sich das Variablenpaar $(x;y)$ längs der Geraden
$y = mx$ auf die Stelle $(0;0)$ zu bewegt. Der Funktionswert an der Stelle
$(x; y = mx) \neq (0;0)$ beträgt dann für $x \neq 0$:

$$f(x; y = mx) = \frac{x^2 - (mx)^2}{x^2 + (mx)^2} = \frac{x^2 - m^2 x^2}{x^2 + m^2 x^2} = \frac{x^2(1 - m^2)}{x^2(1 + m^2)} = \frac{1 - m^2}{1 + m^2}$$

Beim Grenzübergang $(x; y = mx) \rightarrow (0;0)$, d. h. für $x \rightarrow 0$ bleibt dieser Wert *unverändert* erhalten:

$$\lim_{x \to 0} \frac{1 - m^2}{1 + m^2} = \frac{1 - m^2}{1 + m^2}$$

Folgerung: Der Grenzwert hängt noch von der Steigung m ab, d. h. vom eingeschlagenen (geradlinigen) Weg. Die Funktion hat daher an der Stelle $(0;0)$ *keinen* Grenzwert.

Geometrische Deutung

Beim Grenzübergang $(x;y) \rightarrow (0;0)$ mit $y = mx$ bewegen wir uns auf der *Bildfläche* der Funktion längs einer Kurve, die durch den *Schnitt* der Fläche mit der Ebene
$y = mx$ (z: beliebig) eindeutig festgelegt ist [2]. Da alle Punkte dieser Schnittkurve die
gleiche Höhenkoordinate $z = (1 - m^2)/(1 + m^2)$ besitzen, handelt es sich um eine
Gerade parallel zur x, y-Ebene. Die Höhenkoordinate ist jedoch von Schnittgerade zu
Schnittgerade *verschieden*, da ihr Wert noch vom Parameter m abhängt. Die Werte liegen dabei zwischen $z = -1$ und $z = 1$. Zum Abschluss betrachten wir noch drei
spezielle Schnittgeraden.

a)   *Schnitt der Fläche mit der x, z-Ebene $y = 0$ (d. h. $m = 0$)*

      Aus der Funktionsgleichung erhalten wir die folgende *Höhenkoordinate*:

$$z = f(x;0) = \frac{x^2}{x^2} = 1 \quad (\text{für } x \neq 0)$$

---

[2] Diese Ebene enthält die z-Achse und steht senkrecht auf der x, y-Koordinatenebene.

Wir bewegen uns also auf der Fläche längs der *Geraden* $y = 0, z = 1$ auf die Stelle $(x; y) = (0; 0)$ zu (für $x \to 0$).

b) *Schnitt der Fläche mit der y, z-Ebene* $x = 0$ (*d. h.* $m = \infty$)

Die Höhenkoordinate hat jetzt den Wert

$$z = f(0; y) = \frac{-y^2}{y^2} = -1 \quad \text{(für } y \neq 0\text{)}$$

Der Weg führt diesmal in der Höhe $z = -1$ längs der Geraden $x = 0$ zur Stelle $(x; y) = (0; 0)$ (für $y \to 0$).

c) *Schnitt der Fläche mit der Ebene* $y = x$ (*d. h.* $m = 1$)

Die Schnittebene $y = x$ (z: beliebig) enthält die Winkelhalbierende $y = x$ der x, y-Ebene und steht auf dieser Ebene senkrecht. Die Höhenkoordinate der beim Schnitt mit der Fläche erhaltenen Schnittgeraden beträgt

$$z = f(x; x) = \frac{x^2 - x^2}{x^2 + x^2} = 0 \quad \text{(für } x \neq 0\text{)}$$

Die Schnittgerade liegt also *in* der x, y-Ebene. Beim Grenzübergang $x \to 0$ bewegen wir uns längs dieser Geraden $y = x$ in Richtung des Nullpunktes $(x; y) = (0; 0)$.

Fazit: In allen drei Fällen nähern wir uns beliebig der Stelle $(0; 0)$, aber in *unterschiedlichen* Höhen! Die Position (d. h. die Höhe) des Ortes, dem wir uns beim Grenzübergang $(x; y) \to (0; 0)$ beliebig nähern, hängt also vom *eingeschlagenen Weg* ab, die Funktion $f(x; y) = (x^2 - y^2)/(x^2 + y^2)$ kann daher an dieser Stelle *keinen* Grenzwert besitzen (sonst müssten *alle* Wege zum *gleichen* Punkt führen). ∎

Stetigkeit einer Funktion

Definition: Eine in $(x_0; y_0)$ und einer gewissen Umgebung von $(x_0; y_0)$ definierte Funktion $z = f(x; y)$ heißt an der Stelle $(x_0; y_0)$ *stetig*, wenn der *Grenzwert* der Funktion an dieser Stelle *vorhanden* ist und mit dem dortigen Funktionswert *übereinstimmt*:

$$\lim_{(x; y) \to (x_0; y_0)} f(x; y) = f(x_0; y_0) \qquad \text{(III-11)}$$

Anmerkungen

(1) Die Stetigkeit an einer bestimmten Stelle setzt voraus, dass die Funktion dort auch *definiert* ist. Ferner muss der Grenzwert an dieser Stelle existieren und mit dem Funktionswert übereinstimmen.

(2) Eine Funktion $z = f(x; y)$ heißt dagegen an der Stelle $(x_0; y_0)$ *unstetig*, wenn $f(x_0; y_0)$ *nicht* vorhanden ist oder $f(x_0; y_0)$ vom Grenzwert *verschieden* ist oder dieser *nicht* existiert.

(3) Eine Funktion, die an *jeder* Stelle ihres Definitionsbereiches stetig ist, wird als *stetige* Funktion bezeichnet.

■ **Beispiel**

$$f(x; y) = \begin{cases} \dfrac{4xy}{x^2 + y^2} & (x; y) \neq (0; 0) \\[2mm] \text{für} \\[2mm] 0 & (x; y) = (0; 0) \end{cases}$$

Diese *überall* in der x, y-Ebene definierte Funktion besitzt im Nullpunkt $(0; 0)$ eine *Unstetigkeitsstelle*, da sie dort zwar definiert ist ($f(0; 0) = 0$), aber *keinen* Grenzwert hat. Denn es gilt:

a) *Längs der x-Achse* $(y = 0)$:

$$f(x; 0) = \frac{4x \cdot 0}{x^2 + 0^2} = \frac{0}{x^2} = 0 \quad (\text{für } x \neq 0)$$

$$\lim_{x \to 0} f(x; 0) = \lim_{x \to 0} 0 = 0$$

b) *Längs der Winkelhalbierenden* $y = x$:

$$f(x; x) = \frac{4x \cdot x}{x^2 + x^2} = \frac{4x^2}{2x^2} = 2 \quad (\text{für } x \neq 0)$$

$$\lim_{x \to 0} f(x; x) = \lim_{x \to 0} 2 = 2$$

Somit erhalten wir *unterschiedliche* (vom eingeschlagenen Weg abhängige) Grenzwerte, d. h. der Grenzwert an der Stelle $(0; 0)$ ist *nicht* vorhanden und die Funktion damit an dieser Stelle *unstetig*.   ■

2 Partielle Differentiation

2.1 Partielle Ableitungen 1. Ordnung

Wir erinnern zunächst an den Begriff der *Ableitung* bei einer Funktion von *einer* Variablen: Definitionsgemäß wird der Grenzwert

$$f'(x_0) = \lim_{\Delta x \to 0} \frac{f(x_0 + \Delta x) - f(x_0)}{\Delta x}$$

als *1. Ableitung* der Funktion $f(x)$ an der Stelle x_0 bezeichnet. Aus *geometrischer* Sicht lässt sich diese Ableitung als *Steigung* m der im Punkt $P = (x_0; y_0)$ errichteten *Kurventangente* deuten (Bild III-19):

$$m = \tan \alpha = f'(x_0)$$

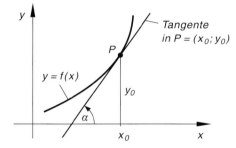

Bild III-19
Zum Begriff der Ableitung bei einer
Funktion von *einer* unabhängigen Variablen

Analoge Überlegungen führen bei einer Funktion von *zwei* Variablen, die sich ja bildlich als Fläche im Raum darstellen lässt, zum Begriff der *partiellen Ableitung* einer Funktion. Wir gehen bei unseren weiteren Betrachtungen von einem *auf* der Fläche $z = f(x; y)$ gelegenen Punkt $P = (x_0; y_0; z_0)$ mit $z_0 = f(x_0; y_0)$ aus. Durch diesen Flächenpunkt legen wir zwei *Schnittebenen*, die *parallel* zur x, z- bzw. y, z-Koordinatenebene verlaufen (Bild III-20). Als *Schnittkurven* erhalten wir dann zwei *Flächenkurven* K_1 und K_2, mit denen wir uns jetzt näher befassen werden.

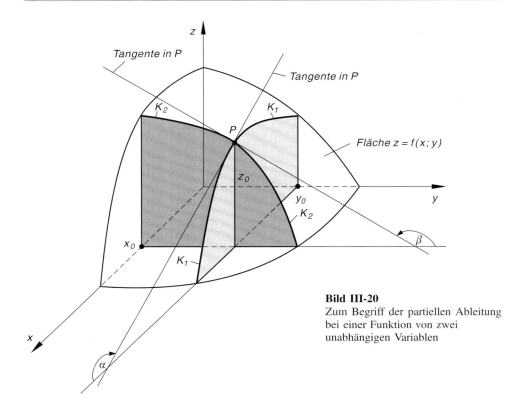

Bild III-20
Zum Begriff der partiellen Ableitung
bei einer Funktion von zwei
unabhängigen Variablen

(1)   Schnitt der Fläche $z = f(x; y)$ mit der Ebene $y = y_0$ (Bild III-20)

Die auf der Schnittkurve (Flächenkurve) K_1 gelegenen Punkte stimmen in ihrer
y-Koordinate miteinander überein: $y = y_0$. Die *Höhenkoordinate z* dieser Punkte hängt somit *nur* noch von der Variablen x, d. h. der x-Koordinate ab. Die
Funktionsgleichung der *Schnittkurve K_1* lautet daher:

$$\text{Schnittkurve } K_1: \; z = f(x; y_0) = g(x) \tag{III-12}$$

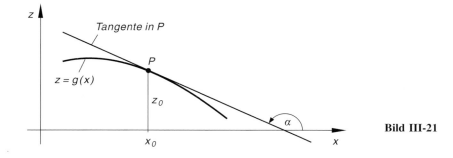

Bild III-21

Das *Steigungsverhalten* dieser (räumlichen) Kurve lässt sich besser untersuchen, wenn wir die Kurve in die x, z-Ebene *projizieren* (Bild III-21). Dabei wird die Gestalt der Kurve in keiner Weise verändert. Für die *Steigung* m_x der in P errichteten *Kurventangente* gilt dann definitionsgemäß:

$$m_x = \tan\alpha = g'(x_0) = \lim_{\Delta x \to 0} \frac{g(x_0 + \Delta x) - g(x_0)}{\Delta x} \tag{III-13}$$

Beachten wir dabei noch, dass $g(x) = f(x; y_0)$ ist, so können wir diesen *Grenzwert* auch wie folgt schreiben:

$$m_x = \lim_{\Delta x \to 0} \frac{f(x_0 + \Delta x; y_0) - f(x_0; y_0)}{\Delta x} \tag{III-14}$$

Wir erhalten ihn *formal*, indem wir die Funktion $z = f(x; y)$ nach der *ersten* Variablen x differenzieren, wobei beim Differenzieren die *zweite* Variable y als eine Art *Konstante (Parameter)* angesehen wird. Mit anderen Worten: Wir betrachten die Funktion $z = f(x; y)$ zunächst als eine *nur von x abhängige Funktion* und somit während des Differenzierens als eine Funktion von *einer* Variablen. Für das Differenzieren selbst gelten dann die bereits aus Band 1 (Kap. IV, Abschnitt 2) bekannten *Ableitungsregeln für Funktionen von einer Variablen*.

Der Grenzwert (III-14) bekommt noch einen Namen und wird fortan als *partielle Ableitung 1. Ordnung* von $z = f(x; y)$ nach x an der Stelle $(x_0; y_0)$ bezeichnet und durch das Symbol $f_x(x_0; y_0)$ oder $z_x(x_0; y_0)$ gekennzeichnet.

(2) **Schnitt der Fläche $z = f(x; y)$ mit der Ebene $x = x_0$ (Bild III-20)**

Die Funktionsgleichung der *Schnittkurve (Flächenkurve)* K_2 lautet:

Schnittkurve K_2: $z = f(x_0; y) = h(y)$ $\qquad\qquad\qquad\qquad\qquad$ (III-15)

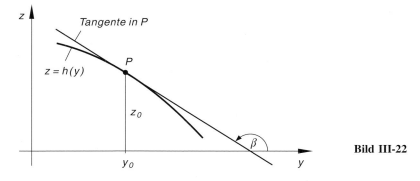

Bild III-22

Denn die auf der Kurve K_2 liegenden Punkte besitzen alle die *gleiche x-Koordinate* $(x = x_0)$, so dass die Höhenkoordinate z *nur* von der zweiten Koordinate (Variablen) y abhängt. Wir *projizieren* diese Kurve nun in die y, z-Ebene, wobei der Kurvenverlauf erhalten bleibt (Bild III-22).

Die *Kurventangente* in P besitzt dann die *Steigung*

$$m_y = \tan \beta = h'(y_0) = \lim_{\Delta y \to 0} \frac{h(y_0 + \Delta y) - h(y_0)}{\Delta y} \qquad \text{(III-16)}$$

wofür wir auch unter Beachtung von $h(y) = f(x_0; y)$ schreiben können:

$$m_y = \lim_{\Delta y \to 0} \frac{f(x_0; y_0 + \Delta y) - f(x_0; y_0)}{\Delta y} \qquad \text{(III-17)}$$

Diesen Grenzwert bezeichnen wir als *partielle Ableitung 1. Ordnung von* $z = f(x; y)$ *nach* y *an der Stelle* $(x_0; y_0)$ und kennzeichnen ihn durch das Symbol $f_y(x_0; y_0)$ oder $z_y(x_0; y_0)$. *Formal* erhalten wir diese *partielle Ableitung*, indem wir die Funktion $z = f(x; y)$ zunächst als eine *nur von* y *abhängige Funktion* betrachten und dann nach der Variablen y differenzieren. Während dieser Differentiation wird die Variable x als eine Art *Konstante* (*Parameter*) betrachtet.

Ist $z = f(x; y)$ an *jeder* Stelle $(x; y)$ eines gewissen Bereiches *partiell* differenzierbar, so sind die partiellen Ableitungen 1. Ordnung selbst wieder *Funktionen* von x und y. Wir definieren daher allgemein:

Definition: Unter den *partiellen Ableitungen 1. Ordnung* einer Funktion $z = f(x; y)$ an der Stelle $(x; y)$ werden die folgenden Grenzwerte verstanden (falls sie vorhanden sind):

Partielle Ableitung 1. Ordnung nach x:

$$f_x(x; y) = \lim_{\Delta x \to 0} \frac{f(x + \Delta x; y) - f(x; y)}{\Delta x} \qquad \text{(III-18)}$$

Partielle Ableitung 1. Ordnung nach y:

$$f_y(x; y) = \lim_{\Delta y \to 0} \frac{f(x; y + \Delta y) - f(x; y)}{\Delta y} \qquad \text{(III-19)}$$

Anmerkungen

(1)   Sprechweisen für f_x: *Partielle Ableitung von* f *nach* x oder kurz f *partiell nach* x (analog für f_y).

(2)   Die Grenzwertbildung (III-18) bzw. (III-19), die zu den *partiellen Ableitungen* einer Funktion führt, wird als *partielle Differentiation* oder auch als *partielles Differenzieren* bezeichnet.

(3)   Man beachte: *Partielle* Ableitungen werden im Gegensatz zu den *gewöhnlichen* Ableitungen nicht durch Striche (oder Punkte), sondern durch die als Index angehängte *Differentiationsvariable* gekennzeichnet.

(4)   Weitere, allgemein übliche Symbole für *partielle Ableitungen* sind:

$$f_x\,(x;\,y), \qquad z_x\,(x;\,y)\,, \qquad \frac{\partial f}{\partial x}\,(x;\,y)\,, \qquad \frac{\partial z}{\partial x}\,(x;\,y)$$

$$f_y\,(x;\,y)\,, \qquad z_y\,(x;\,y)\,, \qquad \frac{\partial f}{\partial y}\,(x;\,y)\,, \qquad \frac{\partial z}{\partial y}\,(x;\,y)$$

oder (in *verkürzter* Schreibweise)

$$f_x\,, \quad z_x\,, \quad \frac{\partial f}{\partial x}\,, \quad \frac{\partial z}{\partial x}$$

$$f_y\,, \quad z_y\,, \quad \frac{\partial f}{\partial y}\,, \quad \frac{\partial z}{\partial y}$$

Die Schreibweisen $\dfrac{\partial f}{\partial x}, \dfrac{\partial f}{\partial y}, \dfrac{\partial z}{\partial x}$ und $\dfrac{\partial z}{\partial y}$ werden dabei als *partielle Differential-quotienten 1. Ordnung* bezeichnet. Um Verwechslungen mit dem „gewöhnlichen" Differentialquotienten (bei einer Funktion von einer Variablen) auszuschließen, verwendet man hierbei das spezielle Symbol „∂".

(5)   *Geometrische* Deutung der partiellen Ableitungen der Funktion $z = f\,(x;\,y)$ an der Stelle $(x_0;\,y_0)$:

   $f_x\,(x_0;\,y_0)$: *Anstieg der Flächentangente im Flächenpunkt* $P = (x_0;\,y_0;\,z_0)$
   in der positiven x-*Richtung*

   $f_y\,(x_0;\,y_0)$: *Anstieg der Flächentangente im Flächenpunkt* $P = (x_0;\,y_0;\,z_0)$
   in der positiven y-*Richtung*

Die *partiellen Ableitungen 1. Ordnung* von $z = f\,(x;\,y)$ bestimmen damit den Anstieg der Bildfläche in P in Richtung der x- bzw. y-Achse (siehe hierzu auch Bild III-20).

Als ein oft nützliches Hilfsmittel bei der Bildung *partieller Ableitungen* erweisen sich die beiden *partiellen Differentialoperatoren* $\dfrac{\partial}{\partial x}$ und $\dfrac{\partial}{\partial y}$. Sie *erzeugen* aus einer Funktion $z = f\,(x;\,y)$ durch ihr „Einwirken" die *partiellen Ableitungen 1. Ordnung*:

$$\frac{\partial}{\partial x}\,[f\,(x;\,y)\,] = f_x\,(x;\,y)$$

$$\frac{\partial}{\partial y}\,[f\,(x;\,y)\,] = f_y\,(x;\,y)$$

$$(\text{III-20})$$

■ **Beispiel**

$$z = f(x; y) = -4x^3 y^2 + 3xy^4 - 3x + 2y + 5$$

Wir bestimmen die *partiellen Ableitungen 1. Ordnung* dieser Funktion und berechnen ihre Werte an der Stelle $x = 1, y = 2$:

$$f_x(x; y) = \frac{\partial}{\partial x} \left[-4x^3 y^2 + 3xy^4 - 3x + 2y + 5 \right] =$$

$$= -4(3x^2) y^2 + 3y^4 - 3 + 0 + 0 = -12x^2 y^2 + 3y^4 - 3$$

$$f_y(x; y) = \frac{\partial}{\partial y} \left[-4x^3 y^2 + 3xy^4 - 3x + 2y + 5 \right] =$$

$$= -4x^3(2y) + 3x(4y^3) - 0 + 2 + 0 = -8x^3 y + 12xy^3 + 2$$

$$f_x(1; 2) = -3, \quad f_y(1; 2) = 82, \qquad \text{Höhenkoordinate: } z = f(1; 2) = 38$$

Die im Flächenpunkt $P = (1; 2; 38)$ errichteten Tangenten besitzen somit den folgenden *Anstieg* bzw. *Steigungswinkel*:

Tangente in x-Richtung:

$$m_x = \tan \alpha = -3 \Rightarrow \alpha = 180° + \arctan(-3) = 180° - 71{,}6° = 108{,}4°$$

Tangente in y-Richtung:

$$m_y = \tan \beta = 82 \Rightarrow \beta = \arctan 82 = 89{,}3° \qquad\qquad ■$$

Der Begriff einer *partiellen Ableitung 1. Ordnung* lässt sich ohne Schwierigkeiten auch auf Funktionen von *mehr als zwei* unabhängigen Variablen übertragen. Allerdings ist hier eine *geometrische* Deutung der partiellen Ableitungen *nicht* mehr möglich.

Bei einer Funktion $u = f(x; y; z)$ von *drei* unabhängigen Variablen können wir *partiell* nach x, y oder z differenzieren, wobei während des Differenzierens jeweils die beiden übrigen Variablen als Parameter *festgehalten* werden. Es gibt somit *drei* partielle Ableitungen 1. Ordnung, die wir wie folgt kennzeichnen:

Partielle Ableitung nach x: $\quad u_x, \quad f_x, \quad \dfrac{\partial u}{\partial x}, \quad \dfrac{\partial f}{\partial x}$

Partielle Ableitung nach y: $\quad u_y, \quad f_y, \quad \dfrac{\partial u}{\partial y}, \quad \dfrac{\partial f}{\partial y}$

Partielle Ableitung nach z: $\quad u_z, \quad f_z, \quad \dfrac{\partial u}{\partial z}, \quad \dfrac{\partial f}{\partial z}$

Von einer Funktion $y = f(x_1; x_2; \dots; x_n)$ mit n unabhängigen Variablen können entsprechend n partielle Ableitungen 1. Ordnung gebildet werden. Wir kennzeichnen sie durch die Symbole

$$y_{x_k}, \quad f_{x_k}, \quad \frac{\partial u}{\partial x_k} \quad \text{oder} \quad \frac{\partial f}{\partial x_k} \quad (\text{für} \quad k = 1, 2, \dots, n) \qquad\qquad \text{(III-21)}$$

Wir fassen zusammen:

Partielles Differenzieren bei einer Funktion von mehreren Variablen

Bei einer Funktion $y = f(x_1; x_2; \ldots; x_n)$ von n unabhängigen Variablen $x_1, x_2, \ldots, x_n$ lassen sich insgesamt n *partielle Ableitungen 1. Ordnung* bilden. Man erhält sie nach dem folgenden Schema:

1. In der Funktionsgleichung werden zunächst alle unabhängigen Variablen bis auf die *Differentiationsvariable* x_k (das ist die Variable, nach der differenziert werden soll) als *konstante* Größen, d. h. als *Parameter* betrachtet.

2. Die gegebene Funktion erscheint nun als eine (gewöhnliche) Funktion von *einer* Variablen, nämlich der Differentiationsvariablen x_k, und wird unter Verwendung der bekannten Ableitungsregeln nach dieser Variablen differenziert. Das Ergebnis dieser Differentiation ist die gesuchte *partielle Ableitung 1. Ordnung*.

Anmerkungen

(1) Die *partielle* Differentiation wird somit auf die *gewöhnliche* Differentiation, d. h. auf die Differentiation einer Funktion von *einer* Variablen zurückgeführt. Die Ableitungsregeln sind daher die gleichen wie bei den Funktionen von *einer* Variablen.

So lautet beispielsweise die *Produktregel* bei *zwei* unabhängigen Variablen, d. h. für eine Funktion vom Typ

$$z = f(x; y) = u(x; y) \cdot v(x; y) = u \cdot v$$

wie folgt:

$$\frac{\partial z}{\partial x} = \frac{\partial f}{\partial x} = \frac{\partial u}{\partial x} \cdot v + \frac{\partial v}{\partial x} \cdot u \qquad\qquad z_x = u_x v + v_x u$$

oder

$$\frac{\partial z}{\partial y} = \frac{\partial f}{\partial y} = \frac{\partial u}{\partial y} \cdot v + \frac{\partial v}{\partial y} \cdot u \qquad\qquad z_y = u_y v + v_y u$$

(2) Das *partielle Differenzieren* erfordert viel *Übung* und besondere *Konzentration*. Voraussetzung ist ferner, dass die gewöhnlichen Ableitungsregeln (insbesondere die *Kettenregel*) *sicher beherrscht* werden. Erleichtern Sie sich (zumindest am Anfang) die Arbeit z. B. dadurch, dass Sie die Differentiationsvariable *farbig* unterstreichen.

(3) Bei einer Funktion von *einer* Variablen besteht *kein* Unterschied zwischen der *gewöhnlichen* und der *partiellen* Ableitung. Wir verwenden hier nach wie vor die alten Symbole, also y' oder $f'(x)$ oder $\dfrac{dy}{dx}$ für die 1. Ableitung von $y = f(x)$.

Wir zeigen jetzt an einigen einfachen Beispielen, wie man die aus Band 1 bekannten Ableitungsregeln für „gewöhnliche" Funktionen beim *partiellen* Differenzieren anwendet.

■ **Beispiele**

(1)   Wir differenzieren die *Zustandsgleichung des idealen Gases* $p = p\,(V;\,T) = \dfrac{RT}{V}$
partiell nach V bzw. T:

$$\frac{\partial p}{\partial V} = \frac{\partial}{\partial V}\left(\frac{RT}{V}\right) = RT \cdot \frac{\partial}{\partial V}\left(\frac{1}{V}\right) = RT \cdot \frac{\partial}{\partial V}\,(V^{-1}) =$$

$$= RT\,(-V^{-2}) = -\frac{RT}{V^2}$$

$$\frac{\partial p}{\partial T} = \frac{\partial}{\partial T}\left(\frac{RT}{V}\right) = \frac{R}{V} \cdot \frac{\partial}{\partial T}\,(T) = \frac{R}{V} \cdot 1 = \frac{R}{V}$$

(2) $z = f\,(x;\,y) = x^2 y^4 + \mathrm{e}^x \cdot \cos y + 10x - 2y^2 + 3$

Die partiellen Ableitungen $\dfrac{\partial z}{\partial x}$ und $\dfrac{\partial z}{\partial y}$ werden nach der *Summenregel* gebildet
(*gliedweise* Differentiation nach x bzw. y):

$$\frac{\partial z}{\partial x} = 2xy^4 + \mathrm{e}^x \cdot \cos y + 10, \qquad \frac{\partial z}{\partial y} = 4x^2 y^3 - \mathrm{e}^x \cdot \sin y - 4y$$

(3) $z = f\,(x;\,y) = \underbrace{x y^2}_{u} \cdot \underbrace{(\sin x + \sin y)}_{v} = u\,v$

Wir bilden die partiellen Ableitungen $\dfrac{\partial z}{\partial x}$ und $\dfrac{\partial z}{\partial y}$ mit Hilfe der *Produktregel*:

$$\frac{\partial z}{\partial x} = u_x v + v_x u = y^2 \cdot (\sin x + \sin y) + x y^2 \cdot \cos x$$

$$\frac{\partial z}{\partial y} = u_y v + v_y u = 2xy \cdot (\sin x + \sin y) + x y^2 \cdot \cos y$$

(4) $z = f\,(x;\,y) = \ln\,(x^3 + y^2)$

Wir führen zunächst die „Hilfsvariable" $u = x^3 + y^2$ ein, erhalten die „äußere"
Funktion $z = \ln u$ und wenden dann die *Kettenregel* an:

$$\frac{\partial z}{\partial x} = \frac{\partial z}{\partial u} \cdot \frac{\partial u}{\partial x} = \frac{1}{u} \cdot 3x^2 = \frac{3x^2}{u} = \frac{3x^2}{x^3 + y^2}$$

$$\frac{\partial z}{\partial y} = \frac{\partial z}{\partial u} \cdot \frac{\partial u}{\partial y} = \frac{1}{u} \cdot 2y = \frac{2y}{u} = \frac{2y}{x^3 + y^2}$$

(5) $z = f\,(x;\,y) = \ln\,(x + y^2) - \mathrm{e}^{2xy} + 3x$

Unter Verwendung von *Summen*- und *Kettenregel* bestimmen wir die partiellen Ableitungen z_x und z_y und ihre Werte an den Stellen $(x;\,y) = (0;\,1)$ und
$(x;\,y) = (1;\,-3)$:

$$z_x(x; y) = \frac{\partial}{\partial x}\left[\ln\left(x + y^2\right) - e^{2xy} + 3x\right] = \frac{1}{x + y^2} - 2y \cdot e^{2xy} + 3$$

$$z_y(x; y) = \frac{\partial}{\partial y}\left[\ln\left(x + y^2\right) - e^{2xy} + 3x\right] = \frac{2y}{x + y^2} - 2x \cdot e^{2xy}$$

(die grau markierten Ausdrücke wurden substituiert: $u = x + y^2$ bzw. $v = 2xy$)

$$z_x(0; 1) = 2, \qquad z_y(0; 1) = 2$$
$$z_x(1; -3) = 3{,}115, \quad z_y(1; -3) = -0{,}605$$

(6) Die Funktion $u = u(x; y; z) = 2x \cdot e^{yz} + \sqrt{x^2 + y^2 + z^2}$ ist *partiell* nach der Variablen y zu differenzieren.

Lösung: Die unabhängigen Variablen x und z werden bei der Bildung der *partiellen* Ableitung nach y als *Konstanten* behandelt. Wir erhalten unter Verwendung von *Summen-* und *Kettenregel*:

$$u_y = \frac{\partial}{\partial y}\left[2x \cdot e^{yz} + \sqrt{x^2 + y^2 + z^2}\right] = 2xz \cdot e^{yz} + \frac{y}{\sqrt{x^2 + y^2 + z^2}}$$

(die grau markierten Ausdrücke müssen substituiert werden: $u = yz$ bzw. $v = x^2 + y^2 + z^2$)

(7) Wir bilden die *partiellen Ableitungen 1. Ordnung* der Funktion

$$f(x; y; z) = \sin(x - y) \cdot \cos(z + 2y)$$

und berechnen dann ihre *Werte* an der Stelle $x = \pi$, $y = 0$, $z = \pi$:

$$f_x(x; y; z) = \frac{\partial}{\partial x}\left[\sin(x - y) \cdot \cos(z + 2y)\right] = \cos(x - y) \cdot \cos(z + 2y)$$

(unter Verwendung der *Kettenregel*, Substitution: $u = x - y$ grau unterlegt)

$$f_y(x; y; z) = \frac{\partial}{\partial y}\left[\underbrace{\sin(x - y)}_{u} \cdot \underbrace{\cos(z + 2y)}_{v}\right] = u_y v + v_y u =$$

$$= -\cos(x - y) \cdot \cos(z + 2y) - 2 \cdot \sin(z + 2y) \cdot \sin(x - y)$$

(unter Verwendung der *Produkt-* und *Kettenregel*, Substitutionen: grau markiert)

$$f_z(x; y; z) = \frac{\partial}{\partial z}\left[\sin(x - y) \cdot \cos(z + 2y)\right] = -\sin(x - y) \cdot \sin(z + 2y)$$

(unter Verwendung der *Kettenregel*, Substitution: grau markiert)

$$f_x(\pi; 0; \pi) = \cos \pi \cdot \cos \pi = (-1)(-1) = 1$$

$$f_y(\pi; 0; \pi) = -\cos \pi \cdot \cos \pi - 2 \cdot \sin \pi \cdot \sin \pi =$$

$$= -(-1)(-1) - 2 \cdot 0 \cdot 0 = -1$$

$$f_z(\pi; 0; \pi) = -\sin \pi \cdot \sin \pi = -0 \cdot 0 = 0 \qquad \blacksquare$$

2.2 Partielle Ableitungen höherer Ordnung

Auf *partielle Ableitungen höherer Ordnung* stößt man, wenn man eine Funktion von mehreren unabhängigen Variablen *mehrmals* nacheinander *partiell differenziert*. So erhält man beispielsweise aus einer von *zwei* Variablen abhängigen Funktion $z = f(x; y)$ nach dem folgenden Schema der Reihe nach *zwei* partielle Ableitungen *1. Ordnung, vier* partielle Ableitungen *2. Ordnung* und schließlich *acht* partielle Ableitungen *3. Ordnung*:

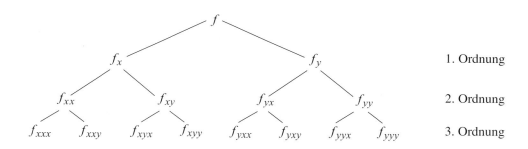

Zur Symbolik

(1)   Die einzelnen Differentiationsschritte sind *grundsätzlich* in der *Reihenfolge*, in der die als Indizes angehängten Differentiationsvariablen im Ableitungssymbol auftreten, auszuführen (von *links nach rechts* gelesen).

Beispiel: Die partielle Ableitung f_{xy} wird gebildet, indem man die Funktion $z = f(x; y)$ *zunächst* nach der Variablen x und *anschließend* f_x nach der Variablen y differenziert: $f \rightarrow f_x \rightarrow f_{xy}$. Bei f_{yx} wurde in der umgekehrten Reihenfolge differenziert, d. h. zuerst nach y, dann nach x.

Unter bestimmten Voraussetzungen ist bei einer „gemischten" partiellen Ableitung die Reihenfolge der Differentiationen *vertauschbar* (vgl. hierzu den nachfolgenden *Satz von Schwarz*). Eine „gemischte" partielle Ableitung liegt dabei vor, wenn nicht nur nach ein- und derselben Variablen differenziert wurde. Wurde immer nach der gleichen Variablen differenziert, so liegt eine sog. „reine" partielle Ableitung vor.

Die *Ordnung* einer partiellen Ableitung entspricht dabei der *Anzahl der Indizes*, d. h. der *Anzahl der angehängten Differentiationsvariablen*.

Beispiel: f_{xy} und f_{yx} sind *gemischte* partielle Ableitungen *2. Ordnung*, f_{xxy} und f_{yxy} *gemischte* partielle Ableitungen 3. Ordnung. *Reine* partielle Ableitungen sind z. B. f_{xx} und f_{yyy}.

(2)   Partielle Ableitungen *höherer* Ordnung lassen sich auch in Form *partieller Differentialquotienten* darstellen. So lautet beispielsweise die Schreibweise für partielle Differentialquotienten *2. Ordnung* wie folgt:

$$f_{xx} = \frac{\partial}{\partial x}\left(\frac{\partial f}{\partial x}\right) = \frac{\partial^2 f}{\partial x^2}, \qquad f_{yy} = \frac{\partial}{\partial y}\left(\frac{\partial f}{\partial y}\right) = \frac{\partial^2 f}{\partial y^2}$$

$$f_{xy} = \frac{\partial}{\partial y}\left(\frac{\partial f}{\partial x}\right) = \frac{\partial^2 f}{\partial x\,\partial y}, \qquad f_{yx} = \frac{\partial}{\partial x}\left(\frac{\partial f}{\partial y}\right) = \frac{\partial^2 f}{\partial y\,\partial x}$$

Beispiel für einen partiellen Differentialquotienten 3. Ordnung: $f_{xyx} = \dfrac{\partial^3 f}{\partial x\,\partial y\,\partial x}$

Unter bestimmten Voraussetzungen, auf die wir im Rahmen dieser Darstellung nur flüchtig eingehen können, ist bei den *gemischten* partiellen Ableitungen die Reihenfolge der Differentiationen *vertauschbar*. Sind nämlich die partiellen Ableitungen k-ter Ordnung *stetige* Funktionen, so gilt der folgende *Satz von Schwarz*:

Über die Vertauschbarkeit der Differentiationsreihenfolge bei einer gemischten partiellen Ableitung k-ter Ordnung (Satz von Schwarz)

Bei einer *gemischten* partiellen Ableitung k-ter Ordnung darf die Reihenfolge der einzelnen Differentiationsschritte *vertauscht* werden, wenn die partiellen Ableitungen k-ter Ordnung *stetige* Funktionen sind.

Anmerkungen

(1)   Für die in den *Anwendungen* benötigten Funktionen ist der *Satz von Schwarz* in der Regel gültig.

(2)   Der *Satz von Schwarz* bedeutet in der Praxis einen nicht unbedeutenden Zeit- und Arbeitsgewinn, da er die Anzahl der *verschiedenen* partiellen Ableitungen erheblich *reduziert*. Für die gemischten partiellen Ableitungen 2. bzw. 3. Ordnung einer Funktion $z = f(x; y)$ gilt somit unter den Voraussetzungen des *Satzes von Schwarz*:

$$f_{xy} = f_{yx}, \qquad f_{xxy} = f_{yxx} = f_{xyx}, \qquad f_{yyx} = f_{xyy} = f_{yxy}$$

Die Anzahl der (verschiedenen) partiellen Ableitungen 2. bzw. 3. Ordnung *reduziert* sich damit von vier auf drei bzw. von acht auf vier Ableitungen:

2. Ordnung: f_{xx}, f_{xy}, f_{yy}

3. Ordnung: f_{xxx}, f_{xxy}, f_{xyy}, f_{yyy}

■ **Beispiele**

(1) Wir zeigen, dass die gemischten partiellen Ableitungen 2. *Ordnung* der Funktion $z = \ln (x^2 + y)$ miteinander übereinstimmen:

$$z_x = \frac{\partial}{\partial x} \left[\ln \left(x^2 + y \right) \right] = \frac{2\,x}{x^2 + y}, \quad z_{xy} = \frac{\partial}{\partial y} \left[\frac{2\,x}{x^2 + y} \right] = -\frac{2\,x}{(x^2 + y)^2}$$

$$z_y = \frac{\partial}{\partial y} \left[\ln \left(x^2 + y \right) \right] = \frac{1}{x^2 + y}, \quad z_{yx} = \frac{\partial}{\partial x} \left[\frac{1}{x^2 + y} \right] = -\frac{2\,x}{(x^2 + y)^2}$$

$$z_{xy} = z_{yx} = -\frac{2\,x}{(x^2 + y)^2}$$

(unter Verwendung der Kettenregel, Substitution $u = x^2 + y$ grau unterlegt).

(2) Man bestimme für die Funktion $z = \dfrac{x - y}{x + y}$ *sämtliche* partiellen Ableitungen bis zur 3. Ordnung.

Lösung (mit Hilfe der Quotienten- und Kettenregel, Substitution: $u = x + y$):

$$z_x = \frac{2\,y}{(x + y)^2}, \quad z_y = -\frac{2\,x}{(x + y)^2}$$

$$z_{xx} = -\frac{4\,y}{(x + y)^3}, \quad z_{xy} = z_{yx} = \frac{2\,x - 2\,y}{(x + y)^3}, \quad z_{yy} = \frac{4\,x}{(x + y)^3}$$

$$z_{xxx} = \frac{12\,y}{(x + y)^4}, \quad z_{xxy} = z_{yxx} = z_{xyx} = \frac{-4\,x + 8\,y}{(x + y)^4}$$

$$z_{xyy} = z_{yxy} = z_{yyx} = \frac{-8\,x + 4\,y}{(x + y)^4}, \quad z_{yyy} = -\frac{12\,x}{(x + y)^4}$$

(3) Bild III-23 zeigt die Momentanaufnahme einer mechanischen *Transversalwelle*, die sich im Laufe der Zeit t in der x-Richtung ausbreitet und durch die Gleichung

$$y = A \cdot \sin \left[\frac{2\,\pi}{\lambda} (c\,t - x) \right] \qquad \text{(mit} \quad x \geq 0 \quad \text{und} \quad t \geq 0)$$

beschreiben lässt. Dabei bedeuten:

y: *Auslenkung* oder *Elongation* eines schwingenden Teilchens am Ort x in Abhängigkeit von der Zeit t (alle Teilchen schwingen senkrecht zur Ausbreitungsrichtung x)

A: *Amplitude* (*maximale* Auslenkung)

c: *Ausbreitungsgeschwindigkeit* der Welle

λ: *Wellenlänge* (Entfernung zweier *benachbarter* Teilchen, die sich in jedem Zeitpunkt im *gleichen* Schwingungszustand befinden, d. h. „synchron" schwingen)

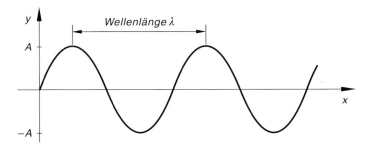

Bild III-23 Momentanaufnahme einer mechanischen Transversalwelle

Die Ausbreitung der *eindimensionalen* Welle wird in Bild III-24 in verschiedenen Phasen verdeutlicht $(t_1 < t_2 < t_3)$.

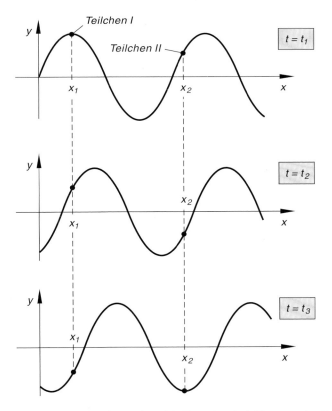

Bild III-24 Ausbreitung einer (eindimensionalen) Transversalwelle $(t_1 < t_2 < t_3)$

Die Auslenkung y ist also vom Ort x *und* der Zeit t abhängig: $y = y(x; t)$. Wir wollen jetzt zeigen, dass zwischen den beiden *reinen* Ableitungen 2. Ordnung dieser Funktion eine bestimmte Beziehung besteht.

Wir bilden daher zunächst die benötigten Ableitungen $\dfrac{\partial^2 y}{\partial x^2}$ und $\dfrac{\partial^2 y}{\partial t^2}$ $\Big($ unter Verwendung der Kettenregel, Substitution $u = \dfrac{2\pi}{\lambda}(ct - x)\Big)$:

$$\frac{\partial y}{\partial x} = A \cdot \frac{2\pi}{\lambda}(-1) \cdot \cos\left[\frac{2\pi}{\lambda}(ct - x)\right] = -\frac{2\pi A}{\lambda} \cdot \cos\left[\frac{2\pi}{\lambda}(ct - x)\right]$$

$$\frac{\partial^2 y}{\partial x^2} = -\frac{2\pi A}{\lambda} \cdot \frac{2\pi}{\lambda} \cdot (-1) \cdot \left\{-\sin\left[\frac{2\pi}{\lambda}(ct - x)\right]\right\} =$$

$$= -\frac{4\pi^2}{\lambda^2} \cdot A \cdot \underbrace{\sin\left[\frac{2\pi}{\lambda}(ct - x)\right]}_{y} = -\frac{4\pi^2}{\lambda^2} \cdot y$$

$$\frac{\partial y}{\partial t} = A \cdot \frac{2\pi}{\lambda} \cdot c \cdot \cos\left[\frac{2\pi}{\lambda}(ct - x)\right] = \frac{2\pi c A}{\lambda} \cdot \cos\left[\frac{2\pi}{\lambda}(ct - x)\right]$$

$$\frac{\partial^2 y}{\partial t^2} = \frac{2\pi c A}{\lambda} \cdot \frac{2\pi}{\lambda} \cdot c \cdot \left\{-\sin\left[\frac{2\pi}{\lambda}(ct - x)\right]\right\} =$$

$$= -\frac{4\pi^2 c^2}{\lambda^2} \cdot A \cdot \underbrace{\sin\left[\frac{2\pi}{\lambda}(ct - x)\right]}_{y} = -\frac{4\pi^2 c^2}{\lambda^2} \cdot y$$

Die letzte Gleichung lässt sich noch wie folgt umschreiben:

$$\frac{\partial^2 y}{\partial t^2} = -\frac{4\pi^2 c^2}{\lambda^2} \cdot y = c^2 \cdot \underbrace{\left(-\frac{4\pi^2}{\lambda^2} \cdot y\right)}_{\dfrac{\partial^2 y}{\partial x^2}} = c^2 \cdot \frac{\partial^2 y}{\partial x^2}$$

Somit besteht zwischen den partiellen Ableitungen $\dfrac{\partial^2 y}{\partial t^2}$ und $\dfrac{\partial^2 y}{\partial x^2}$ die folgende wichtige Beziehung:

$$\frac{\partial^2 y}{\partial t^2} = c^2 \cdot \frac{\partial^2 y}{\partial x^2}$$

Diese Gleichung beschreibt nicht nur die Ausbreitung einer mechanischen Transversalwelle, sondern sie gilt auch sinngemäß für *elektromagnetische* Transversalwellen und auch für *Longitudinalwellen* (z. B. Schallwellen). Sie wird daher zu Recht als *Wellengleichung* (einer eindimensionalen Welle) bezeichnet.

(4)   Wir bestimmen die *partiellen Ableitungen 1. und 2. Ordnung* der Funktion $f(x; y; z) = e^{3x-2y} \cdot \cos(5z)$. Sie lauten wie folgt (unter Verwendung der Kettenregel)

$$f_x = e^{3x-2y} \cdot 3 \cdot \cos(5z) = 3 \cdot e^{3x-2y} \cdot \cos(5z)$$

$$f_y = e^{3x-2y} \cdot (-2) \cdot \cos(5z) = -2 \cdot e^{3x-2y} \cdot \cos(5z)$$

$$f_z = e^{3x-2y} \cdot [-\sin(5z)] \cdot 5 = -5 \cdot e^{3x-2y} \cdot \sin(5z)$$

$$f_{xx} = 3 \cdot e^{3x-2y} \cdot 3 \cdot \cos(5z) = 9 \cdot e^{3x-2y} \cdot \cos(5z)$$

$$f_{yy} = -2 \cdot e^{3x-2y} \cdot (-2) \cdot \cos(5z) = 4 \cdot e^{3x-2y} \cdot \cos(5z)$$

$$f_{zz} = -5 \cdot e^{3x-2y} \cdot [\cos(5z)] \cdot 5 = -25 \cdot e^{3x-2y} \cdot \cos(5z)$$

$$f_{xy} = 3 \cdot e^{3x-2y} \cdot (-2) \cdot \cos(5z) = -6 \cdot e^{3x-2y} \cdot \cos(5z) = f_{yx}$$

$$f_{xz} = 3 \cdot e^{3x-2y} \cdot [-\sin(5z)] \cdot 5 = -15 \cdot e^{3x-2y} \cdot \sin(5z) = f_{zx}$$

$$f_{yz} = -2 \cdot e^{3x-2y} \cdot [-\sin(5z)] \cdot 5 = 10 \cdot e^{3x-2y} \cdot \sin(5z) = f_{zy} \quad \blacksquare$$

2.3 Differentiation nach einem Parameter (verallgemeinerte Kettenregel)

Wir beschäftigen uns in diesem Abschnitt mit Funktionen von zwei (oder mehreren) unabhängigen Variablen, die selbst noch von einem *Parameter* abhängen. Insbesondere interessieren uns dabei die *Ableitungen* dieser Funktionen nach dem *Parameter*.

Wir gehen zunächst von einer Funktion $z = f(x; y)$ der beiden unabhängigen Variablen x und y aus, die beide noch von einer weiteren Variablen t, *Parameter* genannt, abhängen sollen:

$$x = x(t), \qquad y = y(t), \qquad (t_1 \leq t \leq t_2) \tag{III-22}$$

Durch Einsetzen dieser Parametergleichungen in die Funktionsgleichung $z = f(x; y)$ erhalten wir die nur noch vom Parameter t abhängige Funktion

$$z = f(x(t); y(t)) = F(t) \tag{III-23}$$

Sie wird als eine *zusammengesetzte*, *verkettete* oder *mittelbare* Funktion dieses Parameters bezeichnet. Ihre *Ableitung* $\dot{z} = \dfrac{dz}{dt} = \dot{F}(t)$ erhält man nach der folgenden, als *Kettenregel* bezeichneten Vorschrift:

$$\frac{dz}{dt} = \frac{\partial z}{\partial x} \cdot \frac{dx}{dt} + \frac{\partial z}{\partial y} \cdot \frac{dy}{dt} \qquad \text{oder} \qquad \dot{z} = z_x \dot{x} + z_y \dot{y} \tag{III-24}$$

Formal lässt sich die Kettenregel auch aus dem *totalen Differential* dz der Funktion $z = f(x; y)$ herleiten, wenn man dieses durch das Differential dt dividiert:

$$dz = \frac{\partial z}{\partial x} \, dx + \frac{\partial z}{\partial y} \, dy \, \bigg| \, : \, dt \quad \Rightarrow \quad \frac{dz}{dt} = \frac{\partial z}{\partial x} \cdot \frac{dx}{dt} + \frac{\partial z}{\partial y} \cdot \frac{dy}{dt} \qquad \text{(III-25)}$$

Das totale Differential werden wir im nächsten Abschnitt ausführlich behandeln.

Wir fassen die Ergebnisse wie folgt zusammen:

Verallgemeinerte Kettenregel für Funktionen mit einem Parameter

$z = f(x; y)$ sei eine Funktion der beiden unabhängigen Variablen x und y, die wiederum von einem Parameter t abhängen:

$$x = x(t), \qquad y = y(t), \qquad (t_1 \leq t \leq t_2) \qquad \text{(III-26)}$$

Dann ist die durch Einsetzen dieser Parametergleichungen in die Funktionsgleichung $z = f(x; y)$ erhaltene Funktion

$$z = f(x(t); y(t)) = F(t) \qquad (t_1 \leq t \leq t_2) \qquad \text{(III-27)}$$

eine *zusammengesetzte*, *verkettete* oder *mittelbare* Funktion dieses Parameters, deren Ableitung mit Hilfe der sog. verallgemeinerten *Kettenregel* gebildet werden kann:

$$\frac{dz}{dt} = \frac{\partial z}{\partial x} \cdot \frac{dx}{dt} + \frac{\partial z}{\partial y} \cdot \frac{dy}{dt} \qquad \text{(III-28)}$$

Für die in den partiellen Ableitungen $\frac{\partial z}{\partial x}$ und $\frac{\partial z}{\partial y}$ auftretenden Variablen x und y sind dann die entsprechenden Parametergleichungen einzusetzen.

Anmerkungen

(1)   Eine häufig verwendete Kurzschreibweise für die *Kettenregel* (III-28) lautet:

$$\dot{z} = \dot{F}(t) = z_x \dot{x} + z_y \dot{y}$$

(2)   Die Differenzierbarkeit der beteiligten Funktionen $z = f(x; y)$, $x = x(t)$ und $y = y(t)$ muss dabei vorausgesetzt werden.

(3)   Die *Kettenregel* (III-28) lässt sich sinngemäß auch auf Funktionen von *mehr als zwei* unabhängigen Variablen übertragen. Sie lautet z. B. für eine Funktion $u = f(x; y; z)$ der *drei* unabhängigen Variablen x, y und z, die jeweils noch von einem Parameter t abhängen $(x = x(t), y = y(t), z = z(t))$, wie folgt:

$$\frac{du}{dt} = \frac{\partial u}{\partial x} \cdot \frac{dx}{dt} + \frac{\partial u}{\partial y} \cdot \frac{dy}{dt} + \frac{\partial u}{\partial z} \cdot \frac{dz}{dt} \qquad \text{(III-29)}$$

(4) Die Parametergleichungen $x = x(t), y = y(t)$ definieren bekanntlich eine *Kurve* C in der x, y-Ebene (Bild III-25). Die *mittelbare* oder *verkettete* Funktion $z = F(t)$ beschreibt dann die Abhängigkeit der Höhenkoordinate z vom Kurvenparameter t, die Ableitung $\dot{z} = \dot{F}(t)$ die *Änderungsgeschwindigkeit* dieser Höhenkoordinate längs der Kurve (wiederum in Abhängigkeit von t). Man spricht daher in diesem Zusammenhang auch von der *Ableitung der Funktion* $z = f(x; y)$ *längs der Kurve* C.

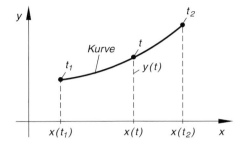

Bild III-25
Parameterdarstellung einer ebenen Kurve C:
$x = x(t), y = y(t), \quad t_1 \le t \le t_2$

(5) Ein *Sonderfall* tritt ein, wenn eine der beiden unabhängigen Variablen selbst als *Kurvenparameter* auftritt. Ist z. B. x der Kurvenparameter, so lautet die Parameterdarstellung $x = x$, $y = y(x)$, und die Funktion $z = f(x; y)$ geht dabei über in die von x abhängige Funktion $z = f(x; y(x)) = F(x)$. Die Ableitung dieser Funktion nach dem Parameter x lautet dann nach der *Kettenregel* wie folgt:

$$\dot{z} = z_x \cdot \dot{x} + z_y \cdot \dot{y} = z_x \cdot 1 + z_y \dot{y} = z_x + z_y \dot{y}$$

Sie wird auch als *totale Ableitung* der Funktion $z = f(x; y(x)) = F(x)$ bezeichnet.

■ **Beispiele**

(1) $z = f(x; y) = x^2 y + y^3$ mit $x = x(t) = t^2$ und $y = y(t) = e^t$

Wir bilden zunächst die benötigten Ableitungen:

$$\frac{\partial z}{\partial x} = 2xy, \qquad \frac{\partial z}{\partial y} = x^2 + 3y^2, \qquad \frac{dx}{dt} = 2t, \qquad \frac{dy}{dt} = e^t$$

Für die gesuchte Ableitung von z nach dem Parameter t folgt dann mit Hilfe der *Kettenregel* (III-28):

$$\frac{dz}{dt} = \frac{\partial z}{\partial x} \cdot \frac{dx}{dt} + \frac{\partial z}{\partial y} \cdot \frac{dy}{dt} = 2xy \cdot 2t + (x^2 + 3y^2) \cdot e^t =$$

$$= 2t^2 \cdot e^t \cdot 2t + (t^4 + 3 \cdot e^{2t}) \cdot e^t = (4t^3 + t^4 + 3 \cdot e^{2t}) \cdot e^t$$

Zu diesem Ergebnis gelangen wir natürlich auch, wenn wir zunächst die Parametergleichungen in die gegebene Funktion einsetzen und diese dann (mit Hilfe von Produkt- und Kettenregel) nach dem *Parameter* t differenzieren:

$$z = x^2 y + y^3 = t^4 \cdot e^t + e^{3t} = F(t)$$

$$\frac{dz}{dt} = \dot{F}(t) = 4t^3 \cdot e^t + t^4 \cdot e^t + 3 \cdot e^{3t} = (4t^3 + t^4 + 3 \cdot e^{2t}) \cdot e^t$$

(Zerlegung $e^{3t} = e^t \cdot e^{2t}$)

(2)   Wir interessieren uns für die Ableitung der Funktion $z = f(x; y) = (x - y)^2$ längs des in Bild III-26 skizzierten Kreises.

Parametergleichungen des Kreises:

$$\left.\begin{array}{l} x = 2 \cdot \cos t \\ y = 2 \cdot \sin t \end{array}\right\} \quad 0 \leq t \leq 2\pi$$

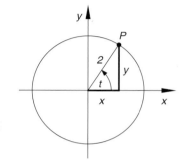

Bild III-26

Dazu benötigen wir die Ableitungen z_x, z_y, $\dot{x}$ und $\dot{y}$. Sie lauten:

$$z_x = 2(x - y), \quad z_y = -2(x - y), \quad \dot{x} = -2 \cdot \sin t, \quad \dot{y} = 2 \cdot \cos t$$

Mit Hilfe der *Kettenregel* (III-28) folgt dann:

$$\dot{z} = z_x \dot{x} + z_y \dot{y} = 2(x - y)(-2 \cdot \sin t) - 2(x - y)(2 \cdot \cos t) =$$

$$= -4(x - y) \cdot \sin t - 4(x - y) \cdot \cos t = -4(x - y)(\sin t + \cos t) =$$

$$= -4(2 \cdot \cos t - 2 \cdot \sin t)(\sin t + \cos t) =$$

$$= 8 \underbrace{(\sin t - \cos t)(\sin t + \cos t)}_{\text{3. Binom}} = 8(\sin^2 t - \cos^2 t)$$

So besitzt z. B. die Ableitung an der Stelle $t = \pi/3$ den folgenden Wert:

$$\dot{z}(t = \pi/3) = 8\left[\sin^2(\pi/3) - \cos^2(\pi/3)\right] = 8(0{,}75 - 0{,}25) = 4$$

(3)   Eines der vier Grundgesetze der *Newtonschen Mechanik* lautet: Die Kraft F ist die *zeitliche* Änderung des Impulses $p = mv$, also

$$F = \frac{dp}{dt} = \frac{d}{dt}(mv)$$

(m: Masse; v: Geschwindigkeit)

Bei einer *konstant* bleibenden Masse erhält man hieraus das bekannte physikalische Gesetz

$$F = \frac{dp}{dt} = \frac{d}{dt}(m\,v) = m \cdot \frac{d}{dt}\,v = m \cdot \frac{dv}{dt} = m\,\dot{v} = m\,a$$

(„Kraft F gleich Masse m mal Beschleunigung a" mit $a = \dot{v}$).

Es gibt aber auch Vorgänge, bei denen sich die Masse mit der Zeit *verändert*. So verliert beispielsweise eine Rakete oder ein Satellit während der Antriebsphase durch Verbrennungsvorgänge laufend an Masse. In der Funktion $p = m\,v$ sind dann m *und* v als *zeitabhängige* Größen zu betrachten. Dann aber gilt nach der *Kettenregel* (III-28) für die Kraft

$$F = \frac{dp}{dt} = \frac{\partial p}{\partial m} \cdot \frac{dm}{dt} + \frac{\partial p}{\partial v} \cdot \frac{dv}{dt} = v\,\frac{dm}{dt} + m\,\frac{dv}{dt}$$

oder

$$F = v\,\dot{m} + m\,\dot{v} = \dot{m}\,v + m\,a$$

Für $\dot{m} = 0$, d. h. bei konstanter Masse erhalten wir daraus wiederum das bekannte Gesetz $F = m\,a$.

(4)   Wir bestimmen die Ableitung der Funktion $z = \sin(x + y)$, bei der die unabhängigen Variablen x und y über die Normalparabel $y = x^2$ miteinander verknüpft sind, und speziell den Ableitungswert an der Stelle $x = 1$ (Bild III-27):

Parametergleichungen
der Normalparabel:

$x = x, \qquad y = x^2$
$(-\infty < x < \infty)$

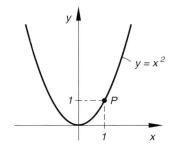

Bild III-27

Für die benötigten Ableitungen z_x, z_y, $\dot{x}$ und $\dot{y}$ erhalten wir:

$$z_x = \cos(x + y), \qquad z_y = \cos(x + y), \qquad \dot{x} = 1, \qquad \dot{y} = 2x$$

Die Funktion $z = f(x; y) = \sin(x + y)$ besitzt daher in den *Parabelpunkten* die folgende Ableitung nach dem Parameter $t = x$:

$$\dot{z}(x) = z_x\dot{x} + z_y\dot{y} = [\cos(x + y)] \cdot 1 + [\cos(x + y)] \cdot 2x =$$

$$= (1 + 2x) \cdot \cos(x + y) = (1 + 2x) \cdot \cos(x + x^2)$$

Im Parabelpunkt $P = (1; 1)$ gilt dann:

$$\dot{z}(P) = \dot{z}(x = 1) = (1 + 2) \cdot \cos(1 + 1) = 3 \cdot \cos 2 = -1{,}2484 \qquad \blacksquare$$

2.4 Das totale oder vollständige Differential einer Funktion

2.4.1 Geometrische Betrachtungen

Die Rolle der *Kurventangente* bei einer Funktion von *einer* Variablen übernimmt bei einer Funktion $z = f(x; y)$ von *zwei* Variablen die sog. *Tangentialebene*. Sie enthält *sämtliche* im Flächenpunkt $P = (x_0; y_0; z_0)$ an die Bildfläche von $z = f(x; y)$ angelegten *Tangenten* (Bild III-28). In der unmittelbaren Umgebung ihres Berührungspunktes P besitzen Fläche und Tangentialebene i. Allg. *keinen* weiteren gemeinsamen Punkt.

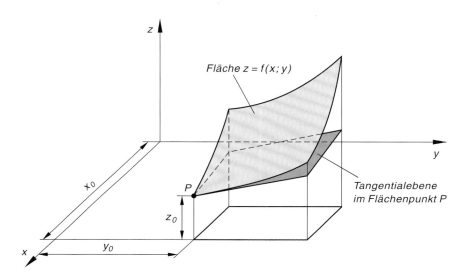

Bild III-28 Tangentialebene an die Fläche $z = f(x; y)$ im Flächenpunkt $P = (x_0; y_0; z_0)$

Wir wollen nun die *Funktionsgleichung* dieser *Tangentialebene* herleiten, die wir in der linearen Form

$$z = ax + by + c \qquad (\text{III-30})$$

ansetzen dürfen [3]. Die unbekannten Koeffizienten a, b und c bestimmen wir aus den bekannten Eigenschaften der Tangentialebene. So besitzen Fläche und Tangentialebene im Berührungspunkt P den *gleichen* Anstieg. Dies aber bedeutet, dass dort die entsprechenden partiellen Ableitungen 1. Ordnung *übereinstimmen* müssen. Die partiellen Ableitungen der *linearen* Funktion (Tangentialebene) sind $z_x(x; y) = a$ und $z_y(x; y) = b$, die der Funktion $z = f(x; y)$ lauten $z_x(x; y) = f_x(x; y)$ und $z_y(x; y) = f_y(x; y)$. An der *Berührungsstelle* $(x_0; y_0)$ gilt demnach:

$$a = f_x(x_0; y_0), \qquad b = f_y(x_0; y_0) \qquad (\text{III-31})$$

---

[3] Nach Abschnitt 1.2.3.1 wird eine *Ebene* durch eine *lineare* Funktion beschrieben.

Damit sind die Koeffizienten a und b bereits bestimmt. Sie legen den Anstieg der Tangentialebene in Richtung der positiven x- bzw. y-Achse fest. Beachtet man noch, dass P ein *gemeinsamer* Punkt von Fläche und Tangentialebene ist, so erhält man durch Einsetzen der Koordinaten von P in die Gleichung der Tangentialebene die folgende Bestimmungsgleichung und Lösung für die (noch unbekannte) Konstante c:

$$z_0 = a x_0 + b y_0 + c \quad \Rightarrow \quad c = z_0 - a x_0 - b y_0 \qquad \text{(III-32)}$$

Diesen Ausdruck setzen wir nun für c in den Ansatz (III-30) für die gesuchte Tangentialebene ein:

$$z = ax + by + c = ax + by + z_0 - a x_0 - b y_0 =$$
$$= a(x - x_0) + b(y - y_0) + z_0 \qquad \text{(III-33)}$$

Unter Berücksichtigung von (III-31) erhalten wir damit die folgende Gleichung der Tangentialebene:

$$z = f_x(x_0; y_0) \cdot (x - x_0) + f_y(x_0; y_0) \cdot (y - y_0) + z_0 \qquad \text{(III-34)}$$

Oder (in *symmetrischer* Schreibweise):

$$z - z_0 = f_x(x_0; y_0) \cdot (x - x_0) + f_y(x_0; y_0) \cdot (y - y_0) \qquad \text{(III-35)}$$

Gleichung einer Tangentialebene (Bild III-28)

Die Gleichung der *Tangentialebene* an die Fläche $z = f(x; y)$ im Flächenpunkt $P = (x_0; y_0; z_0)$ mit $z_0 = f(x_0; y_0)$ lautet in symmetrischer Schreibweise:

$$z - z_0 = f_x(x_0; y_0) \cdot (x - x_0) + f_y(x_0; y_0) \cdot (y - y_0) \qquad \text{(III-36)}$$

■ **Beispiele**

(1) Wir bestimmen die *Gleichung der Tangentialebene* an die Bildfläche von $z = f(x; y) = x^2 + y^2$ im Flächenpunkt $P = (1; 2; 5)$:

$$f_x(x; y) = 2x \quad \Rightarrow \quad f_x(1; 2) = 2$$
$$f_y(x; y) = 2y \quad \Rightarrow \quad f_y(1; 2) = 4$$

Die Gleichung der gesuchten *Tangentialebene* lautet damit nach (III-36):

$$z - 5 = 2(x - 1) + 4(y - 2) \qquad \text{oder} \qquad z = 2x + 4y - 5$$

(2) Wie lautet die Gleichung der *Tangentialebene* im Flächenpunkt $P = (1; 0; 1)$ der Fläche $z = f(x; y) = x^2 \cdot e^{xy}$?

Lösung: Wir berechnen zunächst die benötigten partiellen Ableitungen 1. Ordnung an der Stelle $(x; y) = (1; 0)$ (unter Verwendung von Produkt- und Kettenregel):

$$f_x(x; y) = 2x \cdot e^{xy} + x^2 y \cdot e^{xy} = (2x + x^2 y) \cdot e^{xy}$$

$$f_y(x; y) = x^2 \cdot x \cdot e^{xy} = x^3 \cdot e^{xy}$$

$$f_x(1; 0) = 2, \qquad f_y(1; 0) = 1$$

Die Gleichung der *Tangentialebene* lautet damit nach Formel (III-36):

$$z - 1 = 2(x - 1) + 1(y - 0) \qquad \text{oder} \qquad z = 2x + y - 1 \qquad \blacksquare$$

2.4.2 Definition des totalen oder vollständigen Differentials

Wir beschäftigen uns nun mit dem *totalen* oder *vollständigen Differential einer Funktion*, das in den naturwissenschaftlich-technischen Disziplinen vielfältige Anwendungsmöglichkeiten bietet und beispielsweise bei der Lösung der folgenden Probleme verwendet wird:

− *Linearisierung einer Funktion bzw. eines Kennlinienfeldes*
− *Implizite Differentiation*
− *Lineare Fehlerfortpflanzung*

Bei unseren weiteren Überlegungen gehen wir dabei zunächst von einer Funktion $z = f(x; y)$ von *zwei* unabhängigen Variablen aus. Auf der zugehörigen Bildfläche betrachten wir einen festen Punkt $P = (x_0; y_0; z_0)$, in dem sich eine punktförmige Masse befinden soll (Bild III-29).

Die *Problemstellung* lautet dann: Welche *Änderung* erfährt die *Höhenkoordinate z* des Massenpunktes bei einer Verschiebung

− auf der *Fläche* selbst,
− auf der zugehörigen *Tangentialebene?*

Verschiebung des Massenpunktes auf der Fläche

Die bei einer Verschiebung der Masse auf der *Fläche* eintretenden Koordinatenänderungen, bezogen auf den Ausgangspunkt (Berührungspunkt) P, bezeichnen wir der Reihe nach mit $\Delta x, \Delta y$ und Δz. Die Masse wird nun so auf der Fläche verschoben, dass sich die beiden *unabhängigen* Koordinaten x und y um Δx bzw. Δy ändern. Dabei ändert sich die Höhenkoordinate z, d. h. der Funktionswert um

$$\Delta z = f(x_0 + \Delta x; y_0 + \Delta y) - f(x_0; y_0) \tag{III-37}$$

Diese Größe beschreibt somit den *Zuwachs der Höhenkoordinate* und damit des Funktionswertes bei einer Verschiebung *auf der Fläche*. Der Massenpunkt ist dabei vom Punkt P in den Punkt Q gewandert (Bild III-29):

$$P = (x_0; y_0; z_0) \rightarrow Q = (x_0 + \Delta x; y_0 + \Delta y; z_0 + \Delta z) \tag{III-38}$$

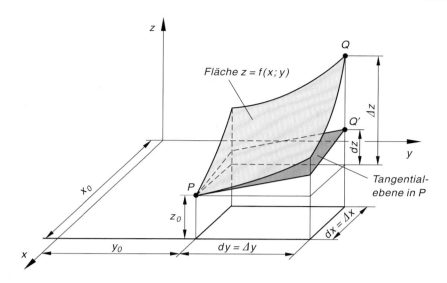

Bild III-29 Zum Begriff des totalen oder vollständigen Differentials einer Funktion $z = f(x; y)$

Verschiebung des Massenpunktes auf der Tangentialebene

Die mit einer Verschiebung der Masse auf der *Tangentialebene T* verbundenen *Koordinatenänderungen* (bezogen auf den Punkt P) bezeichnen wir jetzt der Reihe nach mit dx, dy und dz. Dabei soll der Massenpunkt so auf der Tangentialebene verschoben werden, dass sich seine beiden *unabhängigen* Koordinaten wiederum um Δx bzw. Δy ändern, d. h. wir setzen

$$dx = \Delta x \qquad \text{und} \qquad dy = \Delta y \tag{III-39}$$

Die Änderung der Höhenkoordinate des Massenpunktes lässt sich dann leicht aus der *Funktionsgleichung der Tangentialebene T* berechnen. Wir setzen dazu in Gleichung (III-36)

$$x - x_0 = dx, \qquad y - y_0 = dy \qquad \text{und} \qquad z - z_0 = dz \tag{III-40}$$

und erhalten

$$dz = f_x(x_0; y_0)\, dx + f_y(x_0; y_0)\, dy \tag{III-41}$$

Diese Größe beschreibt den *Zuwachs der Höhenkoordinate z* bei einer Verschiebung *auf der Tangentialebene*. Der Massenpunkt ist dabei vom Ausgangspunkt P in den Punkt Q' gewandert, der zwar auf der Tangentialebene, im Allgemeinen aber *nicht* auf der Fläche liegt:

$$P = (x_0; y_0; z_0) \rightarrow Q' = (x_0 + dx; y_0 + dy; z_0 + dz) \tag{III-42}$$

Es ist somit $\Delta x = dx$ und $\Delta y = dy$, aber $\Delta z \neq dz$. Bei *geringfügigen* Verschiebungen, d. h. für *kleine* Werte von $dx = \Delta x$ und $dy = \Delta y$ gilt dann *näherungsweise*:

$$\Delta z \approx dz = f_x(x_0; y_0)\, \Delta x + f_y(x_0; y_0)\, \Delta y \qquad \text{(III-43)}$$

Man darf unter diesen Voraussetzungen die Fläche $z = f(x; y)$ in der unmittelbaren Umgebung des Berührungspunktes P durch die zugehörige *Tangentialebene* ersetzen. Von dieser *Näherung* werden wir in den Anwendungen bei der *Linearisierung von Funktionen und Kennlinienfeldern* (Abschnitt 2.5.2) sowie bei der *Linearen Fehlerfortpflanzung* (Abschnitt 2.5.5) Gebrauch machen.

Für den Zuwachs dz der Höhenkoordinate z auf der Tangentialebene führen wir nun eine *neue* Bezeichnung ein:

Definition: Unter dem *totalen* oder *vollständigen Differential* einer Funktion $z = f(x; y)$ von zwei unabhängigen Variablen wird der *lineare Differentialausdruck*

$$dz = f_x\, dx + f_y\, dy = \frac{\partial f}{\partial x}\, dx + \frac{\partial f}{\partial y}\, dy \qquad \text{(III-44)}$$

verstanden.

Das *totale Differential* besitzt somit die folgende *geometrische* Bedeutung:

Geometrische Deutung eines totalen oder vollständigen Differentials (Bild III-29)

Bei einer Funktion $z = f(x; y)$ von zwei unabhängigen Variablen beschreibt das *totale* oder vollständige *Differential*

$$dz = f_x(x_0; y_0)\, dx + f_y(x_0; y_0)\, dy \qquad \text{(III-45)}$$

die *Änderung* der Höhenkoordinate bzw. des Funktionswertes z auf der im Berührungspunkt $P = (x_0; y_0; z_0)$ errichteten *Tangentialebene*. Dabei sind die „Differentiale" dx, dy und dz die Koordinaten eines *beliebigen* Punktes auf der Tangentialebene, bezogen auf den Punkt P (siehe hierzu Bild III-29).

Anmerkung

Die Koordinatenänderungen dx, dy und dz sind die *Relativkoordinaten* eines auf der Tangentialebene gelegenen Punktes bezüglich des Berührungspunktes $P = (x_0; y_0; z_0)$.

Der Begriff eines *totalen* oder *vollständigen Differentials* lässt sich ohne Schwierigkeiten auch auf Funktionen von *mehr als zwei* unabhängigen Variablen wie folgt übertragen:

Definition: Unter dem *totalen* oder *vollständigen Differential* einer Funktion $y = f(x_1; x_2; \ldots; x_n)$ von n unabhängigen Variablen versteht man den linearen Differentialausdruck

$$dy = f_{x_1}\, dx_1 + f_{x_2}\, dx_2 + \ldots + f_{x_n}\, dx_n =$$

$$= \frac{\partial f}{\partial x_1}\, dx_1 + \frac{\partial f}{\partial x_2}\, dx_2 + \ldots + \frac{\partial f}{\partial x_n}\, dx_n \qquad \text{(III-46)}$$

Anmerkungen

(1) Das *totale Differential* hängt noch von den n Variablen $x_1, x_2, \ldots, x_n$ und den n zugehörigen Differentialen $dx_1, dx_2, \ldots, dx_n$ ab.

(2) Das *totale Differential* einer Funktion beschreibt *näherungsweise*, wie sich der *Funktionswert* bei *geringfügigen* Veränderungen der unabhängigen Variablen um $dx_i = \Delta x_i\ (i = 1, 2, \ldots, n)$ ändert. Es gilt dann:

$$\Delta y \approx dy = f_{x_1}\, \Delta x_1 + f_{x_2}\, \Delta x_2 + \ldots + f_{x_n}\, \Delta x_n \qquad \text{(III-47)}$$

(3) Eine *geometrische* Deutung des *totalen Differentials* ist bei Funktionen von *mehr als zwei* unabhängigen Variablen *nicht* mehr möglich.

■ **Beispiele**

(1) Ein *ideales Gas* genügt der *Zustandsgleichung* $p = p(V; T) = \dfrac{RT}{V}$ (für 1 Mol). Das *totale Differential* dieser Funktion lautet somit:

$$dp = \frac{\partial p}{\partial V}\, dV + \frac{\partial p}{\partial T}\, dT = -\frac{RT}{V^2}\, dV + \frac{R}{V}\, dT$$

Es beschreibt *näherungsweise* die *Änderung des* Gasdruckes p bei einer *geringfügigen* Volumen- und Temperaturänderung um $dV = \Delta V$ bzw. $dT = \Delta T$:

$$\Delta p \approx dp = -\frac{RT}{V^2}\, \Delta V + \frac{R}{V}\, \Delta T$$

(2) $z = f(x; y) = 4x^2 - 3xy^2 + x \cdot e^y$

Man berechne den *Zuwachs der Höhenkoordinate* z auf der zugehörigen *Bildfläche* bzw. auf der *Tangentialebene*, wenn man von der Stelle $x = 1$, $y = 0$ aus die unabhängigen Koordinaten x und y um $dx = \Delta x = -0{,}1$ und $dy = \Delta y = 0{,}2$ ändert.

Lösung:

Zuwachs Δz auf der Bildfläche

$$x = 1; \quad y = 0 \quad \rightarrow \quad x = 1 - 0{,}1 = 0{,}9; \quad y = 0 + 0{,}2 = 0{,}2$$

$$\Delta z = f(0{,}9; 0{,}2) - f(1; 0) = 4{,}23 - 5 = -0{,}77$$

Zuwachs dz auf der Tangentialebene

Für die Berechnung des *totalen Differentials* dz benötigen wir zunächst die *partiellen Ableitungen 1. Ordnung*. Sie lauten:

$$f_x(x; y) = 8x - 3y^2 + e^y, \qquad f_y(x; y) = -6xy + x \cdot e^y$$

An der Stelle $x = 1, y = 0$ gilt dann:

$$f_x(1; 0) = 9, \qquad f_y(1; 0) = 1$$

Damit erhalten wir auf der Tangentialebene folgende Höhenänderung:

$$dz = f_x(1; 0) \, dx + f_y(1; 0) \, dy = 9 \cdot (-0,1) + 1 \cdot (0,2) = -0,7$$

Geometrische Interpretation

Der Stelle $x = 1, y = 0$ entspricht $z = f(1; 0) = 5$ und damit der *Flächenpunkt* $P = (1; 0; 5)$. Die Koordinatenänderungen $dx = \Delta x = -0,1$ und $dy = \Delta y = 0,2$ beschreiben eine *Verschiebung* des Massenpunktes vom Punkt P aus auf der *Fläche* bzw. auf der in P errichteten *Tangentialebene*. Dabei *verliert* der Massenpunkt in beiden Fällen an Höhe. Seine neue Lage ist Q bzw. Q':

$$P = (1; 0; 5) \quad \xrightarrow[\text{der Fläche}]{\text{Verschiebung auf}} \quad Q = (0,9; 0,2; 4,23)$$

$$P = (1; 0; 5) \quad \xrightarrow[\text{der Tangentialebene}]{\text{Verschiebung auf}} \quad Q' = (0,9; 0,2; 4,3)$$

(3)   Das *totale Differential* der Funktion $u(x; y; z) = x \cdot \ln z + \sin(xy) + 2$ lautet:

$$du = u_x \, dx + u_y \, dy + u_z \, dz =$$

$$= [\ln z + y \cdot \cos(xy)] \, dx + x \cdot \cos(xy) \, dy + \frac{x}{z} \, dz \qquad \blacksquare$$

2.5 Anwendungen

2.5.1 Implizite Differentiation

In Band 1 haben wir uns bereits mit dem Problem der *Differentiation* einer in der *impliziten* Form $F(x; y) = 0$ gegebenen Funktion von *einer* unabhängigen Variablen beschäftigt und dabei gezeigt, dass es auch in den folgenden Fällen mit Hilfe der (gewöhnlichen) *Kettenregel* stets möglich ist, die *Steigung der Kurventangente* in einem Kurvenpunkt $P = (x_0; y_0)$ zu bestimmen:

– Die Funktionsgleichung $F(x; y) = 0$ ist *nicht* nach einer der beiden Variablen auflösbar.

– Die Auflösung der Funktionsgleichung $F(x; y) = 0$ nach einer der beiden Variablen ist zwar *grundsätzlich möglich*, jedoch zu *aufwendig* oder mit *großen Schwierigkeiten* verbunden.

In diesem Abschnitt werden wir mit Hilfe des *totalen Differentials* ein weiteres praktikables Verfahren der sog. *impliziten Differentiation* kennenlernen. Wir gehen dabei von einer in der *impliziten* Form $F(x; y) = 0$ vorgegebenen Funktion aus und fassen die durch diese Gleichung definierte Kurve als *Schnittlinie* der Fläche $z = F(x; y)$ mit der x, y-Ebene $z = 0$ auf (Bild III-30).

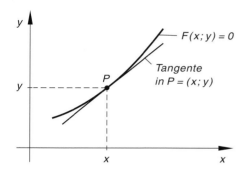

Bild III-30
Die Kurve $F(x; y) = 0$ ist die *Schnittkurve* der Fläche $z = F(x; y)$ mit der x, y-Ebene $z = 0$

Unter bestimmten Voraussetzungen ist es dann möglich, den Kurvenanstieg durch die *partiellen Ableitungen 1. Ordnung* von $z = F(x; y)$ auszudrücken. Zu diesem Zweck bilden wir das totale *Differential* der Funktion $z = F(x; y)$:

$$dz = F_x\, dx + F_y\, dy \qquad \text{(III-48)}$$

Für die Punkte der *Schnittkurve* ist $z = 0$ und somit auch $dz = 0$. Dann folgt aus Gleichung (III-48):

$$F_x\, dx + F_y\, dy = 0 \qquad \text{(III-49)}$$

Wir dividieren diese Gleichung *formal* durch das Differential dx und berücksichtigen noch, dass $\dfrac{dx}{dx} = 1$ und $\dfrac{dy}{dx} = y'$ ist:

$$F_x + F_y\, \frac{dy}{dx} = F_x + F_y \cdot y' = 0 \qquad \text{(III-50)}$$

Für $F_y \neq 0$ lässt sich diese Beziehung nach dem Kurvenanstieg (der Tangentensteigung) y' auflösen und wir erhalten:

$$y' = \frac{dy}{dx} = -\frac{F_x}{F_y} \qquad \text{(III-51)}$$

Wir fassen zusammen:

Implizite Differentiation

Der *Anstieg* einer in der impliziten Form $F(x; y) = 0$ dargestellten Funktionskurve im Kurvenpunkt $P = (x; y)$ lässt sich mit Hilfe der *partiellen Differentiation* wie folgt bestimmen:

$$y'(P) = -\frac{F_x(x; y)}{F_y(x; y)} \qquad (F_y(x; y) \neq 0) \qquad\qquad\text{(III-52)}$$

Dabei bedeuten:

$F_x(x; y), F_y(x; y)$: Partielle Ableitungen 1. Ordnung von $z = F(x; y)$

Anmerkungen

(1)   Die Ableitung y' enthält nach Formel (III-52) meist *beide* Variable. Diese sind jedoch *keineswegs voneinander unabhängig*, sondern über die *implizite* Funktionsgleichung $F(x; y) = 0$ *miteinander verknüpft*.

(2)   Es ist bemerkenswert, dass wir auch dann in der Lage sind, eine Funktion zu *differenzieren*, wenn sie *nicht* in der *expliziten* Form $y = f(x)$ darstellbar ist!

■   **Beispiele**

(1)   Wir berechnen die *Tangentensteigung* der in Bild III-31 dargestellten Ellipse mit der Gleichung

$$\frac{x^2}{36} + \frac{y^2}{16} = 1$$

im Punkt $P = (x_0 < 0; 3)$.

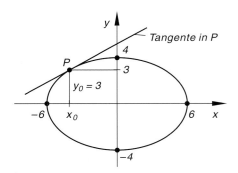

Bild III-31

Die Auflösung der Ellipsengleichung nach der Variablen y ist zwar ohne große Schwierigkeiten *möglich*, dennoch ist es hier *bequemer*, die Funktionsgleichung *implizit* zu differenzieren. Zunächst berechnen wir den (noch fehlenden) Abszissenwert x_0 des Kurvenpunktes $P = (x_0; 3)$:

$$\frac{x^2}{36} + \frac{9}{16} = 1 \quad\Rightarrow\quad \frac{x^2}{36} = 1 - \frac{9}{16} = \frac{7}{16} \quad\Rightarrow\quad x^2 = 36 \cdot \frac{7}{16} = \frac{63}{4} \quad\Rightarrow$$

$$x_{1/2} = \pm 3{,}97$$

Wegen $x_0 < 0$ kommt nur die *negative* Lösung infrage: $x_0 = x_2 = -3,97$. Somit gilt: $P = (-3,97; 3)$. Jetzt bringen wir die Ellipsengleichung auf die benötigte *implizite* Form $F(x; y) = 0$:

$$\frac{x^2}{36} + \frac{y^2}{16} - 1 = 0 \,\bigg|\, \cdot 144 \quad \Rightarrow \quad F(x; y) = 4x^2 + 9y^2 - 144 = 0$$

Mit den partiellen Ableitungen 1. Ordnung

$$F_x(x; y) = 8x \qquad \text{und} \qquad F_y(x; y) = 18y$$

folgt dann nach Gleichung (III-52)

$$y' = -\frac{F_x(x; y)}{F_y(x; y)} = -\frac{8x}{18y} = -\frac{4x}{9y}$$

Die Ellipsentangente in $P = (-3,97; 3)$ besitzt damit die *Steigung*

$$y'(P) = -\frac{4x_0}{9y_0} = -\frac{4 \cdot (-3,97)}{9 \cdot 3} = 0,588$$

(2)   Welche *Steigung* besitzt die Kurve mit der impliziten Funktionsgleichung

$$(x^2 + y^2)^2 - 2x(x^2 + y^2) - y^2 = 0$$

im Kurvenpunkt $P = (0; 1)$?

Lösung: Aus $F(x; y) = (x^2 + y^2)^2 - 2x(x^2 + y^2) - y^2$ folgt durch partielle Differentiation (mit Hilfe der Ketten- und Produktregel):

$$F_x(x; y) = 2(x^2 + y^2) \cdot 2x - 2(x^2 + y^2) - 2x \cdot 2x =$$
$$= 4x(x^2 + y^2) - 6x^2 - 2y^2$$
$$F_y(x; y) = 2(x^2 + y^2) \cdot 2y - 2x \cdot 2y - 2y =$$
$$= 4y(x^2 + y^2) - 4xy - 2y$$

Die *Steigung* der Kurventangente in einem beliebigen Kurvenpunkt beträgt damit nach Gleichung (III-52):

$$y' = -\frac{F_x(x; y)}{F_y(x; y)} = -\frac{4x(x^2 + y^2) - 6x^2 - 2y^2}{4y(x^2 + y^2) - 4xy - 2y} =$$
$$= -\frac{2x(x^2 + y^2) - 3x^2 - y^2}{2y(x^2 + y^2) - 2xy - y}$$

Speziell im Punkt $P = (0; 1)$ gilt dann:

$$y'(P) = y'(x = 0; y = 1) = -\frac{0 - 0 - 1}{2 - 0 - 1} = -\frac{-1}{1} = 1 \qquad \blacksquare$$

2.5.2 Linearisierung einer Funktion

Wie bereits aus Band 1 (Kap. IV) bekannt ist, lässt sich eine *nichtlineare* Funktion $y = f(x)$ in der Umgebung eines Kurvenpunktes $P = (x_0; y_0)$ durch eine *lineare* Funktion, nämlich die dortige *Kurventangente* annähern. Diesen Vorgang haben wir als *Linearisierung einer Funktion* bezeichnet. Auch eine Funktion $z = f(x; y)$ von *zwei* unabhängigen Variablen kann unter bestimmten Voraussetzungen in der unmittelbaren Umgebung eines Flächenpunktes $P = (x_0; y_0; z_0)$ *linearisiert*, d. h. durch eine *lineare Funktion* vom Typ $z = ax + by + c$ *näherungsweise* ersetzt werden. Als Ersatz- oder Näherungsfunktion wählt man die *Tangentialebene* in P. Der Punkt P wird im naturwissenschaftlich-technischen Anwendungsbereich meist als *Arbeitspunkt* bezeichnet. *Linearisierung einer Funktion* $z = f(x; y)$ bedeutet also, dass man die im Allgemeinen *gekrümmte Bildfläche* von $z = f(x; y)$ in der unmittelbaren Umgebung des Arbeitspunktes P durch die dortige *Tangentialebene* ersetzt (siehe hierzu Bild III-29). Die *nichtlineare* Funktion $z = f(x; y)$ wird somit durch die *lineare Funktion* (*Tangentialebene*)

$$z - z_0 = f_x(x_0; y_0) \cdot (x - x_0) + f_y(x_0; y_0) \cdot (y - y_0) \qquad \text{(III-53)}$$

bzw. durch das *totale* oder *vollständige Differential*

$$dz = f_x(x_0; y_0)\, dx + f_y(x_0; y_0)\, dy \qquad \text{(III-54)}$$

angenähert. In den Anwendungen ersetzt man meist die „*Differentiale*" dx, dy und dz durch die „*Differenzen*" Δx, Δy und Δz. Sie kennzeichnen die *Abweichungen vom Arbeitspunkt* $P = (x_0; y_0; z_0)$:

$$\Delta x = x - x_0, \qquad \Delta y = y - y_0, \qquad \Delta z = z - z_0$$

Die *linearisierte* Funktion besitzt jetzt die Form

$$\Delta z = f_x(x_0; y_0)\, \Delta x + f_y(x_0; y_0)\, \Delta y \qquad \text{(III-55)}$$

Diese Näherung ist um so *besser*, je *kleiner* die Abweichungen Δx und Δy sind.

Wir fassen die Ergebnisse zusammen:

Linearisierung einer Funktion

In der Umgebung eines Flächenpunktes („Arbeitspunktes") $P = (x_0; y_0; z_0)$ kann die *nichtlineare* Funktion $z = f(x; y)$ *näherungsweise* durch die *lineare* Funktion (Tangentialebene)

$$z - z_0 = f_x(x_0; y_0) \cdot (x - x_0) + f_y(x_0; y_0) \cdot (y - y_0) \qquad \text{(III-56)}$$

oder

$$\Delta z = f_x(x_0; y_0)\, \Delta x + f_y(x_0; y_0)\, \Delta y \qquad \text{(III-57)}$$

ersetzt werden.

Dabei bedeuten:

$\Delta x, \Delta y, \Delta z$: *Abweichungen* eines beliebigen Flächenpunktes gegenüber dem Arbeitspunkt P

Anmerkungen

(1) In den *Anwendungen* verwendet man für die *linearisierte* Funktion (III-57) meist die Schreibweise

$$\Delta z = \left(\frac{\partial f}{\partial x}\right)_0 \Delta x + \left(\frac{\partial f}{\partial y}\right)_0 \Delta y \tag{III-58}$$

Der Index „0" kennzeichnet dabei den *Arbeitspunkt P*.

(2) Häufig interessieren in den technischen Anwendungen (insbesondere in der Automation und der Regelungstechnik) nur die *Abweichungen* der Größen vom *Arbeitspunkt P*. Man führt dann zunächst durch *Parallelverschiebung* ein neues u, v, w-Koordinatensystem mit dem Arbeitspunkt $P = (x_0; y_0; z_0)$ als *Koordinatenursprung* ein. Zwischen dem „alten" x, y, z-System und dem „neuen" u, v, w-System bestehen dabei folgende *Transformationsgleichungen*:

$$u = x - x_0 = \Delta x, \qquad v = y - y_0 = \Delta y, \qquad w = z - z_0 = \Delta z$$

Die linearisierte Funktion (III-57) besitzt dann im *neuen* u, v, w-Koordinatensystem die besonders einfache Gestalt

$$w = a u + b v \qquad \text{mit} \qquad a = \left(\frac{\partial f}{\partial x}\right)_0 \qquad \text{und} \qquad b = \left(\frac{\partial f}{\partial y}\right)_0$$

Die Koordinaten u, v und w sind die *Abweichungen* gegenüber dem *Arbeitspunkt P* (Koordinatenursprung des u, v, w-Systems), also *Relativkoordinaten*, während a und b die Werte der beiden partiellen Ableitungen 1. Ordnung im Arbeitspunkt P bedeuten und somit den Anstieg der Fläche charakterisieren.

(3) Auch eine Funktion von n unabhängigen Variablen lässt sich *linearisieren*. In der unmittelbaren Umgebung des „Arbeitspunktes" P kann die Funktion $y = f(x_1; x_2; \ldots; x_n)$ *näherungsweise* durch das *totale Differential* ersetzt werden:

$$\Delta y = \left(\frac{\partial f}{\partial x_1}\right)_0 \Delta x_1 + \left(\frac{\partial f}{\partial x_2}\right)_0 \Delta x_2 + \ldots + \left(\frac{\partial f}{\partial x_n}\right)_0 \Delta x_n \tag{III-59}$$

Die partiellen Ableitungen beziehen sich dabei wiederum auf den *Arbeitspunkt P*, gekennzeichnet durch den Index „0". Die Größen $\Delta x_1, \Delta x_2, \ldots, \Delta x_n$ sind die *Änderungen* der unabhängigen Variablen, bezogen auf den Arbeitspunkt P (sog. *Relativkoordinaten*).

■ **Beispiele**

(1) Wir *linearisieren* die Funktion

$$z = f(x; y) = 5 x^2 \cdot \sqrt{y}$$

in der unmittelbaren Umgebung des Flächenpunktes $P = (2; 1; 20)$.

Nach Gleichung (III-57) ist

$$\Delta z = f_x(2; 1)\,\Delta x + f_y(2; 1)\,\Delta y$$

Wir berechnen die benötigten *partiellen Ableitungen 1. Ordnung* an der Stelle $x = 2,\ y = 1$:

$$f_x(x; y) = 10x \cdot \sqrt{y} \quad \Rightarrow \quad f_x(2; 1) = 20$$

$$f_y(x; y) = \frac{5x^2}{2\sqrt{y}} \quad \Rightarrow \quad f_y(2; 1) = 10$$

Die *lineare Näherungsfunktion* lautet somit:

$$\Delta z = 20\,\Delta x + 10\,\Delta y$$

Oder, unter Berücksichtigung der Beziehungen $\Delta x = x - 2$, $\Delta y = y - 1$ und $\Delta z = z - 20$:

$$z - 20 = 20(x - 2) + 10(y - 1) = 20x - 40 + 10y - 10 \quad \Rightarrow$$

$$z = 20x + 10y - 30$$

Rechenbeispiel

Wir wählen $\Delta x = 0{,}06$ und $\Delta y = -0{,}05$ und erhalten für Δz den folgenden *Näherungswert*:

$$\Delta z = 20\,\Delta x + 10\,\Delta y = 20 \cdot 0{,}06 + 10 \cdot (-0{,}05) = 1{,}2 - 0{,}5 = 0{,}7$$

Daher ist $f(2{,}06; 0{,}95) \approx 20{,}7$. Der *exakte* Funktionswert dagegen beträgt $f(2{,}06; 0{,}95) = 5 \cdot 2{,}06^2 \cdot \sqrt{0{,}95} = 20{,}68$.

(2) Der *Gesamtwiderstand* R einer *Parallelschaltung* aus zwei ohmschen Widerständen R_1 und R_2 wird nach der Formel

$$R = R(R_1; R_2) = \frac{R_1 R_2}{R_1 + R_2}$$

berechnet (Bild III-32). Wir linearisieren diese Funktion in der Umgebung des „Arbeitspunktes" $R_1 = 100\,\Omega$, $R_2 = 400\,\Omega$.

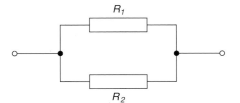

Bild III-32
Parallelschaltung zweier Widerstände

Der *Gesamtwiderstand* der Parallelschaltung beträgt

$$R = \frac{100\,\Omega \cdot 400\,\Omega}{100\,\Omega + 400\,\Omega} = \frac{100\,\Omega \cdot 400\,\Omega}{500\,\Omega} = 80\,\Omega$$

Die *linearisierte* Funktion lautet nach Gleichung (III-58):

$$\Delta R = \left(\frac{\partial R}{\partial R_1}\right)_0 \Delta R_1 + \left(\frac{\partial R}{\partial R_2}\right)_0 \Delta R_2$$

Wir benötigen noch die *partiellen Ableitungen* an der Stelle $R_1 = 100\,\Omega$, $R_2 = 400\,\Omega$. Mit der *Quotientenregel* erhalten wir:

$$\frac{\partial R}{\partial R_1} = \frac{R_2^2}{(R_1 + R_2)^2} \quad \Rightarrow \quad \left(\frac{\partial R}{\partial R_1}\right)_0 = \frac{(400\,\Omega)^2}{(500\,\Omega)^2} = \left(\frac{400\,\Omega}{500\,\Omega}\right)^2 = 0{,}64$$

$$\frac{\partial R}{\partial R_2} = \frac{R_1^2}{(R_1 + R_2)^2} \quad \Rightarrow \quad \left(\frac{\partial R}{\partial R_2}\right)_0 = \frac{(100\,\Omega)^2}{(500\,\Omega)^2} = \left(\frac{100\,\Omega}{500\,\Omega}\right)^2 = 0{,}04$$

Bei einer (geringfügigen) Änderung der beiden Einzelwiderstände um ΔR_1 bzw. ΔR_2 ändert sich der Gesamtwiderstand *näherungsweise* um

$$\Delta R = 0{,}64 \cdot \Delta R_1 + 0{,}04 \cdot \Delta R_2$$

(*linearisierte* Funktion).

Rechenbeispiel

Wir *vergrößern* R_1 um $10\,\Omega$ und *verkleinern* gleichzeitig R_2 um $20\,\Omega$: $\Delta R_1 = 10\,\Omega$, $\Delta R_2 = -20\,\Omega$. Dann ändert sich der Gesamtwiderstand *näherungsweise* um

$$\Delta R = 0{,}64 \cdot 10\,\Omega + 0{,}04 \cdot (-20\,\Omega) = 6{,}4\,\Omega - 0{,}8\,\Omega = 5{,}6\,\Omega$$

Er beträgt jetzt $R = 80\,\Omega + 5{,}6\,\Omega = 85{,}6\,\Omega$. Der exakte Wert dagegen ist

$$R = \frac{(R_1 + \Delta R_1)(R_2 + \Delta R_2)}{(R_1 + \Delta R_1) + (R_2 + \Delta R_2)} = \frac{110\,\Omega \cdot 380\,\Omega}{110\,\Omega + 380\,\Omega} = \frac{110\,\Omega \cdot 380\,\Omega}{490\,\Omega} =$$

$$= 85{,}3\,\Omega \qquad\qquad\qquad\qquad\qquad\qquad \blacksquare$$

2.5.3 Relative oder lokale Extremwerte

Wir beschäftigen uns in diesem Abschnitt mit den *relativen Maxima* und *Minima* einer Funktion $z = f(x; y)$, d. h. mit jenen Punkten auf der Bildfläche von $z = f(x; y)$, die im Vergleich zur unmittelbaren Nachbarschaft eine *höchste* oder *tiefste* Lage einnehmen.

Definition: Eine Funktion $z = f(x; y)$ besitzt an der Stelle $(x_0; y_0)$ ein *relatives Maximum* bzw. *relatives Minimum*, wenn in einer gewissen Umgebung von $(x_0; y_0)$ stets

$$f(x_0; y_0) > f(x; y) \qquad \text{bzw.} \qquad f(x_0; y_0) < f(x; y) \qquad \text{(III-60)}$$

gilt $((x; y) \neq (x_0; y_0))$.

Anmerkungen

(1) Die *relativen Maxima* und *Minima* einer Funktion werden unter dem Sammelbegriff *Relative Extremwerte* zusammengefasst. Die den Extremwerten entsprechenden Flächenpunkte heißen *Hoch-* bzw. *Tiefpunkte*.

(2) Ein *relativer* Extremwert wird auch als *lokaler* Extremwert bezeichnet, da die extreme Lage meist nur in der *unmittelbaren Umgebung*, also im „lokalen" Bereich, zutrifft.

(3) Ist die Ungleichung (III-60) an *jeder* Stelle $(x; y)$ des Definitionsbereiches von $z = f(x; y)$ erfüllt, so liegt an der Stelle $(x_0; y_0)$ ein *absolutes Maximum* bzw. *absolutes Minimum* vor.

So besitzt beispielsweise die in Bild III-33 skizzierte Funktion an der Stelle $(x_0; y_0)$ ein *relatives Minimum*: Denn der auf der zugehörigen Bildfläche gelegene Punkt $P = (x_0; y_0; z_0)$ nimmt gegenüber allen *unmittelbar benachbarten* Flächenpunkten eine *tiefste* Lage ein und ist somit ein *Tiefpunkt* der Fläche.

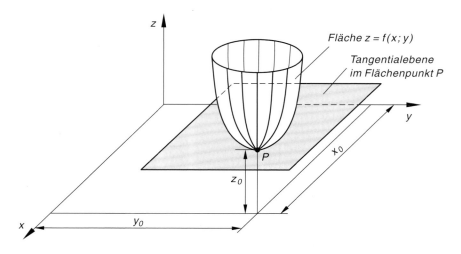

Bild III-33 Zum Begriff des relativen Extremwertes einer Funktion $z = f(x; y)$
(die gezeichnete Fläche besitzt in $P = (x_0; y_0; z_0)$ einen Tiefpunkt)

■ **Beispiele**

(1)   Durch Rotation der *Normalparabel* $z = x^2$ um die z-Achse entsteht die in Bild III-34 skizzierte *Rotationsfläche* mit der Funktionsgleichung $z = x^2 + y^2$ (Mantel eines *Rotationsparaboloids*).

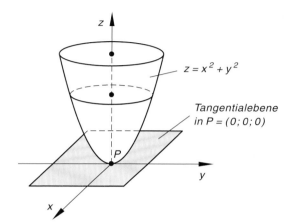

Bild III-34
Die Rotationsfläche
$z = x^2 + y^2$ (Mantel eines Rotationsparaboloids) besitzt im Punkt $P = (0; 0; 0)$ einen Tiefpunkt (absolutes Minimum)

Aus dem *Scheitelpunkt* (*Minimum*) der Parabel wird dabei der Flächenpunkt $P = (0; 0; 0)$, der von *sämtlichen* Flächenpunkten die *tiefste* Lage einnimmt. Die Funktion $z = x^2 + y^2$ besitzt somit an der Stelle $(0; 0)$ ein (sogar absolutes) *Minimum*.

(2)   Die *Rotationsfläche* $z = \mathrm{e}^{-(x^2 + y^2)}$ ist aus der *Gaußschen Glockenkurve* $z = \mathrm{e}^{-x^2}$ durch *Drehung* dieser Kurve um die z-Achse entstanden (Bild III-35). Die zugehörige Bildfläche besitzt im Punkt $P = (0; 0; 1)$ einen *Hochpunkt* (es handelt sich um ein absolutes Maximum).

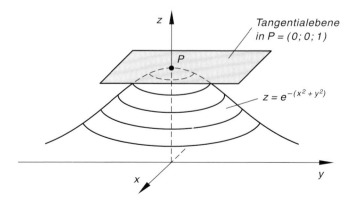

Bild III-35 Die Rotationsfläche $z = \mathrm{e}^{-(x^2 + y^2)}$ besitzt im Punkt $P = (0; 0; 1)$ einen Hochpunkt (absolutes Maximum)

■

Die bisherigen Beispiele lassen vermuten, dass die in einem *Hoch-* bzw. *Tiefpunkt* an die Fläche $z = f(x; y)$ angelegte Tangentialebene stets *parallel* zur x, y-Koordinatenebene verläuft (siehe hierzu die Bilder III-33 bis III-35). Besitzt nämlich die Funktion $z = f(x; y)$ beispielsweise an der Stelle $(x_0; y_0)$ ein *relatives Minimum*, so trifft diese Eigenschaft auch auf *jede* durch den Tiefpunkt $P = (x_0; y_0; z_0)$ gehende Flächenkurve zu. Somit besitzen alle in P angelegten Flächentangenten den Steigungswert *null*. Die partiellen Ableitungen 1. Ordnung von $z = f(x; y)$ müssen daher an der Stelle $(x_0; y_0)$ *verschwinden*, d. h. die Tangentialebene in P verläuft *parallel* zur x, y-Ebene. Die beiden Bedingungen $f_x(x_0; y_0) = 0$ und $f_y(x_0; y_0) = 0$ sind somit *notwendige* Voraussetzungen für die Existenz eines relativen Maximums bzw. Minimums an der Stelle $(x_0; y_0)$.

Notwendige Bedingungen für einen relativen Extremwert

In einem *relativen Extremum* $(x_0; y_0)$ der Funktion $z = f(x; y)$ besitzt die zugehörige Bildfläche stets eine zur x, y-Ebene *parallele* Tangentialebene. Die Bedingungen

$$f_x(x_0; y_0) = 0 \quad \text{und} \quad f_y(x_0; y_0) = 0 \tag{III-61}$$

sind daher *notwendige* Voraussetzungen für die Existenz eines relativen Extremwertes an der Stelle $(x_0; y_0)$.

Dieses Kriterium ist zwar *notwendig*, aber *keinesfalls hinreichend*. Mit anderen Worten: In einem *Extremum* (Hoch- oder Tiefpunkt) verläuft die Tangentialebene *stets* parallel zur x, y-Ebene, jedoch ist *nicht jeder* Flächenpunkt mit einer zur x, y-Ebene parallelen Tangentialebene auch ein Hoch- oder Tiefpunkt! Das nachfolgende Beispiel wird diese Aussage bestätigen.

■ **Beispiel**

Wir betrachten das in Bild III-36 skizzierte *hyperbolische Paraboloid* mit der Funktionsgleichung $z = x^2 - y^2$. An der Stelle $(0; 0)$ sind die *notwendigen* Bedingungen (III-61) für ein relatives Extremum erfüllt:

$$z_x(x; y) = 2x \quad \Rightarrow \quad z_x(0; 0) = 0$$

$$z_y(x; y) = -2y \quad \Rightarrow \quad z_y(0; 0) = 0$$

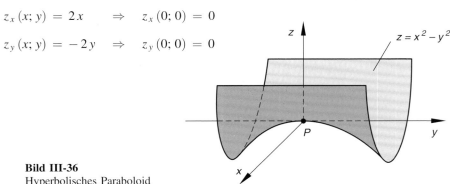

Bild III-36
Hyperbolisches Paraboloid

Die Tangentialebene im zugehörigen Flächenpunkt $P = (0; 0; 0)$ fällt daher mit der x, y-Ebene zusammen. Und trotzdem besitzt die Funktion $z = x^2 - y^2$ an dieser Stelle *keinen* Extremwert!

Begründung: Der Schnitt der Fläche mit der x, z-Ebene $(y = 0)$ ergibt die nach *oben* geöffnete Normalparabel $z = x^2$, die im Punkt P ihr (absolutes) *Minimum* besitzt (Bild III-37). Schneidet man die Fläche jedoch mit der y, z-Ebene $(x = 0)$, so erhält man die nach *unten* geöffnete Normalparabel $z = -y^2$, die in P ihr (absolutes) *Maximum* annimmt (Bild III-38). Der Flächenpunkt $P = (0; 0; 0)$ kann daher *kein* Extremum sein. Es handelt sich vielmehr um einen sog. *Sattelpunkt*. Die Rotationsfläche $z = x^2 - y^2$ besitzt die Form eines *Sattels* und wird daher auch als *Sattelfläche* bezeichnet.

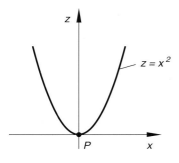

Bild III-37
Schnitt des hyperbolischen Paraboloids
mit der x, z-Ebene $y = 0$

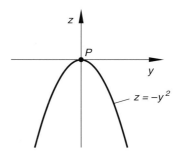

Bild III-38
Schnitt des hyperbolischen Paraboloids
mit der y, z-Ebene $x = 0$ ∎

Mit *Sicherheit* jedoch besitzt eine Funktion $z = f(x; y)$ an der Stelle $(x_0; y_0)$ einen *relativen Extremwert*, wenn die folgenden Bedingungen erfüllt sind (ohne Beweis):

Hinreichende Bedingungen für einen relativen Extremwert

Eine Funktion $z = f(x; y)$ besitzt an der Stelle $(x_0; y_0)$ mit *Sicherheit* einen *relativen Extremwert*, wenn die folgenden Bedingungen zugleich erfüllt sind:

1. Die partiellen Ableitungen 1. Ordnung *verschwinden* in $(x_0; y_0)$:

$$f_x(x_0; y_0) = 0 \quad \text{und} \quad f_y(x_0; y_0) = 0 \qquad \text{(III-62)}$$

2. Die partiellen Ableitungen 2. Ordnung genügen der Ungleichung

$$\Delta = f_{xx}(x_0; y_0) \cdot f_{yy}(x_0; y_0) - f_{xy}^2(x_0; y_0) > 0 \qquad \text{(III-63)}$$

Das *Vorzeichen* von $f_{xx}(x_0; y_0)$ entscheidet dann über die *Art* des Extremwertes (Maximum oder Minimum):

$$f_{xx}(x_0; y_0) < 0 \quad \Rightarrow \quad \text{Relatives Maximum}$$
$$f_{xx}(x_0; y_0) > 0 \quad \Rightarrow \quad \text{Relatives Minimum}$$

Anmerkungen

(1) Wie bei den Funktionen von einer Variablen entscheiden auch hier die (partiellen) *Ableitungen 1. und 2. Ordnung* über Existenz und Art von Extremwerten.

(2) Die Bedingungen (III-62) und (III-63) sind *hinreichend*. In den Fällen $\Delta < 0$ und $\Delta = 0$ gilt:

$\Delta < 0$: Es liegt *kein* Extremwert, sondern ein *Sattelpunkt* vor.

$\Delta = 0$: Das Kriterium „versagt", d. h. es ermöglicht in diesem Fall *keine* Entscheidung darüber, ob an der Stelle $(x_0; y_0)$ ein relativer Extremwert vorliegt oder nicht.

(3) Der Begriff des *relativen Extremwertes* lässt sich ohne Schwierigkeiten auch auf Funktionen von *mehr als zwei* unabhängigen Variablen übertragen. *Notwendig* für die Existenz eines relativen Extremums ist auch hier, dass an der betreffenden Stelle *sämtliche* partiellen Ableitungen 1. Ordnung *verschwinden*. Auf die *hinreichenden* Bedingungen können wir im Rahmen dieser Darstellung nicht eingehen.

■ **Beispiele**

(1) Wir zeigen, dass die in Bild III-35 skizzierte *Rotationsfläche* mit der Funktionsgleichung $z = f(x; y) = e^{-(x^2 + y^2)}$ an der Stelle $(0; 0)$ ein (sogar absolutes) *Maximum* annimmt. Dazu benötigen wir die partiellen Ableitungen 1. und 2. Ordnung (Anwendung der Kettenregel bzw. der Produkt- und Kettenregel; Symmetrie der Funktion beachten):

$$f_x(x; y) = -2x \cdot e^{-(x^2 + y^2)}, \qquad f_y(x; y) = -2y \cdot e^{-(x^2 + y^2)}$$

$$f_{xx}(x; y) = (4x^2 - 2) \cdot e^{-(x^2 + y^2)}, \qquad f_{yy}(x; y) = (4y^2 - 2) \cdot e^{-(x^2 + y^2)},$$

$$f_{xy}(x; y) = f_{yx}(x; y) = 4xy \cdot e^{-(x^2 + y^2)}$$

Sie besitzen an der Stelle $(0; 0)$ die folgenden Werte:

$$f_x(0; 0) = 0, \qquad f_y(0; 0) = 0$$

(damit sind die *notwendigen* Bedingungen (III-62) erfüllt)

$$f_{xx}(0; 0) = -2, \qquad f_{yy}(0; 0) = -2, \qquad f_{xy}(0; 0) = f_{yx}(0; 0) = 0$$

Wegen

$$\Delta = f_{xx}(0; 0) \cdot f_{yy}(0; 0) - f_{xy}^2(0; 0) = (-2) \cdot (-2) - 0^2 = 4 > 0$$

ist auch das *hinreichende* Kriterium erfüllt. Da ferner $f_{xx}(0; 0) = -2 < 0$ ist, liegt an der Stelle $(0; 0)$ ein *relatives Maximum*: $f(0; 0) = 1$. An allen übrigen Stellen ist $f(x; y) < 1$, so dass der Flächenpunkt $P = (0; 0; 1)$ sogar das *absolute Maximum* auf der Fläche darstellt. Weitere Extremwerte sind *nicht* vorhanden.

(2)   Wir bestimmen die *relativen Extremwerte* der Funktion $z(x; y) = 3xy - x^3 - y^3$.
Die dabei benötigten partiellen Ableitungen 1. und 2. Ordnung lauten:

$$z_x = 3y - 3x^2, \qquad z_y = 3x - 3y^2$$

$$z_{xx} = -6x, \qquad z_{xy} = z_{yx} = 3, \qquad z_{yy} = -6y$$

Die *notwendigen* Bedingungen $z_x = 0$ und $z_y = 0$ führen zu dem *nichtlinearen* Gleichungssystem

$$\left.\begin{array}{l} 3y - 3x^2 = 0 \\ 3x - 3y^2 = 0 \end{array}\right\} \quad \text{d. h.} \quad \left\{\begin{array}{l} y - x^2 = 0 \\ x - y^2 = 0 \end{array}\right.$$

Es wird wie folgt gelöst: Wir lösen die 1. Gleichung nach y auf, erhalten $y = x^2$
und setzen diesen Term in die 2. Gleichung ein. Dies führt zu einer Gleichung
4. Grades in x mit *zwei* reellen Lösungen:

$$x - x^4 = x(1 - x^3) = 0 \left< \begin{array}{lll} x = 0 & \Rightarrow & x_1 = 0 \\ 1 - x^3 = 0 & \Rightarrow & x_2 = 1 \end{array} \right.$$

Die zugehörigen y-Werte sind $y_1 = 0$ und $y_2 = 1$. Damit gibt es *zwei* Stellen,
an denen die *notwendigen* Bedingungen für die Existenz eines relativen Extremwertes erfüllt sind (hier können, müssen aber nicht Extremwerte vorliegen):

$$(x_1; y_1) = (0; 0) \qquad \text{und} \qquad (x_2; y_2) = (1; 1).$$

Wir prüfen jetzt anhand der Diskriminante Δ aus (III-63), ob auch das *hinreichende* Kriterium erfüllt ist:

$$\boxed{(x_1; y_1) = (0; 0) \qquad \text{d. h.} \qquad P_1 = (0; 0; 0)}$$

$$z_{xx}(0; 0) = 0, \qquad z_{yy}(0; 0) = 0, \qquad z_{xy}(0; 0) = 3$$

$$\Delta = z_{xx}(0; 0) \cdot z_{yy}(0; 0) - z_{xy}^2(0; 0) = 0 \cdot 0 - 3^2 = -9 < 0 \quad \Rightarrow$$

Kein Extremwert, sondern ein *Sattelpunkt*!

$$\boxed{(x_2; y_2) = (1; 1) \qquad \text{d. h.} \qquad P_2 = (1; 1; 1)}$$

$$z_{xx}(1; 1) = -6, \qquad z_{yy}(1; 1) = -6, \qquad z_{xy}(1; 1) = 3$$

$$\left.\begin{array}{l} \Delta = z_{xx}(1; 1) \cdot z_{yy}(1; 1) - z_{xy}^2(1; 1) = \\ = (-6) \cdot (-6) - 3^2 = 27 > 0 \\ z_{xx}(1; 1) = -6 < 0 \end{array}\right\} \Rightarrow \quad \text{Relatives } \textit{Maximum}$$

Die Funktion $z = 3xy - x^3 - y^3$ besitzt daher an der Stelle $(x; y) = (1; 1)$ ein
relatives Maximum. Der Flächenpunkt $P_2 = (1; 1; 1)$ ist somit ein *Hochpunkt*.   ∎

2.5.4 Extremwertaufgaben mit Nebenbedingungen

Bisher haben wir uns *ausschließlich* mit den Extremwerten einer Funktion $z = f(x; y)$ beschäftigt, deren unabhängige Variable x und y *keinerlei* Einschränkungen unterworfen waren (sog. Extremwerte *ohne* Nebenbedingungen). In vielen Anwendungsbeispielen ist dies jedoch *nicht* der Fall, d. h. die Variablen x und y sind nicht mehr unabhängig voneinander, sondern durch eine *Neben-* oder *Kopplungsbedingung* miteinander *verbunden*. Diese Bedingung wird meist in Form einer impliziten Gleichung $\varphi(x; y) = 0$ angegeben. Aufgabenstellungen dieser Art haben wir bereits in Band 1 kennengelernt (Kap. IV, Abschnitt 3.5). Dabei sind wir stets so vorgegangen, dass wir zunächst die Nebenbedingung $\varphi(x; y) = 0$ beispielsweise nach y aufgelöst haben, um dann den gefundenen Ausdruck $y = y(x)$ in die Funktion $z = f(x; y)$ einzusetzen[4]. Die auf diese Weise erhaltene Funktion

$$z = f(x; y(x)) = F(x)$$

hängt dann nur noch von der *einen* Variablen x ab. Damit haben wir die gestellte Extremwertaufgabe auf die Bestimmung der Extremwerte einer Funktion von *einer* unabhängigen Variablen zurückgeführt. Das bisher angewandte Verfahren wollen wir jetzt noch an einem Anwendungsbeispiel aus der Festigkeitslehre verdeutlichen.

■ **Beispiel**

Aus einem (langen) Baumstamm mit einem kreisrunden Querschnitt soll durch Längsschnitte ein *Balken* mit rechteckigem Querschnitt so herausgeschnitten werden, dass sein *Widerstandsmoment* einen *möglichst großen* Wert annimmt (Bild III-39).

Widerstandsmoment:

$$W = \frac{1}{6} b h^2$$

b: Balkenbreite

h: Balkendicke

R: Querschnittradius

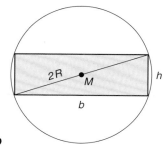

Bild III-39

Das Widerstandsmoment W hängt dabei sowohl von der Balkenbreite b als auch von der Balkendicke h ab, ist also eine Funktion der Variablen b *und* h. Diese jedoch sind *nicht unabhängig* voneinander, sondern über den *Satz des Pythagoras* mit dem (gegebenen) Radius R des Baumstammes miteinander *verknüpft*. Die *Nebenbedingung* lautet hier also

$$b^2 + h^2 = (2R)^2 = 4R^2 \qquad \text{oder} \qquad \varphi(b; h) = b^2 + h^2 - 4R^2 = 0$$

---

[4] Vorausgesetzt, diese Auflösung ist *möglich* und *eindeutig*. Ebenso verfährt man, wenn die Nebenbedingung $\varphi(x; y) = 0$ eindeutig nach x auflösbar ist.

In Band 1 (Kap. IV, Abschnitt 3.5) haben wir diese Extremwertaufgabe schrittweise wie folgt gelöst:

1. Schritt: Die Nebenbedingung wird zweckmäßigerweise nach h^2 aufgelöst:

$$h^2 = 4R^2 - b^2$$

und dieser Ausdruck dann in die Widerstandsformel eingesetzt. Das Widerstandsmoment W hängt jetzt nur noch von der Balkenbreite b ab:

$$W = W(b) = \frac{1}{6} b(4R^2 - b^2) = \frac{1}{6} (4R^2 b - b^3)$$

Dabei kann die Balkenbreite b nur Werte zwischen 0 und $2R$ annehmen.

2. Schritt: Wir bilden die benötigten Ableitungen $W'(b)$ und $W''(b)$:

$$W'(b) = \frac{1}{6} (4R^2 - 3b^2), \qquad W''(b) = \frac{1}{6} (0 - 6b) = -b$$

3. Schritt: Berechnung des gesuchten *Maximums* aus den *hinreichenden* Bedingungen $W' = 0$ und $W'' < 0$:

$$W' = \frac{1}{6} (4R^2 - 3b^2) = 0 \quad \Rightarrow \quad 4R^2 - 3b^2 = 0 \quad \Rightarrow$$

$$b^2 = \frac{4}{3} R^2 = \frac{4}{9} \cdot 3R^2 \quad \Rightarrow \quad b_{1/2} = \pm \frac{2}{3} \sqrt{3}\, R$$

Der *negative* Wert kommt dabei aus geometrischen Gründen *nicht* infrage, der *positive* Wert dagegen liegt *im* Definitionsbereich $0 < b < 2R$. Wegen

$$W'' \left(b_1 = \frac{2}{3} \sqrt{3}\, R \right) = -\frac{2}{3} \sqrt{3}\, R < 0$$

ist somit b_1 das gesuchte *Maximum*.

Die *Lösung* dieser Extremwertaufgabe lautet daher: Das Widerstandsmoment des Balkens besitzt seinen *größten* Wert bei einer Balkenbreite von $b = \frac{2}{3} \sqrt{3}\, R \approx 1{,}155\, R$. ∎

Der in dem soeben behandelten Beispiel skizzierte Lösungsweg lässt sich aber nur dann beschreiten, wenn die Auflösung der Nebenbedingung $\varphi(x; y) = 0$ nach einer der beiden Variablen möglich ist. In vielen Fällen jedoch gilt:

— Eine Auflösung der Nebenbedingung ist *nicht* möglich oder aber zu *aufwendig*.
— Die Nebenbedingung lässt sich prinzipiell zwar auflösen, führt jedoch zu einer komplizierten Funktion $z = f(x; y(x)) = F(x)$ der Variablen x, deren benötigte Ableitungen $F'(x)$ und $F''(x)$ sich nur mit viel Mühe und Aufwand bilden lassen[5].

---

[5] Wir haben hierbei vorausgesetzt, dass eine Auflösung nach der Variablen y prinzipiell möglich ist: $y = y(x)$.

In all diesen Fällen schlägt man dann den folgenden von *Lagrange* stammenden Lösungsweg ein, der unter der Bezeichnung *Methode der Lagrangeschen Multiplikatoren* bekannt ist:

Man bildet zunächst die *totalen Differentiale* der Funktionen $z = f(x; y)$ und $u = \varphi(x; y)$, wobei $\varphi(x; y)$ die linke Seite der Nebenbedingung $\varphi(x; y) = 0$ ist:

$$dz = f_x\, dx + f_y\, dy$$
$$du = \varphi_x\, dx + \varphi_y\, dy \tag{III-64}$$

Wegen der Nebenbedingung $\varphi(x; y) = 0$ muss $u = 0$ und somit auch $du = 0$ sein, d. h. es gilt:

$$du = \varphi_x\, dx + \varphi_y\, dy \equiv 0 \tag{III-65}$$

Dies aber bedeutet, dass die beiden Differentiale dx und dy *nicht* unabhängig voneinander, sondern vielmehr über die Gleichung (III-65) miteinander *gekoppelt* sind. Das totale Differential der Funktion $z = f(x; y)$ verschwindet dagegen nur am Ort des (gesuchten) *Extremums* $x = x_0$, $y = y_0$, so dass an dieser Stelle die beiden folgenden Beziehungen zwischen den Differentialen dx und dy bestehen:

$$f_x\, dx + f_y\, dy = 0 \qquad \text{und} \qquad \varphi_x\, dx + \varphi_y\, dy = 0 \tag{III-66}$$

Dieses *homogene lineare Gleichungssystem* mit den beiden Unbekannten dx und dy ist aber bekanntlich nur dann *nichttrivial* lösbar, wenn die Koeffizientendeterminante *verschwindet* [6]:

$$\begin{vmatrix} f_x & f_y \\ \varphi_x & \varphi_y \end{vmatrix} = 0 \tag{III-67}$$

Daraus folgern wir, dass die beiden Zeilenvektoren *linear abhängig* sind. Wir können daher die *erste* Zeile als ein *Vielfaches* der *zweiten* Zeile in der Form

$$f_x = -\lambda \cdot \varphi_x \qquad \text{und} \qquad f_y = -\lambda \cdot \varphi_y \tag{III-68}$$

oder

$$f_x + \lambda \cdot \varphi_x = 0 \qquad \text{und} \qquad f_y + \lambda \cdot \varphi_y = 0 \tag{III-69}$$

darstellen (als Multiplikator haben wir zweckmäßigerweise $-\lambda$ gewählt, um die letztere Form zu erreichen). Aus den Bedingungsgleichungen (III-69) in Verbindung mit der Nebenbedingung $\varphi(x; y) = 0$ lassen sich dann die drei Unbekannten x, y und λ bestimmen. Rein *formal* gelangt man zum gleichen Ergebnis, wenn man aus den beiden Funktionen $z = f(x; y)$ und $u = \varphi(x; y)$ zunächst die *Hilfsfunktion*

$$F(x; y; \lambda) = f(x; y) + \lambda \cdot \varphi(x; y) \tag{III-70}$$

---

[6] Die 2-reihige Koeffizientenmatrix $\mathbf{A} = \begin{pmatrix} f_x & f_y \\ \varphi_x & \varphi_y \end{pmatrix}$ muss also *singulär* sein und somit den Rang $r = 1$ besitzen. Der Rang $r = 0$ kommt *nicht* infrage, da $\mathbf{A}$ sonst mit der *Nullmatrix* identisch wäre!

bildet und dann deren partielle Ableitungen 1. Ordnung der Reihe nach gleich *null* setzt. Dies führt zu dem Gleichungssystem

$$
\left.
\begin{aligned}
f_x + \lambda \cdot \varphi_x &= 0 \\
f_y + \lambda \cdot \varphi_y &= 0 \\
\varphi\,(x;\,y) &= 0
\end{aligned}
\right\}
\qquad\text{(III-71)}
$$

mit drei Gleichungen und drei Unbekannten, aus dem sich die Koordinaten des gesuchten Extremwertes sowie der meist nicht näher interessierende Parameter λ berechnen lassen.

Wir fassen die Ergebnisse wie folgt zusammen:

Lagrangesches Multiplikatorverfahren zur Lösung einer Extremwertaufgabe mit Nebenbedingungen

Die *Extremwerte* einer Funktion $z = f\,(x;\,y)$, deren unabhängige Variable x und y einer *Neben-* oder *Kopplungsbedingung* $\varphi\,(x;\,y) = 0$ unterworfen sind, lassen sich mit Hilfe des *Lagrangeschen Multiplikatorverfahrens* schrittweise wie folgt bestimmen:

1. Aus der Funktionsgleichung $z = f\,(x;\,y)$ und der Neben- oder Kopplungsbedingung $\varphi\,(x;\,y) = 0$ wird zunächst die *Hilfsfunktion*

$$
F\,(x;\,y;\,\lambda) = f\,(x;\,y) + \lambda \cdot \varphi\,(x;\,y) \qquad\text{(III-72)}
$$

gebildet. Der (noch unbekannte) Faktor λ heißt *Lagrangescher Multiplikator*.

2. Dann werden die partiellen Ableitungen 1. Ordnung dieser Hilfsfunktion gebildet und gleich *null* gesetzt:

$$
\left.
\begin{aligned}
F_x &= f_x\,(x;\,y) + \lambda \cdot \varphi_x\,(x;\,y) = 0 \\
F_y &= f_y\,(x;\,y) + \lambda \cdot \varphi_y\,(x;\,y) = 0 \\
F_\lambda &= \varphi\,(x;\,y) = 0
\end{aligned}
\right\}
\qquad\text{(III-73)}
$$

Aus diesem Gleichungssystem lassen sich die Koordinaten der gesuchten *Extremwerte* sowie der *Lagrangesche Multiplikator* λ bestimmen.

Anmerkungen

(1) Der *Lagrangesche Multiplikator* λ ist eine „Hilfsgröße" und daher meist *ohne* nähere Bedeutung. Er sollte daher *möglichst früh* aus den Rechnungen *eliminiert* werden.

(2) Die angegebenen Bedingungen (III-73) sind *notwendig*, jedoch *keineswegs hinreichend* für die Existenz eines Extremwertes unter der Nebenbedingung $\varphi\,(x;\,y) = 0$. Es muss daher stets von Fall zu Fall geprüft werden, ob auch tatsächlich ein *Extremwert* vorliegt und gegebenenfalls, ob es sich dabei auch um das gesuchte *Maximum* bzw. *Minimum* handelt.

(3)   Das *Lagrangesche Multiplikatorverfahren* lässt sich ohne Schwierigkeiten auch auf Funktionen von n Variablen $x_1, x_2, \ldots, x_n$ mit m Nebenbedingungen übertragen $(m < n)$:

Funktion: $y = f(x_1; x_2; \ldots; x_n)$

Nebenbedingungen: $\varphi_i(x_1; x_2; \ldots; x_n) = 0$ $(i = 1, 2, \ldots, m)$

Man bildet zunächst die *Hilfsfunktion*

$$F(x_1; \ldots; x_n; \lambda_1; \ldots; \lambda_m) = f(x_1; \ldots; x_n) + \sum_{i=1}^{m} \lambda_i \cdot \varphi_i(x_1; \ldots; x_n)$$

$$(\text{III-74})$$

und setzt dann die $(n + m)$ partiellen Ableitungen 1. Ordnung dieser Funktion der Reihe nach gleich *null*:

$$F_{x_1} = 0, \quad F_{x_2} = 0, \quad \ldots, \quad F_{x_n} = 0$$
$$F_{\lambda_1} = 0, \quad F_{\lambda_2} = 0, \quad \ldots, \quad F_{\lambda_m} = 0$$

$$(\text{III-75})$$

Aus diesen $(n + m)$ Gleichungen lassen sich dann die $(n + m)$ Unbekannten $x_1, x_2, \ldots, x_n, \lambda_1, \lambda_2, \ldots, \lambda_m$ berechnen.

■   **Beispiele**

(1)   Wir kehren zu dem anfänglichen Beispiel des *Widerstandsmomentes* eines Balkens zurück (Bild III-39). Mit der Funktion

$$W = W(b; h) = \frac{1}{6} b h^2 \qquad (\text{mit } 0 < b < 2R \text{ und } 0 < h < 2R)$$

und der *Nebenbedingung*

$$\varphi = \varphi(b; h) = b^2 + h^2 - 4R^2 = 0$$

bilden wir zunächst die *Hilfsfunktion*

$$F(b; h; \lambda) = W(b; h) + \lambda \cdot \varphi(b; h) = \frac{1}{6} b h^2 + \lambda(b^2 + h^2 - 4R^2)$$

und daraus dann durch partielles Differenzieren die folgenden *Bestimmungsgleichungen* für die Balkenbreite b, die Balkendicke h und den *Lagrangeschen Multiplikator* λ:

$$F_b = \frac{1}{6} h^2 + 2\lambda b = 0$$

$$F_h = \frac{1}{3} b h + 2\lambda h = 0 \quad \Rightarrow \quad \lambda = -b/6$$

$$F_\lambda = b^2 + h^2 - 4R^2 = 0$$

Die *mittlere* Gleichung lösen wir nach λ auf, erhalten $\lambda = -b/6$ und setzen diesen Wert dann in die *erste* Gleichung ein:

$$\frac{1}{6} h^2 + 2 \left(-\frac{b}{6} \right) b = \frac{1}{6} h^2 - \frac{2}{6} b^2 = 0 \,\Big|\, \cdot 6 \quad \Rightarrow$$

$$h^2 - 2b^2 = 0 \quad \Rightarrow \quad h^2 = 2b^2 \qquad (h = \sqrt{2}\, b)$$

Diesen Ausdruck setzen wir in die *letzte* der drei Bestimmungsgleichungen ein und erhalten:

$$b^2 + h^2 - 4R^2 = b^2 + 2b^2 - 4R^2 = 3b^2 - 4R^2 = 0 \quad \Rightarrow$$

$$3b^2 = 4R^2 \quad \Rightarrow \quad b^2 = \frac{4}{3} R^2 = \frac{4}{9} \cdot 3R^2 \quad \Rightarrow \quad b_{1/2} = \pm \frac{2}{3} \sqrt{3}\, R$$

Aus *geometrischen* Gründen kommt aber nur der *positive* Wert in Frage, der in dem Gültigkeitsbereich $0 < b < 2R$ liegt. Die *Lösung* der gestellten Extremwertaufgabe lautet daher:

$$b = \frac{2}{3} \sqrt{3}\, R \approx 1{,}155\, R; \qquad h = \sqrt{2}\, b = \frac{2}{3} \sqrt{6}\, R \approx 1{,}633\, R$$

$$W_{\max} = \frac{8}{27} \sqrt{3}\, R^3 \approx 0{,}513\, R^3$$

Der auf diese Weise dimensionierte Balken besitzt somit das *größte* Widerstandsmoment und damit auch die *größte* Tragfähigkeit.

(2) Ein fester Punkt A einer ebenen Bühne wird durch eine in der Höhe h verstellbare punktförmige Lichtquelle L mit der konstanten Lichtstärke I_0 beleuchtet (Bild III-40). Die von der Lichtquelle L im Punkt A erzeugte Beleuchtungsstärke B genügt dabei dem *Lambertschen Gesetz*

$$B = B(\alpha; r) = \frac{I_0 \cdot \cos \alpha}{r^2}$$

α ist der Einfallswinkel des Lichtes, r der Abstand zwischen der Lichtquelle L und dem Bühnenpunkt A und a der Abstand des Bühnenpunktes A vom Fußpunkt der Lichtquelle L. Unter welchem Winkel α wird dieser Punkt *optimal* beleuchtet?

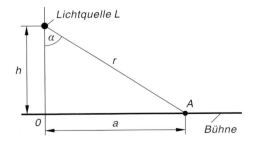

Bild III-40
Zur optimalen Beleuchtung
des Bühnenpunktes A durch
eine vertikal verschiebbare
Lichtquelle L

Lösung: Beim Verschieben der Lampe ändert sich sowohl der Einfallswinkel α als auch der Abstand r. Zwischen diesen Größen besteht jedoch eine bestimmte *Abhängigkeit*. Aus dem rechtwinkligen Dreieck OAL folgt nämlich

$$\sin\alpha = \frac{a}{r} \qquad \text{oder} \qquad r\cdot\sin\alpha = a$$

Dies ist die gesuchte *Nebenbedingung*, die wir noch in die benötigte implizite Form

$$\varphi(\alpha; r) = r\cdot\sin\alpha - a = 0$$

bringen. Aus dem *Lambertschen Gesetz* und dieser *Nebenbedingung* bilden wir jetzt die folgende *Hilfsfunktion*:

$$F(\alpha; r; \lambda) = B(\alpha; r) + \lambda\cdot\varphi(\alpha; r) = \frac{I_0\cdot\cos\alpha}{r^2} + \lambda\,(r\cdot\sin\alpha - a)$$

Die drei Bestimmungsgleichungen für die unbekannten Größen α, r und λ lauten dann nach den Gleichungen (III-73) wie folgt:

$$F_\alpha = -\frac{I_0\cdot\sin\alpha}{r^2} + \lambda\,r\cdot\cos\alpha = 0 \quad\Rightarrow\quad \lambda = \frac{I_0\cdot\sin\alpha}{r^3\cdot\cos\alpha}$$

$$F_r = -\frac{2\,I_0\cdot\cos\alpha}{r^3} + \lambda\cdot\sin\alpha = 0 \quad\Rightarrow\quad \lambda = \frac{2\,I_0\cdot\cos\alpha}{r^3\cdot\sin\alpha}$$

$$F_\lambda = r\cdot\sin\alpha - a = 0$$

Aus den ersten beiden Gleichungen eliminieren wir den (nicht näher interessierenden) *Lagrangeschen Multiplikator* λ und erhalten durch Gleichsetzen:

$$\frac{I_0\cdot\sin\alpha}{r^3\cdot\cos\alpha} = \frac{2\,I_0\cdot\cos\alpha}{r^3\cdot\sin\alpha} \;\Bigg|\; \cdot\frac{r^3}{I_0} \quad\Rightarrow\quad \frac{\sin\alpha}{\cos\alpha} = \frac{2\cdot\cos\alpha}{\sin\alpha} \quad\Rightarrow$$

$$\sin^2\alpha = 2\cdot\cos^2\alpha \quad\Rightarrow\quad \frac{\sin^2\alpha}{\cos^2\alpha} = \tan^2\alpha = 2 \quad\Rightarrow\quad \tan\alpha = \pm\sqrt{2}$$

(unter Verwendung der Beziehung $\tan\alpha = \sin\alpha/\cos\alpha$). Da die gesuchte Lösung im *1. Quadrant* liegen muss ($0° < \alpha < 90°$), kommt nur das *positive* Vorzeichen in Frage:

$$\tan\alpha = \sqrt{2} \quad\Rightarrow\quad \alpha = \arctan\sqrt{2} = 54{,}74°$$

Bei einem Einfallswinkel von $\alpha = 54{,}74°$ wird also der Bühnenpunkt A *optimal* beleuchtet. Die *Lösung* der gestellten Extremwertaufgabe lautet damit:

$$\alpha = 54{,}74°; \qquad r = 1{,}225\,a; \qquad h = 0{,}707\,a; \qquad B_{\max} = \frac{0{,}385\,I_0}{a^2} \qquad \blacksquare$$

2.5.5 Lineare Fehlerfortpflanzung

Hinweis: Wir geben in diesem Abschnitt eine knappe *Einführung* in das für Naturwissenschaftler und Ingenieure so wichtige Gebiet der *Fehlerrechnung*. Eine ausführliche Darstellung auf der Grundlage der *Wahrscheinlichkeitsrechnung* und der *mathematischen Statistik* erfolgt dann in Band 3, Kap. IV.

Direkte Messung einer Größe

In Naturwissenschaft und Technik stellt sich häufig die Aufgabe, den *Wert* einer physikalisch-technischen Größe x durch *Messungen* zu ermitteln. Die Erfahrung lehrt dabei, dass *jede* Messung – selbst bei *sorgfältigster* Vorbereitung und Durchführung und bei Verwendung *hochwertiger* Messgeräte – stets mit *Fehlern* der verschiedensten Arten behaftet ist, die in der modernen Fehlerrechnung als *Messabweichungen* oder kurz als *Abweichungen* bezeichnet werden [7]. Bei *wiederholter* Messung der Größe x erhalten wir eine aus n (in der Regel) voneinander abweichenden Einzelwerten

$$x_1, \ x_2, \ \dots, \ x_n$$

bestehende *Messreihe*. Die *Streuung* der Messwerte soll dabei ausschließlich auf *zufälligen* Messabweichungen beruhen, die in *regelloser* und *unkontrollierbarer* Weise die Messwerte verfälschen und auf die wir *keinerlei* Einfluss haben. Die Auswertung einer solchen Messreihe erfolgt dann wie folgt:

Wir bilden zunächst das *arithmetische Mittel* $\bar{x}$ der n Einzelwerte:

$$\bar{x} = \frac{x_1 + x_2 + \dots + x_n}{n} = \frac{1}{n} \cdot \sum_{i=1}^{n} x_i \tag{III-76}$$

Diesen Wert betrachten wir als einen *Schätz-* oder *Näherungswert* für den „wahren" (im Allgemeinen aber nicht feststellbaren) Wert der Größe x. Ein geeignetes *Genauigkeitsmaß* für die *Einzelmessung* ist die sog. *Standardabweichung* s, die aus den Abweichungen der einzelnen Messwerte x_i vom Mittelwert $\bar{x}$ wie folgt gebildet wird:

$$s = \sqrt{\frac{1}{n-1} \cdot \sum_{i=1}^{n} (x_1 - \bar{x})^2} \qquad (n \geq 2) \tag{III-77}$$

Als Genauigkeitsmaß für den *Mittelwert* $\bar{x}$ eignet sich die sog. *Standardabweichung des Mittelwertes*, definiert durch die Gleichung

$$s_{\bar{x}} = \frac{s}{\sqrt{n}} = \sqrt{\frac{1}{n(n-1)} \cdot \sum_{i=1}^{n} (x_i - \bar{x})^2} \tag{III-78}$$

Das *Messergebnis* wird dann üblicherweise in der Form

$$x = \bar{x} \pm \Delta x \tag{III-79}$$

---

[7] In der DIN-NORM 1319 (Teil 3) wird empfohlen, die Bezeichnung *Fehler* durch *Messabweichung* (kurz *Abweichung* genannt) zu ersetzen (wir gehen darauf ausführlich in Band 3, Kap. IV. ein).

angegeben, wobei Δx die *Messunsicherheit* der Größe x bedeutet. Als *Maß* für die Messunsicherheit verwenden wir an dieser Stelle die *Standardabweichung des Mittelwertes*, d. h. wir setzen $\Delta x = s_{\bar{x}}$. Das *Messergebnis* lautet damit [8]:

$$x = \bar{x} \pm \Delta x = \bar{x} \pm s_{\bar{x}} \tag{III-80}$$

Wir fassen die bisherigen Ergebnisse kurz zusammen:

Auswertung eines Messreihe

Das Messergebnis einer aus n Messwerten bestehenden Messreihe $x_1, x_2, \ldots, x_n$ wird in der Form

$$x = \bar{x} \pm \Delta x \tag{III-81}$$

angegeben (mit $n \geq 2$).

Dabei bedeuten:

$\bar{x}$:   *Arithmetischer Mittelwert* der n Messwerte

$$\bar{x} = \frac{1}{n} \cdot \sum_{i=1}^{n} x_i = \frac{x_1 + x_2 + \ldots + x_n}{n} \tag{III-82}$$

Δx: *Messunsicherheit* (hier gleichgesetzt mit der *Standardabweichung* $s_{\bar{x}}$ *des Mittelwertes*)

$$\Delta x = s_{\bar{x}} = \sqrt{\frac{1}{n(n-1)} \cdot \sum_{i=1}^{n} (x_i - \bar{x})^2} \tag{III-83}$$

Anmerkungen

(1) Es sei nochmals ausdrücklich vermerkt, dass es sich hier um eine „vereinfachte" Darstellung der Fehlerrechnung handelt. In Band 3 (Kap. IV) werden wir dann auf der Grundlage der Wahrscheinlichkeitsrechnung und mathematischen Statistik eine *Erweiterung* vornehmen, die insbesondere die Wahrscheinlichkeitsverteilung der Messgröße sowie die Anzahl n der Einzelmesswerte berücksichtigt (Angabe eines sog. *Vertrauensintervalles* für den Mittelwert).

(2) Die in der Formel (III-83) auftretende Summe

$$\sum_{i=1}^{n} (x_i - \bar{x})^2 = (x_1 - \bar{x})^2 + (x_2 - \bar{x})^2 + \ldots + (x_n - \bar{x})^2$$

heißt *Summe der Abweichungsquadrate* (die Differenzen $x_i - \bar{x}$ sind die *Abweichungen* der einzelnen Messwerte vom Mittelwert, sie treten hier in *quadrierter* Form auf).

---

[8] „Alte" Bezeichnung für $s_{\bar{x}}$: *mittlerer Fehler des Mittelwertes*.

■ **Beispiel**

Eine *mehrmalige* Kapazitätsmessung ergab die folgenden sechs Messwerte (C: Kapazität):

i	1	2	3	4	5	6
$\dfrac{C_i}{\mu F}$	50,5	50,9	50,1	51,8	49,7	50,3

Wir werten diese Messreihe wie folgt aus:

i	$\dfrac{C_i}{\mu F}$	$\dfrac{C_i - \overline{C}}{\mu F}$	$\dfrac{(C_i - \overline{C})^2}{(\mu F)^2}$
1	50,5	$-0,05$	0,0025
2	50,9	0,35	0,1225
3	50,1	$-0,45$	0,2025
4	51,8	1,25	1,5625
5	49,7	$-0,85$	0,7225
6	50,3	$-0,25$	0,0625
$\sum$	303,3	0	2,6750

Arithmetischer Mittelwert:

$$\overline{C} = \frac{1}{6} \cdot \sum_{i=1}^{6} C_i = \frac{1}{6} \cdot 303,3 \, \mu F =$$
$$= 50,55 \, \mu F$$

Standardabweichung des Mittelwertes:

$$s_{\overline{C}} = \sqrt{\frac{1}{6 \cdot 5} \cdot \sum_{i=i}^{6} (C_i - \overline{C})^2} = \sqrt{\frac{1}{30} \cdot 2,6750} \, \mu F = 0,30 \, \mu F$$

Messunsicherheit: $\Delta C = s_{\overline{C}} = 0,30 \, \mu F$

Messergebnis: $\quad C = \overline{C} \pm \Delta C = (50,55 \pm 0,30) \, \mu F$ ■

Indirekte Messung einer Größe

In den naturwissenschaftlich-technischen Anwendungen stellt sich häufig das folgende Problem:

Es soll der Wert einer Größe z ermittelt werden, die noch von *zwei* weiteren Größen x und y abhängt, wobei der funktionale Zusammenhang zwischen diesen drei Größen in Form einer expliziten Funktionsgleichung als *bekannt* vorausgesetzt wird: $z = f(x; y)$. Das eigentliche Problem dabei ist, dass die *abhängige Größe* z in vielen Fällen einer *direkten* Messung nicht unmittelbar oder nur sehr schwer zugänglich ist – im *Gegensatz* zu den unabhängigen Größen x und y. Die Größe z muss dann aus den *Messungen* der beiden besser zugänglichen Größen x und y bestimmt werden.

Das *Messergebnis* für die unabhängigen Größen x und y soll dabei in der üblichen Form vorliegen:

$$x = \bar{x} \pm \Delta x, \qquad y = \bar{y} \pm \Delta y \tag{III-84}$$

$\bar{x}$ und $\bar{y}$ sind die *arithmetischen Mittelwerte*, Δx und Δy die *Messunsicherheiten* von x und y, für die wir in diesem Zusammenhang die *Standardabweichungen* $s_{\bar{x}}$ und $s_{\bar{y}}$ der beiden *Mittelwerte* heranziehen. Das gesuchte *Messergebnis* für die *indirekte* Messgröße $z = f(x; y)$ soll dann – und dies ist im Folgenden unsere Aufgabe – in ähnlicher Form wie bei den unabhängigen Messgrößen x und y dargestellt werden, d. h. wir wünschen eine Darstellung in der Form

$$z = \bar{z} \pm \Delta z \tag{III-85}$$

Zunächst kann man zeigen, dass der *Mittelwert* $\bar{z}$ der abhängigen Größe $z = f(x; y)$ wie folgt aus den Mittelwerten $\bar{x}$ und $\bar{y}$ der beiden unabhängigen Messgrößen berechnet werden kann:

$$\bar{z} = f(\bar{x}; \bar{y}) \tag{III-86}$$

(in die Funktion $z = f(x; y)$ werden für die beiden unabhängigen Variablen deren Mittelwerte eingesetzt). Mit Hilfe des *totalen Differentials* der Funktion $z = f(x; y)$ gelingt es dann, ein sog. *Fehlerfortpflanzungsgesetz* herzuleiten, d. h. eine Beziehung, die uns darüber Aufschluss gibt, wie sich die *Messunsicherheiten* Δx und Δy der beiden unabhängigen Messgrößen x und y auf die *Messunsicherheit* Δz der abhängigen Größe $z = f(x; y)$ auswirken. Zu diesem Zweck bilden wir das *totale Differential* der Funktion $z = f(x; y)$ an der Stelle $x = \bar{x}$, $y = \bar{y}$:

$$dz = f_x(\bar{x}; \bar{y})\, dx + f_y(\bar{x}; \bar{y})\, dy \tag{III-87}$$

Die Differentiale dx und dy deuten wir jetzt als *Messunsicherheiten (Messfehler)* Δx und Δy der beiden unabhängigen Messgrößen x und y. Dann liefert uns das totale Differential dz einen *Schätz-* oder *Näherungswert* für die *Messunsicherheit (den Messfehler)* Δz der *abhängigen* Größe $z = f(x; y)$. Es gilt somit *näherungsweise*:

$$\Delta z = f_x(\bar{x}; \bar{y})\, \Delta x + f_y(\bar{x}; \bar{y})\, \Delta y \tag{III-88}$$

Die Messunsicherheiten Δx und Δy gehen dabei mit den *Gewichtungsfaktoren* $f_x(\bar{x}; \bar{y})$ und $f_y(\bar{x}; \bar{y})$ in diese Beziehung ein. Der *ungünstigste* Fall tritt ein, wenn sich die beiden „Einzelfehler" *addieren*. Wir erhalten dann den *größtmöglichen* (absoluten) „Fehler", der als *maximale Messunsicherheit* $\Delta z_{\max}$ oder auch als *maximaler Fehler* bezeichnet wird und durch die Gleichung

$$\Delta z_{\max} = |f_x(\bar{x}; \bar{y})\, \Delta x| + |f_y(\bar{x}; \bar{y})\, \Delta y| \tag{III-89}$$

definiert ist. Dies ist die gesuchte Beziehung zwischen den Messunsicherheiten („Messfehlern") der Größen x, y und $z = f(x; y)$. Gleichung (III-89) wird häufig auch als *lineares Fehlerfortpflanzungsgesetz* bezeichnet im Gegensatz zu dem *quadratischen Fehlerfortpflanzungsgesetz* von *Gauß*, das wir in Band 3 (Kap. IV) noch kennenlernen werden.

Wir fassen die Ergebnisse wie folgt zusammen:

Messergebnis für eine „indirekte" Messgröße $z = f(x; y)$

Das *Messergebnis* zweier *direkt* gemessener Größen x und y liege in der Form

$$x = \bar{x} \pm \Delta x \qquad \text{und} \qquad y = \bar{y} \pm \Delta y \qquad \text{(III-90)}$$

vor. Dabei sind $\bar{x}$ und $\bar{y}$ die *arithmetischen Mittelwerte* und Δx und Δy die *Messunsicherheiten* der beiden Größen, für die man in diesem Zusammenhang meist die *Standardabweichungen* $s_{\bar{x}}$ und $s_{\bar{y}}$ der beiden *Mittelwerte* heranzieht:

$$\Delta x = s_{\bar{x}} \qquad \text{und} \qquad \Delta y = s_{\bar{y}} \qquad \text{(III-91)}$$

Die von den direkten Messgrößen x und y abhängige *indirekte* Messgröße $z = f(x; y)$ besitzt dann den *Mittelwert*

$$\bar{z} = f(\bar{x}; \bar{y}) \qquad \text{(III-92)}$$

Als *Genauigkeitsmaß* für diesen Mittelwert verwenden wir die nach dem *linearen Fehlerfortpflanzungsgesetz* berechnete *maximale Messunsicherheit*

$$\Delta z_{\max} = |f_x(\bar{x}; \bar{y})\, \Delta x| + |f_y(\bar{x}; \bar{y})\, \Delta y| \qquad \text{(III-93)}$$

(auch *maximaler* oder *größtmöglicher* „Fehler" genannt). Das *Messergebnis* für die *indirekte* Messgröße $z = f(x; y)$ wird dann in der Form

$$z = \bar{z} \pm \Delta z_{\max} \qquad \text{(III-94)}$$

angegeben.

Anmerkungen

(1) Die angegebenen Formeln für den *Mittelwert* und die *maximale Messunsicherheit* einer *indirekten* Messgröße gelten sinngemäß auch für Funktionen von *mehr als zwei* unabhängigen Variablen. Ist $y = f(x_1; x_2; \ldots; x_n)$ eine von n *direkt* gemessenen Größen $x_1, x_2, \ldots, x_n$ abhängige Größe, so gilt analog:

$$\bar{y} = f(\bar{x}_1; \bar{x}_2; \ldots; \bar{x}_n) \qquad \text{(III-95)}$$

$$\Delta y_{\max} = |f_{x_1}\, \Delta x_1| + |f_{x_2}\, \Delta x_2| + \ldots + |f_{x_n}\, \Delta x_n| \qquad \text{(III-96)}$$

$x_i = \bar{x}_i \pm \Delta x_i$ sind dabei die vorgegebenen *Messergebnisse* der unabhängigen Größen. In die Funktion und deren partielle Ableitungen 1. Ordnung werden die Mittelwerte der unabhängigen Größen eingesetzt. Das *Messergebnis* für die *abhängige Größe* y wird dann wiederum in der Form

$$y = \bar{y} \pm \Delta y_{\max} \qquad \text{(III-97)}$$

angegeben.

(2) Das *lineare Fehlerfortpflanzungsgesetz* wird häufig für *Überschlagsrechnungen* verwendet und insbesondere auch dann, wenn die Messunsicherheiten der unabhängigen Größen *unbekannt* sind und man daher auf *Schätzwerte* angewiesen ist.

In der nachfolgenden Tabelle 1 haben wir die Formeln für die *maximale Messunsicherheit* (*Maximalfehler des Mittelwertes*) Δz_{max} für einige in den technischen Anwendungen besonders häufig auftretende Funktionen zusammengestellt.

Tabelle 1: Maximale Messunsicherheit (maximaler Fehler) des Mittelwertes für einige besonders häufig auftretende Funktionen $(C, \alpha, \beta$: reelle Konstanten$)$

Funktion	Maximale Messunsicherheit des Mittelwertes
$z = x + y$	$\Delta z_{max} = \Delta x + \Delta y$
$z = x - y$	
$z = C x y$	$\left\lvert \dfrac{\Delta z_{max}}{\bar{z}} \right\rvert = \left\lvert \dfrac{\Delta x}{\bar{x}} \right\rvert + \left\lvert \dfrac{\Delta y}{\bar{y}} \right\rvert$
$z = C \dfrac{x}{y}$	
$z = C x^{\alpha} y^{\beta}$	$\left\lvert \dfrac{\Delta z_{max}}{\bar{z}} \right\rvert = \left\lvert \alpha \dfrac{\Delta x}{\bar{x}} \right\rvert + \left\lvert \beta \dfrac{\Delta y}{\bar{y}} \right\rvert$

Anmerkungen

(1) Man beachte: Die Größen Δx, Δy und Δz_{max} sind *Absolutwerte* und besitzen daher die *gleichen* Dimensionen und Einheiten wie die Messgrößen selbst.

Dagegen sind $\left\lvert \dfrac{\Delta x}{\bar{x}} \right\rvert$, $\left\lvert \dfrac{\Delta y}{\bar{y}} \right\rvert$ und $\left\lvert \dfrac{\Delta z_{max}}{\bar{z}} \right\rvert$ *relative* bzw. *prozentuale* Größen. Sie sind daher *dimensionslos*, tragen *keine* Einheiten und werden meist in *Prozenten* angegeben.

(2) Entsprechende „lineare Fehlerfortpflanzungsgesetze" gelten auch für Summen mit *mehr als zwei* Summanden und Potenzprodukte mit *mehr als zwei* Faktoren.

■ **Beispiele**

(1) Wir berechnen den *Gesamtwiderstand* einer *Reihenschaltung* aus zwei ohmschen Widerständen $R_1 = (100 \pm 3)\,\Omega$ und $R_2 = (150 \pm 4)\,\Omega$ sowie die *maximale Messunsicherheit* des Gesamtwiderstandes (Bild III-41).

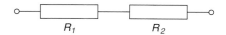

Bild III-41 Reihenschaltung zweier ohmscher Widerstände R_1 und R_2

Nach den *Kirchhoffschen Regeln* ist

$$R = f(R_1; R_2) = R_1 + R_2$$

Für den *Mittelwert* $\bar{R}$ des Gesamtwiderstandes R erhalten wir nach Formel (III-92)

$$\bar{R} = f(\bar{R}_1; \bar{R}_2) = \bar{R}_1 + \bar{R}_2 = 100\,\Omega + 150\,\Omega = 250\,\Omega$$

Die absolute bzw. prozentuale *maximale Messunsicherheit* (*maximaler Fehler*) berechnen wir nach Tabelle 1 wie folgt (die Funktion ist vom Typ $z = x + y$):

$$\Delta R_{max} = \Delta R_1 + \Delta R_2 = 3\,\Omega + 4\,\Omega = 7\,\Omega$$

$$\left| \frac{\Delta R_{max}}{\bar{R}} \right| = \frac{7\,\Omega}{250\,\Omega} = 0{,}028 = 0{,}028 \cdot 100\,\% = 2{,}8\,\%$$

Damit erhalten wir als *Messergebnis*:

$$R = \bar{R} \pm \Delta R_{max} = (250 \pm 7)\,\Omega$$

(2) Die *Oberfläche* O eines *Zylinders* lässt sich aus dem Radius r und der Höhe h nach der Formel

$$O = f(r; h) = 2\pi r^2 + 2\pi r h$$

bestimmen (Zylinder mit Boden *und* Deckel). Es wurden folgende Werte gemessen:

$$r = (10{,}5 \pm 0{,}2)\,\text{cm}, \qquad h = (15{,}0 \pm 0{,}3)\,\text{cm}$$

Für den *Mittelwert* $\bar{O}$ erhalten wir den Wert

$$\bar{O} = f(\bar{r}; \bar{h}) = 2\pi (10{,}5\,\text{cm})^2 + 2\pi (10{,}5\,\text{cm}) \cdot (15{,}0\,\text{cm}) =$$

$$= 1\,682{,}32\,\text{cm}^2 \approx 1\,682\,\text{cm}^2$$

Für die Berechnung des *maximalen Fehlers* (der *maximalen Messunsicherheit*) ΔO_{max} benötigen wir noch die *partiellen Ableitungen* der Funktion:

$$\frac{\partial O}{\partial r} = 4\pi r + 2\pi h, \qquad \frac{\partial O}{\partial h} = 2\pi r$$

Der *maximale Fehler* beträgt dann nach Formel (III-93)

$$\Delta O_{max} = \left| \frac{\partial O}{\partial r}\,\Delta r \right| + \left| \frac{\partial O}{\partial h}\,\Delta h \right| = |(4\pi \bar{r} + 2\pi \bar{h})\,\Delta r| + |2\pi \bar{r} \cdot \Delta h| =$$

$$= (4\pi \cdot 10{,}5\,\text{cm} + 2\pi \cdot 15{,}0\,\text{cm}) \cdot 0{,}2\,\text{cm} + 2\pi \cdot 10{,}5\,\text{cm} \cdot 0{,}3\,\text{cm} =$$

$$= 65{,}03\,\text{cm}^2 \approx 65\,\text{cm}^2$$

Das *Messergebnis* für die Oberfläche O des Zylinders lautet damit:

$$O = \overline{O} \pm \Delta O_{max} = (1\,682 \pm 65)\,cm^2$$

Der *prozentuale Maximalfehler* beträgt

$$\left|\frac{\Delta O_{max}}{\overline{O}}\right| = \frac{65\,cm^2}{1\,682\,cm^2} = 0,039 = 0,039 \cdot 100\,\% = 3,9\,\% \qquad \blacksquare$$

3 Mehrfachintegrale

In Band 1 (Kapitel V) haben wir uns ausführlich mit der Integration einer Funktion von *einer* unabhängigen Variablen auseinandergesetzt. Man spricht in diesem Zusammenhang auch von einer *gewöhnlichen Integration*.

In diesem Abschnitt werden wir uns mit der Integration einer Funktion von *mehreren* unabhängigen Variablen, insbesondere mit der Integration einer Funktion von *zwei* bzw. *drei* Variablen, beschäftigen. Diese Erweiterung des Integralbegriffes wird uns zu den *Mehrfachintegralen* (*Doppel-* bzw. *Dreifachintegralen*) führen, die in den naturwissenschaftlich-technischen Anwendungen u. a. bei der Berechnung der folgenden Größen auftreten:

— *Flächeninhalt* und *Schwerpunkt einer Fläche*
— *Flächenmomente* (*Flächenträgheitsmomente*)
— *Volumen, Masse* und *Schwerpunkt eines Körpers*
— *Massenträgheitsmomente*

Von großer praktischer Bedeutung ist dabei, dass sich ein Mehrfachintegral auf *mehrere* nacheinander auszuführende *gewöhnliche* Integrationen zurückführen lässt. Legt man noch ein Koordinatensystem zugrunde, das sich der *Symmetrie* des Problems in *besonders günstiger* Weise anpasst, so vereinfacht sich die Berechnung der Integrale oft erheblich (Verwendung sog. *symmetriegerechter* Koordinaten). Bei ebenen Problemen mit *Kreissymmetrie* etwa werden wir daher vorzugsweise *Polarkoordinaten*, bei rotationssymmetrischen Problemen zweckmäßigerweise *Zylinderkoordinaten* verwenden.

3.1 Doppelintegrale

3.1.1 Definition und geometrische Deutung eines Doppelintegrals

Der Begriff eines *Doppelintegrals* lässt sich in anschaulicher Weise anhand eines *geometrischen Problems* einführen. $z = f(x; y)$ sei eine im Bereich (A) definierte und stetige Funktion mit $f(x; y) \geq 0$. Wir betrachten nun den in Bild III-42 dargestellten *zylindrischen* Körper. Sein „Boden" besteht aus dem Bereich (A) der x, y-Ebene, sein „Deckel" ist die Bildfläche von $z = f(x; y)$. Die auf dem Rand des Bereiches (A) errichteten „Mantellinien" verlaufen dabei *parallel* zur z-Achse. Unser Interesse gilt nun dem *Zylindervolumen* V.

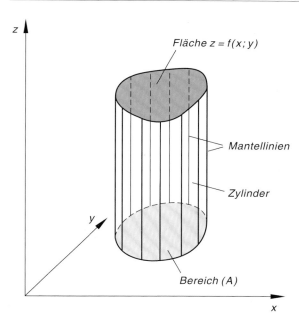

Bild III-42
Zylindrischer Körper
mit der „Deckelfläche"
$z = f(x; y)$

Bestimmung des Zylindervolumens

(1)   Zunächst wird der Bereich (A) („Zylinderboden") in n Teilbereiche mit den Flächeninhalten ΔA_1, ΔA_2, ..., ΔA_n zerlegt. Der Zylinder selbst zerfällt dabei in eine gleich große Anzahl von „Röhren" (die Mantellinien einer Röhre verlaufen parallel zur z-Achse).

(2)   Wir beschäftigen uns nun näher mit der (wahllos herausgegriffenen) k-ten Röhre. Ihr „Boden" ist *eben* und vom Flächeninhalt ΔA_k, ihr „Deckel" dagegen als Teil der Bildfläche von $z = f(x; y)$ i. Allg. *gekrümmt*. Das Volumen ΔV_k dieser Röhre stimmt dann *näherungsweise* mit dem Volumen einer *Säule* überein, die über der gleichen Grundfläche errichtet wird und deren Höhe durch die Höhenkoordinate $z_k = f(x_k; y_k)$ des Flächenpunktes $P_k = (x_k; y_k; z_k)$ gegeben ist (siehe hierzu Bild III-43)[9]. Es gilt also (nach der Formel Volumen = Grundfläche × Höhe):

$$\Delta V_k \approx (\Delta A_k) z_k = z_k \, \Delta A_k = f(x_k; y_k) \, \Delta A_k \qquad \text{(III-98)}$$

Mit den übrigen Röhren verfahren wir ebenso. Durch *Aufsummieren* der Röhren- bzw. Säulenvolumina erhalten wir schließlich den folgenden *Näherungswert* für das gesuchte Zylindervolumen V:

$$V = \sum_{k=1}^{n} \Delta V_k \approx \sum_{k=1}^{n} f(x_k; y_k) \, \Delta A_k \qquad \text{(III-99)}$$

---

[9] $(x_k; y_k)$ ist eine *beliebige* Stelle aus dem k-ten Teilbereich. Der Punkt P_k liegt *senkrecht* über $(x_k; y_k)$ auf der *Bildfläche* der Funktion $z = f(x; y)$. Seine Höhenkoordinate ist daher $z_k = f(x_k; y_k)$.

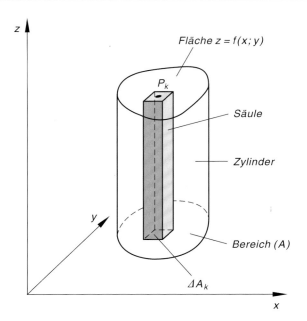

Bild III-43
Zylindrischer Körper
mit quaderförmiger Säule

(3)   Dieser Näherungswert lässt sich noch *verbessern*, indem wir in geeigneter Weise die Anzahl der Röhren (Säulen) *vergrößern*. Wir lassen nun die Anzahl n der Teilbereiche (und damit auch die Anzahl der Röhren) *unbegrenzt* wachsen ($n \to \infty$), wobei gleichzeitig der Durchmesser eines jeden Teilbereiches gegen *null* streben soll. Bei diesem Grenzübergang strebt die Summe (III-99) gegen einen *Grenzwert*, der als *2-dimensionales Bereichsintegral* von $f(x; y)$ über dem Bereich (A) oder kurz als *Doppelintegral* bezeichnet wird und für $f(x; y) \geq 0$ als *Volumen V* des zylindrischen Körpers (V) interpretiert werden darf. Wir definieren daher:

Definition: Der Grenzwert

$$\lim_{\substack{n \to \infty \\ (\Delta A_k \to 0)}} \sum_{k=1}^{n} f(x_k; y_k)\, \Delta A_k \qquad \text{(III-100)}$$

wird (falls er vorhanden ist) als *Doppelintegral* bezeichnet und durch

das Symbol $\displaystyle\iint\limits_{(A)} f(x; y)\, dA$ gekennzeichnet.

Wir führen noch folgende Bezeichnungen ein:

x, y: *Integrationsvariable*

$f(x; y)$:   *Integrandfunktion* (kurz: *Integrand*)

dA: *Flächendifferential* oder *Flächenelement*

(A):   *Integrationsbereich*

Anmerkungen

(1)   Für den Begriff *Doppelintegral* sind auch folgende Bezeichnungen üblich:
      2-dimensionales Bereichs- oder *Gebietsintegral, zweifaches Integral, Flächenintegral.*

(2)   Der Grenzwert (III-100) ist vorhanden, wenn der Integrand $f(x; y)$ im (abge-
      schlossenen) Integrationsbereich (A) *stetig* ist.

3.1.2 Berechnung eines Doppelintegrals

3.1.2.1 Doppelintegral in kartesischen Koordinaten

Wir werden in diesem Abschnitt anhand einfacher *geometrischer* Überlegungen zeigen,

wie man ein Doppelintegral $\displaystyle\iint\limits_{(A)} f(x; y)\, dA$ durch *zwei* nacheinander auszuführende *ge-*

wöhnliche Integrationen berechnen kann. Der Rechnung legen wir dabei *kartesische*
Koordinaten zugrunde und beschränken uns zunächst auf Integrationsbereiche, die die in
Bild III-44 skizzierte Gestalt besitzen. Ein solcher „normaler" Integrationsbereich (A)
lässt sich durch die Ungleichungen

$$f_u(x) \leq y \leq f_0(x), \qquad a \leq x \leq b \tag{III-101}$$

beschreiben, wobei $y = f_u(x)$ die *untere* und $y = f_0(x)$ die *obere* Randkurve ist und
die *seitlichen* Begrenzungen aus zwei Parallelen zur y-Achse mit den Funktionsgleichungen $x = a$ und $x = b$ bestehen.

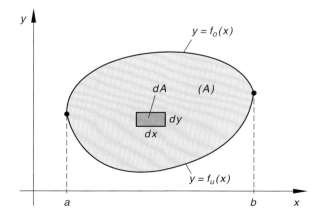

Bild III-44
Integrationsbereich (A)
mit einem eingezeichneten
Flächenelement $dA = dx\, dy$

Das *Flächenelement* dA besitzt in der kartesischen Darstellung die geometrische Form eines achsenparallelen *Rechtecks* mit den infinitesimal kleinen Seitenlängen dx und dy. Somit ist

$$dA = dx\, dy = dy\, dx \tag{III-102}$$

(siehe hierzu Bild III-44). Über diesem Flächenelement liegt eine (quaderförmige) *Säule* mit dem infinitesimal kleinen Rauminhalt

$$dV = z\, dA = f(x; y)\, dx\, dy = f(x; y)\, dy\, dx \tag{III-103}$$

(Bild III-45). Das Volumen V des in Bild III-45 skizzierten *Zylinders* (V) berechnen wir nun *schrittweise* durch Summation der Säulenvolumina.

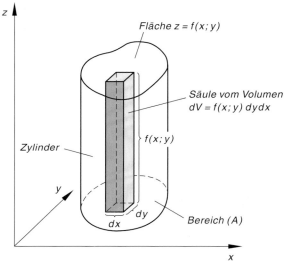

Bild III-45
Zylindrischer Körper mit einer Säule
vom Volumen $dV = f(x; y)\, dy\, dx$

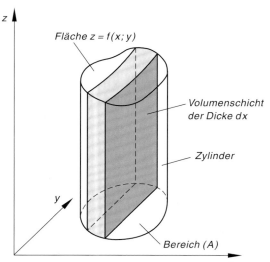

Bild III-46
Zylindrischer Körper
mit einer Volumenschicht
(Scheibe) der Dicke dx

1. Integrationsschritt

Wir betrachten eine im Zylinder liegende *Volumenschicht (Scheibe)* der Breite dx, wie in Bild III-46 dargestellt. Sie entsteht, wenn in der y-Richtung *Säule an Säule* gereiht wird, bis man an die beiden Randkurven $y = f_u(x)$ bzw. $y = f_0(x)$ des Bereiches (A) stößt. Dieses Vorgehen haben wir in Bild III-47 durch *Pfeile* gekennzeichnet. Die *infinitesimal dünne* Scheibe liegt dann im Zylindervolumen über dem skizzierten Streifen der Breite dx.

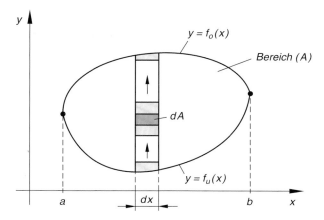

Bild III-47 Die über den Flächenelementen dA errichteten Säulen vom Volumen dV ergeben durch Summation die in Bild III-46 skizzierte Volumenschicht der Dicke dx

Das Volumen dV_{Scheibe} dieser Scheibe erhalten wir dann durch *Aufaddieren* aller in der Volumenschicht gelegener Säulenvolumina dV, d. h. durch *Integration* von $dV = f(x; y)\, dy\, dx$ [10] in der y-Richtung zwischen der unteren Grenze $y = f_u(x)$ und der oberen Grenze $y = f_0(x)$:

$$dV_{\text{Scheibe}} = \int_{y=f_u(x)}^{f_0(x)} dV = \left(\int_{y=f_u(x)}^{f_0(x)} f(x; y)\, dy \right) dx \qquad \text{(III-104)}$$

Bei der Integration von $f(x; y)$ nach y wird die Variable x als eine Art *Konstante* (*Parameter*) betrachtet. Mit anderen Worten: Die Funktion $f(x; y)$ wird während der Integration als eine *nur* von y abhängige Funktion angesehen. Es handelt sich somit um eine *gewöhnliche* Integration nach der Variablen y. Neu dabei ist, dass die Integrationsgrenzen keine Konstanten (Zahlen) mehr sind, sondern noch von der Variablen x abhängige *Funktionen* darstellen, die aber wie Zahlen in die ermittelte Stammfunktion eingesetzt werden. Das Ergebnis dieser sog. *inneren Integration* (Integration nach der Variablen y) ist eine noch vom „Parameter" x abhängige Funktion.

---

[10] Da wir *zuerst* in der y-Richtung und erst *anschließend* in der x-Richtung summieren (integrieren), schreiben wir auch die Differentiale in dieser Reihenfolge: Also *zuerst* dy, *dann* dx.

2. Integrationsschritt

Nun setzen wir *Volumenschicht* an *Volumenschicht*, bis der Zylinder vollständig ausgefüllt ist. Mit anderen Worten: Wir *summieren*, d. h. *integrieren* in der *x*-Richtung über alle zwischen den Grenzen $x = a$ und $x = b$ liegenden *Scheiben* vom Volumen dV_{Scheibe}. Für das *Zylindervolumen* erhalten wir dann:

$$V = \iint\limits_{(A)} f(x; y)\, dA = \int\limits_{x=a}^{b} dV_{\text{Scheibe}} = \int\limits_{x=a}^{b} \left(\int\limits_{y=f_u(x)}^{f_0(x)} f(x; y)\, dy \right) dx \quad \text{(III-105)}$$

Bei dieser sog. *äußeren Integration* handelt es sich um eine *gewöhnliche* Integration einer von *x* abhängigen Funktion in den Grenzen von $x = a$ bis $x = b$. Vereinbart man, dass bei einem Doppelintegral die Integrationen in der *Reihenfolge der Differentiale* ausgeführt werden und dass dabei zur *inneren* Integration die Grenzen des *inneren* Integrals, zur *äußeren* Integration die Grenzen des *äußeren* Integrals gehören, so darf man die Klammer im Doppelintegral (III-105) fortlassen und verkürzt (aber eindeutig!) schreiben:

$$\iint\limits_{(A)} f(x; y)\, dA = \int\limits_{x=a}^{b} \underbrace{\int\limits_{y=f_u(x)}^{f_0(x)} f(x; y)\, dy}_{\text{Inneres Integral}} dx \quad \text{(III-106)}$$

$$\underbrace{\phantom{\int\limits_{x=a}^{b} \int\limits_{y=f_u(x)}^{f_0(x)} f(x; y)\, dy\, dx}}_{\text{Äußeres Integral}}$$

Wir fassen diese wichtigen Aussagen zusammen:

Berechnung eines Doppelintegrals unter Verwendung kartesischer Koordinaten

Die Berechnung eines Doppelintegrals $\iint\limits_{(A)} f(x; y)\, dA$ erfolgt durch *zwei* nacheinander auszuführende *gewöhnliche* Integrationen:

$$\iint\limits_{(A)} f(x; y)\, dA = \int\limits_{x=a}^{b} \int\limits_{y=f_u(x)}^{f_0(x)} f(x; y)\, dy\, dx \quad \text{(III-107)}$$

(A): Integrationsbereich nach Bild III-44

1. *Innere Integration (nach der Variablen y)*

   Die Variable *x* wird zunächst als eine Art *Konstante* (*Parameter*) betrachtet und die Funktion $f(x; y)$ unter Verwendung der für gewöhnliche Integrale gültigen Regeln *nach der Variablen y* integriert. In die ermittelte Stammfunktion setzt man dann für *y* die Integrationsgrenzen $f_0(x)$ bzw. $f_u(x)$ ein und bildet die entsprechende Differenz.

---

2. *Äußere Integration* (*nach der Variablen* x)

Die als Ergebnis der inneren Integration erhaltene, nur noch von der Variablen x abhängige Funktion wird nun in den Grenzen von $x = a$ bis $x = b$ integriert (*gewöhnliche* Integration nach x).

Anmerkungen

(1)   *Merke:* Beim Doppelintegral (III-107) wird von *innen nach außen* integriert, d. h. *zuerst* bezüglich der *Variablen* y und *dann erst* nach der Variablen x. Die Integrationsgrenzen des *inneren* Integrals sind dabei von x abhängige *Funktionen*, die Grenzen des *äußeren* Integrals dagegen *Konstanten* (*Zahlen*).

(2)   Die *Reihenfolge der Integrationen* ist eindeutig durch die *Reihenfolge der Differentiale* im Doppelintegral festgelegt! Sie ist nur *dann* vertauschbar, wenn *sämtliche* Integrationsgrenzen *konstant* sind, d. h. der Integrationsbereich ein *achsenparalleles Rechteck* ist (Bild III-48):

$$\int\limits_{x=x_1}^{x_2} \int\limits_{y=y_1}^{y_2} f(x; y)\, dy\, dx = \int\limits_{y=y_1}^{y_2} \int\limits_{x=x_1}^{x_2} f(x; y)\, dx\, dy$$

Im Allgemeinen jedoch gilt: Bei einer *Vertauschung der Integrationsreihenfolge* müssen die *Integrationsgrenzen* jeweils *neu bestimmt* werden.

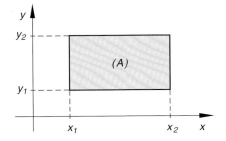

Bild III-48
Rechteckiger achsenparalleler
Integrationsbereich

(3)   **Sonderfall:** $f(x; y) = f_1(x) \cdot f_2(y)$ und   *konstante*   Integrationsgrenzen $(x_1 \leq x \leq x_2;\ y_1 \leq y \leq y_2;\ $ siehe Bild III-48)

Das Doppelintegral lässt sich dann als *Produkt* zweier *gewöhnlicher* Integrale berechnen:

$$\int\limits_{x=x_1}^{x_2} \int\limits_{y=y_1}^{y_2} f(x; y)\, dy\, dx = \int\limits_{x_1}^{x_2} f_1(x)\, dx \cdot \int\limits_{y_1}^{y_2} f_2(y)\, dy \qquad \text{(III-108)}$$

(4)   Der Integrationsbereich (A) besitzt im Allgemeinen die in Bild III-49 a) skizzierte
Gestalt, d. h. er wird „oben" und „unten" durch zwei *Kurven* $y = f_0(x)$ und
$y = f_u(x)$ und seitlich durch zwei zur y-Achse parallele *Geraden* $x = a$ und
$x = b$ begrenzt (sog. *kartesischer Normalbereich*). Gegebenenfalls muss der Integrationsbereich so in Teilbereiche zerlegt werden, dass in jedem Teilbereich die
Zuordnung „oben" und „unten" eindeutig ist, d. h. die Randkurven dürfen sich in
den Teilbereichen nicht überschneiden.

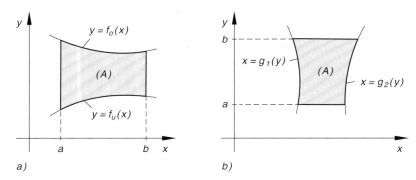

a)   b)

Bild III-49 Kartesische Normalbereiche

(5)   Bei einem Doppelintegral vom Typ

$$\int\limits_{y=a}^{b} \int\limits_{x=g_1(y)}^{g_2(y)} f(x; y)\, dx\, dy \tag{III-109}$$

wird *zunächst* nach x und erst *anschließend* nach der Variablen y integriert. Der
Integrationsbereich (A) besitzt dann die in Bild III-49b) skizzierte Gestalt. Die
inneren Integrationsgrenzen sind dabei Funktionen der Variablen y.

(6)   Für $f(x; y) = 1$ erhalten wir einen über dem Bereich (A) liegenden Zylinder
der Höhe $z = 1$. Sein *Volumen* ist durch das Doppelintegral

$$\iint\limits_{(A)} 1\, dA = \int\limits_{x=a}^{b} \int\limits_{y=f_u(x)}^{f_0(x)} 1\, dy\, dx = \int\limits_{x=a}^{b} \int\limits_{y=f_u(x)}^{f_0(x)} dy\, dx \tag{III-110}$$

gegeben. *Zahlenmäßig* beschreibt dieses zweifache Integral zugleich auch den *Flächeninhalt* des Bereiches (A). Wir kommen im Anwendungsteil darauf zurück
(Abschnitt 3.1.3.1).

■   **Beispiele**

Hinweis: Die bei der Berechnung der Doppelintegrale anfallenden (gewöhnlichen) Integrale
werden in der Regel der *Integraltafel* der *Formelsammlung* des Autors entnommen
(Angabe der jeweiligen Integralnummer und der Parameterwerte). Diese Regelung
gilt im *gesamten* Kapitel, also auch für die später behandelten *Dreifachintegrale*.

(1)   Das Doppelintegral $\displaystyle\int\limits_{x=0}^{1}\int\limits_{y=0}^{\pi/4} x \cdot \cos(2y)\, dy\, dx$ lässt sich auf drei verschiedene

Arten berechnen.

1. Lösungsweg: Wir integrieren schrittweise in der durch die Reihenfolge der Differentiale vorgegebenen Weise, d. h. zunächst nach y und dann nach x.

Innere Integration (nach der Variablen y):

$$\int\limits_{y=0}^{\pi/4} x \cdot \cos(2y)\, dy = x \cdot \underbrace{\int\limits_{y=0}^{\pi/4} \cos(2y)\, dy}_{\text{Integral Nr. 228 mit } a=2} = x \left[\frac{1}{2} \cdot \sin(2y)\right]_{y=0}^{\pi/4} =$$

$$= \frac{1}{2}\, x \left[\sin(2y)\right]_{y=0}^{\pi/4} = \frac{1}{2}\, x\left[\sin(\pi/2) - \sin 0\right] = \frac{1}{2}\, x\,(1 - 0) = \frac{1}{2}\, x$$

Äußere Integration (nach der Variablen x):

$$\int\limits_{x=0}^{1} \frac{1}{2}\, x\, dx = \frac{1}{2} \cdot \int\limits_{0}^{1} x\, dx = \frac{1}{2}\left[\frac{1}{2}\, x^2\right]_{0}^{1} = \frac{1}{4}\left[x^2\right]_{0}^{1} = \frac{1}{4}\,(1 - 0) = \frac{1}{4}$$

Ergebnis: $\displaystyle\int\limits_{x=0}^{1}\int\limits_{y=0}^{\pi/4} x \cdot \cos(2y)\, dy\, dx = \frac{1}{4}$

2. Lösungsweg: Da das Doppelintegral *konstante* Integrationsgrenzen hat, darf die Reihenfolge der Integrationsschritte *vertauscht* werden, wobei die Grenzen mitvertauscht werden müssen. Wir integrieren jetzt in der *umgekehrten* Reihenfolge, d. h. *zuerst* nach x und *dann* nach y.

Innere Integration (nach der Variablen x):

$$\int\limits_{x=0}^{1} x \cdot \cos(2y)\, dx = \cos(2y) \cdot \int\limits_{x=0}^{1} x\, dx = \cos(2y)\left[\frac{1}{2}\, x^2\right]_{x=0}^{1} =$$

$$= \frac{1}{2} \cdot \cos(2y)\left[x^2\right]_{x=0}^{1} = \frac{1}{2} \cdot \cos(2y) \cdot (1 - 0) = \frac{1}{2} \cdot \cos(2y)$$

Äußere Integration (*nach der Variablen* y):

$$\int_{y=0}^{\pi/4} \frac{1}{2} \cdot \cos{(2\,y)}\,dy = \frac{1}{2} \cdot \underbrace{\int_{0}^{\pi/4} \cos{(2\,y)}\,dy}_{\text{Integral Nr. 228 mit } a=2} = \frac{1}{2} \left[\frac{1}{2} \cdot \sin{(2\,y)} \right]_{0}^{\pi/4} =$$

$$= \frac{1}{4} \left[\sin{(2\,y)} \right]_{0}^{\pi/4} = \frac{1}{4} \left[\sin{(\pi/2)} - \sin{0} \right] = \frac{1}{4}\,(1 - 0) = \frac{1}{4}$$

Somit ist erwartungsgemäß

$$\int_{x=0}^{1} \int_{y=x}^{\pi/4} x \cdot \cos{(2\,y)}\,dy\,dx = \int_{y=0}^{\pi/4} \int_{x=0}^{1} x \cdot \cos{(2\,y)}\,dx\,dy = \frac{1}{4}$$

3. Lösungsweg: Der Integrand $f(x;y) = x \cdot \cos{(2\,y)}$ ist das *Produkt* der jeweils nur von *einer* Variablen abhängigen Funktionen $f_1(x) = x$ und $f_2(y) = \cos{(2\,y)}$, außerdem sind sämtliche Integrationsgrenzen *konstant*. Aus Gleichung (III-108) folgt dann:

$$\int_{x=0}^{1} \int_{y=0}^{\pi/4} x \cdot \cos{(2\,y)}\,dy\,dx = \int_{0}^{1} x\,dx \cdot \int_{0}^{\pi/4} \cos{(2\,y)}\,dy =$$

$$= \left[\frac{1}{2}\,x^2 \right]_{0}^{1} \cdot \left[\frac{1}{2} \cdot \sin{(2\,y)} \right]_{0}^{\pi/4} = \frac{1}{4} \left[\underbrace{\sin{(\pi/2)}}_{1} - \underbrace{\sin{0}}_{0} \right] = \frac{1}{4}$$

(2) $$\int_{x=0}^{1} \int_{y=x}^{\sqrt{x}} x\,y\,dy\,dx = ?$$

Innere Integration (*nach der Variablen* y):

$$\int_{y=x}^{\sqrt{x}} x\,y\,dy = x \cdot \int_{y=x}^{\sqrt{x}} y\,dy = x \left[\frac{1}{2}\,y^2 \right]_{y=x}^{\sqrt{x}} = \frac{1}{2}\,x \left[y^2 \right]_{y=x}^{\sqrt{x}} =$$

$$= \frac{1}{2}\,x\,(x - x^2) = \frac{1}{2}\,(x^2 - x^3)$$

Äußere Integration (*nach der Variablen* x):

$$\int_{x=0}^{1} \frac{1}{2}\,(x^2 - x^3)\,dx = \frac{1}{2} \cdot \int_{0}^{1} (x^2 - x^3)\,dx = \frac{1}{2} \left[\frac{1}{3}\,x^3 - \frac{1}{4}\,x^4 \right]_{0}^{1} =$$

$$= \frac{1}{2} \left[\frac{1}{3} - \frac{1}{4} - 0 + 0 \right] = \frac{1}{2} \cdot \frac{4-3}{12} = \frac{1}{2} \cdot \frac{1}{12} = \frac{1}{24}$$

Ergebnis: $\displaystyle \int\limits_{x=0}^{1} \int\limits_{y=x}^{\sqrt{x}} x\,y\,dy\,dx = \frac{1}{24}$

(3)   Beim Doppelintegral $\displaystyle \int\limits_{y=0}^{1,5} \int\limits_{x=1}^{5\,y} y \cdot e^{x}\,dx\,dy$ wird *zuerst* nach der Variablen x und

anschließend nach der Variablen y integriert.

Innere Integration (nach der Variablen x):

$$\int\limits_{x=1}^{5\,y} y \cdot e^{x}\,dx = y \cdot \int\limits_{x=1}^{5\,y} e^{x}\,dx = y \left[e^{x} \right]_{x=1}^{5\,y} = y\,(e^{5\,y} - e) = y \cdot e^{5\,y} - e\,y$$

Äußere Integration (nach der Variablen y):

$$\int\limits_{y=0}^{1,5} (y \cdot e^{5\,y} - e\,y)\,dy = \left[\frac{e^{5\,y}}{25}\,(5\,y - 1) - \frac{e}{2}\,y^{2} \right]_{0}^{1,5} =$$

$$= \frac{e^{7,5}}{25}\,(7,5 - 1) - \frac{e}{2} \cdot 2,25 - \frac{1}{25}\,(0 - 1) + 0 =$$

$$= 470,09 - 3,06 + 0,04 = 467,07$$

(unter Verwendung des Integrals Nr. 313 mit $a = 5$)

Ergebnis: $\displaystyle \int\limits_{y=0}^{1,5} \int\limits_{x=1}^{5\,y} y \cdot e^{x}\,dx\,dy = 467,07$ ∎

3.1.2.2 Doppelintegral in Polarkoordinaten

In vielen Fällen vereinfacht sich die Berechnung eines Doppelintegrals $\displaystyle \iint\limits_{(A)} f\,(x;\,y)\,dA$

erheblich, wenn man an Stelle der kartesischen Koordinaten x und y die Polarkoordinaten r und φ verwendet [11]. Zwischen ihnen besteht dabei der folgende Zusammenhang (Bild III-50):

---

[11] Die Polarkoordinaten wurden bereits in Band 1 (Kap. III, Abschnitt 3.3) ausführlich behandelt.

$$x = r \cdot \cos \varphi, \qquad y = r \cdot \sin \varphi \qquad (r \geq 0 \quad \text{und} \quad 0 \leq \varphi < 2\pi) \qquad \text{(III-111)}$$

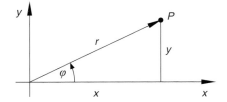

Bild III-50
Zusammenhang zwischen den kartesischen
Koordinaten x, y und den Polarkoordinaten r, φ

Die Gleichung einer *Kurve* lautet in Polarkoordinaten $r = f(\varphi)$ oder $r = r(\varphi)$. Eine von *zwei* Variablen x und y abhängige Funktion $z = f(x; y)$ geht bei der Koordinatentransformation (III-111) in die von r und φ abhängige Funktion

$$z = f(x; y) = f(r \cdot \cos \varphi; r \cdot \sin \varphi) = F(r; \varphi) \qquad \text{(III-112)}$$

über. Die bei Doppelintegralen in Polarkoordinatendarstellung auftretenden *Integrationsbereiche* (A) besitzen die in Bild III-51 skizzierte Gestalt. Sie werden von zwei *Strahlen* $\varphi = \varphi_1$ und $\varphi = \varphi_2$ sowie einer *inneren* Kurve $r = r_i(\varphi)$ und einer *äußeren* Kurve $r = r_a(\varphi)$ begrenzt und lassen sich durch die Ungleichungen

$$r_i(\varphi) \leq r \leq r_a(\varphi), \qquad \varphi_1 \leq \varphi \leq \varphi_2 \qquad \text{(III-113)}$$

beschreiben (sog. Normalbereich in Polarkoordinaten).

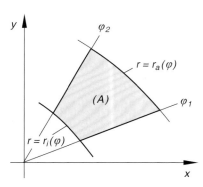

Bild III-51
Integrationsbereich in Polarkoordinaten

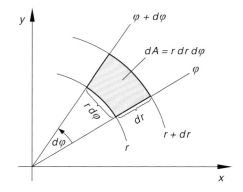

Bild III-52
Flächenelement dA in Polarkoordinaten

Das *Flächenelement* dA wird in der Polarkoordinatendarstellung von zwei infinitesimal benachbarten *Kreisen* mit den Radien r und $r + dr$ und zwei infinitesimal benachbarten *Strahlen* mit den Polarwinkeln φ und $\varphi + d\varphi$ berandet (Bild III-52). Dabei gilt (das Flächenelement ist nahezu ein Rechteck mit den Seitenlängen $r\, d\varphi$ und $d\, r$):

$$dA = (r\, d\varphi)\, dr = r\, dr\, d\varphi \qquad \text{(III-114)}$$

Ein *Doppelintegral* besitzt somit in *Polarkoordinaten* das folgende Aussehen:

$$\iint\limits_{(A)} f(x; y) \, dA = \int\limits_{\varphi = \varphi_1}^{\varphi_2} \int\limits_{r = r_i(\varphi)}^{r_a(\varphi)} f(r \cdot \cos \varphi; r \cdot \sin \varphi) \cdot r \, dr \, d\varphi \qquad \text{(III-115)}$$

Die Integralberechnung erfolgt wiederum von *innen nach außen*. *Zuerst* wird nach der Variablen r zwischen den beiden Randkurven $r = r_i(\varphi)$ und $r = r_a(\varphi)$ integriert (*innere* Integration in radialer Richtung), *anschließend* nach der Winkelkoordinate φ zwischen den Strahlen $\varphi = \varphi_1$ und $\varphi = \varphi_2$ (*äußere* Integration in der Winkelrichtung). Die *Variablentransformation* $(x; y) \to (r; \varphi)$ in einem Doppelintegral wird also vollzogen, indem man $x = r \cdot \cos \varphi$, $y = r \cdot \sin \varphi$ und $dA = r \, dr \, d\varphi$ setzt. Die *Integrationsgrenzen* müssen dabei (z. B. anhand einer Skizze) *neu bestimmt* und ebenfalls in *Polarkoordinaten* ausgedrückt werden, wobei die Grenzen des inneren Integrals in der Regel noch vom Winkel φ abhängen.

Wir fassen die wesentlichen Ergebnisse zusammen:

Berechnung eines Doppelintegrals unter Verwendung von Polarkoordinaten

Beim Übergang von den *kartesischen* Koordinaten $(x; y)$ zu den *Polarkoordinaten* $(r; \varphi)$ gelten die Transformationsgleichungen

$$x = r \cdot \cos \varphi, \qquad y = r \cdot \sin \varphi, \qquad dA = r \, dr \, d\varphi \qquad \text{(III-116)}$$

Ein Doppelintegral $\iint\limits_{(A)} f(x; y) \, dA$ transformiert sich dabei wie folgt:

$$\iint\limits_{(A)} f(x; y) \, dA = \int\limits_{\varphi = \varphi_1}^{\varphi_2} \int\limits_{r = r_i(\varphi)}^{r_a(\varphi)} f(r \cdot \cos \varphi; r \cdot \sin \varphi) \cdot r \, dr \, d\varphi \qquad \text{(III-117)}$$

(A): Integrationsbereich nach Bild III-51 (sog. Normalbereich)

Die Integralberechnung erfolgt dabei in *zwei* nacheinander auszuführenden *gewöhnlichen* Integrationsschritten:

   1. *Innere Integration* nach der Variablen r, wobei die Winkelkoordinate φ als Parameter festgehalten, d. h. wie eine Konstante behandelt wird.
   2. *Äußere Integration* nach der Variablen φ.

Anmerkung

Erst wird radial, dann in der Winkelrichtung integriert (Regelfall). Wird die Reihenfolge der Integrationen geändert, dann müssen auch die Integrationsgrenzen z. B. anhand einer Skizze neu bestimmt werden.

■ **Beispiele**

(1)   Welchen Wert besitzt das Doppelintegral $\displaystyle\iint\limits_{(A)} x\,y\,dA$ für den in Bild III-53 dargestellten Integrationsbereich (*Achtelkreisfläche*, Radius $R = 2$)?

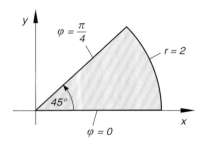

Bild III-53
Zur Integration über eine Achtelkreisfläche

Lösung: Bei Verwendung von *Polarkoordinaten* transformiert sich der Integrand $f(x; y) = x\,y$ wie folgt:

$$f(x; y) = x\,y = (r \cdot \cos\varphi) \cdot (r \cdot \sin\varphi) = r^2 \cdot \sin\varphi \cdot \cos\varphi$$

Die Integrationsgrenzen bestimmen wir anhand von Bild III-53:

r-Integration: Von $r = 0$ bis $r = 2$

φ-Integration: Von $\varphi = 0$ bis $\varphi = \pi/4$

Das Doppelintegral lautet somit in der Polarkoordinatendarstellung $(dA = r\,dr\,d\varphi)$:

$$\iint\limits_{(A)} x\,y\,dA = \int\limits_{\varphi=0}^{\pi/4} \int\limits_{r=0}^{2} r^2 \cdot \sin\varphi \cdot \cos\varphi \cdot r\,dr\,d\varphi =$$

$$= \int\limits_{\varphi=0}^{\pi/4} \int\limits_{r=0}^{2} r^3 \cdot \sin\varphi \cdot \cos\varphi\,dr\,d\varphi$$

Innere Integration (nach der Variablen r):

$$\int\limits_{r=0}^{2} r^3 \cdot \sin\varphi \cdot \cos\varphi\,dr = \sin\varphi \cdot \cos\varphi \cdot \int\limits_{r=0}^{2} r^3\,dr =$$

$$= \sin\varphi \cdot \cos\varphi \left[\frac{1}{4}\,r^4\right]_{r=0}^{2} = \sin\varphi \cdot \cos\varphi \cdot (4 - 0) = 4 \cdot \sin\varphi \cdot \cos\varphi$$

Äußere Integration (nach der Variablen φ):

$$\int\limits_{\varphi=0}^{\pi/4} 4 \cdot \sin\varphi \cdot \cos\varphi \, d\varphi = 4 \cdot \underbrace{\int\limits_{0}^{\pi/4} \sin\varphi \cdot \cos\varphi \, d\varphi}_{\text{Integral Nr. 254 mit } a=1} = 4 \left[\frac{1}{2} \cdot \sin^2\varphi \right]_{0}^{\pi/4} =$$

$$= 2 \left[\sin^2\varphi \right]_{0}^{\pi/4} = 2 \left[\sin^2(\pi/4) - \sin^2 0 \right] = 2 \left(\frac{1}{2} - 0 \right) = 1$$

Ergebnis: $\quad \iint\limits_{(A)} x \, y \, dA = \int\limits_{\varphi=0}^{\pi/4} \int\limits_{r=0}^{2} r^3 \cdot \sin\varphi \cdot \cos\varphi \, dr \, d\varphi = 1$

(2) Durch *Drehung* der *Parabel* $z = 4 - x^2$ um die z-Achse entsteht der in Bild III-54 skizzierte *Rotationskörper*, dessen kreisförmige Bodenfläche in die x, y-Ebene fällt. Wir berechnen das *Volumen* des Rotationsparaboloids.

Die *Rotationsfläche* $z = 4 - (x^2 + y^2)$ lautet in *Polarkoordinaten*:

$$z = 4 - (r^2 \cdot \cos^2\varphi + r^2 \cdot \sin^2\varphi) = 4 - r^2 \underbrace{(\cos^2\varphi + \sin^2\varphi)}_{1} = 4 - r^2$$

Integrationsbereich ist die in der x, y-Ebene gelegene Kreisfläche $0 \le r \le 2$, $0 \le \varphi < 2\pi$. Die *Integrationsgrenzen* lauten somit:

r-*Integration*: Von $\quad r = 0 \quad$ bis $\quad r = 2$

φ-*Integration*: Von $\quad \varphi = 0 \quad$ bis $\quad \varphi = 2\pi$

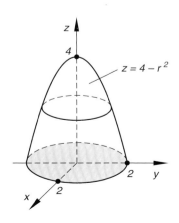

Bild III-54
Rotationsparaboloid $z = 4 - r^2$

Für das gesuchte *Rotationsvolumen* gilt dann $(dA = r\,dr\,d\varphi)$:

$$V = \iint\limits_{(A)} f\,(x;\,y)\,dA = \iint\limits_{(A)} z\,dA = \int\limits_{\varphi\,=\,0}^{2\,\pi}\int\limits_{r\,=\,0}^{2} (4 - r^2) \cdot r\,dr\,d\varphi$$

Die Berechnung dieses Doppelintegrals in Polarkoordinaten erfolgt in *zwei* nacheinander auszuführenden *gewöhnlichen* Integrationsschritten (zuerst wird nach r, dann nach φ integriert).

Innere Integration (nach der Variablen r):

$$\int\limits_{r\,=\,0}^{2} (4 - r^2) \cdot r\,dr = \int\limits_{r\,=\,0}^{2} (4\,r - r^3)\,dr = \left[2\,r^2 - \frac{1}{4}\,r^4\right]_{r\,=\,0}^{2} = 8 - 4 = 4$$

Äußere Integration (nach der Variablen φ):

$$\int\limits_{\varphi\,=\,0}^{2\,\pi} 4\,d\varphi = 4 \cdot \int\limits_{0}^{2\,\pi} d\varphi = 4\left[\varphi\right]_{0}^{2\,\pi} = 4\,(2\,\pi - 0) = 8\,\pi$$

Das *Rotationsvolumen* beträgt somit $V = 8\,\pi$.   ∎

3.1.3 Anwendungen

Wir beschäftigen uns in diesem Anwendungsteil mit der Berechnung der folgenden Größen unter ausschließlicher Verwendung von *Doppelintegralen*:

— *Flächeninhalt*
— *Schwerpunkt einer homogenen (ebenen) Fläche*
— *Flächenmomente (auch Flächenträgheitsmomente genannt)*

Bei der Herleitung der Integralformeln gehen wir dabei stets von den in den Bildern III-55 und III-56 dargestellten Flächen aus. Ein solcher Integrationsbereich wird auch als „Normalbereich" bezeichnet.

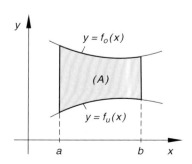

Bild III-55 Kartesischer Normalbereich

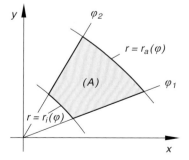

Bild III-56 Normalbereich in Polarkoordinaten

3.1.3.1 Flächeninhalt

Der *Flächeninhalt A* eines (kartesischen) Normalbereichs (A) lässt sich nach dem „Baukastenprinzip" aus *infinitesimal kleinen* rechteckigen *Flächenelementen* vom Flächeninhalt $dA = dy\,dx$ zusammensetzen. Wir betrachten dazu einen in der Fläche liegenden und zur y-Achse parallelen *Streifen* der Breite dx (Bild III-57).

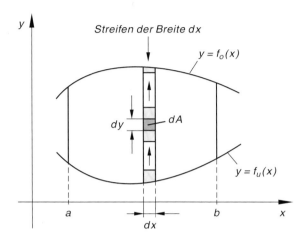

Bild III-57 Durch Summation der eingezeichneten Flächenelemente dA zwischen den Randkurven
$y = f_u(x)$ und $y = f_0(x)$ erhält man einen Streifen der Breite dx

Den Flächeninhalt dA_{Streifen} eines solchen Streifens erhalten wir, indem wir die Flächeninhalte *sämtlicher* im Streifen gelegener Flächenelemente *aufsummieren*. Dieses Vorgehen haben wir in Bild III-57 durch *Pfeile* gekennzeichnet. Die *Summation* der Flächenelemente bedeutet eine *Integration* in der y-*Richtung* zwischen der *unteren* Grenze $y = f_u(x)$ und der *oberen* Grenze $y = f_0(x)$. Der Flächeninhalt eines solchen infinitesimal schmalen Streifens beträgt somit:

$$
dA_{\text{Streifen}} = \int\limits_{y = f_u(x)}^{f_0(x)} dA = \left(\int\limits_{y = f_u(x)}^{f_0(x)} dy \right) dx \tag{III-118}
$$

Jetzt *summieren*, d. h. *integrieren* wir über sämtliche Streifenelemente zwischen $x = a$ und $x = b$. Die horizontalen *Pfeile* in Bild III-58 sollen diesen Vorgang verdeutlichen. Als Ergebnis erhalten wir den *Flächeninhalt A* (dargestellt durch ein *Doppelintegral*):

$$
A = \iint\limits_{(A)} dA = \int\limits_{x = a}^{b} dA_{\text{Streifen}} = \int\limits_{x = a}^{b} \int\limits_{y = f_u(x)}^{f_0(x)} dy\,dx \tag{III-119}
$$

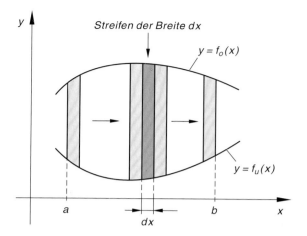

Bild III-58 Durch Summation über sämtliche Streifen zwischen $x = a$ und $x = b$ erhält man den gesuchten Flächeninhalt A

Bei Verwendung von *Polarkoordinaten* lautet die entsprechende Integralformel für den in Bild III-56 dargestellten Flächenbereich (Normalbereich) wie folgt:

$$A = \iint\limits_{(A)} dA = \int\limits_{\varphi=\varphi_1}^{\varphi_2} \int\limits_{r=r_i(\varphi)}^{r_a(\varphi)} r \, dr \, d\varphi \qquad \text{(III-120)}$$

Wir fassen zusammen:

Flächeninhalt

Definitionsformel:

$$A = \iint\limits_{(A)} dA = \iint\limits_{(A)} 1 \, dA \qquad \text{(III-121)}$$

In kartesischen Koordinaten (Bild III-55):

$$A = \int\limits_{x=a}^{b} \int\limits_{y=f_u(x)}^{f_o(x)} dy \, dx = \int\limits_{x=a}^{b} \int\limits_{y=f_u(x)}^{f_o(x)} 1 \, dy \, dx \qquad \text{(III-122)}$$

In Polarkoordinaten (Bild III-56):

$$A = \int\limits_{\varphi=\varphi_1}^{\varphi_2} \int\limits_{r=r_i(\varphi)}^{r_a(\varphi)} r \, dr \, d\varphi \qquad \text{(III-123)}$$

Anmerkungen

(1) Die *innere* Integration (nach der Variablen y) lässt sich beim Doppelintegral (III-122) sofort ausführen. Wir erhalten die bereits aus Band 1 (Kap. V, Abschnitt 10.2.2) bekannte Darstellung durch ein *gewöhnliches* Integral:

$$A = \int_a^b [f_0(x) - f_u(x)]\, dx \tag{III-124}$$

(2) Auch in der *Polarkoordinatendarstellung* (III-123) kann das *innere* Integral sofort bestimmt werden:

$$\int_{r=r_i(\varphi)}^{r_a(\varphi)} r\, dr = \frac{1}{2} \left[r^2 \right]_{r=r_i(\varphi)}^{r_a(\varphi)} = \frac{1}{2} \left[r_a^2(\varphi) - r_i^2(\varphi) \right] \tag{III-125}$$

Der Flächeninhalt A kann daher auch hier mit Hilfe eines *gewöhnlichen* Integrals berechnet werden:

$$A = \frac{1}{2} \cdot \int_{\varphi_1}^{\varphi_2} [r_a^2(\varphi) - r_i^2(\varphi)]\, d\varphi \tag{III-126}$$

■ **Beispiele**

(1) Wir berechnen den *Flächeninhalt* einer *Mittelpunktsellipse* mit der Gleichung $b^2 x^2 + a^2 y^2 = a^2 b^2$ mit Hilfe eines *Doppelintegrals*.

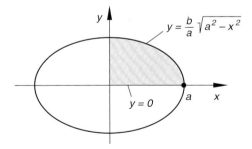

Bild III-59
Zur Berechnung des Flächeninhaltes einer Mittelpunktsellipse

Bei der Integration beschränken wir uns auf den im *1. Quadranten* gelegenen, in Bild III-59 *grau* unterlegten Teil. Das Flächenstück wird somit *unten* von der x-Achse ($y = 0$) und *oben* von der Kurve $y = \dfrac{b}{a} \sqrt{a^2 - x^2}$ berandet, die x-Werte bewegen sich dabei zwischen $x = 0$ und $x = a$. Die *Integrationsgrenzen* lauten somit:

y-*Integration:* Von $\;y = 0\;$ bis $\;y = \dfrac{b}{a} \sqrt{a^2 - x^2}$

x-*Integration:* Von $\;x = 0\;$ bis $\;x = a$

Aus der Integralformel (III-122) folgt dann:

$$A = 4 \cdot \int\limits_{x=0}^{a} \int\limits_{y=0}^{\frac{b}{a}\sqrt{a^2-x^2}} 1 \, dy \, dx$$

Wir führen nun die einzelnen Integrationsschritte *nacheinander* aus.

Innere Integration (nach der Variablen y):

$$\int\limits_{y=0}^{\frac{b}{a}\sqrt{a^2-x^2}} 1 \, dy = \left[y \right]_{y=0}^{\frac{b}{a}\sqrt{a^2-x^2}} = \frac{b}{a}\sqrt{a^2-x^2}$$

Äußere Integration (nach der Variablen x):

$$\int\limits_{x=0}^{a} \frac{b}{a}\sqrt{a^2-x^2}\, dx = \frac{b}{a} \cdot \underbrace{\int\limits_{0}^{a} \sqrt{a^2-x^2}\, dx}_{\text{Integral Nr. 141}} =$$

$$= \frac{b}{a}\left[\frac{1}{2}\left(x\sqrt{a^2-x^2} + a^2 \cdot \arcsin\left(\frac{x}{a}\right) \right) \right]_0^a =$$

$$= \frac{b}{2a}\left[x\sqrt{a^2-x^2} + a^2 \cdot \arcsin\left(\frac{x}{a}\right) \right]_0^a =$$

$$= \frac{b}{2a}\left[0 + a^2 \cdot \underbrace{\arcsin 1}_{\pi/2} - 0 - a^2 \cdot \underbrace{\arcsin 0}_{0} \right] = \frac{b}{2a} \cdot a^2 \cdot \frac{\pi}{2} = \frac{\pi a b}{4}$$

Der Flächeninhalt der *Ellipse* beträgt somit

$$A = 4 \cdot \int\limits_{x=0}^{a} \int\limits_{y=0}^{\frac{b}{a}\sqrt{a^2-x^2}} 1 \, dy \, dx = 4 \cdot \frac{\pi a b}{4} = \pi a b$$

(2)   Ein Flächenstück wird berandet durch die Kurven $x = 0$, $y = 2x - 1$ und $y = \dfrac{1}{3}x^2 + 2$. Für die Berechnung des *Flächeninhaltes* benötigen wir noch den Schnittpunkt der Parabel mit der Geraden $y = 2x - 1$:

$$\frac{1}{3}x^2 + 2 = 2x - 1 \quad \Rightarrow \quad \frac{1}{3}x^2 - 2x + 3 = 0 \, | \cdot 3 \quad \Rightarrow$$

$$x^2 - 6x + 9 = (x - 3)^2 = 0 \quad \Rightarrow \quad x_{1/2} = 3$$

Parabel und Gerade berühren sich also an der Stelle $x = 3$ (siehe Bild III-60):

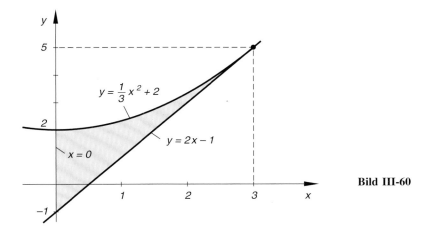

Bild III-60

Aus der Abbildung entnehmen wir die folgenden *Integrationsgrenzen*:

y-Integration: Von $y = 2x - 1$ bis $y = \dfrac{1}{3} x^2 + 2$

x-Integration: Von $x = 0$ bis $x = 3$

Für den *Flächeninhalt A* liefert die Integralformel (III-122) das Doppelintegral

$$A = \int\limits_{x=0}^{3} \int\limits_{y=2x-1}^{\frac{1}{3}x^2+2} 1 \, dy \, dx$$

das wir jetzt schrittweise berechnen.

Innere Integration (nach der Variablen y):

$$\int\limits_{y=2x-1}^{\frac{1}{3}x^2+2} 1 \, dy = \Big[y \Big]_{y=2x-1}^{\frac{1}{3}x^2+2} = \left(\frac{1}{3} x^2 + 2 \right) - (2x - 1) =$$

$$= \frac{1}{3} x^2 - 2x + 3$$

Äußere Integration (nach der Variablen x):

$$\int\limits_{x=0}^{3} \left(\frac{1}{3} x^2 - 2x + 3 \right) dx = \left[\frac{1}{9} x^3 - x^2 + 3x \right]_0^3 = 3 - 9 + 9 = 3$$

Ergebnis: $A = 3$

(3) Die *Kardioide* $r(\varphi) = 1 + \cos \varphi$ berandet im Intervall $0 \leq \varphi < 2\pi$ das in Bild III-61 dargestellte (grau unterlegte) Flächenstück, dessen *Flächeninhalt* wir nun berechnen wollen.

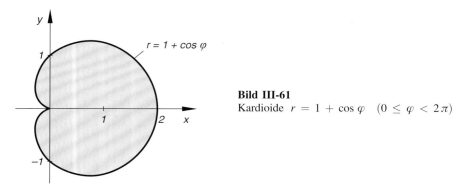

Bild III-61
Kardioide $r = 1 + \cos \varphi$ $(0 \leq \varphi < 2\pi)$

Anhand der Skizze erkennen wir, dass $r_i(\varphi) = 0$ und $r_a(\varphi) = 1 + \cos \varphi$ ist. Der Polarwinkel φ bewegt sich dabei zwischen $\varphi = 0$ und $\varphi = 2\pi$. Die *Integrationsgrenzen* lauten somit:

r-Integration: Von $r = 0$ bis $r = 1 + \cos \varphi$

φ-Integration: Von $\varphi = 0$ bis $\varphi = 2\pi$

Somit ist nach Integralformel (III-123):

$$A = \int_{\varphi=0}^{2\pi} \int_{r=0}^{1+\cos\varphi} r \, dr \, d\varphi$$

Wir berechnen dieses *Doppelintegral* in der bekannten Weise durch *zwei* nacheinander auszuführende *gewöhnliche* Integrationen.

Innere Integration (nach der Variablen r):

$$\int_{r=0}^{1+\cos\varphi} r \, dr = \left[\frac{1}{2} r^2 \right]_{r=0}^{1+\cos\varphi} = \frac{1}{2} (1 + \cos \varphi)^2$$

Äußere Integration (nach der Variablen φ):

$$\int_{\varphi=0}^{2\pi} \frac{1}{2} (1 + \cos \varphi)^2 \, d\varphi = \frac{1}{2} \cdot \int_{\varphi=0}^{2\pi} (1 + 2 \cdot \cos \varphi + \cos^2 \varphi) \, d\varphi =$$

$$= \frac{1}{2} \left[\varphi + 2 \cdot \sin \varphi + \frac{1}{2} \varphi + \frac{1}{4} \cdot \sin (2\varphi) \right]_{0}^{2\pi} =$$

$$= \frac{1}{2} \left[\frac{3}{2} \varphi + 2 \cdot \sin \varphi + \frac{1}{4} \cdot \sin (2\varphi) \right]_0^{2\pi} =$$

$$= \frac{1}{2} \left(3\pi + 2 \cdot \underbrace{\sin (2\pi)}_{0} + \frac{1}{4} \cdot \underbrace{\sin (4\pi)}_{0} - 0 - 2 \cdot \underbrace{\sin 0}_{0} - \frac{1}{4} \cdot \underbrace{\sin 0}_{0} \right) =$$

$$= \frac{1}{2} \cdot 3\pi = \frac{3}{2}\pi$$

(unter Verwendung von Integral Nr. 229 mit $a = 1$)

Die *Kardioide* begrenzt somit ein Flächenstück vom *Flächeninhalt* $A = \frac{3}{2}\pi$. ∎

3.1.3.2 Schwerpunkt einer homogenen ebenen Fläche

Dieses Thema wurde bereits in Band 1 (Kap. V, Abschnitt 10.8.2) ausführlich behandelt. Für die *Schwerpunktskoordinaten* x_S und y_S einer *homogenen ebenen Fläche* vom Flächeninhalt A konnten wir dabei die Integralformeln [12]

$$x_S = \frac{1}{A} \cdot \iint\limits_{(A)} x \, dA, \qquad y_S = \frac{1}{A} \cdot \iint\limits_{(A)} y \, dA \qquad \text{(III-127)}$$

herleiten (Bild III-62).

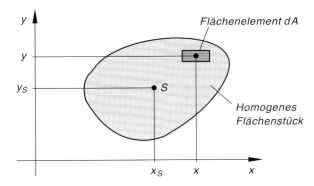

Bild III-62
Zur Berechnung des Schwerpunktes S einer homogenen ebenen Fläche

Bei Verwendung *kartesischer* Koordinaten ist für das Flächenelement $dA = dy \, dx$ zu setzen, bei Verwendung von *Polarkoordinaten* setzen wir $x = r \cdot \cos \varphi$, $y = r \cdot \sin \varphi$ und $dA = r \, dr \, d\varphi$. Die Koordinaten x_S und y_S des *Flächenschwerpunktes* S lassen sich dann für die in den Bildern III-55 und III-56 skizzierten *Normalbereiche* mit Hilfe der folgenden *Doppelintegrale* berechnen:

---

[12] Es handelt sich um die Gleichungen (V-157) aus Band 1. Allerdings verwenden wir jetzt verabredungsgemäß ein *doppeltes* Integralzeichen, da die Integration über einen *2-dimensionalen*, d. h. *flächenhaften* Bereich erfolgt.

Schwerpunkt einer homogenen ebenen Fläche

Definitionsformeln (Bild III-62):

$$x_S = \frac{1}{A} \cdot \iint\limits_{(A)} x \, dA, \qquad y_S = \frac{1}{A} \cdot \iint\limits_{(A)} y \, dA \qquad (\text{III-128})$$

In kartesischen Koordinaten (Bild III-55):

$$x_S = \frac{1}{A} \cdot \int\limits_{x=a}^{b} \int\limits_{y=f_u(x)}^{f_0(x)} x \, dy \, dx$$

$$\qquad (\text{III-129})$$

$$y_S = \frac{1}{A} \cdot \int\limits_{x=a}^{b} \int\limits_{y=f_u(x)}^{f_0(x)} y \, dy \, dx$$

In Polarkoordinaten (Bild III-56):

$$x_S = \frac{1}{A} \cdot \int\limits_{\varphi=\varphi_1}^{\varphi_2} \int\limits_{r=r_i(\varphi)}^{r_a(\varphi)} r^2 \cdot \cos \varphi \, dr \, d\varphi$$

$$\qquad (\text{III-130})$$

$$y_S = \frac{1}{A} \cdot \int\limits_{\varphi=\varphi_1}^{\varphi_2} \int\limits_{r=r_i(\varphi)}^{r_a(\varphi)} r^2 \cdot \sin \varphi \, dr \, d\varphi$$

A: Flächeninhalt

Anmerkungen

(1)   In den Doppelintegralen (III-129) ist die *innere* Integration nach y *sofort* durchführbar. Wir erhalten die bereits aus Band 1 bekannten *gewöhnlichen* Integralformeln:

$$x_S = \frac{1}{A} \cdot \int\limits_{a}^{b} x \left[f_0(x) - f_u(x) \right] dx$$

$$y_S = \frac{1}{2A} \cdot \int\limits_{a}^{b} \left[f_0^2(x) - f_u^2(x) \right] dx$$

(2) Auch in der Polarkoordinatendarstellung (III-130) lässt sich die *innere* Integration nach der Variablen r *sofort* durchführen. Wir erhalten eine Darstellung durch gewöhnliche Integrale:

$$x_S = \frac{1}{3A} \cdot \int_{\varphi_1}^{\varphi_2} [r_a^3(\varphi) - r_i^3(\varphi)] \cos \varphi \, d\varphi$$

$$y_S = \frac{1}{3A} \cdot \int_{\varphi_1}^{\varphi_2} [r_a^3(\varphi) - r_i^3(\varphi)] \sin \varphi \, d\varphi$$

■ **Beispiele**

(1) Wo liegt der *Schwerpunkt S* der Fläche, die von der Parabel $y = -x^2 + 4$ und der Geraden $y = x + 2$ begrenzt wird?

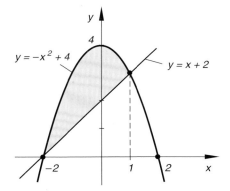

Bild III-63
Zur Schwerpunktberechnung der Fläche, die von der Geraden $y = x + 2$ und der Parabel $y = -x^2 + 4$ begrenzt wird

Lösung: Das Flächenstück wird nach Bild III-63 *unten* von der Geraden und *oben* von der Parabel begrenzt. Die Kurvenschnittpunkte liegen bei $x_1 = -2$ und $x_2 = 1$, ermittelt aus der quadratischen Gleichung $-x^2 + 4 = x + 2$ oder $x^2 + x - 2 = 0$. Damit ergeben sich folgende *Integrationsgrenzen*:

     y-Integration: Von $y = x + 2$ bis $y = -x^2 + 4$

     x-Integration: Von $x = -2$ bis $x = 1$

Wir berechnen nun zunächst den *Flächeninhalt A* und anschließend die Lage des *Flächenschwerpunktes* $S = (x_S; y_S)$.

Berechnung des Flächeninhaltes A nach Gleichung (III-122)

$$A = \int_{x=-2}^{1} \int_{y=x+2}^{-x^2+4} 1 \, dy \, dx$$

Innere Integration (*nach der Variablen* y):

$$\int\limits_{y=x+2}^{-x^2+4} 1\, dy = \Big[\, y\,\Big]_{y=x+2}^{-x^2+4} = (-x^2 + 4) - (x + 2) = -x^2 - x + 2$$

Äußere Integration (*nach der Variablen* x):

$$\int\limits_{x=-2}^{1} (-x^2 - x + 2)\, dx = \Big[-\frac{1}{3}x^3 - \frac{1}{2}x^2 + 2x \Big]_{-2}^{1} =$$

$$= \left(-\frac{1}{3} - \frac{1}{2} + 2 \right) - \left(\frac{8}{3} - 2 - 4 \right) = -\frac{1}{3} - \frac{1}{2} + 2 - \frac{8}{3} + 6 =$$

$$= -\frac{9}{3} - \frac{1}{2} + 8 = -3 - \frac{1}{2} + 8 = 5 - \frac{1}{2} = \frac{9}{2} = 4{,}5$$

Ergebnis: $A = 4{,}5$

Berechnung der Schwerpunktkoordinate x_S nach Gleichung (III-129)

$$x_S = \frac{1}{4{,}5} \cdot \int\limits_{x=-2}^{1} \int\limits_{y=x+2}^{-x^2+4} x\, dy\, dx$$

Innere Integration (*nach der Variablen* y):

$$\int\limits_{y=x+2}^{-x^2+4} x\, dy = x \cdot \int\limits_{y=x+2}^{-x^2+4} 1\, dy = x \Big[\, y\,\Big]_{y=x+2}^{-x^2+4} =$$

$$= x\big[(-x^2 + 4) - (x + 2) \big] = x(-x^2 - x + 2) = -x^3 - x^2 + 2x$$

Äußere Integration (*nach der Variablen* x):

$$\int\limits_{x=-2}^{1} (-x^3 - x^2 + 2x)\, dx = \Big[-\frac{1}{4}x^4 - \frac{1}{3}x^3 + x^2 \Big]_{-2}^{1} =$$

$$= \left(-\frac{1}{4} - \frac{1}{3} + 1 \right) - \left(-4 + \frac{8}{3} + 4 \right) = -\frac{1}{4} - \frac{1}{3} + 1 - \frac{8}{3} =$$

$$= -\frac{1}{4} - \frac{9}{3} + 1 = -\frac{1}{4} - 3 + 1 = -\frac{1}{4} - 2 = -\frac{9}{4} = -2{,}25$$

Ergebnis: $x_S = \dfrac{1}{4,5} \cdot (-2,25) = -0,5$

Berechnung der Schwerpunktkoordinate y_S nach Gleichung (III-129)

$$y_S = \frac{1}{4,5} \cdot \int\limits_{x=-2}^{1} \int\limits_{y=x+2}^{-x^2+4} y \, dy \, dx$$

Innere Integration (nach der Variablen y):

$$\int\limits_{y=x+2}^{-x^2+4} y \, dy = \frac{1}{2} \left[y^2 \right]_{y=x+2}^{-x^2+4} = \frac{1}{2} \left[(-x^2+4)^2 - (x+2)^2 \right] =$$

$$= \frac{1}{2} (x^4 - 8x^2 + 16 - x^2 - 4x - 4) =$$

$$= \frac{1}{2} (x^4 - 9x^2 - 4x + 12)$$

Äußere Integration (nach der Variablen x):

$$\int\limits_{x=-2}^{1} \frac{1}{2} (x^4 - 9x^2 - 4x + 12) \, dx =$$

$$= \frac{1}{2} \left[\frac{1}{5} x^5 - 3x^3 - 2x^2 + 12x \right]_{-2}^{1} =$$

$$= \frac{1}{2} \left[\left(\frac{1}{5} - 3 - 2 + 12 \right) - \left(-\frac{32}{5} + 24 - 8 - 24 \right) \right] =$$

$$= \frac{1}{2} \left(\frac{1}{5} + 7 + \frac{32}{5} + 8 \right) = \frac{1}{2} \left(15 + \frac{33}{5} \right) =$$

$$= \frac{1}{2} \cdot \frac{75 + 33}{5} = \frac{1}{2} \cdot \frac{108}{5} = 10,8$$

Ergebnis: $y_S = \dfrac{1}{4,5} \cdot 10,8 = 2,4$

Der *Flächenschwerpunkt* liegt somit im Punkt $S = (-0,5; 2,4)$.

(2)   Wir berechnen den *Schwerpunkt* einer *Viertelkreisfläche* vom Radius R unter Verwendung von Polarkoordinaten (Bild III-64).

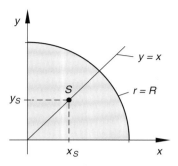

Bild III-64
Zur Schwerpunktberechnung einer Viertelkreisfläche

Aus *Symmetriegründen* liegt der Schwerpunkt $S = (x_S; y_S)$ auf der *Winkelhalbierenden* des 1. Quadranten $(y = x)$. Daher ist $x_S = y_S$. Im Winkelbereich $0 \leq \varphi \leq \pi/2$ ist $r_i(\varphi) = 0$ und $r_a(\varphi) = R$. Die *Integrationsgrenzen* lauten somit:

> r-*Integration:* Von $r = 0$ bis $r = R$
>
> φ-*Integration:* Von $\varphi = 0$ bis $\varphi = \pi/2$

Die Berechnung der *Schwerpunktskoordinate* x_S nach Formel (III-130) führt unter Berücksichtigung von $A = \dfrac{\pi R^2}{4}$ zu dem *Doppelintegral*

$$x_S = \frac{4}{\pi R^2} \cdot \int\limits_{\varphi = 0}^{\pi/2} \int\limits_{r = 0}^{R} r^2 \cdot \cos \varphi \, dr \, d\varphi$$

das wir schrittweise wie folgt lösen:

Innere Integration (nach der Variablen r):

$$\int\limits_{r = 0}^{R} r^2 \cdot \cos \varphi \, dr = \cos \varphi \cdot \int\limits_{r = 0}^{R} r^2 \, dr = \cos \varphi \left[\frac{1}{3} r^3 \right]_{r = 0}^{R} = \frac{1}{3} R^3 \cdot \cos \varphi$$

Äußere Integration (nach der Variablen φ):

$$\int\limits_{\varphi = 0}^{\pi/2} \frac{1}{3} R^3 \cdot \cos \varphi \, d\varphi = \frac{1}{3} R^3 \cdot \int\limits_{0}^{\pi/2} \cos \varphi \, d\varphi = \frac{1}{3} R^3 \left[\sin \varphi \right]_{0}^{\pi/2} =$$

$$= \frac{1}{3} R^3 \left[\sin(\pi/2) - \sin 0 \right] = \frac{1}{3} R^3 (1 - 0) = \frac{1}{3} R^3$$

$$x_S = \frac{4}{\pi R^2} \cdot \frac{1}{3} R^3 = \frac{4R}{3\pi} = \frac{4}{3\pi} R = 0,424 R$$

$$y_S = x_S = 0,424 R$$

Ergebnis: Schwerpunkt $S = (0,424 R; 0,424 R)$ ∎

3.1.3.3 Flächenmomente (Flächenträgheitsmomente)

Flächenmomente sind Größen, die im Zusammenhang mit *Biegeproblemen* bei Balken und Trägern auftreten. Sie erinnern im *formalen* Aufbau ihrer Definitionsformeln an die in Band 1 (Kap. V, Abschnitt 10.9) behandelten *Massenträgheitsmomente* und werden daher in der Technischen Mechanik auch als *Flächenträgheitsmomente* oder *Flächenmomente 2. Grades* (kurz: *Flächenmomente*) bezeichnet und durch das Symbol *I* gekennzeichnet.

Flächenmomente (*Flächenträgheitsmomente*) sind auf bestimmte *Achsen* bezogene Größen der Dimension (Länge)^4. Dabei wird noch zwischen *axialen* oder *äquatorialen* und *polaren* Flächenmomenten unterschieden. Bei einem *axialen* Flächenmoment liegt die Bezugsachse *in* der Flächenebene, während sie bei einem *polaren* Flächenmoment *senkrecht* zur Flächenebene orientiert ist (also in Richtung der z-Achse).

Wir betrachten nun ein beliebiges, in einer Fläche A gelegenes *Flächenelement dA*, dessen Lage wir durch die kartesischen Koordinaten x und y festlegen (Bild III-65). Der Abstand des Flächenelementes vom Koordinatenursprung sei r.

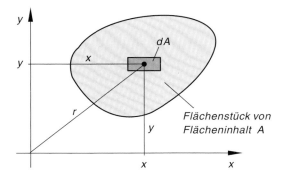

Flächenstück von
Flächeninhalt A

Bild III-65
Zum Begriff des Flächenmomentes
(Flächenträgheitsmomentes)

Wir behandeln zunächst die auf die *Koordinatenachsen* bezogenen Flächenmomente. Definitionsgemäß wird dabei die infinitesimal kleine Größe

$$dI_x = y^2 \, dA \tag{III-131}$$

als *axiales* Flächenmoment von dA bezüglich der x-*Achse* bezeichnet. Sie ist das Produkt aus dem Flächenelement dA und dem Quadrat des Abstandes, den dieses Flächenelement von der x-Achse besitzt (Abstand zur x-Achse = Ordinate y).

Durch *Integration* über die Gesamtfläche A erhalten wir hieraus das *axiale Flächenmoment I_x* der Fläche A bezüglich der *x-Achse*:

$$I_x = \iint\limits_{(A)} dI_x = \iint\limits_{(A)} y^2 \, dA \qquad \text{(III-132)}$$

Analog wird das *axiale Flächenmoment I_y* der Fläche A bezüglich der *y-Achse* als Bezugsachse definiert. Ausgehend von dem Beitrag

$$dI_y = x^2 \, dA \qquad \text{(III-133)}$$

eines Flächenelementes dA erhalten wir durch *Integration* das Flächenmoment der Gesamtfläche:

$$I_y = \iint\limits_{(A)} dI_y = \iint\limits_{(A)} x^2 \, dA \qquad \text{(III-134)}$$

Unter dem *polaren Flächenmoment I_p* einer Fläche A, bezogen auf eine durch den Koordinatenursprung *senkrecht* zur Flächenebene verlaufende Bezugsachse (*z*-Achse), wird die wie folgt definierte Größe verstanden:

$$I_p = \iint\limits_{(A)} dI_p = \iint\limits_{(A)} r^2 \, dA \qquad \text{(III-135)}$$

$dI_p = r^2 \, dA$ ist dabei der (infinitesimal kleine) Beitrag des Flächenelementes dA.

Wegen $r^2 = x^2 + y^2$ (*Satz des Pythagoras*, siehe hierzu Bild III-65) besteht zwischen den beiden *axialen* und dem *polaren* Flächenmoment die Beziehung

$$I_p = I_x + I_y \qquad \text{(III-136)}$$

Für einen „normalen" Flächenbereich, wie er in Bild III-55 bzw. Bild III-56 dargestellt ist, nehmen die *Integralformeln der Flächenmomente* dann die folgende Gestalt an:

Axiale und polare Flächenmomente 2. Grades (Flächenträgheitsmomente)

Definitionsformeln (Bild III-65):

$$I_x = \iint\limits_{(A)} y^2 \, dA \,, \qquad I_y = \iint\limits_{(A)} x^2 \, dA \,, \qquad I_p = \iint\limits_{(A)} r^2 \, dA \qquad \text{(III-137)}$$

$$I_p = I_x + I_y \qquad \text{(III-138)}$$

In kartesischen Koordinaten (Bild III-55):

$$I_x = \int\limits_{x=a}^{b} \int\limits_{y=f_u(x)}^{f_0(x)} y^2 \, dy \, dx$$

$$I_y = \int\limits_{x=a}^{b} \int\limits_{y=f_u(x)}^{f_0(x)} x^2 \, dy \, dx \qquad\qquad \text{(III-139)}$$

$$I_p = \int\limits_{x=a}^{b} \int\limits_{y=f_u(x)}^{f_0(x)} (x^2 + y^2) \, dy \, dx$$

In Polarkoordinaten (Bild III-56):

$$I_x = \int\limits_{\varphi=\varphi_1}^{\varphi_2} \int\limits_{r=r_i(\varphi)}^{r_a(\varphi)} r^3 \cdot \sin^2 \varphi \, dr \, d\varphi$$

$$I_y = \int\limits_{\varphi=\varphi_1}^{\varphi_2} \int\limits_{r=r_i(\varphi)}^{r_a(\varphi)} r^3 \cdot \cos^2 \varphi \, dr \, d\varphi \qquad\qquad \text{(III-140)}$$

$$I_p = \int\limits_{\varphi=\varphi_1}^{\varphi_2} \int\limits_{r=r_i(\varphi)}^{r_a(\varphi)} r^3 \, dr \, d\varphi$$

Anmerkungen

(1) Man beachte, dass das *polare* Flächenmoment I_p stets die Summe aus den beiden *axialen* Flächenmomenten I_x und I_y ist.

(2) In den Integraldarstellungen (III-139) und (III-140) lässt sich die *innere Integration* sofort durchführen. Für die beiden *axialen* Flächenmomente beispielsweise erhalten wir dann (in kartesischen Koordinaten) die *gewöhnlichen* Integrale

$$I_x = \frac{1}{3} \cdot \int\limits_a^b [f_0^3(x) - f_u^3(x)] \, dx$$

$$\qquad\qquad\qquad\qquad\qquad \text{(III-141)}$$

$$I_y = \int\limits_a^b x^2 [f_0(x) - f_u(x)] \, dx$$

(3)   Der von den Massenträgheitsmomenten her bekannte *Satz von Steiner* lässt sich sinngemäß auch auf die *Flächenmomente* übertragen (siehe hierzu Band 1, Kap. V, Abschnitt 10.9.2). Für das Flächenmoment bezüglich einer im Abstand d zur Schwerpunktachse *parallel* verlaufenden Bezugsachse gilt dann:

$$I = I_S + A\,d^2 \tag{III-142}$$

(I_S: Flächenmoment bezüglich der *Schwerpunktachse*; Bild III-66).

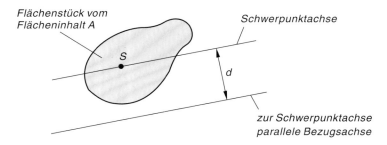

Bild III-66 Zum Satz von Steiner

■   **Beispiele**

(1)   Wir berechnen das *polare Flächenmoment* I_p einer *Halbkreisfläche* vom Radius R unter Verwendung von Polarkoordinaten (Bild III-67).

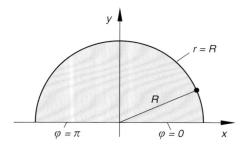

Bild III-67
Zur Berechnung des polaren
Flächenmomentes einer Halbkreisfläche

Im Winkelbereich $0 \le \varphi \le \pi$ ist $r_i(\varphi) = 0$ und $r_a(\varphi) = R$. Dies führt zu folgenden *Integrationsgrenzen*:

r-*Integration:* Von $r = 0$ bis $r = R$

φ-*Integration:* Von $\varphi = 0$ bis $\varphi = \pi$

Aus der Integralformel (III-140) folgt dann für das *polare Flächenmoment* I_p:

$$I_p = \int\limits_{\varphi=0}^{\pi} \int\limits_{r=0}^{R} r^3 \, dr \, d\varphi$$

Wir berechnen dieses Doppelintegral durch *zwei* nacheinander auszuführende *gewöhnliche* Integrationen.

Innere Integration (nach der Variablen r):

$$\int_{r=0}^{R} r^3 \, dr = \left[\frac{1}{4} r^4\right]_0^R = \frac{1}{4} R^4$$

Äußere Integration (nach der Variablen φ):

$$\int_{\varphi=0}^{\pi} \frac{1}{4} R^4 \, d\varphi = \frac{1}{4} R^4 \cdot \int_0^{\pi} 1 \, d\varphi = \frac{1}{4} R^4 \left[\varphi\right]_0^{\pi} = \frac{1}{4} R^4 \cdot \pi = \frac{\pi}{4} R^4$$

Ergebnis: $I_p = \dfrac{\pi}{4} R^4$

(2)   Die Querschnittsfläche eines *Balkens* besitze das in Bild III-68 skizzierte Profil (obere Berandung durch einen *Parabelbogen*). Man berechne das *axiale Flächenmoment* I_S, bezogen auf die zur x-Achse parallele *Schwerpunktachse*.

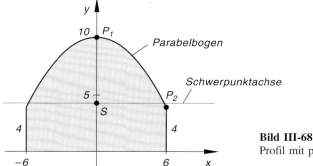

Bild III-68
Profil mit parabelförmiger Berandung

Lösung: Die Gleichung der *Parabel* (obere Berandung) lautet $y = -\dfrac{1}{6} x^2 + 10$.

Wir haben sie mit dem Lösungsansatz $y = a x^2 + b$ aus den beiden Parabelpunkten $P_1 = (0; 10)$ (Scheitelpunkt) und $P_2 = (6; 4)$ bestimmt. Damit ergaben sich die folgenden *Integrationsgrenzen*:

y-*Integration:* Von $y = 0$ bis $y = -\dfrac{1}{6} x^2 + 10$

x-*Integration:* Von $x = -6$ bis $x = 6$

Wir bestimmen zuerst die Lage des *Schwerpunktes* $S = (x_S; y_S)$. Aus *Symmetriegründen* ist $x_S = 0$. Für die Berechnung der *Schwerpunktskoordinate* y_S benötigen wir noch den *Flächeninhalt* A. Er beträgt (bitte nachrechnen):

$$A = \int\limits_{x=-6}^{6} \int\limits_{y=0}^{-\frac{1}{6}x^2+10} 1\, dy\, dx = 2 \cdot \int\limits_{x=0}^{6} \int\limits_{y=0}^{-\frac{1}{6}x^2+10} 1\, dy\, dx = 96$$

Die Integralformel (III-129) liefert dann für y_S den folgenden Wert:

$$y_S = \frac{1}{96} \cdot \int\limits_{x=-6}^{6} \int\limits_{y=0}^{-\frac{1}{6}x^2+10} y\, dy\, dx = \frac{1}{96} \cdot 2 \cdot \int\limits_{x=0}^{6} \int\limits_{y=0}^{-\frac{1}{6}x^2+10} y\, dy\, dx = 4{,}2$$

Beide Doppelintegrale wurden dabei in der bekannten Weise berechnet, wobei wir die Spiegelsymmetrie der Querschnittsfläche berücksichtigt haben (bitte nachrechnen). Der *Schwerpunkt* fällt damit in den Punkt $S = (0; 4{,}2)$.

Wir berechnen jetzt das *axiale Flächenmoment* I_x und daraus unter Verwendung des *Satzes von Steiner* das gesuchte *axiale Flächenmoment* I_S.

Berechnung von I_x nach Gleichung (III-139)

$$I_x = \int\limits_{x=-6}^{6} \int\limits_{y=0}^{-\frac{1}{6}x^2+10} y^2\, dy\, dx = 2 \cdot \int\limits_{x=0}^{6} \int\limits_{y=0}^{-\frac{1}{6}x^2+10} y^2\, dy\, dx$$

Innere Integration (nach der Variablen y):

$$\int\limits_{y=0}^{-\frac{1}{6}x^2+10} y^2\, dy = \left[\frac{1}{3}y^3\right]_{y=0}^{-\frac{1}{6}x^2+10} = \frac{1}{3}\left(-\frac{1}{6}x^2+10\right)^3 =$$

$$= \frac{1}{3}\left(-\frac{1}{216}x^6 + \frac{5}{6}x^4 - 50x^2 + 1000\right)$$

Äußere Integration (nach der Variablen x):

$$\int\limits_{x=0}^{6} \frac{1}{3}\left(-\frac{1}{216}x^6 + \frac{5}{6}x^4 - 50x^2 + 1000\right) dx =$$

$$= \frac{1}{3}\left[-\frac{1}{1512}x^7 + \frac{1}{6}x^5 - \frac{50}{3}x^3 + 1000x\right]_0^6 =$$

$$= \frac{1}{3}\left(-\frac{6^7}{1512} + 6^4 - \frac{50}{3}\cdot 6^3 + 6000\right) = 1\,170{,}3$$

$$I_x = 2 \cdot 1\,170{,}3 = 2\,340{,}6$$

Berechnung von I_S nach Gleichung (III-142)

Mit $I_x = 2\,340{,}6$, $A = 96$ und $d = y_S = 4{,}2$ erhalten wir für das gesuchte
Flächenmoment I_S nach dem *Satz von Steiner*:

$$I_x = I_S + A\,d^2 \quad \Rightarrow$$

$$I_S = I_x - A\,d^2 = I_x - A\,y_S^2 = 2\,340{,}6 - 96 \cdot 4{,}2^2 = 647{,}2 \qquad \blacksquare$$

3.2 Dreifachintegrale

Die Integration einer Funktion von *zwei* unabhängigen Variablen führte uns zu dem Begriff eines *Doppelintegrals*. Den Integralwert konnten wir dabei in geometrisch-anschau-
licher Weise als *Volumen* eines zylindrischen Körpers deuten. In diesem Abschnitt erweitern wir den Integralbegriff auf Funktionen von *drei* unabhängigen Variablen und
gelangen so zu dem Begriff eines *Dreifachintegrals*, der jedoch *keine* geometrische Interpretation zulässt.

3.2.1 Definition eines Dreifachintegrals

Bei der Herleitung des Begriffes *Dreifachintegral* lassen wir uns von den folgenden
Überlegungen leiten: $u = f(x; y; z)$ sei eine im räumlichen Bereich (V) definierte und
stetige Funktion. Den Bereich (auch *Körper* genannt) unterteilen wir zunächst in n Teilbereiche, mit dem k-ten Teilbereich vom Volumen ΔV_k werden wir uns nun eingehender
befassen. In diesem Teilbereich wählen wir einen *beliebigen* Punkt $P_k = (x_k; y_k; z_k)$ aus,
berechnen an dieser Stelle den *Funktionswert* $u_k = f(x_k; y_k; z_k)$ und bilden schließlich
das *Produkt* aus Funktionswert und Volumen: $f(x_k; y_k; z_k)\,\Delta V_k$ (Bild III-69).

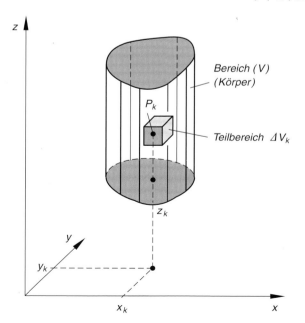

Bild III-69
Räumlicher Integrationsbereich
(V) mit einem Teilbereich ΔV_k

Ebenso verfahren wir mit den übrigen Teilbereichen. Die Summe dieser Produkte, auch *Zwischensumme* Z_n genannt, beträgt dann

$$Z_n = \sum_{k=1}^{n} f(x_k; y_k; z_k)\, \Delta V_k \qquad\qquad \text{(III-143)}$$

Wir lassen nun die Anzahl n der Teilbereiche *unbegrenzt* wachsen ($n \to \infty$), wobei gleichzeitig der Durchmesser (und damit auch das Volumen) eines jeden Teilbereiches gegen *null* gehen soll. Bei diesem Grenzübergang strebt die Zwischensumme Z_n gegen einen *Grenzwert*, der als *3-dimensionales Bereichsintegral* von $f(x; y; z)$ über (V) oder kurz als *Dreifachintegral* bezeichnet wird. Wir definieren daher:

Definition: Der Grenzwert

$$\lim_{\substack{n \to \infty \\ (\Delta V_k \to 0)}} \sum_{k=1}^{n} f(x_k; y_k; z_k)\, \Delta V_k \qquad\qquad \text{(III-144)}$$

wird (falls er vorhanden ist) als *Dreifachintegral* bezeichnet und durch das Symbol $\displaystyle\iiint\limits_{(V)} f(x; y; z)\, dV$ gekennzeichnet.

Wir führen noch folgende Bezeichnungen ein:

x, y, z: *Integrationsvariable*

$f(x; y; z)$: *Integrandfunktion* (kurz: *Integrand*)

dV: *Volumendifferential* oder *Volumenelement*

(V):   *Räumlicher Integrationsbereich* oder *Körper*

Anmerkungen

(1)   Weitere, für den Begriff „Dreifachintegral" übliche Bezeichnungen sind: *3-dimensionales Bereichs-* oder *Gebietsintegral, Volumenintegral, dreifaches Integral*.

(2)   Der Grenzwert (III-144) ist vorhanden, wenn der Integrand $f(x; y; z)$ im Integrationsbereich (V) *stetig* ist.

3.2.2 Berechnung eines Dreifachintegrals

3.2.2.1 Dreifachintegral in kartesischen Koordinaten

Der Berechnung eines *Dreifachintegrals* $\iiint\limits_{(V)} f\,(x;\,y;\,z)\,dV$ legen wir zunächst ein *kartesisches* Koordinatensystem und einen *zylindrischen* Integrationsbereich (V) zugrunde, der „unten" durch eine Fläche $z = z_u\,(x;\,y)$ („Bodenfläche") und „oben" durch eine Fläche $z = z_0\,(x;\,y)$ („Deckelfläche") begrenzt wird (Bild III-70).

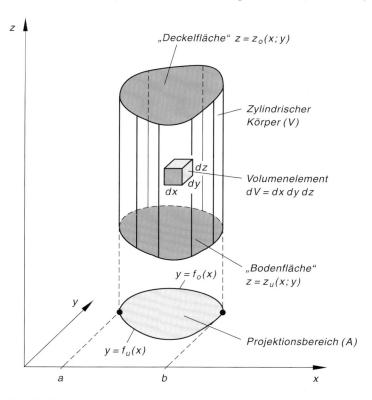

Bild III-70 Zylindrischer Integrationsbereich (V) mit einem Volumenelement $dV = dx\,dy\,dz$

Die *Projektion* dieser Begrenzungsflächen in die $x,\,y$-Ebene führt zu einem Bereich (A), der durch die Kurven $y = f_u\,(x)$ und $y = f_0\,(x)$ sowie die Parallelen $x = a$ und $x = b$ berandet wird und uns in dieser Form bereits von den *Doppelintegralen* her bekannt ist *(flächenhafter kartesischer Normalbereich)*.

Der *zylindrische Integrationsbereich* (V) kann somit durch die Ungleichungen

$$z_u\,(x;\,y) \leq z \leq z_0\,(x;\,y), \qquad f_u\,(x) \leq y \leq f_o\,(x), \qquad a \leq x \leq b \qquad \text{(III-145)}$$

beschrieben werden.

Das *Volumenelement* dV besitzt in der *kartesischen* Darstellung die geometrische Form eines achsenparallelen *Quaders* mit den infinitesimal kleinen Seitenlängen dx, dy und dz. Somit ist

$$dV = dx\,dy\,dz \qquad \text{oder} \qquad dV = dz\,dy\,dx \qquad \text{(III-146)}$$

(siehe Bild III-70). Ein *Dreifachintegral* lässt sich dann durch *drei* nacheinander auszuführende *gewöhnliche* Integrationen nach dem folgenden Schema berechnen:

$$\iiint\limits_{(V)} f(x;y;z)\,dV = \int\limits_{x=a}^{b} \int\limits_{y=f_u(x)}^{f_0(x)} \int\limits_{z=z_u(x;y)}^{z_0(x;y)} f(x;y;z)\,dz\,dy\,dx \qquad \text{(III-147)}$$

$$\underbrace{\quad}_{\text{1. Integration}}$$

2. Integration

3. Integration

Dabei wird wie bei den Doppelintegralen von *innen nach außen* integriert. Die *Reihenfolge der Differentiale* (hier: dz, dy, dx) bestimmt somit eindeutig die *Integrationsreihenfolge*: *Zunächst* wird nach der Variablen z, *dann* nach der Variablen y und *schließlich* nach der Variablen x integriert, wobei die verbliebenen Variablen jeweils als *Parameter* festgehalten werden. Wir beschreiben nun die einzelnen Integrationsschritte etwas ausführlicher.

1. Integrationsschritt

Die Integration erfolgt zunächst nach der Variablen z, die *Integrationsgrenzen* sind dabei im Allgemeinen noch von x und y abhängige *Funktionen*, nämlich:

$\quad$ *Untere Grenze:* „Bodenfläche" $z = z_u(x;y)$

$\quad$ *Obere Grenze:* „Deckelfläche" $z = z_o(x;y)$

Während der Integration werden x und y wie *Konstanten (Parameter)* behandelt. Als Ergebnis der z-Integration erhalten wir dann eine nur noch von x *und* y abhängige *Funktion*.

2. Integrationsschritt

Jetzt wird bezüglich der Variablen y integriert, wobei die Variable x als *konstant*, d. h. als *Parameter* angesehen wird. Die *Integrationsgrenzen* sind die beiden *Randkurven* des (flächenhaften) Projektionsbereiches (A) (siehe hierzu Bild III-70):

$\quad$ *Untere Grenze:* Untere Randkurve $y = f_u(x)$

$\quad$ *Obere Grenze:* Obere Randkurve $y = f_o(x)$

Das Ergebnis der y-Integration ist eine nur noch von der Variablen x abhängige *Funktion*.

3. Integrationsschritt

Im dritten und letzten Integrationsschritt ist eine *gewöhnliche* Integration bezüglich der Variablen x in den *konstanten* Grenzen von $x = a$ bis $x = b$ durchzuführen. Wir erhalten als Ergebnis eine *Konstante (Zahl)*, die den *Wert* des dreifachen Integrals

$$\iiint\limits_{(V)} f(x; y; z) \, dV \quad \text{darstellt.}$$

Zusammenfassend gilt:

Berechnung eines Dreifachintegrals unter Verwendung kartesischer Koordinaten

Die Berechnung eines *Dreifachintegrals* $\iiint\limits_{(V)} f(x; y; z) \, dV$ erfolgt durch *drei*

nacheinander auszuführende *gewöhnliche* Integrationen:

$$\iiint\limits_{(V)} f(x; y; z) \, dV = \int\limits_{x=a}^{b} \int\limits_{y=f_u(x)}^{f_o(x)} \int\limits_{z=z_u(x;y)}^{z_o(x;y)} f(x; y; z) \, dz \, dy \, dx \qquad \text{(III-148)}$$

(V): Zylindrischer Integrationsbereich nach Bild III-70

Die einzelnen Integrationsschritte erfolgen dabei von *innen nach außen*, d. h. in der Reihenfolge z, y, x, wobei jeweils die verbliebenen Variablen als Parameter festgehalten werden.

Anmerkungen

(1) Nach Ausführung des 1. Integrationsschrittes, der z-Integration, ist aus dem *dreifachen* Integral (III-148) ein *Doppelintegral* geworden. Der Integrationsbereich ist jetzt der (flächenhafte) Normalbereich (A), der durch die *Projektion* des zylindrischen Körpers (V) in die x, y-Ebene entsteht (siehe Bild III-70).

(2) Die *Integrationsreihenfolge* ist nur dann vertauschbar, wenn *sämtliche* Integrationsgrenzen *konstant* sind. Im Allgemeinen jedoch gilt: Bei einer *Vertauschung der* Integrationsreihenfolge müssen die *Integrationsgrenzen neu bestimmt* werden.

(3) Für $f(x; y; z) = 1$ beschreibt das dreifache Integral (III-148) das *Volumen V* des zylindrischen Körpers (V):

$$V = \iiint\limits_{(V)} dV = \int\limits_{x=a}^{b} \int\limits_{y=f_u(x)}^{f_o(x)} \int\limits_{z=z_u(x;y)}^{z_o(x;y)} 1 \, dz \, dy \, dx \qquad \text{(III-149)}$$

(4) **Sonderfall:** $f(x; y; z) = f_1(x) \cdot f_2(y) \cdot f_3(z)$ und *konstante* Integrationsgrenzen $(x_1 \leq x \leq x_2;\ y_1 \leq y \leq y_2;\ z_1 \leq z \leq z_2)$

Das Dreifachintegral lässt sich dann als *Produkt* dreier *gewöhnlicher* Integrale berechnen:

$$\int\limits_{x=x_1}^{x_2} \int\limits_{y=y_1}^{y_2} \int\limits_{z=z_1}^{z_2} f(x; y; z)\, dz\, dy\, dx = \int\limits_{x_1}^{x_2} f_1(x)\, dx \cdot \int\limits_{y_1}^{y_2} f_2(y)\, dy \cdot \int\limits_{z_1}^{z_2} f_3(z)\, dz \qquad \text{(III-150)}$$

■ **Beispiel**

$$\int\limits_{x=1}^{2} \int\limits_{y=0}^{x} \int\limits_{z=0}^{x-y} y \cdot e^z\, dz\, dy\, dx = ?$$

1. Integrationsschritt (Integration nach z):

$$\int\limits_{z=0}^{x-y} y \cdot e^z\, dz = y \cdot \int\limits_{z=0}^{x-y} e^z\, dz = y \left[e^z \right]_{z=0}^{x-y} = y(e^{x-y} - 1) = y \cdot e^{x-y} - y$$

2. Integrationsschritt (Integration nach y):

$$\int\limits_{y=0}^{x} (y \cdot e^{x-y} - y)\, dy = \int\limits_{y=0}^{x} (e^x \cdot y \cdot e^{-y} - y)\, dy =$$

$$= \left[e^x(-y-1) \cdot e^{-y} - \frac{1}{2} y^2 \right]_{y=0}^{x} = \left[e^{x-y}(-y-1) - \frac{1}{2} y^2 \right]_{y=0}^{x} =$$

$$= e^0(-x-1) - \frac{1}{2} x^2 - e^x(-1) + 0 = e^x - \frac{1}{2} x^2 - x - 1$$

(Integral Nr. 313 mit $a = -1$)

3. Integrationsschritt (Integration nach x):

$$\int\limits_{x=1}^{2} \left(e^x - \frac{1}{2} x^2 - x - 1 \right) dx = \left[e^x - \frac{1}{6} x^3 - \frac{1}{2} x^2 - x \right]_{1}^{2} =$$

$$= e^2 - \frac{4}{3} - 2 - 2 - e + \frac{1}{6} + \frac{1}{2} + 1 = 1{,}004$$

Ergebnis: $\displaystyle\int\limits_{x=1}^{2}\ \int\limits_{y=0}^{x}\ \int\limits_{z=0}^{x-y} y \cdot e^{z}\ dz\ dy\ dx = 1{,}004$ ∎

3.2.2.2 Dreifachintegral in Zylinderkoordinaten

In den physikalisch-technischen Anwendungen treten häufig Körper mit *Rotationssymmetrie* auf. Zu ihrer Beschreibung verwendet man zweckmäßigerweise *Zylinderkoordinaten* $(r; \varphi; z)$, die sich der *Symmetrie* des Körpers in besonderem Maße „anpassen". Man spricht in diesem Zusammenhang auch von *symmetriegerechten* Koordinaten. Auch

die Berechnung eines *Dreifachintegrals* $\displaystyle\iiint\limits_{(V)} f(x; y; z)\ dV$ lässt sich in zahlreichen Fäl-

len bei Verwendung von Zylinderkoordinaten erheblich *vereinfachen*. Die Anwendungsbeispiele im nachfolgenden Abschnitt 3.2.3 werden dies noch belegen.

Die *Zylinderkoordinaten* führen wir nun wie folgt ein:

$P = (x; y; z)$ sein ein beliebiger Punkt des *kartesischen* Raumes, $P' = (x; y)$ der durch *senkrechte Projektion* von P in die x, y-Ebene erhaltene *Bildpunkt* (Bild III-71). Die Lage von P' können wir auch durch die *Polarkoordinaten* r und φ beschreiben. Sie bestimmen zugleich *zusammen* mit der *Höhenkoordinate* z in eindeutiger Weise die Lage des *Raumpunktes* P. Die drei Koordinaten r, φ und z werden als *Zylinderkoordinaten* von P bezeichnet.

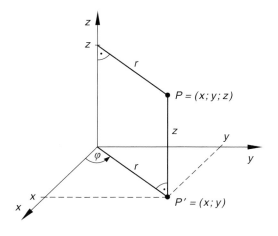

Bild III-71
Zylinderkoordinaten
eines Raumpunktes P

Zylinderkoordinaten

Die *Zylinderkoordinaten* eines Raumpunktes P bestehen aus den *Polarkoordinaten* r und φ des *Projektionspunktes* P' in der x, y-Ebene und der (kartesischen) *Höhenkoordinate* z (Bild III-71).

Anmerkungen

(1)   Man beachte: r und z sind *Längenkoordinaten*, φ dagegen ist eine *Winkelkoordinate* mit $0 \leq \varphi < 2\pi$ (*Hauptwert* des Winkels).

(2)   *Zylinderkoordinaten* und *kartesische* Koordinaten besitzen als *gemeinsame* Koordinate die *Höhenkoordinate* z.

(3)   Die Zylinderkoordinate r ist der *senkrechte* Abstand des Punktes P von der z-Achse. Daher gilt stets $r \geq 0$.

(4)   Die Zylinderkoordinate r wird häufig auch durch das Symbol ϱ gekennzeichnet. Wir haben uns an dieser Stelle für das Symbol r entschieden, um mögliche *Verwechslungen* mit der *Dichte* ϱ eines Körpers zu *vermeiden*.

Zwischen den *kartesischen* Koordinaten $(x; y; z)$ und den *Zylinderkoordinaten* $(r; \varphi; z)$ bestehen dabei die folgenden *Transformationsgleichungen* (siehe hierzu Bild III-71):

$$x = r \cdot \cos\varphi, \qquad y = r \cdot \sin\varphi, \qquad z = z$$

$$r = \sqrt{x^2 + y^2}, \qquad \tan\varphi = \frac{y}{x}, \qquad z = z \tag{III-151}$$

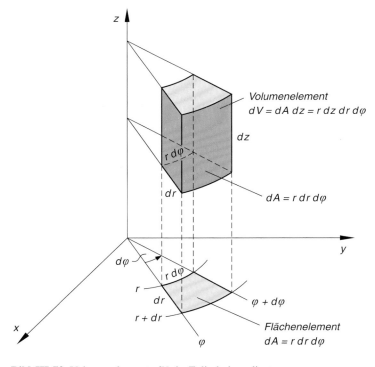

Bild III-72 Volumenelement dV in Zylinderkoordinaten

Das *Volumenelement dV* besitzt in Zylinderkoordinaten die Form

$$dV = (dA)\, dz = (r\, dr\, d\varphi)\, dz = r\, dz\, dr\, d\varphi \tag{III-152}$$

wie man unmittelbar aus Bild III-72 entnehmen kann.

Für ein *Dreifachintegral* erhält man dann in Zylinderkoordinaten die Darstellung

$$\iiint\limits_{(V)} f(x;y;z)\, dV = \iiint\limits_{(V)} f(r \cdot \cos\varphi;\, r \cdot \sin\varphi;\, z) \cdot r\, dz\, dr\, d\varphi \tag{III-153}$$

Der *Integrand* ist eine von r, φ und z abhängige Funktion, die *Integration* erfolgt durch *drei* nacheinander auszuführende *gewöhnliche* Integrationen in der Reihenfolge z, r und φ.

Wir fassen die Ergebnisse zusammen:

Berechnung eines Dreifachintegrals unter Verwendung von Zylinderkoordinaten

Beim Übergang von den *kartesischen* Raumkoordinaten $(x;y;z)$ zu den *Zylinderkoordinaten* $(r;\varphi;z)$ gelten die Transformationsgleichungen

$$x = r \cdot \cos\varphi, \qquad y = r \cdot \sin\varphi, \qquad z = z$$

$$dV = dx\, dy\, dz = r\, dz\, dr\, d\varphi \tag{III-154}$$

Ein Dreifachintegral $\displaystyle\iiint\limits_{(V)} f(x;y;z)\, dV$ transformiert sich dabei wie folgt:

$$\iiint\limits_{(V)} f(x;y;z)\, dV = \iiint\limits_{(V)} f(r \cdot \cos\varphi;\, r \cdot \sin\varphi;\, z) \cdot r\, dz\, dr\, d\varphi \tag{III-155}$$

Die Integration erfolgt dabei in *drei* nacheinander auszuführenden *gewöhnlichen* Integrationsschritten in der Reihenfolge z, r und φ.

Anmerkung

Die *Variablentransformation* $(x;y;z) \rightarrow (r;\varphi;z)$ in einem *dreifachen* Integral $\displaystyle\iiint\limits_{(V)} f(x;y;z)\, dV$ wird durchgeführt, indem man $x = r \cdot \cos\varphi$, $y = r \cdot \sin\varphi$ und $dV = r\, dz\, dr\, d\varphi$ setzt. Die z-Koordinate bleibt dagegen *unverändert* erhalten. Die *Integrationsgrenzen* müssen jedoch *neu bestimmt* und in *Zylinderkoordinaten* ausgedrückt werden (siehe hierzu die im Anwendungsteil, Abschnitt 3.2.3 folgenden Beispiele).

Rotationssymmetrische Körper spielen – wir haben es bereits zu Beginn dieses Abschnitts erwähnt – in den Anwendungen eine besondere Rolle. Die *Mantelfläche* eines solchen Rotationskörpers, auch *Rotationsfläche* genannt, entsteht dabei durch *Drehung* einer Kurve $z = f(x)$ um die z-Achse, die damit auch zugleich *Symmetrieachse* ist (Bild III-73). Bei der Rotation wird aus der *kartesischen* Koordinate x die *Zylinderkoordinate* r und die *Kurvengleichung* $z = f(x)$ geht dabei in die *Funktionsgleichung* $z = f(r)$ der *Rotationsfläche* über (formale Substitution $x \rightarrow r$).

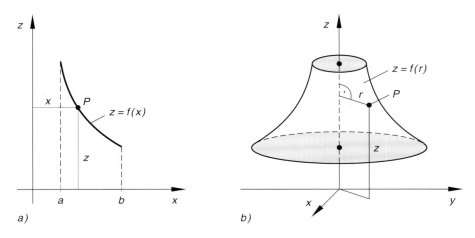

a)   b)

Bild III-73 Durch Drehung der Kurve $z = f(x)$, $a \leq x \leq b$ (Bild a)) um die z-Achse entsteht
die in Bild b) skizzierte Rotationsfläche $z = f(r)$, $a \leq r \leq b$

Funktionsgleichung einer Rotationsfläche

Durch Rotation einer Kurve $z = f(x)$ mit $a \leq x \leq b$ um die z-Achse entsteht eine
Rotationsfläche mit der Funktionsgleichung $z = f(r)$, $a \leq r \leq b$ (Bild III-73).
Die *Gleichung* der Rotationsfläche erhält man dabei formal aus der Kurvengleichung
mit Hilfe der Substitution $x \rightarrow r$.

Anmerkungen

(1)   Diese Aussage gilt natürlich auch für eine in der *impliziten* Form $F(x; z) = 0$
       gegebene Kurve.

(2)   Bei einer Rotationsfläche $z = f(r)$ hängt die Höhenkoordinate z wegen der Rotationssymmetrie *nur* von r, *nicht* aber von der Winkelkoordinate φ ab!

■ **Beispiele**

(1)   Durch Rotation der *Normalparabel* $z = x^2$ um die z-Achse entsteht die Rotationsfläche $z = r^2$ (Mantel eines *Rotationsparaboloids*, Bild III-74).

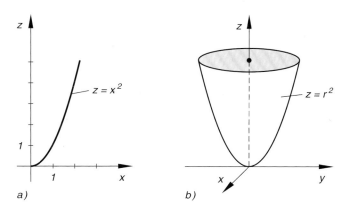

Bild III-74 Die Normalparabel $z = x^2$ (Bild a)) erzeugt bei Rotation um die z-Achse
             die in Bild b) skizzierte Rotationsfläche $z = r^2$ (Rotationsparaboloid)

(2)   Durch Rotation des *Geradenstücks* $z = -\dfrac{H}{R}(x - R)$, $0 \leq x \leq R$ um die
z-Achse entsteht ein *Kegel* (Bild III-75). Die Funktionsgleichung des *Kegelmantels*
lautet damit: $z = -\dfrac{H}{R}(r - R)$, $0 \leq r \leq R$.

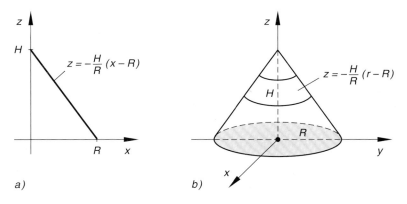

Bild III-75 Der in Bild b) skizzierte Kegel entsteht durch Drehung des in Bild a) dargestellten Geradenstücks um die z-Achse

(3)   Aus der *Kreislinie* $x^2 + z^2 = R^2$ entsteht bei Rotation um die z-Achse die Rotationsfläche $r^2 + z^2 = R^2$ (Gleichung der *Kugeloberfläche*, Bild III-76).

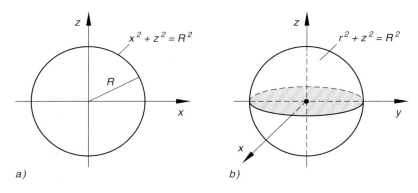

a)   b)

Bild III-76 Die Kreislinie $x^2 + z^2 = R^2$ (Bild a)) erzeugt bei Rotation um die z-Achse die in Bild b) skizzierte Kugeloberfläche mit der Gleichung $r^2 + z^2 = R^2$

3.2.3 Anwendungen

Wir behandeln in diesem Abschnitt folgende Anwendungsbeispiele:

— *Volumen und Masse eines homogenen Körpers*
— *Schwerpunkt eines homogenen Körpers*
— *Massenträgheitsmomente*

Dabei beschränken wir uns auf *zylindrische* Körper (Integrationsbereiche), wie in Bild III-70 dargestellt, und verwenden bei *rotationssymmetrischen* Körpern ausschließlich *Zylinderkoordinaten*.

3.2.3.1 Volumen und Masse eines Körpers

In Abschnitt 3.2.2.1 haben wir bereits erwähnt, dass man das *Volumen* V eines homogenen zylindrischen Körpers (V) mit Hilfe eines *Dreifachintegrals* berechnen kann. Es gilt nämlich (der Integrand ist die konstante Funktion $f(x; y; z) = 1$):

$$V = \iiint\limits_{(V)} dV = \iiint\limits_{(V)} 1\, dz\, dy\, dx \qquad \text{(III-156)}$$

Diese Integralformel lässt sich auch auf sehr anschauliche Weise durch eine *geometrische* Betrachtung gewinnen. Wir gehen dabei von dem in Bild III-77 skizzierten *zylindrischen* Körper (V) mit der *Grundfläche* $z = z_u(x; y)$ („Boden") und der *Deckelfläche* $z = z_0(x; y)$ aus. Durch *Projektion* des Zylinders in die x, y-Ebene erhält man den Normalbereich (A), der (wie bisher) durch die Kurven $y = f_u(x)$ und $y = f_0(x)$ sowie die Parallelen $x = a$ und $x = b$ begrenzt wird.

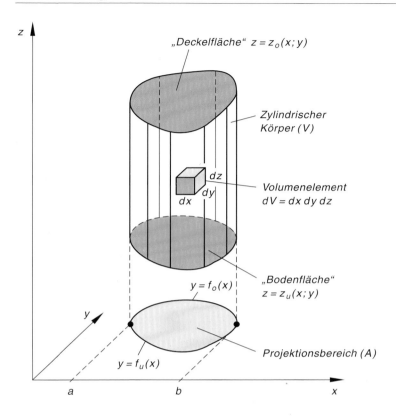

„Deckelfläche" $z = z_o(x; y)$

Zylindrischer Körper (V)

dz

dy

dx

Volumenelement $dV = dx\, dy\, dz$

„Bodenfläche" $z = z_u(x; y)$

$y = f_o(x)$

y

$y = f_u(x)$

Projektionsbereich (A)

a

b

x

Bild III-77 Zur Berechnung des Volumens eines zylindrischen Körpers durch ein Dreifachintegral

Wir betrachten nun ein *infinitesimal* kleines, im Körper gelegenes *Volumenelement dV*. Es besitzt in einem *kartesischen* Koordinatensystem bekanntlich die Gestalt eines achsenparallelen *Quaders* mit den Kantenlängen dx, dy und dz. Sein Volumen beträgt $dV = dx\, dy\, dz = dz\, dy\, dx$. Wir werden jetzt zeigen, wie man den Zylinder *Schritt für Schritt* aus solchen Volumenelementen zusammensetzen kann („Baukastenprinzip").

1. Schritt: Volumen einer Säule

Zunächst bilden wir eine zur z-Achse parallele *Säule* mit der infinitesimal kleinen Querschnittsfläche $dA = dx\, dy = dy\, dx$, indem *Volumenelement über Volumenelement* gesetzt wird, bis man an die beiden Begrenzungsflächen des Körpers stößt (siehe hierzu Bild III-78).

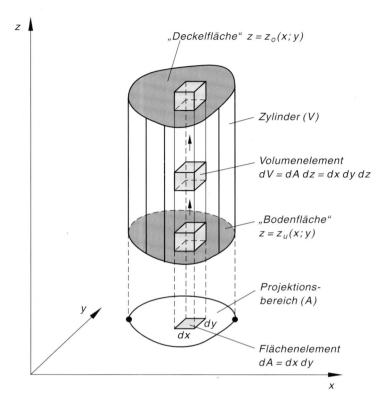

Bild III-78 Durch Summation der übereinander gelegenen Volumenelemente dV zwischen der „Bodenfläche" $z = z_u(x; y)$ und der „Deckelfläche" $z = z_0(x; y)$ erhält man eine quaderförmige Säule (durch Pfeile angedeutet)

Das Volumen dieser Säule erhalten wir dann durch *Summation* sämtlicher in der Säule gelegener *Volumenelemente*, d. h. durch *Integration* der Volumenelemente dV in der z-Richtung zwischen den Grenzen $z = z_u(x; y)$ („Grundfläche") und $z = z_0(x; y)$ („Deckelfläche"). Das infinitesimal kleine *Säulenvolumen* beträgt somit

$$dV_{\text{Säule}} = \int\limits_{z = z_u(x; y)}^{z_0(x; y)} dV = \left(\int\limits_{z = z_u(x; y)}^{z_0(x; y)} dz \right) dy\, dx \qquad \text{(III-157)}$$

2. Schritt: Volumen einer Scheibe (Volumenschicht)

Wir legen jetzt parallel zur y-Richtung *Säule an Säule*, bis wir an die Randkurven $y = f_u(x)$ bzw. $y = f_0(x)$ des Bereiches (A) in der x, y-Ebene stoßen und erhalten auf diese Weise eine *Volumenschicht (Scheibe)* der Breite oder Dicke dx (Bild III-79). Das Volumen dV_{Scheibe} dieser *infinitesimal* dünnen Scheibe ergibt sich dann durch *Summation* der *Säulenvolumina*, d. h. durch *Integration* der Säulenvolumina $dV_{\text{Säule}}$ in der y-Richtung zwischen den Grenzen $y = f_u(x)$ und $y = f_0(x)$:

$$dV_{\text{Scheibe}} = \int\limits_{y=f_u(x)}^{f_0(x)} dV_{\text{Säule}} = \left(\int\limits_{y=f_u(x)}^{f_0(x)} \left(\int\limits_{z=z_u(x;\,y)}^{z_0(x;\,y)} dz \right) dy \right) dx \qquad (\text{III-158})$$

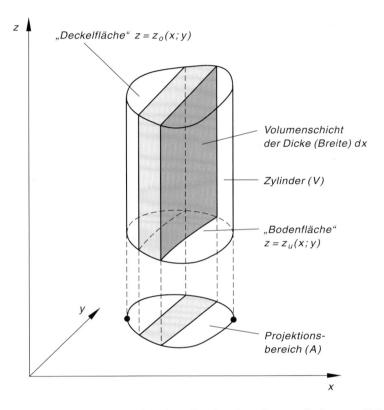

Bild III-79 Durch Summation der nebeneinander gelegenen Säulen vom Volumen $dV_{\text{Säule}}$ entsteht eine Volumenschicht der Dicke dx

3. Schritt: Volumen des Zylinders

Jetzt wird (in der x-Richtung) *Scheibe an Scheibe* gelegt, bis der zylindrische Körper *vollständig* ausgefüllt ist. Das Zylindervolumen V erhalten wir dann durch *Summation* über die Volumina sämtlicher *Scheiben*, d. h. durch *Integration* in der x-Richtung zwischen den Grenzen $x = a$ und $x = b$. Demnach ist:

$$V = \iiint\limits_{(V)} dV = \int\limits_{x=a}^{b} dV_{\text{Scheibe}} = \int\limits_{x=a}^{b} \int\limits_{y=f_u(x)}^{f_0(x)} \int\limits_{z=z_u(x;\,y)}^{z_0(x;\,y)} dz\, dy\, dx \qquad (\text{III-159})$$

Wir fassen zusammen:

Volumen eines (zylindrischen) Körpers

Definitionsformel:

$$V = \iiint\limits_{(V)} dV = \iiint\limits_{(V)} 1\, dV \qquad\qquad \text{(III-160)}$$

In kartesischen Koordinaten (Bild III-77):

$$V = \int\limits_{x=a}^{b} \int\limits_{y=f_u(x)}^{f_0(x)} \int\limits_{z=z_u(x;y)}^{z_0(x;y)} dz\, dy\, dx \qquad\qquad \text{(III-161)}$$

Anmerkungen

Die *Masse* m eines *homogenen* Körpers ist das Produkt aus der (konstanten) Dichte ϱ und dem Volumen V dieses Körpers: $m = \varrho V$.

Bei einem zur z-Achse *rotationssymmetrischen* Körper verwendet man zweckmäßigerweise *Zylinderkoordinaten*. Für das *Volumen* erhält man dann die folgende Integralformel:

Volumen eines Rotationskörpers (Rotationsachse: z-Achse)

Unter Verwendung von Zylinderkoordinaten gilt:

$$V = \iiint\limits_{(V)} r\, dz\, dr\, d\varphi \qquad\qquad \text{(III-162)}$$

■ **Beispiele**

(1)   Durch *Rotation* des Kurvenstücks $z = \sqrt{x}$, $0 \le x \le 4$ um die z-Achse entsteht der in Bild III-80 skizzierte *trichterförmige* Drehkörper, dessen *Volumen* wir jetzt berechnen wollen.

Wegen der *Rotationssymmetrie* verwenden wir *Zylinderkoordinaten*. Die durch die Gleichung $z = \sqrt{r}$, $0 \le r \le 4$ beschriebene *Rotationsfläche* bildet die „Bodenfläche" des Körpers. Der kreisförmige „Deckel" des Trichters liegt in der zur x, y-Ebene *parallelen* Ebene mit der Funktionsgleichung $z = 2$.

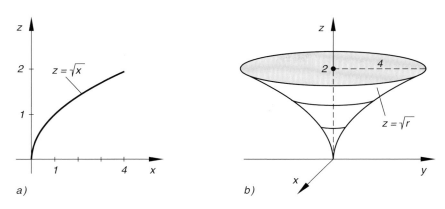

Bild III-80 Die Kurve $z = \sqrt{x}$, $0 \le x \le 4$ (Bild a)) erzeugt bei Drehung um die z-Achse einen trichterförmigen Rotationskörper (Bild b))

Die *Projektion* des Trichters in die x, y-Ebene führt zu einem kreisförmigen Bereich (A), der sich durch die Ungleichungen $0 \le r \le 4$ und $0 \le \varphi < 2\pi$ beschreiben lässt. Somit ergeben sich für das *Volumenintegral* folgende *Integrationsgrenzen*:

z-*Integration*: Von $z = \sqrt{r}$ bis $z = 2$

r-*Integration*: Von $r = 0$ bis $r = 4$

φ-*Integration*: Von $\varphi = 0$ bis $\varphi = 2\pi$

Für das *Rotationsvolumen* folgt damit nach der Integralformel (III-162):

$$V = \int_{\varphi=0}^{2\pi} \int_{r=0}^{4} \int_{z=\sqrt{r}}^{2} r \, dz \, dr \, d\varphi$$

Die Berechnung dieses Dreifachintegrals erfolgt in drei Integrationsschritten.

1. Integrationsschritt (Integration nach z):

$$\int_{z=\sqrt{r}}^{2} r \, dz = r \cdot \int_{z=\sqrt{r}}^{2} 1 \, dz = r \left[z \right]_{z=\sqrt{r}}^{2} = r \left[2 - \sqrt{r} \right] = 2r - r^{3/2}$$

2. Integrationsschritt (Integration nach r):

$$\int_{r=0}^{4} (2r - r^{3/2}) \, dr = \left[r^2 - \frac{2}{5} r^{5/2} \right]_{r=0}^{4} = 16 - \frac{2}{5} \cdot 4^{5/2} =$$

$$= 16 - \frac{2}{5} \cdot 32 = \frac{80 - 64}{5} = \frac{16}{5} = 3{,}2$$

3. Integrationsschritt (Integration nach φ):

$$\int_{\varphi=0}^{2\pi} 3{,}2\; d\varphi = 3{,}2 \cdot \int_{0}^{2\pi} 1\, d\varphi = 3{,}2 \left[\varphi\right]_{0}^{2\pi} = 3{,}2 \cdot 2\pi = 6{,}4\,\pi = 20{,}106$$

Ergebnis: $V = 20{,}106$

(2)　　Gesucht ist die *Masse m* eines *homogenen Kreiskegels* mit dem Radius *R*, der Höhe *H* und der konstanten Dichte ϱ (Bild III-81):

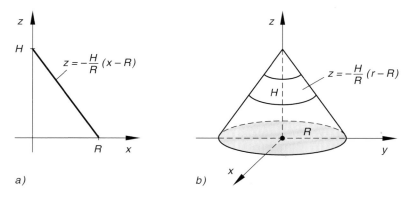

a)　　　　　　　　　　　　　b)

Bild III-81 Das in Bild a) skizzierte Geradenstück erzeugt bei Rotation um die *z*-Achse den in Bild b) dargestellten Kegel

Lösung: Der *Kegel* entsteht durch Rotation der *Geraden* $z = -\dfrac{H}{R}(x - R)$, $0 \le x \le R$ um die *z*-Achse (Bild III-81). Seine *Mantelfläche* (Rotationsfläche) wird somit durch die Funktionsgleichung $z = -\dfrac{H}{R}(r - R)$, $0 \le r \le R$ beschrieben (formale Substitution $x \to r$) und bildet die *obere* Begrenzungsfläche des Kegels. Die „Bodenfläche" ist Teil der *x, y*-Ebene $z = 0$. Die *Projektion* des Kegels in diese Ebene führt zu der Kreisfläche $0 \le r \le R$, $0 \le \varphi < 2\pi$. Damit ergeben sich folgende *Integrationsgrenzen*:

z-Integration:　　Von　　$z = 0$　　bis　　$z = -\dfrac{H}{R}(r - R)$

r-Integration:　　Von　　$r = 0$　　bis　　$r = R$

φ-Integration:　　Von　　$\varphi = 0$　　bis　　$\varphi = 2\pi$

Wir berechnen zunächst das *Kegelvolumen V* nach Gleichung (III-162):

$$V = \int_{\varphi=0}^{2\pi} \int_{r=0}^{R} \int_{z=0}^{-\frac{H}{R}(r-R)} r\; dz\, dr\, d\varphi$$

1. Integrationsschritt (Integration nach z):

$$\int\limits_{z=0}^{-\frac{H}{R}(r-R)} r\,dz = r \cdot \int\limits_{z=0}^{-\frac{H}{R}(r-R)} 1\,dz = r\left[z\right]_{z=0}^{-\frac{H}{R}(r-R)} =$$

$$= r\left[-\frac{H}{R}(r-R)\right] = -\frac{H}{R}(r^2 - Rr)$$

2. Integrationsschritt (Integration nach r):

$$\int\limits_{r=0}^{R}\left(-\frac{H}{R}\right)(r^2 - Rr)\,dr = -\frac{H}{R} \cdot \int\limits_{r=0}^{R}(r^2 - Rr)\,dr =$$

$$= -\frac{H}{R}\left[\frac{1}{3}r^3 - \frac{1}{2}Rr^2\right]_{r=0}^{R} = -\frac{H}{R}\left(\frac{1}{3}R^3 - \frac{1}{2}R^3\right) =$$

$$= -\frac{H}{R}\left(-\frac{1}{6}R^3\right) = \frac{1}{6}R^2 H$$

3. Integrationsschritt (Integration nach φ):

$$\int\limits_{\varphi=0}^{2\pi}\frac{1}{6}R^2 H\,d\varphi = \frac{1}{6}R^2 H \cdot \int\limits_{0}^{2\pi} 1\,d\varphi = \frac{1}{6}R^2 H\left[\varphi\right]_{0}^{2\pi} =$$

$$= \frac{1}{6}R^2 H \cdot 2\pi = \frac{1}{3}\pi R^2 H$$

Volumen V und Masse m betragen somit:

$$V = \frac{1}{3}\pi R^2 H$$

$$m = \varrho V = \varrho \cdot \frac{1}{3}\pi R^2 H = \frac{1}{3}\pi\varrho R^2 H \qquad \blacksquare$$

3.2.3.2 Schwerpunkt eines homogenen Körpers

In Band 1 (Kap. V, Abschnitt 10.8.1) haben wir uns bereits ausführlich mit der Berechnung des *Schwerpunktes (Massenmittelpunktes)* eines *homogenen* Körpers beschäftigt und an dieser Stelle für die *Schwerpunktkoordinaten* x_S, y_S und z_S die folgenden Integralformeln hergeleitet:

$$x_S = \frac{1}{V} \cdot \int\limits_{(V)} x \, dV, \qquad y_S = \frac{1}{V} \cdot \int\limits_{(V)} y \, dV, \qquad z_S = \frac{1}{V} \cdot \int\limits_{(V)} z \, dV \qquad \text{(III-163)}$$

Nach unseren *jetzigen* Kenntnissen handelt es sich bei diesen Definitionsformeln um *Dreifachintegrale*, für die wir verabredungsgemäß die Symbolik mit dem *dreifachen* Integralzeichen verwenden wollen. Daher gilt zusammenfassend und ergänzend:

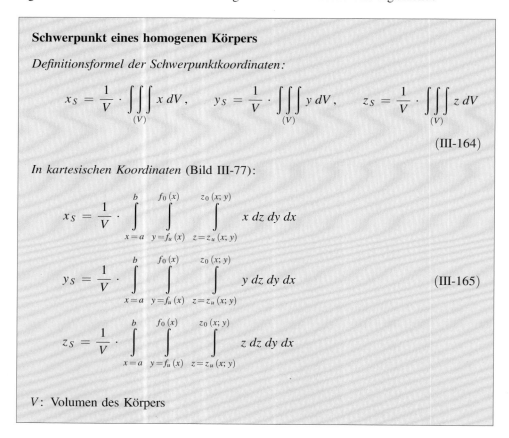

Schwerpunkt eines homogenen Körpers

Definitionsformel der Schwerpunktkoordinaten:

$$x_S = \frac{1}{V} \cdot \iiint\limits_{(V)} x \, dV, \qquad y_S = \frac{1}{V} \cdot \iiint\limits_{(V)} y \, dV, \qquad z_S = \frac{1}{V} \cdot \iiint\limits_{(V)} z \, dV$$

$$\text{(III-164)}$$

In kartesischen Koordinaten (Bild III-77):

$$x_S = \frac{1}{V} \cdot \int\limits_{x=a}^{b} \int\limits_{y=f_u(x)}^{f_0(x)} \int\limits_{z=z_u(x;y)}^{z_0(x;y)} x \, dz \, dy \, dx$$

$$y_S = \frac{1}{V} \cdot \int\limits_{x=a}^{b} \int\limits_{y=f_u(x)}^{f_0(x)} \int\limits_{z=z_u(x;y)}^{z_0(x;y)} y \, dz \, dy \, dx \qquad \text{(III-165)}$$

$$z_S = \frac{1}{V} \cdot \int\limits_{x=a}^{b} \int\limits_{y=f_u(x)}^{f_0(x)} \int\limits_{z=z_u(x;y)}^{z_0(x;y)} z \, dz \, dy \, dx$$

V: Volumen des Körpers

Bei einem *rotationssymmetrischen* Körper liegt der *Schwerpunkt S* auf der Rotationsachse. Legt man das Koordinatensystem so, dass die Rotationsachse in die z-Achse fällt, dann ist $x_S = 0$ und $y_S = 0$ (Bild III-82). In *Zylinderkoordinaten* gilt daher:

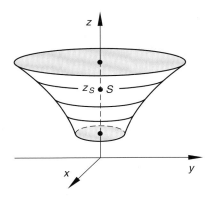

Bild III-82
Zum Schwerpunkt eines Rotationskörpers

Schwerpunkt eines homogenen Rotationskörpers

(Rotationsachse: z-Achse, Bild III-82)

Unter Verwendung von *Zylinderkoordinaten* gilt für den auf der Rotationsachse (z-Achse) liegenden *Schwerpunkt* $S = (x_S; y_S; z_S)$:

$$x_S = 0, \qquad y_S = 0, \qquad z_S = \frac{1}{V} \cdot \iiint\limits_{(V)} z\, r\, dz\, dr\, d\varphi \qquad \text{(III-166)}$$

V: Rotationsvolumen (berechnet nach der Integralformel (III-162))

■ **Beispiele**

(1) Wo liegt der *Schwerpunkt* einer *homogenen Halbkugel* mit dem Radius R (siehe Bild III-83)?

Lösung: Die *Halbkugel* entsteht durch Rotation der *Viertelkreislinie* $z = \sqrt{R^2 - x^2}$, $0 \le x \le R$ um die z-Achse. Die *obere* Begrenzungsfläche lautet damit $z = \sqrt{R^2 - r^2}$ (formale Substitution $x \rightarrow r$), die *Bodenfläche* liegt in der x, y-Ebene $z = 0$. Durch *Projektion* der Halbkugel in die x, y-Ebene erhalten wir die Kreisfläche $0 \le r \le R$, $0 \le \varphi < 2\pi$. Somit lauten die *Integrationsgrenzen* für die *Schwerpunktberechnung der Halbkugel* wie folgt:

z-*Integration:*   Von $z = 0$ bis $z = \sqrt{R^2 - r^2}$

r-*Integration:*   Von $r = 0$ bis $r = R$

φ-*Integration:*   Von $\varphi = 0$ bis $\varphi = 2\pi$

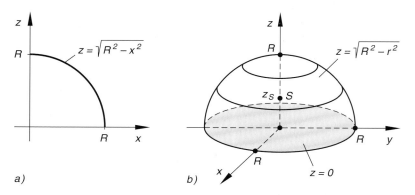

Bild III-83 Der in Bild a) skizzierte Viertelkreis erzeugt bei Drehung um die z-Achse die in Bild b) dargestellte Halbkugel

Für die z-Koordinate des *Schwerpunktes* folgt dann nach der Integralformel (III-166):

$$z_S = \frac{1}{\frac{2}{3}\pi R^3} \cdot \int_{\varphi=0}^{2\pi} \int_{r=0}^{R} \int_{z=0}^{\sqrt{R^2-r^2}} z\, r\, dz\, dr\, d\varphi$$

$\left(\text{Volumen der Halbkugel: } V = \dfrac{2}{3}\pi R^3\right)$. Wir berechnen nun dieses *dreifache Integral* in der bekannten Weise.

1. Integrationsschritt (Integration nach z):

$$\int_{z=0}^{\sqrt{R^2-r^2}} z\, r\, dz = r \cdot \int_{z=0}^{\sqrt{R^2-r^2}} z\, dz = r\left[\frac{1}{2}z^2\right]_{z=0}^{\sqrt{R^2-r^2}} = \frac{1}{2}r\left[z^2\right]_{z=0}^{\sqrt{R^2-r^2}} =$$

$$= \frac{1}{2}r(R^2-r^2) = \frac{1}{2}(R^2 r - r^3)$$

2. Integrationsschritt (Integration nach r):

$$\int_{r=0}^{R} \frac{1}{2}(R^2 r - r^3)\, dr = \frac{1}{2}\cdot\int_{r=0}^{R}(R^2 r - r^3)\, dr =$$

$$= \frac{1}{2}\left[\frac{1}{2}R^2 r^2 - \frac{1}{4}r^4\right]_{r=0}^{R} = \frac{1}{2}\left(\frac{1}{2}R^4 - \frac{1}{4}R^4\right) = \frac{1}{2}\cdot\frac{1}{4}R^4 = \frac{1}{8}R^4$$

3. Integrationsschritt (Integration nach φ):

$$\int\limits_{\varphi=0}^{2\pi} \frac{1}{8} R^4 \, d\varphi = \frac{1}{8} R^4 \cdot \int\limits_0^{2\pi} 1 \, d\varphi = \frac{1}{8} R^4 \left[\varphi \right]_0^{2\pi} = \frac{1}{8} R^4 \cdot 2\pi = \frac{\pi}{4} R^4$$

Damit ist

$$z_S = \frac{1}{\dfrac{2}{3} \pi R^3} \cdot \frac{\pi}{4} R^4 = \frac{3}{8} R$$

Der *Schwerpunkt* einer *homogenen Halbkugel* vom Radius R fällt somit in den Punkt $S = \left(0; 0; \dfrac{3}{8} R \right)$.

(2)   Der in Bild III-84 skizzierte Behälter besitzt die Form eines *Rotationsparaboloids* mit der Mantelfläche $z = r^2$. Er soll von einem Wasserreservoir aus, das sich in der x, y-Ebene befindet, bis zur Höhe $z = h_0$ mit Wasser gefüllt werden. Welche Arbeit ist dabei *mindestens* aufzuwenden?

Lösung: Die *Mindestarbeit* entspricht der *Hubarbeit*, die zu verrichten ist, um die Füllmenge m in den *Schwerpunkt* $S = (0; 0; z_S)$ des Behälters zu bringen. Die Wassermenge wird dabei aus dem Wasserreservoir $(z = 0)$ um die Strecke $h = z_S$ angehoben. Somit ist

$$W_{\text{min}} = m g h = m g z_S$$

(Hubarbeit: $W = m g h$; g: Erdbeschleunigung; h: Höhe).

Wir müssen daher die *Wassermenge* m sowie die *Schwerpunktskoordinate* z_S des rotationssymmetrischen Behälters berechnen. Zunächst jedoch bestimmen wir die *Integrationsgrenzen* für die anfallenden Integralberechnungen. Die *obere* Begrenzungsfläche des Behälters ist die zur x, y-Ebene parallele *Ebene* $z = h_0$, *Bodenfläche* ist die *Rotationsfläche* $z = r^2$. Die *Projektion* des bis zur Höhe $z = h_0$ mit Wasser gefüllten Behälters in die x, y-Ebene ergibt eines Kreisfläche mit dem Radius $R = \sqrt{h_0}$ (berechnet aus der Funktionsgleichung $z = r^2$ für $z = h_0$, siehe Bild III-84). Die *Integrationsgrenzen* lauten damit in *Zylinderkoordinaten* wie folgt:

z-Integration: Von $z = r^2$ bis $z = h_0$

r-Integration: Von $r = 0$ bis $r = \sqrt{h_0}$

φ-Integration: Von $\varphi = 0$ bis $\varphi = 2\pi$

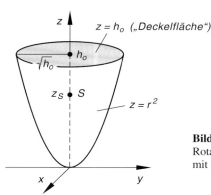

Bild III-84
Rotationsparaboloid $z = r^2$, bis zur Höhe h_0
mit Wasser gefüllt

Berechnung der Füllmenge (Wassermenge) m

Wir berechnen zunächst das *Volumen* V des Rotationsparaboloids nach der Integralformel (III-162):

$$V = \int\limits_{\varphi=0}^{2\pi} \int\limits_{r=0}^{\sqrt{h_0}} \int\limits_{z=r^2}^{h_0} r \, dz \, dr \, d\varphi$$

1. Integrationsschritt (z-Integration):

$$\int\limits_{z=r^2}^{h_0} r \, dz = r \cdot \int\limits_{z=r^2}^{h_0} 1 \, dz = r \left[z \right]_{z=r^2}^{h_0} = r(h_0 - r^2) = h_0 r - r^3$$

2. Integrationsschritt (r-Integration):

$$\int\limits_{r=0}^{\sqrt{h_0}} (h_0 r - r^3) \, dr = \left[\frac{1}{2} h_0 r^2 - \frac{1}{4} r^4 \right]_{r=0}^{\sqrt{h_0}} = \frac{1}{2} h_0^2 - \frac{1}{4} h_0^2 = \frac{1}{4} h_0^2$$

3. Integrationsschritt (φ-Integration):

$$\int\limits_{\varphi=0}^{2\pi} \frac{1}{4} h_0^2 \, d\varphi = \frac{1}{4} h_0^2 \cdot \int\limits_{0}^{2\pi} 1 \, d\varphi = \frac{1}{4} h_0^2 \left[\varphi \right]_{0}^{2\pi} = \frac{1}{4} h_0^2 \cdot 2\pi = \frac{1}{2} \pi h_0^2$$

Ergebnis: $\quad V = \dfrac{1}{2} \pi h_0^2 \quad$ und $\quad m = \varrho V = \dfrac{1}{2} \pi \varrho h_0^2$

$(\varrho$: Dichte des Wassers$)$

Berechnung der Schwerpunktkoordinate z_S des Behälters

Wir berechnen die *Schwerpunktkoordinate z_S* mit Hilfe der Integralformel (III-166):

$$z_S = \frac{1}{\frac{1}{2}\pi h_0^2} \cdot \int\limits_{\varphi=0}^{2\pi} \int\limits_{r=0}^{\sqrt{h_0}} \int\limits_{z=r^2}^{h_0} z\, r\, dz\, dr\, d\varphi$$

1. Integrationsschritt (z-Integration):

$$\int\limits_{z=r^2}^{h_0} z\, r\, dz = r \cdot \int\limits_{z=r^2}^{h_0} z\, dz = r \left[\frac{1}{2} z^2\right]_{z=r^2}^{h_0} = \frac{1}{2} r \left[z^2\right]_{z=r^2}^{h_0} =$$

$$= \frac{1}{2} r \left(h_0^2 - r^4\right) = \frac{1}{2} \left(h_0^2 r - r^5\right)$$

2. Integrationsschritt (r-Integration):

$$\int\limits_{r=0}^{\sqrt{h_0}} \frac{1}{2} \left(h_0^2 r - r^5\right) dr = \frac{1}{2} \cdot \int\limits_{r=0}^{\sqrt{h_0}} \left(h_0^2 r - r^5\right) dr =$$

$$= \frac{1}{2} \left[\frac{1}{2} h_0^2 r^2 - \frac{1}{6} r^6\right]_{r=0}^{\sqrt{h_0}} = \frac{1}{2} \left[\frac{1}{2} h_0^3 - \frac{1}{6} h_0^3\right] = \frac{1}{2} \cdot \frac{2}{6} h_0^3 = \frac{1}{6} h_0^3$$

3. Integrationsschritt (φ-Integration):

$$\int\limits_{\varphi=0}^{2\pi} \frac{1}{6} h_0^3\, d\varphi = \frac{1}{6} h_0^3 \cdot \int\limits_{0}^{2\pi} 1\, d\varphi = \frac{1}{6} h_0^3 \left[\varphi\right]_{0}^{2\pi} = \frac{1}{6} h_0^3 \cdot 2\pi = \frac{1}{3} \pi h_0^3$$

Ergebnis: $\quad z_S = \dfrac{1}{\frac{1}{2}\pi h_0^2} \cdot \dfrac{1}{3} \pi h_0^3 = \dfrac{2}{3} h_0$

Berechnung der Arbeit beim Füllen des Behälters

Die *Mindestarbeit* zum Füllen des Wasserbehälters beträgt damit

$$W_{\min} = m\, g\, z_S = \frac{1}{2} \pi \varrho\, h_0^2\, g \cdot \frac{2}{3} h_0 = \frac{1}{3} \pi \varrho\, g\, h_0^3 \qquad \blacksquare$$

3.2.3.3 Massenträgheitsmomente

Die im Zusammenhang mit *Drehbewegungen* und *Rotationen* starrer Körper auftretenden *Massenträgheitsmomente* wurden bereits in Band 1 in den Anwendungen der Integralrechnung behandelt (Kap. V, Abschnitt 10.9). Das Massenträgheitsmoment stellte sich dabei als eine physikalische Größe dar, die noch in starkem Maße von der *räumlichen Verteilung* der Körpermasse um die Dreh- oder Bezugsachse abhängig ist.

Definitionsgemäß liefert ein *Massenelement dm* des Körpers den infinitesimal kleinen Beitrag

$$dJ = r_A^2 \, dm = r_A^2 \, (\varrho \, dV) = \varrho \, r_A^2 \, dV \tag{III-167}$$

zum Massenträgheitsmoment J des Gesamtkörpers, bezogen auf eine bestimmte Achse A nach Bild III-85. r_A ist dabei der *senkrechte* Abstand des Massen- bzw. Volumenelementes von der Bezugsachse A, ϱ die konstante Dichte des Körpers $(dm = \varrho \, dV)$.

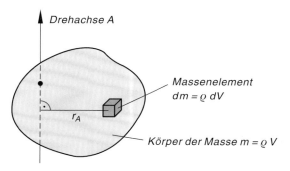

Drehachse A

Massenelement
$dm = \varrho \, dV$

r_A

Körper der Masse $m = \varrho \, V$

Bild III-85
Zum Begriff des Massenträgheitsmomentes

Für das Massenträgheitsmoment eines *homogenen* Körpers erhalten wir dann durch Aufsummieren, d. h. Integration der Gleichung (III-167) die folgende Integralformel:

Massenträgheitsmoment eines homogenen Körpers (Bild III-85)

Definitionsformel:

$$J = \varrho \cdot \iiint\limits_{(V)} r_A^2 \, dV \tag{III-168}$$

In kartesischen Koordinaten (Bezugsachse ist die z-Achse, siehe Bild III-77):

$$J = \varrho \cdot \int\limits_{x=a}^{b} \int\limits_{y=f_u(x)}^{f_o(x)} \int\limits_{z=z_u(x;y)}^{z_o(x;y)} (x^2 + y^2) \, dz \, dy \, dx \tag{III-169}$$

Dabei bedeuten:

r_A: Senkrechter Abstand des Volumenelementes dV von der Bezugsachse A

ϱ: Konstante Dichte des Körpers

Anmerkungen

(1) Um Verwechslungen mit der *Zylinderkoordinate* r zu vermeiden, bezeichnen wir den Abstand des *Volumenelementes* dV von der Bezugsachse A mit r_A. Nur wenn die Bezugsachse A in die z-Achse fällt, ist $r_A = r$.

(2) Bei Verwendung *kartesischer* Koordinaten gilt $r_A^2 = x^2 + y^2$. Diese Beziehung wurde bereits in der Integralformel (III-169) berücksichtigt (Bezugsachse ist die z-Achse).

(3) Wir erinnern an den *Satz von Steiner*: Für eine zur *Schwerpunktachse* S im Abstand d *parallel* verlaufende Bezugsachse A gilt (Bild III-86):

$$J_A = J_S + m d^2 \tag{III-170}$$

(J_S: Massenträgheitsmoment bezüglich der *Schwerpunktachse*)

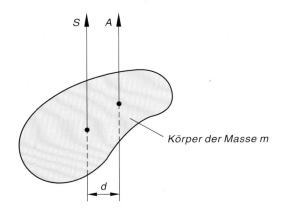

Bild III-86
Zum Satz von Steiner

Körper der Masse m

Wir betrachten nun einen zur z-Achse *rotationssymmetrischen homogenen* Körper (Bild III-87). Sein *Massenträgheitsmoment* J_z, bezogen auf die *Rotationsachse* (z-Achse) besitzt dann in *Zylinderkoordinaten* eine besonders einfache Form (es ist jetzt $r_A = r$ und $dV = r\, dz\, dr\, d\varphi$):

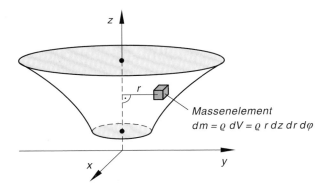

Massenelement
$dm = \varrho\, dV = \varrho\, r\, dz\, dr\, d\varphi$

Bild III-87
Zum Massenträgheitsmoment eines Rotationskörpers bezüglich der Drehachse

---

Massenträgheitsmoment eines homogenen Rotationskörpers, bezogen auf die Rotationsachse (z-Achse; Bild III-87)

Unter Verwendung von Zylinderkoordinaten gilt:

$$J_z = \varrho \cdot \iiint\limits_{(V)} r^3 \, dz \, dr \, d\varphi \qquad\qquad (\text{III-171})$$

ϱ: Konstante Dichte des Körpers

■   **Beispiele**

(1)   Man bestimme das *Massenträgheitsmoment* eines *homogenen Würfels* mit der Kantenlänge a und der konstanten Dichte ϱ

   a) bezüglich einer *Kante*,

   b) bezüglich einer *kantenparallelen Schwerpunktachse*.

Lösung:

   a) Wir legen der Rechnung das in Bild III-88 skizzierte *kartesische* Koordinatensystem zugrunde. Als *Bezugsachse* wählen wir die *z-Achse*, die *Integration* ist dabei über den Bereich (Würfel) $0 \le x \le a$, $0 \le y \le a$, $0 \le z \le a$ zu erstrecken. Wir erhalten damit die folgenden *Integrationsgrenzen*:

z-Integration:	Von	$z = 0$	bis	$z = a$
y-Integration:	Von	$y = 0$	bis	$y = a$
x-Integration:	Von	$x = 0$	bis	$x = a$

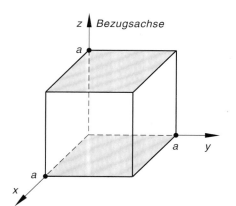

Bild III-88
Zur Berechnung des Massenträgheitsmomentes eines Würfels bezüglich einer Kante (z-Achse)

Die Anwendung der Integralformel (III-169) liefert dann für das *Massenträgheitsmoment* J_z:

$$J_z = \varrho \cdot \int\limits_{x=0}^{a} \int\limits_{y=0}^{a} \int\limits_{z=0}^{a} (x^2 + y^2) \, dz \, dy \, dx$$

Wir führen nun die einzelnen Integrationsschritte nacheinander aus.

1. Integrationsschritt (z-Integration):

$$\int\limits_{z=0}^{a} (x^2 + y^2) \, dz = (x^2 + y^2) \cdot \int\limits_{z=0}^{a} 1 \, dz = (x^2 + y^2) \left[z \right]_{z=0}^{a} =$$

$$= (x^2 + y^2) a = a (x^2 + y^2)$$

2. Integrationsschritt (y-Integration):

$$\int\limits_{y=0}^{a} a (x^2 + y^2) \, dy = a \cdot \int\limits_{y=0}^{a} (x^2 + y^2) \, dy = a \left[x^2 y + \frac{1}{3} y^3 \right]_{y=0}^{a} =$$

$$= a \left(a x^2 + \frac{1}{3} a^3 \right) = a^2 \left(x^2 + \frac{1}{3} a^2 \right)$$

3. Integrationsschritt (x-Integration):

$$\int\limits_{x=0}^{a} a^2 \left(x^2 + \frac{1}{3} a^2 \right) dx = a^2 \cdot \int\limits_{0}^{a} \left(x^2 + \frac{1}{3} a^2 \right) dx =$$

$$= a^2 \left[\frac{1}{3} x^3 + \frac{1}{3} a^2 x \right]_{0}^{a} = a^2 \left(\frac{1}{3} a^3 + \frac{1}{3} a^3 \right) = a^2 \cdot \frac{2}{3} a^3 = \frac{2}{3} a^5$$

Das *Massenträgheitsmoment* eines *homogenen Würfels*, bezogen auf eine *Kante*, beträgt somit:

$$J_z = \varrho \cdot \frac{2}{3} a^5 = \frac{2}{3} \underbrace{(\varrho a^3)}_{m \,=\, \varrho V} a^2 = \frac{2}{3} m a^2$$

($V = a^3$: Volumen des Würfels; $m = \varrho V = \varrho a^3$: Masse des Würfels)

b) Wir berechnen nun das *Massenträgheitsmoment* J_S des *Würfels* bezüglich der zur *z*-Achse parallelen *Schwerpunktachse* *S* mit Hilfe des *Steinerschen Satzes*. Der Abstand *d* der beiden Achsen entspricht dabei nach Bild III-89 genau der *halben* Länge der *Flächendiagonale* des Würfels: $d = \dfrac{a}{2} \sqrt{2}$.

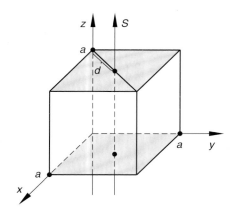

Bild III-89
Zur Berechnung des
Massenträgheitsmomentes
eines Würfels bezüglich
einer kantenparallelen
Schwerpunktachse S

Nach dem *Satz von Steiner* ist dann:

$$J_z = J_S + m d^2 \quad \Rightarrow$$

$$J_S = J_z - m d^2 = \frac{2}{3} m a^2 - m \left(\frac{a}{2} \sqrt{2} \right)^2 = \frac{2}{3} m a^2 - \frac{1}{2} m a^2 =$$

$$= \frac{4}{6} m a^2 - \frac{3}{6} m a^2 = \frac{1}{6} m a^2$$

Wir erhalten nur den *vierten* Teil des Massenträgheitsmomentes J_z:

$$J_S = \frac{1}{4} J_z = \frac{1}{4} \cdot \frac{2}{3} m a^2 = \frac{1}{6} m a^2$$

Physikalische Begründung: Die Massenelemente des Würfels besitzen bezüglich der Schwerpunktachse S *im Mittel* einen erheblich *kleineren* Abstand im Vergleich zur z-Achse.

(2)　Bild III-90 zeigt den Querschnitt eines *Flügels* der Dicke $d = 0{,}05$ m. Wir wollen sein *Massenträgheitsmoment*, bezogen auf die zur Querschnittsfläche *senkrechte* z-Achse, berechnen (Materialdichte: $\varrho = 4500 \, \text{kg} \cdot \text{m}^{-3}$; Radius: $R = 1$ m).

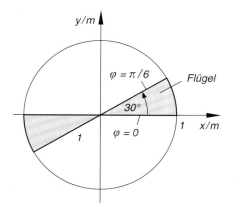

Bild III-90
Zur Berechnung des
Massenträgheitsmomentes
eines Flügels

Wir legen die Grundfläche des Flügels in die x, y-Ebene. Die Deckfläche befindet sich dann in der *Parallelebene* mit der Gleichung $z = d = 0,05\,\text{m}$. In Zylinderkoordinaten ergeben sich damit bei Beschränkung auf den 1. Quadrant folgende *Integrationsgrenzen*:

z-*Integration*:   Von $z = 0$ bis $z = 0,05\,\text{m}$

r-*Integration*:   Von $r = 0$ bis $r = 1\,\text{m}$

φ-*Integration*:   Von $\varphi = 0$ bis $\varphi = \pi/6$

Nach der Integralformel (III-171) erhalten wir dann für das *Massenträgheitsmoment* J_z des *Flügels* das dreifache Integral

$$J_z = 2 \cdot 4500\,\text{kg} \cdot \text{m}^{-3} \cdot \int\limits_{\varphi=0}^{\pi/6} \int\limits_{r=0}^{1\,\text{m}} \int\limits_{z=0}^{0,05\,\text{m}} r^3 \, dz \, dr \, d\varphi$$

das wir nun in der gewohnten Weise berechnen (Faktor 2, da der Flügel aus zwei gleichen Teilen besteht).

1. Integrationsschritt (z -Integration):

$$\int\limits_{z=0}^{0,05\,\text{m}} r^3 \, dz = r^3 \cdot \int\limits_{z=0}^{0,05\,\text{m}} 1 \, dz = r^3 \left[z \right]_{z=0}^{0,05\,\text{m}} = r^3 \cdot 0,05\,\text{m} = 0,05\,\text{m} \cdot r^3$$

2. Integrationsschritt (r-Integration):

$$\int\limits_{r=0}^{1\,\text{m}} 0,05\,\text{m} \cdot r^3 \, dr = 0,05\,\text{m} \cdot \int\limits_{r=0}^{1\,\text{m}} r^3 \, dr = 0,05\,\text{m} \left[\frac{1}{4} r^4 \right]_{r=0}^{1\,\text{m}} =$$

$$= 0,05\,\text{m} \cdot \frac{1}{4}\,\text{m}^4 = 0,012\,5\,\text{m}^5$$

3. Integrationsschritt (φ-Integration):

$$\int\limits_{\varphi=0}^{\pi/6} 0,0125\,\text{m}^5 \, d\varphi = 0,0125\,\text{m}^5 \cdot \int\limits_{\varphi=0}^{\pi/6} 1 \, d\varphi = 0,0125\,\text{m}^5 \left[\varphi \right]_{0}^{\pi/6} =$$

$$= 0,0125\,\text{m}^5 \cdot \frac{\pi}{6} = 0,006\,545\,\text{m}^5$$

Das gesuchte *Massenträgheitsmoment des Flügels* beträgt somit

$$J_z = 2 \cdot 4500\,\text{kg} \cdot \text{m}^{-3} \cdot 0,006\,545\,\text{m}^5 \approx 58,9\,\text{kg} \cdot \text{m}^2 \qquad \blacksquare$$

Übungsaufgaben

Zu Abschnitt 1

1) Bestimmen und skizzieren Sie den *Definitionsbereich* der folgenden Funktionen:

   a) $z = \sqrt{y - 2x}$ b) $z = \sqrt{(x^2 - 1)(9 - y^2)}$

   c) $z = \dfrac{\sqrt{x + y}}{x - y}$ d) $z = \sqrt{x^2 + y^2 - 1}$

2) Berechnen Sie die Schnittpunkte der Ebene $2x - 5y + 3z = 1$ mit den Koordinatenachsen. Welche der folgenden Punkte liegen *in* der Ebene, welche *unterhalb* bzw. *oberhalb* der Ebene?

   $$A = (1; 2; 3), \quad B = (2; -3; -4), \quad C = (-4; 2; 0), \quad D = (0; 0; 0)$$

3) Skizzieren Sie die *Höhenlinien* der folgenden Funktionen (Flächen):

   a) $z = x^2 + y^2 - 2y$ b) $z = 3x + 6y$ c) $z = \sqrt{y - x^2}$

4) Skizzieren Sie den Rotationskörper, der durch Drehung der Kurve $z = \sqrt{4 - x^2}$ um die z-Achse entsteht. Wie lautet die Funktionsgleichung der *Rotationsfläche*, für welche Wertepaare $(x; y)$ ist diese Funktion definiert? Bestimmen Sie ferner die Schnittkurven der Fläche mit den drei Koordinatenebenen (*Schnittkurvendiagramme*).

Zu Abschnitt 2

1) Bestimmen Sie die *partiellen Ableitungen 1. und 2. Ordnung* der folgenden Funktionen:

   a) $z(x; y) = (3x - 5y)^4$ b) $w(u; v) = 2 \cdot \cos(3uv)$

   c) $z(x; y) = \dfrac{x^2 - y^2}{x + y}$ d) $z(r; \varphi) = 3r \cdot e^{r\varphi}$

   e) $z(x; y) = \sqrt{x^2 - 2xy}$ f) $z(x; y) = e^{-x+y} + \ln\left(\dfrac{x}{y}\right)$

   g) $z(x; y) = \arctan\left(\dfrac{x}{y}\right)$ h) $z(x; y) = \ln\sqrt{x^2 + y^2}$

   i) $u(x; t) = \dfrac{x - 2t}{2x + t}$ j) $z(t; \varphi) = \sin(at + \varphi)$

2) $z = f(x; y) = 5x \cdot e^{-xy} + \ln\sqrt{x^2 + y^2} + \cos(\pi x + y)$

   Berechnen Sie: $z_x(1; 0), \quad z_y(0; 1), \quad z_{xy}(-1; 0), \quad z_{yy}(5; 0), \quad z_{xyx}(-1; 0)$

3) Gegeben ist die Funktion $z(x; y) = 3xy - \cos(x - y) + x^3 y^5$.
Zeigen Sie die *Gleichheit* der folgenden partiellen Ableitungen 2. bzw. 3. Ordnung (*Satz von Schwarz*):

a) $z_{xy} = z_{yx}$ b) $z_{xxy} = z_{xyx} = z_{yxx}$

4) Zeigen Sie: Die Funktion $u(x; y; z) = \dfrac{a}{\sqrt{x^2 + y^2 + z^2}} + b$ ist eine Lösung

der sog. *Laplace-Gleichung* $\Delta u = u_{xx} + u_{yy} + u_{zz} = 0$ (a, b: Konstante).

5) Welchen *Anstieg* besitzt die Bildfläche von

$$z = 3x \cdot \ln \sqrt{x^2 + y^2} - \cos(xy^2 - \pi x)$$

an der Stelle $x = 1, y = 0$?

6) Zeigen Sie: Die Funktion $z = a \cdot e^{x/y}$ erfüllt die Gleichung $xz_x + yz_y = 0$
(a: Konstante).

7) Differenzieren Sie die jeweilige Funktion $z = f(x; y)$ mit $x = x(t)$, $y = y(t)$
nach dem Parameter t unter Verwendung der *verallgemeinerten Kettenregel*:

a) $z = e^{xy}$ mit $x = t^2$, $y = t$

b) $z = x \cdot \ln y$ mit $x = \sin t$, $y = \cos t$

c) $z = x^2 \cdot \sin(2y)$ mit $x = t^2$, $y = t^3$

8) Bestimmen Sie die totale Ableitung der Funktion $z = \tan(xy)$ längs der Kurve
$y = x^3$.

9) Wie lautet die *totale Ableitung* der Funktion $z = \ln(x^4 + y)$ mit $y = x^2$ an
der Stelle $x = 1$?

10) Differenzieren Sie die Funktion $z = x^2 y^2 + \sqrt{x}$ mit $x = t^2$, $y = \sqrt{t}$ nach
dem Parameter t

a) unter Verwendung der *verallgemeinerten Kettenregel*,
b) nach Einsetzen der beiden Parametergleichungen in die Funktionsgleichung.

11) Bestimmen Sie die Gleichung der *Tangentialebene* in P:

a) $z = (x^2 + y^2) \cdot e^{-x}$, $P = (0; 1; 1)$

b) $z = 3 \cdot \sqrt{\dfrac{x^2}{y}} + 2 \cdot \cos(\pi(x + 2y))$, $P = (2; 1; ?)$

12) Man bestimme das *totale* oder *vollständige Differential* der folgenden Funktionen:

a) $z(x; y) = 4x^3 y - 3x \cdot e^y$ b) $z(x; t) = \dfrac{t^2 + x}{2t - 4x}$

c) $z(x; y) = \dfrac{x^2 + y^2}{x - y}$ d) $u(x; y; z) = \ln \sqrt{x^2 + y^2 + z^2}$

13) Berechnen Sie unter Verwendung des *totalen Differentials* die Oberflächenänderung $\Delta O \approx dO$ eines Zylinders mit Boden und Deckel, dessen Radius $r = 10\,\text{cm}$ um 5 % *vergrößert* und dessen Höhe $h = 25\,\text{cm}$ gleichzeitig um 2 % *verkleinert* wurde und vergleichen Sie diesen Näherungswert mit der exakten Änderung ΔO_{exakt}.

14) Der Raumpunkt $P = (x; y; z)$ besitzt vom Koordinatenursprung den Abstand $r = r(x; y; z) = \sqrt{x^2 + y^2 + z^2}$. Wie ändert sich der Abstand des Punktes $A = (1; 2; 0)$, wenn man ihn in den Punkt $B = (0,9; 2,2; -0,1)$ verschiebt?

   Anleitung: Näherungsweise Berechnung über das *totale Differential* sowie exakte Berechnung.

15) Gegeben ist ein Hohlzylinder mit dem Innenradius $r_i = 6\,\text{cm}$, dem Außenradius $r_a = 10\,\text{cm}$ und der Höhe $h = 20\,\text{cm}$. Berechnen Sie mit Hilfe des *totalen Differentials* die Volumenänderung $\Delta V \approx dV$, die dieser Zylinder erfährt, wenn man die Größen r_i, r_a und h wie folgt verändert: $\Delta r_i = 0,2\,\text{cm}$, $\Delta r_a = -0,4\,\text{cm}$, $\Delta h = 0,7\,\text{cm}$. Vergleichen Sie diesen Näherungswert mit dem exakten Wert ΔV_{exakt}.

16) Die Schwingungsdauer T eines ungedämpften elektromagnetischen Schwingkreises lässt sich aus der Induktivität L und der Kapazität C nach der Formel $T = 2\pi\sqrt{LC}$ bestimmen. Berechnen Sie mit Hilfe des *vollständigen Differentials* die prozentuale Änderung von T, wenn die Induktivität um 5 % verkleinert und die Kapazität gleichzeitig um 3 % vergrößert wird.

   Anleitung: Gehen Sie von den (festen) Werten L_0 und C_0 aus und berechnen Sie zunächst die *absolute Änderung* $\Delta T \approx dT$ von T.

17) Man *linearisiere* die Funktion $z = 5\dfrac{y^2}{x}$ in der Umgebung von $x = 1$, $y = 2$, berechne mit dieser Näherungsfunktion den Funktionswert an der Stelle $x = 1,1$, $y = 1,8$ und vergleiche diesen Näherungswert mit dem exakten Funktionswert.

18) Der in Bild III-91 dargestellte Stromkreis enthält zwei *variable* ohmsche Widerstände R_1 und R_2 in Parallelschaltung sowie eine *variable* Spannungsquelle U. Der Gesamtstrom I wird dann nach der Formel

$$I = I(R_1; R_2; U) = \frac{R_1 + R_2}{R_1 R_2}\, U$$

berechnet. *Linearisieren* Sie diese Funktion in der Umgebung des sog. Arbeitspunktes $R_1 = 20\,\Omega$, $R_2 = 5\,\Omega$, $U = 10\,\text{V}$.

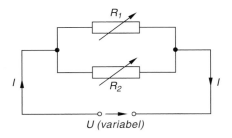

Bild III-91

U (variabel)

19) Das Widerstandsmoment W eines Balkens mit rechteckigem Querschnitt wird nach der Formel

$$W = W(b; h) = \frac{1}{6} b h^2$$

berechnet (b: Breite des Balkens; h: Höhe des Balkens). Welche *prozentuale* Änderung erfährt das Widerstandsmoment eines Balkens der Breite $b = 18\,\text{cm}$ und der Dicke $h = 10\,\text{cm}$, wenn man die Balkenbreite um 5% vergrößert und gleichzeitig die Balkendicke um 10% verkleinert?

Anleitung: Berechnung mit Hilfe des *totalen Differentials*.

20) $F(x; y) = (x^2 + y^2)^2 - 2(x^2 - y^2) = 0$ ist die Gleichung einer Kurve in *impliziter* Form.

a) Bestimmen Sie die Tangentensteigung im Kurvenpunkt $P = (x; y)$.

b) Zeigen Sie, dass die Kurve im Punkt $P_1 = \left(-\frac{1}{2}\sqrt{3};\ \frac{1}{2} \right)$ eine *waagerechte* Tangente besitzt.

21) Bestimmen Sie die Gleichung der Tangente im Punkt $P_0 = (2; y < 0)$ der Kurve $x^2 + xy + y^2 = 4$.

22) $F(x; y) = 2x^3 + 6y^3 - 24y + 6x = 0$

Unter welchen Winkeln schneidet diese in der *impliziten* Form gegebene Kurve die Koordinatenachsen?

Anleitung: Man berechne zunächst die Schnittpunkte mit den beiden Achsen.

23) In welchen Punkten besitzt die Kurve mit der Gleichung $x^3 - 3x^2 + 4y^2 = 4$ *waagerechte* Tangenten?

24) Bestimmen Sie die *relativen Extremwerte* der folgenden Funktionen:

a) $z = 3xy^2 + 4x^3 - 3y^2 - 12x^2 + 1$

b) $z = (x^2 + y^2) \cdot e^{-x}$

c) $z = xy - 27\left(\frac{1}{x} - \frac{1}{y} \right)$

d) $z = \sqrt{1 + x^2 + y^2}$

e) $z = 2x^3 - 3xy + 3y^3 + 1$

25) Einer Mittelpunktsellipse mit den Halbachsen a und b ist ein *achsenparalleles* Rechteck so einzuschreiben, dass die Rechtecksfläche A *möglichst groß* wird (Bild III-92).

26) Wie muss man den Öffnungswinkel α eines kegelförmigen Trichters vom Volumen $V = 10\,\text{dm}^3$ wählen, damit der Materialverbrauch *möglichst klein* wird ($0° \leq \alpha < 180°$; siehe Bild III-93)?

Hinweis: Der Mantel soll aus einem *homogenen* Blech *konstanter* Dicke hergestellt werden.

27) Bestimmen Sie die *Extremwerte* der Funktion $z = x + y$ unter der Nebenbedingung $x^2 + y^2 = 1$.

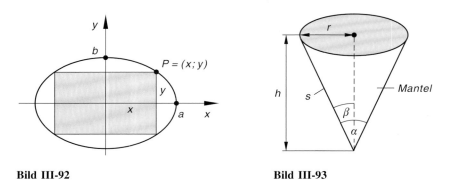

Bild III-92   **Bild III-93**

28) Bestimmen Sie die Parameter a und b in den Exponentialfunktionen $y_1 = e^{ax}$ und $y_2 = e^{-bx}$ so, dass sich die beiden Kurven *rechtwinklig* schneiden und dabei mit der x-Achse einen *möglichst kleinen* Flächeninhalt A einschließen ($a > 0, b > 0$; siehe Bild III-94).

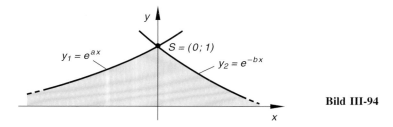

Bild III-94

29) Wie muss man die Seiten x und y eines Rechtecks wählen, damit es bei fest vorgegebenem Umfang U einen *möglichst großen* Flächeninhalt besitzt?

30) Welcher Punkt der Ebene $2x + 3y + z = 14$ hat vom Koordinatenursprung den *kleinsten* Abstand d?

31) In einem rechtwinkligen Dreieck wurden der Winkel α und die Hypotenuse c wie folgt gemessen (Bild III-95):

$\alpha = (32 \pm 0,5)^\circ$

$c = (8 \pm 0,2)\,\text{cm}$

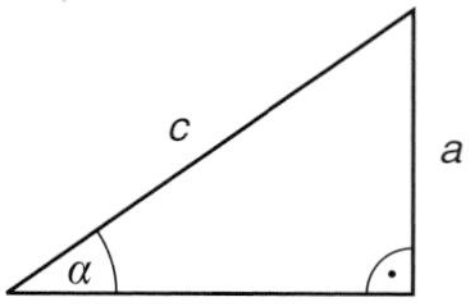

Bild III-95

Welches Messergebnis erhält man daraus für die *Gegenkathete* a?

32) Kapazität C und Induktivität L eines ungedämpften elektromagnetischen Schwingkreises wurden wie folgt gemessen:

$C = (5,0 \pm 0,2)\,\mu\text{F}, \qquad L = (0,20 \pm 0,01)\,\text{H}$

Bestimmen Sie die Schwingungsdauer T nach der Formel $T = 2\pi \sqrt{LC}$ sowie den (absoluten) *Maximalfehler* von T.

33) Mit einer Brückenschaltung wurden die Einzelwiderstände R_1 und R_2 wie folgt je 6-mal gemessen:

i	1	2	3	4	5	6
$\dfrac{R_1}{\Omega}$	96,5	97,2	98,6	95,9	97,1	96,7
$\dfrac{R_2}{\Omega}$	40,1	42,3	41,5	40,7	41,9	42,5

a) Wie lauten die *Messergebnisse* für die beiden Widerstände?

b) Der *Gesamtwiderstand* R der *Parallelschaltung* aus R_1 und R_2 wird nach der Formel

$$\frac{1}{R} = \frac{1}{R_1} + \frac{1}{R_2} \qquad \text{oder} \qquad R = R(R_1; R_2) = \frac{R_1 R_2}{R_1 + R_2}$$

berechnet. Wie wirken sich die Messunsicherheiten ΔR_1 und ΔR_2 auf die (maximale) Messunsicherheit des *Gesamtwiderstandes* aus? Geben Sie das Messergebnis für die „indirekte" Messgröße R in der üblichen Form an.

34) Das *Widerstandsmoment* W eines Balkens mit rechteckigem Querschnitt wird nach der Formel

$$W = W(b; h) = \frac{1}{6} b h^2$$

berechnet (b: Breite des Balkens; h: Höhe (Dicke) des Balkens). Für b und h wurden folgende Messwerte ermittelt:

i	1	2	3	4	5	6
$\dfrac{b_i}{\text{cm}}$	18,0	17,6	17,9	18,2	18,3	18,0
$\dfrac{h_i}{\text{cm}}$	10,3	10,1	9,7	9,8	10,3	9,8

a) Bestimmen Sie zunächst die *Mittelwerte* und *Messunsicherheiten* der unabhängigen Messgrößen b und h.

b) Welches *Messergebnis* erhält man daraus für die „indirekte" (abhängige) Messgröße W?

35) Für den Radius R und die Dichte ϱ einer homogenen Kugel wurden die Werte (Mittelwerte) $\bar{R} = 12{,}2 \, \text{cm}$ und $\bar{\varrho} = 2{,}50 \, \text{g/cm}^3$ ermittelt. Eine *Schätzung* der zugehörigen Messunsicherheiten ergab $\Delta R = 0{,}15 \, \text{cm}$ und $\Delta \varrho = 0{,}11 \, \text{g/cm}^3$. Welche *Masse* m besitzt die Kugel, mit welchem *Maximalwert* für die *Messunsicherheit* von m muss man dabei rechnen?

Zu Abschnitt 3

1) Berechnen Sie die folgenden *Doppelintegrale*:

   a) $I = \displaystyle\int\limits_{x=0}^{1} \int\limits_{y=1}^{e} \frac{x^2}{y} \, dy \, dx$ b) $I = \displaystyle\int\limits_{x=0}^{3} \int\limits_{y=0}^{1-x} (2xy - x^2 - y^2) \, dy \, dx$

2) Berechnen Sie den Flächeninhalt zwischen den Kurven $y = \cos x$ und $y = x^2 - 2$.

   Anleitung: Berechnung der Kurvenschnittpunkte nach dem *Newtonschen Tangentenverfahren*.

3) Berechnen Sie die Fläche zwischen der Parabel $y = x^2$ und der Geraden $y = -x + 6$.

4) Berechnen Sie den Flächeninhalt, den die *Archimedische Spirale* mit der Kurvengleichung $r(\varphi) = a\varphi$ im Intervall $0 \leq \varphi < 2\pi$ einschließt (a: Konstante, $a > 0$).

5) Welche Fläche wird von der *logarithmischen Spirale* $r(\varphi) = e^{0{,}1\varphi}$ und den Strahlen $\varphi = \dfrac{\pi}{3}$ und $\varphi = \dfrac{3}{2}\pi$ eingeschlossen?

6) Skizzieren Sie die Kurve $r(\varphi) = \sqrt{2 \cdot \sin(2\varphi)}$ im Intervall $0 \leq \varphi < 2\pi$ und berechnen Sie die von ihr umrandete Fläche.

   Anleitung: Bei der Lösung der Aufgabe ist zu beachten, dass nach unserer Definition der Polarkoordinaten nur solche Winkelbereiche in Frage kommen, in denen $r \geq 0$ ist!

7) Gegeben sind die Kurven mit den Funktionsgleichungen $y = -x(x - 3)$ und $y = -2x$.

   a)   Welche *Fläche* schließen sie ein?

   b)   Bestimmen Sie den Flächenschwerpunkt.

8) Berechnen Sie den Schwerpunkt der von der *Kardiode* $r(\varphi) = 1 + \cos\varphi$, $0 \leq \varphi < 2\pi$ begrenzten Fläche.

9) Wo liegt der Schwerpunkt der von den Parabeln $y = 2 - 3x^2$ und $y = -x^2$ begrenzten Fläche?

10) Berechnen Sie den Schwerpunkt der
     in Bild III-96 skizzierten Fläche.

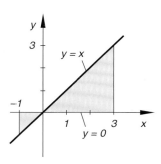

     Bild III-96

11) Berechnen Sie den Schwerpunkt der von den Kurven $y = \ln x$, $y = 0{,}1\,x - 0{,}1$
     und $x = 5$ begrenzten Fläche.

12) Berechnen Sie den Schwerpunkt der Fläche, die durch die *Kardioide*
     $r = 1 + \cos \varphi$, den Mittelpunktskreis $r = 2$ und die beiden Strahlen $\varphi = 0$
     und $\varphi = \pi$ berandet wird.

13) Berechnen Sie die axialen Flächenmomente I_x und I_y sowie das polare Flächen-
     moment I_p einer Viertelkreisfläche (Radius: R).

14) Für das in Bild III-97 skizzierte Flächenstück berechne man mit Hilfe von Doppel-
     integralen:

     a) Flächeninhalt A,
     b) Schwerpunkt S und
     c) Flächenmomente I_x, I_y, I_p.

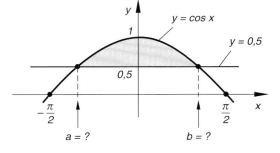

         Bild III-97

15) Ein Träger besitze das in Bild III-98 skizzierte Profil. Berechnen Sie die Flächen-
     momente I_x, I_y und I_p.

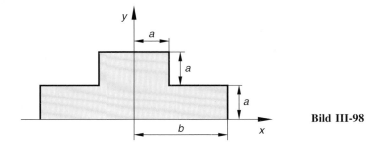

                                          Bild III-98

16)   Berechnen Sie das polare Flächenmoment I_p des in Bild III-99 skizzierten Flächenstücks.

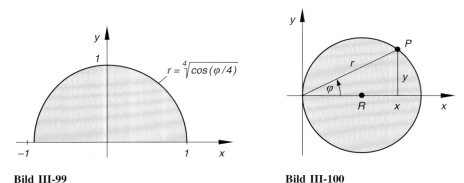

Bild III-99   **Bild III-100**

17)   Berechnen Sie für die in Bild III-100 skizzierte Kreisfläche die Flächenmomente I_x, I_y und I_p

a)   auf direktem Wege über Doppelintegrale,

b)   unter Verwendung des *Satzes von Steiner*, wobei auf die als bekannt vorausgesetzten Flächenmomente eines Mittelpunktskreises vom gleichen Radius zurückgegriffen wird.

Anleitung:

Zu a):   Stellen Sie zunächst die Kreislinie $(x - R)^2 + y^2 = R^2$ in *Polarkoordinaten* dar und berechnen Sie dann die anfallenden Doppelintegrale in diesen Koordinaten.

Zu b):   Nach den Ergebnissen aus Aufgabe 13) gelten für die Flächenmomente eines Mittelpunktskreises mit dem Radius R die folgenden Formeln:

$$I_{x_0} = I_{y_0} = \frac{\pi}{4} R^4, \qquad I_{p_0} = \frac{\pi}{2} R^4$$

18)   Berechnen Sie die Flächenmomente eines Halbkreises vom Radius R bezüglich der zu den Koordinatenachsen parallelen Schwerpunktachsen.

Anleitung: Berechnen Sie zunächst die Flächenmomente I_x, I_y und I_p und daraus unter Verwendung des *Steinerschen Satzes* die gesuchten Flächenmomente. Der Flächenschwerpunkt hat die Koordinaten $x_S = 0$ und $y_S = 4R/3\pi$.

19)   Berechnen Sie die folgenden *Dreifachintegrale*:

a) $I = \int\limits_{x=0}^{1} \int\limits_{y=1}^{4} \int\limits_{z=0}^{\pi} x^2 y \cdot \cos(yz)\, dz\, dy\, dx$

b) $I = \int\limits_{x=0}^{\pi/2} \int\limits_{y=0}^{1} \int\limits_{z=y}^{y^2} y z \cdot \sin x\, dz\, dy\, dx$

20) Zeigen Sie: Durch Rotation einer Ellipse mit den Halbachsen a und b um die z-Achse entsteht ein *Rotationsellipsoid* vom Volumen $V_z = \dfrac{4}{3}\,\pi\,a^2\,b$.

21) Berechnen Sie für die in Bild III-101 skizzierte homogene *Kugelhaube*, auch *Kugelabschnitt* genannt (grau unterlegt), Volumen und Schwerpunkt (R: Radius der Kugel; h: Höhe der Kugelhaube).

Bild III-101

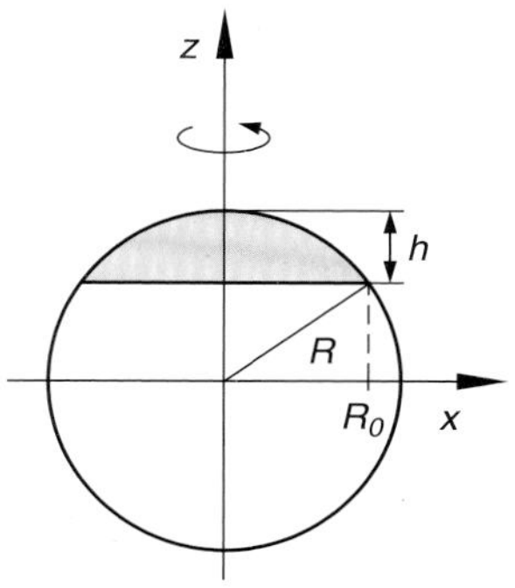

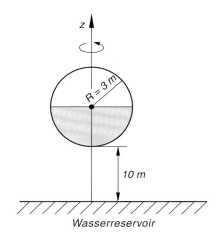

22) Der durch Rotation der in Bild III-102 skizzierten Kreisfläche um die z-Achse entstandene Drehkörper wird als *Torus* bezeichnet ($r_0 < R$). Zeigen Sie, dass sein Volumen $V = 2\,\pi^2\,r_0^2\,R$ beträgt.

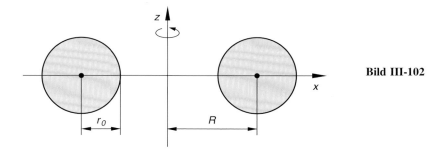

Bild III-102

23) Der in Bild III-103 skizzierte kugelförmige Behälter soll von einem 10 m unter seinem tiefsten Punkt liegenden Wasserreservoir bis zur *Hälfte* aufgefüllt werden. Welche Mindestarbeit ist dazu erforderlich?

Dichte des Wassers: $\varrho = 1000\,\mathrm{kg/m^3}$

Kugelradius: $R = 3\,\mathrm{m}$

Bild III-103

$R = 3\,m$

10 m

Wasserreservoir

24)   Wo befindet sich der Schwerpunkt eines *Kreiskegels* (Radius: R;   Höhe: H)?

25)   Berechnen Sie den Schwerpunkt eines *Trichters*, der durch Rotation der Kurve $z = \sqrt{x}$, $0 \leq x \leq 9$ um die z-Achse entsteht.

26)   Berechnen Sie das Massenträgheitsmoment

    a)   einer *Halbkugel* vom Radius R bezüglich der *Symmetrieachse*,

    b)   einer *Vollkugel* vom Radius R bezüglich einer *Tangente* als Drehachse

    (Dichte des homogenen Körpers: ϱ).

27)   Berechnen Sie das Massenträgheitsmoment eines homogenen *Hohlzylinders* bezüglich seiner *Symmetrieachse* (z-Achse, siehe Bild III-104).

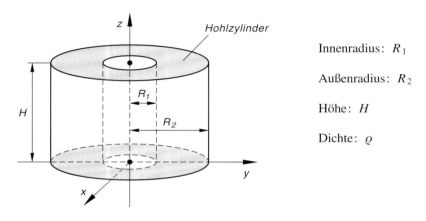

Innenradius: R_1

Außenradius: R_2

Höhe: H

Dichte: ϱ

Bild III-104

28)   Berechnen Sie unter Verwendung der Ergebnisse aus der vorherigen Aufgabe das Massenträgheitsmoment eines homogenen *Vollzylinders*

    a)   bezüglich seiner *Symmetrieachse*,

    b)   bezüglich einer *Mantellinie*.

    (Radius: R;   Höhe: H;   Dichte: ϱ)

29)   Berechnen Sie das Massenträgheitsmoment eines homogenen *Kreiskegels* bezüglich seiner *Symmetrieachse* (Radius: R;   Höhe: H;   Dichte: ϱ).

IV Gewöhnliche Differentialgleichungen

1 Grundbegriffe

1.1 Ein einführendes Beispiel

Wir betrachten einen im luftleeren Raum *frei* fallenden Körper. Zur Beschreibung seiner Bewegung führen wir eine von der Erdoberfläche senkrecht nach *oben* gerichtete Koordinatenachse ein (*s*-Achse, Bild IV-1).

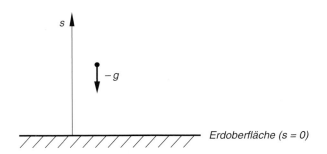

Bild IV-1
Zum freien Fall
im luftleeren Raum

Der Körper unterliegt dann allein der *Schwerkraft* und erfährt in der Nähe der Erdoberfläche die *konstante* Erd- oder Fallbeschleunigung $a = -g$. Durch das *Minuszeichen* bringen wir dabei zum Ausdruck, dass die Fallbeschleunigung in der zur Koordinatenachse *entgegengesetzten* Richtung erfolgt. Wir erinnern ferner an den folgenden, allgemeinen Zusammenhang zwischen der *Weg-Zeit-Funktion* $s = s(t)$, der *Geschwindigkeit* $v = v(t)$ und der *Beschleunigung* $a = a(t)$ einer Bewegung:

$$v(t) = \dot{s}(t) \qquad \text{und} \qquad a(t) = \dot{v}(t) = \ddot{s}(t)$$

Für den *freien* Fall gilt somit:

$$a(t) = \ddot{s}(t) = -g \tag{IV-1}$$

Diese Gleichung enthält die *2. Ableitung* einer (noch) unbekannten Weg-Zeit-Funktion $s = s(t)$. Gleichungen dieser Art, die *Ableitungen* einer Funktion enthalten, werden in der Mathematik als *Differentialgleichungen* bezeichnet. Gleichung (IV-1) ist demnach die *Differentialgleichung des freien Falls* ohne Berücksichtigung des Luftwiderstandes. Sie ist von *2. Ordnung*, da sie als *höchste* Ableitung die *zweite* Ableitung $\ddot{s}$ enthält.

Die *Lösung* der Differentialgleichung (IV-1) ist eine *Funktion*, nämlich die *Weg-Zeit-Funktion* $s = s(t)$ der Fallbewegung. Wir erhalten sie, indem wir die Differentialgleichung zweimal nacheinander *integrieren*. Der 1. Integrationsschritt führt zunächst zur *Geschwindigkeits-Zeit-Funktion*

$$v(t) = \int a(t) \, dt = \int (-g) \, dt = -\int g \, dt = -g \, t + C_1 \qquad \text{(IV-2)}$$

Durch *nochmalige Integration* folgt hieraus die gesuchte *Weg-Zeit-Funktion*:

$$s(t) = \int v(t) \, dt = \int (-g \, t + C_1) \, dt = -\frac{1}{2} g \, t^2 + C_1 t + C_2 \qquad \text{(IV-3)}$$

Sie enthält noch *zwei* voneinander unabhängige *Integrationskonstanten*, auch *Parameter* genannt. Das Weg-Zeit-Gesetz (IV-3) ist die sog. *allgemeine* Lösung der Differentialgleichung $\ddot{s} = -g$. Den beiden Parametern kommt dabei eine bestimmte *physikalische* Bedeutung zu. Wir untersuchen dazu Wegmarke s und Geschwindigkeit v zu *Beginn* der Fallbewegung (d. h. zur Zeit $t = 0$) und finden:

$$\text{Für} \quad t = 0: \quad \begin{cases} s(0) = C_2 : \textit{Wegmarke (Höhe) zu Beginn} \\ v(0) = C_1 : \textit{Anfangsgeschwindigkeit} \end{cases}$$

Üblicherweise schreibt man für diese „Anfangswerte":

$$s(0) = s_0 \qquad \text{und} \qquad v(0) = v_0$$

Die Integrationskonstanten (Parameter) sind somit durch *Anfangshöhe* s_0 und *Anfangsgeschwindigkeit* v_0 festgelegt. Durch Angabe dieser *Anfangswerte* ist die Bewegung des freien Falls *eindeutig* bestimmt. Die *allgemeine* Lösung (IV-3) geht dann in die *spezielle*, den physikalischen Anfangsbedingungen angepasste Lösung

$$s(t) = -\frac{1}{2} g \, t^2 + v_0 t + s_0 \qquad (\text{für } t \geq 0) \qquad \text{(IV-4)}$$

über, die auch als *partikuläre* Lösung der Differentialgleichung (IV-1) bezeichnet wird (Bild IV-2).

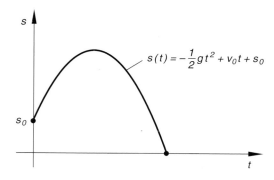

Bild IV-2
Weg-Zeit-Gesetz beim freien Fall
(mit $s_0 > 0$ und $v_0 > 0$)

1.2 Definition einer gewöhnlichen Differentialgleichung

> **Definition:** Eine Gleichung, in der Ableitungen einer unbekannten Funktion $y = y(x)$ bis zur n-ten Ordnung auftreten, heißt eine *gewöhnliche Differentialgleichung n-ter Ordnung.*

Eine *gewöhnliche Differentialgleichung n-ter Ordnung* enthält also als *höchste* Ableitung die *n*-te Ableitung der unbekannten Funktion $y = y(x)$, *kann* aber auch Ableitungen *niedrigerer* Ordnung sowie die Funktion $y = y(x)$ und deren unabhängige Variable x enthalten. Sie ist in der *impliziten* Form

$$F(x;\ y;\ y';\ y'';\ \dots;\ y^{(n)}) = 0$$

oder, falls diese Gleichung nach der höchsten Ableitung $y^{(n)}$ auflösbar ist, in der *expliziten* Form

$$y^{(n)} = f(x;\ y;\ y';\ y'';\ \dots;\ y^{(n-1)})$$

darstellbar.

Neben den *gewöhnlichen* Differentialgleichungen gibt es noch die *partiellen* Differentialgleichungen. Sie enthalten *partielle Ableitungen* einer unbekannten Funktion von *mehreren* Variablen. Im Rahmen dieses Werkes beschäftigen wir uns *ausschließlich* mit gewöhnlichen Differentialgleichungen, die wir in Zukunft kurz als *Differentialgleichungen* bezeichnen werden (Abkürzung: Dgl bzw. Dgln).

■ **Beispiele**

$y' = 2x$	Explizite Dgl 1. Ordnung
$x + yy' = 0$	Implizite Dgl 1. Ordnung
$y' + yy'' = 0$	Implizite Dgl 2. Ordnung
$\ddot{s} = -g$	Explizite Dgl 2. Ordnung
$y''' + 2y' = \cos x$	Implizite Dgl 3. Ordnung

■

1.3 Lösungen einer Differentialgleichung

Eine Differentialgleichung kann als *Bestimmungsgleichung* für eine unbekannte Funktion aufgefasst werden. Lösungen einer Differentialgleichung sind daher *Funktionen*.

> **Definition:** Eine Funktion $y = y(x)$ heißt eine *Lösung* der Differentialgleichung, wenn sie mit ihren Ableitungen die Differentialgleichung identisch erfüllt.

Wir unterscheiden dabei noch zwischen der *allgemeinen* Lösung und der *speziellen* oder *partikulären* Lösung:

1. Die *allgemeine* Lösung einer Differentialgleichung *n*-ter Ordnung enthält noch *n* voneinander unabhängige *Parameter* (Integrationskonstanten).

2. Eine *spezielle* oder *partikuläre* Lösung wird aus der allgemeinen Lösung gewonnen, indem man den *n* Parametern aufgrund *zusätzlicher* Bedingungen *feste* Werte zuweist. Dies kann beispielsweise durch *Anfangsbedingungen* oder auch durch *Randbedingungen* geschehen. Im nachfolgenden Abschnitt gehen wir auf dieses Thema näher ein.

In einigen Fällen treten noch weitere Lösungen auf, die *nicht* aus der allgemeinen Lösung gewonnen werden können. Sie werden als *singuläre* Lösungen bezeichnet und spielen in den Anwendungen meist keine Rolle (siehe hierzu das nachfolgende Beispiel (2)).

Anmerkungen

(1) Man beachte, dass die *Anzahl* der unabhängigen Parameter in der allgemeinen Lösung einer Differentialgleichung durch die *Ordnung* der Differentialgleichung bestimmt ist. Die *allgemeine* Lösung einer Differentialgleichung *1. Ordnung* enthält somit *einen* Parameter, die *allgemeine* Lösung einer Differentialgleichung *2. Ordnung* genau *zwei* unabhängige Parameter usw. .

(2) Die *allgemeine* Lösung einer Differentialgleichung *n*-ter Ordnung repräsentiert eine *Kurvenschar* mit *n* Parametern. Für *jede* spezielle Parameterwahl erhalten wir *eine* Lösungskurve (*spezielle* oder *partikuläre* Lösung genannt).

(3) In den einfachsten Fällen, z. B. für Differentialgleichungen vom Typ $y^{(n)} = f(x)$, kann die allgemeine Lösung durch mehrmalige (unbestimmte) *Integration* der Differentialgleichung gewonnen werden (siehe hierzu das einführende Beispiel des freien Falls). Man bezeichnet die Lösungen einer Differentialgleichung daher auch als *Integrale* (*allgemeines* Integral, *spezielles* oder *partikuläres* Integral). Das Aufsuchen *sämtlicher* Lösungen einer Differentialgleichung heißt auch *Integration der Differentialgleichung*.

■ **Beispiele**

(1) Die *allgemeine* Lösung der Differentialgleichung 1. Ordnung $y' = 2x$ erhalten wir durch *unbestimmte Integration*:

$$y = \int y' \, dx = \int 2x \, dx = x^2 + C \qquad (C \in \mathbb{R})$$

Die Lösungsfunktionen repräsentieren eine *Schar von Normalparabeln*, die nach *oben* geöffnet sind und deren Scheitelpunkte auf der *y-Achse* liegen (Bild IV-3). Durch *jeden* Punkt der *x, y*-Ebene geht dabei *genau eine* Lösungskurve. So verläuft z. B. durch den Nullpunkt die Parabel mit der Gleichung $y = x^2$. Die übrigen Parabeln der Lösungsschar $y = x^2 + C$ gehen aus ihr durch *Parallelverschiebung* längs der *y-Achse* hervor. Der Parameter *C* bestimmt somit die Lage des *Scheitelpunktes* auf der *y-Achse*.

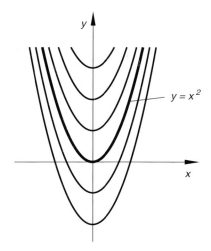

Bild IV-3
Lösungen der Differentialgleichung $y' = 2x$
(Parabelschar $y = x^2 + C$ mit $C \in \mathbb{R}$)

(2) Die Differentialgleichung $y' + y^2 = 0$ besitzt die *allgemeine* Lösung

$$y = \frac{1}{x - C}, \qquad x \neq C$$

mit $C \in \mathbb{R}$, wie wir in Abschnitt 2.2 noch zeigen werden. Es handelt sich dabei um eine *Schar rechtwinkliger Hyperbeln* mit einer Polstelle bei $x = C$. Auch $y = 0$ ist eine Lösung der Differentialgleichung, sie ist jedoch in der allgemeinen Lösung *nicht* enthalten und somit eine *singuläre* Lösung.

(3) **Harmonische Schwingung**

Die *harmonische Schwingung* eines elastischen Federpendels lässt sich bekanntlich durch eine zeitabhängige Sinusfunktion vom Typ

$$x = x(t) = A \cdot \sin(\omega_0 t + \varphi) \quad (x: \text{ Auslenkung})$$

beschreiben (siehe Bild IV-4). Sie ist die *allgemeine* Lösung einer bestimmten Differentialgleichung 2. Ordnung, der sog. *Schwingungsgleichung*, die wir jetzt herleiten wollen. Dazu differenzieren wir die Funktion $x(t)$ mit Hilfe der *Kettenregel zweimal* nach der Zeit t und erhalten:

$$\dot{x} = \omega_0 A \cdot \cos(\omega_0 t + \varphi)$$

$$\ddot{x} = -\omega_0^2 A \cdot \sin(\omega_0 t + \varphi) = -\omega_0^2 \underbrace{[A \cdot \sin(\omega_0 t + \varphi)]}_{x} = -\omega_0^2 x$$

Die harmonische Schwingung genügt somit der *Differentialgleichung*

$$\ddot{x} = -\omega_0^2 x \qquad \text{oder} \qquad \ddot{x} + \omega_0^2 x = 0$$

Die Sinusfunktion $x(t) = A \cdot \sin(\omega_0 t + \varphi)$ ist dabei die *allgemeine* Lösung dieser Gleichung, da sie mit der Amplitude A und der Phase φ *zwei* unabhängige Parameter enthält (Bild IV-4).

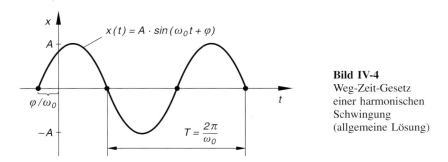

Bild IV-4
Weg-Zeit-Gesetz
einer harmonischen
Schwingung
(allgemeine Lösung)

1.4 Modellmäßige Beschreibung naturwissenschaftlich-technischer Problemstellungen durch Differentialgleichungen

Problemstellungen in Naturwissenschaft und Technik lassen sich häufig *modellmäßig* durch Differentialgleichungen beschreiben, von deren Lösungen man dann erwartet, dass sie den realen Verhältnissen möglichst nahe kommen.

Ein solches *Modell* erhält man in der Regel, indem man feststellt, welche Beziehungen zwischen den physikalischen Größen bestehen, die das zu untersuchende System charakterisieren. Bei einem mechanischen System kann dies z. B. der Zusammenhang zwischen den einwirkenden Kräften sein. Da das Modell möglichst *einfach* sein soll, bleiben oft kleinere Einflüsse *unberücksichtigt*, weil sie entweder nicht bekannt sind oder als vernachlässigbar angesehen werden. Ein typisches Beispiel liefert der *Luftwiderstand*, der von mehreren Parametern abhängt, z. B. von der Geschwindigkeit, der Gestalt des Körpers, den äußeren Witterungsverhältnissen usw.. Diese Einflüsse sind in ihrer Gesamtheit modellmäßig nur *schwer* erfassbar.

Sind zwischen den charakterisierenden Größen eines Systems keine Beziehungen bekannt, so ist man auf *Annahmen* angewiesen, die man auf Grund von *Erfahrungen* und logischen Überlegungen trifft (siehe hierzu das nachfolgende Beispiel (2)).

(1) Harmonische Schwingung eines Feder-Masse-Schwingers oder Federpendels (Bild IV-5)

Dieses einfache und überschaubare *Modell* eines schwingungsfähigen mechanischen Systems lässt sich durch eine Differentialgleichung beschreiben, die wir aus dem folgenden von *Newton* stammenden *Grundgesetz der Mechanik* herleiten können:

„Das Produkt aus der Masse m und der Beschleunigung a ist gleich der Summe aller angreifenden Kräfte. "

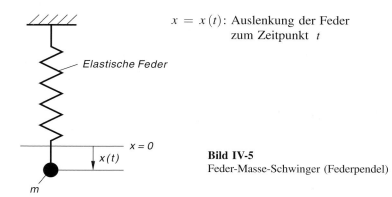

$x = x(t)$: Auslenkung der Feder
zum Zeitpunkt t

Bild IV-5
Feder-Masse-Schwinger (Federpendel)

Welche Kräfte müssen wir dabei berücksichtigen? Zunächst wirkt auf die Masse die *Rückstellkraft* der Feder ein, wobei wir die Gültigkeit des *Hookeschen Gesetzes* voraussetzen [1]:

> *Rückstellkraft:* $F_1 = -cx$ ($c > 0$: Federkonstante)

Das Problem beginnt bei der Berücksichtigung der in der Praxis stets vorhandenen *Reibung* (Luftwiderstand, Dämpfung). Bei *kleinen* Geschwindigkeiten (wie in diesem Fall) dürfen wir auf Grund der *Erfahrung* davon ausgehen, dass die Reibungskraft der augenblicklichen Geschwindigkeit v *proportional* ist. Alle weiteren Einflüsse werden als *vernachlässigbar* betrachtet. Daher der folgende *Ansatz*:

> *Reibungskraft:* $F_2 = -kv$ ($k > 0$: Reibungskoeffizient)

Weitere Einflüsse (wie z. B. die Schwerkraft) bleiben *unberücksichtigt*. Dann aber gilt nach *Newton*:

$$ma = F_1 + F_2 = -cx - kv$$

Unter Berücksichtigung der bereits aus Band 1 bekannten Beziehungen $v = \dot{x}$ und $a = \ddot{x}$ erhalten wir daraus die folgende *Differentialgleichung 2. Ordnung*:

$$m\ddot{x} = -cx - k\dot{x} \qquad \text{oder} \qquad m\ddot{x} + k\dot{x} + cx = 0$$

Die Lösungen dieser Differentialgleichung werden später in Abschnitt 4.1 ausführlich behandelt (freie, ungedämpfte oder gedämpfte Schwingungen, aperiodisches Verhalten).

---

[1] Ohne Rückstellkraft keine Schwingung! *Hookesches Gesetz:* Die Rückstellkraft der Feder ist der Auslenkung (Ausdehnung) direkt *proportional*, wirkt dieser aber stets *entgegen* (Minuszeichen!).

Im einfachsten Fall (*keine* Reibungskräfte, d. h. $k = 0$) liefert diese sog. *Schwingungsgleichung*

$$m\ddot{x} + cx = 0 \qquad \text{oder} \qquad \ddot{x} + \omega_0^2 x = 0$$

mit $\omega_0^2 = c/m$ eine (ungedämpfte) phasenverschobene *Sinusschwingung* vom Typ $x(t) = A \cdot \sin(\omega_0 t + \varphi)$.

(2)   Bimolekulare chemische Reaktion 2. Ordnung

Ein Molekül vom Typ A vereinige sich mit einem Molekül vom Typ B zu einem neuen Molekül vom Typ $C = AB$:

$$A + B \rightarrow C = AB$$

Zu Beginn der chemischen Reaktion (d. h. zum Zeitpunkt $t = 0$) sollen a Moleküle vom Typ A und b Moleküle vom Typ B vorhanden sein. Nach der Reaktionszeit t haben sich x neue Moleküle vom Typ C gebildet. Dann gilt:

Zeit	Anzahl noch vorhandener Moleküle	
	Typ A	Typ B
$t = 0$	a	b
$t > 0$	$a - x$	$b - x$

In dem folgenden (kleinen) Zeitintervall dt sollen dx neue Moleküle entstehen. Wir interessieren uns für den *Umsatz* $x = x(t)$, d. h. für die *Anzahl* der neu gebildeten Moleküle vom Typ C in Abhängigkeit von der *Reaktionszeit* t.

Anders als im vorherigen Beispiel können wir hier *nicht* auf bestimmte gesetzmäßige Beziehungen zurückgreifen. Wir sind auf aus der Erfahrung gewonnene *Annahmen* angewiesen. Unser *Modell* beruht auf den folgenden (nahe liegenden und logisch erscheinenden) *Annahmen*:

dx ist sowohl der Anzahl der noch vorhandenen ("unverbrauchten") Moleküle vom Typ A als auch der Anzahl der noch vorhandenen ("unverbrauchten") Moleküle vom Typ B *proportional*; dx ist aber auch *proportional* zum Zeitintervall dt (in der doppelten Zeit entstehen doppelt so viele neue Moleküle). Für das entworfene *Modell* der chemischen Reaktion gilt also:

$$\left. \begin{array}{l} dx \sim (a - x) \\ dx \sim (b - x) \\ dx \sim dt \end{array} \right\} \Rightarrow dx \sim (a - x)(b - x)\, dt$$

Aus dieser *Proportion* wird eine *Gleichung*, wenn wir einen Proportionalitätsfaktor k einführen ("Geschwindigkeitskonstante" genannt):

$$dx = k(a - x)(b - x)\, dt \quad \Rightarrow \quad \frac{dx}{dt} = k(a - x)(b - x)$$

Die *modellmäßige* Beschreibung der chemischen Reaktion 2. Ordnung erfolgt also durch eine *Differentialgleichung 1. Ordnung* (siehe hierzu Abschnitt 2, Übungsaufgaben → Aufgabe 7).   ■

1.5 Anfangswert- und Randwertprobleme

Die *allgemeine* Lösung einer Differentialgleichung *n*-ter Ordnung enthält noch *n* unabhängige *Parameter*. In den Anwendungen ist man jedoch häufig nur an einer *speziellen* Lösung näher interessiert. Um die Parameter festlegen zu können, werden noch *zusätzliche* Informationen über die gesuchte Lösung benötigt. Sie können beispielsweise bei einem physikalischen Experiment in der Angabe der zu Beginn herrschenden *Versuchsbedingungen* bestehen.

Allgemein werden bei einer Differentialgleichung *n*-ter Ordnung stets *n Bedingungen* benötigt, aus denen sich die *n* Parameter der allgemeinen Lösung berechnen lassen. Je nach Art der Vorgabe unterscheidet man dabei zwischen *Anfangs-* und *Randbedingungen*.

Anfangswertproblem

Bei einem *Anfangswertproblem*, auch *Anfangswertaufgabe* genannt, werden der Lösungsfunktion $y = y(x)$ insgesamt *n* Werte, nämlich der *Funktionswert* sowie die Werte der ersten $n - 1$ *Ableitungen* an einer bestimmten Stelle x_0, vorgeschrieben: $y(x_0)$, $y'(x_0)$, $y''(x_0)$, ..., $y^{(n-1)}(x_0)$. Wir bezeichnen sie als *Anfangswerte* oder *Anfangsbedingungen*. Sie führen zu *n Bestimmungsgleichungen* für die noch unbekannten Parameter C_1, C_2, ..., C_n der allgemeinen Lösung. Die gesuchte *spezielle* Lösung ist dann durch die *Anfangswerte* eindeutig bestimmt [2]. Für die in den Anwendungen besonders wichtigen Differentialgleichungen *1.* und *2. Ordnung* lässt sich das Anfangswertproblem *geometrisch* wie folgt deuten:

Differentialgleichung 1. Ordnung: Gesucht ist diejenige *spezielle* Lösungskurve der Differentialgleichung, die durch den vorgegebenen *Punkt* $P = (x_0; y(x_0) = y_0)$ verläuft.

Differentialgleichung 2. Ordnung: Gesucht ist diejenige *spezielle* Lösungskurve der Differentialgleichung, die durch den vorgegebenen *Punkt* $P = (x_0; y(x_0) = y_0)$ verläuft und dort die vorgegebene *Steigung* $y'(x_0) = m$ besitzt.

■ Beispiele

(1) Wir lösen die *Anfangswertaufgabe*

$$y' = 2x, \qquad y(0) = 1:$$

Allgemeine Lösung: $y = \int y' \, dx = \int 2x \, dx = x^2 + C$ \qquad (mit $C \in \mathbb{R}$)

Bestimmung des Parameters: $y(0) = 1 \;\Rightarrow\; 0 + C = 1 \;\Rightarrow\; C = 1$

Gesuchte spezielle Lösung: $y = x^2 + 1$

---

[2] Auf die Existenz- und Eindeutigkeitssätze können wir im Rahmen dieser einführenden Darstellung nicht näher eingehen.

(2)   Das *Anfangswertproblem*

$$\ddot{x} + \omega_0^2 x = 0, \qquad x(0) = x_0, \qquad \dot{x}(0) = 0 \qquad (x_0 > 0)$$

beschreibt die *harmonische Schwingung* eines elastischen *Federpendels* unter den folgenden *Versuchsbedingungen* (*Anfangsbedingungen*):

1. Das Federpendel besitzt zu *Beginn* der Bewegung, d. h. zur Zeit $t = 0$ eine Auslenkung x_0 in der *positiven* Richtung;

2. Die Bewegung erfolgt aus der *Ruhe* heraus (Anfangsgeschwindigkeit $v_0 = \dot{x}(0) = 0$).

Die *allgemeine* Lösung der *Schwingungsgleichung* lautet dann nach den Ergebnissen des vorherigen Abschnitts (siehe Beispiel (1)):

$$x(t) = A \cdot \sin(\omega_0 t + \varphi) \qquad (A > 0;\ 0 \leq \varphi < 2\pi)$$

Die Parameter A und φ, d. h. *Amplitude* und *Phase* der Schwingung, bestimmen wir aus den beiden *Anfangswerten* wie folgt:

(I) $x(0) = x_0 \quad \Rightarrow \quad A \cdot \sin \varphi = x_0$

(II) $\dot{x}(t) = \omega_0 A \cdot \cos(\omega_0 t + \varphi)$

$$\dot{x}(0) = 0 \quad \Rightarrow \quad \omega_0 A \cdot \cos \varphi = 0 \quad \Rightarrow \quad \cos \varphi = 0$$

$$\Rightarrow \quad \varphi_1 = \frac{\pi}{2}; \qquad \varphi_2 = \frac{3}{2}\pi$$

Wegen $A > 0$ und $x_0 > 0$ ist auch $\sin \varphi > 0$. Der gesuchte Phasenwinkel liegt daher im Intervall $0 < \varphi < \pi$. Es kommt somit nur die Lösung $\varphi = \varphi_1 = \pi/2$ infrage. Aus Gleichung (I) folgt dann $A = x_0$ (da $\sin(\pi/2) = 1$ ist). Das Federpendel schwingt daher unter den genannten Anfangsbedingungen nach der *Weg-Zeit-Funktion*

$$x(t) = x_0 \cdot \sin(\omega_0 t + \pi/2) = x_0 \cdot \cos(\omega_0 t) \qquad (t \geq 0)$$

Bild IV-6 zeigt den Verlauf dieser Schwingung.

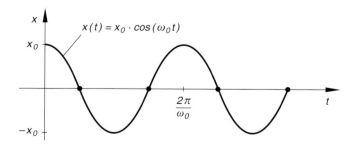

Bild IV-6 Weg-Zeit-Gesetz einer harmonischen Schwingung
(spezielle Lösung für die Anfangswerte $x(0) = x_0$, $\dot{x}(0) = v(0) = 0$)

Randwertproblem

Bei einem *Randwertproblem*, auch *Randwertaufgabe* genannt, werden der gesuchten *speziellen* Lösung einer Differentialgleichung *n*-ter Ordnung an *n* verschiedenen Stellen $x_1, x_2, \ldots, x_n$ der Reihe nach die *Funktionswerte* $y(x_1)$, $y(x_2)$, $\ldots$, $y(x_n)$ vorgeschrieben. Sie werden als *Randwerte* oder *Randbedingungen* bezeichnet und führen wiederum zu *n* *Bestimmungsgleichungen* für die *n* Parameter C_1, C_2, $\ldots$, C_n der allgemeinen Lösung. Für eine Differentialgleichung *2. Ordnung* bedeutet dies: Die Lösungskurve ist so zu bestimmen, dass sie durch *zwei* vorgegebene Punkte $P_1 = (x_1; y_1 = y(x_1))$ und $P_2 = (x_2; y_2 = y(x_2))$ verläuft. Es soll jedoch nicht unerwähnt bleiben, dass *nicht jedes* Randwertproblem lösbar ist. In bestimmten Fällen können sogar *mehrere* Lösungen auftreten.

■ Beispiel

Wir betrachten einen auf zwei Stützen ruhenden und durch eine *konstante* Streckenlast q gleichmäßig belasteten *Balken* (Bild IV-7).

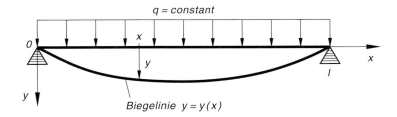

Bild IV-7 Biegelinie eines Balkens bei gleichmäßiger Belastung

In der Festigkeitslehre wird gezeigt, dass die *Biegelinie* $y = y(x)$ für *kleine* Durchbiegungen näherungsweise der Differentialgleichung *2. Ordnung*

$$y'' = -\frac{M_b}{E I}$$

genügt (sog. *Biegegleichung*)[3]. Dabei bedeuten:

E: *Elastizitätsmodul* (Materialkonstante)

I: *Flächenmoment* des Balkenquerschnitts

M_b: *Biegemoment*

Für das *ortsabhängige* Biegemoment M_b erhalten wir in diesem Belastungsfall

$$M_b = \frac{q}{2}(lx - x^2) \qquad (0 \le x \le l)$$

---

[3] Siehe hierzu z. B. Assmann: Technische Mechanik (Band 2).

Die *Biegegleichung* nimmt damit die folgende Gestalt an:

$$y'' = -\frac{q}{2EI}\,(lx - x^2) \qquad (0 \leq x \leq l)$$

In den beiden Randpunkten $x = 0$ und $x = l$ ist keine Durchbiegung möglich. Wir haben somit die *Randwertaufgabe*

$$y'' = -\frac{q}{2EI}\,(lx - x^2), \qquad y(0) = y(l) = 0 \qquad (0 \leq x \leq l)$$

zu lösen.

Zunächst bestimmen wir die *allgemeine* Lösung, indem wir die Biegegleichung zweimal nacheinander *integrieren*:

$$y' = \int y''\,dx = -\frac{q}{2EI}\int (lx - x^2)\,dx = -\frac{q}{2EI}\left(\frac{1}{2}\,lx^2 - \frac{1}{3}\,x^3 + C_1\right)$$

$$y = \int y'\,dx = -\frac{q}{2EI}\int \left(\frac{1}{2}\,lx^2 - \frac{1}{3}\,x^3 + C_1\right)dx =$$

$$= -\frac{q}{2EI}\left(\frac{1}{6}\,lx^3 - \frac{1}{12}\,x^4 + C_1 x + C_2\right)$$

Die Integrationskonstanten C_1 und C_2 berechnen wir aus den *Randbedingungen* wie folgt:

$$y(0) = 0 \quad \Rightarrow \quad -\frac{q}{2EI}\cdot C_2 = 0 \quad \Rightarrow \quad C_2 = 0$$

$$y(l) = 0 \quad \Rightarrow \quad -\frac{q}{2EI}\underbrace{\left(\frac{1}{6}\,l^4 - \frac{1}{12}\,l^4 + C_1 l\right)}_{0} = 0 \quad \Rightarrow$$

$$\frac{1}{6}\,l^4 - \frac{1}{12}\,l^4 + C_1 l = \frac{1}{12}\,l^4 + C_1 l = 0 \quad \Rightarrow \quad C_1 = -\frac{1}{12}\,l^3$$

Die *Biegelinie* lautet somit (für $0 \leq x \leq l$):

$$y(x) = -\frac{q}{2EI}\left(\frac{1}{6}\,lx^3 - \frac{1}{12}\,x^4 - \frac{1}{12}\,l^3 x\right) = \frac{q}{24EI}\,(x^4 - 2lx^3 + l^3 x)$$

Das *Maximum* der Durchbiegung liegt dabei aus Symmetriegründen in der *Balkenmitte* $x = l/2$ und beträgt

$$y_{max} = y(l/2) = \frac{5\,ql^4}{384\,EI} \qquad\qquad\qquad \blacksquare$$

2 Differentialgleichungen 1. Ordnung

Wir beschäftigen uns in diesem Abschnitt mit der *Integration*, d. h. der *Lösung* einer Differentialgleichung *1. Ordnung*. Ähnlich wie in der Integralrechnung gibt es auch hier *kein* allgemeines Lösungsverfahren. Der einzuschlagende Lösungsweg ist vielmehr noch vom *Typ* der Differentialgleichung abhängig. Wir beschränken uns daher auf einige in den naturwissenschaftlich-technischen Anwendungen besonders wichtige Typen, wobei die *linearen* Differentialgleichungen 1. Ordnung im Vordergrund stehen werden. Bei allen weiteren Überlegungen gehen wir dabei von der *expliziten* Darstellungsform $y' = f(x; y)$ einer Differentialgleichung 1. Ordnung aus.

2.1 Geometrische Betrachtungen

Die Differentialgleichung $y' = f(x; y)$ besitze die Eigenschaft, dass durch *jeden* Punkt des Definitionsbereiches von $f(x; y)$ *genau eine* Lösungskurve verlaufe. $P_0 = (x_0; y_0)$ sein ein solcher Punkt und $y = y(x)$ die durch P_0 gehende *Lösungskurve* (Bild IV-8).

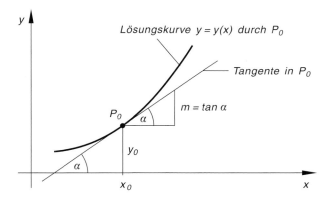

Bild IV-8 Lösungskurve der Differentialgleichung $y' = f(x; y)$ durch den Punkt $P_0 = (x_0; y_0)$

Die Steigung $m = \tan \alpha$ der Kurventangente in P_0 kann dann auf *zwei* verschiedene Arten berechnet werden:

1. Aus der (als bekannt vorausgesetzten) *Funktionsgleichung* $y = y(x)$ der Lösungskurve durch Differentiation nach der Variablen x: $m = y'(x_0)$;
2. Aus der *Differentialgleichung* $y' = f(x; y)$ selbst, indem man in diese Gleichung die Koordinaten des Punktes P_0 einsetzt: $m = f(x_0; y_0)$.

Es ist somit

$$m = y'(x_0) = f(x_0; y_0)$$

Der Anstieg der Lösungskurve durch den Punkt P_0 kann somit direkt aus der *Differentialgleichung* berechnet werden, die Funktionsgleichung der Lösungskurve wird dabei *überhaupt nicht* benötigt. Durch die Differentialgleichung $y' = f(x; y)$ wird nämlich *jedem* Punkt $P = (x; y)$ aus dem Definitionsbereich der Funktion $f(x; y)$ ein *Richtungs-* oder *Steigungswert* zugeordnet. Er gibt den *Anstieg* der durch P gehenden Lösungskurve in diesem Punkt an.

Graphisch kennzeichnen wir die Richtung der Kurventangente in P durch eine kleine, in der Tangente liegende Strecke, die als *Linien-* oder *Richtungselement* bezeichnet wird (Bild IV-9). Das dem Punkt $P = (x; y)$ zugeordnete *Linienelement* ist demnach durch die Angabe der beiden Koordinaten x, y *und* des Steigungswertes $m = f(x; y)$ eindeutig bestimmt. Die Gesamtheit der Linienelemente bildet das *Richtungsfeld* der Differentialgleichung, aus dem sich ein erster, grober *Überblick* über den Verlauf der Lösungskurven gewinnen lässt (Bild IV-10). Eine Lösungskurve muss dabei in *jedem* ihrer Punkte die durch das *Richtungsfeld* vorgegebene Steigung aufweisen.

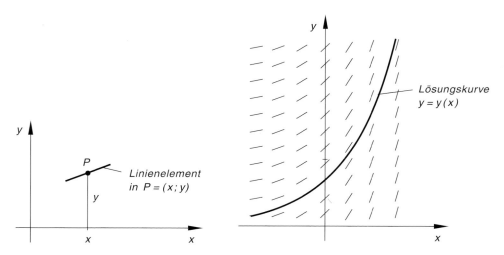

Bild IV-9 Zum Begriff des Linienelementes   **Bild IV-10** Richtungsfeld einer Differentialgleichung
                                                                  mit einer Lösungskurve $y = y(x)$

Bei der Konstruktion von *Näherungskurven* erweisen sich die sog. *Isoklinen* als sehr hilfreich. Unter einer *Isokline* versteht man dabei die Verbindungslinie aller Punkte, deren zugehörige Linienelemente in die *gleiche* Richtung zeigen, d. h. zueinander *parallel* sind. Die *Isoklinen* der Differentialgleichung $y' = f(x; y)$ sind daher durch die Gleichung

$$f(x; y) = \text{const.} \tag{IV-5}$$

definiert. Im *Richtungsfeld* der Differentialgleichung konstruieren wir nun Kurven, die in ihren Schnittpunkten mit den *Isoklinen* den *gleichen* Anstieg besitzen wie die dortigen *Linienelemente*. In einem Schnittpunkt verlaufen somit Kurventangente und Linienelement *parallel*, d. h. das Linienelement fällt in die dortige Kurventangente. Kurven mit dieser Eigenschaft sind dann *Näherungen* für die tatsächlichen Lösungskurven.

■ **Beispiele**

(1) Die *Isoklinen* der Differentialgleichung $x + yy' = 0$ sind *Geraden*, die durch den Nullpunkt verlaufen (Bild IV-11). Mit $y' = $ const. $= a$ erhalten wir nämlich:

Für $a = 0$: $\quad x + y \cdot 0 = 0 \quad \Rightarrow \quad x = 0$

Für $a \neq 0$: $\quad x + y \cdot a = 0 \quad \Rightarrow \quad y = -\dfrac{1}{a} x$

Anhand *des Richtungsfeldes* erkennt man, dass die Lösungskurven *konzentrische Mittelpunktskreise* vom Typ $x^2 + y^2 = R^2$ darstellen ($R > 0$; siehe hierzu auch Beispiel 2 im nächsten Abschnitt).

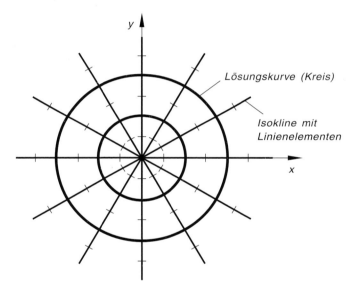

Bild IV-11 Richtungsfeld (Isoklinen) der Dgl $x + yy' = 0$ mit einigen Lösungskurven (konzentrische Mittelpunktskreise)

(2) Die *Isoklinen* der Differentialgleichung $y' = 2x$ sind *Geraden*, die parallel zur y-Achse verlaufen:

$$2x = \text{const.} = a \quad \Rightarrow \quad x = \frac{a}{2}$$

In das *Richtungsfeld* der Differentialgleichung haben wir eine Lösungskurve eingezeichnet, die auf das Richtungsfeld „passt" (Bild IV-12). Es handelt sich dabei um die *Normparabel* $y = x^2$. Die *Lösungsschar* der Differentialgleichung $y' = 2x$ besteht aus den *Parabeln* $y = x^2 + C$.

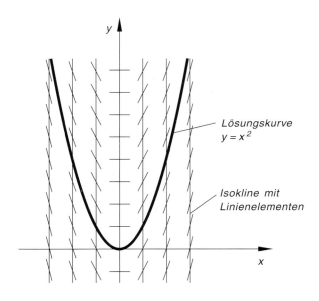

Bild IV-12
Richtungsfeld
(Isoklinen) der Dgl
$y' = 2x$ mit der
Lösungskurve $y = x^2$

■

2.2 Differentialgleichungen mit trennbaren Variablen

Eine Differentialgleichung 1. Ordnung vom Typ

$$y' = f(x) \cdot g(y) \qquad \text{oder} \qquad \frac{dy}{dx} = f(x) \cdot g(y) \tag{IV-6}$$

heißt *separabel* und lässt sich durch *Trennung der Variablen* lösen. Dabei wird die Differentialgleichung zunächst wie folgt umgestellt:

$$\frac{dy}{dx} = f(x) \cdot g(y) \quad \Rightarrow \quad \frac{dy}{g(y)} = f(x)\,dx \qquad (g(y) \neq 0) \tag{IV-7}$$

Die *linke* Seite der Gleichung enthält nur noch die Variable y und deren Differential dy, die *rechte* Seite dagegen nur noch die Variable x und deren Differential dx. Die Variablen wurden somit *getrennt* (daher stammt die Bezeichnung dieser Integrationsmethode). Jetzt werden beide Seiten unbestimmt *integriert*:

$$\int \frac{dy}{g(y)} = \int \frac{1}{g(y)}\,dy = \int f(x)\,dx \tag{IV-8}$$

Die dann in Form einer *impliziten* Gleichung vom Typ $F_1(y) = F_2(x)$ vorliegende Lösung wird nach der Variablen y aufgelöst, was in den meisten Fällen möglich ist, und wir erhalten die *allgemeine* Lösung der Differentialgleichung $y' = f(x) \cdot g(y)$ in der expliziten Form $y = y(x)$.

„Trennung der Variablen"

Eine Differentialgleichung 1. Ordnung vom Typ

$$y' = \frac{dy}{dx} = f(x) \cdot g(y) \qquad \text{(IV-9)}$$

lässt sich schrittweise wie folgt lösen:

1. *Trennung* der beiden Variablen.

2. *Integration* auf *beiden* Seiten der Gleichung.

3. *Auflösen* der in Form einer impliziten Gleichung vom Typ $F_1(y) = F_2(x)$ vorliegenden allgemeinen Lösung nach der Variablen y (falls überhaupt möglich).

Anmerkungen

(1) Merkmal: y' ist ein Produkt aus zwei Faktoren, wobei ein Faktor nur von x und der andere Faktor nur von y abhängt.

(2) Die *Trennung der Variablen* ist nur unter der Voraussetzung $g(y) \neq 0$ möglich. Die Lösungen der Gleichung $g(y) = 0$ sind vom Typ $y = \text{const.} = a$ und zugleich auch *Lösungen der Differentialgleichung* $y' = f(x) \cdot g(y)$ (siehe hierzu die nachfolgenden Beispiele).

■ **Beispiele**

(1) Die Differentialgleichung $y' = y$ ist vom Typ (IV-9) und lässt sich für $y \neq 0$ durch *Trennung der Variablen* wie folgt lösen. Zunächst *trennen* wir die Variablen:

$$\frac{dy}{dx} = y = 1 \cdot y \quad \Rightarrow \quad \frac{dy}{y} = 1\,dx = dx$$

Durch *Integration* auf beiden Seiten der Gleichung folgt dann:

$$\int \frac{dy}{y} = \int dx \quad \Rightarrow \quad \ln|y| = x + C \qquad (C \in \mathbb{R})$$

Hinweis: Die auf beiden Seiten auftretenden Integrationskonstanten werden üblicherweise zu einer Konstanten (meist auf der rechten Seite) zusammengefasst.

Die Lösung liegt jetzt in *impliziter* Form vor. Wir lösen diese Gleichung nach der Variablen y auf und erhalten [4]:

$$|y| = e^{x+C} = e^C \cdot e^x \quad \Rightarrow \quad y = \pm e^C \cdot e^x \qquad (C \in \mathbb{R})$$

Wenn die Integrationskonstante C alle *reellen* Zahlen durchläuft, durchläuft die Konstante e^C alle *positiven* Werte und die Konstante $\pm e^C$ somit alle *von null verschiedenen* (positiven und negativen) Werte.

---

[4] Wir erinnern: Die *Betragsgleichung* $|y| = a > 0$ hat *zwei Lösungen*, nämlich $y = \pm a$.

Wir setzen daher

$$y = \pm e^C \cdot e^x = K \cdot e^x \qquad (\text{mit } K = \pm e^C \neq 0)$$

Eine *weitere* Lösung der Differentialgleichung $y' = y$ ist $y = 0$, sodass diese Differentialgleichung insgesamt die folgende *Lösungsmenge* besitzt:

$$y = 0 \qquad \text{und} \qquad y = K \cdot e^x \qquad (K \neq 0)$$

Sie ist auch in der *geschlossenen* Form

$$y = K \cdot e^x \qquad (\text{mit } K \in \mathbb{R})$$

darstellbar, denn für $K = 0$ erhalten wir hieraus die spezielle oder partikuläre Lösung $y = 0$.

Wichtiger Hinweis

Bei der Integration einer Differentialgleichung treten häufig „logarithmische" Terme wie $\ln |x|$, $\ln |y|$ usw. auf. Es ist dann zweckmäßiger, die Integrationskonstante *nicht* in der üblichen Form, sondern in der „logarithmischen" Form $\ln |C|$ anzusetzen. Diese Schreibweise führt zu einem *geringeren* Arbeitsaufwand und ist erlaubt, da mit C auch $\ln |C|$ *alle* reellen Zahlen durchläuft [5].

Den *Vorteil* dieser Methode zeigen wir am soeben behandelten Beispiel der Differentialgleichung $y' = y$. Wie bisher *trennen* wir zunächst die beiden Variablen und *integrieren* anschließend beide Seiten der Gleichung, wobei wir die Integrationskonstante jetzt in der Form $\ln |C|$ schreiben (mit $C \neq 0$):

$$\frac{dy}{dx} = y \quad \Rightarrow \quad \frac{dy}{y} = dx \quad \Rightarrow \quad \int \frac{dy}{y} = \int dx \quad \Rightarrow \quad \ln |y| = x + \ln |C|$$

Die *logarithmischen* Terme werden noch zusammengefasst:

$$\ln |y| - \ln |C| = \ln \left| \frac{y}{C} \right| = x$$

(unter Verwendung der Rechenregel $\ln (u/v) = \ln u - \ln v$). Durch *Umkehrung* (Entlogarithmierung) erhalten wir dann:

$$\left| \frac{y}{C} \right| = e^x \quad \Rightarrow \quad \frac{y}{C} = \pm e^x \quad \Rightarrow \quad y = \pm C \cdot e^x$$

Die *allgemeine* Lösung der Differentialgleichung $y' = y$ lautet damit unter Einbeziehung der speziellen Lösung $y = 0$ wie folgt:

$$y = K \cdot e^x \qquad (\text{mit } K \in \mathbb{R})$$

---

[5] Bekanntlich ist *jede* reelle Zahl als natürlicher Logarithmus einer *positiven* Zahl darstellbar.

(2)   Die *Anfangswertaufgabe*

$$x + y\,y' = 0\,, \qquad y\,(0) = 2$$

lösen wir durch *Trennung der Variablen.*

Trennung der Variablen:

$$x + y\,\frac{dy}{dx} = 0 \quad \Rightarrow \quad y\,\frac{dy}{dx} = -x \quad \Rightarrow \quad y\,dy = -x\,dx$$

Integration auf beiden Seiten:

$$\int y\,dy = -\int x\,dx \quad \Rightarrow \quad \frac{1}{2}\,y^2 = -\frac{1}{2}\,x^2 + C \quad \Rightarrow \quad y^2 = -x^2 + 2\,C$$

Allgemeine Lösung der Differentialgleichung:

$$y^2 = -x^2 + 2\,C \qquad \text{oder} \qquad x^2 + y^2 = 2\,C$$

Dies ist die Gleichung eines *Mittelpunktkreises* mit dem Radius $R = \sqrt{2\,C}$, falls $C > 0$ ist. Für $C = 0$ erhalten wir den *Nullpunkt* („entartete" Lösung), für $C < 0$ existieren *keine* Lösungen. Die *Lösungskurven* der Differentialgleichung $x + y\,y' = 0$ sind somit *konzentrische Mittelpunktskreise* mit der Gleichung $x^2 + y^2 = R^2$ (Bild IV-13).

Spezielle Lösung für $y\,(0) = 2$ (Lösungskurve durch den Punkt $(0; 2)$):

$$y\,(0) = 2 \quad \Rightarrow \quad 4 = 2\,C\,, \quad \text{d. h.} \quad C = 2 \text{ und somit } R = 2$$

Die Lösung unserer Anfangswertaufgabe führt zu dem *Mittelpunktskreis* $x^2 + y^2 = 4$ mit dem Radius $R = 2$ (fetter Kreis in Bild IV-13).

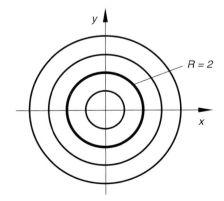

Bild IV-13
Lösungen der Dgl $x + y\,y' = 0$
(konzentrische Mittelpunktskreise
$x^2 + y^2 = R^2$; der fett gezeichnete
Kreis ist die spezielle Lösung
für den Anfangswert $y\,(0) = 2$)

(3) $y' + y^2 = 0$

Zunächst *trennen* wir die beiden Variablen $(y \neq 0)$:

$$y' = \frac{dy}{dx} = -y^2 \quad \Rightarrow \quad \frac{dy}{y^2} = -dx$$

Integration auf beiden Seiten der Gleichung führt zu der folgenden *allgemeinen* Lösung:

$$\int \frac{dy}{y^2} = \int y^{-2}\, dy = -\int dx \quad \Rightarrow \quad \frac{y^{-1}}{-1} = -\frac{1}{y} = -x + C \quad \Rightarrow$$

$$\frac{1}{y} = x - C \quad \Rightarrow \quad y = \frac{1}{x - C} \qquad (x \neq C;\ C \in \mathbb{R})$$

Die Lösungskurven sind *rechtwinklige Hyperbeln*. Eine weitere (singuläre) Lösung ist $y = 0$, sie ist in der allgemeinen Lösung *nicht* enthalten. ∎

2.3 Integration einer Differentialgleichung durch Substitution

In einigen Fällen ist es möglich, eine explizite Differentialgleichung 1. Ordnung $y' = f(x; y)$ mit Hilfe einer *geeigneten Substitution* auf eine *separable* Differentialgleichung 1. Ordnung zurückzuführen, die dann durch *Trennung der Variablen* gelöst werden kann. In diesem Abschnitt behandeln wir Differentialgleichungen vom Typ

$$y' = f(ax + by + c) \qquad \text{und} \qquad y' = f\left(\frac{y}{x}\right) \tag{IV-10}$$

Differentialgleichungen vom Typ $y' = f(ax + by + c)$

Eine Differentialgleichung von diesem Typ lässt sich durch die *lineare Substitution*

$$u = ax + by + c \tag{IV-11}$$

lösen. Dabei sind y und u als Funktionen von x zu betrachten. Durch Differentiation dieser Gleichung nach x erhalten wir dann:

$$u' = a + by' \tag{IV-12}$$

Berücksichtigen wir noch, dass $y' = f(u)$ ist, so folgt hieraus die Differentialgleichung

$$u' = \frac{du}{dx} = a + b \cdot f(u) \tag{IV-13}$$

die durch *Trennung der Variablen* x und u gelöst werden kann, da die rechte Seite dieser Gleichung nur von u abhängt. Die *Lösung* $u = u(x)$ dieser Differentialgleichung setzen wir dann in die Substitutionsgleichung (IV-11) ein und lösen anschließend die Gleichung nach y auf (sog. *Rücksubstitution*).

Differentialgleichungen vom Typ $y' = f\left(\dfrac{y}{x}\right)$

Eine Differentialgleichung von diesem Typ wird durch die *Substitution*

$$u = \frac{y}{x}, \qquad \text{d. h.} \qquad y = x \cdot u \qquad\qquad\qquad \text{(IV-14)}$$

gelöst. Wir differenzieren diese Gleichung nach x und erhalten:

$$y' = 1 \cdot u + u' \cdot x = u + x \cdot u' \qquad\qquad\qquad \text{(IV-15)}$$

(wiederum sind y und u Funktionen von x). Da $y' = f(u)$ ist, geht die Differentialgleichung $y' = f\left(\dfrac{y}{x}\right)$ schließlich in die *separable* Differentialgleichung

$$u + x \cdot u' = f(u) \qquad \text{oder} \qquad u' = \frac{du}{dx} = \frac{f(u) - u}{x} \qquad \text{(IV-16)}$$

über, die ebenfalls durch *Trennung der Variablen* gelöst werden kann. Anschließend erfolgt die *Rücksubstitution*.

Wir fassen die Ergebnisse zusammen:

Integration spezieller Differentialgleichungen 1. Ordnung durch Substitution

Differentialgleichungen 1. Ordnung vom Typ

$$y' = f(ax + by + c) \qquad (\textit{Substitution}: u = ax + by + c) \qquad \text{(IV-17)}$$

oder

$$y' = f\left(\frac{y}{x}\right) \qquad \left(\textit{Substitution}: u = \frac{y}{x}\right) \qquad\qquad \text{(IV-18)}$$

lassen sich mittels der jeweils in Klammern angegebenen *Substitution* schrittweise wie folgt lösen:

1. Durchführung der *Substitution*.
2. *Integration* der neuen Differentialgleichung 1. Ordnung für die Hilfsfunktion $u = u(x)$ durch *Trennung der Variablen*.
3. *Rücksubstitution* und *Auflösen* der Gleichung nach y.

■   **Beispiele**

(1) $y' = 2x - y$

Die Differentialgleichung ist vom Typ $y' = f(ax + by + c)$ und wird durch die *Substitution* $u = 2x - y$ gelöst. Mit

$$u = 2x - y, \qquad u' = 2 - y' \qquad \text{und somit} \qquad y' = 2 - u'$$

gehen wir in die Differentialgleichung $y' = 2x - y$ ein und erhalten:

$$2 - u' = u \qquad \text{oder} \qquad -u' = u - 2$$

Diese Differentialgleichung lässt sich durch *Trennung der Variablen* lösen:

$$-u' = -\frac{du}{dx} = u - 2 \quad \Rightarrow \quad \frac{du}{u - 2} = -dx \qquad (u \neq 2)$$

$$\int \frac{du}{u - 2} = -\int dx \quad \Rightarrow \quad \ln|u - 2| = -x + \ln|C| \quad \Rightarrow$$

$$\ln|u - 2| - \ln|C| = \ln\left|\frac{u - 2}{C}\right| = -x \quad \Rightarrow \quad \left|\frac{u - 2}{C}\right| = e^{-x} \quad \Rightarrow$$

$$\frac{u - 2}{C} = \pm\, e^{-x} \quad \Rightarrow \quad u = \pm\, C \cdot e^{-x} + 2 = K \cdot e^{-x} + 2$$

(mit $K \neq 0$). Eine weitere (spezielle) Lösung ist $u = 2$ (folgt aus $u - 2 = 0$). Somit ist

$$u = K \cdot e^{-x} + 2 \qquad (\text{mit } K \in \mathbb{R})$$

(die spezielle Lösung $u = 2$ ist für $K = 0$ enthalten). Durch *Rücksubstitution* folgt weiter:

$$u = 2x - y = K \cdot e^{-x} + 2 \quad \Rightarrow \quad y = -K \cdot e^{-x} + 2x - 2$$

Die *allgemeine* Lösung der Differentialgleichung $y' = 2x - y$ lautet damit:

$$y = C_1 \cdot e^{-x} + 2x - 2 \quad (\text{mit } C_1 = -K;\ C_1 \in \mathbb{R})$$

(2)   Die Differentialgleichung 1. Ordnung

$$y' = \frac{x + 2y}{x} = 1 + 2\left(\frac{y}{x}\right) \qquad (x \neq 0)$$

ist vom Typ $y' = f\left(\dfrac{y}{x}\right)$ und lässt sich daher durch die *Substitution* $u = \dfrac{y}{x}$ wie folgt lösen:

Substitution:

$$u = \frac{y}{x}, \qquad \text{d. h.} \qquad y = x \cdot u, \qquad y' = 1 \cdot u + x \cdot u' = u + x u'$$

$$y' = 1 + 2\left(\frac{y}{x}\right) \quad \Rightarrow \quad u + x u' = 1 + 2u \qquad \text{oder} \qquad x u' = 1 + u$$

Integration durch Trennung der Variablen:

$$x u' = x\frac{du}{dx} = 1 + u = u + 1 \quad \Rightarrow \quad \frac{du}{u + 1} = \frac{dx}{x} \qquad (u \neq -1)$$

$$\int \frac{du}{u+1} = \int \frac{dx}{x} \quad \Rightarrow \quad \ln|u+1| = \ln|x| + \ln|C| = \ln|Cx| \quad \Rightarrow$$

$$u + 1 = Cx \quad \text{oder} \quad u = Cx - 1 \quad (C \in \mathbb{R})$$

Rücksubstitution führt auf die allgemeine Lösung (sie enthält die aus $u = -1$ folgende spezielle Lösung $y = -x$ für $C = 0$):

$$y = xu = x(Cx - 1) = Cx^2 - x \quad (x \neq 0) \qquad \blacksquare$$

2.4 Exakte Differentialgleichungen

Eine Differentialgleichung 1. Ordnung vom Typ

$$y' = \frac{dy}{dx} = -\frac{g(x;y)}{h(x;y)} \tag{IV-19}$$

oder (in anderer Schreibweise)

$$g(x;y)\,dx + h(x;y)\,dy = 0 \tag{IV-20}$$

heißt *exakt* oder *vollständig*, wenn sie die Bedingung

$$\frac{\partial g(x;y)}{\partial y} = \frac{\partial h(x;y)}{\partial x} \tag{IV-21}$$

erfüllt. Die *linke* Seite der Gleichung (IV-20) ist dann das *totale* oder *vollständige Differential* einer (noch unbekannten) Funktion $u(x;y)$ Somit gilt:

$$du = \frac{\partial u}{\partial x}\,dx + \frac{\partial u}{\partial y}\,dy = g(x;y)\,dx + h(x;y)\,dy = 0 \tag{IV-22}$$

Die Faktorfunktionen $g(x;y)$ und $h(x;y)$ in der exakten Differentialgleichung (IV-20) sind also die *partiellen Ableitungen 1. Ordnung* von $u(x;y)$:

$$\frac{\partial u}{\partial x} = g(x;y), \qquad \frac{\partial u}{\partial y} = h(x;y) \tag{IV-23}$$

Die *allgemeine* Lösung der Differentialgleichung lautet dann in impliziter Form: $u(x;y) = \text{constant} = C$.

Die Funktion $u(x;y)$ lässt sich aus den Gleichungen (IV-23) wie folgt bestimmen. Die *erste* der beiden Gleichungen wird bezüglich der Variablen x *integriert*, wobei zu beachten ist, dass die Integrationskonstante K noch von y abhängen, d. h. eine Funktion von y sein *kann* $(K = K(y))$:

$$\frac{\partial u}{\partial x} = g(x;y) \quad \Rightarrow \quad u = \int \frac{\partial u}{\partial x}\,dx = \int g(x;y)\,dx + K(y) \tag{IV-24}$$

Wenn wir diese Funktion jetzt partiell nach y *differenzieren*, erhalten wir $h(x;y)$:

$$\frac{\partial u}{\partial y} = \frac{\partial}{\partial y} \left[\int g\,(x;\,y)\,dx + K\,(y) \right] = \frac{\partial}{\partial y} \int g\,(x;\,y)\,dx + \frac{\partial}{\partial y}\,K\,(y) =$$

$$= \int \frac{\partial\,g\,(x;\,y)}{\partial y}\,dx + K'\,(y) = h\,(x;\,y) \qquad\qquad\qquad \text{(IV-25)}$$

Wir lösen diese Gleichung nach $K'\,(y)$ auf:

$$K'\,(y) = h\,(x;\,y) - \int \frac{\partial\,g\,(x;\,y)}{\partial y}\,dx \qquad\qquad\qquad \text{(IV-26)}$$

Durch unbestimmte *Integration* (nach der Variablen y) erhält man hieraus die gesuchte Funktion $K\,(y)$. Damit ist auch $u\,(x;\,y)$ und die *allgemeine* Lösung der exakten Differentialgleichung (IV-20) bekannt.

Integration einer exakten Differentialgleichung 1. Ordnung

Eine Differentialgleichung 1. Ordnung vom Typ

$$g\,(x;\,y)\,dx + h\,(x;\,y)\,dy = 0 \qquad\qquad\qquad \text{(IV-27)}$$

ist genau dann *exakt*, wenn die Bedingung

$$\frac{\partial\,g\,(x;\,y)}{\partial y} = \frac{\partial\,h\,(x;\,y)}{\partial x} \qquad\qquad\qquad \text{(IV-28)}$$

erfüllt ist. Dann sind die (stetigen) Faktorfunktionen $g\,(x;\,y)$ und $h\,(x;\,y)$ in der exakten Differentialgleichung (IV-27) die *partiellen Ableitungen 1. Ordnung* einer Funktion $u\,(x;\,y)$:

$$\frac{\partial u}{\partial x} = g\,(x;\,y) \qquad \text{und} \qquad \frac{\partial u}{\partial y} = h\,(x;\,y) \qquad\qquad \text{(IV-29)}$$

Aus diesen Beziehungen lässt sich die noch unbekannte Funktion $u\,(x;\,y)$ durch unbestimmte *Integration* gewinnen. Die *allgemeine* Lösung der exakten Differentialgleichung (IV-27) ist dann in der impliziten Form

$$u\,(x;\,y) = \text{const.} = C \qquad\qquad\qquad \text{(IV-30)}$$

darstellbar.

Anmerkung

Im konkreten Fall geht man schrittweise wie folgt vor:

1. Zunächst wird geprüft, ob die sog. *Integrabilitätsbedingung* (IV-28) erfüllt ist.

2. Ist dies der Fall, so wird die *erste* der beiden Gleichungen (IV-29) nach x unbestimmt *integriert*. Die dabei auftretende von y abhängige „Integrationskonstante" $K\,(y)$ lässt sich dann aus der *zweiten* der beiden Gleichungen (IV-29) ebenfalls durch *Integration* bestimmen.

■ **Beispiel**

Wir zeigen, dass die Differentialgleichung 1. Ordnung

$$y' = \frac{dy}{dx} = \frac{2x + y}{y - x}$$

exakt ist. Durch Umformung erhalten wir zunächst:

$$(y - x)\,dy = (2x + y)\,dx \quad \Rightarrow \quad (2x + y)\,dx - (y - x)\,dy = 0 \quad \Rightarrow$$

$$(2x + y)\,dx + (x - y)\,dy = 0$$

Die Faktorfunktionen $g(x; y) = 2x + y$ und $h(x; y) = x - y$ erfüllen die *Integrabilitätsbedingung* (IV-28):

$$\left.\begin{array}{l} \dfrac{\partial g}{\partial y} = \dfrac{\partial}{\partial y}\,(2x + y) = 1 \\[3mm] \dfrac{\partial h}{\partial x} = \dfrac{\partial}{\partial x}\,(x - y) = 1 \end{array}\right\} \quad \Rightarrow \quad \dfrac{\partial g}{\partial y} = \dfrac{\partial h}{\partial x} = 1$$

Die Differentialgleichung ist also *exakt*. Die partiellen Ableitungen 1. Ordnung der noch unbekannten Funktion $u(x; y)$ aus der *allgemeinen* Lösung $u(x; y) = $ const. sind somit bekannt. Es gilt:

$$\frac{\partial u}{\partial x} = g(x; y) = 2x + y \qquad \text{und} \qquad \frac{\partial u}{\partial y} = h(x; y) = x - y$$

Durch unbestimmte Integration der *ersten* Gleichung bezüglich x folgt:

$$u = \int \frac{\partial u}{\partial x}\,dx = \int (2x + y)\,dx = x^2 + xy + K(y)$$

Jetzt differenzieren wir diese Funktion partiell nach y und erhalten das bereits bekannte Ergebnis $h(x; y) = x - y$:

$$\frac{\partial u}{\partial y} = \frac{\partial}{\partial y}\,(x^2 + xy + K(y)) = x + K'(y) = x - y$$

Auflösen nach $K'(y)$ und anschließende Integration nach y liefert:

$$K'(y) = -y \quad \Rightarrow \quad K(y) = \int K'(y)\,dy = -\int y\,dy = -\frac{1}{2}y^2 + C_1$$

Somit ist

$$u(x; y) = x^2 + xy + K(y) = x^2 + xy - \frac{1}{2}y^2 + C_1$$

und die gesuchte *allgemeine* Lösung der exakten Differentialgleichung lautet (in der impliziten Form) wie folgt:

$$u(x; y) = \text{const.} = C_2 \quad \Rightarrow \quad x^2 + xy - \frac{1}{2}y^2 + C_1 = C_2 \quad \Rightarrow$$

$$x^2 + xy - \frac{1}{2}y^2 = C \qquad (\text{mit } C = C_2 - C_1)$$

Lösung in *expliziter* Form (wir lösen die quadratische Gleichung nach y auf):

$$-\frac{1}{2}y^2 + xy + x^2 - C = 0 \,|\cdot (-2) \quad \Rightarrow \quad y^2 - 2xy - 2x^2 + 2C = 0 \quad \Rightarrow$$

$$y = x \pm \sqrt{x^2 + 2x^2 - 2C} = x \pm \sqrt{3x^2 - 2C} \qquad (\text{mit } C \in \mathbb{R}) \qquad \blacksquare$$

„Integrierender Faktor"

Stellt man fest, dass die Differentialgleichung

$$g(x; y)\, dx + h(x; y)\, dy = 0 \tag{IV-31}$$

nicht exakt ist, so kann man versuchen, diese Differentialgleichung durch Multiplikation mit einer geeigneten Funktion $\lambda(x; y)$ in eine *exakte* Differentialgleichung zu verwandeln:

$$\underbrace{g(x; y) \cdot \lambda(x; y)}_{g^*(x; y)}\, dx + \underbrace{h(x; y) \cdot \lambda(x; y)}_{h^*(x; y)}\, dy = 0 \tag{IV-32}$$

Der sog. *integrierende Faktor* $\lambda(x; y)$ muss so gewählt werden, dass die neuen Faktorfunktionen $g^*(x; y)$ und $h^*(x; y)$ die Integrabilitätsbedingung (IV-28) erfüllen. Somit muss gelten:

$$\frac{\partial}{\partial y}[g(x; y) \cdot \lambda(x; y)] = \frac{\partial}{\partial x}[h(x; y) \cdot \lambda(x; y)] \tag{IV-33}$$

Aus dieser Bedingung lässt sich dann häufig $\lambda(x; y)$ bestimmen. In einfachen Fällen hängt der integrierende Faktor nur von einer Variablen, also von x oder y ab, wie das nachfolgende Beispiel zeigen wird.

■ **Beispiel**

$$(1 - xy)\, dx + (xy - x^2)\, dy = 0$$

Diese Differentialgleichung ist *nicht* exakt, da die Faktorfunktionen $g(x; y) = 1 - xy$ und $h(x; y) = xy - x^2$ die Integrabilitätsbedingung (IV-28) *nicht* erfüllen:

$$\left.\begin{array}{l} \dfrac{\partial g}{\partial y} = \dfrac{\partial}{\partial y}(1 - xy) = -x \\[3mm] \dfrac{\partial h}{\partial x} = \dfrac{\partial}{\partial x}(xy - x^2) = y - 2x \end{array}\right\} \quad \Rightarrow \quad \dfrac{\partial g}{\partial y} \neq \dfrac{\partial h}{\partial x}$$

Wir versuchen einen *integrierenden Faktor* zu finden, der nur von der Variablen x abhängt (ob es einen solchen Faktor gibt, wissen wir zunächst nicht). Der Ansatz $\lambda = \lambda(x)$ muss dann die Integrabilitätsbedingung (IV-33) erfüllen:

$$g^* = g(x;y) \cdot \lambda(x) = (1 - xy) \cdot \lambda(x)$$

$$h^* = h(x;y) \cdot \lambda(x) = (xy - x^2) \cdot \lambda(x)$$

$$\frac{\partial g^*}{\partial y} = \frac{\partial}{\partial y}[(1 - xy) \cdot \lambda(x)] = -x \cdot \lambda(x)$$

$$\frac{\partial h^*}{\partial x} = \frac{\partial}{\partial x}[(xy - x^2) \cdot \lambda(x)] = (y - 2x) \cdot \lambda(x) + (xy - x^2) \cdot \lambda'(x)$$

$$\frac{\partial g^*}{\partial y} = \frac{\partial h^*}{\partial x} \quad \Rightarrow \quad -x \cdot \lambda(x) = (y - 2x) \cdot \lambda(x) + (xy - x^2) \cdot \lambda'(x)$$

$$\Rightarrow \quad -x \cdot \lambda(x) - (y - 2x) \cdot \lambda(x) = (xy - x^2) \cdot \lambda'(x)$$

$$\Rightarrow \quad -(x + y - 2x) \cdot \lambda(x) = x(y - x) \cdot \lambda'(x)$$

$$\Rightarrow \quad -(y - x) \cdot \lambda(x) = x(y - x) \cdot \lambda'(x) \,|\, : (y - x)$$

$$\Rightarrow \quad -\lambda(x) = x \cdot \lambda'(x) \qquad (x \neq y)$$

Diese einfache Differentialgleichung 1. Ordnung für den „integrierenden Faktor" $\lambda = \lambda(x)$ lösen wir durch *Trennung der Variablen* ($\lambda \neq 0$; $x \neq 0$):

$$x \cdot \lambda' = x \cdot \frac{d\lambda}{dx} = -\lambda \quad \Rightarrow \quad \frac{d\lambda}{\lambda} = -\frac{dx}{x}$$

$$\int \frac{d\lambda}{\lambda} = -\int \frac{dx}{x} \quad \Rightarrow \quad \ln|\lambda| = -\ln|x| + \ln|K| = \ln\left|\frac{K}{x}\right| \quad \Rightarrow$$

$$\lambda = \frac{K}{x} \quad (\text{mit } K \neq 0)$$

Wir wählen $K = 1$ und erhalten den „integrierenden Faktor" $\lambda = \lambda(x) = 1/x$. Die vorgegebene (nichtexakte) Differentialgleichung geht damit in die folgende *exakte* Differentialgleichung über:

$$(1 - xy) \cdot \frac{1}{x} \, dx + (xy - x^2) \cdot \frac{1}{x} \, dy = 0 \quad \Rightarrow \quad \left(\frac{1}{x} - y\right) dx + (y - x) \, dy = 0$$

Die partiellen Ableitungen 1. Ordnung der (noch unbekannten) Lösung $u(x;y) = $ const. sind die Faktorfunktionen dieser Differentialgleichung:

$$\frac{\partial u}{\partial x} = \frac{1}{x} - y, \qquad \frac{\partial u}{\partial y} = y - x$$

Wir integrieren die *erste* Gleichung nach x:

$$u = \int \frac{\partial u}{\partial x} \, dx = \int \left(\frac{1}{x} - y\right) dx = \ln|x| - xy + K(y)$$

Die partielle Ableitung dieser Funktion nach y muss $y - x$ ergeben:

$$\frac{\partial u}{\partial y} = \frac{\partial}{\partial y} \left(\ln |x| - xy + K(y) \right) = -x + K'(y) = y - x$$

Wir lösen nach $K'(y)$ auf und integrieren:

$$K'(y) = y \quad \Rightarrow \quad K(y) = \int K'(y)\, dy = \int y\, dy = \frac{1}{2}\, y^2 + C_1$$

Damit erhalten wir die folgende *allgemeine* Lösung (in impliziter Form):

$$u(x; y) = \ln |x| - xy + \frac{1}{2}\, y^2 + C_1 = \text{const.} = C_2 \quad \Rightarrow$$

$$\ln |x| - xy + \frac{1}{2}\, y^2 = C_2 - C_1 = C \qquad (\text{mit } C \in \mathbb{R}) \qquad \blacksquare$$

2.5 Lineare Differentialgleichungen 1. Ordnung

2.5.1 Definition einer linearen Differentialgleichung 1. Ordnung

> **Definition:** Eine Differentialgleichung 1. Ordnung heißt *linear*, wenn sie in der Form
>
> $$y' + f(x) \cdot y = g(x) \qquad\qquad (\text{IV-34})$$
>
> darstellbar ist.

Die Funktion $g(x)$ wird als *Störfunktion* oder *Störglied* bezeichnet. *Fehlt* das Störglied, d. h. ist $g(x) \equiv 0$, so heißt die lineare Differentialgleichung *homogen*, ansonsten *inhomogen*.

■ **Beispiele**

(1) Die folgenden Differentialgleichungen 1. Ordnung sind *linear:*

$$y' - xy = 0 \qquad \text{Homogene Dgl}$$

$$xy' + 2y = e^x \quad \text{oder} \quad y' + \frac{2}{x}\, y = \frac{e^x}{x} \qquad \text{Inhomogene Dgl}$$

$$y' + (\tan x) \cdot y = 2 \cdot \sin x \cdot \cos x \qquad \text{Inhomogene Dgl}$$

(2) *Nichtlinear* sind folgende Differentialgleichungen 1. Ordnung:

$$y' = 1 - y^2 \qquad (y \text{ tritt in der } 2. \text{ Potenz auf})$$

$$yy' + x = 0 \qquad (\text{Die Differentialgleichung enthält ein „verbotenes“} \\ \textit{gemischtes } \text{Produkt } yy') \qquad\qquad\qquad \blacksquare$$

2.5.2 Integration der homogenen linearen Differentialgleichung

Eine *homogene* lineare Differentialgleichung 1. Ordnung

$$y' + f(x) \cdot y = 0 \qquad\qquad\qquad\qquad\qquad\qquad \text{(IV-35)}$$

lässt sich durch *Trennung der Variablen* wie folgt lösen. Zunächst *trennen* wir die beiden Variablen:

$$\frac{dy}{dx} + f(x) \cdot y = 0 \quad\Rightarrow\quad \frac{dy}{dx} = -f(x) \cdot y \quad\Rightarrow\quad \frac{dy}{y} = -f(x)\, dx \qquad \text{(IV-36)}$$

Dann werden beide Seiten *integriert*, wobei wir die Integrationskonstante wiederum in der *logarithmischen* Form $\ln |K|$ schreiben (mit $K \neq 0$):

$$\int \frac{dy}{y} = -\int f(x)\, dx \quad\Rightarrow\quad \ln |y| = -\int f(x)\, dx + \ln |K| \quad\Rightarrow$$

$$\ln |y| - \ln |K| = \ln \left|\frac{y}{K}\right| = -\int f(x)\, dx \qquad\qquad\qquad \text{(IV-37)}$$

Durch *Umkehrung* (Entlogarithmieren) erhalten wir hieraus:

$$\frac{y}{K} = \pm e^{-\int f(x)\, dx} \quad\Rightarrow\quad y = \pm K \cdot e^{-\int f(x)\, dx} \qquad\qquad \text{(IV-38)}$$

Eine weitere Lösung ist $y = 0$. Die *allgemeine* Lösung ist damit auch wie folgt darstellbar (die spezielle Lösung $y = 0$ ist für $C = 0$ enthalten):

$$y = C \cdot e^{-\int f(x)\, dx} \qquad (\text{mit } C = \pm K;\ C \in \mathbb{R}) \qquad\qquad \text{(IV-39)}$$

Integration einer homogenen linearen Differentialgleichung 1. Ordnung

Eine *homogene* lineare Differentialgleichung 1. Ordnung vom Typ

$$y' + f(x) \cdot y = 0 \qquad\qquad\qquad\qquad\qquad\qquad \text{(IV-40)}$$

wird durch *Trennung der Variablen* gelöst. Die *allgemeine* Lösung ist dann in der Form

$$y = C \cdot e^{-\int f(x)\, dx} \qquad (C \in \mathbb{R}) \qquad\qquad\qquad \text{(IV-41)}$$

darstellbar.

■ **Beispiele**

(1) $x^2 y' + y = 0$ oder $y' + \dfrac{1}{x^2} \cdot y = 0$ $(x \neq 0)$

Die vorliegende *homogene* lineare Differentialgleichung 1. Ordnung lösen wir durch *Trennung der Variablen*.

Trennung der Variablen:

$$\frac{dy}{dx} + \frac{1}{x^2} \cdot y = 0 \quad \Rightarrow \quad \frac{dy}{dx} = -\frac{1}{x^2} \cdot y \quad \Rightarrow \quad \frac{dy}{y} = -\frac{dx}{x^2}$$

Integration auf beiden Seiten:

$$\int \frac{dy}{y} = -\int \frac{dx}{x^2} = -\int x^{-2}\, dx \quad \Rightarrow \quad \ln |y| = \frac{1}{x} + \ln |K| \quad \Rightarrow$$

$$\ln |y| - \ln |K| = \ln \left| \frac{y}{K} \right| = \frac{1}{x} \quad \Rightarrow \quad \frac{y}{K} = \pm\, e^{1/x}$$

Wir lösen diese Gleichung noch nach y auf und erhalten die *allgemeine* Lösung der *homogenen* linearen Dgl $x^2 y' + y = 0$ in der Form

$$y = C \cdot e^{1/x} \qquad \text{(mit } C = \pm K;\ C \in \mathbb{R})$$

Die *spezielle* Lösung $y = 0$ ist als Sonderfall für $C = 0$ enthalten.

(2) $y' - 2xy = 0, \qquad y(0) = 5$

Wir bestimmen zunächst die *allgemeine* Lösung dieser homogenen linearen Differentialgleichung durch *Trennung der Variablen*:

Trennung der Variablen:

$$\frac{dy}{dx} - 2xy = 0 \quad \Rightarrow \quad \frac{dy}{dx} = 2xy \quad \Rightarrow \quad \frac{dy}{y} = 2x\, dx$$

Integration auf beiden Seiten:

$$\int \frac{dy}{y} = \int 2x\, dx \quad \Rightarrow \quad \ln |y| = x^2 + \ln |C| \quad \Rightarrow$$

$$\ln |y| - \ln |C| = \ln \left| \frac{y}{C} \right| = x^2 \quad \Rightarrow \quad \frac{y}{C} = e^{x^2}$$

Allgemeine Lösung:

$$y = C \cdot e^{x^2} \qquad (C \in \mathbb{R})$$

Spezielle Lösung für den Anfangswert $y(0) = 5$:

$$y(0) = 5 \quad \Rightarrow \quad C \cdot e^0 = C \cdot 1 = 5 \quad \Rightarrow \quad C = 5$$

Das *Anfangswertproblem* besitzt somit die *Lösung* $y = 5 \cdot e^{x^2}$.   ■

2.5.3 Integration der inhomogenen linearen Differentialgleichung

Wir beschäftigen uns jetzt mit der *allgemeinen* Lösung der *inhomogenen* linearen Differentialgleichung 1. Ordnung und behandeln zwei unter den folgenden Bezeichnungen bekannte Lösungsmethoden:

1. Methode: Integration durch *Variation der Konstanten*.
2. Methode: Integration durch *Aufsuchen einer partikulären (oder speziellen) Lösung*.

2.5.3.1 Variation der Konstanten

Eine *inhomogene* lineare Differentialgleichung 1. Ordnung

$$y' + f(x) \cdot y = g(x) \tag{IV-42}$$

lässt sich wie folgt durch *Variation der Konstanten* lösen. Zunächst wird die zugehörige *homogene* Differentialgleichung

$$y' + f(x) \cdot y = 0 \tag{IV-43}$$

durch *Trennung der Variablen* gelöst. Dies führt zu der *allgemeinen* Lösung [6]

$$y_0 = K \cdot e^{-\int f(x)\,dx} \qquad (K \in \mathbb{R}) \tag{IV-44}$$

Wir *ersetzen* jetzt die Integrationskonstante K durch eine (noch unbekannte) *Funktion* $K(x)$ und versuchen, die *inhomogene* Differentialgleichung durch den *Produktansatz*

$$y = K(x) \cdot e^{-\int f(x)\,dx} \tag{IV-45}$$

zu lösen. Dazu wird noch die 1. Ableitung dieses Lösungsansatzes benötigt. Unter Verwendung von *Produkt- und Kettenregel* erhalten wir:

$$y' = K'(x) \cdot e^{-\int f(x)\,dx} - K(x) \cdot f(x) \cdot e^{-\int f(x)\,dx} \tag{IV-46}$$

$$\left(\text{die Ableitung des Integrals } \int f(x)\,dx \text{ führt bekanntlich auf den Integranden } f(x)\right).$$

Wir setzen jetzt die für y und y' gefundenen Funktionsterme in die *inhomogene* Differentialgleichung (IV-42) ein:

$$K'(x) \cdot e^{-\int f(x)\,dx} \underbrace{- K(x) \cdot f(x) \cdot e^{-\int f(x)\,dx} + f(x) \cdot K(x) \cdot e^{-\int f(x)\,dx}}_{0} = g(x)$$

$$K'(x) \cdot e^{-\int f(x)\,dx} = g(x) \quad \Rightarrow \quad K'(x) = g(x) \cdot e^{\int f(x)\,dx} \tag{IV-47}$$

---

[6] Um Verwechslungen mit der *allgemeinen* Lösung der *inhomogenen* linearen Dgl zu vermeiden, kennzeichnen wir ab sofort die *allgemeine* Lösung der zugehörigen *homogenen* Dgl durch das Symbol y_0.

Durch *Integration* folgt weiter:

$$K(x) = \int g(x) \cdot e^{\int f(x)\,dx}\,dx + C \qquad\qquad\text{(IV-48)}$$

Diesen Ausdruck setzen wir für die *Faktorfunktion* $K(x)$ des Lösungsansatzes (IV-45) ein und erhalten dann die *allgemeine* Lösung der *inhomogenen* Differentialgleichung (IV-42):

$$y = \left[\int g(x) \cdot e^{\int f(x)\,dx}\,dx + C\right] \cdot e^{-\int f(x)\,dx} \qquad\qquad\text{(IV-49)}$$

Wir fassen die Ergebnisse zusammen:

Integration einer inhomogenen linearen Differentialgleichung 1. Ordnung durch „Variation der Konstanten"

Eine *inhomogene* lineare Differentialgleichung 1. Ordnung vom Typ

$$y' + f(x) \cdot y = g(x) \qquad\qquad\text{(IV-50)}$$

lässt sich durch *Variation der Konstanten* schrittweise wie folgt lösen:

1. *Integration* der zugehörigen *homogenen* Differentialgleichung $y' + f(x) \cdot y = 0$ durch *Trennung der Variablen:*

$$y_0 = K \cdot e^{-\int f(x)\,dx} \qquad\qquad\text{(IV-51)}$$

2. *Variation der Konstanten:* Die Integrationskonstante K wird durch eine (noch unbekannte) *Funktion* $K(x)$ ersetzt. Mit dem Lösungsansatz

$$y = K(x) \cdot e^{-\int f(x)\,dx} \qquad\qquad\text{(IV-52)}$$

geht man dann in die *inhomogene* lineare Differentialgleichung ein und erhält eine einfache Differentialgleichung 1. Ordnung für die Faktorfunktion $K(x)$, die durch unbestimmte Integration gelöst werden kann.

Anmerkung

Durch die Bezeichnung *Variation der Konstanten* soll zum Ausdruck gebracht werden, dass die Integrationskonstante K „variiert" d. h. durch eine *Funktion* $K(x)$ ersetzt wird.

■ **Beispiele**

Hinweis: Die beim Lösen einer Differentialgleichung anfallenden Integrale wurden der *Integraltafel* der *Formelsammlung* des Autors entnommen (Angabe der jeweiligen Integralnummer und der Parameterwerte). Diese Regelung gilt im *gesamten* Kapitel.

(1) $y' + \dfrac{y}{x} = \cos x \qquad (x \neq 0)$

Wir lösen zunächst die zugehörige *homogene* Differentialgleichung $y' + \dfrac{y}{x} = 0$ durch *Trennung der Variablen:*

$$\frac{dy}{dx} + \frac{y}{x} = 0 \quad \Rightarrow \quad \frac{dy}{dx} = -\frac{y}{x} \quad \Rightarrow \quad \frac{dy}{y} = -\frac{dx}{x}$$

$$\int \frac{dy}{y} = -\int \frac{dx}{x} \quad \Rightarrow \quad \ln|y| = -\ln|x| + \ln|K| = \ln\left|\frac{K}{x}\right|$$

Die *allgemeine* Lösung der *homogenen* Gleichung lautet somit nach Entlogarithmierung:

$$y_0 = \frac{K}{x} \qquad (K \in \mathbb{R})$$

Die *inhomogene* Differentialgleichung lösen wir durch *Variation der Konstanten* $(K \to K(x))$:

$$y = \frac{K(x)}{x}, \qquad y' = \frac{K'(x) \cdot x - 1 \cdot K(x)}{x^2} = \frac{K'(x)}{x} - \frac{K(x)}{x^2}$$

Wir setzen diese Ausdrücke in die *inhomogene* Differentialgleichung ein:

$$y' + \frac{y}{x} = \frac{K'(x)}{x} \underbrace{- \frac{K(x)}{x^2} + \frac{K(x)}{x^2}}_{0} = \cos x \quad \Rightarrow$$

$$\frac{K'(x)}{x} = \cos x \qquad \text{oder} \qquad K'(x) = x \cdot \cos x$$

Durch *unbestimmte Integration* folgt hieraus:

$$K(x) = \int K'(x)\, dx = \underbrace{\int x \cdot \cos x\, dx}_{\text{Integral Nr. 232 mit } a = 1} = \cos x + x \cdot \sin x + C$$

Die *inhomogene* Differentialgleichung besitzt damit die *allgemeine* Lösung

$$y = \frac{K(x)}{x} = \frac{\cos x + x \cdot \sin x + C}{x} \qquad (C \in \mathbb{R})$$

(2) $y' - 3y = x \cdot e^{4x}$ Anfangswert: $y(1) = 2$

Die zugehörige *homogene* Differentialgleichung

$$y' - 3y = 0$$

wird durch *Trennung der Variablen* gelöst. Ihre *allgemeine* Lösung ist

$$y_0 = K \cdot e^{3x} \qquad (K \in \mathbb{R})$$

Die *inhomogene* Differentialgleichung lösen wir durch den Ansatz

$$y = K(x) \cdot e^{3x}$$

(*Variation der Konstanten*). Wir gehen mit den Termen

$$y = K(x) \cdot e^{3x}, \qquad y' = K'(x) \cdot e^{3x} + 3K(x) \cdot e^{3x}$$

in die *inhomogene* Differentialgleichung ein und erhalten:

$$y' - 3y = K'(x) \cdot e^{3x} \underbrace{+ 3K(x) \cdot e^{3x} - 3K(x) \cdot e^{3x}}_{0} = x \cdot e^{4x} \quad \Rightarrow$$

$$K'(x) \cdot e^{3x} = x \cdot e^{4x} \qquad \text{oder} \qquad K'(x) = x \cdot e^{x}$$

Durch *unbestimmte Integration* folgt:

$$K(x) = \int K'(x)\, dx = \underbrace{\int x \cdot e^{x}\, dx}_{} = (x - 1) \cdot e^{x} + C$$

$$\text{Integral Nr. 313 mit } a = 1$$

Die *allgemeine* Lösung der *inhomogenen* Differentialgleichung lautet damit:

$$y = K(x) \cdot e^{3x} = [(x - 1) \cdot e^{x} + C] \cdot e^{3x} = (x - 1) \cdot e^{4x} + C \cdot e^{3x}$$

Wir bestimmen jetzt die *spezielle* Lösung der Differentialgleichung für den Anfangswert $y(1) = 2$:

$$y(1) = 2 \quad \Rightarrow \quad 0 \cdot e^{4} + C \cdot e^{3} = 2 \quad \Rightarrow \quad C = 2 \cdot e^{-3}$$

$$y = (x - 1) \cdot e^{4x} + 2 \cdot e^{-3} \cdot e^{3x} = (x - 1) \cdot e^{4x} + 2 \cdot e^{3x - 3} =$$

$$= (x - 1) \cdot e^{4x} + 2 \cdot e^{3(x - 1)}$$

■

2.5.3.2 Aufsuchen einer partikulären Lösung

Ein weiteres Lösungsverfahren, das wir als *Aufsuchen einer partikulären Lösung* bezeichnen wollen, beruht auf der folgenden Eigenschaft der *inhomogenen* linearen Differentialgleichungen 1. Ordnung:

Über die Lösungsmenge einer inhomogenen linearen Differentialgleichung 1. Ordnung

Die *allgemeine* Lösung $y = y(x)$ einer *inhomogenen* linearen Differentialgleichung 1. Ordnung vom Typ

$$y' + f(x) \cdot y = g(x) \qquad (IV\text{-}53)$$

ist als *Summe* aus der *allgemeinen* Lösung $y_0 = y_0(x)$ der zugehörigen *homogenen* linearen Differentialgleichung

$$y' + f(x) \cdot y = 0 \qquad (IV\text{-}54)$$

und einer (beliebigen) *partikulären* Lösung $y_p = y_p(x)$ der *inhomogenen* linearen Differentialgleichung darstellbar:

$$y(x) = y_0(x) + y_p(x) \qquad (IV\text{-}55)$$

Anmerkung

Auch die später behandelten linearen Differentialgleichungen 2. und *höherer Ordnung* besitzen diese Eigenschaft.

Beweis:

y_0 sei die *allgemeine* Lösung der *homogenen* linearen Differentialgleichung, y_p eine beliebige *partikuläre* (d. h. spezielle) Lösung der *inhomogenen* linearen Differentialgleichung. Somit gilt:

$$y_0' + f(x) \cdot y_0 = 0 \qquad \text{und} \qquad y_p' + f(x) \cdot y_p = g(x) \qquad (IV\text{-}56)$$

Wir zeigen zunächst, dass auch die *Summe*

$$y = y_0 + y_p \qquad (IV\text{-}57)$$

eine *Lösung der inhomogenen linearen* Differentialgleichung (IV-53) ist:

$$y' + f(x) \cdot y = (y_0 + y_p)' + f(x) \cdot (y_0 + y_p) =$$
$$= y_0' + y_p' + f(x) \cdot y_0 + f(x) \cdot y_p =$$
$$= \underbrace{(y_0' + f(x) \cdot y_0)}_{0} + \underbrace{(y_p' + f(x) \cdot y_p)}_{g(x)} = g(x) \qquad (IV\text{-}58)$$

Die Funktion $y = y_0 + y_p$ ist daher eine *Lösung* der *inhomogenen* linearen Differential-gleichung $y' + f(x) \cdot y = g(x)$. Sie ist zugleich die *allgemeine* Lösung dieser Glei-chung, da der Summand y_0 als *allgemeine* Lösung der zugehörigen *homogenen* Gleichung und damit auch die Summe $y = y_0 + y_p$ genau *einen* frei wählbaren Parameter enthalten.

Aus diesem Satz ziehen wir noch eine wichtige **Folgerung**:

Um die *allgemeine* Lösung y der *inhomogenen* linearen Differentialgleichung zu erhal-ten, genügt es, *eine* partikuläre Lösung y_p dieser Differentialgleichung zu bestimmen. Dieses Vorhaben gelingt in vielen Fällen mit Hilfe eines *speziellen Lösungsansatzes*, der noch einen oder mehrere *Stellparameter* enthält. Die gefundene *partikuläre* Lösung y_p wird dann zur *allgemeinen* Lösung y_0 der zugehörigen *homogenen* Differentialglei-chung, die man durch *Trennung der Variablen* ermittelt hat, *addiert* und ergibt die ge-suchte *allgemeine* Lösung der *inhomogenen* Differentialgleichung. Bei diesem Verfahren wird somit die *allgemeine* Lösung der *inhomogenen* linearen Differentialgleichung $y' + f(x) \cdot y = g(x)$ durch *Aufsuchen einer partikulären Lösung* dieser Differential-gleichung bestimmt.

Wir fassen zusammen:

Integration einer inhomogenen linearen Differentialgleichung 1. Ordnung durch „ Aufsuchen einer partikulären Lösung “

Eine *inhomogene* lineare Differentialgleichung 1. Ordnung vom Typ

$$y' + f(x) \cdot y = g(x) \tag{IV-59}$$

lässt sich in vielen Fällen wie folgt lösen:

1. *Integration* der zugehörigen *homogenen* linearen Differentialgleichung $y' + f(x) \cdot y = 0$ durch *Trennung der Variablen*. Die allgemeine Lösung lautet:

$$y_0 = C \cdot e^{-\int f(x)\, dx} \quad (C \in \mathbb{R}) \tag{IV-60}$$

2. Mit Hilfe eines *geeigneten Lösungsansatzes*, der noch einen oder mehrere *Pa-rameter* enthält, wird eine *partikuläre* Lösung y_p der *inhomogenen* linearen Differentialgleichung bestimmt.

3. Die *allgemeine* Lösung y der *inhomogenen* linearen Differentialgleichung ist dann die *Summe* aus y_0 (1. Schritt) und y_p (2. Schritt):

$$y = y_0 + y_p \tag{IV-61}$$

Anmerkung

Der Lösungsansatz für eine partikuläre Lösung y_p hängt noch sowohl vom *Typ der Koeffizientenfunktion* $f(x)$ als auch vom *Typ der Störfunktion* $g(x)$ ab. Im konkreten Fall muss man sich zunächst für einen *speziellen Funktionstyp* entscheiden und dann versuchen, die im Ansatz y_p enthaltenen Parameter so zu bestimmen, dass diese Funk-tion der *inhomogenen* linearen Differentialgleichung (IV-59) genügt. Wir weisen jedoch darauf hin, dass dieses Vorhaben nur in einfachen Fällen gelingt.

■ **Beispiel**

$$y' - (\tan x) \cdot y = 2 \cdot \sin x$$

Wir integrieren zunächst die zugehörige *homogene* lineare Differentialgleichung

$$y' - (\tan x) \cdot y = 0$$

durch *Trennung der Variablen* und erhalten (für $y \neq 0$):

$$\frac{dy}{dx} - (\tan x) \cdot y = 0 \quad \Rightarrow \quad \frac{dy}{y} = \tan x \, dx \quad \Rightarrow \quad \int \frac{dy}{y} = \underbrace{\int \tan x \, dx}_{\text{Integral Nr. 286}} \quad \Rightarrow$$

$$\ln |y| = -\ln |\cos x| + \ln |C| = \ln \left| \frac{C}{\cos x} \right| \quad \Rightarrow \quad y_0 = \frac{C}{\cos x} \quad (C \in \mathbb{R})$$

Sie enthält die spezielle Lösung $y_0 = 0$ (für $C = 0$).

Für die *partikuläre* Lösung y_p der *inhomogenen* linearen Differentialgleichung wählen wir den Lösungsansatz

$$y_p = A \cdot \cos x$$

mit dem Parameter A, da dann beide Summanden der linken Seite in der *inhomogenen* Gleichung jeweils zu einer *Sinusfunktion*, d. h. zum *Funktionstyp der Störfunktion* $g(x) = 2 \cdot \sin x$ führen. Durch Einsetzen von $y_p = A \cdot \cos x$ und der zugehörigen Ableitung $y'_p = -A \cdot \sin x$ in die *inhomogene* lineare Differentialgleichung erhalten wir eine *Bestimmungsgleichung* für den Parameter A:

$$y'_p - (\tan x) \cdot y_p = y'_p - \frac{\sin x}{\cos x} \cdot y_p = 2 \cdot \sin x \quad \Rightarrow$$

$$-A \cdot \sin x - \frac{\sin x}{\cos x} \cdot A \cdot \cos x = 2 \cdot \sin x \quad \Rightarrow$$

$$-A \cdot \sin x - A \cdot \sin x = 2 \cdot \sin x \quad \Rightarrow$$

$$-2A \cdot \sin x = 2 \cdot \sin x \quad \Rightarrow \quad -2A = 2 \quad \Rightarrow \quad A = -1$$

$y_p = -\cos x$ ist somit eine *partikuläre* Lösung der inhomogenen linearen Differentialgleichung, deren *allgemeine* Lösung daher in der Form

$$y = y_0 + y_p = \frac{C}{\cos x} - \cos x = \frac{C - \cos^2 x}{\cos x} \quad (C \in \mathbb{R})$$

darstellbar ist. ■

2.6 Lineare Differentialgleichungen 1. Ordnung mit konstanten Koeffizienten

In den Anwendungen spielen lineare Differentialgleichungen 1. Ordnung mit *konstanten* Koeffizienten eine besondere Rolle. Sie sind vom Typ

$$y' + a y = g(x) \qquad (\text{mit } a \in \mathbb{R}) \tag{IV-62}$$

und somit ein *Sonderfall* der linearen Differentialgleichungen vom Typ (IV-34) für $f(x) = a$. Die zugehörige *homogene* Gleichung

$$y' + a y = 0 \tag{IV-63}$$

enthält nur *konstante* Koeffizienten und wird durch *Trennung der Variablen* oder durch den *Exponentialansatz*

$$y_0 = C \cdot e^{\lambda x} \tag{IV-64}$$

gelöst. Mit diesem Ansatz und der Ableitung $y'_0 = \lambda C \cdot e^{\lambda x}$ gehen wir in die *homogene* Differentialgleichung (IV-63) ein und erhalten eine *Bestimmungsgleichung* für den Parameter λ:

$$y'_0 + a y_0 = \lambda C \cdot e^{\lambda x} + a C \cdot e^{\lambda x} = \underbrace{(\lambda + a)}_{0} C \cdot e^{\lambda x} = 0 \quad \Rightarrow$$

$$\lambda + a = 0 \quad \Rightarrow \quad \lambda = -a \tag{IV-65}$$

(Wir erinnern: die Exponentialfunktion $e^{\lambda x}$ hat keine Nullstellen).

Die *homogene* Differentialgleichung $y' + a y = 0$ besitzt also die *allgemeine* Lösung

$$y_0 = C \cdot e^{-a x} \qquad (C \in \mathbb{R}) \tag{IV-66}$$

■ **Beispiele**

(1) $y' + 4 y = 0 \quad \Rightarrow \quad y_0 = C \cdot e^{-4 x} \qquad (C \in \mathbb{R})$

(2) $y' - 0{,}5 y = 0 \quad \Rightarrow \quad y_0 = C \cdot e^{0{,}5 x} \qquad (C \in \mathbb{R})$

(3) $-3 y' + 18 y = 0 \,|\, : (-3) \quad \Rightarrow$

$\qquad y' - 6 y = 0 \quad \Rightarrow \quad y_0 = C \cdot e^{6 x} \qquad (C \in \mathbb{R})$ ■

Die Integration der *inhomogenen* linearen Differentialgleichung (IV-62) erfolgt wie beim bereits in Abschnitt 2.5 behandelten *allgemeinen* Typ $y' + f(x) \cdot y = g(x)$ entweder durch *Variation der Konstanten* oder durch *Aufsuchen einer partikulären Lösung*. Da bei den linearen Differentialgleichungen 1. Ordnung mit *konstanten* Koeffizienten der Lösungsansatz für eine *partikuläre* Lösung y_p im Wesentlichen dem *Funktionstyp des Störgliedes* $g(x)$ entspricht, erweist sich die *zweite* Lösungsmethode in den meisten Fällen als die *zweckmäßigere* Methode.

In der nachfolgenden Tabelle 1 sind die Lösungsansätze y_p für einige in den Anwendungen besonders häufig auftretende Störfunktionen aufgeführt.

Tabelle 1: Lösungsansatz für eine *partikuläre* Lösung $y_p(x)$ der *inhomogenen* linearen Differentialgleichung 1. Ordnung mit konstanten Koeffizienten vom Typ $y' + a y = g(x)$ $(a \neq 0)$ in Abhängigkeit vom Typ der Störfunktion $g(x)$

Störfunktion $g(x)$	Lösungsansatz $y_p(x)$
1. Konstante Funktion	Konstante Funktion $y_p = c_0$ *Parameter:* c_0
2. Lineare Funktion	Lineare Funktion $y_p = c_1 x + c_0$ *Parameter:* c_0, c_1
3. Quadratische Funktion	Quadratische Funktion $y_p = c_2 x^2 + c_1 x + c_0$ *Parameter:* c_0, c_1, c_2
4. Polynomfunktion vom Grade n	Polynomfunktion vom Grade n $y_p = c_n x^n + \ldots + c_1 x + c_0$ *Parameter:* $c_0, c_1, \ldots, c_n$
5. $g(x) = A \cdot \sin(\omega x)$ 6. $g(x) = B \cdot \cos(\omega x)$ 7. $g(x) = A \cdot \sin(\omega x) + B \cdot \cos(\omega x)$	$y_p = C_1 \cdot \sin(\omega x) + C_2 \cdot \cos(\omega x)$ oder $y_p = C \cdot \sin(\omega x + \varphi)$ *Parameter:* C_1, C_2 bzw. C, φ
8. $g(x) = A \cdot \mathrm{e}^{bx}$	$y_p = \begin{cases} C \cdot \mathrm{e}^{bx} & b \neq -a \\ & \text{für} \\ C x \cdot \mathrm{e}^{bx} & b = -a \end{cases}$ *Parameter:* C

Anmerkungen zur Tabelle 1

(1)   Die im jeweiligen Lösungsansatz y_p enthaltenen Parameter sind so zu bestimmen, dass die Funktion eine (partikuläre) *Lösung* der vorgegebenen inhomogenen Differentialgleichung darstellt. Bei einem *richtig* gewählten Ansatz stößt man stets auf ein *eindeutig* lösbares Gleichungssystem für die im Lösungsansatz enthaltenen Stellparameter. Ein (versehentlich) falsch gewählter Ansatz führt dagegen zu einem nicht lösbaren Gleichungssystem.

(2) *Sonderfälle*

   a) Die Störfunktion $g(x)$ ist eine *Summe* aus mehreren Störgliedern. Die Lösungsansätze für die einzelnen Glieder werden *addiert*.

   b) Die Störfunktion $g(x)$ ist ein *Produkt* aus zwei Faktoren $g_1(x)$ und $g_2(x)$. Man wählt versuchsweise einen Lösungsansatz in Form eines Produktes, wobei die Lösungansätze für die beiden Faktoren *multipliziert* werden.

Zusammenfassend gilt somit:

Integration einer linearen Differentialgleichung 1. Ordnung mit konstanten Koeffizienten

  1. Homogene lineare Differentialgleichung $y' + ay = 0$ $(a \neq 0)$

  Die *homogene* lineare Differentialgleichung besitzt die allgemeine Lösung

$$y_0 = C \cdot e^{-ax} \qquad (C \in \mathbb{R}) \tag{IV-67}$$

  2. Inhomogene lineare Differentialgleichung $y' + ay = g(x)$ $(a \neq 0)$

  Die *inhomogene* Differentialgleichung wird entweder durch *Variation der Konstanten* oder durch *Aufsuchen einer partikulären Lösung* gelöst, wobei der Lösungsansatz für die partikuläre Lösung y_p aus der Tabelle 1 entnommen wird.

Anmerkung

Ein weiteres Lösungsverfahren, das auf einer Anwendung der *Laplace-Transformation* beruht, werden wir in Kapitel VI (Abschnitt 5.1) kennenlernen.

■ **Beispiele**

(1) $y' + 2y = 2x^2 - 4$

   Die zugehörige *homogene* Differentialgleichung $y' + 2y = 0$ besitzt die *allgemeine* Lösung

$$y_0 = C \cdot e^{-2x} \qquad (C \in \mathbb{R})$$

   Der Lösungsansatz für eine *partikuläre* Lösung y_p der *inhomogenen* Differentialgleichung lautet nach Tabelle 1 (das Störglied ist eine quadratische Funktion):

$$y_p = ax^2 + bx + c \qquad (a, b, c: \text{Parameter})$$

   Mit $y'_p = 2ax + b$ folgt hieraus durch Einsetzen in die *inhomogene* Differentialgleichung:

$$y'_p + 2y_p = 2ax + b + 2(ax^2 + bx + c) = 2x^2 - 4 \quad \Rightarrow$$

$$2ax + b + 2ax^2 + 2bx + 2c = 2x^2 - 4$$

Wir *ordnen* die Glieder nach *fallenden* Potenzen und ergänzen auf der rechten Seite den Summand $0 \cdot x = 0$:

$$2ax^2 + (2a + 2b)x + (b + 2c) = 2x^2 + 0 \cdot x - 4$$

Durch *Koeffizientenvergleich* erhalten wir hieraus das folgende, bereits *gestaffelte* lineare Gleichungssystem:

(I) $\quad 2a \qquad\qquad = \quad 2 \quad \Rightarrow \qquad\qquad a = \quad 1$

(II) $\quad 2a + 2b \qquad\; = \quad 0 \quad \Rightarrow \quad 2 \cdot 1 + 2b = \quad 0 \quad \Rightarrow \quad b = -1$

(III) $\qquad\qquad b + 2c = -4 \quad \Rightarrow \quad -1 + 2c = -4 \quad \Rightarrow \quad c = -1{,}5$

Es wird gelöst durch $a = 1$, $b = -1$, $c = -1{,}5$. Damit ist

$$y_p = x^2 - x - 1{,}5$$

eine *partikuläre* Lösung der *inhomogenen* Differentialgleichung. Die *allgemeine* Lösung der *inhomogenen* Differentialgleichung lautet daher:

$$y = y_0 + y_p = C \cdot e^{-2x} + x^2 - x - 1{,}5 \qquad (C \in \mathbb{R})$$

(2) $\quad y' + 5y = -26 \cdot \sin x, \qquad y(0) = 0$

Allgemeine Lösung der *homogenen* Differentialgleichung $y' + 5y = 0$:

$$y_0 = C \cdot e^{-5x} \qquad (C \in \mathbb{R})$$

Lösungsansatz für eine *partikuläre* Lösung y_p der *inhomogenen* Differentialgleichung nach Tabelle 1 (das Störglied ist eine Sinusfunktion mit $\omega = 1$):

$$y_p = C_1 \cdot \sin x + C_2 \cdot \cos x$$

Bestimmung der *Parameter* C_1 und C_2:

$$y_p' = C_1 \cdot \cos x - C_2 \cdot \sin x$$

$$y_p' + 5y_p = C_1 \cdot \cos x - C_2 \cdot \sin x + 5(C_1 \cdot \sin x + C_2 \cdot \cos x) =$$

$$= C_1 \cdot \cos x - C_2 \cdot \sin x + 5C_1 \cdot \sin x + 5C_2 \cdot \cos x =$$

$$= -26 \cdot \sin x$$

Ordnen der Glieder (auf der rechten Seite ergänzen wir den Term $0 \cdot \cos x = 0$):

$$(5C_1 - C_2) \cdot \sin x + (C_1 + 5C_2) \cdot \cos x = -26 \cdot \sin x + 0 \cdot \cos x$$

Koeffizientenvergleich führt zu dem *linearen Gleichungssystem*

(I) $\quad 5C_1 - \quad C_2 = -26$

(II) $\quad\; C_1 + 5C_2 = \qquad 0 \quad \Rightarrow \quad C_1 = -5C_2$

Wir setzen (II) in (I) ein und erhalten:

$$5(-5C_2) - C_2 = -26C_2 = -26 \quad \Rightarrow \quad C_2 = 1$$

Aus (II) folgt dann:

$$C_1 = -5\, C_2 = -5 \cdot 1 = -5$$

Die *partikuläre* Lösung ist damit eindeutig bestimmt:

$$y_p = -5 \cdot \sin x + \cos x$$

Die *allgemeine* Lösung der *inhomogenen* Differentialgleichung lautet somit:

$$y = y_0 + y_p = C \cdot e^{-5x} - 5 \cdot \sin x + \cos x \qquad (C \in \mathbb{R})$$

Den *Parameter* C berechnen wir wie folgt aus dem *Anfangswert* $y(0) = 0$:

$$y(0) = 0 \quad \Rightarrow \quad C \cdot 1 - 5 \cdot 0 + 1 = C + 1 = 0 \quad \Rightarrow \quad C = -1$$

Die *Anfangswertaufgabe* besitzt demnach die *Lösung*

$$y = -e^{-5x} - 5 \cdot \sin x + \cos x \qquad\qquad ■$$

2.7 Anwendungsbeispiele

2.7.1 Radioaktiver Zerfall

Aus der Physik ist bekannt, dass die Atomkerne gewisser Substanzen wie beispielsweise Uran oder Radium auf *natürliche* Art und Weise nach bestimmten *statistischen* Gesetzmäßigkeiten zerfallen. Wir stellen uns zunächst die Aufgabe, diesen als *radioaktiven Zerfall* bezeichneten Vorgang durch eine Differentialgleichung zu beschreiben. Dazu führen wir folgende Bezeichnungen ein:

$n = n(t)$:   Anzahl der zur Zeit t noch *vorhandenen* Atomkerne

dt: Kurzes *Beobachtungsintervall* (infinitesimal kleines Zeitintervall)

dn: Anzahl der im Beobachtungsintervall dt *zerfallenen* Atomkerne

Wir dürfen dabei annehmen, dass die Anzahl dn der im Beobachtungsintervall dt zerfallenen Atomkerne sowohl dem *Beobachtungsintervall* dt als auch der *Anzahl* n der noch *vorhandenen* Atomkerne *proportional* ist:

$$\left.\begin{array}{l} dn \sim dt \\ dn \sim n \end{array}\right\} \quad \Rightarrow \quad dn \sim n \cdot dt \tag{IV-68}$$

dn ist somit auch dem Produkt $n \cdot dt$ *proportional*. Aus dieser Proportionalität erhalten wir durch Einführung einer Proportionalitätskonstanten λ (vom Physiker als *Zerfallskonstante* bezeichnet) die folgende *Differentialgleichung des radioaktiven Zerfalls*:

$$dn = -\lambda\, n \cdot dt \quad \text{oder} \quad \frac{dn}{dt} = -\lambda\, n \quad \text{oder} \quad \frac{dn}{dt} + \lambda\, n = 0 \tag{IV-69}$$

Durch das *Minuszeichen* bringen wir dabei zum Ausdruck, dass die Anzahl der Atom-kerne ständig *abnimmt*. Der *radioaktive Zerfallsprozess* wird somit durch eine *homogene* lineare Differentialgleichung 1. Ordnung mit *konstanten* Koeffizienten beschrieben. Diese Gleichung wird nach (IV-67) durch die *Exponentialfunktion*

$$n(t) = C \cdot e^{-\lambda t} \qquad (C \in \mathbb{R}) \tag{IV-70}$$

allgemein gelöst. Den Parameter C bestimmen wir aus dem *Anfangswert* $n(0) = n_0$, d. h. der Anzahl der *zu Beginn* vorhandenen Atomkerne:

$$n(0) = n_0 \quad \Rightarrow \quad C \cdot e^0 = C \cdot 1 = n_0 \quad \Rightarrow \quad C = n_0 \tag{IV-71}$$

Der *radioaktive Zerfall* wird somit durch das exponentielle *Zerfallsgesetz*

$$n(t) = n_0 \cdot e^{-\lambda t} \qquad (\text{mit } t \geq 0) \tag{IV-72}$$

beschrieben (Bild IV-14).

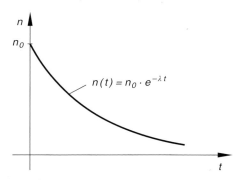

Bild IV-14
Zerfallsgesetz beim natürlichen
radioaktiven Zerfall

2.7.2 Freier Fall unter Berücksichtigung des Luftwiderstandes

Wir untersuchen die Abhängigkeit der *Fallgeschwindigkeit* v von der Fallzeit t unter Berücksichtigung des Luftwiderstandes. Auf einen *frei* fallenden Körper der Masse m wirken dabei die folgenden äußeren Kräfte ein (Bild IV-15):

Schwerkraft $F_1 = mg$

(g: Erdbeschleunigung)

Luftwiderstand $F_2 = -kv^2$

($k > 0$: Reibungskoeffizient)

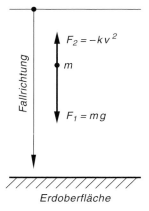

Bild IV-15
Zum freien Fall unter
Berücksichtigung des
Luftwiderstandes

Der Luftwiderstand wurde dabei als proportional zum *Quadrat* der Fallgeschwindigkeit angenommen. Er wirkt der Schwerkraft stets *entgegen* (daher das Minuszeichen im Ansatz; siehe hierzu auch Bild IV-15).

Nach dem *Newtonschen Grundgesetz der Mechanik* gilt dann:

$$m\,a = m\,g - k\,v^2 \qquad \text{oder} \qquad m\,\frac{dv}{dt} = m\,g - k\,v^2 \tag{IV-73}$$

($a = dv/dt$ ist die Beschleunigung). Diese Gleichung stellt eine *nichtlineare* Differentialgleichung 1. Ordnung für die Fallgeschwindigkeit v dar, die durch *Trennung der Variablen* lösbar ist. Zunächst aber stellen wir die Gleichung noch geringfügig um:

$$\frac{dv}{dt} = g - \frac{k}{m}\,v^2 = g\left(1 - \frac{k}{m\,g}\,v^2\right) = g\,(1 - \alpha^2\,v^2) \tag{IV-74}$$

Dabei haben wir vorübergehend $\alpha^2 = k/(m\,g)$ gesetzt. Diese Differentialgleichung bringen wir jetzt mit Hilfe der *Substitution*

$$x = \alpha\,v, \qquad \frac{dx}{dv} = \alpha, \qquad dv = \frac{1}{\alpha}\cdot dx, \qquad \frac{dv}{dt} = \frac{1}{\alpha}\cdot\frac{dx}{dt} \tag{IV-75}$$

auf die folgende übersichtlichere Form:

$$\frac{1}{\alpha}\cdot\frac{dx}{dt} = g\,(1 - x^2) \tag{IV-76}$$

Wir *trennen* die Variablen und *integrieren* dann beiderseits, wobei wir beachten müssen, dass $0 \le x < 1$ ist:

$$\frac{dx}{1 - x^2} = \alpha\,g \cdot dt \quad \Rightarrow \quad \int \frac{dx}{1 - x^2} = \alpha\,g \cdot \int 1\,dt \quad \Rightarrow$$

$$\text{artanh } x = \alpha\,g \cdot t + C \tag{IV-77}$$

Diese Gleichung lösen wir nach x auf:

$$x = \tanh(\alpha\,g \cdot t + C) \tag{IV-78}$$

Durch *Rücksubstitution* folgt dann (mit $x = \alpha\,v$):

$$\alpha\,v = \tanh(\alpha\,g \cdot t + C) \quad \Rightarrow \quad v = \frac{1}{\alpha}\cdot \tanh(\alpha\,g \cdot t + C) \tag{IV-79}$$

Wir nehmen noch an, dass der freie Fall aus der Ruhe heraus erfolgt, also $v\,(0) = 0$ gilt. Aus diesem *Anfangswert* lässt sich die Integrationskonstante C berechnen:

$$v\,(0) = 0 \quad \Rightarrow \quad \frac{1}{\alpha}\cdot \tanh(\alpha\,g \cdot 0 + C) = \frac{1}{\alpha}\cdot \tanh C = 0 \quad \Rightarrow$$

$$\tanh C = 0 \quad \Rightarrow \quad C = \text{artanh } 0 = 0 \tag{IV-80}$$

Unter Beachtung von

$$\alpha = \sqrt{\frac{k}{m\,g}} \qquad \text{und} \qquad \alpha\,g = \sqrt{\frac{k}{m\,g}} \cdot g = \sqrt{\frac{g\,k}{m}}$$

erhalten wir schließlich für die *Fallgeschwindigkeit* das folgende Zeitgesetz:

$$v\,(t) = \frac{1}{\alpha} \cdot \tanh\,(\alpha\,g \cdot t) = \sqrt{\frac{m\,g}{k}} \cdot \tanh\left(\sqrt{\frac{g\,k}{m}} \cdot t\right) \qquad (t \geq 0) \qquad \text{(IV-81)}$$

Für $t \to \infty$ strebt die Fallgeschwindigkeit gegen den *Endwert*

$$v_E = \lim_{t \to \infty}\, v\,(t) = \lim_{t \to \infty}\, \sqrt{\frac{m\,g}{k}} \cdot \tanh\left(\sqrt{\frac{g\,k}{m}} \cdot t\right) =$$

$$= \sqrt{\frac{m\,g}{k}} \cdot \underbrace{\lim_{t \to \infty}\, \tanh\left(\sqrt{\frac{g\,k}{m}} \cdot t\right)}_{1} = \sqrt{\frac{m\,g}{k}} \cdot 1 = \sqrt{\frac{m\,g}{k}} \qquad \text{(IV-82)}$$

Der Körper fällt dann *kräftefrei*, d. h. mit *konstanter* Geschwindigkeit v_E, da sich Gewichtskraft und Reibungskraft (Luftwiderstand) in ihrer Wirkung gerade *aufheben*. Die *Geschwindigkeit-Zeit-Funktion* lässt sich unter Berücksichtigung von (IV-82) auch in der Form

$$v\,(t) = v_E \cdot \tanh\left(\frac{g}{v_E}\,t\right) \qquad (t \geq 0) \qquad \text{(IV-83)}$$

darstellen und besitzt den in Bild IV-16 skizzierten Verlauf.

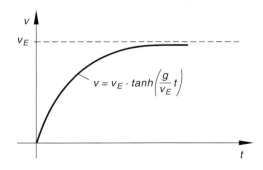

Bild IV-16
Fallgeschwindigkeit v als Funktion der Fallzeit t unter Berücksichtigung des Luftwiderstandes

2.7.3 Wechselstromkreis

Wir stellen uns die Aufgabe, den in Bild IV-17 dargestellten *Wechselstromkreis* mit einem ohmschen Widerstand R, einer Induktivität L und einer Spannungsquelle, die eine *sinusförmige* Wechselspannung $u(t) = \hat{u} \cdot \sin(\omega t)$ liefert, durch eine Differentialgleichung zu beschreiben.

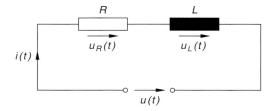

Bild IV-17

Wechselstromkreis mit einem ohmschen Widerstand R und einer Induktivität L in Reihenschaltung

Die an R und L abfallenden Spannungen bezeichnen wir mit $u_R(t)$ bzw. $u_L(t)$. Nach dem *2. Kirchhoffschen Gesetz* (*Maschenregel*) gilt dann [7]:

$$u_L(t) + u_R(t) = u(t) \tag{IV-84}$$

Für die Teilspannungen $u_L(t)$ und $u_R(t)$ gelten dabei folgende Beziehungen:

$$u_L(t) = L \cdot \frac{di}{dt} \quad (Induktionsgesetz)$$
$$\tag{IV-85}$$
$$u_R(t) = R\,i \qquad (Ohmsches\ Gesetz)$$

Gleichung (IV-84) geht damit über in:

$$L \cdot \frac{di}{dt} + R\,i = \hat{u} \cdot \sin(\omega t) \tag{IV-86}$$

Diese *inhomogene* lineare Differentialgleichung 1. Ordnung mit *konstanten* Koeffizienten beschreibt den *zeitlichen Verlauf der Stromstärke* $i = i(t)$ in dem Wechselstromkreis nach Bild IV-17.

Wir beschäftigen uns jetzt mit der *allgemeinen* Lösung dieser Differentialgleichung. Zunächst lösen wir die zugehörige *homogene* Gleichung

$$L \cdot \frac{di}{dt} + R\,i = 0 \qquad oder \qquad \frac{di}{dt} + \frac{R}{L}\,i = 0 \tag{IV-87}$$

Sie besitzt nach (IV-67) die *allgemeine* Lösung

$$i_0(t) = C \cdot e^{-\frac{R}{L}t} \qquad (C \in \mathbb{R}) \tag{IV-88}$$

---

[7] *Maschenregel:* In jeder *Masche* ist die Summe der Spannungen gleich *null*.

Die *inhomogene* Differentialgleichung (IV-86) lösen wir durch *Aufsuchen einer partikulären Lösung*. Aus Tabelle 1 entnehmen wir dabei für das sinusförmige Störglied den *Lösungsansatz*

$$i_p(t) = \hat{i} \cdot \sin(\omega t + \varphi) \tag{IV-89}$$

mit dem *Scheitelwert* $\hat{i}$ und dem *Nullphasenwinkel* φ als Parameter. Mit diesem Ansatz gehen wir in die *inhomogene* Differentialgleichung (IV-86) ein:

$$L \cdot \frac{di}{dt} + Ri = L \cdot \frac{d}{dt}\left[\hat{i} \cdot \sin(\omega t + \varphi)\right] + R\hat{i} \cdot \sin(\omega t + \varphi) = \hat{u} \cdot \sin(\omega t)$$

$$\omega L\hat{i} \cdot \cos(\omega t + \varphi) + R\hat{i} \cdot \sin(\omega t + \varphi) = \hat{u} \cdot \sin(\omega t) \tag{IV-90}$$

Die Funktionen $\cos(\omega t + \varphi)$ und $\sin(\omega t + \varphi)$ entwickeln wir nach den *Additionstheoremen* und erhalten:

$$\omega L\hat{i}\left[\cos(\omega t) \cdot \cos\varphi - \sin(\omega t) \cdot \sin\varphi\right] + R\hat{i}\left[\sin(\omega t) \cdot \cos\varphi + \right.$$

$$\left. + \cos(\omega t) \cdot \sin\varphi\right] = \hat{u} \cdot \sin(\omega t) \tag{IV-91}$$

Wir *ordnen* die Glieder nach $\sin(\omega t)$ und $\cos(\omega t)$ (wobei wir auf der rechten Seite noch den Term $0 \cdot \cos(\omega t) = 0$ ergänzen):

$$\left[-\omega L\hat{i} \cdot \sin\varphi + R\hat{i} \cdot \cos\varphi\right]\sin(\omega t) + \left[\omega L\hat{i} \cdot \cos\varphi + R\hat{i} \cdot \sin\varphi\right]\cos(\omega t) =$$

$$= \hat{u} \cdot \sin(\omega t) + 0 \cdot \cos(\omega t) \tag{IV-92}$$

Ein *Koeffizientenvergleich* auf beiden Seiten dieser Gleichung führt zu dem *nichtlinearen* Gleichungssystem

$$\begin{aligned}(\text{I}) \quad & -\omega L\hat{i} \cdot \sin\varphi + R\hat{i} \cdot \cos\varphi = \hat{u} \\ (\text{II}) \quad & \omega L\hat{i} \cdot \cos\varphi + R\hat{i} \cdot \sin\varphi = 0\end{aligned} \tag{IV-93}$$

aus dem sich Scheitelwert $\hat{i}$ und Phasenwinkel φ wie folgt bestimmen lassen. Zunächst werden beide Gleichungen *quadriert* und dann *addiert*. Die Unbekannte φ fällt dabei heraus und wir erhalten eine *Bestimmungsgleichung* für den Scheitelwert $\hat{i}$:

$$\left.\begin{aligned}(\text{I}^*): \quad & \omega^2 L^2 \hat{i}^2 \cdot \sin^2\varphi - 2R\omega L\hat{i}^2 \cdot \sin\varphi \cdot \cos\varphi + R^2\hat{i}^2 \cdot \cos^2\varphi = \hat{u}^2 \\ (\text{II}^*): \quad & \omega^2 L^2 \hat{i}^2 \cdot \cos^2\varphi + 2R\omega L\hat{i}^2 \cdot \sin\varphi \cdot \cos\varphi + R^2\hat{i}^2 \cdot \sin^2\varphi = 0\end{aligned}\right\} +$$

$$\overline{\omega^2 L^2 \hat{i}^2 \underbrace{(\sin^2\varphi + \cos^2\varphi)}_{1} + R^2\hat{i}^2 \underbrace{(\cos^2\varphi + \sin^2\varphi)}_{1} = \hat{u}^2}$$

$$\omega^2 L^2 \hat{i}^2 + R^2\hat{i}^2 = \hat{u}^2 \quad \Rightarrow \quad (\omega^2 L^2 + R^2)\hat{i}^2 = \hat{u}^2 \quad \Rightarrow$$

$$\hat{i}^2 = \frac{\hat{u}^2}{R^2 + \omega^2 L^2} = \frac{\hat{u}^2}{R^2 + (\omega L)^2} \quad \Rightarrow \quad \hat{i} = \frac{\hat{u}}{\sqrt{R^2 + (\omega L)^2}} \tag{IV-94}$$

Damit ist der *Scheitelwert* $\hat{i}$ bestimmt. Den *Phasenwinkel* φ erhalten wir dann aus der Gleichung (II):

$$\omega L \hat{i} \cdot \cos \varphi + R \hat{i} \cdot \sin \varphi = 0 \mid : R \hat{i} \cdot \cos \varphi \quad \Rightarrow$$

$$\frac{\omega L}{R} + \frac{\sin \varphi}{\cos \varphi} = \frac{\omega L}{R} + \tan \varphi = 0 \quad \Rightarrow \quad \tan \varphi = -\frac{\omega L}{R} \quad \Rightarrow$$

$$\varphi = \arctan \left(-\frac{\omega L}{R} \right) = -\arctan \left(\frac{\omega L}{R} \right) \tag{IV-95}$$

Die *partikuläre* Lösung der *inhomogenen* Differentialgleichung (IV-86) lautet daher:

$$i_p(t) = \hat{i} \cdot \sin(\omega t + \varphi) = \frac{\hat{u}}{\sqrt{R^2 + (\omega L)^2}} \cdot \sin \left(\omega t - \arctan \left(\frac{\omega L}{R} \right) \right) \tag{IV-96}$$

Interpretation aus physikalischer Sicht

Die *partikuläre* Lösung (IV-96) stellt einen sinusförmigen *Wechselstrom* mit dem *Scheitelwert* $\hat{i} = \hat{u}/\sqrt{R^2 + (\omega L)^2}$ und dem *Phasenwinkel* $\varphi = -\arctan(\omega L/R)$ dar. R ist der *ohmsche* und ωL der *induktive* Widerstand des Kreises. Der *Scheinwiderstand* des Wechselstromkreises beträgt

$$Z = \sqrt{R^2 + (\omega L)^2} \tag{IV-97}$$

Der Wechselstrom $i_p(t)$ läuft dabei der angelegten Wechselspannung $u(t) = \hat{u} \cdot \sin(\omega t)$ um den Phasenwinkel φ *hinterher*, d. h. φ ist die *Phasenverschiebung* zwischen Spannung und Strom (Bild IV-18).

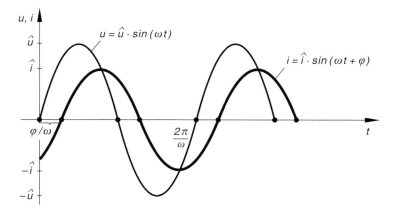

Bild IV-18 Die Wechselspannung $u = \hat{u} \cdot \sin(\omega t)$ erzeugt im Wechselstromkreis nach Bild IV-17 den phasenverschobenen Wechselstrom $i = \hat{i} \cdot \sin(\omega t + \varphi)$ („stationäre" Lösung)

Die *allgemeine* Lösung der *inhomogenen* Differentialgleichung (IV-86) ist dann in der Form

$$i(t) = i_0(t) + i_p(t) =$$

$$= C \cdot e^{-\frac{R}{L}t} + \frac{\hat{u}}{\sqrt{R^2 + (\omega L)^2}} \cdot \sin\left(\omega t - \arctan\left(\frac{\omega L}{R}\right)\right) \qquad \text{(IV-98)}$$

darstellbar (mit $t \geq 0$). Dem *Wechselstrom* $i_p(t)$ überlagert sich der *exponentiell ab-klingende Gleichstrom* $i_0(t) = C \cdot e^{-\frac{R}{L}t}$, der nach einer kurzen *Einschwingphase* praktisch keine Rolle mehr spielt und mit der Zeit nahezu verschwindet (sog. *flüchtiger* Bestandteil der allgemeinen Lösung (IV-98), siehe hierzu Bild IV-19).

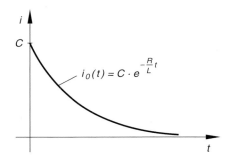

Bild IV-19
Exponentiell abklingender Gleichstrom im Wechselstromkreis nach Bild VI-17 („flüchtiger" Bestandteil)

Die *Lösung* der inhomogenen Differentialgleichung (IV-86) besteht daher für hinreichend großes t aus der *partikulären* Lösung $i_p(t)$, d. h. dem Wechselstrom

$$i(t) \approx i_p(t) = \frac{\hat{u}}{\sqrt{R^2 + (\omega L)^2}} \cdot \sin\left(\omega t - \arctan\left(\frac{\omega L}{R}\right)\right) \qquad \text{(IV-99)}$$

Man bezeichnet die *partikuläre* Lösung $i_p(t)$ daher auch als *stationäre* Lösung der *inhomogenen* Differentialgleichung (IV-86) (siehe hierzu Bild IV-18).

3 Lineare Differentialgleichungen 2. Ordnung mit konstanten Koeffizienten

In den naturwissenschaftlich-technischen Anwendungen spielen die linearen Differential-gleichungen 2. Ordnung mit *konstanten* Koeffizienten eine überragende Rolle. Sie treten beispielsweise bei der mathematischen Behandlung von *mechanischen und elektromag-netischen Schwingungen* auf. Im Rahmen dieser Darstellung beschränken wir uns daher auf diesen besonders wichtigen Typ einer Differentialgleichung 2. Ordnung.

3.1 Definition einer linearen Differentialgleichung 2. Ordnung mit konstanten Koeffizienten

> **Definition:** Eine Differentialgleichung vom Typ
> $$y'' + a y' + b y = g(x) \qquad\qquad \text{(IV-100)}$$
> heißt *lineare Differentialgleichung 2. Ordnung mit konstanten Koeffi-zienten* $(a, b \in \mathbb{R})$.

Die Funktion $g(x)$ wird als *Störfunktion* oder *Störglied* bezeichnet. *Fehlt* das Störglied, d. h. ist $g(x) \equiv 0$, so heißt die lineare Differentialgleichung *homogen*, sonst *inhomogen*.

Anmerkung

Die *lineare* Differentialgleichung 2. Ordnung mit *konstanten* Koeffizienten ist ein *Sonder-fall* der allgemeinen linearen Differentialgleichung 2. Ordnung, die durch die Gleichung

$$y'' + f_1(x) \cdot y' + f_0(x) \cdot y = g(x) \qquad\qquad \text{(IV-101)}$$

definiert ist. Mit $f_1(x) = \text{const.} = a$ und $f_0(x) = \text{const.} = b$ erhalten wir hieraus die Differentialgleichung (IV-100).

■ **Beispiele**

(1) Die folgenden Differentialgleichungen 2. Ordnung sind *linear* und besitzen *kons-tante* Koeffizienten:

$$y'' + y = 0 \qquad\qquad \text{Homogene Dgl}$$

$$y'' + 2 y' - 3 y = 2 x - 4 \qquad\qquad \text{Inhomogene Dgl}$$

$$2 y'' - 4 y' + 20 y = \cos x \qquad\qquad \text{Inhomogene Dgl}$$

(2) Die Differentialgleichungen 2. Ordnung

$$y'' + x y' + y = 0 \qquad \text{und} \qquad x^3 y'' + x^2 y' - x y = e^x$$

sind zwar *linear*, besitzen jedoch *nichtkonstante* Koeffizienten.

(3) Bei den folgenden Differentialgleichungen 2. Ordnung handelt es sich um *nicht-lineare* Differentialgleichungen:

$$y'' + y' + y^2 = 0 \qquad (y \text{ tritt in der } 2. \text{ Potenz auf})$$

$$y' y'' + y = x \qquad \text{(Die Differentialgleichung enthält das „ verbotene “}$$
$$\text{gemischte Produkt } y' y'') \qquad \blacksquare$$

3.2 Allgemeine Eigenschaften der homogenen linearen Differentialgleichung

Wir beschäftigen uns zunächst mit einigen besonders wichtigen Eigenschaften der *homogenen* linearen Differentialgleichung 2. Ordnung mit *konstanten* Koeffizienten:

Eigenschaften einer homogenen linearen Differentialgleichung 2. Ordnung mit konstanten Koeffizienten

Eine *homogene* lineare Differentialgleichung 2. Ordnung mit *konstanten* Koeffizienten vom Typ

$$y'' + a y' + b y = 0 \qquad\qquad\qquad (IV-102)$$

besitzt folgende Eigenschaften:

1. Ist $y_1(x)$ eine *Lösung* der Differentialgleichung, so ist auch die mit einer *beliebigen* Konstanten C multiplizierte Funktion

$$y(x) = C \cdot y_1(x) \qquad\qquad\qquad (IV-103)$$

   eine *Lösung* der Differentialgleichung $(C \in \mathbb{R})$.

2. Sind $y_1(x)$ und $y_2(x)$ zwei *Lösungen* der Differentialgleichung, so ist auch die aus ihnen gebildete *Linearkombination*

$$y(x) = C_1 \cdot y_1(x) + C_2 \cdot y_2(x) \qquad\qquad\qquad (IV-104)$$

   eine *Lösung* der Differentialgleichung $(C_1, C_2 \in \mathbb{R})$.

3. Ist $y(x) = u(x) + j \cdot v(x)$ eine *komplexwertige Lösung* der Differentialgleichung, so sind auch *Realteil* $u(x)$ und *Imaginärteil* $v(x)$ (reelle) *Lösungen* der Differentialgleichung.

Beweis:

Zu 1.: Wir zeigen, dass mit $y_1 = y_1(x)$ auch die Funktion $y = C \cdot y_1$ eine *Lösung* der *homogenen* Differentialgleichung (IV-102) ist:

$$y'' + a\,y' + b\,y = (C \cdot y_1)'' + a\,(C \cdot y_1)' + b\,(C \cdot y_1) =$$

$$= C \cdot y_1'' + a\,C \cdot y_1' + b\,C \cdot y_1 =$$

$$= C \underbrace{(y_1'' + a\,y_1' + b\,y_1)}_{0} = 0 \qquad \text{(IV-105)}$$

(da y_1 eine *Lösung* der Differentialgleichung (IV-102) ist)

Zu 2.: Nach Voraussetzung gilt:

$$y_1'' + a\,y_1' + b\,y_1 = 0 \qquad \text{und} \qquad y_2'' + a\,y_2' + b\,y_2 = 0 \qquad \text{(IV-106)}$$

Dann ist auch die *Linearkombination* $y = C_1 \cdot y_1 + C_2 \cdot y_2$ eine *Lösung* der homogenen Differentialgleichung (IV-102):

$$y'' + a\,y' + b\,y = (C_1 \cdot y_1 + C_2 \cdot y_2)'' + a\,(C_1 \cdot y_1 + C_2 \cdot y_2)' + b\,(C_1 \cdot y_1 + C_2 \cdot y_2) =$$

$$= C_1 \cdot y_1'' + C_2 \cdot y_2'' + a\,C_1 \cdot y_1' + a\,C_2 \cdot y_2' + b\,C_1 \cdot y_1 + b\,C_2 \cdot y_2 =$$

$$= C_1 \underbrace{(y_1'' + a\,y_1' + b\,y_1)}_{\substack{0 \\ \text{(nach (IV-106))}}} + C_2 \underbrace{(y_2'' + a\,y_2' + b\,y_2)}_{\substack{0 \\ \text{(nach (IV-106))}}} = 0 \qquad \text{(IV-107)}$$

Zu 3.: Nach Voraussetzung ist $y = u + \mathrm{j} \cdot v$ eine *komplexwertige Lösung* der *homogenen* Differentialgleichung (IV-102) (u und v sind Funktionen von x):

$$y'' + a\,y' + b\,y = (u + \mathrm{j} \cdot v)'' + a\,(u + \mathrm{j} \cdot v)' + b\,(u + \mathrm{j} \cdot v) = 0 \qquad \text{(IV-108)}$$

Nach dem *Permanenzprinzip* wird (wie im Reellen) *gliedweise* nach der *reellen* Variablen x differenziert. Wir erhalten dann:

$$u'' + \mathrm{j} \cdot v'' + a\,(u' + \mathrm{j} \cdot v') + b\,(u + \mathrm{j} \cdot v) = 0$$
$$u'' + \mathrm{j} \cdot v'' + a\,u' + \mathrm{j} \cdot a\,v' + b\,u + \mathrm{j} \cdot b\,v = 0 \qquad \text{(IV-109)}$$
$$(u'' + a\,u' + b\,u) + \mathrm{j}\,(v'' + a\,v' + b\,v) = 0$$

Diese Gleichung kann aber nur bestehen, wenn Real- *und* Imaginärteil der linken Seite jeweils *verschwinden*. Somit ist

$$u'' + a\,u' + b\,u = 0 \qquad \text{und} \qquad v'' + a\,v' + b\,v = 0 \qquad \text{(IV-110)}$$

Dies aber bedeutet: *Realteil u* und *Imaginärteil v* sind (reelle) *Lösungen* der homogenen Differentialgleichung (IV-102).

■ **Beispiele**

(1)   Gegeben ist die sog. *Schwingungsgleichung*

$$y'' + \omega^2 y = 0 \qquad (\omega > 0)$$

Partikuläre Lösungen sind u. a.:

$$y_1 = \sin(\omega x) \qquad \text{und} \qquad y_2 = \cos(\omega x)$$

Den Nachweis führen wir, indem wir diese Funktionen zweimal differenzieren und anschließend Funktion und Ableitung in die Schwingungsgleichung einsetzen:

Für $y_1 = \sin(\omega x)$ erhalten wir:

$$y_1 = \sin(\omega x), \quad y_1' = \omega \cdot \cos(\omega x), \quad y_1'' = -\omega^2 \cdot \sin(\omega x)$$

$$y_1'' + \omega^2 y_1 = -\omega^2 \cdot \sin(\omega x) + \omega^2 \cdot \sin(\omega x) = 0$$

Für $y_2 = \cos(\omega x)$ entsprechend:

$$y_2 = \cos(\omega x), \quad y_2' = -\omega \cdot \sin(\omega x), \quad y_2'' = -\omega^2 \cdot \cos(\omega x)$$

$$y_2'' + \omega^2 y_2 = -\omega^2 \cdot \cos(\omega x) + \omega^2 \cdot \cos(\omega x) = 0$$

Damit sind nach (IV-103) und (IV-104) auch die folgenden Funktionen *Lösungen* der Schwingungsgleichung $y'' + \omega^2 y = 0$:

$$y = C_1 \cdot \sin(\omega x) \qquad (C_1 \in \mathbb{R})$$
$$y = C_2 \cdot \cos(\omega x) \qquad (C_2 \in \mathbb{R})$$
$$y = C_1 \cdot \sin(\omega x) + C_2 \cdot \cos(\omega x) \qquad (C_1, C_2 \in \mathbb{R})$$

(2)   Die *Schwingungsgleichung* $y'' + \omega^2 y = 0$ wird auch durch die *komplexwertige* Exponentialfunktion $y = e^{j\omega x}$ gelöst. Mit

$$y = e^{j\omega x}, \quad y' = j\omega \cdot e^{j\omega x}, \quad y'' = j^2 \omega^2 \cdot e^{j\omega x} = -\omega^2 \cdot e^{j\omega x}$$

folgt nämlich durch *Einsetzen* in die Differentialgleichung:

$$y'' + \omega^2 y = -\omega^2 \cdot e^{j\omega x} + \omega^2 \cdot e^{j\omega x} = 0$$

Daher sind auch *Realteil* und *Imaginärteil* von $y = e^{j\omega x}$ (reelle) *Lösungen* der Schwingungsgleichung. Unter Verwendung der *Eulerschen Formel* lauten diese Lösungen:

$$y_1 = \text{Re}\,(e^{j\omega x}) = \text{Re}\,[\cos(\omega x) + j \cdot \sin(\omega x)] = \cos(\omega x)$$
$$y_2 = \text{Im}\,(e^{j\omega x}) = \text{Im}\,[\cos(\omega x) + j \cdot \sin(\omega x)] = \sin(\omega x)$$

Es handelt sich um die bereits aus Beispiel (1) bekannten periodischen Lösungen $\sin(\omega x)$ und $\cos(\omega x)$.   ■

Es liegt nun die Vermutung nahe, dass eine aus zwei *partikulären* Lösungen $y_1 = y_1(x)$ und $y_2 = y_2(x)$ gebildete *Linearkombination* vom Typ

$$y(x) = C_1 \cdot y_1(x) + C_2 \cdot y_2(x) \tag{IV-111}$$

die *allgemeine* Lösung der Differentialgleichung $y'' + a y' + b y = 0$ darstellt. Denn sie enthält ja *zwei* frei wählbare Parameter. Diese Vermutung trifft jedoch nur unter *bestimmten Voraussetzungen* zu. Zur näheren Erläuterung des Problems bedienen wir uns wieder der *Schwingungsgleichung* $y'' + \omega^2 y = 0$. Die Funktionen

$$y_1 = \sin(\omega x) \qquad \text{und} \qquad y_2 = 2 \cdot \sin(\omega x) \tag{IV-112}$$

sind (wie sich durch Einsetzen leicht nachweisen lässt) *partikuläre* Lösungen dieser Differentialgleichung. Die aus ihnen gebildete *Linearkombination*

$$y = C_1 \cdot y_1 + C_2 \cdot y_2 = C_1 \cdot \sin(\omega x) + 2 C_2 \cdot \sin(\omega x) \tag{IV-113}$$

ist dann ebenfalls eine *Lösung* der Schwingungsgleichung $(C_1, C_2 \in \mathbb{R})$. Sie ist jedoch *nicht* die *allgemeine* Lösung, da sich ihre Parameter zu *einer* Konstanten zusammenfassen lassen [8]:

$$y = C_1 \cdot \sin(\omega x) + 2 C_2 \cdot \sin(\omega x) =$$
$$= \underbrace{(C_1 + 2 C_2)}_{C_3} \cdot \sin(\omega x) = C_3 \cdot \sin(\omega x) \qquad (C_3 \in \mathbb{R}) \tag{IV-114}$$

Wählen wir jedoch als *spezielle* Lösungen je eine *Sinus-* und *Kosinusfunktion* aus, also beispielsweise

$$y_1 = \sin(\omega x) \qquad \text{und} \qquad y_2 = \cos(\omega x) \tag{IV-115}$$

so enthält die aus ihnen gebildete *Linearkombination*

$$y = C_1 \cdot y_1 + C_2 \cdot y_2 = C_1 \cdot \sin(\omega x) + C_2 \cdot \cos(\omega x) \tag{IV-116}$$

zwei voneinander unabhängige Parameter. Es ist im Gegensatz zum ersten Beispiel hier *nicht* möglich, die beiden Konstanten C_1 und C_2 zu *einer* Konstanten zusammenzufassen. Die Linearkombination (IV-116) stellt – wie wir später noch zeigen werden – tatsächlich die *allgemeine* Lösung der Schwingungsgleichung dar. Sie enthält *zwei linear unabhängige* Lösungen, die man als *Basisfunktionen* oder *Basislösungen* der Differentialgleichung bezeichnet. Diese Überlegungen führen zu der folgenden Begriffsbildung:

---

[8] Wir erinnern: Die *allgemeine* Lösung einer Differentialgleichung 2. Ordnung enthält *zwei voneinander unabhängige* Parameter.

Definition: Zwei Lösungen $y_1 = y_1(x)$ und $y_2 = y_2(x)$ einer *homogenen* linearen Differentialgleichung 2. Ordnung mit *konstanten* Koeffizienten vom Typ

$$y'' + a y' + b y = 0 \qquad\qquad\text{(IV-117)}$$

werden als *Basisfunktionen* oder *Basislösungen* der Differentialgleichung bezeichnet, wenn die aus ihnen gebildete sog. *Wronski-Determinante*

$$W(y_1; y_2) = \begin{vmatrix} y_1(x) & y_2(x) \\ y_1'(x) & y_2'(x) \end{vmatrix} \qquad\qquad\text{(IV-118)}$$

von null *verschieden* ist.

Anmerkungen

(1) Die *Wronski-Determinante* ist eine *2-reihige* Determinante (siehe hierzu Kap. I, Abschnitt 3.2). Sie enthält in der 1. Zeile die beiden Lösungsfunktionen y_1 und y_2 und in der 2. Zeile deren *Ableitungen* y_1' und y_2'. Man beachte, dass der *Wert* der Wronski-Determinante noch von der *Variablen* x abhängt.

(2) Es genügt zu zeigen, dass die Wronski-Determinante an *einer* Stelle x_0 *von null verschieden* ist.

(3) Zwei *Basislösungen* $y_1(x)$ und $y_2(x)$ der *homogenen* Differentialgleichung werden auch als *linear unabhängige* Lösungen bezeichnet. Dieser Begriff kommt aus der *Linearen Algebra* und besagt, dass die lineare Gleichung

$$C_1 \cdot y_1(x) + C_2 \cdot y_2(x) = 0$$

nur trivial, d. h. für $C_1 = C_2 = 0$ lösbar ist.

(4) *Verschwindet* dagegen die Wronski-Determinante zweier Lösungen y_1 und y_2, d. h. ist $W(y_1; y_2) \equiv 0$, so werden diese Lösungen als *linear abhängig* bezeichnet.

Wir werden nun zeigen, dass die *allgemeine* Lösung der *homogenen* linearen Differentialgleichung 2. Ordnung $y'' + a y' + b y = 0$ in Form einer *Linearkombination aus zwei Basislösungen* darstellbar ist. $y_1 = y_1(x)$ und $y_2 = y_2(x)$ seien zwei solche (linear unabhängige) Lösungen. Ihre Wronski-Determinante ist dann *von null verschieden*:

$$W(y_1; y_2) = \begin{vmatrix} y_1 & y_2 \\ y_1' & y_2' \end{vmatrix} \neq 0 \qquad\qquad\text{(IV-119)}$$

Es genügt zu zeigen, dass es für *beliebig* vorgegebene Anfangswerte

$$y(x_0) = y_0, \qquad y'(x_0) = m \qquad\qquad\text{(IV-120)}$$

genau *eine* Lösung in Form einer Linearkombination

$$y(x) = C_1 \cdot y_1(x) + C_2 \cdot y_2(x) \tag{IV-121}$$

gibt [9]. Mit anderen Worten: Die Konstanten C_1 und C_2 im Lösungsansatz (IV-121) müssen *eindeutig* aus den Anfangsbedingungen (IV-120) bestimmbar sein. Wir erfüllen nun die Anfangsbedingungen und erhalten ein *lineares Gleichungssystem* mit zwei Gleichungen und den beiden Unbekannten C_1 und C_2:

$$\begin{aligned} y(x_0) = y_0 &\Rightarrow C_1 \cdot y_1(x_0) + C_2 \cdot y_2(x_0) = y_0 \\ y'(x_0) = m &\Rightarrow C_1 \cdot y_1'(x_0) + C_2 \cdot y_2'(x_0) = m \end{aligned} \tag{IV-122}$$

oder (wenn wir, wie allgemein üblich, die Unbekannten an die jeweils *hintere* Stelle setzen):

$$\begin{aligned} y_1(x_0) \cdot C_1 + y_2(x_0) \cdot C_2 = y_0 \\ y_1'(x_0) \cdot C_1 + y_2'(x_0) \cdot C_2 = m \end{aligned} \tag{IV-123}$$

Dieses System besitzt genau *eine* Lösung, wenn die Koeffizientendeterminante

$$\begin{vmatrix} y_1(x_0) & y_2(x_0) \\ y_1'(x_0) & y_2'(x_0) \end{vmatrix} \tag{IV-124}$$

von *null verschieden* ist. Dies aber ist der Fall. Denn die Koeffizientendeterminante ist nichts anderes als die *Wronski-Determinante* an der Stelle x_0 und diese ist *ungleich null*, da $y_1(x)$ und $y_2(x)$ nach Voraussetzung *Basislösungen* sind.

Wir fassen diese wichtigen Ergebnisse wie folgt zusammen:

Über die Lösungsmenge einer homogenen linearen Differentialgleichung 2. Ordnung mit konstanten Koeffizienten

Die *allgemeine* Lösung $y = y(x)$ einer *homogenen* linearen Differentialgleichung 2. Ordnung mit *konstanten* Koeffizienten vom Typ

$$y'' + ay' + by = 0 \tag{IV-125}$$

ist als *Linearkombination* zweier *linear unabhängiger* Lösungen (*Basislösungen*) $y_1 = y_1(x)$ und $y_2 = y_2(x)$ in der Form

$$y(x) = C_1 \cdot y_1(x) + C_2 \cdot y_2(x) \tag{IV-126}$$

darstellbar ($C_1, C_2 \in \mathbb{R}$).

---

[9] Wir setzen dabei den folgenden *Existenz- und Eindeutigkeitssatz* voraus: Das Anfangswertproblem
$$y'' + ay' + by = 0, \qquad y(x_0) = y_0, \qquad y'(x_0) = m$$
besitzt genau *eine* Lösung.

Anmerkung

Die der *allgemeinen* Lösung zugrunde liegenden *Basislösungen* bilden eine sog. *Fundamentalbasis* oder ein *Fundamentalsystem* der Differentialgleichung (IV-125).

■ **Beispiele**

(1) Die *Schwingungsgleichung* $y'' + \omega^2 y = 0$ hat u. a. die Lösungen

$$y_1(x) = \sin(\omega x) \qquad \text{und} \qquad y_2(x) = \cos(\omega x)$$

Sie bilden eine *Fundamentalbasis* der Differentialgleichung, da ihre Wronski-Determinante einen *von null verschiedenen* Wert besitzt:

$$W(y_1; y_2) = \begin{vmatrix} y_1(x) & y_2(x) \\ y_1'(x) & y_2'(x) \end{vmatrix} = \begin{vmatrix} \sin(\omega x) & \cos(\omega x) \\ \omega \cdot \cos(\omega x) & -\omega \cdot \sin(\omega x) \end{vmatrix} =$$

$$= -\omega \cdot \sin^2(\omega x) - \omega \cdot \cos^2(\omega x) =$$

$$= -\omega \cdot \underbrace{[\sin^2(\omega x) + \cos^2(\omega x)]}_{1} = -\omega \cdot 1 = -\omega \neq 0$$

Die *allgemeine* Lösung der *Schwingungsgleichung* $y'' + \omega^2 y = 0$ ist daher in der Form

$$y(x) = C_1 \cdot y_1(x) + C_2 \cdot y_2(x) = C_1 \cdot \sin(\omega x) + C_2 \cdot \cos(\omega x)$$

darstellbar $(C_1, C_2 \in \mathbb{R})$.

(2) Die *homogene* Differentialgleichung $y'' - 4y' - 5y = 0$ besitzt u. a. die Lösungen

$$y_1(x) = e^{5x} \qquad \text{und} \qquad y_2(x) = e^{-x}$$

wie man durch *Einsetzen* in die Differentialgleichung leicht verifiziert. Bilden diese Lösungen ein *Fundamentalsystem* der Differentialgleichung?

Um diese Frage zu beantworten, prüfen wir anhand der *Wronski-Determinante*, ob die Lösungen *linear unabhängig* sind:

$$W(y_1; y_2) = \begin{vmatrix} y_1(x) & y_2(x) \\ y_1'(x) & y_2'(x) \end{vmatrix} = \begin{vmatrix} e^{5x} & e^{-x} \\ 5 \cdot e^{5x} & -e^{-x} \end{vmatrix} =$$

$$= e^{5x} \cdot (-e^{-x}) - e^{-x} \cdot (5 \cdot e^{5x}) =$$

$$= -e^{4x} - 5 \cdot e^{4x} = -6 \cdot e^{4x} \neq 0 \qquad (\text{wegen } e^{4x} \neq 0)$$

Dies ist der Fall, da $W(y_1; y_2) \neq 0$ ist. Die Lösungen bilden somit eine *Fundamentalbasis* der Differentialgleichung und die *allgemeine* Lösung ist daher als *Linearkombination* der beiden *Basislösungen* darstellbar:

$$y(x) = C_1 \cdot y_1(x) + C_2 \cdot y_2(x) = C_1 \cdot e^{5x} + C_2 \cdot e^{-x} \qquad (C_1, C_2 \in \mathbb{R})$$

∎

3.3 Integration der homogenen linearen Differentialgleichung

Eine *Fundamentalbasis* der *homogenen* linearen Differentialgleichung 2. Ordnung mit konstanten Koeffizienten vom Typ

$$y'' + a y' + b y = 0 \tag{IV-127}$$

lässt sich durch einen Lösungsansatz in Form einer *Exponentialfunktion* vom Typ

$$y = e^{\lambda x} \qquad \text{(mit dem Parameter } \lambda\text{)} \tag{IV-128}$$

gewinnen. Mit

$$y = e^{\lambda x}, \quad y' = \lambda \cdot e^{\lambda x} \quad \text{und} \quad y'' = \lambda^2 \cdot e^{\lambda x} \tag{IV-129}$$

gehen wir in die Differentialgleichung (IV-127) ein und erhalten die folgende *quadratische* Bestimmungsgleichung für den Parameter λ:

$$y'' + a y' + b y = \lambda^2 \cdot e^{\lambda x} + a \lambda \cdot e^{\lambda x} + b \cdot e^{\lambda x} = 0$$

$$(\lambda^2 + a\lambda + b) \cdot e^{\lambda x} = 0 \,|\, : e^{\lambda x} \quad \Rightarrow \quad \lambda^2 + a\lambda + b = 0 \tag{IV-130}$$

Sie wird als *charakteristische Gleichung* der homogenen Gleichung $y'' + a y' + b y = 0$ bezeichnet und besitzt die Lösungen

$$\lambda_{1/2} = -\frac{a}{2} \pm \sqrt{\frac{a^2}{4} - b} = -\frac{a}{2} \pm \frac{\sqrt{a^2 - 4b}}{2} \tag{IV-131}$$

Die *Diskriminante* $D = a^2 - 4b$ entscheidet dabei über die *Art* der Lösungen, wobei *drei* Fälle zu unterscheiden sind.

---

1. Fall: $D = a^2 - 4b > 0$

Die *charakteristische* Gleichung besitzt zwei *verschiedene reelle* Lösungen λ_1 und λ_2. Sie führen zu den Lösungsfunktionen

$$y_1 = e^{\lambda_1 x} \qquad \text{und} \qquad y_2 = e^{\lambda_2 x} \qquad (\lambda_1 \neq \lambda_2) \tag{IV-132}$$

Diese sind wegen

$$W(y_1; y_2) = \begin{vmatrix} y_1 & y_2 \\ y_1' & y_2' \end{vmatrix} = \begin{vmatrix} e^{\lambda_1 x} & e^{\lambda_2 x} \\ \lambda_1 \cdot e^{\lambda_1 x} & \lambda_2 \cdot e^{\lambda_2 x} \end{vmatrix} =$$

$$= \lambda_2 \cdot e^{\lambda_1 x} \cdot e^{\lambda_2 x} - \lambda_1 \cdot e^{\lambda_1 x} \cdot e^{\lambda_2 x} = \underbrace{(\lambda_2 - \lambda_1)}_{\neq 0} \cdot e^{(\lambda_1 + \lambda_2)x} \neq 0$$

linear unabhängig und bilden somit eine *Fundamentalbasis* der *homogenen* Differential-gleichung (IV-127). Die *allgemeine* Lösung dieser Differentialgleichung ist damit als *Linearkombination*

$$y(x) = C_1 \cdot y_1 + C_2 \cdot y_2 = C_1 \cdot e^{\lambda_1 x} + C_2 \cdot e^{\lambda_2 x} \qquad \text{(IV-133)}$$

darstellbar $(C_1, C_2 \in \mathbb{R})$.

■ **Beispiel**

$$y'' + 2y' - 8y = 0$$

Charakteristische Gleichung mit Lösungen:

$$\lambda^2 + 2\lambda - 8 = 0 \quad \Rightarrow \quad \lambda_1 = 2, \quad \lambda_2 = -4 \quad (\lambda_1 \neq \lambda_2)$$

Fundamentalbasis der Differentialgleichung:

$$y_1 = e^{2x}, \qquad y_2 = e^{-4x}$$

Allgemeine Lösung der Differentialgleichung:

$$y = C_1 \cdot e^{2x} + C_2 \cdot e^{-4x} \qquad (C_1, C_2 \in \mathbb{R})$$

■

2. Fall: $D = a^2 - 4b = 0$

Die *charakteristische Gleichung* besitzt jetzt zwei *gleiche reelle* Lösungen:

$$\lambda_1 = \lambda_2 = -\frac{a}{2} \qquad \text{(IV-134)}$$

Daher erhalten wir zunächst nur *eine* Lösungsfunktion:

$$y_1 = y_2 = e^{-\frac{a}{2}x} \qquad \text{(IV-135)}$$

Durch *Variation der Konstanten* lässt sich jedoch die *allgemeine* Lösung der *homogenen* Differentialgleichung $y'' + ay' + by = 0$ bestimmen. Mit dem Lösungsansatz

$$y = C(x) \cdot e^{-\frac{a}{2}x} \qquad \text{(IV-136)}$$

und den benötigten Ableitungen

$$y' = C'(x) \cdot e^{-\frac{a}{2}x} - \frac{a}{2} C(x) \cdot e^{-\frac{a}{2}x} = \left[C'(x) - \frac{a}{2} C(x)\right] \cdot e^{-\frac{a}{2}x} \quad \text{(IV-137)}$$

$$y'' = \left[C''(x) - \frac{a}{2} C'(x)\right] \cdot e^{-\frac{a}{2}x} - \frac{a}{2} \left[C'(x) - \frac{a}{2} C(x)\right] \cdot e^{-\frac{a}{2}x} =$$

$$= \left[C''(x) - a C'(x) + \frac{a^2}{4} C(x)\right] \cdot e^{-\frac{a}{2}x} \quad \text{(IV-138)}$$

(wobei die Differentiation unter Verwendung der *Produkt-* und *Kettenregel* erfolgte) erhalten wir durch *Einsetzen* in die Differentialgleichung (IV-127) zunächst:

$$y'' + a y' + b y = \left[C''(x) - a C'(x) + \frac{a^2}{4} C(x)\right] \cdot e^{-\frac{a}{2}x} +$$

$$+ a \left[C'(x) - \frac{a}{2} C(x)\right] \cdot e^{-\frac{a}{2}x} + b C(x) \cdot e^{-\frac{a}{2}x} = 0 \quad \text{(IV-139)}$$

Wir dividieren noch durch den *gemeinsamen* Faktor $e^{-\frac{a}{2}x} \neq 0$:

$$C''(x) - a C'(x) + \frac{a^2}{4} C(x) + a C'(x) - \frac{a^2}{2} C(x) + b C(x) = 0 \quad \Rightarrow$$

$$C''(x) - \frac{a^2}{4} C(x) + b C(x) = 0 \quad \Rightarrow \quad C''(x) - \left(\frac{a^2}{4} - b\right) \cdot C(x) = 0 \quad \Rightarrow$$

$$C''(x) - \frac{1}{4} \underbrace{(a^2 - 4b)}_{0} \cdot C(x) = 0 \quad \Rightarrow \quad C''(x) = 0 \quad \text{(IV-140)}$$

Dies ist eine besonders einfache Differentialgleichung 2. Ordnung für die (noch unbekannte) *Faktorfunktion* $C(x)$. Durch 2-malige *unbestimmte Integration* erhalten wir schließlich:

$$C(x) = C_1 + C_2 x \qquad (C_1, C_2 \in \mathbb{R}) \quad \text{(IV-141)}$$

Die *homogene* lineare Differentialgleichung $y'' + a y' + b y = 0$ wird daher im *Sonderfall* $D = a^2 - 4b = 0$ durch die Funktion

$$y = C(x) \cdot e^{-\frac{a}{2}x} = (C_1 + C_2 x) \cdot e^{-\frac{a}{2}x} \qquad (C_1, C_2 \in \mathbb{R}) \quad \text{(IV-142)}$$

allgemein gelöst. Wir können diese Lösung auch als eine *Linearkombination* der beiden *Basisfunktionen* (*Basislösungen*)

$$y_1 = e^{-\frac{a}{2}x} \qquad \text{und} \qquad y_2 = x \cdot e^{-\frac{a}{2}x} \quad \text{(IV-143)}$$

auffassen. Denn beide Funktionen sind *partikuläre Lösungen* der *homogenen* Differentialgleichung und sie sind *linear unabhängig*, da ihre Wronski-Determinante den *von null verschiedenen* Wert

$$W(y_1; y_2) = \begin{vmatrix} y_1 & x\,y_1 \\ y_1' & y_1 + x\,y_1' \end{vmatrix} = y_1(y_1 + x\,y_1') - x\,y_1\,y_1' = y_1^2 = \mathrm{e}^{-ax}$$

besitzt, wie man leicht nachrechnen kann (es gilt $y_2 = x\,y_1$ und $y_2' = y_1 + x\,y_1'$).

- **Beispiel**

$$y'' - 8\,y' + 16\,y = 0$$

Charakteristische Gleichung mit Lösungen:

$$\lambda^2 - 8\lambda + 16 = (\lambda - 4)^2 = 0 \quad \Rightarrow \quad \lambda_1 = \lambda_2 = 4$$

Fundamentalbasis der Differentialgleichung:

$$y_1 = \mathrm{e}^{4x}, \qquad y_2 = x \cdot \mathrm{e}^{4x}$$

Allgemeine Lösung der Differentialgleichung:

$$y = C_1 \cdot \mathrm{e}^{4x} + C_2 x \cdot \mathrm{e}^{4x} = (C_1 + C_2 x) \cdot \mathrm{e}^{4x} \qquad (C_1, C_2 \in \mathbb{R}) \qquad \blacksquare$$

---

3. Fall: $D = a^2 - 4b < 0$

Die charakteristische Gleichung $\lambda^2 + a\lambda + b = 0$ besitzt jetz *konjugiert komplexe* Lösungen. Sie lassen sich mit den Abkürzungen

$$\alpha = -\frac{a}{2} \qquad \text{und} \qquad 4\omega^2 = 4b - a^2 > 0$$

in der folgenden Form darstellen:

$$\lambda_{1/2} = -\frac{a}{2} \pm \frac{1}{2} \cdot \sqrt{\underbrace{a^2 - 4b}_{-4\omega^2}} = \alpha \pm \frac{1}{2} \cdot \sqrt{-4\omega^2} =$$

$$= \alpha \pm \sqrt{-\omega^2} = \alpha \pm \mathrm{j}\omega \tag{IV-144}$$

Die *Fundamentalbasis* der homogenen Differentialgleichung (IV-127) besteht in diesem Fall aus den *komplexen* Lösungen

$$y_1 = \mathrm{e}^{(\alpha + \mathrm{j}\omega)x} \qquad \text{und} \qquad y_2 = \mathrm{e}^{(\alpha - \mathrm{j}\omega)x} \tag{IV-145}$$

deren Wronski-Determinante den *von null verschiedenen* (imaginären) Wert

$$W(y_1; y_2) = -\mathrm{j}2\omega \cdot \mathrm{e}^{2\alpha x}$$

besitzt (bitte nachrechnen). Unter Verwendung der *Eulerschen Formeln*

$$\mathrm{e}^{\pm \mathrm{j}z} = \cos z \pm \mathrm{j} \cdot \sin z \tag{IV-146}$$

lässt sich die *komplexe* Basis jedoch in eine *reelle* Basis überführen. Um dies zu zeigen, formen wir die *allgemeine* Lösung zunächst einmal wie folgt um:

$$y = C_1 \cdot y_1 + C_2 \cdot y_2 = C_1 \cdot e^{(\alpha + j\omega)x} + C_2 \cdot e^{(\alpha - j\omega)x} =$$

$$= C_1 \cdot e^{\alpha x} \cdot e^{j\omega x} + C_2 \cdot e^{\alpha x} \cdot e^{-j\omega x} = e^{\alpha x}[C_1 \cdot e^{j\omega x} + C_2 \cdot e^{-j\omega x}] =$$

$$= e^{\alpha x}[C_1(\cos(\omega x) + j \cdot \sin(\omega x)) + C_2(\cos(\omega x) - j \cdot \sin(\omega x))] =$$

$$= e^{\alpha x}[C_1 \cdot \cos(\omega x) + jC_1 \cdot \sin(\omega x) + C_2 \cdot \cos(\omega x) - jC_2 \cdot \sin(\omega x)] =$$

$$= e^{\alpha x}[j\underbrace{(C_1 - C_2)}_{A_1} \cdot \sin(\omega x) + \underbrace{(C_1 + C_2)}_{A_2} \cdot \cos(\omega x)] =$$

$$= e^{\alpha x}[jA_1 \cdot \sin(\omega x) + A_2 \cdot \cos(\omega x)] \tag{IV-147}$$

Bei einer *komplexwertigen* Lösung $y(x) = u(x) + j \cdot v(x)$ wie im hier vorliegenden Fall sind auch *Realteil* $u(x)$ und *Imaginärteil* $v(x)$ selbst *Lösungen* der Differentialgleichung (siehe hierzu Abschnitt 3.2). Daher sind

$$y_1 = e^{\alpha x} \cdot \sin(\omega x) \qquad \text{und} \qquad y_2 = e^{\alpha x} \cdot \cos(\omega x) \tag{IV-148}$$

(reellwertige) *Lösungen* der homogenen Differentialgleichung $y'' + ay' + by = 0$. Sie bilden wegen

$$W(y_1; y_2) = -\omega \cdot e^{2\alpha x} \neq 0$$

eine (reelle) *Fundamentalbasis* dieser Differentialgleichung. Die *allgemeine* Lösung ist daher in der Linearform

$$y = K_1 \cdot e^{\alpha x} \cdot \sin(\omega x) + K_2 \cdot e^{\alpha x} \cdot \cos(\omega x) =$$

$$= e^{\alpha x}[K_1 \cdot \sin(\omega x) + K_2 \cdot \cos(\omega x)] \tag{IV-149}$$

darstellbar $(K_1, K_2 \in \mathbb{R})$.

■ **Beispiel**

$$y'' + 4y' + 13y = 0$$

Charakteristische Gleichung mit Lösungen:

$$\lambda^2 + 4\lambda + 13 = 0$$

$$\lambda_{1/2} = -2 \pm \sqrt{4 - 13} = -2 \pm \sqrt{-9} = -2 \pm 3j \qquad (\alpha = -2, \omega = 3)$$

Reelle Fundamentalbasis der Differentialgleichung:

$$y_1 = e^{-2x} \cdot \sin(3x), \qquad y_2 = e^{-2x} \cdot \cos(3x)$$

Allgemeine Lösung der Differentialgleichung:

$$y = C_1 \cdot e^{-2x} \cdot \sin(3x) + C_2 \cdot e^{-2x} \cdot \cos(3x) =$$

$$= e^{-2x}[C_1 \cdot \sin(3x) + C_2 \cdot \cos(3x)] \qquad (C_1, C_2 \in \mathbb{R}) \qquad \blacksquare$$

Wir fassen die Ergebnisse dieses Abschnitts wie folgt zusammen:

Integration einer homogenen linearen Differentialgleichung 2. Ordnung mit konstanten Koeffizienten

Mit dem Lösungsansatz $y = e^{\lambda x}$ lässt sich eine *Fundamentalbasis* y_1, y_2 der *homogenen* linearen Differentialgleichung 2. Ordnung mit *konstanten* Koeffizienten vom Typ

$$y'' + ay' + by = 0 \tag{IV-150}$$

gewinnen. Die *Basislösungen* hängen dabei noch von der *Art* der Lösungen λ_1, λ_2 der zugehörigen *charakteristischen Gleichung*

$$\lambda^2 + a\lambda + b = 0 \tag{IV-151}$$

ab, wobei die folgenden Fälle zu unterscheiden sind $(C_1, C_2 \in \mathbb{R})$:

1. Fall: $\lambda_1 \neq \lambda_2$ (reell)

Fundamentalbasis: $\quad y_1 = e^{\lambda_1 x}, \qquad y_2 = e^{\lambda_2 x}$

Allgemeine Lösung: $\quad y = C_1 \cdot e^{\lambda_1 x} + C_2 \cdot e^{\lambda_2 x}$
$$\tag{IV-152}$$

2. Fall: $\lambda_1 = \lambda_2 = c$ (reell)

Fundamentalbasis: $\quad y_1 = e^{cx}, \qquad y_2 = x \cdot e^{cx}$

Allgemeine Lösung: $\quad y = (C_1 + C_2 x) \cdot e^{cx}$
$$\tag{IV-153}$$

3. Fall: $\lambda_{1/2} = \alpha \pm j\omega$ (konjugiert komplex)

Fundamentalbasis: $\quad y_1 = e^{\alpha x} \cdot \sin(\omega x), \qquad y_2 = e^{\alpha x} \cdot \cos(\omega x)$

Allgemeine Lösung: $\quad y = e^{\alpha x}[C_1 \cdot \sin(\omega x) + C_2 \cdot \cos(\omega x)]$
$$\tag{IV-154}$$

Anmerkung

Die charakteristische Gleichung hat dieselben Koeffizienten wie die homogene Differentialgleichung.

■ **Beispiele**

(1) $y'' + 3y' - 4y = 0$

    Charakteristische Gleichung mit Lösungen:

$$\lambda^2 + 3\lambda - 4 = 0 \quad \Rightarrow \quad \lambda_1 = 1, \quad \lambda_2 = -4 \qquad (1.\ Fall)$$

    Fundamentalbasis der Differentialgleichung:

$$y_1 = e^x, \quad y_2 = e^{-4x}$$

    Allgemeine Lösung der Differentialgleichung:

$$y = C_1 \cdot e^x + C_2 \cdot e^{-4x} \qquad (C_1, C_2 \in \mathbb{R})$$

(2) $y'' + 4y' + 20y = 0$

    Charakteristische Gleichung mit Lösungen:

$$\lambda^2 + 4\lambda + 20 = 0$$
$$\lambda_{1/2} = -2 \pm \sqrt{4 - 20} = -2 \pm \sqrt{-16} = -2 \pm 4j$$
$$(3.\ Fall\colon \ \alpha = -2, \ \omega = 4)$$

    Reelle Fundamentalbasis der Differentialgleichung:

$$y_1 = e^{-2x} \cdot \sin(4x), \quad y_2 = e^{-2x} \cdot \cos(4x)$$

    Allgemeine Lösung der Differentialgleichung:

$$y = e^{-2x}\,[\,C_1 \cdot \sin(4x) + C_2 \cdot \cos(4x)\,] \qquad (C_1, C_2 \in \mathbb{R})$$

(3) $y'' + 20y' + 100y = 0$

    Charakteristische Gleichung mit Lösungen:

$$\lambda^2 + 20\lambda + 100 = (\lambda + 10)^2 = 0 \quad \Rightarrow \quad \lambda_{1/2} = -10 \qquad (2.\ Fall)$$

    Fundamentalbasis der Differentialgleichung:

$$y_1 = e^{-10x}, \quad y_2 = x \cdot e^{-10x}$$

    Allgemeine Lösung der Differentialgleichung:

$$y = (C_1 + C_2 x) \cdot e^{-10x} \qquad (C_1, C_2 \in \mathbb{R})$$ ■

3.4 Integration der inhomogenen linearen Differentialgleichung

In Abschnitt 2.5.3.2 haben wir gezeigt, dass man die *allgemeine* Lösung einer *inhomogenen* linearen Differentialgleichung 1. Ordnung erhält, indem man zur *allgemeinen* Lösung der zugehörigen *homogenen* Gleichung *irgendeine partikuläre* Lösung der *inhomogenen* Gleichung addiert. Diese Aussage bleibt auch für eine *inhomogene* lineare Differentialgleichung 2. Ordnung mit *konstanten* Koeffizienten unverändert gültig.

Über die Lösungsmenge einer inhomogenen linearen Differentialgleichung 2. Ordnung mit konstanten Koeffizienten

Die *allgemeine* Lösung $y = y(x)$ einer *inhomogenen* linearen Differentialgleichung 2. Ordnung mit *konstanten* Koeffizienten vom Typ

$$y'' + ay' + by = g(x) \tag{IV-155}$$

ist als *Summe* aus der *allgemeinen* Lösung $y_0 = y_0(x)$ der zugehörigen *homogenen* linearen Differentialgleichung

$$y'' + ay' + by = 0 \tag{IV-156}$$

und einer (beliebigen) *partikulären* Lösung $y_p = y_p(x)$ der *inhomogenen* linearen Differentialgleichung darstellbar:

$$y(x) = y_0(x) + y_p(x) \tag{IV-157}$$

Der Beweis verläuft analog wie in Abschnitt 2.5.3.2.

Das *Lösungsverfahren* für eine *inhomogene* lineare Differentialgleichung 2. Ordnung mit *konstanten* Koeffizienten entspricht daher weitgehend der in Abschnitt 2.5.3.2 unter der Bezeichnung *Aufsuchen einer partikulären Lösung* behandelten Lösungsmethode für inhomogene Differentialgleichungen *1. Ordnung*. Zunächst wird dabei die zugehörige *homogene* Gleichung gelöst. Wie dies geschieht, wurde im vorherigen Abschnitt ausführlich dargelegt. Dann bestimmt man mit Hilfe eines *geeigneten Lösungsansatzes*, der sich im Wesentlichen am *Typ der Störfunktion* $g(x)$ orientiert, eine *partikuläre* Lösung der *inhomogenen* Gleichung und *addiert* diese zur *allgemeinen* Lösung der *homogenen* Gleichung.

In der nachfolgenden Tabelle 2 sind die *Lösungsansätze* für einige in den Anwendungen besonders häufig auftretende Störglieder aufgeführt, wobei die Fallunterscheidungen zu beachten sind.

Tabelle 2: Lösungsansatz für eine *partikuläre* Lösung $y_p(x)$ der *inhomogenen* linearen Differentialgleichung 2. Ordnung mit konstanten Koeffizienten vom Typ $y'' + a y' + b y = g(x)$ in Abhängigkeit vom Typ der Störfunktion $g(x)$

Störfunktion $g(x)$	Lösungsansatz $y_p(x)$
1. Polynomfunktion vom Grade n $g(x) = P_n(x)$	$y_p = \begin{cases} Q_n(x) & b \neq 0 \\ x \cdot Q_n(x) & \text{für } a \neq 0, \quad b = 0 \\ x^2 \cdot Q_n(x) & a = b = 0 \end{cases}$ *Parameter:* Koeffizienten des Polynoms $Q_n(x)$
2. Exponentialfunktion $g(x) = e^{cx}$	(1) c ist *keine* Lösung der charakteristischen Gleichung: $\quad y_p = A \cdot e^{cx} \qquad (Parameter: A)$
	(2) c ist eine *r-fache* Lösung der charakteristischen Gleichung $(r = 1, 2)$: $\quad y_p = A x^r \cdot e^{cx} \qquad (Parameter: A)$
3. $g(x) = P_n(x) \cdot e^{cx}$ $P_n(x)$: Polynomfunktion vom Grade n	(1) c ist *keine* Lösung der charakteristischen Gleichung: $\quad y_p = Q_n(x) \cdot e^{cx}$ *Parameter:* Koeffizienten des Polynoms $Q_n(x)$
	(2) c ist eine *r-fache* Lösung der charakteristischen Gleichung $(r = 1, 2)$: $\quad y_p = x^r \cdot Q_n(x) \cdot e^{cx}$ *Parameter:* Koeffizienten des Polynoms $Q_n(x)$
4. $g(x) = \sin(\beta x)$ oder $g(x) = \cos(\beta x)$ oder eine Linearkombination aus beiden Funktionen	(1) $j\beta$ ist *keine* Lösung der charakteristischen Gleichung: $\quad y_p = A \cdot \sin(\beta x) + B \cdot \cos(\beta x)$ *Parameter: A, B*
	(2) $j\beta$ ist eine *Lösung* der charakteristischen Gleichung: $\quad y_p = x\,[A \cdot \sin(\beta x) + B \cdot \cos(\beta x)]$ *Parameter: A, B*

Tabelle 2: (Fortsetzung)

Störfunktion $g(x)$	Lösungsansatz $y_p(x)$
5. $g(x) = P_n(x) \cdot e^{cx} \cdot \sin(\beta x)$ oder $g(x) = P_n(x) \cdot e^{cx} \cdot \cos(\beta x)$ $P_n(x)$: Polynomfunktion vom Grade n	(1) $c + j\beta$ ist *keine* Lösung der charakteristischen Gleichung: $y_p = e^{cx}[Q_n(x) \cdot \sin(\beta x) +$ $+ R_n(x) \cdot \cos(\beta x)]$ *Parameter:* Koeffizienten der Polynome $Q_n(x)$ und $R_n(x)$
	(2) $c + j\beta$ ist eine *Lösung* der charakteristischen Gleichung: $y_p = x \cdot e^{cx}[Q_n(x) \cdot \sin(\beta x) +$ $+ R_n(x) \cdot \cos(\beta x)]$ *Parameter:* Koeffizienten der Polynome $Q_n(x)$ und $R_n(x)$

Anmerkungen zur Tabelle 2

(1)   Die in den Lösungsansätzen auftretenden Polynome $Q_n(x)$ und $R_n(x)$ sind jeweils vom Grade n.

(2)   Der jeweilige Lösungsansatz gilt auch dann, wenn die Störfunktion zusätzlich noch einen *konstanten Faktor* enthält.

(3)   Die im Lösungsansatz y_p enthaltenen Parameter sind so zu bestimmen, dass dieser Ansatz eine (partikuläre) *Lösung* der vorgegebenen inhomogenen Differentialgleichung darstellt. Dies führt stets zu einem *eindeutig* lösbaren Gleichungssystem für die im Lösungsansatz enthaltenen Stellparameter (bei einem richtig gewählten Ansatz nach Tabelle 2).

(4)   Besteht die Störfunktion $g(x)$ aus *mehreren* (*additiven*) Störgliedern, so erhält man den Lösungsansatz y_p als *Summe* der Lösungsansätze für die *Einzelglieder*.

(5)   Liegt die Störfunktion in der Form eines *Produktes* vom Typ $g(x) = g_1(x) \cdot g_2(x)$ vor, so erhält man in vielen (aber leider nicht allen) Fällen einen geeigneten Lösungsansatz für die gesuchte partikuläre Lösung y_p, indem man die aus Tabelle 2 entnommenen Lösungsansätze y_{p1} und y_{p2} für die beiden „Störfaktoren" $g_1(x)$ und $g_2(x)$ miteinander *multipliziert*: $y_p = y_{p1} \cdot y_{p2}$.

(6)   Bei *periodischen* Störfunktionen vom Typ $g(x) = \sin(\beta x)$ oder $g(x) = \cos(\beta x)$ verwendet man häufig auch *komplexe* Lösungsansätze der allgemeinen Form

$$y_p(x) = C \cdot e^{j(\beta x + \varphi)} \qquad \text{(Parameter: } C, \varphi)$$

Wir fassen zusammen:

Integration einer inhomogenen linearen Differentialgleichung 2. Ordnung mit konstanten Koeffizienten

Eine *inhomogene* lineare Differentialgleichung 2. Ordnung mit *konstanten* Koeffizienten vom Typ

$$y'' + a y' + b y = g(x) \qquad \text{(IV-158)}$$

lässt sich schrittweise wie folgt lösen:

1. Zunächst wird die *allgemeine* Lösung $y_0 = y_0(x)$ der zugehörigen *homogenen* linearen Differentialgleichung

$$y'' + a y' + b y = 0 \qquad \text{(IV-159)}$$

   bestimmt.

2. Dann ermittelt man mit dem aus Tabelle 2 entnommenen Lösungsansatz eine *partikuläre* Lösung $y_p = y_p(x)$ der *inhomogenen* Differentialgleichung.

3. Durch *Addition* von $y_0 = y_0(x)$ (1. Schritt) und $y_p = y_p(x)$ (2. Schritt) erhält man schließlich die *allgemeine* Lösung $y = y(x)$ der *inhomogenen* Differentialgleichung:

$$y(x) = y_0(x) + y_p(x) \qquad \text{(IV-160)}$$

Anmerkungen

(1) Wir bezeichnen wiederum (wie bereits bei den linearen Differentialgleichungen *1. Ordnung*) die *allgemeine* Lösung der *homogenen* Gleichung mit $y_0 = y_0(x)$ und die *allgemeine* Lösung der *inhomogenen* Gleichung mit $y = y(x)$.

(2) Ein weiteres Lösungsverfahren, das auf einer Anwendung der *Laplace-Transformation* beruht, werden wir in Kapitel VI (Abschnitt 5.1) kennenlernen.

■ **Beispiele**

(1) $y'' + 10 y' - 24 y = 12 x^2 + 14 x + 1$

   Wir lösen zunächst die zugehörige *homogene* Gleichung

$$y'' + 10 y' - 24 y = 0$$

   Die Lösungen der *charakteristischen Gleichung*

$$\lambda^2 + 10 \lambda - 24 = 0$$

sind $\lambda_1 = -12$ und $\lambda_2 = 2$. Die *Fundamentalbasis* besteht daher aus den beiden Lösungen (Basisfunktionen)

$$y_1 = e^{-12x} \quad \text{und} \quad y_2 = e^{2x}$$

Durch *Linearkombination* erhalten wir hieraus die *allgemeine* Lösung der *homogenen* Differentialgleichung in der Form

$$y_0 = C_1 \cdot e^{-12x} + C_2 \cdot e^{2x} \qquad (C_1, C_2 \in \mathbb{R})$$

Ein *partikuläres* Integral der *inhomogenen* Differentialgleichung gewinnen wir nach Tabelle 2 durch den *Lösungsansatz*

$$y_p = a_2 x^2 + a_1 x + a_0$$

(das Störglied ist eine quadratische Funktion und $b = -24 \neq 0$). Mit

$$y_p = a_2 x^2 + a_1 x + a_0, \quad y_p' = 2a_2 x + a_1, \quad y_p'' = 2a_2$$

folgt durch *Einsetzen* in die *inhomogene* Differentialgleichung:

$$2a_2 + 10(2a_2 x + a_1) - 24(a_2 x^2 + a_1 x + a_0) = 12x^2 + 14x + 1$$

$$2a_2 + 20a_2 x + 10a_1 - 24a_2 x^2 - 24a_1 x - 24a_0 = 12x^2 + 14x + 1$$

Wir *ordnen* noch die Glieder nach *fallenden* Potenzen:

$$-24a_2 x^2 + (-24a_1 + 20a_2)x + (-24a_0 + 10a_1 + 2a_2) =$$

$$= 12x^2 + 14x + 1$$

Durch *Koeffizientenvergleich* erhalten wir hieraus das *gestaffelte* lineare Gleichungssystem

$$-24a_2 = 12$$

$$-24a_1 + 20a_2 = 14$$

$$-24a_0 + 10a_1 + 2a_2 = 1$$

Es wird durch $a_2 = -\dfrac{1}{2}, \quad a_1 = -1, \quad a_0 = -\dfrac{1}{2}$ gelöst. Damit ist

$$y_p = -\frac{1}{2}x^2 - x - \frac{1}{2}$$

eine *partikuläre* Lösung der *inhomogenen* Differentialgleichung und die *allgemeine* Lösung dieser Differentialgleichung besitzt somit die folgende Gestalt:

$$y = y_0 + y_p = C_1 \cdot e^{-12x} + C_2 \cdot e^{2x} - \frac{1}{2}x^2 - x - \frac{1}{2} \qquad (C_1, C_2 \in \mathbb{R})$$

(2)   Wir wollen uns jetzt mit der *allgemeinen* Lösung der inhomogenen Differentialgleichung

$$y'' + y' - 2y = g(x)$$

beschäftigen, wobei wir für die Störfunktion $g(x)$ *verschiedene* Funktionstypen vorgeben werden. Zunächst einmal lösen wir die zugehörige *homogene* Differentialgleichung

$$y'' + y' - 2y = 0$$

Sie besitzt die *charakteristische Gleichung*

$$\lambda^2 + \lambda - 2 = 0$$

mit den reellen Lösungen $\lambda_1 = 1$ und $\lambda_2 = -2$. Dies führt zu der *Fundamentalbasis*

$$y_1 = e^x, \qquad y_2 = e^{-2x}$$

und damit zur *allgemeinen* Lösung der *homogenen* Gleichung in der Form

$$y_0 = C_1 \cdot e^x + C_2 \cdot e^{-2x} \qquad (C_1, C_2 \in \mathbb{R})$$

Wir geben nun *verschiedene* Störfunktionen $g(x)$ vor und entnehmen der Tabelle 2 den jeweiligen Lösungsansatz für eine *partikuläre* Lösung y_p der *inhomogenen* Gleichung:

Störfunktion $g(x)$	Lösungsansatz y_p	Begründung/Anmerkung
1. $g(x) = 10x + 1$	$y_p = a_1 x + a_0$	$b = -2 \neq 0$ *Parameter:* a_1, a_0
2. $g(x) = x^2 - 4x + 3$	$y_p = a_2 x^2 + a_1 x + a_0$	$b = -2 \neq 0$ *Parameter:* a_2, a_1, a_0
3. $g(x) = 3 \cdot e^{4x}$	$y_p = A \cdot e^{4x}$	$c = 4$ ist *keine* Lösung der charakteristischen Gleichung *Parameter:* A
4. $g(x) = 6 \cdot e^x$	$y_p = Ax \cdot e^x$	$c = 1$ ist eine *einfache* Lösung der charakteristischen Gleichung *Parameter:* A

Störfunktion $g(x)$	Lösungsansatz y_p	Begründung/Anmerkung
5. $g(x) = x \cdot e^x$	$y_p = x \cdot e^x (a_1 x + a_0) =$ $= e^x (a_1 x^2 + a_0 x)$	$c = 1; n = 1; \beta = 0$ $c + j\beta = 1 + j0 = 1$ ist eine *Lösung* der charakteristischen Gleichung *Parameter:* a_1, a_0
6. $g(x) = 3 \cdot \sin(2x)$	$y_p = A \cdot \sin(2x) +$ $+ B \cdot \cos(2x)$	$\beta = 2$ $j\beta = j2 = 2j$ ist *keine* Lösung der charakteristischen Gleichung *Parameter:* A, B

Zu 1.: $y'' + y' - 2y = 10x + 1$

Wir gehen mit dem *Ansatz*

$$y_p = a_1 x + a_0, \qquad y_p' = a_1, \qquad y_p'' = 0$$

in die Differentialgleichung ein:

$$0 + a_1 - 2(a_1 x + a_0) = 10x + 1 \quad \Rightarrow \quad a_1 - 2a_1 x - 2a_0 = 10x + 1$$

Die Glieder werden noch nach *fallenden* Potenzen *geordnet:*

$$-2a_1 x + (a_1 - 2a_0) = 10x + 1$$

Durch *Koeffizientenvergleich* folgt weiter:

$$-2a_1 \qquad\;\; = 10 \quad \Rightarrow \quad a_1 = -5$$

$$a_1 - 2a_0 = 1 \quad \Rightarrow \quad -5 - 2a_0 = 1 \quad \Rightarrow \quad a_0 = -3$$

Dieses *gestaffelte* lineare Gleichungssystem wird also durch $a_1 = -5, a_0 = -3$ gelöst. Damit ist $y_p = -5x - 3$ eine partikuläre Lösung und die *allgemeine* Lösung der *inhomogenen* Differentialgleichung besitzt die Form

$$y = y_0 + y_p = C_1 \cdot e^x + C_2 \cdot e^{-2x} - 5x - 3 \qquad (C_1, C_2 \in \mathbb{R})$$

Zu 2.: $y'' + y' - 2y = x^2 - 4x + 3$

Lösung (bitte nachrechnen):

$$y_p = -\frac{1}{2} x^2 + \frac{3}{2} x - \frac{5}{4}$$

$$y = y_0 + y_p = C_1 \cdot e^x + C_2 \cdot e^{-2x} - \frac{1}{2} x^2 + \frac{3}{2} x - \frac{5}{4} \qquad (C_1, C_2 \in \mathbb{R})$$

Zu 3.: $y'' + y' - 2y = 3 \cdot e^{4x}$

Lösung (bitte nachrechnen):

$$y_p = \frac{1}{6} \cdot e^{4x}$$

$$y = y_0 + y_p = C_1 \cdot e^x + C_2 \cdot e^{-2x} + \frac{1}{6} \cdot e^{4x} \qquad (C_1, C_2 \in \mathbb{R})$$

Zu 4.: $y'' + y' - 2y = 6 \cdot e^x$

Mit dem *Lösungsansatz*

$$y_p = Ax \cdot e^x, \qquad y_p' = (A + Ax) \cdot e^x, \qquad y_p'' = (2A + Ax) \cdot e^x$$

folgt durch *Einsetzen* in die Differentialgleichung:

$$(2A + Ax) \cdot e^x + (A + Ax) \cdot e^x - 2Ax \cdot e^x = 6 \cdot e^x \mid : e^x \quad \Rightarrow$$

$$2A + Ax + A + Ax - 2Ax = 6 \quad \Rightarrow \quad 3A = 6 \quad \Rightarrow \quad A = 2$$

Somit ist $y_p = 2x \cdot e^x$ eine *partikuläre* Lösung der *inhomogenen* Differentialgleichung und die *allgemeine* Lösung dieser Gleichung lautet:

$$y = y_0 + y_p = C_1 \cdot e^x + C_2 \cdot e^{-2x} + 2x \cdot e^x =$$

$$= (C_1 + 2x) \cdot e^x + C_2 \cdot e^{-2x} \qquad (C_1, C_2 \in \mathbb{R})$$

Zu 5.: $y'' + y' - 2y = x \cdot e^x$

Wir gehen mit dem Lösungsansatz

$$y_p = e^x (a_1 x^2 + a_0 x)$$

$$y_p' = e^x (a_1 x^2 + a_0 x) + e^x (2a_1 x + a_0) = e^x (a_1 x^2 + a_0 x + 2a_1 x + a_0)$$

$$y_p'' = e^x (a_1 x^2 + a_0 x + 2a_1 x + a_0) + e^x (2a_1 x + a_0 + 2a_1) =$$

$$= e^x (a_1 x^2 + a_0 x + 4a_1 x + 2a_0 + 2a_1)$$

in die Differentialgleichung ein:

$$e^x (a_1 x^2 + a_0 x + 4a_1 x + 2a_0 + 2a_1) + e^x (a_1 x^2 + a_0 x + 2a_1 x + a_0) -$$

$$- 2 \cdot e^x (a_1 x^2 + a_0 x) = x \cdot e^x$$

Nach *Division* durch e^x und *Ordnen* der Glieder folgt weiter:

$$(a_1 x^2 + a_1 x^2 - 2a_1 x^2) + (a_0 x + 4a_1 x + a_0 x + 2a_1 x$$

$$- 2a_0 x) + (2a_0 + 2a_1 + a_0) = x \quad \Rightarrow$$

$$6a_1 x + 3a_0 + 2a_1 = x + 0 \qquad \text{(Summand 0 ergänzt)}$$

Ein *Koeffizientenvergleich* auf beiden Seiten dieser Gleichung führt zu dem *gestaffelten* linearen Gleichungssystem

$$6\,a_1 = 1$$

$$3\,a_0 + 2\,a_1 = 0$$

mit der eindeutig bestimmten *Lösung* $a_1 = \dfrac{1}{6}$, $a_0 = -\dfrac{1}{9}$. Somit ist

$$y_p = \left(\frac{1}{6}\,x^2 - \frac{1}{9}\,x\right) \cdot e^x$$

eine *partikuläre* Lösung und

$$y = y_0 + y_p = C_1 \cdot e^x + C_2 \cdot e^{-2x} + \left(\frac{1}{6}\,x^2 - \frac{1}{9}\,x\right) \cdot e^x =$$

$$= \left(\frac{1}{6}\,x^2 - \frac{1}{9}\,x + C_1\right) \cdot e^x + C_2 \cdot e^{-2x} \qquad (C_1, C_2 \in \mathbb{R})$$

die *allgemeine* Lösung der *inhomogenen* Differentialgleichung.

Zu 6.: $y'' + y' - 2y = 3 \cdot \sin (2x)$

Mit dem *Lösungsansatz*

$$y_p = A \cdot \sin (2x) + B \cdot \cos (2x)$$

$$y_p' = 2A \cdot \cos (2x) - 2B \cdot \sin (2x)$$

$$y_p'' = -4A \cdot \sin (2x) - 4B \cdot \cos (2x)$$

folgt durch *Einsetzen* in die *inhomogene* Differentialgleichung:

$$-4A \cdot \sin (2x) - 4B \cdot \cos (2x) + 2A \cdot \cos (2x) - 2B \cdot \sin (2x) -$$
$$- 2A \cdot \sin (2x) - 2B \cdot \cos (2x) = 3 \cdot \sin (2x)$$

Wir fassen zusammen und *ordnen* die Glieder nach *Sinus-* und *Kosinusfunktionen*:

$$-6A \cdot \sin (2x) - 2B \cdot \sin (2x) + 2A \cdot \cos (2x) - 6B \cdot \cos (2x) =$$

$$= (-6A - 2B) \cdot \sin (2x) + (2A - 6B) \cdot \cos (2x) =$$

$$= 3 \cdot \sin (2x) + 0 \cdot \cos (2x)$$

(der Term $0 \cdot \cos (2x) \equiv 0$ wurde auf der rechten Seite ergänzt). Durch *Koeffizientenvergleich* erhalten wir das lineare Gleichungssystem

$$-6A - 2B = 3$$

$$2A - 6B = 0$$

mit der Lösung $A = -9/20$, $B = -3/20$. Somit ist

$$y_p = -\frac{9}{20} \cdot \sin(2x) - \frac{3}{20} \cdot \cos(2x)$$

Die *allgemeine* Lösung der *inhomogenen* Differentialgleichung lautet daher:

$$y = y_0 + y_p = C_1 \cdot e^x + C_2 \cdot e^{-2x} - \frac{9}{20} \cdot \sin(2x) - \frac{3}{20} \cdot \cos(2x)$$

$$(C_1, C_2 \in \mathbb{R})$$

(3) $y'' - 6y' + 9y = 2 \cdot e^x + 9x - 15$

Wir lösen zunächst die zugehörige *homogene* Differentialgleichung

$$y'' - 6y' + 9y = 0$$

Die *charakteristische Gleichung*

$$\lambda^2 - 6\lambda + 9 = (\lambda - 3)^2 = 0$$

wird durch $\lambda_1 = \lambda_2 = 3$ gelöst. Die *allgemeine* Lösung der *homogenen* Differentialgleichung lautet damit:

$$y_0 = (C_1 + C_2 x) \cdot e^{3x} \qquad (C_1, C_2 \in \mathbb{R})$$

Wir beschäftigen uns nun mit der Integration der *inhomogenen* Differentialgleichung. Zunächst benötigen wir einen *geeigneten Lösungsansatz* für die *partikuläre* Lösung y_p. Diesen erhalten wir wie folgt:

Wir *zerlegen* die Störfunktion $g(x)$ zunächst in *zwei* Teile $g_1(x)$ und $g_2(x)$:

$$g(x) = \underbrace{2 \cdot e^x}_{g_1(x)} + \underbrace{9x - 15}_{g_2(x)} = g_1(x) + g_2(x)$$

Für die *Einzelstörglieder* $g_1(x)$ und $g_2(x)$ entnehmen wir aus Tabelle 2 die *Lösungsansätze*

$$y_{p1} = A \cdot e^x \qquad \text{und} \qquad y_{p2} = a_1 x + a_0$$

Der Lösungsansatz y_p ist dann die *Summe* aus y_{p1} und y_{p2}:

$$y_p = y_{p1} + y_{p2} = A \cdot e^x + a_1 x + a_0$$

Die drei *Parameter* A, a_1 und a_0 werden nun so bestimmt, dass diese Funktion die *inhomogene* Differentialgleichung *löst*. Mit

$$y_p = A \cdot e^x + a_1 x + a_0, \qquad y_p' = A \cdot e^x + a_1, \qquad y_p'' = A \cdot e^x$$

gehen wir in die *inhomogene* Gleichung ein und erhalten:

$$A \cdot e^x - 6(A \cdot e^x + a_1) + 9(A \cdot e^x + a_1 x + a_0) = 2 \cdot e^x + 9x - 15$$

$$A \cdot e^x - 6A \cdot e^x - 6a_1 + 9A \cdot e^x + 9a_1 x + 9a_0 = 2 \cdot e^x + 9x - 15$$

$$4A \cdot e^x + 9a_1 x - 6a_1 + 9a_0 \qquad\qquad = 2 \cdot e^x + 9x - 15$$

Ein *Koeffizientenvergleich* führt zu dem bereits *gestaffelten* linearen Gleichungssystem

$$4A \qquad\qquad = \quad 2 \quad \Rightarrow \quad A = 1/2$$

$$9a_1 \qquad = \quad 9 \quad \Rightarrow \quad a_1 = 1$$

$$-6a_1 + 9a_0 = -15 \quad \Rightarrow \quad -6 + 9a_0 = -15 \quad \Rightarrow \quad a_0 = -1$$

Es wird durch $A = 1/2$, $a_1 = 1$, $a_0 = -1$ gelöst. Damit ist

$$y_p = \frac{1}{2} \cdot e^x + x - 1$$

eine partikuläre Lösung und die *allgemeine* Lösung der *inhomogenen* Differentialgleichung besitzt die folgende Gestalt:

$$y = y_0 + y_p = (C_1 + C_2 x) \cdot e^{3x} + \frac{1}{2} \cdot e^x + x - 1 \qquad (C_1, C_2 \in \mathbb{R})$$

∎

4 Anwendungen in der Schwingungslehre

4.1 Mechanische Schwingungen

4.1.1 Allgemeine Schwingungsgleichung der Mechanik

Ein Feder-Masse-Schwinger (auch Federpendel genannt) soll uns im Folgenden als *Modell* für ein *schwingungsfähiges mechanisches System* dienen. Das System besteht aus einer Masse m, einer dem *Hookeschen Gesetz* genügenden elastischen *Feder* und einer *Dämpfungsvorrichtung* (z. B. einem Kolben, der sich durch eine zähe Flüssigkeit bewegt, wie in Bild IV-20 dargestellt).

Feder und Dämpfungskolben werden dabei als *masselos* angenommen. Die *Gleichgewichtslage* (Ruhelage) des Systems ist dann durch das Eigengewicht der Masse bestimmt. Mit $x = x(t)$ bezeichnen wir die *Auslenkung* zur Zeit t, bezogen auf die Gleichgewichtslage (Ruhelage). Auf die Masse m wirken dann folgende *Kräfte* ein:

1. Eine zur Auslenkung x proportionale *Rückstellkraft* der Feder:

$$F_1 = -cx \qquad (\textit{Hookesches Gesetz}; \quad c > 0: \text{Federkonstante})$$

2. Eine zur Geschwindigkeit $v = \dot{x}$ proportionale *Dämpfungskraft*:

$$F_2 = -bv = -b\dot{x} \qquad (b > 0: \text{Dämpferkonstante})$$

   Sie wirkt stets der Bewegung *entgegen*.

3. Zusätzlich eine von außen (z. B. über einen Exzenter) einwirkende, meist *zeitabhängige* Kraft:

$$F_3 = F(t)$$

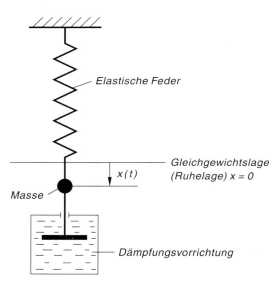

Elastische Feder

Gleichgewichtslage
(Ruhelage) $x = 0$

$x(t)$

Masse

Dämpfungsvorrichtung

Bild IV-20
Modell eines schwingungsfähigen
mechanischen Systems
(Feder-Masse-Schwinger mit einer
Dämpfungsvorrichtung)

Wir wenden jetzt das von *Newton* stammende *Grundgesetz der Mechanik* an. Danach ist das Produkt aus Masse m und Beschleunigung $a = \ddot{x}$ gleich der *Summe* der einwirkenden Kräfte. Somit gilt:

$$ma = F_1 + F_2 + F_3$$

$$m\ddot{x} = -cx - b\dot{x} + F(t) \qquad \text{oder} \qquad m\ddot{x} + b\dot{x} + cx = F(t) \qquad (\text{IV-161})$$

Die Bewegung (Schwingung) eines Feder-Masse-Schwingers wird somit durch eine *lineare Differentialgleichung 2. Ordnung mit konstanten Koeffizienten* beschrieben, die in den Anwendungen daher auch als *Schwingungsgleichung der Mechanik* bezeichnet wird.

Wir unterscheiden dabei noch zwischen einer *freien* und einer *erzwungenen Schwingung*. Bei einer *freien Schwingung* unterliegt das System *keiner* (zeitabhängigen) äußeren Kraft, d. h. es ist $F(t) \equiv 0$. Diese Schwingung kann *gedämpft* oder *ungedämpft* sein, je nachdem, ob das Dämpfungsglied $F_2 = -b\dot{x}$ vorhanden ist oder nicht. Bei zu *starker Dämpfung* kommt es allerdings zu *keiner* eigentlichen Schwingung mehr, wir erhalten eine *aperiodische* Bewegung (*Kriechfall*). Unterliegt das System dagegen einer *periodischen* äußeren Kraft, d. h. ist z. B. $F(t) = F_0 \cdot \sin(\omega t)$, so erhält man eine *erzwungene Schwingung*.

Wir stellen die verschiedenen *Schwingungstypen* wie folgt zusammen:

Differentialgleichung einer mechanischen Schwingung (Schwingungsgleichung)

Die Bewegung (Schwingung) eines Feder-Masse-Schwingers wird durch die *lineare* Differentialgleichung *2. Ordnung* mit *konstanten* Koeffizienten

$$m\ddot{x} + b\dot{x} + cx = F(t) \qquad \text{(IV-162)}$$

beschrieben (*Schwingungsgleichung*).

Dabei bedeuten:

m: Masse

b: Dämpferkonstante

c: Federkonstante

$F(t)$: Von außen auf das System einwirkende (zeitabhängige) Kraft

Spezielle Schwingungstypen

1. Freie ungedämpfte Schwingung

Das System unterliegt *keiner* äußeren Kraft und *keiner* Dämpfung ($F(t) \equiv 0$ und $b = 0$):

$$m\ddot{x} + cx = 0 \qquad \text{(IV-163)}$$

2. Freie gedämpfte Schwingung

Das System unterliegt *keiner* äußeren Kraft, Dämpfung ist jedoch *vorhanden* ($F(t) \equiv 0$ und $b \neq 0$):

$$m\ddot{x} + b\dot{x} + cx = 0 \qquad \text{(IV-164)}$$

3. Erzwungene Schwingung

Das System unterliegt einer von außen einwirkenden zeitabhängigen *periodischen* Kraft $F(t) = F_0 \cdot \sin(\omega t)$ mit der Erregerkreisfrequenz ω:

$$m\ddot{x} + b\dot{x} + cx = F_0 \cdot \sin(\omega t) \qquad \text{(IV-165)}$$

Anmerkung

Freie Schwingungen werden durch *homogene, erzwungene* Schwingungen durch *inho-mogene* lineare Differentialgleichungen 2. Ordnung mit konstanten Koeffizienten be-schrieben.

4.1.2 Freie ungedämpfte Schwingung

Die *freie ungedämpfte Schwingung* eines Feder-Masse-Schwingers wird durch die *homo-gene* Differentialgleichung

$$m\,\ddot{x} + c\,x = 0 \qquad \text{oder} \qquad \ddot{x} + \omega_0^2 x = 0 \tag{IV-166}$$

beschrieben, wobei $\omega_0^2 = c/m$ gesetzt wurde. Die zugehörige *charakteristische Glei-chung*

$$\lambda^2 + \omega_0^2 = 0 \tag{IV-167}$$

besitzt die *konjugiert komplexen* Lösungen

$$\lambda_{1/2} = \pm j\,\omega_0 \qquad (\text{mit } \omega_0 > 0)$$

Die *Fundamentalbasis* der Differentialgleichung besteht daher aus den *linear unabhängi-gen* Funktionen (*Basislösungen*)

$$x_1 = \sin(\omega_0 t) \qquad \text{und} \qquad x_2 = \cos(\omega_0 t) \tag{IV-168}$$

Die *allgemeine* Lösung der *Schwingungsgleichung* ist damit in der *Linearform*

$$x(t) = C_1 \cdot \sin(\omega_0 t) + C_2 \cdot \cos(\omega_0 t) \tag{IV-169}$$

(also als Überlagerung zweier *gleichfrequenter* Sinus- und Kosinusschwingungen) oder aber als *phasenverschobene* Sinusschwingung in der Form

$$x(t) = C \cdot \sin(\omega_0 t + \varphi) \tag{IV-170}$$

darstellbar (für $t \geq 0$; $C_1, C_2 \in \mathbb{R}$ bzw. $C > 0$, $0 \leq \varphi < 2\pi$).

Interpretation aus physikalischer Sicht

Das System schwingt *harmonisch* mit der Kreisfrequenz $\omega_0 = \sqrt{c/m}$, die auch als *Eigen-* oder *Kennkreisfrequenz* bezeichnet wird (Bild IV-21). Die Schwingungsdauer (Periode) beträgt $T = 2\pi/\omega_0 = 2\pi \cdot \sqrt{m/c}$, Amplitude C und Phasenwinkel φ hängen noch von den *Anfangsbedingungen* $x(0) = x_0$ und $v(0) = \dot{x}(0) = v_0$ ab.

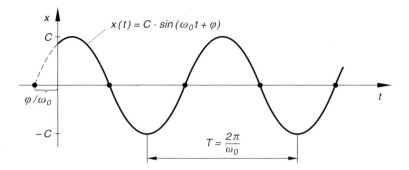

Bild IV-21 Zeitlicher Verlauf einer ungedämpften harmonischen Schwingung (allgemeine Lösung)

Spezielle Lösung

Wir bestimmen noch die *spezielle* Lösung für die folgenden Anfangsbedingungen:

$$\left. \begin{array}{l} x(0) = A > 0 \\ v(0) = \dot{x}(0) = 0 \end{array} \right\} \begin{array}{l} \text{Das schwingungsfähige System startet zur Zeit } t = 0 \text{ aus} \\ \text{der } Ruhe \text{ heraus mit der anfänglichen Auslenkung } A \end{array}$$

Für die Parameter C_1 und C_2 in der allgemeinen Lösung (IV-169) ergeben sich dann folgende Werte:

$$x(0) = A \quad \Rightarrow \quad C_1 \cdot \underbrace{\sin 0}_{0} + C_2 \cdot \underbrace{\cos 0}_{1} = A \quad \Rightarrow \quad C_2 = A$$

$$\dot{x}(t) = C_1 \omega_0 \cdot \cos(\omega_0 t) - C_2 \omega_0 \cdot \sin(\omega_0 t) =$$

$$= C_1 \omega_0 \cdot \cos(\omega_0 t) - A \omega_0 \cdot \sin(\omega_0 t)$$

$$\dot{x}(0) = 0 \quad \Rightarrow \quad C_1 \omega_0 \cdot \underbrace{\cos 0}_{1} - A \omega_0 \cdot \underbrace{\sin 0}_{0} = C_1 \omega_0 = 0 \quad \Rightarrow \quad C_1 = 0$$

(wegen $c \neq 0$ ist auch $\omega_0 \neq 0$). Die den Anfangswerten $x(0) = A$, $\dot{x}(0) = 0$ *angepasste* spezielle Lösung lautet somit:

$$x(t) = A \cdot \cos(\omega_0 t) \qquad (t \geq 0) \tag{IV-171}$$

Der Feder-Masse-Schwinger schwingt harmonisch nach einer Kosinusfunktion mit der *Eigenkreisfrequenz* $\omega_0 = \sqrt{c/m}$ und der *Amplitude* A (Bild IV-22).

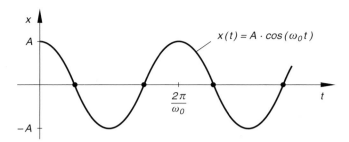

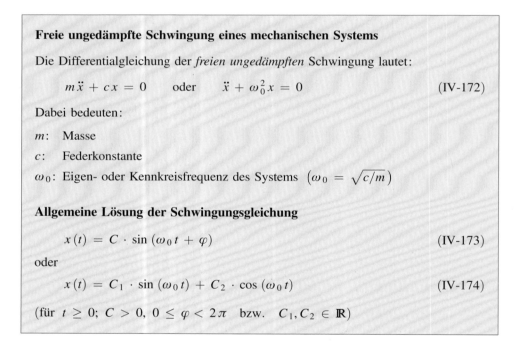

Bild IV-22 Zeitlicher Verlauf einer ungedämpften harmonischen Schwingung (spezielle Lösung für die Anfangswerte $x(0) = A$, $\dot{x}(0) = v(0) = 0$)

Wir fassen zusammen:

Freie ungedämpfte Schwingung eines mechanischen Systems

Die Differentialgleichung der *freien ungedämpften* Schwingung lautet:

$$m\ddot{x} + cx = 0 \qquad \text{oder} \qquad \ddot{x} + \omega_0^2 x = 0 \qquad\qquad \text{(IV-172)}$$

Dabei bedeuten:

m: Masse

c: Federkonstante

ω_0: Eigen- oder Kennkreisfrequenz des Systems $\left(\omega_0 = \sqrt{c/m}\right)$

Allgemeine Lösung der Schwingungsgleichung

$$x(t) = C \cdot \sin(\omega_0 t + \varphi) \qquad\qquad \text{(IV-173)}$$

oder

$$x(t) = C_1 \cdot \sin(\omega_0 t) + C_2 \cdot \cos(\omega_0 t) \qquad\qquad \text{(IV-174)}$$

(für $t \geq 0$; $C > 0$, $0 \leq \varphi < 2\pi$ bzw. $C_1, C_2 \in \mathbb{R}$)

Anmerkung

Für die Bestimmung der beiden Integrationskonstanten (z. B. aus vorgegebenen Anfangs-bedingungen) erweist sich die Darstellungsform (IV-174) meist als rechnerisch günstiger. *Amplitude* C und *Phase* φ lassen sich dann mit Hilfe des (reellen) *Zeigerdiagramms* leicht aus C_1 und C_2 bestimmen.

■ Beispiel

Wir untersuchen die Bewegung eines *schwingungsfähigen mechanischen Systems* mit der Masse $m = 10\,\text{kg}$ und der Federkonstanten $c = 250\,\text{N/m}$ unter den *Anfangsbedingungen*

$$x(0) = 0{,}6\,\text{m}, \qquad v(0) = \dot{x}(0) = 0\,\text{m/s}$$

Zunächst berechnen wir die *Eigenkreisfrequenz* des Systems:

$$\omega_0 = \sqrt{\frac{c}{m}} = \sqrt{\frac{250\,\text{N} \cdot \text{m}^{-1}}{10\,\text{kg}}} = 5\,\text{s}^{-1}$$

Die *Schwingungsgleichung*

$$\ddot{x} + 25\,x = 0$$

besitzt nach Gleichung (IV-174) die *allgemeine* Lösung

$$x(t) = C_1 \cdot \sin(5t) + C_2 \cdot \cos(5t)$$

Die Parameter C_1 und C_2 lassen sich dann wie folgt aus den Anfangswerten bestimmen (wir legen dabei ein festes Maßsystem zugrunde und lassen bei allen Zwischenrechnungen der besseren Übersicht wegen die physikalischen Einheiten fort):

$$x(0) = 0{,}6 \quad \Rightarrow \quad C_1 \cdot \underbrace{\sin 0}_{0} + C_2 \cdot \underbrace{\cos 0}_{1} = 0{,}6 \quad \Rightarrow \quad C_2 = 0{,}6 \qquad (\text{in m})$$

$$\dot{x}(t) = 5\,C_1 \cdot \cos(5t) - 5\,C_2 \cdot \sin(5t)$$

$$\dot{x}(0) = 0 \quad \Rightarrow \quad 5\,C_1 \cdot \underbrace{\cos 0}_{1} - 5\,C_2 \cdot \underbrace{\sin 0}_{0} = 5\,C_1 = 0 \quad \Rightarrow \quad C_1 = 0$$

Das mechanische System schwingt demnach *harmonisch* nach der Gleichung

$$x(t) = 0{,}6\,\text{m} \cdot \cos(5\,\text{s}^{-1} \cdot t) \qquad (t \geq 0\,\text{s})$$

Die Schwingungsdauer beträgt $T = 2\pi/\omega_0 = 2\pi/(5\,\text{s}^{-1}) = 0{,}4\,\pi\,\text{s} \approx 1{,}26\,\text{s}$, die Schwingungsamplitude ist $C = 0{,}6\,\text{m}$. Der zeitliche Verlauf der Schwingung ist in Bild IV-23 dargestellt.

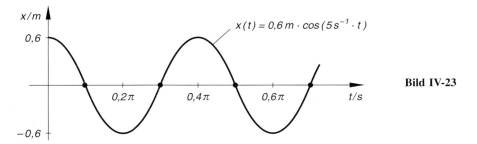

Bild IV-23

4.1.3 Freie gedämpfte Schwingung

Die Differentialgleichung einer *freien gedämpften Schwingung* lautet

$$m\ddot{x} + b\dot{x} + cx = 0 \tag{IV-175}$$

oder – mit den Abkürzungen $2\delta = b/m$ und $\omega_0^2 = c/m$:

$$\ddot{x} + 2\delta\dot{x} + \omega_0^2 x = 0 \tag{IV-176}$$

Die (positiven) physikalischen Größen δ und ω_0 werden wie folgt bezeichnet:

δ: *Dämpfungsfaktor* oder *Abklingkonstante*

ω_0: *Eigen-* oder *Kennkreisfrequenz*

Die zugehörige *charakteristische Gleichung*

$$\lambda^2 + 2\delta\lambda + \omega_0^2 = 0 \tag{IV-177}$$

besitzt die *Lösungen*

$$\lambda_{1/2} = -\delta \pm \sqrt{\delta^2 - \omega_0^2} \tag{IV-178}$$

über deren *Art* die Diskriminante $D = \delta^2 - \omega_0^2$ entscheidet. Nur bei *schwacher Dämpfung* ist das mechanische System zu *echten* Schwingungen fähig (sog. *Schwingungsfall*). Dieser Fall tritt ein für $D < 0$, d. h. $\delta < \omega_0$. Bei *starker Dämpfung*, d. h. für $D > 0$ und somit $\delta > \omega_0$ bewegt sich das System *aperiodisch* auf die Gleichgewichtslage zu (sog. *Kriechfall*). Für $D = 0$, d. h. $\delta = \omega_0$ erhalten wir schließlich den sog. *aperiodischen Grenzfall* (gerade keine Schwingung mehr). Wir unterscheiden somit die folgenden *drei* Fälle:

$D < 0$, d. h. $\delta < \omega_0$: *Gedämpfte* Schwingung (Schwingungsfall)

$D = 0$, d. h. $\delta = \omega_0$: *Aperiodischer Grenzfall*

$D > 0$, d. h. $\delta > \omega_0$: *Aperiodisches* Verhalten (Kriechfall)

Sie werden im Folgenden ausführlich diskutiert.

4.1.3.1 Schwache Dämpfung (Schwingungsfall)

Bei *schwacher* Dämpfung ist $D = \delta^2 - \omega_0^2 < 0$, d. h. $\delta < \omega_0$. Zur Abkürzung setzen wir noch

$$\omega_d^2 = \omega_0^2 - \delta^2 > 0$$

Die *charakteristische Gleichung* (IV-177) hat dann die *konjugiert komplexen* Lösungen

$$\lambda_{1/2} = -\delta \pm \sqrt{\delta^2 - \omega_0^2} = -\delta \pm \sqrt{-(\omega_0^2 - \delta^2)} =$$

$$= -\delta \pm \sqrt{-\omega_d^2} = -\delta \pm j\omega_d \qquad (IV\text{-}179)$$

Die *allgemeine* Lösung der Schwingungsgleichung (IV-176) lautet somit nach Abschnitt 3.3 (3. Fall, Gleichung (IV-154)) wie folgt:

$$x(t) = e^{-\delta t} \cdot [C_1 \cdot \sin(\omega_d t) + C_2 \cdot \cos(\omega_d t)] \qquad (IV\text{-}180)$$

(mit $C_1, C_2 \in \mathbb{R}$). Wir können sie auch in der Form

$$x(t) = C \cdot e^{-\delta t} \cdot \sin(\omega_d t + \varphi_d) \qquad (IV\text{-}181)$$

darstellen (mit $C > 0$ und $0 \leq \varphi_d < 2\pi$).

Interpretation aus physikalischer Sicht

Es liegt eine *gedämpfte* Schwingung vor. Das mechanische System schwingt dabei mit einer gegenüber der *ungedämpften* Schwingung *verkleinerten* Kreisfrequenz. Sie beträgt

$$\omega_d = \sqrt{\omega_0^2 - \delta^2} < \omega_0 \qquad (IV\text{-}182)$$

Infolge permanenter *Energieverluste* nimmt die „Schwingungsamplitude" $C \cdot e^{-\delta t}$ im Laufe der Zeit auf Null ab. Die *gedämpfte Schwingung* zeigt den in Bild IV-24 skizzierten typischen zeitlichen Verlauf.

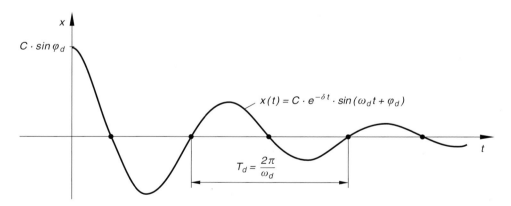

Bild IV-24 Zeitlicher Verlauf einer gedämpften Schwingung (Schwingungsfall)

Spezielle Lösung

Die Bewegung des mechanischen Systems beginne zur Zeit $t = 0$ aus der *Ruhe* heraus mit der Auslenkung $A > 0$:

$$x(0) = A \qquad \text{und} \qquad v(0) = \dot{x}(0) = 0 \qquad (IV\text{-}183)$$

Für diese *Anfangswerte* erhalten wir dann die *spezielle* Lösung

$$x(t) = C \cdot e^{-\delta t} \cdot \sin(\omega_d t + \varphi_d) \tag{IV-184}$$

mit

$$C = \frac{\omega_0}{\omega_d} A \quad \text{und} \quad \varphi_d = \arctan\left(\frac{\omega_d}{\delta}\right) \tag{IV-185}$$

(bitte nachrechnen).

■ **Beispiel**

Gegeben sei ein zu Schwingungen fähiges *gedämpftes* mechanisches System (Feder-Masse-Schwinger) mit den folgenden Kenndaten:

$$m = 10\,\text{kg}, \quad b = 80\,\text{kg/s}, \quad c = 250\,\text{N/m}$$

Wir untersuchen die Bewegung dieses Systems für die *Anfangsbedingungen*

$$x(0) = 0{,}6\,\text{m} \quad \text{und} \quad v(0) = \dot{x}(0) = 0\,\text{m/s}$$

Zunächst berechnen wir den *Dämpfungsfaktor* δ und die *Eigenkreisfrequenz* ω_0 des *ungedämpften* Systems:

$$\left.\begin{array}{l} \delta = \dfrac{b}{2m} = \dfrac{80\,\text{kg} \cdot \text{s}^{-1}}{2 \cdot 10\,\text{kg}} = 4\,\text{s}^{-1} \\[4mm] \omega_0 = \sqrt{\dfrac{c}{m}} = \sqrt{\dfrac{250\,\text{N} \cdot \text{m}^{-1}}{10\,\text{kg}}} = 5\,\text{s}^{-1} \end{array}\right\} \quad \Rightarrow \quad \delta < \omega_0$$

Die *Schwingungsgleichung* lautet somit (ohne Einheiten):

$$\ddot{x} + 8\,\dot{x} + 25\,x = 0$$

Wegen $\delta < \omega_0$ ist das mechanische System nur *schwach gedämpft*, wir erhalten eine *gedämpfte Schwingung* mit der nach Gleichung (IV-182) berechneten *Eigenkreisfrequenz*

$$\omega_d = \sqrt{\omega_0^2 - \delta^2} = \sqrt{25\,\text{s}^{-2} - 16\,\text{s}^{-2}} = \sqrt{9\,\text{s}^{-2}} = 3\,\text{s}^{-1}$$

Sie wird durch die Funktion

$$x(t) = C \cdot e^{-4\,\text{s}^{-1} \cdot t} \cdot \sin(3\,\text{s}^{-1} \cdot t + \varphi_d)$$

beschrieben (*allgemeine* Lösung der Schwingungsgleichung). C und φ_d lassen sich mit Hilfe der Gleichungen (IV-185) wie folgt aus den Anfangsbedingungen bestimmen:

$$C = \frac{\omega_0}{\omega_d} A = \frac{5\,\text{s}^{-1}}{3\,\text{s}^{-1}}\,0{,}6\,\text{m} = 1\,\text{m}$$

$$\varphi_d = \arctan\left(\frac{\omega_d}{\delta}\right) = \arctan\left(\frac{3\,\text{s}^{-1}}{4\,\text{s}^{-1}}\right) = \arctan\left(\frac{3}{4}\right) = 0{,}6435$$

Das System schwingt demnach *gedämpft* nach der *Weg-Zeit-Funktion*

$$x(t) = 1\,\text{m} \cdot e^{-4\,s^{-1} \cdot t} \cdot \sin\left(3\,s^{-1} \cdot t + 0{,}6435\right) \qquad (t \geq 0) \qquad \blacksquare$$

4.1.3.2 Starke Dämpfung (aperiodisches Verhalten, Kriechfall)

Bei *starker* Dämpfung ist $D = \delta^2 - \omega_0^2 > 0$ und somit $\delta > \omega_0$. Die *charakteristische Gleichung* (IV-177) hat dann wegen

$$\sqrt{\delta^2 - \omega_0^2} < \delta \tag{IV-186}$$

zwei verschiedene *negative* Lösungen:

$$\begin{aligned}
\lambda_1 &= -\delta + \sqrt{\delta^2 - \omega_0^2} < 0 \\
\lambda_2 &= -\delta - \sqrt{\delta^2 - \omega_0^2} < 0
\end{aligned} \tag{IV-187}$$

Um die anschließende Diskussion über den Bewegungsablauf zu vereinfachen, setzen wir

$$\lambda_1 = -k_1 \qquad \text{und} \qquad \lambda_2 = -k_2 \tag{IV-188}$$

(k_1 und k_2 sind *positive* Zahlen mit $k_1 \neq k_2$). Die *allgemeine* Lösung der *Schwingungsgleichung* (IV-176) ist dann eine Linearkombination zweier *monoton fallender* Exponentialfunktionen:

$$x(t) = C_1 \cdot e^{-k_1 t} + C_2 \cdot e^{-k_2 t} \qquad (C_1, C_2 \in \mathbb{R}) \tag{IV-189}$$

(siehe hierzu Abschnitt 3.3, 1. Fall, Gleichung (IV-152)).

Interpretation aus physikalischer Sicht

Das mechanische System ist infolge *zu starker* Dämpfung und damit *zu großer Energieverluste* zu *keiner* echten Schwingung mehr fähig und bewegt sich im Laufe der Zeit (d. h. für $t \to \infty$) *asymptotisch* auf die Gleichgewichtslage zu:

$$\lim_{t \to \infty} x(t) = \lim_{t \to \infty} \left[C_1 \cdot e^{-k_1 t} + C_2 \cdot e^{-k_2 t} \right] = 0$$

In der Schwingungslehre wird eine solche Bewegung auch als *Kriechfall* bezeichnet. Der genaue Verlauf der Lösungskurve hängt dabei noch von den *Anfangsbedingungen* ab. In Bild IV-25 sind mögliche Lösungen skizziert.

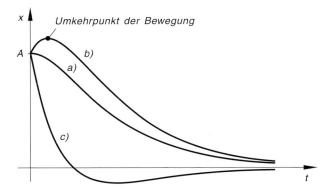

Bild IV-25 Zeitlicher Bewegungsablauf beim Kriechfall für verschiedene Anfangsbedingungen.

Anfangslage: $x(0) = A > 0$

Bewegung zu Beginn:

a) aus der *Ruhe* heraus $(v(0) = v_0 = 0)$,

b) nach *außen* hin, d. h. von der Gleichgewichtslage fort $(v_0 > 0)$,

c) nach *innen* hin, d. h. in Richtung Gleichgewichtslage mit ausreichender Geschwindigkeit $(v_0 < -k_2 A)$

Abschließend untersuchen wir noch zwei *spezielle* Lösungen.

Spezielle Lösungen

(1)   Die Bewegung des Feder-Masse-Schwingers erfolge aus der *Ruhe* heraus, die Auslenkung zu Beginn $(t = 0)$ sei $A > 0$:

$$x(0) = A \qquad \text{und} \qquad v(0) = \dot{x}(0) = 0$$

Wir bestimmen zunächst aus diesen *Anfangswerten* die beiden Konstanten C_1 und C_2 in der allgemeinen Lösung (IV-189):

$$x(0) = A \quad \Rightarrow \quad C_1 + C_2 = A$$

$$\dot{x}(t) = -k_1 C_1 \cdot e^{-k_1 t} - k_2 C_2 \cdot e^{-k_2 t}$$

$$\dot{x}(0) = 0 \quad \Rightarrow \quad -k_1 C_1 - k_2 C_2 = 0$$

Das *lineare Gleichungssystem*

$$C_1 + \quad C_2 = A$$

$$-k_1 C_1 - k_2 C_2 = 0$$

lösen wir z. B. nach der *Cramerschen Regel*. Die Lösung lautet (bitte nachrechnen):

$$C_1 = k_2 \frac{A}{k_2 - k_1}, \qquad C_2 = -k_1 \frac{A}{k_2 - k_1}$$

Damit erhalten wir die *spezielle* Lösung

$$x(t) = \frac{A}{k_2 - k_1}(k_2 \cdot e^{-k_1 t} - k_1 \cdot e^{-k_2 t}) \qquad (t \geq 0)$$

Der in Bild IV-26 dargestellte Verlauf dieser *Kriechfunktion* zeigt, wie sich der Feder-Masse-Schwinger *asymptotisch* der Ruhelage nähert.

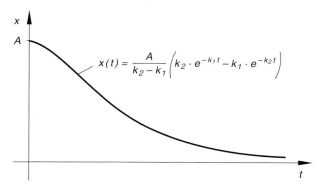

Bild IV-26 Zeitlicher Bewegungsablauf beim Kriechfall für die Anfangswerte
$$x(0) = A > 0, \; v(0) = 0$$

(2)   Die Bewegung des schwingungsfähigen Systems erfolge nun aus der *Gleichgewichtslage* heraus mit einer *Anfangsgeschwindigkeit* $v_0 > 0$. Die Anfangsbedingungen lauten also:

$$x(0) = 0 \qquad \text{und} \qquad v(0) = \dot{x}(0) = v_0$$

Aus diesen *Anfangswerten* erhalten wir für die Konstanten C_1 und C_2 in der *allgemeinen* Lösung (IV-189) das folgende *lineare Gleichungssystem*:

$$x(0) = 0 \quad \Rightarrow \quad C_1 + C_2 = 0$$

$$\dot{x}(t) = -k_1 C_1 \cdot e^{-k_1 t} - k_2 C_2 \cdot e^{-k_2 t}$$

$$\dot{x}(0) = v_0 \quad \Rightarrow \quad -k_1 C_1 - k_2 C_2 = v_0$$

Es wird gelöst durch [10]

$$C_1 = \frac{v_0}{k_2 - k_1}, \qquad C_2 = -\frac{v_0}{k_2 - k_1}$$

Die den Anfangswerten *angepasste* spezielle Lösung lautet damit:

$$x(t) = \frac{v_0}{k_2 - k_1}(e^{-k_1 t} - e^{-k_2 t}) \qquad (t \geq 0)$$

---

[10] Die obere Gleichung mit k_2 multiplizieren und dann zur unteren Gleichung addieren, anschließend nach C_1 auflösen. Aus der oberen Gleichung folgt $C_2 = -C_1$.

Wir entnehmen dabei dem in Bild IV-27 skizzierten Funktionsverlauf, dass sich das System aufgrund der erteilten Anfangsgeschwindigkeit v_0 zunächst aus der Ruhelage heraus bewegt, zum Zeitpunkt t_1 die *größte* Auslenkung erreicht (*Umkehrpunkt* der Bewegung) und schließlich *asymptotisch* in die Gleichgewichtslage zurückkehrt.

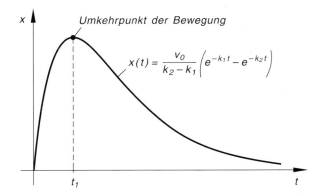

Bild IV-27
Zeitlicher Verlauf
beim Kriechfall für die
Anfangswerte

$x(0) = 0$,

$v(0) = v_0 > 0$

■ **Beispiel**

Wir lösen die *Schwingungsgleichung*

$$\ddot{x} + 6\,\dot{x} + 8{,}75\,x = 0$$

für die Anfangswerte $x(0) = 0$, $\dot{x}(0) = 8$. Die *charakteristische Gleichung* besitzt zwei verschiedene *negative* Lösungen:

$$\lambda^2 + 6\lambda + 8{,}75 = 0 \quad \Rightarrow \quad \lambda_1 = -2{,}5\,, \qquad \lambda_2 = -3{,}5$$

Die *allgemeine* Lösung der Differentialgleichung lautet daher:

$$x(t) = C_1 \cdot e^{-2{,}5\,t} + C_2 \cdot e^{-3{,}5\,t}$$

Die Konstanten C_1 und C_2 werden aus den *Anfangsbedingungen* bestimmt:

$$x(0) = 0 \quad \Rightarrow \quad C_1 + C_2 = 0 \quad \Rightarrow \quad C_2 = -C_1$$

$$\dot{x}(t) = -2{,}5\,C_1 \cdot e^{-2{,}5\,t} - 3{,}5\,C_2 \cdot e^{-3{,}5\,t}$$

$$\dot{x}(0) = 8 \quad \Rightarrow \quad -2{,}5\,C_1 - 3{,}5\,C_2 = 8$$

$$\Rightarrow \quad -2{,}5\,C_1 + 3{,}5\,C_1 = C_1 = 8 \qquad (\text{wegen } C_2 = -C_1)$$

Somit ist $C_1 = 8$ und $C_2 = -C_1 = -8$.

Die gesuchte *partikuläre* Lösung der Schwingungsgleichung lautet damit:

$$x(t) = 8(e^{-2,5t} - e^{-3,5t}) \qquad (t \geq 0)$$

Sie beschreibt die in Bild IV-28 skizzierte *aperiodische Bewegung (Kriechfall)*.

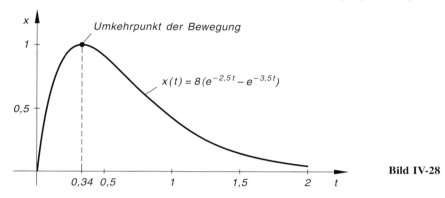

Bild IV-28

4.1.3.3 Aperiodischer Grenzfall

Für $D = \delta^2 - \omega_0^2 = 0$, d. h. $\delta = \omega_0$ erhalten wir den sog. *aperiodischen Grenzfall*, der die *periodischen* Bewegungsabläufe, d. h. die eigentlichen *Schwingungen* von den *aperiodischen* Bewegungsabläufen trennt. Auch im *aperiodischen Grenzfall* ist das schwingungsfähige mechanische System (Feder-Masse-Schwinger) zu *keiner* echten periodischen Bewegung (Schwingung) fähig. Die *charakteristische Gleichung* (IV-177) besitzt jetzt zwei *gleiche* negative Lösungen:

$$\lambda_1 = \lambda_2 = -\delta \tag{IV-190}$$

Die *allgemeine* Lösung der *Schwingungsgleichung* (IV-176) besitzt somit die Form

$$x(t) = (C_1 t + C_2) \cdot e^{-\delta t} \qquad (C_1, C_2 \in \mathbb{R}) \tag{IV-191}$$

(siehe hierzu Abschnitt 3.3, 2. Fall, Gleichung (IV-153)).

Interpretation aus physikalischer Sicht

Das schwingungsfähige mechanische System verhält sich ähnlich wie im *Kriechfall* (*starke Dämpfung*: $\delta > \omega_0$): Es bewegt sich *aperiodisch* aus der Anfangslage heraus auf die Gleichgewichtslage zu und erreicht diese im Laufe der Zeit (d. h. für $t \to \infty$):

$$\lim_{t \to \infty} x(t) = \lim_{t \to \infty} (C_1 t + C_2) \cdot e^{-\delta t} = 0$$

Bild IV-29 zeigt mögliche Bewegungsabläufe im *aperiodischen Grenzfall* für verschiedene Anfangswerte.

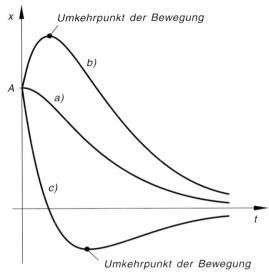

Bild IV-29
Zeitlicher Verlauf beim aperiodischen
Grenzfall für verschiedene
Anfangsbedingungen.

Anfangslage: $x(0) = A > 0$

Bewegung zu Beginn:

a) aus der *Ruhe* heraus $(v(0) = v_0 = 0)$,

b) nach *außen* hin, d. h. von der Gleichgewichtslage fort $(v_0 > 0)$,

c) nach *innen* hin, d. h. in Richtung der
   Gleichgewichtslage mit ausreichender
   Geschwindigkeit $(v_0 < -\delta A)$

Spezielle Lösungen

(1) Zunächst erfolge die Bewegung des Systems (Feder-Masse-Schwinger) aus der *Ru-he* heraus, die Auslenkung zu Beginn $(t = 0)$ sei $A > 0$:

$$x(0) = A \qquad \text{und} \qquad v(0) = \dot{x}(0) = 0$$

Die Konstanten C_1 und C_2 in der *allgemeinen* Lösung (IV-191) lassen sich aus diesen *Anfangsbedingungen* wie folgt berechnen:

$$x(0) = A \quad \Rightarrow \quad C_2 = A$$

$$\dot{x}(t) = C_1 \cdot e^{-\delta t} + (C_1 t + C_2)(-\delta) \cdot e^{-\delta t} =$$

$$= (-\delta C_1 t + C_1 - \delta C_2) \cdot e^{-\delta t}$$

$$\dot{x}(0) = 0 \quad \Rightarrow \quad C_1 - \delta C_2 = 0 \quad \Rightarrow \quad C_1 = \delta C_2 = \delta A$$

Die *spezielle* Lösung hat somit die Gestalt

$$x(t) = (\delta A t + A) \cdot e^{-\delta t} = A(\delta t + 1) \cdot e^{-\delta t} \qquad (t \geq 0)$$

Das System bewegt sich *aperiodisch* auf die Ruhelage zu (Bild IV-30).

(2) Wir stoßen das in der *Gleichgewichtslage* befindliche schwingungsfähige System zum Zeitpunkt $t = 0$ kurz an, erteilen ihm somit eine *Anfangsgeschwindigkeit* $v_0 > 0$. Die *Anfangsbedingungen* lauten jetzt:

$$x(0) = 0 \qquad \text{und} \qquad v(0) = \dot{x}(0) = v_0$$

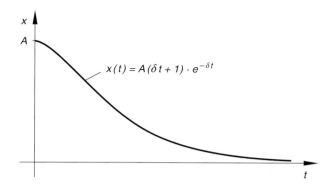

Bild IV-30 Zeitlicher Bewegungsablauf beim aperiodischen Grenzfall für die Anfangswerte
$$x(0) = A > 0, \; v(0) = 0$$

Sie führen zu den folgenden *Bestimmungsgleichungen* für die Parameter C_1 und C_2 in der *allgemeinen* Lösung (IV-191):

$$x(0) = 0 \quad \Rightarrow \quad C_2 = 0$$

$$\dot{x}(0) = v_0 \quad \Rightarrow \quad C_1 - \delta C_2 = C_1 - \delta 0 = v_0 \quad \Rightarrow \quad C_1 = v_0$$

Der *aperiodische Grenzfall* wird daher unter den genannten Anfangsbedingungen durch das *Weg-Zeit-Gesetz*

$$x(t) = v_0 t \cdot \mathrm{e}^{-\delta t} \qquad (t \geq 0)$$

beschrieben. Diese Funktion hat zur Zeit $t_1 = 0$ ihren *einzigen* Nulldurchgang und erreicht zur Zeit $t_2 = 1/\delta$ ihr (relatives und zugleich absolutes) *Maximum* (Bild IV-31). Mit anderen Worten: Die Masse bewegt sich zunächst aufgrund der Anfangsgeschwindigkeit v_0 aus der Ruhelage heraus, erreicht zur Zeit $t_2 = 1/\delta$ ihren *Umkehrpunkt* und nähert sich dann *asymptotisch* der Gleichgewichtslage.

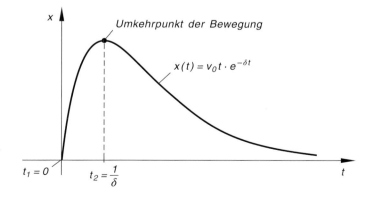

Bild IV-31 Zeitlicher Bewegungsablauf beim aperiodischen Grenzfall für die Anfangswerte
$$x(0) = 0, \; v(0) = v_0 > 0$$

■ Beispiel

Wir betrachten ein *schwingungsfähiges mechanisches System* mit der Federkonstanten $c = 200\,\text{N/m}$ und der Dämpferkonstante $b = 60\,\text{kg/s}$. Wie groß muss die schwingende Masse m sein, damit der *aperiodische Grenzfall* eintritt?

Lösung:

Der *aperiodische Grenzfall* tritt für $\delta = \omega_0$, d. h.

$$\frac{b}{2m} = \sqrt{\frac{c}{m}} \qquad \text{und somit} \qquad \frac{b^2}{4m^2} = \frac{c}{m}$$

ein. Wir lösen diese Beziehung nach m auf und erhalten:

$$m = \frac{b^2}{4c} = \frac{(60\,\text{kg} \cdot \text{s}^{-1})^2}{4 \cdot 200\,\text{N} \cdot \text{m}^{-1}} = 4{,}5\,\text{kg}$$

Zu *echten* Schwingungen ist das System demnach nur fähig, wenn die schwingende Masse den Wert 4,5 kg *übersteigt*. Für Massen *kleiner* als 4,5 kg bewegt sich das System *aperiodisch*. Der *aperiodische Grenzfall* wird bei einer Masse von 4,5 kg erreicht. ■

4.1.3.4 Zusammenfassung

Bei einer *freien gedämpften* Schwingung sind – je nach Stärke der Dämpfung – *drei verschiedene Schwingungstypen* möglich.

Freie gedämpfte Schwingung eines mechanischen Systems

Die Differentialgleichung der *freien gedämpften* Schwingung lautet:

$$m\ddot{x} + b\dot{x} + cx = 0 \qquad \text{oder} \qquad \ddot{x} + 2\delta\dot{x} + \omega_0^2 x = 0 \qquad \text{(IV-192)}$$

$$\delta = \frac{b}{2m}, \qquad \omega_0 = \sqrt{\frac{c}{m}} \qquad\qquad\qquad \text{(IV-193)}$$

Dabei bedeuten:

m: Masse

b: Dämpferkonstante

c: Federkonstante

δ: Dämpfungsfaktor oder Abklingkonstante

ω_0: Eigen- oder Kennkreisfrequenz des ungedämpften Systems

Allgemeine Lösung der Schwingungsgleichung

Wir unterscheiden *drei* verschiedene Schwingungstypen:

1. **Gedämpfte Schwingung bei schwacher Dämpfung (sog. Schwingungsfall, $\delta < \omega_0$; Bild IV-24)**

   Die charakteristische Gleichung hat die konjugiert komplexen Lösungen $\lambda_{1/2} = -\delta \pm j\omega_d$.

   $$x(t) = e^{-\delta t}\,[C_1 \cdot \sin(\omega_d t) + C_2 \cdot \cos(\omega_d t)] \qquad\qquad \text{(IV-194)}$$

   oder

   $$x(t) = C \cdot e^{-\delta t} \cdot \sin(\omega_d t + \varphi_d) \qquad\qquad \text{(IV-195)}$$

   mit $C_1, C_2 \in \mathbb{R}$ bzw. $C > 0$ und $0 \le \varphi_d < 2\pi$.

   $\omega_d = \sqrt{\omega_0^2 - \delta^2}$: Eigenkreisfrequenz des gedämpften Systems

2. **Aperiodischer Grenzfall ($\delta = \omega_0$; Bild IV-29)**

   Die charakteristische Gleichung hat die doppelte reelle Lösung $\lambda_{1/2} = -\delta$.

   $$x(t) = (C_1 t + C_2) \cdot e^{-\delta t} \qquad (C_1, C_2 \in \mathbb{R}) \qquad\qquad \text{(IV-196)}$$

3. **Aperiodisches Verhalten bei starker Dämpfung (sog. Kriechfall, $\delta > \omega_0$; Bild IV-25)**

   Die charakteristische Gleichung hat zwei verschiedene reelle (negative) Lösungen $\lambda_1 = -k_1$ und $\lambda_2 = -k_2$.

   $$x(t) = C_1 \cdot e^{-k_1 t} + C_2 \cdot e^{-k_2 t} \qquad (C_1, C_2 \in \mathbb{R}) \qquad\qquad \text{(IV-197)}$$

4.1.4 Erzwungene Schwingung

Auf ein *gedämpftes* schwingungsfähiges mechanisches System wirke von außen die zeitabhängige *periodische* Kraft

$$F(t) = F_0 \cdot \sin(\omega t) \qquad (\text{mit } F_0 > 0 \text{ und } \omega > 0) \qquad\qquad \text{(IV-198)}$$

ein (ω: Kreisfrequenz des *Erregers*). Die *Schwingungsgleichung* lautet dann

$$m\ddot{x} + b\dot{x} + cx = F_0 \cdot \sin(\omega t) \qquad\qquad \text{(IV-199)}$$

oder mit den üblichen Abkürzungen $\delta = b/(2m)$, $\omega_0^2 = c/m$ und $K_0 = F_0/m$:

$$\ddot{x} + 2\delta\dot{x} + \omega_0^2 x = K_0 \cdot \sin(\omega t) \qquad\qquad \text{(IV-200)}$$

Wir beschränken uns zunächst auf die *allgemeine* Lösung der Schwingungsgleichung (IV-200) für ein *schwach gedämpftes* System ($\delta < \omega_0$).

Lösung der homogenen Schwingungsgleichung

Die zugehörige *homogene* Differentialgleichung

$$\ddot{x} + 2\delta\dot{x} + \omega_0^2 x = 0 \tag{IV-201}$$

wird bei (vorausgesetzter) *schwacher Dämpfung* (d. h. $\delta < \omega_0$) nach den Ergebnissen aus Abschnitt 4.1.3.1 bzw. 4.1.3.4 durch die Funktion

$$x_0 = C \cdot e^{-\delta t} \cdot \sin\left(\omega_d t + \varphi_d\right) \tag{IV-202}$$

gelöst. Sie beschreibt eine *gedämpfte Schwingung* mit der Eigenkreisfrequenz

$$\omega_d = \sqrt{\omega_0^2 - \delta^2} \tag{IV-203}$$

Lösung der inhomogenen Schwingungsgleichung

Eine *partikuläre* Lösung der *inhomogenen* Schwingungsgleichung (IV-200) können wir nach Tabelle 2 (aus Abschnitt 3.4) sowohl durch den *reellen* Lösungsansatz

$$x_p = A \cdot \sin\left(\omega t - \varphi\right) \tag{IV-204}$$

als auch durch den *komplexen* Lösungsansatz

$$\underline{x}_p = A \cdot e^{j(\omega t - \varphi)} = A\left[\cos\left(\omega t - \varphi\right) + j \cdot \sin\left(\omega t - \varphi\right)\right] \tag{IV-205}$$

gewinnen [11]. Wir entscheiden uns hier für den (bequemeren) *komplexen* Ansatz, um einmal die Brauchbarkeit dieser Lösungsmethode zu zeigen. Bei *komplexer* Rechnung muss allerdings auch die äußere Kraft $F(t) = F_0 \cdot \sin\left(\omega t\right)$ in *komplexer* Form dargestellt werden:

$$\underline{F}(t) = F_0 \cdot e^{j\omega t} = F_0\left[\cos\left(\omega t\right) + j \cdot \sin\left(\omega t\right)\right] \tag{IV-206}$$

Es ist somit

$$x_p = \mathrm{Im}\left(\underline{x}_p\right) = \mathrm{Im}\left[A \cdot e^{j(\omega t - \varphi)}\right] = A \cdot \sin\left(\omega t - \varphi\right) \tag{IV-207}$$

$$F(t) = \mathrm{Im}\left(\underline{F}(t)\right) = \mathrm{Im}\left[F_0 \cdot e^{j\omega t}\right] = F_0 \cdot \sin\left(\omega t\right) \tag{IV-208}$$

Die *Schwingungsgleichung* lautet dann in *komplexer* Schreibweise:

$$\underline{\ddot{x}} + 2\delta\underline{\dot{x}} + \omega_0^2\underline{x} = K_0 \cdot e^{j\omega t} \tag{IV-209}$$

Mit

$$\underline{x}_p = A \cdot e^{j(\omega t - \varphi)} = A \cdot e^{j\omega t} \cdot e^{-j\varphi}$$

$$\underline{\dot{x}}_p = j\omega A \cdot e^{j(\omega t - \varphi)} = j\omega A \cdot e^{j\omega t} \cdot e^{-j\varphi} \tag{IV-210}$$

$$\underline{\ddot{x}}_p = j^2\omega^2 A \cdot e^{j(\omega t - \varphi)} = -\omega^2 A \cdot e^{j(\omega t - \varphi)} = -\omega^2 A \cdot e^{j\omega t} \cdot e^{-j\varphi}$$

---

[11] Bei *komplexer* Rechnung ist es in diesem Fall günstiger, das Argument in der Form $\omega t - \varphi$ anzusetzen (anstatt von $\omega t + \varphi$ wie bisher). *Komplexe* Funktionen kennzeichnen wir dabei durch Unterstreichen.

gehen wir in diese Gleichung ein und erhalten

$$-\omega^2 A \cdot e^{j\omega t} \cdot e^{-j\varphi} + j2\delta\omega A \cdot e^{j\omega t} \cdot e^{-j\varphi} + \omega_0^2 A \cdot e^{j\omega t} \cdot e^{-j\varphi} = K_0 \cdot e^{j\omega t}$$

Wir *dividieren* diese Gleichung zunächst durch $A \cdot e^{j\omega t} \neq 0$ und *multiplizieren* sie anschließend mit $e^{j\varphi}$:

$$-\omega^2 \cdot e^{-j\varphi} + j2\delta\omega \cdot e^{-j\varphi} + \omega_0^2 \cdot e^{-j\varphi} = \frac{K_0}{A} \,\bigg|\, \cdot e^{j\varphi} \quad \Rightarrow$$

$$-\omega^2 + j2\delta\omega + \omega_0^2 = \frac{K_0}{A} \cdot e^{j\varphi} \quad \Rightarrow$$

$$(\omega_0^2 - \omega^2) + j(2\delta\omega) = \frac{K_0}{A} \cdot e^{j\varphi} \qquad\qquad\qquad (\text{IV-211})$$

Diese Gleichung interpretieren wir wie folgt: Auf der *linken* Seite steht eine *komplexe* Zahl in *algebraischer* Form mit dem Realteil $\omega_0^2 - \omega^2$ und dem Imaginärteil $2\delta\omega$, *rechts* steht *dieselbe* komplexe Zahl in *exponentieller* Form mit dem Betrag K_0/A und dem Argument (Winkel) φ (Bild IV-32; gezeichnet für $\omega_0^2 - \omega^2 > 0$).

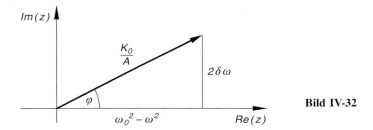

Bild IV-32

Zwischen den beiden Darstellungsformen bestehen dann nach Bild IV-32 die folgenden Beziehungen:

$$\left(\frac{K_0}{A}\right)^2 = (\omega_0^2 - \omega^2)^2 + 4\delta^2\omega^2 \qquad (\text{Satz des Pythagoras}) \qquad (\text{IV-212})$$

$$\tan\varphi = \frac{2\delta\omega}{\omega_0^2 - \omega^2} \qquad\qquad\qquad\qquad\qquad\qquad\qquad (\text{IV-213})$$

Aus ihnen können *Amplitude* A und *Phasenwinkel* φ bestimmt werden. Für die *Amplitude* erhalten wir aus Gleichung (IV-212) den Ausdruck

$$A = \frac{K_0}{\sqrt{(\omega_0^2 - \omega^2)^2 + 4\delta^2\omega^2}} = \frac{F_0}{m\sqrt{(\omega_0^2 - \omega^2)^2 + 4\delta^2\omega^2}} \qquad (\text{IV-214})$$

Der *Phasenwinkel* φ wird aus Gleichung (IV-213) ermittelt, wobei die Fälle $\omega < \omega_0$, $\omega = \omega_0$ und $\omega > \omega_0$ zu unterscheiden sind (Bild IV-33).

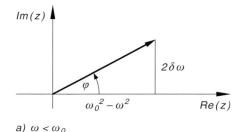

a) $\omega < \omega_0$

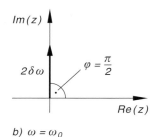

b) $\omega = \omega_0$

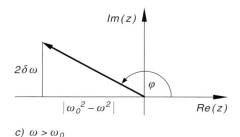

c) $\omega > \omega_0$

Bild IV-33

a) $\omega < \omega_0$

b) $\omega = \omega_0$

c) $\omega > \omega_0$

Anhand dieser Bilder erhalten wir für den Phasenwinkel φ die folgenden Ausdrücke:

$$\varphi = \begin{cases} \arctan\left(\dfrac{2\,\delta\,\omega}{\omega_0^2 - \omega^2}\right) & & \omega < \omega_0 \quad (\text{Bild IV-33, a)}) \\[2mm] \dfrac{\pi}{2} & \text{für} & \omega = \omega_0 \quad (\text{Bild IV-33, b)}) \\[2mm] \arctan\left(\dfrac{2\,\delta\,\omega}{\omega_0^2 - \omega^2}\right) + \pi & & \omega > \omega_0 \quad (\text{Bild IV-33, c)}) \end{cases} \qquad (\text{IV-215})$$

Die *partikuläre* Lösung der *inhomogenen* Schwingungsgleichung lautet damit in *komplexer* Form

$$\underline{x}_p = A \cdot e^{j(\omega t - \varphi)} \tag{IV-216}$$

wobei A und φ aus den Beziehungen (IV-214) und (IV-215) berechnet werden. Die gesuchte *reelle* partikuläre Lösung x_p ist dann der *Imaginärteil* der *komplexen* partikulären Lösung $\underline{x}_p$:

$$x_p = \text{Im}\,(\underline{x}_p) = \text{Im}\,(A \cdot e^{j(\omega t - \varphi)}) = A \cdot \sin(\omega t - \varphi) \tag{IV-217}$$

Die Schwingungsgleichung (IV-200) besitzt daher (bei angenommener *schwacher Dämpfung*) die folgende *allgemeine* Lösung:

$$x(t) = x_0 + x_p = C \cdot e^{-\delta t} \cdot \sin(\omega_d t + \varphi_d) + A \cdot \sin(\omega t - \varphi) \tag{IV-218}$$

Interpretation aus physikalischer Sicht

Die Bewegung des nur *schwach gedämpften* mechanischen Systems (Feder-Masse-Schwinger) setzt sich aus *zwei* verschiedenen Schwingungstypen zusammen, die sich *ungestört* überlagern:

1. Die *homogene* Schwingungsgleichung $\ddot{x} + 2\,\delta\,\dot{x} + \omega_0^2 x = 0$ liefert den Beitrag

$$x_0(t) = C \cdot e^{-\delta t} \cdot \sin(\omega_d t + \varphi_d) \qquad\qquad \text{(IV-219)}$$

Er beschreibt eine *gedämpfte Schwingung* mit der Eigenkreisfrequenz $\omega_d = \sqrt{\omega_0^2 - \delta^2}$, die aber nach einer gewissen Zeit, der sog. Einschwingphase, *nahezu verschwindet* (Bild IV-34). Man bezeichnet diese Schwingungskomponente daher auch als *flüchtigen* Bestandteil.

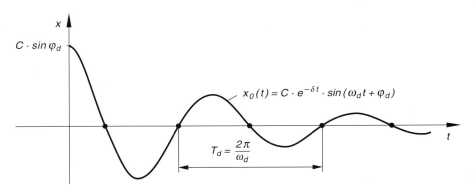

Bild IV-34 „Flüchtiger" Beitrag der homogenen Schwingungsgleichung zur Gesamtlösung (gedämpfte Schwingung)

2. Der Beitrag der *inhomogenen* Schwingungsgleichung $\ddot{x} + 2\,\delta\,\dot{x} + \omega_0^2 x = K_0 \cdot \sin(\omega t)$ zur Gesamtschwingung besteht aus der *partikulären* Lösung

$$x_p(t) = A \cdot \sin(\omega t - \varphi) \qquad\qquad \text{(IV-220)}$$

und beschreibt eine *ungedämpfte Schwingung* mit der Kreisfrequenz ω des *Erregers*. Mit anderen Worten: Das schwingungsfähige mechanische System wird durch die *periodische* äußere Kraft $F(t) = F_0 \cdot \sin(\omega t)$ zu einer *harmonischen Schwingung* erregt oder „gezwungen" (Bild IV-35). Einen solchen Schwingungsvorgang bezeichnet man daher als *erzwungene Schwingung*.

Nach der Einschwingphase ist der *flüchtige* Anteil $x_0(t)$ nahezu *verschwunden* ($x_0(t) \approx 0$ für großes t) und die Gesamtschwingung $x(t)$ besteht nur noch aus der *stationären* Lösung $x_p(t)$:

$$x(t) = x_0(t) + x_p(t) \approx x_p(t) = A \cdot \sin(\omega t - \varphi) \qquad\qquad \text{(IV-221)}$$

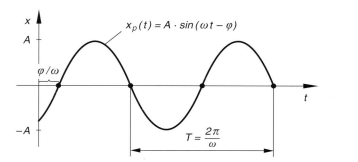

Bild IV-35
„Stationärer" Beitrag
der inhomogenen
Schwingungsgleichung
zur Gesamtlösung
(erzwungene Schwingung)

Das mechanische System schwingt jetzt *ungedämpft* mit der Kreisfrequenz ω des Erregers. Schwingungsamplitude A und Phasenverschiebung[12] φ sind dabei noch *frequenzabhängige* Größen: $A = A(\omega)$ und $\varphi = \varphi(\omega)$. In den physikalisch-technischen Anwendungen bezeichnet man die Abhängigkeit der Größen A und φ von der Erregerkreisfrequenz ω als *Frequenzgang*.

Frequenzgang der Amplitude

Wir diskutieren zunächst den *Frequenzgang der Amplitude*. Nach Gleichung (IV-214) gilt dabei:

$$A(\omega) = \frac{F_0}{m \sqrt{(\omega_0^2 - \omega^2)^2 + 4\delta^2 \omega^2}} \qquad \text{(IV-222)}$$

Diese Funktion, auch *Resonanzfunktion* genannt, hat im *statischen* Fall $(\omega = 0)$ den Wert

$$A(\omega = 0) = \frac{F_0}{m\omega_0^2} = \frac{F_0}{c} \qquad \text{(IV-223)}$$

Sie besitzt außerdem ein *Maximum* und zwar dort, wo der im Nenner unter der Wurzel stehende Term (Radikand der Wurzel)

$$T(\omega) = (\omega_0^2 - \omega^2)^2 + 4\delta^2 \omega^2 \qquad \text{(IV-224)}$$

seinen *kleinsten* Wert annimmt. Mit den Hilfsmitteln der Differentialrechnung bestimmen wir nun das *Minimum* dieser Zielfunktion $T(\omega)$. Zunächst bilden wir die benötigten *Ableitungen* (mit Hilfe von *Ketten-* und *Produktregel*):

$$T'(\omega) = 2(\omega_0^2 - \omega^2)(-2\omega) + 8\delta^2 \omega = -4\omega(\omega_0^2 - \omega^2) + 8\delta^2 \omega =$$

$$= 4\omega(\omega^2 - \omega_0^2 + 2\delta^2) \qquad \text{(IV-225)}$$

$$T''(\omega) = 4(\omega^2 - \omega_0^2 + 2\delta^2) + 4\omega \cdot 2\omega =$$

$$= 4(\omega^2 - \omega_0^2 + 2\delta^2 + 2\omega^2) = 4(3\omega^2 - \omega_0^2 + 2\delta^2) \qquad \text{(IV-226)}$$

---

[12] φ ist die *Phasenverschiebung* zwischen dem Erregersystem und der stationären Lösung $x_p(t)$.

Aus der *notwendigen* Bedingung $T'(\omega) = 0$ folgt dann [13]:

$$4\,\omega\,(\omega^2 - \omega_0^2 + 2\,\delta^2) = 0\,|:\omega \;\;\Rightarrow\;\; \omega^2 - \omega_0^2 + 2\,\delta^2 = 0 \;\;\Rightarrow$$

$$\omega^2 = \omega_0^2 - 2\,\delta^2 \;\;\Rightarrow\;\; \omega_r = \sqrt{\omega_0^2 - 2\,\delta^2} \tag{IV-227}$$

(Voraussetzung: $\omega_0^2 > 2\,\delta^2$). Diesen Wert setzen wir in die 2. Ableitung ein und erhalten:

$$T''(\omega = \omega_r) = 4\,[\,3\,(\omega_0^2 - 2\,\delta^2) - \omega_0^2 + 2\,\delta^2\,] =$$

$$= 4\,[\,3\,\omega_0^2 - 6\,\delta^2 - \omega_0^2 + 2\,\delta^2\,] = 4\,(2\,\omega_0^2 - 4\,\delta^2) =$$

$$= 8\,(\omega_0^2 - 2\,\delta^2) > 0 \tag{IV-228}$$

An der Stelle $\omega = \omega_r$ liegt demnach das *Minimum* der Zielfunktion $T(\omega)$ und damit zugleich das *Maximum* der *Amplituden-* oder *Resonanzfunktion* $A(\omega)$. Die Kreisfrequenz ω_r heißt *Resonanzkreisfrequenz*. Sie ist (bei *vorhandener* Dämpfung) stets *kleiner* als ω_d und ω_0:

$$\omega_r = \sqrt{\omega_0^2 - 2\,\delta^2} < \omega_d = \sqrt{\omega_0^2 - \delta^2} < \omega_0 \tag{IV-229}$$

Das mechanische System schwingt also mit *größtmöglicher* Amplitude, wenn die Erregerkreisfrequenz ω mit der Resonanzkreisfrequenz ω_r übereinstimmt: $\omega = \omega_r$. Diesen Sonderfall bezeichnet man als *Resonanzfall*. Die Schwingungsamplitude beträgt dann:

$$A_{\max} = A(\omega = \omega_r) = \frac{F_0}{2\,m\,\delta \cdot \sqrt{\omega_0^2 - \delta^2}} = \frac{F_0}{2\,m\,\delta\,\omega_d} \tag{IV-230}$$

Mit zunehmender Erregerkreisfrequenz ω nimmt die Schwingungsamplitude A dann wieder *ab* und strebt für $\omega \to \infty$ gegen den Wert 0. Das System ist dann *nicht* mehr in der Lage, den raschen Änderungen der äußeren Kraft zu folgen. Bild IV-36 zeigt den Verlauf der *Amplituden-* oder *Resonanzfunktion* $A = A(\omega)$. Man bezeichnet diese Kurve daher auch als *Resonanzkurve*.

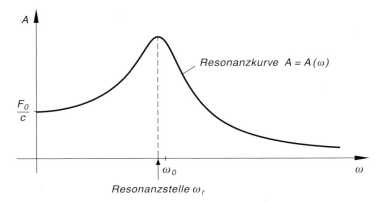

Bild IV-36
Frequenzgang
der Schwingungs-
amplitude bei einer
erzwungenen
Schwingung
(Resonanzkurve)

---

[13] Es kommen für ω nur *positive* Werte infrage.

Frequenzgang der Phasenverschiebung

Wir beschäftigen uns jetzt mit der *Frequenzabhängigkeit der Phasenverschiebung* φ. Aus der Beziehung (IV-220) folgt zunächst, dass die *erzwungene* Schwingung stets der Erregerschwingung um den Phasenwinkel φ *hinterher* eilt, wobei φ zwischen 0 und π liegt. Wir erhalten den in Bild IV-37 skizzierten typischen Kurvenverlauf für den Frequenzgang $\varphi = \varphi(\omega)$. Im *statischen* Fall ($\omega = 0$) ist $\varphi = 0$, für $\omega = \omega_0$ ist $\varphi = \pi/2$. Bei *hohen* Kreisfrequenzen ($\omega \to \infty$) schwingen Erreger und System (Feder-Masse-Schwinger) nahezu *im Gegentakt* ($\varphi \to \pi$).

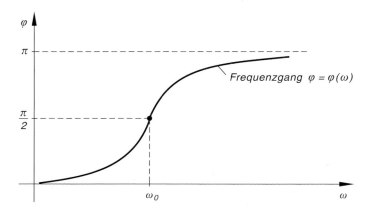

Bild IV-37
Frequenzgang der Phasenverschiebung bei einer erzwungenen Schwingung

Wir fassen diese wichtigen Aussagen wie folgt zusammen:

Erzwungene Schwingung eines mechanischen Systems

Die Differentialgleichung der *erzwungenen* Schwingung lautet bei *äußerer* Erregung durch die *periodische* Kraft $F(t) = F_0 \cdot \sin(\omega t)$ wie folgt:

$$m\ddot{x} + b\dot{x} + cx = F_0 \cdot \sin(\omega t) \qquad \text{(IV-231)}$$

oder

$$\ddot{x} + 2\delta\dot{x} + \omega_0^2 x = K_0 \cdot \sin(\omega t) \qquad \text{(IV-232)}$$

mit

$$\delta = \frac{b}{2m}, \qquad \omega_0 = \sqrt{\frac{c}{m}}, \qquad K_0 = \frac{F_0}{m} \qquad \text{(IV-233)}$$

Dabei bedeuten:

m: Masse

b: Dämpferkonstante

c: Federkonstante

ω: Kreisfrequenz des Erregersystems

δ: Dämpfungsfaktor oder Abklingkonstante

ω_0: Eigen- oder Kennkreisfrequenz des ungedämpften Systems

Stationäre Lösung der Schwingungsgleichung

Nach einer gewissen *Einschwingphase* schwingt dann das mechanische System *harmonisch* mit der Kreisfrequenz ω des Erregers nach der Gleichung

$$x(t) = A \cdot \sin(\omega t - \varphi) \qquad (t \geq 0) \tag{IV-234}$$

(erzwungene Schwingung). Schwingungsamplitude A und Phasenverschiebung φ (gegenüber dem Erregersystem) sind dabei noch *frequenzabhängig* (sog. *Frequenzgang*).

Frequenzgang der Amplitude (Resonanzkurve nach Bild IV-36)

$$A(\omega) = \frac{F_0}{m\sqrt{(\omega_0^2 - \omega^2)^2 + 4\delta^2\omega^2}} \qquad (\omega \geq 0) \tag{IV-235}$$

Frequenzgang der Phasenverschiebung (Bild IV-37)

$$\varphi(\omega) = \begin{cases} \arctan\left(\dfrac{2\delta\omega}{\omega_0^2 - \omega^2}\right) & \omega < \omega_0 \\[2mm] \dfrac{\pi}{2} & \text{für} \quad \omega = \omega_0 \\[2mm] \arctan\left(\dfrac{2\delta\omega}{\omega_0^2 - \omega^2}\right) + \pi & \omega > \omega_0 \end{cases} \tag{IV-236}$$

Resonanzfall

Der Resonanzfall tritt ein bei der *Resonanzkreisfrequenz*

$$\omega_r = \sqrt{\omega_0^2 - 2\delta^2} \,. \tag{IV-237}$$

Das mechanische System schwingt dann mit der *größtmöglichen* Amplitude (siehe hierzu Bild IV-36).

Anmerkungen

(1)   Bei *fehlender* Dämpfung $(b = 0$ und somit auch $\delta = 0)$ ist $\omega_r = \omega_0$. Der *Resonanzfall* tritt jetzt ein, wenn die Kreisfrequenz ω des Erregers mit der *Eigenkreisfrequenz* ω_0 des (ungedämpften) mechanischen Systems übereinstimmt, d. h. also $\omega = \omega_r = \omega_0$ gilt. Die *Amplitudenfunktion* wird durch die Gleichung

$$A(\omega) = \frac{F_0}{m\,|\omega_0^2 - \omega^2|} \qquad (\omega \geq 0) \tag{IV-238}$$

beschrieben. Der Verlauf der *Resonanzkurve* ist in Bild IV-38 dargestellt. Im Resonanzfall kommt es dabei zur sog. *Resonanzkatastrophe*: Das mechanische System
schwingt jetzt mit *beliebig großer* Amplitude, es kommt zur *Zerstörung* des Systems (die Amplitudenfunktion $A(\omega)$ hat bei ω_0 eine Polstelle ohne Vorzeichenwechsel).

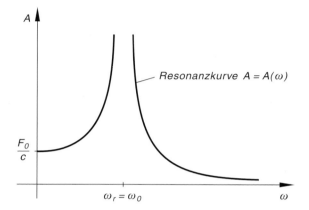

Bild IV-38
Resonanzkurve bei
fehlender Dämpfung

(2) Die Ergebnisse lassen sich auch auf *stark gedämpfte* Systeme übertragen. Nach
den Ausführungen im vorherigen Abschnitt *verschwinden* nämlich die Lösungen
der *homogenen* Schwingungsgleichung im Laufe der Zeit. Die *partikuläre* Lösung
der *inhomogenen* Differentialgleichung führt für alle drei Schwingungstypen zur
erzwungenen Schwingung (IV-234). Man beachte jedoch, dass die Resonanzkurven
mit zunehmender Dämpfung *flacher* werden und dass sich ihr *Maximum* (Resonanzfall) nach *links*, d. h. in den Bereich *kleinerer* Kreisfrequenzen verschiebt (Bild
IV-39). Für $\delta \geq \omega_0/\sqrt{2}$ besitzt die Resonanzkurve überhaupt kein Maximum
mehr!

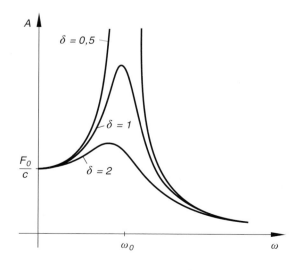

Bild IV-39
Verlauf der Resonanzkurve
für verschiedene
Dämpfungsgrade

4.2 Elektrische Schwingungen

4.2.1 Schwingungsgleichung eines elektrischen Reihenschwingkreises

Ein *elektrischer Reihenschwingkreis* besteht nach Bild IV-40 aus einem ohmschen Widerstand R, einem Kondensator mit der Kapazität C und einer Spule mit der Induktivität L in Reihenschaltung.

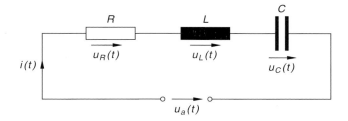

Bild IV-40
Elektrischer
Reihenschwingkreis

Wir führen noch die folgenden *zeitabhängigen* Größen ein:

$u_a = u_a(t)$: Von außen angelegte Spannung

$u_R = u_R(t)$: Spannungsabfall am ohmschen Widerstand

$u_L = u_L(t)$: Spannungsabfall an der Spule (Induktivität)

$u_C = u_C(t)$: Spannungsabfall am Kondensator

$q = q(t)$: Ladung des Kondensators

$i = i(t)$: Im Reihenschwingkreis fließender Strom

Nach dem *2. Kirchhoffschen Gesetz (Maschenregel)*[14] gilt dann:

$$u_L + u_R + u_C - u_a = 0 \qquad \text{oder} \qquad u_L + u_R + u_C = u_a \qquad \text{(IV-239)}$$

Für die Teilspannungen u_L, u_R und u_C gelten dabei folgende Beziehungen:

$$\left. \begin{array}{ll} u_L = L\,\dfrac{di}{dt} & \text{(Induktionsgesetz)} \\[2mm] u_R = R\,i & \text{(Ohmsches Gesetz)} \\[2mm] u_C = \dfrac{1}{C}\,q & \text{(Kondensatorgleichung)} \end{array} \right\} \qquad \text{(IV-240)}$$

Gleichung (IV-239) geht dann über in

$$L\,\frac{di}{dt} + R\,i + \frac{1}{C}\,q = u_a \qquad \text{(IV-241)}$$

---

[14] *Maschenregel:* In jeder *Masche* ist die Summe der Spannungen gleich *null*.

Wir differenzieren diese Gleichung noch nach der Zeit t und berücksichtigen, dass definitionsgemäß $i = \dfrac{dq}{dt}$ ist:

$$L \frac{d^2 i}{dt^2} + R \frac{di}{dt} + \frac{1}{C} i = \frac{du_a}{dt} \qquad\qquad\qquad \text{(IV-242)}$$

Vor uns liegt jetzt eine *inhomogene lineare Differentialgleichung 2. Ordnung mit konstanten Koeffizienten* für die Stromstärke $i = i(t)$. Sie beschreibt die *elektrische Schwingung* in einem Reihenschwingkreis und wird daher als *Schwingungsgleichung eines Reihenschwingkreises* bezeichnet. Diese Differentialgleichung lässt sich auch in der Form

$$\frac{d^2 i}{dt^2} + 2\,\delta \frac{di}{dt} + \omega_0^2 \, i = \frac{1}{L} \cdot \frac{du_a}{dt} \qquad\qquad\qquad \text{(IV-243)}$$

darstellen. Dabei ist

$$\delta = \frac{R}{2L} \qquad \text{und} \qquad \omega_0 = \frac{1}{\sqrt{LC}} \qquad\qquad\qquad \text{(IV-244)}$$

Die Bezeichnungen für diese Größen sind die gleichen wie bei einem *mechanischen Schwingkreis*:

> δ: *Dämpfungsfaktor* oder *Abklingkonstante*
>
> ω_0: *Eigen-* oder *Kennkreisfrequenz*

Ein direkter Vergleich mit der *mechanischen Schwingungsgleichung* [15]

$$\ddot{x} + 2\,\delta\,\dot{x} + \omega_0^2 x = \frac{F(t)}{m} \qquad\qquad\qquad \text{(IV-245)}$$

zeigt, dass die Differentialgleichung des *elektrischen* Reihenschwingkreises vom *gleichen* Typ ist. In beiden Fällen wird die Schwingung durch eine *inhomogene lineare* Differentialgleichung *2. Ordnung* mit *konstanten* Koeffizienten vom allgemeinen Typ

$$\ddot{y} + 2\,\delta\dot{y} + \omega_0^2 y = f(t) \qquad\qquad\qquad \text{(IV-246)}$$

beschrieben. Wir stellen die Eigenschaften beider Schwingkreise einander gegenüber:

Schwingkreis	$y(t)$	δ	ω_0	$f(t)$
Mechanischer Schwingkreis	Auslenkung $x = x(t)$	$\dfrac{b}{2m}$	$\sqrt{\dfrac{c}{m}}$	$\dfrac{F(t)}{m}$
Elektrischer Reihenschwingkreis	Stromstärke $i = i(t)$	$\dfrac{R}{2L}$	$\dfrac{1}{\sqrt{LC}}$	$\dfrac{1}{L} \cdot \dfrac{du_a}{dt}$

---

[15] $F(t)$ ist die von *außen* auf das mechanische System einwirkende zeitabhängige Kraft.

Der elektrische Reihenschwingkreis ist somit das *elektrische Analogon* des mechanischen Schwingkreises (Modell: Feder-Masse-Schwinger, häufig auch Federpendel genannt). Alle Aussagen über den *mechanischen* Schwingkreis gelten daher sinngemäß auch für den *elektrischen* Schwingkreis. Prinzipiell gesehen besteht somit *kein* Unterschied zwischen einer mechanischen und einer elektrischen Schwingung.

Wir fassen die wichtigsten Aussagen wie folgt zusammen:

Differentialgleichung einer elektrischen Schwingung (Reihenschwingkreis)

Die *elektrische* Schwingung in einem *Reihenschwingkreis* wird durch die inhomogene lineare Differentialgleichung 2. Ordnung mit konstanten Koeffizienten

$$L \frac{d^2 i}{dt^2} + R \frac{di}{dt} + \frac{1}{C} i = \frac{du_a}{dt} \qquad \text{(IV-247)}$$

oder

$$\frac{d^2 i}{dt^2} + 2\delta \frac{di}{dt} + \omega_0^2 i = \frac{1}{L} \cdot \frac{du_a}{dt} \qquad \text{(IV-248)}$$

mit

$$\delta = \frac{R}{2L} \qquad \text{und} \qquad \omega_0 = \frac{1}{\sqrt{LC}} \qquad \text{(IV-249)}$$

beschrieben (Bild IV-40).

Dabei bedeuten:

L: Induktivität

R: Ohmscher Widerstand

C: Kapazität

δ: Dämpfungsfaktor oder Abklingkonstante

ω_0: Eigen- oder Kennkreisfrequenz

u_a: Von außen angelegte Spannung (Erregerspannung)

Wie bei den mechanischen Schwingungen wird auch hier zwischen einer *freien* und einer *erzwungenen*, einer *ungedämpften* und einer *gedämpften* Schwingung unterschieden.

4.2.2 Freie elektrische Schwingung

Die *freie elektrische Schwingung* eines Reihenschwingkreises wird durch die *homogene* lineare Differentialgleichung

$$\frac{d^2 i}{dt^2} + 2\delta\, \frac{di}{dt} + \omega_0^2 i = 0 \qquad\qquad (\text{IV-250})$$

beschrieben. Ist *kein* ohmscher Widerstand vorhanden, d. h. ist $R = 0$ und somit auch $\delta = 0$, so erhalten wir eine *ungedämpfte elektrische Schwingung* (Bild IV-41).

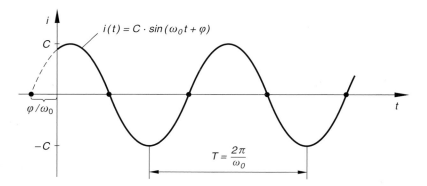

Bild IV-41 Zeitlicher Verlauf einer ungedämpften elektrischen Schwingung

Bei *vorhandener Dämpfung*, d. h. für $R \neq 0$ und somit $\delta \neq 0$, müssen wir wie bei den mechanischen Schwingungen *drei* verschiedene Fälle unterscheiden:

1. Bei *schwacher Dämpfung* $(\delta < \omega_0)$ erhalten wir eine *gedämpfte Schwingung* (*Schwingungsfall*; Bild IV-42).

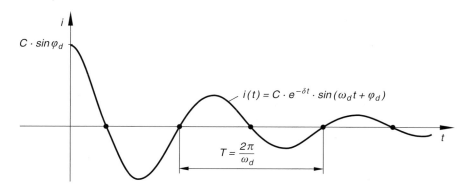

Bild IV-42 Zeitlicher Verlauf einer gedämpften elektrischen Schwingung

2. Für $\delta = \omega_0$ tritt der *aperiodische Grenzfall* ein (Bild IV-43).

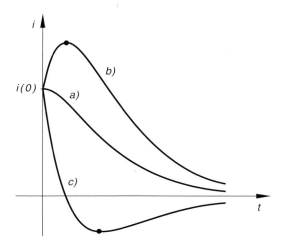

Bild IV-43 Zeitlicher Verlauf einer elektrischen Schwingung im aperiodischen Grenzfall für verschiedene Anfangsbedingungen (siehe hierzu auch Bild IV-29)

3. Bei *starker Dämpfung* $(\delta > \omega_0)$ zeigt das System ein *aperiodisches* Verhalten (ein
Schwingungsverhalten liegt hier *nicht* vor, sog. *Kriechfall*; Bild IV-44).

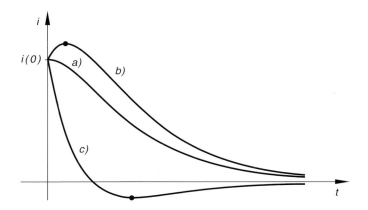

Bild IV-44 Zeitlicher Verlauf beim aperiodischen Verhalten für verschiedene Anfangsbedingungen (Kriechfall; siehe hierzu auch Bild IV-25)

Wir stellen abschließend die verschiedenen Schwingungstypen einer *freien elektrischen Schwingung* mit ihren allgemeinen Lösungen wie folgt zusammen:

Freie elektrische Schwingung eines Reihenschwingkreises

1. **Freie ungedämpfte Schwingung**

$$\frac{d^2 i}{dt^2} + \omega_0^2 i = 0 \tag{IV-251}$$

Allgemeine Lösung (Bild IV-41):

$$i(t) = C \cdot \sin(\omega_0 t + \varphi) \qquad (C > 0, 0 \leq \varphi < 2\pi) \tag{IV-252}$$

oder

$$i(t) = C_1 \cdot \sin(\omega_0 t) + C_2 \cdot \cos(\omega_0 t) \qquad (C_1, C_2 \in \mathbb{R}) \tag{IV-253}$$

2. **Freie gedämpfte Schwingung**

$$\frac{d^2 i}{dt^2} + 2\delta \frac{di}{dt} + \omega_0^2 i = 0 \tag{IV-254}$$

Allgemeine Lösung der Schwingungsgleichung

Wir unterscheiden drei verschiedene Schwingungstypen:

a) **Gedämpfte Schwingung bei schwacher Dämpfung (sog. Schwingungsfall, $\delta < \omega_0$; Bild IV-42)**

$$i(t) = e^{-\delta t}[C_1 \cdot \sin(\omega_d t) + C_2 \cdot \cos(\omega_d t)] \tag{IV-255}$$

oder

$$i(t) = C \cdot e^{-\delta t} \cdot \sin(\omega_d t + \varphi_d) \tag{IV-256}$$

mit $C_1, C_2 \in \mathbb{R}$ bzw. $C > 0$ und $0 \leq \varphi_d < 2\pi$. Dabei ist

$$\omega_d = \sqrt{\omega_0^2 - \delta^2} = \sqrt{\frac{1}{LC} - \frac{R^2}{4L^2}} \tag{IV-257}$$

die Eigenkreisfrequenz des gedämpften Reihenschwingkreises.

b) **Aperiodischer Grenzfall ($\delta = \omega_0$; Bild IV-43)**

$$i(t) = (C_1 t + C_2) \cdot e^{-\delta t} \qquad (C_1, C_2 \in \mathbb{R}) \tag{IV-258}$$

c) **Aperiodisches Verhalten bei starker Dämpfung (sog. Kriechfall, $\delta > \omega_0$; Bild IV-44)**

$$i(t) = C_1 \cdot e^{-k_1 t} + C_2 \cdot e^{-k_2 t} \qquad (C_1, C_2 \in \mathbb{R}) \tag{IV-259}$$

$\lambda_1 = -k_1$ und $\lambda_2 = -k_2$ sind dabei die Lösungen der charakteristischen Gleichung $\lambda^2 + 2\delta\lambda + \omega_0^2 = 0$ ($k_1 > 0; k_2 > 0$).

4.2.3 Erzwungene elektrische Schwingung

Der bereits in Abschnitt 4.2.1 beschriebene elektrische Reihenschwingkreis soll durch eine äußere Wechselspannung zu einer *erzwungenen elektrischen Schwingung* erregt werden. Wir werden zeigen, dass die Lösung der Schwingungsgleichung zu bereits bekannten physikalischen Gesetzen führt.

Die von außen angelegte sinusförmige Wechselspannung (Erregerspannung)

$$u_a(t) = \hat{u} \cdot \sin(\omega t) \tag{IV-260}$$

schreiben wir in der für den Lösungsweg bequemeren *komplexen* Form

$$\underline{u}_a(t) = \hat{u} \cdot e^{j\omega t} \tag{IV-261}$$

$(u_a = \text{Im}(\underline{u}_a))$. Die *Schwingungsgleichung* (IV-248) lautet dann (in komplexer Schreibweise):

$$\frac{d^2\underline{i}}{dt^2} + 2\delta\frac{d\underline{i}}{dt} + \omega_0^2\underline{i} = \frac{1}{L} \cdot \frac{d}{dt}(\hat{u} \cdot e^{j\omega t}) = j\frac{\hat{u}\omega}{L} \cdot e^{j\omega t} \tag{IV-262}$$

Die zugehörige *homogene* Gleichung liefert bei angenommener *schwacher Dämpfung* $(\delta < \omega_0)$ den Beitrag

$$i_0(t) = C \cdot e^{-\delta t} \cdot \sin(\omega_d t + \varphi_d) \tag{IV-263}$$

zur Gesamtschwingung $(\omega_d = \sqrt{\omega_0^2 - \delta^2}; \; C > 0; \; 0 \leq \varphi_d < 2\pi)$. Es handelt sich hierbei um eine *gedämpfte Schwingung*, die nach einer gewissen *Einschwingphase* keine nennenswerte Rolle mehr spielt und daher *unberücksichtigt* bleiben kann (sog. „flüchtige" Lösung).

Eine *partikuläre* Lösung der *inhomogenen* Schwingungsgleichung (IV-262) gewinnen wir mit Hilfe des *komplexen* Lösungsansatzes

$$\underline{i}_p(t) = \hat{i} \cdot e^{j(\omega t - \varphi)} \tag{IV-264}$$

dessen *Imaginärteil* dann zur „stationären" Lösung $i_p(t)$ führt:

$$i_p(t) = \text{Im}(\underline{i}_p(t)) = \text{Im}[\hat{i} \cdot e^{j(\omega t - \varphi)}] = \hat{i} \cdot \sin(\omega t - \varphi) \tag{IV-265}$$

Mit dem Ansatz (IV-264) und den beiden Ableitungen

$$\frac{d\underline{i}_p}{dt} = j\omega\hat{i} \cdot e^{j(\omega t - \varphi)} \quad \text{und} \quad \frac{d^2\underline{i}_p}{dt^2} = -\omega^2\hat{i} \cdot e^{j(\omega t - \varphi)} \tag{IV-266}$$

gehen wir in die *inhomogene* Schwingungsgleichung (IV-262) ein:

$$-\omega^2\hat{i} \cdot e^{j(\omega t - \varphi)} + j2\delta\omega\hat{i} \cdot e^{j(\omega t - \varphi)} + \omega_0^2\hat{i} \cdot e^{j(\omega t - \varphi)} = j\frac{\hat{u}\omega}{L} \cdot e^{j\omega t}$$

$$\tag{IV-267}$$

Nach einigen *elementaren Umformungen* [16] erhalten wir schließlich:

$$(\omega_0^2 - \omega^2) + j\,2\,\delta\,\omega = j\,\frac{\hat{u}\,\omega}{L\,\hat{i}} \cdot e^{j\varphi} \qquad (\text{IV-268})$$

Wir multiplizieren diese Gleichung noch mit $-j$ und beachten dabei, dass $j^2 = -1$ ist:

$$-j\,(\omega_0^2 - \omega^2) + 2\,\delta\,\omega = j\,(\omega^2 - \omega_0^2) + 2\,\delta\,\omega = \frac{\hat{u}\,\omega}{L\,\hat{i}} \cdot e^{j\varphi} \quad \Rightarrow$$

$$2\,\delta\,\omega + j\,(\omega^2 - \omega_0^2) = \frac{\hat{u}\,\omega}{L\,\hat{i}} \cdot e^{j\varphi} \qquad (\text{IV-269})$$

Auf der *linken* Seite dieser Gleichung steht eine *komplexe* Zahl in *kartesischer* Schreibweise mit dem Realteil $2\,\delta\,\omega$ und dem Imaginärteil $\omega^2 - \omega_0^2$, *rechts* steht *dieselbe* komplexe Zahl in *exponentieller* Form mit dem Betrag $\dfrac{\hat{u}\,\omega}{L\,\hat{i}}$ und dem Argument (Winkel) φ (Bild IV-45; gezeichnet für $\omega > \omega_0$).

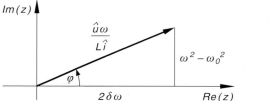

Bild IV-45

Zwischen der kartesischen Form und der Exponentialform bestehen dabei nach Bild IV-45 die Beziehungen

$$\left(\frac{\hat{u}\,\omega}{L\,\hat{i}}\right)^2 = (2\,\delta\,\omega)^2 + (\omega^2 - \omega_0^2)^2 = (\omega^2 - \omega_0^2)^2 + 4\,\delta^2\,\omega^2 \qquad (\text{IV-270})$$

(folgt aus dem *Satz des Pythagoras*) und

$$\tan\varphi = \frac{\omega^2 - \omega_0^2}{2\,\delta\,\omega} \qquad (\text{IV-271})$$

Wir lösen diese Gleichungen nach $\hat{i}$ bzw. φ auf und erhalten schließlich unter Berücksichtigung von $\omega_0^2 = \dfrac{1}{L\,C}$ und $\delta = \dfrac{R}{2\,L}$ die aus der Wechselstromlehre bekannten Beziehungen

$$\hat{i} = \frac{\hat{u}\,\omega}{L\,\sqrt{(\omega^2 - \omega_0^2)^2 + 4\,\delta^2\,\omega^2}} = \frac{\hat{u}}{\sqrt{R^2 + \left(\omega\,L - \dfrac{1}{\omega\,C}\right)^2}} \qquad (\text{IV-272})$$

---

[16] Der Lösungsweg ist der gleiche wie beim *mechanischen Analogon* (siehe hierzu Abschnitt 4.1.4).

und

$$\varphi = \arctan\left(\frac{\omega^2 - \omega_0^2}{2\,\delta\,\omega}\right) = \arctan\left(\frac{\omega L - \dfrac{1}{\omega C}}{R}\right) \qquad \text{(IV-273)}$$

Gleichung (IV-272) ist dabei das *Ohmsche Gesetz der Wechselstromtechnik* mit den Scheitelwerten $\hat{u}$ und $\hat{i}$ von Spannung und Strom und dem (reellen) *Scheinwiderstand*

$$Z = \sqrt{R^2 + \left(\omega L - \frac{1}{\omega C}\right)^2} \qquad \text{(IV-274)}$$

Die Schwingungsgleichung (IV-262) besitzt somit nach Ablauf einer bestimmten Einschwingphase die *stationäre* Lösung

$$i(t) \approx i_p(t) = \hat{i} \cdot \sin(\omega t - \varphi) \qquad \text{(IV-275)}$$

wobei die *frequenzabhängigen* Größen $\hat{i}$ (Scheitelwert des Stroms) und φ (Phasenverschiebung zwischen Strom und Spannung) nach Gleichung (IV-272) bzw. (IV-273) berechnet werden.

Bild IV-46 zeigt den *Frequenzgang des Scheitelwertes* $\hat{i}$, d. h. die Abhängigkeit des Scheitelwertes $\hat{i}$ von der Kreisfrequenz ω nach Gleichung (IV-272). Für $\omega = \omega_0 = \dfrac{1}{\sqrt{LC}}$ tritt dabei *Resonanz* ein, der Scheitelwert des Wechselstroms erreicht dann seinen *größten* und der Scheinwiderstand seinen *kleinsten* Wert (sog. Resonanzkurve).

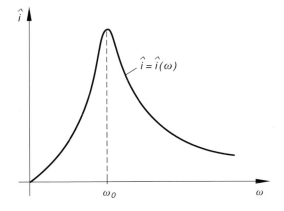

Bild IV-46
Frequenzgang des Scheitelwertes der Stromstärke bei einer erzwungenen elektrischen Schwingung (Resonanzkurve)

Die Abhängigkeit der *Phasenverschiebung* φ von der Kreisfrequenz ω ist in Bild IV-47 dargestellt. Für $\omega < \omega_0$ eilt der Strom der Spannung in der Phase *voraus*, für $\omega > \omega_0$ ist es *umgekehrt*. Im *Resonanzfall* $\omega = \omega_0$ sind Strom und Spannung *in Phase* $(\varphi = 0)$.

Wir fassen die Ergebnisse wie folgt zusammen:

Erzwungene elektrische Schwingung in einem Reihenschwingkreis

Ein *Reihenschwingkreis* wird durch eine von *außen* angelegte sinusförmige Wechselspannung $u_a(t) = \hat{u} \cdot \sin(\omega t)$ zu *erzwungenen Schwingungen* angeregt. Die Schwingungsgleichung

$$\frac{d^2 i}{dt^2} + 2\delta \frac{di}{dt} + \omega_0^2 i = \frac{1}{L} \cdot \frac{du_a}{dt} \tag{IV-276}$$

besitzt dabei nach Ablauf einer gewissen Einschwingphase die *stationäre* Lösung

$$i(t) = \hat{i} \cdot \sin(\omega t - \varphi) \tag{IV-277}$$

Scheitelwert $\hat{i}$ und Phase φ des Wechselstroms $i = i(t)$ sind dabei *frequenzabhängige* Größen (sog. *Frequenzgang*).

Frequenzgang des Scheitelwertes (Resonanzkurve nach Bild IV-46)

$$\hat{i}(\omega) = \frac{\hat{u}\,\omega}{L\sqrt{(\omega^2 - \omega_0^2)^2 + 4\delta^2\omega^2}} = \frac{\hat{u}}{\sqrt{R^2 + \left(\omega L - \dfrac{1}{\omega C}\right)^2}} \tag{IV-278}$$

Frequenzgang der Phase (Bild IV-47)

$$\varphi(\omega) = \arctan\left(\frac{\omega^2 - \omega_0^2}{2\delta\omega}\right) = \arctan\left(\frac{\omega L - \dfrac{1}{\omega C}}{R}\right) \tag{IV-279}$$

Resonanzfall

Der *Resonanzfall* tritt ein für $\omega = \omega_0 = \dfrac{1}{\sqrt{LC}}$ (Bild IV-46). Diese Kreisfrequenz wird daher auch als *Resonanzkreisfrequenz* ω_r bezeichnet, sie ist identisch mit Eigen- oder Kennkreisfrequenz ω_0.

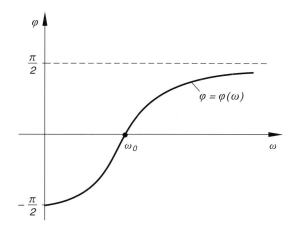

Bild IV-47
Frequenzgang der
Phasenverschiebung bei einer
erzwungenen elektrischen
Schwingung

5 Lineare Differentialgleichungen n-ter Ordnung mit konstanten Koeffizienten

5.1 Definition einer linearen Differentialgleichung n-ter Ordnung mit konstanten Koeffizienten

Definition: Eine Differentialgleichung n-ter Ordnung vom Typ

$$y^{(n)} + a_{n-1} \cdot y^{(n-1)} + \ldots + a_1 \cdot y' + a_0 \cdot y = g(x) \qquad \text{(IV-280)}$$

heißt *lineare Differentialgleichung n-ter Ordnung mit konstanten Koeffizienten.*

Die Funktion $g(x)$ wird als *Störfunktion* oder *Störglied* bezeichnet. *Fehlt* das Störglied, d. h. ist $g(x) \equiv 0$, so heißt die lineare Differentialgleichung *homogen*, sonst *inhomogen*. Die Koeffizienten $a_0, a_1, \ldots, a_{n-1}$ sind *reelle* Konstanten.

■ **Beispiele**

Die nachfolgenden Differentialgleichungen sind *linear* und besitzen *konstante* Koeffizienten:

$$y''' - 2y'' + y' - 2y = 0 \qquad \text{Dgl 3. Ordnung, homogen}$$

$$y^{(4)} - 3y''' + 3y'' - y' = 0 \qquad \text{Dgl 4. Ordnung, homogen}$$

$$y^{(4)} + 3y'' - 4y = \sin x \qquad \text{Dgl 4. Ordnung, inhomogen}$$ ■

5.2 Integration der homogenen linearen Differentialgleichung

Ähnlich wie bei einer homogenen linearen Differentialgleichung *2. Ordnung* lässt sich auch bei einer homogenen linearen Differentialgleichung *n-ter Ordnung* mit konstanten Koeffizienten vom Typ

$$y^{(n)} + a_{n-1} \cdot y^{(n-1)} + \ldots + a_1 \cdot y' + a_0 \cdot y = 0 \qquad \text{(IV-281)}$$

die *allgemeine* Lösung $y = y(x)$ als *Linearkombination* von diesmal genau n Basislösungen oder Basisfunktionen darstellen. Darunter verstehen wir n Lösungen der Differentialgleichung mit folgender Eigenschaft:

Definition: n Lösungen $y_1 = y_1(x)$, $y_2 = y_2(x)$, $\ldots$, $y_n = y_n(x)$ einer *homogenen* linearen Differentialgleichung n-ter Ordnung mit *konstanten* Koeffizienten vom Typ

$$y^{(n)} + a_{n-1} \cdot y^{(n-1)} + \ldots + a_1 \cdot y' + a_0 \cdot y = 0 \qquad \text{(IV-282)}$$

werden als *Basisfunktionen* oder *Basislösungen* dieser Differentialgleichung bezeichnet, wenn die aus ihnen gebildete sog. *Wronski-Determinante*

$$W(y_1; y_2; \ldots; y_n) = \begin{vmatrix} y_1 & y_2 & \cdots & y_n \\ y_1' & y_2' & \cdots & y_n' \\ \vdots & \vdots & & \vdots \\ y_1^{(n-1)} & y_2^{(n-1)} & \cdots & y_n^{(n-1)} \end{vmatrix} \qquad \text{(IV-283)}$$

von null verschieden ist.

Anmerkungen

(1)   Die *Wronski-Determinante* ist *n*-reihig. Ihre Zeilen werden der Reihe nach aus den n Lösungsfunktionen und ihren Ableitungen 1. Ordnung, 2. Ordnung, $\ldots$, $(n-1)$-ter Ordnung gebildet. Man beachte, dass der *Wert* der Wronski-Determinante im Allgemeinen noch von der Variablen x abhängen wird.

(2)   Es genügt zu zeigen, dass die Wronski-Determinante an *einer* Stelle x_0 von null verschieden ist.

(3)   Die Basislösungen $y_1, y_2, \ldots, y_n$ der homogenen linearen Differentialgleichung (IV-282) werden auch als *linear unabhängige* Lösungen bezeichnet. Dies bedeutet (wie bei Vektoren), dass die lineare Gleichung

$$C_1 \cdot y_1 + C_2 \cdot y_2 + \ldots + C_n \cdot y_n = 0$$

nur trivial, d. h. für $C_1 = C_2 = \ldots = C_n = 0$ erfüllbar ist.

(4)   Lösungen, deren Wronski-Determinante *verschwindet*, heißen *linear abhängig*.

In Analogie zu den homogenen linearen Differentialgleichungen *2. Ordnung* mit konstanten Koeffizienten gilt auch hier für die *Lösungsmenge* der Differentialgleichung die folgende Aussage:

Über die Lösungsmenge einer homogenen linearen Differentialgleichung *n*-ter Ordnung mit konstanten Koeffizienten

Die *allgemeine* Lösung $y = y(x)$ einer *homogenen* linearen Differentialgleichung *n*-ter Ordnung mit *konstanten* Koeffizienten vom Typ

$$y^{(n)} + a_{n-1} \cdot y^{(n-1)} + \ldots + a_1 \cdot y' + a_0 \cdot y = 0 \qquad \text{(IV-284)}$$

ist als *Linearkombination* von *n* *linear unabhängigen* Lösungen (*Basislösungen*) $y_1 = y_1(x)$, $y_2 = y_2(x)$, ..., $y_n = y_n(x)$ in der Form

$$y(x) = C_1 \cdot y_1(x) + C_2 \cdot y_2(x) + \ldots + C_n \cdot y_n(x) \qquad \text{(IV-285)}$$

darstellbar $(C_1, C_2, \ldots, C_n \in \mathbb{R})$.

Anmerkung

Die der *allgemeinen* Lösung (IV-285) zugrunde liegenden *Basislösungen* bilden eine sog. *Fundamentalbasis* oder ein *Fundamentalsystem* der homogenen Differentialgleichung (IV-284).

■ **Beispiel**

Die *homogene* lineare Differentialgleichung 3. Ordnung

$$y''' - 2y'' + y' - 2y = 0$$

besitzt u. a. die folgenden Lösungen:

$$y_1 = \sin x, \qquad y_2 = \cos x, \qquad y_3 = e^{2x}$$

Wir führen den Nachweis für die *erste* Funktion. Mit

$$y_1 = \sin x, \qquad y_1' = \cos x, \qquad y_1'' = -\sin x \quad \text{und} \quad y_1''' = -\cos x$$

folgt nämlich durch Einsetzen in die Differentialgleichung:

$$-\cos x - 2 \cdot (-\sin x) + \cos x - 2 \cdot \sin x = 0$$

$$-\cos x + 2 \cdot \sin x + \cos x - 2 \cdot \sin x = 0$$

$$0 = 0$$

Ebenso zeigt man, dass die beiden übrigen Funktionen Lösungen der Differentialgleichung sind. Bilden die drei Lösungen eine *Fundamentalbasis* der Differentialgleichung? Um diese Frage zu beantworten, berechnen wir die *Wronski-Determinante*:

$$W(y_1; y_2; y_3) = \begin{vmatrix} \sin x & \cos x & e^{2x} \\ \cos x & -\sin x & 2 \cdot e^{2x} \\ -\sin x & -\cos x & 4 \cdot e^{2x} \end{vmatrix} =$$

$$= e^{2x} \cdot \begin{vmatrix} \sin x & \cos x & 1 \\ \cos x & -\sin x & 2 \\ -\sin x & -\cos x & 4 \end{vmatrix} =$$

$$= e^{2x}(-4 \cdot \sin^2 x - 2 \cdot \sin x \cdot \cos x - \cos^2 x -$$

$$- \sin^2 x + 2 \cdot \sin x \cdot \cos x - 4\cos^2 x) =$$

$$= e^{2x}(-5 \cdot \sin^2 x - 5 \cdot \cos^2 x) =$$

$$= -5 \cdot e^{2x} \underbrace{(\sin^2 x + \cos^2 x)}_{1} = -5 \cdot e^{2x} \neq 0$$

Wegen $W(y_1; y_2; y_3) \neq 0$ sind die Lösungen *linear unabhängig* und bilden somit eine *Fundamentalbasis* der Differentialgleichung. Die *allgemeine* Lösung ist daher als *Linearkombination* der drei Basisfunktionen wie folgt darstellbar:

$$y = C_1 \cdot \sin x + C_2 \cdot \cos x + C_3 \cdot e^{2x} \qquad (C_1, C_2, C_3 \in \mathbb{R}) \qquad \blacksquare$$

Eine *Fundamentalbasis* der *homogenen* Differentialgleichung (IV-284) lässt sich allgemein durch einen Lösungsansatz in Form einer *Exponentialfunktion* vom Typ

$$y = e^{\lambda x} \tag{IV-286}$$

mit dem noch unbekannten *Parameter* λ gewinnen. Mit diesem Ansatz und den Ableitungen

$$y' = \lambda \cdot e^{\lambda x}, \qquad y'' = \lambda^2 \cdot e^{\lambda x}, \ldots, \qquad y^{(n)} = \lambda^n \cdot e^{\lambda x} \tag{IV-287}$$

gehen wir dann in die Differentialgleichung (IV-284) ein und erhalten eine *Bestimmungsgleichung* für den Parameter λ:

$$\lambda^n \cdot e^{\lambda x} + a_{n-1} \cdot \lambda^{n-1} \cdot e^{\lambda x} + \ldots + a_1 \cdot \lambda \cdot e^{\lambda x} + a_0 \cdot e^{\lambda x} = 0 \,|\, : e^{\lambda x} \quad \Rightarrow$$

$$\lambda^n + a_{n-1} \cdot \lambda^{n-1} + \ldots + a_1 \cdot \lambda + a_0 = 0 \tag{IV-288}$$

Diese als *charakteristische Gleichung* bezeichnete algebraische Gleichung n-ten Grades besitzt nach dem *Fundamentalsatz der Algebra* genau n reelle oder komplexe Lösungen $\lambda_1, \lambda_2, \ldots, \lambda_n$.

Die *Basislösungen* selbst hängen dabei noch von der *Art* dieser Lösungen ab, wobei die folgenden *drei* Fälle zu unterscheiden sind:

1. Fall: Alle Lösungen sind reell und paarweise voneinander verschieden

In diesem Fall erhalten wir *n verschiedene* Lösungen in Form der Exponentialfunktionen

$$y_1 = e^{\lambda_1 x}, \qquad y_2 = e^{\lambda_2 x}, \ldots, \qquad y_n = e^{\lambda_n x} \tag{IV-289}$$

Sie bilden ein *Fundamentalsystem* der homogenen Differentialgleichung (IV-284). Die *allgemeine* Lösung dieser Differentialgleichung ist dann als *Linearkombination*

$$y = C_1 \cdot e^{\lambda_1 x} + C_2 \cdot e^{\lambda_2 x} + \ldots + C_n \cdot e^{\lambda_n x} \tag{IV-290}$$

dieser Basislösungen darstellbar.

2. Fall: Es treten mehrfache reelle Lösungen auf

Ist $\lambda = \alpha$ eine *r-fache* Lösung der charakteristischen Gleichung (IV-288), also etwa

$$\lambda_1 = \lambda_2 = \lambda_3 = \ldots = \lambda_r = \alpha \tag{IV-291}$$

so gehören hierzu genau *r linear unabhängige* Lösungen, die wie folgt lauten:

$$y_1 = e^{\alpha x}, \quad y_2 = x \cdot e^{\alpha x}, \quad y_3 = x^2 \cdot e^{\alpha x}, \ldots, \quad y_r = x^{r-1} \cdot e^{\alpha x} \tag{IV-292}$$

Sie gehen mit den konstanten Faktoren $C_1, C_2, C_3, \ldots, C_r$ in die (aus allen Basisfunktionen gebildete) *allgemeine* Lösung ein und können daher auch wie folgt zusammengefasst werden:

$$
\begin{aligned}
C_1 \cdot y_1 &+ C_2 \cdot y_2 + C_3 \cdot y_3 + \ldots + C_r \cdot y_r = \\
&= C_1 \cdot e^{\alpha x} + C_2 \cdot x \cdot e^{\alpha x} + C_3 \cdot x^2 \cdot e^{\alpha x} + \ldots + C_r \cdot x^{r-1} \cdot e^{\alpha x} = \\
&= \underbrace{(C_1 + C_2 \cdot x + C_3 \cdot x^2 + \ldots + C_r \cdot x^{r-1})}_{\text{Polynom vom Grade } r-1} \cdot e^{\alpha x}
\end{aligned}
\tag{IV-293}
$$

Regel: Ist α eine *r-fache* Lösung der charakteristischen Gleichung (IV-288), so ist in dem zugehörigen Beitrag $C \cdot e^{\alpha x}$ die Konstante C durch eine *Polynomfunktion* vom Grade $r - 1$ zu ersetzen.

3. Fall: Es treten konjugiert komplexe Lösungen auf

Ist $\lambda_{1/2} = \alpha \pm j\omega$ eine (einfache) *konjugiert komplexe* Lösung der charakteristischen Gleichung (IV-288), so erhalten wir als zugehörige Basisfunktionen zunächst die beiden *komplexen* Exponentialfunktionen

$$y_1 = e^{\lambda_1 x} = e^{(\alpha + j\omega)x} = e^{\alpha x} \cdot e^{j\omega x} \tag{IV-294}$$

und

$$y_2 = e^{\lambda_2 x} = e^{(\alpha - j\omega)x} = e^{\alpha x} \cdot e^{-j\omega x} \tag{IV-295}$$

Unter Verwendung der *Eulerschen Formel*

$$e^{\pm j\varphi} = \cos\varphi \pm j \cdot \sin\varphi \tag{IV-296}$$

lassen sich diese Funktionen auch wie folgt schreiben $(\varphi = \omega x)$:

$$\begin{aligned} y_1 &= e^{\alpha x} \cdot e^{+j\omega x} = e^{\alpha x}[\cos(\omega x) + j \cdot \sin(\omega x)] \\ y_2 &= e^{\alpha x} \cdot e^{-j\omega x} = e^{\alpha x}[\cos(\omega x) - j \cdot \sin(\omega x)] \end{aligned} \tag{IV-297}$$

Wie bei den homogenen linearen Differentialgleichungen 2. Ordnung gilt auch hier: Ist $y(x) = u(x) + j \cdot v(x)$ eine *komplexwertige* Lösung der homogenen Differentialgleichung (IV-284), so sind *Realteil* $u(x)$ und *Imaginärteil* $v(x)$ selbst (reelle) *Lösungen* dieser Differentialgleichung. Daher sind die *reellen* Funktionen

$$y_1 = e^{\alpha x} \cdot \sin(\omega x) \qquad \text{und} \qquad y_2 = e^{\alpha x} \cdot \cos(\omega x) \tag{IV-298}$$

(*linear unabhängige*) *Lösungen* der homogenen linearen Differentialgleichung n-ter Ordnung mit *konstanten* Koeffizienten und somit *Basisfunktionen* dieser Differentialgleichung. Sie liefern in der *allgemeinen* Lösung den folgenden Beitrag:

$$\begin{aligned} C_1 \cdot y_1 + C_2 \cdot y_2 &= C_1 \cdot e^{\alpha x} \cdot \sin(\omega x) + C_2 \cdot e^{\alpha x} \cdot \cos(\omega x) = \\ &= e^{\alpha x}[C_1 \cdot \sin(\omega x) + C_2 \cdot \cos(\omega x)] \end{aligned} \tag{IV-299}$$

Tritt das *konjugiert komplexe* Lösungspaar $\alpha \pm j\omega$ jedoch *mehrfach* auf, also etwa *r-fach*, so sind die beiden Konstanten C_1 und C_2 im Ansatz (IV-299) wie im reellen Fall durch *Polynomfunktionen* vom Grade $r - 1$ zu ersetzen.

Wir fassen diese Ergebnisse wie folgt zusammen:

Integration einer homogenen linearen Differentialgleichung n-ter Ordnung mit konstanten Koeffizienten

Mit dem *Lösungsansatz* $y = e^{\lambda x}$ lässt sich eine *Fundamentalbasis* $y_1, y_2, \ldots, y_n$ der *homogenen* linearen Differentialgleichung n-ter Ordnung mit *konstanten* Koeffizienten vom Typ

$$y^{(n)} + a_{n-1} \cdot y^{(n-1)} + \ldots + a_1 \cdot y' + a_0 \cdot y = 0 \tag{IV-300}$$

gewinnen. Die *Basislösungen* hängen dabei noch von der *Art* der Lösungen $\lambda_1, \lambda_2, \ldots, \lambda_n$ der zugehörigen *charakteristischen Gleichung*

$$\lambda^n + a_{n-1} \cdot \lambda^{n-1} + \ldots + a_1 \cdot \lambda + a_0 = 0 \tag{IV-301}$$

ab, wobei die folgenden Fälle zu unterscheiden sind ($C_1, C_2, \ldots, C_n$ sind reelle Konstanten):

1. Fall: Es treten nur einfache reelle Lösungen auf

Die *n verschiedenen* reellen Lösungen $\lambda_1, \lambda_2, \ldots, \lambda_n$ führen zu der *Fundamentalbasis*

$$y_1 = e^{\lambda_1 x}, \quad y_2 = e^{\lambda_2 x}, \quad \ldots, \quad y_n = e^{\lambda_n x} \tag{IV-302}$$

und somit zu der *allgemeinen* Lösung

$$y = C_1 \cdot e^{\lambda_1 x} + C_2 \cdot e^{\lambda_2 x} + \ldots + C_n \cdot e^{\lambda_n x} \tag{IV-303}$$

2. Fall: Es treten auch mehrfache reelle Lösungen auf

Eine *r-fache* reelle Lösung $\lambda_1 = \lambda_2 = \lambda_3 = \ldots = \lambda_r = \alpha$ führt zu den *r Basislösungen* (*Basisfunktionen*)

$$y_1 = e^{\alpha x}, \quad y_2 = x \cdot e^{\alpha x}, \quad y_3 = x^2 \cdot e^{\alpha x}, \quad \ldots, \quad y_r = x^{r-1} \cdot e^{\alpha x} \tag{IV-304}$$

und somit zu dem folgenden Beitrag in der *allgemeinen* Lösung der Differentialgleichung:

$$(C_1 + C_2 \cdot x + C_3 \cdot x^2 + \ldots + C_r \cdot x^{r-1}) \cdot e^{\alpha x} \tag{IV-305}$$

Regel: Bei einer *r-fachen* (reellen) Lösung α muss im Beitrag $C \cdot e^{\alpha x}$ die reelle Konstante C durch eine *Polynomfunktion* $C(x)$ vom Grade $r - 1$ ersetzt werden:

$$C \cdot e^{\alpha x} \rightarrow C(x) \cdot e^{\alpha x}$$

$$\uparrow$$

Polynom vom Grade $r - 1$

3. Fall: Es treten konjugiert komplexe Lösungen auf

Eine (einfache) *konjugiert komplexe* Lösung $\lambda_{1/2} = \alpha \pm j\omega$ führt zu den beiden (reellen) *Basisfunktionen*

$$y_1 = e^{\alpha x} \cdot \sin(\omega x) \quad \text{und} \quad y_2 = e^{\alpha x} \cdot \cos(\omega x) \tag{IV-306}$$

und somit zu dem folgenden Beitrag in der *allgemeinen* Lösung der Differentialgleichung:

$$e^{\alpha x}[C_1 \cdot \sin(\omega x) + C_2 \cdot \cos(\omega x)] \tag{IV-307}$$

Im Falle einer *mehrfachen* konjugiert komplexen Lösung gilt die folgende *Regel*:

Regel: Bei einer *r-fachen konjugiert komplexen* Lösung $\alpha \pm \mathrm{j}\omega$ müssen die Konstanten C_1 und C_2 im Beitrag (IV-307) durch *Polynomfunktionen* $C_1(x)$ und $C_2(x)$ vom Grade $r - 1$ ersetzt werden. Der Beitrag lautet demnach:

$$\mathrm{e}^{\alpha x}\,[\,C_1(x)\cdot\sin(\omega x)\,+\,C_2(x)\cdot\cos(\omega x)\,]$$

$$\underbrace{\qquad\qquad\qquad\qquad}_{\text{Polynome vom Grade } r-1}$$

Anmerkung

Die charakteristische Gleichung enthält die gleichen Koeffizienten wie die Differentialgleichung!

■ **Beispiele**

(1) $y''' - 4y'' - y' + 4y = 0$ (Dgl 3. Ordnung)

Charakteristische Gleichung mit Lösungen:

$$\lambda^3 - 4\lambda^2 - \lambda + 4 = 0 \quad\Rightarrow\quad \lambda_1 = -1, \quad \lambda_2 = 1, \quad \lambda_3 = 4 \quad (1.\text{ Fall})$$

Fundamentalbasis der Differentialgleichung:

$$y_1 = \mathrm{e}^{-x}, \qquad y_2 = \mathrm{e}^{x}, \qquad y_3 = \mathrm{e}^{4x}$$

Allgemeine Lösung der Differentialgleichung:

$$y = C_1 \cdot \mathrm{e}^{-x} + C_2 \cdot \mathrm{e}^{x} + C_3 \cdot \mathrm{e}^{4x} \qquad (C_1, C_2, C_3 \in \mathbb{R})$$

(2) $y^{(4)} - 6y''' + 12y'' - 10y' + 3y = 0$ (Dgl 4. Ordnung)

Charakteristische Gleichung mit Lösungen:

$$\lambda^4 - 6\lambda^3 + 12\lambda^2 - 10\lambda + 3 = 0 \quad\Rightarrow\quad \lambda_{1/2/3} = 1, \quad \lambda_4 = 3 \quad (2.\text{ Fall})$$

Fundamentalbasis der Differentialgleichung:

$$y_1 = \mathrm{e}^{x}, \qquad y_2 = x \cdot \mathrm{e}^{x}, \qquad y_3 = x^2 \cdot \mathrm{e}^{x}, \qquad y_4 = \mathrm{e}^{3x}$$

Allgemeine Lösung der Differentialgleichung $(C_1, C_2, C_3, C_4 \in \mathbb{R})$:

$$y = C_1 \cdot e^x + C_2 \cdot x \cdot e^x + C_3 \cdot x^2 \cdot e^x + C_4 \cdot e^{3x} =$$

$$= (C_1 + C_2 \cdot x + C_3 \cdot x^2) \cdot e^x + C_4 \cdot e^{3x}$$

(3) $y^{(4)} + 3y'' - 4y = 0$ (Dgl 4. Ordnung)

Charakteristische Gleichung mit Lösungen:

$$\lambda^4 + 3\lambda^2 - 4 = 0 \quad \Rightarrow \quad \lambda_1 = -1, \quad \lambda_2 = 1, \quad \lambda_{3/4} = \pm 2j \quad (3. \text{ Fall})$$

Fundamentalbasis der Differentialgleichung:

$$y_1 = e^{-x}, \qquad y_2 = e^x, \qquad y_3 = \sin(2x), \qquad y_4 = \cos(2x)$$

Allgemeine Lösung der Differentialgleichung $(C_1, C_2, C_3, C_4 \in \mathbb{R})$:

$$y = C_1 \cdot e^{-x} + C_2 \cdot e^x + C_3 \cdot \sin(2x) + C_4 \cdot \cos(2x) \qquad \blacksquare$$

5.3 Integration der inhomogenen linearen Differentialgleichung

Auch bei einer *inhomogenen* linearen Differentialgleichung *n-ter Ordnung* mit konstanten Koeffizienten vom Typ

$$y^{(n)} + a_{n-1} \cdot y^{(n-1)} + \ldots + a_1 \cdot y' + a_0 \cdot y = g(x) \qquad \text{(IV-308)}$$

lässt sich die *allgemeine* Lösung $y = y(x)$ als *Summe* aus der *allgemeinen* Lösung $y_0 = y_0(x)$ der zugehörigen *homogenen* Differentialgleichung und einer (beliebigen) *partikulären* Lösung $y_p = y_p(x)$ der *inhomogenen* Differentialgleichung darstellen:

$$y(x) = y_0(x) + y_p(x) \qquad \text{(IV-309)}$$

(Lösungsmethode: *Aufsuchen einer partikulären Lösung*). Zunächst wird dabei die zugehörige *homogene* Differentialgleichung gelöst. Wie dies geschieht, haben wir bereits im vorangegangenen Abschnitt ausführlich dargelegt. Dann wird mit Hilfe eines *geeigneten Lösungsansatzes*, der im Wesentlichen vom *Typ der Störfunktion* $g(x)$ abhängt, eine *partikuläre* Lösung der *inhomogenen* Differentialgleichung bestimmt und zur *allgemeinen* Lösung der *homogenen* Differentialgleichung *addiert*.

Die nachfolgende Tabelle 3 enthält geeignete *Lösungsansätze* $y_p = y_p(x)$ für einige in den Anwendungen besonders häufig auftretende Störglieder (Störfunktionen) $g(x)$.

Tabelle 3: Lösungsansatz für eine *partikuläre* Lösung $y_p(x)$ der *inhomogenen* linearen Differentialgleichung n-ter Ordnung mit *konstanten* Koeffizienten vom Typ $y^{(n)} + a_{n-1} \cdot y^{(n-1)} + \ldots + a_1 \cdot y' + a_0 \cdot y = g(x)$ in Abhängigkeit vom Typ der Störfunktion $g(x)$

Störfunktion $g(x)$	Lösungsansatz $y_p(x)$
1. Polynomfunktion vom Grade n $g(x) = P_n(x)$	$y_p = \begin{cases} Q_n(x) & a_0 \neq 0 \\ & \text{für} \\ x^k \cdot Q_n(x) & a_0 = a_1 = \ldots = a_{k-1} = 0 \end{cases}$ $Q_n(x)$: Polynom vom Grade n *Parameter:* Koeffizienten des Polynoms $Q_n(x)$
2. Exponentialfunktion $g(x) = \mathrm{e}^{cx}$	(1) c ist *keine* Lösung der charakteristischen Gleichung: $y_p = A \cdot \mathrm{e}^{cx}$ *Parameter: A*
	(2) c ist eine *r-fache* Lösung der charakteristischen Gleichung: $y_p = A \cdot x^r \cdot \mathrm{e}^{cx}$ *Parameter: A*
3. $g(x) = P_n(x) \cdot \mathrm{e}^{cx}$ $P_n(x)$: Polynom-funktion vom Grade n	(1) c ist *keine* Lösung der charakteristischen Gleichung: $y_p = Q_n(x) \cdot \mathrm{e}^{cx}$ $Q_n(x)$: Polynom vom Grade n *Parameter:* Koeffizienten des Polynoms $Q_n(x)$
	(2) c ist eine *r-fache* Lösung der charakteristischen Gleichung: $y_p = x^r \cdot Q_n(x) \cdot \mathrm{e}^{cx}$ $Q_n(x)$: Polynom vom Grade n *Parameter:* Koeffizienten des Polynoms $Q_n(x)$
4. $g(x) = \sin(\beta x)$ *oder* $g(x) = \cos(\beta x)$ *oder* eine Linear-kombination aus beiden Funktionen	(1) $j\beta$ ist *keine* Lösung der charakteristischen Gleichung: $y_p = A \cdot \sin(\beta x) + B \cdot \cos(\beta x)$ *Parameter: A, B*
	(2) $j\beta$ ist eine *r-fache Lösung* der charakteristischen Gleichung: $y_p = x^r [A \cdot \sin(\beta x) + B \cdot \cos(\beta x)]$ *Parameter: A, B*

Anmerkungen zur Tabelle 3

(1)   Der jeweilige Lösungsansatz gilt auch dann, wenn die Störfunktion zusätzlich noch einen *konstanten Faktor* enthält.

(2)   Die im Lösungsansatz y_p enthaltenen Parameter sind so zu bestimmen, dass dieser Ansatz eine (partikuläre) *Lösung* der vorgegebenen inhomogenen Differentialgleichung darstellt. Dies führt stets zu einem *eindeutig* lösbaren Gleichungssystem für die im Lösungsansatz enthaltenen Stellparameter (bei einem *richtig* gewähltem Ansatz nach Tabelle 3).

(3)   Besteht die Störfunktion aus *mehreren (additiven)* Störgliedern, so erhält man den Lösungsansatz für y_p als *Summe* der Lösungsansätze für die *einzelnen* Störglieder.

(4)   Ist die Störfunktion ein *Produkt* aus mehreren Funktionen (auch „Störfaktoren" genannt), so erhält man in vielen (aber leider nicht allen) Fällen einen geeigneten Lösungsansatz für die gesuchte partikuläre Lösung, indem man die aus Tabelle 3 entnommenen Lösungsansätze der einzelnen Störfaktoren miteinander *multipliziert*.

Wir fassen das Lösungsverfahren wie folgt zusammen:

Integration einer inhomogenen linearen Differentialgleichung n-ter Ordnung mit konstanten Koeffizienten

Eine *inhomogene* lineare Differentialgleichung n-ter Ordnung mit *konstanten* Koeffizienten vom Typ

$$y^{(n)} + a_{n-1} \cdot y^{(n-1)} + \ldots + a_1 \cdot y' + a_0 \cdot y = g(x) \qquad \text{(IV-310)}$$

lässt sich schrittweise wie folgt lösen:

1. Zunächst wird die *allgemeine* Lösung $y_0 = y_0(x)$ der zugehörigen *homogenen* Differentialgleichung

$$y^{(n)} + a_{n-1} \cdot y^{(n-1)} + \ldots + a_1 \cdot y' + a_0 \cdot y = 0 \qquad \text{(IV-311)}$$

   bestimmt.

2. Dann ermittelt man mit Hilfe des aus Tabelle 3 entnommenen Lösungsansatzes eine *partikuläre* Lösung $y_p = y_p(x)$ der *inhomogenen* Differentialgleichung.

3. Durch *Addition* von $y_0 = y_0(x)$ (1. Schritt) und $y_p = y_p(x)$ (2. Schritt) erhält man schließlich die *allgemeine* Lösung $y = y(x)$ der *inhomogenen* Differentialgleichung:

$$y(x) = y_0(x) + y_p(x) \qquad \text{(IV-312)}$$

■ Beispiele

(1) $y''' - 3y' + 2y = 2 \cdot \sin x + \cos x$

Wir lösen zunächst die zugehörige *homogene* Differentialgleichung

$$y''' - 3y' + 2y = 0$$

Die Lösungen der *charakteristischen Gleichung*

$$\lambda^3 - 3\lambda + 2 = 0$$

sind $\lambda_1 = -2$ und $\lambda_{2/3} = 1$. Die *Fundamentalbasis* besteht daher aus den drei Lösungen (*Basisfunktionen*)

$$y_1 = e^{-2x}, \qquad y_2 = e^x \qquad \text{und} \qquad y_3 = x \cdot e^x$$

Durch *Linearkombination* erhalten wir hieraus die *allgemeine* Lösung der *homogenen* Differentialgleichung in der Form

$$y_0 = C_1 \cdot e^{-2x} + (C_2 + C_3 \cdot x) \cdot e^x \qquad (C_1, C_2, C_3 \in \mathbb{R})$$

Ein *partikuläres* Integral der *inhomogenen* Differentialgleichung gewinnen wir nach Tabelle 3 durch den *Lösungsansatz*

$$y_p = A \cdot \sin x + B \cdot \cos x$$

(Begründung: Störglied $g(x) = 2 \cdot \sin x + \cos x$ mit $\beta = 1$; $j\beta = j \cdot 1 = j$ ist *keine* Lösung der charakteristischen Gleichung). Mit

$$y_p = A \cdot \sin x + B \cdot \cos x, \qquad y_p' = A \cdot \cos x - B \cdot \sin x$$

$$y_p'' = -A \cdot \sin x - B \cdot \cos x, \qquad y_p''' = -A \cdot \cos x + B \cdot \sin x$$

folgt durch Einsetzen in die *inhomogene* Differentialgleichung:

$$-A \cdot \cos x + B \cdot \sin x - 3(A \cdot \cos x - B \cdot \sin x) +$$
$$+ 2(A \cdot \sin x + B \cdot \cos x) = 2 \cdot \sin x + \cos x$$

$$-A \cdot \cos x + B \cdot \sin x - 3A \cdot \cos x + 3B \cdot \sin x +$$
$$+ 2A \cdot \sin x + 2B \cdot \cos x = 2 \cdot \sin x + \cos x$$

Wir fassen noch die Sinus- bzw. Kosinusterme zusammen:

$$(2A + 4B) \cdot \sin x + (-4A + 2B) \cdot \cos x = 2 \cdot \sin x + \cos x$$

Durch *Koeffizientenvergleich* erhalten wir hieraus das *lineare Gleichungssystem*

$$2A + 4B = 2$$
$$-4A + 2B = 1$$

mit der *eindeutigen* Lösung $A = 0$ und $B = 1/2$.

Damit ist $y_p = \dfrac{1}{2} \cdot \cos x$ eine *partikuläre* Lösung und

$$y = y_0 + y_p = C_1 \cdot e^{-2x} + (C_2 + C_3 \cdot x) \cdot e^x + \frac{1}{2} \cdot \cos x$$

die *allgemeine* Lösung der *inhomogenen* linearen Differentialgleichung.

(2) $y^{(4)} + 2y''' - 3y'' = 20x \cdot e^{2x}$

Wir lösen zunächst die zugehörige *homogene* Differentialgleichung

$$y^{(4)} + 2y''' - 3y'' = 0$$

Die *charakteristische Gleichung*

$$\lambda^4 + 2\lambda^3 - 3\lambda^2 = 0$$

wird durch $\lambda_{1/2} = 0$, $\lambda_3 = 1$ und $\lambda_4 = -3$ gelöst. Die *allgemeine* Lösung der *homogenen* Differentialgleichung lautet damit:

$$y_0 = C_1 + C_2 \cdot x + C_3 \cdot e^x + C_4 \cdot e^{-3x} \qquad (C_1, C_2, C_3, C_4 \in \mathbb{R})$$

Wir beschäftigen uns jetzt mit der Integration der *inhomogenen* Differentialgleichung. Einen geeigneten *Lösungsansatz* für eine *partikuläre* Lösung erhalten wir wie folgt. Die Störfunktion $g(x) = 20x \cdot e^{2x}$ ist das *Produkt* aus einer Polynomfunktion 1. Grades (linearen Funktion) und einer Exponentialfunktion (mit $c = 2$, wobei 2 *keine* Lösung der charakteristischen Gleichung ist). Der Tabelle 3 entnehmen wir den *Lösungsansatz*

$$y_p = Q_1(x) \cdot e^{2x} = (ax + b) \cdot e^{2x}$$

(Typ 3 mit $n = 1$ und $c = 2$). Die Parameter a und b werden jetzt so bestimmt, dass diese Funktion die *inhomogene* Differentialgleichung *löst*. Dazu benötigen wir zunächst die Ableitungen des Lösungsansatzes bis zur 4. Ordnung. Sie lauten der Reihe nach wie folgt (*Produkt-* und *Kettenregel* verwenden):

$$y_p' = (2ax + a + 2b) \cdot e^{2x}, \qquad y_p'' = 4(ax + a + b) \cdot e^{2x}$$

$$y_p''' = 4(2ax + 3a + 2b) \cdot e^{2x}, \qquad y_p^{(4)} = 16(ax + 2a + b) \cdot e^{2x}$$

Mit diesen Ableitungen gehen wir in die *inhomogene* Differentialgleichung ein:

$$16(ax + 2a + b) \cdot e^{2x} + 8(2ax + 3a + 2b) \cdot e^{2x} -$$
$$- 12(ax + a + b) \cdot e^{2x} = 20x \cdot e^{2x}$$

Wir kürzen noch durch den gemeinsamen Faktor $4 \cdot e^{2x}$, ordnen und fassen dann die Glieder wie folgt zusammen:

$$4(ax + 2a + b) + 2(2ax + 3a + 2b) - 3(ax + a + b) = 5x$$

$$4ax + 8a + 4b + 4ax + 6a + 4b - 3ax - 3a - 3b = 5x$$

$$5ax + (11a + 5b) = 5x + 0 \qquad \text{(Summand 0 ergänzt)}$$

Ein *Koeffizientenvergleich* führt uns zu dem bereits *gestaffelten* linearen Gleichungssystem

$$5a = 5, \qquad 11a + 5b = 0$$

mit der Lösung $a = 1$ und $b = -2{,}2$. Damit ist $y_p = (x - 2{,}2) \cdot e^{2x}$ eine *partikuläre* und

$$y = y_0 + y_p = C_1 + C_2 \cdot x + C_3 \cdot e^{x} + C_4 \cdot e^{-3x} + (x - 2{,}2) \cdot e^{2x}$$

die *allgemeine* Lösung der *inhomogenen* linearen Differentialgleichung.

Alternativer Lösungsweg

Die Differentialgleichung 4. Ordnung lässt sich durch die *Substitution*

$$u = y'', \qquad u' = y''', \qquad u'' = y^{(4)}$$

in eine Differentialgleichung *2. Ordnung* überführen:

$$u'' + 2u' - 3u = 20x \cdot e^{2x}$$

Wir lösen zunächst die zugehörige *homogene* Differentialgleichung. Die *charakteristische Gleichung* $\lambda^2 + 2\lambda - 3 = 0$ hat die Lösungen $\lambda_1 = 1$ und $\lambda_2 = -3$. Somit ist

$$u_0 = K_1 \cdot e^{x} + K_2 \cdot e^{-3x} \qquad (K_1, K_2 \in \mathbb{R})$$

die *allgemeine* Lösung der *homogenen* Differentialgleichung. Aus der Tabelle 3 entnehmen wir den folgenden *Lösungsansatz* für eine partikuläre Lösung der *inhomogenen* Differentialgleichung:

$$u_p = (ax + b) \cdot e^{2x}$$

(Begründung: siehe weiter oben). Mit diesem Ansatz und den beiden Ableitungen

$$u_p' = (2ax + a + 2b) \cdot e^{2x} \quad \text{und} \quad u_p'' = (4ax + 4a + 4b) \cdot e^{2x}$$

gehen wir in die *inhomogene* Differentialgleichung:

$$(4ax + 4a + 4b) \cdot e^{2x} + 2(2ax + a + 2b) \cdot e^{2x} - 3(ax + b) \cdot e^{2x} =$$
$$= 20x \cdot e^{2x} \,|\, : e^{2x}$$

Ordnen der Glieder:

$$5ax + (6a + 5b) = 20x + 0 \qquad (\text{Summand } 0 \text{ ergänzt})$$

Koeffizientenvergleich liefert die Gleichungen

$$5a = 20 \quad \text{und} \quad 6a + 5b = 0$$

mit der Lösung $a = 4$ und $b = -4{,}8$.

Somit ist $u_p = (4x - 4{,}8) \cdot e^{2x}$ eine partikuläre Lösung und

$$u = u_0 + u_p = K_1 \cdot e^x + K_2 \cdot e^{-3x} + 4x \cdot e^{2x} - 4{,}8 \cdot e^{2x}$$

die *allgemeine* Lösung der *inhomogenen* Differentialgleichung. Durch *Rücksubstitution*, d. h. 2-malige unbestimmte Integration erhalten wir schließlich die (bereits bekannte) Lösung der vorgegebenen Differentialgleichung 4. Ordnung $(y'' = u)$:

$$y' = \int y'' \, dx = \int (K_1 \cdot e^x + K_2 \cdot e^{-3x} + 4x \cdot e^{2x} - 4{,}8 \cdot e^{2x}) \, dx =$$

$$= K_1 \cdot e^x - \frac{1}{3} K_2 \cdot e^{-3x} + 4 \cdot \underbrace{\int x \cdot e^{2x} \, dx}_{\text{Integral 313 mit } a = 2} - 2{,}4 \cdot e^{2x} =$$

$$= K_1 \cdot e^x - \frac{1}{3} K_2 \cdot e^{-3x} + (2x - 1) \cdot e^{2x} - 2{,}4 \cdot e^{2x} + K_3 =$$

$$= K_1 \cdot e^x - \frac{1}{3} K_2 \cdot e^{-3x} + 2x \cdot e^{2x} - 3{,}4 \cdot e^{2x} + K_3$$

$$y = \int y' \, dx = \int (K_1 \cdot e^x - \frac{1}{3} K_2 \cdot e^{-3x} + 2x \cdot e^{2x} - 3{,}4 \cdot e^{2x} + K_3) \, dx =$$

$$= K_1 \cdot e^x + \frac{1}{9} K_2 \cdot e^{-3x} + 2 \cdot \underbrace{\int x \cdot e^{2x} \, dx}_{\text{Integral 313 mit } a = 2} - 1{,}7 \cdot e^{2x} + K_3 \cdot x =$$

$$= K_1 \cdot e^x + \frac{1}{9} K_2 \cdot e^{-3x} + \left(x - \frac{1}{2}\right) \cdot e^{2x} - 1{,}7 \cdot e^{2x} + K_3 \cdot x + K_4 =$$

$$= \underbrace{K_4}_{C_1} + \underbrace{K_3}_{C_2} \cdot x + \underbrace{K_1}_{C_3} \cdot e^x + \underbrace{\frac{1}{9} K_2}_{C_4} \cdot e^{-3x} + (x - 2{,}2) \cdot e^{2x} =$$

$$= C_1 + C_2 \cdot x + C_3 \cdot e^x + C_4 \cdot e^{-3x} + (x - 2{,}2) \cdot e^{2x} \qquad \blacksquare$$

5.4 Ein Eigenwertproblem: Bestimmung der Eulerschen Knicklast

Bei vielen naturwissenschaftlich-technischen Problemen stößt man auf eine *Randwertaufgabe*, deren Differentialgleichung noch einen gewissen *freien Parameter* μ enthält. Man interessiert sich dann für alle diejenigen Werte des Parameters, die zu einer *nichttrivialen* Lösung führen, und bezeichnet diese Werte als *Eigenwerte* und die zugehörigen Lösungen als *Eigenlösungen* oder *Eigenfunktionen* [17]. Aus dem Randwertproblem ist dabei ein sog. *Eigenwertproblem* geworden.

---

[17] Der Parameter μ kann auch in den *Randbedingungen* selbst auftreten. Zur Erinnerung: Eine Lösung wird als *trivial* bezeichnet, wenn sie *identisch verschwindet*, also $y \equiv 0$ gilt.

Wir wollen jetzt an einem einfachen Beispiel aus der *Festigkeitslehre* zeigen, wie sich ein solches *Eigenwertproblem* lösen lässt.

Formulierung der Rand- bzw. Eigenwertaufgabe

Der in Bild IV-48 dargestellte homogene Stab der Länge l ist an beiden Enden *gelenkig* gelagert und wird durch eine in Stabrichtung angreifende (konstante) *Druckkraft F* belastet.

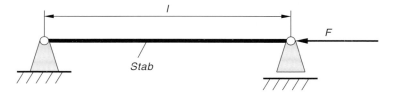

Bild IV-48 Beidseitig gelenkig gelagerter Stab, belastet durch eine Druckkraft F

Die sich dabei einstellende ortsabhängige *Durchbiegung* $y = y(x)$ genügt der folgenden *homogenen* linearen Differentialgleichung 4. Ordnung (siehe hierzu Bild IV-49):

$$y^{(4)} + \frac{F}{EI} y'' = 0 \qquad (0 \le x \le l) \tag{IV-313}$$

Dabei bedeuten:

E: *Elastizitätsmodul* (elastische Materialkonstante)

I: *Flächenmoment* oder *Flächenträgheitsmoment* des Stabquerschnittes

EI: *Biegesteifigkeit* (Konstante)

Mit der Abkürzung $\mu^2 = F/EI$ erhalten wir schließlich die als *Biegegleichung* bezeichnete Differentialgleichung der Biegelinie in der speziellen Darstellungsform

$$y^{(4)} + \mu^2 y'' = 0 \qquad (0 \le x \le l) \tag{IV-314}$$

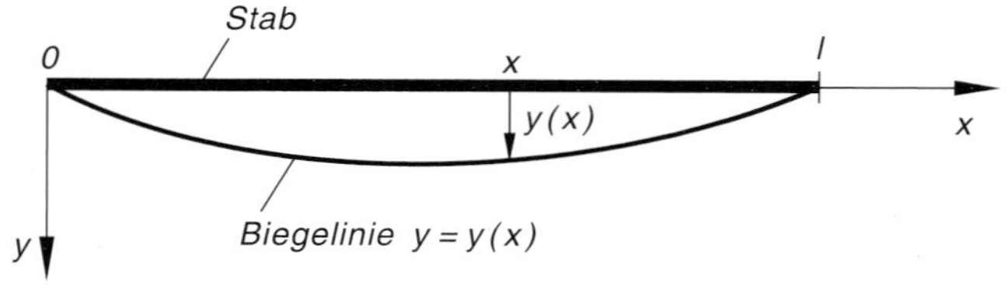

Bild IV-49 Biegelinie eines durch eine Druckkraft belasteten Stabes

Der von der einwirkenden (und zunächst beliebigen) Druckkraft $F > 0$ abhängige *Parameter* μ kann dabei nur *positive* Werte annehmen. Da in den beiden Randpunkten des Stabes, d. h. an den Stellen $x_1 = 0$ und $x_2 = l$ *keine* Durchbiegungen möglich sind und dort auch *keine* Momente auftreten können, gelten für die Biegelinie $y = y(x)$ die folgenden *Randbedingungen* [18]:

---

[18] Bei *kleinen* Verformungen ist das Moment M *proportional* zur 2. Ableitung der Biegelinie: $M \sim y''$. Daher *verschwindet* die 2. Ableitung in *beiden* Randpunkten.

$$\left.\begin{array}{l} y(0) = y(l) = 0 \\ y''(0) = y''(l) = 0 \end{array}\right\} \begin{array}{l} (\textit{keine Durchbiegungen und keine Momente} \\ \text{in den beiden Randpunkten}) \end{array}$$ (IV-315)

Die Lösungen dieses Randwertproblems werden dabei in irgendeiner Weise noch von dem *Parameter* $\mu > 0$ in der Biegegleichung (IV-314) abhängen. Wir haben es daher mit einem *Eigenwertproblem* zu tun, mit dessen Lösungen wir uns jetzt näher beschäftigen wollen.

Triviale Lösung der Eigenwertaufgabe

Die Funktion $y = y(x) \equiv 0$ ist sicher eine *Lösung* der Biegegleichung (IV-314), wie man durch Einsetzen in diese Gleichung leicht nachrechnen kann. Sie erfüllt auch *sämtliche* Randbedingungen. Aus *physikalischer* Sicht bedeutet diese Lösung, dass der Stab *keinerlei* Verformung erleidet. Es handelt sich also um die nicht näher interessierende *triviale* Lösung unserer Rand- bzw. Eigenwertaufgabe (Bild IV-50).

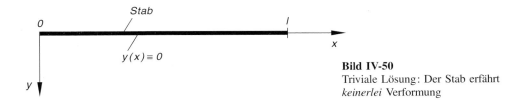

Bild IV-50
Triviale Lösung: Der Stab erfährt *keinerlei* Verformung

Eigenlösungen oder Eigenfunktionen der Eigenwertaufgabe

Uns interessieren jetzt *ausschließlich* diejenigen Druckkräfte F, bei deren Einwirken der Stab auch tatsächlich *verformt* wird. Man bezeichnet diese Kräfte als *Eulersche Knickkräfte* oder auch *Eulersche Knicklasten*. Dabei gehört zu jeder Knickkraft F ein bestimmter Wert des Parameters μ sowie eine bestimmte *nichttriviale* Lösung $y = y(x) \not\equiv 0$ unserer Randwertaufgabe. Diese *speziellen* Werte des Parameters μ (bzw. der Knicklast F), für die man also *nichttriviale* Lösungen erhält, heißen *Eigenwerte* und die zugehörigen Lösungen daher *Eigenlösungen* oder auch *Eigenfunktionen*.

Mit der Bestimmung dieser Eigenwerte und Eigenlösungen wollen wir uns im Folgenden beschäftigen. Die Biegegleichung (IV-314) führt zunächst auf die *charakteristische Gleichung*

$$\lambda^4 + \mu^2 \lambda^2 = \lambda^2 (\lambda^2 + \mu^2) = 0$$ (IV-316)

mit den Lösungen

$$\lambda_{1/2} = 0 \quad \text{und} \quad \lambda_{3/4} = \pm j\mu$$ (IV-317)

Die *allgemeine* Lösung der Biegegleichung (IV-314) lautet daher:

$$y = C_1 + C_2 x + C_3 \cdot \sin(\mu x) + C_4 \cdot \cos(\mu x)$$ (IV-318)

Mit den benötigten Ableitungen

$$y' = C_2 + \mu\, C_3 \cdot \cos(\mu x) - \mu\, C_4 \cdot \sin(\mu x) \tag{IV-319}$$

$$y'' = -\mu^2\, C_3 \cdot \sin(\mu x) - \mu^2\, C_4 \cdot \cos(\mu x) =$$

$$= -\mu^2\, [\, C_3 \cdot \sin(\mu x) + C_4 \cdot \cos(\mu x)\,] \tag{IV-320}$$

erhalten wir dann aus den Randbedingungen (IV-315) vier *Bestimmungsgleichungen* für die unbekannten Konstanten C_1 bis C_4:

$$y(0) \;=\; 0 \quad \Rightarrow \quad C_1 + C_4 = 0 \tag{IV-321}$$

$$y(l) \;=\; 0 \quad \Rightarrow \quad C_1 + C_2\, l + C_3 \cdot \sin(\mu l) + C_4 \cdot \cos(\mu l) = 0 \tag{IV-322}$$

$$y''(0) \;=\; 0 \quad \Rightarrow \quad -\mu^2\, C_4 = 0 \tag{IV-323}$$

$$y''(l) \;=\; 0 \quad \Rightarrow \quad -\mu^2\, [\, C_3 \cdot \sin(\mu l) + C_4 \cdot \cos(\mu l)\,] = 0 \,|\, : \mu^2$$

$$\Rightarrow \quad C_3 \cdot \sin(\mu l) + C_4 \cdot \cos(\mu l) = 0 \tag{IV-324}$$

Aus Gleichung (IV-323) folgt sofort $C_4 = 0$ (wegen $\mu > 0$) und damit weiter aus Gleichung (IV-321) auch $C_1 = 0$. Das Gleichungssystem *reduziert* sich damit auf

$$\begin{aligned} C_2\, l + C_3 \cdot \sin(\mu l) &= 0 \\ C_3 \cdot \sin(\mu l) &= 0 \end{aligned} \tag{IV-325}$$

Durch *Differenzbildung* dieser Gleichungen folgt dann $C_2\, l = 0$ und somit $C_2 = 0$. Es verbleibt daher noch *eine* einzige Bestimmungsgleichung, nämlich

$$C_3 \cdot \sin(\mu l) = 0 \tag{IV-326}$$

Unser Eigenwertproblem ist daher nur dann *nichttrivial* lösbar, wenn $C_3 \neq 0$ ist. Denn anderenfalls würden sämtliche Konstanten in der allgemeinen Lösung (IV-318) verschwinden, d. h. es wäre $y(x) \equiv 0$. Aus (IV-326) folgt somit wegen $C_3 \neq 0$ die Gleichung

$$\sin(\mu l) = 0 \tag{IV-327}$$

mit den Lösungen $\mu l = n\pi$. Daraus erhalten wir die gesuchten Eigenwerte:

$$\mu_n = \frac{n\pi}{l} \qquad (n = 1, 2, 3, \ldots) \tag{IV-328}$$

Die zugehörigen *Eigenlösungen* (*Eigenfunktionen*) besitzen damit die folgende Gestalt:

$$y_n = y_n(x) = C_3 \cdot \sin\left(\frac{n\pi}{l}\, x\right) \qquad (0 \le x \le l) \tag{IV-329}$$

($n = 1, 2, 3, \ldots$). Dabei ist C_3 eine (beliebige) von Null verschiedene Konstante, die aber unbestimmt bleibt.

Einige dieser *unendlich* vielen Eigenlösungen sind in Bild IV-51 graphisch dargestellt.

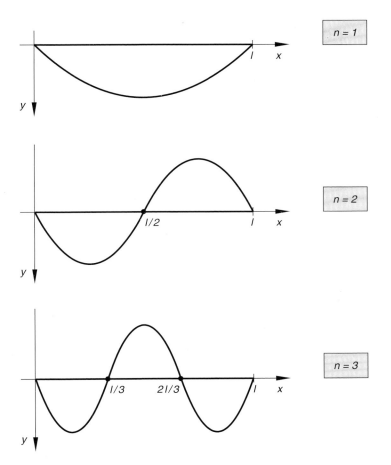

Bild IV-51 Die ersten Eigenlösungen (Eigenfunktionen) beim *Eulerschen Knickfall*

6 Numerische Integration einer Differentialgleichung

Zahlreiche der in den naturwissenschaftlich-technischen Anwendungen auftretenden Differentialgleichungen (insbesondere *nichtlineare* Differentialgleichungen) sind elementar *nicht* lösbar, d. h. es ist *nicht* möglich, die Lösungen durch *Funktionsgleichungen* zu beschreiben. In anderen Fällen wiederum ist eine Lösung der Differentialgleichung in *geschlossener* Form zwar *grundsätzlich* erreichbar, jedoch vom Arbeits- und Rechenaufwand her zu *aufwendig*. Es bleibt dann noch die Möglichkeit der *punktweisen* Berechnung der Lösungskurve unter Verwendung spezieller *Näherungsverfahren*.

6.1 Numerische Integration einer Differentialgleichung 1. Ordnung

6.1.1 Streckenzugverfahren von Euler

Die Aufgabe besteht darin, das *Anfangswertproblem*

$$y' = f(x; y) \qquad \textit{Anfangswert}: y(x_0) = y_0 \qquad (IV\text{-}330)$$

im Intervall $a \leq x \leq b$ *numerisch* zu lösen. Zunächst unterteilen wir das Intervall in *n gleiche* Teile der Länge

$$h = \frac{b - a}{n} \qquad (IV\text{-}331)$$

Die Größe h wird in diesem Zusammenhang als *Schrittweite* bezeichnet. Von *Euler* stammt das folgende, sehr anschauliche Verfahren zur *punktweisen* Bestimmung der Lösungsfunktion an den Stellen

$$x_0 = a, \qquad x_1 = a + h, \qquad x_2 = a + 2h, \ldots, \qquad x_n = b$$

$$x_k = a + k \cdot h = x_0 + k \cdot h \qquad (k = 0, 1, \ldots, n) \qquad (IV\text{-}332)$$

Ausgehend vom vorgegebenen *Anfangspunkt* $P_0 = (x_0; y_0)$, der *auf* der *exakten* Lösungskurve $y = y(x)$ liegt, ersetzen wir die Lösungskurve im Intervall $x_0 \leq x \leq x_1$ *näherungsweise* durch die *Kurventangente* im Punkt P_0 (Bild IV-52):

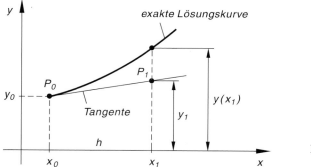

Bild IV-52

Die Tangentensteigung m_0 erhält man aus der Differentialgleichung $y' = f(x; y)$, indem man für x und y die Koordinaten des Anfangspunktes P_0 einsetzt. Also ist

$$m_0 = f(x_0; y_0) \qquad (IV\text{-}333)$$

Die Gleichung der *Tangente* lautet daher (in der Punkt-Steigungsform)

$$\frac{y - y_0}{x - x_0} = f(x_0; y_0) \qquad (IV\text{-}334)$$

oder (in der Hauptform)

$$y = y_0 + (x - x_0) \cdot f(x_0; y_0) \qquad (IV\text{-}335)$$

An der Stelle $x_1 = x_0 + h$ besitzt diese Tangente den *Ordinatenwert*

$$y_1 = y_0 + (x_1 - x_0) \cdot f(x_0; y_0) = y_0 + h \cdot f(x_0; y_0) \qquad \text{(IV-336)}$$

Bei *geringer* Schrittweite h ist y_1 ein brauchbarer *Näherungswert* für den Funktionswert $y(x_1)$ der *exakten* Lösung an dieser Stelle:

$$y(x_1) \approx y_1 = y_0 + h \cdot f(x_0; y_0) \qquad \text{(IV-337)}$$

Bild IV-52 verdeutlicht diesen Sachverhalt.

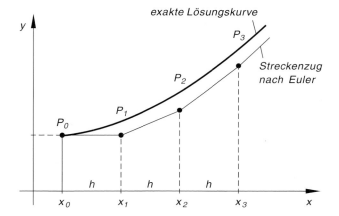

Bild IV-53
Streckenzugverfahren
von Euler

Die *näherungsweise* Berechnung der Lösungskurve $y = y(x)$ an der Stelle x_2 erfolgt *analog*. Der Punkt $P_1 = (x_1; y_1)$ ist daher der *Ausgangspunkt* [19]. Die Lösungskurve wird dann im Intervall $x_1 \leq x \leq x_2$ durch eine *Gerade* ersetzt, die durch den Punkt P_1 verläuft und dieselbe Steigung m_1 besitzt wie die Kurventangente der Lösungskurve durch P_1 an dieser Stelle (Bild IV-53). Die Gleichung dieser *Geraden* lautet somit

$$\frac{y - y_1}{x - x_1} = m_1 = f(x_1; y_1) \qquad \text{(IV-338)}$$

oder

$$y = y_1 + (x - x_1) \cdot f(x_1; y_1) \qquad \text{(IV-339)}$$

An der Stelle $x_2 = x_1 + h$ ist dann *näherungsweise*

$$y(x_2) \approx y_2 = y_1 + (x_2 - x_1) \cdot f(x_1; y_1) = y_1 + h \cdot f(x_1; y_1) \qquad \text{(IV-340)}$$

Dann wird das beschriebene Verfahren für den (neuen) *Anfangspunkt* $P_2 = (x_2; y_2)$, der in der Regel *nicht* auf der exakten Lösungskurve liegt, *wiederholt*. Nach insgesamt n Rechenschritten gelangt man schließlich zum Endpunkt $P_n = (x_n; y_n)$.

---

[19] Man beachte, dass P_1 im Allgemeinen *nicht* auf der exakten Lösungskurve liegt.

Die *näherungsweise* Berechnung der Funktionswerte der Lösungskurve $y = y(x)$ erfolgt somit nach der *Vorschrift*

$$y(x_k) \approx y_k = y_{k-1} + h \cdot f(x_{k-1}; y_{k-1}) \qquad (k = 1, 2, \ldots, n) \qquad \text{(IV-341)}$$

Beim *Eulerschen* Verfahren setzt sich die Lösungskurve aus *geradlinigen* Stücken zusammen, d. h. man erhält eine Näherungskurve in Form eines *Streckenzuges* (auch *Polygon* genannt; siehe Bild IV-53).

Wir fassen zusammen:

Integration einer Differentialgleichung 1. Ordnung nach dem Streckenzugverfahren von Euler

Die *Lösungskurve* $y = y(x)$ der Differentialgleichung 1. Ordnung vom Typ

$$y' = f(x; y) \qquad \text{(IV-342)}$$

durch den vorgegebenen *Anfangspunkt* $P_0 = (x_0; y_0)$ lässt sich nach Euler *punktweise* wie folgt berechnen:

$$y(x_k) \approx y_k = y_{k-1} + h \cdot f(x_{k-1}; y_{k-1}) \qquad (k = 1, 2, \ldots, n) \qquad \text{(IV-343)}$$

h: Schrittweite

Anmerkungen

(1) Die *stückweise* Approximation der exakten Lösungskurve $y = y(x)$ durch eine *Gerade* ist eine relativ *grobe* Näherung, zumal nur das Steigungsverhalten der Lösungskurve an *einer einzigen* Stelle, nämlich im jeweiligen *linken* Randpunkt, berücksichtigt wird. Eine ausreichende Genauigkeit der Näherungsrechnung ist daher nur für entsprechend *kleine* Schrittweiten zu erwarten. Dies aber bedeutet zugleich auch einen *hohen Rechenaufwand*.

(2) Der *Fehler* (Verfahrensfehler) kann wie folgt abgeschätzt werden:

$$\Delta y_k = y(x_k) - y_k \approx y_k - \tilde{y}_k \qquad \text{(IV-344)}$$

Dabei bedeuten:

$y(x_k)$: *Exakte* Lösung an der Stelle x_k

y_k: *Näherungslösung* an der Stelle x_k bei der Schrittweite h

$\tilde{y}_k$:   *Näherungslösung* an der Stelle x_k bei *doppelter* Schrittweite $2h$

Um eine *Kontrolle* über die Genauigkeit der Näherungsrechnung zu erhalten, kann eine sog. *Zweitrechnung* (Grobrechnung) mit *doppelter* Schrittweite durchgeführt werden. Aus Formel (VI-344) lässt sich dann der Fehler *abschätzen* (*Rundungsfehler* sind dabei noch *nicht* berücksichtigt).

Rechenschema

Für die Rechnung selbst empfehlen wir das folgende *Rechenschema*:

k	x	y	$h \cdot f(x; y)$
0	x_0	y_0 (Anfangswert)	$h \cdot f(x_0; y_0)$
1	$x_1 = x_0 + h$	$y_1 = y_0 + h \cdot f(x_0; y_0)$	$h \cdot f(x_1; y_1)$
2	$x_2 = x_0 + 2h$	$y_2 = y_1 + h \cdot f(x_1; y_1)$	$h \cdot f(x_2; y_2)$
3	$x_3 = x_0 + 3h$	$y_3 = y_2 + h \cdot f(x_2; y_2)$	$h \cdot f(x_3; y_3)$
$\vdots$	$\vdots$	$\vdots$	$\vdots$

■ **Beispiel**

Das *Anfangswertproblem*

$$y' = y + e^x \qquad \textit{Anfangswert}: \ y(0) = 1$$

ist *exakt* lösbar (z. B. durch Variation der Konstanten), die *Lösungsfunktion* lautet:

$$y = (x + 1) \cdot e^x$$

Wir berechnen nun die *Näherungslösung* dieser Differentialgleichung im Intervall $0 \leq x \leq 0{,}2$ zunächst für die Schrittweite $h = 0{,}05$ und anschließend bei *halbierter* Schrittweite ($h = 0{,}025$). Durch einen *Vergleich* der Näherungslösungen mit der exakten Lösung erhalten wir einen Eindruck über die *Güte* des Eulerschen Streckenzugverfahrens.

Schrittweite $h = 0{,}05$

k	x	y	$h \cdot f(x; y) = 0{,}05\,(y + e^x)$	y_{exakt}
0	0,00	1,000 000	0,100 000	1,000 000
1	0,05	1,100 000	0,107 564	1,103 835
2	0,10	1,207 564	0,115 637	1,215 688
3	0,15	1,323 200	0,124 252	1,336 109
4	0,20	1,447 452		1,465 683

Schrittweite $h = 0{,}025$

k	x	y	$h \cdot f(x; y) = 0{,}025\,(y + e^x)$	y_{exakt}
0	0,000	1,000 000	0,050 000	1,000 000
1	0,025	1,050 000	0,051 883	1,050 948
2	0,050	1,101 883	0,053 829	1,103 835
3	0,075	1,155 712	0,055 840	1,158 725
4	0,100	1,211 552	0,057 918	1,215 688
5	0,125	1,269 470	0,060 065	1,274 792
6	0,150	1,329 535	0,062 284	1,336 109
7	0,175	1,391 819	0,064 577	1,336 109
8	0,200	1,456 396		1,465 683

Wir stellen die beiden *Näherungslösungen der exakten* Lösung gegenüber:

x	y $(h = 0{,}05)$	y $(h = 0{,}025)$	y_{exakt}
0,00	1,000 000	1,000 000	1,000 000
0,05	1,100 000	1,101 883	1,103 835
0,10	1,207 564	1,211 552	1,215 688
0,15	1,323 200	1,329 535	1,336 109
0,20	1,447 452	1,456 396	1,465 683

Der *Vergleich* zeigt deutlich, dass sich die Funktionswerte bei *kleineren* Schrittweiten erwartungsgemäß *verbessern*.   ∎

6.1.2 Runge-Kutta-Verfahren 4. Ordnung

Das *Runge-Kutta-Verfahren 4. Ordnung* erweist sich in der Praxis als ein Rechenverfahren von *hoher* Genauigkeit. Der *Grundgedanke* ist dabei der *gleiche* wie beim *Streckenzugverfahren* von *Euler*. Wiederum wird die (exakte) Lösungskurve $y = y(x)$ der Differentialgleichung 1. Ordnung

$$y' = f(x; y) \tag{IV-345}$$

mit dem *Anfangswert* $y(x_0) = y_0$ in *jedem* Teilintervall der Länge h durch eine *Gerade* ersetzt. Ausgangspunkt ist der vorgegebene *Anfangspunkt* $P_0 = (x_0; y_0)$. Wir *ersetzen* die Lösungskurve im Intervall $x_0 \leq x \leq x_1 = x_0 + h$ durch eine *Gerade* mit der Gleichung

$$\frac{y - y_0}{x - x_0} = m \qquad \text{oder} \qquad y = y_0 + (x - x_0)\, m \tag{IV-346}$$

Anders als beim Streckenzugverfahren von Euler wird hier für die Steigung m der Ersatzgeraden eine Art *mittlerer* Steigungswert der Lösungskurve angesetzt, wobei das Steigungsverhalten der Lösungskurve in den beiden *Randpunkten* des Intervalls und in der *Intervallmitte* berücksichtigt wird, allerdings mit *unterschiedlicher* Gewichtung [20].

Die *Rechenvorschrift* für das *Runge-Kutta-Verfahren 4. Ordnung* lautet wie folgt:

Numerische Integration einer Differentialgleichung 1. Ordnung nach dem Runge-Kutta-Verfahren 4. Ordnung

Die *Lösungskurve* $y = y(x)$ der Differentialgleichung 1. Ordnung vom Typ

$$y' = f(x; y) \tag{IV-347}$$

durch den vorgegebenen *Anfangspunkt* $P_0 = (x_0; y_0)$ lässt sich nach Runge-Kutta *punktweise* wie folgt berechnen:

$$y(x_1) \approx y_1 = y_0 + \frac{1}{6}(k_1 + 2k_2 + 2k_3 + k_4)$$

$$k_1 = h \cdot f(x_0; y_0)$$

$$k_2 = h \cdot f\left(x_0 + \frac{h}{2}; y_0 + \frac{k_1}{2}\right)$$

$$k_3 = h \cdot f\left(x_0 + \frac{h}{2}; y_0 + \frac{k_2}{2}\right)$$

$$k_4 = h \cdot f(x_0 + h; y_0 + k_3)$$

$$\text{(IV-348)}$$

$$y(x_2) \approx y_2 = y_1 + \frac{1}{6}(k_1 + 2k_2 + 2k_3 + k_4)$$

$$k_1 = h \cdot f(x_1; y_1)$$

$$k_2 = h \cdot f\left(x_1 + \frac{h}{2}; y_1 + \frac{k_1}{2}\right)$$

$$k_3 = h \cdot f\left(x_1 + \frac{h}{2}; y_1 + \frac{k_2}{2}\right)$$

$$k_4 = h \cdot f(x_1 + h; y_1 + k_3)$$

$$\vdots$$

h: Schrittweite $(h = (b - a)/n)$

---

[20] Wir erinnern: Beim *Streckenzugverfahren* wurde für die Steigung m nur das Steigungsverhalten der Lösungskurve im *linken* Randpunkt, d. h. im *Anfangspunkt* P_0 berücksichtigt $(m = f(x_0; y_0))$.

Anmerkungen

(1) Die *Hilfsgrößen* k_1, k_2, k_3 und k_4 müssen in *jedem* Teilintervall, d. h. für *jeden* Rechenschritt *neu* berechnet werden. Sie beschreiben näherungsweise das *Steigungsverhalten* der Lösungskurve $y = y(x)$ in den beiden *Randpunkten* (k_1, k_4) sowie in der *Intervallmitte* (k_2, k_3).

(2) Der *Fehler* (Verfahrensfehler) lässt sich wie folgt abschätzen:

$$\Delta y_k = y(x_k) - y_k \approx \frac{1}{15}(y_k - \tilde{y}_k) \tag{IV-349}$$

Dabei bedeuten:

$y(x_k)$: *Exakte* Lösung an der Stelle x_k

y_k: *Näherungslösung* an der Stelle x_k bei der Schrittweite h

$\tilde{y}_k$:   *Näherungslösung* an der Stelle x_k bei doppelter Schrittweite $2h$

Das *Runge-Kutta-Verfahren 4. Ordnung* ist im *Gegensatz* zum *Eulerschen Streckenzugverfahren* eine Rechenmethode von *großer* Genauigkeit (siehe hierzu auch das folgende Beispiel).

Rechenschema

Für die Rechnung verwenden wir das folgende *Rechenschema*:

Abkürzung: $K = \dfrac{1}{6}(k_1 + 2k_2 + 2k_3 + k_4)$

k	x	y	$f(x; y)$	$k = h \cdot f(x; y)$
0	x_0	y_0	$f(x_0; y_0)$	k_1
	$x_0 + \dfrac{h}{2}$	$y_0 + \dfrac{k_1}{2}$	$f\left(x_0 + \dfrac{h}{2}; y_0 + \dfrac{k_1}{2}\right)$	k_2
	$x_0 + \dfrac{h}{2}$	$y_0 + \dfrac{k_2}{2}$	$f\left(x_0 + \dfrac{h}{2}; y_0 + \dfrac{k_2}{2}\right)$	k_3
	$x_0 + h$	$y_0 + k_3$	$f(x_0 + h; y_0 + k_3)$	k_4
				$K = \dfrac{1}{6}(k_1 + 2k_2 + 2k_3 + k_4)$
1	$x_1 = x_0 + h$	$y_1 = y_0 + K$	$\ldots$	
	$\vdots$			

Grau unterlegt: Näherungswert für $y(x_1)$

Geometrische Deutung (Bild IV-54)

Wir versuchen nun, das Runge-Kutta-Verfahren *geometrisch anschaulich* zu deuten:

Vom Ausgangspunkt (Anfangspunkt) P_0 aus geht man längs einer Geraden g mit der (mittleren) Steigung m bis zum Intervallende, d. h. bis zur Stelle $x_1 = x_0 + h$ und gelangt so zum Endpunkt P_1, dessen Ordinate y_1 ein *Näherungswert* für die gesuchte exakte Lösung $y(x_1)$ ist. Die Steigung der Geraden wird dabei aus *vier* Steigungswerten ermittelt (je ein Steigungswert in den beiden *Randpunkten* des Intervalles und zwei weitere Steigungswerte in der *Intervallmitte*).

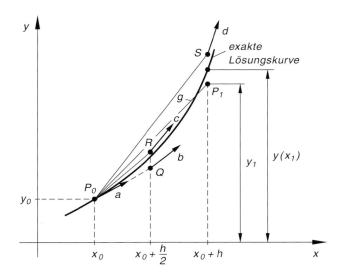

Bild IV-54 Zur geometrischen Deutung des Runge-Kutta-Verfahrens 4. Ordnung

Die in die Runge-Kutta-Formel eingehenden Steigungswerte haben dabei die folgende geometrische Bedeutung:

(1) **Steigungswert $m_1 = f(x_0; y_0)$**

Dieser Wert ist die Steigung der Tangente an die *exakte* Lösungskurve im Punkt P_0 (Linienelement a).

(2) **Steigungswert $m_2 = f\left(x_0 + \dfrac{h}{2}; y_0 + \dfrac{k_1}{2}\right)$**

Man geht von P_0 in Richtung der *Tangente* bis zur *Intervallmitte* und erreicht somit den Punkt Q mit den Koordinaten

$$x_Q = x_0 + \frac{h}{2}, \qquad y_Q = y_0 + \frac{1}{2}\underbrace{h \cdot f(x_0; y_0)}_{k_1} = y_0 + \frac{k_1}{2} \qquad \text{(IV-350)}$$

Die Lösungskurve durch Q besitzt an dieser Stelle das Linienelement b mit der Steigung $m_2 = f\left(x_0 + \dfrac{h}{2}; y_0 + \dfrac{k_1}{2}\right)$.

(3) Steigungswert $m_3 = f\left(x_0 + \dfrac{h}{2}; y_0 + \dfrac{k_2}{2}\right)$

Man geht von P_0 aus *geradlinig* und *parallel* zum Linienelement b bis zur *Intervallmitte* und gelangt so zum Punkt R mit den Koordinaten

$$x_R = x_0 + \frac{h}{2}, \qquad y_R = y_0 + \frac{1}{2}\underbrace{h \cdot f\left(x_0 + \frac{h}{2}; y_0 + \frac{k_1}{2}\right)}_{k_2} = y_0 + \frac{k_2}{2}$$

$$\text{(IV-351)}$$

Die Lösungskurve durch R besitzt an dieser Stelle das Linienelement c mit der Steigung $m_3 = f\left(x_0 + \dfrac{h}{2}; y_0 + \dfrac{k_2}{2}\right)$.

(4) Steigungswert $m_4 = f(x_0 + h; y_0 + k_3)$

Der Weg führt jetzt von P_0 aus *geradlinig* und *parallel* zum Linienelement c bis zum *Intervallende*. Man erreicht somit den Punkt S mit den Koordinaten

$$x_S = x_0 + h, \qquad y_S = y_0 + \underbrace{h \cdot f\left(x_0 + \frac{h}{2}; y_0 + \frac{k_2}{2}\right)}_{k_3} = y_0 + k_3$$

$$\text{(IV-352)}$$

Die Lösungskurve durch S besitzt dann an dieser Stelle das Linienelement d mit der Steigung $m_4 = f(x_0 + h; y_0 + k_3)$.

Die Steigung der Geraden g, die vom Ausgangspunkt P_0 zum Endpunkt P_1 führt, wird dann aus diesen vier Steigungswerten wie folgt berechnet:

$$m = \frac{m_1 + 2m_2 + 2m_3 + m_4}{6} \qquad\qquad \text{(IV-353)}$$

Dieser Wert ist eine Art *mittlere* Steigung der Lösungskurve im betrachteten Intervall $x_0 \leq x \leq x_1 = x_0 + h$.

■ **Beispiel**

Wir behandeln nochmals das *exakt* lösbare *Anfangswertproblem*

$$y' = y + e^x \qquad Anfangswert: \quad y(0) = 1$$

mit der *exakten* Lösung $y = (x + 1) \cdot e^x$, diesmal nach dem *Runge-Kutta-Verfahren 4. Ordnung*. Gesucht wird die *Näherungslösung* im Intervall $0 \leq x \leq 0,2$ für die Schrittweite $h = 0,05$.

k	x	y	$f(x;y) = y + e^x$	$k = h \cdot f(x;y) = 0,05(y + e^x)$	y_{exakt}
0	0,000	1,000 000	2,000 000	0,100 000	1,000 000
	0,025	1,050 000	2,075 315	0,103 766	
	0,025	1,051 883	2,077 198	0,103 860	
	0,050	1,103 860	2,155 131	0,107 757	
			$K = 0,103\ 835$		
1	0,050	1,103 835	2,155 106	0,107 755	1,103 835
	0,075	1,157 712	2,235 597	0,111 780	
	0,075	1,159 724	2,237 609	0,111 880	
	0,100	1,215 715	2,320 886	0,116 044	
			$K = 0,111\ 853$		
2	0,100	1,215 688	2,320 859	0,116 043	1,215 688
	0,125	1,273 709	2,406 858	0,120 343	
	0,125	1,275 859	2,409 008	0,120 450	
	0,150	1,336 138	2,497 973	0,124 899	
			$K = 0,120\ 421$		
3	0,150	1,336 109	2,497 943	0,124 897	1,336 109
	0,175	1,398 558	2,589 804	0,129 490	
	0,175	1,400 854	2,592 100	0,129 605	
	0,200	1,465 714	2,687 117	0,134 356	
			$K = 0,129\ 574$		
4	0,200	1,465 683			1,465 683

Die Rechenergebnisse zeigen eine *völlige* Übereinstimmung zwischen *Näherungslösung* und *exakter* Lösung. Das *Runge-Kutta-Verfahren 4. Ordnung* ist daher ein *hervorragendes* Mittel zur *numerischen* Integration einer Differentialgleichung 1. Ordnung. Dies zeigt auch der *direkte* Vergleich mit den Rechenergebnissen, die wir nach dem *Eulerschen Streckenzugverfahren* erhalten haben:

x	y (Euler)	y (Runge-Kutta)	y_{exakt}
0,00	1,000 000	1,000 000	1,000 000
0,05	1,100 000	1,103 835	1,103 835
0,10	1,207 564	1,215 688	1,215 688
0,15	1,323 200	1,336 109	1,336 109
0,20	1,447 452	1,465 683	1,465 683

■

6.2 Numerische Integration einer Differentialgleichung 2. Ordnung nach dem Runge-Kutta-Verfahren 4. Ordnung

Das aus Abschnitt 6.1.2 bekannte *Runge-Kutta-Verfahren 4. Ordnung* zur Lösung einer Differentialgleichung *1. Ordnung* lässt sich auch auf eine Differentialgleichung 2. *Ordnung* vom Typ

$$y'' = f(x; y; y') \tag{IV-354}$$

mit den *Anfangswerten* $y(x_0) = y_0$, $y'(x_0) = y'_0$ übertragen. Ausgehend von diesen Anfangswerten lässt sich die gesuchte *Lösungskurve* $y = y(x)$ im Intervall $a \leq x \leq b$ *Punkt für Punkt* mit der konstanten Schrittweite h berechnen ($a = x_0$). Im 1. Rechenschritt werden Näherungswerte für die gesuchte Lösungsfunktion und ihre Ableitung an der Stelle $x_1 = x_0 + h$ berechnet. Diese wiederum dienen dann als Anfangswerte für den 2. Rechenschritt, d. h. für die Berechnung der Näherungswerte der Lösungsfunktion und ihrer Ableitung an der Stelle $x_2 = x_1 + h = x_0 + 2h$ usw..

Die punktweise Berechnung der Lösungskurve erfolgt dabei nach der folgenden Rechenvorschrift:

Numerische Integration einer Differentialgleichung 2. Ordnung nach dem Runge-Kutta-Verfahren 4. Ordnung

Die *Lösungskurve* $y = y(x)$ der Differentialgleichung 2. Ordnung vom Typ

$$y'' = f(x; y; y') \qquad \text{(IV-355)}$$

mit den vorgegebenen *Anfangswerten* $y(x_0) = y_0$, $y'(x_0) = y'_0$ lässt sich nach Runge-Kutta *punktweise* wie folgt berechnen:

$$y(x_1) \approx y_1 = y_0 + \frac{1}{6}(k_1 + 2k_2 + 2k_3 + k_4)$$

$$y'(x_1) \approx y'_1 = y'_0 + \frac{1}{6}(m_1 + 2m_2 + 2m_3 + m_4)$$

$$k_1 = h \cdot y'_0 \qquad m_1 = h \cdot f(x_0; y_0; y'_0)$$

$$k_2 = h\left(y'_0 + \frac{m_1}{2}\right) \qquad m_2 = h \cdot f\left(x_0 + \frac{h}{2}; y_0 + \frac{k_1}{2}; y'_0 + \frac{m_1}{2}\right)$$

$$k_3 = h\left(y'_0 + \frac{m_2}{2}\right) \qquad m_3 = h \cdot f\left(x_0 + \frac{h}{2}; y_0 + \frac{k_2}{2}; y'_0 + \frac{m_2}{2}\right)$$

$$k_4 = h(y'_0 + m_3) \qquad m_4 = h \cdot f(x_0 + h; y_0 + k_3; y'_0 + m_3)$$

$$\text{(IV-356)}$$

$$y(x_2) \approx y_2 = y_1 + \frac{1}{6}(k_1 + 2k_2 + 2k_3 + k_4)$$

$$y'(x_2) \approx y'_2 = y'_1 + \frac{1}{6}(m_1 + 2m_2 + 2m_3 + m_4)$$

$$k_1 = h \cdot y'_1 \qquad m_1 = h \cdot f(x_1; y_1; y'_1)$$

$$k_2 = h\left(y'_1 + \frac{m_1}{2}\right) \qquad m_2 = h \cdot f\left(x_1 + \frac{h}{2}; y_1 + \frac{k_1}{2}; y'_1 + \frac{m_1}{2}\right)$$

$$k_3 = h\left(y'_1 + \frac{m_2}{2}\right) \qquad m_3 = h \cdot f\left(x_1 + \frac{h}{2}; y_1 + \frac{k_2}{2}; y'_1 + \frac{m_2}{2}\right)$$

$$k_4 = h(y'_1 + m_3) \qquad m_4 = h \cdot f(x_1 + h; y_1 + k_3; y'_1 + m_3)$$

$\vdots$

h: Schrittweite $(h = (b - a)/n)$

Anmerkung

Die *Hilfsgrößen* k_1, k_2, k_3, k_4 und m_1, m_2, m_3, m_4 müssen bei *jedem* Rechenschritt *neu* berechnet werden.

Rechenschema

Für die Rechnung verwenden wir das folgende *Rechenschema*:

Abkürzungen: $K = \dfrac{1}{6}(k_1 + 2k_2 + 2k_3 + k_4)$, $M = \dfrac{1}{6}(m_1 + 2m_2 + 2m_3 + m_4)$

k	x	y	y'	$k = h \cdot y'$	$m = h \cdot f(x; y; y')$
0	x_0	y_0	y'_0	k_1	m_1
	$x_0 + \dfrac{h}{2}$	$y_0 + \dfrac{k_1}{2}$	$y'_0 + \dfrac{m_1}{2}$	k_2	m_2
	$x_0 + \dfrac{h}{2}$	$y_0 + \dfrac{k_2}{2}$	$y'_0 + \dfrac{m_2}{2}$	k_3	m_3
	$x_0 + h$	$y_0 + k_3$	$y'_0 + m_3$	k_4	m_4
				$K = \dfrac{1}{6}(k_1 + 2k_2 + 2k_3 + k_4)$ $M = \dfrac{1}{6}(m_1 + 2m_2 + 2m_3 + m_4)$	
1	$x_1 = x_0 + h$	$\boxed{y_1 = y_0 + K}$	$\boxed{y'_1 = y'_0 + M}$	$\dots$	
$\vdots$					

Grau unterlegt: Näherungswert für $y(x_1)$ und $y'(x_1)$

■ **Beispiel**

Das *Anfangswertproblem*

$$y'' = y' + 2y \qquad \textit{Anfangswerte: } \; y(0) = 3, \;\; y'(0) = 0$$

ist *exakt* lösbar, die *Lösungsfunktion* lautet:

$$y = e^{2x} + 2 \cdot e^{-x}$$

Wir berechnen die *Näherungslösung* im Intervall $0 \le x \le 0{,}3$ für die Schrittweite $h = 0{,}1$.

k	x	y	y'	$k = h \cdot y' = 0,1\,y'$	$m = h \cdot f(x;y;y') = 0,1\,(y' + 2y)$	y_{exakt}	y'_{exakt}
0	0,00	3,000 000	0,000 000	0,000 000	0,600 000	3,000 000	0,000 000
	0,05	3,000 000	0,300 000	0,030 000	0,630 000		
	0,05	3,015 000	0,315 000	0,031 500	0,634 500		
	0,10	3,031 500	0,634 500	0,063 450	0,669 750		
				$K = 0,031\,075$	$M = 0,633\,125$		
1	0,10	3,031 075	0,633 125	0,063 313	0,669 528	3,031 078	0,633 131
	0,15	3,062 732	0,967 889	0,096 789	0,709 335		
	0,15	3,079 470	0,987 793	0,098 779	0,714 673		
	0,20	3,129 854	1,347 798	0,134 780	0,760 751		
				$K = 0,098\,205$	$M = 0,713\,049$		
2	0,20	3,129 280	1,346 174	0,134 617	0,760 473	3,129 286	1,346 286
	0,25	3,196 589	1,726 411	0,172 641	0,811 957		
	0,25	3,215 601	1,752 153	0,175 215	0,818 336		
	0,30	3,304 495	2,164 510	0,216 451	0,877 350		
				$K = 0,174\,463$	$M = 0,816\,402$		
3	0,30	3,303 743	2,162 576			3,303 755	2,162 601

Ein Vergleich mit der *exakten* Lösung zeigt eine gute Übereinstimmung der Ergebnisse, gleichzeitig aber auch, dass die Genauigkeit mit *zunehmender* Entfernung vom Anfangspunkt *abnimmt*. ∎

7 Systeme linearer Differentialgleichungen

7.1 Systeme linearer Differentialgleichungen 1. Ordnung mit konstanten Koeffizienten

7.1.1 Ein einführendes Beispiel

Der in Bild IV-55 dargestellte Stromkreis (ein sog. *Kettenleiter*) enthält zwei gleiche ohmsche Widerstände R und zwei gleiche Induktivitäten L. Er wird durch die (zeit-abhängige) Spannung $u = u(t)$ gespeist.

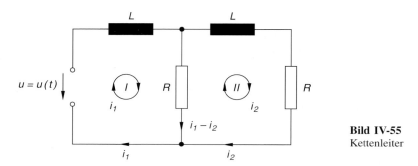

Bild IV-55
Kettenleiter

In den Maschen I und II fließen die ebenfalls zeitabhängigen Ströme $i_1 = i_1(t)$ und $i_2 = i_2(t)$. Die Anwendung der *Maschenregel* [21] auf diese Maschen liefert dann die folgenden Beziehungen:

$$L \frac{di_1}{dt} + R(i_1 - i_2) - u = 0$$

$$L \frac{di_2}{dt} - R(i_1 - i_2) + Ri_2 = 0 \tag{IV-357}$$

Diese Gleichungen können wir auch in der Form

$$\frac{di_1}{dt} = -\frac{R}{L} i_1 + \frac{R}{L} i_2 + \frac{u}{L}$$

$$\frac{di_2}{dt} = \frac{R}{L} i_1 - \frac{2R}{L} i_2 \tag{IV-358}$$

darstellen. Es handelt sich dabei um *lineare* Differentialgleichungen *1. Ordnung* mit *kon-stanten* Koeffizienten für die beiden unbekannten Maschenströme $i_1(t)$ und $i_2(t)$, die jedoch *nicht* unabhängig voneinander sind, sondern einer *Kopplung* unterliegen [22].

---

[21] *Maschenregel:* In jeder Masche ist die *Summe* der Spannungen gleich *Null*.

[22] Die Kopplung erfolgt hier über den *ohmschen Widerstand* R, der beiden Maschen *gemeinsam* ist.

Denn *beide* Stromgrößen treten in *jeder* der beiden Maschengleichungen auf. Man spricht daher auch von miteinander *gekoppelten* Differentialgleichungen.

Der Zusammenhang zwischen den Massenströmen $i_1 = i_1(t)$ und $i_2 = i_2(t)$ wird in diesem Beispiel also durch ein *System* von zwei inhomogenen linearen Differentialgleichungen 1. Ordnung mit konstanten Koeffizienten beschrieben. Die Aufgabe besteht nun darin, das vorliegende System mit Hilfe eines geeigneten Lösungsansatzes zu lösen, wobei die Werte der beiden Ströme zu Beginn (d. h. zur Zeit $t = 0$) meist als sog. *Anfangswerte* $i_1(0)$ und $i_2(0)$ vorgegeben sind. Eine Problemstellung dieser Art wird daher auch als ein *Anfangswertproblem* bezeichnet. Mit der Lösung dieser Aufgabe werden wir uns dann am Ende dieses Abschnitts ausführlich beschäftigen.

7.1.2 Grundbegriffe

Das einführende Beispiel führte uns auf ein *System* von *zwei* inhomogenen linearen Differentialgleichungen *1. Ordnung* mit *konstanten* Koeffizienten vom allgemeinen Typ

$$
\begin{aligned}
y_1' &= a_{11}y_1 + a_{12}y_2 + g_1(x) \\
y_2' &= a_{21}y_1 + a_{22}y_2 + g_2(x)
\end{aligned}
\tag{IV-359}
$$

auf das wir uns in diesem Abschnitt auch beschränken wollen.

Homogene und inhomogene Systeme

Die Funktionen $g_1(x)$ und $g_2(x)$ werden dabei als *Störfunktionen* oder *Störglieder* bezeichnet. Fehlen *beide* Störglieder, d. h. ist $g_1(x) \equiv 0$ und $g_2(x) \equiv 0$, so heißt das lineare System *homogen*, ansonsten *inhomogen*.

Ordnung eines Systems

Unter der *Ordnung* eines Differentialgleichungssystems versteht man die *Summe* der Ordnungen der einzelnen Differentialgleichungen, die zu dem System gehören. Wir haben es hier also mit Systemen *2. Ordnung* zu tun.

Lösungen eines Systems

Jedes *Funktionenpaar* $y_1 = y_1(x)$ und $y_2 = y_2(x)$, das zusammen mit den Ableitungen $y_1' = y_1'(x)$ und $y_2' = y_2'(x)$ das lineare System (IV-359) identisch erfüllt, bildet eine *Lösung* des Systems. Eine Lösung besteht daher immer aus *zwei* Lösungsfunktionen y_1 und y_2.

Die *allgemeine* Lösung eines Systems von Differentialgleichungen enthält dabei noch frei wählbare *Parameter* (auch *Integrationskonstanten* genannt), deren Anzahl der *Ordnung n* des Systems entspricht. In dem hier ausschließlich behandelten Fall eines Differentialgleichungssystems 2. Ordnung enthält die allgemeine Lösung daher genau *zwei* Parameter. Diese lassen sich häufig aus zwei *Anfangsbedingungen* oder *Anfangswerten* bestimmen (sog. *Anfangswertproblem* oder *Anfangswertaufgabe*). Aus der *allgemeinen* Lösung des Differentialgleichungssystems wird auf diese Weise dann eine *spezielle* oder *partikuläre* Lösung des Systems.

Matrizendarstellung eines Systems

Das *lineare* Differentialgleichungssystem (IV-359) lässt sich auch in der oft sehr nützlichen *Matrizenform* darstellen. Zu diesem Zweck führen wir zunächst die folgenden *Spaltenmatrizen* (*Spaltenvektoren*) ein:

$$\mathbf{y} = \begin{pmatrix} y_1 \\ y_2 \end{pmatrix}, \quad \mathbf{y}' = \begin{pmatrix} y_1' \\ y_2' \end{pmatrix} \quad \text{und} \quad \mathbf{g}(x) = \begin{pmatrix} g_1(x) \\ g_2(x) \end{pmatrix} \tag{IV-360}$$

Sie werden wie folgt bezeichnet:

    $\mathbf{y}$:   *Lösungsvektor*

    $\mathbf{y}'$:   *Ableitung des Lösungsvektors*

    $\mathbf{g}(x)$: *Störvektor* (aus den beiden *Störgliedern* gebildet)

Die *konstanten* Koeffizienten des Systems werden zu der 2-reihigen *Koeffizientenmatrix*

$$\mathbf{A} = \begin{pmatrix} a_{11} & a_{12} \\ a_{21} & a_{22} \end{pmatrix} \tag{IV-361}$$

zusammengefasst. Das lineare System (IV-359) lässt sich dann auch in der *Matrizenform*

$$\mathbf{y}' = \mathbf{A}\,\mathbf{y} + \mathbf{g}(x) \tag{IV-362}$$

darstellen. Für ein *homogenes* System gilt $\mathbf{g}(x) \equiv \mathbf{0}$ und somit

$$\mathbf{y}' = \mathbf{A}\,\mathbf{y} \tag{IV-363}$$

Wir fassen die wichtigsten Grundbegriffe wie folgt zusammen:

Einige Grundbegriffe für Systeme linearer Differentialgleichungen 1. Ordnung mit konstanten Koeffizienten

Zwei *gekoppelte* lineare Differentialgleichungen *1. Ordnung* mit *konstanten* Koeffizienten vom Typ

$$\begin{aligned} y_1' &= a_{11}y_1 + a_{12}y_2 + g_1(x) \\ y_2' &= a_{21}y_1 + a_{22}y_2 + g_2(x) \end{aligned} \tag{IV-364}$$

bilden ein *lineares Differentialgleichungssystem 2. Ordnung*, das auch in der *Matrizenform*

$$\underbrace{\begin{pmatrix} y_1' \\ y_2' \end{pmatrix}}_{\mathbf{y}'} = \underbrace{\begin{pmatrix} a_{11} & a_{12} \\ a_{21} & a_{22} \end{pmatrix}}_{\mathbf{A}} \underbrace{\begin{pmatrix} y_1 \\ y_2 \end{pmatrix}}_{\mathbf{y}} + \underbrace{\begin{pmatrix} g_1(x) \\ g_2(x) \end{pmatrix}}_{\mathbf{g}(x)} \tag{IV-365}$$

oder (in der Kurzschreibweise)

$$\mathbf{y}' = \mathbf{A}\,\mathbf{y} + \mathbf{g}(x) \qquad\qquad\qquad\qquad \text{(IV-366)}$$

dargestellt werden kann.

Dabei bedeuten:

a_{ik}:   Reelle (konstante) Koeffizienten $(i, k = 1, 2)$

$g_i(x)$:   *Störglieder* oder *Störfunktionen* $(i = 1, 2)$

$\mathbf{y}$:   *Lösungsvektor* (enthält die Lösungen y_1 und y_2 als Komponenten)

$\mathbf{y}'$:   *Ableitung des Lösungsvektors* (enthält die Ableitungen y_1' und y_2' der Lösungen y_1 und y_2 als Komponenten)

$\mathbf{g}(x)$:   *Störvektor* (gebildet mit den beiden *Störgliedern*)

$\mathbf{A}$:   *Koeffizientenmatrix* (gebildet aus den reellen Koeffizienten des Systems)

1.   Homogene und inhomogene Systeme

Das lineare Differentialgleichungssystem (IV-364) heißt *homogen*, wenn $g_1(x) \equiv 0$ *und* $g_2(x) \equiv 0$ und somit $\mathbf{g}(x) \equiv \mathbf{0}$ ist. Ansonsten heißt das System *inhomogen*. Ein *homogenes* System ist daher in der Matrizenform $\mathbf{y}' = \mathbf{A}\,\mathbf{y}$ darstellbar.

2.   Allgemeine Lösung eines linearen Systems

Die *allgemeine* Lösung $y_1 = y_1(x)$, $y_2 = y_2(x)$ bzw. der *allgemeine* Lösungsvektor $\mathbf{y} = \mathbf{y}(x)$ enthält noch *zwei* voneinander unabhängige Parameter.

3.   Anfangswertproblem

Ein *Anfangswertproblem* liegt vor, wenn für jede der beiden gesuchten Lösungsfunktionen $y_1 = y_1(x)$ und $y_2 = y_2(x)$ ein *Anfangswert* vorgegeben wird, aus dem sich dann die unbekannten Parameter der allgemeinen Lösung bestimmen lassen. Man erhält auf diese Weise eine *spezielle* oder *partikuläre* Lösung des Differentialgleichungssystems.

■ **Beispiele**

(1)   Das lineare Differentialgleichungssystem

$$\begin{aligned} y_1' &= y_1 + y_2 \\ y_2' &= -y_1 + y_2 \end{aligned} \qquad \text{oder} \qquad \begin{pmatrix} y_1' \\ y_2' \end{pmatrix} = \begin{pmatrix} 1 & 1 \\ -1 & 1 \end{pmatrix} \begin{pmatrix} y_1 \\ y_2 \end{pmatrix}$$

ist *homogen*. Mit den *Anfangsbedingungen* $y_1(0) = 0$ und $y_2(0) = 1$ wird daraus ein *Anfangswertproblem*.

(2)   Die *gekoppelten* linearen Differentialgleichungen 1. Ordnung

$$y_1' = -y_1 + y_2 + e^{2x}$$

$$y_2' = y_1 - 2y_2 + x$$

bilden dagegen ein *inhomogenes* lineares Differentialgleichungssystem 2. Ordnung. Die *Matrizendarstellung* dieses Systems lautet:

$$\begin{pmatrix} y_1' \\ y_2' \end{pmatrix} = \begin{pmatrix} -1 & 1 \\ 1 & -2 \end{pmatrix} \begin{pmatrix} y_1 \\ y_2 \end{pmatrix} + \begin{pmatrix} e^{2x} \\ x \end{pmatrix} \qquad \blacksquare$$

7.1.3 Integration des homogenen linearen Differentialgleichungssystems

Das *homogene* lineare System

$$\begin{aligned} y_1' &= a_{11}y_1 + a_{12}y_2 \\ y_2' &= a_{21}y_1 + a_{22}y_2 \end{aligned} \qquad \text{oder} \qquad \mathbf{y}' = \mathbf{A}\,\mathbf{y} \qquad (\text{IV-367})$$

lässt sich durch einen *Exponentialansatz* der Form

$$y_1 = K_1 \cdot e^{\lambda x} \qquad \text{und} \qquad y_2 = K_2 \cdot e^{\lambda x} \qquad (\text{IV-368})$$

mit einem beiden Funktionen gemeinsamen (aber noch unbekannten) *Parameter* λ wie folgt lösen. Wir bilden zunächst die Ableitung dieser Funktionen:

$$y_1' = \lambda K_1 \cdot e^{\lambda x} \qquad \text{und} \qquad y_2' = \lambda K_2 \cdot e^{\lambda x} \qquad (\text{IV-369})$$

und setzen diese dann zusammen mit dem Lösungsansatz in das *homogene* lineare System (IV-367) ein:

$$\begin{aligned} \lambda K_1 \cdot e^{\lambda x} &= a_{11} K_1 \cdot e^{\lambda x} + a_{12} K_2 \cdot e^{\lambda x} \\ \lambda K_2 \cdot e^{\lambda x} &= a_{21} K_1 \cdot e^{\lambda x} + a_{22} K_2 \cdot e^{\lambda x} \end{aligned} \qquad (\text{IV-370})$$

Nach *Division* durch $e^{\lambda x}$ erhalten wir:

$$\begin{aligned} \lambda K_1 &= a_{11} K_1 + a_{12} K_2 \\ \lambda K_2 &= a_{21} K_1 + a_{22} K_2 \end{aligned} \qquad (\text{IV-371})$$

Dieses *homogene lineare Gleichungssystem* für die noch unbekannten Koeffizienten K_1 und K_2 lässt sich dabei noch auf die folgende Gestalt bringen:

$$\begin{aligned} (a_{11} - \lambda) K_1 + a_{12} K_2 &= 0 \\ a_{21} K_1 + (a_{22} - \lambda) K_2 &= 0 \end{aligned} \qquad (\text{IV-372})$$

In der *Matrizenform* lautet dieses Gleichungssystem:

$$(\mathbf{A} - \lambda \mathbf{E})\,\mathbf{K} = \mathbf{0} \qquad \text{mit} \qquad \mathbf{K} = \begin{pmatrix} K_1 \\ K_2 \end{pmatrix}, \quad \mathbf{E} = \begin{pmatrix} 1 & 0 \\ 0 & 1 \end{pmatrix} \qquad (\text{IV-373})$$

Nichttriviale Lösungen erhalten wir nur dann, wenn die Koeffizientendeterminante *verschwindet*. Diese Bedingung führt zu der *charakteristischen Gleichung*

$$
\det (\mathbf{A} - \lambda \mathbf{E}) = \begin{vmatrix} a_{11} - \lambda & a_{12} \\ a_{21} & a_{22} - \lambda \end{vmatrix} = (a_{11} - \lambda)(a_{22} - \lambda) - a_{12} a_{21} =
$$

$$
= \lambda^2 - \underbrace{(a_{11} + a_{22})}_{\mathrm{Sp\,}(\mathbf{A})} \lambda + \underbrace{(a_{11} a_{22} - a_{12} a_{21})}_{\det \mathbf{A}} =
$$

$$
= \lambda^2 - \mathrm{Sp\,}(\mathbf{A}) \cdot \lambda + \det \mathbf{A} = 0 \qquad \text{(IV-374)}
$$

Die Lösungen dieser Gleichung sind demnach die *Eigenwerte* λ_1 und λ_2 der Koeffizientenmatrix $\mathbf{A}$. Dabei sind wiederum (wie schon bei der *homogenen* Differentialgleichung 2. *Ordnung* mit konstanten Koeffizienten) *drei* Fälle zu unterscheiden:

1. Fall: $\lambda_1 \neq \lambda_2$ (reell)

Die charakteristische Gleichung besitzt zwei *verschiedene reelle* Lösungen λ_1 und λ_2. Sie führen zu den Exponentialfunktionen $e^{\lambda_1 x}$ und $e^{\lambda_2 x}$, aus denen man durch *Linearkombination* die *erste* Lösungsfunktion $y_1 = y_1(x)$ gewinnt:

$$
y_1 = C_1 \cdot e^{\lambda_1 x} + C_2 \cdot e^{\lambda_2 x} \qquad (C_1, C_2 \in \mathbb{R}) \qquad \text{(IV-375)}
$$

Die *zweite* Lösungsfunktion $y_2 = y_2(x)$ erhalten wir, indem wir die erste Lösungsfunktion y_1 zusammen mit ihrer Ableitung y_1' in die *erste* Gleichung des Differentialgleichungssystems (IV-367) einsetzen und diese Gleichung dann nach y_2 auflösen:

$$
y_2 = \frac{1}{a_{12}} (y_1' - a_{11} y_1) \qquad \text{(IV-376)}
$$

2. Fall: $\lambda_1 = \lambda_2 = \alpha$ (reell)

Die charakteristische Gleichung (IV-374) besitzt jetzt eine *doppelte* reelle Lösung $\lambda_{1/2} = \alpha$. In diesem Fall lautet die *erste* Lösungsfunktion wie folgt:

$$
y_1 = (C_1 + C_2 x) \cdot e^{\alpha x} \qquad (C_1, C_2 \in \mathbb{R}) \qquad \text{(IV-377)}
$$

Die *zweite* Lösungsfunktion $y_2 = y_2(x)$ erhalten wir durch Einsetzen von y_1 und y_1' in Gleichung (IV-376).

3. Fall: $\lambda_{1/2} = \alpha \pm j\omega$ (konjugiert komplex)

Die *konjugiert komplexen* Lösungen $\lambda_{1/2} = \alpha \pm j\omega$ führen zu der folgenden *ersten* Lösungsfunktion:

$$
y_1 = e^{\alpha x} [C_1 \cdot \sin(\omega x) + C_2 \cdot \cos(\omega x)] \qquad (C_1, C_2 \in \mathbb{R}) \qquad \text{(IV-378)}
$$

Die *zweite* Lösungsfunktion $y_2 = y_2(x)$ erhalten wir wiederum aus Gleichung (IV-376), indem wir dort y_1 und y_1' einsetzen.

Wir fassen die Ergebnisse wie folgt zusammen:

Integration eines homogenen linearen Differentialgleichungssystems 2. Ordnung

Ein *homogenes* lineares Differentialgleichungssystem 2. Ordnung vom Typ

$$y_1' = a_{11} y_1 + a_{12} y_2 \qquad \text{oder} \qquad \mathbf{y}' = \mathbf{A}\,\mathbf{y} \tag{IV-379}$$
$$y_2' = a_{21} y_1 + a_{22} y_2$$

lässt sich stets durch den *Exponentialansatz*

$$y_1 = K_1 \cdot e^{\lambda x} \qquad \text{und} \qquad y_2 = K_2 \cdot e^{\lambda x} \tag{IV-380}$$

mit einem (zunächst noch unbekannten) *Parameter* λ lösen. Die Werte dieses Parameters sind dabei die *Eigenwerte* der Koeffizientenmatrix $\mathbf{A}$ und werden somit aus der *charakteristischen Gleichung*

$$\det\,(\mathbf{A} - \lambda\,\mathbf{E}) = \begin{vmatrix} a_{11} - \lambda & a_{12} \\ a_{21} & a_{22} - \lambda \end{vmatrix} = 0 \tag{IV-381}$$

berechnet. Dabei sind *drei* Fälle zu unterscheiden $(C_1, C_2 \in \mathbb{R})$:

1. Fall: $\lambda_1 \neq \lambda_2$ (reell)

Für die *erste* Lösungsfunktion y_1 erhalten wir:

$$y_1 = C_1 \cdot e^{\lambda_1 x} + C_2 \cdot e^{\lambda_2 x} \tag{IV-382}$$

Die *zweite* Lösungsfunktion y_2 wird dann aus der Gleichung

$$y_2 = \frac{1}{a_{12}}\,(y_1' - a_{11} y_1) \tag{IV-383}$$

durch Einsetzen von y_1 und deren Ableitung y_1' ermittelt (die erste der beiden Differentialgleichungen (IV-379) wird nach y_2 aufgelöst).

2. Fall: $\lambda_1 = \lambda_2 = \alpha$ (reell)

Die *erste* Lösungsfunktion y_1 lautet diesmal:

$$y_1 = (C_1 + C_2 x) \cdot e^{\alpha x} \tag{IV-384}$$

Die *zweite* Lösungsfunktion y_2 wird wiederum aus Gleichung (IV-383) ermittelt.

3. Fall: $\lambda_{1/2} = \alpha \pm j\,\omega$ (konjugiert komplex)

Die *erste* Lösungsfunktion y_1 besitzt die folgende Gestalt:

$$y_1 = e^{\alpha x}\,[\,C_1 \cdot \sin\,(\omega x) + C_2 \cdot \cos\,(\omega x)\,] \tag{IV-385}$$

Die *zweite* Lösungsfunktion y_2 wird wiederum aus Gleichung (IV-383) ermittelt.

Anmerkung

Wie bei den homogenen Differentialgleichungen 2. Ordnung wird auch hier die *allgemeine* Lösung $y_1 = y_1(x)$, $y_2 = y_2(x)$ aus *Linearkombinationen* bestimmter *Basislösungen* oder *Basisfunktionen* dargestellt. Die *Fundamentalbasis* lautet dabei wie folgt:

Im 1. Fall: $e^{\lambda_1 x}$, $e^{\lambda_2 x}$

Im 2. Fall: $e^{\alpha x}$, $x \cdot e^{\alpha x}$

Im 3. Fall: $e^{\alpha x} \cdot \sin(\omega x)$, $e^{\alpha x} \cdot \cos(\omega x)$

■ **Beispiele**

(1) $\begin{aligned} y_1' &= -y_1 + 3y_2 \\ y_2' &= 2y_1 - 2y_2 \end{aligned}$ oder $\begin{pmatrix} y_1' \\ y_2' \end{pmatrix} = \begin{pmatrix} -1 & 3 \\ 2 & -2 \end{pmatrix} \begin{pmatrix} y_1 \\ y_2 \end{pmatrix}$

Charakteristische Gleichung mit Lösungen:

$$\begin{vmatrix} (-1-\lambda) & 3 \\ 2 & (-2-\lambda) \end{vmatrix} = (-1-\lambda)(-2-\lambda) - 6 = 0$$

$$\lambda^2 + 3\lambda - 4 = 0 \quad \Rightarrow \quad \lambda_1 = -4, \quad \lambda_2 = 1 \qquad (1. \text{ Fall})$$

Allgemeine Lösung des Differentialgleichungssystems:

$$y_1 = C_1 \cdot e^{-4x} + C_2 \cdot e^x$$

$$y_1' = -4C_1 \cdot e^{-4x} + C_2 \cdot e^x, \qquad a_{11} = -1, \qquad a_{12} = 3$$

$$y_2 = \frac{1}{a_{12}}(y_1' - a_{11}y_1) =$$

$$= \frac{1}{3}\left(-4C_1 \cdot e^{-4x} + C_2 \cdot e^x + C_1 \cdot e^{-4x} + C_2 \cdot e^x\right) =$$

$$= \frac{1}{3}\left(-3C_1 \cdot e^{-4x} + 2C_2 \cdot e^x\right) = -C_1 \cdot e^{-4x} + \frac{2}{3}C_2 \cdot e^x$$

Das vorliegende System wird somit durch die folgenden Funktionen *allgemein* gelöst:

$$\left. \begin{aligned} y_1 &= C_1 \cdot e^{-4x} + C_2 \cdot e^x \\ y_2 &= -C_1 \cdot e^{-4x} + \frac{2}{3}C_2 \cdot e^x \end{aligned} \right\} \quad (C_1, C_2 \in \mathbb{R})$$

Wir können die Lösung des vorgegebenen linearen Differentialgleichungssystems aber auch durch den *Lösungsvektor*

$$\mathbf{y} = \begin{pmatrix} C_1 \cdot e^{-4x} + C_2 \cdot e^x \\ -C_1 \cdot e^{-4x} + \dfrac{2}{3} C_2 \cdot e^x \end{pmatrix} \qquad (C_1, C_2 \in \mathbb{R})$$

beschreiben.

(2) $\quad \begin{aligned} y_1' &= y_1 + y_2 \\ y_2' &= -y_1 + y_2 \end{aligned} \qquad \text{oder} \qquad \begin{pmatrix} y_1' \\ y_2' \end{pmatrix} = \begin{pmatrix} 1 & 1 \\ -1 & 1 \end{pmatrix} \begin{pmatrix} y_1 \\ y_2 \end{pmatrix}$

Charakteristische Gleichung mit Lösungen:

$$\begin{vmatrix} (1-\lambda) & 1 \\ -1 & (1-\lambda) \end{vmatrix} = (1-\lambda)^2 + 1 = 0 \quad \Rightarrow$$

$$\lambda^2 - 2\lambda + 2 = 0 \quad \Rightarrow \quad \lambda_{1/2} = 1 \pm j \qquad \text{(3. Fall)}$$

Allgemeine Lösung des Differentialgleichungssystems:

$$y_1 = e^x (C_1 \cdot \sin x + C_2 \cdot \cos x)$$

$$y_1' = e^x (C_1 \cdot \sin x + C_2 \cdot \cos x) + e^x (C_1 \cdot \cos x - C_2 \cdot \sin x)$$

$$a_{11} = 1, \qquad a_{12} = 1$$

$$y_2 = \frac{1}{a_{12}} (y_1' - a_{11} y_1) =$$

$$= e^x (C_1 \cdot \sin x + C_2 \cdot \cos x) + e^x (C_1 \cdot \cos x - C_2 \cdot \sin x) -$$

$$- e^x (C_1 \cdot \sin x + C_2 \cdot \cos x) =$$

$$= e^x (C_1 \cdot \cos x - C_2 \cdot \sin x)$$

Die *allgemeine* Lösung des Differentialgleichungssystems lautet somit:

$$\left. \begin{aligned} y_1 &= e^x (C_1 \cdot \sin x + C_2 \cdot \cos x) \\ y_2 &= e^x (C_1 \cdot \cos x - C_2 \cdot \sin x) \end{aligned} \right\} \qquad C_1, C_2 \in \mathbb{R}$$

(3) $\quad \left. \begin{aligned} y_1' &= 4y_1 - 3y_2 \\ y_2' &= 3y_1 - 2y_2 \end{aligned} \right\} \qquad y_1(0) = 1, \qquad y_2(0) = 0$

Charakteristische Gleichung mit Lösungen:

$$\begin{vmatrix} (4-\lambda) & -3 \\ 3 & (-2-\lambda) \end{vmatrix} = (4-\lambda)(-2-\lambda) + 9 = 0 \quad \Rightarrow$$

$$\lambda^2 - 2\lambda + 1 = (\lambda - 1)^2 = 0 \quad \Rightarrow \quad \lambda_{1/2} = 1 \qquad \text{(2. Fall)}$$

Allgemeine Lösung des Differentialgleichungssystems:

$$y_1 = (C_1 + C_2 x) \cdot e^x$$

$$y_1' = C_2 \cdot e^x + (C_1 + C_2 x) \cdot e^x, \qquad a_{11} = 4, \qquad a_{12} = -3$$

$$y_2 = \frac{1}{a_{12}} (y_1' - a_{11} y_1) =$$

$$= -\frac{1}{3} \left(C_2 \cdot e^x + (C_1 + C_2 x) \cdot e^x - 4 (C_1 + C_2 x) \cdot e^x \right) =$$

$$= -\frac{1}{3} \left(-3 C_1 + C_2 - 3 C_2 x \right) \cdot e^x = \left(C_1 - \frac{1}{3} C_2 + C_2 x \right) \cdot e^x$$

Das Differentialgleichungssystem besitzt somit die folgende *allgemeine* Lösung:

$$\left. \begin{aligned} y_1 &= (C_1 + C_2 x) \cdot e^x \\ y_2 &= \left(C_1 - \frac{1}{3} C_2 + C_2 x \right) \cdot e^x \end{aligned} \right\} \qquad C_1, C_2 \in \mathbb{R}$$

Lösung des Anfangswertproblems:

$$y_1(0) = 1 \quad \Rightarrow \quad C_1 = 1$$

$$y_2(0) = 0 \quad \Rightarrow \quad C_1 - \frac{1}{3} C_2 = 0 \quad \Rightarrow \quad C_2 = 3 C_1 = 3 \cdot 1 = 3$$

Die gesuchte *Lösung* besitzt damit die folgende Gestalt:

$$y_1 = (1 + 3x) \cdot e^x, \qquad y_2 = 3x \cdot e^x \qquad\qquad \blacksquare$$

7.1.4 Integration des inhomogenen linearen Differentialgleichungssystems

Wir beschäftigen uns in diesem Abschnitt mit zwei Lösungsverfahren für *inhomogene* lineare Differentialgleichungssysteme 2. Ordnung vom Typ

$$\begin{aligned} y_1' &= a_{11} y_1 + a_{12} y_2 + g_1(x) \\ y_2' &= a_{21} y_1 + a_{22} y_2 + g_2(x) \end{aligned} \qquad \text{oder} \qquad \mathbf{y}' = \mathbf{A}\,\mathbf{y} + \mathbf{g}(x) \qquad \text{(IV-386)}$$

7.1.4.1 Aufsuchen einer partikulären Lösung

Ähnlich wie bei einer inhomogenen linearen Differentialgleichung 1., 2. oder allgemein *n*-ter Ordnung mit konstanten Koeffizienten lässt sich auch bei einem *inhomogenen* linearen Differentialgleichungssystem *2. Ordnung* vom Typ (IV-386) die *allgemeine* Lösung als *Summe* aus der *allgemeinen* Lösung des zugehörigen *homogenen* Systems und einer *partikulären* Lösung des *inhomogenen* Systems aufbauen. Wir führen zunächst noch folgende Bezeichnungen ein:

$y_{1(0)}, \; y_{2(0)}$:   *Allgemeine* Lösung des *homogenen* Systems

$y_{1(p)}, \; y_{2(p)}$:   *Partikuläre* Lösung des *inhomogenen* Systems

$y_1, \; y_2$:   *Allgemeine* Lösung des *inhomogenen* Systems

Für die *allgemeine* Lösung des *inhomogenen* Systems (IV-386) gilt dann:

$$y_1 = y_{1(0)} + y_{1(p)} \quad \text{und} \quad y_2 = y_{2(0)} + y_{2(p)} \tag{IV-387}$$

Die Lösungsansätze $y_{1(p)}$ und $y_{2(p)}$ für die *partikuläre* Lösung des Systems orientieren sich dabei wiederum an den beiden *Störgliedern* $g_1(x)$ und $g_2(x)$ und können (in der Regel mit gewissen Anpassungen) unmittelbar aus der Tabelle 2 in Abschnitt 3.4 (oder auch aus der Tabelle 3 in Abschnitt 5.3) entnommen werden. Dabei müssen jedoch in $y_{1(p)}$ und $y_{2(p)}$ jeweils *beide* Störfunktionen entsprechend berücksichtigt werden. Die Bestimmung der in den Lösungsansätzen enthaltenen (und meist sehr zahlreichen) *Parameter* führt zu einem linearen Gleichungssystem, das (bei *richtig* gewählten Lösungsansätzen) stets lösbar ist.

Wir fassen dieses Lösungsverfahren wie folgt zusammen:

Integration eines inhomogenen linearen Differentialgleichungssystems 2. Ordnung durch „Aufsuchen einer partikulären Lösung"

Ein *inhomogenes* lineares Differentialgleichungssystem 2. Ordnung vom Typ

$$\begin{aligned} y_1' &= a_{11}y_1 + a_{12}y_2 + g_1(x) \\ y_2' &= a_{21}y_1 + a_{22}y_2 + g_2(x) \end{aligned} \quad \text{oder} \quad \mathbf{y}' = \mathbf{A}\,\mathbf{y} + \mathbf{g}(x) \tag{IV-388}$$

lässt sich schrittweise wie folgt lösen:

1. Zunächst wird die *allgemeine* Lösung $y_{1(0)} = y_{1(0)}(x)$, $y_{2(0)} = y_{2(0)}(x)$ des zugehörigen *homogenen* linearen Systems

$$\begin{aligned} y_1' &= a_{11}y_1 + a_{12}y_2 \\ y_2' &= a_{21}y_1 + a_{22}y_2 \end{aligned} \tag{IV-389}$$

   bestimmt.

2. Dann ermittelt man mit Hilfe eines geeigneten Lösungsansatzes unter Verwendung der modifizierten Tabelle 2 (Abschnitt 3.4) eine *partikuläre* Lösung $y_{1(p)} = y_{1(p)}(x)$, $y_{2(p)} = y_{2(p)}(x)$ des *inhomogenen* Systems. Beim Lösungsansatz sind in *beiden* Funktionen jeweils *beide* Störfunktionen $g_1(x)$ und $g_2(x)$ entsprechend zu berücksichtigen.

3. Man *addiert* jetzt zur *allgemeinen* Lösung des *homogenen* linearen Systems die *partikuläre* Lösung des *inhomogenen* linearen Systems und erhält die gesuchte *allgemeine* Lösung des *inhomogenen* linearen Systems in der Form

$$\begin{aligned} y_1 &= y_{1(0)} + y_{1(p)} \\ y_2 &= y_{2(0)} + y_{2(p)} \end{aligned} \tag{IV-390}$$

Anmerkungen

(1)   Wie finde ich einen geeigneten Lösungsansatz für eine *partikuläre* Lösung des inhomogenen Systems?
Die in den naturwissenschaftlich-technischen Anwendungen auftretenden Störglieder sind in der Regel Polynome, Exponentialfunktionen oder trigonometrische Funktionen (Sinus, Kosinus) sowie Summen bzw. Produkte dieser Funktionen. Bei der Suche nach einem geeigneten Lösungsansatz orientieren wir uns an der Tabelle 2 (in Abschnitt 3.4). Sie enthält Lösungsansätze für die oben genannten speziellen Störfunktionen, gilt aber (in dieser Form) zunächst nur für lineare Differentialgleichungen 2. Ordnung. Dieser Tabelle entnehmen wir den Lösungsansatz für das Störglied $g(x)$ des inhomogenen Systems (*Fallunterscheidungen* dabei beachten), müssen diesen Ansatz jedoch noch *modifizieren*. Enthält der Ansatz einen *linearen* Faktor x oder einen *quadratischen* Faktor x^2, so müssen diese Faktoren wie folgt ersetzt werden:

$$x \rightarrow ax + b \quad \text{bzw.} \quad x^2 \rightarrow ax^2 + bx + c$$

Die *unvollständigen* Polynome 1. bzw. 2. Grades (x bzw. x^2) werden also durch *vollständige* Polynome 1. bzw. 2. Grades ($ax + b$ bzw. $ax^2 + bx + c$) ersetzt[23].
Enthält das inhomogene System z. B. ein Störglied vom Typ $g(x) = e^{cx}$ (Exponentialfunktion mit dem Koeffizienten c im Exponenten), so hängt der *richtige* (d. h. modifizierte) Ansatz noch wesentlich davon ab, ob c eine (einfache oder doppelte) Lösung der charakteristischen Gleichung des homogenen Systems ist oder nicht. Der *richtige* Lösungsansatz für eine partikuläre Lösung lautet dann, falls der Koeffizient c eine *einfache* Lösung der charakteristischen Gleichung ist, wie folgt:

$$y_{1(p)} = (ax + b) \cdot e^{cx}, \qquad y_{2(p)} = (Ax + B) \cdot e^{cx}$$

(mit den Parametern a, b, A und B; siehe hierzu das nachfolgende 2. Beispiel).

(2)   Bei der Berechnung der in den Lösungsansätzen für $y_{1(p)}$ und $y_{2(p)}$ auftretenden zahlreichen Parameter stößt man auf lineare Gleichungssysteme, die (bei richtigem Ansatz) stets lösbar sind. Durch die Vielzahl der (zunächst unbekannten) Parameter ist der Rechenaufwand jedoch oft *erheblich* (siehe nachfolgende Beispiele).

■   **Beispiele**

(1) $y_1' = -y_1 + 3y_2 + x$

     $y_2' = 2y_1 - 2y_2 + e^{-x}$

Zunächst müssen wir das zugehörige *homogene* System

     $y_1' = -y_1 + 3y_2$

     $y_2' = 2y_1 - 2y_2$

---

[23]   Zur Erinnerung: Ein *vollständiges* Polynom n-tes Grades enthält alle Potenzen x^r mit $r = 0, 1, 2, \ldots, n$.

lösen. Dies ist bereits im vorangegangenen Abschnitt 7.1.3 in Beispiel (1) geschehen und führte uns zu den *Lösungsfunktionen*

$$y_{1(0)} = C_1 \cdot e^{-4x} + C_2 \cdot e^x$$
$$y_{2(0)} = -C_1 \cdot e^{-4x} + \frac{2}{3} C_2 \cdot e^x$$
$$\left.\right\} \quad C_1, C_2 \in \mathbb{R}$$

Eine *partikuläre* Lösung des *inhomogenen* Systems gewinnen wir aufgrund der beiden *Störglieder* $g_1(x) = x$ und $g_2(x) = e^{-x}$ unter Verwendung von Tabelle 2 (Abschnitt 3.4) durch den speziellen *Lösungsansatz*

$$y_{1(p)} = ax + b + c \cdot e^{-x} \quad \text{und} \quad y_{2(p)} = Ax + B + C \cdot e^{-x}$$

Begründung: Das *lineare* Störglied $g_1(x) = x$ führt zu den *linearen* Ansätzen $ax + b$ bzw. $Ax + B$, während das *exponentielle* Störglied $g_2(x) = e^{-x}$ die Beiträge $c \cdot e^{-x}$ bzw. $C \cdot e^{-x}$ liefert (der Koeffizient -1 im Exponenten des Störgliedes $g_2(x)$ ist *keine* Lösung der charakteristischen Gleichung des homogenen Systems, siehe 1. Beispiel in Abschnitt 7.1.3).

Mit diesen Funktionen und ihren Ableitungen

$$y'_{1(p)} = a - c \cdot e^{-x} \quad \text{und} \quad y'_{2(p)} = A - C \cdot e^{-x}$$

folgt dann durch Einsetzen in das *inhomogene* System:

$$a - c \cdot e^{-x} = -(ax + b + c \cdot e^{-x}) + 3(Ax + B + C \cdot e^{-x}) + x$$
$$A - C \cdot e^{-x} = 2(ax + b + c \cdot e^{-x}) - 2(Ax + B + C \cdot e^{-x}) + e^{-x}$$

Wir ordnen noch und fassen entsprechende Glieder wie folgt zusammen:

$$a - c \cdot e^{-x} = (-a + 3A + 1)x + (-b + 3B) + (-c + 3C) \cdot e^{-x}$$
$$A - C \cdot e^{-x} = (2a - 2A)x + (2b - 2B) + (2c - 2C + 1) \cdot e^{-x}$$

Durch *Koeffizientenvergleich* erhalten wir hieraus schließlich das folgende lineare Gleichungssystem mit 6 Gleichungen und 6 Unbekannten:

(I) $\quad 0 = -a + 3A + 1 \quad$ oder $\quad a - 3A \quad\quad = 1$

(II) $\quad a = -b + 3B \quad$ oder $\quad a + b - 3B = 0$

(III) $\quad -c = -c + 3C \quad$ oder $\quad\quad\quad 3C = 0$

(IV) $\quad 0 = 2a - 2A \quad$ oder $\quad\quad\quad A = a$

(V) $\quad A = 2b - 2B \quad$ oder $\quad -2b + A + 2B = 0$

(VI) $\quad -C = 2c - 2C + 1 \quad$ oder $\quad -2c + C \quad\quad = 1$

Aus Gleichung (III) folgt sofort $C = 0$ und damit weiter aus Gleichung (VI) $c = -1/2$. Berücksichtigen wir noch, dass nach Gleichung (IV) $A = a$ ist, so gehen die restlichen drei Gleichungen über in:

$\text{(I}^*\text{)} \quad a - 3a \qquad = 1 \qquad \text{oder} \qquad -2a = 1$

$\text{(II}^*\text{)} \quad a + \quad b - 3B = 0$

$\text{(III}^*\text{)} \quad a - 2b + 2B = 0$

Aus Gleichung $\text{(I}^*\text{)}$ folgt unmittelbar $a = -1/2$ und somit wegen $A = a$ auch $A = -1/2$. Die verbliebenen Gleichungen $\text{(II}^*\text{)}$ und $\text{(III}^*\text{)}$ gehen dann über in:

$$\text{(I}^{**}\text{)} \quad -\frac{1}{2} + b \quad - 3B = 0 \qquad\qquad b - 3B = \frac{1}{2}$$

$$\text{oder}$$

$$\text{(II}^{**}\text{)} \quad -\frac{1}{2} - 2b + 2B = 0 \qquad\qquad -2b + 2B = \frac{1}{2}$$

Wir multiplizieren die *obere* Gleichung mit 2 und addieren sie zur *unteren* Gleichung:

$$\left.\begin{array}{ll} (2 \cdot \text{I}^{**}) & 2b - 6B = 1 \\[2mm] (\text{II}^{**}) & -2b + 2B = \dfrac{1}{2} \end{array}\right\} \; + \; \Rightarrow \; -4B = \frac{3}{2} \; \Rightarrow \; B = -\frac{3}{8}$$

Aus Gleichung $\text{(I}^{**}\text{)}$ folgt dann $b = -5/8$. Damit sind sämtliche Unbekannten bestimmt:

$$a = -\frac{1}{2}, \quad b = -\frac{5}{8}, \quad c = -\frac{1}{2}, \quad A = -\frac{1}{2}, \quad B = -\frac{3}{8}, \quad C = 0$$

Das *inhomogene* lineare System besitzt daher die folgende *partikuläre* Lösung:

$$y_{1(p)} = -\frac{1}{2}x - \frac{5}{8} - \frac{1}{2} \cdot e^{-x}, \qquad y_{2(p)} = -\frac{1}{2}x - \frac{3}{8}$$

Die *allgemeine* Lösung des *inhomogenen* linearen Differentialgleichungssystems lautet somit (mit $C_1, C_2 \in \mathbb{R}$):

$$y_1 = y_{1(0)} + y_{1(p)} = C_1 \cdot e^{-4x} + C_2 \cdot e^x - \frac{1}{2}x - \frac{5}{8} - \frac{1}{2} \cdot e^{-x}$$

$$y_2 = y_{2(0)} + y_{2(p)} = -C_1 \cdot e^{-4x} + \frac{2}{3}C_2 \cdot e^x - \frac{1}{2}x - \frac{3}{8}$$

(2) $\quad y_1' = -y_1 + 3y_2 + e^x$

$\quad y_2' = 2y_1 - 2y_2$

Das zugehörige *homogene* System ist das gleiche wie im 1. Beispiel. *Lösungsansatz* für eine *partikuläre* Lösung mit Hilfe der Tabelle 2:

Störglieder: $g_1(x) = e^x$ (mit $c = 1$) und $g_2(x) = 0$

Da $c = 1$ eine *einfache* Lösung der charakteristischen Gleichung mit den beiden Lösungen $\lambda_1 = -4$ und $\lambda_2 = 1$ ist, lautet der *Lösungsansatz* wie folgt:

$$y_{1\,(p)} = (ax + b) \cdot e^x, \qquad y_{2\,(p)} = (Ax + B) \cdot e^x$$

Mit diesen Funktionen und ihren Ableitungen

$$y'_{1\,(p)} = (ax + a + b) \cdot e^x \quad \text{und} \quad y'_{2\,(p)} = (Ax + A + B) \cdot e^x$$

gehen wir in das *inhomogene* System:

$$(ax + a + b) \cdot e^x = (-ax - b) \cdot e^x + (3Ax + 3B) \cdot e^x + e^x$$

$$(Ax + A + B) \cdot e^x = (2ax + 2b) \cdot e^x + (-2Ax - 2B) \cdot e^x$$

Faktor e^x kürzen und ordnen der Glieder führt zu den Gleichungen

$$2ax + (a + 2b) = 3Ax + (3B + 1)$$

$$2ax + 2b = 3Ax + (A + 3B)$$

Koeffizientenvergleich:

$$2a = 3A, \qquad a + 2b = 3B + 1, \qquad 2a = 3A, \qquad 2b = A + 3B$$

Die 1. und 3. Gleichung sind *identisch*, es bleiben 3 lineare Gleichungen mit 4 Unbekannten:

(I) $2a = 3A$

$$\left. \begin{array}{ll} \text{(II)} & a + 2b = 3B + 1 \\ \text{(III)} & \phantom{a +{}} 2b = 3B + A \end{array} \right\} - \quad \Rightarrow \quad \text{(II}^*) \quad a = 1 - A$$

(I) $\Rightarrow \quad 2a = 2(1 - A) = 2 - 2A = 3A \quad \Rightarrow \quad A = \dfrac{2}{5}$

(II*) $\Rightarrow \quad a = 1 - A = 1 - \dfrac{2}{5} = \dfrac{3}{5}$

Einsetzen dieser Werte in die Gleichungen (II) und (III) liefert jeweils:

(III*) $2b = 3B + \dfrac{2}{5}$

Wir setzen $B = 0$ und erhalten $b = \dfrac{1}{5}$. Somit ist

$$y_{1\,(p)} = \left(\frac{3}{5}x + \frac{1}{5} \right) \cdot e^x, \qquad y_{2\,(p)} = \frac{2}{5}x \cdot e^x$$

die gesuchte *partikuläre* Lösung.

Die *allgemeine* Lösung des *inhomogenen* Systems lautet daher wie folgt:

$$y_1 = y_{1\,(0)} + y_{1\,(p)} = C_1 \cdot e^{-4x} + C_2 \cdot e^x + \left(\frac{3}{5}\,x + \frac{1}{5}\right) \cdot e^x =$$

$$= C_1 \cdot e^{-4x} + \left(\frac{3}{5}\,x + \frac{1}{5} + C_2\right) \cdot e^x$$

$$y_2 = y_{2\,(0)} + y_{2\,(p)} = -C_1 \cdot e^{-4x} + \frac{2}{3}\,C_2 \cdot e^x + \frac{2}{5}\,x \cdot e^x =$$

$$= -C_1 \cdot e^{-4x} + \left(\frac{2}{5}\,x + \frac{2}{3}\,C_2\right) \cdot e^x \qquad (C_1, C_2 \in \mathbb{R}) \qquad ■$$

7.1.4.2 Einsetzungs- oder Eliminationsverfahren

Ein weiteres brauchbares Lösungsverfahren für ein inhomogenes lineares Differentialgleichungssystem 2. Ordnung, bestehend aus den beiden *gekoppelten* Differentialgleichungen 1. Ordnung mit *konstanten* Koeffizienten

$$\begin{aligned} y_1' &= a_{11}\,y_1 + a_{12}\,y_2 + g_1(x) \\ y_2' &= a_{21}\,y_1 + a_{22}\,y_2 + g_2(x) \end{aligned} \qquad \text{oder} \qquad \mathbf{y}' = \mathbf{A}\,\mathbf{y} + \mathbf{g}(x) \qquad \text{(IV-391)}$$

ist das sog. *Einsetzungs- oder Eliminationsverfahren*. Das lineare System (IV-391) wird dabei zunächst in eine *inhomogene* lineare Differentialgleichung *2. Ordnung* mit *konstanten* Koeffizienten für die (noch unbekannte) Funktion $y_1 = y_1(x)$ übergeführt. Dann wird diese Differentialgleichung gelöst und aus der Lösung $y_1 = y_1(x)$ die noch fehlende *zweite* Funktion $y_2 = y_2(x)$ ermittelt.

Insgesamt sind bei diesem *Eliminationsverfahren* drei Schritte nacheinander auszuführen:

(1) Wir lösen zunächst die *erste* Differentialgleichung des linearen Systems (IV-391) nach y_2 auf, erhalten

$$y_2 = \frac{1}{a_{12}}\left(y_1' - a_{11}\,y_1 - g_1(x)\right) \qquad \text{(IV-392)}$$

und differenzieren diese Gleichung dann nach x:

$$y_2' = \frac{1}{a_{12}}\left(y_1'' - a_{11}\,y_1' - g_1'(x)\right) \qquad \text{(IV-393)}$$

Diese Ausdrücke für y_2 und y_2' setzen wir jetzt in die *zweite* Differentialgleichung des Systems (IV-391) ein und multiplizieren dann beidseitig mit a_{12}:

$$\frac{1}{a_{12}} \left(y_1'' - a_{11} y_1' - g_1'(x) \right) =$$

$$= a_{21} y_1 + \frac{a_{22}}{a_{12}} \left(y_1' - a_{11} y_1 - g_1(x) \right) + g_2(x)$$

$$y_1'' - a_{11} y_1' - g_1'(x) =$$

$$= a_{12} a_{21} y_1 + a_{22} (y_1' - a_{11} y_1 - g_1(x)) + a_{12} g_2(x) \qquad \text{(IV-394)}$$

Diese Gleichung enthält nur noch *eine* der beiden unbekannten Funktionen, näm-lich y_1 [24]. Wir ordnen die Glieder und fassen zusammen:

$$y_1'' - a_{11} y_1' - a_{22} y_1' + a_{11} a_{22} y_1 - a_{12} a_{21} y_1 =$$

$$= g_1'(x) - a_{22} g_1(x) + a_{12} g_2(x)$$

$$y_1'' - (a_{11} + a_{22}) y_1' + (a_{11} a_{22} - a_{12} a_{21}) y_1 =$$

$$= g_1'(x) - [a_{22} g_1(x) - a_{12} g_2(x)] \qquad \text{(IV-395)}$$

Dies aber ist eine *inhomogene* lineare Differentialgleichung *2. Ordnung* mit *kon-stanten* Koeffizienten für die unbekannte Lösungsfunktion y_1. Sie ist vom all-gemeinen Typ

$$y_1'' + a y_1' + b y_1 = \tilde{g}(x) \qquad \text{(IV-396)}$$

Die Koeffizienten a und b in dieser Gleichung haben dabei die folgende Bedeu-tung:

$$a = -(a_{11} + a_{22}) = -\text{Sp}(\mathbf{A}) \qquad (\textit{Spur von } \mathbf{A}) \qquad \text{(IV-397)}$$

$$b = a_{11} a_{22} - a_{12} a_{21} = \det \mathbf{A} \qquad (\textit{Determinante von } \mathbf{A}) \qquad \text{(IV-398)}$$

a ist also die mit einem *Minuszeichen* versehene *Spur*, b die *Determinante* der Koeffizientenmatrix $\mathbf{A}$ des linearen Differentialgleichungssystems (IV-391).

Der *zweite* Summand des Störgliedes

$$\tilde{g}(x) = g_1'(x) - [a_{22} g_1(x) - a_{12} g_2(x)] \qquad \text{(IV-399)}$$

der Differentialgleichung (IV-395) bzw. (IV-396) kann auch als *Determinante* einer *Hilfsmatrix* $\mathbf{B}$ aufgefasst werden, die man aus der Koeffizientenmatrix $\mathbf{A}$ ge-winnt, indem man dort die *1. Spalte* durch die beiden *Störglieder* $g_1(x)$ und $g_2(x)$ des Differentialgleichungssystems (IV-391) ersetzt:

$$\mathbf{A} = \begin{pmatrix} a_{11} & a_{12} \\ a_{21} & a_{22} \end{pmatrix} \longrightarrow \mathbf{B} = \begin{pmatrix} g_1(x) & a_{12} \\ g_2(x) & a_{22} \end{pmatrix} \qquad \text{(IV-400)}$$

1. Spalte durch die Störglieder ersetzen

---

[24] Die Funktion y_2 wurde also aus dem linearen System (IV-391) *eliminiert*. Dies erklärt zugleich die Be-zeichnung dieser Methode (*Eliminationsverfahren*).

Das *Störglied* $\tilde{g}(x)$ kann somit auch in der Form

$$\tilde{g}(x) = g_1'(x) - \det \mathbf{B} \qquad (\text{IV-401})$$

mit der *Hilfsdeterminante*

$$\det \mathbf{B} = \begin{vmatrix} g_1(x) & a_{12} \\ g_2(x) & a_{22} \end{vmatrix} = a_{22} g_1(x) - a_{12} g_2(x) \qquad (\text{IV-402})$$

dargestellt werden.

(2) Wir lösen jetzt die durch Elimination von y_2 erhaltene *inhomogene* lineare Differentialgleichung 2. Ordnung (IV-396) nach der in Abschnitt 3.4 ausführlich behandelten Methode und erhalten die *erste* der beiden Lösungsfunktionen, nämlich $y_1 = y_1(x)$.

(3) Die Lösung für die *zweite* Funktion y_2 bekommen wir dann, indem wir die inzwischen bekannte Funktion y_1 zusammen mit ihrer Ableitung y_1' in die Gleichung (IV-392) einsetzen:

$$y_2 = \frac{1}{a_{12}} \left(y_1' - a_{11} y_1 - g_1(x) \right) \qquad (\text{IV-403})$$

Das aus zwei *gekoppelten* Differentialgleichungen bestehende lineare Differentialgleichungssystem 2. Ordnung (IV-391) ist damit *eindeutig* gelöst.

Wir fassen zusammen:

Integration eines inhomogenen linearen Differentialgleichungssystems 2. Ordnung nach dem „Einsetzungs- oder Eliminationsverfahren"

Die *allgemeine* Lösung des *inhomogenen* linearen Differentialgleichungssystems 2. Ordnung mit *konstanten* Koeffizienten vom Typ

$$\begin{aligned} y_1' &= a_{11} y_1 + a_{12} y_2 + g_1(x) \\ y_2' &= a_{21} y_1 + a_{22} y_2 + g_2(x) \end{aligned} \qquad \text{oder} \qquad \mathbf{y}' = \mathbf{A}\,\mathbf{y} + \mathbf{g}(x) \qquad (\text{IV-404})$$

besteht aus den beiden *Lösungsfunktionen* $y_1 = y_1(x)$ und $y_2 = y_2(x)$, die schrittweise wie folgt bestimmt werden:

1. Durch *Elimination* von y_2 wird das inhomogene lineare System (IV-404) in eine *inhomogene* lineare Differentialgleichung *2. Ordnung* mit *konstanten* Koeffizienten vom Typ

$$y_1'' + a\,y_1' + b\,y_1 = \tilde{g}(x) \qquad (\text{IV-405})$$

für die unbekannte *erste* Lösungsfunktion $y_1 = y_1(x)$ übergeführt. Die Koeffizienten a und b sind die mit einem Minuszeichen versehene *Spur* bzw. die *Determinante* der Koeffizientenmatrix **A**:

$$a = -\operatorname{Sp}(\mathbf{A}) = -(a_{11} + a_{22}) \tag{IV-406}$$

$$b = \det \mathbf{A} = a_{11}a_{22} - a_{12}a_{21} \tag{IV-407}$$

Das *Störglied* $\tilde{g}(x)$ besitzt die Form

$$\tilde{g}(x) = g_1'(x) - \det \mathbf{B} \tag{IV-408}$$

wobei **B** eine *Hilfsmatrix* ist, die aus der Koeffizientenmatrix **A** entsteht, indem man dort die *1. Spalte* durch die *Störglieder* $g_1(x)$ und $g_2(x)$ ersetzt.

2. Die *allgemeine* Lösung der Differentialgleichung (IV-405), bestimmt nach der aus Abschnitt 3.4 bekannten Methode, liefert die *erste* der beiden gesuchten Lösungsfunktionen, nämlich $y_1 = y_1(x)$.

3. Die *zweite* Lösungsfunktion $y_2 = y_2(x)$ wird dann aus der Gleichung

$$y_2 = \frac{1}{a_{12}}\left(y_1' - a_{11}y_1 - g_1(x)\right) \tag{IV-409}$$

ermittelt.

Anmerkung

Das *Eliminationsverfahren* gilt natürlich auch für ein *homogenes* lineares Differentialgleichungssystem $\mathbf{y}' = \mathbf{A}\mathbf{y}$. Die Differentialgleichung (IV-405) für die *erste* der beiden gesuchten Lösungsfunktionen ist dann ebenfalls *homogen*.

■ **Beispiele**

(1) Wir lösen das bereits in Abschnitt 7.1.4.1 behandelte *inhomogene* lineare System 2. Ordnung

$$y_1' = -y_1 + 3y_2 + x$$
$$y_2' = 2y_1 - 2y_2 + e^{-x}$$

diesmal nach dem *Einsetzungs-* oder *Eliminationsverfahren*. Koeffizientenmatrix **A** und „Hilfsmatrix" **B** haben dabei das folgende Aussehen:

$$\mathbf{A} = \begin{pmatrix} -1 & 3 \\ 2 & -2 \end{pmatrix}, \quad \mathbf{B} = \begin{pmatrix} x & 3 \\ e^{-x} & -2 \end{pmatrix}$$

Die Koeffizienten a und b in der Differentialgleichung (IV-405) für die *erste* Lösungsfunktion y_1 lauten damit:

$$a = -\operatorname{Sp}(\mathbf{A}) = -(-1 - 2) = 3$$

$$b = \det \mathbf{A} = \begin{vmatrix} -1 & 3 \\ 2 & -2 \end{vmatrix} = 2 - 6 = -4$$

Für das *Störglied* $\tilde{g}(x)$ dieser Differentialgleichung erhalten wir mit $g_1(x) = x$ und daher $g_1'(x) = 1$:

$$\tilde{g}(x) = g_1'(x) - \det \mathbf{B} = 1 - \begin{vmatrix} x & 3 \\ e^{-x} & -2 \end{vmatrix} =$$

$$= 1 - (-2x - 3 \cdot e^{-x}) = 2x + 1 + 3 \cdot e^{-x}$$

Die Differentialgleichung für y_1 besitzt damit die folgende Gestalt:

$$y_1'' + 3y_1' - 4y_1 = 2x + 1 + 3 \cdot e^{-x}$$

Wir lösen zunächst die zugehörige *homogene* Differentialgleichung

$$y_1'' + 3y_1' - 4y_1 = 0$$

Die Lösungen der *charakteristischen Gleichung*

$$\lambda^2 + 3\lambda - 4 = 0$$

sind $\lambda_1 = -4$ und $\lambda_2 = 1$. Die *allgemeine* Lösung der *homogenen* Differentialgleichung ist daher in der Form

$$y_{1(0)} = C_1 \cdot e^{-4x} + C_2 \cdot e^{x} \qquad (C_1, C_2 \in \mathbb{R})$$

darstellbar.

Ein *partikuläres* Integral der *inhomogenen* Differentialgleichung gewinnen wir nach Tabelle 2 aus Abschnitt 3.4 durch den *Lösungsansatz*

$$y_{1(p)} = Ax + B + C \cdot e^{-x}$$

(da die Störfunktion die *Summe* aus einer *linearen* und einer *Exponentialfunktion* ist). Mit den Ableitungen

$$y_{1(p)}' = A - C \cdot e^{-x}, \qquad y_{1(p)}'' = C \cdot e^{-x}$$

folgt durch Einsetzen in die *inhomogene* Differentialgleichung:

$$C \cdot e^{-x} + 3(A - C \cdot e^{-x}) - 4(Ax + B + C \cdot e^{-x}) = 2x + 1 + 3 \cdot e^{-x}$$

$$C \cdot e^{-x} + 3A - 3C \cdot e^{-x} - 4Ax - 4B - 4C \cdot e^{-x} = 2x + 1 + 3 \cdot e^{-x}$$

Wir ordnen noch die Glieder und fassen sie zusammen:

$$-4Ax + (3A - 4B) - 6C \cdot e^{-x} = 2x + 1 + 3 \cdot e^{-x}$$

Durch *Koeffizientenvergleich* erhalten wir hieraus das bereits *gestaffelte* lineare Gleichungssystem

$$-4A = 2, \qquad 3A - 4B = 1, \qquad -6C = 3$$

mit der *eindeutigen* Lösung $\quad A = -\dfrac{1}{2}, \quad B = -\dfrac{5}{8}, \quad C = -\dfrac{1}{2}.$ Damit ist

$$y_{1(p)} = -\frac{1}{2}x - \frac{5}{8} - \frac{1}{2} \cdot e^{-x}$$

eine *partikuläre* Lösung und

$$y_1 = y_{1(0)} + y_{1(p)} = C_1 \cdot e^{-4x} + C_2 \cdot e^x - \frac{1}{2}x - \frac{5}{8} - \frac{1}{2} \cdot e^{-x}$$

die gesuchte *allgemeine* Lösung der *inhomogenen* Differentialgleichung 2. Ordnung für die *erste* der beiden Lösungsfunktionen. Die *zweite* Lösungsfunktion y_2 erhalten wir aus Gleichung (IV-409) unter Berücksichtigung von $a_{11} = -1$, $a_{12} = 3$ und $g_1(x) = x$:

$$y_2 = \frac{1}{a_{12}} \left(y_1' - a_{11} y_1 - g_1(x) \right) =$$

$$= \frac{1}{3} \left(-4C_1 \cdot e^{-4x} + C_2 \cdot e^x - \frac{1}{2} + \frac{1}{2} \cdot e^{-x} + C_1 \cdot e^{-4x} + \right.$$

$$\left. + C_2 \cdot e^x - \frac{1}{2}x - \frac{5}{8} - \frac{1}{2} \cdot e^{-x} - x \right) =$$

$$= \frac{1}{3} \left(-3C_1 \cdot e^{-4x} + 2C_2 \cdot e^x - \frac{3}{2}x - \frac{9}{8} \right) =$$

$$= -C_1 \cdot e^{-4x} + \frac{2}{3}C_2 \cdot e^x - \frac{1}{2}x - \frac{3}{8}$$

Das *inhomogene* lineare Differentialgleichungssystem besitzt somit die folgende *allgemeine* Lösung:

$$\left. \begin{aligned} y_1 &= C_1 \cdot e^{-4x} + C_2 \cdot e^x - \frac{1}{2}x - \frac{5}{8} - \frac{1}{2} \cdot e^{-x} \\[2mm] y_2 &= -C_1 \cdot e^{-4x} + \frac{2}{3}C_2 \cdot e^x - \frac{1}{2}x - \frac{3}{8} \end{aligned} \right\} \quad C_1, C_2 \in \mathbb{R}$$

(2) $\quad \left. \begin{aligned} y_1' &= -2y_1 + 3y_2 + 2 \cdot e^{2x} \\[2mm] y_2' &= -3y_1 - 2y_2 \end{aligned} \right\} \quad y_1(0) = 2, \qquad y_2(0) = 0$

Koeffizientenmatrix **A** und *Hilfsmatrix* **B** lauten wie folgt:

$$\mathbf{A} = \begin{pmatrix} -2 & 3 \\ -3 & -2 \end{pmatrix}, \quad \mathbf{B} = \begin{pmatrix} 2 \cdot e^{2x} & 3 \\ 0 & -2 \end{pmatrix}$$

Die Differentialgleichung (IV-405) für die *erste* Lösungsfunktion y_1 besitzt die Koeffizienten

$$a = -\text{Sp}\,(\mathbf{A}) = -(-2 - 2) = 4$$

$$b = \det \mathbf{A} = \begin{vmatrix} -2 & 3 \\ -3 & -2 \end{vmatrix} = 4 + 9 = 13$$

und das *Störglied*

$$\tilde{g}\,(x) = g_1'\,(x) - \det \mathbf{B} = 2 \cdot 2 \cdot e^{2x} - \begin{vmatrix} 2 \cdot e^{2x} & 3 \\ 0 & -2 \end{vmatrix} =$$

$$= 4 \cdot e^{2x} - (-4 \cdot e^{2x}) = 4 \cdot e^{2x} + 4 \cdot e^{2x} = 8 \cdot e^{2x}$$

Sie lautet also:

$$y_1'' + 4y_1' + 13y_1 = 8 \cdot e^{2x}$$

Wir lösen zunächst die zugehörige *homogene* Differentialgleichung

$$y_1'' + 4y_1' + 13y_1 = 0$$

Die *charakteristische Gleichung*

$$\lambda^2 + 4\lambda + 13 = 0$$

besitzt die *konjugiert komplexen* Lösungen $\lambda_{1/2} = -2 \pm 3\text{j}$, die homogene Differentialgleichung somit die *allgemeine* Lösung

$$y_{1(0)} = e^{-2x}[C_1 \cdot \sin(3x) + C_2 \cdot \cos(3x)] \qquad (C_1, C_2 \in \mathbb{R})$$

Ein *partikuläres* Integral der *inhomogenen* Differentialgleichung erhalten wir aus Tabelle 2 in Abschnitt 3.4 durch den *Exponentialansatz*

$$y_{1(p)} = A \cdot e^{2x}$$

(Ansatz für das Störglied $\tilde{g}\,(x) = 8 \cdot e^{2x}$ mit $c = 2$; 2 ist *keine* Lösung der charakteristischen Gleichung). Mit den Ableitungen

$$y_{1(p)}' = 2A \cdot e^{2x} \qquad \text{und} \qquad y_{1(p)}'' = 4A \cdot e^{2x}$$

folgt durch Einsetzen in die *inhomogene* Differentialgleichung:

$$4A \cdot e^{2x} + 8A \cdot e^{2x} + 13A \cdot e^{2x} = 8 \cdot e^{2x} \quad \Rightarrow$$

$$25A \cdot e^{2x} = 8 \cdot e^{2x} \mid : e^{2x} \quad \Rightarrow \quad 25A = 8 \quad \Rightarrow \quad A = \frac{8}{25}$$

Damit ist

$$y_{1\,(p)} = \frac{8}{25} \cdot e^{2x}$$

eine *partikuläre* Lösung der *inhomogenen* Differentialgleichung. Die *erste* der beiden gesuchten Lösungsfunktionen besitzt daher die folgende Gestalt:

$$y_1 = y_{1\,(0)} + y_{1\,(p)} = e^{-2x}[C_1 \cdot \sin(3x) + C_2 \cdot \cos(3x)] + \frac{8}{25} \cdot e^{2x}$$

Die *zweite* Lösungsfunktion y_2 erhalten wir aus Gleichung (IV-409), indem wir dort die erste Lösungsfunktion y_1 und ihre mit der Produkt- und Kettenregel gewonnene Ableitung

$$y_1' = -2 \cdot e^{-2x}[C_1 \cdot \sin(3x) + C_2 \cdot \cos(3x)] +$$

$$+ e^{-2x}[3C_1 \cdot \cos(3x) - 3C_2 \cdot \sin(3x)] + \frac{16}{25} \cdot e^{2x} =$$

$$= e^{-2x}[-2C_1 \cdot \sin(3x) - 2C_2 \cdot \cos(3x) +$$

$$+ 3C_1 \cdot \cos(3x) - 3C_2 \cdot \sin(3x)] + \frac{16}{25} \cdot e^{2x} =$$

$$= e^{-2x}[(-2C_1 - 3C_2) \cdot \sin(3x) + (3C_1 - 2C_2) \cdot \cos(3x)] + \frac{16}{25} \cdot e^{2x}$$

einsetzen ($a_{11} = -2$, $a_{12} = 3$, $g_1(x) = 2 \cdot e^{2x}$):

$$y_2 = \frac{1}{a_{12}}\left(y_1' - a_{11}y_1 - g_1(x)\right) =$$

$$= \frac{1}{3}\left(e^{-2x}[(-2C_1 - 3C_2) \cdot \sin(3x) + (3C_1 - 2C_2) \cdot \cos(3x)] +\right.$$

$$+ \frac{16}{25} \cdot e^{2x} + 2 \cdot e^{-2x}[C_1 \cdot \sin(3x) + C_2 \cdot \cos(3x)] +$$

$$\left. + \frac{16}{25} \cdot e^{2x} - 2 \cdot e^{2x}\right) =$$

$$= \frac{1}{3}\left(e^{-2x}[-2C_1 \cdot \sin(3x) - 3C_2 \cdot \sin(3x) +\right.$$

$$+ 3C_1 \cdot \cos(3x) - 2C_2 \cdot \cos(3x)] +$$

$$+ e^{-2x} [2 C_1 \cdot \sin (3x) + 2 C_2 \cdot \cos (3x)] +$$

$$\left. + \frac{16}{25} \cdot e^{2x} + \frac{16}{25} \cdot e^{2x} - 2 \cdot e^{2x} \right) =$$

$$= \frac{1}{3} \left(e^{-2x} [-2 C_1 \cdot \sin (3x) - 3 C_2 \cdot \sin (3x) + 3 C_1 \cdot \cos (3x) - \right.$$

$$- 2 C_2 \cdot \cos (3x) + 2 C_1 \cdot \sin (3x) + 2 C_2 \cdot \cos (3x)] +$$

$$\left. + \underbrace{\left(\frac{16}{25} + \frac{16}{25} - 2 \right)}_{-18/25} \cdot e^{2x} \right) =$$

$$= \frac{1}{3} \left(e^{-2x} [-3 C_2 \cdot \sin (3x) + 3 C_1 \cdot \cos (3x)] - \frac{18}{25} \cdot e^{2x} \right) =$$

$$= \frac{1}{3} \cdot e^{-2x} \cdot 3 [- C_2 \cdot \sin (3x) + C_1 \cdot \cos (3x)] - \frac{1}{3} \cdot \frac{18}{25} \cdot e^{2x} =$$

$$= e^{-2x} [- C_2 \cdot \sin (3x) + C_1 \cdot \cos (3x)] - \frac{6}{25} \cdot e^{2x}$$

Damit erhalten wir die folgende *allgemeine* Lösung für das gegebene *inhomogene* lineare Differentialgleichungssystem:

$$y_1 = e^{-2x} [C_1 \cdot \sin (3x) + C_2 \cdot \cos (3x)] + \frac{8}{25} \cdot e^{2x}$$

$$y_2 = e^{-2x} [- C_2 \cdot \sin (3x) + C_1 \cdot \cos (3x)] - \frac{6}{25} \cdot e^{2x}$$

Die Konstanten C_1 und C_2 lassen sich aus den *Anfangswerten* $y_1(0) = 2$ und $y_2(0) = 0$ berechnen:

$$y_1(0) = 2 \quad \Rightarrow \quad C_2 + \frac{8}{25} = 2 \quad \Rightarrow \quad C_2 = 2 - \frac{8}{25} = \frac{50 - 8}{25} = \frac{42}{25}$$

$$y_2(0) = 0 \quad \Rightarrow \quad C_1 - \frac{6}{25} = 0 \quad \Rightarrow \quad C_1 = \frac{6}{25}$$

Die *Anfangswertaufgabe* besitzt damit die folgende *Lösung*:

$$y_1 = e^{-2x} \left[\frac{6}{25} \cdot \sin (3x) + \frac{42}{25} \cdot \cos (3x) \right] + \frac{8}{25} \cdot e^{2x}$$

$$y_2 = e^{-2x} \left[-\frac{42}{25} \cdot \sin (3x) + \frac{6}{25} \cdot \cos (3x) \right] - \frac{6}{25} \cdot e^{2x} \qquad \blacksquare$$

7.1.5 Ein Anwendungsbeispiel: Kettenleiter

Der bereits im einführenden Beispiel in Abschnitt 7.1.1 angesprochene *Kettenleiter* soll durch eine konstante Spannung $u = $ const. $ = U_0$ gespeist werden (Bild IV-56).

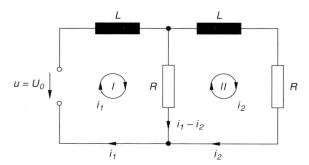

Bild IV-56 Kettenleiter

Die beiden *Maschenströme* $i_1 = i_1(t)$ und $i_2 = i_2(t)$ genügen dann dem folgenden *inhomogenen* linearen Differentialgleichungssystem *2. Ordnung* [25]:

$$
\begin{aligned}
i_1' &= -\frac{R}{L}\, i_1 + \frac{R}{L}\, i_2 + \frac{U_0}{L} \\
i_2' &= \frac{R}{L}\, i_1 - \frac{2R}{L}\, i_2
\end{aligned}
\tag{IV-410}
$$

Dieses System lässt sich auch in der *Matrizenform*

$$
\binom{i_1'}{i_2'} = \underbrace{\begin{pmatrix} -R/L & R/L \\ R/L & -2R/L \end{pmatrix}}_{\mathbf{A}} \binom{i_1}{i_2} + \binom{U_0/L}{0}
\tag{IV-411}
$$

darstellen. Zu *Beginn*, d. h. zur Zeit $t = 0$ sollen beide Maschen *stromlos* sein. Wir haben es daher mit einem *Anfangswertproblem* mit den *Anfangsbedingungen*

$$
i_1(0) = 0 \qquad \text{und} \qquad i_2(0) = 0
\tag{IV-412}
$$

zu tun. Die *erste* Lösungsfunktion i_1 ist dann die *allgemeine* Lösung der folgenden *inhomogenen* linearen Differentialgleichung *2. Ordnung* mit konstanten Koeffizienten:

$$
i_1'' + a\, i_1' + b\, i_1 = \tilde{g}(t)
\tag{IV-413}
$$

Die Koeffizienten a und b sind dabei durch die Koeffizientenmatrix $\mathbf{A}$ eindeutig bestimmt. Es gilt nach (IV-406) und (IV-407):

$$
a = -\operatorname{Sp}(\mathbf{A}) = -\left(-\frac{R}{L} - \frac{2R}{L} \right) = \frac{3R}{L}
\tag{IV-414}
$$

---

[25] Der „Strich" im Ableitungssymbol kennzeichnet hier die Ableitung nach der *Zeit*.

$$b = \det \mathbf{A} = \begin{vmatrix} -R/L & R/L \\ R/L & -2R/L \end{vmatrix} = \frac{2R^2}{L^2} - \frac{R^2}{L^2} = \frac{R^2}{L^2} \qquad \text{(IV-415)}$$

Um die *Störfunktion* $\tilde{g}(t)$ in der Differentialgleichung (IV-413) ermitteln zu können, benötigen wir noch die Determinante der *Hilfsmatrix*

$$\mathbf{B} = \begin{pmatrix} U_0/L & R/L \\ 0 & -2R/L \end{pmatrix} \qquad \text{(IV-416)}$$

Sie besitzt den folgenden Wert:

$$\det \mathbf{B} = \begin{vmatrix} U_0/L & R/L \\ 0 & -2R/L \end{vmatrix} = -\frac{2RU_0}{L^2} \qquad \text{(IV-417)}$$

Mit $g_1(t) = U_0/L$ und $g_1'(t) = 0$ sowie $\det \mathbf{B} = -2RU_0/L^2$ ist

$$\tilde{g}(t) = g_1'(t) - \det \mathbf{B} = 0 + \frac{2RU_0}{L^2} = \frac{2RU_0}{L^2} \qquad \text{(IV-418)}$$

Die Differentialgleichung für die Stromstärke i_1 besitzt damit die folgende Gestalt:

$$i_1'' + \frac{3R}{L} i_1' + \frac{R^2}{L^2} i_1 = \frac{2RU_0}{L^2} \qquad \text{(IV-419)}$$

Mit der Abkürzung $\alpha = R/L$ lässt sich diese Gleichung auch in der übersichtlicheren Form

$$i_1'' + 3\alpha i_1' + \alpha^2 i_1 = \frac{2\alpha U_0}{L} \qquad \text{(IV-420)}$$

schreiben.

Lösung der homogenen Differentialgleichung für den Maschenstrom i_1

Wir beschäftigen uns zunächst mit der Lösung der zugehörigen *homogenen* Differentialgleichung

$$i_1'' + 3\alpha i_1' + \alpha^2 i_1 = 0 \qquad \text{(IV-421)}$$

Die *charakteristische Gleichung*

$$\lambda^2 + 3\alpha\lambda + \alpha^2 = 0 \qquad \text{(IV-422)}$$

hat die Lösungen $\lambda_1 = -0{,}382\,\alpha$ und $\lambda_2 = -2{,}618\,\alpha$ und führt damit zu der folgenden *allgemeinen* Lösung der *homogenen* Differentialgleichung (IV-421):

$$i_{1(0)} = C_1 \cdot e^{-0{,}382\,\alpha t} + C_2 \cdot e^{-2{,}618\,\alpha t} \qquad \text{(IV-423)}$$

(mit $C_1, C_2 \in \mathbb{R}$).

Lösung der inhomogenen Differentialgleichung für den Maschenstrom i_1

Wir benötigen zunächst noch eine *partikuläre* Lösung der *inhomogenen* Differentialgleichung (IV-420). Aus Tabelle 2 in Abschnitt 3.4 entnehmen wir den *Lösungsansatz*

$$i_{1(p)} = \text{const.} = A \qquad\qquad\qquad\qquad\qquad\text{(IV-424)}$$

da das *Störglied* $\tilde{g}(t) = 2RU_0/L^2 = 2\alpha U_0/L$ *konstant* ist. Mit

$$i_{1(p)} = A, \qquad i'_{1(p)} = 0 \qquad\text{und}\qquad i''_{1(p)} = 0 \qquad\qquad\text{(IV-425)}$$

gehen wir dann in die *inhomogene* Differentialgleichung (IV-420) ein und erhalten eine *Bestimmungsgleichung* für den noch unbekannten Parameter A:

$$\alpha^2 A = \frac{2\,\alpha\,U_0}{L} \quad\Rightarrow\quad A = \frac{2\,U_0}{\alpha\,L} \qquad\qquad\qquad\text{(IV-426)}$$

Damit ist $i_{1(p)} = \dfrac{2\,U_0}{\alpha\,L}$ eine *partikuläre* und

$$i_1 = i_{1(0)} + i_{1(p)} = C_1 \cdot e^{-0{,}382\,\alpha\,t} + C_2 \cdot e^{-2{,}618\,\alpha\,t} + \frac{2\,U_0}{\alpha\,L} \qquad\text{(IV-427)}$$

die *allgemeine* Lösung der *inhomogenen* Differentialgleichung.

Bestimmung der Maschenströme i_1 und i_2

Die *erste* der beiden Lösungsfunktionen ist damit bekannt. Für die *zweite* Funktion i_2 erhalten wir nach Gleichung (IV-409) mit

$$a_{11} = -\frac{R}{L} = -\alpha, \qquad a_{12} = \frac{R}{L} = \alpha, \qquad\text{und}\qquad g_1(t) = \frac{U_0}{L} \qquad\text{(IV-428)}$$

sowie der Ableitung von i_1

$$i'_1 = -0{,}382\,\alpha\,C_1 \cdot e^{-0{,}382\,\alpha\,t} - 2{,}618\,\alpha\,C_2 \cdot e^{-2{,}618\,\alpha\,t}$$

die folgende Lösung:

$$i_2 = \frac{1}{a_{12}}\left(i'_1 - a_{11}\,i_1 - g_1(t)\right) =$$

$$= \frac{1}{\alpha}\left(-0{,}382\,\alpha\,C_1 \cdot e^{-0{,}382\,\alpha\,t} - 2{,}618\,\alpha\,C_2 \cdot e^{-2{,}618\,\alpha\,t} + \right.$$

$$\left. + \alpha\,C_1 \cdot e^{-0{,}382\,\alpha\,t} + \alpha\,C_2 \cdot e^{-2{,}618\,\alpha\,t} + \frac{2\,U_0}{L} - \frac{U_0}{L}\right) =$$

$$= 0{,}618\,C_1 \cdot e^{-0{,}382\,\alpha\,t} - 1{,}618\,C_2 \cdot e^{-2{,}618\,\alpha\,t} + \frac{U_0}{\alpha\,L} =$$

$$= 0{,}618\,C_1 \cdot e^{-0{,}382\,\alpha\,t} - 1{,}618\,C_2 \cdot e^{-2{,}618\,\alpha\,t} + \frac{U_0}{R} \qquad\text{(IV-429)}$$

Lösung der Anfangswertaufgabe

Die Konstanten C_1 und C_2 berechnen wir aus den *Anfangsbedingungen* $i_1(0) = 0$ und $i_2(0) = 0$. Mit der Abkürzung $\beta = \dfrac{U_0}{\alpha L} = \dfrac{U_0}{R}$ erhalten wir dann die folgenden *Bestimmungsgleichungen* für C_1 und C_2:

$$
\begin{aligned}
\text{(I)} \quad & i_1(0) = 0 \quad \Rightarrow \quad && C_1 \;+\; C_2 = -2\beta \\
\text{(II)} \quad & i_2(0) = 0 \quad \Rightarrow \quad && 0{,}618\,C_1 - 1{,}618\,C_2 = -\beta
\end{aligned}
\tag{IV-430}
$$

Wir multiplizieren jetzt die *obere* der beiden Gleichungen mit 1,618 und addieren sie dann zur *unteren* Gleichung:

$$
\left.
\begin{aligned}
1{,}618\,C_1 + 1{,}618\,C_2 &= -3{,}236\,\beta \\
0{,}618\,C_1 - 1{,}618\,C_2 &= -\beta
\end{aligned}
\right\} +
$$

$$
2{,}236\,C_1 \qquad\qquad = -4{,}236\,\beta \quad \Rightarrow \quad C_1 = -1{,}894\,\beta
\tag{IV-431}
$$

Für C_2 erhalten wir dann aus Gleichung (I):

$$
\text{(I)} \quad \Rightarrow \quad C_2 = -C_1 - 2\beta = 1{,}894\,\beta - 2\beta = -0{,}106\,\beta
\tag{IV-432}
$$

Die Konstanten C_1 und C_2 besitzen damit die folgenden Werte:

$$
\begin{aligned}
C_1 &= -1{,}894\,\beta = -1{,}894\,\frac{U_0}{\alpha L} = -1{,}894\,\frac{U_0}{R} \\[2mm]
C_2 &= -0{,}106\,\beta = -0{,}106\,\frac{U_0}{\alpha L} = -0{,}106\,\frac{U_0}{R}
\end{aligned}
\tag{IV-433}
$$

Die zeitabhängigen *Maschenströme* werden daher durch die folgenden Gleichungen beschrieben:

$$
\begin{aligned}
i_1(t) &= -1{,}894\,\frac{U_0}{R} \cdot e^{-0{,}382\,\alpha t} - 0{,}106\,\frac{U_0}{R} \cdot e^{-2{,}618\,\alpha t} + \frac{2\,U_0}{R} = \\[2mm]
&= \frac{U_0}{R}\left(2 - 1{,}894 \cdot e^{-0{,}382\,(R/L)\,t} - 0{,}106 \cdot e^{-2{,}618\,(R/L)\,t} \right)
\end{aligned}
\tag{IV-434}
$$

$$
\begin{aligned}
i_2(t) &= -1{,}170\,\frac{U_0}{R} \cdot e^{-0{,}382\,\alpha t} + 0{,}172\,\frac{U_0}{R} \cdot e^{-2{,}618\,\alpha t} + \frac{U_0}{R} = \\[2mm]
&= \frac{U_0}{R}\left(1 - 1{,}170 \cdot e^{-0{,}382\,(R/L)\,t} + 0{,}172 \cdot e^{-2{,}618\,(R/L)\,t} \right)
\end{aligned}
\tag{IV-435}
$$

Beide Ströme streben dabei im Laufe der Zeit (d. h. für $t \to \infty$) gegen einen *konstanten* Wert:

$$i_1 \xrightarrow{\; t \to \infty \;} \frac{2\,U_0}{R} \qquad \text{und} \qquad i_2 \xrightarrow{\; t \to \infty \;} \frac{U_0}{R}$$

Der zeitliche Verlauf der Maschenströme wird durch die in den Bildern IV-57 und IV-58 skizzierten *Sättigungsfunktionen* beschrieben.

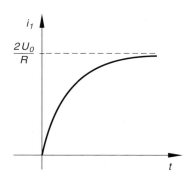

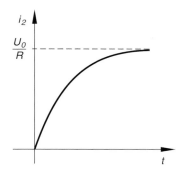

Bild IV-57 Maschenstrom i_1 **Bild IV-58** Maschenstrom i_2

7.2 Systeme linearer Differentialgleichungen 2. Ordnung mit konstanten Koeffizienten

In Naturwissenschaft und Technik hat man es häufig mit *schwingungsfähigen* (mechanischen oder elektromagnetischen) Systemen zu tun, die auf eine bestimmte Weise miteinander *gekoppelt* sind. Die mathematische Behandlung führt dabei in einfachen Fällen auf zwei *gekoppelte* lineare Differentialgleichungen *2. Ordnung* mit konstanten Koeffizienten. Wir wollen jetzt die Eigenschaften solcher Systeme exemplarisch an einem *mechanischen Modell* studieren.

Modell zweier gekoppelter schwingungsfähiger Systeme

Bild IV-59 zeigt zwei schwingungsfähige mechanische Systeme, die jeweils aus einer Schwingungsmasse m_1 bzw. m_2 und einer elastischen Feder mit der Federkonstanten c_1 bzw. c_2 bestehen und über eine *Kopplungsfeder* mit der Federkonstanten c_{12} miteinander *verbunden* (*gekoppelt*) sind.

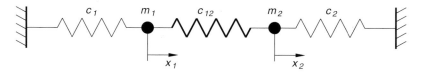

Bild IV-59 Modell zweier gekoppelter schwingungsfähiger Systeme

Die Lagekoordinaten (Auslenkungen) der beiden Massen bezeichnen wir mit x_1 und x_2 [26]. Auf jede der beiden Massen wirken dabei gleichzeitig *zwei* Federkräfte ein, die nach dem *Hookeschen Gesetz* der jeweiligen Auslenkung der Federn *proportional* sind. So übt z. B. die erste Feder (Federkonstante c_1) auf die Masse m_1 die *Rückstellkraft* $-c_1 x_1$ aus, während die Kopplungsfeder (Federkonstante c_{12}) an derselben Masse mit der Kraft $-c_{12}(x_1 - x_2)$ angreift [27]. Nach dem *Newtonschen Grundgesetz* der Mechanik gilt dann (Reibungskräfte werden *vernachlässigt*):

$$m_1 \ddot{x}_1 = -c_1 x_1 - c_{12}(x_1 - x_2) \tag{IV-436}$$

Analoge Überlegungen führen bei der Masse m_2 zu der Gleichung

$$m_2 \ddot{x}_2 = -c_2 x_2 - c_{12}(x_2 - x_1) \tag{IV-437}$$

Die *Bewegungsgleichungen* für die beiden *gekoppelten* mechanischen Systeme lassen sich auch in der Form

$$\begin{aligned}
m_1 \ddot{x}_1 + c_1 x_1 + c_{12}(x_1 - x_2) &= 0 \\
m_2 \ddot{x}_2 + c_2 x_2 + c_{12}(x_2 - x_1) &= 0
\end{aligned} \tag{IV-438}$$

darstellen. Sie bilden ein *System* aus zwei *homogenen linearen* Differentialgleichungen *2. Ordnung* mit *konstanten* Koeffizienten. Das Differentialgleichungssystem selbst ist von *4. Ordnung*, die *allgemeinen* Lösungsfunktionen $x_1 = x_1(t)$ und $x_2 = x_2(t)$ enthalten daher genau *vier* Parameter (Integrationskonstanten).

Lösung nach dem Eliminationsverfahren

Wir wollen uns jetzt mit der *Lösung* dieses linearen Systems beschäftigen. Um das Lösungsverfahren zu vereinfachen und übersichtlicher zu gestalten, gehen wir jetzt von zwei *identischen* schwingungsfähigen Systemen mit den Massen $m_1 = m_2 = 1$ und den Federkonstanten $c_1 = c_2 = 1$ aus, die über eine *Kopplungsfeder* mit der Federkonstanten $c_{12} = 4$ miteinander verbunden sind. Die *Bewegungsgleichungen* (IV-438) nehmen dann die konkrete Form

$$\begin{aligned}
\ddot{x}_1 + x_1 + 4(x_1 - x_2) &= 0 \\
\ddot{x}_2 + x_2 + 4(x_2 - x_1) &= 0
\end{aligned}$$

oder

$$\begin{aligned}
\ddot{x}_1 + 5x_1 - 4x_2 &= 0 \\
\ddot{x}_2 + 5x_2 - 4x_1 &= 0
\end{aligned} \tag{IV-439}$$

an. Das Lösungsverfahren, das wir hier verwenden wollen, entspricht weitgehend dem bekannten *Einsetzungs-* oder *Eliminationsverfahren* bei *Systemen* von linearen Differentialgleichungen *1. Ordnung* mit konstanten Koeffizienten (siehe Abschnitt 7.1.4.2).

---

[26] Wir lassen nur Schwingungen längs der *Systemachse* (*x*-Achse) zu. Daher benötigen wir für jede Masse nur *eine* Lagekoordinate.

[27] Die Auslenkung der Kopplungsfeder beträgt dann $x_{12} = x_1 - x_2$.

Wir lösen zunächst die *erste* der Gleichungen (IV-439) nach x_2 auf:

$$x_2 = \frac{1}{4}(\ddot{x}_1 + 5x_1) \tag{IV-440}$$

und differenzieren dann *zweimal* nach der Zeit t:

$$\ddot{x}_2 = \frac{1}{4}(x_1^{(4)} + 5\ddot{x}_1) \tag{IV-441}$$

Die erhaltenen Ausdrücke für x_2 und $\ddot{x}_2$ setzen wir jetzt in die *untere* der Bewegungsgleichungen (IV-439) ein und erhalten auf diese Weise eine *homogene* lineare Differentialgleichung *4. Ordnung* mit *konstanten* Koeffizienten für die *erste* der beiden gesuchten Lösungsfunktionen, also x_1:

$$\frac{1}{4}(x_1^{(4)} + 5\ddot{x}_1) + \frac{5}{4}(\ddot{x}_1 + 5x_1) - 4x_1 = 0 \quad | \cdot 4$$

$$x_1^{(4)} + 5\ddot{x}_1 + 5(\ddot{x}_1 + 5x_1) - 16x_1 = 0$$

$$x_1^{(4)} + 5\ddot{x}_1 + 5\ddot{x}_1 + 25x_1 - 16x_1 = 0$$

$$x_1^{(4)} + 10\ddot{x}_1 + 9x_1 = 0 \tag{IV-442}$$

Der aus Abschnitt 5.2 bekannte *Lösungsansatz* $x_1 = e^{\lambda t}$ führt dann auf die folgende *charakteristische Gleichung*:

$$\lambda^4 + 10\lambda^2 + 9 = 0 \tag{IV-443}$$

Diese *biquadratische* Gleichung lösen wir mit Hilfe der Substitution $\mu = \lambda^2$:

$$\mu^2 + 10\mu + 9 = 0 \quad \Rightarrow \quad \mu_1 = -1, \quad \mu_2 = -9 \tag{IV-444}$$

Durch *Rücksubstitution* erhalten wir hieraus vier *komplexe* Werte für den (zunächst unbekannten) Parameter λ im Lösungsansatz $x_1 = e^{\lambda t}$:

$$\lambda_{1/2} = \pm j, \qquad \lambda_{3/4} = \pm 3j \tag{IV-445}$$

Die zugehörigen Lösungsfunktionen

$$x_{1(1)} = e^{jt}, \qquad x_{1(2)} = e^{-jt}, \qquad x_{1(3)} = e^{j3t}, \qquad x_{1(4)} = e^{-j3t} \tag{IV-446}$$

bilden eine *komplexe* Fundamentalbasis der Differentialgleichung (IV-442). Mit Hilfe der *Eulerschen Formel*

$$e^{\pm j\varphi} = \cos\varphi \pm j \cdot \sin\varphi \tag{IV-447}$$

lässt sich daraus die folgende *reelle* Fundamentalbasis gewinnen (wir setzen $\varphi = t$ bzw. $\varphi = 3t$):

$$x_{1(1)} = \sin t, \quad x_{1(2)} = \cos t, \quad x_{1(3)} = \sin(3t), \quad x_{1(4)} = \cos(3t) \tag{IV-448}$$

Die *erste* der beiden gesuchten Lösungsfunktionen unseres Differentialgleichungssystems (IV-439) ist damit eine *Linearkombination* dieser vier Basisfunktionen:

$$x_1 = C_1 \cdot x_{1\,(1)} + C_2 \cdot x_{1\,(2)} + C_3 \cdot x_{1\,(3)} + C_4 \cdot x_{1\,(4)} =$$

$$= C_1 \cdot \sin t + C_2 \cdot \cos t + C_3 \cdot \sin (3\,t) + C_4 \cdot \cos (3\,t) \qquad \text{(IV-449)}$$

Die *zweite* Lösungsfunktion x_2 erhalten wir aus Gleichung (IV-440), indem wir dort die erste Lösungsfunktion x_1 und deren zweite Ableitung $\ddot{x}_1$ einsetzen. Mit

$$\dot{x}_1 = C_1 \cdot \cos t - C_2 \cdot \sin t + 3\,C_3 \cdot \cos (3\,t) - 3\,C_4 \cdot \sin (3\,t)$$
$$\ddot{x}_1 = - C_1 \cdot \sin t - C_2 \cdot \cos t - 9\,C_3 \cdot \sin (3\,t) - 9\,C_4 \cdot \cos (3\,t) \qquad \text{(IV-450)}$$

folgt dann:

$$x_2 = \frac{1}{4} \left(\ddot{x}_1 + 5\,x_1 \right) =$$

$$= \frac{1}{4} \left(- C_1 \cdot \sin t - C_2 \cdot \cos t - 9\,C_3 \cdot \sin (3\,t) - 9\,C_4 \cdot \cos (3\,t) + \right.$$

$$\left. + 5\,C_1 \cdot \sin t + 5\,C_2 \cdot \cos t + 5\,C_3 \cdot \sin (3\,t) + 5\,C_4 \cdot \cos (3\,t) \right) =$$

$$= \frac{1}{4} \left(4\,C_1 \cdot \sin t + 4\,C_2 \cdot \cos t - 4\,C_3 \cdot \sin (3\,t) - 4\,C_4 \cdot \cos (3\,t) \right) =$$

$$= C_1 \cdot \sin t + C_2 \cdot \cos t - C_3 \cdot \sin (3\,t) - C_4 \cdot \cos (3\,t) \qquad \text{(IV-451)}$$

Die *allgemeine* Lösung des linearen Differentialgleichungssystems (IV-439) besitzt daher die folgende Gestalt:

$$x_1 = C_1 \cdot \sin t + C_2 \cdot \cos t + C_3 \cdot \sin (3\,t) + C_4 \cdot \cos (3\,t)$$
$$x_2 = C_1 \cdot \sin t + C_2 \cdot \cos t - C_3 \cdot \sin (3\,t) - C_4 \cdot \cos (3\,t) \qquad \text{(IV-452)}$$

Diese Lösungsfunktionen entstehen durch *Überlagerung* von *Sinus-* und *Kosinusschwingungen* mit den Kreisfrequenzen $\omega_1 = 1$ und $\omega_2 = 3$ und lassen sich daher auch in der Form

$$x_1 = A_1 \cdot \sin (t + \varphi_1) + A_2 \cdot \sin (3\,t + \varphi_2)$$
$$x_2 = A_1 \cdot \sin (t + \varphi_1) - A_2 \cdot \sin (3\,t + \varphi_2) \qquad \text{(IV-453)}$$

oder

$$x_1 = A_1 \cdot \sin (t + \varphi_1) + A_2 \cdot \sin (3\,t + \varphi_2)$$
$$x_2 = A_1 \cdot \sin (t + \varphi_1) + A_2 \cdot \sin (3\,t + \varphi_2 + \pi) \qquad \text{(IV-454)}$$

darstellen (mit $A_1 > 0$, $A_2 > 0$ und $0 \le \varphi_1 < 2\,\pi$, $0 \le \varphi_2 < 2\,\pi$).

Normalschwingungen

Wir wollen uns jetzt mit *speziellen* Lösungen beschäftigen, die wir aus bestimmten Anfangsbedingungen erhalten.

1. Fall: $x_1(0) = x_2(0) = A$, $\dot{x}_1(0) = \dot{x}_2(0) = 0$

Die Bewegungen der beiden Massen beginnen jeweils aus der *Ruhe* heraus mit *gleichgroßen* Auslenkungen. Aus den Anfangswerten $x_1(0) = x_2(0) = A$ folgt dann (unter Verwendung der Darstellungsform (IV-452)):

$$x_1(0) = A \quad \Rightarrow \quad \text{(I)} \quad C_2 + C_4 = A$$
$$x_2(0) = A \quad \Rightarrow \quad \text{(II)} \quad C_2 - C_4 = A$$

(IV-455)

Durch *Addition* der Gleichungen (I) und (II) erhalten wir $2C_2 = 2A$ und damit $C_2 = A$. Aus (I) folgt dann weiter $C_4 = 0$. Für die Berechnung der noch fehlenden Parameter C_1 und C_3 benötigen wir noch die Ableitungen $\dot{x}_1$ und $\dot{x}_2$. Sie lauten:

$$\dot{x}_1 = C_1 \cdot \cos t - C_2 \cdot \sin t + 3C_3 \cdot \cos(3t) - 3C_4 \cdot \sin(3t)$$
$$\dot{x}_2 = C_1 \cdot \cos t - C_2 \cdot \sin t - 3C_3 \cdot \cos(3t) + 3C_4 \cdot \sin(3t)$$

(IV-456)

Die *Anfangswerte* $\dot{x}_1(0) = \dot{x}_2(0) = 0$ führen dann zu folgenden Gleichungen:

$$\dot{x}_1(0) = 0 \quad \Rightarrow \quad \text{(III)} \quad C_1 + 3C_3 = 0$$
$$\dot{x}_2(0) = 0 \quad \Rightarrow \quad \text{(IV)} \quad C_1 - 3C_3 = 0$$

(IV-457)

Addieren wir diese Gleichungen, so folgt $2C_1 = 0$ und somit $C_1 = 0$ und weiter aus Gleichung (III) $3C_3 = 0$ und daher auch $C_3 = 0$.

Damit sind *sämtliche* Konstanten bestimmt:

$$C_1 = C_3 = C_4 = 0 \quad \text{und} \quad C_2 = A$$

(IV-458)

Die beiden Massen bewegen sich also nach den folgenden Gleichungen:

$$x_1 = A \cdot \cos t \quad \text{und} \quad x_2 = A \cdot \cos t$$

(IV-459)

Physikalische Deutung: Beide Massen schwingen *harmonisch* mit *gleicher* Amplitude A und *gleicher* Kreisfrequenz $\omega = 1$ und zwar *in Phase*. Bild IV-60 verdeutlicht diese Aussage.

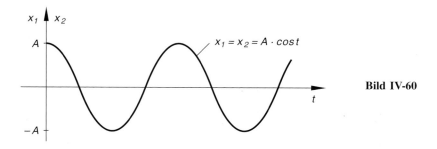

Bild IV-60

Die Kreisfrequenz entspricht dabei der *Eigenkreisfrequenz* $\omega_0 = 1$ der *entkoppelten* Systeme. Dies ist physikalisch gesehen unmittelbar einleuchtend, da die beiden Feder-Masse-Systeme *synchron* schwingen und die Kopplungsfeder daher *gar nicht* beanspruchen (Bild IV-61).

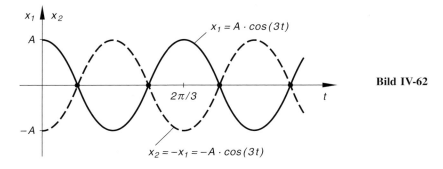

Bild IV-61 Die Massen der gekoppelten Systeme schwingen in *Phase*

2. Fall: $x_1(0) = A$, $\qquad x_2(0) = -A$, $\qquad \dot{x}_1(0) = \dot{x}_2(0) = 0$

Die Bewegungen der beiden Massen beginnen *wiederum* aus der *Ruhe* heraus, diesmal jedoch mit *entgegengesetzt gleichgroßen* Auslenkungen. Aus den Anfangsbedingungen $x_1(0) = A$ und $x_2(0) = -A$ folgt dann unter Verwendung der Darstellungsform (IV-452):

$$
\begin{aligned}
x_1(0) = A &\quad\Rightarrow\quad \text{(I)} \quad C_2 + C_4 = A \\
x_2(0) = -A &\quad\Rightarrow\quad \text{(II)} \quad C_2 - C_4 = -A
\end{aligned}
\qquad\text{(IV-460)}
$$

Durch *Addition* dieser Gleichungen erhalten wir $2C_2 = 0$ und somit $C_2 = 0$. Aus Gleichung (I) folgt dann weiter $C_4 = A$. Die beiden restlichen Anfangswerte $\dot{x}_1(0) = \dot{x}_2(0) = 0$ führen wie im *1. Fall* zu $C_1 = C_3 = 0$. Die Konstanten besitzen also die folgenden Werte:

$$
C_1 = C_2 = C_3 = 0 \qquad \text{und} \qquad C_4 = A \qquad\text{(IV-461)}
$$

Die Bewegungen der beiden Massen genügen somit den Gleichungen

$$
x_1 = A \cdot \cos(3t) \qquad \text{und} \qquad x_2 = -A \cdot \cos(3t) \qquad\text{(IV-462)}
$$

oder

$$
x_1 = A \cdot \cos(3t) \qquad \text{und} \qquad x_2 = A \cdot \cos(3t + \pi) \qquad\text{(IV-463)}
$$

Physikalische Deutung: Beide Massen schwingen *harmonisch* mit *gleicher* Amplitude A und *gleicher* Kreisfrequenz $\omega = 3$, aber in *Gegenphase* (Bild IV-62).

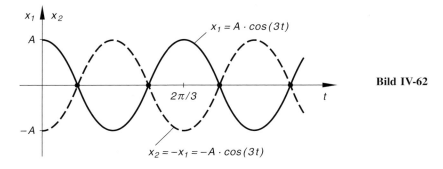

Bild IV-62

Bei diesem Schwingungstyp gilt also in jedem Augenblick

$$x_2(t) = -x_1(t) \qquad\qquad\qquad\qquad\qquad\qquad \text{(IV-464)}$$

Die Kopplungsfeder wird diesmal *maximal* beansprucht, die Massen schwingen daher mit einer gegenüber der Eigenkreisfrequenz $\omega_0 = 1$ *vergrößerten* Kreisfrequenz von $\omega = 3$ (Bild IV-63).

Bild IV-63 Die Massen der gekoppelten Systeme schwingen in *Gegenphase*

Fazit: Man bezeichnet *harmonische* Schwingungen von Massenpunktsystemen, die mit *gleicher* Frequenz (und damit auch *gleicher* Kreisfrequenz) erfolgen, als *Normalschwingungen*. Unser gekoppeltes System besitzt also *zwei* Normalschwingungen, die wir durch die Gleichungen

$$x_1^{(1)} = A \cdot \cos t \qquad \text{und} \qquad x_2^{(1)} = A \cdot \cos t \qquad\qquad \text{(IV-465)}$$

und

$$x_1^{(2)} = A \cdot \cos(3t) \qquad \text{und} \qquad x_2^{(2)} = -A \cdot \cos(3t) \qquad\qquad \text{(IV-466)}$$

beschreiben können (siehe hierzu Bild IV-60 bis IV-63). Der allgemeine Schwingungstyp entsteht dann durch *ungestörte Überlagerung* der beiden Normalschwingungen.

Übungsaufgaben

Zu Abschnitt 1

1) Zeigen Sie durch Differenzieren und Einsetzen: Die Funktion $y = \dfrac{Cx}{1+x}$ ist die *allgemeine* Lösung der Differentialgleichung $x(1+x)y' - y = 0$ $(C \in \mathbb{R})$. Wie lautet die durch den Punkt $P = (1; 8)$ gehende Lösungskurve?

2) Gegeben ist die Differentialgleichung $y'' - 4y' - 5y = 0$. Zeigen Sie, dass diese Gleichung die *allgemeine* Lösung $y = C_1 \cdot e^{5x} + C_2 \cdot e^{-x}$ besitzt $(C_1, C_2 \in \mathbb{R})$.

3) Die *Aufladung eines Kondensators* mit der Kapazität C über einen ohmschen Widerstand R auf die Endspannung u_0 erfolgt nach dem *Exponentialgesetz*

$$u_C(t) = u_0\left(1 - e^{-\frac{t}{RC}}\right), \qquad t \geq 0$$

Zeigen Sie, dass diese Funktion eine (partikuläre) Lösung der Differentialgleichung 1. Ordnung

$$RC \frac{du_C}{dt} + u_C = RC \cdot \dot{u}_C + u_C = u_0$$

ist, die diesen *Einschaltvorgang* beschreibt (sog. *RC-Glied*, Bild IV-64).

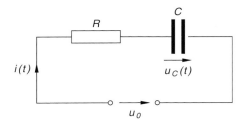

Bild IV-64

4) Ein *Pendel* unterliege der periodischen Beschleunigung $a(t) = -5 \cdot \cos t$. Bestimmen Sie die *Geschwindigkeits-Zeit-Funktion* $v = v(t)$ und die *Weg-Zeit-Funktion* $s = s(t)$ für die Anfangswerte $s(0) = 5$, $v(0) = 0$.

Zu Abschnitt 2

1) Skizzieren Sie das *Richtungsfeld* der jeweiligen Differentialgleichung 1. Ordnung mit Hilfe von *Isoklinen* und versuchen Sie, eine Lösungskurve einzuzeichnen. Wie lautet die *allgemeine* Lösung der Differentialgleichung?

a) $y' = \frac{1}{2} \cdot \frac{y}{x}$, $x > 0$ b) $y' = y$

2) Lösen Sie die folgenden Differentialgleichungen 1. Ordnung mit Hilfe einer geeigneten *Substitution*:

a) $xy' = y + 4x$ b) $y' = (x + y + 1)^2$

c) $x^2 y' = \frac{1}{4} x^2 + y^2$ d) $y' = \sin\left(\frac{y}{x}\right) + \frac{y}{x}$

3) Lösen Sie das *Anfangswertproblem*

$$yy' = x + \frac{y^2}{x}, \qquad y(1) = \sqrt{2}$$

mittels einer geeigneten *Substitution*.

4) Lösen Sie die folgenden Differentialgleichungen 1. Ordnung durch *Trennung der Variablen*:

a) $x^2 y' = y^2$ b) $y'(1 + x^2) = xy$

c) $y' = (1 - y)^2$ d) $y' \cdot \sin y = -x$

5) Lösen Sie die folgenden *Anfangswertprobleme* durch *Trennung der Variablen*:

   a) $y' + (\cos x) \cdot y = 0$, $y(\pi/2) = 2\pi$

   b) $x(x+1)y' = y$, $y(1) = 1/2$

   c) $y^2 y' + x^2 = 1$, $y(2) = 1$

6) Lösen Sie die folgenden *Anfangswertprobleme*:

   a) $x^2 y' = y^2 + xy$, $y(1) = -1$ b) $yy' = 2 \cdot e^{2x}$, $y(0) = 2$

7) Wir betrachten die folgende *chemische Reaktion*: Ein Atom vom Typ A vereinigt sich mit einem Atom vom Typ B zu einem *Molekül* vom Typ AB: $A + B \to AB$. Die Anzahl der Atome vom Typ A bzw. B beträgt zu Beginn der Reaktion (d. h. zur Zeit $t = 0$) a bzw. b. Zum Zeitpunkt t sind $x = x(t)$ Moleküle AB vorhanden. Dann lässt sich die chemische Reaktion durch die Differentialgleichung 1. Ordnung

$$\frac{dx}{dt} = k(a - x)(b - x)$$

beschreiben ($k > 0$: Konstante, vom Chemiker als *Geschwindigkeitskonstante* bezeichnet; $x(t)$: Umsatzvariable).

   a) Lösen Sie diese Differentialgleichung für $a \neq b$ und den Anfangswert $x(0) = 0$ durch *Trennung der Variablen*.

   b) Wann kommt die Reaktion zum *Stillstand* (unter der Annahme $a > b$)?

8) Durch die Differentialgleichung 1. Ordnung

$$m\frac{dv}{dt} + kv = mg$$

wird die *Sinkgeschwindigkeit* v eines Teilchens der Masse m in einer Flüssigkeit beschrieben ($k > 0$: Reibungsfaktor; g: Erdbeschleunigung).

   a) Bestimmen Sie die *allgemeine* Lösung $v = v(t)$ dieser Differentialgleichung durch *Trennung der Variablen*.

   b) Wie lautet die *partikuläre* Lösung für den *Anfangswert* $v(0) = v_0$?

   c) Welche Geschwindigkeit v_{max} kann das Teilchen *maximal* erreichen?

9) Ein *Kondensator* der Kapazität C wird zunächst auf die Spannung u_0 aufgeladen und dann über einen ohmschen Widerstand R *entladen*. Die Differentialgleichung für diesen zur Zeit $t = 0$ einsetzenden *Ausschaltvorgang* lautet:

$$RC \cdot \frac{du_C}{dt} + u_C = 0$$

Berechnen Sie den *zeitlichen Verlauf* der Kondensatorspannung $u_C = u_C(t)$ durch *Trennung der Variablen*.

10) Ein Körper besitzt zur Zeit $t = 0$ die Temperatur T_0 und wird in der Folgezeit durch vorbeiströmende Luft der konstanten Temperatur T_L gekühlt $(T_L < T_0)$. Der *Abkühlungsprozess* wird dabei nach *Newton* durch die Differentialgleichung

$$\frac{dT}{dt} = -a\,(T - T_L) \qquad (a > 0)$$

beschrieben (a: Konstante). Bestimmen Sie den *zeitlichen Verlauf* der Körpertemperatur T durch *Trennung der Variablen*. Welchen *Endwert* T_E erreicht die Körpertemperatur?

11) Zeigen Sie, dass die folgenden Differentialgleichungen 1. Ordnung *exakt* sind und bestimmen Sie die *allgemeinen* Lösungen:

a) $(1 + x)\,y' + y = 1$ b) $(2\,x\,y - x)\,dx + x^2\,dy = 0$

c) $(e^x + y)\,y' + e^x \cdot y + \sin x = 0$

12) Die folgenden Differentialgleichungen 1. Ordnung sind nicht exakt (Nachweis führen). Sie lassen sich aber durch einen nur von der Variablen x abhängigen *integrierenden Faktor* $\lambda = \lambda(x)$ in *exakte* Differentialgleichungen überführen. Bestimmen Sie diesen Faktor und lösen Sie anschließend die Differentialgleichung:

a) $(1 + x^2)\,y' = 2\,x\,y - (1 + x^2)^2$ b) $(x^2 + y)\,dx + dy = 0$

13) Welche der folgenden Differentialgleichungen 1. Ordnung sind *linear*, welche *nichtlinear*? Unterscheiden Sie dabei die linearen Differentialgleichungen nach *homogenen* und *inhomogenen* Differentialgleichungen.

a) $y' = x\,y$ b) $x^3\,y' - y = 2\,x\,y^2$

c) $y' - 2\,y = \sin x$ d) $y' \cdot \cos x - y \cdot \sin x = 1$

e) $y'\,y^2 + x^2 = 1$ f) $y' = \sqrt{y}$

g) $L\,\dfrac{di}{dt} + R\,i = u\,(t)$ h) $y' = x\,(1 + y^2)$

i) $x\,y' + y = \ln x$ j) $m\,\dot{v} + k\,v = m\,g$

k) $y'\,\sqrt{y} - x = 0$ l) $y' = 5\,x^4\,(y + 1)$

14) Lösen Sie die folgenden Differentialgleichungen 1. Ordnung durch *Variation der Konstanten*:

a) $y' + x\,y = 4\,x$ b) $y' + \dfrac{y}{1 + x} = e^{2x}$

c) $x\,y' + y = x \cdot \sin x$ d) $y' \cdot \cos x - y \cdot \sin x = 1$

e) $y' - (2 \cdot \cos x) \cdot y = \cos x$ f) $x\,y' - y = x^2 + 4$

15) Ein spezieller Stromkreis mit einem *zeitabhängigen* ohmschen Widerstand wird durch die Differentialgleichung 1. Ordnung

$$\frac{di}{dt} + (2 \cdot \sin t) \cdot i = \sin (2 t) \qquad (t \geq 0)$$

beschrieben. Ermitteln Sie den *zeitlichen Verlauf* der Stromstärke $i = i(t)$ durch *Variation der Konstanten* für den Anfangswert $i(0) = 0$.

16) Lösen Sie die folgenden *Anfangswertaufgaben* durch *Variation der Konstanten*:

   a) $x y' - y = x^2 \cdot \cos x$, $\quad y(\pi) = 2\pi$

   b) $y' + (\tan x) \cdot y = 5 \cdot \sin (2 x)$, $\quad$ Lösungskurve durch *Punkt* $P = (3\pi; 2)$

   c) $x y' + y = \ln x$, $\quad y(1) = 1$

17) Wie lauten die *allgemeinen* Lösungen der folgenden *homogenen* linearen Differentialgleichungen 1. Ordnung mit *konstanten* Koeffizienten?

   a) $y' + 4 y = 0$ $\qquad$ b) $2 y' + 4 y = 0$ $\qquad$ c) $-3 y' = 8 y$

   d) $a y' - b y = 0$ $\qquad$ e) $\dot{n} = -\lambda n$ $\qquad$ f) $-3 y' + 18 y = 0$

   g) $L \dfrac{di}{dt} + R i = 0$ $\qquad$ h) $2 \dfrac{dy}{dx} + 18 y = 0$ $\qquad$ i) $3 y' - 5 a y = 0$

18) Lösen Sie die *inhomogene* Differentialgleichung 1. Ordnung $y' - 3 y = x \cdot e^x$

   a) durch *Variation der Konstanten*,

   b) durch *Aufsuchen einer partikulären Lösung*.

19) Lösen Sie die folgenden *inhomogenen* linearen Differentialgleichungen 1. Ordnung mit *konstanten* Koeffizienten nach der Methode *Aufsuchen einer partikulären Lösung*:

   a) $y' = 2 x - y$ $\qquad\qquad$ b) $y' + 2 y = 4 \cdot e^{5 x}$

   c) $y' + y = e^{-x}$ $\qquad\qquad$ d) $y' - 4 y = 5 \cdot \sin x$

   e) $y' - 5 y = \cos x + 4 \cdot \sin x$ $\qquad$ f) $y' - 6 y = 3 \cdot e^{6 x}$

20) Lösen Sie die folgenden Differentialgleichungen 1. Ordnung mit einem geeigneten Lösungsverfahren (gemischte Aufgaben):

   a) $y' = x (y^2 + 1)$ $\qquad$ b) $y' = y \cdot \sin x$

   c) $y' = x y$ $\qquad\qquad$ d) $x y' + y = 2 \cdot \ln x$

   e) $y' = 5 x^4 (y + 1)$ $\qquad$ f) $y' - 5 y = 2 \cdot \cos x - \sin (3 x)$

21) Lösen Sie die folgenden *Anfangswertprobleme*:

 a) $y' + 4y = x^3 - x$, $\quad y(1) = 2$

 b) $y' - y = e^x$, $\qquad\quad y(0) = 1$

 c) $y' + 3y = -\cos x$, $\quad y(0) = 5$

22) In einem sog. *RL-Stromkreis* mit einem ohmschen Widerstand R und einer Induktivität L genügt die Stromstärke i der linearen Differentialgleichung 1. Ordnung

$$L \frac{di}{dt} + R i = u$$

Dabei ist $u = u(t)$ die von außen angelegte Spannung (Bild IV-65). Bestimmen Sie den zeitlichen Verlauf der Stromstärke $i = i(t)$

 a) bei *konstanter* Spannung $u(t) = \text{const.} = u_0$,

 b) bei *linear* mit der Zeit ansteigender Spannung $u(t) = a\,t$ (mit $a > 0$),

jeweils für den Anfangswert $i(0) = 0$.

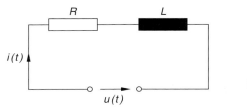

Bild IV-65

23) Untersuchen Sie das *Geschwindigkeits-Zeit-Gesetz* $v = v(t)$ eines Massenpunktes, der dem Einfluss einer *konstanten* Kraft F und einer zur Geschwindigkeit *proportionalen* Reibungskraft $k\,v$ unterliegt. Die Anfangsgeschwindigkeit betrage $v(0) = v_0$. Skizzieren Sie die Funktion $v = v(t)$. Welche *Endgeschwindigkeit* v_E erreicht der Massenpunkt?

Anleitung: Nach dem *Newtonschen Grundgesetz* der Mechanik gilt:

$$m \frac{dv}{dt} + k v = F \qquad (m\text{: Masse; } k > 0\text{: Reibungsfaktor})$$

24) Die Differentialgleichung eines *RL-Stromkreises* laute:

$$\frac{di}{dt} + 20 i = 10 \cdot \sin(2t)$$

Bestimmen Sie den *zeitlichen Verlauf* der Stromstärke i für den Anfangswert $i(0) = 0$ (siehe hierzu auch Aufgabe 22).

25) Das Verhalten eines sog. *PT_1-Regelkreisgliedes* der Regelungstechnik lässt sich durch die lineare Differentialgleichung 1. Ordnung

$$T \cdot \dot{v} + v = K u$$

beschreiben. Dabei ist $u = u(t)$ das *Eingangssignal*, $v = v(t)$ das *Ausgangssignal*, T und K sind positive Konstanten (T: Zeitkonstante; K: Beiwert). Der schematische Aufbau des Regelkreisgliedes ist in Bild IV-66 dargestellt. Bestimmen Sie den *zeitlichen Verlauf* des Ausgangssignals $v = v(t)$, wenn das Eingangssignal eine sog. *Sprungfunktion* nach Bild IV-67 ist und zu Beginn (d. h. zur Zeit $t = 0$) $v(0) = 0$ gilt.

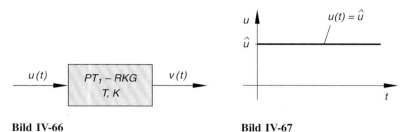

Bild IV-66   **Bild IV-67**

26) Das *Aufladen eines Kondensators* mit der Kapazität C über einen ohmschen Widerstand R wird durch die lineare Differentialgleichung

$$R C \frac{du_C}{dt} + u_C = u$$

beschrieben (siehe hierzu Bild IV-64). Dabei ist $u = u(t)$ die von *außen* angelegte Spannung und $u_C = u_C(t)$ die Spannung am Kondensator.

a) Bestimmen Sie die *allgemeine* Lösung der Differentialgleichung bei einer *konstanten* äußeren Spannung $u(t) = \text{const.} = u_0$.

b) Wie lautet die Lösung für den Anfangswert $u_C(0) = 0$? Skizzieren Sie die Lösung.

27) Ein DT_1-*Glied* der Regelungstechnik lässt sich durch die lineare Differentialgleichung 1. Ordnung

$$T \cdot \dot{v} + v = K_D \cdot \dot{u}$$

beschreiben ($u = u(t)$: Eingangssignal; $v = v(t)$: Ausgangssignal; $T > 0$: Zeitkonstante; $K_D > 0$: Differenzierbeiwert). Bestimmen und diskutieren Sie die *partikuläre* Lösung dieser Differentialgleichung für das *periodische* Eingangssignal $u(t) = E \cdot \sin(\omega t)$.

28) Zeigen Sie, dass sich die *nichtlineare* Differentialgleichung 1. Ordnung

$$4 y y' - y^2 = -(1 + x^2)$$

mit Hilfe der Substitution $u = y^2$ in eine *lineare* Differentialgleichung 1. Ordnung überführen lässt und bestimmen Sie die *allgemeine* Lösung dieser Differentialgleichung.

Zu Abschnitt 3

1) Welche der folgenden linearen Differentialgleichungen 2. Ordnung besitzen *konstante* Koeffizienten? Klassifizieren Sie diese Differentialgleichungen weiter nach *homogenen* und *inhomogenen* Gleichungen.

   a) $y'' + 2y' + y = \cos x$ b) $xy'' - 2y' = 0$

   c) $y'' + 6y' + 9y = 0$ d) $2\ddot{x} + x = e^{-2t}$

   e) $y'' + y' + x^2 y = e^x$ f) $y'' - 4y' + 13y = 0$

2) Ein Körper wird zur Zeit $t = 0\,\text{s}$ aus der Höhe $s_0 = 10\,\text{m}$ mit der Anfangsgeschwindigkeit $v_0 = 30\,\text{m/s}$ senkrecht nach *oben* geworfen (sog. *senkrechter Wurf*). Bestimmen Sie das Weg-Zeit-Gesetz $s = s(t)$ und das Geschwindigkeit-Zeit-Gesetz $v = v(t)$.

   Anleitung: Die Bewegung genügt der Differentialgleichung $\ddot{s} = -g$ (mit der Erdbeschleunigung $g = 9{,}81\,\text{m/s}^2$; siehe hierzu auch das einführende Beispiel in Abschnitt 1.1).

3) Zeigen Sie: Die Funktionen

   $$y_1(x) = e^{2x} \qquad \text{und} \qquad y_2(x) = x \cdot e^{2x}$$

   bilden eine *Fundamentalbasis* der homogenen Differentialgleichung 2. Ordnung $y'' - 4y' + 4y = 0$.

4) Zeigen Sie, dass die *komplexwertige* Funktion $y(x) = e^{(1{,}5 + 2j)x}$ eine partikuläre Lösung der linearen Differentialgleichung 2. Ordnung $y'' - 3y' + 6{,}25y = 0$ ist und gewinnen Sie hieraus eine *reelle* Fundamentalbasis der Differentialgleichung.

5) Zeigen Sie: Die lineare Differentialgleichung 2. Ordnung $\ddot{x} + 2\dot{x} + 2x = 0$ besitzt die *linear unabhängigen* Lösungen

   $$x_1 = e^{-t} \cdot \sin t \qquad \text{und} \qquad x_2 = e^{-t} \cdot \cos t$$

   Wie lautet die *allgemeine* Lösung dieser Differentialgleichung?

6) Lösen Sie die folgenden *homogenen* linearen Differentialgleichungen 2. Ordnung:

   a) $y'' + 2y' - 3y = 0$ b) $2\ddot{x} + 20\dot{x} + 50x = 0$

   c) $\ddot{x} - 2\dot{x} + 10x = 0$ d) $\ddot{\varphi} + 4\varphi = 0$

   e) $y'' + 4y' + 13y = 0$ f) $2\ddot{q} + 7\dot{q} + 3q = 0$

   g) $-\ddot{x} + 6\dot{x} = 9x$ h) $y'' - 2ay' + a^2 y = 0$

7) Lösen Sie die folgenden *Anfangswertprobleme*:

   a) $y'' + 4y' + 5y = 0$, $y(0) = \pi$, $y'(0) = 0$

   b) $y'' + 20y' + 64y = 0$, $y(0) = 0$, $y'(0) = 2$

   c) $4\ddot{x} - 4\dot{x} + x = 0$, $x(0) = 5$, $\dot{x}(0) = -1$

8) Die Differentialgleichung einer *freien gedämpften Schwingung* laute:

$$\ddot{x} + p\dot{x} + 2x = 0 \qquad (p > 0)$$

a) Bestimmen Sie den Parameter p so, dass der *aperiodische Grenzfall* eintritt.

b) Wie lautet die den Anfangsbedingungen $x(0) = 10$, $\dot{x}(0) = -1$ angepasste spezielle Lösung im unter a) behandelten *aperiodischen Grenzfall*? Skizzieren Sie den zeitlichen Verlauf dieser „Schwingung".

9) Ein einseitig fest eingespannter homogener Balken (oder Träger) der Länge l wird nach Bild IV-68 durch eine am freien Ende einwirkende Kraft F auf *Biegung* beansprucht. Die *Biegelinie* $y = y(x)$ ist dann die Lösung der *Randwertaufgabe*

$$y'' = \frac{F}{EI}(l - x), \qquad y(0) = 0, \qquad y'(0) = 0$$

(E: Elastizitätsmodul; I: Flächenmoment des Balkens). Wie lautet die Gleichung der Biegelinie?

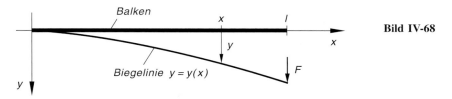

Bild IV-68

10) Gegeben ist die inhomogene lineare Differentialgleichung 2. Ordnung

$$y'' + 2y' + y = g(x)$$

mit dem *Störglied* $g(x)$. Ermitteln Sie für die nachfolgenden Störglieder anhand von Tabelle 2 den jeweiligen *Lösungsansatz* für eine partikuläre Lösung $y_p(x)$ der inhomogenen Gleichung.

a) $g(x) = x^2 - 2x + 1$ b) $g(x) = x^3 - x$

c) $g(x) = 2 \cdot e^x + \cos x$ d) $g(x) = 3 \cdot e^{-x}$

e) $g(x) = 2x \cdot e^{3x} \cdot \sin(4x)$ f) $g(x) = e^{-x} \cdot \cos x$

11) Bestimmen Sie die *allgemeinen* Lösungen der folgenden inhomogenen linearen Differentialgleichungen 2. Ordnung:

a) $y'' + 2y' - 3y = 3x^2 - 4x$ b) $y'' - y = x^3 - 2x^2 - 4$

c) $\ddot{x} - 2\dot{x} + x = e^{2t}$ d) $y'' - 2y' - 3y = -2 \cdot e^{3x}$

e) $\ddot{x} + 10\dot{x} + 25x = 3 \cdot \cos(5t)$ f) $y'' + 10y' - 24y = 2x^2 - 6x$

g) $\ddot{x} - x = t \cdot \sin t$ h) $y'' + 12y' + 36y = 3 \cdot e^{-6x}$

i) $y'' + 4y = 10 \cdot \sin(2x) + 2x^2 - x + e^{-x}$

j) $y'' + 2y' + y = x^2 \cdot e^x + x - \cos x$

12) Lösen Sie die folgenden *Anfangswertprobleme*:

   a) $\ddot{x} + 6\dot{x} + 10x = \cos t$, $x(0) = 0$, $\dot{x}(0) = 4$

   b) $y'' + 2y' + 3y = \mathrm{e}^{-2x}$, $y(0) = 0$, $y'(0) = 1$

   c) $\ddot{x} + 2\dot{x} + 17x = 2 \cdot \sin(5t)$, $x(\pi) = 0$, $\dot{x}(\pi) = 1$

13) Bestimmen Sie diejenige Lösungskurve der Differentialgleichung 2. Ordnung

   $$y'' + 10y' = x^2 \cdot \mathrm{e}^x,$$

   die durch den Punkt $P = (0; 2)$ verläuft und dort die Steigung $m = y'(0) = 1$ besitzt.

14) Ein biegsames Seil der Länge l und der Masse m gleite *reibungsfrei* über eine Tischkante. Ist $x = x(t)$ die Länge des überhängenden Seiles zur Zeit t, so ist die auf das Seil einwirkende Kraft gleich dem Gewicht des *überhängenden* Seiles, also $(x/l) m g$ $(g = 9{,}81 \text{ m/s}^2$: Erdbeschleunigung). Die Differentialgleichung der Bewegung lautet somit

   $$m\ddot{x} = \frac{x}{l} m g \qquad \text{oder} \qquad \ddot{x} - \frac{g}{l} x = 0$$

   a) Lösen Sie diese Differentialgleichung für ein 1,50 m langes Seil, das zu Beginn $(t = 0)$ zur *Hälfte* überhängt und sich aus der *Ruhe* heraus in Bewegung setzt.

   b) Nach welcher Zeit T ist das Seil abgerutscht?

Zu Abschnitt 4

1) Lösen Sie die folgenden Schwingungsgleichungen (*freie ungedämpfte Schwingungen*):

   a) $\ddot{x} + 4x = 0$, $x(0) = 2$, $\dot{x}(0) = 1$

   b) $\ddot{x} + x = 0$, $x(0) = 1$, $\dot{x}(0) = -2$

   c) $\ddot{x} + a^2 x = 0$, $x(0) = 0$, $\dot{x}(0) = v_0$ $(a > 0)$

2) Ein Feder-Masse-Schwinger mit der Masse $m = 600\,\text{g}$ und der Federkonstante $c = 50\,\text{N/m}$ bewege sich *reibungsfrei und frei von äußeren Kräften*.

   a) Bestimmen Sie die Kreisfrequenz ω_0, die Frequenz f_0 und die Schwingungsdauer T_0 des Systems.

   b) Wie lautet die *allgemeine* Lösung der Schwingungsgleichung?

   c) Bestimmen Sie die den Anfangsbedingungen $x(0) = 0$, $\dot{x}(0) = v(0) = 0{,}5\,\text{m/s}$ angepasste *spezielle* Lösung und skizzieren Sie den Schwingungsverlauf.

   d) Wie groß sind Auslenkung x, Geschwindigkeit v und Beschleunigung a der Masse nach $t = 2{,}5\,\text{s}$ für die unter c) bestimmte spezielle Schwingung?

3) Das in Bild IV-69 skizzierte Fadenpendel mit der Länge l und der Masse m schwingt für *kleine* Auslenkungen nahezu *harmonisch*. Die Schwingungsgleichung lautet dann näherungsweise:

$$\ddot{\varphi} + \frac{g}{l}\,\varphi = 0$$

Dabei ist $\varphi = \varphi(t)$ der Auslenkwinkel (gegenüber der Vertikalen) zur Zeit t und g die Erdbeschleunigung. A und B kennzeichnen die *Umkehrpunkte* der periodischen Bewegung.

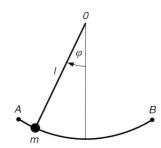

Bild IV-69

a) Wie lautet die *allgemeine* Lösung der Schwingungsgleichung?

b) Mit welcher Kreisfrequenz ω_0, Frequenz f_0 und Schwingungsdauer T_0 schwingt das Fadenpendel?

c) Bestimmen Sie die *spezielle* Lösung der Schwingungsgleichung für die Anfangsbedingungen $\varphi(0) = \varphi_0$ und $\dot{\varphi}(0) = 0$ (Bewegung des Pendels aus der Ruhe heraus).

4) Lösen Sie die folgenden Schwingungsprobleme (*freie gedämpfte Schwingungen*):

a) $\ddot{x} + 4\dot{x} + 29x = 0$, $\quad x(0) = 1$, $\quad \dot{x}(0) = -2$

b) $\ddot{x} + \dot{x} + 2x = 0$, $\quad x(0) = 0$, $\quad \dot{x}(0) = 3$

c) $\ddot{x} + 2\dot{x} + 5x = 0$, $\quad x(0) = 10$, $\quad \dot{x}(0) = 0$

5) Gegeben ist das schwingungsfähige *gedämpfte* Feder-Masse-System (Federpendel) mit den folgenden Kenndaten:

$$m = 0{,}5\,\text{kg}, \qquad b = 8\,\text{kg/s}, \qquad c = 128\,\text{N/m}$$

a) Wie lautet die *allgemeine* Lösung der Schwingungsgleichung?

b) Berechnen Sie die Kreisfrequenz ω_d, die Frequenz f_d und die Schwingungsdauer T_d der gedämpften Schwingung.

c) Wie lautet die *spezielle* Lösung, die den Anfangswerten $x(0) = 0{,}2\,\text{m}$, $v(0) = 0\,\text{m/s}$ genügt? Skizzieren Sie den Schwingungsverlauf.

6) Die folgenden Anfangswertprobleme beschreiben mechanische Schwingungen im *aperiodischen Grenzfall*. Wie lauten die Lösungen?

a) $2\ddot{x} + 10\dot{x} + 12{,}5x = 0$, $\quad x(0) = 5$, $\quad \dot{x}(0) = 1$

b) $\ddot{x} + \dot{x} + 0{,}25x = 0$, $\quad x(0) = 1$, $\quad \dot{x}(0) = -1$

7) Ein schwingungsfähiges mechanisches System bestehe aus einer Masse
    $m = 0{,}5$ kg und einer Feder mit der Federkonstanten $c = 128\,\text{N/m}$.

    a) Wie groß muss die Dämpferkonstante b sein, damit gerade der *aperiodische
        Grenzfall* eintritt? Für welche Werte von b zeigt das System ein *aperiodisches*
        Verhalten?

    b) Lösen Sie die Schwingungsgleichung für den unter (a) behandelten *aperiodi-
        schen Grenzfall*, wenn zu Beginn der Bewegung (Zeitpunkt $t = 0$) gilt:
        $x(0) = 0{,}2$ m, $v(0) = 0$. Skizzieren Sie den „Schwingungsverlauf".

8) Lösen Sie die folgenden Schwingungsprobleme (*aperiodische* Bewegungen):

    a) $\ddot{x} + 6\dot{x} + 5x = 0$, $x(0) = 10$, $\dot{x}(0) = 2$

    b) $\ddot{x} + \dot{x} + 0{,}16x = 0$, $x(0) = 2$, $\dot{x}(0) = -4$

    c) $\ddot{x} + 7\dot{x} + 12x = 0$, $x(0) = 5$, $\dot{x}(0) = 0$

9) *Stoßdämpferproblem:* Untersuchen Sie mit Hilfe der Schwingungsgleichung

    $$m\ddot{x} + b\dot{x} + cx = 0$$

    die Bewegung einer Masse von $m = 50$ kg, die mit einer elastischen Feder der
    Federkonstanten $c = 10\,200\,\text{N/m}$ verbunden ist, wenn das System die Dämpfer-
    konstante $b = 2000\,\text{kg/s}$ besitzt. Dabei wird die Masse zu Beginn der Bewe-
    gung $(t = 0)$ in der Gleichgewichtslage mit der Geschwindigkeit $v_0 = 2{,}8$ m/s
    angestoßen $(x(0) = 0,\ \dot{x}(0) = 2{,}8\,\text{m/s})$ Skizzieren Sie den zeitlichen Verlauf
    dieser *aperiodischen* Bewegung.

10) Ein schwingungsfähiges mechanisches System, bestehend aus einer Blattfeder mit
    der Federkonstanten c und einer Schwingmasse m, befindet sich fest verankert
    auf einem *reibungsfrei* beweglichen Fahrgestell (Bild IV-70).

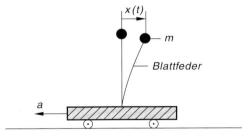

                                                          Bild IV-70

Unterliegt das Fahrwerk einer *konstanten* Beschleunigung a in der eingezeichne-
ten Richtung, so genügt das Weg-Zeit-Gesetz $x = x(t)$ des schwingungsfähigen
Systems nach dem *Newtonschen Grundgesetz der Mechanik* der folgenden linearen
Differentialgleichung 2. Ordnung mit konstanten Koeffizienten:

$$m\ddot{x} = -cx + ma \qquad \text{oder} \qquad \ddot{x} + \omega_0^2 x = a \qquad (\omega_0^2 = c/m)$$

Lösen Sie diese Gleichung für die Anfangswerte $x(0) = 0,\ v(0) = \dot{x}(0) = 0$
und skizzieren Sie den zeitlichen Verlauf der Schwingung.

11) Die nachfolgenden linearen Differentialgleichungen 2. Ordnung beschreiben *erzwungene (mechanische) Schwingungen*. Bestimmen Sie jeweils die *allgemeine* und die *stationäre* Lösung.

   a) $\ddot{x} + 4\dot{x} + 29x = 2 \cdot \sin(2t)$ b) $\ddot{x} + 6\dot{x} + 9x = \cos t - \sin t$

12) Ein schwingungsfähiges mechanisches Feder-Masse-System mit den Kenngrößen

   $$m = 20\,\text{kg}, \qquad b = 40\,\text{kg/s}, \qquad c = 100\,\text{N/m}$$

   wird durch die von *außen* einwirkende zeitabhängige Kraft

   $$F(t) = 20\,\text{N} \cdot \sin(\omega t)$$

   zu *erzwungenen Schwingungen* erregt.

   a) Bestimmen Sie die *allgemeine* Lösung der Schwingungsgleichung.

   b) Wie lautet die *stationäre* Lösung der Schwingungsgleichung? Zeichnen Sie die *Resonanzkurve* $A = A(\omega)$ sowie den *Frequenzgang der Phasenverschiebung* φ zwischen Erregerschwingung und erzwungener Schwingung.

   c) Bestimmen und skizzieren Sie die *stationäre* Lösung für die Erregerkreisfrequenz $\omega = 1\,\text{s}^{-1}$.

13) Ein *Reihenschwingkreis* enthalte den ohmschen Widerstand $R = 500\,\Omega$, einen Kondensator mit der Kapazität $C = 5\,\mu\text{F}$ und eine Spule mit der Induktivität $L = 0{,}2\,\text{H}$. Wie lautet die *stationäre* Lösung der Schwingungsgleichung

   $$\frac{d^2 i}{dt^2} + 2\,\delta\,\frac{di}{dt} + \omega_0^2\,i = \frac{1}{L} \cdot \frac{du_a}{dt} \qquad \left(\delta = \frac{R}{2L}, \ \omega_0^2 = \frac{1}{LC} \right)$$

   wenn das System durch die von außen angelegte Wechselspannung

   $$u_a(t) = 300\,\text{V} \cdot \sin(500\,\text{s}^{-1} \cdot t)$$

   zu *erzwungenen elektrischen Schwingungen* angeregt wird? Skizzieren Sie den zeitlichen Verlauf dieser Schwingung (Wechselstrom $i = i(t)$).

Zu Abschnitt 5

1) Zeigen Sie, dass die Funktionen $y_1 = e^x$, $y_2 = e^{-x}$ und $y_3 = e^{-2x}$ eine *Fundamentalbasis* der homogenen linearen Differentialgleichung 3. Ordnung

   $$y''' + 2y'' - y' - 2y = 0$$

   bilden.

2) Lösen Sie die folgenden *homogenen* linearen Differentialgleichungen 3. Ordnung:

   a) $y''' - 7y' + 6y = 0$ b) $y''' + y' = 0$

   c) $\dddot{x} - 4\ddot{x} - 11\dot{x} - 6x = 0$ d) $y''' + 3ay'' + 3a^2y' + a^3y = 0$

   e) $u''' - 4u'' + 14u' - 20u = 0$ f) $y''' - 7y'' + 16y' - 12y = 0$

3) Zeigen Sie: Die homogene lineare Differentialgleichung 3. Ordnung

   $$y''' - 3y'' + 9y' + 13y = 0$$

   besitzt die *linear unabhängigen* Lösungen (*Basisfunktionen*)

   $$y_1 = e^{-x}, \quad y_2 = e^{2x} \cdot \sin(3x) \quad \text{und} \quad y_3 = e^{2x} \cdot \cos(3x)$$

   Wie lautet die *allgemeine* Lösung dieser Differentialgleichung?

4) Lösen Sie die folgenden *homogenen* linearen Differentialgleichungen 4. Ordnung:

   a) $x^{(4)} - x = 0$ (mit $x = x(t)$)

   b) $y^{(4)} - y''' + 2y' = 0$

   c) $2y^{(4)} + 4y''' - 24y'' + 28y' - 10y = 0$

   d) $v^{(4)} + 8\ddot{v} + 16v = 0$

5) Bestimmen Sie die *allgemeinen* Lösungen der folgenden *homogenen* linearen Differentialgleichungen 5. Ordnung:

   a) $x^{(5)} + 2\dddot{x} + \dot{x} = 0$ b) $y^{(5)} + 2y^{(4)} + y''' = 0$

   c) $y^{(5)} + 3y^{(4)} + 10y''' + 6y'' + 5y' - 25y = 0$

   Hinweis: $\lambda = -1 + 2j$ ist eine komplexe Lösung der charakteristischen Gleichung.

   d) $y^{(5)} + 22y''' + 2y'' - 75y' + 50y = 0$

6) Lösen Sie die folgenden *Anfangswertprobleme*:

   a) $y''' - 3y'' + 4y = 0$, $y(0) = y'(0) = 0$, $y''(0) = 1$

   b) $\dddot{x} - 2\ddot{x} - \dot{x} + 2x = 0$, $x(0) = 0$, $\dot{x}(0) = 1$, $\ddot{x}(0) = 0$

   c) $x^{(4)} + 10\ddot{x} + 9x = 0$, $x(\pi) = 8$, $\dot{x}(\pi) = 0$, $\ddot{x}(\pi) = 0$, $\dddot{x}(\pi) = 0$

   d) $y^{(5)} + 5y''' + 4y' = 0$

   $$y(0) = 0, \quad y'(0) = 0, \quad y''(0) = 0, \quad y'''(0) = 0, \quad y^{(4)}(0) = 12$$

7)   Gegeben ist die *inhomogene* lineare Differentialgleichung 3. Ordnung

$$y''' + y'' + y' + y = g(x)$$

mit dem *Störglied* $g(x)$. Ermitteln Sie für die nachfolgenden Störglieder anhand von Tabelle 3 den jeweiligen *Lösungsansatz* für eine *partikuläre* Lösung $y_p(x)$ der inhomogenen Differentialgleichung.

a) $g(x) = 2x + 5$ b) $g(x) = x^3 - 2x^2 + 2x$

c) $g(x) = 4 \cdot e^{2x}$ d) $g(x) = 10 \cdot e^{-x}$

e) $g(x) = 3 \cdot \cos(2x)$ f) $g(x) = 8 \cdot \sin x$

g) $g(x) = 2 \cdot e^{-x} + \sin(5x) + 2 \cdot \cos x$

8)   Bestimmen Sie die *allgemeinen* Lösungen der folgenden *inhomogenen* linearen Differentialgleichungen 3. Ordnung:

a) $y''' + 2y'' + y' = 10 \cdot \cos x$

b) $y''' + 3y'' + 3y' + y = x + 6 \cdot e^{-x}$

c) $\ddot{x} + \dot{x} = 9t^2$

d) $y''' - y'' - y' + y = 16x \cdot e^{-x}$

9)   Welche *allgemeinen* Lösungen besitzen die folgenden *inhomogenen* linearen Differentialgleichungen 4. bzw. 5. Ordnung?

a) $y^{(4)} + 2y'' + y = 8 \cdot \sin x + x^2 + 4$

b) $y^{(5)} + 3y^{(4)} + 3y''' + y'' = 2(\sin x + \cos x + 1)$

10) Bestimmen Sie zu jeder der nachfolgenden linearen Differentialgleichungen eine *partikuläre* Lösung:

a) $y''' - y' = 10x$

b) $y''' + 4y'' + 13y' = e^x + 10$

c) $y''' - 3y' + 2y = 2 \cdot \cos x - 3 \cdot \sin x$

d) $x^{(4)} + 2\ddot{x} + x = t \cdot e^{-t}$

e) $y^{(5)} - 2y^{(4)} + 3y''' - 6y'' - 4y' + 8y =$
$$= -104 \cdot e^{3x} + 24 \cdot \sin x - 12 \cdot \cos x + 8x^2$$

11) Lösen Sie die folgenden *Anfangswertprobleme*:

   a) $y''' + 9y' = 18x$, $y(\pi) = \pi^2$, $y'(\pi) = 2\pi$, $y''(\pi) = 20$

   b) $y''' + 8y'' + 17y' + 10y = 34 \cdot \sin x + 12 \cdot \cos x$

       $y(0) = 1$, $y'(0) = -3$, $y''(0) = 8$

   c) $x^{(4)} - x = 45 \cdot e^{2t}$, $x(0) = 6$, $\dot{x}(0) = 0$, $\ddot{x}(0) = 15$, $\dddot{x}(0) = 24$

   d) $v^{(5)} - \dot{v} = 2t + 2$

       $v(0) = 1$, $\dot{v}(0) = -2$, $\ddot{v}(0) = 2$, $\dddot{v}(0) = 0$, $v^{(4)}(0) = -4$

12) Ein beiderseits *gelenkig* gelagerter Druckstab der Länge l wird in der aus Bild
     IV-71 ersichtlichen Weise durch eine *sinusförmige* Kraft belastet. Die *Biegelinie*
     des Stabes genügt dann *näherungsweise* der folgenden Differentialgleichung
     4. Ordnung:

$$EI \cdot y^{(4)} + F \cdot y'' = Q_0 \cdot \sin\left(\frac{\pi x}{l}\right) \qquad \text{oder} \qquad y^{(4)} + \alpha^2 \cdot y'' = K_0 \cdot \sin(\beta x)$$

(mit den Abkürzungen $\alpha^2 = F/EI$, $\beta = \pi/l$ und $K_0 = Q_0/EI$). Dabei ist F
die konstante *Druckkraft* in Richtung der Stabachse und EI die ebenfalls konstante *Biegesteifigkeit* des Stabes. Da in den beiden Randpunkten weder Durchbiegungen noch Momente auftreten können, gelten folgende *Randbedingungen* für die
Biegelinie $y = y(x)$:

$$y(0) = y(l) = 0, \qquad y''(0) = y''(l) = 0$$

Welche Lösung besitzt dieses *Randwertproblem* unter der Voraussetzung $\alpha \neq \beta$?

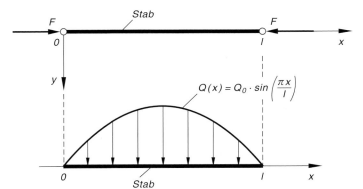

Bild IV-71

Zu Abschnitt 6

1) Lösen Sie das *Anfangswertproblem*

$$y' = x - y, \qquad y(1) = 2$$

näherungsweise im Intervall $1 \leq x \leq 1,4$

a)   nach dem *Eulerschen Streckenzugverfahren*,

b)   nach dem Verfahren von *Runge-Kutta*

bei einer Schrittweite von $h = 0,1$ und *vergleichen* Sie die Ergebnisse mit der *exakten* Lösung.

2) Die Differentialgleichung 1. Ordnung

$$y' = y^2 + 3x$$

ist *nichtlinear*. Bestimmen Sie *numerisch* die durch den Punkt $P = (0; 1)$ verlaufende Lösungskurve im Intervall $0 \leq x \leq 0,5$.

Anleitung: Verwenden Sie das *Runge-Kutta-Verfahren* mit der Schrittweite $h = 0,1$.

3) Gegeben ist die *nichtlineare* Differentialgleichung 1. Ordnung

$$y' = \sqrt{x + y}$$

und der *Anfangswert* $y(1) = 1$. Bestimmen Sie *näherungsweise* den *Ordinatenwert* der Lösungskurve an der Stelle $x_1 = 1,2$

a)   nach dem *Eulerschen Streckenzugverfahren*,

b)   nach dem *Runge-Kutta-Verfahren 4. Ordnung*.

Wählen Sie als Schrittweite $h = 0,05$. Führen Sie ferner eine *Zweitrechnung* (*Grobrechnung*) mit *doppelter* Schrittweite durch und geben Sie eine *Abschätzung* des Fehlers an.

4) Lösen Sie das *Anfangswertproblem*

$$y'' = 2y - y', \qquad y(0) = 1, \qquad y'(0) = 0$$

im Intervall $0 \leq x \leq 0,3$ näherungsweise nach dem *Runge-Kutta-Verfahren 4. Ordnung* bei einer Schrittweite von $h = 0,1$ und vergleichen Sie die *Näherungslösung* mit der *exakten* Lösung.

5) Das *Anfangswertproblem*

$$\ddot{x} + 4\dot{x} + 29x = 0, \qquad x(0) = 1, \qquad \dot{x}(0) = v(0) = -2$$

beschreibt eine *gedämpfte* (*mechanische*) *Schwingung* (x: Auslenkung; $v = \dot{x}$: Geschwindigkeit). Wie groß sind Auslenkung und Geschwindigkeit zur Zeit $t = 0,1$

a)   bei *exakter* Lösung,

b)   bei *näherungsweiser* Lösung der Differentialgleichung nach dem *Runge-Kutta-Verfahren 4. Ordnung* (Schrittweite: $h = \Delta t = 0,05$)?

6) Die (*nichtlineare*) Differentialgleichung für die Bewegung eines *Fadenpendels* lautet:

$$\ddot{\varphi} + \frac{g}{l} \cdot \sin \varphi = 0$$

(siehe hierzu Bild IV-69). Dabei ist $\varphi = \varphi(t)$ der Auslenkwinkel (gegenüber der Vertikalen) zur Zeit t, g die Erdbeschleunigung und l die Fadenlänge. Das Pendel soll aus der Ruhelage heraus $(\varphi(0) = 0)$ mit einer anfänglichen Winkelgeschwindigkeit von $\dot{\varphi}(0) = 1$ in Bewegung gesetzt werden. Berechnen Sie für den Sonderfall $g = l$ den Auslenkwinkel φ sowie die Winkelgeschwindigkeit $\dot{\varphi}$ zur Zeit $t = 0{,}1$. Welches Ergebnis erhält man, wenn man die für *kleine* Winkel zulässige Näherungsformel $\sin \varphi \approx \varphi$ verwendet (siehe hierzu auch Übungsaufgabe 3 aus Abschnitt 4).

Anleitung: Verwenden Sie das *Runge-Kutta-Verfahren 4. Ordnung* mit einer Schrittweite von $h = 0{,}1$.

Zu Abschnitt 7

1) Lösen Sie die folgenden *homogenen* Differentialgleichungssysteme 2. Ordnung mit Hilfe des *Exponentialansatzes*:

a) $\quad y_1' = -2 y_1 - 2 y_2$
   $\quad y_2' = \quad\ y_1$

b) $\quad \dot{x}_1 = x_1 + 2 x_2$
   $\quad \dot{x}_2 = \qquad x_2$

c) $\quad y_1' = y_2$
   $\quad y_2' = -16 y_1$

d) $\quad y_1' = 7 y_1 - 15 y_2$
   $\quad y_2' = 3 y_1 - \ 5 y_2$

e) $\quad \dot{x}_1 = -3 x_1 - 2 x_2$
   $\quad \dot{x}_2 = \quad 6 x_1 + 3 x_2$

f) $\quad y_1' = 6 y_1 - 3 y_2$
   $\quad y_2' = 2 y_1 + \ \ y_2$

2) Bestimmen Sie die *allgemeine* Lösung der folgenden in der Matrizenform dargestellten Systeme *homogener* linearer Differentialgleichungen 1. Ordnung:

a) $\begin{pmatrix} y_1' \\ y_2' \end{pmatrix} = \begin{pmatrix} 4 & -4 \\ 1 & 8 \end{pmatrix} \begin{pmatrix} y_1 \\ y_2 \end{pmatrix}$

b) $\begin{pmatrix} \dot{x}_1 \\ \dot{x}_2 \end{pmatrix} = \begin{pmatrix} 2 & -1 \\ -4 & 2 \end{pmatrix} \begin{pmatrix} x_1 \\ x_2 \end{pmatrix}$

c) $\begin{pmatrix} y_1' \\ y_2' \end{pmatrix} = \begin{pmatrix} -1 & -1 \\ 2 & -3 \end{pmatrix} \begin{pmatrix} y_1 \\ y_2 \end{pmatrix}$

3) Lösen Sie das *homogene* Differentialgleichungssystem

$$\dot{x} = 3x - 4y$$

$$\dot{y} = \quad x - 2y$$

   a) durch einen *Exponentialansatz*,

   b) nach dem *Einsetzungs-* oder *Eliminationsverfahren*.

4) Lösen Sie die folgenden *inhomogenen* linearen Differentialgleichungssysteme 2. Ordnung durch *Aufsuchen einer partikulären Lösung*:

   a) $y_1' = \quad 2y_2 + 8x$ b) $y_1' = -\quad y_1 + \quad y_2 + 4 \cdot e^{2x}$

     $y_2' = -2y_1$ $y_2' = -4y_1 + 3y_2$

5) Bestimmen Sie die *allgemeine* Lösung der folgenden Systeme *inhomogener* linearer Differentialgleichungen 1. Ordnung nach dem *Einsetzungs-* oder *Eliminationsverfahren*:

   a) $y_1' = -2y_1 - 2y_2 + e^x$

     $y_2' = \quad 5y_1 + 4y_2$

   b) $\begin{pmatrix} y_1' \\ y_2' \end{pmatrix} = \begin{pmatrix} -3 & -2 \\ 2 & 1 \end{pmatrix} \begin{pmatrix} y_1 \\ y_2 \end{pmatrix} + \begin{pmatrix} 3x \\ 2x \end{pmatrix}$

   c) $\begin{pmatrix} \dot{x}_1 \\ \dot{x}_2 \end{pmatrix} = \begin{pmatrix} 3 & -1 \\ -1 & 3 \end{pmatrix} \begin{pmatrix} x_1 \\ x_2 \end{pmatrix} + 8 \begin{pmatrix} e^{3t} \\ 1 \end{pmatrix}$

6) Lösen Sie das *inhomogene* Differentialgleichungssystem

$$y_1' = -y_1 + 3y_2 + x$$

$$y_2' = \quad y_1 + \quad y_2$$

   a) durch *Aufsuchen einer partikulären Lösung*,
   b) nach dem *Einsetzungs-* oder *Eliminationsverfahren*.

7) Lösen Sie die folgenden *Anfangswertprobleme*:

   a) $\left.\begin{array}{l} y_1' = -3y_1 + 5y_2 \\ y_2' = -\quad y_1 + \quad y_2 \end{array}\right\}$ $y_1(0) = 2, \quad y_2(0) = 1$

   b) $\begin{pmatrix} y_1' \\ y_2' \end{pmatrix} = \begin{pmatrix} 1 & 4 \\ 1 & 1 \end{pmatrix} \begin{pmatrix} y_1 \\ y_2 \end{pmatrix}, \quad \begin{pmatrix} y_1(0) \\ y_2(0) \end{pmatrix} = \begin{pmatrix} 0 \\ 2 \end{pmatrix}$

c) $\left.\begin{array}{l} \dot{x}_1 = -2x_1 + 2x_2 + t \\ \dot{x}_2 = -2x_1 + 3x_2 + 3 \cdot e^t \end{array}\right\}$ $x_1(0) = -3, \quad x_2(0) = -5$

d) $\mathbf{y}' = \begin{pmatrix} -3 & -1 \\ 5 & 1 \end{pmatrix} \mathbf{y}, \quad \mathbf{y}(0) = \begin{pmatrix} 0 \\ -1 \end{pmatrix}, \quad \mathbf{y} = \begin{pmatrix} y_1(x) \\ y_2(x) \end{pmatrix}$

e) $\left.\begin{array}{l} y_1' = 7y_1 - y_2 \\ y_2' = 5y_1 + 5y_2 \end{array}\right\}$ $y_1(0) = 2, \quad y_2(0) = 0$

8) Lösen Sie das *Anfangswertproblem*

$$\dot{\mathbf{x}} = \begin{pmatrix} 1 & 4 \\ 1 & 1 \end{pmatrix} \mathbf{x} + \begin{pmatrix} -1 \\ 2 \end{pmatrix} e^t, \quad \mathbf{x}(0) = \begin{pmatrix} -0{,}5 \\ 0 \end{pmatrix}, \quad \mathbf{x} = \begin{pmatrix} x_1(t) \\ x_2(t) \end{pmatrix}$$

a) durch *Aufsuchen einer partikulären Lösung*,

b) nach dem *Einsetzungs- oder Eliminationsverfahren*.

9) Ein Massenpunkt bewege sich in der x, y-Ebene so, dass seine kartesischen Koordinaten x und y den folgenden Differentialgleichungen genügen:

$$\ddot{x} = \dot{y}, \quad \ddot{y} = -\dot{x}$$

Bestimmen Sie die *Bahnkurve* für die *Anfangswerte*

$$x(0) = y(0) = 0, \quad \dot{x}(0) = 0, \quad \dot{y}(0) = 1$$

Hinweis: Das Differentialgleichungssystem lässt sich mit Hilfe der *Substitutionen* $u = \dot{x}$ und $v = \dot{y}$ auf ein System linearer Differentialgleichungen *1. Ordnung* zurückführen. Lösen Sie zunächst dieses System. Durch *Rücksubstitution* und anschließende *Integration* erhalten Sie dann die gesuchten zeitabhängigen Koordinaten $x = x(t)$ und $y = y(t)$ des Massenpunktes.

V Fourier-Transformationen

1 Grundbegriffe

1.1 Einleitung

Eine *periodische* (zeitabhängige) Funktion $f(t)$ lässt sich unter den aus Kap. II (Fourier-Reihen) bekannten Bedingungen als *Überlagerung* von *harmonischen Schwingungen* darstellen, deren Kreisfrequenzen ganzzahlige Vielfache einer *Grundkreisfrequenz* ω_0 sind:

$$\omega_n = n\omega_0 \qquad (n = 1, 2, 3, \ldots)$$

(*diskretes* Frequenzspektrum, siehe Bild V-1).

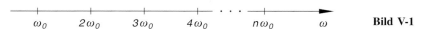

Bild V-1

ω_0 ist dabei die Kreisfrequenz der *Grundschwingung*, $n\omega_0$ mit $n = 2, 3, 4, \ldots$ die Kreisfrequenzen der *Oberschwingungen*. Die Darstellung (in reeller Form) lautet dann bekanntlich wie folgt (sog. Fourier-Reihe von $f(t)$, siehe hierzu Kap. II, Abschnitt 1.2 und 2.1):

$$f(t) = \frac{a_0}{2} + \sum_{n=1}^{\infty} \left[a_n \cdot \cos(n\omega_0 t) + b_n \cdot \sin(n\omega_0 t) \right]$$

Die *Beträge* der Fourier-Koeffizienten a_n und b_n lassen sich als *Schwingungsamplituden* deuten. Sie legen die Anteile fest, mit der die einzelnen Schwingungskomponenten (Kosinus- und Sinusschwingungen) an der Überlagerung beteiligt sind. Das *Amplitudenspektrum* ist dabei stets *diskret* (sog. Linienspektrum).

■ **Beispiel**

Die in Bild V-2 skizzierte *Kippschwingung* wird im Periodenintervall $0 \leq t < T$ durch die Gleichung $f(t) = (A/T) \cdot t$ beschrieben.

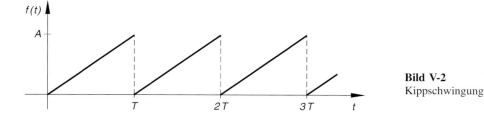

Bild V-2
Kippschwingung

Ihre *Fourier-Reihe* lautet (siehe Kap. II, Abschnitt 2.2):

$$f(t) = \frac{A}{2} - \frac{A}{\pi} \left[\sin(\omega_0 t) + \frac{1}{2} \cdot \sin(2\omega_0 t) + \frac{1}{3} \cdot \sin(3\omega_0 t) + \ldots \right]$$

An der Überlagerung beteiligt sind ein *konstanter* Anteil (er gehört zur Kreisfrequenz $\omega = 0$) und *sinusförmige* Schwingungen mit den Kreisfrequenzen $\omega_0, 2\omega_0, 3\omega_0, \ldots$ (ω_0: Grundschwingung; $n\omega_0$: Oberschwingungen mit $n = 2, 3, 4, \ldots$). Die *Schwingungsamplituden* sind der Reihe nach

$$A_0 = \frac{A}{2} \qquad \text{und} \qquad A_n = |a_n| = \frac{A}{n\pi} \qquad (n = 1, 2, 3, \ldots)$$

und ergeben das in Bild V-3 dargestellte *Amplitudenspektrum* (Linienspektrum).

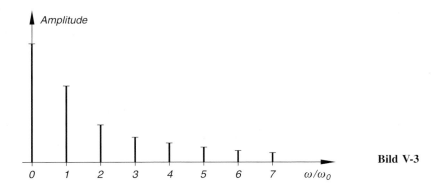

Bild V-3

Die Fourier-Zerlegung einer *periodischen* Funktion ist aber auch in der (kürzeren und meist bequemeren) *komplexen* Form

$$f(t) = \sum_{n=-\infty}^{\infty} c_n \cdot e^{jn\omega_0 t}$$

möglich (siehe hierzu Kap. II, Abschnitt 2.1, Gleichung II-61). Hier kommen unendlich viele *harmonische Schwingungen* vom (komplexen) Typ

$$e^{jn\omega_0 t} = \cos(n\omega_0 t) + j \cdot \sin(n\omega_0 t) \qquad \text{(Eulersche Formel)}$$

mit den *diskreten* Kreisfrequenzen

$$n\omega_0 \qquad (n = 0, \pm 1, \pm 2, \ldots)$$

zur Überlagerung [1]. Das zugehörige diskrete *Amplitudenspektrum* wird durch die Gleichung $A_n = |c_n|$ beschrieben.

---

[1] Die durch $e^{jn\omega_0 t}$ beschriebene harmonische Schwingung ist eine (komplexe) *Linearkombination* zweier *gleichfrequenter* Kosinus- und Sinusschwingungen mit der Kreisfrequenz $n\omega_0$.

Die in den naturwissenschaftlich-technischen Anwendungen auftretenden zeitabhängigen Größen (wie z. B. Signale und Impulse in der Elektrotechnik und Automation) sind jedoch häufig *nichtperiodisch*. Sie werden durch *nichtperiodische* Zeitfunktionen $f(t)$ beschrieben. Es stellt sich dann die folgende Frage: Lassen sich auch solche Funktionen in *harmonische Teilschwingungen* zerlegen, d. h. ist es auch möglich, eine *nichtperiodische* Funktion $f(t)$ als eine Überlagerung von *harmonischen Schwingungen* vom (komplexen) Typ

$$e^{j\omega t} = \cos(\omega t) + j \cdot \sin(\omega t)$$

darzustellen? Wir werden im nächsten Abschnitt sehen, dass eine solche Entwicklung unter bestimmten Voraussetzungen tatsächlich möglich ist.

Bei den weiteren Überlegungen gehen wir zunächst von einer *periodischen* Funktion $f(t)$ mit der Periodendauer (Schwingungsdauer) T aus. Sie lässt sich in *komplexer* Form durch die *Fourier-Reihe*

$$f(t) = \sum_{n=-\infty}^{\infty} c_n \cdot e^{jn\omega_0 t} \tag{V-1}$$

darstellen. *Vergrößert* man jetzt fortwährend die Periodendauer $T = 2\pi/\omega_0$, so wird im *Grenzfall* $T \to \infty$ aus der periodischen Funktion eine *nichtperiodische* Funktion. Bei diesem Grenzübergang wird der Abstand $\Delta\omega$ zweier *benachbarter* Kreisfrequenzen *immer kleiner* (er ist umgekehrt proportional zu T, siehe auch Bild V-4), und im *Grenzfall* $T \to \infty$ geht $\Delta\omega$ gegen null:

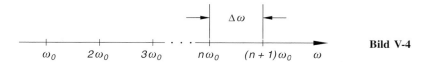

Bild V-4

$$\Delta\omega = \omega_{n+1} - \omega_n = (n+1)\omega_0 - n\omega_0 = (n+1-n)\omega_0 = \omega_0 = \frac{2\pi}{T}$$

$$\lim_{T\to\infty} \Delta\omega = \lim_{T\to\infty} \frac{2\pi}{T} = 0 \tag{V-2}$$

Dies aber bedeutet, dass wir jetzt zur Beschreibung und Darstellung einer *nichtperiodischen* Funktion $f(t)$ *alle* harmonischen Schwingungen im Kreisfrequenzbereich von $\omega = -\infty$ bis $\omega = +\infty$ benötigen. Das Frequenzspektrum ist also nicht mehr diskret wie bei einer periodischen Funktion, sondern *kontinuierlich*!

Aus der Darstellung in Form einer Fourier-Reihe wird dann eine Darstellung in Form eines (uneigentlichen) *Integrals*:

$$f(t) = \frac{1}{2\pi} \cdot \int_{-\infty}^{\infty} F(\omega) \cdot e^{j\omega t} \, d\omega \tag{V-3}$$

Wir deuten diese Integraldarstellung aus *physikalischer Sicht* wie folgt:

Die *nichtperiodische* Funktion $f(t)$ wird dargestellt als Überlagerung von *harmonischen Schwingungen* $e^{j\omega t}$, wobei nicht nur Schwingungen mit diskreten, sondern grundsätzlich Schwingungen *sämtlicher* Kreisfrequenzen von $\omega = -\infty$ bis hin zu $\omega = +\infty$ beteiligt sind. *Jede* Schwingungskomponente $e^{j\omega t}$ liefert dabei einen Beitrag, der durch die (komplexe) *Amplitude* (besser: *Amplitudendichte*) $\dfrac{1}{2\pi} \cdot F(\omega)$ gegeben ist. Das Verhalten der *nichtperiodischen* Funktion $f(t)$, d. h. die *Zerlegung* dieser Funktion in die einzelnen (kontinuierlichen) Schwingungskomponenten $e^{j\omega t}$ wird dabei durch die unter dem Integral stehende (frequenzabhängige) Funktion $F(\omega)$ eindeutig beschrieben. Im nächsten Abschnitt werden wir sehen, dass diese Funktion $F(\omega)$ mit der Funktion $f(t)$ über die folgende Integraldarstellung verbunden ist:

$$F(\omega) = \int_{-\infty}^{\infty} f(t) \cdot e^{-j\omega t} \, dt \tag{V-4}$$

Diese (eindeutige) Zuordnung $f(t) \rightarrow F(\omega)$ wird dann als *Fourier-Transformation* bezeichnet und in der symbolischen Form (*Korrespondenz* genannt)

$$f(t) \; \circ\!\!-\!\!\!-\!\!\!-\!\!\bullet \; F(\omega)$$

dargestellt, wobei $F(\omega)$ als *Fourier-Transformierte* von $f(t)$ bezeichnet wird.

Die *Fourier-Zerlegungen* periodischer und nichtperiodischer Funktionen unterscheiden sich damit grundsätzlich wie folgt voneinander:

Eigenschaften	$f(t)$: periodisch	$f(t)$: nichtperiodisch
Fourier-Darstellung	Fourier-Reihe	Uneigentliches Integral (sog. Fourier-Integral)
Frequenz- und Amplitudenspektrum	diskret	kontinuierlich
Anteil der einzelnen Schwingungskomponenten	Beträge der Fourier-koeffizienten: $\lvert a_n \rvert, \lvert b_n \rvert$ bzw. $\lvert c_n \rvert$	Betrag der Fourier-Transformierten: $\dfrac{1}{2\pi} \cdot \lvert F(\omega) \rvert$

■ **Beispiel**

Wie wir im nächsten Abschnitt noch zeigen
werden, gehört zu dem in Bild V-5 skizzierten
Rechteckimpuls mit der Gleichung

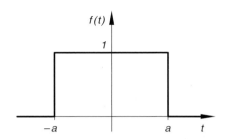

$$f\left(t\right) = \left\{ \begin{array}{ll} 1 & |\,t\,| \le a \\ & \text{für} \\ 0 & |\,t\,| > a \end{array} \right\}.$$

Bild V-5 Rechteckimpuls

die folgende *Fourier-Transformierte* $F\left(\omega\right)$:

$$F\left(\omega\right) = \left\{ \begin{array}{ll} \dfrac{2 \cdot \sin\left(a\,\omega\right)}{\omega} & \omega \ne 0 \\ & \text{für} \\ 2\,a & \omega = 0 \end{array} \right\}$$

Bild V-6 zeigt den Verlauf dieser Funktion. Der *Betrag* dieser Funktion liefert das sog.
Amplitudenspektrum $A\left(\omega\right) = |\,F\left(\omega\right)\,|$ (siehe Bild V-7). In der *Fourier-Zerlegung* des
rechteckigen Impulses sind somit *sämtliche* Schwingungen mit Kreisfrequenzen zwi-
schen $\omega = -\infty$ und $\omega = +\infty$ vertreten, allerdings mit *unterschiedlichen* Anteilen
(Amplituden).

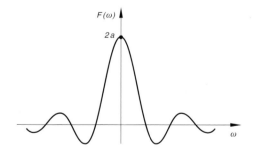

Bild V-6 Fourier-Transformierte $F\left(\omega\right)$
       des Rechteckimpulses

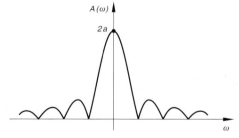

Bild V-7 Amplitudenfunktion $A\left(\omega\right)$ ■

1.2 Definition der Fourier-Transformierten einer Funktion

Einer zeitabhängigen nichtperiodischen Funktion $f(t)$, $-\infty < t < \infty$ wird wie folgt eine *Bildfunktion* der reellen Variablen ω zugeordnet (sog. *Fourier-Transformation*):

Definition: Die Funktion

$$F(\omega) = \int_{-\infty}^{\infty} f(t) \cdot e^{-j\omega t}\, dt \qquad (\text{V-5})$$

heißt *Fourier-Transformierte* der Funktion $f(t)$, sofern das uneigentliche Integral existiert. Symbolische Schreibweise:

$$F(\omega) = \mathcal{F}\{f(t)\}$$

Folgende Bezeichnungen sind üblich:

$f(t)$: *Originalfunktion* (Zeitfunktion)

$F(\omega)$: *Bildfunktion* (*Fourier-Transformierte* von $f(t)$, Spektraldichte)

$\mathcal{F}$: *Fourier-Transformationsoperator*

Originalfunktion $f(t)$ und Bildfunktion $F(\omega) = \mathcal{F}\{f(t)\}$ bilden ein *zusammengehöriges Funktionenpaar*. Die Zuordnung ist *eindeutig*. Man verwendet dafür auch die folgende symbolische Schreibweise:

$$f(t) \circ\!\!\!-\!\!\!-\!\!\!\bullet\ F(\omega) \qquad (\text{sog. } Korrespondenz)$$

Anmerkungen

(1) Das in der Definitionsgleichung (V-5) auftretende *uneigentliche* Integral wird auch als *Fourier-Integral* bezeichnet. Es existiert nur unter gewissen Voraussetzungen, auf die wir auf der nächsten Seite näher eingehen.

(2) Wegen der im Fourier-Integral (V-5) enthaltenen (komplexen) *Exponentialfunktion* spricht man häufig auch von der *exponentiellen* Fourier-Transformation.

(3) Die Fourier-Transformierte $F(\omega)$ ist eine i. Allg. *komplexwertige* und *stetige* Funktion der reellen Variablen ω und *verschwindet* im Unendlichen, d. h. es gilt:

$$\lim_{|\omega| \to \infty} F(\omega) = 0 \qquad (\text{V-6})$$

(4) Ist $f(t)$ eine *reelle* Funktion (wie meist in den Anwendungen), dann besitzt die zugehörige Bildfunktion $F(\omega)$ die folgende Eigenschaft:

$$F(-\omega) = [F(\omega)]^* = F^*(\omega) \qquad (\text{V-7})$$

(der „Stern“ bedeutet den Übergang zum *konjugiert komplexen* Funktionswert).

(5)   Eine Funktion $f(t)$ heißt *Fourier-transformierbar*, wenn das zugehörige Fourier-Integral, d. h. die Bildfunktion $F(\omega)$ existiert. Die Menge aller (transformierbaren) Originalfunktionen wird als *Originalbereich*, die Menge der zugeordneten Bildfunktionen als *Bildbereich* bezeichnet.

(6)   Viele wichtige Zeitfunktionen der Technik wie z. B.

   − konstante Funktionen (Sprungfunktionen)
   − periodische Funktionen (Sinus- und Kosinusfunktionen)
   − Potenz-, Exponential- und Hyperbelfunktionen

   sind im Sinne der Definition (V-5) *nicht* Fourier-transformierbar (siehe hierzu auch das nachfolgende Beispiel (3)). Mit Hilfe der sog. *Diracschen Deltafunktion* lassen sich jedoch sog. *verallgemeinerte Fourier-Transformierte* bilden (siehe hierzu Abschnitt 3.3 und 4.10).

Über die Konvergenz des Fourier-Integrals

Das *Fourier-Integral* (V-5) ist ein *uneigentliches* Integral, bei dem beide Grenzen *unabhängig voneinander* ins Unendliche streben. Es existiert, wenn $f(t)$ *stückweise monoton* und *stetig* verläuft und ferner *absolut integrierbar* ist, d. h.

$$\int_{-\infty}^{\infty} |f(t)| \; dt < \infty \tag{V-8}$$

gilt. Geometrische Deutung: Die Fläche unter der Kurve $y = |f(t)|$ besitzt einen *endlichen* Wert.

Diese Bedingung ist *hinreichend*, nicht aber notwendig. Sie wird z. B. von allen Zeitfunktionen erfüllt, die *beschränkt* sind und außerhalb eines endlichen Zeitintervalls *verschwinden* (viele Signale und Impulse in den naturwissenschaftlich-technischen Anwendungen haben diese Eigenschaften, z. B. *endliche rechteckige* Impulse, siehe hierzu auch Abschnitt 3.2.).

Frequenz-, Amplituden- und Phasenspektrum

In Naturwissenschaft und Technik haben die in einer *Korrespondenz*

$$f(t) \; \circ\!\!-\!\!-\!\!\bullet \; F(\omega) = \mathcal{F}\{f(t)\}$$

auftretenden Variablen in der Regel eine *physikalische* Bedeutung: t ist die Zeit, ω die Kreisfrequenz (d. h. das 2π-fache der Frequenz). Daher werden die Originalfunktionen $f(t)$ auch als *Zeitfunktionen* und die zugehörigen Bildfunktionen $F(\omega)$ als *Frequenzfunktionen* (Frequenzspektrum) bezeichnet. Es handelt sich also um Fourier-Transformationen aus dem *Zeitbereich* in den *Frequenzbereich* (besser, aber nicht üblich: Kreisfrequenzbereich). Von besonderem Interesse sind dabei der *Betrag* und das *Argument* (der Winkel) der (meist komplexwertigen) Bildfunktion $F(\omega)$.

Folgende Bezeichnungen sind üblich:

$F(\omega) = \mathcal{F}\{f(t)\}$:   *Spektrum* von $f(t)$ (Frequenzspektrum, Spektraldichte, Spektralfunktion)

$A(\omega) = |F(\omega)|$:   *Amplitudenspektrum* (spektrale Amplitudendichte)

$\varphi(\omega) = \arg F(\omega)$:   *Phasenspektrum* (spektrale Phasendichte)

Mit diesen Größen lässt sich die *Bildfunktion* oder *Fourier-Transformierte* $F(\omega)$ auch wie folgt darstellen:

$$F(\omega) = |F(\omega)| \cdot \mathrm{e}^{\mathrm{j} \cdot \varphi(\omega)} = A(\omega) \cdot \mathrm{e}^{\mathrm{j} \cdot \varphi(\omega)} \tag{V-9}$$

- **Beispiele**

Hinweis: Die bei der Berechnung der Fourier-Transformierten anfallenden Integrale werden der *Integraltafel* der *Mathematischen Formelsammlung* des Autors entnommen (Angabe der jeweiligen Integralnummer und der Parameterwerte). Diese Regelung gilt im gesamten Kapitel.

(1)   Wir bestimmen die Fourier-Transformierte des *rechteckigen Impulses* mit der Funktionsgleichung

$$f(t) = \begin{cases} 1 & |t| \leq a \\ & \text{für} \\ 0 & |t| > a \end{cases}$$

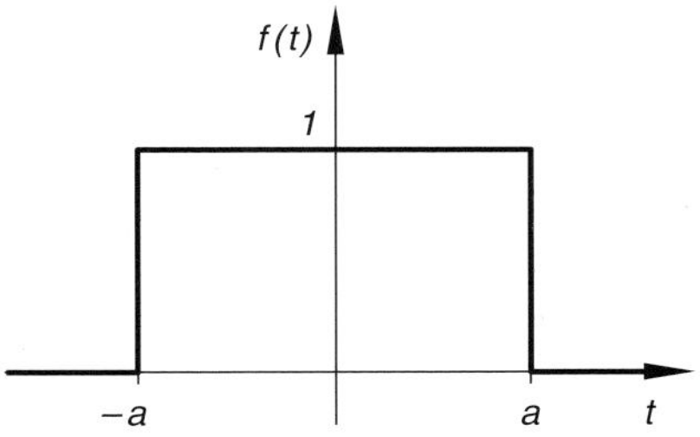

Bild V-8

(siehe Bild V-8). Die *hinreichende Bedingung* für die Konvergenz des Fourier-Integrals (V-5) ist *erfüllt*, da die Fläche unter der Kurve den (endlichen) Wert $2a$ besitzt. Für $\omega \neq 0$ gilt dann:

$$F(\omega) = \int\limits_{-a}^{a} 1 \cdot \mathrm{e}^{-\mathrm{j}\omega t}\, dt = \int\limits_{-a}^{a} \mathrm{e}^{-\mathrm{j}\omega t}\, dt = \left[\frac{\mathrm{e}^{-\mathrm{j}\omega t}}{-\mathrm{j}\omega} \right]_{-a}^{a} =$$

$$= -\frac{1}{\mathrm{j}\omega} \left[\mathrm{e}^{-\mathrm{j}\omega t} \right]_{-a}^{a} = -\frac{1}{\mathrm{j}\omega} \left(\mathrm{e}^{-\mathrm{j}a\omega} - \mathrm{e}^{\mathrm{j}a\omega} \right) =$$

$$= \frac{1}{\mathrm{j}\omega} \underbrace{\left(\mathrm{e}^{\mathrm{j}a\omega} - \mathrm{e}^{-\mathrm{j}a\omega} \right)}_{2\,\mathrm{j}\,\cdot\,\sin(a\omega)} = \frac{2\,\mathrm{j}\,\cdot\,\sin(a\omega)}{\mathrm{j}\omega} = \frac{2\,\cdot\,\sin(a\omega)}{\omega}$$

$\left(\text{unter Verwendung der Formel } \sin x = \dfrac{1}{2\mathrm{j}}\left(\mathrm{e}^{\mathrm{j}x} - \mathrm{e}^{-\mathrm{j}x} \right) \text{ mit } x = a\omega; \text{ Integral:} \right.$
$\left. 312 \text{ mit } a = -\mathrm{j}\omega \right)$

Für $\omega = 0$ erhalten wir:

$$F(\omega = 0) = \int\limits_{-a}^{a} 1 \cdot e^{-j0t}\, dt = \int\limits_{-a}^{a} 1\, dt = \Big[t\Big]_{-a}^{a} = a - (-a) = 2a$$

Die Fourier-Transformierte des Rechteckimpulses aus Bild V-8 lautet somit:

$$F(\omega) = \left\{ \begin{array}{ll} \dfrac{2 \cdot \sin(a\omega)}{\omega} & \omega \neq 0 \\[3mm] & \text{für} \\[1mm] 2a & \omega = 0 \end{array} \right\}$$

Der Verlauf der *Bildfunktion* $F(\omega)$ ist in Bild V-9 dargestellt. Das *Amplituden-spektrum* wird durch die Gleichung

$$A(\omega) = |F(\omega)| = \left| \frac{2 \cdot \sin(a\omega)}{\omega} \right| = 2 \left| \frac{\sin(a\omega)}{\omega} \right|$$

beschrieben (siehe hierzu Bild V-10).

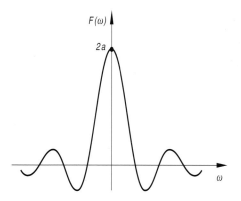

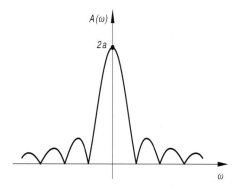

Bild V-9 Frequenzspektrum eines Rechteckimpulses

Bild V-10 Amplitudenspektrum

(2) Die in Bild V-11 skizzierte *einseitig* exponentiell abfallende Zeitfunktion mit der Funktionsgleichung

$$f(t) = \left\{ \begin{array}{ll} e^{-at} & t \geq 0 \\[1mm] & \text{für} \\[1mm] 0 & t < 0 \end{array} \right\}$$

$(a > 0)$ ist *Fourier-transformierbar*, da die Fläche unter dieser Kurve einen endlichen Wert hat:

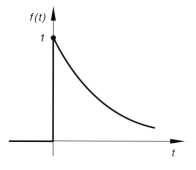

Bild V-11 Exponentiell abfallende Zeitfunktion

$$\int\limits_0^\infty e^{-at}\, dt = \left[\frac{e^{-at}}{-a}\right]_0^\infty = \frac{e^{-\infty} - e^0}{-a} = \frac{0 - 1}{-a} = \frac{1}{a}$$

(e^{-at} strebt wegen $a > 0$ für $t \to \infty$ gegen null; wir verwenden für diesen Grenzwert die symbolische Schreibweise $e^{-\infty} = 0$).

Ihre *Fourier-Transformierte* (Bildfunktion) lautet:

$$F(\omega) = \int\limits_0^\infty e^{-at} \cdot e^{-j\omega t}\, dt = \int\limits_0^\infty e^{-(a+j\omega)t}\, dt = \left[\frac{e^{-(a+j\omega)t}}{-(a+j\omega)}\right]_0^\infty =$$

$$= \frac{e^{-\infty} - e^0}{-(a+j\omega)} = \frac{0-1}{-(a+j\omega)} = \frac{1}{a+j\omega}$$

(Integral: 312 mit $a \to -(a+j\omega)$). Denn wegen $a > 0$ verschwindet $e^{-(a+j\omega)t}$ für $t \to \infty$. Für das *Amplitudenspektrum* erhalten wir den folgenden Ausdruck (siehe auch Bild V-12):

$$A(\omega) = |F(\omega)| = \left|\frac{1}{a+j\omega}\right| = \frac{1}{|a+j\omega|} = \frac{1}{\sqrt{a^2 + \omega^2}}$$

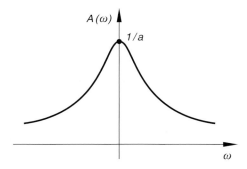

Bild V-12 Amplitudenspektrum

(3) Dagegen besitzt die *streng monoton fallende* Exponentialfunktion

$$f(t) = e^{-at} \qquad (a > 0)$$

$$-\infty < t < \infty$$

keine Fourier-Transformierte, da das Fourier-Integral *nicht* existiert:

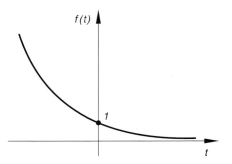

Bild V-13 Fallende Exponentialfunktion

$$F(\omega) = \int\limits_{-\infty}^{\infty} e^{-at} \cdot e^{-j\omega t}\, dt = \int\limits_{-\infty}^{\infty} e^{-(a+j\omega)t}\, dt = \left[\frac{e^{-(a+j\omega)t}}{-(a+j\omega)}\right]_{-\infty}^{\infty} =$$

$$= \frac{e^{-\infty} - e^{+\infty}}{-(a+j\omega)} = \frac{0 - e^{\infty}}{-(a+j\omega)} = \frac{e^{\infty}}{a+j\omega}$$

(Integral: 312 mit $a \rightarrow -(a+j\omega)$). Der Grenzwert von $e^{-(a+j\omega)t}$ für $t \rightarrow -\infty$ ist *nicht* vorhanden (symbolische Schreibweise für diesen Grenzwert: e^{∞}).

■

1.3 Inverse Fourier-Transformation

Die Ermittlung der Bildfunktion $F(\omega)$ aus der (gegebenen) Originalfunktion $f(t)$ gemäß der Definitionsgleichung (V-5) wurde als (exponentielle) *Fourier-Transformation* bezeichnet (Übergang aus dem Original- in den Bildbereich). Die *Rücktransformation* aus dem Bild- in den Originalbereich, d. h. die Bestimmung der *Originalfunktion* $f(t)$ aus der (als bekannt vorausgesetzten) Bildfunktion $F(\omega)$ heißt *inverse Fourier-Transformation*. Beide Transformationen lassen sich wie folgt schematisch darstellen:

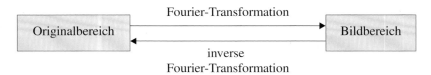

Für die *Rücktransformation* aus dem Bild- in den Originalbereich werden die folgenden symbolischen Schreibweisen verwendet:

$$\mathcal{F}^{-1}\{F(\omega)\} = f(t) \quad \text{oder} \quad F(\omega) \;\bullet\!\!-\!\!-\!\!\circ\; f(t)$$

Die *Rücktransformation* erfolgt in der Praxis meist unter Verwendung *spezieller Transformationstabellen* (siehe hierzu Abschnitt 5.2).

Die Originalfunktion $f(t)$ kann auch auf dem *direkten* Wege mittels eines (uneigentlichen) Integrals aus der (als bekannt vorausgesetzten) zugehörigen Bildfunktion $F(\omega)$ bestimmt werden:

$$f(t) = \frac{1}{2\pi} \cdot \int\limits_{-\infty}^{\infty} F(\omega) \cdot e^{j\omega t}\, d\omega \tag{V-10}$$

(sog. *inverses Fourier-Integral*, auch *Umkehrintegral* genannt)[2]. Dieser Weg erweist sich jedoch in der Praxis als wenig geeignet, da er oft mit erheblichen Rechenaufwand verbunden ist.

---

[2] Die Voraussetzungen für die Umkehrung sind die gleichen wie beim *Fourier-Integral*.

Physikalische Deutung des Umkehrintegrals

Die bereits aus der Einleitung bekannte *Integraldarstellung* (V-10) der Originalfunktion $f(t)$ lässt sich als *Überlagerung* von *harmonischen Schwingungen* in der komplexen Exponentialform

$$e^{j\omega t} = \cos(\omega t) + j \cdot \sin(\omega t) \qquad\qquad (V-11)$$

deuten, wobei *alle* Kreisfrequenzen aus dem Bereich $-\infty < \omega < \infty$ einen Beitrag leisten, der im Wesentlichen durch die *Bildfunktion* $F(\omega)$ bestimmt wird ($F(\omega)$ wird daher auch als *Spektralfunktion* bezeichnet).

■ **Beispiel**

Gegeben ist die folgende *Bildfunktion* (siehe auch Bild V-14):

$$F(\omega) = \begin{Bmatrix} \pi & |\omega| \le \omega_0 \\ & \text{für} \\ 0 & |\omega| > \omega_0 \end{Bmatrix}.$$

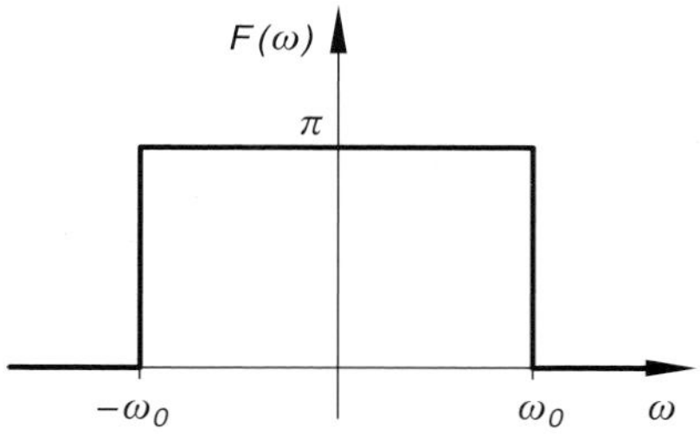

Bild V-14

Die zugehörige *Originalfunktion* $f(t)$ bestimmen wir mit dem *Umkehrintegral* (V-10):

$$f(t) = \frac{1}{2\pi} \cdot \int_{-\infty}^{\infty} F(\omega) \cdot e^{j\omega t}\, d\omega = \frac{1}{2\pi} \cdot \int_{-\omega_0}^{\omega_0} \pi \cdot e^{j\omega t}\, d\omega =$$

$$= \frac{1}{2} \cdot \int_{-\omega_0}^{\omega_0} e^{j\omega t}\, d\omega = \frac{1}{2}\left[\frac{e^{j\omega t}}{jt}\right]_{-\omega_0}^{\omega_0} = \frac{1}{2jt}\left[e^{j\omega t}\right]_{-\omega_0}^{\omega_0} =$$

$$= \frac{1}{2jt} \underbrace{(e^{j\omega_0 t} - e^{-j\omega_0 t})}_{2j \cdot \sin(\omega_0 t)} = \frac{2j \cdot \sin(\omega_0 t)}{2jt} = \frac{\sin(\omega_0 t)}{t} \qquad (\text{für } t \ne 0)$$

$\left(\text{unter Verwendung der Formel } \sin x = \dfrac{1}{2j}(e^{jx} - e^{-jx}) \text{ mit } x = \omega_0 t; \text{ Integral: } 312 \right.$
$\left. \text{mit } a = j\omega\right)$

$$f(0) = \lim_{t \to 0} \frac{\sin(\omega_0 t)}{t} = \lim_{t \to 0} \omega_0 \cdot \cos(\omega_0 t) = \omega_0 \qquad (\text{L'Hospitalsche Regel})$$

Bild V-15 zeigt den Verlauf dieser Kurve.

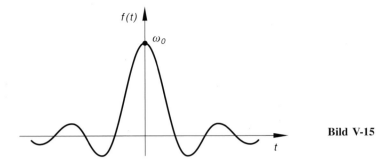

Bild V-15

1.4 Äquivalente Fourier-Darstellung in reeller Form

Fourier-Reihen *periodischer* Zeitfunktionen lassen sich sowohl in *komplexer* als auch in *reeller* Form darstellen (siehe hierzu Kap. II). Ähnliches gilt für (reellwertige) *nichtperiodische* Zeitfunktionen. Neben der bereits *bekannten* komplexen Darstellung

$$f(t) = \frac{1}{2\pi} \cdot \int_{-\infty}^{\infty} F(\omega) \cdot e^{j\omega t} \, d\omega \qquad (V\text{-}12)$$

aus dem vorherigen Abschnitt ist auch die folgende Entwicklung in *reeller* Form möglich:

Fourier-Zerlegung einer nichtperiodischen Funktion $f(t)$ in Kosinus- und Sinusschwingungen

Eine *nichtperiodische* Funktion $f(t)$, $-\infty < t < \infty$ lässt sich auch (falls sie *Fourier-transformierbar* ist) in der *reellen* Form

$$f(t) = \int_{0}^{\infty} [a(\omega) \cdot \cos(\omega t) + b(\omega) \cdot \sin(\omega t)] \, d\omega \qquad (V\text{-}13)$$

als *Überlagerung* von *harmonischen Kosinus-* und *Sinusschwingungen* darstellen, wobei *alle* Kreisfrequenzen zwischen $\omega = 0$ und $\omega = \infty$ beteiligt sind. Die als *Spektralfunktionen* oder *Amplitudendichten* bezeichneten *Koeffizientenfunktionen* $a(\omega)$ und $b(\omega)$ werden aus den folgenden Integralformeln bestimmt:

$$\left. \begin{aligned} a(\omega) &= \frac{1}{\pi} \cdot \int_{-\infty}^{\infty} f(t) \cdot \cos(\omega t) \, dt \\[2em] b(\omega) &= \frac{1}{\pi} \cdot \int_{-\infty}^{\infty} f(t) \cdot \sin(\omega t) \, dt \end{aligned} \right\} \qquad (V\text{-}14)$$

Sonderfälle

$f(t)$: *gerade* Funktion $\longrightarrow$ $b(\omega) = 0$ (nur *Kosinusschwingungen*)

$f(t)$: *ungerade* Funktion $\longrightarrow$ $a(\omega) = 0$ (nur *Sinusschwingungen*)

Zwischen der *komplexen* Darstellung (V-12) und der *reellen* Darstellung (V-13) besteht dabei der folgende Zusammenhang:

Zusammenhang zwischen dem Spektrum $F(\omega)$ und den Spektralfunktionen $a(\omega)$ und $b(\omega)$

$$F(\omega) = \pi[a(\omega) - j \cdot b(\omega)] \tag{V-15}$$

$$A(\omega) = |F(\omega)| = \pi \cdot \sqrt{[a(\omega)]^2 + [b(\omega)]^2} \tag{V-16}$$

---

2 Spezielle Fourier-Transformationen

Neben der bereits bekannten *exponentiellen* Fourier-Transformation gibt es noch zwei weitere spezielle Fourier-Transformationen, die *Fourier-**Kosinus**-Transformation* und die *Fourier-**Sinus**-Transformation*.

2.1 Fourier-Kosinus-Transformation

Die Fourier-Transformierte $F(\omega) = \mathcal{F}\{f(t)\}$ einer Originalfunktion $f(t)$ lässt sich unter Verwendung der *Eulerschen Formel*

$$e^{-j\omega t} = \cos(\omega t) - j \cdot \sin(\omega t)$$

wie folgt aufspalten:

$$F(\omega) = \int_{-\infty}^{\infty} f(t) \cdot e^{-j\omega t} \, dt = \int_{-\infty}^{\infty} f(t) \cdot [\cos(\omega t) - j \cdot \sin(\omega t)] \, dt =$$

$$= \int_{-\infty}^{\infty} f(t) \cdot \cos(\omega t) \, dt - j \cdot \int_{-\infty}^{\infty} f(t) \cdot \sin(\omega t) \, dt \tag{V-17}$$

Ist $f(t)$ eine *gerade* Funktion, also $f(-t) = f(t)$, so ist der Integrand des 1. Integrals eine *gerade* Funktion, der Integrand des 2. Integrals dagegen eine *ungerade* Funktion [3]. Da der Integrationsbereich $(-\infty, \infty)$ beider Integrale *symmetrisch* zum Nullpunkt liegt, muss das 2. Integral *verschwinden*. Beim 1. Integral genügt es, von 0 bis ∞ zu integrieren, wobei der Faktor 2 hinzukommt. Damit erhalten wir:

$$F(\omega) = \int_{-\infty}^{\infty} \underbrace{f(t) \cdot \cos(\omega t)}_{\text{gerade}} dt - j \cdot \int_{-\infty}^{\infty} \underbrace{f(t) \cdot \sin(\omega t)}_{\text{ungerade}} dt =$$

$$= 2 \cdot \int_{0}^{\infty} f(t) \cdot \cos(\omega t) \, dt \qquad\qquad (V\text{-}18)$$

Durch das verbliebene Integral der rechten Seite wird die sog. *Fourier-**Kosinus**-Transformation* definiert:

Fourier-Kosinus-Transformation

Das uneigentliche Integral

$$\int_{0}^{\infty} f(t) \cdot \cos(\omega t) \, dt \qquad\qquad (V\text{-}19)$$

heißt *Fourier-**Kosinus**-Transformierte* von $f(t)$. Symbolische Schreibweise:

$$F_c(\omega) = \mathcal{F}_c\{f(t)\}$$

Anmerkungen

(1) Man beachte: Die Integration läuft nur über die positive Zeitachse (von $t = 0$ bis $t = \infty$).

(2) Eine *Tabelle* mit einigen besonders wichtigen Fourier-**Kosinus**-Transformationen befindet sich in Abschnitt 5.2 (Tabelle 3).

Für eine *gerade* Originalfunktion $f(t)$ gilt also:

Fourier-Transformierte einer geraden Originalfunktion $f(t)$

$$F(\omega) = \mathcal{F}\{f(t)\} = 2 \cdot F_c(\omega) \qquad\qquad (V\text{-}20)$$

---

[3] Wir erinnern an die *Symmetrieregel* für ein Produkt zweier Funktionen: gerade $\times$ gerade = gerade, gerade $\times$ ungerade = ungerade $\times$ gerade = ungerade

■ **Beispiel**

Die in Bild V-16 skizzierte *beidseitig* exponentiell abklingende Zeitfunktion ist eine *gerade* Funktion mit der Funktionsgleichung

$$f(t) = e^{-a|t|} \qquad (a > 0)$$

Ihre Bildfunktion $F(\omega)$ ermitteln wir mit Hilfe der *Fourier-**Kosinus**-Transformation*:

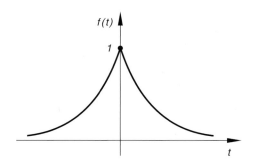

Bild V-16 Beidseitig exponentiell abklingende Zeitfunktion

$$F_c(\omega) = \int\limits_0^\infty f(t) \cdot \cos(\omega t)\, dt =$$

$$= \int\limits_0^\infty e^{-a|t|} \cdot \cos(\omega t)\, dt = \int\limits_0^\infty e^{-at} \cdot \cos(\omega t)\, dt =$$

$$= \left[\frac{e^{-at}}{a^2 + \omega^2}\, (-a \cdot \cos(\omega t) + \omega \cdot \sin(\omega t)) \right]_0^\infty =$$

$$= \frac{1}{a^2 + \omega^2} \left[(-a \cdot \cos(\omega t) + \omega \cdot \sin(\omega t)) \cdot e^{-at} \right]_0^\infty =$$

$$= \frac{1}{a^2 + \omega^2}\, [0 - (-a)] = \frac{a}{a^2 + \omega^2}$$

(Integral Nr. 324 mit $a \to -a$ und $b = \omega$). Somit gilt:

$$F(\omega) = \mathcal{F}\{e^{-a|t|}\} = 2 \cdot F_c(\omega) = \frac{2a}{a^2 + \omega^2}$$

■

2.2 Fourier-Sinus-Transformation

Wir gehen ähnlich vor wie bei der Herleitung der *Fourier-**Kosinus**-Transformation*, setzen diesmal aber voraus, dass $f(t)$ eine *ungerade* Funktion ist, also $f(-t) = -f(t)$ gilt. Für die *Bildfunktion* $F(\omega)$ erhalten wir dann mit Hilfe der *Eulerschen Formel*:

$$F(\omega) = \int\limits_{-\infty}^\infty f(t) \cdot e^{-j\omega t}\, dt = \int\limits_{-\infty}^\infty f(t) \cdot [\cos(\omega t) - j \cdot \sin(\omega t)]\, dt =$$

$$= \int_{-\infty}^{\infty} \underbrace{f(t) \cdot \cos(\omega t)}_{\text{ungerade}} \, dt \; - \; j \cdot \int_{-\infty}^{\infty} \underbrace{f(t) \cdot \sin(\omega t)}_{\text{gerade}} \, dt \qquad\qquad \text{(V-21)}$$

Der Integrand des 1. Integrals ist diesmal *ungerade*, der des 2. Integrals dagegen *gerade* (Regeln: ungerade $\times$ gerade = ungerade, ungerade $\times$ ungerade = gerade). Da das Integrationsintervall $(-\infty, \infty)$ jeweils *symmetrisch* zum Nullpunkt liegt, muss das 1. Integral *verschwinden*, während wir beim 2. Integral die Integration auf den *positiven* Bereich beschränken können (von $t = 0$ bis $t = \infty$, Faktor 2 kommt hinzu). Somit gilt:

$$F(\omega) \; = \; -j \cdot \int_{-\infty}^{\infty} f(t) \cdot \sin(\omega t) \, dt \; = \; -2j \cdot \int_{0}^{\infty} f(t) \cdot \sin(\omega t) \, dt \qquad \text{(V-22)}$$

Das *letzte* Integral der rechten Seite definiert die sog. *Fourier-**Sinus**-Transformation*:

Fourier-Sinus-Transformation

Das uneigentliche Integral

$$\int_{0}^{\infty} f(t) \cdot \sin(\omega t) \, dt \qquad\qquad\qquad\qquad\qquad \text{(V-23)}$$

heißt *Fourier-**Sinus**-Transformierte* von $f(t)$. Symbolische Schreibweise:

$$F_s(\omega) \; = \; \mathcal{F}_s\{f(t)\}$$

Anmerkungen

(1)   Man beachte die Integrationsgrenzen (von $t = 0$ bis $t = \infty$).

(2)   Eine *Tabelle* mit einigen besonders wichtigen Fourier-**Sinus**-Transformationen befindet sich in Abschnitt 5.2 (Tabelle 2).

Für eine *ungerade* Originalfunktion $f(t)$ gilt also:

Fourier-Transformierte einer ungeraden Funktion $f(t)$

$$F(\omega) \; = \; \mathcal{F}\{f(t)\} \; = \; -2j \cdot F_s(\omega) \qquad\qquad\qquad \text{(V-24)}$$

■ **Beispiel**

Der in Bild V-17 skizzierte (*rechteckige*) Impuls wird durch die *ungerade* Funktion

$$f(t) = \begin{cases} -1 & -T \le t < 0 \\ 1 \quad \text{für} \quad 0 \le t \le T \\ 0 & |t| > T \end{cases}$$

beschrieben. Mit der *Fourier-**Sinus**-Transformation* bestimmen wir die zugehörige *Bildfunktion* $F(\omega)$:

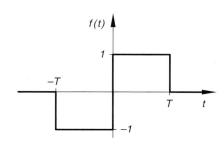

Bild V-17 Rechteckiger Impuls

$$F_s(\omega) = \int\limits_0^\infty f(t) \cdot \sin(\omega t)\, dt = \int\limits_0^T 1 \cdot \sin(\omega t)\, dt = \int\limits_0^T \sin(\omega t)\, dt =$$

$$= \left[\frac{-\cos(\omega t)}{\omega} \right]_0^T = \frac{-\cos(\omega T) + \cos 0}{\omega} = \frac{-\cos(\omega T) + 1}{\omega}$$

$$F(\omega) = -2\,\mathrm{j} \cdot F_s(\omega) = -2\,\mathrm{j} \cdot \frac{-\cos(\omega T) + 1}{\omega} = \mathrm{j} \cdot \frac{2\,(\cos(\omega T) - 1)}{\omega}$$

$$F(\omega = 0) = 0$$

■

2.3 Zusammenhang zwischen den Fourier-Transformationen $F(\omega)$, $F_c(\omega)$ und $F_s(\omega)$

Bekanntlich lässt sich *jede* Funktion $f(t)$ wie folgt in eine Summe aus einer *geraden* und einer *ungeraden* Funktion zerlegen:

$$f(t) = \underbrace{\frac{1}{2} f(t) + \frac{1}{2} f(t)}_{f(t)} + \underbrace{\frac{1}{2} f(-t) - \frac{1}{2} f(-t)}_{0} =$$

$$= \frac{1}{2} \underbrace{[f(t) + f(-t)]}_{g(t)} + \frac{1}{2} \underbrace{[f(t) - f(-t)]}_{h(t)} =$$

$$= \frac{1}{2} g(t) + \frac{1}{2} h(t) = \frac{1}{2} [g(t) + h(t)] \tag{V-25}$$

$g(t)$ ist dabei eine *gerade* Funktion:

$$g(-t) = f(-t) + f(t) = f(t) + f(-t) = g(t) \tag{V-26}$$

Ebenso zeigt man, dass $h(t)$ *ungerade* ist. Der *konstante* Faktor $1/2$ hat dabei *keinen* Einfluss auf die Symmetrie der beiden Summanden.

Für die (exponentielle) *Fourier-Transformierte* $F(\omega)$ der zerlegten Originalfunktion $f(t)$ erhalten wir dann die folgende Darstellung:

$$F(\omega) = \mathcal{F}\left\{\frac{1}{2}\left[g(t) + h(t)\right]\right\} = \frac{1}{2}\left[\mathcal{F}\{g(t)\} + \mathcal{F}\{h(t)\}\right] =$$

$$= \frac{1}{2}\left[G(\omega) + H(\omega)\right] = \frac{1}{2}\left[2 \cdot G_c(\omega) - 2\mathrm{j} \cdot H_s(\omega)\right] =$$

$$= G_c(\omega) - \mathrm{j} \cdot H_s(\omega) \tag{V-27}$$

Dabei sind $G(\omega)$ und $H(\omega)$ die *Bildfunktionen* von $g(t)$ und $h(t)$ und $G_c(\omega)$ die *Fourier-**Kosinus**-Transformierte* von $g(t)$, $H_s(\omega)$ die *Fourier-**Sinus**-Transformierte* von $h(t)$.

Zusammenhang zwischen den Fourier-Transformationen (Bildfunktionen) $F(\omega)$, $F_c(\omega)$ und $F_s(\omega)$

Zunächst wird die Originalfunktion $f(t)$ in einen *geraden* und einen *ungeraden* Anteil zerlegt:

$$f(t) = \frac{1}{2}\left[g(t) + h(t)\right] \tag{V-28}$$

mit

$$g(t) = f(t) + f(-t) \qquad (\textit{gerade Funktion})$$

$$h(t) = f(t) - f(-t) \qquad (\textit{ungerade Funktion})$$

Die *Fourier-Transformierte* von $f(t)$ kann dann auch wie folgt berechnet werden:

$$F(\omega) = \mathcal{F}\{f(t)\} = \frac{1}{2}\left[G(\omega) + H(\omega)\right] = G_c(\omega) - \mathrm{j} \cdot H_s(\omega)$$

$$\tag{V-29}$$

Dabei bedeuten:

$G(\omega), H(\omega)$: *Fourier-Transformierte* von $g(t), h(t)$

$G_c(\omega)$: *Fourier-**Kosinus**-Transformierte* von $g(t)$

$H_s(\omega)$: *Fourier-**Sinus**-Transformierte* von $h(t)$

3 Wichtige „Hilfsfunktionen" in den Anwendungen

Wir befassen uns in diesem Abschnitt mit speziellen „Hilfsfunktionen", die in Naturwissenschaft und Technik zur Beschreibung bestimmter (meist zeitabhängiger) Vorgänge benötigt werden (z. B. bei *Schaltvorgängen* in der Elektro- und Regelungstechnik). Es sind dies: *Sprungfunktionen, rechteckige Impulse* und die *Diracsche Deltafunktion* (δ-Funktion, auch *Impulsfunktion* genannt), die jedoch keine Funktion im *klassischen* Sinne ist (siehe Abschnitt 3.3).

3.1 Sprungfunktionen

Sprungfunktionen werden z. B. für *Einschaltvorgänge* benötigt.

Sprungfunktion $\sigma(t)$ („Sigmafunktion")

Diese Funktion (auch als *Heaviside*-Funktion oder *Einheitssprung* bezeichnet) springt bei $t = 0$ von 0 auf 1 (siehe Bild V-18).

$$\sigma(t) = \begin{cases} 0 & t < 0 \\ & \text{für} \\ 1 & t \geq 0 \end{cases}$$

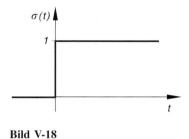

Bild V-18

Verschobene Sprungfunktion $\sigma(t - a)$

Der Sprung von 0 auf 1 erfolgt an der Stelle $t = a$ (siehe Bild V-19).

$$\sigma(t - a) = \begin{cases} 0 & t < a \\ & \text{für} \\ 1 & t \geq a \end{cases}$$

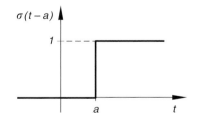

Bild V-19

„Ausblenden" mit Hilfe der σ-Funktion

Häufig hat man es mit zeitabhängigen Impulsen oder Signalen zu tun, die nur in einem *begrenzten* Zeitintervall einen von *null verschiedenen* Wert besitzen. Solche Funktionen lassen sich mit Hilfe der *Sprungfunktion* in einfacher Weise beschreiben (sog. „Ausblenden"). Wir interessieren uns im Besonderen für Impulse, die nur in einem der folgenden Intervalle von null verschiedene Werte annehmen:

$$t \geq 0; \quad t \geq a; \quad a \leq t \leq b \quad (a < b)$$

Sollen beispielsweise *sämtliche* Werte einer Funktion $f(t)$ für $t < 0$ *verschwinden*, so muss man die Funktion $f(t)$ mit $\sigma(t)$ *multiplizieren*. Die Produktfunktion $g(t) = f(t) \cdot \sigma(t)$ hat dann die gewünschten Eigenschaften: Im Intervall $t < 0$ ist $g(t) = f(t) \cdot 0 = 0$, für $t \geq 0$ gilt $g(t) = f(t) \cdot 1 = f(t)$.

Drei wichtige Fälle in den Anwendungen sind:

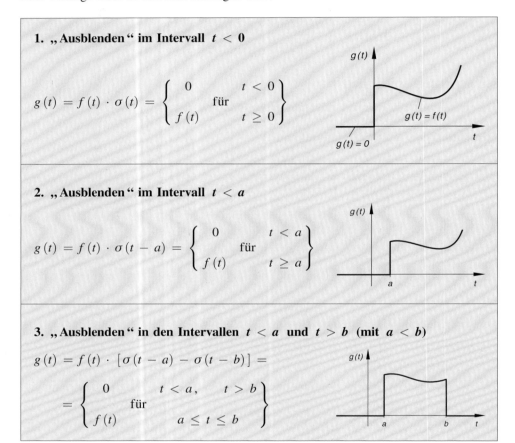

1. „Ausblenden" im Intervall $t < 0$

$$g(t) = f(t) \cdot \sigma(t) = \left\{ \begin{array}{ll} 0 & t < 0 \\ & \text{für} \\ f(t) & t \geq 0 \end{array} \right\}$$

2. „Ausblenden" im Intervall $t < a$

$$g(t) = f(t) \cdot \sigma(t - a) = \left\{ \begin{array}{ll} 0 & t < a \\ & \text{für} \\ f(t) & t \geq a \end{array} \right\}$$

3. „Ausblenden" in den Intervallen $t < a$ und $t > b$ (mit $a < b$)

$$g(t) = f(t) \cdot [\sigma(t - a) - \sigma(t - b)] =$$

$$= \left\{ \begin{array}{ll} 0 & t < a, \quad t > b \\ & \text{für} \\ f(t) & a \leq t \leq b \end{array} \right\}$$

„ Ausblenden" einer verschobenen Funktion

Die Funktion $f(t)$ wird zunächst um die Strecke $|a|$ *verschoben* und dann im Intervall $t < a$ „ausgeblendet" (Bild V-20). Die Funktionsgleichung der *verschobenen* und dann im Intervall $t < a$ „ausgeblendeten" Funktion lautet:

$$g(t) = f(t - a) \cdot \sigma(t - a) = \left\{ \begin{array}{ll} 0 & t < a \\ & \text{für} \\ f(t - a) & t \geq a \end{array} \right\}$$

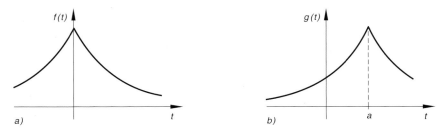

Bild V-20 a) Originalfunktion $f(t)$; b) Nach rechts verschobene Funktion $g(t)$

■ **Beispiel**

Die in Bild V-21 dargestellten Funktionen entstehen aus der Sinusfunktion $f(t) = \sin t$ durch „Ausblenden" bestimmter Zeitintervalle.

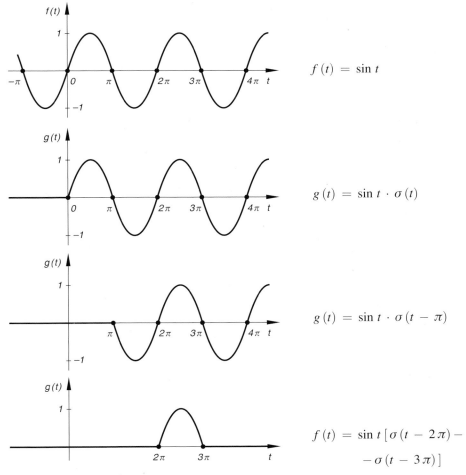

$$f(t) = \sin t$$

$$g(t) = \sin t \cdot \sigma(t)$$

$$g(t) = \sin t \cdot \sigma(t - \pi)$$

$$f(t) = \sin t \left[\sigma(t - 2\pi) - \sigma(t - 3\pi)\right]$$

Bild V-21 Ausblenden der Sinusfunktion

■

3.2 Rechteckige Impulse

Rechteckige Impulse spielen in der Technik (z. B. in der Elektrotechnik und Regelungs-technik) eine große Rolle. Sie lassen sich auf einfache Weise durch *Sprungfunktionen* beschreiben. Die folgende Tabelle enthält einige besonders häufig auftretende Impulse.

Tabelle: Rechteckige Impulse (mit der zugehörigen Fourier-Transformierten)

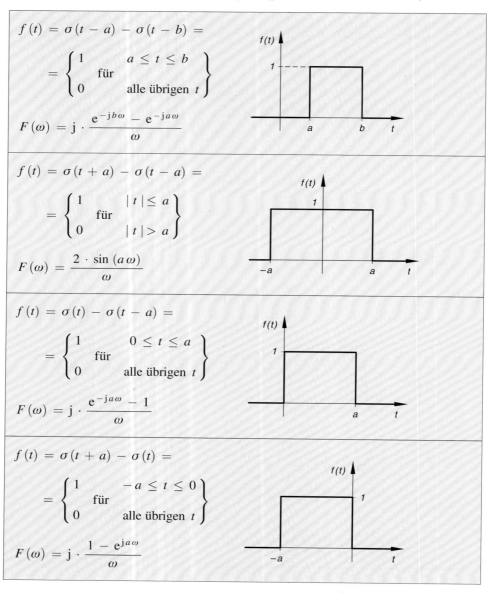

Herleitung der Formeln für den rechteckigen Impuls im Intervall $a \leq t \leq b$:

Dieser Impuls lässt sich als *Differenz* zweier *verschobener* Sprungfunktionen darstellen. Wir gehen dabei von den beiden verschobenen σ-Funktionen $\sigma(t - a)$ und $\sigma(t - b)$ aus (siehe Bild V-22). Wenn wir dann von $\sigma(t - a)$ die Funktion $\sigma(t - b)$ *subtrahieren*, erhalten wir genau den in Bild V-23 dargestellten Rechteckimpuls mit der Funktionsgleichung

$$f(t) = \begin{cases} 1 & a \leq t \leq b \\ & \text{für} \\ 0 & \text{alle übrigen } t \end{cases} = \sigma(t - a) - \sigma(t - b)$$

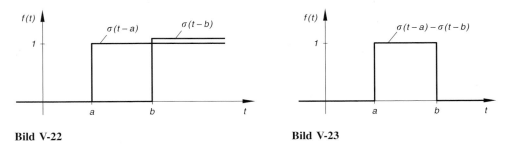

Bild V-22   **Bild V-23**

Wir bestimmen noch die *Fourier-Transformierte* dieses Impulses:

$$F(\omega) = \int_{-\infty}^{\infty} f(t) \cdot e^{-j\omega t}\, dt = \int_{a}^{b} 1 \cdot e^{-j\omega t}\, dt = \int_{a}^{b} e^{-j\omega t}\, dt = \left[\frac{e^{-j\omega t}}{-j\omega} \right]_{a}^{b} =$$

$$= \frac{e^{-jb\omega} - e^{-ja\omega}}{-j\omega} = \frac{j(e^{-jb\omega} - e^{-ja\omega})}{-j^2 \cdot \omega} = \frac{j(e^{-jb\omega} - e^{-ja\omega})}{\omega} =$$

$$= j \cdot \frac{e^{-jb\omega} - e^{-ja\omega}}{\omega} \qquad \text{(Integral: 312 mit } a = -j\omega\text{)}$$

(nach Erweiterung des Bruches mit j und unter Beachtung von $j^2 = -1$)

3.3 Diracsche Deltafunktion (Impulsfunktion)

In den technischen Anwendungen treten häufig sog. *lokalisierte* Impulse auf. Das sind Impulse, die nur eine *extrem kurze* Zeit lang mit *extrem großer* Stärke einwirken (z. B. kurzzeitige Strom- oder Spannungsstöße oder ein mechanischer Stoß, etwa um eine Schwingung anzuregen). Für ihre mathematische Beschreibung benötigt man die sog. *Diracsche Deltafunktion* (δ-Funktion, auch Dirac-Stoß oder *Impulsfunktion* genannt). Es handelt sich dabei um keine Funktion im Sinne der *klassischen* Analysis, sondern um eine sog. *verallgemeinerte Funktion* oder *Distribution*. Zunächst aber wollen wir ein anschauliches *Modell* dieser „δ-Funktion" entwerfen.

Modell der Diracschen δ-Funktion

Wir gehen von dem in Bild V-24 skizzierten *rechteckigen* Impuls aus, der im Zeitpunkt $t = T$ einsetzt und zur Zeit $t = T + a$ endet. Die *Impulsbreite* (d. h. die *Einwirkungszeit*) ist somit gleich a, die *Impulshöhe* betrage $1/a$. Der Impuls besitzt damit die *Stärke* (= Einwirkungszeit × Impulshöhe) 1. Dieser Wert entspricht dem *Flächeninhalt A* unter der Impulskurve $y = f(t)$:

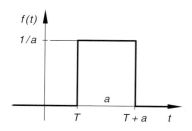

Bild V-24

$$A = \int\limits_{-\infty}^{\infty} f(t)\, dt = \int\limits_{T}^{T+a} \frac{1}{a}\, dt = a \cdot \frac{1}{a} = 1$$

Wenn wir jetzt bei gleich bleibender Impulsstärke $A = 1$ die Impulsbreite a immer weiter *verringern*, dann wird gleichzeitig die Impulshöhe $1/a$ immer stärker *zunehmen* (Breite und Höhe sind zueinander *umgekehrt proportional*). Dieser Vorgang ist in Bild V-25 anschaulich dargestellt.

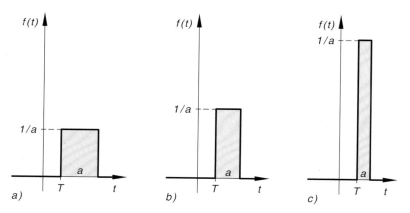

Bild V-25 Impulse der Stärke 1 mit abnehmender Einwirkungszeit (Impulsbreite $a \to 0$)

Im *Grenzfall* $a \to 0$ entsteht ein Impuls mit einer Breite (Einwirkungszeit) nahe 0 und einer unendlichen großen Höhe, dessen Stärke aber unverändert den Wert 1 besitzt. Er wird als *Diracsche Deltafunktion* bezeichnet und durch das Symbol $\delta(t - T)$ gekennzeichnet. Seine Eigenschaften könnte man in *symbolischer* Form wie folgt beschreiben:

$$\delta(t - T) = \left\{ \begin{array}{lll} 0 & & t \neq T \\ & \text{für} & \\ \infty & & t = T \end{array} \right\}$$

$$\int\limits_{-\infty}^{\infty} \delta(t - T)\, dt = 1$$

Es handelt sich dabei aber um *keine* Funktion im bisherigen *klassischen* Sinne, da solche Funktionen stets *endliche* Funktionswerte besitzen, das hier auftretende Symbol ∞ aber *keinen* Zahlenwert darstellt. Mit anderen Worten: Die *klassische Analysis* kennt *keine* Funktion mit den beschriebenen Eigenschaften.

Dieses Dilemma wird in der sog. *Distributionstheorie* durch Einführung des Begriffes *verallgemeinerte Funktion* oder *Distribution* behoben [4]. In diesem Sinne gehört die Diracsche δ-Funktion zu den *verallgemeinerten Funktionen* oder *Distributionen*. Sie wird in den naturwissenschaftlich-technischen Anwendungen aber weiterhin als *Funktion* bezeichnet.

Wir treffen jetzt die folgende *Vereinbarung*: Im Rahmen dieser einführenden Darstellung verbinden wir mit dem Begriff „Diracsche δ-Funktion" einen *extrem kurzen* und *extrem hohen* (rechteckigen) Impuls der Stärke (Flächeninhalt) 1.

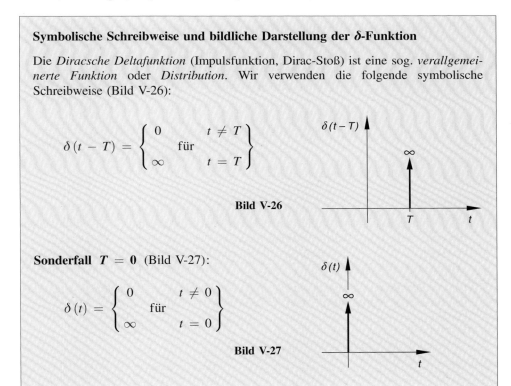

Symbolische Schreibweise und bildliche Darstellung der δ-Funktion

Die *Diracsche Deltafunktion* (Impulsfunktion, Dirac-Stoß) ist eine sog. *verallgemeinerte Funktion* oder *Distribution*. Wir verwenden die folgende symbolische Schreibweise (Bild V-26):

$$\delta(t - T) = \left\{ \begin{array}{ll} 0 & t \neq T \\ & \text{für} \\ \infty & t = T \end{array} \right\}$$

Bild V-26

Sonderfall $T = 0$ (Bild V-27):

$$\delta(t) = \left\{ \begin{array}{ll} 0 & t \neq 0 \\ & \text{für} \\ \infty & t = 0 \end{array} \right\}$$

Bild V-27

Eigenschaften der Diracschen Deltafunktion (Impulsfunktion)

Dieser wichtigen Impulsfunktion (δ-Funktion) werden bestimmte *Eigenschaften* zugewiesen. Sie liefern die für die Anwendungen benötigten *Rechenregeln*. Es handelt sich dabei

---

[4] Die bisherigen „klassischen" Funktionen sind dann Sonderfälle der Distributionen. Den an Einzelheiten näher interessierten Leser müssen wir auf die mathematische Spezialliteratur verweisen (siehe Literaturverzeichnis).

um *formale (symbolische) Rechenvorschriften.* So können beispielsweise die in den nachfolgenden Formeln auftretenden Integrale *nicht* im üblichen (klassischen) Sinne mit Hilfe der bekannten Rechenregeln der Integralrechnung „berechnet" werden, sondern sie müssen symbolisch „ausgewertet" werden. Wie das geschieht, werden wir in den Beispielen zeigen (und begründen).

Der Diracschen δ-Funktion werden die folgenden Eigenschaften zugewiesen:

Eigenschaften der Diracschen Deltafunktion (Impulsfunktion)

1. Die Deltafunktion ist *normiert,* d. h. der Flächeninhalt unter der „Kurve" ist 1 (Impuls der Stärke 1). Symbolische Schreibweise:

$$\int\limits_{-\infty}^{\infty} \delta(t - T)\, dt = 1 \qquad\qquad\qquad\text{(V-30)}$$

2. Für bestimmte Zeitfunktionen $f(t),\ -\infty < t < \infty$ gilt die folgende sog. *Ausblendeigenschaft*:

$$\int\limits_{a}^{b} \delta(t - T) \cdot f(t)\, dt = \left\{\begin{array}{ll} f(T) & a \leq T \leq b \\ & \text{für} \\ 0 & \text{alle übrigen } T \end{array}\right\} \qquad\text{(V-31)}$$

Anmerkungen

(1)   Wie bereits gesagt, können die in den Gleichungen (V-30) und (V-31) auftretenden Integrale nicht (im bisherigen Sinne) berechnet werden, sondern sie müssen „ausgewertet" werden (siehe nachfolgende Beispiele). Es handelt sich dabei um sog. *verallgemeinerte Integrale.*

(2)   Das *Ausblendintegral* (V-31) *verschwindet* stets, wenn der Parameter T *außerhalb* des Intervalles $[a, b]$ liegt. Liegt T *in* diesem Intervall, dann hat das Integral per Definition immer den Wert $f(T)$.

■   **Beispiele**

Die nachfolgenden Integrale sollen mit Hilfe der *Ausblendungsvorschrift* (V-31) „ausgewertet" werden.

(1) $\displaystyle\int\limits_{0}^{2\pi} \delta(t - \pi) \cdot e^{-t} \cdot \cos t\, dt = ?$

Der Parameter $T = \pi$ liegt *im* Integrationsbereich $[0, 2\pi]$. Der „Wert" des Integrales ist daher der Funktionswert von $f(t) = e^{-t} \cdot \cos t$ an der Stelle $t = T = \pi$:

$$\int_0^{2\pi} \delta(t - \pi) \cdot e^{-t} \cdot \cos t \, dt = e^{-\pi} \cdot \cos \pi = e^{-\pi} \cdot (-1) = -e^{-\pi}$$

(2) $\displaystyle\int_1^\infty \delta(t + 5) \cdot \ln t \, dt = ?$

Dieses Intergral *verschwindet*, da der Parameter $T = -5$ *außerhalb* des Integrationsbereiches $[1, \infty)$ liegt.

(3) $\displaystyle\int_{-\infty}^\infty \delta(t - T) \cdot \sigma(t - 2\pi) \cdot \sin t \, dt = ?$

Der Parameter T liegt stets *im* Integrationsintervall $(-\infty, +\infty)$. Der „Integralwert" ist somit der Funktionswert von $f(t) = \sigma(t - 2\pi) \cdot \sin t$ an der Stelle $t = T$:

$$\int_{-\infty}^\infty \delta(t - T) \cdot \sigma(t - 2\pi) \cdot \sin t \, dt = \sigma(T - 2\pi) \cdot \sin T$$

Da $\sigma(T - 2\pi)$ für $T < 2\pi$ verschwindet und für $T \geq 2\pi$ den konstanten Wert 1 annimmt, gilt schließlich:

$$\int_{-\infty}^\infty \delta(t - T) \cdot \sigma(t - 2\pi) \cdot \sin t \, dt = \begin{cases} 0 & T < 2\pi \\ & \text{für} \\ \sin T & T \geq 2\pi \end{cases} \qquad \blacksquare$$

Verallgemeinerte Fourier-Transformierte der Deltafunktion

Die *formale* Anwendung der Definitionsformel (V-5) der Fourier-Transformierten auf die Diracsche δ-Funktion $f(t) = \delta(t - T)$ führt zunächst auf das folgende (verallgemeinerte) Integral:

$$\mathcal{F}\{\delta(t - T)\} = \int_{-\infty}^\infty \delta(t - T) \cdot e^{-j\omega t} \, dt \qquad \text{(V-32)}$$

Dieses *uneigentliche* Integral können wir *nicht* im klassischen Sinne berechnen, wir können es aber mit Hilfe der „Ausblendvorschrift" (V-31) „auswerten". Wenn wir diese

Rechenvorschrift auf die Funktion $f(t) = e^{-j\omega t}$ anwenden, erhalten wir nämlich genau das *Fourier-Integral* (V-32) der δ-Funktion:

$$\mathcal{F}\{\delta(t - T)\} = \int_{-\infty}^{\infty} \delta(t - T) \cdot e^{-j\omega t}\, dt = e^{-j\omega T} \qquad (V\text{-}33)$$

Die Auswertung des Integrals liefert den „Wert" $e^{-j\omega T}$, da der Parameter T *stets* im Integrationsbereich liegt (T liegt stets zwischen $-\infty$ und $+\infty$) und das Integral somit dem Wert der Funktion $f(t) = e^{-j\omega t}$ an der Stelle $t = T$ entspricht. Damit erhalten wir die folgenden *Korrespondenzen*:

Verallgemeinerte Fourier-Transformierte der Diracschen Deltafunktion (Impulsfunktion)

$$\mathcal{F}\{\delta(t - T)\} = e^{-j\omega T} \qquad \text{oder} \qquad \delta(t - T) \circ\!\!-\!\!\bullet\ e^{-j\omega T} \qquad (V\text{-}34)$$

$$\mathcal{F}\{\delta(t + T)\} = e^{j\omega T} \qquad \text{oder} \qquad \delta(t + T) \circ\!\!-\!\!\bullet\ e^{j\omega T} \qquad (V\text{-}35)$$

Sonderfall $T = 0$:

$$\mathcal{F}\{\delta(t)\} = e^{-j\omega 0} = 1 \qquad \text{oder} \qquad \delta(t) \circ\!\!-\!\!\bullet\ 1 \qquad (V\text{-}36)$$

Das *Frequenzspektrum* der Impulsfunktion $\delta(t)$ enthält somit *sämtliche* Kreisfrequenzen zwischen $\omega = -\infty$ und $\omega = +\infty$ mit *gleichem* Gewicht (die Amplitude bzw. Amplitudendichte ist jeweils gleich 1).

Physikalische Deutung

Die Diracsche Deltafunktion entsteht durch Überlagerung von harmonischen Schwingungen *aller* Kreisfrequenzen mit jeweils *gleicher* Amplitude. Ein solches Spektrum wird auch als *weißes* Spektrum bezeichnet (in Analogie zum *weißen* Licht, das durch Überlagerung *aller* „farbigen" Lichtwellen entsteht).

3.4 Zusammenhang zwischen der Sprungfunktion und der Diracschen Deltafunktion

Zwischen der *Sprung-* und der *Deltafunktion* besteht ein enger Zusammenhang. Eine erste Beziehung erhalten wir über die „*Ausblendungsvorschrift*" (V-31), wenn man diese auf die *konstante* Funktion $f(t) = 1$ anwendet und dabei von $-\infty$ bis t integriert:

$$\int_{-\infty}^{t} \delta(u - T) \cdot 1\, du = \begin{cases} 1 & T \le t \\ & \text{für} \\ 0 & T > t \end{cases} \qquad (V\text{-}37)$$

Denn nach der Auswertungsvorschrift besitzt das Integral den Wert $f(T) = 1$, falls T zwischen $-\infty$ und t liegt, also $T \leq t$ ist *oder* den Wert 0, falls $T > t$ ist. Wenn wir diese Teilintervalle umschreiben in

$$T \leq t \Leftrightarrow t \geq T \qquad \text{bzw.} \qquad T > t \Leftrightarrow t < T$$

kann man leicht erkennen, dass die rechte Seite der Gleichung (V-37) genau die *Sprungfunktion* $\sigma(t - T)$ darstellt. Somit gilt:

$$\int_{-\infty}^{t} \delta(u - T)\, du = \left\{ \begin{array}{cc} 1 & t \geq T \\ & \text{für} \\ 0 & t < T \end{array} \right\} = \sigma(t - T) \qquad \text{(V-38)}$$

Im Sprachgebrauch der *klassischen Analysis* würde dies bedeuten: Die Sprungfunktion $\sigma(t - T)$ ist eine *Stammfunktion* der Deltafunktion $\delta(t - T)$.

Wäre nun die Deltafunktion $\delta(t - T)$ eine Funktion im *klassischen* Sinne, dann müsste sie die *Ableitung* der Sprungfunktion $\sigma(t - T)$ sein. Um dies zu erreichen, muss erst der Begriff der Ableitung *verallgemeinert* werden, da Funktionen mit *Sprungstellen* (wie die in der Technik weit verbreiteten Impulse und Signale) bekanntermaßen in ihren Sprungstellen *nicht* differenzierbar sind. Um auch an solchen Stellen differenzieren zu können, hat man den Begriff der *verallgemeinerten Ableitung* einer Funktion wie folgt eingeführt:

„Verallgemeinerte Ableitung" einer Funktion

Die sog. *verallgemeinerte Ableitung* einer Funktion $f(t)$, die an der Stelle $t = t_0$ eine *Sprungunstetigkeit* aufweist, sonst aber überall stetig differenzierbar ist, wird nach der folgenden *Vorschrift* gebildet:

$$\frac{Df(t)}{Dt} = f'(t) + a \cdot \delta(t - t_0) \qquad \text{(V-39)}$$

Dabei bedeuten:

$f'(t)$: *Gewöhnliche* Ableitung von $f(t)$ im Sinne der klassischen Analysis

a: *Höhe* des (endlichen) Sprunges an der Stelle $t = t_0$ (Differenz der beidseitigen Funktionsgrenzwerte an der Sprungstelle)

Anmerkung

Die „verallgemeinerte Ableitung" $\dfrac{Df(t)}{Dt}$ unterscheidet sich nur an der Sprungstelle $t = t_0$ von der „gewöhnlichen Ableitung" $f'(t)$. An der *Sprungstelle* selbst kommt noch ein *Dirac-Stoß* hinzu. Bei mehreren Sprungstellen liefert *jede* Sprungstelle einen Beitrag in Form eines *Dirac-Stoßes*.

Wir bilden jetzt die „verallgemeinerte Ableitung" der (verschobenen) *Sprungfunktion* $\sigma(t - T)$ mit Hilfe der Definitionsformel (V-39). Da die „gewöhnliche Ableitung" $\sigma'(t - T)$ für $t \neq T$ *verschwindet* (dies ist auch unmittelbar aus der Funktionskurve ersichtlich, siehe z. B. Bild V-19) und der *einzige* Sprung an der Stelle $t = T$ die Höhe $a = 1$ besitzt, gilt:

$$\frac{D\sigma(t - T)}{Dt} = \sigma'(t - T) + a \cdot \delta(t - T) =$$

$$= 0 + 1 \cdot \delta(t - T) = \delta(t - T) \tag{V-40}$$

Die Deltafunktion $\delta(t - T)$ ist somit die (verallgemeinerte) *Ableitung* der Sprungfunktion $\sigma(t - T)$.

Wir fassen diese wichtigen Aussagen zusammen:

Zusammenhang zwischen der Sprung- und der Deltafunktion

1. Die Diracsche Deltafunktion ist die (verallgemeinerte) *Ableitung* der Sprungfunktion:

$$\frac{D\sigma(t - T)}{Dt} = \delta(t - T) \tag{V-41}$$

2. Die Sprungfunktion ist eine *Stammfunktion* der Diracschen Deltafunktion:

$$\int_{-\infty}^{t} \delta(u - T)\, du = \sigma(t - T) \tag{V-42}$$

Sprungfunktion und Deltafunktion gehen somit durch *verallgemeinerte Differentiation* bzw. *Integration* wie folgt ineinander über:

verallgemeinerte Differentiation

$$\sigma(t - T) \xleftarrow{\hspace{4cm}} \delta(t - T)$$

verallgemeinerte Integration

Sonderfall $T = 0$:

$$\frac{D\sigma(t)}{Dt} = \delta(t), \qquad \int_{-\infty}^{t} \delta(u)\, du = \sigma(t)$$

■ **Beispiel**

Die in Bild V-28 skizzierte Zeitfunktion mit der Gleichung

$$f(t) = -1 + \sigma(t + T) + \sigma(t - T)$$

besitzt die *gewöhnliche* Ableitung $f'(t) = 0$. Bei der *verallgemeinerten* Ableitung müssen noch die beiden Sprungstellen bei $t_{1/2} = \pm T$ berücksichtigt werden (Sprunghöhe = 1). Sie führen jeweils zu einem *Dirac-Stoß*. Somit gilt:

$$\frac{Df(t)}{Dt} = f'(t) + 1 \cdot \delta(t + T) + 1 \cdot \delta(t - T) =$$

$$= 0 + \delta(t + T) + \delta(t - T) = \delta(t + T) + \delta(t - T)$$

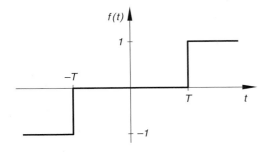

Bild V-28
Zeitfunktion mit zwei Sprungstellen

■

4 Eigenschaften der Fourier-Transformation (Transformationssätze)

Wir werden in diesem Abschnitt die wichtigsten sog. *Transformationssätze* kennen lernen, die bestimmten Operationen im Originalbereich (Zeitbereich) meist wesentlich *einfachere* Operationen im Bildbereich (Frequenzbereich) zuordnen. Sie liefern uns die für die technischen Anwendungen benötigten *Rechenregeln*.

4.1 Linearitätssatz (Satz über Linearkombinationen)

Die Fourier-Transformation ist eine *lineare* Transformation. Auf Grund der bekannten Rechenregeln für Integrale gilt für eine *Linearkombination* aus endlich vielen Originalfunktionen der folgende Satz [5]:

---

[5] Endliche Summen von Funktionen dürfen *gliedweise* integriert werden, *konstante* Faktoren bleiben dabei erhalten.

Linearitätssatz (Satz über Linearkombinationen)

Für die Fourier-Transformierte einer *Linearkombination* aus n Originalfunktionen $f_1(t)$, $f_2(t)$, ..., $f_n(t)$ gilt:

$$\mathcal{F}\{c_1 \cdot f_1(t) + c_2 \cdot f_2(t) + \ldots + c_n \cdot f_n(t)\} =$$

$$= c_1 \cdot \mathcal{F}\{f_1(t)\} + c_2 \cdot \mathcal{F}\{f_2(t)\} + \ldots + c_n \cdot \mathcal{F}\{f_n(t)\} =$$

$$= c_1 \cdot F_1(\omega) + c_2 \cdot F_2(\omega) + \ldots + c_n \cdot F_n(\omega) \qquad\qquad \text{(V-43)}$$

Dabei bedeuten $(i = 1, 2, \ldots, n)$:

$F_i(\omega) = \mathcal{F}\{f_i(t)\}$: Fourier-Transformierte von $f_i(t)$

c_i: Reelle oder komplexe Konstanten

Regel: Es darf *gliedweise* transformiert werden, wobei *konstante* Faktoren *erhalten* bleiben.

■ **Beispiel**

$$g(t) = (2 + 3t) \cdot e^{-5t} \cdot \sigma(t) = 2 \cdot e^{-5t} \cdot \sigma(t) + 3 \cdot t \cdot e^{-5t} \cdot \sigma(t)$$

Mit dem *Linearitätssatz* und unter Verwendung der Korrespondenzen

$$e^{-at} \cdot \sigma(t) \;\circ\!\!-\!\!\bullet\; \frac{1}{a + j\omega} \qquad \text{und} \qquad t \cdot e^{-at} \cdot \sigma(t) \;\circ\!\!-\!\!\bullet\; \frac{1}{(a + j\omega)^2}$$

erhalten wir für die *Fourier-Transformierte* von $g(t)$ den folgenden Ausdruck ($a = 5$ in *beiden* Korrespondenzen):

$$\mathcal{F}\{g(t)\} = \mathcal{F}\{2 \cdot e^{-5t} \cdot \sigma(t) + 3 \cdot t \cdot e^{-5t} \cdot \sigma(t)\} =$$

$$= \mathcal{F}\{2 \cdot e^{-5t} \cdot \sigma(t)\} + \mathcal{F}\{3 \cdot t \cdot e^{-5t} \cdot \sigma(t)\} =$$

$$= 2 \cdot \mathcal{F}\{e^{-5t} \cdot \sigma(t)\} + 3 \cdot \mathcal{F}\{t \cdot e^{-5t} \cdot \sigma(t)\} =$$

$$= 2 \cdot \frac{1}{5 + j\omega} + 3 \cdot \frac{1}{(5 + j\omega)^2} = \frac{2(5 + j\omega) + 3}{(5 + j\omega)^2} =$$

$$= \frac{10 + j2\omega + 3}{(5 + j\omega)^2} = \frac{13 + j2\omega}{(5 + j\omega)^2} \qquad\qquad ■$$

4.2 Ähnlichkeitssatz

Wird die Originalfunktion $f(t)$ einer *Ähnlichkeitstransformation* $t \to a\,t$ mit reellem $a \neq 0$ unterworfen, so bedeutet dies geometrisch eine *Streckung* (d. h. Dehnung oder Stauchung) der Funktion längs der Zeitachse. Die *gestreckte* Funktion $g(t) = f(a\,t)$ zeigt dann einen ähnlichen Verlauf wie $f(t)$ (siehe Bild V-29):

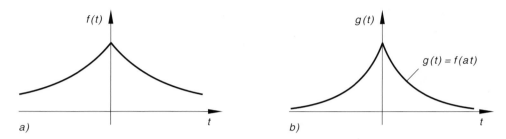

Bild V-29 Zum Ähnlichkeitssatz

     a) Originalfunktion $f(t)$; b) Gestreckte Funktion $g(t) = f(a\,t)$

Für die Fourier-Transformierte der *gestreckten* Funktion gilt dann der folgende Satz (ohne Beweis):

Ähnlichkeitssatz

Für die Fourier-Transformierte der Funktion $g(t) = f(a\,t)$, die durch die *Ähnlichkeitstransformation* $t \to a\,t$ aus der Originalfunktion $f(t)$ hervorgeht, gilt:

$$\mathcal{F}\{f(a\,t)\} = \frac{1}{|a|} \cdot F\left(\frac{\omega}{a}\right) \qquad (a \neq 0) \tag{V-44}$$

Dabei ist $F(\omega)$ die Fourier-Transformierte von $f(t)$, d. h. $F(\omega) = \mathcal{F}\{f(t)\}$.

Regel: Man erhält die Bildfunktion von $f(a\,t)$, indem man die Variable ω in der Bildfunktion $F(\omega)$ von $f(t)$ formal durch ω/a *ersetzt* und die neue Funktion $F(\omega/a)$ anschließend mit dem *Kehrwert* von $|a|$ *multipliziert*.

Anmerkung

$|a| < 1$:   *Dehnung* der Zeitachse $\to$ *Stauchung* der Frequenzachse

$|a| > 1$:   *Stauchung* der Zeitachse $\to$ *Dehnung* der Frequenzachse

$a = -1$:   *Richtungsumkehr* der Zeitachse (Spiegelung von $f(t)$, d. h. $g(t) = f(-t)$)

■ **Beispiel**

Unter Verwendung der Korrespondenz

$$f(t) = e^{-|t|} \;\circ\!\!-\!\!\bullet\; F(\omega) = \frac{2}{1 + \omega^2}$$

erhalten wir für die *gestreckte* Funktion $g(t) = e^{-a|t|} = e^{-|at|}$ mit $a > 0$ die folgende *Fourier-Transformierte* (Bildfunktion):

$$\mathcal{F}\{g(t)\} = \mathcal{F}\{e^{-a|t|}\} = \mathcal{F}\{e^{-|at|}\} = \frac{1}{a} \cdot F(\omega/a) = \frac{1}{a} \cdot \frac{2}{1 + (\omega/a)^2} =$$

$$= \frac{2}{a\left(1 + \dfrac{\omega^2}{a^2}\right)} = \frac{2}{a\left(\dfrac{a^2 + \omega^2}{a^2}\right)} = \frac{2}{\dfrac{a^2 + \omega^2}{a}} = \frac{2a}{a^2 + \omega^2} \qquad ■$$

4.3 Verschiebungssatz (Zeitverschiebungssatz)

Wir verschieben die Funktion $f(t)$ auf der *Zeitachse* um die Strecke $|a|$ (für $a > 0$ nach *rechts*, für $a < 0$ nach *links*; siehe Bild V-30):

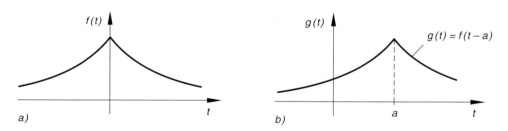

Bild V-30 Zum Verschiebungssatz (Zeitverschiebungssatz)
       a) Originalfunktion $f(t)$;   b) Verschobene Funktion $g(t) = f(t - a)$

Für die Fourier-Transformierte der *verschobenen* Funktion $g(t) = f(t - a)$ erhalten wir aus der Definitionsformel (V-5) zunächst:

$$\mathcal{F}\{g(t)\} = \mathcal{F}\{f(t - a)\} = \int_{-\infty}^{\infty} f(t - a) \cdot e^{-j\omega t}\, dt \qquad \text{(V-45)}$$

Mit der *Substitution*

$$u = t - a, \qquad t = u + a, \qquad \frac{dt}{du} = 1, \qquad dt = du$$

folgt dann (die Integrationsgrenzen haben sich dabei *nicht* verändert):

$$\mathcal{F}\{g(t)\} = \int_{-\infty}^{\infty} f(u) \cdot e^{-j\omega(u+a)}\, du = \int_{-\infty}^{\infty} f(u) \cdot e^{-j\omega u} \cdot e^{-j\omega a}\, du =$$

$$= e^{-j\omega a} \cdot \int_{-\infty}^{\infty} f(u) \cdot e^{-j\omega u}\, du \qquad\qquad (\text{V-46})$$

Das verbliebene Integral auf der rechten Seite ist die *Fourier-Transformierte* $F(\omega)$ von $f(t)$ (die Bezeichnung der Integrationsvariablen ist *ohne* Bedeutung, wir dürfen daher u durch t ersetzen). Somit gilt:

$$\mathcal{F}\{g(t)\} = \mathcal{F}\{f(t-a)\} = e^{-j\omega a} \cdot F(\omega) \qquad\qquad (\text{V-47})$$

Eine *Verschiebung* im Zeitbereich bewirkt somit eine *Dämpfung* im Bildbereich.

Verschiebungssatz (Zeitverschiebungssatz)

Wird die Originalfunktion $f(t)$ längs der Zeitachse um die Strecke $|a|$ *verschoben*, so gilt für die Fourier-Transformierte der *verschobenen* Kurve mit der Gleichung $g(t) = f(t-a)$:

$$\mathcal{F}\{f(t-a)\} = e^{-j\omega a} \cdot F(\omega) \qquad (a: \text{reell}) \qquad\qquad (\text{V-48})$$

Dabei ist $F(\omega)$ die Fourier-Transformierte von $f(t)$, d. h. $F(\omega) = \mathcal{F}\{f(t)\}$.

Regel: Man erhält die Bildfunktion der *verschobenen* Funktion $f(t-a)$, indem man die Bildfunktion $F(\omega)$ von $f(t)$ mit $e^{-j\omega a}$ *multipliziert*.

Anmerkungen

(1) $a > 0$: Verschiebung nach rechts; $a < 0$: Verschiebung nach links

(2) Bei einer Verschiebung im Zeitbereich bleibt das Amplitudenspektrum $A(\omega)$ *erhalten*:

$$A(\omega) = |e^{-j\omega a} \cdot F(\omega)| = \underbrace{|e^{-j\omega a}|}_{1} \cdot |F(\omega)| = |F(\omega)|$$

■ **Beispiele**

(1) Die in Bild V-31 skizzierte *Stoßfunktion* mit der Bildfunktion

$$F(\omega) = \frac{2[1 - \cos(\omega T)]}{(\omega T)^2}$$

soll um die Strecke $a > T$ nach *rechts* verschoben werden. Wie lautet die *Fourier-Transformierte* $G(\omega)$ der *verschobenen* Funktion $g(t)$?

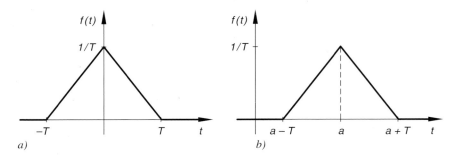

Bild V-31 a) Stoßfunktion; b) Um a nach rechts verschobene Stoßfunktion $(a > 0)$

Lösung: Aus dem *Zeitverschiebungssatz* folgt:

$$G(\omega) = \mathcal{F}\{g(t)\} = \mathrm{e}^{-\mathrm{j}\omega a} \cdot F(\omega) = \frac{2[1 - \cos(\omega T)] \cdot \mathrm{e}^{-\mathrm{j}\omega a}}{(\omega T)^2}$$

(2)   Die Korrespondenz

$$f(t) = \mathrm{e}^{-\delta t} \cdot \sin(\omega_0 t) \cdot \sigma(t) \circ\!\!-\!\!\bullet F(\omega) = \frac{\omega_0}{(\delta + \mathrm{j}\omega)^2 + \omega_0^2}$$

beschreibt die Fourier-Transformation einer *gedämpften Schwingung* mit der Gleichung

$$f(t) = \mathrm{e}^{-\delta t} \cdot \sin(\omega_0 t), \qquad t \geq 0$$

(mit $\delta > 0$ und $\omega_0 > 0$; siehe Bild V-32).

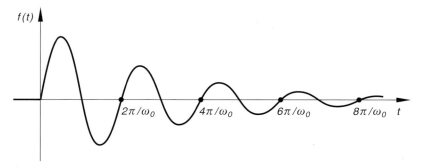

Bild V-32 Gedämpfte Sinusschwingung

Wird diese Schwingung zeitlich um $a > 0$ *verzögert*, dann lautet die *Fourier-Transformierte* der *verschobenen* Funktion $g(t) = f(t - a) \cdot \sigma(t - a)$ wie folgt:

$$\mathcal{F}\{g(t)\} = \mathrm{e}^{-\mathrm{j}\omega a} \cdot F(\omega) = \frac{\omega_0 \cdot \mathrm{e}^{-\mathrm{j}\omega a}}{(\delta + \mathrm{j}\omega)^2 + \omega_0^2} \qquad \blacksquare$$

4.4 Dämpfungssatz (Frequenzverschiebungssatz)

Wie verändert sich die Fourier-Transformierte $F(\omega)$ einer Zeitfunktion (Originalfunktion) $f(t)$, wenn man diese *dämpft* bzw. *moduliert*, d. h. mit der (komplexen) Exponentialfunktion $e^{j\omega_0 t}$ *multipliziert*?

Die Definitionsformel (V-5) der Fourier-Transformation liefert für die *modulierte* Funktion $g(t) = e^{j\omega_0 t} \cdot f(t)$ zunächst:

$$\mathcal{F}\{g(t)\} = \mathcal{F}\{e^{j\omega_0 t} \cdot f(t)\} = \int\limits_{-\infty}^{\infty} e^{j\omega_0 t} \cdot f(t) \cdot e^{-j\omega t}\, dt =$$

$$= \int\limits_{-\infty}^{\infty} f(t) \cdot e^{-j(\omega - \omega_0)t}\, dt = \int\limits_{-\infty}^{\infty} f(t) \cdot e^{-j\alpha t}\, dt \qquad \text{(V-49)}$$

Dabei haben wir (vorübergehend) $\omega - \omega_0 = \alpha$ gesetzt. Das uneigentliche Integral auf der rechten Seite ist aber definitionsgemäß die *Fouriertransformierte* von $f(t)$ (mit dem Parameter α statt ω). Wir machen die Substitution $\alpha = \omega - \omega_0$ wieder rückgängig und erhalten das folgende Ergebnis:

$$\mathcal{F}\{g(t)\} = \mathcal{F}\{e^{j\omega_0 t} \cdot f(t)\} = \underbrace{\int\limits_{-\infty}^{\infty} f(t) \cdot e^{-j\alpha t}\, dt}_{\mathcal{F}\{f(t)\}\,=\,F(\alpha)} =$$

$$= F(\alpha) = F(\omega - \omega_0) \qquad \text{(V-50)}$$

Einer exponentiellen *Dämpfung* (*Modulation*) im Zeitbereich entspricht somit eine *Frequenzverschiebung* im Frequenzbereich.

Dämpfungssatz (Frequenzverschiebungssatz)

Wird die Originalfunktion $f(t)$ *exponentiell gedämpft* (*moduliert*), so gilt für die Fourier-Transformierte der *gedämpften* Funktion $g(t) = e^{j\omega_0 t} \cdot f(t)$:

$$\mathcal{F}\{e^{j\omega_0 t} \cdot f(t)\} = F(\omega - \omega_0) \qquad (\omega_0: \text{reell}) \qquad \text{(V-51)}$$

Dabei ist $F(\omega)$ die Fourier-Transformierte von $f(t)$, d. h. $F(\omega) = \mathcal{F}\{f(t)\}$.

Regel: Man erhält die Bildfunktion der *gedämpften* Funktion $e^{j\omega_0 t} \cdot f(t)$, indem man in der Bildfunktion $F(\omega)$ von $f(t)$ die Variable ω formal durch $\omega - \omega_0$ *ersetzt*.

■ **Beispiel**

Wir interessieren uns für die *Bildfunktion* $G(\omega)$ der *gedämpften Schwingung*

$$g(t) = e^{-at} \cdot \sin(\omega_0 t) \cdot \sigma(t)$$

(mit $a > 0$ und $\omega_0 > 0$). Zur Verfügung steht die Korrespondenz

$$f(t) = e^{-at} \cdot \sigma(t) \circ\!\!\!-\!\!\!-\!\!\!\bullet\ F(\omega) = \frac{1}{a + j\omega}$$

Zunächst drücken wir die Sinusfunktion mit Hilfe der *Eulerschen Formel* durch komplexe Exponentialfunktionen aus (siehe Formelsammlung, Kap. VIII, Abschnitt 7.3.2):

$$\sin(\omega_0 t) = \frac{1}{2j} \left(e^{j\omega_0 t} - e^{-j\omega_0 t} \right)$$

Damit lässt sich die *gedämpfte Schwingung* $g(t)$ auch in der Form

$$g(t) = e^{-at} \cdot \sin(\omega_0 t) \cdot \sigma(t) = e^{-at} \cdot \frac{1}{2j} \left(e^{j\omega_0 t} - e^{-j\omega_0 t} \right) \cdot \sigma(t) =$$

$$= \frac{1}{2j} \left(e^{j\omega_0 t} \cdot e^{-at} \cdot \sigma(t) - e^{-j\omega_0 t} \cdot e^{-at} \cdot \sigma(t) \right) =$$

$$= \frac{1}{2j} \left(e^{j\omega_0 t} \cdot f(t) - e^{-j\omega_0 t} \cdot f(t) \right)$$

mit $f(t) = e^{-at} \cdot \sigma(t)$ ausdrücken. Aus dem *Linearitätssatz* und dem *Dämpfungssatz* (*Frequenzverschiebungssatz*) unter Verwendung der gegebenen Korrespondenz erhalten wir dann die folgende *Fourier-Transformierte* (Bildfunktion) für die *gedämpfte Schwingung*:

$$G(\omega) = \mathcal{F}\{g(t)\} = \frac{1}{2j} \cdot \mathcal{F}\{e^{j\omega_0 t} \cdot f(t) - e^{-j\omega_0 t} \cdot f(t)\} =$$

$$= \frac{1}{2j} \left(\underbrace{\mathcal{F}\{e^{j\omega_0 t} \cdot f(t)\}}_{F(\omega - \omega_0)} - \underbrace{\mathcal{F}\{e^{-j\omega_0 t} \cdot f(t)\}}_{F(\omega + \omega_0)} \right) =$$

$$= \frac{1}{2j} \left(F(\omega - \omega_0) - F(\omega + \omega_0) \right) =$$

$$= \frac{1}{2j} \left(\frac{1}{a + j(\omega - \omega_0)} - \frac{1}{a + j(\omega + \omega_0)} \right) =$$

$$= \frac{1}{2j} \cdot \frac{a + j(\omega + \omega_0) - a - j(\omega - \omega_0)}{[a + j(\omega - \omega_0)][a + j(\omega + \omega_0)]} =$$

$$= \frac{1}{2j} \cdot \frac{j\omega + j\omega_0 - j\omega + j\omega_0}{a^2 + ja(\omega - \omega_0) + ja(\omega + \omega_0) + j^2(\omega^2 - \omega_0^2)} =$$

$$= \frac{1}{2j} \cdot \frac{2j\omega_0}{a^2 + ja(\omega - \omega_0 + \omega + \omega_0) - \omega^2 + \omega_0^2} =$$

$$= \frac{\omega_0}{\underbrace{a^2 + 2ja\omega - \omega^2}_{\text{1. Binom: } (a + j\omega)^2} + \omega_0^2} = \frac{\omega_0}{(a + j\omega)^2 + \omega_0^2}$$

$\blacksquare$

4.5 Ableitungssätze (Differentiationssätze)

Wir beschäftigen uns in diesem Abschnitt mit der *Differentiation* im Original- und im Bildbereich.

4.5.1 Ableitungssatz für die Originalfunktion

Beim Lösen einer linearen Differentialgleichung mit konstanten Koeffizienten mit Hilfe der Fourier-Transformation benötigt man die Fourier-Transformierten der *Ableitungen* einer Originalfunktion $f(t)$. Es gilt der folgende Satz (ohne Beweis):

Ableitungssatz für die Originalfunktion

Die Fourier-Transformierten der *Ableitungen* einer Originalfunktion $f(t)$ nach der Variablen t lauten der Reihe nach wie folgt:

1. Ableitung:

$$\mathcal{F}\{f'(t)\} = j\omega \cdot F(\omega) \tag{V-52}$$

2. Ableitung:

$$\mathcal{F}\{f''(t)\} = (j\omega)^2 \cdot F(\omega) = -\omega^2 \cdot F(\omega) \tag{V-53}$$

$\vdots$

n-te Ableitung:

$$\mathcal{F}\{f^{(n)}(t)\} = (j\omega)^n \cdot F(\omega) \tag{V-54}$$

Dabei ist $F(\omega)$ die Fourier-Transformierte von $f(t)$, d. h. $F(\omega) = \mathcal{F}\{f(t)\}$.

Regel: *Jeder* Differentiationsschritt im Originalbereich bewirkt eine *Multiplikation* von $F(\omega)$ mit dem Faktor $j\omega$ im Bildbereich.

Man erhält also die Fourier-Transformierte der *n-ten Ableitung* von $f(t)$, indem man die Bildfunktion $F(\omega) = \mathcal{F}\{f(t)\}$ mit $(j\omega)^n$ *multipliziert*. Vorausgesetzt werden muss dabei, dass die *n*-te Ableitung $f^{(n)}(t)$ *Fourier-transformierbar* ist und die Grenzwerte von $f(t), f'(t), \ldots, f^{(n-1)}(t)$ für $|t| \to \infty$ *verschwinden*.

■ **Beispiel**

Aus der als bekannt vorausgesetzten Korrespondenz

$$f(t) = e^{-at^2} \quad\circ\!\!-\!\!-\!\!\bullet\quad F(\omega) = \sqrt{\frac{\pi}{a}} \cdot e^{-\omega^2/(4a)}$$

mit $a > 0$ lässt sich durch Anwendung des *Ableitungssatzes* die Fourier-Transformierte der Originalfunktion $g(t) = t \cdot e^{-at^2}$ ermitteln. Zunächst aber bilden wir die Ableitung von $f(t)$, die sich als *proportional* zur Funktion $g(t)$ erweisen wird:

$$f(t) = e^{-at^2} \quad\Rightarrow\quad f'(t) = -2a \cdot t \cdot \underbrace{e^{-at^2}}_{g(t)} = -2a \cdot g(t)$$

Aus dem *Ableitungssatz* erhalten wir dann die gesuchte Lösung:

$$\mathcal{F}\{f'(t)\} = \mathcal{F}\{-2a \cdot g(t)\} = -2a \cdot \mathcal{F}\{g(t)\} =$$

$$= j\omega \cdot F(\omega) = j\omega \cdot \sqrt{\frac{\pi}{a}} \cdot e^{-\omega^2/(4a)} \quad\Rightarrow$$

$$\mathcal{F}\{g(t)\} = \mathcal{F}\{t \cdot e^{-at^2}\} = -\frac{j}{2a} \cdot \sqrt{\frac{\pi}{a}} \cdot \omega \cdot e^{-\omega^2/(4a)} \qquad\blacksquare$$

4.5.2 Ableitungssatz für die Bildfunktion

Wir *differenzieren* die Bildfunktion $F(\omega) = \mathcal{F}\{f(t)\}$ nach der Variablen ω, wobei wir die Differentiation unter dem Integralzeichen vornehmen (Differentiation und Integration dürfen miteinander *vertauscht* werden):

$$F'(\omega) = \frac{d}{d\omega}F(\omega) = \frac{d}{d\omega}\int_{-\infty}^{\infty} f(t) \cdot e^{-j\omega t}\, dt = \int_{-\infty}^{\infty} \frac{d}{d\omega}[f(t) \cdot e^{-j\omega t}]\, dt =$$

$$= \int_{-\infty}^{\infty} f(t) \cdot \underbrace{\frac{d}{d\omega}[e^{-j\omega t}]}_{-jt\,\cdot\,e^{-j\omega t}}\, dt = \int_{-\infty}^{\infty} f(t) \cdot (-jt) \cdot e^{-j\omega t}\, dt =$$

$$= -j \cdot \int_{-\infty}^{\infty} t \cdot f(t) \cdot e^{-j\omega t}\, dt \qquad\qquad\qquad\text{(V-55)}$$

Wir setzen jetzt (vorübergehend) $g(t) = t \cdot f(t)$ und erkennen, dass es sich bei dem uneigentlichen Integral der rechten Seite definitionsgemäß um die *Fourier-Transformierte* von $g(t)$ handelt (die Existenz des Integrals wird vorausgesetzt). Demnach erhalten wir für die gesuchte *Ableitung* $F'(\omega)$ den folgenden Ausdruck:

$$F'(\omega) = -j \cdot \underbrace{\int_{-\infty}^{\infty} g(t) \cdot e^{-j\omega t}\, dt}_{\mathcal{F}\{g(t)\}} =$$

$$= -j \cdot \mathcal{F}\{g(t)\} = -j \cdot \mathcal{F}\{t \cdot f(t)\} \qquad (V-56)$$

Entsprechende Formeln ergeben sich für die *höheren* Ableitungen von $F(\omega)$. Es gilt der folgende Satz:

Ableitungssatz für die Bildfunktion

Die *Ableitungen* der Bildfunktion $F(\omega) = \mathcal{F}\{f(t)\}$ nach der Variablen ω lauten der Reihe nach wie folgt:

1. Ableitung:

$$F'(\omega) = (-j)^1 \cdot \mathcal{F}\{t^1 \cdot f(t)\} = -j \cdot \mathcal{F}\{t \cdot f(t)\} \qquad (V-57)$$

2. Ableitung:

$$F''(\omega) = (-j)^2 \cdot \mathcal{F}\{t^2 \cdot f(t)\} = -\mathcal{F}\{t^2 \cdot f(t)\} \qquad (V-58)$$

$$\vdots$$

***n*-te Ableitung:**

$$F^{(n)}(\omega) = (-j)^n \cdot \mathcal{F}\{t^n \cdot f(t)\} = \mathcal{F}\{(-jt)^n \cdot f(t)\} \qquad (V-59)$$

Regel: Die *n*-te Ableitung der Bildfunktion $F(\omega) = \mathcal{F}\{f(t)\}$ erhält man als Fourier-Transformierte der mit der Potenz $(-jt)^n$ *multiplizierten* Originalfunktion $f(t)$.

Anmerkungen

(1) Dieser Ableitungssatz wird auch als *Multiplikationssatz* bezeichnet (wegen der Multiplikation von $f(t)$ mit der Potenz $(-jt)^n$).

(2) Voraussetzung ist, dass die Funktion $t^n \cdot f(t)$ *Fourier-transformierbar* ist.

■ **Beispiele**

(1) Ausgehend von dem Funktionenpaar (Korrespondenz)

$$f(t) = e^{-at} \cdot \sigma(t) \circ\!\!-\!\!\bullet F(\omega) = \frac{1}{a + j\omega} \qquad (a > 0)$$

erhält man durch Anwendung des *Ableitungssatzes* (V-58) die *Bildfunktion* (Fourier-Transformierte) von $g(t) = t^2 \cdot e^{-at} \cdot \sigma(t) = t^2 \cdot f(t)$:

$$\mathcal{F}\{g(t)\} = \mathcal{F}\{t^2 \cdot e^{-at}\} = \mathcal{F}\{t^2 \cdot f(t)\} = -F''(\omega)$$

Mit der Kettenregel folgt aus $F(\omega)$ durch 2-maliges Differenzieren:

$$F(\omega) = \frac{1}{a + j\omega} = (a + j\omega)^{-1}$$

$$F'(\omega) = -1(a + j\omega)^{-2} \cdot j = -j(a + j\omega)^{-2}$$

$$F''(\omega) = 2j(a + j\omega)^{-3} \cdot j = 2j^2(a + j\omega)^{-3} = -\frac{2}{(a + j\omega)^3}$$

$$\mathcal{F}\{g(t)\} = \mathcal{F}\{t^2 \cdot e^{-at}\} = -F''(\omega) = \frac{2}{(a + j\omega)^3}$$

(2) Bekannt sei die folgende Korrespondenz:

$$f(t) = \frac{1}{1 + t^2} \circ\!\!-\!\!\bullet F(\omega) = \pi \cdot e^{-|\omega|}$$

Multipliziert man $f(t)$ mit t, so lässt sich die *Bildfunktion* der neuen Originalfunktion $g(t) = t \cdot f(t) = \dfrac{t}{1 + t^2}$ mit Hilfe des *Ableitungssatzes* wie folgt bestimmen:

$$F'(\omega) = -j \cdot \mathcal{F}\{t \cdot f(t)\} \quad \Rightarrow \quad \mathcal{F}\{t \cdot f(t)\} = j \cdot F'(\omega) \quad \Rightarrow$$

$$\mathcal{F}\{g(t)\} = \mathcal{F}\{t \cdot f(t)\} = \mathcal{F}\left\{\frac{t}{1 + t^2}\right\} = j \cdot F'(\omega)$$

Um die benötigte Ableitung $F'(\omega)$ zu erhalten, müssen wir die Bildfunktion $F(\omega)$ zunächst intervallmäßig wie folgt aufspalten:

$$F(\omega) = \pi \cdot e^{-|\omega|} = \begin{cases} \pi \cdot e^{\omega} & \omega < 0 \\ \pi & \text{für} \quad \omega = 0 \\ \pi \cdot e^{-\omega} & \omega > 0 \end{cases}$$

Durch abschnittsweise Differentiation folgt dann:

$$F'(\omega) = \left\{ \begin{array}{c} \pi \cdot e^{\omega} \\ 0 \\ -\pi \cdot e^{-\omega} \end{array} \right\} = \pi \cdot \left\{ \begin{array}{cc} e^{\omega} & \omega < 0 \\ 0 & \text{für} \quad \omega = 0 \\ -e^{-\omega} & \omega > 0 \end{array} \right\}$$

Somit gilt:

$$\mathcal{F}\left\{ \frac{t}{1+t^2} \right\} = j \cdot F'(\omega) = j\pi \left\{ \begin{array}{cc} e^{\omega} & \omega < 0 \\ 0 & \text{für} \quad \omega = 0 \\ -e^{-\omega} & \omega > 0 \end{array} \right\} \qquad \blacksquare$$

4.6 Integrationssatz für die Originalfunktion

Bei der mathematischen Behandlung *linearer Übertragungssysteme* stößt man häufig auf sog. *Integro-Differentialgleichungen*, d. h. Gleichungen, in denen neben den *Ableitungen* einer (noch unbekannten) Zeitfunktion auch *Integrale* dieser Funktion auftreten. Will man ein solches Problem mit Hilfe der Fourier-Transformation lösen, so benötigt man den folgenden *Integrationssatz* (ohne Beweis):

Integrationssatz für die Originalfunktion

Für die Fourier-Transformierte des (uneigentlichen) *Integrals* $\int\limits_{-\infty}^{t} f(u)\, du$ einer Originalfunktion $f(t)$ gilt:

$$\mathcal{F}\left\{ \int\limits_{-\infty}^{t} f(u)\, du \right\} = \frac{1}{j\omega} \cdot F(\omega) \qquad\qquad\qquad \text{(V-60)}$$

Dabei ist $F(\omega)$ die Fourier-Transformierte von $f(t)$, d. h. $F(\omega) = \mathcal{F}\{f(t)\}$.

Regel: Man erhält die Bildfunktion des *Integrals* $\int\limits_{-\infty}^{t} f(u)\, du$, indem man die

Bildfunktion $F(\omega)$ von $f(t)$ mit dem Kehrwert von $j\omega$ *multipliziert*.

Voraussetzung: $\int\limits_{-\infty}^{\infty} f(t)\, dt = 0$, d. h. die Fläche zwischen der Kurve $y = f(t)$ und

der t-Achse muss also zu *gleichen* Teilen ober- und unterhalb der t-Achse liegen!

■ **Beispiel**

In einem *Stromkreis* mit einem Kondensator fließe der zeitabhängige Strom $i = i(t)$, $t \geq 0$. Die (dann ebenfalls zeitabhängige) Kondensatorladung $q = q(t)$ ist das *Zeitintegral* der Stromstärke. Es gilt also der folgende Zusammenhang zwischen Ladung q und Stromstärke i:

$$q(t) = \int_{-\infty}^{t} i(\tau)\, d\tau = \int_{-\infty}^{0} i(\tau)\, d\tau + \int_{0}^{t} i(\tau)\, d\tau = \int_{0}^{t} i(\tau)\, d\tau$$

(*keine* Ladungen zu Beginn, d. h. zum Zeitpunkt $t = 0$). Welcher Zusammenhang besteht zwischen den zugehörigen *Fourier-Transformierten*

$$Q(\omega) = \mathcal{F}\{q(t)\} \qquad \text{und} \qquad I(\omega) = \mathcal{F}\{i(t)\}\,?$$

Lösung: Aus dem *Integrationssatz* folgt:

$$Q(\omega) = \mathcal{F}\{q(t)\} = \mathcal{F}\left\{\int_{0}^{t} i(\tau)\, d\tau\right\} = \frac{1}{j\omega} \cdot I(\omega) \qquad\qquad ■$$

4.7 Faltungssatz

Bei der Behandlung technischer Probleme mit Hilfe der Fourier-Transformation (Beispiel: *lineare Übertragungssysteme* in der Elektrotechnik) stellt sich oft das Problem der *Rücktransformation* einer bekannten Bildfunktion $F(\omega)$, die als *Produkt* zweier Bildfunktionen $F_1(\omega)$ und $F_2(\omega)$ darstellbar ist:

$$F(\omega) = F_1(\omega) \cdot F_2(\omega)$$

Die zugehörigen Originalfunktionen $f_1(t) = \mathcal{F}^{-1}\{F_1(\omega)\}$ und $f_2(t) = \mathcal{F}^{-1}\{F_2(\omega)\}$ der beiden Faktorfunktionen $F_1(\omega)$ und $F_2(\omega)$ lassen sich dabei meist ohne große Schwierigkeiten aus einer *Transformationstabelle* (*Korrespondenztabelle*) ermitteln. Die nahe liegende Vermutung, dass sich die gesuchte Originalfunktion $f(t)$ des Produktes $F(\omega) = F_1(\omega) \cdot F_2(\omega)$ ebenfalls als *Produkt* in der Form $f(t) = f_1(t) \cdot f_2(t)$ darstellen lässt, erweist sich leider als falsch. Die gesuchte Originalfunktion $f(t)$ ist vielmehr durch eine *Integralkombination* der beiden Originalfunktionen $f_1(t)$ und $f_2(t)$ vom Typ

$$f(t) = \int_{-\infty}^{\infty} f_1(u) \cdot f_2(t - u)\, du \qquad\qquad (\text{V-61})$$

gegeben. In der mathematischen Literatur bezeichnet man dieses Integral als *Faltungsintegral* oder als (zweiseitige) *Faltung* der Funktionen $f_1(t)$ und $f_2(t)$ und verwendet dafür die symbolische Schreibweise $f_1(t) * f_2(t)$ (sog. *Faltungsprodukt*; gelesen: $f_1(t)$ „Stern" $f_2(t)$).

Definition: Unter dem *Faltungsprodukt* $f_1(t) * f_2(t)$ zweier Originalfunktionen $f_1(t)$ und $f_2(t)$ versteht man das (uneigentliche) Integral

$$f_1(t) * f_2(t) = \int_{-\infty}^{\infty} f_1(u) \cdot f_2(t-u)\, du \qquad (\text{V-62})$$

(*Faltungsintegral*, 2-seitige *Faltung* der Funktionen $f_1(t)$ und $f_2(t)$)

Anmerkung

Die Bezeichnung Faltungs*produkt* ist gerechtfertigt, da sich diese Größe wie ein *gewöhnliches Produkt* reeller Zahlen, d. h. kommutativ, assoziativ und distributiv verhält.

Für die *Fourier-Transformierte* des Faltungsproduktes gilt unter der Voraussetzung, dass beide Originalfunktionen und ihre Quadrate *absolut integrierbar* sind, der folgende für die Anwendungen wichtige Satz (ohne Beweis):

Faltungssatz

Die Fourier-Transformierte des *Faltungsproduktes* $f_1(t) * f_2(t)$ ist gleich dem *Produkt* der Fourier-Transformierten von $f_1(t)$ und $f_2(t)$:

$$\mathcal{F}\{f_1(t) * f_2(t)\} = \mathcal{F}\left\{\int_{-\infty}^{\infty} f_1(u) \cdot f_2(t-u)\, du\right\} =$$

$$= \mathcal{F}\{f_1(t)\} \cdot \mathcal{F}\{f_2(t)\} = F_1(\omega) \cdot F_2(\omega) \qquad (\text{V-63})$$

Dabei sind $F_1(\omega)$ und $F_2(\omega)$ die Fourier-Transformierten von $f_1(t)$ und $f_2(t)$, d. h. $F_1(\omega) = \mathcal{F}\{f_1(t)\}$ und $F_2(\omega) = \mathcal{F}\{f_2(t)\}$.

Anmerkung

Der *Faltungssatz* lässt sich auch in der Form

$$\mathcal{F}^{-1}\{F_1(\omega) \cdot F_2(\omega)\} = f_1(t) * f_2(t) \qquad (\text{V-64})$$

darstellen: Zum *Produkt* zweier Bildfunktionen $F_1(\omega)$ und $F_2(\omega)$ gehört im Originalbereich das *Faltungsprodukt* der zugehörigen Originalfunktionen $f_1(t)$ und $f_2(t)$.

In der Praxis kann man bei der *Rücktransformation* einer Bildfunktion $F(\omega)$ oft wie folgt vorgehen:

1.   Die vorliegende Bildfunktion wird zunächst in geeigneter Weise in ein *Produkt* $F(\omega) = F_1(\omega) \cdot F_2(\omega)$ zerlegt (faktorisiert). Die Faktorfunktionen $F_1(\omega)$ und $F_2(\omega)$ müssen so beschaffen sein, dass sich ihre zugehörigen Originalfunktionen $f_1(t)$ und $f_2(t)$ aus einer *Transformationstabelle (Korrespondenztabelle)* leicht ermitteln lassen.

2.   Die gesuchte Originalfunktion $f(t)$ des Produktes $F(\omega) = F_1(\omega) \cdot F_2(\omega)$ kann dann als *Faltungsprodukt* der (inzwischen bekannten) Originalfunktionen $f_1(t)$ und $f_2(t)$ berechnet werden:

$$f(t) = \mathcal{F}^{-1}\{F(\omega)\} = \mathcal{F}^{-1}\{F_1(\omega) \cdot F_2(\omega)\} =$$

$$= f_1(t) * f_2(t) = \int\limits_{-\infty}^{\infty} f_1(u) \cdot f_2(t-u)\, du \qquad\qquad \text{(V-65)}$$

■   **Beispiel**

In dem in Bild V-33 skizzierten *Stomkreis (Vierpol* oder *Zweitor)* mit der Induktivität L und der Kapazität C wird das *Eingangssignal* (Eingangsspannung) $u_e(t)$ in das *Ausgangssignal* (Ausgangsspannung) $u_a(t)$ umgewandelt.

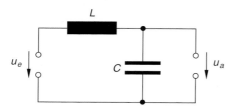

                                                           Bild V-33 *LC*-Zweitor

Zwischen den zugehörigen *Bildfunktionen* (Fourier-Transformierten)

$$U_e(\omega) = \mathcal{F}\{u_e(t)\} \qquad \text{und} \qquad U_a(\omega) = \mathcal{F}\{u_a(t)\}$$

besteht dabei der folgende Zusammenhang:

$$U_a(\omega) = \frac{\omega_0^2}{\omega_0^2 - \omega^2} \cdot U_e(\omega) \qquad (\text{mit } \omega_0^2 = 1/(LC))$$

$U_a(\omega)$ ist also das *Produkt* der Bildfunktionen

$$F_1(\omega) = \frac{\omega_0^2}{\omega_0^2 - \omega^2} \qquad \text{und} \qquad F_2(\omega) = U_e(\omega).$$

Die Originalfunktion $f_1(t)$ lässt sich aus der Transformationstabelle 1 in Abschnitt 5.2 wie folgt bestimmen (Nr. 13 mit $a = 0$, $b = \omega_0$):

$$f_1(t) = \mathcal{F}^{-1}\{F_1(\omega)\} = \mathcal{F}^{-1}\left\{\frac{\omega_0^2}{\omega_0^2 - \omega^2}\right\} = \omega_0 \cdot \mathcal{F}^{-1}\left\{\frac{\omega_0}{\omega_0^2 - \omega^2}\right\} =$$

$$= \omega_0 \cdot e^0 \cdot \sin(\omega_0 t) \cdot \sigma(t) = \omega_0 \cdot \sin(\omega_0 t) \cdot \sigma(t)$$

Für die zunächst *unbekannte* Originalfunktion $f_2(t)$ (es handelt sich hierbei um die *Eingangsspannung* $u_e(t)$) wählen wir den *Diracschen Spannungsstoß*

$$f_2(t) = u_e(t) = u_0 \cdot \delta(t)$$

Wir können jetzt die gesuchte Ausgangsspannung $u_a(t)$ als *Faltungsprodukt* der Originalfunktionen $f_1(t)$ und $f_2(t)$ berechnen:

$$u_a(t) = f_1(t) * f_2(t) = \int\limits_{-\infty}^{\infty} f_1(u) \cdot f_2(t - u)\, du =$$

$$= \int\limits_{-\infty}^{\infty} \omega_0 \cdot \sin(\omega_0 u) \cdot \sigma(u) \cdot u_0 \cdot \delta(t - u)\, du =$$

$$= \omega_0 u_0 \cdot \int\limits_{-\infty}^{\infty} \sin(\omega_0 u) \cdot \sigma(u) \cdot \delta(t - u)\, du =$$

$$= \omega_0 u_0 \cdot \int\limits_{0}^{\infty} \sin(\omega_0 u) \cdot 1 \cdot \delta(t - u)\, du =$$

$$= \omega_0 u_0 \cdot \int\limits_{0}^{\infty} \sin(\omega_0 u) \cdot \delta(u - t)\, du$$

$(\sigma(u) = 0$ für $u < 0$, $\sigma(u) = 1$ für $u \geq 0$, $\delta(t - u) = \delta(u - t))$.

Das verbliebene Integral lässt sich nach der *Ausblendvorschrift* (V-31) auswerten. Da der Parameter t (die Zeit) zwischen 0 und ∞ und somit *im* Integrationsbereich liegt, ist der Integralwert definitionsgemäß gleich dem Wert der Funktion $\sin(\omega_0 u)$ an der Stelle $u = t$. Die Lösung lautet also:

$$u_a(t) = \omega_0 u_0 \cdot \sin(\omega_0 t) \cdot \sigma(t)$$

Der *Diracsche Spannungsstoß* im Eingang erzeugt also eine (ungedämpfte) *sinusförmige Wechselspannung* am Kondensator (Bild V-34).

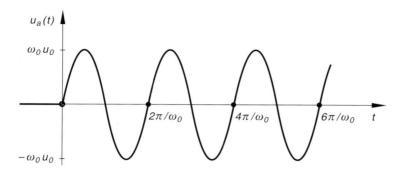

Bild V-34 Sinusförmige Wechselspannung am Kondensator des Zweipols ▪

4.8 Vertauschungssatz

Die Fourier-Transformation besitzt eine bemerkenswerte *Symmetrieeigenschaft*, die wir jetzt herleiten wollen. Ist $F(\omega)$ die Bildfunktion von $f(t)$, so lässt sich diese Original-funktion bekanntlich wie folgt durch ein (uneigentliches) *Integral* darstellen:

$$f(t) = \frac{1}{2\pi} \cdot \int_{-\infty}^{\infty} F(\omega) \cdot e^{j\omega t}\, d\omega$$

(*Umkehrintegral*, siehe hierzu Abschnitt 1.3). Da die Bezeichnung der Integrationsvaria-blen (hier: ω) *ohne* jede Bedeutung ist, ersetzen wir sie vorübergehend durch u:

$$f(t) = \frac{1}{2\pi} \cdot \int_{-\infty}^{\infty} F(u) \cdot e^{jut}\, du \tag{V-66}$$

Jetzt führen wir auf beiden Seiten eine *Variablensubstitution* durch und setzen dabei $t = -\omega$ (die Integrationsgrenzen bleiben davon unberührt):

$$f(-\omega) = \frac{1}{2\pi} \cdot \int_{-\infty}^{\infty} F(u) \cdot e^{ju(-\omega)}\, du = \frac{1}{2\pi} \cdot \int_{-\infty}^{\infty} F(u) \cdot e^{-j\omega u}\, du \tag{V-67}$$

Das uneigentliche Integral der rechten Seite identifizieren wir als *Fourier-Transformierte* der Funktion $F(u)$ oder $F(t)$, wenn wir die unabhängige Variable u durch t ersetzen. Wir erhalten damit die folgende Beziehung:

$$f(-\omega) = \frac{1}{2\pi} \cdot \underbrace{\int_{-\infty}^{\infty} F(t) \cdot e^{-j\omega t}\, dt}_{\mathcal{F}\{F(t)\}} = \frac{1}{2\pi} \cdot \mathcal{F}\{F(t)\} \tag{V-68}$$

In anderer Schreibweise:

$$\mathcal{F}\{F(t)\} = 2\pi \cdot f(-\omega) \tag{V-69}$$

Dies aber bedeutet: Aus der Korrespondenz

$$f(t) \circ\!\!-\!\!\bullet F(\omega)$$

erhalten wir eine *neue* Korrespondenz, nämlich

$$F(t) \circ\!\!-\!\!\bullet 2\pi \cdot f(-\omega) \tag{V-70}$$

durch *Vertauschen* von f und F, wobei anschließend ω durch $-\omega$ ersetzt wird und die neue Bildfunktion noch den Faktor 2π erhält.

Vertauschungssatz

Aus einer gegebenen Korrespondenz

$$f(t) \circ\!\!-\!\!\bullet F(\omega) \tag{V-71}$$

erhält man die neue Korrespondenz

$$F(t) \circ\!\!-\!\!\bullet 2\pi \cdot f(-\omega) \tag{V-72}$$

Dabei sind drei Rechenschritte nacheinander auszuführen:

1. Die Funktionen f und F werden miteinander *vertauscht*, wobei f jetzt von ω und F von t abhängt.
2. In $f(\omega)$ wird ω durch $-\omega$ *ersetzt*.
3. $f(-\omega)$ wird noch mit 2π multipliziert.

Mit dem *Vertauschungssatz*, auch als *t-ω-Dualitätsprinzip* bezeichnet, lassen sich auf einfache Weise aus bekannten Korrespondenzen *weitere* Korrespondenzen gewinnen (siehe hierzu die nachfolgenden Beispiele).

■ **Beispiele**

(1) Aus der bereits aus Abschnitt 3.3 (Gleichung V-35) bekannten Korrespondenz

$$f(t) = \delta(t + T) \circ\!\!-\!\!\bullet F(\omega) = e^{j\omega T}$$

erhalten wir mit Hilfe des *Vertauschungssatzes* eine weitere wichtige Korrespondenz:

$$F(t) = e^{jtT} \circ\!\!-\!\!\bullet 2\pi \cdot \delta(-\omega + T)$$

Wegen der Symmetrie der Deltafunktion gilt $\delta(-\omega + T) = \delta(\omega - T)$. Wir setzen noch $T = \omega_0$ und erhalten:

$$e^{j\omega_0 t} \circ\!\!-\!\!\bullet\ 2\pi \cdot \delta(\omega - \omega_0)$$

Diese Korrespondenz ist physikalisch gesehen einleuchtend: Die *Spektralfunktion* der harmonischen Schwingung (Originalfunktion) $e^{j\omega_0 t}$ verschwindet überall, *außer* für $\omega = \omega_0$ (dort ist sie unendlich groß). Denn $e^{j\omega_0 t}$ enthält *keine* weiteren Anteile (Schwingungen). Anders ausgedrückt: $e^{j\omega_0 t}$ enthält nur *eine einzige* Komponente, d. h. um $e^{j\omega_0 t}$ darzustellen, werden keine weiteren Komponenten (also solche mit $\omega \neq \omega_0$) benötigt. Das *Linienspektrum* besteht aus einer *einzigen* Linie bei $\omega = \omega_0$ (siehe Bild V-35).

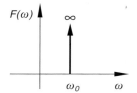

Bild V-35

Sonderfall $\omega_0 = 0$

Wegen $e^{j0t} = e^0 = 1$ erhalten wir die folgende Korrespondenz:

$$f(t) = 1 \circ\!\!-\!\!\bullet\ F(\omega) = 2\pi \cdot \delta(\omega)$$

Die *Spektralfunktion* (Fourier-Transformierte) einer *konstanten* Zeitfunktion ist die *δ-Funktion* (bis auf den konstanten Faktor 2π). Das Linienspektrum besteht aus einer *einzigen* Linie bei $\omega = 0$.

(2)   Aus der gegebenen Korrespondenz

$$f(t) = \frac{1}{1 + t^2} \circ\!\!-\!\!\bullet\ F(\omega) = \pi \cdot e^{-|\omega|}$$

erhalten wir mit Hilfe des Vertauschungssatzes die folgende neue Korrespondenz:

$$F(t) = \pi \cdot e^{-|t|} \circ\!\!-\!\!\bullet\ 2\pi \cdot f(-\omega) = 2\pi \cdot \frac{1}{1 + (-\omega)^2} = \frac{2\pi}{1 + \omega^2}$$

$$e^{-|t|} \circ\!\!-\!\!\bullet\ \frac{2}{1 + \omega^2} \qquad\qquad\blacksquare$$

4.9 Zusammenfassung der Rechenregeln (Transformationssätze)

Hinweis: $\mathcal{F}\{f(t)\} = F(\omega)$; $\quad \mathcal{F}\{f_i(t)\} = F_i(\omega)$ $\quad$ (für $i = 1, 2$)

c_1, c_2, a, ω_0: reelle Konstanten

	Originalbereich	Bildbereich
Linearitätssatz	$c_1 \cdot f_1(t) + c_2 \cdot f_2(t)$	$c_1 \cdot F_1(\omega) + c_2 \cdot F_2(\omega)$
Ähnlichkeitssatz	$f(at)$ $\quad (a \neq 0)$	$\dfrac{1}{|a|} \cdot F\left(\dfrac{\omega}{a}\right)$
Verschiebungssatz (Zeitverschiebungssatz)	$f(t-a)$ $\quad (a \neq 0)$	$e^{-j\omega a} \cdot F(\omega)$
Dämpfungssatz (Frequenz- verschiebungssatz)	$e^{j\omega_0 t} \cdot f(t)$	$F(\omega - \omega_0)$
Ableitungs- oder Differentiationssatz für die Originalfunktion	$f'(t)$ $f''(t)$ $\vdots$ $f^{(n)}(t)$	$j\omega \cdot F(\omega)$ $(j\omega)^2 \cdot F(\omega) = -\omega^2 \cdot F(\omega)$ $\vdots$ $(j\omega)^n \cdot F(\omega)$
Ableitungs- oder Differentiationssatz für die Bildfunktion	$-jt \cdot f(t)$ $(-jt)^2 \cdot f(t)$ $\vdots$ $(-jt)^n \cdot f(t)$	$F'(\omega)$ $F''(\omega)$ $\vdots$ $F^{(n)}(\omega)$
Integrationssatz für die Originalfunktion	$\displaystyle\int_{-\infty}^{t} f(u)\, du$	$\dfrac{1}{j\omega} \cdot F(\omega)$
Faltungssatz	$f_1(t) * f_2(t)$	$F_1(\omega) \cdot F_2(\omega)$
Vertauschungssatz	Aus $f(t) \; \circ\!\!-\!\!\bullet \; F(\omega)$ folgt: $\qquad F(t) \; \circ\!\!-\!\!\bullet \; 2\pi \cdot f(-\omega)$	

4.10 Fourier-Transformation periodischer Funktionen (Sinus, Kosinus)

Mit Hilfe der inzwischen bekannten (*verallgemeinerten*) Korrespondenzen

$$
\begin{aligned}
\mathrm{e}^{\mathrm{j}\omega_0 t} \; &\circ\!\!-\!\!-\!\!\bullet \; 2\pi \cdot \delta(\omega - \omega_0) \\
\mathrm{e}^{-\mathrm{j}\omega_0 t} \; &\circ\!\!-\!\!-\!\!\bullet \; 2\pi \cdot \delta(\omega + \omega_0)
\end{aligned}
\tag{V-73}
$$

lassen sich für die zunächst *nicht* transformierbaren Sinus- und Kosinusfunktionen *verallgemeinerte Fourier-Transformierte* herleiten. Wir gehen dabei von den folgenden Beziehungen aus (siehe hierzu Kap. II; Abschnitt 1.3):

$$
\cos(\omega_0 t) = \frac{1}{2}(\mathrm{e}^{\mathrm{j}\omega_0 t} + \mathrm{e}^{-\mathrm{j}\omega_0 t}), \qquad \sin(\omega_0 t) = \frac{1}{2\mathrm{j}}(\mathrm{e}^{\mathrm{j}\omega_0 t} - \mathrm{e}^{-\mathrm{j}\omega_0 t})
$$

Für die verallgemeinerte Fourier-Transformierte der *Kosinusfunktion* erhalten wir unter Verwendung der Korrespondenzen (V-73):

$$
\mathcal{F}\{\cos(\omega_0 t)\} = \mathcal{F}\left\{\frac{1}{2}(\mathrm{e}^{\mathrm{j}\omega_0 t} + \mathrm{e}^{-\mathrm{j}\omega_0 t})\right\} = \frac{1}{2} \cdot \mathcal{F}\{\mathrm{e}^{\mathrm{j}\omega_0 t} + \mathrm{e}^{-\mathrm{j}\omega_0 t}\} =
$$

$$
= \frac{1}{2}\left(\mathcal{F}\{\mathrm{e}^{\mathrm{j}\omega_0 t}\} + \mathcal{F}\{\mathrm{e}^{-\mathrm{j}\omega_0 t}\}\right) =
$$

$$
= \frac{1}{2}[2\pi \cdot \delta(\omega - \omega_0) + 2\pi \cdot \delta(\omega + \omega_0)] =
$$

$$
= \pi[\delta(\omega + \omega_0) + \delta(\omega - \omega_0)]
\tag{V-74}
$$

Analog folgt für die *Sinusfunktion*:

$$
\mathcal{F}\{\sin(\omega_0 t)\} = \mathrm{j}\pi[\delta(\omega + \omega_0) - \delta(\omega - \omega_0)]
\tag{V-75}
$$

Beide Linienspektren enthalten genau *zwei* Linien bei $\omega = \pm\omega_0$ mit *gleicher* Gewichtung.

Verallgemeinerte Fourier-Transformierte der Kosinus- und Sinusfunktion

$$
\cos(\omega_0 t) \; \circ\!\!-\!\!-\!\!\bullet \; \pi[\delta(\omega + \omega_0) + \delta(\omega - \omega_0)]
\tag{V-76}
$$

$$
\sin(\omega_0 t) \; \circ\!\!-\!\!-\!\!\bullet \; \mathrm{j}\pi[\delta(\omega + \omega_0) - \delta(\omega - \omega_0)]
\tag{V-77}
$$

5 Rücktransformation aus dem Bildbereich in den Originalbereich

5.1 Allgemeine Hinweise zur Rücktransformation

Die *Fourier-Transformation* erweist sich bei der Lösung zahlreicher naturwissenschaft-lich-technischer Problemstellungen als eine äußerst nützliche Methode, da sich die Rechenoperationen beim Übergang vom Original- in den Bildbereich meist wesentlich *vereinfachen*. Die Lösung des Problems im Bildbereich wird dabei durch eine *Bildfunk-tion* $F(\omega)$ beschrieben, aus der man dann durch *Rücktransformation* die gesuchte *Lösung* $f(t)$ im Originalbereich erhält (*inverse* Fourier-Transformation). Der beschriebe-ne allgemeine Lösungsweg lässt sich wie folgt schematisch darstellen:

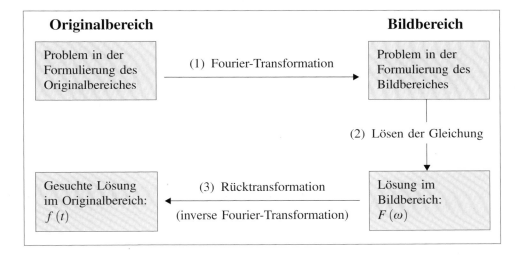

In der Praxis erweist sich die *Rücktransformation* als der schwierigste Schritt. Sie erfolgt im Regelfall mit Hilfe *spezieller Transformationstabellen*, in der alle wesentlichen zu-sammengehörigen Funktionenpaare (Korrespondenzen) systematisch geordnet sind. Nütz-lich ist auch der *Faltungssatz*, wenn sich die Bildfunktion $F(\omega)$ *faktorisieren*, d. h. in Form eines *Produktes* $F(\omega) = F_1(\omega) \cdot F_2(\omega)$ darstellen lässt.

Da in den Anwendungen häufig *gebrochenrationale* Bildfunktionen auftreten (z. B. beim Lösen *linearer Differentialgleichungen* oder bei der Beschreibung *linearer Übertra-gungssysteme* in der Nachrichten- und Regelungstechnik), wird man diese *vor* der Rück-transformation zunächst mit Hilfe der aus der Integralrechnung bereits bekannten *Par-tialbruchzerlegung* in einfache *Teil- oder Partialbrüche* zerlegen und dann anhand einer Transformationstabelle *gliedweise* die zugehörigen Originalfunktionen bestimmen (siehe hierzu das nachfolgende Beispiel).

Prinzipiell besteht auch die Möglichkeit, die Originalfunktion $f(t)$ über das *Umkehr-integral* (V-10) aus der bekannten Bildfunktion $F(\omega)$ zu ermitteln (eine für die Praxis aber wenig geeignete Methode).

Wir fassen zusammen:

Über die Rücktransformation aus dem Bild- in den Originalbereich

In den Anwendungen erfolgt die *Rücktransformation* aus dem Bild- in den Originalbereich im Regelfall mit Hilfe von *Transformationstabellen*, in denen alle wesentlichen zusammengehörigen Funktionenpaare (Korrespondenzen) systematisch geordnet sind. In diesem Band stehen folgende Tabellen zur Verfügung:

- **Tabelle 1:** **Exponentielle** Fourier-Transformationen
- **Tabelle 2:** Fourier-**Sinus**-Transformationen
- **Tabelle 3:** Fourier-**Kosinus**-Transformationen

(alle Tabellen befinden sich im nachfolgenden Abschnitt 5.2)

Lässt sich die Bildfunktion $F(\omega)$ in der Form $F(\omega) = F_1(\omega) \cdot F_2(\omega)$ *faktorisieren*, d. h. in ein *Produkt* aus zwei Bildfunktionen $F_1(\omega)$ und $F_2(\omega)$ zerlegen, so kann man in vielen Fällen die gesuchte Originalfunktion $f(t)$ über den *Faltungssatz* erhalten (siehe hierzu Abschnitt 4.7).

Bei einer *gebrochenrationalen* Bildfunktion wird diese zunächst mittels *Partialbruchzerlegung* in eine Summe aus einfachen Brüchen, den sog. *Partialbrüchen* zerlegt und diese dann *gliedweise* mit Hilfe einer Transformationstabelle rücktransformiert.

■ Beispiel

Ein gewisses Übertragungssystem [6] besitze den *Frequenzgang*

$$G(\omega) = \frac{1}{(1 + j\omega)(2 + j\omega)}$$

Gesucht ist die sog. *Impulsantwort* des Systems, d. h. die zugehörige Originalfunktion $g(t) = \mathcal{F}^{-1}\{G(\omega)\}$. *Vor* der Rücktransformation zerlegen wir die echt gebrochenrationale Bildfunktion $G(\omega)$ wie folgt in *Teilbrüche*:

$$G(\omega) = \frac{1}{(1 + j\omega)(2 + j\omega)} = \frac{A}{1 + j\omega} + \frac{B}{2 + j\omega} =$$

$$= \frac{A(2 + j\omega) + B(1 + j\omega)}{(1 + j\omega)(2 + j\omega)} = \frac{2A + jA\omega + B + jB\omega}{(1 + j\omega)(2 + j\omega)} =$$

$$= \frac{(2A + B) + j\omega(A + B)}{(1 + j\omega)(2 + j\omega)}$$

---

[6] Zum näheren Verständnis der physikalisch-technischen Hintergründe siehe Abschnitt 6.2.2.

Da die Brüche beiderseits im *Nenner* übereinstimmen, gilt dies auch für den *Zähler*. Aus der Gleichung

$$(2A + B) + j\omega (A + B) = 1 = 1 + j0 \qquad \text{(Summand } j0 = 0 \text{ ergänzt)}$$

erhalten wir durch Vergleich der Real- bzw. Imaginärteile beiderseits zwei Gleichungen für die noch unbekannten Konstanten A und B:

$$\begin{rcases} \text{(I)} \quad 2A + B = 1 \\ \text{(II)} \quad\ \ A + B = 0 \end{rcases} - \quad \Rightarrow \quad A = 1$$

$$\text{(II)} \quad \Rightarrow \quad A + B = 1 + B = 0 \quad \Rightarrow \quad B = -1$$

Damit erhalten wir für den Frequenzgang $G(\omega)$ die folgende *Zerlegung*:

$$G(\omega) = \frac{1}{1 + j\omega} - \frac{1}{2 + j\omega}$$

Die zugehörige *Originalfunktion* $g(t)$, d. h. die gesuchte *Impulsantwort* bestimmen wir aus $G(\omega)$ durch *gliedweise Rücktransformation*. In der Transformationstabelle (Tabelle 1 in Abschnitt 5.2) finden wir die auf beide Summanden „passende" Korrespondenz

$$\frac{1}{a + j\omega} \quad \bullet\!\!-\!\!-\!\!\circ \quad e^{-at} \cdot \sigma(t) \qquad \text{(Nr. 9)}$$

Mit $a = 1$ bzw. $a = 2$ erhalten wir hieraus schließlich die gesuchte *Lösung*:

$$g(t) = \mathcal{F}^{-1}\{G(\omega)\} = \mathcal{F}^{-1}\left\{\frac{1}{1 + j\omega} - \frac{1}{2 + j\omega}\right\} =$$

$$= \mathcal{F}^{-1}\left\{\frac{1}{1 + j\omega}\right\} - \mathcal{F}^{-1}\left\{\frac{1}{2 + j\omega}\right\} =$$

$$= e^{-t} \cdot \sigma(t) - e^{-2t} \cdot \sigma(t) = (e^{-t} - e^{-2t}) \cdot \sigma(t) \qquad \blacksquare$$

5.2 Tabellen spezieller Fourier-Transformationen

Die nachfolgenden Tabellen enthalten einige in den technischen Anwendungen besonders häufig auftretende Funktionenpaare (Korrespondenzen):

- **Tabelle 1: Exponentielle** Fourier-Transformationen
- **Tabelle 2:** Fourier-**Sinus**-Transformationen
- **Tabelle 3:** Fourier-**Kosinus**-Transformationen

Tabelle 1: Exponentielle Fourier-Transformationen

Hinweis: $a > 0, \quad b > 0$

Bei den Korrespondenzen Nr. 15 bis Nr. 23 handelt es sich um die Fourier-Transformierten sog. „verallgemeinerter" Funktionen (Distributionen).

	Originalfunktion $f(t)$	Bildfunktion $F(\omega)$
(1)	$\sigma(t-a) - \sigma(t-b) =$ $= \begin{cases} 1 & a \leq t \leq b \\ & \text{für} \\ 0 & \text{alle übrigen } t \end{cases}$ (mit $a < b$)	$j \cdot \dfrac{e^{-jb\omega} - e^{-ja\omega}}{\omega}$
(2)	$\sigma(t+a) - \sigma(t-a) =$ $= \begin{cases} 1 & \lvert t \rvert \leq a \\ & \text{für} \\ 0 & \text{alle übrigen } t \end{cases}$	$\dfrac{2 \cdot \sin(a\omega)}{\omega}$
(3)	$\sigma(t+a) - \sigma(t) =$ $= \begin{cases} 1 & -a \leq t \leq 0 \\ & \text{für} \\ 0 & \text{alle übrigen } t \end{cases}$	$j \cdot \dfrac{1 - e^{ja\omega}}{\omega}$
(4)	$\sigma(t) - \sigma(t-a) =$ $= \begin{cases} 1 & 0 \leq t \leq a \\ & \text{für} \\ 0 & \text{alle übrigen } t \end{cases}$	$j \cdot \dfrac{e^{-ja\omega} - 1}{\omega}$
(5)	$\begin{cases} a - \lvert t \rvert & \lvert t \rvert \leq a \\ & \text{für} \\ 0 & \text{alle übrigen } t \end{cases}$	$\dfrac{2[1 - \cos(a\omega)]}{\omega^2}$
(6)	$\dfrac{1}{a^2 + t^2}$	$\dfrac{\pi}{a} \cdot e^{-a\lvert\omega\rvert}$

Tabelle 1: (Fortsetzung)

	Originalfunktion $f(t)$	Bildfunktion $F(\omega)$
(7)	$\dfrac{t}{a^2 + t^2}$	$\left\{ \begin{array}{ll} \mathrm{j}\,\pi \cdot \mathrm{e}^{-a\,|\omega|} & \omega < 0 \\ 0 & \text{für} \quad \omega = 0 \\ -\mathrm{j}\,\pi \cdot \mathrm{e}^{-a\,|\omega|} & \omega > 0 \end{array} \right\}$
(8)	$\mathrm{e}^{-a\,|t|}$	$\dfrac{2\,a}{a^2 + \omega^2}$
(9)	$\mathrm{e}^{-a\,t} \cdot \sigma(t)$	$\dfrac{1}{a + \mathrm{j}\,\omega}$
(10)	$t \cdot \mathrm{e}^{-a\,t} \cdot \sigma(t)$	$\dfrac{1}{(a + \mathrm{j}\,\omega)^2}$
(11)	$\mathrm{e}^{-a\,t^2}$	$\sqrt{\dfrac{\pi}{a}} \cdot \mathrm{e}^{-\frac{\omega^2}{4a}}$
(12)	$\dfrac{\sin(a\,t)}{t}$	$\left\{ \begin{array}{ll} \pi & |\omega| < a \\ \pi/2 & \text{für} \quad |\omega| = a \\ 0 & |\omega| > a \end{array} \right\}$
(13)	$\mathrm{e}^{-a\,t} \cdot \sin(b\,t) \cdot \sigma(t)$	$\dfrac{b}{(a + \mathrm{j}\,\omega)^2 + b^2}$
(14)	$\mathrm{e}^{-a\,t} \cdot \cos(b\,t) \cdot \sigma(t)$	$\dfrac{a + \mathrm{j}\,\omega}{(a + \mathrm{j}\,\omega)^2 + b^2}$
(15)	$\delta(t)$ (Dirac-Stoß)	1
(16)	$\delta(t \pm a)$	$\mathrm{e}^{\pm\mathrm{j}\,a\,\omega}$
(17)	$\delta(t)$	1
(18)	$\mathrm{e}^{\pm\mathrm{j}\,a\,t}$	$2\,\pi \cdot \delta(\omega \mp a)$
(19)	1	$2\,\pi \cdot \delta(\omega)$
(20)	$\cos(a\,t)$	$\pi\,[\,\delta(\omega + a) + \delta(\omega - a)\,]$
(21)	$\sin(a\,t)$	$\mathrm{j}\,\pi\,[\,\delta(\omega + a) - \delta(\omega - a)\,]$
(22)	$\delta(t + a) + \delta(t - a)$	$2 \cdot \cos(a\,\omega)$
(23)	$\delta(t + a) - \delta(t - a)$	$2\,\mathrm{j} \cdot \sin(a\,\omega)$

Tabelle 2: Fourier-Sinus-Transformationen

Hinweis: $a > 0, \quad b > 0$

	Originalfunktion $f(t)$	Bildfunktion $F_S(\omega)$
(1)	$\sigma(t) - \sigma(t - a) =$ $= \begin{cases} 1 & 0 \le t \le a \\ & \text{für} \\ 0 & \text{alle übrigen } t \end{cases}$	$\dfrac{1 - \cos(a\omega)}{\omega}$
(2)	$\dfrac{1}{t}$	$\dfrac{\pi}{2}$
(3)	$\dfrac{1}{\sqrt{t}}$	$\sqrt{\dfrac{\pi}{2\omega}}$
(4)	$\dfrac{t}{a^2 + t^2}$	$\dfrac{\pi}{2} \cdot e^{-a\omega}$
(5)	e^{-at}	$\dfrac{\omega}{a^2 + \omega^2}$
(6)	$t \cdot e^{-at}$	$\dfrac{2a\omega}{(a^2 + \omega^2)^2}$
(7)	$t \cdot e^{-at^2}$	$\dfrac{1}{4a} \cdot \sqrt{\dfrac{\pi}{a}} \cdot \omega \cdot e^{-\frac{\omega^2}{4a}}$
(8)	$\dfrac{\sin(at)}{t}$	$\dfrac{1}{2} \cdot \ln\left|\dfrac{a + \omega}{a - \omega}\right|$
(9)	$e^{-bt} \cdot \sin(at)$	$\dfrac{b}{2}\left[\dfrac{1}{b^2 + (a - \omega)^2} - \dfrac{1}{b^2 + (a + \omega)^2}\right]$
(10)	$\dfrac{e^{-bt} \cdot \sin(at)}{t}$	$\dfrac{1}{4} \cdot \ln\left(\dfrac{b^2 + (\omega + a)^2}{b^2 + (\omega - a)^2}\right)$

Tabelle 3: Fourier-Kosinus-Transformationen

Hinweis: $a > 0, \quad b > 0$

	Originalfunktion $f(t)$	Bildfunktion $F_C(\omega)$
(1)	$\sigma(t) - \sigma(t-a) =$ $= \left\{\begin{array}{ll} 1 & 0 \le t \le a \\ \multicolumn{1}{c}{\text{für}} & \\ 0 & \text{alle übrigen } t \end{array}\right\}$	$\dfrac{\sin(a\omega)}{\omega}$
(2)	$\dfrac{1}{\sqrt{t}}$	$\sqrt{\dfrac{\pi}{2\omega}}$
(3)	$\dfrac{1}{a^2 + t^2}$	$\dfrac{\pi}{2a} \cdot e^{-a\omega}$
(4)	e^{-at}	$\dfrac{a}{a^2 + \omega^2}$
(5)	$t \cdot e^{-at}$	$\dfrac{a^2 - \omega^2}{(a^2 + \omega^2)^2}$
(6)	e^{-at^2}	$\dfrac{1}{2}\sqrt{\dfrac{\pi}{a}} \cdot e^{-\frac{\omega^2}{4a}}$
(7)	$\dfrac{\sin(at)}{t}$	$\left\{\begin{array}{ll} \pi/2 & \omega < a \\ \pi/4 \quad \text{für} & \omega = a \\ 0 & \omega > a \end{array}\right\}$
(8)	$e^{-bt} \cdot \sin(at)$	$\dfrac{1}{2}\left[\dfrac{a+\omega}{b^2 + (a+\omega)^2} + \dfrac{a-\omega}{b^2 + (a-\omega)^2}\right]$
(9)	$e^{-bt} \cdot \cos(at)$	$\dfrac{b}{2}\left[\dfrac{1}{b^2 + (a-\omega)^2} + \dfrac{1}{b^2 + (a+\omega)^2}\right]$
(10)	$\sin(at^2)$	$\dfrac{1}{2}\sqrt{\dfrac{\pi}{2a}}\left[\cos\left(\dfrac{\omega^2}{4a}\right) - \sin\left(\dfrac{\omega^2}{4a}\right)\right]$
(11)	$\cos(at^2)$	$\dfrac{1}{2}\sqrt{\dfrac{\pi}{2a}}\left[\cos\left(\dfrac{\omega^2}{4a}\right) + \sin\left(\dfrac{\omega^2}{4a}\right)\right]$

6 Anwendungen der Fourier-Transformation

6.1 Integration einer linearen Differentialgleichung mit konstanten Koeffizienten

Mit den in den naturwissenschaftlich-technischen Anwendungen so wichtigen *linearen* Differentialgleichungen mit *konstanten* Koeffizienten haben wir uns bereits in Kap. IV ausführlich beschäftigt. Dort wurde gezeigt, wie man eine solche Differentialgleichung entweder durch „Variation der Konstanten" oder durch „Aufsuchen einer partikulären Lösung" lösen kann. Eine weitere (insbesondere in der Elektro- und Regelungstechnik weit verbreitete) Methode liefert die *Fourier-Transformation*. Dieses in drei Schritten ablaufende Lösungsverfahren lässt sich wie folgt schematisch darstellen:

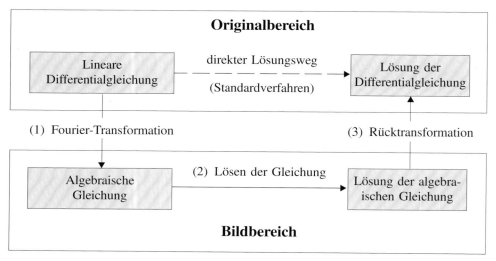

Beschreibung der einzelnen Schritte

(1)   Transformation vom Original- in den Bildbereich (Fourier-Transformation)

Die lineare Differentialgleichung mit konstanten Koeffizienten wird zunächst Glied für Glied mit Hilfe der *Fourier-Transformation* in eine (lineare) *algebraische Gleichung* für die Bildfunktion $Y(\omega) = \mathcal{F}\{y(t)\}$ übergeführt (unter Verwendung des *Ableitungssatzes für Originalfunktionen*).

(2)   Lösung im Bildbereich

Die Lösung dieser algebraischen Gleichung ist die *Bildfunktion* $Y(\omega)$ der gesuchten Originalfunktion (Lösung) $y(t)$.

(3)   Rücktransformation vom Bild- in den Originalbereich (inverse Fourier-Transformation)

Durch *Rücktransformation* (meist unter Verwendung einer Transformationstabelle) erhält man aus der Bildfunktion $Y(\omega)$ die *Lösung* $y(t)$ der Differentialgleichung.

■ **Beispiel**

Wir lösen die *lineare* Differentialgleichung 1. Ordnung mit konstanten Koeffizienten

$$y' - 3y = -12 \cdot e^{-3t} \cdot \sigma(t)$$

schrittweise wie folgt:

Zunächst wird die Differentialgleichung *gliedweise* unter Verwendung des *Ableitungssatzes für Originalfunktionen* und mit Hilfe der Transformationstabelle aus Abschnitt 5.2 (Tabelle 1, Nr. 9 mit $a = 2$) in den *Bildbereich* transformiert:

$$j\omega \cdot Y(\omega) - 3 \cdot Y(\omega) = -12 \cdot \frac{1}{3 + j\omega}$$

$Y(\omega)$ ist dabei die *Fourier-Transformierte* der gesuchten Lösung $y(t)$. Wir lösen diese algebraische Gleichung nach der *Bildfunktion* $Y(\omega)$ auf:

$$(j\omega - 3) \cdot Y(\omega) = -(3 - j\omega) \cdot Y(\omega) = -12 \cdot \frac{1}{3 + j\omega} = \frac{-12}{3 + j\omega} \quad \Rightarrow$$

$$Y(\omega) = \underbrace{\frac{12}{(3 + j\omega)(3 - j\omega)}}_{\text{3. Binom}} = \frac{12}{9 - j^2\omega^2} = \frac{12}{9 + \omega^2}$$

Die *Rücktransformation* geschieht über die „passende" Korrespondenz

$$\frac{2a}{a^2 + \omega^2} \quad \bullet\!\!-\!\!\circ \quad e^{-a|t|}$$

(Tabelle 1 in Abschnitt 5.2, Nr. 8 mit $a = 3$):

$$y(t) = \mathcal{F}^{-1}\{Y(\omega)\} = \mathcal{F}^{-1}\left\{\frac{12}{9 + \omega^2}\right\} = \mathcal{F}^{-1}\left\{2 \cdot \frac{2 \cdot 3}{3^2 + \omega^2}\right\} = 2 \cdot e^{-3|t|}$$

Bild V-36 zeigt den Verlauf der *beidseitig* exponentiell abfallenden Lösungskurve.

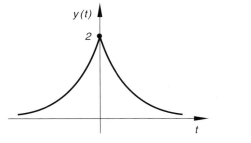

Bild V-36

■

6.2 Beispiele aus Naturwissenschaft und Technik

6.2.1 Fourier-Analyse einer beidseitig gedämpften Kosinusschwingung (amplitudenmodulierte Kosinusschwingung)

Die in Bild V-37 skizzierte *beidseitig gedämpfte* Kosinusschwingung (*amplitudenmodulierte* Kosinusschwingung) lässt sich durch die Zeitfunktion

$$x(t) = e^{-\delta|t|} \cdot \cos(\omega_0 t), \qquad -\infty < t < \infty \qquad \text{(V-78)}$$

beschreiben ($\delta > 0$: Dämpfungsfaktor; $\omega_0 > 0$: Eigen- oder Kennkreisfrequenz des ungedämpften Systems).

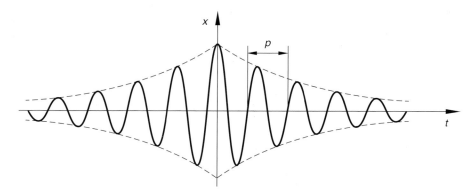

Bild V-37 Beidseitig gedämpfte Kosinusschwingung (amplitudenmodulierte Kosinusschwingung)

Durch eine *Fourier-Analyse* soll festgestellt werden, welche harmonischen Schwingungen mit welchen Anteilen in der gedämpften Schwingung enthalten sind. Dazu benötigen wir das *Frequenzspektrum* von $x(t)$, d. h. die *Fourier-Transformierte* von $x(t)$.

Berechnung des Frequenzspektrums $F(\omega) = \mathcal{F}\{x(t)\}$

Da $x(t)$ eine *gerade* Funktion ist (*Spiegelsymmetrie* zur vertikalen x-Achse, siehe Bild V-37), können wir das Frequenzspektrum mit Hilfe der *Fourier-Kosinus-Transformation* berechnen. Es gilt (im Zeitbereich $t \geq 0$ ist $|t| = t$ und somit $e^{-\delta|t|} = e^{-\delta t}$):

$$F(\omega) = 2 \cdot F_C(\omega) = 2 \cdot \int_0^\infty x(t) \cdot \cos(\omega t)\, dt =$$

$$= 2 \cdot \int_0^\infty e^{-\delta t} \cdot \cos(\omega_0 t) \cdot \cos(\omega t)\, dt \qquad \text{(V-79)}$$

Der Integrand wird unter Verwendung der trigonometrischen Formel

$$\cos x_1 \cdot \cos x_2 = \frac{1}{2} \left[\cos (x_1 - x_2) + \cos (x_1 + x_2) \right] \tag{V-80}$$

(aus der Formelsammlung, Kap. III, Abschnitt 7.6.6 entnommen) mit $x_1 = \omega t$ und $x_2 = \omega_0 t$ und somit $x_1 \pm x_2 = (\omega \pm \omega_0) t$ noch wie folgt umgeformt:

$$F(\omega) = \int_0^\infty e^{-\delta t} \left[\cos (\omega - \omega_0) t + \cos (\omega + \omega_0) t \right] dt =$$

$$= \underbrace{\int_0^\infty e^{-\delta t} \cdot \cos (\omega - \omega_0) t \, dt}_{I_1} + \underbrace{\int_0^\infty e^{-\delta t} \cdot \cos (\omega + \omega_0) t \, dt}_{I_2} = I_1 + I_2 \tag{V-81}$$

Auswertung der Integrale I_1 und I_2 mit der Integraltafel (Integrale: 324 mit $a = -\delta$ und $b = \omega - \omega_0$ bzw. $b = \omega + \omega_0$):

$$I_1 = \left[\frac{e^{-\delta t} \left[-\delta \cdot \cos (\omega - \omega_0) t + (\omega - \omega_0) \cdot \sin (\omega - \omega_0) t \right]}{\delta^2 + (\omega - \omega_0)^2} \right]_0^\infty =$$

$$= \frac{0 + \delta}{\delta^2 + (\omega - \omega_0)^2} = \frac{\delta}{\delta^2 + (\omega - \omega_0)^2} \tag{V-82}$$

(an der oberen Grenze $t = \infty$ verschwindet die Stammfunktion wegen $e^{-\infty} = 0$)

Analog: $$I_2 = \int_0^\infty e^{-\delta t} \cdot \cos (\omega + \omega_0) t \, dt = \frac{\delta}{\delta^2 + (\omega + \omega_0)^2} \tag{V-83}$$

Damit erhalten wir das folgende *Frequenzspektrum*:

$$F(\omega) = I_1 + I_2 = \delta \left(\frac{1}{\delta^2 + (\omega - \omega_0)^2} + \frac{1}{\delta^2 + (\omega + \omega_0)^2} \right) =$$

$$= \delta \cdot \frac{\delta^2 + (\omega + \omega_0)^2 + \delta^2 + (\omega - \omega_0)^2}{\left[\delta^2 + (\omega - \omega_0)^2 \right] \left[\delta^2 + (\omega + \omega_0)^2 \right]} =$$

$$= \delta \cdot \frac{2\delta^2 + 2\omega_0^2 + 2\omega^2}{\underbrace{\left[(\delta^2 + \omega_0^2 + \omega^2) - 2\omega_0 \omega \right] \left[(\delta^2 + \omega_0^2 + \omega^2) + 2\omega_0 \omega \right]}_{3.\ \text{Binom:}\ (\delta^2 + \omega_0^2 + \omega^2)^2 - 4\omega_0^2 \omega^2}} =$$

$$= \frac{2\delta (\delta^2 + \omega_0^2 + \omega^2)}{(\delta^2 + \omega_0^2 + \omega^2)^2 - 4\omega_0^2 \omega^2} \tag{V-84}$$

Das *Amplitudenspektrum* $A(\omega) = |F(\omega)|$ stimmt in diesem Beispiel mit dem Frequenzspektrum $F(\omega)$ überein:

$$A(\omega) = |F(\omega)| = F(\omega) = \frac{2\,\delta\,(\delta^2 + \omega_0^2 + \omega^2)}{(\delta^2 + \omega_0^2 + \omega^2)^2 - 4\,\omega_0^2\,\omega^2} \qquad \text{(V-85)}$$

Physikalische Deutung

Das Amplitudenspektrum $A(\omega)$ besitzt (wegen der Spiegelsymmetrie) zwei *Maxima* bei

$$\omega_{1/2} = \pm\sqrt{2\,\omega_0\sqrt{\delta^2 + \omega_0^2} - \delta^2 - \omega_0^2} \qquad \text{(V-86)}$$

(Bild V-38). Die zugehörigen Schwingungskomponenten sind somit am *stärksten* vertreten. Für die übrigen Komponenten gilt: Je *größer* die Abweichung der Kreisfrequenz ω von diesen Extremwerten ist, umso *geringer* ist ihr Anteil an der Gesamtschwingung. Bei *schwacher* Dämpfung $(\delta \ll \omega_0)$ liegen die beiden Maxima in der Nähe von $\pm\omega_0$.

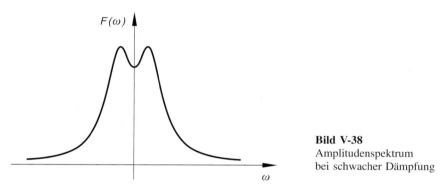

Bild V-38
Amplitudenspektrum
bei schwacher Dämpfung

6.2.2 Frequenzgang eines Übertragungssystems

In der Nachrichtentechnik und Automation spielen sog. *Übertragungssysteme* eine große Rolle. Ein *Eingangssignal* $u(t)$ wird dabei durch das System in ein *Ausgangssignal* $v(t)$ umgewandelt:

$$u(t) \longrightarrow \boxed{\text{Übertragungssystem}} \longrightarrow v(t)$$

Von besonderer Bedeutung sind die *linearen* und *zeitinvarianten* Systeme. In ihnen wird eine Linearkombination von Eingangssignalen in die entsprechende Linearkombination der Ausgangssignale umgewandelt und eine zeitliche Verzögerung des Eingangssignals bewirkt stets eine *gleichgroße* Verzögerung des Ausgangssignals.

Ein einfaches Beispiel für ein solches System liefert der in Bild V-39 skizzierte Stromkreis mit einem Ohmschen Widerstand R und einer Spule mit der Induktivität L. Eine von außen angelegte Spannung $u = u(t)$ bewirkt einen zeitabhängigen Strom $i = i(t)$. Die Spannung $u(t)$ ist dabei das *Eingangssignal*, der Strom $i(t)$ das *Ausgangssignal*. Wir werden uns etwas später noch ausführlich mit dem Verhalten dieses Übertragungsgliedes beschäftigen.

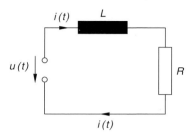

Bild V-39 *RL*-Stromkreis

Unterwirft man ein Übertragungssystem der *Fourier-Transformation*, so besteht zwischen den *Fourier-Transformierten* des Eingangssignals $u(t)$ und des Ausgangssignals $v(t)$ der folgende Zusammenhang:

$$\mathcal{F}\{v(t)\} = G(\omega) \cdot \mathcal{F}\{u(t)\} \qquad \text{oder} \qquad V(\omega) = G(\omega) \cdot U(\omega) \tag{V-87}$$

mit $U(\omega) = \mathcal{F}\{u(t)\}$ und $V(\omega) = \mathcal{F}\{v(t)\}$.

Die Bildfunktionen der beiden Signale sind also über eine (von System zu System verschiedene) *frequenzabhängige* Funktion $G(\omega)$ miteinander verbunden, die in der Technik als *Frequenzgang* des Übertragungssystems bezeichnet wird.

Um die *Eigenschaften* eines solchen Systems zu studieren, untersucht man u. a., wie sich das System verhält, wenn man im Eingang die *Impulsfunktion* (*Diracsche Deltafunktion*) $\delta(t)$ eingibt. Wie also reagiert das Übertragungssystem auf einen Dirac-Stoß? Das dabei erzeugte Ausgangssignal wird als *Impulsantwort* $g(t)$ bezeichnet.

Impulsfunktion → **Übertragungssystem** → Impulsantwort

$\delta(t)$ $\qquad\qquad\qquad\qquad\qquad\qquad\qquad$ $g(t)$

Die *Impulsantwort* $g(t)$ ist also die *Reaktion* (d. h. die *Antwort*) auf einen *Dirac-Stoß*. Zwischen den Fourier-Transformierten (Bildfunktionen) von $g(t)$ und $\delta(t)$ besteht dann nach Gleichung (V-86) der folgende Zusammenhang:

$$\mathcal{F}\{g(t)\} = G(\omega) \cdot \underbrace{\mathcal{F}\{\delta(t)\}}_{1} = G(\omega) \cdot 1 = G(\omega) \tag{V-88}$$

Diese Beziehung besagt, dass der *Frequenzgang* $G(\omega)$ des Übertragungssystems mit der Fourier-Transformierten der *Impulsantwort* $g(t)$ *identisch* ist und man somit die Impulsantwort aus dem (als bekannt vorausgesetzten) Frequenzgang durch *Rücktransformation* gewinnen kann:

$$g(t) = \mathcal{F}^{-1}\{G(\omega)\} \tag{V-89}$$

In der Praxis interessieren neben dem *Frequenzgang* $G(\omega)$ noch der *Amplitudengang* $A(\omega) = |G(\omega)|$ und der *Phasengang* $\varphi(\omega) = \arg G(\omega)$, d. h. *Betrag* und *Winkel* des Frequenzgangs.

Wir beschäftigen uns jetzt näher mit dem bereits angesprochenen und in Bild V-39 dargestellten Übertragungssystem (*RL*-Stromkreis). Das Verhalten dieses Systems lässt sich durch eine *lineare* Differentialgleichung 1. Ordnung mit konstanten Koeffizienten beschreiben. Aus der *Maschenregel* (2. Kirchhoffsches Gesetz) erhalten wir unter Berücksichtigung der an der Induktivität L und dem Ohmschen Widerstand R abfallenden Spannungen

$$u_L = L \cdot \frac{di}{dt} \qquad \text{und} \qquad u_R = R\,i$$

die folgende Differentialgleichung [7]:

$$u_L + u_R = u \qquad \text{oder} \qquad L \cdot \frac{di}{dt} + R\,i = u \tag{V-90}$$

Diese Gleichung unterwerfen wir der *Fourier-Transformation*, wobei wir für die Fourier-Transformierten von Eingangssignal $u(t)$ und Ausgangssignal $i(t)$ die Bezeichnungen

$$U(\omega) = \mathcal{F}\{u(t)\} \qquad \text{und} \qquad I(\omega) = \mathcal{F}\{i(t)\}$$

verwenden. Mit Hilfe des *Linearitätssatzes* und des *Ableitungssatzes für Originalfunktionen* folgt dann:

$$L \cdot j\,\omega \cdot I(\omega) + R \cdot I(\omega) = U(\omega) \quad \Rightarrow \quad (R + j\,\omega L) \cdot I(\omega) = U(\omega) \quad \Rightarrow$$

$$I(\omega) = \frac{1}{R + j\,\omega L} \cdot U(\omega) \tag{V-91}$$

Durch Vergleich mit der allgemeingültigen Beziehung (V-87) erhalten wir schließlich für den *Frequenzgang* $G(\omega)$ des RL-Übertragungssystems den Ausdruck

$$G(\omega) = \frac{1}{R + j\,\omega L} \tag{V-92}$$

(*Kehrwert* des komplexen Gesamtwiderstandes).

Wie reagiert dieses Übertragungsglied auf einen von außen angelegten Spannungsstoß in Form eines *Dirac-Stoßes* $u(t) = \delta(t)$? Wir interessieren uns also für die *Impulsantwort* $i_a(t)$. Da der (bekannte) Frequenzgang $G(\omega)$ — wie wir inzwischen wissen — die *Bildfunktion* der Impulsantwort $i_a(t)$ ist, folgt durch *Rücktransformation* zunächst:

$$i_a(t) = \mathcal{F}^{-1}\{G(\omega)\} = \mathcal{F}^{-1}\left\{\frac{1}{R + j\,\omega L}\right\} \tag{V-93}$$

---

[7] *Maschenregel:* In einer Masche ist die Summe aller Spannungen gleich *null*.

In der Transformationstabelle aus Abschnitt 5.2 finden wir die für die Rücktransformation *geeignete* Korrespondenz

$$e^{-at} \cdot \sigma(t) \ \circ\!\!\!-\!\!\!\bullet \ \frac{1}{a + j\omega} \qquad \text{(Tabelle 1, Nr. 9)} \qquad (V\text{-}94)$$

Aus ihr erhalten wir schließlich nach einer elementaren Umformung in $G(\omega)$ die gesuchte *Impulsantwort* (Parameterwert $a = R/L$):

$$i_a(t) = \mathcal{F}^{-1}\left\{\frac{1}{R + j\omega L}\right\} = \mathcal{F}^{-1}\left\{\frac{1}{L\left(\dfrac{R}{L} + j\omega\right)}\right\} =$$

$$= \frac{1}{L} \cdot \mathcal{F}^{-1}\left\{\frac{1}{\dfrac{R}{L} + j\omega}\right\} = \frac{1}{L} \cdot e^{-\frac{R}{L}t} \cdot \sigma(t) \qquad (V\text{-}95)$$

Der *Diracsche Spannungsstoß* bewirkt im RL-Kreis den in Bild V-40 skizzierten *exponentiell abklingenden* Stromverlauf.

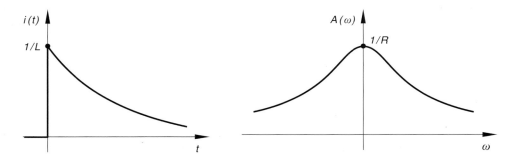

Bild V-40 Impulsantwort   **Bild V-41** Amplitudengang

Für den *Amplitudengang* $A(\omega)$ des RL-Übertragungsglied erhalten wir:

$$A(\omega) = |G(\omega)| = \left|\frac{1}{R + j\omega L}\right| = \frac{1}{|R + j\omega L|} = \frac{1}{\sqrt{R^2 + (\omega L)^2}} \qquad (V\text{-}96)$$

Der Kurvenverlauf ist in Bild V-41 dargestellt.

Übungsaufgaben

Zu Abschnitt 1

1) Bestimmen Sie mit Hilfe der Definitionsgleichung der Fourier-Transformation (Gleichung V-5) die *Bildfunktionen* der folgenden Originalfunktionen:

a) $f(t) = e^{-2|t|}$, $-\infty < t < \infty$

b) $f(t) = t^2 \cdot e^{-t}$ für $t \geq 0$ ($f(t) = 0$ für $t < 0$)

c) $f(t) = e^{-at} \cdot \sin(\omega_0 t)$ für $t \geq 0$ ($f(t) = 0$ für $t < 0$; $a > 0$)

2) Wie lautet die *Fourier-Transformierte* von

$$f(t) = \begin{cases} a^2 - t^2 & |t| \leq a \\ & \text{für} \\ 0 & |t| > a \end{cases} ?$$

3) Bestimmen Sie die *Fourier-Transformierten* der folgenden Originalfunktionen:

a) *Rechteckimpuls* (Bild V-42; $t_0 > 0$, $T > t_0$):

$$f(t) = \begin{cases} 1 & t_0 \leq t \leq t_0 + T \\ & \text{für} \\ 0 & \text{alle übrigen } t \end{cases}$$

b) *Dreieckimpuls* (Bild V-43; $T > 0$):

$$f(t) = \begin{cases} 1 + t/T & -T \leq t \leq 0 \\ 1 - t/T & \text{für} \quad 0 \leq t \leq T \\ 0 & \text{alle übrigen } t \end{cases}$$

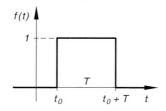

Bild V-42

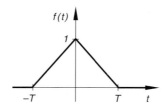

Bild V-43

c) Impuls nach Bild V-44 $(T > 0)$:

$$f(t) = \begin{cases} 1 & 0 < t < T \\ -1 & \text{für} \quad 2T < t < 3T \\ 0 & \text{alle übrigen } t \end{cases}$$

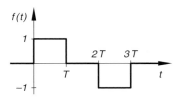

Bild V-44

Zu Abschnitt 2

1) Bestimmen Sie die *Fourier-**Kosinus**-Transformierten* der folgenden Originalfunktionen $(a > 0; T > 0)$:

a) $f(t) = e^{-at}$ b) $f(t) = t \cdot e^{-t/T}$ c) $f(t) = e^{-t} \cdot \sin t$

2) Bestimmen Sie die *Fourier-Transformierten* der folgenden Impulse:

a) Stoßfunktion $(T > 0;$ Bild V-45)   b) Dreieckiger Impuls (Bild V-46)

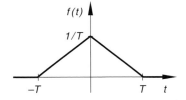

Bild V-45   **Bild V-46**

3) Wie lautet die *Fourier-Transformierte* $X(\omega)$ und das *Amplitudenspektrum* $A(\omega) = |X(\omega)|$ einer beidseitig gedämpften Schwingung mit der Gleichung

$$x(t) = e^{-a|t|} \cdot \sin(\omega_0 t) \qquad (\text{mit } a > 0)?$$

4) Bestimmen Sie die *Fourier-**Sinus**-Transformierten* der folgenden Zeitfunktionen $(a > 0; T > 0)$:

a) $f(t) = e^{-t/T}$ b) $f(t) = t \cdot e^{-at}$ c) $f(t) = e^{-t} \cdot \cos t$

5) Bestimmen Sie die *Fourier-**Kosinus**- und die *Fourier-**Sinus**-Transformierte* eines rechteckigen Impulses, der im Intervall $0 \le t \le T$ die Stärke 1 besitzt und im übrigen Zeitbereich verschwindet.

6) Wie lauten die *Fourier-Transformierten* der folgenden (ungeraden) Zeitfunktionen?

a) Zeitfunktion nach Bild V-47 $(T > 0)$:

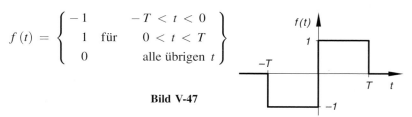

$$f(t) = \begin{cases} -1 & -T < t < 0 \\ 1 \quad \text{für} & 0 < t < T \\ 0 & \text{alle übrigen } t \end{cases}$$

Bild V-47

b) Zeitfunktion nach Bild V-48 $(a > 0)$:

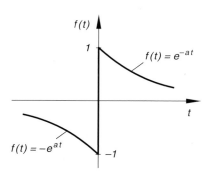

$$f(t) = \begin{cases} -e^{at} & t < 0 \\ \quad \text{für} \\ e^{-at} & t > 0 \end{cases}$$

Bild V-48

Zu Abschnitt 3

1) Beschreiben Sie die in Bild V-49 skizzierte Zeitfunktion mit Hilfe der *Sprungfunktion*.

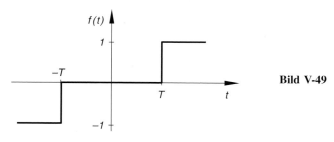

Bild V-49

2) Die Exponentialfunktion $f(t) = e^{-t}$, $-\infty < t < \infty$ soll in den folgenden Intervallen „ausgeblendet" werden:

a) $t < 0$ b) $t < 1$ und $t > 2$ c) $t < -1$

Wie lauten die *Funktionsgleichungen* (unter Verwendung der σ-Funktion)? Skizzieren Sie den jeweiligen Kurvenverlauf.

3) Die beidseitig exponentiell fallende Funktion $f(t) = e^{-0,2|t|}$ soll zunächst um 2 Einheiten nach *rechts* verschoben und dann im Intervall $t < 0$ „ausgeblendet" werden. Skizzieren Sie den Verlauf dieser (neuen) Funktion $g(t)$ und bestimmen Sie die *Funktionsgleichung*.

4) Werten Sie die folgenden Integrale mit Hilfe der „Ausblendungsvorschrift" nach Gleichung (V-31) aus:

a) $\displaystyle\int_{-\pi}^{\pi} \delta(t + \pi/2) \cdot \sin(2t)\, dt$ \qquad b) $\displaystyle\int_{0}^{10} \delta(t - 3) \cdot e^{-2t}\, dt$

c) $\displaystyle\int_{-\infty}^{0} \delta(t - 10) \cdot \frac{\cos t}{1 + t^2}\, dt$ \qquad d) $\displaystyle\int_{0}^{3} \delta(t - e) \cdot \ln t\, dt$

e) $\displaystyle\int_{-\infty}^{\infty} \delta(t - T) \cdot [\sigma(t + \pi) - \sigma(t - \pi)] \cdot \cos t\, dt$

5) $\displaystyle\int_{0}^{a} \delta(t - 5) \cdot \cos(t - 2)\, dt$

Für welche Werte der oberen Integralgrenze $a > 0$ besitzt das Integral einen von null *verschiedenen* Wert?

6) Bestimmen Sie die jeweilige *verallgemeinerte Ableitung*:

a) $f(t) = 2 \cdot e^{-t} \cdot \sigma(t)$ \qquad b) $f(t) = \cos(2t - 1) \cdot \sigma(t - \pi)$

c) $f(t) = (t^2 + 1) \cdot \sigma(t + 5)$

7) Wie lautet die *verallgemeinerte Ableitung* der in Bild V-50 skizzierten Zeitfunktion

$$f(t) = \sigma(t + a) + \sigma(t - a) - 1\,?$$

Bestimmen Sie die *Bildfunktion* (Fourier-Transformierte) der Ableitung.

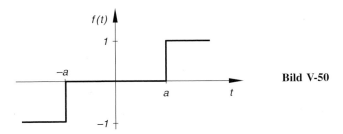

Bild V-50

8) $f(t) = \delta(t - 3) + \delta(t) + \delta(t + 5)$

Bestimmen Sie die *Fourier-Transformierte* dieser Zeitfunktion.

9) Gegeben ist die Bildfunktion (Fourier-Transformierte)

$$F(\omega) = 2 \cdot \delta(\omega - \pi) + j \cdot \delta(\omega - 1) - j \cdot \delta(\omega + 1) + 2 \cdot \delta(\omega + \pi)$$

Wie lautet die zugehörige *Originalfunktion* $f(t)$?

Hinweis: Verwenden Sie das *Umkehrintegral*.

Zu Abschnitt 4

1) Bestimmen Sie nach dem *Linearitätsprinzip* und unter Verwendung der Transformationstabellen aus Abschnitt 5.2 die *Fourier-Transformierten* der folgenden Originalfunktionen:

a) $f(t) = (3 \cdot e^{-2t} - 5 \cdot e^{-8t}) \cdot \sigma(t)$

b) $f(t) = \dfrac{a}{4 + t^2} + b\,t \cdot e^{-2t} \cdot \sigma(t)$

c) $f(t) = A \cdot e^{-at}[\sin t - 2 \cdot \cos t] \cdot \sigma(t)$ (mit $a > 0$)

2) Bestimmen Sie mit Hilfe des *Ähnlichkeitssatzes* und der jeweils angegebenen Fourier-Transformierten die Bildfunktionen der folgenden Zeitfunktionen ($a > 0$):

a) $f(t) = e^{-a|t|}$, $F(\omega) = \mathcal{F}\{e^{-|t|}\} = \dfrac{2}{1 + \omega^2}$

b) $f(t) = e^{-at^2}$, $F(\omega) = \mathcal{F}\{e^{-t^2}\} = \sqrt{\pi} \cdot e^{-\omega^2/4}$

c) $f(t) = t \cdot e^{-at} \cdot \sigma(t)$, $F(\omega) = \mathcal{F}\{t \cdot e^{-t} \cdot \sigma(t)\} = \dfrac{1}{(1 + j\omega)^2}$

3) *Verschieben* Sie die Originalfunktionen $f(t)$ um jeweils 3 Einheiten längs der *positiven* Zeitachse. Wie lauten die *Fourier-Transformierten* der *verschobenen* Funktionen $g(t)$ unter Berücksichtigung der angegebenen Korrespondenzen?

a) $f(t) = e^{-2t} \cdot \sigma(t) \circ\!\!-\!\!-\!\!\bullet F(\omega) = \dfrac{1}{2 + j\omega}$

b) $f(t) = e^{-t^2} \circ\!\!-\!\!-\!\!\bullet F(\omega) = \sqrt{\pi} \cdot e^{-\omega^2/4}$

c) $f(t) = e^{-t} \cdot \sin t \cdot \sigma(t) \circ\!\!-\!\!-\!\!\bullet F(\omega) = \dfrac{1}{(1 + j\omega)^2 + 1}$

4) Bestimmen Sie mit Hilfe des *Verschiebungssatzes* die Bildfunktion der *verschobenen* Funktion $g(t)$ aus der angegebenen Korrespondenz der unverschobenen Funktion $f(t)$:

a) *Rechteckimpuls* (Bild V-51; $a > 0$):

$$f(t) = \sigma(t + a) - \sigma(t - a) \circ\!\!\!-\!\!\!-\!\!\!\bullet\ F(\omega) = \frac{2 \cdot \sin(\omega a)}{\omega}$$

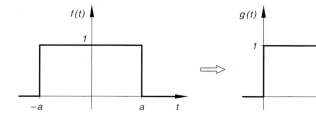

Bild V-51

b) *Stoßfunktion* (Bild V-52; $T > 0$):

$$F(\omega) = \mathcal{F}\{f(t)\} = \frac{2[1 - \cos(\omega T)]}{(\omega T)^2}$$

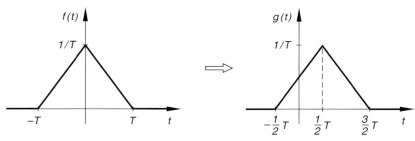

Bild V-52

5) Der in Bild V-53 skizzierte rechteckige Impuls $f(t)$ mit bekannter Bildfunktion $F(\omega)$ soll „gedämpft" werden. Wie lautet die *Bildfunktion* $G(\omega)$ der gedämpften Funktion $g(t) = f(t) \cdot e^{j\omega_0 t}$?

$$F(\omega) = \mathcal{F}\{f(t)\} = \frac{2 \cdot \sin(\omega a)}{\omega}$$

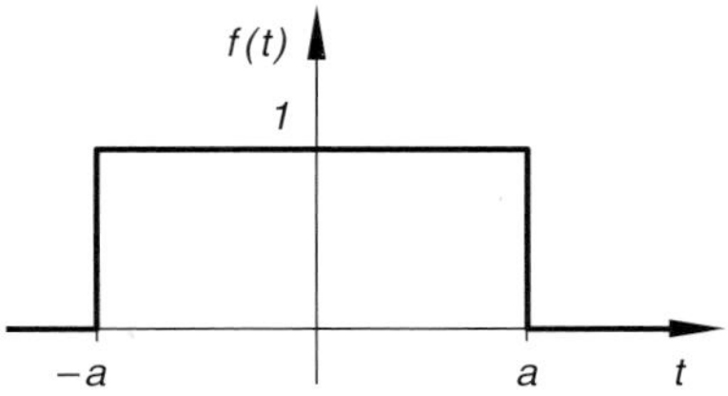

Bild V-53

6) Gegeben ist die Fourier-Transformierte $F(\omega)$ des in Bild V-54 skizzierten rechteckigen Impulses $f(t)$:

$$F(\omega) = \frac{2 \cdot \sin(a\,\omega)}{\omega}$$

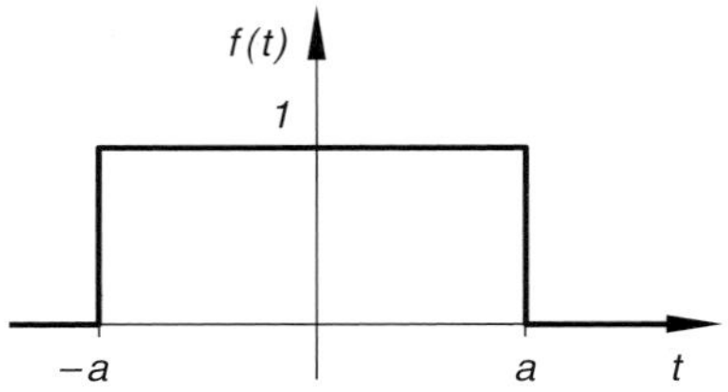

Bild V-54

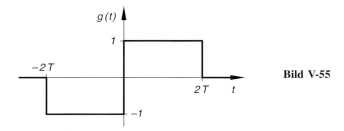

Wie lässt sich aus dieser Korrespondenz die *Bildfunktion* $G(\omega)$ des folgenden Impulses gewinnen (Bild V-55)?

Bild V-55

7) Bestimmen Sie aus der als bekannt vorausgesetzten Korrespondenz

$$e^{-at} \cdot \sigma(t) \; \circ\!\!\!-\!\!\!\bullet \; \frac{1}{a + j\omega} \qquad (\text{mit } a > 0)$$

die *Fourier-Transformierte* der gedämpften Sinusschwingung

$$g(t) = e^{-\delta t} \cdot \sin(\omega_0 t) \cdot \sigma(t) \qquad (\delta > 0)$$

Anleitung: Drücken Sie zunächst die Sinusfunktion durch komplexe e-Funktionen aus (*Eulersche Formel*) und verwenden Sie anschließend den *Dämpfungssatz (Frequenzverschiebungssatz)*.

8) Zeigen Sie, dass sich die *Fourier-Transformierte* von $g(t) = t \cdot e^{-at} \cdot \sigma(t)$ aus der vorgegebenen Korrespondenz

$$F(\omega) = \mathcal{F}\{e^{-at} \cdot \sigma(t)\} = \frac{1}{a + j\omega} \qquad (\text{mit } a > 0)$$

mit Hilfe des *Ableitungssatzes für die Originalfunktion* bestimmen lässt.

Anleitung: Zunächst $g(t)$ differenzieren, dann den Ableitungssatz anwenden.

9) Die *Differentialgleichung* einer (erzwungenen) mechanischen Schwingung lautet wie folgt:

$$\ddot{x} + 2\,\delta \cdot \dot{x} + \omega_0^2 \cdot x = g(t)$$

($x = x(t)$: Auslenkung zur Zeit t; $\delta > 0$; $\omega_0 > 0$; $g(t)$: von außen einwirkende „Störfunktion")

Transformieren Sie diese Gleichung in den *Bildbereich*.

10) Aus einer Transformationstabelle (z. B. der Tabelle 1 aus Abschnitt 5.2) wurde die folgende Korrespondenz entnommen:

$$f(t) = \sin(\omega_0 t) \cdot \sigma(t) \ \circ\!\!-\!\!\bullet \ F(\omega) = \frac{\omega_0}{\omega_0^2 - \omega^2}$$

(Nr. 13 mit $a = 0$ und $b = \omega_0$). Leiten Sie hieraus unter Verwendung des *Ableitungssatzes für die Originalfunktion* die Bildfunktion $G(\omega)$ von $g(t) = \cos(\omega_0 t) \cdot \sigma(t)$ her.

11) Aus der gegebenen Korrespondenz $f(t) \ \circ\!\!-\!\!\bullet \ F(\omega)$ bestimme man mit Hilfe des *Ableitungssatzes für die Bildfunktion* die Fourier-Transformierte von $g(t) = t \cdot f(t)$:

a) $f(t) = e^{-5t} \cdot \sigma(t) \ \circ\!\!-\!\!\bullet \ F(\omega) = \dfrac{1}{5 + j\omega}$

b) $f(t) = e^{-a|t|} \ \circ\!\!-\!\!\bullet \ F(\omega) = \dfrac{2a}{a^2 + \omega^2}$ (mit $a > 0$)

c) $f(t) = e^{-t^2} \ \circ\!\!-\!\!\bullet \ F(\omega) = \sqrt{\pi} \cdot e^{-\omega^2/4}$

12) Bestimmen Sie mit Hilfe des *Integrationssatzes für die Originalfunktion* und unter Verwendung der Korrespondenz

$$f(t) = e^{-at} \cdot \sigma(t) \ \circ\!\!-\!\!\bullet \ F(\omega) = \frac{1}{a + j\omega} \qquad (\text{mit } a > 0)$$

die *Fourier-Transformierte* $G(\omega)$ von $g(t) = t \cdot e^{-at} \cdot \sigma(t)$.

Anleitung: Auswertung des Integrals von $g(t)$ mit Hilfe der *partiellen Integration*.

13) Bestimmen Sie die *Faltung* der Originalfunktionen $f_1(t) = \cos t \cdot \sigma(t)$ und $f_2(t) = \sin t \cdot \sigma(t)$.

14) Berechnen Sie das *Faltungsprodukt* $f(t) * g(t)$ mit den Funktionen

$$f(t) = \sigma(t + T) - \sigma(t - T) \qquad \text{und} \qquad g(t) = \frac{1}{1 + t^2}.$$

15) Ermitteln Sie unter Verwendung des *Faltungssatzes* und einer Transformationstabelle die jeweils zugehörige *Originalfunktion* $f(t) = \mathcal{F}^{-1}\{F(\omega)\}$:

a) $F(\omega) = \dfrac{1}{(1 + j\omega)(3 + j\omega)}$ \qquad b) $F(\omega) = \dfrac{1}{(1 + j\omega)^3}$

16) Bestimmen Sie mit Hilfe des *Vertauschungssatzes* aus der Korrespondenz

$$f(t) = \frac{1}{a^2 + t^2} \quad \circ\!\!-\!\!\bullet \quad F(\omega) = \frac{\pi}{a} \cdot e^{-a|\omega|}$$

die *Fourier-Transformierte* von $g(t) = e^{-a|t|}$ (mit $a > 0$).

17) Gegeben ist die Korrespondenz

$$e^{jat} \quad \circ\!\!-\!\!\bullet \quad 2\pi \cdot \delta(\omega - a) \qquad (a:\text{reell})$$

Zeigen Sie, dass sich hieraus mit Hilfe des *Vertauschungssatzes* die *Originalfunktion* von $\cos(a\omega)$ bestimmen lässt.

Zu Abschnitt 5

1) Zu den angegebenen Bildfunktionen sollen durch *Rücktransformation* anhand der Tabellen aus Abschnitt 5.2 die zugehörigen *Originalfunktionen* ermittelt werden:

a) $F(\omega) = \dfrac{10}{25 + \omega^2}$ \qquad b) $F(\omega) = \dfrac{5}{(2 + j\omega)^2}$

c) $F(\omega) = \dfrac{2}{(1 + j\omega)^2 + 4}$ \qquad d) $F(\omega) = \delta(\omega + 3)$

e) $F(\omega) = \cos(5\omega)$ \qquad f) $F_s(\omega) = e^{-2\omega}$

g) $F_c(\omega) = \dfrac{1}{9 + \omega^2}$ \qquad h) $F_c(\omega) = \dfrac{\sin(5\omega)}{\omega}$

2) Wie lauten die zugehörigen *Originalfunktionen* (Auswertung mit Hilfe einer Transformationstabelle)?

a) $F(\omega) = \dfrac{2}{5 + j\omega} - \dfrac{3}{2 + j\omega}$ \qquad b) $F(\omega) = \dfrac{2}{(1 + j\omega)^2} + \dfrac{10}{2 + j\omega}$

c) $\mathcal{F}^{-1}\left\{\dfrac{2}{3 + j\omega} - \pi \cdot \dfrac{5}{1 + \omega^2}\right\}, \quad f(t) = ?$

d) $\mathcal{F}^{-1}\left\{\dfrac{6}{(2 + j\omega)^2} - \dfrac{\pi}{5} \cdot e^{-5|\omega|} + \dfrac{8}{4 + \omega^2}\right\}, \quad f(t) = ?$

Zu Abschnitt 6

Verwenden Sie bei der Lösung dieser Aufgaben die Transformationstabellen aus Abschnitt 5.2.

1) Bestimmen Sie das *Frequenzspektrum* der Zeitfunktion $f(t) = \sin^2(\omega_0 t)$.

2) Bestimmen Sie jeweils *Frequenzspektrum* $F(\omega)$, *Amplitudenspektrum* $A(\omega)$ und *Phasenspektrum* $\varphi(\omega)$:

   a) $f(t) = \dfrac{1}{1 + t^2}$ b) $f(t) = e^{-at} \cdot \sigma(t)$ $(a > 0)$

3) Wie lautet das *Amplitudenspektrum* der beidseitig gedämpften Schwingung

   $$g(t) = e^{-\delta|t|} \cdot \cos(\omega_0 t), \qquad -\infty < t < \infty$$

   mit $\delta > 0$ und $\omega_0 > 0$ unter Verwendung der folgenden Korrespondenz?

   $$e^{-a|t|} \;\circ\!\!-\!\!-\!\!\bullet\; \frac{2a}{a^2 + \omega^2}$$

   Anleitung: Den Kosinus zunächst durch komplexe e-Funktionen ausdrücken (Eulersche Formel), dann den Dämpfungssatz anwenden.

4) Der *Frequenzgang* $G(\omega)$ eines bestimmten Übertragungssystems ist gegeben. Wie lautet die *Impulsantwort* $g(t) = \mathcal{F}^{-1}\{G(\omega)\}$, d. h. die zu $G(\omega)$ gehörige Originalfunktion? Bestimmen Sie ferner das zugehörige *Amplitudenspektrum* $A(\omega) = |G(\omega)|$.

   a) $G(\omega) = \dfrac{3}{(2 + j\omega)(5 + j\omega)}$ b) $G(\omega) = j\,\dfrac{K\omega T}{1 + j\omega T}$ $(K > 0, T > 0)$

5) Die *Impulsantwort* eines PT_1-Regelkreisgliedes lautet wie folgt:

   $$g(t) = \frac{K}{T} \cdot e^{-t/T} \cdot \sigma(t) \qquad (K > 0, \, T > 0)$$

   Bestimmen Sie den *Frequenzgang* $G(\omega)$, das *Amplitudenspektrum* $A(\omega)$ und das *Phasenspektrum* $\varphi(\omega)$.

   Hinweis: Der Frequenzgang $G(\omega)$ ist die *Fourier-Transformierte* der Impulsantwort $g(t)$, d. h. es gilt $G(\omega) = \mathcal{F}\{g(t)\}$.

VI Laplace-Transformationen

1 Grundbegriffe

1.1 Ein einführendes Beispiel

Bei der mathematischen Behandlung naturwissenschaftlich-technischer Probleme wie z. B. *Ausgleichs-* und *Einschwingvorgängen* stößt man immer wieder auf *lineare* Differentialgleichungen 1. und 2. Ordnung mit *konstanten* Koeffizienten. Die *Standardlösungsverfahren* für derartige Differentialgleichungen wurden bereits in Kapitel IV ausführlich behandelt [1]. Ein weiteres Lösungsverfahren, das auf einer Anwendung der sog. *Laplace-Transformation* beruht, hat sich in der Praxis als sehr nützlich erwiesen und spielt daher (insbesondere in der *Elektro-* und *Regelungstechnik*) eine bedeutende Rolle. Wir versuchen nun anhand eines einfachen Anwendungsbeispiels einen ersten Einstieg in diese zunächst etwas kompliziert erscheinende Lösungsmethode.

Bild VI-1 zeigt einen auf die Spannung u_0 aufgeladenen Kondensator der Kapazität C, der zur Zeit $t = 0$ über einen ohmschen Widerstand R entladen wird.

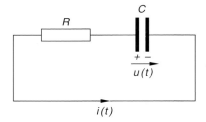

Bild VI-1

Entladung eines Kondensators über einen ohmschen Widerstand

Nach dem *2. Kirchhoffschen Gesetz* (*Maschenregel*) [2] gilt dann:

$$u - Ri = 0 \qquad\qquad\qquad (\text{VI-1})$$

$u = u(t)$ ist dabei die Kondensatorspannung zur Zeit t und $i = i(t)$ die Stromstärke in Abhängigkeit von der Zeit. Zwischen der Ladung $q = q(t)$ und der Spannung

---

[1] Es handelt sich um die Lösungsmethoden *Variation der Konstanten* und *Aufsuchen einer partikulären Lösung*.

[2] In jeder *Masche* ist die Summe der Spannungen gleich *Null*.

$u = u(t)$ besteht die lineare Beziehung $q = Cu$, aus der man durch beiderseitiges *Differenzieren* nach der Zeit t den Ausdruck

$$i = -\dot{q} = -C\dot{u} \qquad (VI-2)$$

für die Stromstärke i gewinnt (die Stromstärke i ist die Änderung der Ladung q pro Zeiteinheit; das Minuszeichen bringt dabei zum Ausdruck, dass q und u *abnehmen*). Unter Berücksichtigung dieser Gleichung lässt sich der *Entladungsvorgang* am Kondensator auch durch die folgende *lineare* Differentialgleichung 1. Ordnung mit *konstanten* Koeffizienten beschreiben:

$$u + RC\dot{u} = 0 \qquad \text{oder} \qquad \dot{u} + \frac{1}{RC} \cdot u = 0 \qquad (VI-3)$$

Die Lösung dieser Differentialgleichung muss dabei noch dem *Anfangswert* $u(0) = u_0$ (Kondensatorspannung zu *Beginn* der Entladung) genügen. Mit den aus Kapitel IV bekannten Lösungsmethoden erhalten wir den durch die Funktionsgleichung

$$u = u(t) = u_0 \cdot e^{-\frac{t}{RC}} \qquad (t \geq 0) \qquad (VI-4)$$

beschriebenen *exponentiell abklingenden* Spannungsverlauf am Kondensator (Bild VI-2).

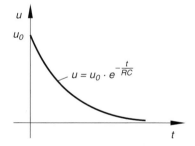

Bild VI-2

Spannungsverlauf an einem Kondensator, der über einen ohmschen Widerstand entladen wird

Unser *Anfangswertproblem* (VI-3) lässt sich aber auch bequem mit Hilfe der sog. *Laplace-Transformation* lösen. Die gesuchte Lösungsfunktion $u = u(t)$ wird in diesem Zusammenhang als *Originalfunktion* bezeichnet. Ihr wird durch eine *spezielle Transformationsvorschrift*, auf die wir im nächsten Abschnitt näher eingehen werden, eine als *Bildfunktion* bezeichnete neue Funktion $U = U(s)$ der Variablen s zugeordnet. Diese Bildfunktion $U = U(s)$ heißt die *Laplace-Transformierte* der Originalfunktion $u = u(t)$. Wir schreiben dafür *symbolisch*:

$$U(s) = \mathscr{L}\{u(t)\} \qquad (VI-5)$$

Der *Operator* $\mathscr{L}$ heißt *Laplace-Transformationsoperator*. In den folgenden Abschnitten werden wir die allgemeinen Eigenschaften der Laplace-Transformation näher kennenlernen und dort u. a. auch sehen, wie man die Laplace-Transformierte der *Ableitung* $\dot{u} = \dot{u}(t)$ aus der Laplace-Transformierten der *Originalfunktion* $u = u(t)$ leicht berechnen kann. Wendet man dann die Laplace-Transformation *gliedweise* auf die

Differentialgleichung (VI-3) an, so erhält man als Ergebnis die folgende *algebraische* Gleichung 1. Grades für die (zunächst noch unbekannte) *Bildfunktion* $U = U(s)$ [3]:

$$\underbrace{[s \cdot U(s) - u_0]}_{\mathscr{L}\{\dot{u}(t)\}} + \frac{1}{RC} \cdot \underbrace{U(s)}_{\mathscr{L}\{u(t)\}} = \underbrace{0}_{\mathscr{L}\{0\}} \qquad (\text{VI-6})$$

Diese Gleichung lösen wir nach $U(s)$ auf und erhalten:

$$\left(s + \frac{1}{RC}\right) \cdot U(s) = u_0 \quad \Rightarrow \quad U(s) = \frac{u_0}{s + \dfrac{1}{RC}} \qquad (\text{VI-7})$$

Dies ist die *Lösung* der gestellten Aufgabe im sog. *Bildbereich* oder *Bildraum*. Durch *Rücktransformation* (in der Praxis mit Hilfe einer *speziellen Transformationstabelle*, die wir später noch kennenlernen werden) erhalten wir hieraus die *Originalfunktion* $u = u(t)$, d. h. die *gesuchte* Lösung *der Differentialgleichung* (VI-3). Sie lautet (wie bereits bekannt):

$$u = u(t) = u_0 \cdot e^{-\frac{t}{RC}} \qquad (t \geq 0) \qquad (\text{VI-8})$$

Die Praxis zeigt, dass sich beim Lösen einer linearen Differentialgleichung mit Hilfe der *Laplace-Transformation* die durchzuführenden Rechenoperationen meist wesentlich *vereinfachen*. Darin liegt der *Vorteil* dieser speziellen Lösungsmethode begründet. Wir halten fest:

Über die Anwendung der Laplace-Transformation auf eine lineare Differential-gleichung mit konstanten Koeffizienten

Die Anwendung der *Laplace-Transformation* auf eine *lineare* Differentialgleichung mit *konstanten* Koeffizienten bedeutet in der Praxis meist eine *Vereinfachung* der beim Lösungsvorgang durchzuführenden Rechenoperationen. Die Lösung der Differentialgleichung erfolgt dabei in *drei nacheinander* auszuführenden Schritten:

1. Die Differentialgleichung wird zunächst mit Hilfe der *Laplace-Transformation* in eine *algebraische* Gleichung übergeführt.

2. Als Lösung dieser (linearen) Gleichung erhält man die *Bildfunktion* der gesuchten Lösung (sog. *Lösung im Bildbereich*).

3. Durch *Rücktransformation* (die wir später als *inverse* Laplace-Transformation bezeichnen werden) gewinnt man mit Hilfe einer *Transformationstabelle* die gesuchte *Lösung* der Differentialgleichung (*Originalfunktion*).

---

[3] Am Ende dieses Kapitels kommen wir auf dieses Anwendungsbeispiel nochmals ausführlich zurück und werden dort Schritt für Schritt zeigen, wie man durch Anwendung der Laplace-Transformation aus der Differentialgleichung (VI-3) diese algebraische Gleichung für die Bildfunktion $U(s)$ erhält (siehe Abschnitt 5.2.1).

1.2 Definition der Laplace-Transformierten einer Funktion

Technische Probleme lassen sich oft durch *zeitabhängige* Funktionen beschreiben, die erst ab einem gewissen Zeitpunkt (meist $t = 0$) von Null verschieden sind (z. B. *Einschaltvorgänge* in der Elektro- und Regelungstechnik). Für solche Zeitfunktionen gilt also $f(t) = 0$ für $t < 0$. Wir gehen daher bei den weiteren Betrachtungen von einem zeitlich veränderlichen Vorgang aus, der zur Zeit $t = 0$ „beginnt" (sog. Einschaltzeitpunkt) und durch eine (reellwertige) Funktion $f(t)$ mit $f(t) = 0$ für $t < 0$ beschrieben wird (Bild VI-3)[4].

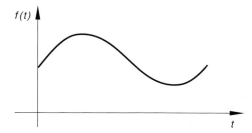

Bild VI-3
Zeitlich veränderlicher Vorgang
(Einschaltzeitpunkt $t = 0$)

Dieser Funktion wird wie folgt eine *Bildfunktion* $F(s)$ der (reellen oder komplexen) Variablen s zugeordnet (sog. *Laplace-Transformation*):

Definition: Die Funktion

$$F(s) = \int_0^\infty f(t) \cdot e^{-st} \, dt \qquad (VI\text{-}9)$$

heißt *Laplace-Transformierte* der Funktion $f(t)$, sofern das uneigentliche Integral existiert. Symbolische Schreibweise:

$$F(s) = \mathscr{L}\{f(t)\} \qquad (VI\text{-}10)$$

Wir führen noch folgende Bezeichnungen ein:

$f(t)$: *Original-* oder Oberfunktion (auch Zeitfunktion genannt)

$F(s)$: *Bild-* oder Unterfunktion, Laplace-Transformierte von $f(t)$

$\mathscr{L}$: *Laplace-Transformationsoperator*

Die Menge der Originalfunktionen heißt *Originalbereich* oder *Originalraum*, die Menge der Bildfunktionen *Bildbereich* oder *Bildraum*. Originalfunktion $f(t)$ und Bildfunktion $F(s) = \mathscr{L}\{f(t)\}$ bilden ein *zusammengehöriges Funktionenpaar*. Man verwendet dafür auch die folgende symbolische Schreibweise, *Korrespondenz* genannt:

$$f(t) \circ\!\!-\!\!\bullet F(s) \qquad (VI\text{-}11)$$

---

[4] Die unabhängige Variable t kann durchaus auch eine *andere* Größe als die Zeit sein.

Anmerkungen

(1) Das in der Definitionsgleichung (VI-9) auftretende uneigentliche Integral wird auch als *Laplace-Integral* bezeichnet. Es existiert nur unter gewissen Voraussetzungen (siehe später).

(2) Die unabhängige Variable s der Laplace-Transformierten $F(s)$ wird häufig auch als *Parameter* bezeichnet. Sie kann *reell* oder *komplex* sein.

(3) Eine Originalfunktion $f(t)$ heißt *Laplace-transformierbar*, wenn das zugehörige Laplace-Integral *existiert*. Für die Bildfunktion (Laplace-Transformierte) $F(s)$ gilt dann:

$$\lim_{s \to \infty} F(s) = 0 \qquad\qquad\qquad (VI\text{-}12)$$

Über die Konvergenz des Laplace-Integrals

Das Laplace-Integral ist als *uneigentliches* Integral durch den *Grenzwert*

$$\lim_{\lambda \to \infty} \int\limits_0^\lambda f(t) \cdot e^{-st} \, dt$$

definiert, für den man die symbolische Schreibweise $\int\limits_0^\infty f(t) \cdot e^{-st} \, dt$ gewählt hat.

Dieser Grenzwert ist vorhanden, wenn folgende Bedingungen erfüllt sind[5]:

1. $f(t)$ ist eine *stückweise* stetige Funktion, d. h. in jedem endlichen Teilintervall liegen höchstens endlich viele Sprungstellen.

2. Für hinreichend große Werte der Zeitvariablen t gilt

$$|f(t)| \leq K \cdot e^{\alpha t} \qquad\qquad\qquad (VI\text{-}13)$$

(mit $K > 0$, α = reell).

Das Laplace-Integral *konvergiert* (d. h. existiert) dann in der komplexen Halbebene $\mathrm{Re}(s) > \alpha$[6].

Bei den weiteren Ausführungen in diesem Kapitel gehen wir stets von einer *reellen* Variablen s aus. Das Laplace-Integral konvergiert dann für jeden Wert der reellen Variablen s aus dem Intervall $s > \alpha$. Diese Einschränkung ist (leider) nötig, da im Grundstudium die für die komplexe Darstellung benötigten Kenntnisse aus dem Gebiet der *Funktionentheorie* noch nicht verfügbar sind. Den an Einzelheiten näher interessierten Leser verweisen wir auf die zahlreiche Fachliteratur (siehe Literaturverzeichnis).

---

[5] Die Bedingungen sind *hinreichend*, nicht aber notwendig, d. h. es gibt auch Funktionen, die diese Bedingungen *nicht* erfüllen und trotzdem Laplace-transformierbar sind.

[6] Zur Erinnerung: $\mathrm{Re}(s)$ ist der *Realteil* der komplexen Variablen s.

■ **Beispiele**

Hinweis: Die bei der Berechnung der Laplace-Transformierten anfallenden Integrale wurden der *Integraltafel* der *Mathematischen Formelsammlung* des Autors entnommen (Angabe der jeweiligen Integralnummer und der Parameterwerte). Diese Regelung gilt im gesamten Kapitel.

(1) Laplace-Transformierte der Sprungfunktion

Wir bestimmen die *Laplace-Transformierte* der in Bild VI-4 dargestellten *Sprungfunktion* (Einheitssprung)

$$f(t) = \sigma(t) = \begin{cases} 0 \\ 1 \end{cases} \text{ für } \begin{array}{c} t < 0 \\ t \geq 0 \end{array}$$

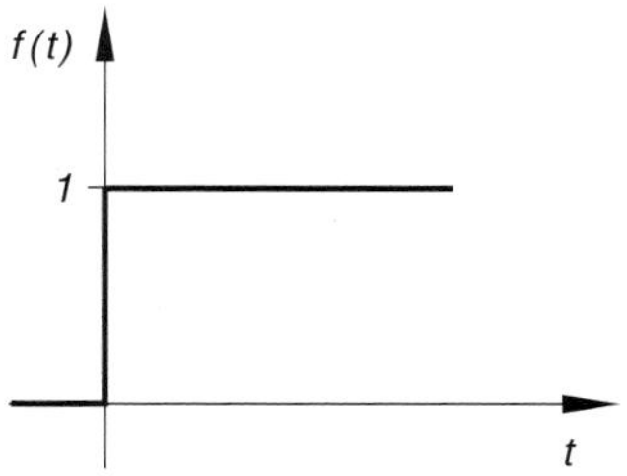

Bild VI-4
Sprungfunktion

Sie lautet:

$$F(s) = \int_0^\infty 1 \cdot e^{-st}\, dt = \int_0^\infty e^{-st}\, dt = \left[\frac{e^{-st}}{-s}\right]_0^\infty = \frac{1}{-s}\left[e^{-st}\right]_0^\infty =$$

$$= \frac{1}{-s}\left(\lim_{t \to \infty} e^{-st} - e^0\right) = -\frac{1}{s}(0 - 1) = \frac{1}{s}$$

$(s > 0$; Integral Nr. 312 mit $a = -s$). Denn nur für $s > 0$ verläuft e^{-st} streng monoton fallend und verschwindet im Unendlichen. Somit ist

$$\mathscr{L}\{1\} = \frac{1}{s} \quad \text{oder} \quad 1 \circ\!\!-\!\!-\!\!\bullet \frac{1}{s}$$

(2) Laplace-Transformierte der linearen Funktion (Rampenfunktion)

Die *Laplace-Transformierte* der in Bild VI-5 gezeichneten *linearen* Funktion mit der Funktionsgleichung

$$f(t) = \begin{cases} 0 \\ t \end{cases} \text{ für } \begin{array}{c} t < 0 \\ t \geq 0 \end{array}$$

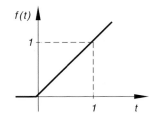

Bild VI-5
Lineare Funktion
$f(t) = t$

lautet wie folgt:

$$F(s) = \int\limits_0^\infty t \cdot e^{-st}\, dt = \left[\left(\frac{-st - 1}{s^2} \right) \cdot e^{-st} \right]_0^\infty =$$

$$= \lim_{t \to \infty} \frac{(-st - 1) \cdot e^{-st}}{s^2} - \frac{-1 \cdot e^0}{s^2} = 0 + \frac{1}{s^2} = \frac{1}{s^2}$$

($s > 0$; Integral Nr. 313 mit $a = -s$). Wiederum gilt: Nur für $s > 0$ verschwindet e^{-st} im Unendlichen. Somit gilt die Korrespondenz

$$\mathscr{L}\{t\} = \frac{1}{s^2} \quad \text{oder} \quad t \, \circ\!\!-\!\!\bullet \, \frac{1}{s^2}$$

d. h. die Funktionen $f(t) = t$ und $F(s) = \dfrac{1}{s^2}$ bilden ein *zusammengehöriges Funktionenpaar*.

(3) Laplace-Transformierte der Sinusfunktion

Die *Laplace-Transformierte* der in Bild VI-6 dargestellten *Sinusfunktion*

$$f(t) = \begin{cases} 0 & \text{für} \quad t < 0 \\ \sin t & t \geq 0 \end{cases}$$

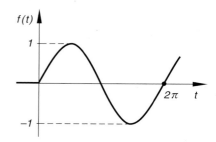

Bild VI-6

Sinusfunktion

lautet wie folgt:

$$F(s) = \int\limits_0^\infty \sin t \cdot e^{-st}\, dt = \left[\frac{e^{-st}}{s^2 + 1} (-s \cdot \sin t - \cos t) \right]_0^\infty =$$

$$= \lim_{t \to \infty} \frac{(-s \cdot \sin t - \cos t) \cdot e^{-st}}{s^2 + 1} - \frac{(-s \cdot \sin 0 - \cos 0) \cdot e^0}{s^2 + 1} =$$

$$= 0 - \frac{(0 - 1) \cdot 1}{s^2 + 1} = \frac{1}{s^2 + 1}$$

($s > 0$; Integral Nr. 322 mit $a = -s$ und $b = 1$). Somit ist

$$\mathscr{L}\{\sin t\} = \frac{1}{s^2 + 1} \quad \text{oder} \quad \sin t \, \circ\!\!-\!\!\bullet \, \frac{1}{s^2 + 1}$$

(4)   Laplace-Transformierte eines Rechteckimpulses

Der in Bild VI-7 skizzierte *rechteckige* Impuls wird durch die folgende Funktions-gleichung beschrieben:

$$f(t) = \left\{ \begin{array}{ll} A \\ 0 \end{array} \quad \text{für} \quad \begin{array}{l} a \leq t \leq b \\ \text{alle übrigen } t \end{array} \right\} = A\left[\sigma(t-a) - \sigma(t-b)\right]$$

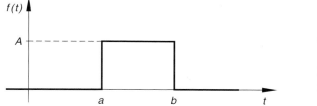

Bild VI-7

Rechteckimpuls

Wir berechnen die zugehörige *Laplace-Transformierte* nach der Definitionsformel (VI-9):

$$F(s) = \underbrace{\int\limits_{0}^{a} 0 \cdot e^{-st} \, dt}_{0} + \int\limits_{a}^{b} A \cdot e^{-st} \, dt + \underbrace{\int\limits_{b}^{\infty} 0 \cdot e^{-st} \, dt}_{0} =$$

$$= \int\limits_{a}^{b} A \cdot e^{-st} \, dt = A \cdot \int\limits_{a}^{b} e^{-st} \, dt = A\left[\frac{e^{-st}}{-s}\right]_{a}^{b} = \frac{A}{-s}\left[e^{-st}\right]_{a}^{b} =$$

$$= \frac{A}{-s}\left(e^{-bs} - e^{-as}\right) = \frac{A\left(e^{-as} - e^{-bs}\right)}{s}$$

$(s > 0\,;$ Integral Nr. 312 mit $a = -s)$.

(5)   Laplace-Transformierte der Diracschen Deltafunktion

Die in Kap. V (Abschnitt 3.3) ausführlich besprochene δ-Funktion $\delta(t-T)$ mit $T \geq 0$ besitzt die folgende *Laplace-Transformierte*:

$$\mathscr{L}\{\delta(t-T)\} = \int\limits_{0}^{\infty} \delta(t-T) \cdot e^{-st} \, dt = e^{-sT}$$

Das Laplace-Integral wurde dabei nach der „Ausblendvorschrift" (Gleichung V-31 aus Kap. V) ausgewertet (der Parameter T liegt stets im Integrationsbereich).

Sonderfall $T = 0$: $\mathscr{L}\{\delta(t)\} = e^{0} = 1$ ∎

1.3 Inverse Laplace-Transformation

Die Berechnung der Bildfunktion $F(s)$ aus der Originalfunktion $f(t)$ nach der Definitionsgleichung (VI-9) wurde als *Laplace-Transformation* bezeichnet (Übergang aus dem *Original-* in den *Bildbereich*). Die *Rücktransformation* aus dem Bildbereich in den Originalbereich, d. h. die Bestimmung der *Originalfunktion* $f(t)$ aus der als bekannt vorausgesetzten *Bildfunktion* $F(s)$ heißt *inverse Laplace-Transformation*. Beide Vorgänge lassen sich wie folgt schematisch darstellen:

Für die *Rücktransformation* vom *Bildbereich* in den *Originalbereich* werden folgende Symbole verwendet:

$$\mathscr{L}^{-1}\{F(s)\} = f(t) \quad \text{oder} \quad F(s) \bullet\!\!-\!\!\circ f(t) \tag{VI-14}$$

Die Ermittlung der *Originalfunktion* $f(t)$ aus der *Bildfunktion* $F(s)$ erfolgt in der Praxis meist mit Hilfe einer *speziellen Transformationstabelle* (z. B. der Tabelle in Abschnitt 4.2). Die Originalfunktion $f(t)$ lässt sich aber auch auf dem *direkten* Wege mittels eines Integrals aus der zugehörigen Bildfunktion $F(s)$ berechnen (sog. *inverses Laplace-Integral*, auch *Umkehrintegral* genannt). Die Integration ist dabei in der *komplexen* Zahlenebene auszuführen und setzt fundierte Kenntnisse aus der *Funktionentheorie* voraus. Wir müssen daher im Rahmen dieser einführenden Darstellung auf die Integralformel *verzichten*[7].

■ **Beispiele**

(1)   Aus der vorgegebenen Korrespondenz

$$t^2 \circ\!\!-\!\!\bullet \frac{2}{s^3} \quad \text{oder} \quad \mathscr{L}\{t^2\} = \frac{2}{s^3}$$

erfolgt durch *Rücktransformation* (*inverse Laplace-Transformation*):

$$\frac{2}{s^3} \bullet\!\!-\!\!\circ t^2 \quad \text{oder} \quad \mathscr{L}^{-1}\left\{\frac{2}{s^3}\right\} = t^2$$

Zur *Bildfunktion* $F(s) = \dfrac{2}{s^3}$ gehört also die *Originalfunktion* $f(t) = t^2$.

---

[7] Literaturhinweis für den an Einzelheiten näher interessierten Leser: Ameling: Laplace-Transformation (siehe Literaturverzeichnis).

(2)　Wie lautet die zur Bildfunktion $F(s) = \dfrac{1}{s^2 + 1}$ gehörige *Originalfunktion* $f(t)$ unter Verwendung der *Transformationstabelle* in Abschnitt 4.2.?

Lösung: Aus dieser Tabelle entnehmen wir (Nr. 18 für $a = 1$):

$$\mathscr{L}^{-1}\left\{\frac{1}{s^2 + 1}\right\} = \sin t$$

Somit ist $f(t) = \sin t$ die gesuchte *Originalfunktion*.

(3)　Wir suchen die *Originalfunktion* $f(t)$ von $F(s) = \dfrac{s^2 - 9}{(s^2 + 9)^2}$ unter Verwendung der *Transformationstabelle* aus Abschnitt 4.2.

Lösung: In der Tabelle finden wir die folgende „passende" Korrespondenz:

$$\frac{s^2 - a^2}{(s^2 + a^2)^2} \quad\bullet\!\!-\!\!\!-\!\!\circ\quad t \cdot \cos(a\,t) \qquad (\text{Nr. 31})$$

Für $a = 3$ erhalten wir hieraus die gesuchte *Originalfunktion*:

$$f(t) = \mathscr{L}^{-1}\left\{\frac{s^2 - 9}{(s^2 + 9)^2}\right\} = \mathscr{L}^{-1}\left\{\frac{s^2 - 3^2}{(s^2 + 3^2)^2}\right\} = t \cdot \cos(3\,t) \qquad\blacksquare$$

2 Eigenschaften der Laplace-Transformation (Transformationssätze)

In diesem Abschnitt werden die wichtigsten *Eigenschaften* der Laplace-Transformation hergeleitet und näher erläutert. Mit Hilfe dieser Sätze lassen sich dann u. a. aus *bekannten* Funktionenpaaren *neue* Funktionenpaare gewinnen. Sie liefern ferner die für die Praxis wichtigen *Rechenregeln*.

Wichtiger Hinweis

Da die Originalfunktionen (Zeitfunktionen) $f(t)$ stets für $t < 0$ *verschwinden*, können sie auch als *Produkt* mit der Sprungfunktion $\sigma(t)$ dargestellt werden:

$$f(t) \cdot \sigma(t) = \left\{ \begin{array}{ccc} 0 & & t < 0 \\ f(t) & \text{für} & t \geq 0 \end{array} \right\} \tag{VI-15}$$

Diese Schreibweise ist an manchen Stellen von großem Vorteil, weil sie Mißverständnisse vermeidet (z. B. bei Verschiebungen der Zeitfunktion längs der Zeitachse).

2.1 Linearitätssatz (Satz über Linearkombinationen)

Wir unterwerfen eine *Linearkombination* aus zwei Originalfunktionen $f_1(t)$ und $f_2(t)$ der Laplace-Transformation und berücksichtigen dabei die aus Band 1 bekannten Integrationsregeln:

$$\mathcal{L}\{c_1 \cdot f_1(t) + c_2 \cdot f_2(t)\} = \int_0^\infty [c_1 \cdot f_1(t) + c_2 \cdot f_2(t)] \cdot e^{-st}\, dt =$$

$$= c_1 \cdot \int_0^\infty f_1(t) \cdot e^{-st}\, dt + c_2 \cdot \int_0^\infty f_2(t) \cdot e^{-st}\, dt =$$

$$= c_1 \cdot \mathcal{L}\{f_1(t)\} + c_2 \cdot \mathcal{L}\{f_2(t)\} \qquad \text{(VI-16)}$$

(c_1, c_2: Konstanten). Entsprechend gilt für Linearkombinationen aus n Originalfunktionen der folgende Satz:

Linearitätssatz (Satz über Linearkombinationen)

Für die *Laplace-Transformierte* einer *Linearkombination* aus n Originalfunktionen $f_1(t)$, $f_2(t)$, ..., $f_n(t)$ gilt:

$$\mathcal{L}\{c_1 \cdot f_1(t) + c_2 \cdot f_2(t) + \ldots + c_n \cdot f_n(t)\} =$$

$$= c_1 \cdot \mathcal{L}\{f_1(t)\} + c_2 \cdot \mathcal{L}\{f_2(t)\} + \ldots + c_n \cdot \mathcal{L}\{f_n(t)\} =$$

$$= c_1 \cdot F_1(s) + c_2 \cdot F_2(s) + \ldots + c_n \cdot F_n(s) \qquad \text{(VI-17)}$$

Dabei ist $F_i(s)$ die *Laplace-Transformierte* von $f_i(t)$, d. h. $F_i(s) = \mathcal{L}\{f_i(t)\}$.

c_i: reelle oder komplexe Konstante $(i = 1, 2, \ldots, n) F\{\_i\}(s) = \backslash s \backslash \{f\{\_i\}(t)\backslash\}$.

Regel: Es darf *gliedweise* transformiert werden, *konstante* Faktoren bleiben *erhalten*.

■ **Beispiel**

Wir bestimmen unter Verwendung der *Transformationstabelle* aus Abschnitt 4.2 die *Laplace-Transformierte* der Originalfunktion $f(t) = 3t - 5t^2 + 3 \cdot \cos t$:

$$\mathcal{L}\{3t - 5t^2 + 3 \cdot \cos t\} = 3 \cdot \underbrace{\mathcal{L}\{t\}}_{\text{Nr. 4}} - 5 \cdot \underbrace{\mathcal{L}\{t^2\}}_{\text{Nr. 10}} + 3 \cdot \underbrace{\mathcal{L}\{\cos t\}}_{\text{Nr. 19 mit } a = 1} =$$

$$= 3 \cdot \frac{1}{s^2} - 5 \cdot \frac{2}{s^3} + 3 \cdot \frac{s}{s^2 + 1} = \frac{3}{s^2} - \frac{10}{s^3} + \frac{3s}{s^2 + 1} =$$

$$= \frac{3s(s^2 + 1) - 10(s^2 + 1) + 3s^4}{s^3(s^2 + 1)} = \frac{3s^4 + 3s^3 - 10s^2 + 3s - 10}{s^3(s^2 + 1)}$$

■

2.2 Ähnlichkeitssatz

Die Originalfunktion $f(t)$ mit $f(t) = 0$ für $t < 0$ wird einer sog. *Ähnlichkeitstransformation*

$$t \rightarrow a\,t \quad (a > 0) \tag{VI-18}$$

unterworfen. Die *neue* Funktion $g(t) = f(a\,t)$ mit $g(t) = 0$ für $t < 0$ zeigt einen *ähnlichen* Kurvenverlauf wie die ursprüngliche Funktion $f(t)$, da sie aus dieser durch *Streckung* längst der Zeitachse hervorgegangen ist (Maßstabsänderung auf der Zeitachse, siehe Bild VI-8).

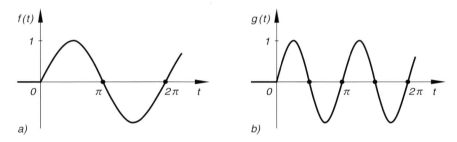

Bild VI-8 Zum Ähnlichkeitssatz (dargestellt am Beispiel der Sinusfunktion und der Ähnlichkeitstransformation $t \rightarrow 2\,t$; $f(t) = \sin t \rightarrow g(t) = \sin(2\,t)$)
a) Originalfunktion $f(t)$ b) Gestreckte Funktion $g(t)$

Dabei gilt: $a < 1$: *Dehnung* der Kurve längs der t-Achse
$\qquad\qquad a > 1$: *Stauchung* der Kurve längs der t-Achse

Wir berechnen nun die *Laplace-Transformierte* der *gestreckten* Funktion $g(t) = f(a\,t)$. Definitionsgemäß ist

$$\mathscr{L}\{g(t)\} = \mathscr{L}\{f(a\,t)\} = \int\limits_{0}^{\infty} f(a\,t) \cdot e^{-s\,t}\, dt \tag{VI-19}$$

Mit der *Substitution*

$$u = a\,t, \qquad t = \frac{u}{a}, \qquad \frac{dt}{du} = \frac{1}{a}, \qquad dt = \frac{du}{a} \tag{VI-20}$$

bei der sich die Integrationsgrenzen *nicht* ändern, geht dieses Integral über in

$$\mathscr{L}\{f(a\,t)\} = \int\limits_{0}^{\infty} f(u) \cdot e^{-\frac{s}{a}u} \cdot \frac{du}{a} = \frac{1}{a} \cdot \underbrace{\int\limits_{0}^{\infty} f(u) \cdot e^{-\frac{s}{a}u}\, du}_{F(s/a)} = \frac{1}{a} \cdot F\left(\frac{s}{a}\right) \tag{VI-21}$$

Denn das auf der *rechten* Seite stehende Integral ist die *Laplace-Transformierte* von $f(t)$, wenn man dort formal die Variable s durch s/a *ersetzt*.

Wir fassen zusammen:

Ähnlichkeitssatz

Für die *Laplace-Transformierte* der Funktion $g(t) = f(at)$, die durch die Ähnlichkeitstransformation $t \rightarrow at$ aus der Originalfunktion $f(t)$ hervorgeht, gilt:

$$\mathscr{L}\{f(at)\} = \frac{1}{a} \cdot F\left(\frac{s}{a}\right) \qquad (a > 0) \tag{VI-22}$$

Dabei ist $F(s)$ die *Laplace-Transformierte* von $f(t)$, d. h. $F(s) = \mathscr{L}\{f(t)\}$.

Regel: Man erhält die Bildfunktion von $f(at)$, indem man die Variable s in der Bildfunktion $F(s)$ von $f(t)$ formal durch s/a *ersetzt* und die neue Funktion $F\left(\dfrac{s}{a}\right)$ anschließend mit dem Kehrwert von a *multipliziert*.

■ **Beispiel**

Wir berechnen die *Laplace-Transformierte* von $\cos(at)$ (mit $a > 0$) unter Verwendung des *Ähnlichkeitssatzes* und der (als bekannt vorausgesetzten) *Korrespondenz*

$$\cos t \; \circ\!\!-\!\!\bullet \; \frac{s}{s^2+1} \quad \text{oder} \quad \mathscr{L}\{\cos t\} = F(s) = \frac{s}{s^2+1}$$

und erhalten:

$$\mathscr{L}\{\cos(at)\} = \frac{1}{a} \cdot F\left(\frac{s}{a}\right) = \frac{1}{a} \cdot \frac{\left(\dfrac{s}{a}\right)}{\left(\dfrac{s}{a}\right)^2 + 1} = \frac{s}{a^2\left(\dfrac{s^2}{a^2}+1\right)} = \frac{s}{s^2+a^2}$$

■

2.3 Verschiebungssätze

Wir untersuchen in diesem Abschnitt, welche Auswirkung eine *Verschiebung* der Originalfunktion $f(t)$ längs der *Zeitachse* auf die zugehörige Bildfunktion hat. Probleme dieser Art treten z. B. in der Nachrichtentechnik auf: Bei der Übertragung von Informationen werden Signale häufig *zeitlich verzögert* (infolge der *endlichen* Ausbreitungsgeschwindigkeit).

2.3.1 Erster Verschiebungssatz (Verschiebung nach rechts)

Die Originalfunktion $f(t)$ mit $f(t) = 0$ für $t < 0$ wird zunächst um die Strecke a nach *rechts* verschoben $(a > 0)$. Dabei verändert die Kurve lediglich ihre Lage gegenüber der t-Achse, der Kurvenverlauf selbst bleibt aber *erhalten* (Bild VI-9). Mit Hilfe der Sprungfunktion $\sigma(t)$ lässt sich die *verschobene* Funktion durch die Gleichung $g(t) = f(t-a) \cdot \sigma(t-a)$ beschreiben.

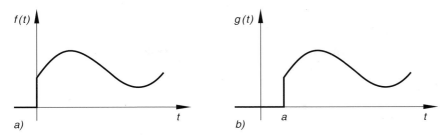

Bild VI-9 Zum 1. Verschiebungssatz (Verschiebung nach rechts)

a) Originalfunktion $f(t)$ b) Nach *rechts* verschobene Funktion $g(t)$

Der Verschiebung der Kurve $f(t)$ entspricht die *Variablensubstitution* $t \rightarrow t - a$. Wir bestimmen nun die *Laplace-Transformierte* der *verschobenen* Funktion $g(t)$. Definitionsgemäß ist unter Beachtung von $\sigma(t - a) = 0$ für $t < a$:

$$\mathscr{L}\{g(t)\} = \mathscr{L}\{f(t - a) \cdot \sigma(t - a)\} =$$

$$= \int_0^\infty f(t - a) \cdot \sigma(t - a) \cdot \mathrm{e}^{-st}\, dt = \int_a^\infty f(t - a) \cdot \mathrm{e}^{-st}\, dt \quad \text{(VI-23)}$$

Dieses Integral lösen wir durch die *Substitution*

$$u = t - a, \qquad t = u + a, \qquad \frac{dt}{du} = 1, \qquad dt = du$$

wobei sich die Integrationsgrenzen wie folgt *ändern*:

Untere Grenze: $t = a \Rightarrow u = 0$

Obere Grenze: $t = \infty \Rightarrow u = \infty$

Damit erhalten wir:

$$\mathscr{L}\{g(t)\} = \mathscr{L}\{f(t - a) \cdot \sigma(t - a)\} = \int_0^\infty f(u) \cdot \mathrm{e}^{-s(u+a)}\, du =$$

$$= \int_0^\infty f(u) \cdot \mathrm{e}^{-su} \cdot \mathrm{e}^{-sa}\, du = \mathrm{e}^{-as} \cdot \underbrace{\int_0^\infty f(u) \cdot \mathrm{e}^{-su}\, du}_{F(s)} =$$

$$= \mathrm{e}^{-as} \cdot F(s) \qquad \text{(VI-24)}$$

Das letzte Integral ist die Laplace-Transformierte $F(s)$ der *unverschobenen* Originalfunktion $f(t)$.

Somit gilt:

---

1. Verschiebungssatz (Verschiebung nach rechts)

Wird die Originalfunktion $f(t)$ um die Strecke $a > 0$ nach *rechts* verschoben, so gilt für die *Laplace-Transformierte* der *verschobenen* Kurve mit der Gleichung $g(t) = f(t - a) \cdot \sigma(t - a)$:

$$\mathscr{L}\{f(t - a) \cdot \sigma(t - a)\} = \mathrm{e}^{-as} \cdot F(s) \qquad \text{(VI-25)}$$

Dabei ist $F(s)$ die *Laplace-Transformierte* von $f(t)$, d. h. $F(s) = \mathscr{L}\{f(t)\}$.

Regel: Man erhält die Bildfunktion der *verschobenen* Originalfunktion, indem man die Bildfunktion $F(s)$ von $f(t)$ mit e^{-as} *multipliziert*.

■ **Beispiel**

Wir verschieben die *Sinuskurve* $f(t) = \sin t$ um *zwei* Einheiten nach *rechts* (siehe Bild VI-10).

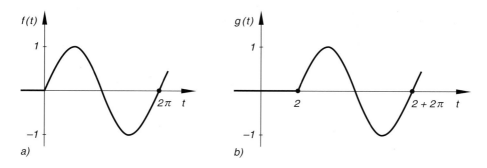

a)   b)

Bild VI-10 Verschiebung der Sinusfunktion um zwei Einheiten nach *rechts*
 a) Sinusfunktion   b) Verschobene Sinusfunktion

Die *Laplace-Transformierte* der *verschobenen* Kurve $g(t) = \sin(t - 2) \cdot \sigma(t - 2)$ lautet dann nach dem *1. Verschiebungssatz*:

$$\mathscr{L}\{\sin(t - 2) \cdot \sigma(t - 2)\} = \mathrm{e}^{-2s} \cdot \mathscr{L}\{\sin t\} = \mathrm{e}^{-2s} \cdot \frac{1}{s^2 + 1} = \frac{\mathrm{e}^{-2s}}{s^2 + 1}$$

Dabei haben wir von der *Korrespondenz* $\mathscr{L}\{\sin t\} = \dfrac{1}{s^2 + 1}$ Gebrauch gemacht (siehe *Transformationstabelle* in Abschnitt 4.2, Nr. 18 mit $a = 1$). ■

2.3.2 Zweiter Verschiebungssatz (Verschiebung nach links)

Die Originalfunktion $f(t)$ mit $f(t) = 0$ für $t < 0$ wird diesmal um die Strecke $a\,(a > 0)$ nach *links* verschoben, wobei das Kurvenstück mit $t < 0$ abgeschnitten wird (in Bild VI-11 gestrichelt dargestellt). Mit Hilfe der Sprungfunktion $\sigma(t)$ lässt sich die *verschobene* Kurve durch die Gleichung $g(t) = f(t + a) \cdot \sigma(t)$ beschreiben.

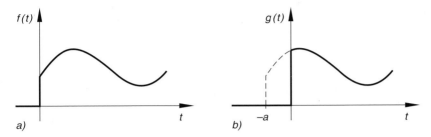

Bild VI-11 Zum 2. Verschiebungssatz (Verschiebung nach links)
    a) Originalfunktion $f(t)$ b) Nach *links* verschobene Funktion $g(t)$

Für die *Laplace-Transformierte* der *verschobenen* Kurve lässt sich dann der folgende Satz herleiten (auf den Beweis verzichten wir):

---

2. Verschiebungssatz (Verschiebung nach links)

Wird die Originalfunktion $f(t)$ um die Strecke $a > 0$ nach *links* verschoben, so gilt für die *Laplace-Transformierte* der *verschobenen* Kurve mit der Gleichung $g(t) = f(t + a) \cdot \sigma(t)$:

$$\mathscr{L}\{f(t + a) \cdot \sigma(t)\} = e^{as} \cdot \left(F(s) - \int_0^a f(t) \cdot e^{-st}\, dt \right) \qquad \text{(VI-26)}$$

Dabei ist $F(s)$ die *Laplace-Transformierte* von $f(t)$, d. h. $F(s) = \mathscr{L}\{f(t)\}$.

Regel: Man erhält die Bildfunktion der *verschobenen* Kurve, indem man zunächst von der Bildfunktion $F(s)$ von $f(t)$ das Integral $\int_0^a f(t) \cdot e^{-st}\, dt$ *subtrahiert* und anschließend die neue Funktion mit e^{as} *multipliziert*.

■ **Beispiel**

Aus der *Transformationstabelle* in Abschnitt 4.2 entnehmen wir für die *lineare* Funktion $f(t) = t$ die folgende *Laplace-Transformierte*:

$$\mathscr{L}\{t\} = F(s) = \frac{1}{s^2} \qquad \text{(Nr. 4)}$$

Wir verschieben diese Kurve um *zwei* Einheiten nach *links* und berechnen mit Hilfe des *2. Verschiebungssatzes* die *Laplace-Transformierte* der *verschobenen* Kurve mit der Gleichung $g(t) = (t + 2) \cdot \sigma(t)$ (Bild VI-12):

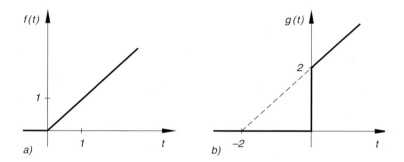

Bild VI-12 Verschiebung der linearen Funktionen $f(t) = t$ um zwei Einheiten nach *links*
a) Unverschobene Funktion   b) Verschobene Funktion

$$\mathscr{L}\{(t + 2) \cdot \sigma(t)\} = e^{2s} \cdot \left(\mathscr{L}\{t\} - \int\limits_0^2 t \cdot e^{-st}\, dt \right) =$$

$$= e^{2s} \cdot \left(\frac{1}{s^2} - \left[\left(\frac{-st - 1}{s^2} \right) \cdot e^{-st} \right]_0^2 \right) =$$

$$= e^{2s} \cdot \left(\frac{1}{s^2} + \left[\frac{(st + 1) \cdot e^{-st}}{s^2} \right]_0^2 \right) =$$

$$= e^{2s} \cdot \left(\frac{1}{s^2} + \frac{(2s + 1) \cdot e^{-2s} - 1}{s^2} \right) =$$

$$= e^{2s} \cdot \frac{1 + (2s + 1) \cdot e^{-2s} - 1}{s^2} =$$

$$= \frac{e^{2s} \cdot (2s + 1) \cdot e^{-2s}}{s^2} = \frac{2s + 1}{s^2}$$

(Integral Nr. 313 mit $a = -s$). Zum gleichen Ergebnis kommen wir, wenn wir die Laplace-Transformation $\mathscr{L}\{(t + 2) \cdot \sigma(t)\}$ mit Hilfe des *Linearitätssatzes* und unter Verwendung der *Transformationstabelle* in Abschnitt 4.2 durchführen:

$$\mathscr{L}\left\{(t+2)\cdot\sigma(t)\right\}=\mathscr{L}\left\{t\cdot\sigma(t)+2\cdot\sigma(t)\right\}=\mathscr{L}\left\{t\cdot1+2\cdot1\right\}=$$

$$=\mathscr{L}\left\{t+2\cdot1\right\}=\mathscr{L}\left\{t\right\}+2\cdot\mathscr{L}(1)\}=\frac{1}{s^{2}}+2\cdot\frac{1}{s}=$$

$$=\frac{1}{s^{2}}+\frac{2}{s}=\frac{1+2\,s}{s^{2}}=\frac{2\,s+1}{s^{2}}\qquad\text{(Nr. 2 und Nr. 4)}\qquad\blacksquare$$

2.4 Dämpfungssatz

Die Originalfunktion $f(t)$ mit $f(t)=0$ für $t<0$ soll nun *exponentiell gedämpft* werden. Dies aber bedeutet eine *Multiplikation* der Funktion $f(t)$ mit der *Exponentialfunktion* e^{-at}. Wir interessieren uns für die *Laplace-Transformierte* der *gedämpften* Funktion $g(t)=\mathrm{e}^{-at}\cdot f(t)$ mit $g(t)=0$ für $t<0$. Ausgehend von der Definitionsgleichung (VI-9) der Laplace-Transformation erhalten wir das folgende Ergebnis:

$$\mathscr{L}\left\{g(t)\right\}=\mathscr{L}\left\{\mathrm{e}^{-at}\cdot f(t)\right\}=\int_{0}^{\infty}\mathrm{e}^{-at}\cdot f(t)\cdot\mathrm{e}^{-st}\,dt=$$

$$=\underbrace{\int_{0}^{\infty}f(t)\cdot\mathrm{e}^{-(s+a)t}\,dt}_{F(s+a)}=F(s+a)\qquad\text{(VI-27)}$$

Denn das *letzte* Integral in dieser Gleichung ist nichts anderes als die *Bildfunktion* von $f(t)$, wenn man dort formal die Variable s durch $s+a$ *ersetzt*.

Wir fassen zusammen:

Dämpfungssatz

Wird die Originalfunktion $f(t)$ *exponentiell gedämpft*, so gilt für die *Laplace-Transformierte* der *gedämpften* Funktion $g(t)=\mathrm{e}^{-at}\cdot f(t)$:

$$\mathscr{L}\left\{\mathrm{e}^{-at}\cdot f(t)\right\}=F(s+a)\qquad\text{(VI-28)}$$

Dabei ist $F(s)$ die *Laplace-Transformierte* von $f(t)$, d. h. $F(s)=\mathscr{L}\left\{f(t)\right\}$.

Regel: Man erhält die Bildfunktion von $\mathrm{e}^{-at}\cdot f(t)$, indem man die Variable s in der Bildfunktion $F(s)$ von $f(t)$ formal durch $s+a$ *ersetzt*.

Anmerkung

Die Konstante a kann *reell* oder *komplex* sein. Eine *echte* Dämpfung der Originalfunktion $f(t)$ im *physikalischen* Sinne erhält man jedoch nur für $a>0$.

■ **Beispiel**

Zur Sinusfunktion $f(t) = \sin t$ (Originalfunktion) gehört die Bildfunktion $F(s) = \mathscr{L}\{\sin t\} = \dfrac{1}{s^2 + 1}$. Wir bestimmen mit Hilfe des *Dämpfungssatzes* die *Laplace-Transformierte* der *gedämpften Sinusfunktion* $g(t) = e^{-3t} \cdot \sin t$:

$$\mathscr{L}\{e^{-3t} \cdot \sin t\} = F(s+3) = \frac{1}{(s+3)^2 + 1} = \frac{1}{s^2 + 6s + 10}$$ ■

2.5 Ableitungssätze (Differentiationssätze)

Wir beschäftigen uns in diesem Abschnitt mit der *Differentiation* im Original- und Bildbereich.

2.5.1 Ableitungssatz für die Originalfunktion

Beim Lösen einer *linearen* Differentialgleichung mit *konstanten* Koeffizienten mit Hilfe der *Laplace-Transformation* werden die Laplace-Transformierten der *Ableitungen* einer Originalfunktion $f(t)$ nach der Variablen t benötigt. Wir beschäftigen uns zunächst mit der Bildfunktion der *ersten Ableitung* $f'(t)$. Definitionsgemäß ist

$$\mathscr{L}\{f'(t)\} = \int_0^\infty f'(t) \cdot e^{-st}\, dt$$

Dieses Integral lösen wir durch *partielle Integration*, indem wir den Integrand $f'(t) \cdot e^{-st}$ wie folgt *zerlegen*:

$$\underbrace{f'(t)}_{v'} \cdot \underbrace{e^{-st}}_{u} \quad \Rightarrow \quad \begin{cases} u = e^{-st}, & u' = -s \cdot e^{-st} \\ v' = f'(t), & v = f(t) \end{cases} \tag{VI-29}$$

Nach der *Formel der partiellen Integration* folgt dann:

$$\int_0^\infty f'(t) \cdot e^{-st}\, dt = \int_0^\infty v'u\, dt = \int_0^\infty uv'\, dt = \Big[uv\Big]_0^\infty - \int_0^\infty u'v\, dt =$$

$$= \Big[e^{-st} \cdot f(t)\Big]_0^\infty - \int_0^\infty (-s \cdot e^{-st}) \cdot f(t)\, dt =$$

$$= \underbrace{\Big[e^{-st} \cdot f(t)\Big]_0^\infty}_{-f(0)} + s \cdot \underbrace{\int_0^\infty f(t) \cdot e^{-st}\, dt}_{F(s)} =$$

$$= -f(0) + s \cdot F(s) = s \cdot F(s) - f(0) \tag{VI-30}$$

Dies gilt unter der Voraussetzung, dass $\lim\limits_{t \to \infty} (e^{-st} \cdot f(t)) = 0$ und $f(0)$ *endlich* ist.

Das verbliebene Integral der rechten Seite von *Gleichung* (VI-30) ist die Bildfunktion $F(s)$ von $f(t)$.

Analog lassen sich Formeln für die *Laplace-Transformierten* der *höheren* Ableitungen gewinnen. Es gilt der folgende Satz:

Ableitungssatz für die Originalfunktion

Die *Laplace-Transformierten* der *Ableitungen* einer Originalfunktion $f(t)$ nach der Variablen t lauten der Reihe nach wie folgt (sofern sie existieren):

1. Ableitung:

$$\mathscr{L}\{f'(t)\} = s \cdot F(s) - f(0) \qquad\qquad \text{(VI-31)}$$

2. Ableitung:

$$\mathscr{L}\{f''(t)\} = s^2 \cdot F(s) - s \cdot f(0) - f'(0) \qquad\qquad \text{(VI-32)}$$

$$\vdots$$

n-te Ableitung:

$$\mathscr{L}\{f^{(n)}(t)\} = s^n \cdot F(s) - s^{n-1} \cdot f(0) - s^{n-2} \cdot f'(0) -$$

$$- s^{n-3} \cdot f''(0) - \ldots - f^{(n-1)}(0) \qquad\qquad \text{(VI-33)}$$

Dabei bedeuten:

$F(s) = \mathscr{L}\{f(t)\}$: *Laplace-Transformierte* von $f(t)$

$f(0), f'(0), f''(0), \ldots, f^{(n-1)}(0)$: *Anfangswerte* zur Zeit $t = 0$

Regel: Man erhält die Bildfunktion von $f^{(n)}(t)$, indem man zunächst die Bildfunktion $F(s)$ von $f(t)$ mit s^n *multipliziert* und dann von der Funktion $s^n \cdot F(s)$ ein Polynom $(n-1)$-ten Grades der Variablen s *subtrahiert*. Die Polynomkoeffizienten sind dabei der Reihe nach die *Anfangswerte* der Originalfunktion $f(t)$ und ihrer Ableitungen $f'(t)$, $f''(t)$, $\ldots$, $f^{(n-1)}(t)$ zur Zeit $t = 0$.

Anmerkungen

(1) Der Ableitungssatz (VI-31) setzt voraus, dass die Originalfunktion $f(t)$ für $t \geq 0$ *differenzierbar* und damit auch *stetig* ist. Er liefert dann die Laplace-Transformierte der *gewöhnlichen* Ableitung $f'(t)$. Entsprechende Voraussetzungen gelten für die höheren gewöhnlichen Ableitungen.

(2) Besitzt $f(t)$ an der Stelle $t = 0$ einen (endlichen) *Sprung*, so sind die Anfangswerte $f(0)$, $f'(0)$, $f''(0)$, $\ldots$, $f^{(n-1)}(0)$ durch die entsprechenden *rechtsseitigen* Grenzwerte $f(+0)$, $f'(+0)$, $f''(+0)$, $\ldots$, $f^{(n-1)}(+0)$ zu ersetzen.

■ **Beispiele**

(1)   Von der Funktion $f(t) = \sin t$ sind *Anfangswert* $f(0)$ und *Bildfunktion* $F(s)$ bekannt:

$$f(0) = \sin 0 = 0 \quad \text{und} \quad F(s) = \mathscr{L}\{\sin t\} = \frac{1}{s^2 + 1}$$

Wir berechnen hieraus unter Verwendung des *Ableitungssatzes* die *Laplace-Transformierte* der *Kosinusfunktion*:

$$\mathscr{L}\{f'(t)\} = \mathscr{L}\left\{\frac{d}{dt}(\sin t)\right\} = \mathscr{L}\{\cos t\} = s \cdot F(s) - f(0) =$$

$$= s \cdot \frac{1}{s^2 + 1} - 0 = \frac{s}{s^2 + 1}$$

(2)   Wir bestimmen aus dem gegebenen *Funktionenpaar*

$$F(s) = \mathscr{L}\{t^2\} = \frac{2}{s^3}$$

mit Hilfe des *Ableitungssatzes* die *Laplace-Transformierten* der *Ableitungen* $f'(t) = 2t$ und $f''(t) = 2$ (*Anfangswerte*: $f(0) = 0$, $f'(0) = 0$):

1. Ableitung:

$$\mathscr{L}\{f'(t)\} = \mathscr{L}\{2t\} = s \cdot F(s) - f(0) = s \cdot \frac{2}{s^3} - 0 = \frac{2}{s^2}$$

2. Ableitung:

$$\mathscr{L}\{f''(t)\} = \mathscr{L}\{2\} = s^2 \cdot F(s) - s \cdot f(0) - f'(0) =$$

$$= s^2 \cdot \frac{2}{s^3} - s \cdot 0 - 0 = \frac{2}{s} \qquad\blacksquare$$

Sonderfall: Ableitungssatz für eine verallgemeinerte Originalfunktion

Der Ableitungssatz lässt sich *sinngemäß* auch auf eine *verallgemeinerte* Originalfunktion $f(t)$ mit einer Sprungstelle bei $t = 0$ ausdehnen (z. B. auf die Sprungfunktion $\sigma(t)$). Dabei sind in den Formeln (VI-31) bis (VI-33) die Anfangswerte bzw. rechtsseitigen Grenzwerte durch die jeweiligen *linksseitigen* Grenzwerte $f(-0)$, $f'(-0)$, $f''(-0)$, $\ldots$, $f^{(n-1)}(-0)$ zu ersetzen.

So lautet der Ableitungssatz für die 1. *verallgemeinerte* Ableitung $\dfrac{Df(t)}{Dt}$ einer verallgemeinerten Funktion $f(t)$ wie folgt:

Ableitungssatz für eine verallgemeinerte Originalfunktion

Die *Laplace-Transformierte* der *verallgemeinerten Ableitung* einer verallgemeinerten Originalfunktion $f(t)$ lautet:

$$\mathscr{L}\left\{\frac{Df(t)}{Dt}\right\} = s \cdot F(s) - f(-0) \qquad (\text{VI-34})$$

$$F(s) = \mathscr{L}\{f(t)\}; \qquad f(-0) = \lim_{\substack{t \to 0 \\ (t < 0)}} f(t)$$

■ **Beispiel**

Wir interessieren uns für die Laplace-Transformierte der *Diracschen Deltafunktion* $\delta(t)$. Aus Kap. V, Abschnitt 3.4 wissen wir, dass diese (verallgemeinerte) Funktion die *verallgemeinerte* Ableitung der Sprungfunktion $f(t) = \sigma(t)$ ist:

$$\delta(t) = \frac{D\,\sigma(t)}{Dt}$$

Aus dem Ableitungssatz (VI-34) folgt dann:

$$\mathscr{L}\{\delta(t)\} = \mathscr{L}\left\{\frac{D\,\sigma(t)}{Dt}\right\} = s \cdot F(s) - \sigma(-0)$$

Dabei ist $F(s)$ die aus Abschnitt 1.2 (1. Beispiel) bereits bekannte Laplace-Transformierte der Sprungfunktion

$$F(s) = \mathscr{L}\{\sigma(t)\} = \frac{1}{s}$$

und $\sigma(-0)$ der *linksseitige* Grenzwert der Sprungfunktion an der Stelle $t = 0$:

$$\sigma(-0) = \lim_{\substack{t \to 0 \\ (t < 0)}} \sigma(t) = \lim_{t \to 0} 0 = 0$$

(siehe hierzu Bild VI-4). Damit erhalten wir aus dem Ableitungssatz die folgende Laplace-Transformierte der *Diracschen Deltafunktion*:

$$\mathscr{L}\{\delta(t)\} = s \cdot \frac{1}{s} - 0 = 1$$

■

2.5.2 Ableitungssatz für die Bildfunktion

Wir interessieren uns jetzt für die *Ableitungen* der *Bildfunktion* $F(s) = \mathscr{L}\{f(t)\}$ nach der Variablen s. Aus der Definitionsgleichung der Laplace-Transformation folgt unmittelbar durch *beiderseitige Differentiation* nach s (wir differenzieren unter dem Integralzeichen, d. h. vertauschen die Reihenfolge der beiden Operationen):

$$F'(s) = \frac{d}{ds} F(s) = \frac{d}{ds}\left(\int_0^\infty f(t) \cdot e^{-st}\,dt\right) = \int_0^\infty \frac{d}{ds}\left(f(t) \cdot e^{-st}\right) dt =$$

$$= \int_0^\infty f(t) \cdot (-t) \cdot e^{-st}\,dt = \underbrace{\int_0^\infty [-t \cdot f(t)] \cdot e^{-st}\,dt}_{\mathscr{L}\{-t \cdot f(t)\}} = \mathscr{L}\{-t \cdot f(t)\}$$

$$\text{(VI-35)}$$

Denn das *letzte* Integral dieser Gleichung ist nichts anderes als die *Laplace-Transformierte* der Funktion $g(t) = -t \cdot f(t)$, von der wir voraussetzen, dass sie *Laplace-transformierbar* ist. Analog lassen sich Formeln für die *höheren* Ableitungen der Bildfunktion $F(s)$ herleiten.

Es gilt zusammenfassend:

Ableitungssatz für die Bildfunktion

Die *Ableitungen* der *Bildfunktion* $F(s) = \mathscr{L}\{f(t)\}$ nach der Variablen s lauten der Reihe nach wie folgt:

1. Ableitung:

$$F'(s) = \mathscr{L}\{-t \cdot f(t)\} \tag{VI-36}$$

2. Ableitung:

$$F''(s) = \mathscr{L}\{(-t)^2 \cdot f(t)\} = \mathscr{L}\{t^2 \cdot f(t)\} \tag{VI-37}$$

$$\vdots$$

n-te Ableitung:

$$F^{(n)}(s) = \mathscr{L}\{(-t)^n \cdot f(t)\} \tag{VI-38}$$

Regel: Die *n-te* Ableitung der Bildfunktion $F(s) = \mathscr{L}\{f(t)\}$ ist die Laplace-Transformierte der mit $(-t)^n$ *multiplizierten* Originalfunktion $f(t)$.

Anmerkung

Der *Ableitungssatz* für die *Bildfunktion* lässt sich auch in der Form

$$\mathscr{L}\{t^n \cdot f(t)\} = (-1)^n \cdot F^{(n)}(s) \tag{VI-39}$$

darstellen.

■ **Beispiele**

(1) Aus dem vorgegebenen *Funktionspaar*

$$f(t) = \sinh t \; \circ\!\!-\!\!\!-\!\!\bullet \; F(s) = \frac{1}{s^2 - 1}$$

erhält man durch Anwendung des *Ableitungssatzes* in der Form (VI-39) für $n = 1$ die *Bildfunktion* (*Laplace-Transformierte*) von $g(t) = t \cdot \sinh t$:

$$\mathscr{L}\{t \cdot \sinh t\} = (-1)^1 \cdot F'(s) = -\frac{d}{ds}\left(\frac{1}{s^2 - 1}\right) = -\frac{d}{ds}(s^2 - 1)^{-1} =$$

$$= -(-1)(s^2 - 1)^{-2} \cdot 2s = \frac{2s}{(s^2 - 1)^2}$$

(2)   Ausgehend von der *Korrespondenz*

$$f(t) = e^{at} \circ\!\!-\!\!-\!\!\bullet\ F(s) = \frac{1}{s-a}$$

bestimmen wir mit Hilfe des *Ableitungssatzes* (VI-39) die *Laplace-Transformierte* der Funktion $g(t) = t^2 \cdot e^{at}$:

$$F'(s) = \frac{d}{ds}\left(\frac{1}{s-a}\right) = \frac{d}{ds}(s-a)^{-1} = -1(s-a)^{-2} \cdot 1 = -(s-a)^{-2}$$

$$F''(s) = \frac{d}{ds}[-(s-a)^{-2}] = 2(s-a)^{-3} \cdot 1 = \frac{2}{(s-a)^3}$$

(beide Male wurde nach der *Kettenregel* differenziert)

$$\mathscr{L}\{t^2 \cdot e^{at}\} = (-1)^2 \cdot F''(s) = \frac{2}{(s-a)^3}$$
∎

2.6 Integrationssätze

Wir beschäftigen uns in diesem Abschnitt mit der *Integration* im Original- und Bild-bereich.

2.6.1 Integrationssatz für die Originalfunktion

An dieser Stelle interessiert uns, wie sich das *Integral* $\int\limits_0^t f(u)\,du$ einer Originalfunktion $f(t)$ bei der Laplace-Transformation verhält. Es gilt der folgende Satz (ohne Beweis):

Integrationssatz für die Originalfunktion

Für die *Laplace-Transformierte* des *Integrals* $\int\limits_0^t f(u)\,du$ einer Originalfunktion $f(t)$ gilt:

$$\mathscr{L}\left\{\int\limits_0^t f(u)\,du\right\} = \frac{1}{s} \cdot F(s) \qquad\qquad \text{(VI-40)}$$

Dabei ist $F(s)$ die *Laplace-Transformierte* von $f(t)$, d. h. $F(s) = \mathscr{L}\{f(t)\}$.

Regel: Man erhält die Bildfunktion des Integrals $\int\limits_0^t f(u)\,du$, indem man die Bild-funktion $F(s)$ von $f(t)$ mit dem Kehrwert von s *multipliziert*.

Anmerkung

Eine etwas *allgemeinere* Transformationsformel für ein Integral erhält man, wenn man die Integration im Intervall $[a, t]$ ausführt:

$$\mathscr{L}\left\{ \int_{a}^{t} f(u) \, du \right\} = \frac{1}{s} \cdot \left(F(s) - \int_{0}^{a} f(u) \, du \right) \qquad (\text{VI-41})$$

In den naturwissenschaftlich-technischen Anwendungen ist meist $a = 0$ und Formel (VI-41) geht dann in den Spezialfall (VI-40) über.

■ **Beispiele**

(1)   Wir gehen von der als bekannt vorausgesetzten *Korrespondenz*

$$f(t) = \cos t \; \circ\!\!-\!\!\bullet \; F(s) = \frac{s}{s^2 + 1}$$

aus und bestimmen aus diesem Funktionenpaar die *Laplace-Transformierte* der *Sinusfunktion*. Wegen

$$\int_{0}^{t} \cos u \, du = \left[\sin u \right]_{0}^{t} = \sin t - \sin 0 = \sin t - 0 = \sin t$$

folgt aus dem *Integrationssatz* mit $f(u) = \cos u$ unmittelbar die gewünschte Beziehung:

$$\mathscr{L}\left\{ \int_{0}^{t} \cos u \, du \right\} = \mathscr{L}\{\sin t\} = \frac{1}{s} \cdot F(s) = \frac{1}{s} \cdot \frac{s}{s^2 + 1} = \frac{1}{s^2 + 1}$$

(2)   Aus der bekannten *Korrespondenz*

$$f(t) = t \; \circ\!\!-\!\!\bullet \; F(s) = \frac{1}{s^2}$$

können wir mit Hilfe des *Integrationssatzes für die Originalfunktion* problemlos die *Bildfunktion* von $g(t) = t^2$ ermitteln. Zunächst bestimmen wir das Integral von $f(u) = u$:

$$\int_{0}^{t} f(u) \, du = \int_{0}^{t} u \, du = \left[\frac{1}{2} u^2 \right]_{0}^{t} = \frac{1}{2} t^2$$

Aus dem *Integrationssatz* (VI-40) folgt dann:

$$\mathscr{L}\left\{ \int_{0}^{t} u \, du \right\} = \mathscr{L}\left\{ \frac{1}{2} t^2 \right\} = \frac{1}{2} \cdot \mathscr{L}\{t^2\} = \frac{1}{s} \cdot F(s) = \frac{1}{s} \cdot \frac{1}{s^2} = \frac{1}{s^3}$$

$$\mathscr{L}\{t^2\} = \frac{2}{s^3} \qquad \text{oder} \qquad t^2 \; \circ\!\!-\!\!\bullet \; \frac{2}{s^3} \qquad\qquad ■$$

2.6.2 Integrationssatz für die Bildfunktion

Die *Integration* einer Bildfunktion $F(s) = \mathscr{L}\{f(t)\}$ regelt der folgende Satz, den wir ohne Beweis anführen:

Integrationssatz für die Bildfunktion

Für das *Integral* $\displaystyle\int_{s}^{\infty} F(u)\,du$ einer Bildfunktion $F(s)$ gilt:

$$\int_{s}^{\infty} F(u)\,du = \mathscr{L}\left\{\frac{1}{t} \cdot f(t)\right\} \tag{VI-42}$$

Dabei ist $f(t)$ die *Originalfunktion* von $F(s)$, d. h. $f(t) = \mathscr{L}^{-1}\{F(s)\}$.

Regel: Man erhält das Integral $\displaystyle\int_{s}^{\infty} F(u)\,du$ der Bildfunktion $F(s)$, indem man zunächst die Originalfunktion $f(t)$ von $F(s)$ mit $1/t$ *multipliziert* und anschließend die Laplace-Transformierte der neuen Originalfunktion $(1/t) \cdot f(t)$ bestimmt.

Voraussetzung dabei ist, dass die Funktion $g(t) = \dfrac{1}{t} \cdot f(t)$ *Laplace-transformierbar* ist.

■ **Beispiel**

Ausgehend von dem *Funktionenpaar*

$$f(t) = t^3 \quad \circ\!\!-\!\!\bullet \quad F(s) = \frac{6}{s^4} = 6\,s^{-4}$$

berechnen wir mit Hilfe des *Integrationssatzes* die *Laplace-Transformierte* der Funktion $g(t) = t^2$, die wir als Quotient aus $f(t) = t^3$ und t auffassen können:

$$\mathscr{L}\left\{\frac{1}{t} \cdot t^3\right\} = \mathscr{L}\{t^2\} = \int_{s}^{\infty} F(u)\,du = \int_{s}^{\infty} 6\,u^{-4}\,du = 6\left[\frac{u^{-3}}{-3}\right]_{s}^{\infty} =$$

$$= -2\left[\frac{1}{u^3}\right]_{s}^{\infty} = -2\left(0 - \frac{1}{s^3}\right) = \frac{2}{s^3}$$

■

---

[8] Sie lassen sich meist ohne große Schwierigkeiten aus einer *Transformationstabelle* bestimmen.

2.7 Faltungssatz

In den naturwissenschaftlich-technischen Anwendungen (z. B. bei der mathematischen Behandlung *linearer Übertragungssysteme*) stellt sich häufig das Problem der *Rücktransformation* einer Bildfunktion $F(s)$, die als *Produkt* zweier Bildfunktionen $F_1(s)$ und $F_2(s)$ darstellbar ist:

$$F(s) = F_1(s) \cdot F_2(s) \tag{VI-43}$$

Die Originalfunktionen $f_1(t) = \mathscr{L}^{-1}\{F_1(s)\}$ und $f_2(t) = \mathscr{L}^{-1}\{F_2(s)\}$ der beiden Bildfunktionen (Faktorfunktionen) $F_1(s)$ und $F_2(s)$ werden dabei als *bekannt* vorausgesetzt[8]. Es stellt sich dann die Frage nach der *Originalfunktion* $f(t)$ des *Produktes* $F(s) = F_1(s) \cdot F_2(s)$. Man vermutet zunächst, dass sich die gesuchte Originalfunktion $f(t)$ ebenfalls in der *Produktform*, nämlich als *Produkt* der *Originalfunktionen* $f_1(t)$ und $f_2(t)$ darstellen lässt. Mit anderen Worten: Folgt aus $F(s) = F_1(s) \cdot F_2(s)$ stets auch $f(t) = f_1(t) \cdot f_2(t)$? Bei der Lösung dieses wichtigen Problems, auf die wir im Rahmen dieser einführenden Darstellung nicht näher eingehen können, zeigt sich jedoch, dass dies *nicht* der Fall ist. Die gesuchte Originalfunktion $f(t)$ ist vielmehr durch eine *Integralkombination* der beiden Originalfunktionen $f_1(t)$ und $f_2(t)$ vom Typ

$$f(t) = \int_0^t f_1(u) \cdot f_2(t-u)\, du \tag{VI-44}$$

gegeben. In der mathematischen Literatur wird dieses Integral als *Faltungsintegral* oder (einseitige) *Faltung* der Funktionen $f_1(t)$ und $f_2(t)$ bezeichnet. Für das *Faltungsintegral* wird meist die symbolische Schreibweise $f_1(t) * f_2(t)$ verwendet (sog. *Faltungsprodukt*; gelesen: $f_1(t)$ „Stern" $f_2(t)$).

Wir definieren:

Definition: Unter dem *Faltungsprodukt* $f_1(t) * f_2(t)$ zweier Originalfunktionen $f_1(t)$ und $f_2(t)$ versteht man das Integral

$$f_1(t) * f_2(t) = \int_0^t f_1(u) \cdot f_2(t-u)\, du \tag{VI-45}$$

(*Faltungsintegral, einseitige Faltung* der Funktionen $f_1(t)$ und $f_2(t)$).

Anmerkung

Die Bezeichnung Faltungs*produkt* ist gerechtfertigt, da sich diese Größe wie ein gewöhnliches *Produkt*, d. h. *kommutativ*, *assoziativ* und *distrubutiv* verhält.

Rechenregeln für das Faltungsprodukt

Kommutativgesetz $\quad f_1(t) * f_2(t) = f_2(t) * f_1(t)$ $\hfill$ (VI-46)

Assoziativgesetz $\quad [f_1(t) * f_2(t)] * f_3(t) = f_1(t) * [f_2(t) * f_3(t)]$ $\hfill$ (VI-47)

Distributivgesetz $\quad f_1(t) * [f_2(t) + f_3(t)] = f_1(t) * f_2(t) + f_1(t) * f_3(t)$ $\hfill$ (VI-48)

Wir sind nun in der Lage, den sog. *Faltungssatz* zu formulieren (ohne Beweis):

Faltungssatz

Die *Laplace-Transformierte* des *Faltungsproduktes* $f_1(t) * f_2(t)$ ist gleich dem *Produkt* der Laplace-Transformierten von $f_1(t)$ und $f_2(t)$:

$$\mathscr{L}\{f_1(t) * f_2(t)\} = \mathscr{L}\left\{\int_0^t f_1(u) \cdot f_2(t-u)\, du\right\} =$$

$$= \mathscr{L}\{f_1(t)\} \cdot \mathscr{L}\{f_2(t)\} = F_1(s) \cdot F_2(s) \qquad \text{(VI-49)}$$

Dabei sind $F_1(s)$ und $F_2(s)$ die *Laplace-Transformierten von* $f_1(t)$ und $f_2(t)$, d. h. $F_1(s) = \mathscr{L}\{f_1(t)\}$ und $F_2(s) = \mathscr{L}\{f_2(t)\}$.

Anmerkungen

(1) Der *Faltungssatz* lässt sich auch in der Form

$$\mathscr{L}^{-1}\{F_1(s) \cdot F_2(s)\} = f_1(t) * f_2(t) \qquad \text{(VI-50)}$$

formulieren: Zum *Produkt* zweier Bildfunktionen $F_1(s)$ und $F_2(s)$ gehört im *Originalbereich* das *Faltungsprodukt* der zugehörigen *Originalfunktionen* $f_1(t)$ und $f_2(t)$.

(2) Bei der *Rücktransformation* einer Bildfunktion $F(s)$, die sich in ein *Produkt* $F(s) = F_1(s) \cdot F_2(s)$ zweier (einfach gebauter) Faktorfunktionen $F_1(s)$ und $F_2(s)$ zerlegen lässt, kann man auch wie folgt vorgehen:

1. Aus einer Transformationstabelle (z. B. der Tabelle in Abschnitt 4.2) entnimmt man die zugehörigen *Originalfunktionen* $f_1(t) = \mathscr{L}^{-1}\{F_1(s)\}$ und $f_2(t) = \mathscr{L}^{-1}\{F_2(s)\}$.

2. Die gesuchte Originalfunktion $f(t)$ von $F(s) = F_1(s) \cdot F_2(s)$ kann dann als *Faltungsprodukt* der Originalfunktionen $f_1(t)$ und $f_2(t)$ berechnet werden:

$$f(t) = \mathscr{L}^{-1}\{F(s)\} = \mathscr{L}^{-1}\{F_1(s) \cdot F_2(s)\} =$$

$$= f_1(t) * f_2(t) = \int_0^t f_1(u) \cdot f_2(t-u)\, du \qquad \text{(VI-51)}$$

■ **Beispiele**

(1) Wir bestimmen mit Hilfe des *Faltungssatzes* die zur Bildfunktion
$F(s) = \dfrac{1}{(s^2 + 1)\, s}$ gehörige *Originalfunktion* $f(t)$. Dazu zerlegen wir die Bildfunktion zunächst wie folgt in ein *Produkt* aus *zwei* Faktoren:

$$\mathcal{L}\{f(t)\} = F(s) = \frac{1}{(s^2 + 1)\, s} = \underbrace{\left(\frac{1}{s^2 + 1}\right)}_{F_1(s)} \cdot \underbrace{\left(\frac{1}{s}\right)}_{F_2(s)} = F_1(s) \cdot F_2(s)$$

Die *Originalfunktionen* $f_1(t)$ und $f_2(t)$ der beiden Faktorfunktionen $F_1(s)$ und
$F_2(s)$ lassen sich leicht anhand der *Transformationstabelle* aus Abschnitt 4.2 bestimmen:

$$f_1(t) = \mathcal{L}^{-1}\{F_1(s)\} = \mathcal{L}^{-1}\left\{\frac{1}{s^2 + 1}\right\} = \sin t \qquad \text{(Nr. 18 mit } a = 1\text{)}$$

$$f_2(t) = \mathcal{L}^{-1}\{F_2(s)\} = \mathcal{L}^{-1}\left\{\frac{1}{s}\right\} = 1 \qquad \text{(Nr. 2)}$$

Die gesuchte *Originalfunktion* $f(t)$ ist dann das *Faltungsprodukt* dieser beiden
Originalfunktionen:

$$f(t) = f_1(t) * f_2(t) = \int_0^t f_1(u) \cdot f_2(t - u)\, du$$

Mit $f_1(u) = \sin u$ und $f_2(t - u) = 1$ erhalten wir schließlich:

$$f(t) = \int_0^t (\sin u) \cdot 1\, du = \int_0^t \sin u\, du = \left[-\cos u\right]_0^t =$$

$$= -\cos t + \cos 0 = -\cos t + 1 = 1 - \cos t$$

Somit ist $f(t) = 1 - \cos t$ die *Originalfunktion* von $F(s) = \dfrac{1}{(s^2 + 1)\, s}$.

(2) Die *Rücktransformation* der Bildfunktion $F(s) = \dfrac{1}{s^2 - 4}$ in den Originalbereich
lässt sich mit Hilfe des *Faltungssatzes* leicht durchführen. Zunächst zerlegen wir
$F(s)$ wie folgt in ein *Produkt* aus *zwei* Faktoren:

$$F(s) = \frac{1}{s^2 - 4} = \frac{1}{(s + 2)(s - 2)} = \underbrace{\left(\frac{1}{s + 2}\right)}_{F_1(s)} \cdot \underbrace{\left(\frac{1}{s - 2}\right)}_{F_2(s)} = F_1(s) \cdot F_2(s)$$

Die *Originalfunktionen* der beiden Faktoren werden anhand der *Transformationstabelle* aus Abschnitt 4.2 wie folgt ermittelt (Nr. 3 mit $a = -2$ bzw. $a = 2$):

$$f_1(t) = \mathscr{L}^{-1}\{F_1(s)\} = \mathscr{L}^{-1}\left\{\frac{1}{s+2}\right\} = e^{-2t}$$

$$f_2(t) = \mathscr{L}^{-1}\{F_2(s)\} = \mathscr{L}^{-1}\left\{\frac{1}{s-2}\right\} = e^{2t}$$

Die gesuchte *Originalfunktion* $f(t) = \mathscr{L}^{-1}\{F(s)\} = \mathscr{L}^{-1}\left\{\dfrac{1}{s^2-4}\right\}$ ist dann das *Faltungsprodukt* dieser beiden Funktionen:

$$f(t) = f_1(t) * f_2(t) = \int_0^t f_1(u) \cdot f_2(t-u)\, du$$

Mit $f_1(u) = e^{-2u}$ und $f_2(t-u) = e^{2(t-u)}$ erhalten wir schließlich:

$$f(t) = \int_0^t e^{-2u} \cdot e^{2(t-u)}\, du = \int_0^t e^{-2u} \cdot e^{2t} \cdot e^{-2u}\, du =$$

$$= \int_0^t e^{2t} \cdot e^{-4u}\, du = e^{2t} \cdot \int_0^t e^{-4u}\, du = e^{2t}\left[\frac{1}{-4} \cdot e^{-4u}\right]_0^t =$$

$$= e^{2t}\left(\frac{e^{-4t}-1}{-4}\right) = e^{2t}\left(\frac{1-e^{-4t}}{4}\right) = \frac{e^{2t}-e^{-2t}}{4} = \frac{1}{2} \cdot \sinh(2t)$$

(Integral Nr. 312 mit $a = -4$). ∎

2.8 Grenzwertsätze

In zahlreichen Anwendungsbeispielen interessiert *allein* das Verhalten der Originalfunktion $f(t)$ zu *Beginn*, d. h. zur Zeit $t = 0$ bzw. am *Ende*, d. h. für $t \to \infty$. Der genaue Kurvenverlauf der Originalfunktion $f(t)$ spielt nur eine *untergeordnete* Rolle und wird daher oft gar nicht benötigt. Mit anderen Worten: Von Interesse ist häufig nur der *Anfangswert*

$$f(0) = \lim_{t \to 0} f(t) \quad \text{(rechtsseitiger Grenzwert)} \tag{VI-52}$$

bzw. der *Endwert*

$$f(\infty) = \lim_{t \to \infty} f(t) \tag{VI-53}$$

In beiden Fällen lässt sich das asymptotische Verhalten der Originalfunktion $f(t)$ für $t \to 0$ bzw. $t \to \infty$ auch *ohne* Rücktransformation direkt aus der (als bekannt vorausgesetzten) *Bildfunktion* $F(s)$ bestimmen. Die Berechnung von *Anfangs-* und *Endwert* erfolgt dabei mit Hilfe der folgenden *Grenzwertsätze* (Voraussetzung: Der jeweilige auf der linken Seite stehende Grenzwert muss vorhanden sein):

Grenzwertsätze

Anfangswert $f(0)$ und *Endwert* $f(\infty)$ einer Originalfunktion $f(t)$ lassen sich (sofern sie überhaupt existieren) wie folgt *ohne* Rücktransformation durch *Grenzwertbildung* aus der zugehörigen *Bildfunktion* $F(s) = \mathscr{L}\{f(t)\}$ berechnen:

Berechnung des Anfangswertes $f(0)$ (rechtsseitiger Grenzwert):

$$f(0) = \lim_{t \to 0} f(t) = \lim_{s \to \infty} [s \cdot F(s)] \qquad \text{(VI-54)}$$

Berechnung des Endwertes $f(\infty)$:

$$f(\infty) = \lim_{t \to \infty} f(t) = \lim_{s \to 0} [s \cdot F(s)] \qquad \text{(VI-55)}$$

Anmerkung

Der Anfangswert $f(0)$ wird bei *Sprungfunktionen* häufig auch mit $f(+0)$ bezeichnet um anzudeuten, dass es sich um den *rechtsseitigen* Grenzwert der Funktion für $t \to 0$ handelt $(t > 0)$.

Beweis: Wir beweisen *exemplarisch* die Formel für den *Endwert* $f(\infty)$. Nach dem *Ableitungssatz* für die *Originalfunktion* $f(t)$ gilt:

$$\mathscr{L}\{f'(t)\} = s \cdot F(s) - f(0) \qquad \text{(VI-56)}$$

Definitionsgemäß ist dabei die Laplace-Transformierte der *Ableitung* $f'(t)$ durch das folgende Integral gegeben:

$$\mathscr{L}\{f'(t)\} = \int_0^\infty f'(t) \cdot e^{-st}\, dt \qquad \text{(VI-57)}$$

Diesen Ausdruck setzen wir in die Gleichung (VI-56) ein:

$$\int_0^\infty f'(t) \cdot e^{-st}\, dt = s \cdot F(s) - f(0) \qquad \text{(VI-58)}$$

Beim *Grenzübergang* für $s \to 0$ wird hieraus die Gleichung

$$\lim_{s \to 0} \left(\int_0^\infty f'(t) \cdot e^{-st}\, dt \right) = \lim_{s \to 0} [s \cdot F(s) - f(0)] \qquad \text{(VI-59)}$$

Auf der *linken* Seite darf der Grenzübergang mit der Integration *vertauscht* werden:

$$\int\limits_0^\infty \left(\lim_{s \to 0} f'(t) \cdot e^{-st} \right) dt = \int\limits_0^\infty f'(t) \cdot \underbrace{\left(\lim_{s \to 0} e^{-st} \right)}_{1} dt = \int\limits_0^\infty f'(t)\, dt =$$

$$= \Big[f(t) \Big]_0^\infty = f(\infty) - f(0) \qquad\qquad \text{(VI-60)}$$

Auf der *rechten* Seite von Gleichung (VI-59) dürfen wir die Grenzwertbildung *gliedweise* vornehmen:

$$\lim_{s \to 0} \left[s \cdot F(s) - f(0) \right] = \lim_{s \to 0} \left[s \cdot F(s) \right] - f(0) \qquad\qquad \text{(VI-61)}$$

So geht Gleichung (VI-59) unter Berücksichtigung der Gleichungen (VI-60) und (VI-61) schließlich über in

$$f(\infty) - f(0) = \lim_{s \to 0} \left[s \cdot F(s) \right] - f(0) \qquad\qquad \text{(VI-62)}$$

oder

$$f(\infty) = \lim_{s \to 0} \left[s \cdot F(s) \right] \qquad\qquad \text{(VI-63)}$$

■ **Beispiele**

(1) $\quad F(s) = \dfrac{s}{s^2 + a^2}$

Die zugehörige *Originalfunktion* $f(t)$ besitzt den folgenden *Anfangswert* $f(0)$ (dessen Existenz wir voraussetzen):

$$f(0) = \lim_{t \to 0} f(t) = \lim_{s \to \infty} \left[s \cdot F(s) \right] = \lim_{s \to \infty} \left(s \cdot \frac{s}{s^2 + a^2} \right) =$$

$$= \lim_{s \to \infty} \left(\frac{s^2}{s^2 + a^2} \right) = \lim_{s \to \infty} \left(\frac{1}{1 + \dfrac{a^2}{s^2}} \right) = 1$$

(vor der Ausführung des Grenzübergangs Zähler und Nenner durch s^2 dividieren). Ein Vergleich mit der aus der Transformationstabelle in Abschnitt 4.2 entnommenen Originalfunktion

$$f(t) = \mathscr{L}^{-1} \{F(s)\} = \mathscr{L}^{-1} \left\{ \frac{s}{s^2 + a^2} \right\} = \cos(at) \qquad \text{(Nr. 19)}$$

bestätigt dieses Ergebnis:

$$f(0) = \lim_{t \to 0} (\cos(at)) = \cos 0 = 1$$

(2) $F(s) = \dfrac{5s + 12}{s(s + 4)}$

Wir bestimmen den (vorhandenen) *Endwert* $f(\infty)$ der zugehörigen (aber noch unbekannten) Originalfunktion $f(t)$:

$$f(\infty) = \lim_{t \to \infty} f(t) = \lim_{s \to 0} [s \cdot F(s)] = \lim_{s \to 0} \left(s \cdot \frac{5s + 12}{s(s + 4)} \right) =$$

$$= \lim_{s \to 0} \left(\frac{5s + 12}{s + 4} \right) = \frac{12}{4} = 3$$

Dieses Ergebnis soll jetzt mit der durch *Rücktransformation* erhaltenen Original-funktion $f(t)$ bestätigt werden. Zunächst aber stellen wir die echt gebrochenratio-nale Bildfunktion $F(s)$ wie folgt als Summe von *Partialbrüchen* dar (siehe hierzu auch den späteren Abschnitt 4.1):

$$F(s) = \frac{5s + 12}{s(s + 4)} = \frac{A}{s} + \frac{B}{s + 4} = \frac{A(s + 4) + Bs}{s(s + 4)} \quad \Rightarrow$$

$$A(s + 4) + Bs = 5s + 12$$

Wir setzen jetzt für s die Werte 0 und -4 ein (Nullstellen des Nenners) und erhalten für die Konstanten A und B folgende Werte:

$\boxed{s = 0}$ \qquad $4A = 12 \quad \Rightarrow \quad A = 3$

$\boxed{s = -4}$ \qquad $-4B = -8 \quad \Rightarrow \quad B = 2$

Somit gilt:

$$F(s) = \frac{5s + 12}{s(s + 4)} = \frac{3}{s} + \frac{2}{s + 4}$$

Rücktransformation mit Hilfe der *Transformationstabelle* aus Abschnitt 4.2 führt auf die *Originalfunktion*

$$f(t) = \mathscr{L}^{-1}\{F(s)\} = \mathscr{L}^{-1}\left\{ \frac{3}{s} + \frac{2}{s + 4} \right\} =$$

$$= 3 \cdot \mathscr{L}^{-1}\left\{ \frac{1}{s} \right\} + 2 \cdot \mathscr{L}^{-1}\left\{ \frac{1}{s + 4} \right\} =$$

$$= 3 \cdot 1 + 2 \cdot e^{-4t} = 3 + 2 \cdot e^{-4t}$$

(Nr. 2 und Nr. 3 mit $a = -4$). Sie besitzt den *Endwert*

$$f(\infty) = \lim_{t \to \infty} f(t) = \lim_{t \to \infty} (3 + 2 \cdot e^{-4t}) = 3$$

in völliger Übereinstimmung mit dem aus der Bildfunktion $F(s)$ erhaltenen Er-gebnis.   ∎

2.9 Zusammenfassung der Rechenregeln (Transformationssätze)

Hinweis: $\mathscr{L}\{f(t)\} = F(s)$; $\quad a$, c_1, c_2: Konstanten

	Originalbereich	Bildbereich
Linearitätssatz	$c_1 \cdot f_1(t) + c_2 \cdot f_2(t)$	$c_1 \cdot F_1(s) + c_2 \cdot F_2(s)$
Ähnlichkeitssatz	$f(at)$, $\quad a > 0$	$\dfrac{1}{a} \cdot F\left(\dfrac{s}{a}\right)$
1. Verschiebungssatz (Verschiebung nach rechts)	$f(t-a) \cdot \sigma(t-a)$ $a > 0$	$e^{-as} \cdot F(s)$
2. Verschiebungssatz (Verschiebung nach links)	$f(t+a) \cdot \sigma(t)$ $a > 0$	$e^{as}\left(F(s) - \displaystyle\int_0^a f(t) \cdot e^{-st}\, dt\right)$
Dämpfungssatz	$e^{-at} \cdot f(t)$	$F(s+a)$
Ableitungen der Originalfunktion	$f'(t)$ $f''(t)$ $f^{(n)}(t)$	$s \cdot F(s) - f(0)$ $s^2 \cdot F(s) - s \cdot f(0) - f'(0)$ $s^n \cdot F(s) - s^{n-1} \cdot f(0) -$ $\qquad - s^{n-2} \cdot f'(0) - \dots$ $\qquad \dots - f^{(n-1)}(0)$
Ableitungen der Bildfunktion	$(-t)^1 \cdot f(t)$ $(-t)^2 \cdot f(t)$ $(-t)^n \cdot f(t)$	$F'(s)$ $F''(s)$ $F^{(n)}(s)$
Integration der Originalfunktion	$\displaystyle\int_0^t f(u)\, du$	$\dfrac{1}{s} \cdot F(s)$
Integration der Bildfunktion	$\dfrac{1}{t} \cdot f(t)$	$\displaystyle\int_s^\infty F(u)\, du$
Faltungssatz	$f_1(t) * f_2(t)$	$F_1(s) \cdot F_2(s)$
Grenzwertsätze a) Anfangswert b) Endwert	$f(0) = \displaystyle\lim_{t \to +0} f(t) = \lim_{s \to \infty}[s \cdot F(s)]$ $f(\infty) = \displaystyle\lim_{t \to \infty} f(t) = \lim_{s \to 0}[s \cdot F(s)]$	

3 Laplace-Transformierte einer periodischen Funktion

In den naturwissenschaftlich-technischen Anwendungen spielen *periodisch* ablaufende Vorgänge wie z. B. *Schwingungen* oder *periodische Impulsfolgen* eine besondere Rolle. Ein solcher Vorgang lässt sich durch eine (meist *zeitabhängige*) *periodische* Funktion $f(t)$ mit der *Periode* (oder *Schwingungsdauer*) T beschreiben (Bild VI-13).

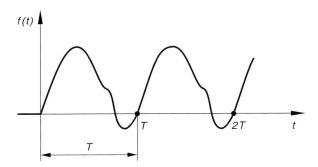

Bild VI-13 Periodische Funktion mit der Periode (Schwingungsdauer) T

Wegen der Periodizität ist

$$f(t) = f(t + T) = \ldots = f(t + nT) \quad (n = 1, 2, 3, \ldots) \tag{VI-64}$$

für $t > 0$, für $t < 0$ dagegen ist nach wie vor $f(t) = 0$ [9].

Für die *Laplace-Transformierte* einer solchen *periodischen* Originalfunktion kann wie folgt eine *spezielle* Integralformel hergeleitet werden. Definitionsgemäß ist

$$\mathscr{L}\{f(t)\} = F(s) = \int_0^\infty f(t) \cdot e^{-st}\, dt \tag{VI-65}$$

Die Integration führen wir dabei *stückweise* längs der einzelnen *Periodenintervalle* aus:

$$F(s) = \int_0^T f(t) \cdot e^{-st}\, dt + \int_T^{2T} f(t) \cdot e^{-st}\, dt + \int_{2T}^{3T} f(t) \cdot e^{-st}\, dt + \ldots =$$

$$= \sum_{n=0}^\infty \left(\int_{nT}^{(n+1)T} f(t) \cdot e^{-st}\, dt \right) \tag{VI-66}$$

---

[9] Die Periodizität der Funktion $f(t)$ bleibt somit auf den *positiven* Zeitbereich beschränkt.

Mit Hilfe der *Substitution*

$$t = u + nT, \qquad u = t - nT, \qquad dt = du$$

Untere Grenze: $t = nT \qquad \Rightarrow \quad u = nT - nT = 0$ $\qquad$ (VI-67)

Obere Grenze: $t = (n + 1)T \quad \Rightarrow \quad u = (n + 1)T - nT = T$

geht diese Gleichung über in

$$F(s) = \sum_{n=0}^{\infty} \left(\int_{0}^{T} f(u + nT) \cdot e^{-s(u+nT)}\, du \right) \qquad \text{(VI-68)}$$

Damit haben wir erreicht, dass *alle* Teilintegrale *dieselben* Integrationsgrenzen besitzen. Unter Berücksichtigung von $f(u) = f(u + nT)$ und $e^{-s(u+nT)} = e^{-su} \cdot e^{-nsT}$ folgt weiter:

$$F(s) = \sum_{n=0}^{\infty} \left(e^{-nsT} \cdot \int_{0}^{T} f(u) \cdot e^{-su}\, du \right) \qquad \text{(VI-69)}$$

Der von der Integrationsvariablen u *unabhängige* Faktor e^{-nsT} wurde dabei *vor* das Integral gezogen. Das Integral $\int_{0}^{T} f(u) \cdot e^{-su}\, du$ wiederum ist vom Summationsindex n *unabhängig* und darf somit *vor* das Summenzeichen gezogen werden. Dies führt zu

$$F(s) = \left(\int_{0}^{T} f(u) \cdot e^{-su}\, du \right) \cdot \sum_{n=0}^{\infty} e^{-nsT} \qquad \text{(VI-70)}$$

Die in diesem Ausdruck auftretende unendliche Summe ist eine (unendliche) *geometrische* Reihe:

$$\sum_{n=0}^{\infty} e^{-nsT} = \sum_{n=0}^{\infty} (\underbrace{e^{-sT}}_{q})^{n} = \sum_{n=0}^{\infty} q^{n} = 1 + q + q^{2} + \ldots \qquad \text{(VI-71)}$$

Setzen wir $s > 0$ voraus, so gilt $q = e^{-sT} < 1$ und die Reihe konvergiert dann mit dem *Summenwert* $1/(1 - q)$. Somit ist

$$\sum_{n=0}^{\infty} e^{-nsT} = \sum_{n=0}^{\infty} (e^{-sT})^{n} = \frac{1}{1 - e^{-sT}} \qquad \text{(VI-72)}$$

Für die *Laplace-Transformierte* der *periodischen* Funktion $f(t)$ erhalten wir damit:

$$F(s) = \left(\int_0^T f(u) \cdot e^{-su}\, du \right) \cdot \frac{1}{1 - e^{-sT}} = \frac{1}{1 - e^{-sT}} \cdot \int_0^T f(u) \cdot e^{-su}\, du$$

$$\text{(VI-73)}$$

Wir fassen zusammen:

Laplace-Transformierte einer periodischen Funktion

Die *Laplace-Transformierte* einer *periodischen* Funktion $f(t)$ mit der *Periode (Schwingungsdauer)* T lässt sich nach der Formel

$$F(s) = \mathscr{L}\{f(t)\} = \frac{1}{1 - e^{-sT}} \cdot \int_0^T f(t) \cdot e^{-st}\, dt \qquad \text{(VI-74)}$$

berechnen.

■ **Beispiele**

(1) Wir berechnen die *Laplace-Transformierte* der in Bild VI-14 dargestellten periodischen *Rechteckkurve*

$$f(t) = \left\{ \begin{array}{ll} 1 & 0 < t < a \\ -1 & a < t < 2a \end{array} \right\} \quad \text{für} \qquad \text{(Periode: } T = 2a\text{)}$$

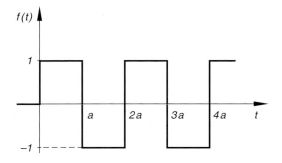

Bild VI-14
Periodische Rechteckkurve

Aus Gleichung (VI-74) folgt zunächst:

$$F(s) = \frac{1}{1 - e^{-2as}} \left[\underbrace{\int_0^a 1 \cdot e^{-st}\, dt}_{I_1} + \underbrace{\int_a^{2a} (-1) \cdot e^{-st}\, dt}_{I_2} \right]$$

Die Auswertung der beiden Integrale ergibt (Integral Nr. 312 mit $a = -s$):

$$I_1 = \int\limits_0^a 1 \cdot \mathrm{e}^{-st}\, dt = \int\limits_0^a \mathrm{e}^{-st}\, dt = \left[\frac{\mathrm{e}^{-st}}{-s}\right]_0^a = \frac{\mathrm{e}^{-as} - 1}{-s} = \frac{1 - \mathrm{e}^{-as}}{s}$$

$$I_2 = \int\limits_a^{2a} (-1) \cdot \mathrm{e}^{-st}\, dt = -\int\limits_a^{2a} \mathrm{e}^{-st}\, dt = -\left[\frac{\mathrm{e}^{-st}}{-s}\right]_a^{2a} = \frac{\mathrm{e}^{-2as} - \mathrm{e}^{-as}}{s}$$

Somit ist

$$F(s) = \frac{1}{1 - \mathrm{e}^{-2as}}\, (I_1 + I_2) = \frac{1}{1 - \mathrm{e}^{-2as}} \left[\frac{1 - \mathrm{e}^{-as}}{s} + \frac{\mathrm{e}^{-2as} - \mathrm{e}^{-as}}{s}\right] =$$

$$= \frac{1}{1 - \mathrm{e}^{-2as}} \cdot \frac{1 - 2 \cdot \mathrm{e}^{-as} + \mathrm{e}^{-2as}}{s} = \frac{1 - 2 \cdot \mathrm{e}^{-as} + \mathrm{e}^{-2as}}{s\,(1 - \mathrm{e}^{-2as})}$$

Der Zähler und der rechte Faktor im Nenner sind noch als *Binome* darstellbar:

> *Zähler:* $\quad 1 - 2 \cdot \mathrm{e}^{-as} + \mathrm{e}^{-2as} = (1 - \mathrm{e}^{-as})^2 \quad$ (2. Binom)
>
> *Nenner:* $\quad 1 - \mathrm{e}^{-2as} = (1 + \mathrm{e}^{-as})\,(1 - \mathrm{e}^{-as}) \quad$ (3. Binom)

Unter Berücksichtigung dieser Formeln erhalten wir schließlich für die *Laplace-Transformierte* der *Rechteckfunktion*:

$$F(s) = \frac{(1 - \mathrm{e}^{-as})^2}{s\,(1 + \mathrm{e}^{-as})\,(1 - \mathrm{e}^{-as})} = \frac{1 - \mathrm{e}^{-as}}{s\,(1 + \mathrm{e}^{-as})} =$$

$$= \frac{1}{s} \cdot \frac{(1 - \mathrm{e}^{-as}) \cdot \mathrm{e}^{as}}{(1 + \mathrm{e}^{-as}) \cdot \mathrm{e}^{as}} = \frac{1}{s} \cdot \frac{\mathrm{e}^{as} - 1}{\mathrm{e}^{as} + 1} = \frac{1}{s} \cdot \tanh\left(\frac{as}{2}\right)$$

(Faktor $1 - \mathrm{e}^{-as}$ herauskürzen, dann den Bruch mit e^{as} erweitern).

(2) Wir suchen die *Laplace-Transformierte* der in Bild VI-15 skizzierten *Sägezahnfunktion* (*Kippschwingung*) mit der Periode (Schwingungsdauer) $T = a$.

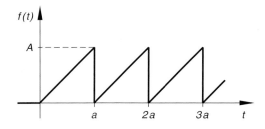

Bild VI-15

Sägezahnfunktion
(Kippschwingung)

Lösung: Im Periodenintervall $0 < t < a$ gilt $f(t) = \dfrac{A}{a} \, t$ und somit

$$F(s) = \frac{1}{1 - \mathrm{e}^{-as}} \cdot \int\limits_0^a \frac{A}{a} \, t \cdot \mathrm{e}^{-st} \, dt = \frac{A}{a(1 - \mathrm{e}^{-as})} \cdot \int\limits_0^a t \cdot \mathrm{e}^{-st} \, dt$$

Das Integral wird mit der Integraltafel ausgewertet (Integral Nr. 313 mit $a = -s$):

$$\int\limits_0^a t \cdot \mathrm{e}^{-st} \, dt = \left[\frac{(-st - 1)}{s^2} \cdot \mathrm{e}^{-st} \right]_0^a = \frac{(-as - 1) \cdot \mathrm{e}^{-as} + 1}{s^2}$$

Somit ist

$$F(s) = \frac{A}{a(1 - \mathrm{e}^{-as})} \cdot \frac{(-as - 1) \cdot \mathrm{e}^{-as} + 1}{s^2} =$$

$$= \frac{A \left[(-as - 1) \cdot \mathrm{e}^{-as} + 1 \right]}{as^2 (1 - \mathrm{e}^{-as})}$$

Wir erweitern noch den Bruch mit e^{as} und erhalten schließlich:

$$F(s) = \frac{A(-as - 1 + \mathrm{e}^{as})}{as^2 (\mathrm{e}^{as} - 1)} = \frac{A(1 + as - \mathrm{e}^{as})}{as^2 (1 - \mathrm{e}^{as})}$$ ∎

4 Rücktransformation aus dem Bildbereich in den Originalbereich

4.1 Allgemeine Hinweise zur Rücktransformation

Die *Laplace-Transformation* erweist sich bei der Lösung zahlreicher naturwissenschaftlich-technischer Probleme als eine äußerst nützliche Methode, da sich die durchzuführenden Rechenoperationen beim Übergang vom *Originalbereich* in den *Bildbereich* meist wesentlich *vereinfachen*. Die Lösung des Problems im *Bildbereich* wird dann durch eine *Bildfunktion* $F(s)$ beschrieben. Um die Lösung der gestellten Aufgabe im *Originalbereich*, d. h. die gesuchte *Originalfunktion* $f(t)$ zu erhalten, muss man die Bildfunktion $F(s)$ mittels der *inversen Laplace-Transformation* in den Originalraum *rücktransformieren*. Der eingeschlagene Lösungsweg lässt sich dabei wie folgt schematisch darstellen:

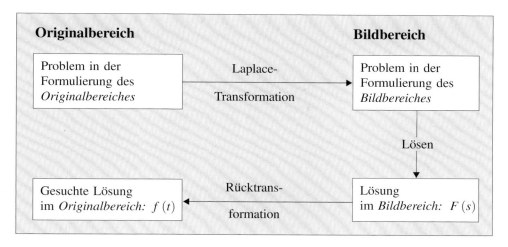

In der Anwendungspraxis erweist sich die *Rücktransformation* aus dem Bildbereich in den Originalbereich als der *schwierigste* Schritt im Lösungsschema. Sie erfolgt im Regelfall unter Verwendung einer *speziellen Transformationstabelle*, in der alle *wesentlichen* zusammengehörigen Funktionenpaare (Korrespondenzen) *systematisch* geordnet sind. Da in den Anwendungen häufig *gebrochenrationale* Bildfunktionen auftreten (z. B. beim Lösen von linearen Differentialgleichungen) zerlegt man diese zunächst mit Hilfe der aus der Integralrechnung bereits bekannten *Partialbruchzerlegung* in eine Summe aus *einfachen* Brüchen, den sog. *Partialbrüchen* und bestimmt dann aus der *Transformationstabelle* Glied für Glied die *zugehörigen* Originalfunktionen [10]. Auch der *Faltungssatz* kann bei der Rücktransformation sehr hilfreich sein.

Prinzipiell besteht auch die Möglichkeit, die Originalfunktion $f(t)$ auf *direktem* Wege über das *Laplacesche Umkehrintegral* aus der bekannten Bildfunktion $F(s)$ zu berechnen. Diese Methode wird aber nur *selten* angewendet, da hierzu *fundierte* Kenntnisse aus dem Gebiet der *Funktionentheorie* benötigt werden. Daneben gibt es noch weitere, sehr spezielle Methoden der Rücktransformation, die aber in der Anwendungspraxis *keine* nennenswerte Rolle spielen.

Wir halten fest:

Über die Rücktransformation aus dem Bildbereich in den Originalbereich

In den naturwissenschaftlich-technischen Anwendungen erfolgt die *Rücktransformation* aus dem Bildbereich in den Originalbereich im Regelfall mit Hilfe einer *Transformationstabelle*, in der alle wesentlichen *zusammengehörigen Funktionenpaare* (Korrespondenzen) systematisch geordnet sind (siehe Tabelle in Abschnitt 4.2). Bei einer *gebrochenrationalen* Bildfunktion wird diese zunächst mittels *Partialbruchzerlegung* in eine (endliche) Summe aus einfachen Brüchen, den sog. *Partialbrüchen* zerlegt und diese dann *Glied für Glied* mit Hilfe der *Transformationstabelle* rücktransformiert.

---

[10] Zur Partialbruchzerlegung siehe Band 1 (Kap. V, Abschnitt 8.3.1) und Mathematische Formelsammlung (Kap. V, Abschnitt 3.3.1).

Abschließend zeigen wir anhand eines Beispiels, wie man mit Hilfe der *Partialbruchzerlegung* und einer geeigneten *Transformationstabelle* die Originalfunktion einer vorgegebenen *gebrochenrationalen* Bildfunktion ermittelt.

■ **Beispiel**

$$F(s) = \frac{s^3 + 2s^2 - 4s + 4}{s^4 - 4s^3 + 4s^2} = \frac{s^3 + 2s^2 - 4s + 4}{s^2 \underbrace{(s^2 - 4s + 4)}_{2.\ \text{Binom}}} = \frac{s^3 + 2s^2 - 4s + 4}{s^2 (s - 2)^2}$$

Partialbruchzerlegung dieser echt gebrochenrationalen Funktion:

Nennernullstellen: $s^2 (s - 2)^2 = 0 \;\Rightarrow\; s_{1/2} = 0, \quad s_{3/4} = 2$

Ansatz für die Partialzerlegung:

$$\frac{s^3 + 2s^2 - 4s + 4}{s^2 (s - 2)^2} = \frac{A}{s} + \frac{B}{s^2} + \frac{C}{s - 2} + \frac{D}{(s - 2)^2} =$$

$$= \frac{As(s - 2)^2 + B(s - 2)^2 + Cs^2(s - 2) + Ds^2}{s^2 (s - 2)^2}$$

Berechnung der Konstanten A, B, C und D:

$$s^3 + 2s^2 - 4s + 4 = As(s - 2)^2 + B(s - 2)^2 + Cs^2(s - 2) + Ds^2$$

Wir setzen für s der Reihe nach die Werte 0 und 2 (d. h. die Nennernullstellen) und zusätzlich noch die Werte 1 und -1 ein:

$\boxed{s = 0}$ $\qquad 4 = 4B \;\Rightarrow\; B = 1$

$\boxed{s = 2}$ $\qquad 12 = 4D \;\Rightarrow\; D = 3$

$\boxed{s = 1}$ $\qquad 3 = A + B - C + D \;\Rightarrow\; 3 = A + 1 - C + 3 \;\Rightarrow$

$(*)$ $\qquad\quad -1 = A - C \qquad \text{oder} \qquad A - C = -1$

$\boxed{s = -1}$ $\qquad 9 = -9A + 9B - 3C + D \;\Rightarrow\; 9 = -9A + 9 - 3C + 3 \;\Rightarrow$

$(**)$ $\qquad\quad -3 = -9A - 3C \qquad \text{oder} \qquad 3A + C = 1$

Die Konstanten A und C berechnen wir aus dem Gleichungssystem

$$\left. \begin{array}{ll} (*) & A - C = -1 \\ (**) & 3A + C = 1 \end{array} \right\} +$$

$$\overline{ \quad 4A \qquad = \quad 0 \;\Rightarrow\; A = 0}$$

$$(*) \quad \Rightarrow \quad 0 - C \quad = -1 \quad \Rightarrow \quad C = 1$$

Damit besitzen die vier Konstanten die folgenden Werte:

$$A = 0, \qquad B = 1, \qquad C = 1, \qquad D = 3$$

Die *Partialbruchzerlegung* der Bildfunktion $F(s)$ lautet damit:

$$F(s) = \frac{s^3 + 2s^2 - 4s + 4}{s^4 - 4s^3 + 4s^2} = \frac{1}{s^2} + \frac{1}{s-2} + \frac{3}{(s-2)^2}$$

Gliedweise Rücktransformation mit Hilfe der Transformationstabelle in Abschnitt 4.2 führt dann zu der folgenden Lösung (Originalfunktion):

$$f(t) = \mathscr{L}^{-1}\{F(s)\} = \mathscr{L}^{-1}\left\{\frac{1}{s^2} + \frac{1}{s-2} + \frac{3}{(s-2)^2}\right\} =$$

$$= \mathscr{L}^{-1}\left\{\frac{1}{s^2}\right\} + \mathscr{L}^{-1}\left\{\frac{1}{s-2}\right\} + 3 \cdot \mathscr{L}^{-1}\left\{\frac{1}{(s-2)^2}\right\} =$$

$$= t + \mathrm{e}^{2t} + 3t \cdot \mathrm{e}^{2t} = t + (1 + 3t) \cdot \mathrm{e}^{2t}$$

(Laplace-Transformationen Nr. 4 sowie Nr. 3 und Nr. 6, jeweils mit $a = 2$) ∎

4.2 Tabelle spezieller Laplace-Transformationen

Die nachfolgende Tabelle enthält einige in den Anwendungen besonders häufig auftretende Funktionenpaare (Korrespondenzen).

Tabelle: Spezielle Laplace-Transformationen

Bildfunktion $F(s)$	Originalfunktion $f(t)$
(1) $\quad 1$	$\delta(t)$
(2) $\quad \dfrac{1}{s}$	$1 \quad$ (Sprungfunktion $\sigma(t)$)
(3) $\quad \dfrac{1}{s-a}$	e^{at}
(4) $\quad \dfrac{1}{s^2}$	t

Tabelle: Spezielle Laplace-Transformationen (Fortsetzung)

(5)	$\dfrac{1}{s\,(s-a)}$	$\dfrac{\mathrm{e}^{at}-1}{a}$
(6)	$\dfrac{1}{(s-a)^2}$	$t\cdot\mathrm{e}^{at}$
(7)	$\dfrac{1}{(s-a)\,(s-b)}$	$\dfrac{\mathrm{e}^{at}-\mathrm{e}^{bt}}{a-b}$
(8)	$\dfrac{s}{(s-a)^2}$	$(1+at)\cdot\mathrm{e}^{at}$
(9)	$\dfrac{s}{(s-a)\,(s-b)}$	$\dfrac{a\cdot\mathrm{e}^{at}-b\cdot\mathrm{e}^{bt}}{a-b}$
(10)	$\dfrac{1}{s^3}$	$\dfrac{1}{2}\,t^2$
(11)	$\dfrac{1}{s^2\,(s-a)}$	$\dfrac{\mathrm{e}^{at}-at-1}{a^2}$
(12)	$\dfrac{1}{s\,(s-a)^2}$	$\dfrac{(at-1)\cdot\mathrm{e}^{at}+1}{a^2}$
(13)	$\dfrac{1}{(s-a)^3}$	$\dfrac{1}{2}\,t^2\cdot\mathrm{e}^{at}$
(14)	$\dfrac{s}{(s-a)^3}$	$\left(\dfrac{1}{2}\,at^2+t\right)\cdot\mathrm{e}^{at}$
(15)	$\dfrac{s^2}{(s-a)^3}$	$\left(\dfrac{1}{2}\,a^2t^2+2at+1\right)\cdot\mathrm{e}^{at}$
(16)	$\dfrac{1}{s^n}\quad(n=1,2,3,\ldots)$	$\dfrac{t^{n-1}}{(n-1)!}$
(17)	$\dfrac{1}{(s-a)^n}\quad(n=1,2,3,\ldots)$	$\dfrac{t^{n-1}\cdot\mathrm{e}^{at}}{(n-1)!}$
(18)	$\dfrac{1}{s^2+a^2}$	$\dfrac{\sin(at)}{a}$
(19)	$\dfrac{s}{s^2+a^2}$	$\cos(at)$

Tabelle: Spezielle Laplace-Transformationen (Fortsetzung)

(20)	$\dfrac{(\sin b) \cdot s + a \cdot \cos b}{s^2 + a^2}$	$\sin(at + b)$
(21)	$\dfrac{(\cos b) \cdot s - a \cdot \sin b}{s^2 + a^2}$	$\cos(at + b)$
(22)	$\dfrac{1}{(s - b)^2 + a^2}$	$\dfrac{e^{bt} \cdot \sin(at)}{a}$
(23)	$\dfrac{s - b}{(s - b)^2 + a^2}$	$e^{bt} \cdot \cos(at)$
(24)	$\dfrac{1}{s^2 - a^2}$	$\dfrac{\sinh(at)}{a}$
(25)	$\dfrac{s}{s^2 - a^2}$	$\cosh(at)$
(26)	$\dfrac{1}{(s - b)^2 - a^2}$	$\dfrac{e^{bt} \cdot \sinh(at)}{a}$
(27)	$\dfrac{s - b}{(s - b)^2 - a^2}$	$e^{bt} \cdot \cosh(at)$
(28)	$\dfrac{1}{s(s^2 + 4a^2)}$	$\dfrac{\sin^2(at)}{2a^2}$
(29)	$\dfrac{s^2 + 2a^2}{s(s^2 + 4a^2)}$	$\cos^2(at)$
(30)	$\dfrac{s}{(s^2 + a^2)^2}$	$\dfrac{t \cdot \sin(at)}{2a}$
(31)	$\dfrac{s^2 - a^2}{(s^2 + a^2)^2}$	$t \cdot \cos(at)$
(32)	$\dfrac{s}{(s^2 - a^2)^2}$	$\dfrac{t \cdot \sinh(at)}{2a}$
(33)	$\dfrac{s^2 + a^2}{(s^2 - a^2)^2}$	$t \cdot \cosh(at)$
(34)	$\arctan\left(\dfrac{a}{s}\right)$	$\dfrac{\sin(at)}{t}$

5 Anwendungen der Laplace-Transformation

5.1 Lineare Differentialgleichungen mit konstanten Koeffizienten

5.1.1 Allgemeines Lösungsverfahren mit Hilfe der Laplace-Transformation

Mit den in den Anwendungen besonders wichtigen *linearen* Diffentialgleichungen 1. und 2. Ordnung mit *konstanten* Koeffizienten haben wir uns bereits in Kapitel IV ausführlich beschäftigt. Dort wurde gezeigt, wie man eine solche Differentialgleichung durch *Variation der Konstanten* oder durch *Aufsuchen einer partikulären Lösung* lösen kann.
Die *allgemeine* Lösung enthielt dabei noch *eine* bzw. *zwei* Integrationskonstanten als *Parameter.*

Ein weiteres (insbesondere in der Elektrotechnik und Regelungstechnik weit verbreitetes) Lösungsverfahren liefert die *Laplace-Transformation*. Wie wir im Einzelnen noch sehen werden, gehen dabei in die *allgemeinen* Lösungen der Differentialgleichungen die jeweiligen *Anfangswerte* für $t = 0$ als *Parameter* ein. Die *Integration einer linearen Differentialgleichung mit konstanten Koeffizienten mit Hilfe der Laplace-Transformation liefert somit die allgemeine Lösung in Abhängigkeit von den Anfangswerten*[11]. Dieser in drei Schritten ablaufende Lösungsweg lässt sich wie folgt schematisch darstellen:

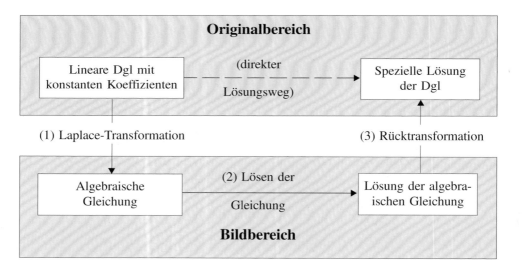

Wir beschreiben noch kurz die einzelnen Rechenschritte:

(1)   Die *lineare* Differentialgleichung mit *konstanten* Koeffizienten und *vorgegebenen* Anfangswerten wird zunächst mit Hilfe der Laplace-Transformation in eine *algebraische Gleichung 1. Grades*, d. h. in eine *lineare* Gleichung übergeführt.

(2)   Als *Lösung* dieser Gleichung erhält man die Bildfunktion $Y(s)$ der gesuchten Lösung (Originalfunktion) $y(t)$.

---

[11] Wir lösen somit ein *Anfangswertproblem.*

(3)   Durch *Rücktransformation* gewinnt man aus der Bildfunktion $Y(s)$ mit Hilfe einer *Transformationstabelle* (siehe Abschnitt 4.2) und / oder *spezieller* Methoden (wie z. B. der *Partialbruchzerlegung* bei gebrochenrationalen Funktionen) die *gesuchte Lösung* $y(t)$ der gestellten *Anfangswertaufgabe*.

Vorteil dieser Lösungsmethode: Die Rechenoperationen sind im Bildbereich leichter durchführbar.

5.1.2 Integration einer linearen Differentialgleichung 1. Ordnung mit konstanten Koeffizienten

Das zu lösende *Anfangswertproblem lautet* im *Originalbereich*:

$$y' + a y = g(t) \qquad \text{Anfangswert: } y(0) \tag{VI-75}$$

($a = $ const.; $g(t)$: Störfunktion). Wir lösen diese *lineare* Differentialgleichung 1. Ordnung mit *konstanten* Koeffizienten *schrittweise* wie folgt:

(1)   Transformation vom Originalbereich in den Bildbereich (Laplace-Transformation)

Die lineare Differentialgleichung (VI-75) wird *gliedweise* der Laplace-Transformation unterworfen. Wir setzen dabei

$$\mathscr{L}\{y(t)\} = Y(s) \quad \text{und} \quad \mathscr{L}\{g(t)\} = F(s) \tag{VI-76}$$

Für die Laplace-Transformierte der *Ableitung* $y'(t)$ gilt dann nach dem *Ableitungssatz für Originalfunktionen*:

$$\mathscr{L}\{y'(t)\} = s \cdot Y(s) - y(0) \tag{VI-77}$$

Die Differentialgleichung (VI-75) geht damit über in die *algebraische* Gleichung

$$[s \cdot Y(s) - y(0)] + a \cdot Y(s) = F(s) \tag{VI-78}$$

(2)   Lösung im Bildbereich

Wir lösen diese *lineare* Gleichung nach der *Bildfunktion* $Y(s)$ auf:

$$s \cdot Y(s) - y(0) + a \cdot Y(s) = F(s) \quad \Rightarrow \quad (s + a) \cdot Y(s) = F(s) + y(0)$$

$$Y(s) = \frac{F(s) + y(0)}{s + a} \tag{VI-79}$$

Die Funktion $Y(s)$ ist die Lösung der Anfangswertaufgabe (VI-75) im *Bildbereich*.

(3)   Rücktransformation vom Bildbereich in den Originalbereich (inverse Laplace-Transformation)

Durch *Rücktransformation* mit Hilfe einer *speziellen Transformationstabelle* (Tabelle aus Abschnitt 4.2) erhält man schließlich aus der (jetzt bekannten) Bildfunktion $Y(s)$ die *gesuchte Lösung* $y(t)$ des Anfangswertproblems (VI-75):

$$y(t) = \mathscr{L}^{-1}\{Y(s)\} = \mathscr{L}^{-1}\left\{\frac{F(s) + y(0)}{s + a}\right\} \tag{VI-80}$$

Wir fassen zusammen:

Integration einer linearen Differentialgleichung 1. Ordnung mit konstanten Koeffizienten mit Hilfe der Laplace-Transformation

Die *lineare* Differentialgleichung 1. Ordnung mit *konstanten* Koeffizienten vom Typ

$$y' + a\,y = g\,(t) \qquad\qquad\qquad (\text{VI-81})$$

mit dem *Anfangswert* $y\,(0)$ wird mit Hilfe der Laplace-Transformation in die *algebraische* Gleichung

$$[s \cdot Y\,(s) - y\,(0)] + a \cdot Y\,(s) = F\,(s) \qquad\qquad\qquad (\text{VI-82})$$

mit der *Lösung*

$$Y\,(s) = \frac{F\,(s) + y\,(0)}{s + a} \qquad\qquad\qquad (\text{VI-83})$$

übergeführt $(Y\,(s) = \mathscr{L}\,\{y\,(t)\}$ und $F\,(s) = \mathscr{L}\,\{g\,(t)\})$.

Durch *Rücktransformation* mit Hilfe der *Transformationstabelle* aus Abschnitt 4.2 erhält man aus der Bildfunktion $Y\,(s)$ schließlich die *gesuchte Lösung* (*Originalfunktion*) $y\,(t)$ der Differentialgleichung (VI-81).

Anmerkungen

(1) Die *allgemeine* Lösung $y\,(t)$ der Differentialgleichung (VI-81) enthält noch *einen* Parameter, nämlich den *Anfangswert* $y\,(0)$. Der Anfangswert ist durch den *rechtsseitigen* Grenzwert $y\,(+0)$ zu ersetzen, falls die Lösung $y\,(t)$ bei $t = 0$ eine (endliche) Sprungstelle hat.

(2) Die *allgemeine* Lösung des Anfangswertproblems (VI-81) lässt sich auch in *geschlossener* Form wie folgt darstellen:

$$y\,(t) = g\,(t) * \mathrm{e}^{-a\,t} + y\,(0) \cdot \mathrm{e}^{-a\,t} \qquad\qquad\qquad (\text{VI-84})$$

$g\,(t) * \mathrm{e}^{-a\,t}$ ist dabei das *Faltungsprodukt* der Funktionen $g\,(t)$ und $\mathrm{e}^{-a\,t}$.

■ **Beispiel**

$$y' + 2\,y = 2\,t - 4 \qquad \textit{Anfangswert:}\ \ y\,(0) = 1$$

Wir *transformieren* diese Differentialgleichung unter Verwendung der *Transformationstabelle* aus Abschnitt 4.2 in den *Bildbereich* $(a = 2;\ g\,(t) = 2\,t - 4)$:

$$[s \cdot Y\,(s) - 1] + 2 \cdot Y\,(s) = \mathscr{L}\,\{2\,t - 4\} = 2 \cdot \mathscr{L}\,\{t\} - 4 \cdot \mathscr{L}\,\{1\} = \frac{2}{s^2} - \frac{4}{s}$$

Diese *algebraische* Gleichung wird nach der *Bildfunktion* $Y\,(s)$ aufgelöst:

$$(s + 2) \cdot Y\,(s) = \frac{2}{s^2} - \frac{4}{s} + 1 \quad \Rightarrow \quad Y\,(s) = \frac{2}{s^2\,(s + 2)} - \frac{4}{s\,(s + 2)} + \frac{1}{s + 2}$$

Bei der *Rücktransformation* vom Bild- in den Originalbereich verwenden wir wiederum die *Transformationstabelle* aus Abschnitt 4.2, in der die drei Summanden der Bildfunktion $Y(s)$ mitsamt den zugehörigen Originalfunktionen enthalten sind. Die *Lösung* unserer *Anfangswertaufgabe* lautet daher wie folgt:

$$y(t) = \mathscr{L}^{-1}\{Y(s)\} = \mathscr{L}^{-1}\left\{\frac{2}{s^2(s+2)} - \frac{4}{s(s+2)} + \frac{1}{s+2}\right\} =$$

$$= 2 \cdot \underbrace{\mathscr{L}^{-1}\left\{\frac{1}{s^2(s+2)}\right\}}_{\dfrac{e^{-2t} + 2t - 1}{4}} - 4 \cdot \underbrace{\mathscr{L}^{-1}\left\{\frac{1}{s(s+2)}\right\}}_{\dfrac{e^{-2t} - 1}{-2}} + \underbrace{\mathscr{L}^{-1}\left\{\frac{1}{s+2}\right\}}_{e^{-2t}} =$$

$$= 2 \cdot \frac{e^{-2t} + 2t - 1}{4} - 4 \cdot \frac{e^{-2t} - 1}{-2} + e^{-2t} =$$

$$= 0{,}5 \cdot e^{-2t} + t - 0{,}5 + 2 \cdot e^{-2t} - 2 + e^{-2t} = t - 2{,}5 + 3{,}5 \cdot e^{-2t}$$

(Laplace-Transformationen Nr. 11, Nr. 5 und Nr. 3, jeweils mit $a = -2$)   ∎

5.1.3 Integration einer linearen Differentialgleichung 2. Ordnung mit konstanten Koeffizienten

Das zu lösende *Anfangswertproblem* lautet im *Originalbereich*:

$$y'' + ay' + by = g(t) \qquad \text{Anfangswerte: } y(0), y'(0) \tag{VI-85}$$

($a = $ const.; $b = $ const.; $g(t)$: Störfunktion). Diese *lineare* Differentialgleichung 2. Ordnung mit *konstanten* Koeffizienten lösen wir *schrittweise* wie folgt:

(1)   Transformation vom Originalbereich in den Bildbereich (Laplace-Transformation)

Die *lineare* Differentialgleichung (VI-85) wird *gliedweise* der Laplace-Transformation unterworfen. Wir setzen dabei wiederum

$$\mathscr{L}\{y(t)\} = Y(s) \quad \text{und} \quad \mathscr{L}\{g(t)\} = F(s) \tag{VI-86}$$

Für die Laplace-Transformierte der *Ableitungen* $y'(t)$ und $y''(t)$ gilt dann nach dem *Ableitungssatz für Originalfunktionen*:

$$\mathscr{L}\{y'(t)\} = s \cdot Y(s) - y(0)$$
$$\mathscr{L}\{y''(t)\} = s^2 \cdot Y(s) - s \cdot y(0) - y'(0) \tag{VI-87}$$

Die Differentialgleichung (VI-85) geht damit über in die *algebraische* Gleichung

$$[s^2 \cdot Y(s) - s \cdot y(0) - y'(0)] + a[s \cdot Y(s) - y(0)] + b \cdot Y(s) = F(s) \tag{VI-88}$$

(2)   Lösung im Bildbereich

Wir lösen diese *lineare* Gleichung nach der *Bildfunktion* $Y(s)$ auf:

$$s^2 \cdot Y(s) - s \cdot y(0) - y'(0) + as \cdot Y(s) - a \cdot y(0) + b \cdot Y(s) = F(s)$$

$$(s^2 + as + b) \cdot Y(s) = F(s) + y(0) \cdot (s + a) + y'(0) \quad \Rightarrow$$

$$Y(s) = \frac{F(s) + y(0) \cdot (s + a) + y'(0)}{s^2 + as + b} \tag{VI-89}$$

Die Funktion $Y(s)$ ist die *Lösung* der Anfangswertaufgabe (VI-85) im *Bildbereich*.

(3)   Rücktransformation vom Bildbereich in den Originalbereich (inverse Laplace-Transformation)

Aus der (jetzt bekannten) Bildfunktion $Y(s)$ erhalten wir schließlich durch *Rücktransformation* mit Hilfe der *Transformationstabelle* aus Abschnitt 4.2 die *gesuchte Lösung* $y(t)$ des Anfangswertproblems (VI-85):

$$y(t) = \mathscr{L}^{-1}\{Y(s)\} = \mathscr{L}^{-1}\left\{\frac{F(s) + y(0) \cdot (s + a) + y'(0)}{s^2 + as + b}\right\} \tag{VI-90}$$

Zusammenfassend gilt somit:

Integration einer linearen Differentialgleichung 2. Ordnung mit konstanten Koeffizienten mit Hilfe der Laplace-Transformation

Die *lineare* Differentialgleichung 2. Ordnung mit *konstanten* Koeffizienten vom Typ

$$y'' + ay' + by = g(t) \tag{VI-91}$$

mit den *Anfangswerten* $y(0)$ und $y'(0)$ wird mit Hilfe der Laplace-Transformation in die *algebraische* Gleichung

$$[s^2 \cdot Y(s) - s \cdot y(0) - y'(0)] + a[s \cdot Y(s) - y(0)] + b \cdot Y(s) = F(s)$$
$$\tag{VI-92}$$

mit der *Lösung*

$$Y(s) = \frac{F(s) + y(0) \cdot (s + a) + y'(0)}{s^2 + as + b} \tag{VI-93}$$

übergeführt $(Y(s) = \mathscr{L}\{y(t)\}$ und $F(s) = \mathscr{L}\{g(t)\})$.

Durch *Rücktransformation* mit Hilfe der *Transformationstabelle* aus Abschnitt 4.2 erhält man aus der Bildfunktion $Y(s)$ schließlich die *gesuchte Lösung* (*Originalfunktion*) $y(t)$ der Differentialgleichung (VI-91).

Anmerkungen

(1) Die *allgemeine* Lösung $y(t)$ der Differentialgleichung (VI-91) enthält noch *zwei* Parameter, nämlich die *Anfangswerte* $y(0)$ und $y'(0)$ bzw. die *rechtsseitigen* Grenzwerte $y(+0)$ und $y'(+0)$ im Falle einer Sprungstelle bei $t = 0$.

(2) Die *allgemeine* Lösung des Anfangswertproblems (VI-91) lässt sich auch in *geschlossener* Form wie folgt darstellen:

$$y(t) = g(t) * f_1(t) + y(0) \cdot f_2(t) + y'(0) \cdot f_1(t) \qquad \text{(VI-94)}$$

Die Funktionen $f_1(t)$ und $f_2(t)$ haben dabei folgende Bedeutung:

$$f_1(t): \text{\textit{Originalfunktion}} \quad \text{von} \quad F_1(s) = \frac{1}{s^2 + as + b}$$

$$f_2(t): \text{\textit{Originalfunktion}} \quad \text{von} \quad F_2(s) = \frac{s + a}{s^2 + as + b}$$

$g(t) * f_1(t)$ ist das *Faltungsprodukt* der Funktionen $g(t)$ und $f_1(t)$.

■ **Beispiel**

$$y'' + 2y' + y = 9 \cdot e^{2t} \qquad \textit{Anfangswerte:} \ y(0) = 0, \ y'(0) = 1$$

Wir *transformieren* die Differentialgleichung unter Verwendung der *Transformationstabelle* aus Abschnitt 4.2 in den *Bildbereich* ($a = 2$; $b = 1$; $g(t) = 9 \cdot e^{2t}$; Laplace-Transformation Nr. 3 mit $a = 2$):

$$[s^2 \cdot Y(s) - s \cdot 0 - 1] + 2[s \cdot Y(s) - 0] + Y(s) = \mathscr{L}\{9 \cdot e^{2t}\} = \frac{9}{s - 2}$$

$$s^2 \cdot Y(s) - 1 + 2s \cdot Y(s) + Y(s) = \frac{9}{s - 2}$$

Diese Gleichung wird nach der *Bildfunktion* $Y(s)$ aufgelöst:

$$\underbrace{(s^2 + 2s + 1)}_{(s + 1)^2} \cdot Y(s) = \frac{9}{s - 2} + 1 = \frac{9 + s - 2}{s - 2} = \frac{s + 7}{s - 2} \Rightarrow$$

$$Y(s) = \frac{s + 7}{(s^2 + 2s + 1)(s - 2)} = \frac{s + 7}{(s + 1)^2 (s - 2)}$$

Vor der Rücktransformation in den Originalbereich zerlegen wir die *echt gebrochenrationale* Bildfunktion $Y(s)$ mit Hilfe der *Partialbruchzerlegung* in eine Summe *einfacher* Brüche. Mit dem Ansatz

$$\frac{s + 7}{(s + 1)^2 (s - 2)} = \frac{A}{s + 1} + \frac{B}{(s + 1)^2} + \frac{C}{s - 2} =$$

$$= \frac{A(s + 1)(s - 2) + B(s - 2) + C(s + 1)^2}{(s + 1)^2 (s - 2)}$$

erhalten wir zunächst die Gleichung

$$s + 7 = A(s + 1)(s - 2) + B(s - 2) + C(s + 1)^2$$

(die Brüche stimmen beiderseits im Nenner und somit auch im Zähler überein), aus der sich die drei Konstanten A, B und C berechnen lassen, indem wir für die Variable s der Reihe nach die Werte $-1, 2$ und 0 einsetzen (Nullstellen des Nenners sowie zusätzlich den Wert $s = 0$):

$$\boxed{s = -1} \quad 6 = -3B \quad \Rightarrow \quad B = -2$$

$$\boxed{s = 2} \quad 9 = 9C \quad \Rightarrow \quad C = 1$$

$$\boxed{s = 0} \quad 7 = -2A - 2B + C \quad \Rightarrow \quad 7 = -2A + 4 + 1 \quad \Rightarrow$$

$$2 = -2A \quad \Rightarrow \quad A = -1$$

Somit ist

$$Y(s) = \frac{s + 7}{(s + 1)^2(s - 2)} = -\frac{1}{s + 1} - \frac{2}{(s + 1)^2} + \frac{1}{s - 2}$$

Durch *Rücktransformation* unter Verwendung der *Transformationstabelle* aus Abschnitt 4.2 erhalten wir hieraus schließlich die *gesuchte Lösung* unserer *Anfangswertaufgabe*:

$$y(t) = \mathscr{L}^{-1}\{Y(s)\} = \mathscr{L}^{-1}\left\{-\frac{1}{s + 1} - \frac{2}{(s + 1)^2} + \frac{1}{s - 2}\right\} =$$

$$= -1 \cdot \underbrace{\mathscr{L}^{-1}\left\{\frac{1}{s + 1}\right\}}_{e^{-t}} - 2 \cdot \underbrace{\mathscr{L}^{-1}\left\{\frac{1}{(s + 1)^2}\right\}}_{t \cdot e^{-t}} + \underbrace{\mathscr{L}^{-1}\left\{\frac{1}{s - 2}\right\}}_{e^{2t}} =$$

$$= -e^{-t} - 2t \cdot e^{-t} + e^{2t} = -(2t + 1) \cdot e^{-t} + e^{2t}$$

(Nr. 3 und Nr. 6, jeweils mit $a = -1$ und Nr. 3 mit $a = 2$)   ∎

5.2 Einfache Beispiele aus Physik und Technik

Wir zeigen zum Abschluss anhand von fünf ausgewählten *Anwendungsbeispielen*, wie sich naturwissenschaftlich-technische Probleme mit Hilfe der Laplace-Transformation lösen lassen.

5.2.1 Entladung eines Kondensators über einen ohmschen Widerstand

Wir kommen nochmals, wie zu Beginn dieses Kapitels vereinbart, auf das *einführende* Beispiel aus Abschnitt 1.1 zurück. Die *Entladung eines Kondensators* der Kapazität C über einen ohmschen Widerstand R wird gemäß Bild VI-1 durch die folgende *lineare* Differentialgleichung 1. Ordnung mit *konstanten* Koeffizienten beschrieben:

$$u + RC\dot{u} = 0 \qquad \text{oder} \qquad \dot{u} + \frac{1}{RC} \cdot u = 0$$

Die *Kondensatorspannung* $u = u(t)$ soll dabei zu *Beginn* der Entladung, d. h. zur Zeit $t = 0$ den *Anfangswert* $u(0) = u_0$ besitzen. Die *Anfangswertaufgabe* lautet somit:

$$\dot{u} + \frac{1}{RC} \cdot u = 0 \qquad \textit{Anfangswert:} \quad u(0) = u_0$$

Diese Gleichung wird zunächst in den *Bildbereich* transformiert ($\mathscr{L}\{u(t)\} = U(s)$). Wir erhalten die *algebraische* Gleichung

$$[s \cdot U(s) - u_0] + \frac{1}{RC} \cdot U(s) = \mathscr{L}\{0\} = 0$$

die nach der *Bildfunktion* $U(s)$ aufgelöst wird:

$$\left(s + \frac{1}{RC}\right) \cdot U(s) = u_0 \quad \Rightarrow \quad U(s) = \frac{u_0}{s + \frac{1}{RC}}$$

Dies ist die Lösung im *Bildbereich*. Durch *Rücktransformation* unter Verwendung der *Transformationstabelle* aus Abschnitt 4.2 gewinnen wir hieraus die gesuchte Lösung im *Originalbereich*, d. h. den *zeitlichen* Verlauf der Kondensatorspannung $u(t)$ während der Entladung $(t \geq 0)$:

$$u(t) = \mathscr{L}^{-1}\{U(s)\} = \mathscr{L}^{-1}\left\{\frac{u_0}{s + \frac{1}{RC}}\right\} = u_0 \cdot \underbrace{\mathscr{L}^{-1}\left\{\frac{1}{s + \frac{1}{RC}}\right\}}_{e^{-\frac{t}{RC}}} = u_0 \cdot e^{-\frac{t}{RC}}$$

(Nr. 3 mit $a = -1/RC$). Dieses *Exponentialgesetz* ist in Bild VI-16 bildlich dargestellt.

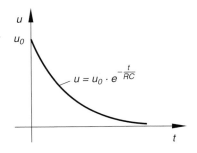

Bild VI-16

Entladung eines Kondensators über einen ohmschen Widerstand (exponentiell abklingende Spannung)

5.2.2 Zeitverhalten eines PT_1-Regelkreisgliedes

Bild VI-17 zeigt den *schematischen* Aufbau eines sog. PT_1-*Regelkreisgliedes*, dessen Verhalten durch die *lineare* Differentialgleichung 1. Ordnung

$$T \cdot \dot{v} + v = K u \qquad \text{oder} \qquad \dot{v} + \frac{1}{T} \cdot v = \frac{K}{T} u$$

beschrieben wird. Dabei ist $u = u(t)$ das *Eingangssignal* und $v = v(t)$ das *Ausgangssignal*, T und K sind positive Konstanten (T: *Zeitkonstante*; K: *Beiwert*).

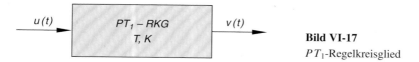

Bild VI-17

PT_1-Regelkreisglied

Speziell für ein *sprungförmiges* Eingangssignal (*Sprungfunktion*) nach Bild VI-18 und den Anfangswert $v(0) = 0$ erhalten wir das folgende *Anfangswertproblem*[12]:

$$\dot{v} + \frac{1}{T} \cdot v = \frac{K \hat{u}}{T} \qquad \textit{Anfangswert:} \quad v(0) = 0$$

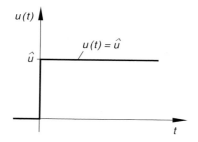

Bild VI-18

Sprungfunktion am Eingang eines PT_1-Regelkreisgliedes

Wir lösen diese Aufgabe Schritt für Schritt mit Hilfe der *Laplace-Transformation*.

(1)   Transformation vom Originalbereich in den Bildbereich

$$\mathscr{L}\{v(t)\} = V(s)$$

$$[s \cdot V(s) - 0] + \frac{1}{T} \cdot V(s) = \mathscr{L}\left\{\frac{K\hat{u}}{T}\right\} = \frac{K\hat{u}}{T} \cdot \underbrace{\mathscr{L}\{1\}}_{\text{Nr. 2}} = \frac{K\hat{u}}{T} \cdot \frac{1}{s}$$

(2)   Lösung im Bildbereich

Diese *algebraische* Gleichung lösen wir nach der *Bildfunktion* $V(s)$ auf:

$$\left(s + \frac{1}{T}\right) \cdot V(s) = \frac{K\hat{u}}{T} \cdot \frac{1}{s} \quad \Rightarrow \quad V(s) = \frac{K\hat{u}}{T} \cdot \frac{1}{s\left(s + \frac{1}{T}\right)}$$

---

[12] Siehe hierzu auch Übungsaufgabe 25 aus Kapitel IV (Abschnitt 2).

(3)   Rücktransformation vom Bildbereich in den Originalbereich

Die Bildfunktion ist vom Typ $\dfrac{1}{s\,(s-a)}$ und in der *Transformationstabelle* aus Abschnitt 4.2 enthalten (Nr. 5 mit $a = -1/T$). Die zugehörige *Originalfunktion* lautet daher wie folgt:

$$v(t) = \mathscr{L}^{-1}\{V(s)\} = \frac{K\,\hat{u}}{T} \cdot \mathscr{L}^{-1}\left\{ \frac{1}{s\left(s + \dfrac{1}{T}\right)} \right\} = \frac{K\,\hat{u}}{T} \cdot \frac{\mathrm{e}^{-\frac{t}{T}} - 1}{-\dfrac{1}{T}} =$$

$$= -K\,\hat{u}\left(\mathrm{e}^{-\frac{t}{T}} - 1\right) = K\,\hat{u}\left(1 - \mathrm{e}^{-\frac{t}{T}}\right), \qquad t \geq 0$$

Bild VI-19 zeigt den *zeitlichen* Verlauf dieses Ausgangssignals (sog. *Sprungantwort*). Es handelt sich dabei um eine *Sättigungsfunktion*.

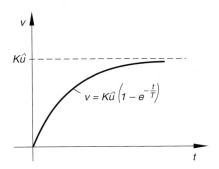

Bild VI-19

Ausgangssignal eines PT_1-Regelkreisgliedes (sog. *Sprungantwort*)

5.2.3 Harmonische Schwingung einer Blattfeder in einem beschleunigten System

Eine *Blattfeder* mit der Federkonstanten c und der Schwingmasse m befindet sich fest verankert auf einem *reibungsfrei* beweglichen Fahrgestell (Bild VI-20). Das Fahrwerk unterliege dabei einer *konstanten* Beschleunigung a in der eingezeichneten Richtung, die *Rückstellkraft* der Feder beträgt nach dem Hookeschen Gesetz $F = -c\,x$.

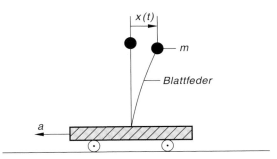

Bild VI-20

Schwingungsfähiges (mechanisches) System auf einem beschleunigten Fahrgestell

Das *Weg-Zeit-Gesetz* $x = x(t)$ des schwingungsfähigen Systems genügt dann nach dem *Newtonschen Grundgesetz der Mechanik* der folgenden *linearen* Differentialgleichung 2. Ordnung mit *konstanten* Koeffizienten[13]:

$$m\,\ddot{x} = -c\,x + m\,a \qquad \text{oder} \qquad \ddot{x} + \omega_0^2\,x = a$$

($\omega_0^2 = c/m$). Wir lösen diese Differentialgleichung für die *Anfangswerte* $x(0) = 0$ und $v(0) = \dot{x}(0) = 0$ mit Hilfe der *Laplace-Transformation*.

(1)   Transformation vom Originalbereich in den Bildbereich

$$\mathscr{L}\{x(t)\} = X(s)$$
$$[s^2 \cdot X(s) - 0 \cdot s - 0] + \omega_0^2 \cdot X(s) = \mathscr{L}\{a\} = a \cdot \underbrace{\mathscr{L}\{1\}}_{\text{Nr. 2}} = \frac{a}{s}$$

(2)   Lösung im Bildbereich

Wir lösen diese *algebraische* Gleichung nach der *Bildfunktion* $X(s)$ auf:

$$(s^2 + \omega_0^2) \cdot X(s) = \frac{a}{s} \;\Rightarrow\; X(s) = \underbrace{\left(\frac{1}{s^2 + \omega_0^2}\right)}_{F_1(s)} \cdot \underbrace{\left(\frac{a}{s}\right)}_{F_2(s)} = F_1(s) \cdot F_2(s)$$

(3)   Rücktransformation vom Bildbereich in den Originalbereich[14]

Die Bildfunktion $X(s)$ lässt sich als *Produkt* der beiden Bildfunktionen $F_1(s)$ und $F_2(s)$ darstellen. Bei der *Rücktransformation* können wir daher den *Faltungssatz* verwenden. Die dazu benötigten *Originalfunktionen* $f_1(t)$ und $f_2(t)$ der beiden Faktoren $F_1(s)$ und $F_2(s)$ bestimmen wir anhand der *Transformationstabelle* aus Abschnitt 4.2 (Nr. 18 mit $a = \omega_0$ und Nr. 2). Sie lauten:

$$f_1(t) = \mathscr{L}^{-1}\{F_1(s)\} = \mathscr{L}^{-1}\left\{\frac{1}{s^2 + \omega_0^2}\right\} = \frac{\sin(\omega_0 t)}{\omega_0}$$

$$f_2(t) = \mathscr{L}^{-1}\{F_2(s)\} = \mathscr{L}^{-1}\left\{\frac{a}{s}\right\} = a \cdot \mathscr{L}^{-1}\left\{\frac{1}{s}\right\} = a \cdot 1 = a$$

Die *gesuchte Originalfunktion* $x(t)$ ist dann das *Faltungsprodukt* dieser beiden Originalfunktionen. Wir erhalten damit das folgende Weg-Zeit-Gesetz:

---

[13] Siehe hierzu auch Übungsaufgabe 11 aus Kapitel IV (Abschnitt 4).

[14] Die *Rücktransformation* kann auch auf *direktem* Wege über die *Transformationstabelle* aus Abschnitt 4.2 erfolgen (Nr. 28 mit $2\,a = \omega_0$).

$$x(t) = f_1(t) * f_2(t) = \int\limits_0^t f_1(u) \cdot f_2(t-u)\, du = \int\limits_0^t \frac{\sin(\omega_0 u)}{\omega_0} \cdot a\, du =$$

$$= \frac{a}{\omega_0} \cdot \int\limits_0^t \sin(\omega_0 u)\, du = \frac{a}{\omega_0} \left[-\frac{\cos(\omega_0 u)}{\omega_0} \right]_0^t = \frac{a}{\omega_0^2} \left[-\cos(\omega_0 u) \right]_0^t =$$

$$= \frac{a}{\omega_0^2} \left(-\cos(\omega_0 t) + 1 \right) = \frac{ma}{c} \left(1 - \cos(\omega_0 t) \right), \qquad t \geq 0$$

Bild VI-21 zeigt den *zeitlichen* Verlauf der durch diese Gleichung beschriebenen *harmonischen Schwingung*.

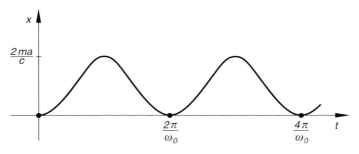

Bild VI-21 Harmonische Schwingung

5.2.4 Elektrischer Reihenschwingkreis

Der in Bild VI-22 skizzierte *elektrische Reihenschwingkreis* enthält einen Kondensator mit der Kapazität C und eine Spule mit der Induktivität L in Reihenschaltung.

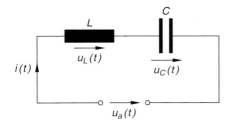

Bild VI-22

Elektrischer Reihenschwingkreis

Wir führen noch die folgenden *zeitabhängigen* Größen ein:

$u_a = u_a(t)$:   Von *außen* angelegte Spannung

$u_C = u_C(t)$:   Spannung am Kondensator

$u_L = u_L(t)$:   Spannung an der Spule (Induktivität)

$q = q(t)$:   Ladung des Kondensators

$i = i(t)$:   Im Reihenschwingkreis fließender Strom

Die Kondensatorladung $q(t)$ ist dabei das *Zeitintegral* der Stromstärke $i(t)$:

$$q(t) = \int\limits_{-\infty}^{t} i(\tau)\,d\tau$$

Im *Einschaltzeitpunkt* $t = 0$ soll von außen die *konstante* Spannung u_0 angelegt werden, ferner soll der Schwingkreis zu Beginn *energielos* sein. Dies aber bedeutet, dass sowohl die Kondensatorladung $q(t)$ als auch die Stromstärke $i(t)$ zu Beginn gleich *null* sind: $q(0) = 0$, $i(0) = 0$. Damit erhalten wir für die Ladung $q(t)$ die folgende *Integraldarstellung*:

$$q(t) = \int\limits_{-\infty}^{t} i(\tau)\,d\tau = \underbrace{\int\limits_{-\infty}^{0} i(\tau)\,d\tau}_{q(0)\,=\,0} + \int\limits_{0}^{t} i(\tau)\,d\tau = \int\limits_{0}^{t} i(\tau)\,d\tau$$

Für die *Teilspannungen* u_L und u_C ergeben sich nach den Gesetzen der Physik die folgenden Beziehungen:

$$u_L = L \cdot \frac{di}{dt} \qquad (Induktionsgesetz)$$

$$u_C = \frac{q}{C} = \frac{1}{C} \cdot \int\limits_{0}^{t} i(\tau)\,d\tau \qquad \left(Kondensatorgleichung \quad C = \frac{q}{u_C} \right)$$

Nach dem *2. Kirchhoffschen Gesetz (Maschenregel)*[15] gilt dann:

$$u_L + u_C - u_a = 0 \qquad \text{oder} \qquad u_L + u_C = u_a$$

Unter Berücksichtigung der genannten Beziehungen für die beiden Teilspannungen u_L und u_C und der angelegten konstanten Spannung $u_a = \text{const.} = u_0$ erhält man schließlich:

$$L \cdot \frac{di}{dt} + \frac{1}{C} \cdot \int\limits_{0}^{t} i(\tau)\,d\tau = u_0$$

Wir dividieren diese Gleichung noch durch L und setzen zur Abkürzung $\omega_0^2 = \dfrac{1}{LC}$:

$$\frac{di}{dt} + \omega_0^2 \cdot \int\limits_{0}^{t} i(\tau)\,d\tau = \frac{u_0}{L}$$

---

[15] In jeder *Masche* ist die Summe der Spannungen gleich *null*.

Diese Gleichung enthält die *Ableitung* $\dfrac{di}{dt}$ und das *Integral* $\displaystyle\int_0^t i(\tau)\,d\tau$ der (noch unbe-

kannten) Stromstärke $i = i(t)$. Eine derartige Gleichung wird in der mathematischen Literatur als *Integro-Differentialgleichung* bezeichnet. Wir lösen diese Gleichung für den Anfangswert $i(0) = 0$ mit Hilfe der *Laplace-Transformation* in der bekannten Weise.

(1)   Transformation vom Originalbereich in den Bildbereich

$$I(s) = \mathscr{L}\{i(t)\}$$

Unter Verwendung des *Ableitungs-* und des *Integrationssatzes für Originalfunktionen* erhalten wir aus der Integro-Differentialgleichung die *algebraische* Gleichung

$$[s \cdot I(s) - 0] + \omega_0^2 \cdot \frac{I(s)}{s} = \mathscr{L}\left\{\frac{u_0}{L}\right\} = \frac{u_0}{L} \cdot \underbrace{\mathscr{L}\{1\}}_{\text{Nr. 2}} = \frac{u_0}{L} \cdot \frac{1}{s}$$

$$s \cdot I(s) + \frac{\omega_0^2}{s} \cdot I(s) = \frac{u_0}{L} \cdot \frac{1}{s} \,\Big|\, \cdot s \quad \Rightarrow \quad s^2 \cdot I(s) + \omega_0^2 \cdot I(s) = \frac{u_0}{L}$$

(2)   Lösung im Bildbereich

Wir lösen diese Gleichung nach der *Bildfunktion* $I(s)$ auf:

$$(s^2 + \omega_0^2) \cdot I(s) = \frac{u_0}{L} \quad \Rightarrow \quad I(s) = \frac{u_0}{L} \cdot \frac{1}{s^2 + \omega_0^2}$$

(3)   Rücktransformation vom Bildbereich in den Originalbereich

Die *Rücktransformation* erfolgt mit Hilfe der *Transformationstabelle* aus Abschnitt 4.2. Die Bildfunktion ist dabei vom Typ $\dfrac{1}{s^2 + a^2}$ (Nr. 18 mit $a = \omega_0$). Der zeitliche Verlauf der Stromstärke $i = i(t)$ wird daher durch die folgende Gleichung beschrieben:

$$i(t) = \mathscr{L}^{-1}\{I(s)\} = \mathscr{L}^{-1}\left\{\frac{u_0}{L} \cdot \frac{1}{s^2 + \omega_0^2}\right\} = \frac{u_0}{L} \cdot \mathscr{L}^{-1}\left\{\frac{1}{s^2 + \omega_0^2}\right\} =$$

$$= \frac{u_0}{L} \cdot \frac{\sin(\omega_0 t)}{\omega_0} = \frac{u_0}{L\omega_0} \cdot \sin(\omega_0 t) = \frac{u_0}{L} \cdot \sqrt{LC} \cdot \sin(\omega_0 t) =$$

$$= u_0 \cdot \sqrt{\frac{C}{L}} \cdot \sin(\omega_0 t) = i_0 \cdot \sin(\omega_0 t), \qquad t \geq 0$$

(mit $i_0 = u_0 \sqrt{C/L}$). Im elektrischen Reihenschwingkreis fließt demnach der in Bild VI-23 skizzierte sinusförmige Wechselstrom.

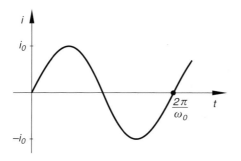

Bild VI-23
Elektrische Schwingung (Wechselstrom)

5.2.5 Gekoppelte mechanische Schwingungen

Auch *Systeme* linearer Differentialgleichungen mit konstanten Koeffizienten lassen sich bequem mit Hilfe der *Laplace-Transformation* lösen. Wir zeigen dies am Beispiel zweier *gekoppelter* schwingungsfähiger Systeme, beschrieben durch die Differentialgleichungen

$$\ddot{x}_1 + 5x_1 - 4x_2 = 0 \quad \text{und} \quad \ddot{x}_2 + 5x_2 - 4x_1 = 0$$

mit den *Anfangswerten*

$$x_1(0) = A, \quad \dot{x}_1(0) = 0, \quad x_2(0) = -A, \quad \dot{x}_2(0) = 0$$

(siehe hierzu das Beispiel aus Kap. IV, Abschnitt 7.2).

(1)   Transformation vom Originalbereich in den Bildbereich

$$X_1(s) = \mathcal{L}\{x_1(t)\}, \quad X_2(s) = \mathcal{L}\{x_2(t)\}$$

(I) $\left[s^2 \cdot X_1(s) - s \cdot x_1(0) - \dot{x}_1(0)\right] + 5X_1(s) - 4X_2(s) = 0$

   $\left[s^2 \cdot X_1(s) - s \cdot A - 0\right] + 5X_1(s) - 4X_2(s) = 0$

   $(s^2 + 5)X_1(s) - 4X_2(s) = As$

(II) $\left[s^2 \cdot X_2(s) - s \cdot x_2(0) - \dot{x}_2(0)\right] + 5X_2(s) - 4X_1(s) = 0$

   $\left[s^2 \cdot X_2(s) + s \cdot A - 0\right] + 5X_2(s) - 4X_1(s) = 0$

   $\left[(s^2 + 5)X_2(s) - 4X_1(s) = -As\right.$

   $-4X_1(s) + (s^2 + 5)X_2(s) = -As$

(2)   Lösung im Bildbereich

Wir lösen das lineare Gleichungssystem

(I) $(s^2 + 5)X_1(s) - 4X_2(s) = As$

(II) $-4X_1(s) + (s^2 + 5)X_2(s) = -As$

mit Hilfe der *Cramerschen Regel* nach den Unbekannten $X_1(s)$ und $X_2(s)$ auf:

Koeffizientendeterminante D:

$$D = \begin{vmatrix} (s^2 + 5) & -4 \\ -4 & (s^2 + 5) \end{vmatrix} = \underbrace{(s^2 + 5)^2 - 16}_{\text{3. Binom}} =$$

$$= [(s^2 + 5) + 4][(s^2 + 5) - 4] = (s^2 + 9)(s^2 + 1)$$

„Hilfsdeterminanten" D_1 und D_2:

$$D_1 = \begin{vmatrix} A s & -4 \\ -A s & (s^2 + 5) \end{vmatrix} = A s (s^2 + 5) - 4 A s = A s [(s^2 + 5) - 4] =$$

$$= A s (s^2 + 1)$$

$$D_2 = \begin{vmatrix} (s^2 + 5) & A s \\ -4 & -A s \end{vmatrix} = -A s (s^2 + 5) + 4 A s =$$

$$= -A s [(s^2 + 5) - 4] = -A s (s^2 + 1)$$

Lösung:

$$X_1 (s) = \frac{D_1}{D} = \frac{A s (s^2 + 1)}{(s^2 + 9)(s^2 + 1)} = \frac{A s}{s^2 + 9}$$

$$X_2 (s) = \frac{D_2}{D} = \frac{-A s (s^2 + 1)}{(s^2 + 9)(s^2 + 1)} = \frac{-A s}{s^2 + 9} = -X_1 (s)$$

(3) Rücktransformation vom Bildbereich in den Originalbereich

Unter Verwendung der Transformationstabelle aus Abschnitt 4.2 erhalten wir folgende Lösungen (Laplace-Transformation Nr. 19 mit $a = 3$):

$$x_1 (t) = \mathscr{L}^{-1} \{X_1 (s)\} = \mathscr{L}^{-1} \left\{ \frac{A s}{s^2 + 9} \right\} = A \cdot \mathscr{L}^{-1} \left\{ \frac{s}{s^2 + 3^2} \right\} =$$

$$= A \cdot \cos (3 t), \quad t \geq 0$$

$$x_2 (t) = \mathscr{L}^{-1} \{X_2 (s)\} = \mathscr{L}^{-1} \left\{ \frac{-A s}{s^2 + 9} \right\} = -A \cdot \mathscr{L}^{-1} \left\{ \frac{s}{s^2 + 3^2} \right\} =$$

$$= -A \cdot \cos (3 t) = -x_1 (t), \quad t \geq 0$$

Die gekoppelten Systeme schwingen somit mit *gleicher* Amplitude (A) und *gleicher* Kreisfrequenz $(\omega = 3)$, jedoch in *Gegenphase*: $x_2 (t) = -x_1 (t)$.

Übungsaufgaben

Zu Abschnitt 1

1) Bestimmen Sie mit Hilfe der *Definitionsgleichung* der Laplace-Transformation die *Bildfunktionen* der folgenden Originalfunktionen:

  a) $f(t) = \cos(\omega t)$ b) $f(t) = 2t \cdot e^{-4t}$

  c) $f(t) = e^{-\delta t} \cdot \sin(\omega t)$ d) $f(t) = \sinh(at)$

  e) $f(t) = t^3$ f) $f(t) = \sin^2 t$

2) Berechnen Sie die *Laplace-Transformierte* von $f(t) = \cos(\omega t)$ unter Berücksichtigung der folgenden Beziehungen:

$$\cos(\omega t) = \frac{e^{j\omega t} + e^{-j\omega t}}{2} \quad \text{und} \quad \mathscr{L}\{e^{at}\} = \frac{1}{s-a}.$$

3) Bestimmen Sie mit Hilfe der *Definitionsgleichung* der Laplace-Transformation die *Bildfunktionen* der folgenden Originalfunktionen:

  a)   *Rechteckimpuls* (Bild VI-24):

$$f(t) = \left\{ \begin{array}{ccc} A & & 0 < t < a \\ -A & \text{für} & a < t < 2a \\ 0 & & t > 2a \end{array} \right\}$$

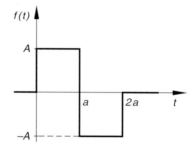

Bild VI-24

Rechteckimpuls

  b)   *Sinusimpuls* (Bild VI-25):

$$f(t) = A \cdot \sin\left(\frac{\pi}{a}t\right), \quad 0 \le t \le a$$

$$f(t) = 0 \quad \text{für} \quad t > a$$

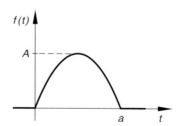

Bild VI-25

Sinusimpuls

c)   *Treppenfunktion* (Bild VI-26):

$$f(t) = \left\{ \begin{array}{lll} 0 & & 0 < t < a \\ A & & a < t < 2a \\ & \text{für} & \\ 2A & & 2a < t < 3a \\ & \text{usw.} & \end{array} \right\}$$

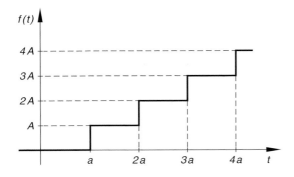

Bild VI-26
Treppenfunktion

Zu Abschnitt 2

1)   Bestimmen Sie nach dem *Linearitätsprinzip* und unter Verwendung der *Transformationstabelle* aus Abschnitt 4.2 die *Laplace-Transformierten* der folgenden Originalfunktionen:

a) $f(t) = 4t^3 - t^2 + 2t$ b) $f(t) = C(1 - e^{-\lambda t})$

c) $f(t) = A \cdot \sin(\omega t) + B \cdot \cos(\omega t) + C \cdot e^{\lambda t}$

2)   Bestimmen Sie mit Hilfe des *Ähnlichkeitssatzes* und der jeweils angegebenen *Laplace-Transformierten* die *Bildfunktionen* zu:

a) $f(t) = (3t)^5$, $F(s) = \mathscr{L}\{t^5\} = \dfrac{120}{s^6}$

b) $f(t) = \cos(4t)$, $F(s) = \mathscr{L}\{\cos t\} = \dfrac{s}{s^2 + 1}$

c) $f(t) = e^{\lambda t}$, $F(s) = \mathscr{L}\{e^t\} = \dfrac{1}{s - 1}$

d) $f(t) = \cos^2(\omega t)$, $F(s) = \mathscr{L}\{\cos^2 t\} = \dfrac{s^2 + 2}{s(s^2 + 4)}$

3) Bestimmen Sie unter Verwendung der *Verschiebungssätze* und der jeweils angegebenen Laplace-Transformierten die *Bildfunktionen* der folgenden Originalfunktionen:

a) $f(t) = \sin\left(t + \dfrac{\pi}{2}\right)$, $\qquad F(s) = \mathscr{L}\{\sin t\} = \dfrac{1}{s^2 + 1}$

b) $f(t) = (t - 4)^2$, $\qquad F(s) = \mathscr{L}\{t^2\} = \dfrac{2}{s^3}$

c) $f(t) = e^{(t - b)}$ $(b > 0)$, $\qquad F(s) = \mathscr{L}\{e^t\} = \dfrac{1}{s - 1}$

d) $f(t) = \cos^2(t - 3)$, $\qquad F(s) = \mathscr{L}\{\cos^2 t\} = \dfrac{s^2 + 2}{s(s^2 + 4)}$

e) $f(t) = \delta(t - T)$ $(T > 0)$, $\quad F(s) = \mathscr{L}\{\delta(t)\} = 1$

4) Bestimmen Sie unter Verwendung des *Ähnlichkeitssatzes* und des entsprechenden *Verschiebungssatzes* die *Laplace-Transformierte* von $\sin(\omega t + \varphi)$ für $\omega > 0$ und $\varphi > 0$.

Anleitung: Gehen Sie von der Funktion $f(t) = \sin t$ aus und verschieben Sie diese zunächst um die Strecke φ nach *links*. Anschließend wird die *verschobene* Kurve mit der Gleichung $g(t) = f(t + \varphi) = \sin(t + \varphi)$ der *Ähnlichkeitstransformation* $t \to \omega t$ unterworfen. Ferner ist $\mathscr{L}\{\sin t\} = \dfrac{1}{s^2 + 1}$.

5) Bestimmen Sie unter Verwendung des *Dämpfungssatzes* sowie der jeweils angegebenen Laplace-Transformierten die *Bildfunktionen* der folgenden „gedämpften" Originalfunktionen:

a) $f(t) = e^{3t} \cdot \cos(2t)$, $\qquad F(s) = \mathscr{L}\{\cos(2t)\} = \dfrac{s}{s^2 + 4}$

b) $f(t) = A \cdot e^{-\delta t} \cdot \sin(\omega t)$, $\qquad F(s) = \mathscr{L}\{\sin(\omega t)\} = \dfrac{\omega}{s^2 + \omega^2}$

c) $f(t) = 2^{3t}$, $\qquad\qquad F(s) = \mathscr{L}\{1\} = \dfrac{1}{s}$

Anleitung zu c): Stellen Sie die Funktion 2^{3t} zunächst als e-*Funktion* dar.

6) Bestimmen Sie mit Hilfe des *Ableitungssatzes für Originalfunktionen* und unter Verwendung der Transformationstabelle aus Abschnitt 4.2 die Bildfunktion der *1. Ableitung* $f'(t)$. Welche *neuen* Funktionenpaare lassen sich daraus gewinnen?

a) $f(t) = \sinh(at)$ b) $f(t) = t^3$ c) $f(t) = \sin(at + b)$

7) Die Funktion $f(t) = \sin(\omega t)$ ist eine *Lösung* der Schwingungsgleichung $f'' = -\omega^2 \cdot f$. Bestimmen Sie hieraus die zugehörige *Bildfunktion* $F(s)$, indem Sie die Laplace-Transformation auf diese Differentialgleichung anwenden und dabei den *Ableitungssatz für Originalfunktionen* verwenden.

8) Gegeben ist das *Funktionenpaar*

$$f(t) = \sin(\omega t) \circ\!\!\!-\!\!\!\bullet F(s) = \frac{\omega}{s^2 + \omega^2}$$

Bestimmen Sie hieraus unter Verwendung des *Ableitungssatzes für Bildfunktionen* die *Laplace-Transformierte* von $f_1(t) = t \cdot \sin(\omega t)$ und $f_2(t) = t^2 \cdot \sin(\omega t)$.

9) Bestimmen Sie unter Verwendung des *Integrationssatzes für Originalfunktionen* und der Transformationstabelle die *Laplace-Transformierten* der folgenden Integrale:

a) $\displaystyle\int\limits_0^t \cos u \, du$ \qquad b) $\displaystyle\int\limits_0^t u^2 \, du$

Welche *neuen* Funktionenpaare lassen sich daraus gewinnen?

10) Gegeben ist das *Funktionenpaar*

$$f(t) = \sin(\omega t) \circ\!\!\!-\!\!\!\bullet F(s) = \frac{\omega}{s^2 + \omega^2}$$

Bestimmen Sie hieraus mit Hilfe des *Integrationssatzes für Bildfunktionen* die *Laplace-Transformierte* von $g(t) = \dfrac{\sin(\omega t)}{t}$.

11) Berechnen Sie die folgenden *Faltungsprodukte*:

a) $t * e^{-t}$ \qquad b) $e^t * \cos t$

12) Bestimmen Sie unter Verwendung des *Faltungssatzes* und der Transformationstabelle die zugehörigen *Originalfunktionen*:

a) $F(s) = \dfrac{1}{(s-2)(s+4)}$ \qquad b) $F(s) = \dfrac{2s}{(s^2+1)^2}$

c) $F(s) = \dfrac{1}{(s^2+9)s}$

13) Ein *elektrischer Schwingkreis* mit der Induktivität L und der Kapazität C wird durch die sinusförmige Spannung $u_a = u_a(t) = u_0 \cdot \sin(\omega t)$ zu *Schwingungen* angeregt. Bei der mathematischen Behandlung mit Hilfe der Laplace-Transformation erhält man im sog. *Resonanzfall* für die Stromstärke $i(t)$ eine *Bildfunktion* vom Typ

$$F(s) = \frac{s}{(s^2 + a^2)^2} = \left(\frac{1}{s^2 + a^2}\right) \cdot \left(\frac{s}{s^2 + a^2}\right) \qquad \text{(mit } a > 0\text{)}$$

Bestimmen Sie durch Anwendung des *Faltungssatzes* die zugehörige *Originalfunktion* $f(t) = i(t) = \mathscr{L}^{-1}\{F(s)\}$.

Anmerkung: Der *Resonanzfall* tritt ein, wenn die Kreisfrequenz der von außen angelegten Wechselspannung den Wert $\omega = \omega_0 = \dfrac{1}{\sqrt{LC}}$ annimmt (siehe hierzu auch Übungsaufgabe 19 aus dem nachfolgenden Abschnitt 5).

14) Welchen *Anfangswert* $f(0)$ besitzt die zugehörige *Originalfunktion* $f(t)$?

   a) $F(s) = \dfrac{3s}{s^2 + 8} + \dfrac{1}{s^2}$ b) $F(s) = \dfrac{1}{s(s-1)} + \dfrac{1}{s+4}$

   Anleitung: Benutzen Sie den entsprechenden *Grenzwertsatz*.

15) Berechnen Sie mit Hilfe des entsprechenden *Grenzwertsatzes* aus der gegebenen Bildfunktion $F(s)$ den *Endwert* $f(\infty)$ der zugehörigen *Originalfunktion* $f(t)$:

   a) $F(s) = \dfrac{1}{s(s+4)}$ b) $F(s) = \dfrac{e^s - s - 1}{s^2}$

Zu Abschnitt 3

1) Wie lauten die *Laplace-Transformierten* der folgenden *periodischen* Funktionen?

   a) $f(t) = \sin^2(\omega t)$ (Periode: $T = \pi/\omega$)

   b)   *Sinusimpuls* (*Einweggleichrichtung*; Bild VI-27):

   $$f(t) = \begin{cases} A \cdot \sin\left(\dfrac{\pi}{a} t\right) & 0 \le t \le a \\[2mm] & \text{für} \\[2mm] 0 & a \le t \le 2a \end{cases} \qquad \text{(Periode: } T = 2a)$$

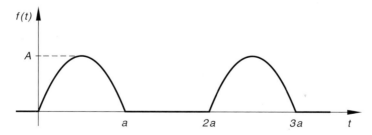

Bild VI-27 Periodischer Sinusimpuls (Einweggleichrichtung)

2) Bestimmen Sie die *Laplace-Transformierte* der in Bild VI-28 dargestellten *Kippschwingung* (*Sägezahnfunktion*) mit der Gleichung

   $$f(t) = \frac{A}{a}(a - t) \qquad \text{im Periodenintervall} \qquad 0 < t < a$$

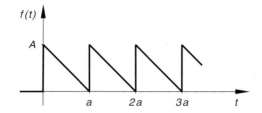

Bild VI-28

Kippschwingung
(Sägezahnfunktion)

Zu Abschnitt 4

1) Gegeben ist die jeweilige *Bildfunktion* $F(s)$. Bestimmen Sie hieraus durch *Rücktransformation* anhand der *Transformationstabelle* aus Abschnitt 4.2 die zugehörige *Originalfunktion* $f(t)$:

a) $F(s) = \dfrac{1}{s - 8}$ b) $F(s) = \dfrac{1}{s^4}$

c) $F(s) = \dfrac{3}{s^2 + 25}$ d) $F(s) = \dfrac{4\,s}{s^2 + 36}$

e) $F(s) = \dfrac{s - 4}{(s - 4)^2 + 4}$ f) $F(s) = \dfrac{1}{s^2 + 25} - \dfrac{3\,s}{s^2 - 1}$

2) Die folgenden Bildfunktionen sind *gebrochenrational*. Wie lauten die zugehörigen *Originalfunktionen*?

a) $F(s) = \dfrac{5\,s + 1}{s^2 + s - 2}$ b) $F(s) = \dfrac{s + 2}{s^2 + 2\,s - 3}$

c) $F(s) = \dfrac{-2\,s^2 + 18\,s - 3}{s^3 - s^2 - 8\,s + 12}$

Anleitung: Zerlegen Sie die Funktionen zunächst mit Hilfe der *Partialbruchzerlegung* in eine Summe aus *einfachen* Brüchen.

3) Bestimmen Sie anhand der *Transformationstabelle* aus Abschnitt 4.2:

a) $\mathscr{L}^{-1}\left\{\dfrac{2}{s} - \dfrac{3}{s^2} + \dfrac{4}{s - 1}\right\}$

b) $\mathscr{L}^{-1}\left\{\dfrac{1}{(s - 5)^3} + \dfrac{2\,s}{s^2 + 25} + \dfrac{5}{(s - 3)^2 + 1}\right\}$

Zu Abschnitt 5

1) Unterwerfen Sie die folgenden *linearen* Differentialgleichungen mit *konstanten* Koeffizienten der Laplace-Transformation und bestimmen Sie die *Bildfunktion* $Y(s) = \mathcal{L}\{y(t)\}$ der allgemeinen Lösung $y(t)$:

   a) $3y' + 2y = t$ *Anfangswert:* $y(0) = 0$

   b) $y'' + 2y' + y = \cos(2t)$ *Anfangswerte:* $y(0) = 1$, $y'(0) = 0$

2) Lösen Sie die folgenden *Anfangswertprobleme*:

   a) $y' - y = e^t$, $y(0) = 1$ b) $y' + 3y = -\cos t$, $y(0) = 5$

   c) $y' - 5y = 2 \cdot \cos t - \sin(3t)$, $y(0) = 0$

   Anleitung: Bei der *Rücktransformation* dürfen Sie von der *Transformationstabelle* aus Abschnitt 4.2 Gebrauch machen.

3) Lösen Sie die folgenden *linearen* Differentialgleichungen 1. Ordnung mit *konstanten* Koefizienten:

   a) $y' - 3y = 4t \cdot e^t$ b) $y' - 4y = 5 \cdot \sin t$

   Anleitung: Der (zahlenmäßig nicht bekannte) Anfangswert $y(0) = \alpha$ ist als *Parameter* zu betrachten.

4) Lösen Sie das *Anfangswertproblem*

   $$y' + 4y = t^3, \quad y(1) = 2$$

   Anleitung: Bestimmen Sie zunächst die *allgemeine* Lösung der Differentialgleichung in *Abhängigkeit* vom (noch unbekannten) *Anfangswert* $y(0)$ und berechnen Sie diesen durch Einsetzen des vorgegebenen Anfangswertes $y(1) = 2$ in die allgemeine Lösung.

5) Lösen Sie die *inhomogene lineare* Differentialgleichung 1. Ordnung $y' - 3y = t \cdot e^t$ für den *Anfangswert* $y(0) = 1$

   a)   durch *Variation der Konstanten*,

   b)   durch *Aufsuchen einer partikulären Lösung*,

   c)   mit Hilfe der *Laplace-Transformation*.

6) Lösen Sie die Übungsaufgabe 22 aus Kapitel IV (Abschnitt 2) mit Hilfe der *Laplace-Transformation*.

7) Lösen Sie die Übungsaufgabe 23 aus Kapitel IV (Abschnitt 2) mit Hilfe der *Laplace-Transformation*.

8) Lösen Sie die Übungsaufgabe 24 aus Kapitel IV (Abschnitt 2) mit Hilfe der *Laplace-Transformation*.

9) Lösen Sie die folgenden *Anfangswertprobleme*:

   a) $y'' + 4y = 0$, $\qquad\qquad y(0) = 2$, $\ y'(0) = 1$

   b) $y'' + 6y' + 10y = 0$, $\qquad y(0) = 0$, $\ y'(0) = 4$

   c) $y'' + y' = e^{-2t}$, $\qquad\quad\ y(0) = 0$, $\ y'(0) = 1$

   d) $y'' + 2y' - 3y = 2t$, $\qquad\ y(0) = 1$, $\ y'(0) = 0$

10) Wie lauten die *allgemeinen* Lösungen der folgenden *linearen* Differentialgleichungen 2. Ordnung mit *konstanten* Koeffizienten in *Abhängigkeit* von den (zahlenmäßig nicht bekannten) *Anfangswerten* $y(0) = \alpha$ und $y'(0) = \beta$:

   a) $y'' + 2y' + y = t$ $\qquad$ b) $y'' - 2y' - 8y = e^{2t}$

11) Lösen Sie die *inhomogene lineare* Differentialgleichung 2. Ordnung

   $$y'' + 2y' + y = t + \sin t$$

   für die *Anfangswerte* $y(0) = 1$, $y'(0) = 0$

   a) durch *Aufsuchen einer partikulären Lösung*,

   b) mit Hilfe *der Laplace-Transformation*.

12) Lösen Sie die folgenden *Schwingungsprobleme*:

   a) $\ddot{x} + a^2 \cdot x = 0$, $\qquad x(0) = 0$, $\ \dot{x}(0) = v_0 \qquad (a \neq 0)$

   b) $\ddot{x} + 4\dot{x} + 29x = 0$, $\qquad x(0) = 1$, $\ \dot{x}(0) = -2$

   c) $\ddot{x} + \dot{x} + 0{,}25x = 0$, $\qquad x(0) = 1$, $\ \dot{x}(0) = -1$

   d) $\ddot{x} + 7\dot{x} + 12x = 0$, $\qquad x(0) = 5$, $\ \dot{x}(0) = 0$

13) Lösen Sie die Übungsaufgabe 14 aus Kapitel IV (Abschnitt 3) mit Hilfe der *Laplace-Transformation*.

14) Lösen Sie die Übungsaufgabe 2, Teil c) aus Kapitel IV (Abschnitt 4) mit Hilfe der *Laplace-Transformation*.

15) Lösen Sie die Übungsaufgabe 3, Teil a) und c) aus Kapitel IV (Abschnitt 4) mit Hilfe der *Laplace-Transformation*.

16) Lösen Sie die Übungsaufgabe 5, Teil c) aus Kapitel IV (Abschnitt 4) mit Hilfe der *Laplace-Transformation*.

17) In einem RC-Kreis nach Bild VI-29 genügt die *Stromstärke* $i = i(t)$ der folgenden Integro-Differentialgleichung (R: ohmscher Widerstand; C: Kapazität):

   $$Ri + \frac{1}{C} \cdot \int_{-\infty}^{t} i(\tau)\, d\tau = u_a$$

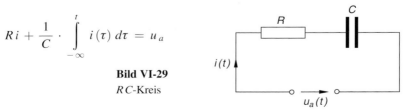

Bild VI-29

RC-Kreis

Bestimmen Sie den *zeitlichen* Verlauf der Stromstärke *i* bei *konstanter* äußerer Spannung $u_a =$ const. $= u_0 > 0$, wenn der Stromkreis zu Beginn, d. h. im Einschaltzeitpunkt $t = 0$ *energielos* ist.

18) Der in Bild VI-30 skizzierte Stromkreis enthält einen ohmschen Widerstand von $R = 10\,\Omega$ und eine (widerstandslose) Spule mit der Induktivität $L = 0,1$ H (sog. *RL-Kreis*). Die von außen angelegte *konstante* Spannung beträgt $u_a = 100$ V. Bestimmen Sie den *zeitlichen* Verlauf der *Stromstärke* $i = i(t)$, wenn der Stromkreis im Einschaltzeitpunkt $t = 0$ *energielos* ist.

Anleitung: Nach der *Maschenregel* genügt die Stromstärke *i* der folgenden Differentialgleichung:

$$L \cdot \frac{di}{dt} + R\,i = u_a$$

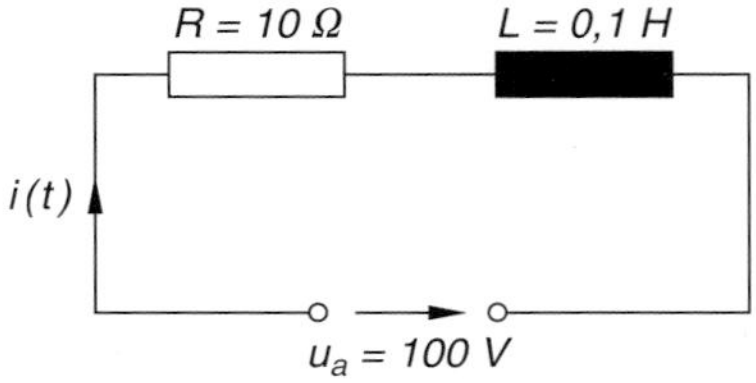

Bild VI-30

RL-Kreis

19) Der in Bild VI-31 dargestellte *elektrische Reihenschwingkreis* enthält einen Kondensator mit der Kapazität *C* und eine (widerstandslose) Spule mit der Induktivität *L*. Von außen wird die *sinusförmige* Wechselspannung $u_a = u_0 \cdot \sin(\omega_0 t)$ mit $u_0 > 0$ und $\omega_0^2 = 1/(LC)$ angelegt. Lösen Sie die *Schwingungsgleichung*

$$L \cdot \frac{di}{dt} + \frac{1}{C} \cdot \int_{-\infty}^{t} i(\tau)\,d\tau = u_a$$

unter der Voraussetzung, dass der Schwingkreis zu Beginn der Schwingung, d. h. zur Zeit $t = 0$ *energielos* ist.

Anleitung: Es handelt sich hier um den bereits in Übungsaufgabe 13 aus Abschnitt 2 beschriebenen *Resonanzfall*.

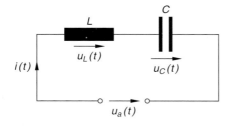

Bild VI-31

Elektrischer Reihenschwingkreis

Anhang: Lösungen der Übungsaufgaben

I Lineare Algebra

Abschnitt 1

1) a) $\mathbf{s_1} = \begin{pmatrix} -26 \\ -17 \\ 19 \\ -21 \end{pmatrix}$ b) $\mathbf{s_2} = \begin{pmatrix} 23 \\ 10 \\ -11 \\ 11 \end{pmatrix}$ c) $\mathbf{s_3} = \begin{pmatrix} 0 \\ 13 \\ 43 \\ 9 \end{pmatrix}$ d) $\mathbf{s_4} = \begin{pmatrix} -68 \\ 16 \\ 56 \\ -2 \end{pmatrix}$

2) a) $2\,(\mathbf{a} \cdot \mathbf{c}) = 66$ b) $(3\,\mathbf{a} - \mathbf{b}) \cdot (\mathbf{c} + 2\,\mathbf{d}) = 161$

   c) $(2\,\mathbf{a} + 3\,\mathbf{b} - \mathbf{c}) \cdot (2\,\mathbf{c} + 3\,\mathbf{d}) = 461$

3) $|\mathbf{a}| = \sqrt{15}$; $|\mathbf{b}| = 5\sqrt{2}$; $|\mathbf{c}| = \sqrt{55}$; $|\mathbf{d}| = \sqrt{78}$; $|\mathbf{e}| = \sqrt{56}$

Abschnitt 2

1) $\mathbf{A}^\mathbf{T} = \begin{pmatrix} 1 & -5 & 4 \\ 5 & 1 & 0 \\ 3 & 0 & 1 \end{pmatrix}$; $\mathbf{B}^\mathbf{T} = \begin{pmatrix} 3 & 4 \\ 1 & -5 \\ -2 & 0 \end{pmatrix}$; $\mathbf{C}^\mathbf{T} = \begin{pmatrix} 3 & 2 & 8 \\ -2 & 5 & 10 \end{pmatrix}$

2) Symmetrisch: **B, C, E**. Schiefsymmetrisch: **A, D**.

3) Wir zerlegen die quadratische Matrix **A** wie folgt:

$$\mathbf{A} = \frac{1}{2}\,(\mathbf{A} + \mathbf{A}) + \frac{1}{2}\,\underbrace{(\mathbf{A}^\mathbf{T} - \mathbf{A}^\mathbf{T})}_{\mathbf{O}} = \underbrace{\frac{1}{2}\,(\mathbf{A} + \mathbf{A}^\mathbf{T})}_{\mathbf{B}} + \underbrace{\frac{1}{2}\,(\mathbf{A} - \mathbf{A}^\mathbf{T})}_{\mathbf{C}} = \mathbf{B} + \mathbf{C}$$

B ist *symmetrisch*, **C** dagegen *schiefsymmetrisch*:

$$\mathbf{B}^\mathbf{T} = \frac{1}{2}\,(\mathbf{A} + \mathbf{A}^\mathbf{T})^\mathbf{T} = \frac{1}{2}\,(\mathbf{A}^\mathbf{T} + \mathbf{A}) = \frac{1}{2}\,(\mathbf{A} + \mathbf{A}^\mathbf{T}) = \mathbf{B} \quad \Rightarrow$$

B ist wegen $\mathbf{B} = \mathbf{B}^\mathbf{T}$ symmetrisch.

$$\mathbf{C}^\mathbf{T} = \frac{1}{2}\,(\mathbf{A} - \mathbf{A}^\mathbf{T})^\mathbf{T} = \frac{1}{2}\,(\mathbf{A}^\mathbf{T} - \mathbf{A}) = -\frac{1}{2}\,(\mathbf{A} - \mathbf{A}^\mathbf{T}) = -\mathbf{C} \quad \Rightarrow$$

C ist wegen $\mathbf{C} = -\mathbf{C}^\mathbf{T}$ schiefsymmetrisch.

4)   a) $\begin{pmatrix} 3+1+5 & 2+8+0 & 5-2+10 \\ -1+3+0 & 2+0-2 & 3+1+8 \end{pmatrix} = \begin{pmatrix} 9 & 10 & 13 \\ 2 & 0 & 12 \end{pmatrix}$

b) $\begin{pmatrix} -43 & -10 & -81 \\ -9 & 26 & -73 \end{pmatrix}$ c) $\begin{pmatrix} -35 & -15 \\ -26 & 22 \\ -57 & -59 \end{pmatrix}$ d) $\begin{pmatrix} -3 & 18 & -15 \\ 26 & -32 & 12 \end{pmatrix}$

5)   a) $\begin{pmatrix} 10 & 11 & 0 \\ -3 & 12 & 7 \end{pmatrix}$ b) $\begin{pmatrix} 3 & -10 \\ -9 & 3 \\ 0 & -8 \end{pmatrix}$ c) $\begin{pmatrix} 2 & 5 & 0 \\ -1 & 8 & 5 \end{pmatrix}$

d)   Der Ausdruck $\mathbf{A} - 2\mathbf{C} + \mathbf{B}$ ist *nicht definiert*: $\mathbf{A}$ und $\mathbf{C}$ sind (2,3)-Matrizen,
$\mathbf{B}$ dagegen eine (3,2)-Matrix (die Addition ist nur für Matrizen vom gleichen Typ definiert).

6)   a)

			3	4	2
		$\mathbf{A}$	1	5	3
			0	1	0
3	4	2	13	34	18
1	5	3	8	32	17
0	1	0	1	5	3

$\mathbf{A}$ (left column label)

$\mathbf{A} \cdot \mathbf{A} = \mathbf{A}^2$

Analog:

$\mathbf{B}^2 = \begin{pmatrix} -21 & 10 & 12 \\ -4 & -9 & -6 \\ -16 & -20 & -3 \end{pmatrix}$

$\mathbf{A} \cdot \mathbf{B} = \begin{pmatrix} -13 & 19 & 15 \\ -21 & 10 & 12 \\ -2 & 1 & 0 \end{pmatrix}$; $\mathbf{B} \cdot \mathbf{A} = \begin{pmatrix} 8 & 32 & 17 \\ -5 & -3 & -1 \\ -12 & -13 & -8 \end{pmatrix}$; $\mathbf{A} \cdot \mathbf{B} \neq \mathbf{B} \cdot \mathbf{A}$

b)   Die Matrizenprodukte („Potenzen") $\mathbf{A} \cdot \mathbf{A} = \mathbf{A}^2$ und $\mathbf{B} \cdot \mathbf{B} = \mathbf{B}^2$ existieren *nicht*,
da $\mathbf{A}$ und $\mathbf{B}$ *nichtquadratische* Matrizen sind.

$\mathbf{A} \cdot \mathbf{B} = \begin{pmatrix} 13 & 18 \\ 3 & 5 \end{pmatrix}$; $\mathbf{B} \cdot \mathbf{A} = \begin{pmatrix} 4 & 10 & 12 & 29 \\ 1 & 4 & 3 & 8 \\ 0 & -4 & 0 & -2 \\ 1 & 8 & 3 & 10 \end{pmatrix}$

7)   a)   Erst $\mathbf{A} \cdot \mathbf{B}$, dann $(\mathbf{A} \cdot \mathbf{B}) \cdot \mathbf{C}$ bilden (doppeltes Falk-Schema).

			3	1	1	-2	0	3	
		$\mathbf{B}$	0	2	1	2	5	1	$\mathbf{C}$
			-1	5	1	-1	1	1	
2	4	1	5	15	7	13	82	37	
1	3	5	-2	32	9	59	169	35	

$\mathbf{A}$ (left column label)

$\mathbf{A} \cdot \mathbf{B}$ $(\mathbf{A} \cdot \mathbf{B}) \cdot \mathbf{C}$

b) $\mathbf{B} \cdot \mathbf{C} = \begin{pmatrix} -5 & 6 & 11 \\ 3 & 11 & 3 \\ 11 & 26 & 3 \end{pmatrix}$; $\mathbf{A} \cdot (\mathbf{B} \cdot \mathbf{C}) = \begin{pmatrix} 13 & 82 & 37 \\ 59 & 169 & 35 \end{pmatrix}$

c) $\mathbf{B} + \mathbf{C}$ bilden, dann transponieren und schließlich $\mathbf{A} \cdot (\mathbf{B} + \mathbf{C})^{\mathbf{T}}$ bilden.

	1	2	−2
$(\mathbf{B} + \mathbf{C})^{\mathbf{T}}$	1	7	6
	4	2	2

$\mathbf{A}$	2	4	1	10	34	22
	1	3	5	24	33	26

$$\mathbf{A} \cdot (\mathbf{B} + \mathbf{C})^{\mathbf{T}}$$

d) $(\mathbf{A} \cdot \mathbf{B})^{\mathbf{T}} = \begin{pmatrix} 5 & -2 \\ 15 & 32 \\ 7 & 9 \end{pmatrix}$; e) $\mathbf{B} \cdot \mathbf{A}$ ist *nicht* definiert (Zeilenzahl von $\mathbf{A}$ < Spaltenzahl von $\mathbf{B}$). Daher existiert auch $(\mathbf{B} \cdot \mathbf{A})^{\mathbf{T}}$ nicht.

Abschnitt 3

1) $\det \mathbf{A} = -10 - 12 = -22$; $\det \mathbf{B} = ab - ab = 0$; $\det \mathbf{C} = 6x - 11x = -5x$

2) $\begin{vmatrix} 1 & 4 & 7 \\ 2 & 5 & 8 \\ 3 & 6 & 9 \end{vmatrix} \begin{matrix} 1 & 4 \\ 2 & 5 \\ 3 & 6 \end{matrix}$ $\quad D_1 = 45 + 96 + 84 - 105 - 48 - 72 = 0$

$\underbrace{\qquad}_{D_1}$

$D_2 = 0 + 224 + 6 - 0 + 42 - 8 = 264$

$D_3 = 96 + 0 + 140 - 0 - 6 + 224 = 454$

3) a) $(1 - \lambda)(-2 - \lambda) - 2 = \lambda^2 + \lambda - 4 = 0 \quad \Rightarrow \quad \lambda_1 = 1{,}562$; $\lambda_2 = -2{,}562$

   b) $(1 - \lambda)(3 - \lambda)(2 - \lambda) = 0 \quad \Rightarrow \quad \lambda_1 = 1$; $\lambda_2 = 2$; $\lambda_3 = 3$ (Diagonalmatrix)

4) a) $\det \mathbf{A}$ enthält zwei *proportionale* Spalten (die 2. Spalte ist das -2-fache der 1. Spalte).

   b) $\det \mathbf{B}$ enthält einen *Nullvektor* (2. Spalte).

   c) $\det \mathbf{C}$ enthält zwei *gleiche* Zeilen (1. und 3. Zeile).

   d) $\det \mathbf{D}$ enthält zwei *proportionale* Zeilen (die 1. Zeile ist das -3-fache der 3. Zeile).

5) a) $\det \mathbf{A} = -5(-1) \cdot \underbrace{\begin{vmatrix} 5 & 1 & 4 \\ 7 & 0 & -3 \\ 3 & 4 & 5 \end{vmatrix}}_{128} + 3 \cdot \underbrace{\begin{vmatrix} 2 & 1 & 4 \\ 1 & 0 & -3 \\ 9 & 4 & 5 \end{vmatrix}}_{8} = 5 \cdot 128 + 3 \cdot 8 = 664$

b) $\det \mathbf{A} = 1 \cdot \underbrace{\begin{vmatrix} -5 & 3 & 0 \\ 1 & 7 & -3 \\ 9 & 3 & 5 \end{vmatrix}}_{-316} + 4(-1) \cdot \underbrace{\begin{vmatrix} 2 & 5 & 4 \\ -5 & 3 & 0 \\ 1 & 7 & -3 \end{vmatrix}}_{-245} = -316 - 4 \cdot (-245) = 664$

6) a) Entwicklung nach der *4. Zeile* (diese enthält 2 Nullen):

$$\det \mathbf{A} = 2 \cdot \underbrace{\begin{vmatrix} 1 & 3 & 4 \\ -2 & 0 & 3 \\ 1 & 1 & 5 \end{vmatrix}}_{28} + 2(-1) \cdot \underbrace{\begin{vmatrix} 1 & 0 & 4 \\ -2 & 1 & 3 \\ 1 & 4 & 5 \end{vmatrix}}_{-43} = 2 \cdot 28 - 2 \cdot (-43) = 142$$

b) Entwicklung nach der *2. Spalte* (diese enthält 2 Nullen):

$$\det \mathbf{A} = 2 \cdot \underbrace{\begin{vmatrix} 1 & 5 & 3 \\ 0 & 3 & 1 \\ 4 & 2 & -3 \end{vmatrix}}_{-27} + 1(-1) \cdot \underbrace{\begin{vmatrix} 1 & 5 & 3 \\ 1 & 2 & 1 \\ 4 & 2 & -3 \end{vmatrix}}_{9} = 2 \cdot (-27) - 9 = -63$$

7) a) **A** ist eine (untere) *Dreiecksmatrix*: $\det \mathbf{A} = 1 \cdot (-2) \cdot 5 = -10$

b) **B** ist eine *Diagonalmatrix*: $\det \mathbf{B} = 1 \cdot 4 \cdot 3 \cdot 4 = 48$

8) a) Zur 1. Zeile wird das -2-fache der 2. Zeile addiert. Die neue Determinante enthält dann zwei *gleiche* Zeilen (1. und 3. Zeile, jeweils grau unterlegt) und verschwindet daher:

$$|\mathbf{A}| = \begin{vmatrix} 4 & 6 & 8 \\ 3 & 1 & 4 \\ -2 & 4 & 0 \end{vmatrix} = \begin{vmatrix} -2 & 4 & 0 \\ 3 & 1 & 4 \\ -2 & 4 & 0 \end{vmatrix} = 0$$

b) Zur 4. Spalte addieren wir das 2-fache der 1. Spalte und erhalten eine Determinante mit zwei *proportionalen* Spalten (3. und 4. Spalte, jeweils grau unterlegt; die 4. Spalte ist das 3-fache der 3. Spalte), die daher verschwindet:

$$|\mathbf{A}| = \begin{vmatrix} -1 & 1 & 0 & 2 \\ 2 & 4 & 3 & 5 \\ -1 & 8 & 1 & 5 \\ 1 & 3 & 2 & 4 \end{vmatrix} = \begin{vmatrix} -1 & 1 & 0 & 0 \\ 2 & 4 & 3 & 9 \\ -1 & 8 & 1 & 3 \\ 1 & 3 & 2 & 6 \end{vmatrix} = 0$$

9) a) $\det \mathbf{C} = \det (\mathbf{A} \cdot \mathbf{B}) = (\det \mathbf{A}) \cdot (\det \mathbf{B}) = (-20) \cdot (-5) = 100$

b) $\det \mathbf{C} = \det (\mathbf{A} \cdot \mathbf{B}) = (\det \mathbf{A}) \cdot (\det \mathbf{B}) = 68 \cdot 83 = 5644$

10)   Durch Entwicklung nach der *1. Zeile* erhält man:

$$\vec{M} = \vec{r} \times \vec{F} = \begin{vmatrix} \vec{e}_x & \vec{e}_y & \vec{e}_z \\ 1 & -2 & 5 \\ 10 & 20 & 50 \end{vmatrix} = \begin{vmatrix} -2 & 5 \\ 20 & 50 \end{vmatrix} \vec{e}_x - \begin{vmatrix} 1 & 5 \\ 10 & 50 \end{vmatrix} \vec{e}_y + \begin{vmatrix} 1 & -2 \\ 10 & 20 \end{vmatrix} \vec{e}_z =$$

$$= -200\,\vec{e}_x - 0\,\vec{e}_y + 40\,\vec{e}_z = -200\,\vec{e}_x + 40\,\vec{e}_z$$

(alle Komponenten in der Einheit Nm)

11)   Es ist: $[\vec{a}\ \vec{b}\ \vec{c}] = \begin{vmatrix} 1 & 2 & 2 \\ 0 & -4 & 3 \\ 3 & -6 & 15 \end{vmatrix} = 0 \quad \Rightarrow \quad \vec{a},\ \vec{b}$ und $\vec{c}$ sind *komplanar*.

12)   a)   Wir addieren der Reihe nach zur 2., 3. und 4. Spalte das -3-fache, 1-fache bzw. 6-fache der 1. Spalte und entwickeln anschließend nach der 1. Zeile (diese enthält 3 Nullen):

$$\det \mathbf{A} = \begin{vmatrix} -1 & 0 & 0 & 0 \\ 3 & -8 & 7 & 23 \\ -2 & 4 & 1 & -9 \\ -2 & 3 & -1 & -8 \end{vmatrix} = -1 \cdot \underbrace{\begin{vmatrix} -8 & 7 & 23 \\ 4 & 1 & -9 \\ 3 & -1 & -8 \end{vmatrix}}_{10} = -10$$

b)   Wir addieren zunächst zur 2. Spalte das -4-fache und zur 5. Spalte das -1-fache der 1. Spalte und entwickeln dann nach der 1. Zeile (diese enthält 4 Nullen):

$$\det \mathbf{A} = \begin{vmatrix} 1 & 0 & 0 & 0 & 0 \\ 2 & -8 & 1 & 2 & -3 \\ 1 & -3 & -2 & -3 & -5 \\ 3 & -8 & 0 & 0 & -2 \\ 0 & 1 & 1 & 3 & 5 \end{vmatrix} = 1 \cdot \begin{vmatrix} -8 & 1 & 2 & -3 \\ -3 & -2 & -3 & -5 \\ -8 & 0 & 0 & -2 \\ 1 & 1 & 3 & 5 \end{vmatrix}$$

Jetzt addieren wir in der verbliebenen 4-reihigen Determinante zur 1. Spalte das -4-fache der 4. Spalte und entwickeln dann nach der 3. Zeile (diese enthält 3 Nullen):

$$\det \mathbf{A} = \begin{vmatrix} 4 & 1 & 2 & -3 \\ 17 & -2 & -3 & -5 \\ 0 & 0 & 0 & -2 \\ -19 & 1 & 3 & 5 \end{vmatrix} = -2\,(-1) \cdot \underbrace{\begin{vmatrix} 4 & 1 & 2 \\ 17 & -2 & -3 \\ -19 & 1 & 3 \end{vmatrix}}_{-48} = -96$$

Abschnitt 4

1) $\det \mathbf{A} = 4 + 0 + 0 + 2 - 15 + 0 = -9 \neq 0 \quad \Rightarrow \quad \mathbf{A}$ ist *regulär*.

$\det \mathbf{B} = 36 - 8 + 0 - 24 - 4 - 0 = 0 \quad \Rightarrow \quad \mathbf{B}$ ist *singulär*.

$\det \mathbf{C}$ nach der 2. Spalte entwickeln (diese enthält 3 Nullen), die verbliebene 3-reihige Determinante dann nach *Sarrus* berechnen:

$$\det \mathbf{C} = 1 \cdot \begin{vmatrix} 1 & 1 & 2 \\ 3 & 1 & 4 \\ 2 & 1 & 3 \end{vmatrix} = 3 + 8 + 6 - 4 - 4 - 9 = 0 \quad \Rightarrow \quad \mathbf{C}$$ ist *singulär*.

2) a) $\det \mathbf{A} = \begin{vmatrix} \sin \varphi & \cos \varphi \\ -\cos \varphi & \sin \varphi \end{vmatrix} = \sin^2 \varphi + \cos^2 \varphi = 1 \neq 0$

            A ist also *regulär*. Algebraische Komplemente A_{ik} berechnen und daraus die *inverse*
            Matrix $\mathbf{A}^{-1}$ bestimmen:

$$A_{11} = \sin \varphi; \quad A_{12} = \cos \varphi; \quad A_{21} = -\cos \varphi; \quad A_{22} = \sin \varphi$$

$$A^{-1} = \frac{1}{\det A} \begin{pmatrix} A_{11} & A_{21} \\ A_{12} & A_{22} \end{pmatrix} = \begin{pmatrix} \sin \varphi & -\cos \varphi \\ \cos \varphi & \sin \varphi \end{pmatrix}$$

    b) $\det \mathbf{A} = 2 \neq 0 \quad \Rightarrow \quad \mathbf{A}$ ist *regulär*. Inverse Matrix: $\mathbf{A}^{-1} = \begin{pmatrix} 1{,}5 & -1 \\ -0{,}25 & 0{,}5 \end{pmatrix}$

    c) $\det \mathbf{A} = \begin{vmatrix} -1 & 0 & 0 \\ 1 & 1 & 0 \\ 1 & 0 & -1 \end{vmatrix} = (-1)(1)(-1) = 1 \neq 0 \quad$ (Dreiecksmatrix)

            Somit ist **A** *regulär*. Berechnung der algebraischen Komplemente (Adjunkten) A_{ik} und
            der *inversen* Matrix $\mathbf{A}^{-1}$:

$$A_{11} = \begin{vmatrix} 1 & 0 \\ 0 & -1 \end{vmatrix} = -1; \quad A_{12} = -\begin{vmatrix} 1 & 0 \\ 1 & -1 \end{vmatrix} = 1; \quad A_{13} = \begin{vmatrix} 1 & 1 \\ 1 & 0 \end{vmatrix} = -1;$$

$$A_{21} = -\begin{vmatrix} 0 & 0 \\ 0 & -1 \end{vmatrix} = 0; \quad A_{22} = \begin{vmatrix} -1 & 0 \\ 1 & -1 \end{vmatrix} = 1; \quad A_{23} = -\begin{vmatrix} -1 & 0 \\ 1 & 0 \end{vmatrix} = 0;$$

$$A_{31} = \begin{vmatrix} 0 & 0 \\ 1 & 0 \end{vmatrix} = 0; \quad A_{32} = -\begin{vmatrix} -1 & 0 \\ 1 & 0 \end{vmatrix} = 0; \quad A_{33} = \begin{vmatrix} -1 & 0 \\ 1 & 1 \end{vmatrix} = -1$$

$$\mathbf{A}^{-1} = \frac{1}{\det \mathbf{A}} \begin{pmatrix} A_{11} & A_{21} & A_{31} \\ A_{12} & A_{22} & A_{32} \\ A_{13} & A_{23} & A_{33} \end{pmatrix} = \begin{pmatrix} -1 & 0 & 0 \\ 1 & 1 & 0 \\ -1 & 0 & -1 \end{pmatrix}$$

    d) $\det \mathbf{A} = 6 \neq 0 \quad \Rightarrow \quad \mathbf{A}$ ist *regulär*. Inverse Matrix: $\mathbf{A}^{-1} = \dfrac{1}{6} \begin{pmatrix} 4 & 8 & -6 \\ -2 & -4 & 6 \\ -1 & -5 & 3 \end{pmatrix}$

3) $\mathbf{A} \cdot \mathbf{A}^{\mathbf{T}} = \dfrac{1}{2} \cdot \dfrac{1}{2} \begin{pmatrix} 1 & -\sqrt{3} \\ \sqrt{3} & 1 \end{pmatrix} \cdot \begin{pmatrix} 1 & \sqrt{3} \\ -\sqrt{3} & 1 \end{pmatrix} = \dfrac{1}{4} \begin{pmatrix} 4 & 0 \\ 0 & 4 \end{pmatrix} = \begin{pmatrix} 1 & 0 \\ 0 & 1 \end{pmatrix} = \mathbf{E}$

    Somit: $\mathbf{A} \cdot \mathbf{A}^{\mathbf{T}} = \mathbf{E} \quad \Rightarrow \quad \mathbf{A}$ ist *orthogonal*; $\det \mathbf{A} = 1$; $\mathbf{A}^{-1} = \mathbf{A}^{\mathbf{T}}$

    $\mathbf{B} \cdot \mathbf{B}^{\mathbf{T}} = \dfrac{1}{10} \cdot \dfrac{1}{10} \begin{pmatrix} -8 & 6 \\ 6 & 8 \end{pmatrix} \cdot \begin{pmatrix} -8 & 6 \\ 6 & 8 \end{pmatrix} = \dfrac{1}{100} \begin{pmatrix} 100 & 0 \\ 0 & 100 \end{pmatrix} = \begin{pmatrix} 1 & 0 \\ 0 & 1 \end{pmatrix} = \mathbf{E}$

    Somit: $\mathbf{B} \cdot \mathbf{B}^{\mathbf{T}} = \mathbf{E} \quad \Rightarrow \quad \mathbf{B}$ ist *orthogonal*; $\det \mathbf{B} = -1$; $\mathbf{B}^{-1} = \mathbf{B}^{\mathbf{T}} = \mathbf{B}$

4) Die Matrix **A** kann *nicht* orthogonal sein, da ihre Zeilen- und Spaltenvektoren *nicht* normiert
    sind (Vektorlängen $\neq 1$). **B** und **C** sind dagegen *orthogonale* Matrizen:

$$\mathbf{B} \cdot \mathbf{B}^{\mathbf{T}} = \frac{1}{9} \begin{pmatrix} 2 & 2 & 1 \\ 1 & -2 & 2 \\ 2 & -1 & -2 \end{pmatrix} \cdot \begin{pmatrix} 2 & 1 & 2 \\ 2 & -2 & -1 \\ 1 & 2 & -2 \end{pmatrix} = \frac{1}{9} \begin{pmatrix} 9 & 0 & 0 \\ 0 & 9 & 0 \\ 0 & 0 & 9 \end{pmatrix} = \begin{pmatrix} 1 & 0 & 0 \\ 0 & 1 & 0 \\ 0 & 0 & 1 \end{pmatrix} = \mathbf{E}$$

$$\mathbf{C} \cdot \mathbf{C}^\mathbf{T} = \frac{1}{2} \begin{pmatrix} 0 & 1 & -1 \\ 0 & 1 & 1 \\ \sqrt{2} & 0 & 0 \end{pmatrix} \cdot \begin{pmatrix} 0 & 0 & \sqrt{2} \\ 1 & 1 & 0 \\ -1 & 1 & 0 \end{pmatrix} = \frac{1}{2} \begin{pmatrix} 2 & 0 & 0 \\ 0 & 2 & 0 \\ 0 & 0 & 2 \end{pmatrix} = \begin{pmatrix} 1 & 0 & 0 \\ 0 & 1 & 0 \\ 0 & 0 & 1 \end{pmatrix} = \mathbf{E}$$

5) $\det \mathbf{A} = 1$; Algebraische Komplemente: $A_{11} = A_{12} = -A_{21} = A_{22} = 1/\sqrt{2}$

$$\mathbf{A}^{-1} = \frac{1}{\det \mathbf{A}} \begin{pmatrix} A_{11} & A_{21} \\ A_{12} & A_{22} \end{pmatrix} = \frac{1}{\sqrt{2}} \begin{pmatrix} 1 & -1 \\ 1 & 1 \end{pmatrix} = \mathbf{A}^\mathbf{T}$$

6) Für beide Matrizen gilt: Die Zeilen- bzw. Spaltenvektoren sind jeweils *orthonormiert*, die Matrizen daher *orthogonal*: $\mathbf{A} \cdot \mathbf{A}^\mathbf{T} = \mathbf{B} \cdot \mathbf{B}^\mathbf{T} = \mathbf{E}$.

7) Die Spaltenvektoren $\mathbf{a}_1 = \dfrac{1}{\sqrt{5}} \begin{pmatrix} 2 \\ 1 \\ 0 \end{pmatrix}$, $\mathbf{a}_2 = \dfrac{1}{\sqrt{30}} \begin{pmatrix} -1 \\ 2 \\ 5 \end{pmatrix}$ und $\mathbf{a}_3 = \dfrac{1}{\sqrt{6}} \begin{pmatrix} -1 \\ 2 \\ -1 \end{pmatrix}$

sind *normiert* und *orthogonal*:

$$|\mathbf{a}_1| = \frac{1}{\sqrt{5}} \cdot \sqrt{2^2 + 1^2 + 0^2} = 1; \qquad |\mathbf{a}_2| = \frac{1}{\sqrt{30}} \cdot \sqrt{(-1)^2 + 2^2 + 5^2} = 1;$$

$$|\mathbf{a}_3| = \frac{1}{\sqrt{6}} \cdot \sqrt{(-1)^2 + 2^2 + (-1)^2} = 1$$

$$\mathbf{a}_1 \cdot \mathbf{a}_2 = \frac{1}{\sqrt{5}} \cdot \frac{1}{\sqrt{30}} \begin{pmatrix} 2 \\ 1 \\ 0 \end{pmatrix} \cdot \begin{pmatrix} -1 \\ 2 \\ 5 \end{pmatrix} = \frac{1}{\sqrt{150}} (-2 + 2 + 0) = 0$$

$$\mathbf{a}_1 \cdot \mathbf{a}_3 = \frac{1}{\sqrt{5}} \cdot \frac{1}{\sqrt{6}} \begin{pmatrix} 2 \\ 1 \\ 0 \end{pmatrix} \cdot \begin{pmatrix} -1 \\ 2 \\ -1 \end{pmatrix} = \frac{1}{\sqrt{30}} (-2 + 2 + 0) = 0$$

$$\mathbf{a}_2 \cdot \mathbf{a}_3 = \frac{1}{\sqrt{30}} \cdot \frac{1}{\sqrt{6}} \begin{pmatrix} -1 \\ 2 \\ 5 \end{pmatrix} \cdot \begin{pmatrix} -1 \\ 2 \\ -1 \end{pmatrix} = \frac{1}{\sqrt{180}} (1 + 4 - 5) = 0$$

Ebenso zeigt man, dass die *Zeilenvektoren* ein orthonormiertes System bilden.

$$\mathbf{A}^{-1} = \mathbf{A}^\mathbf{T} = \begin{pmatrix} 2/\sqrt{5} & 1/\sqrt{5} & 0 \\ -1/\sqrt{30} & 2/\sqrt{30} & 5/\sqrt{30} \\ -1/\sqrt{6} & 2/\sqrt{6} & -1/\sqrt{6} \end{pmatrix}; \quad \det \mathbf{A} = -1$$

8) $\mathrm{Rg}\,(\mathbf{A}) = 2$. *Begründung:* Wegen $\det \mathbf{A} = 0$ ist $\mathbf{A}$ *singulär* und somit $\mathrm{Rg}\,(\mathbf{A}) < 3$. Es gibt aber eine von null verschiedene *2-reihige* Unterdeterminante, z. B. (gestrichen: 1. Zeile und 1. Spalte)

$$D_{11} = \begin{vmatrix} 3 & 4 \\ 1 & 4 \end{vmatrix} = 8 \neq 0 \quad \Rightarrow \quad \mathrm{Rg}\,(\mathbf{A}) = 2$$

$\mathrm{Rg}\,(\mathbf{B}) = 3$. *Begründung:* $\mathbf{B}$ ist vom Typ (3,4), daher kann $\mathrm{Rg}\,(\mathbf{A})$ *höchstens gleich* 3 sein. Streicht man in $\mathbf{B}$ die 4. Spalte, so erhält man eine von null verschiedene *3-reihige* Unterdeterminante:

$$\begin{vmatrix} 2 & 1 & 1 \\ 1 & 1 & 2 \\ 7 & 2 & -6 \end{vmatrix} = -12 + 14 + 2 - 7 - 8 + 6 = -5 \neq 0 \quad \Rightarrow \quad \mathrm{Rg}\,(\mathbf{B}) = 3$$

Rg $(\mathbf{C}) = \mathbf{2}$. *Begründung:* $\mathbf{C}$ ist vom Typ (4,3). Daher gilt Rg $(\mathbf{C}) \leq 3$. Es verschwinden *alle* 3-reihigen Unterdeterminanten, eine von null verschiedene *2-reihige* Unterdeterminante ist jedoch vorhanden (wir streichen die 3. und 4. Zeile und die 3. Spalte):

$$\begin{vmatrix} 1 & 0 \\ 2 & 1 \end{vmatrix} = 1 \neq 0 \quad \Rightarrow \quad \text{Rg } (\mathbf{C}) = 2$$

Rg $(\mathbf{D}) = \mathbf{2}$. *Begründung:* $\mathbf{D}$ ist vom Typ (2,3), daher gilt Rg $(\mathbf{D}) \leq 2$. Es gibt aber eine von null verschiedene *2-reihige* Unterdeterminante (wir streichen die 3. Spalte):

$$\begin{vmatrix} 3 & 1 \\ 0 & -1 \end{vmatrix} = -3 \neq 0 \quad \Rightarrow \quad \text{Rg } (\mathbf{D}) = 2$$

9) Die Matrix wird mit Hilfe der angegebenen Umformungen auf *Trapezform* gebracht.

a) ① Zeile 1 mit Zeile 3 vertauschen.

② Zur 2. Zeile das -3-fache und zur 3. Zeile das -2-fache der 1. Zeile addieren.

③ Zur 3. Zeile das $-2{,}5$-fache der 2. Zeile addieren.

$$\begin{pmatrix} 1 & 2 & 0 \\ 0 & -2 & 1 \\ 0 & 0 & -3{,}5 \end{pmatrix} \quad \Rightarrow \quad \text{Rg } (\mathbf{A}) = 3 \quad \text{(keine Nullzeile)}$$

b) ① Zur 2. Zeile das -2-fache und zur 3. Zeile das -3-fache der 1. Zeile addieren.

② Zeile 2 durch 3 und Zeile 4 durch 5 dividieren.

③ Zur 3. Zeile das -2-fache und zur 4. Zeile das -1-fache der 2. Zeile addieren.

④ Spalte 3 mit Spalte 4 vertauschen.

$$\begin{pmatrix} 1 & 0 & 1 & -1 \\ 0 & 1 & 1 & 1 \\ 0 & 0 & 1 & 0 \\ 0 & 0 & 0 & 0 \end{pmatrix} \quad \Rightarrow \quad \text{Rg } (\mathbf{B}) = 3 \quad \text{(1 Nullzeile)}$$

c) ① Zur 3. Zeile das 2-fache der 1. Zeile addieren.

② Zur 3. Zeile das -3-fache der 2. Zeile addieren.

$$\begin{pmatrix} -1 & 2 & 1 & 8 & -1 \\ 0 & 3 & -3 & 15 & -3 \\ 0 & 0 & 8 & 0 & 0 \end{pmatrix} \quad \Rightarrow \quad \text{Rg } (\mathbf{C}) = 3 \quad \text{(keine Nullzeile)}$$

d) ① Der Reihe nach zur 2., 3. und 4. Zeile das 2-fache, 5-fache bzw. 1-fache der 1. Zeile addieren.

② Von der 3. Zeile das 3-fache und von der 4. Zeile das 1-fache der 2. Zeile subtrahieren.

③ Zeile 3 durch -3 dividieren und dann zur 4. Zeile addieren.

$$\begin{pmatrix} 1 & 1 & 2 & -3 & 0 & 1 \\ 0 & 5 & 5 & -6 & 1 & 4 \\ 0 & 0 & 0 & 0 & 0 & 2 \\ 0 & 0 & 0 & 0 & 0 & 0 \end{pmatrix} \quad \Rightarrow \quad \text{Rg } (\mathbf{D}) = 3 \quad \text{(1 Nullzeile)}$$

10) ① 1. und 4. Zeile miteinander vertauschen.

② Der Reihe nach zur 2., 3., 4. und 5. Zeile das 5-fache, 3-fache, 2-fache bzw. 3-fache der 1. Zeile addieren.

③ Von der 5. Zeile zunächst die 3. Zeile und anschließend von der 3. Zeile die 2. Zeile subtrahieren.

④ Die 5. Zeile durch 3 dividieren und anschließend mit der 2. Zeile vertauschen.

⑤ Zur 4. Zeile das 7-fache und zur 5. Zeile das 16-fache der 2. Zeile addieren.

⑥ Zur 4. Zeile das 1-fache und zur 5. Zeile das 3-fache der 3. Zeile addieren.

⑦ Von der 5. Zeile die 4. Zeile subtrahieren.

$$\begin{pmatrix} -1 & 1 & 1 & 1 & 1 \\ 0 & -1 & -1 & 0 & -1 \\ 0 & 0 & 1 & -2 & 0 \\ 0 & 0 & 0 & 1 & 1 \\ 0 & 0 & 0 & 0 & 1 \end{pmatrix} \quad \Rightarrow \quad \text{Rg}\,(\mathbf{A}) = 5 \quad \text{(keine Nullzeile)}$$

$\mathbf{A}$ ist somit eine *reguläre* Matrix.

Abschnitt 5

1) Die erweiterte Koeffizientenmatrix $(\mathbf{A} \mid \mathbf{c})$ wird mit Hilfe der angegebenen Zeilenumformungen in die *Trapezform* gebracht. Das lineare Gleichungssystem liegt dann in der *gestaffelten* Form vor und wird schrittweise von unten nach oben gelöst (Nullzeilen grau unterlegt).

a) ① Reihenfolge der Zeilen wie folgt vertauschen: $3 \rightarrow 1 \rightarrow 2 \rightarrow 3$

② Zur 2. Zeile das -2-fache und zur 3. Zeile das 5-fache der 1. Zeile addieren.

③ Die 2. Zeile durch 7 und die 3. Zeile durch 24 dividieren.

④ Zur 3. Zeile die 2. Zeile addieren.

$$\begin{pmatrix} 1 & -5 & | & 16 \\ 0 & 1 & | & -3 \\ 0 & 0 & | & 0 \end{pmatrix} \quad \Rightarrow \quad \begin{array}{r} x_1 - 5x_2 = 16 \\ x_2 = -3 \end{array} \Bigg\} \quad \begin{array}{l} \text{Lösung:} \\ x_1 = 1; \quad x_2 = -3 \end{array}$$

b) ① Zur 2. Zeile das 3-fache und zur 3. Zeile das -8-fache der 1. Zeile addieren.

② Zur 3. Zeile das 2-fache der 2. Zeile addieren.

$$\begin{pmatrix} 1 & 1 & 2 & 0 & | & 1 \\ 0 & 5 & 6 & 1 & | & 8 \\ 0 & 0 & -6 & 4 & | & 8 \end{pmatrix} \quad \Rightarrow \quad \begin{array}{r} x_1 + x_2 + 2x_3 = 1 \\ 5x_2 + 6x_3 + x_4 = 8 \\ -6x_3 + 4x_4 = 8 \end{array}$$

Unendlich viele Lösungen ($x_4 = \lambda$ wurde als Parameter gewählt):

$$x_1 = \frac{7}{15} - \frac{1}{3}\lambda; \quad x_2 = \frac{16}{5} - \lambda; \quad x_3 = -\frac{4}{3} + \frac{2}{3}\lambda; \quad x_4 = \lambda \quad (\lambda \in \mathbb{R})$$

c) ① Die mit -1 multiplizierte 2. Zeile mit der 1. Zeile vertauschen.

② Zur 3. Zeile das 2-fache und zur 4. Zeile das 3-fache der 1. Zeile addieren.

③ Von der 3. Zeile das 2-fache und von der 4. Zeile das 4-fache der 2. Zeile subtrahieren.

④ Von der 2. Zeile das 3-fache und von der 4. Zeile das 1-fache der 3. Zeile subtrahieren.

⑤ Zeile 2 mit Zeile 3 vertauschen.

⑥ Zur 3. Zeile das 4-fache der 4. Zeile addieren.

⑦ Zur 4. Zeile das 10-fache der 3. Zeile addieren, dann die 4. Zeile durch -91 dividieren.

$$\begin{pmatrix} 1 & 3 & 0 & 1 & | & 5 \\ 0 & 1 & 12 & 2 & | & 12 \\ 0 & 0 & -1 & -9 & | & 8 \\ 0 & 0 & 0 & 1 & | & -1 \end{pmatrix} \quad \Rightarrow \quad \begin{array}{r} x_1 + 3x_2 \qquad\quad + x_4 = 5 \\ x_2 + 12x_3 + 2x_4 = 12 \\ -x_3 - 9x_4 = 8 \\ x_4 = -1 \end{array}$$

Lösung: $x_1 = 0$; $x_2 = 2$; $x_3 = 1$; $x_4 = -1$

2) Durch die folgenden *Zeilenumformungen* lässt sich die erweiterte Koeffizientenmatrix $(\mathbf{A}\,|\,\mathbf{c})$ in die *Trapezform* bringen:

① Der Reihe nach zur 2., 3. und 4. Zeile das 2-fache, -5-fache bzw. -2-fache der 1. Zeile addieren.

② Zur 3. Zeile das 3-fache und zur 4. Zeile das -2-fache der 2. Zeile addieren.

③ Von der 4. Zeile die durch 4 dividierte 3. Zeile subtrahieren.

$$\begin{pmatrix} 1 & 1 & -1 & | & 2 \\ 0 & 2 & -1 & | & 2 \\ 0 & 0 & 1 & | & 0 \\ 0 & 0 & 0 & | & -3 \end{pmatrix} \quad \Rightarrow \quad \begin{cases} \text{Rg}\,(\mathbf{A}) = 3 \quad (1\ \text{Nullzeile}) \\ \text{Rg}\,(\mathbf{A}\,|\,\mathbf{c}) = 4 \quad (\text{keine Nullzeile}) \\ \text{Somit }\ \text{Rg}\,(\mathbf{A}\,|\,\mathbf{c}) \neq \text{Rg}\,(\mathbf{A}).\ \text{Das System ist } \textit{nicht} \text{ lösbar.} \end{cases}$$

3) Die Koeffizientenmatrix $\mathbf{A}$ bringen wir durch folgende *Zeilenumformungen* in die *Trapezform*:

① Der Reihe nach zur 2., 3. und 4. Zeile das 2-fache, -1-fache bzw. -3-fache der 1. Zeile addieren.

② Zur 2. und 4. Zeile jeweils das 3-fache der 3. Zeile addieren.

③ Zur 4. Zeile das 8-fache der 2. Zeile addieren, dann die Zeilen 2 und 3 miteinander vertauschen.

$$\begin{pmatrix} 2 & -1 & 4 \\ 0 & -1 & -3 \\ 0 & 0 & 2 \\ 0 & 0 & 0 \end{pmatrix} \quad \Rightarrow \quad \begin{cases} \text{Rg}\,(\mathbf{A}) = 3 \quad (1\ \text{Nullzeile}) \\ r = n = 3;\quad \text{Das homogene System ist } \textit{nur trivial} \text{ lösbar.} \end{cases}$$

4) Das homogene Gleichungssystem ist *nichttrivial* lösbar, wenn $r < n = 3$ ist. Die Koeffizientenmatrix $\mathbf{A}$ bringen wir mit Hilfe der folgenden Zeilenumformungen in die *Trapezform*:

① Von der 3. und 4. Zeile jeweils das 3-fache der 1. Zeile subtrahieren.

② Von der 3. Zeile das 1-fache und von der 4. Zeile das 2-fache der 2. Zeile subtrahieren.

$$\begin{pmatrix} 1 & 1 & 2 \\ 0 & 1 & -1 \\ 0 & 0 & 0 \\ 0 & 0 & 0 \end{pmatrix} \quad \Rightarrow \quad \begin{cases} \text{Rg}\,(\mathbf{A}) = 2 \quad (2\ \text{Nullzeilen}) \\ r = 2;\quad n = 3\quad \text{d. h.}\quad r < n \\ \text{Das homogene System ist somit } \textit{nichttrivial} \text{ lösbar.} \end{cases}$$

Das *gestaffelte* Gleichungssystem lautet (mit den vom Parameter λ abhängigen Lösungen):

$$\left. \begin{array}{r} x_1 + x_2 + 2x_3 = 0 \\ x_2 - x_3 = 0 \end{array} \right\} \quad \Rightarrow \quad x_1 = -3\lambda;\ \ x_2 = \lambda;\ \ x_3 = \lambda \quad (\lambda \in \mathbb{R})$$

5) Die Koeffizientenmatrix $\mathbf{A}$ wird durch die folgenden Zeilenumformungen in die *Trapezform* gebracht:

① Zeile 1 mit Zeile 2 vertauschen.
② Zur 2. Zeile das 2-fache und zur 3. Zeile das -1-fache der 1. Zeile addieren.
③ Zur 3. Zeile die 2. Zeile addieren, dann die 2. Zeile durch -3 dividieren.

$$\begin{pmatrix} 1 & -2 & 1 \\ 0 & 1 & -1 \\ 0 & 0 & 0 \end{pmatrix} \Rightarrow \begin{cases} \text{Rg}\,(\mathbf{A}) = 2 \quad (1\ \text{Nullzeile}) \\ r = 2, \quad n = 3 \quad \text{d. h.} \quad r < n \\ \text{Das homogene System ist daher } \textit{nichttrivial} \text{ lösbar.} \end{cases}$$

Das *gestaffelte* System lautet (mit den vom Parameter λ abhängigen Lösungen):

$$\left. \begin{array}{r} x_1 - 2x_2 + x_3 = 0 \\ x_2 - x_3 = 0 \end{array} \right\} \Rightarrow x_1 = \lambda; \quad x_2 = \lambda; \quad x_3 = \lambda \quad (\lambda \in \mathbb{R})$$

6) Die Koeffizientendeterminante $\det \mathbf{A}$ muss jeweils *verschwinden*:

a) $\det \mathbf{A} = \lambda^2 - 1 = 0 \Rightarrow \lambda^2 = 1 \Rightarrow \lambda_1 = 1; \quad \lambda_2 = -1$

b) Die Koeffizientendeterminante wird zweimal nacheinander nach der jeweils *1. Zeile* entwickelt:

$$\det \mathbf{A} = (2 + \lambda)(2 - \lambda) \begin{vmatrix} -\lambda & -1 \\ 1 & -\lambda \end{vmatrix} = (2 + \lambda)(2 - \lambda)(\lambda^2 + 1) = 0 \Rightarrow$$

$$\lambda_{1/2} = \pm 2$$

7) Wir bringen zunächst die Koeffizientenmatrix $\mathbf{A}$ durch die angeführten *Umformungen* in die *Trapezform*.

a) ① Von der 2. Zeile die 1. Zeile subtrahieren.
② Zur 3. Zeile das 2-fache der 2. Zeile addieren.

$$\begin{pmatrix} 1 & 2 & 3 \\ 0 & -1 & -3 \\ 0 & 0 & -1 \end{pmatrix} \Rightarrow \begin{cases} \text{Rg}\,(\mathbf{A}) = 3 \\ r = n = 3 \\ \text{Das homogene System ist nur } \textit{trivial} \text{ lösbar.} \end{cases}$$

b) ① Zeile 1 mit Zeile 2 vertauschen.
② Zur 2. Zeile das 2-fache und zur 4. Zeile das -4-fache der 1. Zeile addieren.
③ Zur 2. Zeile die 4. Zeile addieren, dann durch -2 dividieren.
④ Zur 3. Zeile das -2-fache und zur 4. Zeile das 7-fache der 2. Zeile addieren.
⑤ Zur 4. Zeile das 2-fache der 3. Zeile addieren.

$$\begin{pmatrix} 1 & 2 & 4 & 0 \\ 0 & 1 & 2 & -2 \\ 0 & 0 & 1 & 5 \\ 0 & 0 & 0 & -3 \end{pmatrix} \Rightarrow \begin{cases} \text{Rg}\,(\mathbf{A}) = 4 \\ r = n = 4 \\ \text{Das homogene System ist nur } \textit{trivial} \text{ lösbar.} \end{cases}$$

Lösung: $x_1 = x_2 = x_3 = x_4 = 0$ (triviale Lösung)

8) Wir führen in der erweiterten Koeffizientenmatrix $(\mathbf{A} \mid \mathbf{c})$ die folgenden Umformungen durch:

① Zur 2. Zeile das 2-fache und zur 3. Zeile das 1-fache der 1. Zeile addieren.
② Von der 3. Zeile die 2. Zeile subtrahieren.

$$\begin{pmatrix} 2 & 3 & 1 & | & -1 \\ 0 & -2 & -1 & | & 5 \\ 0 & 0 & 0 & | & -12 \end{pmatrix} \Rightarrow \text{Rg}(\mathbf{A}) = 2 \quad (1 \text{ Nullzeile}); \quad \text{Rg}(\mathbf{A}\,|\,\mathbf{c}) = 3$$

Das Gleichungssystem ist wegen $\text{Rg}(\mathbf{A}\,|\,\mathbf{c}) \neq \text{Rg}(\mathbf{A})$ *unlösbar.*

9)   Die erweiterte Koeffizientenmatrix wird jeweils auf *Trapezform* gebracht.

a)   ①   Von der 3. Zeile das 2-fache der 1. Zeile subtrahieren.

②   Von der 3. Zeile zunächst das 5-fache der 2. Zeile subtrahieren, dann die 3. Zeile durch 22 dividieren.

$$\begin{pmatrix} 1 & 2 & -3 & | & 5 \\ 0 & 1 & -1 & | & 8 \\ 0 & 0 & 1 & | & 0 \end{pmatrix} \Rightarrow \begin{aligned} x_1 + 2x_2 - 3x_3 &= 5 \\ x_2 - x_3 &= 8 \\ x_3 &= 0 \end{aligned}$$

$\text{Rg}(\mathbf{A}) = \text{Rg}(\mathbf{A}\,|\,\mathbf{c}) = 3 \Rightarrow$ Das System besitzt *genau eine* Lösung: $x_1 = -11$; $x_2 = 8$; $x_3 = 0$.

b)   ①   Zeile 1 mit Zeile 2 vertauschen.

②   Zur 2. Zeile das 2-fache und zur 3. Zeile das 4-fache der 1. Zeile addieren.

③   Reihenfolge der Zeilen wie folgt vertauschen: $4 \rightarrow 2 \rightarrow 3 \rightarrow 4$ (Zeile 1 bleibt)

④   Von der 3. Zeile das 21-fache und von der 4. Zeile das 34-fache der 2. Zeile subtrahieren.

⑤   Von der 4. Zeile das 3-fache der 3. Zeile subtrahieren, dann die 3. Zeile durch -2 und die 4. Zeile durch -98 dividieren.

$$\begin{pmatrix} -1 & 8 & 8 & -4 & | & -13 \\ 0 & 1 & 1 & -4 & | & -1 \\ 0 & 0 & 3 & -38 & | & 3 \\ 0 & 0 & 0 & 1 & | & 0 \end{pmatrix} \Rightarrow \begin{aligned} -x_1 + 8x_2 + 8x_3 - 4x_4 &= -13 \\ x_2 + x_3 - 4x_4 &= -1 \\ 3x_3 - 38x_4 &= 3 \\ x_4 &= 0 \end{aligned}$$

$\text{Rg}(\mathbf{A}) = \text{Rg}(\mathbf{A}\,|\,\mathbf{c}) = 4 \Rightarrow$ Das System besitzt *genau eine* Lösung: $x_1 = 5$; $x_2 = -2$; $x_3 = 1$; $x_4 = 0$

c)   ①   Von der 2. und 3. Zeile jeweils die 1. Zeile subtrahieren und von der 4. Zeile das 4-fache der 1. Zeile subtrahieren.

②   Die 2. Zeile zunächst durch 2 dividieren, dann diese Zeile von der 3. und 4. Zeile subtrahieren.

$$\begin{pmatrix} 1 & 0 & 2 & -5 & | & 0 \\ 0 & 2 & 1 & 0 & | & 5 \\ 0 & 0 & 0 & 0 & | & 0 \\ 0 & 0 & 0 & 0 & | & 0 \end{pmatrix} \Rightarrow \begin{aligned} x_1 + 2x_3 - 5x_4 &= 0 \\ 2x_2 + x_3 &= 5 \end{aligned}$$

$\text{Rg}(\mathbf{A}) = \text{Rg}(\mathbf{A}\,|\,\mathbf{c}) = 2$ (je 2 Nullzeilen) $\Rightarrow$ Das System ist *lösbar,* die Lösungsmenge enthält $n - r = 4 - 2 = 2$ Parameter (wir wählen x_3 und x_4 als Parameter und setzen $x_3 = \lambda$ und $x_4 = \mu$):

$$x_1 = -2\lambda + 5\mu; \quad x_2 = -\frac{1}{2}\lambda + \frac{5}{2}; \quad x_3 = \lambda; \quad x_4 = \mu \qquad (\lambda, \mu \in \mathbb{R})$$

d) ① Der Reihe nach zur 3., 4. und 5. Zeile das 4-fache, -2-fache bzw. -5-fache der 1. Zeile addieren.

② Der Reihe nach zur 3., 4. und 5. Zeile das -4-fache, 1-fache bzw. 2-fache der 2. Zeile addieren.

③ Zur 3. Zeile das 2-fache der 4. Zeile addieren, dann die 4. Zeile mit 12 und die 5. Zeile mit 7 multiplizieren.

④ Von der 5. Zeile die 4. Zeile subtrahieren.

⑤ Die 4. Zeile durch 12 dividieren, zur 5. Zeile das 13-fache der 3. Zeile addieren, dann die 5. Zeile durch -32 dividieren.

⑥ Zeile 3 mit Zeile 4 vertauschen.

$$\left(\begin{array}{ccccc|c} 1 & 1 & 0 & -1 & 0 & 1 \\ 0 & 1 & 4 & 2 & 6 & 42 \\ 0 & 0 & 7 & 4 & 4 & 32 \\ 0 & 0 & 0 & 1 & -23 & -121 \\ 0 & 0 & 0 & 0 & 8 & 43 \end{array}\right) \Rightarrow \begin{array}{rcl} x_1 + x_2 \quad\quad - x_4 \quad\quad &=& 1 \\ x_2 + 4x_3 + 2x_4 + 6x_5 &=& 42 \\ 7x_3 + 4x_4 + 4x_5 &=& 32 \\ x_4 - 23x_5 &=& -121 \\ 8x_5 &=& 43 \end{array}$$

Rg $(\mathbf{A})$ = Rg $(\mathbf{A} \mid \mathbf{c})$ = 5 $\Rightarrow$ Das System besitzt *genau eine* Lösung: $x_1 = -0{,}875$; $x_2 = 4{,}5$; $x_3 = 0$; $x_4 = 2{,}625$; $x_5 = 5{,}375$

10) Das quadratische System ist genau dann *eindeutig* lösbar, wenn die Koeffizientendeterminante einen *von null verschiedenen* Wert hat. Dies ist jeweils der Fall.

a) $D = \begin{vmatrix} 1 & 2 & 0 \\ 1 & 7 & 4 \\ 3 & 13 & 4 \end{vmatrix} = -8$; $D_1 = \begin{vmatrix} 3 & 2 & 0 \\ 18 & 7 & 4 \\ 30 & 13 & 4 \end{vmatrix} = 24$;

$D_2 = \begin{vmatrix} 1 & 3 & 0 \\ 1 & 18 & 4 \\ 3 & 30 & 4 \end{vmatrix} = -24$; $D_3 = \begin{vmatrix} 1 & 2 & 3 \\ 1 & 7 & 18 \\ 3 & 13 & 30 \end{vmatrix} = 0$

Lösung: $x_1 = \dfrac{D_1}{D} = -3$; $x_2 = \dfrac{D_2}{D} = 3$; $x_3 = \dfrac{D_3}{D} = 0$

b) $D = 98$; $D_1 = -36$; $D_2 = 10$; $D_3 = -4$

Lösung: $x_1 = -18/49$; $x_2 = 5/49$; $x_3 = -2/49$

c) $D = 62$; $D_1 = 29$; $D_2 = 14$; *Lösung:* $x_1 = 29/62$; $x_2 = 7/31$

d) $D = 628$; $D_1 = 0$; $D_2 = 4396$; $D_3 = 1884$

Lösung: $x_1 = 0$; $x_2 = 7$; $x_3 = 3$

11) $\begin{array}{l} I_1 + I_2 + I_3 - I = 0 \quad \text{(Knotenpunktregel)} \\ 100\,I_1 \quad\quad\quad + 60\,I = 10 \\ 200\,I_2 \quad\quad + 60\,I = 10 \\ 100\,I_3 + 60\,I = 10 \end{array} \Bigg\} \quad \text{(Maschenregel)}$

Das lineare Gleichungssystem reduziert sich unter Berücksichtigung der Symmetrie ($R_1 = R_3$ und damit $I_1 = I_3$) auf 3 Gleichungen mit 3 Unbekannten:

$$\begin{aligned} 2I_1 + I_2 - \ I &= 0 \\ 10I_1 \qquad\ + 6I &= 1 \\ 20I_2 + 6I &= 1 \end{aligned} \quad \text{oder} \quad \begin{pmatrix} 2 & 1 & -1 \\ 10 & 0 & 6 \\ 0 & 20 & 6 \end{pmatrix} \begin{pmatrix} I_1 \\ I_2 \\ I \end{pmatrix} = \begin{pmatrix} 0 \\ 1 \\ 1 \end{pmatrix}$$

Cramersche Regel:

$D = -500; \quad D_1 = -20; \quad D_2 = -10; \quad D_3 = -50$

Lösung: $I_1 = D_1/D = 0{,}04\,\text{A}; \quad I_2 = D_2/D = 0{,}02\,\text{A}; \quad I_3 = I_1 = 0{,}04\,\text{A};$

$\qquad\qquad I = D_3/D = 0{,}1\,\text{A}$

12) Die Matrix $(\mathbf{A} \,|\, \mathbf{E})$ wird durch die folgenden Zeilenumformungen auf die gewünschte Form $(\mathbf{E} \,|\, \mathbf{A}^{-1})$ gebracht:

① Von der 1. Zeile das 3-fache der 2. Zeile subtrahieren, dann beide Zeilen miteinander vertauschen.

② Zur 1. Zeile das -2-fache und zur 2. Zeile das 6-fache der 3. Zeile addieren.

③ Von der 3. Zeile die 2. Zeile subtrahieren, dann durch 6 dividieren.

④ Zur 1. Zeile das -4-fache und zur 2. Zeile das 8-fache der 3. Zeile addieren.

$$\left(\begin{array}{ccc|ccc} 3 & 1 & 4 & 1 & 0 & 0 \\ 1 & 2 & 0 & 0 & 1 & 0 \\ 0 & 1 & -2 & 0 & 0 & 1 \end{array}\right) \Rightarrow \left(\begin{array}{ccc|ccc} 1 & 0 & 0 & 4/6 & -6/6 & 8/6 \\ 0 & 1 & 0 & -2/6 & 6/6 & -4/6 \\ 0 & 0 & 1 & -1/6 & 3/6 & -5/6 \end{array}\right)$$
$$\underbrace{\qquad}_{\mathbf{A}}\ \underbrace{\qquad}_{\mathbf{E}} \qquad\qquad \underbrace{\qquad}_{\mathbf{E}}\ \underbrace{\qquad\qquad}_{\mathbf{A}^{-1}}$$

Zeilenumformungen in der Matrix $(\mathbf{B} \,|\, \mathbf{E})$:

① Zur 1. Zeile zunächst die 2. Zeile und dann das -5-fache der 3. Zeile addieren.

② Zeile 1 durch -9 dividieren, Zeile 2 mit Zeile 3 vertauschen.

③ Von der 2. Zeile das 3-fache und von der 3. Zeile das 2-fache der 1. Zeile subtrahieren.

$$\left(\begin{array}{ccc|ccc} 4 & 5 & -1 & 1 & 0 & 0 \\ 2 & 0 & 1 & 0 & 1 & 0 \\ 3 & 1 & 0 & 0 & 0 & 1 \end{array}\right) \Rightarrow \left(\begin{array}{ccc|ccc} 1 & 0 & 0 & -1/9 & -1/9 & 5/9 \\ 0 & 1 & 0 & 3/9 & 3/9 & -6/9 \\ 0 & 0 & 1 & 2/9 & 11/9 & -10/9 \end{array}\right)$$
$$\underbrace{\qquad}_{\mathbf{B}}\ \underbrace{\qquad}_{\mathbf{E}} \qquad\qquad \underbrace{\qquad}_{\mathbf{E}}\ \underbrace{\qquad\qquad}_{\mathbf{B}^{-1}}$$

Zeilenumformungen in der Matrix $(\mathbf{C} \,|\, \mathbf{E})$:

① Reihenfolge der Zeilen wie folgt vertauschen: $1 \to 3 \to 2 \to 1$

② Von der 3. Zeile das 3-fache der 1. Zeile subtrahieren.

③ Zur 1. Zeile das -5-fache und zur 3. Zeile das 11-fache der 2. Zeile addieren.

④ Die 3. Zeile durch -7 dividieren, dann das 3-fache dieser Zeile von der 1. Zeile subtrahieren.

$$\left(\begin{array}{ccc|ccc} 3 & 4 & 2 & 1 & 0 & 0 \\ 1 & 5 & 3 & 0 & 1 & 0 \\ 0 & 1 & 0 & 0 & 0 & 1 \end{array}\right) \Rightarrow \left(\begin{array}{ccc|ccc} 1 & 0 & 0 & 3/7 & -2/7 & -2/7 \\ 0 & 1 & 0 & 0 & 0 & 7/7 \\ 0 & 0 & 1 & -1/7 & 3/7 & -11/7 \end{array}\right)$$
$$\underbrace{\qquad}_{\mathbf{C}}\ \underbrace{\qquad}_{\mathbf{E}} \qquad\qquad \underbrace{\qquad}_{\mathbf{E}}\ \underbrace{\qquad\qquad}_{\mathbf{C}^{-1}}$$

13) a) Das Vektorsystem enthält den *Nullvektor* ($\mathbf{c} = \mathbf{0}$).

b) $\mathbf{a}$ und $\mathbf{c}$ sind *kollinear* (*antiparallel*): $\mathbf{c} = -3\,\mathbf{a}$.

c) $\mathbf{a}_3$ ist als *Linearkombination* von $\mathbf{a}_1$ und $\mathbf{a}_2$ darstellbar: $\mathbf{a}_3 = 2\,\mathbf{a}_1 - 2\,\mathbf{a}_2$

d) Die Anzahl der Vektoren ($n = 4$) ist *größer* als die Dimension des Raumes ($m = 2$), aus dem sie stammen (im $\mathbb{R}^2$ gibt es *maximal zwei* linear unabhängige Vektoren).

14) a) $\det \mathbf{A} = \det (\mathbf{a}_1\,\mathbf{a}_2\,\mathbf{a}_3) = \begin{vmatrix} 2 & -1 & -1 \\ 1 & 2 & 2 \\ 0 & 5 & -1 \end{vmatrix} = -30 \neq 0 \quad \Rightarrow \quad \text{Rg}\,(\mathbf{A}) = 3$

$\text{Rg}\,(\mathbf{A}) = n = 3 \quad \Rightarrow \quad$ Vektoren sind *linear unabhängig*

b) $\det \mathbf{A} = \det (\mathbf{a}\,\mathbf{b}\,\mathbf{c}) = \begin{vmatrix} -1 & 1 & 1 \\ 6 & -2 & 2 \\ 4 & -2 & 3 \end{vmatrix} = -12 \neq 0 \quad \Rightarrow \quad \text{Rg}\,(\mathbf{A}) = 3$

$\text{Rg}\,(\mathbf{A}) = n = 3 \quad \Rightarrow \quad$ Vektoren sind *linear unabhängig*

c) Die Matrix $\mathbf{A} = (\mathbf{a}\,\mathbf{b}) = \begin{pmatrix} 1 & 2 \\ 0 & 3 \\ 4 & 1 \end{pmatrix}$ besitzt eine von null verschiedene *2-reihige* Unterdeterminante, z. B.

$\begin{vmatrix} 1 & 2 \\ 0 & 3 \end{vmatrix} = 3 \qquad$ (3. Zeile in $\mathbf{A}$ gestrichen)

Somit ist $\text{Rg}\,(\mathbf{A}) = 2$ und wegen $\text{Rg}\,(\mathbf{A}) = n = 2$ sind die Vektoren $\mathbf{a}$ und $\mathbf{b}$ *linear unabhängig*.

15) Die Matrix $\mathbf{A} = (\mathbf{a}\,\mathbf{b}\,\mathbf{c})$ wird mit Hilfe der folgenden elementaren Zeilenumformungen auf *Trapezform* gebracht:

① Von der 2. Zeile das 2-fache und von der 4. Zeile das 1-fache der 1. Zeile subtrahieren.

② Von der 3. Zeile die 2. Zeile subtrahieren.

$\begin{pmatrix} 1 & 0 & 4 \\ 0 & 1 & 1 \\ 0 & 0 & 0 \\ 0 & 0 & 0 \end{pmatrix} \quad \Rightarrow \quad \left.\begin{array}{l} \text{Rg}\,(\mathbf{A}) = 2 \quad (2 \text{ Nullzeilen}) \\ \text{Rg}\,(\mathbf{A}) < n = 3 \\ \text{Die Vektoren sind } \textit{linear abhängig}. \end{array}\right\}$

Vektor $\mathbf{c}$ als *Linearkombination von* $\mathbf{a}$ und $\mathbf{b}$: $\mathbf{c} = 4\,\mathbf{a} + \mathbf{b}$

16) $\det \mathbf{A} = \det (\mathbf{a}\,\mathbf{b}\,\mathbf{c}) = \begin{vmatrix} 1 & 2 & 10 \\ 4 & -1 & 4 \\ 1 & 2 & 10 \end{vmatrix} = 0 \quad (2 \text{ gleiche Zeilen}) \quad \Rightarrow \quad \text{Rg}\,(\mathbf{A}) < 3$

Somit: $\text{Rg}\,(\mathbf{A}) < n = 3 \quad \Rightarrow \quad$ Die Vektoren sind *linear abhängig* und damit *komplanar*.

17) $\det \mathbf{A} = \det (\mathbf{a}_1\, \mathbf{a}_2\, \mathbf{a}_3) = \begin{vmatrix} 1 & -\lambda & -2 \\ 1 & 2 & \lambda \\ 1 & 5 & 7 \end{vmatrix} = -\lambda^2 + 2\lambda + 8$

Bedingung: $r < n = 3 \;\Rightarrow\; \det \mathbf{A} = -\lambda^2 + 2\lambda + 8 = 0 \;\Rightarrow\; \lambda_1 = -2;\; \lambda_2 = 4$

18)   a) $\det \mathbf{A} = \begin{vmatrix} 1 & 2 & 0 \\ 1 & 4 & 1 \\ -2 & 1 & 0 \end{vmatrix} = -5 \neq 0 \;\Rightarrow\;$ Die Vektoren sind *linear unabhängig.*

b) $\det \mathbf{A} = \begin{vmatrix} 1 & 3 & -1 \\ 0 & 1 & -1 \\ 2 & 1 & 3 \end{vmatrix} = 0 \;\Rightarrow\;$ Die Vektoren sind *linear abhängig.*

Abschnitt 6

1)   a) $\begin{pmatrix} 5 & 6+j & 6-j \\ 3+j & 10-2j & 3+j \end{pmatrix}$ b) $\begin{pmatrix} 13-5j & 14-11j & 26-8j \\ 14+8j & 27+15j & 7+8j \end{pmatrix}$

c) $2\begin{pmatrix} 3+j & 2 \\ 2-j & 1+j \\ 2 & 1 \end{pmatrix} - 3\begin{pmatrix} 1 & 0 \\ 2+2j & 4-3j \\ 1 & 1 \end{pmatrix} + 3\begin{pmatrix} 1-j & 1+j \\ 2 & 5 \\ 3-j & 1+j \end{pmatrix} =$

$= \begin{pmatrix} 6+2j-3+3-3j & 4-0+3+3j \\ 4-2j-6-6j+6 & 2+2j-12+9j+15 \\ 4-3+9-3j & 2-3+3+3j \end{pmatrix} = \begin{pmatrix} 6-j & 7+3j \\ 4-8j & 5+11j \\ 10-3j & 2+3j \end{pmatrix}$

2)   a)

$\begin{array}{cc|cc} & & 2+j & 1+j \\ & \mathbf{A} & 2 & 1-j \\ \hline 2+j & 1+j & c_{11} & c_{12} \\ 2 & 1-j & c_{21} & c_{22} \end{array}$

$\mathbf{A} \cdot \mathbf{A} = \mathbf{A}^2$

$c_{11} = (2+j)^2 + (1+j)\,2 = 5+6j$

$c_{12} = (2+j)(1+j) + (1+j)(1-j) = \\ = 3+3j$

$c_{21} = 2(2+j) + (1-j)\,2 = 6$

$c_{22} = 2(1+j) + (1-j)^2 = 2$

$\mathbf{A} \cdot \mathbf{A} = \mathbf{A}^2 = \begin{pmatrix} 5+6j & 3+3j \\ 6 & 2 \end{pmatrix}; \quad \mathbf{A} \cdot \mathbf{B} = \begin{pmatrix} -7+9j & 8 \\ 5+9j & 9-5j \end{pmatrix}$

$\mathbf{B} \cdot \mathbf{A} = \begin{pmatrix} 4-2j & -2-4j \\ -3+14j & -2+6j \end{pmatrix}; \quad \mathbf{B} \cdot \mathbf{B} = \mathbf{B}^2 = \begin{pmatrix} 11+15j & 15+9j \\ -20+5j & 12+19j \end{pmatrix}$

b)   Die Matrizenprodukte („Potenzen") $\mathbf{A} \cdot \mathbf{A} = \mathbf{A}^2$ und $\mathbf{B} \cdot \mathbf{B} = \mathbf{B}^2$ existieren *nicht.*

$\mathbf{A} \cdot \mathbf{B} = \begin{pmatrix} 6 & 2+3j \\ 6-3j & 3+8j \end{pmatrix}; \quad \mathbf{B} \cdot \mathbf{A} = \begin{pmatrix} 3+2j & 6+11j & -1+j \\ 2-j & 2+5j & -j \\ 5-2j & 7-8j & 4+j \end{pmatrix}$

3) $\det \mathbf{A} = 6 - (1 + j)(1 - j) = 4$; $\det \mathbf{B} = -6 - (1 - j)(-1 - j) = -4$;

$$\left.\begin{vmatrix} j & -1 & -j \\ 1 & 2j & 3 \\ j & -3 & 3j \end{vmatrix}\right. \begin{matrix} j & -1 \\ 1 & 2j \\ j & -3 \end{matrix} \qquad \det \mathbf{C} = -6j - 3j + 3j - 2j + 9j + 3j = 4j$$

$$\underbrace{}_{\det \mathbf{C}}$$

4) a) $\mathbf{A}^* = \begin{pmatrix} 2 - j & 1 - 2j & -j \\ 0 & 2 + 2j & 1 \\ 1 + j & 5 - 3j & -j \end{pmatrix}$; $\quad \overline{\mathbf{A}} = (\mathbf{A}^*)^T = \begin{pmatrix} 2 - j & 0 & 1 + j \\ 1 - 2j & 2 + 2j & 5 - 3j \\ -j & 1 & -j \end{pmatrix}$

   b) $\mathbf{A}^* = \begin{pmatrix} 10 - 5j & 1 + 2j \\ 3 + 2j & 4 - 2j \\ 5 - 5j & 1 + 2j \end{pmatrix}$; $\quad \overline{\mathbf{A}} = (\mathbf{A}^*)^T = \begin{pmatrix} 10 - 5j & 3 + 2j & 5 - 5j \\ 1 + 2j & 4 - 2j & 1 + 2j \end{pmatrix}$

5) $\overline{\mathbf{A}} = (\mathbf{A}^*)^T = \begin{pmatrix} 1 & j & 0 \\ -j & 0 & 1 \\ 0 & 1 & 1 \end{pmatrix} = \mathbf{A} \quad \Rightarrow \quad \mathbf{A}$: *hermitesch*

   $\overline{\mathbf{B}} = (\mathbf{B}^*)^T = \begin{pmatrix} 1 & 2 - j & 1 - 2j \\ 2 + j & 1 & 5 - 4j \\ 1 + 2j & 5 + 4j & 0 \end{pmatrix} = \mathbf{B} \quad \Rightarrow \quad \mathbf{B}$: *hermitesch*

   $\overline{\mathbf{C}} = (\mathbf{C}^*)^T = \begin{pmatrix} 2j & 1 + j \\ -1 + j & 3j \end{pmatrix} = -\begin{pmatrix} -2j & -1 - j \\ 1 - j & -3j \end{pmatrix} = -\mathbf{C}$

   Somit: $\mathbf{C} = -\overline{\mathbf{C}} \quad \Rightarrow \quad \mathbf{C}$: *schiefhermitesch*

   $\overline{\mathbf{D}} = (\mathbf{D}^*)^T = \begin{pmatrix} -2j & 2 & 5 - 5j \\ -2 & -j & 8 - j \\ -5 - 5j & -8 - j & -2j \end{pmatrix} = -\begin{pmatrix} 2j & -2 & -5 + 5j \\ 2 & j & -8 + j \\ 5 + 5j & 8 + j & 2j \end{pmatrix} = -\mathbf{D}$

   Somit: $\mathbf{D} = -\overline{\mathbf{D}} \quad \Rightarrow \quad \mathbf{D}$: *schiefhermitesch*

6) $\mathbf{A} = \underbrace{\begin{pmatrix} 0 & -5 \\ 5 & 0 \end{pmatrix}}_{\substack{\text{schief-} \\ \text{symmetrisch}}} + j\underbrace{\begin{pmatrix} -1 & 2 \\ 2 & -4 \end{pmatrix}}_{\text{symmetrisch}} \quad \Rightarrow \quad \mathbf{A}$: *schiefhermitesch*; $\det \mathbf{A} = 25$

   $\mathbf{B} = \underbrace{\begin{pmatrix} 1 & 2 \\ 2 & 2 \end{pmatrix}}_{\text{symmetrisch}} + j\underbrace{\begin{pmatrix} 0 & -4 \\ 4 & 0 \end{pmatrix}}_{\substack{\text{schief-} \\ \text{symmetrisch}}} \quad \Rightarrow \quad \mathbf{B}$: *hermitesch*; $\det \mathbf{B} = -18$

$$\mathbf{C} = \begin{pmatrix} 0 & -3 & 0 \\ 3 & 0 & 5 \\ 0 & -5 & 0 \end{pmatrix} + j \begin{pmatrix} -1 & 0 & 0 \\ 0 & -1 & 0 \\ 0 & 0 & -1 \end{pmatrix} \quad \Rightarrow \quad \mathbf{C}: \textit{schiefhermitesch}; \quad \det \mathbf{C} = -33\,j$$

\underbrace{}_{\text{schief-symmetrisch}} \qquad \underbrace{}_{\text{symmetrisch}}

$$\mathbf{D} = \begin{pmatrix} 1 & 0 & 1 \\ 0 & 2 & 4 \\ 1 & 4 & 3 \end{pmatrix} + j \begin{pmatrix} 0 & -1 & -2 \\ 1 & 0 & 0 \\ 2 & 0 & 0 \end{pmatrix} \quad \Rightarrow \quad \mathbf{D}: \textit{hermitesch}; \quad \det \mathbf{D} = -7$$

\underbrace{}_{\text{symmetrisch}} \qquad \underbrace{}_{\text{schief-symmetrisch}}

7) $\det \mathbf{A} = \begin{vmatrix} j & j \\ j & -j \end{vmatrix} = -j^2 - j^2 = 2$

Wäre $\mathbf{A}$ *unitär*, so müsste $\det \mathbf{A} = +1$ oder -1 sein. $\mathbf{A}$ ist also *nicht* unitär.

8) $\mathbf{A} \cdot \overline{\mathbf{A}} = \dfrac{1}{12} \begin{pmatrix} 2 & 1-\sqrt{3}\,j & -1-\sqrt{3}\,j \\ -2j & \sqrt{3}-j & \sqrt{3}+j \\ -2 & 2 & -2 \end{pmatrix} \begin{pmatrix} 2 & 2j & -2 \\ 1+\sqrt{3}\,j & \sqrt{3}+j & 2 \\ -1+\sqrt{3}\,j & \sqrt{3}-j & -2 \end{pmatrix} =$

$$= \frac{1}{12} \begin{pmatrix} c_{11} & c_{12} & c_{13} \\ c_{21} & c_{22} & c_{23} \\ c_{31} & c_{32} & c_{33} \end{pmatrix} = \frac{1}{12} \begin{pmatrix} 12 & 0 & 0 \\ 0 & 12 & 0 \\ 0 & 0 & 12 \end{pmatrix} = \begin{pmatrix} 1 & 0 & 0 \\ 0 & 1 & 0 \\ 0 & 0 & 1 \end{pmatrix} = \mathbf{E} \quad \Rightarrow$$

Somit: $\mathbf{A}$ ist *unitär*.

$c_{11} = 4 + (1-\sqrt{3}\,j)(1+\sqrt{3}\,j) + (-1-\sqrt{3}\,j)(-1+\sqrt{3}\,j) =$
   $= 4 + 1 + 3 + 1 + 3 = 12$

$c_{12} = 4j + (1-\sqrt{3}\,j)(\sqrt{3}+j) + (-1-\sqrt{3}\,j)(\sqrt{3}-j) =$
   $= 4j + \sqrt{3} + j - 3j + \sqrt{3} - \sqrt{3} + j - 3j - \sqrt{3} = 0$

$c_{13} = -4 + 2(1-\sqrt{3}\,j) - 2(-1-\sqrt{3}\,j) = -4 + 2 - 2\sqrt{3}\,j + 2 + 2\sqrt{3}\,j = 0$

$c_{21} = 0; \quad c_{22} = 12; \quad c_{23} = 0; \quad c_{31} = 0; \quad c_{32} = 0; \quad c_{33} = 12$

$\mathbf{B} \cdot \overline{\mathbf{B}} = \dfrac{1}{3} \begin{pmatrix} 1+j & 1 \\ j & -1-j \end{pmatrix} \cdot \begin{pmatrix} 1-j & -j \\ 1 & -1+j \end{pmatrix} = \dfrac{1}{3} \begin{pmatrix} 3 & 0 \\ 0 & 3 \end{pmatrix} = \begin{pmatrix} 1 & 0 \\ 0 & 1 \end{pmatrix} = \mathbf{E}$

Somit: $\mathbf{B}$ ist *unitär*.

$\mathbf{C} = j \begin{pmatrix} 1 & 0 \\ 0 & 1 \end{pmatrix} = j\mathbf{E}; \quad \mathbf{C}^* = -j\mathbf{E}; \quad \overline{\mathbf{C}} = (\mathbf{C}^*)^{\mathsf{T}} = -j\mathbf{E}^* = -j\mathbf{E}$

$\mathbf{C} \cdot \overline{\mathbf{C}} = j\mathbf{E} \cdot (-j\mathbf{E}) = \mathbf{E} \cdot \mathbf{E} = \mathbf{E} \quad \Rightarrow \quad$ Somit: $\mathbf{C}$ ist *unitär*.

Abschnitt 7

Hinweis: α, β und γ sind reelle Parameter.

1) a) $\det (\mathbf{A} - \lambda \, \mathbf{E}) = \begin{vmatrix} 1 - \lambda & -1 \\ 0 & 2 - \lambda \end{vmatrix} = (1 - \lambda)\,(2 - \lambda) = 0 \quad \Rightarrow \quad \lambda_1 = 1; \quad \lambda_2 = 2$

$\boxed{\lambda_1 = 1}$ $(\mathbf{A} - 1\,\mathbf{E})\,\mathbf{x} = \mathbf{0} \quad \Rightarrow \quad \begin{pmatrix} 0 & -1 \\ 0 & 1 \end{pmatrix} \begin{pmatrix} x_1 \\ x_2 \end{pmatrix} = \begin{pmatrix} 0 \\ 0 \end{pmatrix} \quad \Rightarrow$

$\left. \begin{array}{r} -x_2 = 0 \\ x_2 = 0 \end{array} \right\} \quad \Rightarrow \quad x_2 = 0; \quad x_1 = \alpha \quad \Rightarrow \quad \mathbf{x}_1 = \begin{pmatrix} \alpha \\ 0 \end{pmatrix} = \alpha \begin{pmatrix} 1 \\ 0 \end{pmatrix}$

$\boxed{\lambda_2 = 2}$ $(\mathbf{A} - 2\,\mathbf{E})\,\mathbf{x} = \mathbf{0} \quad \Rightarrow \quad \begin{pmatrix} -1 & -1 \\ 0 & 0 \end{pmatrix} \begin{pmatrix} x_1 \\ x_2 \end{pmatrix} = \begin{pmatrix} 0 \\ 0 \end{pmatrix} \quad \Rightarrow$

$-x_1 - x_2 = 0 \quad \Rightarrow \quad x_2 = -x_1 = -\beta \quad \Rightarrow \quad \mathbf{x}_2 = \begin{pmatrix} \beta \\ -\beta \end{pmatrix} = \beta \begin{pmatrix} 1 \\ -1 \end{pmatrix}$

Normierte Eigenvektoren: $\tilde{\mathbf{x}}_1 = \begin{pmatrix} 1 \\ 0 \end{pmatrix}; \quad \tilde{\mathbf{x}}_2 = \dfrac{1}{\sqrt{2}} \begin{pmatrix} 1 \\ -1 \end{pmatrix}$

b) $\det (\mathbf{A} - \lambda \, \mathbf{E}) = \begin{vmatrix} 0 - \lambda & 1 \\ 1 & 0 - \lambda \end{vmatrix} = \lambda^2 - 1 = 0 \quad \Rightarrow \quad \lambda_{1/2} = \pm 1$

Normierte Eigenvektoren: $\tilde{\mathbf{x}}_1 = \dfrac{1}{\sqrt{2}} \begin{pmatrix} 1 \\ 1 \end{pmatrix}; \quad \tilde{\mathbf{x}}_2 = \dfrac{1}{\sqrt{2}} \begin{pmatrix} 1 \\ -1 \end{pmatrix}$

c) $\det (\mathbf{A} - \lambda \, \mathbf{E}) = \begin{vmatrix} 5 - \lambda & 1 \\ 4 & 2 - \lambda \end{vmatrix} = \lambda^2 - 7 \lambda + 6 = 0 \quad \Rightarrow \quad \lambda_1 = 1; \quad \lambda_2 = 6$

Normierte Eigenvektoren: $\tilde{\mathbf{x}}_1 = \dfrac{1}{\sqrt{17}} \begin{pmatrix} 1 \\ -4 \end{pmatrix}; \quad \tilde{\mathbf{x}}_2 = \dfrac{1}{\sqrt{2}} \begin{pmatrix} 1 \\ 1 \end{pmatrix}$

2) $\det (\mathbf{A} - \lambda \, \mathbf{E}) = \begin{vmatrix} -1 - \lambda & 2 \\ 4 & 1 - \lambda \end{vmatrix} = \lambda^2 - 9 = 0 \quad \Rightarrow \quad \lambda_{1/2} = \pm 3$

Normierte Eigenvektoren: $\tilde{\mathbf{x}}_1 = \dfrac{1}{\sqrt{5}} \begin{pmatrix} 1 \\ 2 \end{pmatrix}; \quad \tilde{\mathbf{x}}_2 = \dfrac{1}{\sqrt{2}} \begin{pmatrix} 1 \\ -1 \end{pmatrix}$

$\det (\mathbf{B} - \lambda \, \mathbf{E}) = \begin{vmatrix} 0 - \lambda & -j \\ j & 0 - \lambda \end{vmatrix} = \lambda^2 - 1 = 0 \quad \Rightarrow \quad \lambda_{1/2} = \pm 1$

Normierte (komplexe) Eigenvektoren: $\tilde{\mathbf{x}}_1 = \dfrac{1}{\sqrt{2}} \begin{pmatrix} 1 \\ j \end{pmatrix}; \quad \tilde{\mathbf{x}}_2 = \dfrac{1}{\sqrt{2}} \begin{pmatrix} 1 \\ -j \end{pmatrix}$

$\det (\mathbf{C} - \lambda \, \mathbf{E}) = \begin{vmatrix} 1 - \lambda & -1 \\ 1 & 1 - \lambda \end{vmatrix} = \lambda^2 - 2 \lambda + 2 = 0 \quad \Rightarrow \quad \lambda_{1/2} = 1 \pm j$

$\boxed{\lambda_1 = 1 + j}$ $(\mathbf{C} - (1 + j)\,\mathbf{E})\,\mathbf{x} = \mathbf{0}$ $\Rightarrow$ $\begin{pmatrix} -j & -1 \\ 1 & -j \end{pmatrix} \begin{pmatrix} x_1 \\ x_2 \end{pmatrix} = \begin{pmatrix} 0 \\ 0 \end{pmatrix}$ $\Rightarrow$

$\left. \begin{array}{r} -j x_1 - x_2 = 0 \\ x_1 - j x_2 = 0 \end{array} \right\}$ $\Rightarrow$ $x_2 = -j x_1 = -j\alpha$ $\Rightarrow$ $\mathbf{x}_1 = \begin{pmatrix} \alpha \\ -j\alpha \end{pmatrix} = \alpha \begin{pmatrix} 1 \\ -j \end{pmatrix}$

$\boxed{\lambda_2 = 1 - j}$ $(\mathbf{C} - (1 - j)\,\mathbf{E})\,\mathbf{x} = \mathbf{0}$ $\Rightarrow$ $\begin{pmatrix} j & -1 \\ 1 & j \end{pmatrix} \begin{pmatrix} x_1 \\ x_2 \end{pmatrix} = \begin{pmatrix} 0 \\ 0 \end{pmatrix}$ $\Rightarrow$

$\left. \begin{array}{r} j x_1 - x_2 = 0 \\ x_1 + j x_2 = 0 \end{array} \right\}$ $\Rightarrow$ $x_2 = j x_1 = j\beta$ $\Rightarrow$ $\mathbf{x}_2 = \begin{pmatrix} \beta \\ j\beta \end{pmatrix} = \beta \begin{pmatrix} 1 \\ j \end{pmatrix}$

Normierte (komplexe) Eigenvektoren: $\tilde{\mathbf{x}}_1 = \dfrac{1}{\sqrt{2}} \begin{pmatrix} 1 \\ -j \end{pmatrix}$; $\tilde{\mathbf{x}}_2 = \dfrac{1}{\sqrt{2}} \begin{pmatrix} 1 \\ j \end{pmatrix}$

3)   a) $\det(\mathbf{A} - \lambda\,\mathbf{E}) = \begin{vmatrix} 1 - \lambda & 2 \\ 3 & -\lambda \end{vmatrix} = \lambda^2 - \lambda - 6 = 0$ $\Rightarrow$ $\lambda_1 = -2$; $\lambda_2 = 3$

         $\mathrm{Sp}(\mathbf{A}) = \lambda_1 + \lambda_2 = 1$; $\det \mathbf{A} = \lambda_1 \lambda_2 = -6$

  b) $\det(\mathbf{A} - \lambda\,\mathbf{E}) = \lambda^2 - \lambda - 2 = 0$ $\Rightarrow$ $\lambda_1 = -1$; $\lambda_2 = 2$

         $\mathrm{Sp}(\mathbf{A}) = \lambda_1 + \lambda_2 = 1$; $\det \mathbf{A} = \lambda_1 \lambda_2 = -2$

  c) $\det(\mathbf{A} - \lambda\,\mathbf{E}) = (1 - \lambda)(-1 - \lambda) = 0$ $\Rightarrow$ $\lambda_{1/2} = \pm 1$

         $\mathrm{Sp}(\mathbf{A}) = \lambda_1 + \lambda_2 = 0$; $\det \mathbf{A} = \lambda_1 \lambda_2 = -1$

4)   a) $\det(\mathbf{A} - \lambda\,\mathbf{E}) = \begin{vmatrix} 2 - \lambda & 1 & 1 \\ 2 & 3 - \lambda & 4 \\ -1 & -1 & -2 - \lambda \end{vmatrix} = 0$ $\Rightarrow$

         $\lambda^3 - 3\lambda^2 - \lambda + 3 = 0$ $\Rightarrow$ $\lambda_1 = -1$; $\lambda_2 = 1$; $\lambda_3 = 3$

$\boxed{\lambda_1 = -1}$ $(\mathbf{A} + 1\,\mathbf{E})\,\mathbf{x} = \mathbf{0}$ $\Rightarrow$ $\begin{pmatrix} 3 & 1 & 1 \\ 2 & 4 & 4 \\ -1 & -1 & -1 \end{pmatrix} \begin{pmatrix} x_1 \\ x_2 \\ x_3 \end{pmatrix} = \begin{pmatrix} 0 \\ 0 \\ 0 \end{pmatrix}$ $\Rightarrow$

$\left. \begin{array}{r} 3 x_1 + x_2 + x_3 = 0 \\ 2 x_1 + 4 x_2 + 4 x_3 = 0 \\ -x_1 - x_2 - x_3 = 0 \end{array} \right\}$ $\Rightarrow$ $\begin{array}{l} x_1 = 0 \\ x_2 = \alpha \\ x_3 = -\alpha \end{array}$ oder $\mathbf{x}_1 = \alpha \begin{pmatrix} 0 \\ 1 \\ -1 \end{pmatrix}$

$\boxed{\lambda_2 = 1}$ $(\mathbf{A} - 1\,\mathbf{E})\,\mathbf{x} = \mathbf{0}$ $\Rightarrow$ $\begin{pmatrix} 1 & 1 & 1 \\ 2 & 2 & 4 \\ -1 & -1 & -3 \end{pmatrix} \begin{pmatrix} x_1 \\ x_2 \\ x_3 \end{pmatrix} = \begin{pmatrix} 0 \\ 0 \\ 0 \end{pmatrix}$ $\Rightarrow$

$\left. \begin{array}{r} x_1 + x_2 + x_3 = 0 \\ 2 x_1 + 2 x_2 + 4 x_3 = 0 \\ -x_1 - x_2 - 3 x_3 = 0 \end{array} \right\}$ $\Rightarrow$ $\begin{array}{l} x_1 = \beta \\ x_2 = -\beta \\ x_3 = 0 \end{array}$ oder $\mathbf{x}_2 = \beta \begin{pmatrix} 1 \\ -1 \\ 0 \end{pmatrix}$

$\boxed{\lambda_3 = 3}$ $(\mathbf{A} - 3\,\mathbf{E})\,\mathbf{x} = \mathbf{0}$ $\Rightarrow$ $\begin{pmatrix} -1 & 1 & 1 \\ 2 & 0 & 4 \\ -1 & -1 & -5 \end{pmatrix} \begin{pmatrix} x_1 \\ x_2 \\ x_3 \end{pmatrix} = \begin{pmatrix} 0 \\ 0 \\ 0 \end{pmatrix}$ $\Rightarrow$

$$\left.\begin{array}{r} -x_1 + x_2 + \ x_3 = 0 \\ 2x_1 \qquad + 4x_3 = 0 \\ -x_1 - x_2 - 5x_3 = 0 \end{array}\right\} \quad \Rightarrow \quad \begin{array}{l} x_1 = -2\gamma \\ x_2 = -3\gamma \\ x_3 = \ \gamma \end{array} \quad \text{oder} \quad \mathbf{x}_3 = \gamma \begin{pmatrix} -2 \\ -3 \\ 1 \end{pmatrix}$$

Eigenvektoren: $\tilde{\mathbf{x}}_1 = \dfrac{1}{\sqrt{2}} \begin{pmatrix} 0 \\ 1 \\ -1 \end{pmatrix}$; $\tilde{\mathbf{x}}_2 = \dfrac{1}{\sqrt{2}} \begin{pmatrix} 1 \\ -1 \\ 0 \end{pmatrix}$; $\tilde{\mathbf{x}}_3 = \dfrac{1}{\sqrt{14}} \begin{pmatrix} -2 \\ -3 \\ 1 \end{pmatrix}$

b) $\det(\mathbf{B} - \lambda\,\mathbf{E}) = \begin{vmatrix} -2 - \lambda & 2 & -3 \\ 2 & 1 - \lambda & -6 \\ -1 & -2 & 0 - \lambda \end{vmatrix} = 0 \quad \Rightarrow$

$\lambda^3 + \lambda^2 - 21\lambda - 45 = 0 \quad \Rightarrow \quad \lambda_{1/2} = -3; \quad \lambda_3 = 5$

$\boxed{\lambda_{1/2} = -3}$ $(\mathbf{B} + 3\,\mathbf{E})\,\mathbf{x} = \mathbf{0} \quad \Rightarrow \quad \begin{pmatrix} 1 & 2 & -3 \\ 2 & 4 & -6 \\ -1 & -2 & 3 \end{pmatrix} \begin{pmatrix} x_1 \\ x_2 \\ x_3 \end{pmatrix} = \begin{pmatrix} 0 \\ 0 \\ 0 \end{pmatrix}$

3 proportionale Zeilen (Gleichungen), somit 2 unabhängige Parameter (wir setzen $x_2 = \alpha$ und $x_3 = \beta$):

$x_1 + 2x_2 - 3x_3 = 0 \quad \Rightarrow \quad x_1 = -2x_2 + 3x_3 = -2\alpha + 3\beta; \quad x_2 = \alpha; \quad x_3 = \beta$

Eigenvektoren ($\beta = 0$ bzw. $\alpha = 0$ setzen): $\mathbf{x}_1 = \alpha \begin{pmatrix} -2 \\ 1 \\ 0 \end{pmatrix}$; $\mathbf{x}_2 = \beta \begin{pmatrix} 3 \\ 0 \\ 1 \end{pmatrix}$

$\boxed{\lambda_3 = 5}$ $(\mathbf{B} - 5\,\mathbf{E})\,\mathbf{x} = \mathbf{0} \quad \Rightarrow \quad \begin{pmatrix} -7 & 2 & -3 \\ 2 & -4 & -6 \\ -1 & -2 & -5 \end{pmatrix} \begin{pmatrix} x_1 \\ x_2 \\ x_3 \end{pmatrix} = \begin{pmatrix} 0 \\ 0 \\ 0 \end{pmatrix} \quad \Rightarrow$

$$\left.\begin{array}{r} -7x_1 + 2x_2 - 3x_3 = 0 \\ 2x_1 - 4x_2 - 6x_3 = 0 \\ -x_1 - 2x_2 - 5x_3 = 0 \end{array}\right\} \quad \Rightarrow \quad \begin{array}{l} x_1 = -\gamma \\ x_2 = -2\gamma \\ x_3 = \gamma \end{array} \quad \text{oder} \quad \mathbf{x}_3 = \gamma \begin{pmatrix} -1 \\ -2 \\ 1 \end{pmatrix}$$

Eigenvektoren: $\tilde{\mathbf{x}}_1 = \dfrac{1}{\sqrt{5}} \begin{pmatrix} -2 \\ 1 \\ 0 \end{pmatrix}$; $\tilde{\mathbf{x}}_2 = \dfrac{1}{\sqrt{10}} \begin{pmatrix} 3 \\ 0 \\ 1 \end{pmatrix}$; $\tilde{\mathbf{x}}_3 = \dfrac{1}{\sqrt{6}} \begin{pmatrix} -1 \\ -2 \\ 1 \end{pmatrix}$

c) $\det(\mathbf{C} - \lambda\,\mathbf{E}) = \begin{vmatrix} 0 - \lambda & 1 & -1 \\ 1 & 0 - \lambda & 1 \\ 1 & -1 & 2 - \lambda \end{vmatrix} = 0 \quad \Rightarrow$

$\lambda^3 - 2\lambda^2 + \lambda = 0 \quad \Rightarrow \quad \lambda_1 = 0; \quad \lambda_{2/3} = 1$

Eigenvektoren: $\tilde{\mathbf{x}}_1 = \dfrac{1}{\sqrt{3}} \begin{pmatrix} -1 \\ 1 \\ 1 \end{pmatrix}$; $\tilde{\mathbf{x}}_2 = \dfrac{1}{\sqrt{2}} \begin{pmatrix} 1 \\ 1 \\ 0 \end{pmatrix}$; $\tilde{\mathbf{x}}_3 = \dfrac{1}{\sqrt{2}} \begin{pmatrix} -1 \\ 0 \\ 1 \end{pmatrix}$

d) $\det (\mathbf{D} - \lambda \mathbf{E}) = \begin{vmatrix} 0 - \lambda & -4 & -2 \\ 1 & 4 - \lambda & 1 \\ 2 & 4 & 4 - \lambda \end{vmatrix} = 0 \quad \Rightarrow$

$\lambda^3 - 8\lambda^2 + 20\lambda - 16 = 0 \quad \Rightarrow \quad \lambda_{1/2} = 2; \quad \lambda_3 = 4$

Eigenvektoren: $\tilde{\mathbf{x}}_1 = \dfrac{1}{\sqrt{5}} \begin{pmatrix} -2 \\ 1 \\ 0 \end{pmatrix}; \quad \tilde{\mathbf{x}}_2 = \dfrac{1}{\sqrt{2}} \begin{pmatrix} -1 \\ 0 \\ 1 \end{pmatrix}; \quad \tilde{\mathbf{x}}_3 = \dfrac{1}{3} \begin{pmatrix} -2 \\ 1 \\ 2 \end{pmatrix}$

5) $\det (\mathbf{A} - \lambda \mathbf{E}) = \begin{vmatrix} a - \lambda & b & a \\ b & a - \lambda & a \\ a & a & b - \lambda \end{vmatrix} = 0 \quad \Rightarrow$

$\lambda^3 - (2a + b)\lambda^2 - (a - b)^2 \lambda + 2a^3 - 3a^2 b + b^3 = 0$

Mit Hilfe des *Horner-Schemas* zeigt man, dass $\lambda_1 = 2a + b$ eine Lösung dieser charakteristischen Gleichung ist. Aus dem 1. reduzierten Polynom erhält man dann die restlichen Eigenwerte $\lambda_2 = a - b$ und $\lambda_3 = -a + b$.

	1	$-(2a + b)$	$-(a - b)^2$	$(2a^3 - 3a^2 b + b^3)$
$\lambda_1 = 2a + b$		$+(2a + b)$	0	$-(a - b)^2 (2a + b)$
	1	0	$-(a - b)^2$	0

NR.: $-(a - b)^2 (2a + b) = -(a^2 - 2ab + b^2)(2a + b) =$
       $= -(2a^3 + a^2 b - 4a^2 b - 2ab^2 + 2ab^2 + b^3) = -(2a^3 - 3a^2 b + b^3)$

1. *reduziertes* Polynom: $\lambda^2 - (a - b)^2 = 0 \quad \Rightarrow \quad \lambda_{2/3} = \pm(a - b)$

6)   a) $\det (\mathbf{A} - \lambda \mathbf{E}) = \begin{vmatrix} 1 - \lambda & 2 & -1 \\ 0 & -1 - \lambda & 1 \\ 1 & -1 & 1 - \lambda \end{vmatrix} = 0 \quad \Rightarrow$

$\lambda^3 - \lambda^2 + \lambda - 1 = 0 \quad \Rightarrow \quad \lambda_1 = 1; \quad \lambda_{2/3} = \pm j$

$\mathrm{Sp}\,(\mathbf{A}) = \lambda_1 + \lambda_2 + \lambda_3 = 1; \quad \det \mathbf{A} = \lambda_1 \lambda_2 \lambda_3 = 1$

b) $\det (\mathbf{A} - \lambda \mathbf{E}) = \begin{vmatrix} 0 - \lambda & 1 & 0 \\ 0 & 0 - \lambda & 1 \\ -10 & 1 & 10 - \lambda \end{vmatrix} = 0 \quad \Rightarrow$

$\lambda^3 - 10\lambda^2 - \lambda + 10 = 0 \quad \Rightarrow \quad \lambda_{1/2} = \pm 1; \quad \lambda_3 = 10$

$\mathrm{Sp}\,(\mathbf{A}) = \lambda_1 + \lambda_2 + \lambda_3 = 10; \quad \det \mathbf{A} = \lambda_1 \lambda_2 \lambda_3 = -10$

c) $\det(\mathbf{A} - \lambda\mathbf{E}) = \begin{vmatrix} 2-\lambda & 1 & 1 \\ 2 & 3-\lambda & 2 \\ 3 & 3 & 4-\lambda \end{vmatrix} = 0 \quad \Rightarrow$

$\lambda^3 - 9\lambda^2 + 15\lambda - 7 = 0 \quad \Rightarrow \quad \lambda_{1/2} = 1; \quad \lambda_3 = 7$

$\text{Sp}(\mathbf{A}) = \lambda_1 + \lambda_2 + \lambda_3 = 9; \quad \det\mathbf{A} = \lambda_1\lambda_2\lambda_3 = 7$

7) $\det(\mathbf{A} - \lambda\mathbf{E}) = \begin{vmatrix} 7-\lambda & 2 & 0 \\ 2 & 6-\lambda & 2 \\ 0 & 2 & 5-\lambda \end{vmatrix} = 0 \quad \Rightarrow$

$\lambda^3 - 18\lambda^2 + 99\lambda - 162 = 0 \quad \Rightarrow \quad \lambda_1 = 3; \quad \lambda_2 = 6; \quad \lambda_3 = 9$

$\boxed{\lambda_1 = 3}$ $(\mathbf{A} - 3\mathbf{E})\mathbf{x} = \mathbf{0} \quad \Rightarrow \quad \begin{pmatrix} 4 & 2 & 0 \\ 2 & 3 & 2 \\ 0 & 2 & 2 \end{pmatrix}\begin{pmatrix} x_1 \\ x_2 \\ x_3 \end{pmatrix} = \begin{pmatrix} 0 \\ 0 \\ 0 \end{pmatrix} \quad \Rightarrow$

$\left.\begin{array}{r} 4x_1 + 2x_2 \qquad = 0 \\ 2x_1 + 3x_2 + 2x_3 = 0 \\ 2x_2 + 2x_3 = 0 \end{array}\right\} \quad \Rightarrow \quad \begin{array}{l} x_1 = \alpha \\ x_2 = -2\alpha \\ x_3 = 2\alpha \end{array} \quad \text{oder} \quad \mathbf{x}_1 = \alpha\begin{pmatrix} 1 \\ -2 \\ 2 \end{pmatrix}$

$\boxed{\lambda_2 = 6}$ $(\mathbf{A} - 6\mathbf{E})\mathbf{x} = \mathbf{0} \quad \Rightarrow \quad \begin{pmatrix} 1 & 2 & 0 \\ 2 & 0 & 2 \\ 0 & 2 & -1 \end{pmatrix}\begin{pmatrix} x_1 \\ x_2 \\ x_3 \end{pmatrix} = \begin{pmatrix} 0 \\ 0 \\ 0 \end{pmatrix} \quad \Rightarrow$

$\left.\begin{array}{r} x_1 + 2x_2 \qquad = 0 \\ 2x_1 \qquad + 2x_3 = 0 \\ 2x_2 - x_3 = 0 \end{array}\right\} \quad \Rightarrow \quad \begin{array}{l} x_1 = -2\beta \\ x_2 = \beta \\ x_3 = 2\beta \end{array} \quad \text{oder} \quad \mathbf{x}_2 = \beta\begin{pmatrix} -2 \\ 1 \\ 2 \end{pmatrix}$

$\boxed{\lambda_3 = 9}$ $(\mathbf{A} - 9\mathbf{E})\mathbf{x} = \mathbf{0} \quad \Rightarrow \quad \begin{pmatrix} -2 & 2 & 0 \\ 2 & -3 & 2 \\ 0 & 2 & -4 \end{pmatrix}\begin{pmatrix} x_1 \\ x_2 \\ x_3 \end{pmatrix} = \begin{pmatrix} 0 \\ 0 \\ 0 \end{pmatrix} \quad \Rightarrow$

$\left.\begin{array}{r} -2x_1 + 2x_2 \qquad = 0 \\ 2x_1 - 3x_2 + 2x_3 = 0 \\ 2x_2 - 4x_3 = 0 \end{array}\right\} \quad \Rightarrow \quad \begin{array}{l} x_1 = 2\gamma \\ x_2 = 2\gamma \\ x_3 = \gamma \end{array} \quad \text{oder} \quad \mathbf{x}_3 = \gamma\begin{pmatrix} 2 \\ 2 \\ 1 \end{pmatrix}$

Eigenvektoren: $\tilde{\mathbf{x}}_1 = \dfrac{1}{3}\begin{pmatrix} 1 \\ -2 \\ 2 \end{pmatrix}; \quad \tilde{\mathbf{x}}_2 = \dfrac{1}{3}\begin{pmatrix} -2 \\ 1 \\ 2 \end{pmatrix}; \quad \tilde{\mathbf{x}}_3 = \dfrac{1}{3}\begin{pmatrix} 2 \\ 2 \\ 1 \end{pmatrix}$

Die Matrix $\mathbf{A}$ ist symmetrisch, die Eigenwerte paarweise verschieden. Daher sind die Eigenvektoren *orthogonal* und die aus ihnen gebildete 3-reihige Matrix $\mathbf{X} = (\tilde{\mathbf{x}}_1\ \tilde{\mathbf{x}}_2\ \tilde{\mathbf{x}}_3)$ eine *orthogonale* Matrix.

8) $\det(\mathbf{A} - \lambda\,\mathbf{E}) = \begin{vmatrix} 2-\lambda & 0 & 1 & 2 \\ 0 & 2-\lambda & -2 & -4 \\ 0 & 0 & -\lambda & 1 \\ 0 & 0 & -1 & -\lambda \end{vmatrix} = (2-\lambda)\begin{vmatrix} 2-\lambda & -2 & -4 \\ 0 & -\lambda & 1 \\ 0 & -1 & -\lambda \end{vmatrix} =$

$$= (2-\lambda)^2 \cdot \begin{vmatrix} -\lambda & 1 \\ -1 & -\lambda \end{vmatrix} = (2-\lambda)^2\,(\lambda^2 + 1) = 0 \quad\Rightarrow$$

$\lambda_{1/2} = 2; \quad \lambda_{3/4} = \pm\mathrm{j}$

Die Determinanten wurden nacheinander nach der jeweils 1. Spalte entwickelt (diese enthält 3 bzw. 2 Nullen).

9) $\det(\mathbf{A} - \lambda\,\mathbf{E}) = \begin{vmatrix} -2-\lambda & 2 & -1 \\ 7 & 3-\lambda & -1 \\ -4 & -4 & -2-\lambda \end{vmatrix} = 0 \quad\Rightarrow$

$\lambda^3 + \lambda^2 - 30\lambda - 72 = 0 \quad\Rightarrow\quad \lambda_1 = -4; \quad \lambda_2 = -3; \quad \lambda_3 = 6$

Eigenvektoren: $\tilde{\mathbf{x}}_1 = \dfrac{1}{\sqrt{2}} \begin{pmatrix} 1 \\ -1 \\ 0 \end{pmatrix};\quad \tilde{\mathbf{x}}_2 = \dfrac{1}{\sqrt{29}} \begin{pmatrix} 2 \\ -3 \\ -4 \end{pmatrix};\quad \tilde{\mathbf{x}}_3 = \dfrac{1}{\sqrt{14}} \begin{pmatrix} 1 \\ 3 \\ -2 \end{pmatrix}$

Die aus den Eigenvektoren gebildete Determinante ist von null verschieden (die Normierungs-konstanten dürfen weggelassen werden):

$\begin{vmatrix} 1 & 2 & 1 \\ -1 & -3 & 3 \\ 0 & -4 & -2 \end{vmatrix} = 18 \neq 0 \quad\Rightarrow\quad \tilde{\mathbf{x}}_1, \tilde{\mathbf{x}}_2, \tilde{\mathbf{x}}_3$ sind *linear unabhängig*

$\mathrm{Sp}(\mathbf{A}) = \lambda_1 + \lambda_2 + \lambda_3 = -1; \quad \det\mathbf{A} = \lambda_1\lambda_2\lambda_3 = 72$

10)   In allen 3 Fällen gilt: *Eigenwerte = Hauptdiagonalelemente*.

   A: $\lambda_1 = 1; \quad \lambda_2 = 5; \quad \lambda_3 = 8$ (*untere Dreiecksmatrix*)

   B: $\lambda_1 = 4; \quad \lambda_2 = 5; \quad \lambda_3 = 0; \quad \lambda_4 = 1$ (*Diagonalmatrix*)

   C: $\lambda_1 = 4; \quad \lambda_2 = -2; \quad \lambda_3 = 5$ (*obere Dreiecksmatrix*)

11)   Die Systemmatrix ist eine (untere) *Dreiecksmatrix*. Die Eigenwerte lauten daher (sie sind identisch mit den Hauptdiagonalelementen): $\lambda_1 = -k_1; \quad \lambda_2 = -k_2; \quad \lambda_3 = 0$.

12)   a) $\det(\mathbf{A} - \lambda\,\mathbf{E}) = \begin{vmatrix} 0-\lambda & 1 \\ 1 & 0-\lambda \end{vmatrix} = \lambda^2 - 1 = 0 \quad\Rightarrow\quad \lambda_{1/2} = \pm 1$

   Eigenvektoren: $\tilde{\mathbf{x}}_1 = \dfrac{1}{\sqrt{2}} \begin{pmatrix} 1 \\ 1 \end{pmatrix};\quad \tilde{\mathbf{x}}_2 = \dfrac{1}{\sqrt{2}} \begin{pmatrix} 1 \\ -1 \end{pmatrix}$

b) $\det (\mathbf{A} - \lambda \mathbf{E}) = \begin{vmatrix} -2 - \lambda & -4 \\ -4 & 4 - \lambda \end{vmatrix} = \lambda^2 - 2\lambda - 24 = 0 \Rightarrow$

$\lambda_1 = -4; \quad \lambda_2 = 6$

$\boxed{\lambda_1 = -4}$ $(\mathbf{A} + 4\mathbf{E})\mathbf{x} = \mathbf{0} \Rightarrow \begin{pmatrix} 2 & -4 \\ -4 & 8 \end{pmatrix} \begin{pmatrix} x_1 \\ x_2 \end{pmatrix} = \begin{pmatrix} 0 \\ 0 \end{pmatrix} \Rightarrow$

$\left. \begin{array}{r} 2x_1 - 4x_2 = 0 \\ -4x_1 + 8x_2 = 0 \end{array} \right\} \Rightarrow \begin{array}{l} x_1 = 2\alpha \\ x_2 = \alpha \end{array} \quad \text{oder} \quad \mathbf{x}_1 = \alpha \begin{pmatrix} 2 \\ 1 \end{pmatrix}$

$\boxed{\lambda_2 = 6}$ $(\mathbf{A} - 6\mathbf{E})\mathbf{x} = \mathbf{0} \Rightarrow \begin{pmatrix} -8 & -4 \\ -4 & -2 \end{pmatrix} \begin{pmatrix} x_1 \\ x_2 \end{pmatrix} = \begin{pmatrix} 0 \\ 0 \end{pmatrix} \Rightarrow$

$\left. \begin{array}{r} -8x_1 - 4x_2 = 0 \\ -4x_1 - 2x_2 = 0 \end{array} \right\} \Rightarrow \begin{array}{l} x_1 = \beta \\ x_2 = -2\beta \end{array} \quad \text{oder} \quad \mathbf{x}_2 = \beta \begin{pmatrix} 1 \\ -2 \end{pmatrix}$

Eigenvektoren: $\tilde{\mathbf{x}}_1 = \dfrac{1}{\sqrt{5}} \begin{pmatrix} 2 \\ 1 \end{pmatrix}; \quad \tilde{\mathbf{x}}_2 = \dfrac{1}{\sqrt{5}} \begin{pmatrix} 1 \\ -2 \end{pmatrix}$

13) $\det (\mathbf{A} - \lambda \mathbf{E}) = \begin{vmatrix} -\lambda & -2 & 2 \\ 2 & -\lambda & -1 \\ -2 & 1 & -\lambda \end{vmatrix} = -\lambda(\lambda^2 + 9) = 0 \Rightarrow \lambda_1 = 0; \quad \lambda_{2/3} = \pm 3\mathrm{j}$

14) a) $\det (\mathbf{A} - \lambda \mathbf{E}) = \begin{vmatrix} -\lambda & 1 & 1 \\ 1 & -\lambda & 1 \\ 1 & 1 & -\lambda \end{vmatrix} = \lambda^3 - 3\lambda - 2 = 0 \Rightarrow$

$\lambda_{1/2} = -1; \quad \lambda_3 = 2$

Eigenvektoren: $\tilde{\mathbf{x}}_1 = \dfrac{1}{\sqrt{2}} \begin{pmatrix} -1 \\ 1 \\ 0 \end{pmatrix}; \quad \tilde{\mathbf{x}}_2 = \dfrac{1}{\sqrt{2}} \begin{pmatrix} -1 \\ 0 \\ 1 \end{pmatrix}; \quad \tilde{\mathbf{x}}_3 = \dfrac{1}{\sqrt{3}} \begin{pmatrix} 1 \\ 1 \\ 1 \end{pmatrix}$

b) $\det (\mathbf{A} - \lambda \mathbf{E}) = \begin{vmatrix} 2 - \lambda & 1 & 0 \\ 1 & 2 - \lambda & 1 \\ 0 & 1 & 2 - \lambda \end{vmatrix} = (2 - \lambda)(\lambda^2 - 4\lambda + 2) = 0 \Rightarrow$

$\lambda_1 = 2; \quad \lambda_{2/3} = 2 \pm \sqrt{2}$

$\boxed{\lambda_1 = 2}$ $(\mathbf{A} - 2\mathbf{E})\mathbf{x} = \mathbf{0} \Rightarrow \begin{pmatrix} 0 & 1 & 0 \\ 1 & 0 & 1 \\ 0 & 1 & 0 \end{pmatrix} \begin{pmatrix} x_1 \\ x_2 \\ x_3 \end{pmatrix} = \begin{pmatrix} 0 \\ 0 \\ 0 \end{pmatrix} \Rightarrow$

$\left. \begin{array}{r} x_2 = 0 \\ x_1 + \quad x_3 = 0 \\ x_2 = 0 \end{array} \right\} \Rightarrow \begin{array}{l} x_1 = -\alpha \\ x_2 = 0 \\ x_3 = \alpha \end{array} \quad \text{oder} \quad \mathbf{x}_1 = \alpha \begin{pmatrix} -1 \\ 0 \\ 1 \end{pmatrix}$

$\boxed{\lambda_2 = 2 + \sqrt{2}}$ $(\mathbf{A} - (2 + \sqrt{2})\,\mathbf{E})\,\mathbf{x} = \mathbf{0}$ $\Rightarrow$

$$\begin{pmatrix} -\sqrt{2} & 1 & 0 \\ 1 & -\sqrt{2} & 1 \\ 0 & 1 & -\sqrt{2} \end{pmatrix} \begin{pmatrix} x_1 \\ x_2 \\ x_3 \end{pmatrix} = \begin{pmatrix} 0 \\ 0 \\ 0 \end{pmatrix} \quad \Rightarrow$$

$$\left.\begin{aligned} -\sqrt{2}\,x_1 + x_2 &= 0 \\ x_1 - \sqrt{2}\,x_2 + x_3 &= 0 \\ x_2 - \sqrt{2}\,x_3 &= 0 \end{aligned}\right\} \quad \Rightarrow \quad \begin{aligned} x_1 &= \beta \\ x_2 &= \sqrt{2}\,\beta \\ x_3 &= \beta \end{aligned} \quad \text{oder} \quad \mathbf{x}_2 = \beta \begin{pmatrix} 1 \\ \sqrt{2} \\ 1 \end{pmatrix}$$

$\boxed{\lambda_3 = 2 - \sqrt{2}}$ $(\mathbf{A} - (2 - \sqrt{2})\,\mathbf{E})\,\mathbf{x} = \mathbf{0}$ $\Rightarrow$ $\begin{pmatrix} \sqrt{2} & 1 & 0 \\ 1 & \sqrt{2} & 1 \\ 0 & 1 & \sqrt{2} \end{pmatrix} \begin{pmatrix} x_1 \\ x_2 \\ x_3 \end{pmatrix} = \begin{pmatrix} 0 \\ 0 \\ 0 \end{pmatrix}$

$$\left.\begin{aligned} \sqrt{2}\,x_1 + x_2 &= 0 \\ x_1 + \sqrt{2}\,x_2 + x_3 &= 0 \\ x_2 + \sqrt{2}\,x_3 &= 0 \end{aligned}\right\} \quad \Rightarrow \quad \begin{aligned} x_1 &= \gamma \\ x_2 &= -\sqrt{2}\,\gamma \\ x_3 &= \gamma \end{aligned} \quad \text{oder} \quad \mathbf{x}_3 = \gamma \begin{pmatrix} 1 \\ -\sqrt{2} \\ 1 \end{pmatrix}$$

Matrix $\mathbf{A}$ ist symmetrisch und hat paarweise verschiedene Eigenwerte; die Eigenvektoren sind *orthogonal*.

Eigenvektoren: $\tilde{\mathbf{x}}_1 = \dfrac{1}{\sqrt{2}} \begin{pmatrix} -1 \\ 0 \\ 1 \end{pmatrix}$; $\tilde{\mathbf{x}}_2 = \dfrac{1}{2} \begin{pmatrix} 1 \\ \sqrt{2} \\ 1 \end{pmatrix}$; $\tilde{\mathbf{x}}_3 = \dfrac{1}{2} \begin{pmatrix} 1 \\ -\sqrt{2} \\ 1 \end{pmatrix}$

15) $\det(\mathbf{A} - \lambda\,\mathbf{E}) = \begin{vmatrix} 2 - \lambda & 1 & 1 \\ 1 & 2 - \lambda & 1 \\ 1 & 1 & 2 - \lambda \end{vmatrix} = 0 \quad \Rightarrow$

$\lambda^3 - 6\lambda^2 + 9\lambda - 4 = 0 \quad \Rightarrow \quad \lambda_{1/2} = 1; \ \lambda_3 = 4$

$\det(\mathbf{B} - \lambda\,\mathbf{E}) = \begin{vmatrix} 3 - \lambda & -1 & 1 \\ -1 & 5 - \lambda & -1 \\ 1 & -1 & 3 - \lambda \end{vmatrix} = 0 \quad \Rightarrow$

$\lambda^3 - 11\lambda^2 + 36\lambda - 36 = 0 \quad \Rightarrow \quad \lambda_1 = 2; \ \lambda_2 = 3; \ \lambda_3 = 6$

$\det(\mathbf{C} - \lambda\,\mathbf{E}) = \begin{vmatrix} a - \lambda & 1 & 0 \\ 1 & b - \lambda & 1 \\ 0 & 1 & a - \lambda \end{vmatrix} = 0 \quad \Rightarrow$

$(a - \lambda)\,[\lambda^2 - (a + b)\lambda + ab - 2] = 0 \quad \Rightarrow$

$\lambda_1 = a; \quad \lambda_{2/3} = \dfrac{1}{2}\left(a + b \pm \sqrt{(a - b)^2 + 8}\right)$

16) $\det (\mathbf{A} - \lambda \mathbf{E}) = \begin{vmatrix} 3 - \lambda & 1 & -1 & 1 \\ 1 & 3 - \lambda & 1 & -1 \\ -1 & 1 & 3 - \lambda & 1 \\ 1 & -1 & 1 & 3 - \lambda \end{vmatrix} =$

$$= \begin{vmatrix} 0 & 4 - \lambda & \lambda^2 - 6\lambda + 8 & 4 - \lambda \\ 0 & 4 - \lambda & 4 - \lambda & 0 \\ -1 & 1 & 3 - \lambda & 1 \\ 0 & 0 & 4 - \lambda & 4 - \lambda \end{vmatrix} =$$

$$= -1 \cdot \begin{vmatrix} 4 - \lambda & \lambda^2 - 6\lambda + 8 & 4 - \lambda \\ 4 - \lambda & 4 - \lambda & 0 \\ 0 & 4 - \lambda & 4 - \lambda \end{vmatrix} =$$

$$= -(4 - \lambda)^2 \cdot \underbrace{\begin{vmatrix} 4 - \lambda & \lambda^2 - 6\lambda + 8 & 4 - \lambda \\ 1 & 1 & 0 \\ 0 & 1 & 1 \end{vmatrix}}_{-\lambda^2 + 4\lambda = \lambda(4 - \lambda)} =$$

$$= -\lambda (4 - \lambda)^3 = 0 \quad \Rightarrow \quad \lambda_1 = 0; \quad \lambda_{2/3/4} = 4$$

Der Reihe nach durchgeführte Zeilenumformungen in der Determinante:

① Zur 1. Zeile das $(3 - \lambda)$-fache der 3. Zeile und zur 2. und 4. Zeile jeweils die 3. Zeile addieren.

② Die neue 4-reihige Determinante nach der 1. Spalte entwickeln (diese enthält 3 Nullen).

③ Aus der 2. und 3. Zeile der jetzt 3-reihigen Determinante den jeweils gemeinsamen Faktor $4 - \lambda$ vor die Determinante ziehen und die verbliebene 3-reihige Determinante nach Sarrus berechnen.

17) $\det (\mathbf{A} - \lambda \mathbf{E}) = \begin{vmatrix} 4 - \lambda & 2j \\ -2j & 1 - \lambda \end{vmatrix} = \lambda^2 - 5\lambda = 0 \quad \Rightarrow \quad \lambda_1 = 0; \quad \lambda_2 = 5$

$\boxed{\lambda_1 = 0}$ $(\mathbf{A} - 0\,\mathbf{E})\,\mathbf{x} = \mathbf{0} \quad \Rightarrow \quad \begin{pmatrix} 4 & 2j \\ -2j & 1 \end{pmatrix} \begin{pmatrix} x_1 \\ x_2 \end{pmatrix} = \begin{pmatrix} 0 \\ 0 \end{pmatrix} \quad \Rightarrow$

$\left. \begin{array}{r} 4x_1 + 2jx_2 = 0 \\ -2jx_1 + x_2 = 0 \end{array} \right\} \quad \Rightarrow \quad \begin{array}{l} x_1 = \alpha \\ x_2 = 2j\alpha \end{array} \quad \text{oder} \quad \mathbf{x}_1 = \alpha \begin{pmatrix} 1 \\ 2j \end{pmatrix}$

$\boxed{\lambda_2 = 5}$ $(\mathbf{A} - 5\,\mathbf{E})\,\mathbf{x} = \mathbf{0} \quad \Rightarrow \quad \begin{pmatrix} -1 & 2j \\ -2j & -4 \end{pmatrix} \begin{pmatrix} x_1 \\ x_2 \end{pmatrix} = \begin{pmatrix} 0 \\ 0 \end{pmatrix} \quad \Rightarrow$

$\left. \begin{array}{r} -x_1 + 2jx_2 = 0 \\ -2jx_1 - 4x_2 = 0 \end{array} \right\} \quad \Rightarrow \quad \begin{array}{l} x_1 = 2j\beta \\ x_2 = \beta \end{array} \quad \text{oder} \quad \mathbf{x}_2 = \beta \begin{pmatrix} 2j \\ 1 \end{pmatrix}$

Eigenvektoren: $\tilde{\mathbf{x}}_1 = \dfrac{1}{\sqrt{5}} \begin{pmatrix} 1 \\ 2j \end{pmatrix}; \quad \tilde{\mathbf{x}}_2 = \dfrac{1}{\sqrt{5}} \begin{pmatrix} 2j \\ 1 \end{pmatrix}$

II Fourier-Reihen

Hinweis: Die Integrale wurden der *Integraltafel* der **Mathematischen Formelsammlung** des Autors entnommen (Angabe der laufenden Nummer und der Parameterwerte).

Abschnitt 1

1) $a_0 = \dfrac{1}{\pi} \cdot \displaystyle\int_0^{2\pi} (2\pi x - x^2)\, dx = \dfrac{1}{\pi} \left[\pi x^2 - \dfrac{1}{3} x^3 \right]_0^{2\pi} = \dfrac{4}{3}\pi^2$

$a_n = \dfrac{1}{\pi} \cdot \displaystyle\int_0^{2\pi} (2\pi x - x^2) \cdot \cos(nx)\, dx = 2 \cdot \displaystyle\int_0^{2\pi} x \cdot \cos(nx)\, dx - \dfrac{1}{\pi} \cdot \displaystyle\int_0^{2\pi} x^2 \cdot \cos(nx)\, dx =$

$= 2 \left[\dfrac{\cos(nx)}{n^2} + \dfrac{x \cdot \sin(nx)}{n} \right]_0^{2\pi} - \dfrac{1}{\pi} \left[\dfrac{2x \cdot \cos(nx)}{n^2} + \dfrac{(n^2 x^2 - 2) \cdot \sin(nx)}{n^3} \right]_0^{2\pi} =$

$= 2 \left(\dfrac{1}{n^2} - \dfrac{1}{n^2} \right) - \dfrac{1}{\pi} \left(\dfrac{4\pi}{n^2} \right) = -\dfrac{4}{n^2} \quad (n \in \mathbb{N}^*)$

(Integrale: 232 und 233, jeweils mit $a = n$)

$b_n = 0 \qquad (f(x)$ ist eine *gerade* Funktion, daher keine Sinusglieder)

$f(x) = \dfrac{2}{3}\pi^2 - 4 \left(\dfrac{1}{1^2} \cdot \cos x + \dfrac{1}{2^2} \cdot \cos(2x) + \dfrac{1}{3^2} \cdot \cos(3x) + \ldots \right)$

2) $a_0 = \dfrac{1}{\pi} \cdot \displaystyle\int_0^{2\pi} x\, dx = \dfrac{1}{\pi} \left[\dfrac{1}{2} x^2 \right]_0^{2\pi} = 2\pi$

$a_n = \dfrac{1}{\pi} \cdot \displaystyle\int_0^{2\pi} x \cdot \cos(nx)\, dx = \dfrac{1}{\pi} \left[\dfrac{\cos(nx)}{n^2} + \dfrac{x \cdot \sin(nx)}{n} \right]_0^{2\pi} = \dfrac{1}{\pi} \left(\dfrac{1}{n^2} - \dfrac{1}{n^2} \right) = 0$

(Integral: 232 mit $a = n$ und $n \in \mathbb{N}^*$)

$b_n = \dfrac{1}{\pi} \cdot \displaystyle\int_0^{2\pi} x \cdot \sin(nx)\, dx = \dfrac{1}{\pi} \left[\dfrac{\sin(nx)}{n^2} - \dfrac{x \cdot \cos(nx)}{n} \right]_0^{2\pi} = \dfrac{1}{\pi} \left(-\dfrac{2\pi}{n} \right) = -\dfrac{2}{n}$

(Integral: 208 mit $a = n$ und $n \in \mathbb{N}^*$)

$f(x) = \pi - 2 \left(\dfrac{1}{1} \cdot \sin x + \dfrac{1}{2} \cdot \sin(2x) + \dfrac{1}{3} \cdot \sin(3x) + \ldots \right)$

3) $f(x) = |x|,\ -\pi \le x \le \pi;$ *gerade* Funktion (Integration von 0 bis π, daher Faktor 2)

$a_0 = \dfrac{1}{\pi} \cdot \displaystyle\int_{-\pi}^{\pi} |x|\, dx = \dfrac{2}{\pi} \cdot \displaystyle\int_0^{\pi} x\, dx = \dfrac{2}{\pi} \left[\dfrac{1}{2} x^2 \right]_0^{\pi} = \pi$

$$a_n = \frac{1}{\pi} \cdot \int\limits_{-\pi}^{\pi} |x| \cdot \cos(nx)\, dx = \frac{2}{\pi} \cdot \int\limits_{0}^{\pi} x \cdot \cos(nx)\, dx = \frac{2}{\pi} \left[\frac{\cos(nx)}{n^2} + \frac{x \cdot \sin(nx)}{n} \right]_{0}^{\pi} =$$

$$= \frac{2}{\pi} \left(\frac{\cos(n\pi)}{n^2} - \frac{1}{n^2} \right) = \frac{2\,[(-1)^n - 1]}{\pi\,n^2} = \left\{ \begin{array}{ll} -\dfrac{4}{\pi} \cdot \dfrac{1}{n^2} & n = 1, 3, 5, \ldots \\[2mm] & \text{für} \\[2mm] 0 & n = 2, 4, 6, \ldots \end{array} \right\}$$

(Integral: 232 mit $a = n$; $\cos(n\pi) = (-1)^n$)

$b_n = 0$ ($f(x)$ ist eine *gerade* Funktion, daher keine Sinusglieder)

$$f(x) = \frac{\pi}{2} - \frac{4}{\pi} \left(\frac{1}{1^2} \cdot \cos x + \frac{1}{3^2} \cdot \cos(3x) + \frac{1}{5^2} \cdot \cos(5x) + \ldots \right)$$

4) $$c_n = \frac{1}{2\pi} \cdot \int\limits_{-\pi}^{\pi} e^x \cdot e^{-jnx}\, dx = \frac{1}{2\pi} \cdot \int\limits_{-\pi}^{\pi} e^{(1-jn)x}\, dx = \frac{1}{2\pi} \left[\frac{e^{(1-jn)x}}{1 - jn} \right]_{-\pi}^{\pi} =$$

$$= \frac{1}{2\pi} \cdot \frac{e^{(1-jn)\pi} - e^{-(1-jn)\pi}}{1 - jn} = \frac{1}{2\pi} \cdot \frac{1 + jn}{\underbrace{(1 - jn)(1 + jn)}_{\text{3. Binom}}} [e^{\pi} \cdot e^{-jn\pi} - e^{-\pi} \cdot e^{jn\pi}] =$$

$$= \frac{1}{2\pi} \cdot \frac{1 + jn}{1 + n^2} [e^{\pi} \cdot (-1)^n - e^{-\pi} \cdot (-1)^n] = (-1)^n \cdot \frac{e^{\pi} - e^{-\pi}}{2\pi} \cdot \frac{1 + jn}{1 + n^2}$$

(Integral: 312 mit $a = 1 - jn$; der Bruch wurde mit $1 + jn$ erweitert)

Hinweis: $e^{\pm jn\pi} = \underbrace{\cos(n\pi)}_{(-1)^n} \pm j \cdot \underbrace{\sin(n\pi)}_{0} = (-1)^n$ (Eulersche Formel)

$$f(x) = \frac{e^{\pi} - e^{-\pi}}{2\pi} \cdot \sum_{n=-\infty}^{\infty} (-1)^n \cdot \frac{1 + jn}{1 + n^2} \cdot e^{jnx} \quad (\textit{komplexe Darstellung})$$

Fourier-Reihe in *reeller* Darstellung:

$$a_0 = 2c_0 = 2 \cdot \frac{e^{\pi} - e^{-\pi}}{2\pi} = \frac{e^{\pi} - e^{-\pi}}{\pi}$$

$$a_n = c_n + c_n^* = (-1)^n \cdot \frac{e^{\pi} - e^{-\pi}}{2\pi} \cdot \frac{(1 + jn) + (1 - jn)}{1 + n^2} =$$

$$= \frac{e^{\pi} - e^{-\pi}}{\pi} \cdot (-1)^n \cdot \frac{1}{1 + n^2}$$

$$b_n = j(c_n - c_n^*) = j(-1)^n \cdot \frac{e^{\pi} - e^{-\pi}}{2\pi} \cdot \frac{(1 + jn) - (1 - jn)}{1 + n^2} =$$

$$= -\frac{e^{\pi} - e^{-\pi}}{\pi} \cdot (-1)^n \cdot \frac{n}{1 + n^2}$$

$$f(x) = \frac{e^{\pi} - e^{-\pi}}{2\pi} + \frac{e^{\pi} - e^{-\pi}}{\pi} \cdot \sum_{n=1}^{\infty} (-1)^n \left[\frac{\cos(nx)}{1 + n^2} - \frac{n \cdot \sin(nx)}{1 + n^2} \right]$$

Abschnitt 2

1) $u(t)$: *gerade* Funktion (Integration von 0 bis $\pi/2$, daher Faktor 2)

$$a_0 = \frac{1}{\pi} \cdot \int_{-\pi/2}^{\pi/2} \hat{u} \cdot \cos t \, dt = \frac{2\,\hat{u}}{\pi} \cdot \int_0^{\pi/2} \cos t \, dt = \frac{2\,\hat{u}}{\pi} \left[\sin t \right]_0^{\pi/2} = \frac{2\,\hat{u}}{\pi} \cdot 1 = \frac{2\,\hat{u}}{\pi}$$

$$a_n = \frac{1}{\pi} \cdot \int_{-\pi/2}^{\pi/2} \hat{u} \cdot \cos t \cdot \cos(nt) \, dt = \frac{2\,\hat{u}}{\pi} \cdot \int_0^{\pi/2} \cos t \cdot \cos(nt) \, dt$$

Fallunterscheidung: $n = 1$ (Integral: 229 mit $a = 1$) bzw. $n > 1$ (Integral: 252 mit $a = 1$ und $b = n$)

$$a_1 = \frac{2\,\hat{u}}{\pi} \cdot \int_0^{\pi/2} \cos^2 t \, dt = \frac{2\,\hat{u}}{\pi} \left[\frac{t}{2} + \frac{\sin(2t)}{4} \right]_0^{\pi/2} = \frac{2\,\hat{u}}{\pi} \cdot \frac{\pi}{4} = \frac{\hat{u}}{2}$$

$$a_n = \frac{2\,\hat{u}}{\pi} \cdot \int_0^{\pi/2} \cos t \cdot \cos(nt) \, dt = \frac{2\,\hat{u}}{\pi} \left[\frac{\sin(1-n)x}{2(1-n)} + \frac{\sin(1+n)x}{2(1+n)} \right]_0^{\pi/2} =$$

$$= \frac{\hat{u}}{\pi} \cdot \frac{(1+n) \cdot \sin(1-n)\pi/2 + (1-n) \cdot \sin(1+n)\pi/2}{(1-n)(1+n)} =$$

$$= \frac{\hat{u}}{\pi} \cdot \frac{(1+n) \cdot \cos(n\pi/2) + (1-n) \cdot \cos(n\pi/2)}{(1-n)(1+n)} = -\frac{2\,\hat{u}}{\pi} \cdot \frac{\cos(n\pi/2)}{(n-1)(n+1)}$$

Hinweis: $\sin(1-n)\pi/2 = \sin(1+n)\pi/2 = \cos(n\pi/2)$

Fallunterscheidung: $n = $ gerade $= 2k$ bzw. $n = $ ungerade $= 2k+1$ mit $k \in \mathbb{N}^*$

$\boxed{n = 2k:}$ $\cos(n\pi/2) = \cos(k\pi) = (-1)^k = (-1)^{\frac{n}{2}}$

$\boxed{n = 2k+1:}$ $\cos(n\pi/2) = \cos(k\pi + \pi/2) = -\sin(k\pi) = 0 \quad \Rightarrow \quad a_{n=2k+1} = 0$

$$a_{n=2k} = -\frac{2\,\hat{u}}{\pi} \cdot \frac{(-1)^{\frac{n}{2}}}{(n-1)(n+1)} = \frac{2\,\hat{u}}{\pi} (-1)^{\frac{n+2}{2}} \cdot \frac{1}{(n-1)(n+1)} \qquad (n = 2, 4, 6, \ldots)$$

$b_n = 0$ (*gerade* Funktion, daher keine Sinusglieder)

$$u(t) = \frac{\hat{u}}{\pi} + \frac{\hat{u}}{2} \cdot \cos t + \frac{2\,\hat{u}}{\pi} \left(\frac{1}{1 \cdot 3} \cdot \cos(2t) - \frac{1}{3 \cdot 5} \cdot \cos(4t) + \frac{1}{5 \cdot 7} \cdot \cos(6t) - + \ldots \right)$$

2) $y(t) = \begin{cases} (2\hat{y}/\pi)\, t & 0 \leq t \leq \pi/2 \\ (2\hat{y}/\pi)(\pi - t) & \text{für} \quad \pi/2 \leq t \leq 3\pi/2 \\ (2\hat{y}/\pi)(t - 2\pi) & 3\pi/2 \leq t \leq 2\pi \end{cases}$ (Periode: 2π)

$a_n = 0$ (*ungerade* Funktion, daher kein konstantes Glied und keine Kosinusglieder; $n \in \mathbb{N}$)

$$b_n = \frac{2\,\hat{y}}{\pi^2} \left[\int_0^{\pi/2} t \cdot \sin(nt)\, dt + \pi \cdot \int_{\pi/2}^{3\pi/2} \sin(nt)\, dt - \int_{\pi/2}^{3\pi/2} t \cdot \sin(nt)\, dt + \int_{3\pi/2}^{2\pi} t \cdot \sin(nt)\, dt - \right.$$

$$\left. - 2\pi \cdot \int_{3\pi/2}^{2\pi} \sin(nt)\, dt \right] = \frac{2\,\hat{y}}{\pi^2} \left(I_1 + \pi \cdot I_2 - I_3 + I_4 - 2\pi \cdot I_5 \right)$$

Auswertung der Integrale $(I_1, I_3, I_4 \rightarrow$ Integral 208 mit $a = n$; $I_2, I_5 \rightarrow$ Integral 204 mit $a = n)$:

$$I_1 = \left[\frac{\sin(nt)}{n^2} - \frac{t \cdot \cos(nt)}{n} \right]_0^{\pi/2} = \frac{\sin(n\pi/2)}{n^2} - \frac{\pi \cdot \cos(n\pi/2)}{2n}$$

$$I_3 = \left[\frac{\sin(nt)}{n^2} - \frac{t \cdot \cos(nt)}{n} \right]_{\pi/2}^{3\pi/2} =$$

$$= \frac{\sin(3n\pi/2)}{n^2} - \frac{3\pi \cdot \cos(3n\pi/2)}{2n} - \frac{\sin(n\pi/2)}{n^2} + \frac{\pi \cdot \cos(n\pi/2)}{2n}$$

$$I_4 = \left[\frac{\sin(nt)}{n^2} - \frac{t \cdot \cos(nt)}{n} \right]_{3\pi/2}^{2\pi} = - \frac{2\pi}{n} - \frac{\sin(3n\pi/2)}{n^2} + \frac{3\pi \cdot \cos(3n\pi/2)}{2n}$$

$$I_2 = \left[- \frac{\cos(nt)}{n} \right]_{\pi/2}^{3\pi/2} = \frac{\cos(n\pi/2)}{n} - \frac{\cos(3n\pi/2)}{n}$$

$$I_5 = \left[- \frac{\cos(nt)}{n} \right]_{3\pi/2}^{2\pi} = - \frac{1}{n} + \frac{\cos(3n\pi/2)}{n}$$

$$b_n = \frac{2\,\hat{y}}{\pi^2} \left(I_1 + \pi \cdot I_2 - I_3 + I_4 - 2\pi \cdot I_5 \right) = \frac{4\,\hat{y}}{\pi^2 n^2} \left[\sin(n\pi/2) - \underbrace{\sin(3n\pi/2)}_{(-1)^n \cdot \sin(n\pi/2)} \right] =$$

$$= \frac{4\,\hat{y}}{\pi^2 n^2} \cdot \sin(n\pi/2) \cdot \left[1 - (-1)^n \right]$$

Hinweis: $\sin(3n\pi/2) = \sin(n\pi/2 + n\pi) = (-1)^n \cdot \sin(n\pi/2)$

Fallunterscheidung: $n = $ gerade $= 2k$ bzw. $n = $ ungerade $= 2k - 1$ mit $k \in \mathbb{N}^*$

$\boxed{n = 2k:}$ $\sin(n\pi/2) = \sin(k\pi) = 0$ $\Rightarrow$ $b_{n=2k} = 0$

$\boxed{n = 2k - 1:}$ $\sin(n\pi/2) = \sin(k\pi - \pi/2) = -\cos(k\pi) = (-1)^{k+1}$

$$b_{n=2k-1} = \frac{4\,\hat{y}}{\pi^2 n^2} (-1)^{k+1} \cdot 2 = \frac{8\,\hat{y}}{\pi^2} (-1)^{\frac{n+3}{2}} \cdot \frac{1}{n^2}   \quad (n = 1, 3, 5, \ldots)$$

$$y(t) = \frac{8\,\hat{y}}{\pi^2} \cdot \left(\frac{1}{1^2} \cdot \sin t - \frac{1}{3^2} \cdot \sin(3t) + \frac{1}{5^2} \cdot \sin(5t) - + \ldots \right)$$

3) $\omega_0 = 2\pi/T$; $\omega_0 T = 2\pi$; $\omega_0 T/2 = \pi$

$$a_0 = \frac{2}{T} \left[\int_0^{T/2} \frac{2\hat{u}}{T} t \, dt + \int_{T/2}^{T} \hat{u} \, dt \right] = \frac{4\hat{u}}{T^2} \left[\frac{1}{2} t^2 \right]_0^{T/2} + \frac{2\hat{u}}{T} \left[t \right]_{T/2}^{T} = \frac{3}{2} \hat{u}$$

$$a_n = \frac{2}{T} \left[\int_0^{T/2} \frac{2\hat{u}}{T} t \cdot \cos(n\omega_0 t) \, dt + \int_{T/2}^{T} \hat{u} \cdot \cos(n\omega_0 t) \, dt \right] =$$

$$= \frac{4\hat{u}}{T^2} \cdot \underbrace{\int_0^{T/2} t \cdot \cos(n\omega_0 t) \, dt}_{\text{Integral 232 mit } a = n\omega_0} + \frac{2\hat{u}}{T} \cdot \underbrace{\int_{T/2}^{T} \cos(n\omega_0 t) \, dt}_{\text{Integral 228 mit } a = n\omega_0} =$$

$$= \frac{4\hat{u}}{T^2} \left[\frac{\cos(n\omega_0 t)}{n^2 \omega_0^2} + \frac{t \cdot \sin(n\omega_0 t)}{n\omega_0} \right]_0^{T/2} + \frac{2\hat{u}}{T} \left[\frac{\sin(n\omega_0 t)}{n\omega_0} \right]_{T/2}^{T} =$$

$$= \frac{4\hat{u}}{(\omega_0 T)^2 n^2} \left[\cos(n\omega_0 T/2) + \frac{n\omega_0 T}{2} \cdot \sin(n\omega_0 T/2) - 1 \right] +$$

$$+ \frac{2\hat{u}}{(\omega_0 T) n} \left[\sin(n\omega_0 T) - \sin(n\omega_0 T/2) \right] =$$

$$= \frac{\hat{u}}{\pi^2 n^2} \left[\underbrace{\cos(n\pi)}_{(-1)^n} + n\pi \cdot \underbrace{\sin(n\pi)}_{0} - 1 \right] + \frac{\hat{u}}{\pi n} \left[\underbrace{\sin(2n\pi)}_{0} - \underbrace{\sin(n\pi)}_{0} \right] =$$

$$= \frac{\hat{u}}{\pi^2 n^2} \left[(-1)^n - 1 \right] = \begin{cases} -\dfrac{2\hat{u}}{\pi^2} \cdot \dfrac{1}{n^2} & n = 1, 3, 5, \dots \\ \quad\quad\quad \text{für} \\ 0 & n = 2, 4, 6, \dots \end{cases}$$

$$b_n = \frac{2}{T} \left[\int_0^{T/2} \frac{2\hat{u}}{T} t \cdot \sin(n\omega_0 t) \, dt + \int_{T/2}^{T} \hat{u} \cdot \sin(n\omega_0 t) \, dt \right] =$$

$$= \frac{4\hat{u}}{T^2} \cdot \underbrace{\int_0^{T/2} t \cdot \sin(n\omega_0 t) \, dt}_{\text{Integral 208 mit } a = n\omega_0} + \frac{2\hat{u}}{T} \cdot \underbrace{\int_{T/2}^{T} \sin(n\omega_0 t) \, dt}_{\text{Integral 204 mit } a = n\omega_0} =$$

$$= \frac{4\hat{u}}{T^2} \left[\frac{\sin(n\omega_0 t)}{n^2 \omega_0^2} - \frac{t \cdot \cos(n\omega_0 t)}{n\omega_0} \right]_0^{T/2} + \frac{2\hat{u}}{T} \left[-\frac{\cos(n\omega_0 t)}{n\omega_0} \right]_{T/2}^{T} =$$

$$= \frac{4\hat{u}}{(\omega_0 T)^2 n^2} \left[\sin(n\omega_0 T/2) - \frac{n\omega_0 T}{2} \cdot \cos(n\omega_0 T/2) \right] +$$

$$+ \frac{2\hat{u}}{\omega_0 T n} \left[-\cos(n\omega_0 T) + \cos(n\omega_0 T/2) \right] =$$

$$= \frac{\hat{u}}{\pi^2 n^2} \left[\underbrace{\sin(n\pi)}_{0} - n\pi \cdot \underbrace{\cos(n\pi)}_{(-1)^n} \right] + \frac{\hat{u}}{\pi n} \left[-\underbrace{\cos(2n\pi)}_{1} + \underbrace{\cos(n\pi)}_{(-1)^n} \right] = -\frac{\hat{u}}{\pi} \cdot \frac{1}{n}$$

$$u(t) = \frac{3}{4}\,\hat{u} - \frac{2\,\hat{u}}{\pi^2}\left(\frac{1}{1^2}\cdot\cos\left(\omega_0\,t\right) + \frac{1}{3^2}\cdot\cos\left(3\,\omega_0\,t\right) + \frac{1}{5^2}\cdot\cos\left(5\,\omega_0\,t\right) + \ldots\right) -$$

$$- \frac{\hat{u}}{\pi}\left(\frac{1}{1}\cdot\sin\left(\omega_0\,t\right) + \frac{1}{2}\cdot\sin\left(2\,\omega_0\,t\right) + \frac{1}{3}\cdot\sin\left(3\,\omega_0\,t\right) + \ldots\right)$$

4) $y(t) = -\dfrac{\hat{y}}{T}\,t + \hat{y}, \quad 0 \le t < T; \quad \omega_0 = \dfrac{2\,\pi}{T}; \quad \omega_0\,T = 2\,\pi$

$$a_0 = \frac{2}{T}\cdot\int_0^T\left(-\frac{\hat{y}}{T}\,t + \hat{y}\right)dt = \frac{2}{T}\left[-\frac{\hat{y}}{2\,T}\,t^2 + \hat{y}\,t\right]_0^T = \frac{2}{T}\cdot\frac{1}{2}\,\hat{y}\,T = \hat{y}$$

$$a_n = \frac{2}{T}\cdot\int_0^T\left(-\frac{\hat{y}}{T}\,t + \hat{y}\right)\cdot\cos\left(n\,\omega_0\,t\right)dt =$$

$$= -\frac{2\,\hat{y}}{T^2}\cdot\underbrace{\int_0^T t\cdot\cos\left(n\,\omega_0\,t\right)dt}_{\text{Integral 232 mit } a = n\,\omega_0} + \frac{2\,\hat{y}}{T}\cdot\underbrace{\int_0^T\cos\left(n\,\omega_0\,t\right)dt}_{\text{Integral 228 mit } a = n\,\omega_0} =$$

$$= -\frac{2\,\hat{y}}{T^2}\left[\frac{\cos\left(n\,\omega_0\,t\right)}{n^2\,\omega_0^2} + \frac{t\cdot\sin\left(n\,\omega_0\,t\right)}{n\,\omega_0}\right]_0^T + \frac{2\,\hat{y}}{T}\left[\frac{\sin\left(n\,\omega_0\,t\right)}{n\,\omega_0}\right]_0^T =$$

$$= -\frac{2\,\hat{y}}{\left(\omega_0\,T\right)^2 n^2}\left[\cos\left(n\,\omega_0\,T\right) + n\,\omega_0\,T\cdot\sin\left(n\,\omega_0\,T\right) - 1\right] + \frac{2\,\hat{y}}{\left(\omega_0\,T\right)n}\cdot\sin\left(n\,\omega_0\,T\right) =$$

$$= -\frac{\hat{y}}{2\,\pi^2\,n^2}\left[\underbrace{\cos\left(2\,n\,\pi\right)}_{1} + 2\,\pi\,n\cdot\underbrace{\sin\left(2\,n\,\pi\right)}_{0} - 1\right] + \frac{\hat{y}}{\pi\,n}\cdot\underbrace{\sin\left(2\,n\,\pi\right)}_{0} = 0$$

$$b_n = \frac{2}{T}\cdot\int_0^T\left(-\frac{\hat{y}}{T}\,t + \hat{y}\right)\cdot\sin\left(n\,\omega_0\,t\right)dt =$$

$$= -\frac{2\,\hat{y}}{T^2}\cdot\underbrace{\int_0^T t\cdot\sin\left(n\,\omega_0\,t\right)dt}_{\text{Integral 208 mit } a = n\,\omega_0} + \frac{2\,\hat{y}}{T}\cdot\underbrace{\int_0^T\sin\left(n\,\omega_0\,t\right)dt}_{\text{Integral 204 mit } a = n\,\omega_0} =$$

$$= -\frac{2\,\hat{y}}{T^2}\left[\frac{\sin\left(n\,\omega_0\,t\right)}{n^2\,\omega_0^2} - \frac{t\cdot\cos\left(n\,\omega_0\,t\right)}{n\,\omega_0}\right]_0^T + \frac{2\,\hat{y}}{T}\left[-\frac{\cos\left(n\,\omega_0\,t\right)}{n\,\omega_0}\right]_0^T =$$

$$= -\frac{2\,\hat{y}}{\left(\omega_0\,T\right)^2 n^2}\left[\sin\left(n\,\omega_0\,T\right) - n\,\omega_0\,T\cdot\cos\left(n\,\omega_0\,T\right)\right] + \frac{2\,\hat{y}}{\left(\omega_0\,T\right)n}\left[-\cos\left(n\,\omega_0\,T\right) + 1\right] =$$

$$= -\frac{\hat{y}}{2\pi^2 n^2} \left[\underbrace{\sin(2n\pi)}_{0} - 2\pi n \cdot \underbrace{\cos(2n\pi)}_{1} \right] + \frac{\hat{y}}{\pi n} \left[-\underbrace{\cos(2n\pi)}_{1} + 1 \right] = \frac{\hat{y}}{\pi} \cdot \frac{1}{n}$$

$$y(t) = \frac{\hat{y}}{2} + \frac{\hat{y}}{\pi} \left[\frac{1}{1} \cdot \sin(\omega_0 t) + \frac{1}{2} \cdot \sin(2\omega_0 t) + \frac{1}{3} \cdot \sin(3\omega_0 t) + \ldots \right]$$

5) $y = \hat{y} \cdot |\sin(\omega_0 t)| = \hat{y} \cdot \sin(\omega_0 t)$, $0 \leq t \leq T$; Periode: $T = \pi/\omega_0$; $\omega_0 T = \pi$

$$a_0 = \frac{2\hat{y}}{T} \cdot \int_0^T \sin(\omega_0 t)\, dt = \frac{2\hat{y}}{\omega_0 T} \left[-\cos(\omega_0 t) \right]_0^T = \frac{2\hat{y}}{\pi} \left[-\cos\pi + 1 \right] = \frac{4\hat{y}}{\pi}$$

$$a_n = \frac{2\hat{y}}{T} \cdot \int_0^T \sin(\omega_0 t) \cdot \cos(n\omega_0 t)\, dt \quad (n \in \mathbb{N}^*)$$

Fallunterscheidung: $n = 1$ (Integral 254 mit $a = \omega_0$) bzw. $n > 1$ (Integral 285 mit $a = \omega_0$ und $b = n\omega_0$)

$$a_1 = \frac{2\hat{y}}{T} \cdot \int_0^T \sin(\omega_0 t) \cdot \cos(\omega_0 t)\, dt = \frac{2\hat{y}}{T} \left[\frac{\sin^2(\omega_0 t)}{2\omega_0} \right]_0^T = \frac{\hat{y}}{\omega_0 T} \cdot \sin^2(\omega_0 T) = \frac{\hat{y}}{\pi} \cdot \sin^2\pi = 0$$

$$a_n = \frac{2\hat{y}}{T} \cdot \int_0^T \sin(\omega_0 t) \cdot \cos(n\omega_0 t)\, dt = \frac{2\hat{y}}{T} \left[-\frac{\cos(\omega_0 + n\omega_0)t}{2(\omega_0 + n\omega_0)} - \frac{\cos(\omega_0 - n\omega_0)t}{2(\omega_0 - n\omega_0)} \right]_0^T =$$

$$= -\frac{\hat{y}}{\omega_0 T} \left[\frac{\cos(n+1)\omega_0 t}{n+1} - \frac{\cos(n-1)\omega_0 t}{n-1} \right]_0^T =$$

$$= -\frac{\hat{y}}{\omega_0 T} \left[\frac{\cos(n+1)\omega_0 T - 1}{n+1} - \frac{\cos(n-1)\omega_0 T - 1}{n-1} \right] =$$

$$= -\frac{\hat{y}}{\pi} \left[\frac{\cos(n+1)\pi - 1}{n+1} - \frac{\cos(n-1)\pi - 1}{n-1} \right] = \frac{2\hat{y}[(-1)^{n+1} - 1]}{\pi(n-1)(n+1)} =$$

$$= \left\{ \begin{array}{ll} 0 & n = 3, 5, 7, \ldots \\[2mm] & \quad \text{für} \\[2mm] -\dfrac{4\hat{y}}{\pi} \cdot \dfrac{1}{(n-1)(n+1)} & n = 2, 4, 6, \ldots \end{array} \right\}$$

Hinweis: $\cos(1-n)\omega_0 t = \cos(n-1)\omega_0 t$; $\cos(n+1)\pi = \cos(n-1)\pi = (-1)^{n+1}$

$b_n = 0$ ($y(t)$ ist eine *gerade* Funktion, daher keine Sinusglieder)

$$y(t) = \frac{2\hat{y}}{\pi} - \frac{4\hat{y}}{\pi} \left[\frac{1}{1 \cdot 3} \cdot \cos(2\omega_0 t) + \frac{1}{3 \cdot 5} \cdot \cos(4\omega_0 t) + \frac{1}{5 \cdot 7} \cdot \cos(6\omega_0 t) + \ldots \right]$$

III Differential- und Integralrechnung für Funktionen von mehreren Variablen

Abschnitt 1

1) a) $y - 2x \geq 0 \;\; \Rightarrow \;\; y \geq 2x, \;\; x \in \mathbb{R}$ (*grau* unterlegter Bereich in Bild A-1)

   b) $(x^2 - 1)(9 - y^2) \geq 0$ (beide Faktoren müssen somit *gleiches* Vorzeichen haben)

   $x^2 - 1 \geq 0, \, 9 - y^2 \geq 0 \;\; \Rightarrow \;\; |x| \geq 1, \, |y| \leq 3$ (*hellgrauer* Bereich, Bild A-2)

   $x^2 - 1 \leq 0, \, 9 - y^2 \leq 0 \;\; \Rightarrow \;\; |x| \leq 1, \, |y| \geq 3$ (*dunkelgrauer* Bereich, Bild A-2)

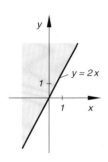

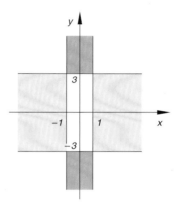

Bild A-1   **Bild A-2**

   c) $x + y \geq 0, \;\; x - y \neq 0 \;\; \Rightarrow \;\; y \geq -x, \;\; y \neq x, \;\; x \in \mathbb{R}$ (*grau* unterlegter Bereich in Bild A-3, die Punkte auf der Halbgeraden $y = x$ mit $x \geq 0$ gehören *nicht* dazu!)

   d) $x^2 + y^2 - 1 \geq 0 \;\; \Rightarrow \;\; x^2 + y^2 \geq 1$ (*grau* unterlegter Bereich in Bild A-4)

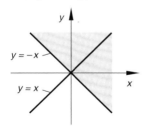

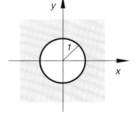

Bild A-3   **Bild A-4**

2) $S_x = \left(\dfrac{1}{2}; 0; 0 \right); \;\; S_y = \left(0; -\dfrac{1}{5}; 0 \right); \;\; S_z = \left(0; 0; \dfrac{1}{3} \right)$

Gleichung der Ebene nach z auflösen, dann die Koordinaten x und y des gegebenen Punktes einsetzen und die berechnete Höhenkoordinate z_{Ebene} mit der Höhenkoordinate des Punktes vergleichen.

Ergebnis: A liegt in der Ebene, B oberhalb der Ebene, C und D unterhalb der Ebene.

3)   a) $x^2 + y^2 - 2y = \text{const.} = C \;\Rightarrow\; x^2 + (y-1)^2 = C + 1$ (mit $C \geq -1$)

         Konzentrische Kreise um den Mittelpunkt $M = (0; 1)$ (siehe Bild A-5)

  b) $3x + 6y = \text{const.} = C \;\Rightarrow\; y = -0{,}5x + C/6$ (mit $C \in \mathbb{R}$)

         Parallele Geradenschar (Steigung: $m = -0{,}5$; siehe Bild A-6)

  c) $\sqrt{y - x^2} = \text{const.} = C \;\Rightarrow\; y = x^2 + C^2$ (mit $C \geq 0$)

         Parabelschar (nach oben geöffnete Normalparabeln oberhalb der x-Achse, siehe Bild A-7)

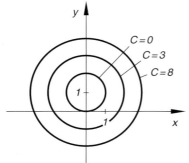

Bild A-5

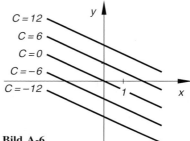

Bild A-6

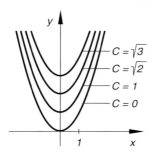

Bild A-7

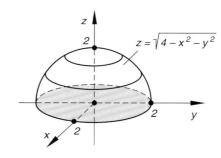

Bild A-8

4)   Die Substitution $x \to r = \sqrt{x^2 + y^2}$ liefert die *Rotationsfläche* mit der Gleichung $z = \sqrt{4 - r^2} = \sqrt{4 - x^2 - y^2}$, $x^2 + y^2 \leq 4$ (*Halbkugel* mit dem Radius $R = 2$, siehe Bild A-8)

  Schnitt mit der x, y-*Ebene: Kreis* mit dem Radius $R = 2$

  Schnitt mit der x, z- bzw. y, z-*Ebene: Halbkreis* mit dem Radius $R = 2$

Abschnitt 2

1)   a) $z_x = 12 \, (3x - 5y)^3$; $z_y = -20 \, (3x - 5y)^3$; $z_{xx} = 108 \, (3x - 5y)^2$;

         $z_{yy} = 300 \, (3x - 5y)^2$; $z_{xy} = z_{yx} = -180 \, (3x - 5y)^2$

b) $w_u = -6v \cdot \sin(3uv)$; $w_v = -6u \cdot \sin(3uv)$; $w_{uu} = -18v^2 \cdot \cos(3uv)$;

$w_{vv} = -18u^2 \cdot \cos(3uv)$; $w_{uv} = w_{vu} = -6 \cdot \sin(3uv) - 18uv \cdot \cos(3uv)$

c) $z = \dfrac{x^2 - y^2}{x + y} = \dfrac{(x + y)(x - y)}{x + y} = x - y$ (mit $y \neq -x$)

$z_x = 1$; $z_y = -1$; $z_{xx} = 0$; $z_{yy} = 0$; $z_{xy} = z_{yx} = 0$

d) $z_r = 3(1 + r\varphi) \cdot e^{r\varphi}$; $z_\varphi = 3r^2 \cdot e^{r\varphi}$; $z_{rr} = 3\varphi(2 + r\varphi) \cdot e^{r\varphi}$;

$z_{\varphi\varphi} = 3r^3 \cdot e^{r\varphi}$; $z_{r\varphi} = z_{\varphi r} = 3r(2 + r\varphi) \cdot e^{r\varphi}$

e) $z_x = \dfrac{1}{2\sqrt{x^2 - 2xy}} \cdot (2x - 2y) = \dfrac{x - y}{\sqrt{x^2 - 2xy}}$; $z_y = -\dfrac{x}{\sqrt{x^2 - 2xy}}$;

$z_{xx} = \dfrac{1 \cdot \sqrt{x^2 - 2xy} - \dfrac{1}{2\sqrt{x^2 - 2xy}} \cdot (2x - 2y)(x - y)}{x^2 - 2xy} =$

$= \dfrac{(x^2 - 2xy) - (x - y)^2}{(x^2 - 2xy)\sqrt{x^2 - 2xy}} = -\dfrac{y^2}{\sqrt{(x^2 - 2xy)^3}}$;

$z_{yy} = -\dfrac{x^2}{\sqrt{(x^2 - 2xy)^3}}$; $z_{xy} = z_{yx} = \dfrac{xy}{\sqrt{(x^2 - 2xy)^3}}$

f) $z = e^{-x+y} + \ln x - \ln y$; $z_x = -e^{-x+y} + \dfrac{1}{x}$; $z_y = e^{-x+y} - \dfrac{1}{y}$;

$z_{xx} = e^{-x+y} - \dfrac{1}{x^2}$; $z_{yy} = e^{-x+y} + \dfrac{1}{y^2}$; $z_{xy} = z_{yx} = -e^{-x+y}$

g) $z_x = \dfrac{1}{1 + \dfrac{x^2}{y^2}} \cdot \dfrac{1}{y} = \dfrac{y^2}{(y^2 + x^2)y} = \dfrac{y}{x^2 + y^2}$; $z_y = -\dfrac{x}{x^2 + y^2}$;

$z_{xx} = \dfrac{0(x^2 + y^2) - 2xy}{(x^2 + y^2)^2} = -\dfrac{2xy}{(x^2 + y^2)^2}$; $z_{yy} = \dfrac{2xy}{(x^2 + y^2)^2}$;

$z_{xy} = z_{yx} = \dfrac{x^2 - y^2}{(x^2 + y^2)^2}$

h) $z = \dfrac{1}{2} \cdot \ln(x^2 + y^2)$; $z_x = \dfrac{1}{2} \cdot \dfrac{1}{x^2 + y^2} \cdot 2x = \dfrac{x}{x^2 + y^2}$; $z_y = \dfrac{y}{x^2 + y^2}$;

$z_{xx} = \dfrac{1(x^2 + y^2) - 2x \cdot x}{(x^2 + y^2)^2} = \dfrac{-x^2 + y^2}{(x^2 + y^2)^2}$; $z_{yy} = \dfrac{x^2 - y^2}{(x^2 + y^2)^2}$;

$z_{xy} = z_{yx} = -\dfrac{2xy}{(x^2 + y^2)^2}$

i) $u_x = \dfrac{1(2x + t) - 2(x - 2t)}{(2x + t)^2} = \dfrac{5t}{(2x + t)^2}$; $u_t = -\dfrac{5x}{(2x + t)^2}$;

$u_{xx} = \dfrac{0(2x + t)^2 - 2(2x + t)2 \cdot 5t}{(2x + t)^4} = -\dfrac{20t}{(2x + t)^3}$; $u_{tt} = \dfrac{10x}{(2x + t)^3}$;

$u_{xt} = u_{tx} = \dfrac{10x - 5t}{(2x + t)^3}$

j) $z_t = a \cdot \cos(at + \varphi)$; $z_\varphi = \cos(at + \varphi)$; $z_{tt} = -a^2 \cdot \sin(at + \varphi)$;

$z_{\varphi\varphi} = -\sin(at + \varphi)$; $z_{t\varphi} = z_{\varphi t} = -a \cdot \sin(at + \varphi)$

2) $z_x = 5(1 - xy) \cdot e^{-xy} + \dfrac{x}{x^2 + y^2} - \pi \cdot \sin(\pi x + y)$ $\Rightarrow$ $z_x(1;0) = 6$

$z_y = -5x^2 \cdot e^{-xy} + \dfrac{y}{x^2 + y^2} - \sin(\pi x + y)$ $\Rightarrow$ $z_y(0;1) = 0{,}159$

$z_{xy} = 5(-2x + x^2y) \cdot e^{-xy} - \dfrac{2xy}{(x^2 + y^2)^2} - \pi \cdot \cos(\pi x + y)$ $\Rightarrow$ $z_{xy}(-1;0) = 13{,}142$

$z_{yy} = 5x^3 \cdot e^{-xy} + \dfrac{x^2 - y^2}{(x^2 + y^2)^2} - \cos(\pi x + y)$ $\Rightarrow$ $z_{yy}(5;0) = 626{,}04$

$z_{xyx} = 5(4xy - x^2y^2 - 2) \cdot e^{-xy} + \dfrac{6x^2y - 2y^3}{(x^2 + y^2)^3} + \pi^2 \cdot \sin(\pi x + y)$ $\Rightarrow$

$z_{xyx}(-1;0) = -10$

3)   a) $z_{xy} = z_{yx} = 3 - \cos(x - y) + 15x^2y^4$

b) $z_{xxy} = z_{xyx} = z_{yxx} = \sin(x - y) + 30xy^4$

4) $u = a(x^2 + y^2 + z^2)^{-1/2} + b$ (symmetrisch in x, y, z)

$u_x = a\left(-\dfrac{1}{2}\right)(x^2 + y^2 + z^2)^{-3/2} \cdot 2x = -ax(x^2 + y^2 + z^2)^{-3/2}$

$u_{xx} = -a[\,1\underbrace{(x^2 + y^2 + z^2)}_{r^2}{}^{-3/2} - 3x^2\underbrace{(x^2 + y^2 + z^2)}_{r^2}{}^{-5/2}\,] = -a(r^{-3} - 3x^2r^{-5})$

Analog: $u_{yy} = -a(r^{-3} - 3y^2r^{-5})$; $u_{zz} = -a(r^{-3} - 3z^2r^{-5})$

$\Delta u = u_{xx} + u_{yy} + u_{zz} = -a(3r^{-3} - 3\underbrace{(x^2 + y^2 + z^2)}_{r^2}r^{-5}) = -a(3r^{-3} - 3r^{-3}) = 0$

5) $z_x = \dfrac{3}{2} \cdot \ln(x^2 + y^2) + \dfrac{3x^2}{x^2 + y^2} + (y^2 - \pi) \cdot \sin(xy^2 - \pi x)$ $\Rightarrow$ $z_x(1;0) = 3$

$z_y = \dfrac{3xy}{x^2 + y^2} + 2xy \cdot \sin(xy^2 - \pi x)$ $\Rightarrow$ $z_y(1;0) = 0$

6) $xz_x + yz_y = x\dfrac{a}{y} \cdot e^{x/y} + y\left(-\dfrac{ax}{y^2} \cdot e^{x/y}\right) = \left(\dfrac{ax}{y} - \dfrac{ax}{y}\right) \cdot e^{x/y} = 0$

7) a) $\dot{z} = z_x \dot{x} + z_y \dot{y} = y \cdot e^{xy} \cdot 2t + x \cdot e^{xy} \cdot 1 = t \cdot e^{t^3} \cdot 2t + t^2 \cdot e^{t^3} = 3t^2 \cdot e^{t^3}$

b) $\dot{z} = z_x \dot{x} + z_y \dot{y} = (\ln y) \cdot \cos t + \dfrac{x}{y} (-\sin t) = \cos t \cdot \ln (\cos t) - \dfrac{\sin^2 t}{\cos t}$

c) $\dot{z} = z_x \dot{x} + z_y \dot{y} = 2x \cdot \sin (2y) \cdot 2t + 2x^2 \cdot \cos (2y) \cdot 3t^2 =$

$$= 2t^2 \cdot \sin (2t^3) \cdot 2t + 2t^4 \cdot \cos (2t^3) \cdot 3t^2 = 4t^3 \cdot \sin (2t^3) + 6t^6 \cdot \cos (2t^3)$$

8) Parameter: x; Parametergleichungen: $x = x$, $y = x^3$

$$\dot{z}(x) = z_x \dot{x} + z_y \dot{y} = \dfrac{y}{\cos^2 (xy)} \cdot 1 + \dfrac{x}{\cos^2 (xy)} \cdot 3x^2 = \dfrac{x^3 + 3x^3}{\cos^2 (x^4)} = \dfrac{4x^3}{\cos^2 (x^4)}$$

9) Parameter: x; Parametergleichungen: $x = x$, $y = x^2$

$$\dot{z}(x) = z_x \dot{x} + z_y \dot{y} = \dfrac{4x^3}{x^4 + y} \cdot 1 + \dfrac{1}{x^4 + y} \cdot 2x = \dfrac{4x^3 + 2x}{x^4 + x^2} = \dfrac{4x^2 + 2}{x^3 + x} \quad \Rightarrow$$

$$\dot{z}(x = 1) = 3$$

10) a) $\dot{z} = z_x \dot{x} + z_y \dot{y} = \left(2xy^2 + \dfrac{1}{2\sqrt{x}}\right) \cdot 2t + 2x^2 y \cdot \dfrac{1}{2\sqrt{t}} =$

$$= \left(2t^3 + \dfrac{1}{2t}\right) 2t + 2t^4 \sqrt{t} \cdot \dfrac{1}{2\sqrt{t}} = 4t^4 + 1 + t^4 = 5t^4 + 1$$

b) $z = t^4 \cdot t + t = t^5 + t$; $\dot{z} = 5t^4 + 1$

11) a) $z_x = (2x - x^2 - y^2) \cdot e^{-x}$; $z_y = 2y \cdot e^{-x}$; $z_x(0; 1) = -1$; $z_y(0; 1) = 2$

$z - 1 = -1(x - 0) + 2(y - 1) \quad \Rightarrow \quad z = -x + 2y - 1$

b) $z_x = 3y^{-1/2} - 2\pi \cdot \sin (\pi x + 2\pi y)$; $z_y = -\dfrac{3}{2} xy^{-3/2} - 4\pi \cdot \sin (\pi x + 2\pi y)$;

$z_x(2; 1) = 3$; $z_y(2; 1) = -3$; $P = (2; 1; 8)$; $z = 3x - 3y + 5$

12) a) $dz = z_x\, dx + z_y\, dy = (12x^2 y - 3 \cdot e^y)\, dx + (4x^3 - 3x \cdot e^y)\, dy$

b) $dz = z_x\, dx + z_t\, dt = \dfrac{4t^2 + 2t}{(2t - 4x)^2}\, dx + \dfrac{2t^2 - 8tx - 2x}{(2t - 4x)^2}\, dt$

c) $dz = z_x\, dx + z_y\, dy = \dfrac{x^2 - 2xy - y^2}{(x - y)^2}\, dx + \dfrac{x^2 + 2xy - y^2}{(x - y)^2}\, dy$

d) $u = \dfrac{1}{2} \cdot \ln (x^2 + y^2 + z^2)$, symmetrisch in x, y, z; $u_x = \dfrac{x}{x^2 + y^2 + z^2}$

Analog: $u_y, u_z \quad \Rightarrow \quad du = u_x\, dx + u_y\, dy + u_z\, dz = \dfrac{x\, dx + y\, dy + z\, dz}{x^2 + y^2 + z^2}$

13) $O(r; h) = 2\pi r h + 2\pi r^2 = 2\pi r (r + h)$; $dr = \Delta r = 0{,}5\,\text{cm}$; $dh = \Delta h = -0{,}5\,\text{cm}$

$$\Delta O \approx dO = \dfrac{\partial O}{\partial r}\, dr + \dfrac{\partial O}{\partial h}\, dh = (2\pi h + 4\pi r)\, dr + 2\pi r\, dh = 109{,}96\,\text{cm}^2$$

$$\Delta O_{\text{exakt}} = O(r + \Delta r; h + \Delta h) - O(r; h) =$$

$$= 2\pi (r + \Delta r)(r + \Delta r + h + \Delta h) - 2\pi r (r + h) = 109{,}96\,\text{cm}^2$$

14) $dr = \dfrac{\partial r}{\partial x}\, dx + \dfrac{\partial r}{\partial y}\, dy + \dfrac{\partial r}{\partial z}\, dz = \dfrac{x\, dx + y\, dy + z\, dz}{\sqrt{x^2 + y^2 + z^2}}$

$dx = \Delta x = -0{,}1\,;\quad dy = \Delta y = 0{,}2\,;\quad dz = \Delta z = -0{,}1\,;\quad \Delta r \approx dr = 0{,}134$

$\Delta r_{\text{exakt}} = r(B) - r(A) = 0{,}143$

15) $V(r_a; r_i; h) = \pi\,(r_a^2 - r_i^2)\,h$

$dV = \dfrac{\partial V}{\partial r_a}\, dr_a + \dfrac{\partial V}{\partial r_i}\, dr_i + \dfrac{\partial V}{\partial h}\, dh = 2\,\pi\, r_a\, h\, dr_a - 2\,\pi\, r_i\, h\, dr_i + \pi\,(r_a^2 - r_i^2)\, dh$

$\Delta V \approx dV = -512{,}71\,\text{cm}^3$

$\Delta V_{\text{exakt}} = V(r_a + \Delta r_a; r_i + \Delta r_i; h + \Delta h) - V(r_a; r_i; h) = -527{,}78\,\text{cm}^3$

16) $dT = \dfrac{\partial T}{\partial L}\, dL + \dfrac{\partial T}{\partial C}\, dC = \dfrac{\pi}{\sqrt{L\,C}}\,(C\, dL + L\, dC)$

Mit $L = L_0$, $C = C_0$ und $T_0 = 2\,\pi\,\sqrt{L_0\,C_0}$ und den *absoluten* Änderungen $dL = \Delta L$, $dC = \Delta C$ gilt dann *näherungsweise*:

Absolute Änderung: $\Delta T \approx dT = \dfrac{\pi}{\sqrt{L_0\,C_0}}\,(C_0\,\Delta L + L_0\,\Delta C)$

Prozentuale Änderung: $\dfrac{\Delta T}{T_0} = \dfrac{1}{2}\left(\dfrac{\Delta L}{L_0} + \dfrac{\Delta C}{C_0}\right) = \dfrac{1}{2}\,(-5\,\% + 3\,\%) = -1\,\%$

Die Schwingungsdauer *verringert* sich also näherungsweise um $1\,\%$.

17) $z_x = -\dfrac{5\,y^2}{x^2}\,;\quad z_y = \dfrac{10\,y}{x}\,;\quad z_x(1;2) = -20\,;\quad z_y(1;2) = 20$

Linearisierte Funktion in der Umgebung des Arbeitspunktes $P = (1;2;20)$:
$z = -20\,x + 20\,y$

Näherungswert: $z = 14$; Exakter Funktionswert: $z = 14{,}73$

18) $\dfrac{\partial I}{\partial R_1} = U \cdot \dfrac{1\,(R_1\,R_2) - R_2\,(R_1 + R_2)}{R_1^2\,R_2^2} = -\dfrac{U}{R_1^2}\,;\quad \dfrac{\partial I}{\partial R_2} = -\dfrac{U}{R_2^2}\,;\quad \dfrac{\partial I}{\partial U} = \dfrac{R_1 + R_2}{R_1\,R_2}$

$\Delta I \approx dI = \left(\dfrac{\partial I}{\partial R_1}\right)_0 \Delta R_1 + \left(\dfrac{\partial I}{\partial R_2}\right)_0 \Delta R_2 + \left(\dfrac{\partial I}{\partial U}\right)_0 \Delta U =$

$= \left(-\dfrac{U}{R_1^2}\right)\Delta R_1 + \left(-\dfrac{U}{R_2^2}\right)\Delta R_2 + \left(\dfrac{R_1 + R_2}{R_1\,R_2}\right)\Delta U =$

$= -\left(0{,}025\,\dfrac{A}{\Omega}\right)\Delta R_1 - \left(0{,}4\,\dfrac{A}{\Omega}\right)\Delta R_2 + \left(0{,}25\,\dfrac{A}{V}\right)\Delta U$

19) *Absolute* Änderung: $\Delta W \approx dW = \dfrac{\partial W}{\partial b}\,\Delta b + \dfrac{\partial W}{\partial h}\,\Delta h = \dfrac{1}{6}\,h^2\,\Delta b + \dfrac{1}{3}\,b\,h\,\Delta h$

Prozentuale Änderung: $\dfrac{\Delta W}{W} = \dfrac{\Delta b}{b} + 2 \cdot \dfrac{\Delta h}{h} = 5\,\% - 20\,\% = -15\,\%$

20)   a) $y'(P) = -\dfrac{F_x}{F_y} = -\dfrac{x(x^2+y^2-1)}{y(x^2+y^2+1)}$ b) $y'(P_1) = -\dfrac{\left(-\dfrac{1}{2}\sqrt{3}\right)\cdot(0)}{\dfrac{1}{2}\cdot(2)} = 0$

21) $P_0 = (2; -2)$; $F(x;y) = x^2 + xy + y^2 - 4 = 0$; $y' = -\dfrac{F_x}{F_y} = -\dfrac{2x+y}{x+2y}$;

    $m = y'(P_0) = 1$;   Tangente: $\dfrac{y+2}{x-2} = 1$ $\Rightarrow$ $y = x - 4$

22)   Schnittpunkte mit den Koordinatenachsen: $S_1 = (0;0)$; $S_{2/3} = (0; \pm 2)$

    $y'(P) = -\dfrac{F_x}{F_y} = -\dfrac{x^2+1}{3y^2-4}$; $y'(S_1) = \tan \alpha_1 = \dfrac{1}{4}$ $\Rightarrow$ $\alpha_1 = \arctan \dfrac{1}{4} = 14{,}0°$

    $y'(S_{2/3}) = \tan \alpha_{2/3} = -\dfrac{1}{8}$ $\Rightarrow$ $\alpha_{2/3} = \arctan\left(-\dfrac{1}{8}\right) + 180° = 172{,}9°$

23) $F(x;y) = x^3 - 3x^2 + 4y^2 - 4 = 0$; $y'(P) = -\dfrac{F_x}{F_y} = -\dfrac{3x^2-6x}{8y}$

    $y' = 0$ $\Rightarrow$ $3x^2 - 6x = 0$ $\Rightarrow$ $x_1 = 0$; $x_2 = 2$

    $x_1 = 0$ $\Rightarrow$ $y = \pm 1$; $x_2 = 2$ $\Rightarrow$ $y = \pm\sqrt{2}$

    Waagerechte Tangenten in den Punkten $P_{1/2} = (0; \pm 1)$ und $P_{3/4} = (2; \pm \sqrt{2})$.

24)   a) $z_x = 3(y^2 + 4x^2 - 8x)$; $z_y = 6(x-1)y$; $z_{xx} = 24(x-1)$;

      $z_{yy} = 6(x-1)$; $z_{xy} = 6y$

      $\left.\begin{array}{l} z_x = 3(y^2 + 4x^2 - 8x) = 0 \\ z_y = 6(x-1)y = 0 \end{array}\right\}$ $\Rightarrow$ $\begin{array}{l} x = 1; \;\; y = \pm 2 \\ y = 0; \;\; x = 0 \;\; \text{bzw.} \;\; x = 2 \end{array}$

      $(1; \pm 2)$: $\varDelta = -144 < 0$ $\Rightarrow$ *Kein* Extremwert

      $(0; 0)$: $\varDelta = 144 > 0$ und $z_{xx}(0;0) = -24 < 0$ $\Rightarrow$ *Maximum*

      $(2; 0)$: $\varDelta = 144 > 0$ und $z_{xx}(2;0) = \;\; 24 > 0$ $\Rightarrow$ *Minimum*

      Extremwerte: Maximum $P_1 = (0;0;1)$; Minimum $P_2 = (2;0;-15)$

    b) $z_x = (2x - x^2 - y^2) \cdot e^{-x}$; $z_y = 2y \cdot e^{-x}$; $z_{xx} = (2 - 4x + x^2 + y^2) \cdot e^{-x}$;

      $z_{yy} = 2 \cdot e^{-x}$; $z_{xy} = -2y \cdot e^{-x}$

      $\left.\begin{array}{l} z_x = (2x - x^2 - y^2) \cdot e^{-x} = 0 \\ z_y = 2y \cdot e^{-x} = 0 \;\; \Rightarrow \;\; y = 0 \end{array}\right\}$ $\Rightarrow$ $\begin{array}{l} x = 0; \;\; y = 0 \\ x = 2; \;\; y = 0 \end{array}$

      $(0; 0)$: $\varDelta = 4 > 0$ und $z_{xx}(0;0) = 2 > 0$ $\Rightarrow$ *Minimum*

      $(2; 0)$: $\varDelta = -4 \cdot e^{-4} < 0$ $\Rightarrow$ *Kein* Extremwert

      Extremwert: Minimum $P_1 = (0;0;0)$

c) $\quad z_x = y + \dfrac{27}{x^2}; \quad z_y = x - \dfrac{27}{y^2}; \quad z_{xx} = -\dfrac{54}{x^3}; \quad z_{yy} = \dfrac{54}{y^3}; \quad z_{xy} = 1$

$\left. \begin{array}{l} z_x = y + \dfrac{27}{x^2} = 0 \quad \Rightarrow \quad y = -\dfrac{27}{x^2} \\[2mm] z_y = x - \dfrac{27}{y^2} = 0 \quad \Rightarrow \quad y^2 = \dfrac{27}{x} \end{array} \right\} \; y \text{ eliminieren:} \; y^2 = \left(-\dfrac{27}{x^2}\right)^2 = \dfrac{27}{x} \quad \Rightarrow$

$x^3 = 27 \quad \Rightarrow \quad x = 3; \quad y = -3$

$(3; -3): \quad \Delta = 3 > 0 \; \text{und} \; z_{xx}(3; -3) = -2 < 0 \quad \Rightarrow \quad \textit{Maximum}$

$\textit{Extremwert:} \quad \text{Maximum} \; P_1 = (3; -3; -27)$

d) $\quad z_x = \dfrac{x}{\sqrt{1 + x^2 + y^2}}; \quad z_y = \dfrac{y}{\sqrt{1 + x^2 + y^2}}; \quad z_{xx} = \dfrac{1 + y^2}{(1 + x^2 + y^2)^{3/2}};$

$z_{yy} = \dfrac{1 + x^2}{(1 + x^2 + y^2)^{3/2}}; \quad z_{xy} = \dfrac{-xy}{(1 + x^2 + y^2)^{3/2}}$

$z_x = 0 \quad \Rightarrow \quad x = 0; \quad z_y = 0 \quad \Rightarrow \quad y = 0$

$(0; 0): \quad \Delta = 1 > 0 \; \text{und} \; z_{xx}(0; 0) = 1 > 0 \quad \Rightarrow \quad \textit{Minimum}$

$\textit{Extremwert:} \quad \text{Minimum} \; P_1 = (0; 0; 1)$

e) $\quad z_x = 6x^2 - 3y; \quad z_y = -3x + 9y^2; \quad z_{xx} = 12x; \quad z_{yy} = 18y; \quad z_{xy} = -3$

$\left. \begin{array}{l} z_x = 6x^2 - 3y = 0 \quad \Rightarrow \quad y = 2x^2 \\[2mm] z_y = -3x + 9y^2 = \quad \Rightarrow \quad 3y^2 = x \end{array} \right\} \; y \text{ eliminieren:} \; 3y^2 = 3(2x^2)^2 = x$

$12x^4 = x \quad \Rightarrow \quad (12x^3 - 1)x = 0 \quad \Rightarrow$

$x_1 = 0; \quad y_1 = 0; \quad x_2 = \sqrt[3]{1/12} = 0{,}44; \quad y_2 = 0{,}38$

$(0; 0): \qquad \Delta = -9 < 0 \quad \Rightarrow \quad \textit{Kein} \text{ Extremwert}$

$(0{,}44; 0{,}38): \quad \Delta = 27 > 0 \; \text{und} \; z_{xx}(0{,}44; 0{,}38) = 5{,}24 > 0 \quad \Rightarrow \quad \textit{Minimum}$

$\textit{Extremwert:} \quad \text{Minimum} \; P_1 = (0{,}44; 0{,}38; 0{,}83)$

25) $\quad$ *Flächenfunktion:* $\; A = A(x; y) = 4xy$

$\quad$ *Nebenbedingung:* $\; \varphi(x; y) = b^2 x^2 + a^2 y^2 - a^2 b^2 = 0 \; \text{(Ellipsengleichung)}$

$\quad$ *Hilfsfunktion:* $\; F(x; y; \lambda) = A(x; y) + \lambda \cdot \varphi(x; y) = 4xy + \lambda(b^2 x^2 + a^2 y^2 - a^2 b^2)$

$\left. \begin{array}{l} F_x = 4y + 2\lambda b^2 x = 0 \\[2mm] F_y = 4x + 2\lambda a^2 y = 0 \end{array} \right\} \; \lambda \; \text{eliminieren:} \; \lambda = -\dfrac{2y}{b^2 x} = -\dfrac{2x}{a^2 y} \quad \Rightarrow \quad a^2 y^2 = b^2 x^2$

$F_\lambda = b^2 x^2 + a^2 y^2 - a^2 b^2 = 0 \quad \Rightarrow \quad b^2 x^2 + b^2 x^2 - a^2 b^2 = 0 \quad \Rightarrow \quad 2x^2 = a^2$

$\textit{Maximum:} \quad x = \dfrac{a}{2}\sqrt{2}; \quad y = \dfrac{b}{2}\sqrt{2}; \quad A_{\max} = 2ab$

26) $\quad$ *Mantelfläche:* $\; M = \pi r s; \quad s = \dfrac{r}{\sin\beta}; \quad h = r \cdot \cot\beta \quad \Rightarrow \quad M = M(r; \beta) = \dfrac{\pi r^2}{\sin\beta}$

$\quad$ *Nebenbedingung:* $\; V = \dfrac{1}{3}\pi r^2 h = \dfrac{1}{3}\pi r^3 \cdot \cot\beta = 10 \quad \Rightarrow$

$\varphi(r; \beta) = \dfrac{1}{3}\pi r^3 \cdot \cot\beta - 10 = 0$

Hilfsfunktion: $F(r;\beta;\lambda) = M(r;\beta) + \lambda \cdot \varphi(r;\beta) = \dfrac{\pi r^2}{\sin\beta} + \lambda\left(\dfrac{1}{3}\,\pi r^3 \cdot \cot\beta - 10\right)$

$F_r = \dfrac{2\pi r}{\sin\beta} + \lambda\,\pi r^2 \cdot \underbrace{\cot\beta}_{\cos\beta/\sin\beta} = \dfrac{\pi r}{\sin\beta}\,\underbrace{(2 + \lambda\,r \cdot \cos\beta)}_{0} = 0$

$F_\beta = -\dfrac{\pi r^2 \cdot \cos\beta}{\sin^2\beta} - \lambda\,\dfrac{\pi r^3}{3 \cdot \sin^2\beta} = -\dfrac{\pi r^2}{3 \cdot \sin^2\beta}\,\underbrace{(3 \cdot \cos\beta + \lambda\,r)}_{0} = 0$

$F_\lambda = \dfrac{1}{3}\,\pi r^3 \cdot \cot\beta - 10 = 0$

λ eliminieren: $\lambda = \dfrac{-2}{r \cdot \cos\beta} = \dfrac{-3 \cdot \cos\beta}{r} \quad \Rightarrow \quad \cos^2\beta = \dfrac{2}{3} \quad \Rightarrow \quad \beta = 35{,}264°$

Minimum: $\beta = 35{,}264°$, d. h. $\alpha = 2\beta \approx 70{,}53°$; $M_{\min} = 19{,}44\,\text{dm}^2$

27) *Hilfsfunktion:* $F(x;y;\lambda) = x + y + \lambda(x^2 + y^2 - 1)$

$\left.\begin{array}{l} F_x = 1 + 2\lambda x = 0 \\ F_y = 1 + 2\lambda y = 0 \end{array}\right\}$ λ eliminieren: $\lambda = -\dfrac{1}{2x} = -\dfrac{1}{2y} \quad \Rightarrow \quad x = y$

$F_\lambda = x^2 + y^2 - 1 = 0 \quad \Rightarrow \quad x^2 + x^2 - 1 = 2x^2 - 1 = 0 \quad \Rightarrow \quad x^2 = 1/2$

Maximum: $x = y = \dfrac{1}{2}\sqrt{2}$; $z_{\max} = \sqrt{2}$

Minimum: $x = y = -\dfrac{1}{2}\sqrt{2}$; $z_{\min} = -\sqrt{2}$

28) $y_1' = a \cdot e^{ax}$; $y_2' = -b \cdot e^{-bx}$; Im Schnittpunkt $S = (0;1)$ gilt:

$y_1'(0) \cdot y_2'(0) = -ab = -1$ (Tangenten stehen senkrecht aufeinander)

Nebenbedingung: $-ab = -1$ oder $\varphi(a;b) = ab - 1 = 0$

Fläche A: $A = A(a;b) = \displaystyle\int\limits_{-\infty}^{0} e^{ax}\,dx + \int\limits_{0}^{\infty} e^{-bx}\,dx = \dfrac{1}{a} + \dfrac{1}{b}$

Hilfsfunktion: $F(a;b;\lambda) = A(a;b) + \lambda \cdot \varphi(a;b) = \dfrac{1}{a} + \dfrac{1}{b} + \lambda(ab - 1)$

$\left.\begin{array}{l} F_a = -\dfrac{1}{a^2} + \lambda b = 0 \\[2mm] F_b = -\dfrac{1}{b^2} + \lambda a = 0 \end{array}\right\}$ λ eliminieren: $\lambda = \dfrac{1}{a^2 b} = \dfrac{1}{a b^2} \quad \Rightarrow \quad a = b$

$F_\lambda = ab - 1 = 0 \quad \Rightarrow \quad a \cdot a - 1 = 0 \quad \Rightarrow \quad a^2 = 1 \quad \Rightarrow \quad a = 1$

Minimum: $a = b = 1$; $A_{\min} = 2$

29) *Flächenfunktion:* $A = A(x;y) = xy$

Nebenbedingung: $U = 2x + 2y = \text{const.} = c \quad \Rightarrow \quad \varphi(x;y) = 2x + 2y - c = 0$

Hilfsfunktion: $F(x;y;\lambda) = A(x;y) + \lambda \cdot \varphi(x;y) = xy + \lambda(2x + 2y - c)$

$$\left.\begin{array}{l} F_x = y + 2\lambda = 0 \\ F_y = x + 2\lambda = 0 \end{array}\right\} \quad \lambda \text{ eliminieren:} \quad \lambda = -\frac{1}{2y} = -\frac{1}{2x} \quad \Rightarrow \quad x = y$$

$$F_\lambda = 2x + 2y - c = 0 \quad \Rightarrow \quad 2x + 2x - c = 4x - c = 0 \quad \Rightarrow \quad x = c/4$$

Maximum: $x = y = c/4$; $A_{max} = c^2/16$

30) *Abstand des Punktes* $P = (x;\, y;\, z)$: $d = d(x;\, y;\, z) = \sqrt{x^2 + y^2 + z^2}$

Nebenbedingung (Gleichung der Ebene): $\varphi(x;\, y;\, z) = 2x + 3y + z - 14 = 0$

Hilfsfunktion: $F(x;\, y;\, z;\, \lambda) = d(x;\, y;\, z) + \lambda \cdot \varphi(x;\, y;\, z) =$

$$= \sqrt{x^2 + y^2 + z^2} + \lambda(2x + 3y + z - 14)$$

$$\left.\begin{array}{l} F_x = \dfrac{x}{\sqrt{x^2 + y^2 + z^2}} + 2\lambda = \dfrac{x}{d} + 2\lambda = 0 \\[3mm] F_y = \dfrac{y}{\sqrt{x^2 + y^2 + z^2}} + 3\lambda = \dfrac{y}{d} + 3\lambda = 0 \\[3mm] F_z = \dfrac{z}{\sqrt{x^2 + y^2 + z^2}} + \lambda = \dfrac{z}{d} + \lambda = 0 \end{array}\right\} \quad \begin{array}{l} \lambda \text{ eliminieren:} \\[2mm] \lambda = -\dfrac{x}{2d} = -\dfrac{y}{3d} = -\dfrac{z}{d} \quad \Rightarrow \\[3mm] x : y : z = 2 : 3 : 1 \quad \Rightarrow \\[2mm] x = 2z; \quad y = 3z \end{array}$$

$$F_\lambda = 2x + 3y + z - 14 = 0 \quad \Rightarrow \quad 4z + 9z + z - 14 = 14z - 14 = 0 \quad \Rightarrow \quad z = 1$$

Minimum: $x = 2$; $y = 3$; $z = 1$; $d_{min} = \sqrt{14}$

Lösung: Von allen Punkten der Ebene hat der Punkt $P = (2;\, 3;\, 1)$ den *kleinsten* Abstand vom Koordinatenursprung.

31) $a = c \cdot \sin\alpha$; $\overline{a} = \overline{c} \cdot \sin\overline{\alpha} = 4,24\,\text{cm}$

$$\Delta a_{max} = \left|\frac{\partial a}{\partial c}\,\Delta c\right| + \left|\frac{\partial a}{\partial \alpha}\,\Delta\alpha\right| = |\sin\overline{\alpha} \cdot \Delta c| + |\overline{c} \cdot \cos\overline{\alpha} \cdot \Delta\alpha| = 0,165\,\text{cm} \approx 0,17\,\text{cm}$$
$$\underset{\displaystyle \text{Bogenmaß!}}{\llcorner}$$

Messergebnis: $a = (4,24 \pm 0,17)\,\text{cm}$

32) $\overline{T} = 2\pi\sqrt{\overline{L}\,\overline{C}} = 6,28\,\text{ms}$

$$\Delta T_{max} = \left|\frac{\partial T}{\partial C}\,\Delta C\right| + \left|\frac{\partial T}{\partial L}\,\Delta L\right| = \frac{\pi}{\sqrt{\overline{L}\,\overline{C}}}\,(\overline{L}\,\Delta C + \overline{C}\,\Delta L) = 0,28\,\text{ms}$$

Messergebnis: $T = (6,28 \pm 0,28)\,\text{ms}$

33) a) $\overline{R}_1 = \dfrac{\sum\limits_i R_{1i}}{6} = \dfrac{582\,\Omega}{6} = 97\,\Omega$; $\sum\limits_i (R_{1i} - \overline{R}_1)^2 = 4,16\,\Omega^2$;

$\Delta R_1 = \sqrt{\dfrac{4,16}{5 \cdot 6}}\,\Omega = 0,37\,\Omega$;

Messergebnis: $R_1 = \overline{R}_1 \pm \Delta R_1 = (97,0 \pm 0,37)\,\Omega$

Analog: $\overline{R}_2 = 41,5\,\Omega$; $\Delta R_2 = 0,38\,\Omega$;

Messergebnis: $R_2 = \overline{R}_2 \pm \Delta R_2 = (41,5 \pm 0,38)\,\Omega$

b) $\overline{R} = \dfrac{\overline{R}_1\,\overline{R}_2}{\overline{R}_1 + \overline{R}_2} = 29{,}06\,\Omega$

$\dfrac{\partial R}{\partial R_1} = \dfrac{R_2\,(R_1 + R_2) - 1 \cdot R_1 R_2}{(R_1 + R_2)^2} = \dfrac{R_2^2}{(R_1 + R_2)^2}\,; \quad \dfrac{\partial R}{\partial R_2} = \dfrac{R_1^2}{(R_1 + R_2)^2}$

$\Delta R_{\max} = \left|\dfrac{\partial R}{\partial R_1}\,\Delta R_1\right| + \left|\dfrac{\partial R}{\partial R_2}\,\Delta R_2\right| = \dfrac{\overline{R}_2^2\,\Delta R_1 + \overline{R}_1^2\,\Delta R_2}{(\overline{R}_1 + \overline{R}_2)^2} = 0{,}22\,\Omega$

Messergebnis: $R = (29{,}06 \pm 0{,}22)\,\Omega$

34) a) Lösungsweg wie in 33); $b = (18{,}0 \pm 0{,}10)\,\text{cm}\,;$ $h = (10{,}0 \pm 0{,}11)\,\text{cm}$

b) $\overline{W} = \dfrac{1}{6}\,\overline{b}\,\overline{h}^2 = 300\,\text{cm}^3$

$\Delta W_{\max} = \left|\dfrac{\partial W}{\partial b}\,\Delta b\right| + \left|\dfrac{\partial W}{\partial h}\,\Delta h\right| = \dfrac{1}{6}\,\overline{h}^2\,\Delta b + \dfrac{1}{3}\,\overline{b}\,\overline{h}\,\Delta h = 8{,}27\,\text{cm}^3 \approx 8{,}3\,\text{cm}^3$

Messergebnis: $W = (300 \pm 8{,}3)\,\text{cm}^3$

35) $m = m(R; \varrho) = \varrho\,V = \dfrac{4}{3}\,\pi \varrho R^3\,; \quad \overline{m} = \dfrac{4}{3}\,\pi \overline{\varrho}\,\overline{R}^3 = 19\,015{,}5\,\text{g} \approx 19{,}016\,\text{kg}$

$\Delta m_{\max} = \left|\dfrac{\partial m}{\partial R}\,\Delta R\right| + \left|\dfrac{\partial m}{\partial \varrho}\,\Delta \varrho\right| = 4\,\pi \overline{\varrho}\,\overline{R}^2\,\Delta R + \dfrac{4}{3}\,\pi \overline{R}^3\,\Delta \varrho = 1538{,}1\,\text{g} \approx 1{,}538\,\text{kg}$

Messergebnis: $m = (19{,}016 \pm 1{,}538)\,\text{kg}$

Abschnitt 3

Hinweis: Die gewöhnlichen Integrale wurden der *Integraltafel* der **Mathematischen Formel-sammlung** des Autors entnommen (Angabe der laufenden Nummer und der Parameter-werte). In vielen Fällen lassen sich die Mehrfachintegrale als *Produkte* gewöhnlicher In-tegrale darstellen.

1) a) $I = \displaystyle\int_0^1 x^2\,dx \cdot \int_1^e \dfrac{1}{y}\,dy = \left[\dfrac{1}{3}\,x^3\right]_0^1 \cdot \Big[\ln|y|\Big]_1^e = \dfrac{1}{3} \cdot 1 = \dfrac{1}{3}$

b) $\displaystyle\int_{y=0}^{1-x} (2\,x\,y - x^2 - y^2)\,dy = \left[x\,y^2 - x^2\,y - \dfrac{1}{3}\,y^3\right]_{y=0}^{1-x} =$

$= x\,(1 - x)^2 - x^2\,(1 - x) - \dfrac{1}{3}\,(1 - x)^3 = \dfrac{1}{3}\,(7\,x^3 - 12\,x^2 + 6\,x - 1)$

$I = \dfrac{1}{3} \cdot \displaystyle\int_0^3 (7\,x^3 - 12\,x^2 + 6\,x - 1)\,dx = \dfrac{1}{3}\left[\dfrac{7}{4}\,x^4 - 4\,x^3 + 3\,x^2 - x\right]_0^3 = \dfrac{77}{4}$

2)   Kurvenschnittpunkte (Bild A-9): $\cos x = x^2 - 2$ $\Rightarrow$ $x_{1/2} = \pm 1{,}455$ (berechnet mit
     dem Startwert $x_0 = 1{,}5$)

$$A = 2 \cdot \int\limits_{x=0}^{1{,}455} \int\limits_{y=x^2-2}^{\cos x} 1 \, dy \, dx = 2 \cdot \int\limits_{0}^{1{,}455} (\cos x - x^2 + 2) \, dx =$$

$$= 2 \left[\sin x - \frac{1}{3} x^3 + 2x \right]_{0}^{1{,}455} = 5{,}753$$

3)   Kurvenschnittpunkte (Bild A-10): $x^2 = -x + 6$ $\Rightarrow$ $x^2 + x - 6 = 0$ $\Rightarrow$
     $x_1 = -3$; $x_2 = 2$

$$A = \int\limits_{x=-3}^{2} \int\limits_{y=x^2}^{-x+6} 1 \, dy \, dx = \int\limits_{-3}^{2} (-x + 6 - x^2) \, dx = \left[-\frac{1}{2} x^2 + 6x - \frac{1}{3} x^3 \right]_{-3}^{2} = \frac{125}{6}$$

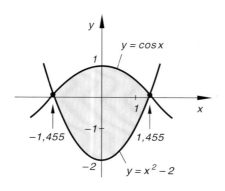

Bild A-9

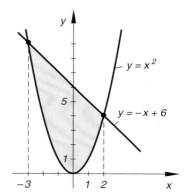

Bild A-10

4) $$A = \int\limits_{\varphi=0}^{2\pi} \int\limits_{r=0}^{a\varphi} r \, dr \, d\varphi = \int\limits_{0}^{2\pi} \frac{1}{2} a^2 \varphi^2 \, d\varphi = \frac{1}{6} a^2 \left[\varphi^3 \right]_{0}^{2\pi} = \frac{4}{3} a^2 \pi^3 \quad \text{(Bild A-11)}$$

5) $$A = \int\limits_{\varphi=\pi/3}^{3\pi/2} \int\limits_{r=0}^{e^{0{,}1\varphi}} r \, dr \, d\varphi = \int\limits_{\pi/3}^{3\pi/2} \frac{1}{2} \cdot e^{0{,}2\varphi} \, d\varphi = \frac{5}{2} \left[e^{0{,}2\varphi} \right]_{\pi/3}^{3\pi/2} = 3{,}333 \quad \text{(Bild A-12)}$$

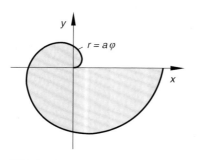

Bild A-11

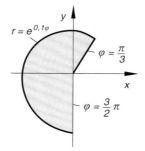

Bild A-12

6)

Quadrant	I	II	III	IV
$\sin(2\varphi)$	$+$	$-$	$+$	$-$

Die Kurve verläuft wegen $\sin(2\varphi) \geq 0$ nur im 1. und 3. Quadrant (identische Teilflächen; Bild A-13 zeigt den Kurvenverlauf im 1. Quadrant).

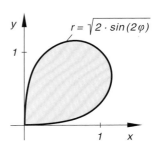

$r = \sqrt{2 \cdot \sin(2\varphi)}$

Bild A-13

$$A = 2 \cdot \int\limits_{\varphi=0}^{\pi/2} \int\limits_{r=0}^{\sqrt{2 \cdot \sin(2\varphi)}} r \, dr \, d\varphi = 2 \cdot \int\limits_{0}^{\pi/2} \sin(2\varphi) \, d\varphi = \left[-\cos(2\varphi) \right]_{0}^{\pi/2} = 2$$

7) Kurvenschnittpunkte (Bild A-14): $-x(x-3) = -2x \Rightarrow x^2 - 5x = x(x-5) = 0 \Rightarrow$
$x_1 = 0;\ x_2 = 5$

a) $$A = \int\limits_{x=0}^{5} \int\limits_{y=-2x}^{-x^2+3x} 1 \, dy \, dx = \int\limits_{0}^{5} (-x^2 + 5x) \, dx = \left[-\frac{1}{3}x^3 + \frac{5}{2}x^2 \right]_{0}^{5} = \frac{125}{6}$$

b) $$x_S = \frac{6}{125} \cdot \int\limits_{x=0}^{5} \int\limits_{y=-2x}^{-x^2+3x} x \, dy \, dx = \frac{6}{125} \cdot \int\limits_{0}^{5} x(-x^2 + 3x + 2x) \, dx =$$

$$= \frac{6}{125} \cdot \int\limits_{0}^{5} x(-x^2 + 5x) \, dx = \frac{6}{125} \cdot \int\limits_{0}^{5} (-x^3 + 5x^2) \, dx =$$

$$= \frac{6}{125} \left[-\frac{1}{4}x^4 + \frac{5}{3}x^3 \right]_{0}^{5} = 2,5$$

$$y_S = \frac{6}{125} \cdot \int\limits_{x=0}^{5} \int\limits_{y=-2x}^{-x^2+3x} y \, dy \, dx =$$

$$= \frac{3}{125} \cdot \int\limits_{0}^{5} [(-x^2 + 3x)^2 - (-2x)^2] \, dx =$$

$$= \frac{3}{125} \cdot \int\limits_{0}^{5} (x^4 - 6x^3 + 5x^2) \, dx =$$

$$= \frac{3}{125} \left[\frac{1}{5}x^5 - \frac{3}{2}x^4 + \frac{5}{3}x^3 \right]_{0}^{5} = -2,5$$

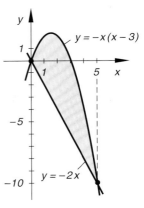

$y = -x(x-3)$

$y = -2x$

Bild A-14

8) Die Fläche verläuft *spiegelsymmetrisch* zur x-Achse (siehe Bild III-61 in Kap. III, Abschnitt 3.1.3), der Schwerpunkt S liegt daher auf der x-Achse: $y_S = 0$.

$$A = \int\limits_{\varphi=0}^{2\pi} \int\limits_{r=0}^{1+\cos\varphi} r \, dr \, d\varphi = \frac{1}{2} \cdot \int\limits_0^{2\pi} (1 + \cos\varphi)^2 \, d\varphi =$$

$$= \frac{1}{2} \cdot \int\limits_0^{2\pi} (1 + 2 \cdot \cos\varphi + \cos^2\varphi) \, d\varphi = \frac{1}{2} \left[\varphi + 2 \cdot \sin\varphi + \frac{\varphi}{2} + \frac{\sin(2\varphi)}{4} \right]_0^{2\pi} =$$

$$= \frac{1}{2} (2\pi + \pi) = \frac{3}{2} \pi \quad \text{(Integral: 229 mit } a = 1\text{)}$$

$$x_S = \frac{2}{3\pi} \cdot \int\limits_{\varphi=0}^{2\pi} \int\limits_{r=0}^{1+\cos\varphi} r^2 \cdot \cos\varphi \, dr \, d\varphi = \frac{2}{9\pi} \cdot \int\limits_0^{2\pi} (1 + \cos\varphi)^3 \cdot \cos\varphi \, d\varphi =$$

$$= \frac{2}{9\pi} \cdot \int\limits_0^{2\pi} (\cos\varphi + 3 \cdot \cos^2\varphi + 3 \cdot \cos^3\varphi + \cos^4\varphi) \, d\varphi =$$

$$= \frac{2}{9\pi} \left[\sin\varphi + 3 \left(\frac{\varphi}{2} + \frac{\sin(2\varphi)}{4} \right) + 3 \left(\sin\varphi - \frac{\sin^3\varphi}{3} \right) + \frac{\cos^3\varphi \cdot \sin\varphi}{4} + \right.$$

$$\left. + \frac{3}{4} \left(\frac{\varphi}{2} + \frac{\sin(2\varphi)}{4} \right) \right]_0^{2\pi} = \frac{2}{9\pi} \left(3\pi + \frac{3}{4}\pi \right) = \frac{2}{9\pi} \cdot \frac{15}{4} \pi = \frac{5}{6}$$

(Integrale: 229, 230 mit $a = 1$ und 231 mit $n = 4$ und $a = 1$)

9) Kurvenschnittpunkte (Bild A-15): $2 - 3x^2 = -x^2 \Rightarrow x^2 = 1 \Rightarrow x_{1/2} = \pm 1$
Die Fläche verläuft *spiegelsymmetrisch* zur y-Achse, der Schwerpunkt S liegt daher auf der y-Achse: $x_S = 0$.

$$A = 2 \cdot \int\limits_{x=0}^{1} \int\limits_{y=-x^2}^{2-3x^2} 1 \, dy \, dx = 2 \cdot \int\limits_0^{1} (2 - 2x^2) \, dx = 2 \left[2x - \frac{2}{3} x^3 \right]_0^1 = \frac{8}{3}$$

$$y_S = \frac{3}{8} \cdot 2 \cdot \int\limits_{x=0}^{1} \int\limits_{y=-x^2}^{2-3x^2} y \, dy \, dx =$$

$$= \frac{3}{8} \cdot \int\limits_0^{1} [(2 - 3x^2)^2 - (-x^2)^2] \, dx =$$

$$= \frac{3}{8} \cdot \int\limits_0^{1} (4 - 12x^2 + 8x^4) \, dx =$$

$$= \frac{3}{8} \left[4x - 4x^3 + \frac{8}{5} x^5 \right]_0^1 = 0{,}6$$

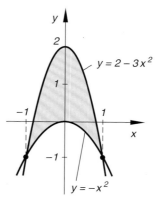

Bild A-15

10)   Die Integrale jeweils in *zwei* Teilintegrale aufspalten, da die Gerade $y = x$ im Intervall $-1 \leq x \leq 0$ *untere* Berandung, im Intervall $0 \leq x \leq 3$ dagegen *obere* Berandung ist. Flächeninhalt (elementar berechnet): $A = 5$

$$x_S = \frac{1}{5} \left[\int_{x=-1}^{0} \int_{y=x}^{0} x \, dy \, dx + \int_{x=0}^{3} \int_{y=0}^{x} x \, dy \, dx \right] = \frac{1}{5} \left[\int_{-1}^{0} (-x^2) \, dx + \int_{0}^{3} x^2 \, dx \right] =$$

$$= \frac{1}{5} \left[\left[-\frac{1}{3} x^3 \right]_{-1}^{0} + \left[\frac{1}{3} x^3 \right]_{0}^{3} \right] = \frac{1}{5} \left(-\frac{1}{3} + 9 \right) = \frac{26}{15}$$

$$y_S = \frac{1}{5} \left[\int_{x=-1}^{0} \int_{y=x}^{0} y \, dy \, dx + \int_{x=0}^{3} \int_{y=0}^{x} y \, dy \, dx \right] = \frac{13}{15}$$

11)   Nach Bild A-16:

$$A = \int_{x=1}^{5} \int_{y=0,1x-0,1}^{\ln x} 1 \, dy \, dx = \int_{1}^{5} (\ln x - 0,1x + 0,1) \, dx =$$

$$= \left[x \cdot \ln x - x - 0,05 x^2 + 0,1 x \right]_{1}^{5} = 3,247 \quad \text{(Integral: 332)}$$

$$x_S = \frac{1}{3,247} \cdot \int_{x=1}^{5} \int_{y=0,1x-0,1}^{\ln x} x \, dy \, dx = \frac{1}{3,247} \cdot \int_{1}^{5} (x \cdot \ln x - 0,1 x^2 + 0,1 x) \, dx =$$

$$= \frac{1}{3,247} \left[\frac{1}{2} x^2 \left(\ln x - \frac{1}{2} \right) - \frac{1}{30} x^3 + \frac{1}{20} x^2 \right]_{1}^{5} = 3,445 \quad \text{(Integral: 337)}$$

$$y_S = \frac{1}{3,247} \cdot \int_{x=1}^{5} \int_{y=0,1x-0,1}^{\ln x} y \, dy \, dx = \frac{1}{6,494} \cdot \int_{1}^{5} \left((\ln x)^2 - \frac{1}{100} x^2 + \frac{2}{100} x - \frac{1}{100} \right) dx =$$

$$= \frac{1}{6,494} \left[x \cdot (\ln x)^2 - 2 x \cdot \ln x + 2 x - \frac{1}{300} x^3 + \frac{1}{100} x^2 - \frac{1}{100} x \right]_{1}^{5} = 0,715$$

(Integral: 333)

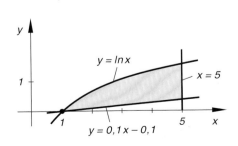

Bild A-16

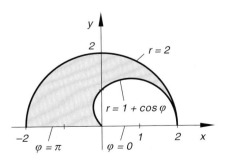

Bild A-17

12)   Nach Bild A-17:

$$A = \int\limits_{\varphi=0}^{\pi} \int\limits_{r=1+\cos\varphi}^{2} r\, dr\, d\varphi = \frac{1}{2} \cdot \int\limits_{0}^{\pi} [4 - (1 + \cos\varphi)^2]\, d\varphi =$$

$$= \frac{1}{2} \cdot \int\limits_{0}^{\pi} (3 - 2 \cdot \cos\varphi - \cos^2\varphi)\, d\varphi = \frac{1}{2} \left[3\varphi - 2 \cdot \sin\varphi - \frac{\varphi}{2} - \frac{\sin(2\varphi)}{4} \right]_{0}^{\pi} =$$

$$= \frac{5}{4}\pi \quad \text{(Integral: 229 mit } a = 1)$$

$$x_S = \frac{4}{5\pi} \cdot \int\limits_{\varphi=0}^{\pi} \int\limits_{r=1+\cos\varphi}^{2} r^2 \cdot \cos\varphi\, dr\, d\varphi = \frac{4}{15\pi} \cdot \int\limits_{0}^{\pi} [8 - (1 + \cos\varphi)^3] \cdot \cos\varphi\, d\varphi =$$

$$= \frac{4}{15\pi} \cdot \int\limits_{0}^{\pi} (7 \cdot \cos\varphi - 3 \cdot \cos^2\varphi - 3 \cdot \cos^3\varphi - \cos^4\varphi)\, d\varphi =$$

$$= \frac{4}{15\pi} \left[7 \cdot \sin\varphi - 3 \left(\frac{\varphi}{2} + \frac{\sin(2\varphi)}{4} \right) - 3 \left(\sin\varphi - \frac{\sin^3\varphi}{3} \right) - \frac{\cos^3\varphi \cdot \sin\varphi}{4} - \right.$$

$$\left. - \frac{3}{4} \left(\frac{\varphi}{2} + \frac{\sin(2\varphi)}{4} \right) \right]_{0}^{\pi} = \frac{4}{15\pi} \left(-\frac{3}{2}\pi - \frac{3}{8}\pi \right) = \frac{4}{15\pi} \left(-\frac{15}{8}\pi \right) = -0,5$$

(Integrale: 229, 230 mit $a = 1$; 231 mit $n = 4$ und $a = 1$)

$$y_S = \frac{4}{5\pi} \cdot \int\limits_{\varphi=0}^{\pi} \int\limits_{r=1+\cos\varphi}^{2} r^2 \cdot \sin\varphi\, dr\, d\varphi = \frac{4}{15\pi} \cdot \int\limits_{0}^{\pi} [8 - (1 + \cos\varphi)^3] \cdot \sin\varphi\, d\varphi =$$

$$= \frac{4}{15\pi} \cdot \int\limits_{0}^{\pi} (7 \cdot \sin\varphi - 3 \cdot \sin\varphi \cdot \cos\varphi - 3 \cdot \sin\varphi \cdot \cos^2\varphi - \sin\varphi \cdot \cos^3\varphi)\, dy =$$

$$= \frac{4}{15\pi} \left[-7 \cdot \cos\varphi - \frac{3}{2} \cdot \sin^2\varphi + \cos^3\varphi + \frac{1}{4} \cdot \cos^4\varphi \right]_{0}^{\pi} =$$

$$= \frac{4}{15\pi} \left(7 - 1 + \frac{1}{4} + 7 - 1 - \frac{1}{4} \right) = \frac{4}{15\pi} \cdot 12 = \frac{16}{5\pi} = 1,019$$

(Integrale: 254 mit $a = 1$; 256 mit $a = 1$ und $n = 2$ bzw. $n = 3$)

13) $$I_x = \int\limits_{\varphi=0}^{\pi/2} \int\limits_{r=0}^{R} r^3 \cdot \sin^2\varphi\, dr\, d\varphi = \int\limits_{0}^{\pi/2} \sin^2\varphi\, d\varphi \cdot \int\limits_{0}^{R} r^3\, dr =$$

$$= \left[\frac{\varphi}{2} - \frac{\sin(2\varphi)}{4} \right]_{0}^{\pi/2} \cdot \left[\frac{1}{4} r^4 \right]_{0}^{R} = \frac{\pi}{4} \cdot \frac{1}{4} R^4 = \frac{\pi}{16} R^4$$

$$I_y = I_x = \frac{\pi}{16} R^4 \text{ (aus Symmetriegründen)}; \quad I_p = I_x + I_y = \frac{\pi}{8} R^4$$

(Integral: 205 mit $a = 1$)

14)   Kurvenschnittpunkte: $\cos x = 0,5 \;\; \Rightarrow \;\; x_{1/2} = \pm\pi/3 \;\; \Rightarrow \;\; a = -\pi/3; \;\; b = \pi/3$

a) $A = 2 \cdot \int\limits_{x=0}^{\pi/3} \int\limits_{y=0,5}^{\cos x} 1\, dy\, dx = 2 \cdot \int\limits_{0}^{\pi/3} (\cos x - 0,5)\, dx = 2 \Big[\sin x - 0,5\, x \Big]_{0}^{\pi/3} = 0,685$

b) $x_S = 0$ (aus Symmetriegründen, die Fläche verläuft *spiegelsymmetrisch* zur y-Achse)

$$y_S = \frac{1}{0,685} \cdot 2 \cdot \int\limits_{x=0}^{\pi/3} \int\limits_{y=0,5}^{\cos x} y\, dy\, dx = \frac{1}{0,685} \cdot \int\limits_{0}^{\pi/3} (\cos^2 x - 0,25)\, dx =$$

$$= \frac{1}{0,685} \cdot \Big[\frac{x}{2} + \frac{\sin(2x)}{4} - 0,25\, x \Big]_{0}^{\pi/3} = 0,698 \quad \text{(Integral: 229 mit } a = 1)$$

c) $I_x = 2 \cdot \int\limits_{x=0}^{\pi/3} \int\limits_{y=0,5}^{\cos x} y^2\, dy\, dx = \frac{2}{3} \cdot \int\limits_{0}^{\pi/3} (\cos^3 x - 0,125)\, dx =$

$$= \frac{2}{3} \Big[\sin x - \frac{\sin^3 x}{3} - 0,125\, x \Big]_{0}^{\pi/3} = 0,346 \quad \text{(Integral: 230 mit } a = 1)$$

$$I_y = 2 \cdot \int\limits_{x=0}^{\pi/3} \int\limits_{y=0,5}^{\cos x} x^2\, dy\, dx = 2 \cdot \int\limits_{0}^{\pi/3} (x^2 \cdot \cos x - 0,5\, x^2)\, dx =$$

$$= 2 \Big[2x \cdot \cos x + (x^2 - 2) \cdot \sin x - \frac{1}{6}\, x^3 \Big]_{0}^{\pi/3} = 0,147 \quad \text{(Integral: 233 mit } a = 1)$$

$$I_p = I_x + I_y = 0,493$$

15)   Profil spiegelsymmetrisch zur y-Achse.

$$I_x = 2 \Bigg[\int\limits_{x=0}^{a} \int\limits_{y=0}^{2a} y^2\, dy\, dx + \int\limits_{x=a}^{b} \int\limits_{y=0}^{a} y^2\, dy\, dx \Bigg] = 2 \Bigg[\int\limits_{0}^{a} \frac{8}{3}\, a^3\, dx + \int\limits_{a}^{b} \frac{1}{3}\, a^3\, dx \Bigg] =$$

$$= 2 \Big[\frac{8}{3}\, a^3 \big[x \big]_{0}^{a} + \frac{1}{3}\, a^3 \big[x \big]_{a}^{b} \Big] = 2 \Big(\frac{7}{3}\, a^4 + \frac{1}{3}\, a^3 b \Big) = \frac{2}{3}\, a^3 (7a + b)$$

$$I_y = 2 \Bigg[\int\limits_{x=0}^{a} \int\limits_{y=0}^{2a} x^2\, dy\, dx + \int\limits_{x=a}^{b} \int\limits_{y=0}^{a} x^2\, dy\, dx \Bigg] = 2 \Big(\frac{1}{3}\, a^4 + \frac{1}{3}\, a b^3 \Big) = \frac{2}{3}\, a (a^3 + b^3)$$

$$I_p = I_x + I_y = \frac{2}{3}\, a (8a^3 + a^2 b + b^3)$$

16) $I_p = \int\limits_{\varphi=0}^{\pi} \int\limits_{r=0}^{\sqrt[4]{\cos(\varphi/4)}} r^3\, dr\, d\varphi = \int\limits_{0}^{\pi} \frac{1}{4} \cdot \cos(\varphi/4)\, d\varphi = \Big[\sin(\varphi/4) \Big]_{0}^{\pi} = 0,707$

17)   a)   *Kreisgleichung* in Polarkoordinaten: $r = 2R \cdot \cos \varphi$, $-\pi/2 \le \varphi \le \pi/2$

Herleitung: $x = r \cdot \cos \varphi$ und $y = r \cdot \sin \varphi$ in die vorgegebene Kreisgleichung einsetzen. Die Fläche verläuft *spiegelsymmetrisch* zur x-Achse (Faktor 2 bei den nachfolgenden Integralen).

$$I_x = 2 \cdot \int\limits_{\varphi = 0}^{\pi/2} \int\limits_{r = 0}^{2R \cdot \cos \varphi} r^3 \cdot \sin^2 \varphi \, dr \, d\varphi = 8R^4 \cdot \int\limits_0^{\pi/2} \sin^2 \varphi \cdot \cos^4 \varphi \, d\varphi =$$

$$= 8R^4 \left[\frac{\sin^3 \varphi \cdot \cos^3 \varphi}{6} + \frac{1}{2} \left(\frac{\varphi}{8} - \frac{\sin (4\varphi)}{32} \right) \right]_0^{\pi/2} = 8R^4 \cdot \frac{1}{32}\pi = \frac{\pi}{4} R^4$$

(Integrale: 258 mit $a = 1$, $m = 2$ und $n = 4$; 257 mit $a = 1$)

$$I_y = 2 \cdot \int\limits_{\varphi = 0}^{\pi/2} \int\limits_{r = 0}^{2R \cdot \cos \varphi} r^3 \cdot \cos^2 \varphi \, dr \, d\varphi = 8R^4 \cdot \int\limits_0^{\pi/2} \cos^6 \varphi \, d\varphi =$$

$$= 8R^4 \left[\frac{\cos^5 \varphi \cdot \sin \varphi}{6} + \frac{5 \cdot \cos^3 \varphi \cdot \sin \varphi}{24} + \frac{5}{8} \left(\frac{\varphi}{2} + \frac{\sin (2\varphi)}{4} \right) \right]_0^{\pi/2} = \frac{5}{4}\pi R^4$$

(Integrale: 231 mit $a = 1$ und $n = 6$ bzw. $n = 4$; 229 mit $a = 1$)

$$I_p = I_x + I_y = \frac{3}{2}\pi R^4$$

b)   *x-Achse* ist Schwerpunktachse: $I_x = I_{x_0} = \dfrac{\pi}{4} R^4$

y-Achse verläuft im Abstand $d = R$ parallel zur Schwerpunktachse S_y:

$$I_y = I_S + A \, d^2 = I_{y_0} + A \, d^2 = \frac{\pi}{4} R^4 + \pi R^4 = \frac{5}{4}\pi R^4$$

z-Achse verläuft im Abstand $d = R$ parallel zur Schwerpunktachse S_z:

$$I_p = I_S + A \, d^2 = I_{p_0} + A \, d^2 = \frac{\pi}{2} R^4 + \pi R^4 = \frac{3}{2}\pi R^4$$

18)   Nach Aufgabe 13) ist $I_x = I_y = \dfrac{\pi}{8} R^4$ und $I_p = \dfrac{\pi}{4} R^4$. Aus Bild A-18 folgt dann für die

durch den Schwerpunkt $S = \left(0; \dfrac{4}{3\pi} R \right)$ gehenden Achsen nach dem *Steinerschen Satz*:

Schwerpunktachse S_x: $I_x = I_{S_x} + A \, y_S^2 \quad \Rightarrow \quad I_{S_x} = I_x - A \, y_S^2 = 0{,}110 \, R^4$

Schwerpunktachse S_y ($= y$-Achse):

$$I_y = I_{S_y} \quad \Rightarrow \quad I_{S_y} = \frac{\pi}{8} R^4$$

Schwerpunktachse S_p (parallel zur z-Achse):

$$I_p = I_{S_p} + A \, y_S^2 \quad \Rightarrow$$

$$I_{S_p} = I_p - A \, y_S^2 = 0{,}502 \, R^4$$

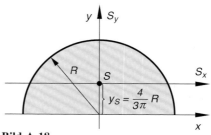

Bild A-18

19) a) $\displaystyle\int_{z=0}^{\pi} x^2 y \cdot \cos(yz)\, dz = x^2 y \cdot \int_{z=0}^{\pi} \cos(yz)\, dz = x^2 y \left[\frac{\sin(yz)}{y}\right]_{z=0}^{\pi} = x^2 \cdot \sin(\pi y)$

$$I = \int_{x=0}^{1}\int_{y=1}^{4} x^2 \cdot \sin(\pi y)\, dy\, dx = \int_0^1 x^2\, dx \cdot \int_1^4 \sin(\pi y)\, dy =$$

$$= \left[\frac{1}{3} x^3\right]_0^1 \cdot \left[-\frac{\cos(\pi y)}{\pi}\right]_1^4 = \left(\frac{1}{3}\right) \cdot \left(-\frac{2}{\pi}\right) = -\frac{2}{3\pi}$$

b) $\displaystyle\int_{z=y}^{y^2} y \cdot \sin x \cdot z\, dz = y \cdot \sin x \cdot \int_{z=y}^{y^2} z\, dz = y \cdot \sin x \left[\frac{1}{2} z^2\right]_{z=y}^{y^2} = \frac{1}{2}(y^5 - y^3) \cdot \sin x$

$$I = \int_{x=0}^{\pi/2}\int_{y=0}^{1} \frac{1}{2}(y^5 - y^3) \cdot \sin x\, dy\, dx = \frac{1}{2} \cdot \int_0^{\pi/2} \sin x\, dx \cdot \int_0^1 (y^5 - y^3)\, dy =$$

$$= \frac{1}{2}\left[-\cos x\right]_0^{\pi/2} \cdot \left[\frac{1}{6} y^6 - \frac{1}{4} y^4\right]_0^1 = \frac{1}{2} \cdot (1) \cdot \left(-\frac{1}{12}\right) = -\frac{1}{24}$$

20) Gleichung der Ellipse im x, z-Koordinatensystem: $b^2 x^2 + a^2 z^2 = a^2 b^2$. Mit der Substitution $x \to r$ erhält man hieraus die Funktionsgleichung der Oberfläche des *Rotationsellipsoids* (in Zylinderkoordinaten):

$$b^2 r^2 + a^2 z^2 = a^2 b^2 \quad\Rightarrow\quad z = \pm \frac{b}{a}\sqrt{a^2 - r^2}$$

(obere und untere Begrenzungsfläche, sie liefern die Grenzen der z-Integration). Projektionsbereich in der x, y-Ebene ist der *Kreis* mit dem Radius a: $0 \le r \le a$, $0 \le \varphi \le 2\pi$. Aus *Symmetriegründen* ist dann (die x, y-Ebene halbiert den Körper, Faktor 2 im Integral):

$$V = 2 \cdot \int_{\varphi=0}^{2\pi}\int_{r=0}^{a}\int_{z=0}^{\frac{b}{a}\sqrt{a^2-r^2}} r\, dz\, dr\, d\varphi = 2 \cdot \int_{\varphi=0}^{2\pi}\int_{r=0}^{a} \frac{b}{a} r \sqrt{a^2 - r^2}\, dr\, d\varphi =$$

$$= \frac{2b}{a} \cdot \underbrace{\int_0^{2\pi} 1\, d\varphi}_{2\pi} \cdot \underbrace{\int_0^a r\sqrt{a^2 - r^2}\, dr}_{\text{Integral 142}} = \frac{2b}{a} \cdot 2\pi \left[-\frac{1}{3}\sqrt{(a^2 - r^2)^3}\right]_0^a =$$

$$= \frac{4\pi b}{a} \cdot \frac{1}{3} a^3 = \frac{4}{3}\pi a^2 b \quad \text{(Integral: 142)}$$

21) Gleichung des Kreises: $x^2 + z^2 = R^2$. Die Substitution $x \to r$ liefert hieraus die Gleichung der Kugeloberfläche (in Zylinderkoordinaten): $r^2 + z^2 = R^2$. *Obere* Begrenzungsfläche ist $z = \sqrt{R^2 - r^2}$, *untere* Begrenzungsfläche die zur x, y-Ebene parallele *Ebene* $z = R - h$. Die Projektion der Kugelhaube in die x, y-Ebene ergibt einen *Kreis* vom Radius R_0, für den nach Bild III-101 (Seite 341) gilt: $R_0^2 + (R - h)^2 = R^2$, d. h. $R_0 = \sqrt{2Rh - h^2}$. Daher gilt für die Projektionsfläche (Kreisfläche): $0 \le r \le R_0$ und $0 \le \varphi \le 2\pi$.

$$V = \int_{\varphi=0}^{2\pi} \int_{r=0}^{R_0} \int_{z=R-h}^{\sqrt{R^2-r^2}} r \, dz \, dr \, d\varphi = \int_{\varphi=0}^{2\pi} \int_{r=0}^{R_0} r \left[\sqrt{R^2-r^2} - (R-h) \right] dr \, d\varphi =$$

$$= \underbrace{\int_0^{2\pi} 1 \, d\varphi}_{2\pi} \cdot \underbrace{\int_0^{R_0} \left[r\sqrt{R^2-r^2} - (R-h) \, r \right] dr}_{\text{Integral 142 mit } a = R} =$$

$$= 2\pi \left[-\frac{1}{3} \sqrt{(R^2-r^2)^3} - \frac{1}{2}(R-h) \, r^2 \right]_0^{R_0} =$$

$$= 2\pi \left[-\frac{1}{3} \sqrt{\underbrace{(R^2-R_0^2)^3}_{(R-h)^2}} - \frac{1}{2}(R-h) \underbrace{R_0^2}_{2Rh-h^2} + \frac{1}{3} R^3 \right] =$$

$$= 2\pi \left[-\frac{1}{3}(R-h)^3 - \frac{1}{2}(R-h)(2Rh-h^2) + \frac{1}{3} R^3 \right] = \frac{\pi}{3} h^2 (3R-h)$$

Berechnung des *Schwerpunktes* $S = (0; 0; z_S)$ auf der z-Achse:

$$z_S = \frac{1}{V} \cdot \int_{\varphi=0}^{2\pi} \int_{r=0}^{R_0} \int_{z=R-h}^{\sqrt{R^2-r^2}} z \, r \, dz \, dr \, d\varphi = \frac{1}{V} \cdot \int_{\varphi=0}^{2\pi} \int_{r=0}^{R_0} \frac{1}{2} r \left[\underbrace{R^2 - r^2 - (R-h)^2}_{-r^2+2Rh-h^2 \, = \, -r^2+R_0^2} \right] dr \, d\varphi =$$

$$= \frac{1}{2V} \cdot \underbrace{\int_0^{2\pi} 1 \, d\varphi}_{2\pi} \cdot \int_0^{R_0} (-r^3 + R_0^2 r) \, dr = \frac{\pi}{V} \left[-\frac{1}{4} r^4 + \frac{1}{2} R_0^2 r^2 \right]_0^{R_0} = \frac{\pi}{V} \cdot \frac{1}{4} R_0^4 =$$

$$= \frac{\pi R_0^4}{4V} = \frac{3\pi (2Rh-h^2)^2}{4\pi h^2 (3R-h)} = \frac{3h^2(2R-h)^2}{4h^2(3R-h)} = \frac{3(2R-h)^2}{4(3R-h)}$$

22) Gleichung des (rotierenden) *Kreises*: $(x-R)^2 + z^2 = r_0^2$. Mit der Substitution $x \to r$ erhält man hieraus die Gleichung des *Torus* (in Zylinderkoordinaten): $(r-R)^2 + z^2 = r_0^2$. Damit ist $z = \sqrt{r_0^2 - (r-R)^2}$ mit $R - r_0 \leq r \leq R + r_0$ die Gleichung der *oberen* Randfläche und $z = 0$ die *untere* Randfläche (die x, y-Ebene *halbiert* den Torus, daher Faktor 2 bei der Integration). Die Projektion des Torus in die x, y-Ebene ergibt den in Bild A-19 skizzierten *Kreisring* mit dem Innenradius $r_i = R - r_0$ und dem Außenradius $r_a = R + r_0$.

$$V = 2 \cdot \int_{\varphi=0}^{2\pi} \int_{r=R-r_0}^{R+r_0} \int_{z=0}^{\sqrt{r_0^2-(r-R)^2}} r \, dz \, dr \, d\varphi =$$

$$= 2 \cdot \int_{\varphi=0}^{2\pi} \int_{r=R-r_0}^{R+r_0} r \sqrt{r_0^2 - (r-R)^2} \, dr \, d\varphi =$$

$$= 2 \cdot \underbrace{\int_0^{2\pi} 1 \, d\varphi}_{2\pi} \cdot \int_{R-r_0}^{R+r_0} r \sqrt{r_0^2 - \underbrace{(r-R)^2}_{u}} \, dr$$

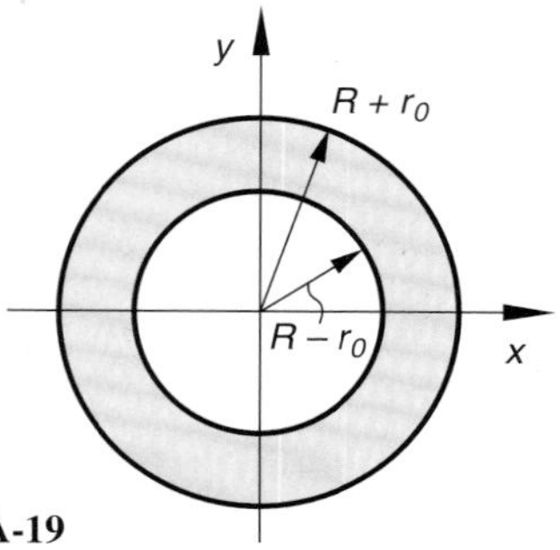

Bild A-19

Substitution: $u = r - R$, $r = u + R$, $dr = du$; untere bzw. obere Grenze: $-r_0$ bzw. r_0

$$V = 4\pi \cdot \int_{-r_0}^{r_0} (u + R) \sqrt{r_0^2 - u^2}\, du = 4\pi \cdot \int_{-r_0}^{r_0} \left(u \sqrt{r_0^2 - u^2} + R \sqrt{r_0^2 - u^2} \right) du =$$

$$= 4\pi \left[-\frac{1}{3} \sqrt{(r_0^2 - u^2)^3} + \frac{R}{2} \left(u \sqrt{r_0^2 - u^2} + r_0^2 \cdot \arcsin\left(\frac{u}{r_0}\right) \right) \right]_{-r_0}^{r_0} =$$

$$= 4\pi \left[\frac{R}{2} \left(r_0^2 \cdot \underbrace{\arcsin 1}_{\pi/2} - r_0^2 \cdot \underbrace{\arcsin(-1)}_{-\pi/2} \right) \right] = 4\pi \cdot \frac{R}{2} r_0^2 \cdot \pi = 2\pi^2 R r_0^2$$

(Integrale: 142 und 141, jeweils mit $a = r_0$)

23) Wir denken uns die Wassermenge m im *Schwerpunkt* $S = (0; 0; z_S)$ der mit Wasser gefüllten Halbkugel vereinigt. Für die *Mindestarbeit* (Hubarbeit!) gilt dann:

$$W_{\min} = m g z_S \qquad \text{(Erdbeschleunigung: } g = 9{,}81\,\text{m/s}^2\text{)}$$

Schwerpunktberechnung (auf zwei verschiedene Arten)

a) Wir beziehen uns auf Aufgabe 21) (Kugelhaube). Für $h = R$ geht die Kugelhaube in eine *Halbkugel* über, deren Schwerpunkt vom Mittelpunkt der Kugel die Entfernung $\frac{3}{8} R$ besitzt. Der Schwerpunkt der gefüllten Halbkugel liegt somit auf der z-Achse im Abstand von $\frac{5}{8} R = \frac{15}{8}$ m über dem *tiefsten* Punkt. Somit gilt für die Höhenkoordinate des Schwerpunktes:

$$z_S = 10\,\text{m} + \frac{15}{8}\,\text{m} = \frac{95}{8}\,\text{m} = 11{,}875\,\text{m}$$

b) Berechnung der Schwerpunktskoordinate über ein *Dreifachintegral*: Der kugelförmige Behälter entsteht durch Drehung des Kreises $x^2 + (z - 13)^2 = 9$ um die z-Achse. Die Kugeloberfläche lautet damit in Zylinderkoordinaten (Substitution $x \rightarrow r$): $r^2 + (z - 13)^2 = 9$

Untere Randfläche: $z = 13 - \sqrt{9 - r^2}$

Obere Randfläche: $z = 13$ (Ebene parallel zur x, y-Ebene)

Projektion in die x, y-Ebene ergibt den *Integrationsbereich* (Kreisfläche) $0 \le r \le 3$, $0 \le \varphi \le 2\pi$. Volumen der Halbkugel: $V = 18\pi$ (in m^3).

$$z_S = \frac{1}{18\pi} \cdot \int_{\varphi=0}^{2\pi} \int_{r=0}^{3} \int_{z=13-\sqrt{9-r^2}}^{13} r z\, dz\, dr\, d\varphi =$$

$$= \frac{1}{18\pi} \cdot \int_{\varphi=0}^{2\pi} \int_{r=0}^{3} \frac{1}{2} r \big[\underbrace{169 - (13 - \sqrt{9-r^2})^2}_{26\sqrt{9-r^2} - 9 + r^2} \big]\, dr\, d\varphi =$$

$$= \frac{1}{36\pi} \cdot \underbrace{\int_{0}^{2\pi} 1\, d\varphi}_{2\pi} \cdot \underbrace{\int_{0}^{3} (26 r \sqrt{9 - r^2} - 9r + r^3)\, dr}_{\text{Integral 142 mit } a = 3} =$$

$$= \frac{1}{36\pi} \cdot 2\pi \left[-\frac{26}{3} \sqrt{(9 - r^2)^3} - \frac{9}{2} r^2 + \frac{1}{4} r^4 \right]_{0}^{3} = 11{,}875 \quad \text{(in m)}$$

Berechnung der Mindestarbeit

Mit der Wassermenge $m = \varrho\, V = \varrho \left(\dfrac{2}{3}\, \pi R^3 \right) = 56\,548{,}7 \,\text{kg}$ folgt dann:

$$W_{\min} = m\, g\, z_S = 6\,587\,566\,\text{Nm}$$

24) Gleichung des Kegelmantels in Zylinderkoordinaten (siehe hierzu Bild III-75 in Kap. III):

$$z = -\frac{H}{R}\,(r - R) \quad \text{mit} \quad 0 \le r \le R \quad \text{und} \quad 0 \le \varphi \le 2\pi$$

Kegelvolumen: $V = \dfrac{1}{3}\,\pi R^2 H$

$$z_S = \frac{3}{\pi R^2 H} \cdot \int\limits_{\varphi=0}^{2\pi} \int\limits_{r=0}^{R} \int\limits_{z=0}^{-\frac{H}{R}(r-R)} z\, r\, dz\, dr\, d\varphi = \frac{3H}{2\pi R^4} \cdot \int\limits_{\varphi=0}^{2\pi} \int\limits_{r=0}^{R} r\,(r-R)^2\, dr\, d\varphi =$$

$$= \frac{3H}{2\pi R^4} \cdot \underbrace{\int\limits_{0}^{2\pi} 1\, d\varphi}_{2\pi} \cdot \int\limits_{0}^{R} (r^3 - 2R r^2 + R^2 r)\, dr =$$

$$= \frac{3H}{2\pi R^4} \cdot 2\pi \left[\frac{1}{4}\, r^4 - \frac{2}{3}\, R r^3 + \frac{1}{2}\, R^2 r^2 \right]_0^R = \frac{3H}{R^4} \cdot \frac{1}{12}\, R^4 = \frac{H}{4}$$

25) Randflächen (siehe Bild A-20): $z = 3$ (oben) und $z = \sqrt{r}$ (unten):

$$V = \int\limits_{\varphi=0}^{2\pi} \int\limits_{r=0}^{9} \int\limits_{z=\sqrt{r}}^{3} r\, dz\, dr\, d\varphi = \int\limits_{\varphi=0}^{2\pi} \int\limits_{r=0}^{9} r\,(3 - \sqrt{r})\, dr\, d\varphi =$$

$$= \underbrace{\int\limits_{0}^{2\pi} 1\, d\varphi}_{2\pi} \cdot \int\limits_{0}^{9} (3r - r^{3/2})\, dr = 2\pi \left[\frac{3}{2}\, r^2 - \frac{2}{5}\, r^{5/2} \right]_0^9 = 48{,}6\,\pi$$

$$z_S = \frac{1}{48{,}6\,\pi} \cdot \int\limits_{\varphi=0}^{2\pi} \int\limits_{r=0}^{9} \int\limits_{z=\sqrt{r}}^{3} z\, r\, dz\, dr\, d\varphi = \frac{1}{48{,}6\,\pi} \cdot \int\limits_{\varphi=0}^{2\pi} \int\limits_{r=0}^{9} \frac{1}{2}\, r\,(9 - r)\, dr\, d\varphi =$$

$$= \frac{1}{2 \cdot 48{,}6\,\pi} \cdot \underbrace{\int\limits_{0}^{2\pi} 1\, d\varphi}_{2\pi} \cdot \int\limits_{0}^{9} (9r - r^2)\, dr =$$

$$= \frac{1}{2\pi \cdot 48{,}6} \cdot 2\pi \left[\frac{9}{2}\, r^2 - \frac{1}{3}\, r^3 \right]_0^9 =$$

$$= \frac{1}{48{,}6} \left(\frac{1}{2} - \frac{1}{3} \right) \cdot 729 = 2{,}5$$

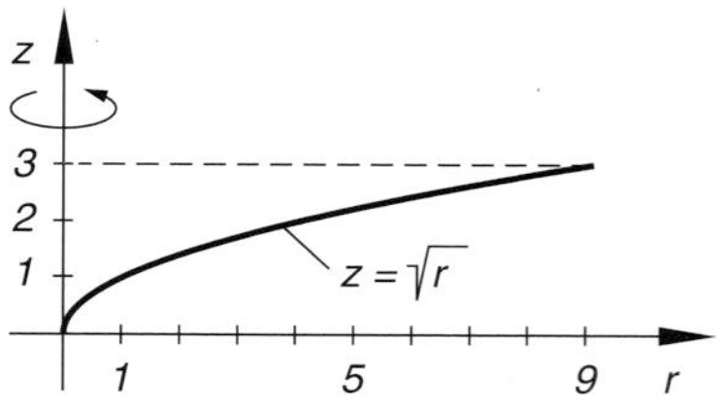

Bild A-20

Schwerpunkt: $S = (0; 0; 2{,}5)$

26) a) Obere Halbkugel (siehe Bild III-76 in Kap. III) in Zylinderkoordinaten: $r^2 + z^2 = R^2$ (mit $z \geq 0$). Somit: $z = \sqrt{R^2 - r^2}$ mit $0 \leq r \leq R$ und $0 \leq \varphi \leq 2\pi$

$$J = \varrho \cdot \int\limits_{\varphi=0}^{2\pi} \int\limits_{r=0}^{R} \int\limits_{z=0}^{\sqrt{R^2-r^2}} r^3 \, dz \, dr \, d\varphi = \varrho \cdot \int\limits_{\varphi=0}^{2\pi} \int\limits_{r=0}^{R} r^3 \sqrt{R^2-r^2} \, dr \, d\varphi =$$

$$= \varrho \cdot \underbrace{\int\limits_{0}^{2\pi} 1 \, d\varphi}_{2\pi} \cdot \underbrace{\int\limits_{0}^{R} r^3 \sqrt{R^2-r^2} \, dr}_{\text{Integral 144 mit } a=R} = 2\pi\varrho \left[\frac{1}{5}\sqrt{(R^2-r^2)^5} - \frac{R^2}{3}\sqrt{(R^2-r^2)^3} \right]_0^R =$$

$$= 2\pi\varrho \left(-\frac{1}{5}R^5 + \frac{1}{3}R^5 \right) = 2\pi\varrho \cdot \frac{2}{15}R^5 = \frac{4}{15}\pi\varrho R^5$$

b) Nach a) folgt für das Massenträgheitsmoment einer *Vollkugel*, bezogen auf einen *Durchmesser* (Symmetrieachse = Schwerpunktachse):

$$J_S = 2J = \frac{8}{15}\pi\varrho R^5 = \frac{2}{5}mR^2 \quad \left(\text{Masse } m = \varrho V = \varrho \cdot \frac{4}{3}\pi R^3 \right)$$

Der Abstand zwischen der Symmetrieachse und der Tangente beträgt $d = R$. Der *Satz von Steiner* liefert dann für das auf eine *Tangente* bezogene Massenträgheitsmoment J_T:

$$J_T = J_S + mR^2 = \frac{2}{5}mR^2 + mR^2 = \frac{7}{5}mR^2$$

27) $$J_S = \varrho \cdot \int\limits_{\varphi=0}^{2\pi} \int\limits_{r=R_1}^{R_2} \int\limits_{z=0}^{H} r^3 \, dz \, dr \, d\varphi = \varrho \cdot \underbrace{\int\limits_{0}^{2\pi} 1 \, d\varphi}_{2\pi} \cdot \int\limits_{R_1}^{R_2} r^3 \, dr \cdot \underbrace{\int\limits_{0}^{H} 1 \, dz}_{H} =$$

$$= \varrho \cdot 2\pi \left[\frac{1}{4}r^4 \right]_{R_1}^{R_2} \cdot H = \frac{1}{2}\pi\varrho H (R_2^4 - R_1^4)$$

28) a) $R_1 = 0$, $R_2 = R$ $\Rightarrow$ $J_S = \frac{1}{2}\pi\varrho H R^4 = \frac{1}{2}mR^2$ (Masse: $m = \varrho V = \varrho \pi R^2 H$)

b) Nach *Steiner* (Abstand Mantellinie $-$ Symmetrieachse: $d = R$):

$$J_M = J_S + md^2 = \frac{1}{2}mR^2 + mR^2 = \frac{3}{2}mR^2$$

29) Nach Bild III-75 in Kap. III (siehe auch Lösung zur Aufgabe 24):

$$J = \varrho \cdot \int\limits_{\varphi=0}^{2\pi} \int\limits_{r=0}^{R} \int\limits_{z=0}^{-\frac{H}{R}(r-R)} r^3 \, dz \, dr \, d\varphi = \varrho \cdot \int\limits_{\varphi=0}^{2\pi} \int\limits_{r=0}^{R} \frac{H}{R}(Rr^3 - r^4) \, dr \, d\varphi =$$

$$= \frac{\varrho H}{R} \cdot \underbrace{\int\limits_{0}^{2\pi} 1 \, d\varphi}_{2\pi} \cdot \int\limits_{0}^{R} (Rr^3 - r^4) \, dr = \frac{\varrho H}{R} \cdot 2\pi \left[\frac{1}{4}Rr^4 - \frac{1}{5}r^5 \right]_0^R =$$

$$= \frac{2\pi\varrho H}{R} \cdot \frac{1}{20}R^5 = \frac{1}{10}\pi\varrho H R^4 = \frac{3}{10}mR^2 \quad \left(\text{Masse: } m = \varrho V = \frac{1}{3}\pi\varrho R^2 H \right)$$

IV Gewöhnliche Differentialgleichungen

Hinweise

1) Abkürzung: Dgl = Differentialgleichung

2) C, C_1, C_2, C_3 ... bzw. K: reelle Integrationskonstanten

3) Die anfallenden Integrale wurden der *Integraltafel* der **Mathematischen Formelsammlung** des Autors entnommen (Angabe der laufenden Nummer und der Parameterwerte).

4) Vorgehensweise bei der Bestimmung der Parameter im Lösungsansatz für eine *partikuläre* Lösung y_p: Den Ansatz y_p aus der entsprechenden *Tabelle* entnehmen und in die Dgl einsetzen. Die erhaltene *Bestimmungsgleichung* mit den noch unbekannten Parametern und der unabhängigen Variablen (in der Regel x bzw. t) haben wir grau unterlegt. Der *Koeffizientenvergleich* (fehlende Glieder mit dem Faktor 0 ergänzen) führt dann zu einem eindeutig lösbaren *linearen Gleichungssystem*.

Abschnitt 1

1) y und y' in die Dgl einsetzen (Ergebnis: $0 = 0$). y enthält genau *einen* Parameter C und ist somit die *allgemeine* Lösung der Dgl. Lösungskurve durch P: $y = \dfrac{16\,x}{1 + x}$.

2) y, y' und y'' in die Dgl einsetzen (Ergebnis: $0 = 0$). y ist die *allgemeine* Lösung der Dgl, da diese Funktion *zwei* unabhängige Parameter (C_1 und C_2) enthält.

3) Man differenziert $u_C(t)$ und setzt anschließend Funktion und Ableitung in die Dgl ein und erhält die *Identität* $u_0 = u_0$.

4) $s(t) = 5 \cdot \cos t$, $\qquad v(t) = -5 \cdot \sin t$

Abschnitt 2

1) a) *Isoklinen:* $y = 2\,a\,x$, $x > 0$
        ($a \in \mathbb{R}$; Halbgeraden)

        Richtungsfeld: Bild A-21
        (Feld spiegelsymmetrisch
        zur x-Achse; gezeichnet:
        1. Quadrant)

        Trennung der Variablen:
        $$\frac{dy}{y} = \frac{1}{2} \cdot \frac{dx}{x}$$
        $$\ln|y| = \ln\sqrt{x} + \ln|C| =$$
        $$= \ln|C\sqrt{x}|$$
        Lösung: $y = C\sqrt{x}$, $x > 0$

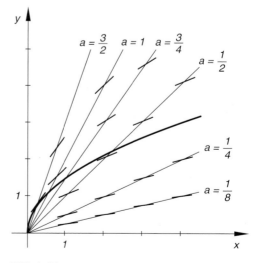

Bild A-21

b)   *Isoklinen:* $y = $ const. $= a$
($a \in \mathbb{R}$; Parallelen zur
 x-Achse)

Richtungsfeld: Bild A-22 (Feld
spiegelsymmetrisch zur x-Achse;
gezeichnet: 1. und 2. Quadrant)

Trennung der Variablen:

$$\frac{dy}{y} = dx; \quad \ln|y| = x + \ln|K|$$

Lösung: $y = \pm K \cdot e^x = C \cdot e^x$

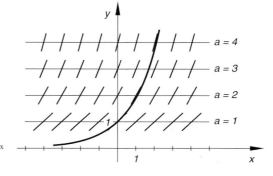

Bild A-22

2)   a) $u = \dfrac{y}{x}; \quad y = xu; \quad y' = u + xu' \quad \Rightarrow \quad u' = \dfrac{4}{x} \quad \Rightarrow \quad u = 4 \cdot \ln|Cx|;$

      Lösung: $y = xu = 4x \cdot \ln|Cx|$

   b) $u = x + y + 1; \quad y = u - x - 1; \quad y' = u' - 1 \quad \Rightarrow \quad u' = 1 + u^2 \quad \Rightarrow$

      $u = \tan(x + C)$ *(Trennung der Variablen);*   *Lösung:* $y = \tan(x + C) - x - 1$

   c) $u = \dfrac{y}{x}$ (siehe a)) $\Rightarrow \quad xu' = \left(u - \dfrac{1}{2}\right)^2 \quad \Rightarrow \quad u = \dfrac{1}{2} - \dfrac{1}{\ln|Cx|}$

      (Trennung der Variablen; Integral: 1 mit $a = 1$, $b = -1/2$ und $n = -2$)

      Lösung: $y = \dfrac{1}{2}x - \dfrac{x}{\ln|Cx|}$ $(C \neq 0)$

   d) $u = \dfrac{y}{x}$ (siehe a)) $\Rightarrow \quad xu' = \sin u \quad \Rightarrow \quad \ln\left|\tan\left(\dfrac{u}{2}\right)\right| = \ln|Cx| \quad \Rightarrow$

      $\tan\left(\dfrac{u}{2}\right) = Cx \quad \Rightarrow \quad u = 2 \cdot \arctan(Cx)$

      (Trennung der Variablen; Integral: 214 mit $a = 1$); Lösung: $y = 2x \cdot \arctan(Cx)$

3) $u = \dfrac{y}{x}; \quad y = xu; \quad y' = u + xu' \quad \Rightarrow \quad uu' = \dfrac{1}{x} \quad \Rightarrow \quad u = \pm\sqrt{2 \cdot \ln|Cx|}$

   (Trennung der Variablen) $\Rightarrow \quad y = xu = \pm x\sqrt{2 \cdot \ln|Cx|}$ $(C \neq 0)$

   Lösung: $y_p = x\sqrt{2 \cdot \ln|ex|}$

4)   a) $\dfrac{dy}{y^2} = \dfrac{dx}{x^2} \quad \Rightarrow \quad y = \dfrac{x}{1 - Cx}$

   b) $\dfrac{dy}{y} = \dfrac{x}{1 + x^2}\,dx \quad \Rightarrow \quad y = C\sqrt{1 + x^2}$ (Integral: 32 mit $a = 1$)

   c) $\dfrac{dy}{(1 - y)^2} = dx \quad \Rightarrow \quad -\dfrac{du}{u^2} = dx \quad \Rightarrow \quad u = \dfrac{1}{x + C} \quad \Rightarrow \quad y = \dfrac{x + C - 1}{x + C}$

      (Integral: 1 mit $a = -1$, $b = 1$ und $n = -2$ oder Integralsubstitution $u = 1 - y$,
      $du = -dy$)

   d) $\sin y\,dy = -x\,dx \quad \Rightarrow \quad \cos y = \dfrac{1}{2}x^2 + C \quad \Rightarrow \quad y = \arccos\left(\dfrac{1}{2}x^2 + C\right)$

5)　a)　$\dfrac{dy}{y} = -\cos x\,dx \quad \Rightarrow \quad y = C \cdot e^{-\sin x};$　Lösung:　$y_p = 2\pi \cdot e^{1-\sin x}$

　　b)　$\dfrac{dy}{y} = \dfrac{dx}{x(x+1)} \quad \Rightarrow \quad y = \dfrac{Cx}{x+1}$　(Integral: 12 mit $a = b = 1$)

　　　　Lösung:　$y_p = \dfrac{x}{x+1}$

　　c)　$y^2\,dy = (1 - x^2)\,dx \quad \Rightarrow \quad y = \sqrt[3]{3x - x^3 + 3C}$

　　　　Lösung:　$y_p = \sqrt[3]{3x - x^3 + 3}$

6)　a)　*Substitution:*　$u = \dfrac{y}{x};\quad y = xu;\quad y' = u + xu' \quad \Rightarrow \quad xu' = u^2 \quad \Rightarrow$

　　　　$u = -\dfrac{1}{\ln|Cx|}$　*(Trennung der Variablen)*　$\Rightarrow \quad y = xu = -\dfrac{x}{\ln|Cx|}$

　　　　Lösung:　$y_p = -\dfrac{x}{\ln|ex|}$

　　b)　*Trennung der Variablen:*　$y\,dy = 2 \cdot e^{2x}\,dx \quad \Rightarrow \quad y = \pm\sqrt{2 \cdot e^{2x} + 2C}$

　　　　Lösung:　$y_p = \sqrt{2 \cdot e^{2x} + 2}$

7)　a)　$\dfrac{dx}{(a-x)(b-x)} = \dfrac{1}{a-b}\left(\dfrac{1}{x-a} - \dfrac{1}{x-b}\right)dx = k\,dt \quad \Rightarrow$

　　　　$\ln|x-a| - \ln|x-b| = \ln\left|\dfrac{x-a}{x-b}\right| = (a-b)(kt+C) \quad \Rightarrow$

　　　　$\dfrac{x-a}{x-b} = K \cdot e^{(a-b)kt}$　mit　$K = e^{(a-b)C};\quad x(0) = 0 \quad \Rightarrow \quad K = \dfrac{a}{b}$

　　　　Lösung:　$x(t) = ab\,\dfrac{e^{(a-b)kt} - 1}{a \cdot e^{(a-b)kt} - b},\quad t \geq 0$

　　b)　Für $a > b$ und $t \to \infty$ folgt (Regel von L'Hospital):　$\displaystyle\lim_{t\to\infty} x(t) = b$

　　　　Die Reaktion kommt daher zum Stillstand, wenn alle Atome vom Typ B „verbraucht" sind.

8)　a)　$\dfrac{dv}{v - \dfrac{mg}{k}} = -\dfrac{k}{m}\,dt \quad \Rightarrow \quad v(t) = C \cdot e^{-\frac{k}{m}t} + \dfrac{mg}{k}$

　　b)　$v(t) = \left(v_0 - \dfrac{mg}{k}\right) \cdot e^{-\frac{k}{m}t} + \dfrac{mg}{k},\quad t \geq 0$　(Bild A-23)

　　c)　$v_{\max} = \displaystyle\lim_{t\to\infty} v(t) = \dfrac{mg}{k}$

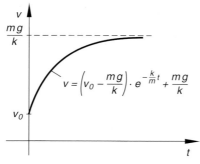

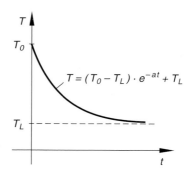

Bild A-23　　　　　　　　　　　　　　　　　　　**Bild A-24**

9) $\dfrac{du_C}{u_C} = -\dfrac{dt}{RC} \quad \Rightarrow \quad u_C = K \cdot \mathrm{e}^{-\frac{t}{RC}}; \quad \textit{Lösung: } u_C(t) = u_0 \cdot \mathrm{e}^{-\frac{t}{RC}}, \quad t \geq 0$

10) $\dfrac{dT}{T - T_L} = -a\,dt \quad \Rightarrow \quad \ln(T - T_L) = -a\,t + \ln K \quad \Rightarrow \quad T = K \cdot \mathrm{e}^{-at} + T_L$

$\textit{Lösung: } T(t) = (T_0 - T_L) \cdot \mathrm{e}^{-at} + T_L, \quad t \geq 0 \quad \text{(Bild A-24)}$

$\textit{Endtemperatur: } T_E = \lim_{t \to \infty} T(t) = T_L$

Der Körper nimmt schließlich die Temperatur T_L der vorbeiströmenden Luft an.

11) a) $(y - 1)\,dx + (x + 1)\,dy = 0; \quad \dfrac{\partial}{\partial y}(y - 1) = \dfrac{\partial}{\partial x}(x + 1) = 1 \quad \Rightarrow \quad$ exakte Dgl

$u_x = y - 1; \quad u_y = x + 1 \quad \Rightarrow \quad u = \displaystyle\int u_x\,dx = \int (y - 1)\,dx = (y - 1)\,x + K(y);$

$u_y = x + K'(y) = x + 1 \quad \Rightarrow \quad K'(y) = 1 \quad \Rightarrow \quad K(y) = y + C_1 \quad \Rightarrow$

$u = x(y - 1) + y + C_1; \quad \textit{Lösung: } u = \text{const.} \quad \Rightarrow \quad y = \dfrac{x + C}{x + 1}$

b) $\dfrac{\partial}{\partial y}(2xy - x) = \dfrac{\partial}{\partial x}x^2 = 2x \quad \Rightarrow \quad$ exakte Dgl; $\quad u_x = 2xy - x; \quad u_y = x^2$

$u = \displaystyle\int u_y\,dy = \int x^2\,dy = x^2 y + K(x); \quad u_x = 2xy + K'(x) = 2xy - x \quad \Rightarrow$

$K'(x) = -x \quad \Rightarrow \quad K(x) = -\dfrac{1}{2}x^2 + C_1 \quad \Rightarrow \quad u = x^2 y - \dfrac{1}{2}x^2 + C_1$

$\textit{Lösung: } u = \text{const.} \quad \Rightarrow \quad y = \dfrac{C}{x^2} + \dfrac{1}{2}$

c) $(\mathrm{e}^x \cdot y + \sin x)\,dx + (\mathrm{e}^x + y)\,dy = 0; \quad \dfrac{\partial}{\partial y}(\mathrm{e}^x \cdot y + \sin x) = \dfrac{\partial}{\partial x}(\mathrm{e}^x + y) = \mathrm{e}^x$

$u_x = \mathrm{e}^x \cdot y + \sin x; \quad u_y = \mathrm{e}^x + y \quad \Rightarrow \quad u = \displaystyle\int u_x\,dx = \int (\mathrm{e}^x \cdot y + \sin x)\,dx =$

$= \mathrm{e}^x \cdot y - \cos x + K(y); \quad u_y = \mathrm{e}^x + K'(y) = \mathrm{e}^x + y \quad \Rightarrow \quad K'(y) = y \quad \Rightarrow$

$K(y) = \dfrac{1}{2}y^2 + C_1 \quad \Rightarrow \quad u = \mathrm{e}^x \cdot y + \dfrac{1}{2}y^2 - \cos x + C_1$

Lösung (in impliziter Form): $u = \text{const.} \quad \Rightarrow \quad \mathrm{e}^x \cdot y + \dfrac{1}{2}y^2 - \cos x = C$

12) a) $[(1 + x^2)^2 - 2xy]\,dx + (1 + x^2)\,dy = 0$

$\dfrac{\partial}{\partial y}[(1 + x^2)^2 - 2xy] = -2x \neq \dfrac{\partial}{\partial x}(1 + x^2) = 2x \quad \Rightarrow \quad$ nichtexakte Dgl

Ansatz: $\dfrac{\partial}{\partial y}\lambda(x)[(1 + x^2)^2 - 2xy] = \dfrac{\partial}{\partial x}\lambda(x) \cdot (1 + x^2) \quad \Rightarrow$

$\lambda'(x) = \dfrac{-4x}{1 + x^2} \cdot \lambda(x) \quad \Rightarrow \quad \lambda(x) = \dfrac{C_1}{(1 + x^2)^2} \quad$ (Integral: 32 mit $a = 1$)

Integrierender Faktor (wir setzen $C_1 = 1$): $\lambda(x) = \dfrac{1}{(1 + x^2)^2}$

$$u_x = 1 - \frac{2\,x\,y}{(1 + x^2)^2}\,; \quad u_y = \frac{1}{1 + x^2} \quad \Rightarrow \quad u = \int u_y\, dy = \int \frac{1}{1 + x^2}\, dy =$$

$$= \frac{y}{1 + x^2} + K(x)\,; \quad u_x = -\frac{2\,x\,y}{(1 + x^2)^2} + K'(x) = 1 - \frac{2\,x\,y}{(1 + x^2)^2} \quad \Rightarrow$$

$$K'(x) = 1 \quad \Rightarrow \quad K(x) = x + C_2 \quad \Rightarrow \quad u = \frac{y}{1 + x^2} + x + C_2$$

Lösung: $u = \text{const.} \quad \Rightarrow \quad y = -x^3 + C\,x^2 - x + C$

b) $\quad \dfrac{\partial}{\partial y}(x^2 + y) = 1 \neq \dfrac{\partial}{\partial x}\,1 = 0 \quad \Rightarrow \quad$ nichtexakte Dgl

Ansatz: $\dfrac{\partial}{\partial y}\lambda(x) \cdot (x^2 + y) = \dfrac{\partial}{\partial x}\lambda(x) \quad \Rightarrow \quad \lambda(x) = \lambda'(x) \quad \Rightarrow \quad \lambda(x) = C_1 \cdot e^x$

Integrierender Faktor (wir setzen $C_1 = 1$): $\lambda(x) = e^x$

$$u_x = (x^2 + y) \cdot e^x\,; \quad u_y = e^x \quad \Rightarrow \quad u = \int u_y\, dy = \int e^x\, dy = e^x \cdot y + K(x)\,;$$

$$u_x = e^x \cdot y + K'(x) = (x^2 + y) \cdot e^x \quad \Rightarrow \quad K'(x) = x^2 \cdot e^x \quad \Rightarrow$$

$K(x) = (x^2 - 2x + 2) \cdot e^x + C_2 \quad$ (Integrale: 313 und 314, jeweils mit $a = 1$) $\quad \Rightarrow$

$u = e^x \cdot y + (x^2 - 2x + 2) \cdot e^x + C_2$

Lösung: $u = \text{const.} \quad \Rightarrow \quad y = C \cdot e^{-x} - x^2 + 2x - 2$

13) a)   Linear, homogen   b)   Nichtlinear (y^2-Term)   c)   Linear, inhomogen

    d)   Linear, inhomogen   e)   Nichtlinear ($y'\,y^2$-Term)   f)   Nichtlinear ($\sqrt{y}$-Term)

    g)   Linear, inhomogen   h)   Nichtlinear (y^2-Term)   i)   Linear, inhomogen

    j)   Linear, inhomogen   k)   Nichtlinear ($y'\sqrt{y}$-Term)   l)   Linear, inhomogen

14) a) $y = K(x) \cdot e^{-\frac{1}{2}x^2}\,; \quad K'(x) = 4x \cdot e^{\frac{1}{2}x^2} \quad \Rightarrow \quad K(x) = 4 \cdot e^{\frac{1}{2}x^2} + C$

    $\left(\textit{Substitution: } u = \dfrac{1}{2}\,x^2\right)\,; \quad \textit{Lösung: } y = C \cdot e^{-\frac{1}{2}x^2} + 4$

    b) $y = \dfrac{K(x)}{x + 1}\,; \quad K'(x) = e^{2x} + x \cdot e^{2x} \quad \Rightarrow \quad K(x) = \dfrac{1}{4}(2x + 1) \cdot e^{2x} + C$

    (Integrale: 312, 313 mit $a = 2$);   *Lösung:* $y = \dfrac{1}{4} \cdot \dfrac{(2x + 1) \cdot e^{2x} + C_1}{x + 1}$

    c) $y = \dfrac{K(x)}{x}\,; \quad K'(x) = x \cdot \sin x \quad \Rightarrow \quad K(x) = \sin x - x \cdot \cos x + C$

    (Integral: 208 mit $a = 1$);   *Lösung:* $y = \dfrac{\sin x - x \cdot \cos x + C}{x}$

    d) $y = \dfrac{K(x)}{\cos x}\,; \quad K'(x) = 1 \quad \Rightarrow \quad K(x) = x + C\,; \quad \textit{Lösung: } y = \dfrac{x + C}{\cos x}$

    e) $y = K(x) \cdot e^{2 \cdot \sin x}\,; \quad K'(x) = \cos x \cdot e^{-2 \cdot \sin x} \quad \Rightarrow \quad K(x) = -\dfrac{1}{2} \cdot e^{-2 \cdot \sin x} + C$

    (*Substitution:* $u = -2 \cdot \sin x$);   *Lösung:* $y = C \cdot e^{2 \cdot \sin x} - \dfrac{1}{2}$

    f) $y = K(x) \cdot x\,; \quad K'(x) = 1 + \dfrac{4}{x^2} \quad \Rightarrow \quad K(x) = x - \dfrac{4}{x} + C\,;$

    Lösung: $y = x^2 + Cx - 4$

15) $i(t) = K(t) \cdot e^{2 \cdot \cos t}$; $K'(t) = \sin(2t) \cdot e^{-2 \cdot \cos t} = 2 \cdot \sin t \cdot \cos t \cdot e^{-2 \cdot \cos t}$ $\Rightarrow$

$K(t) = \dfrac{1}{2}(2 \cdot \cos t + 1) \cdot e^{-2 \cdot \cos t} + C$ (*Substitution:* $u = -2 \cdot \cos t$;   Integral: 313

mit $a = 1$); $i(t) = C \cdot e^{2 \cdot \cos t} + \cos t + \dfrac{1}{2}$

Lösung: $i_p(t) = -\dfrac{3}{2} \cdot e^{-2 + 2 \cdot \cos t} + \cos t + \dfrac{1}{2}$

16) y: *Allgemeine Lösung*; y_p: *Partikuläre* Lösung

a) $y = K(x) \cdot x$; $K'(x) = \cos x$ $\Rightarrow$ $K(x) = \sin x + C$;
$y = Cx + x \cdot \sin x$; $y_p = 2x + x \cdot \sin x$

b) $y = K(x) \cdot \cos x$; $K'(x) = 10 \cdot \sin x$ $\Rightarrow$ $K(x) = -10 \cdot \cos x + C$;
$y = C \cdot \cos x - 10 \cdot \cos^2 x$; $y_p = -12 \cdot \cos x - 10 \cdot \cos^2 x$

c) $y = \dfrac{K(x)}{x}$; $K'(x) = \ln x$ $\Rightarrow$ $K(x) = x(\ln x - 1) + C$ (Integral: 332);
$y = \dfrac{C}{x} + \ln x - 1$; $y_p = \dfrac{2}{x} + \ln x - 1$

17)   a) $y_0 = C \cdot e^{-4x}$ b) $y_0 = C \cdot e^{-2x}$ c) $y_0 = C \cdot e^{-\frac{8}{3}x}$

d) $y_0 = C \cdot e^{\frac{b}{a}x}$ e) $n_0 = C \cdot e^{-\lambda t}$ f) $y_0 = C \cdot e^{6x}$

g) $i_0 = C \cdot e^{-\frac{R}{L}t}$ h) $y_0 = C \cdot e^{-9x}$ i) $y_0 = C \cdot e^{\frac{5}{3}ax}$

18)   a) $y_0 = K \cdot e^{3x}$; $y = K(x) \cdot e^{3x}$; $K'(x) = x \cdot e^{-2x}$ $\Rightarrow$

$K(x) = -\dfrac{1}{4}(2x + 1) \cdot e^{-2x} + C$ (Integral: 313 mit $a = -2$)

$y = C \cdot e^{3x} - \dfrac{1}{4}(2x + 1) \cdot e^{x}$

b) $y_p = (ax + b) \cdot e^{x}$; $\underbrace{-2ax}_{1} + \underbrace{(a - 2b)}_{0} = x$ $\Rightarrow$ $a = -1/2$; $b = -1/4$;

$y_p = -\dfrac{1}{4}(2x + 1) \cdot e^{x}$; $y = y_0 + y_p = C \cdot e^{3x} - \dfrac{1}{4}(2x + 1) \cdot e^{x}$

19)   a) $y_0 = C \cdot e^{-x}$; $y_p = ax + b$; $\underbrace{ax}_{2} + \underbrace{(a + b)}_{0} = 2x$ $\Rightarrow$ $a = 2$; $b = -2$;

$y_p = 2x - 2$; $y = y_0 + y_p = C \cdot e^{-x} + 2x - 2$

b) $y_0 = C \cdot e^{-2x}$; $y_p = A \cdot e^{5x}$; $\underbrace{7A \cdot e^{-2x}}_{4} = 4 \cdot e^{-2x}$ $\Rightarrow$ $A = \dfrac{4}{7}$;

$y_p = \dfrac{4}{7} \cdot e^{5x}$; $y = y_0 + y_p = C \cdot e^{-2x} + \dfrac{4}{7} \cdot e^{5x}$

c) $y_0 = C \cdot e^{-x}$; $y_p = Ax \cdot e^{-x}$ (Störglied und y_0 sind vom *gleichen* Typ);

$\underbrace{A \cdot e^{-x}}_{1} = e^{-x}$ $\Rightarrow$ $A = 1$; $y_p = x \cdot e^{-x}$; $y = y_0 + y_p = (x + C) \cdot e^{-x}$

d) $y_0 = C \cdot e^{4x}; \quad y_p = A \cdot \sin x + B \cdot \cos x;$

$\underbrace{(-4A - B)}_{5} \cdot \sin x + \underbrace{(A - 4B)}_{0} \cdot \cos x = 5 \cdot \sin x \quad \Rightarrow \quad A = -\frac{20}{17}; \quad B = -\frac{5}{17};$

$y_p = -\frac{20}{17} \cdot \sin x - \frac{5}{17} \cdot \cos x; \quad y = y_0 + y_p = C \cdot e^{4x} - \frac{20}{17} \cdot \sin x - \frac{5}{17} \cdot \cos x$

e) $y_0 = C \cdot e^{5x}; \quad y_p = A \cdot \sin x + B \cdot \cos x;$

$\underbrace{(-5A - B)}_{4} \cdot \sin x + \underbrace{(A - 5B)}_{1} \cdot \cos x = 4 \cdot \sin x + \cos x \quad \Rightarrow$

$A = -\frac{19}{26}; \quad B = -\frac{9}{26}; \quad y_p = -\frac{19}{26} \cdot \sin x - \frac{9}{26} \cdot \cos x;$

$y = y_0 + y_p = C \cdot e^{5x} - \frac{19}{26} \cdot \sin x - \frac{9}{26} \cdot \cos x$

f) $y_0 = C \cdot e^{6x}; \quad y_p = A x \cdot e^{6x}$ \quad (Störglied und y_0 sind vom *gleichen* Typ);

$\underbrace{A \cdot e^{6x}}_{3} = 3 \cdot e^{6x} \quad \Rightarrow \quad A = 3; \quad y_p = 3x \cdot e^{6x}; \quad y = y_0 + y_p = (3x + C) \cdot e^{6x}$

20) a) *Trennung der Variablen:* $\quad \dfrac{dy}{y^2 + 1} = x\, dx \quad \Rightarrow \quad \arctan y = \dfrac{1}{2} x^2 + C \quad \Rightarrow$

$y = \tan\left(\dfrac{1}{2} x^2 + C\right)$

b) *Trennung der Variablen:* $\quad \dfrac{dy}{y} = \sin x\, dx \quad \Rightarrow \quad y = C \cdot e^{-\cos x}$

c) *Trennung der Variablen:* $\quad \dfrac{dy}{y} = x\, dx \quad \Rightarrow \quad y = C \cdot e^{\frac{1}{2}x^2}$

d) *Trennung der Variablen, Variation der Konstanten:* $\quad y = \dfrac{K(x)}{x}; \quad K'(x) = 2 \cdot \ln x \quad \Rightarrow$

$K(x) = 2x(\ln x - 1) + C$ \quad (Integral: 332); $\quad y = 2(\ln x - 1) + \dfrac{C}{x}$

e) *Trennung der Variablen:* $\quad \dfrac{dy}{y + 1} = 5x^4\, dx \quad \Rightarrow \quad y = C \cdot e^{x^5} - 1$

f) Aufsuchen einer *partikulären* Lösung: $y_0 = K \cdot e^{5x};$

Ansatz: $y_p = A \cdot \sin x + B \cdot \cos x + C \cdot \sin(3x) + D \cdot \cos(3x);$

$\underbrace{(A - 5B)}_{2} \cdot \cos x + \underbrace{(-5A - B)}_{0} \cdot \sin x + \underbrace{(3C - 5D)}_{0} \cdot \cos(3x) +$

$+ \underbrace{(-5C - 3D)}_{-1} \cdot \sin(3x) = 2 \cdot \cos x - \sin(3x) \quad \Rightarrow$

$A = 1/13; \quad B = -5/13; \quad C = 5/34; \quad D = 3/34;$

$y_p = \dfrac{1}{13} \cdot \sin x - \dfrac{5}{13} \cdot \cos x + \dfrac{5}{34} \cdot \sin(3x) + \dfrac{3}{34} \cdot \cos(3x);$

$y = y_0 + y_p = K \cdot e^{5x} + \dfrac{1}{13} \cdot \sin x - \dfrac{5}{13} \cdot \cos x + \dfrac{5}{34} \cdot \sin(3x) + \dfrac{3}{34} \cdot \cos(3x)$

21) a) $y_0 = C \cdot e^{-4x}$; $y_p = ax^3 + bx^2 + cx + d$;

$$\underbrace{4ax^3}_{1} + \underbrace{(3a+4b)x^2}_{0} + \underbrace{(2b+4c)x}_{-1} + \underbrace{(c+4d)}_{0} = x^3 - x \quad \Rightarrow$$

$$a = \frac{1}{4}; \quad b = -\frac{3}{16}; \quad c = -\frac{5}{32}; \quad d = \frac{5}{128}; \quad y_p = \frac{1}{4}x^3 - \frac{3}{16}x^2 - \frac{5}{32}x + \frac{5}{128};$$

$$y = y_0 + y_p = C \cdot e^{-4x} + \frac{1}{4}x^3 - \frac{3}{16}x^2 - \frac{5}{32}x + \frac{5}{128}$$

Lösung: $y = 112{,}18 \cdot e^{-4x} + \frac{1}{4}x^3 - \frac{3}{16}x^2 - \frac{5}{32}x + \frac{5}{128}$

b) $y_0 = C \cdot e^x$; $y_p = Ax \cdot e^x$ (Störglied und y_0 sind vom gleichen Typ);

$A \cdot e^x = e^x \quad \Rightarrow \quad A = 1$; $y_p = x \cdot e^x$; $y = y_0 + y_p = (x + C) \cdot e^x$;

Lösung: $y = (x + 1) \cdot e^x$

c) $y_0 = C \cdot e^{-3x}$; $y_p = A \cdot \sin x + B \cdot \cos x$;

$$\underbrace{(A+3B) \cdot \cos x}_{-1} + \underbrace{(3A-B) \cdot \sin x}_{0} = -\cos x \quad \Rightarrow \quad A = -\frac{1}{10}; \quad B = -\frac{3}{10};$$

$$y_p = -\frac{1}{10} \cdot \sin x - \frac{3}{10} \cdot \cos x; \quad y = y_0 + y_p = C \cdot e^{-3x} - \frac{1}{10} \cdot \sin x - \frac{3}{10} \cdot \cos x$$

Lösung: $y = \frac{53}{10} \cdot e^{-3x} - \frac{1}{10} \cdot \sin x - \frac{3}{10} \cdot \cos x$

22) Aufsuchen einer partikulären Lösung; $i_0 = C \cdot e^{-\frac{R}{L}t}$

a) *Ansatz:* $i_p = \text{const.} \quad \Rightarrow \quad i_p = \frac{u_0}{R}$; $i = i_0 + i_p = C \cdot e^{-\frac{R}{L}t} + \frac{u_0}{R}$

Lösung: $i = \frac{u_0}{R}\left(1 - e^{-\frac{R}{L}t}\right)$, $t \geq 0$ (Bild A-25)

b) $i_p = At + B$; $\underbrace{(RA)t}_{a} + \underbrace{(LA + RB)}_{0} = at \quad \Rightarrow \quad A = a/R$; $B = -aL/R^2$;

$$i_p = \frac{a}{R}t - \frac{aL}{R^2}; \quad i = i_0 + i_p = C \cdot e^{-\frac{R}{L}t} + \frac{a}{R}t - \frac{aL}{R^2}$$

Lösung: $i = \frac{aL}{R^2}\left(e^{-\frac{R}{L}t} - 1\right) + \frac{a}{R}t$, $t \geq 0$

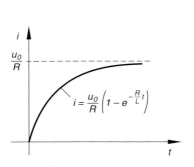

Bild A-25

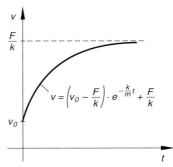

Bild A-26

23)   Aufsuchen einer partikulären Lösung; $v_{\text{homogen}} = C \cdot e^{-\frac{k}{m}t}$; $v_p = \text{const.}$ $\Rightarrow$ $v_p = \dfrac{F}{k}$;

$$v(t) = v_{\text{homogen}} + v_p = C \cdot e^{-\frac{k}{m}t} + \frac{F}{k}$$

Lösung: $v(t) = \left(v_0 - \dfrac{F}{k}\right) \cdot e^{-\frac{k}{m}t} + \dfrac{F}{k}$, $\quad t \geq 0$ (Bild A-26)

Endgeschwindigkeit: $v_E = \lim\limits_{t \to \infty} v(t) = \dfrac{F}{k}$

24)   Aufsuchen einer partikulären Lösung; $i_0 = C \cdot e^{-20t}$; $i_p = A \cdot \sin(2t) + B \cdot \cos(2t)$;

$$\underbrace{(20A - 2B)}_{10} \cdot \sin(2t) + \underbrace{(2A + 20B)}_{0} \cdot \cos(2t) = 10 \cdot \sin(2t) \quad \Rightarrow$$

$$A = \frac{50}{101}; \quad B = -\frac{5}{101}; \quad i_p = \frac{50}{101} \cdot \sin(2t) - \frac{5}{101} \cdot \cos(2t);$$

$$i = i_0 + i_p = C \cdot e^{-20t} + \frac{50}{101} \cdot \sin(2t) - \frac{5}{101} \cdot \cos(2t)$$

Lösung: $i = \dfrac{5}{101}\left[e^{-20t} + 10 \cdot \sin(2t) - \cos(2t)\right]$

i_0: Exponentiell abklingender *Gleichstrom*; i_p: *Wechselstrom* mit der Periode $T = \pi$

25)   Aufsuchen einer partikulären Lösung; $v_0 = C \cdot e^{-\frac{t}{T}}$; $v_p = \text{const.}$ $\Rightarrow$ $v_p = K\hat{u}$;

$v = v_0 + v_p = C \cdot e^{-\frac{t}{T}} + K\hat{u}$; Lösung: $v = K\hat{u}\left(1 - e^{-\frac{t}{T}}\right)$, $\quad t \geq 0$ (Bild A-27)

26) a) Aufsuchen einer partikulären Lösung; $u_{C_0} = K \cdot e^{-\frac{t}{RC}}$; $u_{C_p} = \text{const.}$ $\Rightarrow$ $u_{C_p} = u_0$

$$u_C = u_{C_0} + u_{C_p} = K \cdot e^{-\frac{t}{RC}} + u_0$$

  b) *Lösung:* $u_C = u_0\left(1 - e^{-\frac{t}{RC}}\right)$, $\quad t \geq 0$ (Bild A-28)

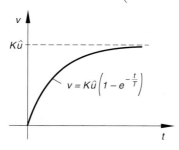

Bild A-27

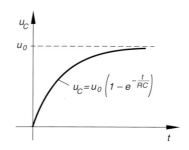

Bild A-28

27)   Aufsuchen einer partikulären Lösung; $v_0 = C \cdot e^{-\frac{t}{T}}$; $v_p = A \cdot \sin(\omega t + \varphi)$;

$A\omega T \cdot \cos(\omega t + \varphi) + A \cdot \sin(\omega t + \varphi) = K_D E \omega \cdot \cos(\omega t)$

Additionstheoreme für Kosinus und Sinus verwenden, dann ordnen nach Kosinus- bzw. Sinusgliedern, schließlich Koeffizientenvergleich durchführen:

$$\underbrace{A\,(\omega\,T\cdot\cos\varphi\,+\,\sin\varphi)}_{K_D\,E\,\omega}\cdot\cos(\omega\,t)\,+\,\underbrace{A\,(-\,\omega\,T\cdot\sin\varphi\,+\,\cos\varphi)}_{0}\cdot\sin(\omega\,t)\,=\,K_D\,E\,\omega\cdot\cos(\omega\,t)$$

$$\left.\begin{array}{ll}(I) & A\,(\omega\,T\cdot\cos\varphi\,+\,\sin\varphi)\,=\,K_D\,E\,\omega \\[2mm] (II) & A\,(-\,\omega\,T\cdot\sin\varphi\,+\,\cos\varphi)\,=\,0\end{array}\right\}\;\Rightarrow\;(I)^2+(II)^2\;\Rightarrow\;A=\dfrac{K_D\,E\,\omega}{\sqrt{1+(\omega\,T)^2}}$$

$$(II)\;\Rightarrow\;\frac{\sin\varphi}{\cos\varphi}=\tan\varphi=\frac{1}{\omega\,T}\;\Rightarrow\;\varphi=\arctan\left(\frac{1}{\omega\,T}\right)$$

$$v_p=\frac{K_D\,E\,\omega}{\sqrt{1+(\omega\,T)^2}}\cdot\sin\left(\omega\,t+\arctan\left(\frac{1}{\omega\,T}\right)\right)$$

$$v=v_0+v_p=C\cdot e^{-\frac{t}{T}}+\frac{K_D\,E\,\omega}{\sqrt{1+(\omega\,T)^2}}\cdot\sin\left(\omega\,t+\arctan\left(\frac{1}{\omega\,T}\right)\right)$$

Nach Ablauf einer gewissen „Einschwingphase" erhält man ein *sinusförmiges* Ausgangssignal mit der Periode $T=2\,\pi/\omega$ des Eingangssignals. Amplitude A und Phase φ sind dabei noch *frequenzabhängige* Größen (sog. *Frequenzgang*).

28)   Durch die Substitution $u=y^2$, $u'=2\,y\,y'$ (Kettenregel!) geht die Dgl in die lineare Dgl $u'-0{,}5\,u=-0{,}5\,(1+x^2)$ über, die durch Aufsuchen einer partikulären Lösung gelöst wird; $u_0=C\cdot e^{0,5\,x}$;

$$u_p=a\,x^2+b\,x+c;\quad\underbrace{-0{,}5\,a\,x^2}_{-0,5}+\underbrace{(2\,a-0{,}5\,b)}_{0}\,x+\underbrace{(b-0{,}5\,c)}_{-0,5}=-0{,}5\,x^2-0{,}5\quad\Rightarrow$$

$$a=1;\quad b=4;\quad c=9;\quad u_p=x^2+4\,x+9;$$

$$u=u_0+u_p=C\cdot e^{0,5\,x}+x^2+4\,x+9$$

Lösung: $y=\pm\sqrt{u}=\pm\sqrt{C\cdot e^{0,5\,x}+x^2+4\,x+9}$

Abschnitt 3

1)   a)   Konstante Koeffizienten, inhomogen   b)   Variable Koeffizienten, homogen

       c)   Konstante Koeffizienten, homogen   d)   Konstante Koeffizienten, inhomogen

       e)   Variable Koeffizienten, inhomogen   f)   Konstante Koeffizienten, homogen

2)   Nach ein- bzw. zweimaliger Integration:

$$s(t)=-\frac{1}{2}\,g\,t^2+v_0\,t+s_0=-(4{,}905\,\text{ms}^{-2})\,t^2+(30\,\text{ms}^{-1})\,t+10\,\text{m}$$

$$v(t)=-g\,t+v_0=-(9{,}81\,\text{ms}^{-2})\,t+30\,\text{ms}^{-1}$$

3)   Durch Einsetzen in die Dgl zeigt man zunächst, dass $y_1(x)$ und $y_2(x)$ (partikuläre) Lösungen sind. Sie bilden eine *Fundamentalbasis* der Dgl, da ihre Wronski-Determinante *nicht verschwindet:* $W(y_1;y_2)=e^{4x}\neq0$

4) $y(x)=e^{(1,5+2j)\,x}=e^{1,5\,x}[\cos(2\,x)+j\cdot\sin(2\,x)]$ ist eine komplexe Lösung der Dgl, wie man durch Einsetzen verifizieren kann ($j^2=-1$ beachten). Daher sind auch *Realteil* $y_1(x)=e^{1,5\,x}\cdot\cos(2\,x)$ und *Imaginärteil* $y_2(x)=e^{1,5\,x}\cdot\sin(2\,x)$ (reelle) Lösungen der Dgl, die sogar wegen $W(y_1;y_2)=2\cdot e^{3x}\neq0$ eine *reelle* Fundamentalbasis der Dgl bilden.

5) Man zeigt zunächst durch Einsetzen in die Dgl, dass x_1 und x_2 Lösungen sind. Sie sind *linear unabhängig*, da ihre Wronski-Determinante von null verschieden ist: $W(x_1; x_2) = -e^{-2t} \neq 0$. Die *allgemeine* Lösung der Dgl ist daher als Linearkombination der Lösungen x_1 und x_2 darstellbar: $x(t) = C_1 x_1 + C_2 x_2 = e^{-t}(C_1 \cdot \sin t + C_2 \cdot \cos t)$

6) a) $\lambda_1 = 1$; $\lambda_2 = -3$; $y_0 = C_1 \cdot e^x + C_2 \cdot e^{-3x}$

   b) $\lambda_{1/2} = -5$; $x = (C_1 t + C_2) \cdot e^{-5t}$

   c) $\lambda_{1/2} = 1 \pm 3j$; $x = e^t (C_1 \cdot \sin(3t) + C_2 \cdot \cos(3t))$

   d) $\lambda_{1/2} = \pm 2j$; $\varphi = C_1 \cdot \sin(2t) + C_2 \cdot \cos(2t)$

   e) $\lambda_{1/2} = -2 \pm 3j$; $y = e^{-2x}(C_1 \cdot \sin(3x) + C_2 \cdot \cos(3x))$

   f) $\lambda_1 = -0{,}5$; $\lambda_2 = -3$; $q = C_1 \cdot e^{-0{,}5t} + C_2 \cdot e^{-3t}$

   g) $\lambda_{1/2} = 3$; $x = (C_1 t + C_2) \cdot e^{3t}$

   h) $\lambda_{1/2} = a$; $y = (C_1 x + C_2) \cdot e^{ax}$

7) a) $\lambda_{1/2} = -2 \pm j$; $y = e^{-2x}(C_1 \cdot \sin x + C_2 \cdot \cos x)$;

      $y' = -e^{-2x}[(2C_1 + C_2) \cdot \sin x + (2C_2 - C_1) \cdot \cos x]$

      Lösung: $y = \pi \cdot e^{-2x}(2 \cdot \sin x + \cos x)$

   b) $\lambda_1 = -4$; $\lambda_2 = -16$; $y = C_1 \cdot e^{-4x} + C_2 \cdot e^{-16x}$;

      $y' = -4C_1 \cdot e^{-4x} - 16C_2 \cdot e^{-16x}$; *Lösung:* $y = \dfrac{1}{6}(e^{-4x} - e^{-16x})$

   c) $\lambda_{1/2} = 0{,}5$; $x = (C_1 t + C_2) \cdot e^{0{,}5t}$; $\dot{x} = (C_1 + 0{,}5C_2 + 0{,}5C_1 t) \cdot e^{0{,}5t}$

      Lösung: $x = (-3{,}5t + 5) \cdot e^{0{,}5t}$

8) a) Aperiodischer Grenzfall: Die charakteristische Gleichung $\lambda^2 + p\lambda + 2 = 0$ hat eine *doppelte* (reelle) Lösung.

   $$\lambda_{1/2} = -\frac{p}{2} \pm \underbrace{\sqrt{\frac{p^2}{4} - 2}}_{0} = -\frac{p}{2} \quad \Rightarrow \quad p^2 = 8 \quad \Rightarrow \quad p = 2\sqrt{2}$$

   b) *Allgemeine* Lösung $(\lambda_{1/2} = -\sqrt{2})$: $x = (C_1 t + C_2) \cdot e^{-\sqrt{2}t}$

      $\dot{x} = (C_1 - \sqrt{2}C_2 - \sqrt{2}C_1 t) \cdot e^{-\sqrt{2}t}$

      Spezielle Lösung (Bild A-29):

      $x = [(10\sqrt{2} - 1)t + 10] \cdot e^{-\sqrt{2}t}$

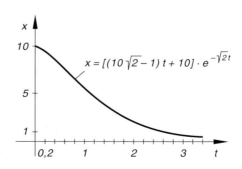

Bild A-29

9) $y(x) = \dfrac{F}{6EI}\,(3\,lx^2 - x^3)$ (nach 2-maliger Integration)

10) Es ist $a = 2$, $b = 1$. Die charakteristische Gleichung $\lambda^2 + 2\lambda + 1 = 0$ besitzt die *doppelte* Lösung $\lambda_{1/2} = -1$.

   a) $b = 1 \neq 0$ $\Rightarrow$ $y_p = a_2 x^2 + a_1 x + a_0$

   b) $b = 1 \neq 0$ $\Rightarrow$ $y_p = a_3 x^3 + a_2 x^2 + a_1 x + a_0$

   c) $c = 1$, $\beta = 1$; Weder 1 noch $j\beta = j$ sind Lösungen der charakteristischen Gleichung $\Rightarrow$ $y_p = A \cdot e^x + B \cdot \sin x + C \cdot \cos x$

   d) $c = -1$; -1 ist eine *doppelte* Lösung der charakteristischen Gleichung $\Rightarrow$
       $y_p = A x^2 \cdot e^{-x}$

   e) $n = 1$, $\beta = 4$, $c = 3$; $c + \beta j = 3 + 4 j$ ist *keine* Lösung der charakteristischen Gleichung $\Rightarrow$ $y_p = e^{3x}\big[(a_1 x + a_0) \cdot \sin(4x) + (b_1 x + b_0) \cdot \cos(4x)\big]$

   f) $n = 0$, $\beta = 1$, $c = -1$; $c + \beta j = -1 + j$ ist *keine* Lösung der charakteristischen Gleichung $\Rightarrow$ $y_p = e^{-x}\big[A \cdot \sin x + B \cdot \cos x\big]$

11) a) $\lambda_1 = 1$; $\lambda_2 = -3$; $y_0 = C_1 \cdot e^x + C_2 \cdot e^{-3x}$; $y_p = ax^2 + bx + c$;

$$\underbrace{-3ax^2}_{3} + \underbrace{(4a - 3b)}_{-4}x + \underbrace{(2a + 2b - 3c)}_{0} = 3x^2 - 4x \quad \Rightarrow$$

$a = -1$; $b = 0$; $c = -2/3$ $\Rightarrow$ $y_p = -x^2 - \dfrac{2}{3}$;

$y = y_0 + y_p = C_1 \cdot e^x + C_2 \cdot e^{-3x} - x^2 - \dfrac{2}{3}$

   b) $\lambda_{1/2} = \pm 1$; $y_0 = C_1 \cdot e^x + C_2 \cdot e^{-x}$; $y_p = ax^3 + bx^2 + cx + d$;

$$\underbrace{-ax^3}_{1} - \underbrace{bx^2}_{-2} + \underbrace{(6a - c)}_{0}x + \underbrace{(2b - d)}_{-4} = x^3 - 2x^2 - 4 \quad \Rightarrow$$

$a = -1$; $b = 2$; $c = -6$; $d = 8$; $y_p = -x^3 + 2x^2 - 6x + 8$;

$y = y_0 + y_p = C_1 \cdot e^x + C_2 \cdot e^{-x} - x^3 + 2x^2 - 6x + 8$

   c) $\lambda_{1/2} = 1$; $x_0 = (C_1 t + C_2) \cdot e^t$; $x_p = A \cdot e^{2t}$; $A \cdot e^{2t} = e^{2t}$ $\Rightarrow$ $A = 1$;

$x_p = e^{2t}$; $x = x_0 + x_p = (C_1 t + C_2) \cdot e^t + e^{2t}$

   d) $\lambda_1 = 3$; $\lambda_2 = -1$; $y_0 = C_1 \cdot e^{3x} + C_2 \cdot e^{-x}$; $y_p = Ax \cdot e^{3x}$

   ($c = 3$; 3 ist eine *einfache* Lösung der charakteristischen Gleichung);

$4A \cdot e^{3x} = -2 \cdot e^{3x}$ $\Rightarrow$ $4A = -2$ $\Rightarrow$ $A = -0{,}5$; $y_p = -0{,}5 x \cdot e^{3x}$;

$y = y_0 + y_p = C_1 \cdot e^{3x} + C_2 \cdot e^{-x} - 0{,}5 x \cdot e^{3x}$

   e) $\lambda_{1/2} = -5$; $x_0 = (C_1 t + C_2) \cdot e^{-5t}$; $x_p = A \cdot \sin(5t) + B \cdot \cos(5t)$;

$$\underbrace{50A \cdot \cos(5t)}_{3} - \underbrace{50B \cdot \sin(5t)}_{0} = 3 \cdot \cos(5t) \quad \Rightarrow \quad A = \dfrac{3}{50};\ \ B = 0;$$

$x_p = \dfrac{3}{50} \cdot \sin(5t)$; $x = x_0 + x_p = (C_1 t + C_2) \cdot e^{-5t} + \dfrac{3}{50} \cdot \sin(5t)$

f) $\lambda_1 = 2$; $\lambda_2 = -12$; $y_0 = C_1 \cdot e^{2x} + C_2 \cdot e^{-12x}$; $y_p = ax^2 + bx + c$;

$$\underbrace{-24ax^2}_{2} + \underbrace{(20a - 24b)}_{-6}x + \underbrace{(2a + 10b - 24c)}_{0} = 2x^2 - 6x \quad \Rightarrow$$

$$a = -\frac{1}{12}; \quad b = \frac{13}{72}; \quad c = \frac{59}{864}; \quad y_p = -\frac{1}{12}x^2 + \frac{13}{72}x + \frac{59}{864};$$

$$y = y_0 + y_p = C_1 \cdot e^{2x} + C_2 \cdot e^{-12x} - \frac{1}{12}x^2 + \frac{13}{72}x + \frac{59}{864}$$

g) $\lambda_{1/2} = \pm 1$; $x_0 = C_1 \cdot e^t + C_2 \cdot e^{-t}$; $x_p = (at + b) \cdot \sin t + (ct + d) \cdot \cos t$;

$$\underbrace{(2a - 2d)}_{0} \cdot \cos t - \underbrace{2c}_{0} \cdot t \cdot \cos t + \underbrace{(-2b - 2c)}_{0} \cdot \sin t - \underbrace{2a}_{1} \cdot t \cdot \sin t = t \cdot \sin t \quad \Rightarrow$$

$$a = -\frac{1}{2}; \quad b = c = 0; \quad d = -\frac{1}{2}; \quad x_p = -\frac{1}{2}(t \cdot \sin t + \cos t);$$

$$x = x_0 + x_p = C_1 \cdot e^t + C_2 \cdot e^{-t} - \frac{1}{2}(t \cdot \sin t + \cos t)$$

h) $\lambda_{1/2} = -6$; $y_0 = (C_1 x + C_2) \cdot e^{-6x}$; $y_p = Ax^2 \cdot e^{-6x}$ $(c = -6$; -6 ist eine *doppelte* Lösung der charakteristischen Gleichung); $2A = 3 \quad \Rightarrow \quad A = 1{,}5$;

$$y_p = 1{,}5x^2 \cdot e^{-6x}; \quad y = y_0 + y_p = (1{,}5x^2 + C_1 x + C_2) \cdot e^{-6x}$$

i) $\lambda_{1/2} = \pm 2j$; $y_0 = C_1 \cdot \sin(2x) + C_2 \cdot \cos(2x)$;

$$y_p = x[A \cdot \sin(2x) + B \cdot \cos(2x)] + ax^2 + bx + c + C \cdot e^{-x}$$

$(\beta = 2$; $\beta j = 2j$ ist eine Lösung der charakteristischen Gleichung);

$$\underbrace{4A \cdot \cos(2x)}_{0} - \underbrace{4B \cdot \sin(2x)}_{10} + \underbrace{4ax^2}_{2} + \underbrace{4bx}_{-1} + \underbrace{(2a + 4c)}_{0} + \underbrace{5C \cdot e^{-x}}_{1} =$$

$$= 10 \cdot \sin(2x) + 2x^2 - x + e^{-x} \quad \Rightarrow$$

$$A = 0; \quad B = -5/2; \quad C = 1/5; \quad a = 1/2; \quad b = -1/4; \quad c = -1/4;$$

$$y_p = -\frac{5}{2}x \cdot \cos(2x) + \frac{1}{2}x^2 - \frac{1}{4}x - \frac{1}{4} + \frac{1}{5} \cdot e^{-x};$$

$$y = y_0 + y_p = C_1 \cdot \sin(2x) + \left(C_2 - \frac{5}{2}x\right) \cdot \cos(2x) + \frac{1}{2}x^2 - \frac{1}{4}x - \frac{1}{4} + \frac{1}{5} \cdot e^{-x}$$

j) $\lambda_{1/2} = -1$; $y_0 = (C_1 x + C_2) \cdot e^{-x}$;

$$y_p = (ax^2 + bx + c) \cdot e^x + dx + e + A \cdot \sin x + B \cdot \cos x;$$

$$[\underbrace{4ax^2}_{1} + \underbrace{(8a + 4b)}_{0}x + \underbrace{(2a + 4b + 4c)}_{0}] \cdot e^x + \underbrace{2A}_{-1} \cdot \cos x - \underbrace{2B}_{0} \cdot \sin x +$$

$$+ \underbrace{dx}_{1} + \underbrace{(2d + e)}_{0} = x^2 \cdot e^x - \cos x + x] \quad \Rightarrow$$

$$a = 1/4; \quad b = -1/2; \quad c = 3/8; \quad d = 1; \quad e = -2; \quad A = -1/2; \quad B = 0;$$

$$y_p = \left(\frac{1}{4}x^2 - \frac{1}{2}x + \frac{3}{8}\right) \cdot e^x + x - 2 - \frac{1}{2} \cdot \sin x;$$

$$y = y_0 + y_p = (C_1 x + C_2) \cdot e^{-x} + \left(\frac{1}{4}x^2 - \frac{1}{2}x + \frac{3}{8}\right) \cdot e^x + x - 2 - \frac{1}{2} \cdot \sin x$$

12) a) $\lambda_{1/2} = -3 \pm j$; $x_0 = e^{-3t}(C_1 \cdot \sin t + C_2 \cdot \cos t)$;

$x_p = A \cdot \sin t + B \cdot \cos t$; $\underbrace{(9A - 6B)}_{0} \cdot \sin t + \underbrace{(6A + 9B)}_{1} \cdot \cos t = \cos t$ $\Rightarrow$

$A = \dfrac{2}{39}$; $B = \dfrac{1}{13}$; $x_p = \dfrac{2}{39} \cdot \sin t + \dfrac{1}{13} \cdot \cos t$;

$x = x_0 + x_p = e^{-3t}(C_1 \cdot \sin t + C_2 \cdot \cos t) + \dfrac{2}{39} \cdot \sin t + \dfrac{1}{13} \cdot \cos t$

$\dot{x} = -e^{-3t}[(3C_1 + C_2) \cdot \sin t + (3C_2 - C_1) \cdot \cos t] + \dfrac{2}{39} \cdot \cos t - \dfrac{1}{13} \cdot \sin t$

Lösung: $x = e^{-3t}\left(\dfrac{145}{39} \cdot \sin t - \dfrac{1}{13} \cdot \cos t\right) + \dfrac{2}{39} \cdot \sin t + \dfrac{1}{13} \cdot \cos t$

b) $\lambda_{1/2} = -1 \pm j\sqrt{2}$; $y_0 = e^{-x}(C_1 \cdot \sin(\sqrt{2}\,x) + C_2 \cdot \cos(\sqrt{2}\,x))$;

$y_p = A \cdot e^{-2x}$; $3A = 1$ $\Rightarrow$ $A = 1/3$; $y_p = \dfrac{1}{3} \cdot e^{-2x}$;

$y = y_0 + y_p = e^{-x}(C_1 \cdot \sin(\sqrt{2}\,x) + C_2 \cdot \cos(\sqrt{2}\,x)) + \dfrac{1}{3} \cdot e^{-2x}$

$y' = -e^{-x}[(C_1 + \sqrt{2}\,C_2) \cdot \sin(\sqrt{2}\,x) + (C_2 - \sqrt{2}\,C_1) \cdot \cos(\sqrt{2}\,x)] - \dfrac{2}{3} \cdot e^{-2x}$

Lösung: $y = e^{-x}\left(\dfrac{2}{3}\sqrt{2} \cdot \sin(\sqrt{2}\,x) - \dfrac{1}{3} \cdot \cos(\sqrt{2}\,x)\right) + \dfrac{1}{3} \cdot e^{-2x}$

c) $\lambda_{1/2} = -1 \pm 4j$; $x_0 = e^{-t}[C_1 \cdot \sin(4t) + C_2 \cdot \cos(4t)]$;

$x_p = A \cdot \sin(5t) + B \cdot \cos(5t)$;

$\underbrace{(-8A - 10B)}_{2} \cdot \sin(5t) + \underbrace{(10A - 8B)}_{0} \cdot \cos(5t) = 2 \cdot \sin(5t)$ $\Rightarrow$

$A = -4/41$; $B = -5/41$; $x_p = -\dfrac{4}{41} \cdot \sin(5t) - \dfrac{5}{41} \cdot \cos(5t)$;

$x = x_0 + x_p = e^{-t}[C_1 \cdot \sin(4t) + C_2 \cdot \cos(4t)] - \dfrac{4}{41} \cdot \sin(5t) - \dfrac{5}{41} \cdot \cos(5t)$

$\dot{x} = -e^{-t}[(C_1 + 4C_2) \cdot \sin(4t) + (C_2 - 4C_1) \cdot \cos(4t)] -$

$\qquad - \dfrac{20}{41} \cdot \cos(5t) + \dfrac{25}{41} \cdot \sin(5t)$

Lösung:

$x = e^{-t}[2{,}2576 \cdot \sin(4t) - 2{,}8220 \cdot \cos(4t)] - 0{,}0976 \cdot \sin(5t) - 0{,}1220 \cdot \cos(5t)$

13) $\lambda_1 = 0$; $\lambda_2 = -10$; $y_0 = C_1 + C_2 \cdot e^{-10x}$; $y_p = (ax^2 + bx + c) \cdot e^x$;

$\underbrace{11ax^2}_{1} + \underbrace{(24a + 11b)}_{0}x + \underbrace{(2a + 12b + 11c)}_{0} = x^2$ $\Rightarrow$

$a = \dfrac{1}{11}$; $b = -\dfrac{24}{121}$; $c = \dfrac{266}{1331}$; $y_p = \dfrac{1}{1331}(121x^2 - 264x + 266) \cdot e^x$;

$y = y_0 + y_p = C_1 + C_2 \cdot e^{-10x} + \dfrac{1}{1331}(121x^2 - 264x + 266) \cdot e^x$

$y' = -10C_2 \cdot e^{-10x} + \dfrac{1}{1331}(121x^2 - 22x + 2) \cdot e^x$

Lösung: $y = (0{,}0909x^2 - 0{,}1983x + 0{,}1998) \cdot e^x - 0{,}0998 \cdot e^{-10x} + 1{,}9$

14)   a) $\ddot{x} - 6{,}54\,x = 0$; $\lambda_{1/2} = \pm 2{,}5573$; $x = C_1 \cdot e^{2{,}5573\,t} + C_2 \cdot e^{-2{,}5573\,t}$;

$\dot{x} = 2{,}5573\,(C_1 \cdot e^{2{,}5573\,t} - C_2 \cdot e^{-2{,}5573\,t})$

Lösung: $x = 0{,}375\,(e^{2{,}5573\,t} + e^{-2{,}5573\,t}) = 0{,}75 \cdot \cosh\,(2{,}5573\,t)$ (t in s, x in m)

  b) $x\,(T) = 1{,}5$ $\Rightarrow$ $T = \dfrac{\operatorname{arcosh}\,2}{2{,}5573} = 0{,}515$ (in s)

Abschnitt 4

1)   a) $\lambda_{1/2} = \pm 2\,j$; $x = C_1 \cdot \sin\,(2\,t) + C_2 \cdot \cos\,(2\,t)$;

$\dot{x} = 2\,[\,C_1 \cdot \cos\,(2\,t) - C_2 \cdot \sin\,(2\,t)\,]$;   *Lösung:* $x\,(t) = 0{,}5 \cdot \sin\,(2\,t) + 2 \cdot \cos\,(2\,t)$

  b) $\lambda_{1/2} = \pm j$; $x = C_1 \cdot \sin t + C_2 \cdot \cos t$; $\dot{x} = C_1 \cdot \cos t - C_2 \cdot \sin t$

Lösung: $x\,(t) = -2 \cdot \sin t + \cos t$

  c) $\lambda_{1/2} = \pm a\,j$; $x = C_1 \cdot \sin\,(a\,t) + C_2 \cdot \cos\,(a\,t)$;

$\dot{x} = a\,[\,C_1 \cdot \cos\,(a\,t) - C_2 \cdot \sin\,(a\,t)\,]$;   *Lösung:* $x\,(t) = \dfrac{v_0}{a} \cdot \sin\,(a\,t)$

2)   a)   *Schwingungsgleichung:* $\ddot{x} + \omega_0^2 x = 0$ (mit $\omega_0^2 = c/m$)

$\omega_0 = \sqrt{c/m} = 9{,}13\,\mathrm{s}^{-1}$; $f_0 = 1{,}45\,\mathrm{s}^{-1}$; $T_0 = 0{,}69\,\mathrm{s}$

  b) $\lambda_{1/2} = \pm j\,\omega_0$; $x\,(t) = C_1 \cdot \sin\,(\omega_0\,t) + C_2 \cdot \cos\,(\omega_0\,t)$ (mit $\omega_0 = 9{,}13\,\mathrm{s}^{-1}$)

  c) $\dot{x} = \omega_0\,[\,C_1 \cdot \cos\,(\omega_0\,t) - C_2 \cdot \sin\,(\omega_0\,t)\,]$

$x\,(0) = C_2 = 0$; $\dot{x}\,(0) = \omega_0\,C_1 = 0{,}5$ $\Rightarrow$ $C_1 = 0{,}055$

Lösung: $x\,(t) = 0{,}055\,\mathrm{m} \cdot \sin\,(9{,}13\,\mathrm{s}^{-1} \cdot t)$ (Bild A-30)

  d) $x\,(2{,}5\,\mathrm{s}) = -0{,}041\,\mathrm{m}$

$v\,(2{,}5\,\mathrm{s}) = \dot{x}\,(2{,}5\,\mathrm{s}) =$

$= -0{,}337\,\mathrm{m/s}$

$a\,(2{,}5\,\mathrm{s}) = \ddot{x}\,(2{,}5\,\mathrm{s}) =$

$= 3{,}395\,\mathrm{m/s}^2$

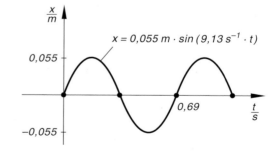

Bild A-30

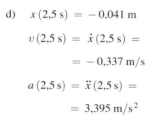

3)   a) $\ddot{\varphi} + \omega_0^2 \varphi = 0$ (mit $\omega_0^2 = g/l$); $\lambda_{1/2} = \pm j\,\omega_0$;

$\varphi = C_1 \cdot \sin\,(\omega_0\,t) + C_2 \cdot \cos\,(\omega_0\,t)$; $\dot{\varphi} = \omega_0\,[\,C_1 \cdot \cos\,(\omega_0\,t) - C_2 \cdot \sin\,(\omega_0\,t)\,]$

  b) $\omega_0 = \sqrt{\dfrac{g}{l}}$; $f_0 = \dfrac{1}{2\,\pi}\sqrt{\dfrac{g}{l}}$; $T_0 = 2\,\pi\,\sqrt{\dfrac{l}{g}}$

  c) $\varphi\,(0) = C_2 = \varphi_0$; $\dot{\varphi}\,(0) = \omega_0\,C_1 = 0$ $\Rightarrow$ $C_1 = 0$

Lösung: $\varphi\,(t) = \varphi_0 \cdot \cos\,(\omega_0\,t)$, $t \geq 0$

4) a) $\lambda_{1/2} = -2 \pm 5\,\mathrm{j}$; $x = \mathrm{e}^{-2t}\,[\,C_1 \cdot \sin(5\,t) + C_2 \cdot \cos(5\,t)\,]$;

$\dot{x} = \mathrm{e}^{-2t}\,[\,-(2\,C_1 + 5\,C_2) \cdot \sin(5\,t) + (5\,C_1 - 2\,C_2) \cdot \cos(5\,t)\,]$

Lösung: $x(t) = \mathrm{e}^{-2t} \cdot \cos(5\,t)$

b) $\lambda_{1/2} = -\dfrac{1}{2} \pm \dfrac{1}{2}\,\sqrt{7}\,\mathrm{j}$; $x = \mathrm{e}^{-\frac{1}{2}t}\left[\,C_1 \cdot \sin\left(\dfrac{1}{2}\,\sqrt{7}\,t\right) + C_2 \cdot \cos\left(\dfrac{1}{2}\,\sqrt{7}\,t\right)\right]$;

$\dot{x} = \mathrm{e}^{-\frac{1}{2}t}\left[\,-\dfrac{1}{2}\,(C_1 + \sqrt{7}\,C_2) \cdot \sin\left(\dfrac{1}{2}\,\sqrt{7}\,t\right) + \dfrac{1}{2}\,(\sqrt{7}\,C_1 - C_2) \cdot \cos\left(\dfrac{1}{2}\,\sqrt{7}\,t\right)\right]$

Lösung: $x(t) = \dfrac{6}{7}\,\sqrt{7} \cdot \mathrm{e}^{-\frac{1}{2}t} \cdot \sin\left(\dfrac{1}{2}\,\sqrt{7}\,t\right)$

c) $\lambda_{1/2} = -1 \pm 2\,\mathrm{j}$; $x = \mathrm{e}^{-t}\,[\,C_1 \cdot \sin(2\,t) + C_2 \cdot \cos(2\,t)\,]$;

$\dot{x} = \mathrm{e}^{-t}\,[\,-(C_1 + 2\,C_2) \cdot \sin(2\,t) + (2\,C_1 - C_2) \cdot \cos(2\,t)\,]$

Lösung: $x(t) = \mathrm{e}^{-t}\,[\,5 \cdot \sin(2\,t) + 10 \cdot \cos(2\,t)\,]$

5) a) *Schwingungsgleichung:* $\ddot{x} + 16\,\dot{x} + 256\,x = 0$; $\lambda_{1/2} = -8 \pm 8\,\sqrt{3}\,\mathrm{j}$

$x = \mathrm{e}^{-8t}\,[\,C_1 \cdot \sin(8\,\sqrt{3}\,t) + C_2 \cdot \cos(8\,\sqrt{3}\,t)\,]$;

$\dot{x} = -8 \cdot \mathrm{e}^{-8t}\,[\,(C_1 + \sqrt{3}\,C_2) \cdot \sin(8\,\sqrt{3}\,t) - (\sqrt{3}\,C_1 - C_2) \cdot \cos(8\,\sqrt{3}\,t)\,]$

b) $\omega_d = 8\,\sqrt{3}\ \mathrm{s}^{-1} = 13{,}856\ \mathrm{s}^{-1}$; $f_d = 2{,}205\ \mathrm{s}^{-1}$; $T_d = 0{,}453\ \mathrm{s}$

c) *Lösung:* $x(t) = \mathrm{e}^{-8t}\,[\,0{,}1155 \cdot \sin(8\,\sqrt{3}\,t) + 0{,}2 \cdot \cos(8\,\sqrt{3}\,t)\,]$ (Bild A-31)

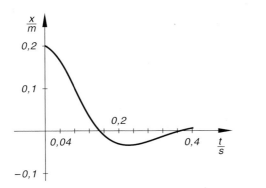

Bild A-31

6) a) $\lambda_{1/2} = -2{,}5$; $x = (C_1\,t + C_2) \cdot \mathrm{e}^{-2{,}5t}$; $\dot{x} = (C_1 - 2{,}5\,C_2 - 2{,}5\,C_1\,t) \cdot \mathrm{e}^{-2{,}5t}$

Lösung: $x(t) = (13{,}5\,t + 5) \cdot \mathrm{e}^{-2{,}5t}$

b) $\lambda_{1/2} = -0{,}5$; $x = (C_1\,t + C_2) \cdot \mathrm{e}^{-0{,}5t}$; $\dot{x} = (C_1 - 0{,}5\,C_2 - 0{,}5\,C_1\,t) \cdot \mathrm{e}^{-0{,}5t}$

Lösung: $x(t) = (-0{,}5\,t + 1) \cdot \mathrm{e}^{-0{,}5t}$

7) a) Der *aperiodische Grenzfall* tritt ein für $\delta = \omega_0$:

$\delta = \omega_0 \quad \Rightarrow \quad \dfrac{b}{2\,m} = \sqrt{\dfrac{c}{m}} \quad \Rightarrow \quad b = 2\,\sqrt{c\,m} = 16\ \mathrm{kg/s}$

Für $\delta > \omega_0$, d. h. $b > 16$ kg/s verhält sich das System *aperiodisch*.

b) *Schwingungsgleichung* (im Grenzfall): $0{,}5\,\ddot{x} + 16\,\dot{x} + 128\,x = 0$; $\lambda_{1/2} = -16$;

$x = (C_1\,t + C_2) \cdot \mathrm{e}^{-16t}$; $\dot{x} = (C_1 - 16\,C_2 - 16\,C_1\,t) \cdot \mathrm{e}^{-16t}$

Lösung (Bild A-32): $x(t) = (3{,}2\,t + 0{,}2) \cdot \mathrm{e}^{-16t}$, $t \geq 0$ (t in s, x in m)

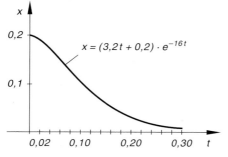

Bild A-32

8) a) $\lambda_1 = -1$; $\lambda_2 = -5$; $x = C_1 \cdot \mathrm{e}^{-t} + C_2 \cdot \mathrm{e}^{-5t}$; $\dot{x} = -C_1 \cdot \mathrm{e}^{-t} - 5\,C_2 \cdot \mathrm{e}^{-5t}$

Lösung: $x(t) = 13 \cdot \mathrm{e}^{-t} - 3 \cdot \mathrm{e}^{-5t}$

b) $\lambda_1 = -0{,}2$; $\lambda_2 = -0{,}8$; $x = C_1 \cdot \mathrm{e}^{-0{,}2t} + C_2 \cdot \mathrm{e}^{-0{,}8t}$;

$\dot{x} = -0{,}2\,C_1 \cdot \mathrm{e}^{-0{,}2t} - 0{,}8\,C_2 \cdot \mathrm{e}^{-0{,}8t}$

Lösung: $x(t) = -4 \cdot \mathrm{e}^{-0{,}2t} + 6 \cdot \mathrm{e}^{-0{,}8t}$

c) $\lambda_1 = -3$; $\lambda_2 = -4$; $x = C_1 \cdot \mathrm{e}^{-3t} + C_2 \cdot \mathrm{e}^{-4t}$; $\dot{x} = -3\,C_1 \cdot \mathrm{e}^{-3t} - 4\,C_2 \cdot \mathrm{e}^{-4t}$

Lösung: $x(t) = 20 \cdot \mathrm{e}^{-3t} - 15 \cdot \mathrm{e}^{-4t}$

9) Schwingungsgleichung: $\ddot{x} + 40\,\dot{x} + 204 = 0$; $\lambda_1 = -6$; $\lambda_2 = -34$

$x = C_1 \cdot \mathrm{e}^{-6t} + C_2 \cdot \mathrm{e}^{-34t}$

$\dot{x} = -6\,C_1 \cdot \mathrm{e}^{-6t} - 34\,C_2 \cdot \mathrm{e}^{-34t}$

Lösung (Bild A-33):

$x(t) = 0{,}1\,\mathrm{m}\left(\mathrm{e}^{-\frac{6}{s}t} - \mathrm{e}^{-\frac{34}{s}t}\right)$

(t in s)

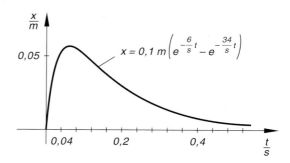

Bild A-33

10) $\lambda_{1/2} = \pm\,\mathrm{j}\,\omega_0$; $x_0 = C_1 \cdot \sin(\omega_0\,t) + C_2 \cdot \cos(\omega_0\,t)$;

Aufsuchen einer partikulären Lösung:

$x_p = \text{const.}$ $\Rightarrow$ $x_p = \dfrac{a}{\omega_0^2}$; $x = x_0 + x_p = C_1 \cdot \sin(\omega_0\,t) + C_2 \cdot \cos(\omega_0\,t) + \dfrac{a}{\omega_0^2}$;

$\dot{x} = \omega_0\,[\,C_1 \cdot \cos(\omega_0\,t) - C_2 \cdot \sin(\omega_0\,t)\,]$

Lösung (Bild A-34): $x(t) = \dfrac{a}{\omega_0^2}\,[\,1 - \cos(\omega_0\,t)\,] = \dfrac{m\,a}{c}\,[\,1 - \cos(\omega_0\,t)\,]$, $t \geq 0$

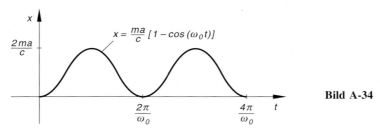

$$x = \frac{ma}{c}[1 - \cos(\omega_0 t)]$$

Bild A-34

11) a) $\lambda_{1/2} = -2 \pm 5\,\mathrm{j}$; $x_0 = \mathrm{e}^{-2t}[C_1 \cdot \sin(5t) + C_2 \cdot \cos(5t)]$;

Störglied: $g(t) = 2 \cdot \sin(2t)$ $(\beta = 2;$ $\beta\,\mathrm{j} = 2\,\mathrm{j}$ ist *keine* Lösung der charakteristischen Gleichung) $\Rightarrow$ $x_p = A \cdot \sin(2t) + B \cdot \cos(2t)$;

$$\underbrace{(25A - 8B)}_{2} \cdot \sin(2t) + \underbrace{(8A + 25B)}_{0} \cdot \cos(2t) = 2 \cdot \sin(2t) \quad \Rightarrow$$

$A = 0{,}0726$; $B = -0{,}0232$; $x_p = 0{,}0726 \cdot \sin(2t) - 0{,}0232 \cdot \cos(2t)$

Allgemeine Lösung:

$$x(t) = \mathrm{e}^{-2t}[C_1 \cdot \sin(5t) + C_2 \cdot \cos(5t)] + 0{,}0726 \cdot \sin(2t) - 0{,}0232 \cdot \cos(2t)$$

Stationäre Lösung (Bild A-35):

$$x(t) = x_p = 0{,}0726 \cdot \sin(2t) - 0{,}0232 \cdot \cos(2t) = 0{,}0762 \cdot \sin(2t - 0{,}3093)$$

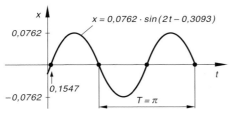

$$x = 0{,}0762 \cdot \sin(2t - 0{,}3093)$$

Bild A-35

b) $\lambda_{1/2} = -3$; $x_0 = (C_1 t + C_2) \cdot \mathrm{e}^{-3t}$; *Störglied:* $g(t) = \cos t - \sin t$ $(\beta = 1;$ $\beta\,\mathrm{j} = \mathrm{j}$ ist *keine* Lösung der charakteristischen Gleichung) $\Rightarrow$ $x_p = A \cdot \sin t + B \cdot \cos t$;

$$\underbrace{(6A + 8B)}_{1} \cdot \cos t + \underbrace{(8A - 6B)}_{-1} \cdot \sin t = \cos t - \sin t \quad \Rightarrow$$

$A = -0{,}02$; $B = 0{,}14$; $x_p = -0{,}02 \cdot \sin t + 0{,}14 \cdot \cos t$

Allgemeine Lösung: $x(t) = (C_1 t + C_2) \cdot \mathrm{e}^{-3t} - 0{,}02 \cdot \sin t + 0{,}14 \cdot \cos t$

Stationäre Lösung (Bild A-36):

$$x(t) = x_p = -0{,}02 \cdot \sin t + 0{,}14 \cdot \cos t = 0{,}1414 \cdot \sin(t + 1{,}7127)$$

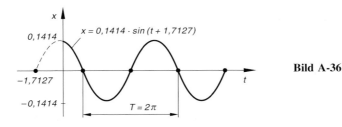

$$x = 0{,}1414 \cdot \sin(t + 1{,}7127)$$

Bild A-36

12) a) Schwingungsgleichung (*reelle* Form): $\ddot{x} + 2\dot{x} + 5x = \sin(\omega t)$; $\lambda_{1/2} = -1 \pm 2\,\mathrm{j}$;

$x_0 = \mathrm{e}^{-t}\,[C_1 \cdot \sin(2t) + C_2 \cdot \cos(2t)]$

Schwingungsgleichung in *komplexer* Form: $\ddot{\underline{x}} + 2\dot{\underline{x}} + 5\underline{x} = \mathrm{e}^{\mathrm{j}\omega t}$

Komplexer Lösungsansatz für eine partikuläre Lösung:

$\underline{x}_p = A \cdot \mathrm{e}^{\mathrm{j}(\omega t - \varphi)} = A \cdot \mathrm{e}^{-\mathrm{j}\varphi} \cdot \mathrm{e}^{\mathrm{j}\omega t}$

$A \cdot \mathrm{e}^{-\mathrm{j}\varphi}(-\omega^2 + \mathrm{j}2\omega + 5) = 1 \quad\Rightarrow\quad (5 - \omega^2) + \mathrm{j}(2\omega) = \dfrac{1}{A} \cdot \mathrm{e}^{\mathrm{j}\varphi}$

Aus Bild A-37 folgt:

$\left(\dfrac{1}{A}\right)^2 = (5 - \omega^2)^2 + 4\omega^2$

$A = \dfrac{1}{\sqrt{(5 - \omega^2)^2 + 4\omega^2}}$

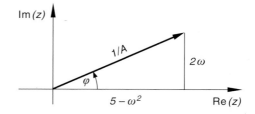

Bild A-37

$\tan\varphi = \dfrac{2\omega}{5 - \omega^2} \quad\Rightarrow\quad \varphi = \begin{cases} \arctan\left(\dfrac{2\omega}{5 - \omega^2}\right) & \omega < \sqrt{5} \\[2mm] \pi/2 & \text{für} \quad \omega = \sqrt{5} \\[2mm] \arctan\left(\dfrac{2\omega}{5 - \omega^2}\right) + \pi & \omega > \sqrt{5} \end{cases}$

Partikuläre Lösung in *reeller* Form:

$x_p = \mathrm{Re}(\underline{x}_p) = A \cdot \sin(\omega t - \varphi)$

Allgemeine Lösung (in *reeller* Form):

$x(t) = x_0 + x_p = \mathrm{e}^{-t}\,[C_1 \cdot \sin(2t) + C_2 \cdot \cos(2t)] + A \cdot \sin(\omega t - \varphi)$

b) *Stationäre* Lösung: $x(t) = x_p = A \cdot \sin(\omega t - \varphi)$

Resonanzkurve $A = A(\omega)$: Bild A-38; *Frequenzgang* $\varphi = \varphi(\omega)$: Bild A-39

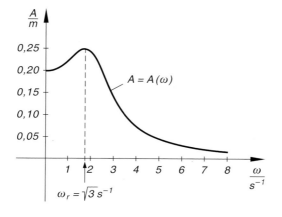

Resonanzstelle
(Maximum der Kurve):

$\omega = \omega_r = \sqrt{3}\,\mathrm{s}^{-1}$

$A_{\max} = 0{,}25\,\mathrm{m}$

Bild A-38

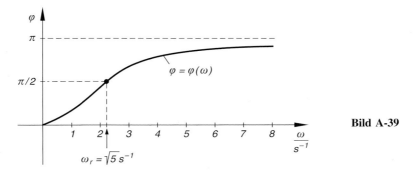

Bild A-39

c) $A(\omega = 1) = 0{,}2236$; $\varphi(\omega = 1) = 0{,}4636$

$x(t) = 0{,}2236\,\text{m} \cdot \sin(1\,\text{s}^{-1} \cdot t - 0{,}4636)$ (Bild A-40)

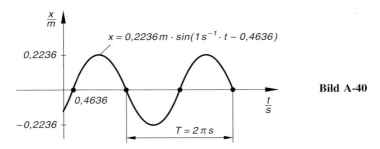

Bild A-40

13)   Schwingungsgleichung: $\dfrac{d^2 i}{dt^2} + 2500\,\dfrac{di}{dt} + 10^6\,i = 7{,}5 \cdot 10^5 \cdot \cos(500\,t)$

Ansatz für eine partikuläre Lösung: $i_p(t) = A \cdot \sin(500\,t) + B \cdot \cos(500\,t)$;

$\underbrace{(5A + 3B)}_{3} \cdot \cos(500\,t) + \underbrace{(3A - 5B)}_{0} \cdot \sin(500\,t) = 3 \cdot \cos(500\,t)$ $\Rightarrow$

$A = 15/34$; $B = 9/34$

Stationäre Lösung (Bild A-41):

$i(t) \approx i_p(t) = \dfrac{15}{34}\,\text{A} \cdot \sin(500\,\text{s}^{-1} \cdot t) + \dfrac{9}{34}\,\text{A} \cdot \cos(500\,\text{s}^{-1} \cdot t) =$

$\qquad = 0{,}5145\,\text{A} \cdot \sin(500\,\text{s}^{-1} \cdot t + 0{,}5404)$

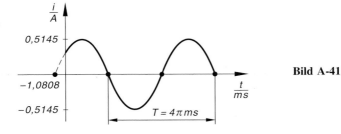

Bild A-41

Abschnitt 5

1) Durch Einsetzen in die Dgl zeigt man zunächst, dass y_1, y_2 und y_3 partikuläre *Lösungen* sind. Sie bilden eine *Fundamentalbasis* der Dgl, da ihre Wronski-Determinante *nicht* verschwindet: $W(y_1; y_2; y_3) = -6 \cdot \mathrm{e}^{-2x} \neq 0$

2) a) $\lambda_1 = 1$; $\lambda_2 = 2$; $\lambda_3 = -3$; $y = C_1 \cdot \mathrm{e}^x + C_2 \cdot \mathrm{e}^{2x} + C_3 \cdot \mathrm{e}^{-3x}$

   b) $\lambda_1 = 0$; $\lambda_{2/3} = \pm\mathrm{j}$; $y = C_1 + C_2 \cdot \sin x + C_3 \cdot \cos x$

   c) $\lambda_{1/2} = -1$; $\lambda_3 = 6$; $x = (C_1 + C_2 t) \cdot \mathrm{e}^{-t} + C_3 \cdot \mathrm{e}^{6t}$

   d) $\lambda_{1/2/3} = -a$; $y = (C_1 + C_2 x + C_3 x^2) \cdot \mathrm{e}^{-ax}$

   e) $\lambda_1 = 2$; $\lambda_{2/3} = 1 \pm 3\mathrm{j}$; $u = C_1 \cdot \mathrm{e}^{2x} + \mathrm{e}^x [C_2 \cdot \sin(3x) + C_3 \cdot \cos(3x)]$

   f) $\lambda_{1/2} = 2$; $\lambda_3 = 3$; $y = (C_1 + C_2 x) \cdot \mathrm{e}^{2x} + C_3 \cdot \mathrm{e}^{3x}$

3) Man zeigt zunächst durch Einsetzen in die Dgl, dass y_1, y_2 und y_3 partikuläre *Lösungen* sind. Sie sind *linear unabhängig*, da ihre Wronski-Determinante von null *verschieden* ist:

   $$W(y_1; y_2; y_3) = -54 \cdot \mathrm{e}^{3x} \neq 0$$

   Allgemeine Lösung: $y = C_1 \cdot \mathrm{e}^{-x} + \mathrm{e}^{2x} [C_2 \cdot \sin(3x) + C_3 \cdot \cos(3x)]$

4) a) $\lambda_{1/2} = \pm 1$; $\lambda_{3/4} = \pm\mathrm{j}$; $x = C_1 \cdot \mathrm{e}^t + C_2 \cdot \mathrm{e}^{-t} + C_3 \cdot \sin t + C_4 \cdot \cos t$

   b) $\lambda_1 = 0$; $\lambda_2 = -1$; $\lambda_{3/4} = 1 \pm \mathrm{j}$;

   $y = C_1 + C_2 \cdot \mathrm{e}^{-x} + \mathrm{e}^x (C_3 \cdot \sin x + C_4 \cdot \cos x)$

   c) $\lambda_{1/2/3} = 1$; $\lambda_4 = -5$; $y = (C_1 + C_2 x + C_3 x^2) \cdot \mathrm{e}^x + C_4 \cdot \mathrm{e}^{-5x}$

   d) $\lambda_{1/2} = 2\mathrm{j}$; $\lambda_{3/4} = -2\mathrm{j}$; $v = (C_1 + C_2 t) \cdot \sin(2t) + (C_3 + C_4 t) \cdot \cos(2t)$

5) a) $\lambda_1 = 0$; $\lambda_{2/3} = \mathrm{j}$; $\lambda_{4/5} = -\mathrm{j}$;

   $x = C_1 + (C_2 + C_3 t) \cdot \sin t + (C_4 + C_5 t) \cdot \cos t$

   b) $\lambda_{1/2/3} = 0$; $\lambda_{4/5} = -1$; $y = C_1 + C_2 x + C_3 x^2 + (C_4 + C_5 x) \cdot \mathrm{e}^{-x}$

   c) $\lambda^5 + 3\lambda^4 + 10\lambda^3 + 6\lambda^2 + 5\lambda - 25 = (\lambda - 1)(\lambda^2 + 2\lambda + 5)^2 = 0$

   Diese Zerlegung der charakteristischen Gleichung 5. Grades in Faktoren erhält man wie folgt: $\lambda = 1$ ist eine Lösung dieser Gleichung; den zugehörigen Linearfaktor $\lambda - 1$ abspalten (Horner-Schema oder Polynomdivision)

   $\Rightarrow \quad \lambda^4 + 4\lambda^3 + 14\lambda^2 + 20\lambda + 25 = 0$

   Komplexe Lösungen treten stets *paarweise* auf: $\lambda = -1 \pm 2\mathrm{j}$ (konjugiert komplexe Lösungen). Die zugehörigen Linearfaktoren zu einem *quadratischen* Term zusammenfassen:

   $$[\lambda - (-1 + 2\mathrm{j})][\lambda - (-1 - 2\mathrm{j})] = \underbrace{[(\lambda + 1) - 2\mathrm{j}][(\lambda + 1) + 2\mathrm{j}]}_{\text{3. Binom}} = \lambda^2 + 2\lambda + 5$$

   Durch *Polynomdivision* erhält man schließlich:

   $$(\lambda^4 + 4\lambda^3 + 14\lambda^2 + 20\lambda + 25) : (\lambda^2 + 2\lambda + 5) = \lambda^2 + 2\lambda + 5$$

   Lösungen: $\lambda_1 = 1$; $\lambda_{2/3} = -1 + 2\mathrm{j}$; $\lambda_{4/5} = -1 - 2\mathrm{j}$

   $y = C_1 \cdot \mathrm{e}^x + \mathrm{e}^{-x} [(C_2 + C_3 x) \cdot \sin(2x) + (C_4 + C_5 x) \cdot \cos(2x)]$

   d) $\lambda_{1/2} = 1$; $\lambda_3 = -2$; $\lambda_{4/5} = \pm 5\mathrm{j}$

   $y = (C_1 + C_2 x) \cdot \mathrm{e}^x + C_3 \cdot \mathrm{e}^{-2x} + C_4 \cdot \sin(5x) + C_5 \cdot \cos(5x)$

6) a) $\lambda_1 = -1$; $\lambda_{2/3} = 2$; $y = C_1 \cdot e^{-x} + (C_2 + C_3 x) \cdot e^{2x}$

$y' = -C_1 \cdot e^{-x} + (2 C_3 x + 2 C_2 + C_3) \cdot e^{2x}$

$y'' = C_1 \cdot e^{-x} + 4 (C_3 x + C_2 + C_3) \cdot e^{2x}$

Spezielle Lösung: $y = \dfrac{1}{9} \cdot e^{-x} + \left(-\dfrac{1}{9} + \dfrac{1}{3} x \right) \cdot e^{2x}$

b) $\lambda_1 = 1$; $\lambda_2 = -1$; $\lambda_3 = 2$; $x = C_1 \cdot e^{t} + C_2 \cdot e^{-t} + C_3 \cdot e^{2t}$

$\dot{x} = C_1 \cdot e^{t} - C_2 \cdot e^{-t} + 2 C_3 \cdot e^{2t}$; $\ddot{x} = C_1 \cdot e^{t} + C_2 \cdot e^{-t} + 4 C_3 \cdot e^{2t}$

Spezielle Lösung: $x = \dfrac{1}{2} (e^{t} - e^{-t}) = \sinh t$

c) $\lambda_{1/2} = \pm j$; $\lambda_{3/4} = \pm 3 j$; $x = C_1 \cdot \sin t + C_2 \cdot \cos t + C_3 \cdot \sin (3 t) + C_4 \cdot \cos (3 t)$

$\dot{x} = C_1 \cdot \cos t - C_2 \cdot \sin t + 3 [C_3 \cdot \cos (3 t) - C_4 \cdot \sin (3 t)]$

$\ddot{x} = -C_1 \cdot \sin t - C_2 \cdot \cos t - 9 [C_3 \cdot \sin (3 t) + C_4 \cdot \cos (3 t)]$

$\dddot{x} = -C_1 \cdot \cos t + C_2 \cdot \sin t - 27 [C_3 \cdot \cos (3 t) - C_4 \cdot \sin (3 t)]$

Spezielle Lösung: $x = -9 \cdot \cos t + \cos (3 t)$

d) $\lambda_1 = 0$; $\lambda_{2/3} = \pm j$; $\lambda_{4/5} = \pm 2 j$

$y = C_1 + C_2 \cdot \sin x + C_3 \cdot \cos x + C_4 \cdot \sin (2 x) + C_5 \cdot \cos (2 x)$

$y' = C_2 \cdot \cos x - C_3 \cdot \sin x + 2 [C_4 \cdot \cos (2 x) - C_5 \cdot \sin (2 x)]$

$y'' = -C_2 \cdot \sin x - C_3 \cdot \cos x - 4 [C_4 \cdot \sin (2 x) + C_5 \cdot \cos (2 x)]$

$y''' = -C_2 \cdot \cos x + C_3 \cdot \sin x - 8 [C_4 \cdot \cos (2 x) - C_5 \cdot \sin (2 x)]$

$y^{(4)} = C_2 \cdot \sin x + C_3 \cdot \cos x + 16 [C_4 \cdot \sin (2 x) + C_5 \cdot \cos (2 x)]$

Spezielle Lösung: $y = 3 - 4 \cdot \cos x + \cos (2 x)$

7) Es ist $a_2 = a_1 = a_0 = 1$. Die charakteristische Gleichung $\lambda^3 + \lambda^2 + \lambda + 1 = 0$ besitzt die Lösungen $\lambda_1 = -1$ und $\lambda_{2/3} = \pm j$.

a) $a_0 = 1 \neq 0 \;\Rightarrow\; y_p = a x + b$

b) $a_0 = 1 \neq 0 \;\Rightarrow\; y_p = a x^3 + b x^2 + c x + d$

c) $c = 2$; 2 ist *keine* Lösung der charakteristischen Gleichung $\Rightarrow\; y_p = A \cdot e^{2x}$

d) $c = -1$; -1 ist eine *einfache* Lösung der charakteristischen Gleichung $\Rightarrow$
$y_p = A x \cdot e^{-x}$

e) $\beta = 2$; $j\beta = 2j$ ist *keine* Lösung der charakteristischen Gleichung $\Rightarrow$
$y_p = A \cdot \sin (2 x) + B \cdot \cos (2 x)$

f) $\beta = 1$; $j\beta = j$ ist eine *einfache* Lösung der charakteristischen Gleichung $\Rightarrow$
$y_p = x (A \cdot \sin x + B \cdot \cos x)$

g) $g(x) = g_1(x) + g_2(x) + g_3(x)$

$g_1(x) = 2 \cdot e^{-x}$ mit $c = -1$; -1 ist eine *einfache* Lösung der charakteristischen Gleichung $\Rightarrow\; y_{p_1} = A x \cdot e^{-x}$

$g_2(x) = \sin (5 x)$ mit $\beta = 5$; $j\beta = 5j$ ist *keine* Lösung der charakteristischen Gleichung $\Rightarrow\; y_{p_2} = B \cdot \sin (5 x) + C \cdot \cos (5 x)$

$g_3(x) = 2 \cdot \cos x$ mit $\beta = 1$; $j\beta = j$ ist eine *einfache* Lösung der charakteristischen Gleichung $\Rightarrow\; y_{p_3} = x (D \cdot \sin x + E \cdot \cos x)$

Gesamtansatz: $y_p = y_{p_1} + y_{p_2} + y_{p_3}$

$y_p = A x \cdot e^{-x} + B \cdot \sin (5 x) + C \cdot \cos (5 x) + x (D \cdot \sin x + E \cdot \cos x)$

8) a) $\lambda_1 = 0$; $\lambda_{2/3} = -1$; $y_0 = C_1 + (C_2 + C_3 x) \cdot e^{-x}$;

Störglied: $g(x) = 10 \cdot \cos x$ ($\beta = 1$; $j\beta = j$ ist *keine* Lösung der charakteristischen Gleichung) $\Rightarrow$ $y_p = A \cdot \sin x + B \cdot \cos x$;

$$\underbrace{-2B \cdot \cos x}_{10} - \underbrace{2A \cdot \sin x}_{0} = 10 \cdot \cos x \quad \Rightarrow \quad A = 0; \quad B = -5; \quad y_p = -5 \cdot \cos x$$

$$y = y_0 + y_p = C_1 + (C_2 + C_3 x) \cdot e^{-x} - 5 \cdot \cos x$$

b) $\lambda_{1/2/3} = -1$; $y_0 = (C_1 + C_2 x + C_3 x^2) \cdot e^{-x}$; *Störglied:* $g(x) = x + 6 \cdot e^{-x}$ ($a_0 = 1 \neq 0$; $c = -1$; -1 ist eine *dreifache* Lösung der charakteristischen Gleichung) $\Rightarrow$ $y_p = ax + b + Ax^3 \cdot e^{-x}$;

$$\underbrace{ax}_{1} + \underbrace{(3a + b)}_{0} + \underbrace{6A \cdot e^{-x}}_{6} = x + 6 \cdot e^{-x} \quad \Rightarrow \quad a = 1; \quad b = -3; \quad A = 1;$$

$$y_p = x - 3 + x^3 \cdot e^{-x}$$

$$y = y_0 + y_p = (C_1 + C_2 x + C_3 x^2) \cdot e^{-x} + x - 3 + x^3 \cdot e^{-x}$$

c) $\lambda_1 = 0$; $\lambda_{2/3} = \pm j$; $x_0 = C_1 + C_2 \cdot \sin t + C_3 \cdot \cos t$

Störglied: $g(t) = 9t^2$ ($a_0 = 0$) $\Rightarrow$ $x_p = t(at^2 + bt + c) = at^3 + bt^2 + ct$;

$$\underbrace{3at^2}_{9} + \underbrace{2bt}_{0} + \underbrace{(6a + c)}_{0} = 9t^2 \quad \Rightarrow \quad a = 3; \quad b = 0; \quad c = -18; \quad x_p = 3t^3 - 18t$$

$$x = x_0 + x_p = C_1 + C_2 \cdot \sin t + C_3 \cdot \cos t + 3t^3 - 18t$$

d) $\lambda_{1/2} = 1$; $\lambda_3 = -1$; $y_0 = (C_1 + C_2 x) \cdot e^x + C_3 \cdot e^{-x}$

Störglied: $g(x) = 16x \cdot e^{-x} = g_1(x) \cdot g_2(x)$ mit $g_1(x) = 16x$ (lineare Funktion) und $g_2(x) = e^{-x}$ (mit $c = -1$; -1 ist eine *einfache* Lösung der charakteristischen Gleichung) $\Rightarrow$ *Produktansatz:* $y_p = (ax + b) \cdot Ax \cdot e^{-x} = (\alpha x^2 + \beta x) \cdot e^{-x}$;

$$\underbrace{8\alpha x}_{16} + \underbrace{(-8\alpha + 4\beta)}_{0} = 16x \quad \Rightarrow \quad \alpha = 2; \quad \beta = 4; \quad x_p = (2x^2 + 4x) \cdot e^{-x}$$

$$y = y_0 + y_p = (C_1 + C_2 x) \cdot e^x + (2x^2 + 4x + C_3) \cdot e^{-x}$$

9) a) $\lambda_{1/2} = j$; $\lambda_{3/4} = -j$; $y_0 = (C_1 + C_2 x) \cdot \sin x + (C_3 + C_4 x) \cdot \cos x$

Störglied: $g(x) = 8 \cdot \sin x + x^2 + 4$ ($a_0 = 1 \neq 0$; $\beta = 1$; $j\beta = j$ ist eine *doppelte* Lösung der charakteristischen Gleichung) $\Rightarrow$

$y_p = x^2(A \cdot \sin x + B \cdot \cos x) + ax^2 + bx + c$;

$$\underbrace{-8A \cdot \sin x}_{8} - \underbrace{8B \cdot \cos x}_{0} + \underbrace{ax^2}_{1} + \underbrace{bx}_{0} + \underbrace{(4a + c)}_{4} = 8 \cdot \sin x + x^2 + 4 \quad \Rightarrow$$

$$A = -1; \quad B = 0; \quad a = 1; \quad b = c = 0; \quad y_p = -x^2 \cdot \sin x + x^2$$

$$y = y_0 + y_p = (C_1 + C_2 x - x^2) \cdot \sin x + (C_3 + C_4 x) \cdot \cos x + x^2$$

b) $\lambda_{1/2} = 0$; $\lambda_{3/4/5} = -1$; $y_0 = C_1 + C_2 x + (C_3 + C_4 x + C_5 x^2) \cdot e^{-x}$

Störglied: $g(x) = 2(\sin x + \cos x) + 2$ ($a_0 = a_1 = 0$; $\beta = 1$; $j\beta = j$ ist *keine* Lösung der charakteristischen Gleichung) $\Rightarrow$ $y_p = ax^2 + A \cdot \sin x + B \cdot \cos x$;

$$\underbrace{(2A + 2B)}_{2} \cdot \sin x + \underbrace{(-2A + 2B)}_{2} \cdot \cos x + \underbrace{2a}_{2} = 2 \cdot \sin x + 2 \cdot \cos x + 2 \quad \Rightarrow$$

$$A = 0; \quad B = 1; \quad a = 1; \quad y_p = x^2 + \cos x$$

$$y = y_0 + y_p = C_1 + C_2 x + (C_3 + C_4 x + C_5 x^2) \cdot e^{-x} + x^2 + \cos x$$

10) a) $\lambda_1 = 0$; $\lambda_{2/3} = \pm 1$; *Störglied:* $g(x) = 10x$ $(a_0 = 0)$ $\Rightarrow$ $y_p = ax^2 + bx$;

$\underbrace{-2ax}_{10} - \underbrace{b}_{0} = 10x$ $\Rightarrow$ $a = -5$; $b = 0$; $y_p = -5x^2$

b) $\lambda_1 = 0$; $\lambda_{2/3} = -2 \pm 3j$; *Störglied:* $g(x) = e^x + 10$ $(c = 1$; 1 ist *keine* Lösung der charakteristischen Gleichung; $a_0 = 0$) $\Rightarrow$ $y_p = A \cdot e^x + ax$;

$\underbrace{18A \cdot e^x}_{1} + \underbrace{13a}_{10} = e^x + 10$ $\Rightarrow$ $A = \dfrac{1}{18}$; $B = \dfrac{10}{13}$; $y_p = \dfrac{1}{18} \cdot e^x + \dfrac{10}{13}x$

c) $\lambda_{1/2} = 1$; $\lambda_3 = -2$; *Störglied:* $g(x) = 2 \cdot \cos x - 3 \cdot \sin x$ $(\beta = 1$; $j\beta = j$ ist *keine* Lösung der charakteristischen Gleichung) $\Rightarrow$ $y_p = A \cdot \sin x + B \cdot \cos x$;

$\underbrace{(-4A + 2B)}_{2} \cdot \cos x + \underbrace{(2A + 4B)}_{-3} \cdot \sin x = 2 \cdot \cos x - 3 \cdot \sin x$ $\Rightarrow$

$A = -0{,}7$; $B = -0{,}4$; $y_p = -0{,}7 \cdot \sin x - 0{,}4 \cdot \cos x$

d) $\lambda_{1/2} = j$; $\lambda_{3/4} = -j$; *Störglied:* $g(t) = t \cdot e^{-t} = g_1(t) \cdot g_2(t)$ mit $g_1(t) = t$ (lineare Funktion; $a_0 = 1 \neq 0$) und $g_2(t) = e^{-t}$ (mit $c = -1$; -1 ist *keine* Lösung der charakteristischen Gleichung) $\Rightarrow$

Produktansatz: $x_p = (at + b) \cdot A \cdot e^{-t} = (\alpha t + \beta) \cdot e^{-t}$;

$\underbrace{4\alpha t}_{1} + \underbrace{(-8\alpha + 4\beta)}_{0} = t$ $\Rightarrow$ $\alpha = \dfrac{1}{4}$; $\beta = \dfrac{1}{2}$; $x_p = \left(\dfrac{1}{4}t + \dfrac{1}{2}\right) \cdot e^{-t}$

e) $\lambda_{1/2} = \pm 1$; $\lambda_3 = 2$; $\lambda_{4/5} = \pm 2j$; *Störglied:* $g(x) = -104 \cdot e^{3x} + (24 \cdot \sin x - 12 \cdot \cos x) + 8x^2$ (mit $c = 3$, $\beta = 1$ und $a_0 = 8 \neq 0$; weder 3 noch $\beta j = j$ sind Lösungen der charakteristischen Gleichung) $\Rightarrow$

$y_p = A \cdot e^{3x} + B \cdot \sin x + C \cdot \cos x + ax^2 + bx + c$;

$\underbrace{104A \cdot e^{3x}}_{-104} + \underbrace{(12B + 6C)}_{24} \cdot \sin x + \underbrace{(-6B + 12C)}_{-12} \cdot \cos x + \underbrace{8ax^2}_{8} +$

$+ \underbrace{(-8a + 8b)}_{0}x + \underbrace{(-12a - 4b + 8c)}_{0} =$

$= -104 \cdot e^{3x} + 24 \cdot \sin x - 12 \cdot \cos x + 8x^2$ $\Rightarrow$

$A = -1$; $B = 2$; $C = 0$; $a = b = 1$; $c = 2$;

$y_p = -e^{3x} + 2 \cdot \sin x + x^2 + x + 2$

11) a) $\lambda_1 = 0$; $\lambda_{2/3} = \pm 3j$; $y_0 = C_1 + C_2 \cdot \sin(3x) + C_3 \cdot \cos(3x)$

Störglied: $g(x) = 18x$ $(a_0 = 0)$ $\Rightarrow$ $y_p = x(ax + b) = ax^2 + bx$;

$\underbrace{18ax}_{18} + \underbrace{9b}_{0} = 18x$ $\Rightarrow$ $a = 1$; $b = 0$; $y_p = x^2$

$y = y_0 + y_p = C_1 + C_2 \cdot \sin(3x) + C_3 \cdot \cos(3x) + x^2 + 2$

$y' = 3[C_2 \cdot \cos(3x) - C_3 \cdot \sin(3x)] + 2x$

$y'' = -9[C_2 \cdot \sin(3x) + C_3 \cdot \cos(3x)] + 2$

Spezielle Lösung: $y = 2 \cdot \cos(3x) + x^2 + 2$

b) $\lambda_1 = -1$; $\lambda_2 = -2$; $\lambda_3 = -5$; $y_0 = C_1 \cdot e^{-x} + C_2 \cdot e^{-2x} + C_3 \cdot e^{-5x}$

Störglied: $g(x) = 34 \cdot \sin x + 12 \cdot \cos x$ $(\beta = 1$; $j\beta = j$ ist *keine* Lösung der charakteristischen Gleichung) $\Rightarrow$ $y_p = A \cdot \sin x + B \cdot \cos x$;

$$\underbrace{(2A - 16B)}_{34} \cdot \sin x + \underbrace{(16A + 2B)}_{12} \cdot \cos x = 34 \cdot \sin x + 12 \cdot \cos x \quad \Rightarrow$$

$A = 1; \quad B = -2; \quad y_p = \sin x - 2 \cdot \cos x$

$y = y_0 + y_p = C_1 \cdot e^{-x} + C_2 \cdot e^{-2x} + C_3 \cdot e^{-5x} + \sin x - 2 \cdot \cos x$

$y' = -C_1 \cdot e^{-x} - 2C_2 \cdot e^{-2x} - 5C_3 \cdot e^{-5x} + \cos x + 2 \cdot \sin x$

$y'' = C_1 \cdot e^{-x} + 4C_2 \cdot e^{-2x} + 25C_3 \cdot e^{-5x} - \sin x + 2 \cdot \cos x$

Spezielle Lösung: $y = 2 \cdot e^{-x} + e^{-2x} + \sin x - 2 \cdot \cos x$

c) $\lambda_{1/2} = \pm 1; \quad \lambda_{3/4} = \pm j; \quad x_0 = C_1 \cdot e^t + C_2 \cdot e^{-t} + C_3 \cdot \sin t + C_4 \cdot \cos t$

Störglied: $g(t) = 45 \cdot e^{2t} \quad (c = 2; \ 2 \text{ ist } keine \text{ Lösung der charakteristischen Gleichung}) \quad \Rightarrow$

$x_p = A \cdot e^{2t}; \quad 15A = 45 \quad \Rightarrow \quad A = 3; \quad x_p = 3 \cdot e^{2t}$

$x = x_0 + x_p = C_1 \cdot e^t + C_2 \cdot e^{-t} + C_3 \cdot \sin t + C_4 \cdot \cos t + 3 \cdot e^{2t}$

$\dot{x} = C_1 \cdot e^t - C_2 \cdot e^{-t} + C_3 \cdot \cos t - C_4 \cdot \sin t + 6 \cdot e^{2t}$

$\ddot{x} = C_1 \cdot e^t + C_2 \cdot e^{-t} - C_3 \cdot \sin t - C_4 \cdot \cos t + 12 \cdot e^{2t}$

$\dddot{x} = C_1 \cdot e^t - C_2 \cdot e^{-t} - C_3 \cdot \cos t + C_4 \cdot \sin t + 24 \cdot e^{2t}$

Spezielle Lösung: $x = 3 \cdot e^{-t} - 3 \cdot \sin t + 3 \cdot e^{2t}$

d) $\lambda_1 = 0; \quad \lambda_{2/3} = \pm 1; \quad \lambda_{4/5} = \pm j;$

$v_0 = C_1 + C_2 \cdot e^t + C_3 \cdot e^{-t} + C_4 \cdot \sin t + C_5 \cdot \cos t$

Störglied: $g(t) = 2t + 2 \quad (a_0 = 0) \quad \Rightarrow \quad v_p = t(at + b) = at^2 + bt$

$\underbrace{-2at}_{2} \underbrace{- b}_{2} = 2t + 2 \quad \Rightarrow \quad a = -1; \quad b = -2; \quad v_p = -t^2 - 2t$

$v = v_0 + v_p = C_1 + C_2 \cdot e^t + C_3 \cdot e^{-t} + C_4 \cdot \sin t + C_5 \cdot \cos t - t^2 - 2t$

$\dot{v} = C_2 \cdot e^t - C_3 \cdot e^{-t} + C_4 \cdot \cos t - C_5 \cdot \sin t - 2t - 2$

$\ddot{v} = C_2 \cdot e^t + C_3 \cdot e^{-t} - C_4 \cdot \sin t - C_5 \cdot \cos t - 2$

$\dddot{v} = C_2 \cdot e^t - C_3 \cdot e^{-t} - C_4 \cdot \cos t + C_5 \cdot \sin t$

$v^{(4)} = C_2 \cdot e^t + C_3 \cdot e^{-t} + C_4 \cdot \sin t + C_5 \cdot \cos t$

Spezielle Lösung: $v = 5 - 4 \cdot \cos t - t^2 - 2t$

12) $\lambda_{1/2} = 0; \quad \lambda_{3/4} = \pm j\alpha; \quad y_0 = C_1 + C_2 x + C_3 \cdot \sin(\alpha x) + C_4 \cdot \cos(\alpha x)$

Ansatz: $y_p = A \cdot \sin(\beta x) + B \cdot \cos(\beta x) \quad (\text{da } \beta \neq \alpha)$

$$\underbrace{\beta^2 (\beta^2 - \alpha^2) A}_{K_0} \cdot \sin(\beta x) + \underbrace{\beta^2 (\beta^2 - \alpha^2) B}_{0} \cdot \cos(\beta x) = K_0 \cdot \sin(\beta x) + 0 \cdot \cos(\beta x) \quad \Rightarrow$$

$A = \dfrac{K_0}{\beta^2 (\beta^2 - \alpha^2)}; \quad B = 0; \quad y_p = \dfrac{K_0}{\beta^2 (\beta^2 - \alpha^2)} \cdot \sin(\beta x)$

$y = y_0 + y_p = C_1 + C_2 x + C_3 \cdot \sin(\alpha x) + C_4 \cdot \cos(\alpha x) + \dfrac{K_0}{\beta^2 (\beta^2 - \alpha^2)} \cdot \sin(\beta x)$

Aus den Randbedingungen folgt (mit $\beta l = \pi$ und $\sin(\beta l) = \sin \pi = 0$):

$\left. \begin{array}{lll} y(0) = 0 & \Rightarrow & \text{(I)} \quad C_1 + C_4 = 0 \\ y''(0) = 0 & \Rightarrow & \text{(II)} \quad C_4 = 0 \end{array} \right\} \Rightarrow \quad C_1 = C_4 = 0$

$\left. \begin{array}{lll} y(l) = 0 & \Rightarrow & \text{(III)} \quad C_2 l + C_3 \cdot \sin(\alpha l) = 0 \\ y''(l) = 0 & \Rightarrow & \text{(IV)} \quad C_3 \cdot \underbrace{\sin(\alpha l)}_{\neq 0} = 0 \quad \Rightarrow \quad C_3 = 0 \end{array} \right\} \Rightarrow \quad C_2 = C_3 = 0$

Spezielle Lösung: $y = \dfrac{K_0}{\beta^2 (\beta^2 - \alpha^2)} \cdot \sin(\beta x) = \dfrac{Q_0 l^4}{\pi^2 (\pi^2 EI - F l^2)} \cdot \sin\left(\dfrac{\pi x}{l}\right)$

Abschnitt 6

1) *Exakte* Lösung (durch Aufsuchen einer partikulären Lösung): $y_{\text{exakt}} = 2 \cdot e^{(1-x)} + x - 1$

$y' + y = x$

$y_0 = C \cdot e^{-x}; \quad y_p = ax + b$

$\underbrace{a}_{1}x + \underbrace{(a+b)}_{0} = x \quad \Rightarrow$

$a = 1; \quad b = -1; \quad y_p = x - 1$

$y = y_0 + y_p = C \cdot e^{-x} + x - 1$

$y(1) = 2 \quad \Rightarrow \quad C = 2 \cdot e^1 \quad \Rightarrow$

$y = 2 \cdot e^{(1-x)} + x - 1$

x	y (Euler)	y (Runge-Kutta)	y_{exakt}
1,0	2	2	2
1,1	1,9	1,909 675	1,909 675
1,2	1,82	1,837 462	1,837 462
1,3	1,758	1,781 637	1,781 636
1,4	1,7122	1,740 641	1,740 640

2)

x	0	0,1	0,2	0,3	0,4	0,5
y	1	1,127 259	1,320 830	1,608 237	2,042 283	2,738 426

3) *Erstrechnung (Feinrechnung)* für $h = 0,05$:

x	y (Euler)	y (Runge-Kutta)
1	1	1
1,05	1,070 711	1,071 773
1,10	1,143 524	1,145 655
1,15	1,218 416	1,221 621
1,20	1,295 364	1,299 648

Die *Erstrechnung* liefert also folgende Ergebnisse:

Nach *Euler*: $\qquad y(1,2) = 1,295 364$

Nach *Runge-Kutta*: $\quad y(1,2) = 1,299 648$

Zweitrechnung (Grobrechnung) für $h = 0,1$:

Nach *Euler*: $\qquad y(1,2) = 1,291 135$

Nach *Runge-Kutta*: $\quad y(1,2) = 1,299 648$

Fehlerabschätzung:

Nach *Euler*: $\qquad \Delta y_k \approx 1,295 364 - 1,291 135 = 0,004 229 \approx 0,004$

Nach *Runge-Kutta*: $\quad \Delta y_k \approx \dfrac{1}{15} (1,299 648 - 1,299 648) = 0$

4) $y'' + y' - 2y = 0; \quad \lambda_1 = 1; \quad \lambda_2 = -2; \quad y = C_1 \cdot e^x + C_2 \cdot e^{-2x}$

$y(0) = C_1 + C_2 = 1; \quad y'(0) = C_1 - 2C_2 = 0 \quad \Rightarrow \quad C_1 = 2/3; \quad C_2 = 1/3$

Exakte Lösung: $y_{\text{exakt}} = \dfrac{2}{3} \cdot e^x + \dfrac{1}{3} \cdot e^{-2x}; \quad y'_{\text{exakt}} = \dfrac{2}{3}(e^x - e^{-2x})$

Näherungsrechnung nach *Runge-Kutta*:

x	y (Runge-Kutta)	y_{exakt}	y' (Runge-Kutta)	y'_{exakt}
0	1	1	0	0
0,1	1,009 692	1,009 690	0,190 958	0,190 960
0,2	1,037 710	1,037 708	0,367 386	0,367 388
0,3	1,082 845	1,082 843	0,534 028	0,534 031

5) a) *Exakte* Lösung (siehe Übungsaufgabe 4a) aus Abschnitt 4):

$$x = e^{-2t} \cdot \cos(5t); \quad v = \dot{x} = -e^{-2t}[5 \cdot \sin(5t) + 2 \cdot \cos(5t)]$$

$$x(0,1) = 0,718\,504 \approx 0,7185; \quad v(0,1) = \dot{x}(0,1) = -3,399\,610 \approx -3,3996$$

  b) *Näherungslösung* nach *Runge-Kutta*:

$$x(0,1) = 0,718\,521 \approx 0,7185; \quad v(0,1) = \dot{x}(0,1) = -3,399\,706 \approx -3,3997$$

6) $\ddot{\varphi} + \sin\varphi = 0; \quad \varphi(0) = 0; \quad \dot{\varphi}(0) = 1$

Näherungslösung nach *Runge-Kutta*:

$$\varphi(0,1) = 0,099\,875 \approx 0,0999; \quad \dot{\varphi}(0,1) = 0,995\,837 \approx 0,9958$$

Für *kleine* Winkel erhalten wir näherungsweise die *lineare* Differentialgleichung $\ddot{\varphi} + \varphi = 0$. Sie besitzt die *allgemeine* Lösung $\varphi = C_1 \cdot \sin t + C_2 \cdot \cos t$ und für die *Anfangswerte* $\varphi(0) = 0$, $\dot{\varphi}(0) = 1$ die *spezielle* Lösung $\varphi = \sin t$. Somit ist:

$$\varphi(0,1) = \sin 0,1 = 0,099\,833 \approx 0,0998; \quad \dot{\varphi}(0,1) = \cos 0,1 = 0,995\,004 \approx 0,9950$$

Abschnitt 7

1) a) $\det(\mathbf{A} - \lambda\,\mathbf{E}) = \begin{vmatrix} -2-\lambda & -2 \\ 1 & -\lambda \end{vmatrix} = \lambda^2 + 2\lambda + 2 = 0 \quad \Rightarrow \quad \lambda_{1/2} = -1 \pm j$

$$y_1 = e^{-x}(C_1 \cdot \sin x + C_2 \cdot \cos x)$$

$$y_2 = -y_1 - \frac{1}{2}y_1' = \frac{1}{2} \cdot e^{-x}[(-C_1 + C_2) \cdot \sin x - (C_1 + C_2) \cdot \cos x]$$

  b) $\det(\mathbf{A} - \lambda\,\mathbf{E}) = \begin{vmatrix} 1-\lambda & 2 \\ 0 & 1-\lambda \end{vmatrix} = (1-\lambda)^2 = 0 \quad \Rightarrow \quad \lambda_{1/2} = 1$

$$x_1 = (C_1 + C_2 t) \cdot e^t; \quad x_2 = \frac{1}{2}(\dot{x}_1 - x_1) = \frac{1}{2}C_2 \cdot e^t$$

  c) $\det(\mathbf{A} - \lambda\,\mathbf{E}) = \begin{vmatrix} -\lambda & 1 \\ -16 & -\lambda \end{vmatrix} = \lambda^2 + 16 = 0 \quad \Rightarrow \quad \lambda_{1/2} = \pm 4j$

$$y_1 = C_1 \cdot \sin(4x) + C_2 \cdot \cos(4x); \quad y_2 = y_1' = 4[C_1 \cdot \cos(4x) - C_2 \cdot \sin(4x)]$$

  d) $\det(\mathbf{A} - \lambda\,\mathbf{E}) = \begin{vmatrix} 7-\lambda & -15 \\ 3 & -5-\lambda \end{vmatrix} = \lambda^2 - 2\lambda + 10 = 0 \quad \Rightarrow \quad \lambda_{1/2} = 1 \pm 3j$

$$y_1 = e^x[C_1 \cdot \sin(3x) + C_2 \cdot \cos(3x)]$$

$$y_2 = \frac{1}{15}(7y_1 - y_1') = \frac{1}{5} \cdot e^x[(2C_1 + C_2) \cdot \sin(3x) - (C_1 - 2C_2) \cdot \cos(3x)]$$

  e) $\det(\mathbf{A} - \lambda\,\mathbf{E}) = \begin{vmatrix} -3-\lambda & -2 \\ 6 & 3-\lambda \end{vmatrix} = \lambda^2 + 3 = 0 \quad \Rightarrow \quad \lambda_{1/2} = \pm\sqrt{3}\,j$

$$x_1 = C_1 \cdot \sin(\sqrt{3}\,t) + C_2 \cdot \cos(\sqrt{3}\,t); \quad x_2 = \frac{1}{2}(-3x_1 - \dot{x}_1) =$$

$$= \frac{\sqrt{3}}{2}\left[(-\sqrt{3}\,C_1 + C_2) \cdot \sin(\sqrt{3}\,t) - (C_1 + \sqrt{3}\,C_2) \cdot \cos(\sqrt{3}\,t)\right]$$

f) $\det(\mathbf{A} - \lambda\mathbf{E}) = \begin{vmatrix} 6 - \lambda & -3 \\ 2 & 1 - \lambda \end{vmatrix} = \lambda^2 - 7\lambda + 12 = 0 \quad \Rightarrow \quad \lambda_1 = 3; \quad \lambda_2 = 4$

$y_1 = C_1 \cdot e^{3x} + C_2 \cdot e^{4x}; \quad y_2 = \frac{1}{3}(6y_1 - y_1') = C_1 \cdot e^{3x} + \frac{2}{3}C_2 \cdot e^{4x}$

2) a) $\det(\mathbf{A} - \lambda\mathbf{E}) = \begin{vmatrix} 4 - \lambda & -4 \\ 1 & 8 - \lambda \end{vmatrix} = \lambda^2 - 12\lambda + 36 = 0 \quad \Rightarrow \quad \lambda_{1/2} = 6$

$y_1 = (C_1 + C_2 x) \cdot e^{6x}; \quad y_2 = \frac{1}{4}(4y_1 - y_1') = -\frac{1}{4}(2C_1 + 2C_2 + C_2 x) \cdot e^{6x}$

b) $\det(\mathbf{A} - \lambda\mathbf{E}) = \begin{vmatrix} 2 - \lambda & -1 \\ -4 & 2 - \lambda \end{vmatrix} = \lambda^2 - 4\lambda = 0 \quad \Rightarrow \quad \lambda_1 = 0; \quad \lambda_2 = 4$

$x_1 = C_1 + C_2 \cdot e^{4t}; \quad x_2 = 2x_1 - \dot{x}_1 = 2C_1 - 2C_2 \cdot e^{4t}$

c) $\det(\mathbf{A} - \lambda\mathbf{E}) = \begin{vmatrix} -1 - \lambda & -1 \\ 2 & -3 - \lambda \end{vmatrix} = \lambda^2 + 4\lambda + 5 = 0 \quad \Rightarrow \quad \lambda_{1/2} = -2 \pm j$

$y_1 = e^{-2x}(C_1 \cdot \sin x + C_2 \cdot \cos x)$

$y_2 = -y_1 - y_1' = e^{-2x}[(C_1 + C_2) \cdot \sin x - (C_1 - C_2) \cdot \cos x]$

3) a) $\det(\mathbf{A} - \lambda\mathbf{E}) = \begin{vmatrix} 3 - \lambda & -4 \\ 1 & -2 - \lambda \end{vmatrix} = \lambda^2 - \lambda - 2 = 0 \quad \Rightarrow \quad \lambda_1 = 2; \quad \lambda_2 = -1$

$x = C_1 \cdot e^{2t} + C_2 \cdot e^{-t}; \quad y = \frac{1}{4}(3x - \dot{x}) = \frac{1}{4}C_1 \cdot e^{2t} + C_2 \cdot e^{-t}$

b) $a = -\operatorname{Sp}(\mathbf{A}) = -1; \quad b = \det\mathbf{A} = -2; \quad \textit{Störglieder: } g_1(t) = g_2(t) = 0;$

$\tilde{g}(t) = \dot{g}_1(t) - \det\mathbf{B} = 0 - \begin{vmatrix} 0 & -4 \\ 0 & -2 \end{vmatrix} = 0$

$\ddot{x} - \dot{x} - 2x = 0 \quad \Rightarrow \quad \lambda^2 - \lambda - 2 = 0 \quad \Rightarrow \quad \lambda_1 = 2; \quad \lambda_2 = -1$

$x = C_1 \cdot e^{2t} + C_2 \cdot e^{-t}; \quad y = \frac{1}{4}(3x - \dot{x}) = \frac{1}{4}C_1 \cdot e^{2t} + C_2 \cdot e^{-t}$

4) a) $\det(\mathbf{A} - \lambda\mathbf{E}) = \begin{vmatrix} -\lambda & 2 \\ -2 & -\lambda \end{vmatrix} = \lambda^2 + 4 = 0 \quad \Rightarrow \quad \lambda_{1/2} = \pm 2j$

$y_{1(0)} = C_1 \cdot \sin(2x) + C_2 \cdot \cos(2x)$

$y_{2(0)} = \frac{1}{2}y_{1(0)}' = C_1 \cdot \cos(2x) - C_2 \cdot \sin(2x)$

Ansatz: $y_{1(p)} = ax + b; \quad y_{2(p)} = Ax + B$ (in beide Dgln einsetzen)

$\left. \begin{array}{l} \underbrace{(2A + 8)}_{0}x + \underbrace{2B}_{a} = a \\[2mm] \underbrace{-2a}_{0}x - \underbrace{2b}_{A} = A \end{array} \right\} \quad \Rightarrow \quad \begin{array}{l} a = 0; \quad b = 2; \quad A = -4; \quad B = 0 \\[2mm] \text{Somit: } y_{1(p)} = 2; \quad y_{2(p)} = -4x \end{array}$

Allgemeine Lösung:

$$y_1 = y_{1(0)} + y_{1(p)} = C_1 \cdot \sin(2x) + C_2 \cdot \cos(2x) + 2$$

$$y_2 = y_{2(0)} + y_{2(p)} = C_1 \cdot \cos(2x) - C_2 \cdot \sin(2x) - 4x$$

b) $\det(\mathbf{A} - \lambda\mathbf{E}) = \begin{vmatrix} -1-\lambda & 1 \\ -4 & 3-\lambda \end{vmatrix} = \lambda^2 - 2\lambda + 1 = 0 \quad \Rightarrow \quad \lambda_{1/2} = 1$

$$y_{1(0)} = (C_1 + C_2 x) \cdot e^x; \quad y_{2(0)} = y_{1(0)} + y'_{1(0)} = (2C_1 + C_2 + 2C_2 x) \cdot e^x$$

Ansatz: $y_{1(p)} = A \cdot e^{2x}; \quad y_{2(p)} = B \cdot e^{2x}$ (in beiden Dgln einsetzen)

$$\left.\begin{array}{l} 3A - B = 4 \\ 4A = B \end{array}\right\} \quad \Rightarrow \quad \begin{array}{l} A = -4; \quad B = -16 \\ \text{Somit:} \quad y_{1(p)} = -4 \cdot e^{2x}; \quad y_{2(p)} = -16 \cdot e^{2x} \end{array}$$

Allgemeine Lösung:

$$y_1 = y_{1(0)} + y_{1(p)} = (C_1 + C_2 x) \cdot e^x - 4 \cdot e^{2x}$$

$$y_2 = y_{2(0)} + y_{2(p)} = (2C_1 + C_2 + 2C_2 x) \cdot e^x - 16 \cdot e^{2x}$$

5)   a) $a = -\text{Sp}(\mathbf{A}) = -2; \quad b = \det\mathbf{A} = 2; \quad$ *Störglieder:* $g_1(x) = e^x; \quad g_2(x) = 0 \quad \Rightarrow$

$$\tilde{g}(x) = g'_1(x) - \det\mathbf{B} = e^x - \begin{vmatrix} e^x & -2 \\ 0 & 4 \end{vmatrix} = -3 \cdot e^x$$

$$y''_1 - 2y'_1 + 2y_1 = -3 \cdot e^x \quad \Rightarrow \quad \lambda^2 - 2\lambda + 2 = 0 \quad \Rightarrow \quad \lambda_{1/2} = 1 \pm j$$

$$y_{1(0)} = e^x (C_1 \cdot \sin x + C_2 \cdot \cos x); \quad \textit{Ansatz:}\ y_{1(p)} = A \cdot e^x \quad \Rightarrow \quad y_{1(p)} = -3 \cdot e^x$$

Allgemeine Lösung:

$$y_1 = y_{1(0)} + y_{1(p)} = e^x (C_1 \cdot \sin x + C_2 \cdot \cos x - 3)$$

$$y_2 = \frac{1}{2}(-2y_1 - y'_1 + e^x) = -\frac{1}{2} \cdot e^x [(3C_1 - C_2) \cdot \sin x + (C_1 + 3C_2) \cdot \cos x - 10]$$

b) $a = -\text{Sp}(\mathbf{A}) = 2; \quad b = \det\mathbf{A} = 1; \quad$ *Störglieder:* $g_1(x) = 3x; \quad g_2(x) = 2x \quad \Rightarrow$

$$\tilde{g}(x) = g'_1(x) - \det\mathbf{B} = 3 - \begin{vmatrix} 3x & -2 \\ 2x & 1 \end{vmatrix} = 3 - 7x$$

$$y''_1 + 2y'_1 + y_1 = 3 - 7x \quad \Rightarrow \quad \lambda^2 + 2\lambda + 1 = 0 \quad \Rightarrow \quad \lambda_{1/2} = -1$$

$$y_{1(0)} = (C_1 + C_2 x) \cdot e^{-x}; \quad \textit{Ansatz:}\ y_{1(p)} = ax + b$$

$$\underbrace{(2a + b)}_{3} + \underbrace{ax}_{-7} = 3 - 7x \quad \Rightarrow \quad a = -7; \quad b = 17; \quad y_{1(p)} = -7x + 17$$

Allgemeine Lösung:

$$y_1 = y_{1(0)} + y_{1(p)} = (C_1 + C_2 x) \cdot e^{-x} - 7x + 17$$

$$y_2 = \frac{1}{2}(-3y_1 - y'_1 + 3x) = -(C_1 + 0.5C_2 + C_2 x) \cdot e^{-x} + 12x - 22$$

c) $a = -\text{Sp}(\mathbf{A}) = -6; \quad b = \det\mathbf{A} = 8; \quad$ *Störglieder:* $g_1(t) = 8 \cdot e^{3t}; \quad g_2(t) = 8 \quad \Rightarrow$

$$\tilde{g}(t) = \dot{g}_1(t) - \det\mathbf{B} = 24 \cdot e^{3t} - \begin{vmatrix} 8 \cdot e^{3t} & -1 \\ 8 & 3 \end{vmatrix} = -8$$

$$\ddot{x}_1 - 6\dot{x}_1 + 8x_1 = -8 \quad \Rightarrow \quad \lambda^2 - 6\lambda + 8 = 0 \quad \Rightarrow \quad \lambda_1 = 2;\ \lambda_2 = 4$$

$$x_{1(0)} = C_1 \cdot e^{2t} + C_2 \cdot e^{4t};\quad \textit{Ansatz: } x_{1(p)} = \text{const.} = B;$$

$$8B = -8 \quad \Rightarrow \quad B = -1;\quad x_p = -1$$

Allgemeine Lösung:

$$x_1 = x_{1(0)} + x_{1(p)} = C_1 \cdot e^{2t} + C_2 \cdot e^{4t} - 1$$

$$x_2 = 3x_1 - \dot{x}_1 + 8 \cdot e^{3t} = C_1 \cdot e^{2t} - C_2 \cdot e^{4t} + 8 \cdot e^{3t} - 3$$

6)   a) $\det(\mathbf{A} - \lambda\mathbf{E}) = \begin{vmatrix} -1-\lambda & 3 \\ 1 & 1-\lambda \end{vmatrix} = \lambda^2 - 4 = 0 \quad \Rightarrow \quad \lambda_{1/2} = \pm 2$

$$y_{1(0)} = C_1 \cdot e^{2x} + C_2 \cdot e^{-2x};\quad y_{2(0)} = \frac{1}{3}(y_{1(0)} + y'_{1(0)}) = C_1 \cdot e^{2x} - \frac{1}{3}C_2 \cdot e^{-2x}$$

Ansatz: $y_{1(p)} = Ax + B;\quad y_{2(p)} = Cx + D$ (in beide Dgln einsetzen)

$$\left. \begin{array}{c} \underbrace{(-A+3C+1)}_{0}x + \underbrace{(-B+3D)}_{A} = A \\[2mm] \underbrace{(A+C)}_{0}x + \underbrace{(B+D)}_{C} = C \end{array} \right\} \quad \Rightarrow \quad \left\{ \begin{array}{l} A = 1/4;\quad B = -1/4; \\[1mm] C = -1/4;\quad D = 0 \\[1mm] \text{Somit: } y_{1(p)} = \frac{1}{4}x - \frac{1}{4}; \\[2mm] \qquad y_{2(p)} = -\frac{1}{4}x \end{array} \right.$$

Allgemeine Lösung:

$$y_1 = y_{1(0)} + y_{1(p)} = C_1 \cdot e^{2x} + C_2 \cdot e^{-2x} + \frac{1}{4}x - \frac{1}{4}$$

$$y_2 = y_{2(0)} + y_{2(p)} = C_1 \cdot e^{2x} - \frac{1}{3}C_2 \cdot e^{-2x} - \frac{1}{4}x$$

b) $a = -\text{Sp}(\mathbf{A}) = 0;\quad b = \det\mathbf{A} = -4;\quad$ *Störglieder:* $g_1(x) = x;\ g_2(x) = 0 \quad \Rightarrow$

$$\tilde{g}(x) = g'_1(x) - \det\mathbf{B} = 1 - \begin{vmatrix} x & 3 \\ 0 & 1 \end{vmatrix} = 1 - x$$

$$y''_1 - 4y_1 = 1 - x \quad \Rightarrow \quad \lambda^2 - 4 = 0 \quad \Rightarrow \quad \lambda_{1/2} = \pm 2$$

$$y_{1(0)} = C_1 \cdot e^{2x} + C_2 \cdot e^{-2x};\quad \textit{Ansatz: } y_{1(p)} = Ax + B;$$

$$\underbrace{-4B}_{1} \underbrace{-4Ax}_{-1} = 1 - x \quad \Rightarrow \quad A = \frac{1}{4};\quad B = -\frac{1}{4};\quad y_{1(p)} = \frac{1}{4}x - \frac{1}{4}$$

Allgemeine Lösung:

$$y_1 = y_{1(0)} + y_{1(p)} = C_1 \cdot e^{2x} + C_2 \cdot e^{-2x} + \frac{1}{4}x - \frac{1}{4}$$

$$y_2 = \frac{1}{3}(y_1 + y'_1 - x) = C_1 \cdot e^{2x} - \frac{1}{3}C_2 \cdot e^{-2x} - \frac{1}{4}x$$

7)   a) $\det(\mathbf{A} - \lambda\mathbf{E}) = \begin{vmatrix} -3-\lambda & 5 \\ -1 & 1-\lambda \end{vmatrix} = \lambda^2 + 2\lambda + 2 = 0 \quad \Rightarrow \quad \lambda_{1/2} = -1 \pm j$

$$y_1 = e^{-x}(C_1 \cdot \sin x + C_2 \cdot \cos x)$$

$$y_2 = \frac{1}{5}(3y_1 + y'_1) = \frac{1}{5} \cdot e^{-x}[(2C_1 - C_2) \cdot \sin x + (C_1 + 2C_2) \cdot \cos x]$$

Spezielle Lösung: $y_1 = e^{-x} (\sin x + 2 \cdot \cos x); \quad y_2 = e^{-x} \cdot \cos x$

b) $\det (\mathbf{A} - \lambda \mathbf{E}) = \begin{vmatrix} 1 - \lambda & 4 \\ 1 & 1 - \lambda \end{vmatrix} = \lambda^2 - 2\lambda - 3 = 0 \quad \Rightarrow \quad \lambda_1 = -1; \quad \lambda_2 = 3$

$y_1 = C_1 \cdot e^{-x} + C_2 \cdot e^{3x}; \quad y_2 = \dfrac{1}{4} (y'_1 - y_1) = \dfrac{1}{2} (-C_1 \cdot e^{-x} + C_2 \cdot e^{3x})$

Spezielle Lösung: $y_1 = -2 \cdot e^{-x} + 2 \cdot e^{3x}; \quad y_2 = e^{-x} + e^{3x}$

c)   Einsetzungsverfahren: $a = -\operatorname{Sp} (\mathbf{A}) = -1; \quad b = \det \mathbf{A} = -2$

Störglieder: $g_1 (t) = t; \quad g_2 (t) = 3 \cdot e^t \quad \Rightarrow$

$\tilde{g} (t) = \dot{g}_1 (t) - \det \mathbf{B} = 1 - \begin{vmatrix} t & 2 \\ 3 \cdot e^t & 3 \end{vmatrix} = 1 - 3t + 6 \cdot e^t$

$\ddot{x}_1 - \dot{x}_1 - 2x_1 = 1 - 3t + 6 \cdot e^t \quad \Rightarrow \quad \lambda^2 - \lambda - 2 = 0 \quad \Rightarrow$

$\lambda_1 = -1; \quad \lambda_2 = 2$

$x_{1(0)} = C_1 \cdot e^{-t} + C_2 \cdot e^{2t}; \quad \textit{Ansatz:} \ x_{1(p)} = At + B + C \cdot e^t$

$\underbrace{(-A - 2B)}_{1} - \underbrace{2At}_{-3} - \underbrace{2C \cdot e^t}_{6} = 1 - 3t + 6 \cdot e^t \quad \Rightarrow$

$A = 3/2; \quad B = 5/4; \quad C = -3; \quad x_{1(p)} = \dfrac{3}{2} t - \dfrac{5}{4} - 3 \cdot e^t$

Allgemeine Lösung:

$x_1 = x_{1(0)} + x_{1(p)} = C_1 \cdot e^{-t} + C_2 \cdot e^{2t} - 3 \cdot e^t + \dfrac{3}{2} t - \dfrac{5}{4}$

$x_2 = \dfrac{1}{2} (\dot{x}_1 + 2x_1 - t) = \dfrac{1}{2} (C_1 \cdot e^{-t} + 4 C_2 \cdot e^{2t} - 9 \cdot e^t + 2t - 1)$

Spezielle Lösung: $x_1 = \dfrac{5}{3} \cdot e^{-t} - \dfrac{5}{12} \cdot e^{2t} - 3 \cdot e^t + \dfrac{3}{2} t - \dfrac{5}{4}$

$x_2 = \dfrac{5}{6} \cdot e^{-t} - \dfrac{5}{6} \cdot e^{2t} - \dfrac{9}{2} \cdot e^t + t - \dfrac{1}{2}$

d) $\det (\mathbf{A} - \lambda \mathbf{E}) = \begin{vmatrix} -3 - \lambda & -1 \\ 5 & 1 - \lambda \end{vmatrix} = \lambda^2 + 2\lambda + 2 = 0 \quad \Rightarrow \quad \lambda_{1/2} = -1 \pm j$

Allgemeine Lösung:

$y_1 = e^{-x} (C_1 \cdot \sin x + C_2 \cdot \cos x)$

$y_2 = -3y_1 - y'_1 = -e^{-x} [(2 C_1 - C_2) \cdot \sin x + (C_1 + 2 C_2) \cdot \cos x]$

Spezielle Lösung: $y_1 = e^{-x} \cdot \sin x; \quad y_2 = -e^{-x} \cdot (2 \cdot \sin x + \cos x)$

e) $\det (\mathbf{A} - \lambda \mathbf{E}) = \begin{vmatrix} 7 - \lambda & -1 \\ 5 & 5 - \lambda \end{vmatrix} = \lambda^2 - 12\lambda + 40 = 0 \quad \Rightarrow \quad \lambda_{1/2} = 6 \pm 2j$

Allgemeine Lösung:

$y_1 = e^{6x} [C_1 \cdot \sin (2x) + C_2 \cdot \cos (2x)]$

$y_2 = 7y_1 - y'_1 = e^{6x} [(C_1 + 2 C_2) \cdot \sin (2x) - (2 C_1 - C_2) \cdot \cos (2x)]$

Spezielle Lösung: $y_1 = e^{6x} [\sin (2x) + 2 \cdot \cos (2x)]; \quad y_2 = 5 \cdot e^{6x} \cdot \sin (2x)$

8) a) $\det(\mathbf{A} - \lambda\,\mathbf{E}) = \begin{vmatrix} 1-\lambda & 4 \\ 1 & 1-\lambda \end{vmatrix} = \lambda^2 - 2\lambda - 3 = 0 \quad\Rightarrow\quad \lambda_1 = -1;\;\; \lambda_2 = 3$

$$x_{1\,(0)} = C_1 \cdot e^{-t} + C_2 \cdot e^{3t};\quad x_{2\,(0)} = \frac{1}{4}\,(\dot{x}_{1\,(0)} - x_{1\,(0)}) = -\frac{1}{2}\,(C_1 \cdot e^{-t} - C_2 \cdot e^{3t})$$

Ansatz: $x_{1\,(p)} = B \cdot e^t;\;\; x_{2\,(p)} = C \cdot e^t$ (in beide Dgln einsetzen)

$$\left.\begin{array}{l} 4C - 1 = 0 \\ B + 2 = 0 \end{array}\right\} \quad\Rightarrow\quad \left\{\begin{array}{l} B = -2;\quad C = 1/4 \\[4pt] x_{1\,(p)} = -2 \cdot e^t;\;\; x_{2\,(p)} = \dfrac{1}{4} \cdot e^t \end{array}\right.$$

Allgemeine Lösung: $x_1 = x_{1\,(0)} + x_{1\,(p)} = C_1 \cdot e^{-t} + C_2 \cdot e^{3t} - 2 \cdot e^t$

$$x_2 = x_{2\,(0)} + x_{2\,(p)} = -\frac{1}{2}\,(C_1 \cdot e^{-t} - C_2 \cdot e^{3t}) + \frac{1}{4} \cdot e^t$$

Spezielle Lösung: $x_1 = e^{-t} + \dfrac{1}{2} \cdot e^{3t} - 2 \cdot e^t$

$$x_2 = -\frac{1}{2} \cdot e^{-t} + \frac{1}{4} \cdot e^{3t} + \frac{1}{4} \cdot e^t$$

b) $a = -\mathrm{Sp}\,(\mathbf{A}) = -2;\quad b = \det \mathbf{A} = -3$

Störglieder: $g_1(t) = -e^t;\;\; g_2(t) = 2 \cdot e^t \quad\Rightarrow$

$$\tilde{g}(t) = \dot{g}_1(t) - \det \mathbf{B} = -e^t - \begin{vmatrix} -e^t & 4 \\ 2 \cdot e^t & 1 \end{vmatrix} = 8 \cdot e^t$$

$\ddot{x}_1 - 2\dot{x}_1 - 3x_1 = 8 \cdot e^t \quad\Rightarrow\quad \lambda^2 - 2\lambda - 3 = 0 \quad\Rightarrow\quad \lambda_1 = -1;\;\; \lambda_2 = 3$

$x_{1\,(0)} = C_1 \cdot e^{-t} + C_2 \cdot e^{3t}$

Ansatz: $x_{1\,(p)} = C \cdot e^t;\quad -4C = 8 \quad\Rightarrow\quad C = -2;\;\; x_{1\,(p)} = -2 \cdot e^t$

Allgemeine Lösung:

$x_1 = x_{1\,(0)} + x_{1\,(p)} = C_1 \cdot e^{-t} + C_2 \cdot e^{3t} - 2 \cdot e^t$

$$x_2 = \frac{1}{4}\,(\dot{x}_1 - x_1 + e^t) = \frac{1}{4}\,(-2C_1 \cdot e^{-t} + 2C_2 \cdot e^{3t} + e^t)$$

Spezielle Lösung: siehe a)

9) $\left.\begin{array}{l} \ddot{x} = \dot{y} \\ \ddot{y} = -\dot{x} \end{array}\right\} \quad\Rightarrow\quad \left.\begin{array}{l} \dot{u} = v \\ \dot{v} = -u \end{array}\right\}$ oder $\begin{pmatrix} \dot{u} \\ \dot{v} \end{pmatrix} = \begin{pmatrix} 0 & 1 \\ -1 & 0 \end{pmatrix} \begin{pmatrix} u \\ v \end{pmatrix}$

$\det(\mathbf{A} - \lambda\,\mathbf{E}) = \begin{vmatrix} -\lambda & 1 \\ -1 & -\lambda \end{vmatrix} = \lambda^2 + 1 = 0 \quad\Rightarrow\quad \lambda_{1/2} = \pm j$

Allgemeine Lösung: $u = C_1 \cdot \sin t + C_2 \cdot \cos t;\quad v = \dot{u} = C_1 \cdot \cos t - C_2 \cdot \sin t$

Rücksubstitution:

$$x = \int \dot{x}\,dt = \int u\,dt = \int (C_1 \cdot \sin t + C_2 \cdot \cos t)\,dt = -C_1 \cdot \cos t + C_2 \cdot \sin t + K_1$$

$$y = \int \dot{y}\,dt = \int v\,dt = \int (C_1 \cdot \cos t - C_2 \cdot \sin t)\,dt = C_1 \cdot \sin t + C_2 \cdot \cos t + K_2$$

Spezielle Lösung:

Aus den Anfangswerten erhält man
$C_1 = K_1 = 1$ und $C_2 = K_2 = 0$.

Somit: $x = -\cos t + 1$; $y = \sin t$

$\cos t = 1 - x$; $\sin t = y$

Aus $\cos^2 t + \sin^2 t = 1$ folgt weiter:

$(x - 1)^2 + y^2 = 1$

(Kreis um den Mittelpunkt $M = (1; 0)$
mit dem Radius $r = 1$; Bild A-42).

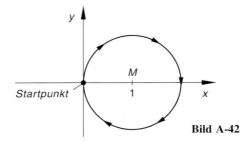

Bild A-42

V Fourier-Transformationen

Hinweise

1) Die Integrale wurden der *Integraltafel* der **Mathematischen Formelsammlung** des Autors entnommen (Angabe der laufenden Nummer und der Parameterwerte).
2) Die Fourier-Transformationen wurden den *Tabellen* in Kap. V, Abschnitt 5.2 entnommen (Angabe der Tabelle, der laufenden Nummer der Transformation und der Parameterwerte).
3) Häufig verwendete Formeln:

$e^{j\varphi} + e^{-j\varphi} = 2 \cdot \cos \varphi$; $e^{j\varphi} - e^{-j\varphi} = 2j \cdot \sin \varphi$

Abschnitt 1

1)   a) $f(t) = e^{-2|t|} = \begin{Bmatrix} e^{2t} & t \leq 0 \\ & \text{für} \\ e^{-2t} & t \geq 0 \end{Bmatrix}$

$$F\{\omega\} = \int\limits_{-\infty}^{0} e^{2t} \cdot e^{-j\omega t}\, dt + \int\limits_{0}^{\infty} e^{-2t} \cdot e^{-j\omega t}\, dt = \int\limits_{-\infty}^{0} e^{(2-j\omega)t}\, dt + \int\limits_{0}^{\infty} e^{-(2+j\omega)t}\, dt =$$

$$= \left[\frac{e^{(2-j\omega)t}}{2 - j\omega}\right]_{-\infty}^{0} + \left[\frac{e^{-(2+j\omega)t}}{-(2+j\omega)}\right]_{0}^{\infty} = \frac{1}{2 - j\omega} + \frac{1}{2 + j\omega} = \frac{4}{4 + \omega^2}$$

(Integral: 312 mit $a = 2 - j\omega$ bzw. $a = -(2 + j\omega)$)

b) $F(\omega) = \int\limits_{0}^{\infty} t^2 \cdot e^{-t} \cdot e^{-j\omega t}\, dt = \int\limits_{0}^{\infty} t^2 \cdot e^{-(1+j\omega)t}\, dt =$

$$= \left[\frac{(1 + j\omega)^2 t^2 + 2(1 + j\omega)t + 2}{-(1 + j\omega)^3} \cdot e^{-(1+j\omega)t}\right]_{0}^{\infty} = \frac{2}{(1 + j\omega)^3}$$

(Integral: 314 mit $a = -(1 + j\omega)$)

c) $\quad F(\omega) = \int\limits_{0}^{\infty} e^{-at} \cdot \sin(\omega_0 t) \cdot e^{-j\omega t}\, dt = \int\limits_{0}^{\infty} e^{-(a+j\omega)t} \cdot \sin(\omega_0 t)\, dt =$

$$= \left[\frac{-(a+j\omega) \cdot \sin(\omega_0 t) - \omega_0 \cdot \cos(\omega_0 t)}{(a+j\omega)^2 + \omega_0^2} \cdot e^{-(a+j\omega)t} \right]_{0}^{\infty} =$$

$$= \frac{\omega_0}{(a+j\omega)^2 + \omega_0^2} \quad \text{(Integral: 322 mit } a \to -(a+j\omega) \text{ und } b = \omega_0)$$

2) $\quad F(\omega) = \int\limits_{-a}^{a} (a^2 - t^2) \cdot e^{-j\omega t}\, dt = a^2 \cdot \underbrace{\int\limits_{-a}^{a} e^{-j\omega t}\, dt}_{I_1} - \underbrace{\int\limits_{-a}^{a} t^2 \cdot e^{-j\omega t}\, dt}_{I_2} = a^2 I_1 - I_2$

Auswertung der Integrale I_1 und I_2:

$$I_1 = \left[\frac{e^{-j\omega t}}{-j\omega} \right]_{-a}^{a} = \frac{e^{j\omega a} - e^{-j\omega a}}{j\omega} = \frac{2 \cdot \sin(\omega a)}{\omega} \quad \text{(Integral: 312 mit } a = -j\omega)$$

$$I_2 = \left[\frac{(-\omega^2 t^2 + j2\omega t + 2) \cdot e^{-j\omega t}}{(-j\omega)^3} \right]_{-a}^{a} =$$

$$= \frac{\omega^2 a^2 (e^{j\omega a} - e^{-j\omega a}) + j2\omega a(e^{j\omega a} + e^{-j\omega a}) - 2(e^{j\omega a} - e^{-j\omega a})}{j\omega^3} =$$

$$= \frac{2a^2 \cdot \sin(\omega a)}{\omega} + \frac{4a \cdot \cos(\omega a)}{\omega^2} - \frac{4 \cdot \sin(\omega a)}{\omega^3} \quad \text{(Integral: 314 mit } a = -j\omega)$$

$$F(\omega) = a^2 I_1 - I_2 = \frac{2a^2 \cdot \sin(\omega a)}{\omega} - \frac{2a^2 \cdot \sin(\omega a)}{\omega} - \frac{4a \cdot \cos(\omega a)}{\omega^2} + \frac{4 \cdot \sin(\omega a)}{\omega^3} =$$

$$= \frac{4\left[\sin(\omega a) - a\omega \cdot \cos(\omega a)\right]}{\omega^3}$$

3) a) $\quad F(\omega) = \int\limits_{t_0}^{t_0+T} 1 \cdot e^{-j\omega t}\, dt = \int\limits_{t_0}^{t_0+T} e^{-j\omega t}\, dt = \left[\frac{e^{-j\omega t}}{-j\omega} \right]_{t_0}^{t_0+T} = j\, \frac{e^{-j\omega t_0}(e^{-j\omega T} - 1)}{\omega}$

(Integral: 312 mit $a = -j\omega$)

b) $\quad F(\omega) = \int\limits_{-T}^{0} \left(1 + \frac{t}{T}\right) \cdot e^{-j\omega t}\, dt + \int\limits_{0}^{T} \left(1 - \frac{t}{T}\right) \cdot e^{-j\omega t}\, dt =$

$$= \int\limits_{-T}^{0} e^{-j\omega t}\, dt + \frac{1}{T} \cdot \int\limits_{-T}^{0} t \cdot e^{-j\omega t}\, dt + \int\limits_{0}^{T} e^{-j\omega t}\, dt - \frac{1}{T} \cdot \int\limits_{0}^{T} t \cdot e^{-j\omega t}\, dt =$$

$$= \left[\frac{e^{-j\omega t}}{-j\omega} \right]_{-T}^{T} + \left[\frac{(j\omega t + 1) \cdot e^{-j\omega t}}{\omega^2 T} \right]_{-T}^{0} - \left[\frac{(j\omega t + 1) \cdot e^{-j\omega t}}{\omega^2 T} \right]_{0}^{T} =$$

$$= \frac{e^{-j\omega T} - e^{j\omega T}}{-j\omega} + \frac{1 - (-j\omega T + 1)\cdot e^{j\omega T} - (j\omega T + 1)\cdot e^{-j\omega T} + 1}{\omega^2 T} =$$

$$= \frac{2\cdot \sin(\omega T)}{\omega} + \frac{2 + j\omega T(e^{j\omega T} - e^{-j\omega T}) - (e^{j\omega T} + e^{-j\omega T})}{\omega^2 T} =$$

$$= \frac{2\cdot \sin(\omega T)}{\omega} + \frac{2 - 2\omega T\cdot \sin(\omega T) - 2\cdot \cos(\omega T)}{\omega^2 T} =$$

$$= \frac{2[1 - \cos(\omega T)]}{\omega^2 T} \quad \text{(Intgegrale: 312 und 313, jeweils mit } a = -j\omega)$$

c) $$F(\omega) = \int_0^T 1\cdot e^{-j\omega t}\, dt + \int_{2T}^{3T} (-1)\cdot e^{-j\omega t}\, dt = \int_0^T e^{-j\omega t}\, dt - \int_{2T}^{3T} e^{-j\omega t}\, dt =$$

$$= \left[\frac{e^{-j\omega t}}{-j\omega}\right]_0^T - \left[\frac{e^{-j\omega t}}{-j\omega}\right]_{2T}^{3T} = j\,\frac{e^{-j\omega T} + e^{-2j\omega T} - e^{-3j\omega T} - 1}{\omega}$$

(Integral: 312 mit $a = -j\omega$)

Abschnitt 2

1)   a) $$F_c(\omega) = \int_0^\infty e^{-at}\cdot \cos(\omega t)\, dt = \left[\frac{(-a\cdot \cos(\omega t) + \omega\cdot \sin(\omega t))\cdot e^{-at}}{a^2 + \omega^2}\right]_0^\infty = \frac{a}{a^2 + \omega^2}$$

(Integral: 324 mit $a \to -a$ und $b = \omega$)

b) $$F_c(\omega) = \int_0^\infty t\cdot e^{-t/T}\cdot \cos(\omega t)\, dt =$$

$$= \left[\frac{t\cdot e^{-t/T}}{\frac{1}{T^2} + \omega^2}\left(-\frac{1}{T}\cdot \cos(\omega t) + \omega\cdot \sin(\omega t)\right) - \right.$$

$$\left. - \frac{e^{-t/T}}{\left(\frac{1}{T^2} + \omega^2\right)^2}\left(\left(\frac{1}{T^2} - \omega^2\right)\cdot \cos(\omega t) - \frac{2\omega}{T}\cdot \sin(\omega t)\right)\right]_0^\infty =$$

$$= \frac{T^2(1 - \omega^2 T^2)}{(1 + \omega^2 T^2)^2} \quad \text{(Integral: 331 mit } a = -1/T \text{ und } b = \omega)$$

c) $$F_c(\omega) = \int_0^\infty e^{-t}\cdot \sin t\cdot \cos(\omega t)\, dt =$$

$$= \frac{1}{2}\left[\underbrace{\int_0^\infty e^{-t}\cdot \sin(1 - \omega)t\, dt}_{I_1} + \underbrace{\int_0^\infty e^{-t}\cdot \sin(1 + \omega)t\, dt}_{I_2}\right] = \frac{1}{2}(I_1 + I_2)$$

Vorgenommene Umformung: $\sin x_1 \cdot \cos x_2 = \dfrac{1}{2} \left[\sin (x_1 - x_2) + \sin (x_1 + x_2) \right]$

mit $x_1 = t$, $x_2 = \omega t$ und somit $x_1 \pm x_2 = (1 \pm \omega) t$

Auswertung der Integrale I_1 und I_2:

$$I_{1/2} = \left[\frac{e^{-t} \left[-\sin (1 \mp \omega) t - (1 \mp \omega) \cdot \cos (1 \mp \omega) t \right]}{1 + (1 \mp \omega)^2} \right]_0^\infty = \frac{1 \mp \omega}{1 + (1 \mp \omega)^2}$$

(Integral: 322 mit $a = -1$ und $b = 1 - \omega$ bzw. $b = 1 + \omega$)

$$F_c(\omega) = \frac{1}{2}(I_1 + I_2) = \frac{1}{2} \left[\frac{1 - \omega}{1 + (1 - \omega)^2} + \frac{1 + \omega}{1 + (1 + \omega)^2} \right]$$

2)   Wegen der *Achsensymmetrie* (*gerade* Funktion) gilt: $F(\omega) = 2 \cdot F_c(\omega)$. Es genügt daher, die Fourier-*Kosinus*-Transformierte $F_c(\omega)$ zu bestimmen.

a) $f(t) = \dfrac{1}{T^2}(T - t)$; $0 \le t \le T$

$$F_c(\omega) = \int_0^T \frac{1}{T^2}(T - t) \cdot \cos (\omega t)\, dt = \frac{1}{T} \cdot \int_0^T \cos (\omega t)\, dt - \frac{1}{T^2} \cdot \int_0^T t \cdot \cos (\omega t)\, dt =$$

$$= \frac{1}{T} \left[\frac{\sin (\omega t)}{\omega} \right]_0^T - \frac{1}{T^2} \left[\frac{\cos (\omega t)}{\omega^2} + \frac{t \cdot \sin (\omega t)}{\omega} \right]_0^T = \frac{1 - \cos (\omega T)}{(\omega T)^2}$$

(Integrale: 228 und 232, jeweils mit $a = \omega$)

$$F(\omega) = 2 \cdot F_c(\omega) = \frac{2 \left[1 - \cos (\omega T) \right]}{(\omega T)^2}$$

b) $f(t) = \begin{cases} t & 0 \le t \le 1 \\[2mm] & \text{für} \\[2mm] 2 - t & 1 \le t \le 2 \end{cases}$

$$F_c(\omega) = \int_0^1 t \cdot \cos (\omega t)\, dt + \int_1^2 (2 - t) \cdot \cos (\omega t)\, dt =$$

$$= \int_0^1 t \cdot \cos (\omega t)\, dt + 2 \cdot \int_1^2 \cos (\omega t)\, dt - \int_1^2 t \cdot \cos (\omega t)\, dt =$$

$$= \left[\frac{\cos (\omega t)}{\omega^2} + \frac{t \cdot \sin (\omega t)}{\omega} \right]_0^1 + \left[\frac{2 \cdot \sin (\omega t)}{\omega} - \frac{\cos (\omega t)}{\omega^2} - \frac{t \cdot \sin (\omega t)}{\omega} \right]_1^2 =$$

$$= \frac{2 \cdot \cos \omega - \cos (2\omega) - 1}{\omega^2} = \frac{2 \left[\cos \omega - \cos^2 \omega \right]}{\omega^2}$$

(Integrale: 228 und 232, jeweils mit $a = \omega$; $\cos (2\omega) = 2 \cdot \cos^2 \omega - 1$)

$$F(\omega) = 2 \cdot F_c(\omega) = \frac{4 \left[\cos \omega - \cos^2 \omega \right]}{\omega^2}$$

3) $x(t)$ ist eine *ungerade* Funktion. Es genügt daher, die Fourier-*Sinus*-Transformierte $X_s(\omega)$
     zu bestimmen.

$$X(\omega) = -2\,\mathrm{j} \cdot X_s(\omega) = -2\,\mathrm{j} \cdot \int_0^\infty \mathrm{e}^{-at} \cdot \sin(\omega_0\, t) \cdot \sin(\omega\, t)\, dt =$$

$$= -\mathrm{j} \cdot \left[\underbrace{\int_0^\infty \mathrm{e}^{-at} \cdot \cos(\omega - \omega_0)\, t\, dt}_{I_1} - \underbrace{\int_0^\infty \mathrm{e}^{-at} \cdot \cos(\omega + \omega_0)\, t\, dt}_{I_2} \right] = -\mathrm{j}\,(I_1 - I_2)$$

Vorgenommene Umformung: $\sin x_1 \cdot \sin x_2 = \dfrac{1}{2}\left[\cos(x_1 - x_2) - \cos(x_1 + x_2)\right]$

mit $x_1 = \omega\, t$, $x_2 = \omega_0\, t$ und somit $x_1 \pm x_2 = (\omega \pm \omega_0)\, t$

Auswertung der Integrale I_1 und I_2:

$$I_{1/2} = \left[\frac{\mathrm{e}^{-at}\left[-a \cdot \cos(\omega \mp \omega_0)\, t + (\omega \mp \omega_0) \cdot \sin(\omega \mp \omega_0)\, t\right]}{a^2 + (\omega \mp \omega_0)^2} \right]_0^\infty = \frac{a}{a^2 + (\omega \mp \omega_0)^2}$$

(Integral: 324 mit $a \to -a$ und $b = \omega - \omega_0$ bzw. $b = \omega + \omega_0$)

$$X(\omega) = -\mathrm{j}\,(I_1 - I_2) = -\mathrm{j}\left(\frac{a}{a^2 + (\omega - \omega_0)^2} - \frac{a}{a^2 + (\omega + \omega_0)^2} \right) =$$

$$= -\mathrm{j}\,a \left(\frac{1}{(a^2 + \omega_0^2 + \omega^2) - 2\,\omega_0\,\omega} - \frac{1}{(a^2 + \omega_0^2 + \omega^2) + 2\,\omega_0\,\omega} \right) =$$

$$= -\mathrm{j}\,a \cdot \frac{(a^2 + \omega_0^2 + \omega^2) + 2\,\omega_0\,\omega - (a^2 + \omega_0^2 + \omega^2) + 2\,\omega_0\,\omega}{\underbrace{\left[(a^2 + \omega_0^2 + \omega^2) - 2\,\omega_0\,\omega\right]\left[(a^2 + \omega_0^2 + \omega^2) + 2\,\omega_0\,\omega\right]}_{\text{3. Binom}}} =$$

$$= -\mathrm{j} \cdot \frac{4\,a\,\omega_0\,\omega}{(a^2 + \omega_0^2 + \omega^2)^2 - 4\,\omega_0^2\,\omega^2}$$

$$A(\omega) = |X(\omega)| = \frac{4\,a\,\omega_0\,|\omega|}{(a^2 + \omega_0^2 + \omega^2)^2 - 4\,\omega_0^2\,\omega^2}$$

4)   a) $$F_s(\omega) = \int_0^\infty \mathrm{e}^{-t/T} \cdot \sin(\omega\, t)\, dt = \left[\frac{\mathrm{e}^{-t/T}\left(-\dfrac{1}{T} \cdot \sin(\omega\, t) - \omega \cdot \cos(\omega\, t)\right)}{\dfrac{1}{T^2} + \omega^2} \right]_0^\infty =$$

$$= \frac{T^2\,\omega}{1 + (\omega\, T)^2} \qquad \text{(Integral: 322 mit } a = -1/T \text{ und } b = \omega)$$

b) $$F_s(\omega) = \int_0^\infty t \cdot \mathrm{e}^{-at} \cdot \sin(\omega\, t)\, dt = \left[\frac{t \cdot \mathrm{e}^{-at}\left[-a \cdot \sin(\omega\, t) - \omega \cdot \cos(\omega\, t)\right]}{a^2 + \omega^2} \right. -$$

$$\left. - \frac{\mathrm{e}^{-at}\left[(a^2 - \omega^2) \cdot \sin(\omega\, t) + 2\,a\,\omega \cdot \cos(\omega\, t)\right]}{(a^2 + \omega^2)^2} \right]_0^\infty = \frac{2\,a\,\omega}{(a^2 + \omega^2)^2}$$

(Integral: 330 mit $a \to -a$ und $b = \omega$)

c) $F_s(\omega) = \int\limits_0^\infty e^{-t} \cdot \cos t \cdot \sin(\omega t)\, dt = \int\limits_0^\infty e^{-t} \cdot \sin(\omega t) \cdot \cos t\, dt =$

$$= \frac{1}{2}\left[\underbrace{\int\limits_0^\infty e^{-t} \cdot \sin(\omega - 1)t\, dt}_{I_1} + \underbrace{\int\limits_0^\infty e^{-t} \cdot \sin(\omega + 1)t\, dt}_{I_2}\right] = \frac{1}{2}(I_1 + I_2)$$

Vorgenommene Umformung: $\sin x_1 \cdot \cos x_2 = \dfrac{1}{2}\left[\sin(x_1 - x_2) + \sin(x_1 + x_2)\right]$

mit $x_1 = \omega t,\ x_2 = t$ und somit $x_1 \pm x_2 = (\omega \pm 1)t$

Auswertung der Integrale I_1 und I_2:

$$I_{1/2} = \left[\frac{e^{-t}\left[-\sin(\omega \mp 1)t - (\omega \mp 1)\cdot\cos(\omega \mp 1)t\right]}{1 + (\omega \mp 1)^2}\right]_0^\infty = \frac{\omega \mp 1}{1 + (\omega \mp 1)^2}$$

(Integral: 322 mit $a = -1$ und $b = \omega - 1$ bzw. $b = \omega + 1$)

$$F_s(\omega) = \frac{1}{2}(I_1 + I_2) = \frac{1}{2}\left[\frac{\omega - 1}{1 + (\omega - 1)^2} + \frac{\omega + 1}{1 + (\omega + 1)^2}\right]$$

5) $F_c(\omega) = \int\limits_0^T 1 \cdot \cos(\omega t)\, dt = \int\limits_0^T \cos(\omega t)\, dt = \left[\dfrac{\sin(\omega t)}{\omega}\right]_0^T = \dfrac{\sin(\omega T)}{\omega}$

$$F_s(\omega) = \int\limits_0^T 1 \cdot \sin(\omega t)\, dt = \int\limits_0^T \sin(\omega t)\, dt = \left[-\frac{\cos(\omega t)}{\omega}\right]_0^T = \frac{1 - \cos(\omega T)}{\omega}$$

(Integrale: 228 und 204, jeweils mit $a = \omega$)

6)   Wegen der *Punktsymmetrie* (*ungerade* Funktion) gilt: $F(\omega) = -2j \cdot F_s(\omega)$. Es genügt daher, die Fourier-*Sinus*-Transformierte zu bestimmen.

a) $F_s(\omega) = \int\limits_0^T 1 \cdot \sin(\omega t)\, dt = \int\limits_0^T \sin(\omega t)\, dt = \left[-\dfrac{\cos(\omega t)}{\omega}\right]_0^T = \dfrac{1 - \cos(\omega T)}{\omega}$

(Integral: 204 mit $a = \omega$)

$$F(\omega) = -2j \cdot F_s(\omega) = j\,\frac{2\left[\cos(\omega T) - 1\right]}{\omega}$$

b) $F_s(\omega) = \int\limits_0^\infty e^{-at} \cdot \sin(\omega t)\, dt = \left[\dfrac{e^{-at}\left[-a\cdot\sin(\omega t) - \omega\cdot\cos(\omega t)\right]}{a^2 + \omega^2}\right]_0^\infty = \dfrac{\omega}{a^2 + \omega^2}$

(Integral: 322 mit $a \to -a$ und $b = \omega$)

$$F(\omega) = -2j \cdot F_s(\omega) = -j\,\frac{2\omega}{a^2 + \omega^2}$$

Abschnitt 3

1) $f(t) = \sigma(t + T) + \sigma(t - T) - 1$

2)   Verlauf der „ausgeblendeten" Exponentialfunktion: siehe Bild A-43 (a) bis c))

    a) $g(t) = e^{-t} \cdot \sigma(t)$

    b) $g(t) = e^{-t}\left[\sigma(t - 1) - \sigma(t - 2)\right]$

    c) $g(t) = e^{-t} \cdot \sigma(t + 1)$

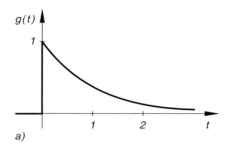

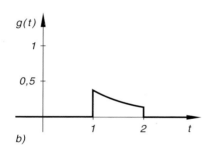

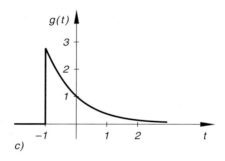

Bild A-43

3) $g(t) = f(t - 2) \cdot \sigma(t) = e^{-0,2|t-2|} \cdot \sigma(t)$

    Verlauf der Kurven: siehe Bild A-44 (a) und b))

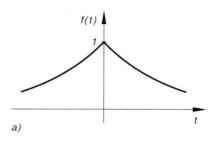

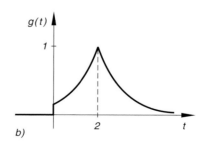

Bild A-44

4) a) $T = -\pi/2$ liegt *im* Integrationsbereich. Daher:

$$\int\limits_{-\pi}^{\pi} \delta\left(t + \pi/2\right) \cdot \sin\left(2\,t\right) dt = \sin\left(2\,T\right) = \sin\left(-\pi\right) = 0$$

b) $T = 3$ liegt *im* Integrationsintervall: $\int\limits_{0}^{10} \delta\left(t - 3\right) \cdot e^{-2t}\, dt = e^{-2T} = e^{-6}$

c) $T = 10$ liegt *außerhalb* des Integrationsintervalls: $\int\limits_{-\infty}^{0} \delta\left(t - 10\right) \cdot \dfrac{\cos t}{1 + t^2}\, dt = 0$

d) $T = e < 3$ liegt *im* Integrationsintervall: $\int\limits_{0}^{3} \delta\left(t - e\right) \cdot \ln t\, dt = \ln T = \ln e = 1$

e) T liegt *stets* im Integrationsbereich $\left(-\infty < T < \infty\right)$:

$$\int\limits_{-\infty}^{\infty} \delta\left(t - T\right) \cdot \left[\sigma\left(t + \pi\right) - \sigma\left(t - \pi\right)\right] \cdot \cos t\, dt =$$

$$= \left[\sigma\left(T + \pi\right) - \sigma\left(T - \pi\right)\right] \cdot \cos T = \left\{ \begin{array}{lll} 1 \cdot \cos T = \cos T & & -\pi \leq T \leq \pi \\ & \text{für} & \\ 0 \cdot \cos T = 0 & & \text{alle übrigen } T \end{array} \right\}$$

5) Der Parameterwert $T = 5$ muss im Intervall $0 \leq 5 \leq a$ liegen $\Rightarrow$ $a \geq 5$

Integralwert für $a \geq 5$: $\cos\left(T - 2\right) = \cos\left(5 - 2\right) = \cos 3$

6) a) Sprung der Höhe 2 bei $t = 0$: $\dfrac{Df\left(t\right)}{Dt} = -2 \cdot e^{-t} \cdot \sigma\left(t\right) + 2 \cdot \delta\left(t\right)$

b) Sprung der Höhe $\cos\left(2\pi - 1\right) = 0{,}5403$ bei $t = \pi$:

$$\frac{Df\left(t\right)}{Dt} = -2 \cdot \sin\left(2t - 1\right) \cdot \sigma\left(t - \pi\right) + 0{,}5403 \cdot \delta\left(t - \pi\right)$$

c) Sprung der Höhe $f\left(-5\right) = 26$ an der Stelle $t = -5$:

$$\frac{Df\left(t\right)}{Dt} = 2\,t \cdot \sigma\left(t + 5\right) + 26 \cdot \delta\left(t + 5\right)$$

7) Sprünge der Höhe 1 bei $t = \mp a$:

$$\frac{Df\left(t\right)}{Dt} = 0 + 1 \cdot \delta\left(t + a\right) + 1 \cdot \delta\left(t - a\right) = \delta\left(t + a\right) + \delta\left(t - a\right)$$

Fourier-Transformierte der Ableitung: $F\left(\omega\right) = e^{j\omega a} + e^{-j\omega a} = 2 \cdot \cos\left(\omega a\right)$

8) $F\left(\omega\right) = e^{-j\omega 3} + 1 + e^{j\omega 5} = 1 + e^{-j3\omega} + e^{j5\omega}$

9) $F(\omega) = 2\left[\delta(\omega - \pi) + \delta(\omega + \pi)\right] + j\left[\delta(\omega - 1) - \delta(\omega + 1)\right]$

$$f(t) = \frac{1}{2\pi} \cdot \int_{-\infty}^{\infty} F(\omega) \cdot e^{j\omega t}\, d\omega = \frac{1}{\pi} \cdot \int_{-\infty}^{\infty} \left[\delta(\omega - \pi) + \delta(\omega + \pi)\right] \cdot e^{j\omega t}\, d\omega +$$

$$+ \frac{j}{2\pi} \cdot \int_{-\infty}^{\infty} \left[\delta(\omega - 1) - \delta(\omega + 1)\right] \cdot e^{j\omega t}\, d\omega =$$

$$= \frac{1}{\pi} \underbrace{\left(e^{j\pi t} + e^{-j\pi t}\right)}_{2\, \cdot\, \cos(\pi t)} + \frac{j}{2\pi} \underbrace{\left(e^{jt} - e^{-jt}\right)}_{2j\, \cdot\, \sin t} = \frac{2}{\pi} \cdot \cos(\pi t) - \frac{1}{\pi} \cdot \sin t$$

Die Teilintegrale sind alle vom gleichen Typ und lassen sich nach der *Ausblendvorschrift*

$$\int_{-\infty}^{\infty} \delta(\omega - T) \cdot e^{j\omega t}\, d\omega = e^{jTt} \quad (\text{mit } -\infty < T < \infty)$$

auswerten (der Parameter T liegt dabei stets im Integrationsbereich und besitzt der Reihe nach die speziellen Werte π, $-\pi$, 1 und -1).

Abschnitt 4

1) a) $F(\omega) = 3 \cdot \mathcal{F}\{e^{-2t} \cdot \sigma(t)\} - 5 \cdot \mathcal{F}\{e^{-8t} \cdot \sigma(t)\} = \dfrac{3}{2 + j\omega} - \dfrac{5}{8 + j\omega}$

   (Tab. 1: Nr. 9 mit $a = 2$ bzw. $a = 8$)

   b) $F(\omega) = a \cdot \mathcal{F}\left\{\dfrac{1}{2^2 + t^2}\right\} + b \cdot \mathcal{F}\{t \cdot e^{-2t} \cdot \sigma(t)\} = \dfrac{a\pi}{2} \cdot e^{-2|\omega|} + \dfrac{b}{(2 + j\omega)^2}$

   (Tab. 1: Nr. 6 und Nr. 10, jeweils mit $a = 2$)

   c) $F(\omega) = A \cdot \mathcal{F}\{e^{-at} \cdot \sin t \cdot \sigma(t)\} - 2A \cdot \mathcal{F}\{e^{-at} \cdot \cos t \cdot \sigma(t)\} =$

   $$= A \cdot \frac{1}{(a + j\omega)^2 + 1} - 2A \cdot \frac{a + j\omega}{(a + j\omega)^2 + 1} = \frac{A(1 - 2a - j2\omega)}{(a + j\omega)^2 + 1}$$

   (Tab. 1: Nr. 13 und Nr. 14, jeweils mit $a = a$ und $b = 1$)

2) a) $\mathcal{F}\{e^{-a|t|}\} = \mathcal{F}\{e^{-|at|}\} = \dfrac{1}{a} \cdot F(\omega/a) = \dfrac{1}{a} \cdot \dfrac{2}{1 + (\omega/a)^2} = \dfrac{2a}{a^2 + \omega^2}$

   b) $\mathcal{F}\{e^{-at^2}\} = \mathcal{F}\{e^{-(\sqrt{a}\,t)^2}\} = \dfrac{1}{\sqrt{a}} \cdot F(\omega/\sqrt{a}) = \dfrac{1}{\sqrt{a}} \cdot \sqrt{\pi} \cdot e^{-(\omega/\sqrt{a})^2/4} =$

   $$= \sqrt{\frac{\pi}{a}} \cdot e^{-\omega^2/4a}$$

   c) $\mathcal{F}\{t \cdot e^{-at} \cdot \sigma(t)\} = \mathcal{F}\left\{\dfrac{1}{a} \cdot (at) \cdot e^{-at} \cdot \sigma(t)\right\} = \dfrac{1}{a} \cdot \mathcal{F}\{(at) \cdot e^{-at} \cdot \sigma(t)\} =$

   $$= \frac{1}{a} \cdot \frac{1}{a} \cdot F(\omega/a) = \frac{1}{a^2} \cdot \frac{1}{(1 + j\omega/a)^2} = \frac{1}{(a + j\omega)^2}$$

3) Verschobene Funktion: $g(t) = f(t - 3)$. Die Bildfunktion multipliziert sich mit $e^{-j3\omega}$:

$$G(\omega) = \mathcal{F}\{g(t)\} = \mathcal{F}\{f(t - 3)\} = e^{-j3\omega} \cdot F(\omega)$$

a) $G(\omega) = \dfrac{e^{-j3\omega}}{2 + j\omega}$ b) $G(\omega) = \sqrt{\pi} \cdot e^{-(\omega^2/4 + j3\omega)}$ c) $G(\omega) = \dfrac{e^{-j3\omega}}{(1 + j\omega)^2 + 1}$

4) a) Verschiebung um a nach *rechts*: $g(t) = f(t - a) = \sigma(t) - \sigma(t - 2a)$

$$G(\omega) = \mathcal{F}\{g(t)\} = e^{-j\omega a} \cdot F(\omega) = \frac{2 \cdot \sin(\omega a) \cdot e^{-j\omega a}}{\omega}$$

b) Verschiebung um $T/2$ nach *rechts*:

$$G(\omega) = \mathcal{F}\{g(t)\} = e^{-j\omega T/2} \cdot F(\omega) = \frac{2[1 - \cos(\omega T)] \cdot e^{-j\omega T/2}}{(\omega T)^2}$$

5) $G(\omega) = \mathcal{F}\{g(t)\} = F(\omega - \omega_0) = \dfrac{2 \cdot \sin[(\omega - \omega_0)a]}{\omega - \omega_0}$

6) Wir verschieben den Impuls $f(t)$ um die Strecke a nach rechts bzw. links und erhalten die Impulse $f_1(t)$ und $f_2(t)$ mit den folgenden Bildfunktionen (siehe Bild A-45 bzw. A-46):

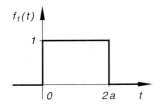

$$F_1(\omega) = \mathcal{F}\{f_1(t)\} = e^{-j\omega a} \cdot F(\omega) =$$
$$= e^{-j\omega a} \cdot \frac{2 \cdot \sin(a\omega)}{\omega}$$

Bild A-45 Rechteckiger Impuls $f_1(t)$

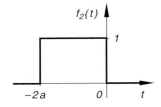

$$F_2(\omega) = \mathcal{F}\{f_2(t)\} = e^{j\omega a} \cdot F(\omega) =$$
$$= e^{j\omega a} \cdot \frac{2 \cdot \sin(a\omega)}{\omega}$$

Bild A-46 Rechteckiger Impuls $f_2(t)$

Der vorgegebene rechteckige Impuls $g(t)$ nach Bild V-55 ist die *Differenz* der Impulse $f_1(t)$ und $f_2(t)$, wenn man $a = T$ setzt. Somit gilt:

$$G(\omega) = \mathcal{F}\{g(t)\} = \mathcal{F}\{f_1(t) - f_2(t)\} = \mathcal{F}\{f_1(t)\} - \mathcal{F}\{f_2(t)\} = F_1(\omega) - F_2(\omega) =$$

$$= e^{-j\omega T} \cdot F(\omega) - e^{j\omega T} \cdot F(\omega) = -\underbrace{(e^{j\omega T} - e^{-j\omega T})}_{2j \cdot \sin(\omega T)} \cdot F(\omega) = -j\frac{4 \cdot \sin^2(\omega T)}{\omega}$$

7) $\quad \sin(\omega_0 t) = \dfrac{1}{2j}(e^{j\omega_0 t} - e^{-j\omega_0 t})$

$g(t) = e^{-\delta t} \cdot \sin(\omega_0 t) \cdot \sigma(t) = \dfrac{1}{2j} \cdot e^{-\delta t}(e^{j\omega_0 t} - e^{-j\omega_0 t}) \cdot \sigma(t) =$

$= \dfrac{1}{2j}[e^{j\omega_0 t} \cdot e^{-\delta t} \cdot \sigma(t) - e^{-j\omega_0 t} \cdot e^{-\delta t} \cdot \sigma(t)] = \dfrac{1}{2j}[e^{j\omega_0 t} \cdot f(t) - e^{-j\omega_0 t} \cdot f(t)]$

mit $\quad f(t) = e^{-\delta t} \cdot \sigma(t) \quad$ und $\quad F(\omega) = \mathcal{F}\{f(t)\} = \mathcal{F}\{e^{-\delta t} \cdot \sigma(t)\} = \dfrac{1}{\delta + j\omega}$.

Somit lässt sich $g(t)$ als Überlagerung zweier Funktionen darstellen, die aus $f(t)$ durch *Dämpfung* mit $e^{j\omega_0 t}$ bzw. $e^{-j\omega_0 t}$ hervorgehen. Der *Dämpfungssatz* liefert dann:

$G(\omega) = \mathcal{F}\{g(t)\} = \dfrac{1}{2j}[\mathcal{F}\{e^{j\omega_0 t} \cdot f(t)\} - \mathcal{F}\{e^{-j\omega_0 t} \cdot f(t)\}] =$

$= \dfrac{1}{2j}[F(\omega - \omega_0) - F(\omega + \omega_0)] = \dfrac{1}{2j}\left[\dfrac{1}{\delta + j(\omega - \omega_0)} - \dfrac{1}{\delta + j(\omega + \omega_0)}\right] =$

$= \dfrac{1}{2j}\left[\dfrac{1}{(\delta + j\omega) - j\omega_0} - \dfrac{1}{(\delta + j\omega) + j\omega_0}\right] =$

$= \dfrac{1}{2j} \cdot \underbrace{\dfrac{(\delta + j\omega) + j\omega_0 - (\delta + j\omega) + j\omega_0}{[(\delta + j\omega) - j\omega_0][(\delta + j\omega) + j\omega_0]}}_{\text{3. Binom}} = \dfrac{\omega_0}{(\delta + j\omega)^2 + \omega_0^2}$

8) $\quad g'(t) = e^{-at} \cdot \sigma(t) - a\underbrace{t \cdot e^{-at} \cdot \sigma(t)}_{g(t)} = e^{-at} \cdot \sigma(t) - a \cdot g(t)$

$\mathcal{F}\{g'(t)\} = \mathcal{F}\{e^{-at} \cdot \sigma(t)\} - a \cdot \mathcal{F}\{g(t)\} = F(\omega) - a \cdot G(\omega)$

Ableitungssatz für Originalfunktionen: $\mathcal{F}\{g'(t)\} = j\omega \cdot G(\omega)$. Somit gilt:

$j\omega \cdot G(\omega) = F(\omega) - a \cdot G(\omega) \quad \Rightarrow \quad G(\omega) = \dfrac{F(\omega)}{a + j\omega} = \dfrac{1}{(a + j\omega)^2}$

9) Gliedweise Transformation unter Verwendung des *Ableitungssatzes für Originalfunktionen* liefert mit den Bezeichnungen $X(\omega) = \mathcal{F}\{x(t)\}$ und $G(\omega) = \mathcal{F}\{g(t)\}$:

$\mathcal{F}\{\ddot{x}\} + 2\delta \cdot \mathcal{F}\{\dot{x}\} + \omega_0^2 \cdot \mathcal{F}\{x\} = \mathcal{F}\{g(t)\} \quad \Rightarrow$

$(j\omega)^2 \cdot X(\omega) + 2\delta \cdot j\omega \cdot X(\omega) + \omega_0^2 \cdot X(\omega) = G(\omega) \quad \Rightarrow$

$(\omega_0^2 - \omega^2 + j2\delta\omega) \cdot X(\omega) = G(\omega)$

10) $\quad f'(t) = \omega_0 \cdot \cos(\omega_0 t) \cdot \sigma(t) = \omega_0 \cdot g(t)$

$\mathcal{F}\{f'(t)\} = \omega_0 \cdot \mathcal{F}\{g(t)\} = \omega_0 \cdot G(\omega)$

Ableitungssatz für Originalfunktionen: $\mathcal{F}\{f'(t)\} = j\omega \cdot F(\omega)$. Somit gilt:

$\omega_0 \cdot G(\omega) = j\omega \cdot F(\omega) \quad \Rightarrow \quad G(\omega) = j\dfrac{\omega \cdot F(\omega)}{\omega_0} = j\dfrac{\omega}{\omega_0^2 - \omega^2}$

11) $F'(\omega) = -\mathrm{j} \cdot \mathcal{F}\{\underbrace{t \cdot f(t)}_{g(t)}\} = -\mathrm{j} \cdot \mathcal{F}\{g(t)\} \quad \Rightarrow \quad \mathcal{F}\{g(t)\} = \mathrm{j} \cdot F'(\omega)$

a) $\mathcal{F}\{g(t)\} = \mathcal{F}\{t \cdot \mathrm{e}^{-5t} \cdot \sigma(t)\} = \mathrm{j} \cdot F'(\omega) = \mathrm{j} \cdot \dfrac{d}{d\omega}\left(\dfrac{1}{5+\mathrm{j}\omega}\right) = \dfrac{1}{(5+\mathrm{j}\omega)^2}$

b) $\mathcal{F}\{g(t)\} = \mathcal{F}\{t \cdot \mathrm{e}^{-a|t|}\} = \mathrm{j} \cdot F'(\omega) = \mathrm{j} \cdot \dfrac{d}{d\omega}\left(\dfrac{2a}{a^2+\omega^2}\right) = -\mathrm{j}\,\dfrac{4a\omega}{(a^2+\omega^2)^2}$

c) $\mathcal{F}\{g(t)\} = \mathcal{F}\{t \cdot \mathrm{e}^{-t^2}\} = \mathrm{j} \cdot F'(\omega) = \mathrm{j} \cdot \dfrac{d}{d\omega}\left(\sqrt{\pi} \cdot \mathrm{e}^{-\omega^2/4}\right) =$

$\qquad = -\mathrm{j} \cdot \dfrac{1}{2}\sqrt{\pi} \cdot \omega \cdot \mathrm{e}^{-\omega^2/4}$

12) $\displaystyle\int_{-\infty}^{t} g(u)\,du = \int_{-\infty}^{t} u \cdot \mathrm{e}^{-au} \cdot \sigma(u)\,du = \int_{0}^{t} \underset{\underset{\alpha}{\uparrow}}{\tau} \cdot \underset{\underset{\beta'}{\uparrow}}{\mathrm{e}^{-au}}\,du = \left[\alpha\beta\right]_{0}^{t} - \int_{0}^{t}\alpha'\beta\,du =$

$\displaystyle = \left[-\dfrac{1}{a}\,u \cdot \mathrm{e}^{-au}\right]_{0}^{t} + \dfrac{1}{a} \cdot \int_{0}^{t}\mathrm{e}^{-au}\,du = -\dfrac{1}{a}\,(t \cdot \mathrm{e}^{-at} \cdot \sigma(t)) + \dfrac{1}{a} \cdot \int_{0}^{t}\mathrm{e}^{-au}\,du$

$\left(\text{nach partieller Integration mit } \alpha = u,\ \beta' = \mathrm{e}^{-au} \text{ und somit } \alpha' = 1,\ \beta = -\dfrac{1}{a} \cdot \mathrm{e}^{-au}\right)$

Gliedweise Fouriertransformation in Verbindung mit dem *Integrationssatz* führt dann zu:

$\underbrace{\mathcal{F}\left\{\displaystyle\int_{-\infty}^{t} g(u)\,du\right\}}_{\dfrac{1}{\mathrm{j}\omega} \cdot G(\omega)} = -\dfrac{1}{a} \cdot \underbrace{\mathcal{F}\{t \cdot \mathrm{e}^{-at} \cdot \sigma(t)\}}_{G(\omega)} + \dfrac{1}{a} \cdot \underbrace{\mathcal{F}\left\{\displaystyle\int_{0}^{t}\mathrm{e}^{-au}\,du\right\}}_{\dfrac{1}{\mathrm{j}\omega} \cdot F(\omega)} \quad \Rightarrow$

$\dfrac{1}{\mathrm{j}\omega} \cdot G(\omega) + \dfrac{1}{a} \cdot G(\omega) = \dfrac{1}{\mathrm{j}a\omega} \cdot F(\omega) \quad \Rightarrow \quad G(\omega) = \dfrac{1}{a+\mathrm{j}\omega} \cdot F(\omega) = \dfrac{1}{(a+\mathrm{j}\omega)^2}$

13) $f_1 * f_2 = \displaystyle\int_{-\infty}^{\infty}\cos u \cdot \sigma(u) \cdot \sin(t-u) \cdot \sigma(t-u)\,du = \int_{0}^{t}\cos u \cdot \sin(t-u)\,du =$

$= \displaystyle\int_{0}^{t}\cos u\,(\sin t \cdot \cos u - \cos t \cdot \sin u)\,du =$

$= \sin t \cdot \displaystyle\int_{0}^{t}\cos^2 u\,du - \cos t \cdot \int_{0}^{t}\sin u \cdot \cos u\,du =$

$= \sin t\left[\dfrac{u}{2} + \dfrac{\sin u \cdot \cos u}{2}\right]_{0}^{t} - \cos t\left[\dfrac{\sin^2 u}{2}\right]_{0}^{t} = \dfrac{1}{2}\,t \cdot \sin t$

Hinweis: $\sigma(u) = 1$ für $u \geq 0$ (sonst $= 0$) und $\sigma(t-u) = 1$ für $u \leq t$ (sonst $= 0$). Somit gilt: $\sigma(u) \cdot \sigma(t-u) = 1$ im Intervall $0 \leq u \leq t$ (sonst $= 0$). Ferner: $\sin(t-u)$ nach dem Additionstheorem für den Sinus entwickeln. Integrale: 229 und 254, jeweils mit $a = 1$.

14) $f * g = \displaystyle\int\limits_{-\infty}^{\infty} [\sigma(u + T) - \sigma(u - T)] \cdot \dfrac{1}{1 + (t - u)^2}\, du = \int\limits_{-T}^{T} \dfrac{1}{1 + (t - u)^2}\, du$

Hinweis: $\sigma(u + T) - \sigma(u - T) = 1$ für $-T \le u \le T$ (sonst $= 0$)

Integralsubstitution: $z = t - u$, $dz = -du$; untere Grenze: $u = -T \Rightarrow z = t + T$; obere Grenze: $u = T \Rightarrow z = t - T$

$f * g = -\displaystyle\int\limits_{t+T}^{t-T} \dfrac{1}{1 + z^2}\, dz = -\Big[\arctan z \Big]_{t+T}^{t-T} = \arctan(t + T) - \arctan(t - T)$

15) a) $F(\omega) = \underbrace{\left(\dfrac{1}{1 + j\omega} \right)}_{F_1(\omega)} \cdot \underbrace{\left(\dfrac{1}{3 + j\omega} \right)}_{F_2(\omega)} = F_1(\omega) \cdot F_2(\omega)$

$f_1(t) = \mathcal{F}^{-1}\{F_1(\omega)\} = \mathcal{F}^{-1}\left\{ \dfrac{1}{1 + j\omega} \right\} = e^{-t} \cdot \sigma(t)$

$f_2(t) = \mathcal{F}^{-1}\{F_2(\omega)\} = \mathcal{F}^{-1}\left\{ \dfrac{1}{3 + j\omega} \right\} = e^{-3t} \cdot \sigma(t)$

(Tab. 1: Nr. 9 mit $a = 1$ bzw. $a = 3$)

$f(t) = \mathcal{F}^{-1}\{F(\omega)\} = f_1 * f_2 = \displaystyle\int\limits_{-\infty}^{\infty} e^{-u} \cdot \sigma(u) \cdot e^{-3(t-u)} \cdot \sigma(t - u)\, du =$

$= \displaystyle\int\limits_{0}^{t} e^{-u} \cdot e^{-3t} \cdot e^{3u}\, du = e^{-3t} \cdot \int\limits_{0}^{t} e^{2u}\, du = e^{-3t} \left[\dfrac{e^{2u}}{2} \right]_{0}^{t} =$

$= \dfrac{1}{2}(e^{-t} - e^{-3t}) \cdot \sigma(t)$

Hinweis: $\sigma(u) \cdot \sigma(t - u) = 1$ im Intervall $0 \le u \le t$ (sonst $= 0$); siehe hierzu auch Aufgabe 13.

b) $F(\omega) = \underbrace{\left(\dfrac{1}{(1 + j\omega)^2} \right)}_{F_1(\omega)} \cdot \underbrace{\left(\dfrac{1}{1 + j\omega} \right)}_{F_2(\omega)} = F_1(\omega) \cdot F_2(\omega)$

$f_1(t) = \mathcal{F}^{-1}\{F_1(\omega)\} = \mathcal{F}^{-1}\left\{ \dfrac{1}{(1 + j\omega)^2} \right\} = t \cdot e^{-t} \cdot \sigma(t)$

$f_2(t) = \mathcal{F}^{-1}\{F_2(\omega)\} = \mathcal{F}^{-1}\left\{ \dfrac{1}{1 + j\omega} \right\} = e^{-t} \cdot \sigma(t)$

(Tab. 1: Nr. 10 und Nr. 9, jeweils mit $a = 1$)

$$f(t) = \mathcal{F}^{-1}\{F(\omega)\} = f_1 * f_2 = \int\limits_{-\infty}^{\infty} u \cdot \mathrm{e}^{-u} \cdot \sigma(u) \cdot \mathrm{e}^{-(t-u)} \cdot \sigma(t-u)\, du =$$

$$= \int\limits_{0}^{t} u \cdot \mathrm{e}^{-t}\, du = \mathrm{e}^{-t} \cdot \int\limits_{0}^{t} u\, du = \mathrm{e}^{-t} \left[\frac{1}{2}\, u^2\right]_0^t = \frac{1}{2}\, t^2 \cdot \mathrm{e}^{-t} \cdot \sigma(t)$$

(bezüglich des Integrationsintervalls $0 \leq u \leq t$: siehe Hinweis zu a)).

16) $\quad F(t) = \dfrac{\pi}{a} \cdot \mathrm{e}^{-a|t|} \; \circ\!\!-\!\!\bullet \; 2\pi \cdot f(-\omega) = \dfrac{2\pi}{a^2 + \omega^2} \quad \Rightarrow$

$\quad g(t) = \mathrm{e}^{-a|t|} = \dfrac{a}{\pi} \cdot F(t) \; \circ\!\!-\!\!\bullet \; G(\omega) = \mathcal{F}\{g(t)\} = \dfrac{a}{\pi} \cdot \dfrac{2\pi}{a^2 + \omega^2} = \dfrac{2a}{a^2 + \omega^2}$

17) $\quad F(t) = 2\pi \cdot \delta(t-a) \; \circ\!\!-\!\!\bullet \; 2\pi \cdot f(-\omega) = 2\pi \cdot \mathrm{e}^{-ja\omega} \quad \Rightarrow$

$\quad \mathrm{e}^{-ja\omega} \; \bullet\!\!-\!\!\circ \; \delta(t-a) \quad \text{und} \quad \mathrm{e}^{ja\omega} \; \bullet\!\!-\!\!\circ \; \delta(t+a) \quad (a \text{ durch } -a \text{ ersetzt})$

$\quad \cos(a\omega) = \dfrac{1}{2}\,(\mathrm{e}^{ja\omega} + \mathrm{e}^{-ja\omega}) \; \bullet\!\!-\!\!\circ \; \dfrac{1}{2}\,[\delta(t+a) + \delta(t-a)]$

Abschnitt 5

1) a) $\quad \mathcal{F}^{-1}\left\{\dfrac{10}{25 + \omega^2}\right\} = \mathcal{F}^{-1}\left\{\dfrac{2 \cdot 5}{5^2 + \omega^2}\right\} = \mathrm{e}^{-5|t|} \quad$ (Tab. 1: Nr. 8 mit $a = 5$)

b) $\quad \mathcal{F}^{-1}\left\{\dfrac{5}{(2 + j\omega)^2}\right\} = 5 \cdot \mathcal{F}^{-1}\left\{\dfrac{1}{(2 + j\omega)^2}\right\} = 5\,t \cdot \mathrm{e}^{-2t} \cdot \sigma(t)$

(Tab. 1: Nr. 10 mit $a = 2$)

c) $\quad \mathcal{F}^{-1}\left\{\dfrac{2}{(1 + j\omega)^2 + 4}\right\} = \mathcal{F}^{-1}\left\{\dfrac{2}{(1 + j\omega)^2 + 2^2}\right\} = \mathrm{e}^{-t} \cdot \sin(2t) \cdot \sigma(t)$

(Tab. 1: Nr. 13 mit $a = 1$ und $b = 2$)

d) $\quad \mathcal{F}^{-1}\{\delta(\omega + 3)\} = \dfrac{1}{2\pi} \cdot \mathcal{F}^{-1}\{2\pi \cdot \delta(\omega + 3)\} = \dfrac{1}{2\pi} \cdot \mathrm{e}^{-j3t}$

(Tab. 1: Nr. 18 mit $a = 3$)

e) $\quad \mathcal{F}^{-1}\{\cos(5\omega)\} = \dfrac{1}{2} \cdot \mathcal{F}^{-1}\{2 \cdot \cos(5\omega)\} = \dfrac{1}{2}\,[\delta(t+5) + \delta(t-5)]$

(Tab. 1: Nr. 22 mit $a = 5$)

f) $\quad \mathcal{F}_s^{-1}\{\mathrm{e}^{-2\omega}\} = \dfrac{2}{\pi} \cdot \mathcal{F}^{-1}\left\{\dfrac{\pi}{2} \cdot \mathrm{e}^{-2\omega}\right\} = \dfrac{2}{\pi} \cdot \dfrac{t}{4 + t^2}$

(Tab. 2: Nr. 4 mit $a = 2$)

g) $\quad \mathcal{F}_c^{-1}\left\{\dfrac{1}{9 + \omega^2}\right\} = \dfrac{1}{3} \cdot \mathcal{F}^{-1}\left\{\dfrac{3}{3^2 + \omega^2}\right\} = \dfrac{1}{3} \cdot \mathrm{e}^{-3t}$

(Tab. 3: Nr. 4 mit $a = 3$)

h) $\quad \mathcal{F}_c^{-1}\left\{\dfrac{\sin(5\omega)}{\omega}\right\} = \sigma(t) - \sigma(t - 5) \quad$ (Tab. 3: Nr. 1 mit $a = 5$)

2) a) $F(\omega) = 2 \cdot \dfrac{1}{5 + j\omega} - 3 \cdot \dfrac{1}{2 + j\omega} \;\Rightarrow\; f(t) = (2 \cdot e^{-5t} - 3 \cdot e^{-2t}) \cdot \sigma(t)$

      (Tab. 1: Nr. 9 mit $a = 5$ bzw. $a = 2$)

   b) $F(\omega) = 2 \cdot \dfrac{1}{(1 + j\omega)^2} + 10 \cdot \dfrac{1}{2 + j\omega} \;\Rightarrow\; f(t) = (2t \cdot e^{-t} + 10 \cdot e^{-2t}) \cdot \sigma(t)$

      (Tab. 1: Nr. 10 mit $a = 1$ und Nr. 9 mit $a = 2$)

   c) $f(t) = 2 \cdot \mathcal{F}^{-1}\left\{\dfrac{1}{3 + j\omega}\right\} - \dfrac{5\pi}{2} \cdot \mathcal{F}^{-1}\left\{\dfrac{2 \cdot 1}{1^2 + \omega^2}\right\} = 2 \cdot e^{-3t} \cdot \sigma(t) - \dfrac{5\pi}{2} \cdot e^{-|t|}$

      (Tab. 1: Nr. 9 mit $a = 3$ und Nr. 8 mit $a = 1$)

   d) $f(t) = 6 \cdot \mathcal{F}^{-1}\left\{\dfrac{1}{(2 + j\omega)^2}\right\} - \mathcal{F}^{-1}\left\{\dfrac{\pi}{5} \cdot e^{-5|\omega|}\right\} + 2 \cdot \mathcal{F}^{-1}\left\{\dfrac{2 \cdot 2}{2^2 + \omega^2}\right\} =$

$$= 6t \cdot e^{-2t} \cdot \sigma(t) - \dfrac{1}{25 + t^2} + 2 \cdot e^{-2|t|}$$

      (Tab. 1: Nr. 10 mit $a = 2$, Nr. 6 mit $a = 5$ und Nr. 8 mit $a = 2$)

Abschnitt 6

1) Trigonometrische Umrechnung nach der Formel $\sin^2 x = \dfrac{1}{2}\left[1 - \cos(2x)\right]$ mit $x = \omega_0 t$:

$$F(\omega) = \mathcal{F}\{\sin^2(\omega_0 t)\} = \dfrac{1}{2} \cdot \mathcal{F}\{1 - \cos(2\omega_0 t)\} =$$

$$= \dfrac{1}{2} \cdot \mathcal{F}\{1\} - \dfrac{1}{2} \cdot \mathcal{F}\{\cos(2\omega_0 t)\} = \pi \cdot \delta(\omega) - \dfrac{\pi}{2}\left[\delta(\omega + 2\omega_0) + \delta(\omega - 2\omega_0)\right]$$

(Tab. 1: Nr. 19 und Nr. 20 mit $a = 2\omega_0$)

Das Frequenzspektrum enthält genau drei Spektrallinien bei $\omega_1 = 0$ und $\omega_{2/3} = \pm 2\omega_0$.

2) a) $F(\omega) = \mathcal{F}\left\{\dfrac{1}{1 + t^2}\right\} = \pi \cdot e^{-|\omega|}$ (Tab. 1: Nr. 6 mit $a = 1$)

      $A(\omega) = |F(\omega)| = \pi \cdot e^{-|\omega|}$; $\varphi(\omega) = 0$ (wegen $F(\omega) > 0$)

   b) $F(\omega) = \mathcal{F}\{e^{-at} \cdot \sigma(t)\} = \dfrac{1}{a + j\omega} = \underbrace{\dfrac{a - j\omega}{(a + j\omega)(a - j\omega)}}_{\text{3. Binom}} = \dfrac{a}{a^2 + \omega^2} - j\dfrac{\omega}{a^2 + \omega^2}$

      (Tab. 1: Nr. 9)

      $A(\omega) = |F(\omega)| = \dfrac{1}{|a + j\omega|} = \dfrac{1}{\sqrt{a^2 + \omega^2}}$

      $\tan\varphi = \dfrac{\operatorname{Im}(F(\omega))}{\operatorname{Re}(F(\omega))} = \dfrac{-\omega}{a} \;\Rightarrow\; \varphi(\omega) = \arctan(-\omega/a) = -\arctan(\omega/a)$

3) $\cos(\omega_0 t) = \dfrac{1}{2}(e^{j\omega_0 t} + e^{-j\omega_0 t})$

   $g(t) = e^{-\delta|t|} \cdot \cos(\omega_0 t) = \dfrac{1}{2} \cdot e^{-\delta|t|}(e^{j\omega_0 t} + e^{-j\omega_0 t}) =$

$$= \dfrac{1}{2}(e^{j\omega_0 t} \cdot e^{-\delta|t|} + e^{-j\omega_0 t} \cdot e^{-\delta|t|}) = \dfrac{1}{2}(e^{j\omega_0 t} \cdot f(t) + e^{-j\omega_0 t} \cdot f(t))$$

Dabei gilt: $f(t) = \mathrm{e}^{-\delta|t|}$ und $F(\omega) = \mathcal{F}\{f(t)\} = \dfrac{2\,\delta}{\delta^2 + \omega^2}$

$g(t)$ ist somit als *Überlagerung* zweier Funktionen darstellbar, die jeweils aus $f(t)$ durch *Dämpfung* mit $\mathrm{e}^{\mathrm{j}\omega_0 t}$ bzw. $\mathrm{e}^{-\mathrm{j}\omega_0 t}$ hervorgehen. Der *Dämpfungssatz* liefert dann:

$$G(\omega) = \mathcal{F}\{g(t)\} = \frac{1}{2}\left[\mathcal{F}\{\mathrm{e}^{\mathrm{j}\omega_0 t} \cdot f(t)\} + \mathcal{F}\{\mathrm{e}^{-\mathrm{j}\omega_0 t} \cdot f(t)\}\right] =$$

$$= \frac{1}{2}\left[F(\omega - \omega_0) + F(\omega + \omega_0)\right] = \frac{1}{2}\left(\frac{2\,\delta}{\delta^2 + (\omega - \omega_0)^2} + \frac{2\,\delta}{\delta^2 + (\omega + \omega_0)^2}\right) =$$

$$= \delta\left(\frac{1}{(\delta^2 + \omega_0^2 + \omega^2) - 2\,\omega_0\,\omega} + \frac{1}{(\delta^2 + \omega_0^2 + \omega^2) + 2\,\omega_0\,\omega}\right) =$$

$$= \delta \cdot \underbrace{\frac{(\delta^2 + \omega_0^2 + \omega^2) + 2\,\omega_0\,\omega + (\delta^2 + \omega_0^2 + \omega^2) - 2\,\omega_0\,\omega}{[(\delta^2 + \omega_0^2 + \omega^2) - 2\,\omega_0\,\omega][(\delta^2 + \omega_0^2 + \omega^2) + 2\,\omega_0\,\omega]}}_{\text{3. Binom}} =$$

$$= \frac{2\,\delta\,(\delta^2 + \omega_0^2 + \omega^2)}{(\delta^2 + \omega_0^2 + \omega^2)^2 - 4\,\omega_0^2\,\omega^2}$$

Amplitudenspektrum: $A(\omega) = |G(\omega)| = G(\omega)$

4) a) $G(\omega)$ wird zunächst in Partialbrüche zerlegt:

$$G(\omega) = \frac{A}{2 + \mathrm{j}\,\omega} + \frac{B}{5 + \mathrm{j}\,\omega} = \frac{(5 + \mathrm{j}\,\omega)\,A + (2 + \mathrm{j}\,\omega)\,B}{(2 + \mathrm{j}\,\omega)(5 + \mathrm{j}\,\omega)} = \frac{3 + \mathrm{j}0}{(2 + \mathrm{j}\,\omega)(5 + \mathrm{j}\,\omega)} \quad \Rightarrow$$

$$(5 + \mathrm{j}\,\omega)\,A + (2 + \mathrm{j}\,\omega)\,B = (5A + 2B) + \mathrm{j}\,\omega\,(A + B) = 3 + \mathrm{j}0$$

Koeffizientenvergleich: $5A + 2B = 3$ und $A + B = 0 \quad \Rightarrow \quad A = 1;\ B = -1$

$$G(\omega) = \frac{3}{(2 + \mathrm{j}\,\omega)(5 + \mathrm{j}\,\omega)} = \frac{1}{2 + \mathrm{j}\,\omega} - \frac{1}{5 + \mathrm{j}\,\omega}$$

$$g(t) = \mathcal{F}^{-1}\{G(\omega)\} = \mathcal{F}^{-1}\left\{\frac{1}{2 + \mathrm{j}\,\omega} - \frac{1}{5 + \mathrm{j}\,\omega}\right\} = (\mathrm{e}^{-2t} - \mathrm{e}^{-5t}) \cdot \sigma(t)$$

(Tab. 1: Nr. 9 mit $a = 2$ bzw. $a = 5$)

$$A(\omega) = |G(\omega)| = \frac{3}{|(2 + \mathrm{j}\,\omega)(5 + \mathrm{j}\,\omega)|} = \frac{3}{\sqrt{(4 + \omega^2)(25 + \omega^2)}}$$

  b) $G(\omega)$ wird zunächst wie folgt umgeformt:

$$G(\omega) = K\,\frac{\mathrm{j}\,\omega\,T}{1 + \mathrm{j}\,\omega\,T} = K\,\frac{(1 + \mathrm{j}\,\omega\,T) - 1}{1 + \mathrm{j}\,\omega\,T} = K\left(\frac{1 + \mathrm{j}\,\omega\,T}{1 + \mathrm{j}\,\omega\,T} - \frac{1}{1 + \mathrm{j}\,\omega\,T}\right) =$$

$$= K\left(1 - \frac{1}{1 + \mathrm{j}\,\omega\,T}\right) = K\left(1 - \frac{1}{T\left(\dfrac{1}{T} + \mathrm{j}\,\omega\right)}\right)$$

$$g(t) = \mathcal{F}^{-1}\{G(\omega)\} = K \cdot \mathcal{F}^{-1}\{1\} - \frac{K}{T} \cdot \mathcal{F}^{-1}\left\{\frac{1}{\frac{1}{T} + j\omega}\right\} =$$

$$= K \cdot \delta(t) - \frac{K}{T} \cdot e^{-t/T} \cdot \sigma(t)$$

(Tab. 1: Nr. 15 und Nr. 9 mit $a = 1/T$)

$$A(\omega) = |G(\omega)| = \frac{K|\omega|T}{|1 + j\omega T|} = \frac{K|\omega|T}{\sqrt{1 + (\omega T)^2}}$$

5) $$G(\omega) = \mathcal{F}\{g(t)\} = \frac{K}{T} \cdot \mathcal{F}\{e^{-t/T} \cdot \sigma(t)\} = \frac{K}{T} \cdot \frac{1}{\frac{1}{T} + j\omega} = \frac{K}{1 + j\omega T}$$

(Tab. 1: Nr. 9 mit $a = 1/T$)

$$A(\omega) = |G(\omega)| = \frac{K}{|1 + j\omega T|} = \frac{K}{\sqrt{1 + (\omega T)^2}}$$

$G(\omega)$ in Real- und Imaginärteil zerlegen:

$$G(\omega) = \frac{K}{1 + j\omega T} = \underbrace{\frac{K(1 - j\omega T)}{(1 + j\omega T)(1 - j\omega T)}}_{\text{3. Binom}} = \frac{K}{1 + (\omega T)^2} - j\frac{K\omega T}{1 + (\omega T)^2}$$

$$\tan\varphi = \frac{\text{Im}(G(\omega))}{\text{Re}(G(\omega))} = \frac{-K\omega T}{K} = -\omega T \cdot \Rightarrow \quad \varphi(\omega) = \arctan(-\omega T) = -\arctan(\omega T)$$

VI Laplace-Transformationen

Hinweise

1) Die Integrale wurden der *Integraltafel* der **Mathematischen Formelsammlung** des Autors entnommen (Angabe der laufenden Nummer und der Parameterwerte).

2) Die Laplace-Transformationen wurden der *Tabelle* in Kap. VI, Abschnitt 4.2 entnommen (Angabe der laufenden Nummer der Transformation und der Parameterwerte).

Abschnitt 1

1) a) $\mathscr{L}\{\cos(\omega t)\} = \displaystyle\int_0^\infty \cos(\omega t) \cdot e^{-st}\,dt = \left[\dfrac{-s \cdot \cos(\omega t) + \omega \cdot \sin(\omega t)}{s^2 + \omega^2} \cdot e^{-st}\right]_0^\infty =$

$\qquad\qquad = \dfrac{s}{s^2 + \omega^2}$ (Integral: 324 mit $a = -s$ und $b = \omega$)

b) $\mathscr{L}\{2t \cdot e^{-4t}\} = \displaystyle\int_0^\infty 2t \cdot e^{-4t} \cdot e^{-st}\,dt = 2 \cdot \int_0^\infty t \cdot e^{-(s+4)t}\,dt =$

$\qquad\qquad = 2\left[\dfrac{-(s+4)t - 1}{(s+4)^2} \cdot e^{-(s+4)t}\right]_0^\infty = \dfrac{2}{(s+4)^2}$

(Integral: 313 mit $a = -(s+4)$)

c) $\mathscr{L}\{e^{-\delta t} \cdot \sin(\omega t)\} = \displaystyle\int_0^\infty e^{-\delta t} \cdot \sin(\omega t) \cdot e^{-st}\,dt = \int_0^\infty \sin(\omega t) \cdot e^{-(s+\delta)t}\,dt =$

$\qquad = \left[\dfrac{-(s+\delta) \cdot \sin(\omega t) - \omega \cdot \cos(\omega t)}{(s+\delta)^2 + \omega^2} \cdot e^{-(s+\delta)t}\right]_0^\infty = \dfrac{\omega}{(s+\delta)^2 + \omega^2}$

(Integral: 322 mit $a = -(s+\delta)$ und $b = \omega$)

d) $\mathscr{L}\{\sinh(at)\} = \displaystyle\int_0^\infty \sinh(at) \cdot e^{-st}\,dt = \left[\dfrac{-s \cdot \sinh(at) - a \cdot \cosh(at)}{s^2 - a^2} \cdot e^{-st}\right]_0^\infty =$

$\qquad\qquad = \dfrac{a}{s^2 - a^2}$ (Integral: 327 mit $a = -s$ und $b = a$)

e) $\mathscr{L}\{t^3\} = \displaystyle\int_0^\infty t^3 \cdot e^{-st}\,dt = \left[-\dfrac{t^3 \cdot e^{-st}}{s} - \dfrac{3(s^2 t^2 + 2st + 2) \cdot e^{-st}}{s^4}\right]_0^\infty = \dfrac{6}{s^4}$

(Integrale: 315 mit $n = 3$ und $a = -s$ und 314 mit $a = -s$)

f) $\mathscr{L}\{\sin^2 t\} = \displaystyle\int_0^\infty \sin^2 t \cdot e^{-st}\, dt =$

$$= \left[\frac{\sin t\,(-s \cdot \sin t - 2 \cdot \cos t) \cdot e^{-st}}{s^2 + 4} - \frac{2 \cdot e^{-st}}{s\,(s^2 + 4)} \right]_0^\infty = \frac{2}{s\,(s^2 + 4)}$$

(Integrale: 323 mit $n = 2$, $a = -s$, $b = 1$ und 312 mit $a = -s$)

2) $\mathscr{L}\{\cos(\omega t)\} = \mathscr{L}\left\{ \dfrac{e^{j\omega t} + e^{-j\omega t}}{2} \right\} = \dfrac{1}{2}\left[\dfrac{1}{s - j\omega} + \dfrac{1}{s + j\omega} \right] = \dfrac{s}{s^2 + \omega^2}$

3)   a) $\mathscr{L}\{f(t)\} = \displaystyle\int_0^a A \cdot e^{-st}\, dt + \int_a^{2a} (-A) \cdot e^{-st}\, dt = A\left[\frac{e^{-st}}{-s} \right]_0^a - A\left[\frac{e^{-st}}{-s} \right]_a^{2a} =$

$$= \frac{A}{s}\, \underbrace{(e^{-2as} - 2 \cdot e^{-as} + 1)}_{\text{2. Binom}} = \frac{A\,(1 - e^{-as})^2}{s} \quad \text{(Integral: 312 mit } a = -s)$$

Umformung: $e^{-2as} - 2 \cdot e^{-as} + 1 = 1 - 2 \cdot e^{-as} + (e^{-as})^2 = (1 - e^{-as})^2$

b) $\mathscr{L}\{f(t)\} = \displaystyle\int_0^a A \cdot \sin\left(\frac{\pi}{a}\, t \right) \cdot e^{-st}\, dt =$

$$= \frac{A a}{a^2 s^2 + \pi^2}\left[\left(-a s \cdot \sin\left(\frac{\pi}{a}\, t \right) - \pi \cdot \cos\left(\frac{\pi}{a}\, t \right) \right) \cdot e^{-st} \right]_0^a = \frac{\pi a A\,(1 + e^{-as})}{a^2 s^2 + \pi^2}$$

(Integral: 322 mit $a = -s$ und $b = \pi/a$)

c) $\mathscr{L}\{f(t)\} = \displaystyle\int_0^a 0 \cdot e^{-st}\, dt + \int_a^{2a} A \cdot e^{-st}\, dt + \int_{2a}^{3a} 2A \cdot e^{-st}\, dt + \ldots =$

$$= \frac{A}{s}\,(e^{-as} + e^{-2as} + e^{-3as} + \ldots) = \frac{A}{s} \cdot e^{-as}\, \underbrace{(1 + e^{-as} + e^{-2as} + \ldots)}_{\text{geometrische Reihe } (q = e^{-as})} =$$

$$= \frac{A}{s} \cdot e^{-as}\left(\frac{1}{1 - e^{-as}} \right) = \frac{A}{s\,(e^{as} - 1)}$$

Abschnitt 2

1)   a) $\mathscr{L}\{4t^3 - t^2 + 2t\} = 4 \cdot \mathscr{L}\{t^3\} - \mathscr{L}\{t^2\} + 2 \cdot \mathscr{L}\{t\} = \dfrac{24}{s^4} - \dfrac{2}{s^3} + \dfrac{2}{s^2}$

(Nr. 16 mit $n = 4$, Nr. 10 und Nr. 4)

b) $\mathscr{L}\{C\,(1 - e^{-\lambda t})\} = C[\mathscr{L}\{1\} - \mathscr{L}\{e^{-\lambda t}\}] = C\left(\dfrac{1}{s} - \dfrac{1}{s + \lambda} \right)$

(Nr. 2 und Nr. 3 mit $a = -\lambda$)

c) $\mathscr{L}\{A \cdot \sin(\omega t) + B \cdot \cos(\omega t) + C \cdot e^{\lambda t}\} =$

$= A \cdot \mathscr{L}\{\sin(\omega t)\} + B \cdot \mathscr{L}\{\cos(\omega t)\} + C \cdot \mathscr{L}\{e^{\lambda t}\} =$

$= \dfrac{A\omega}{s^2 + \omega^2} + \dfrac{Bs}{s^2 + \omega^2} + \dfrac{C}{s - \lambda} = \dfrac{Bs + A\omega}{s^2 + \omega^2} + \dfrac{C}{s - \lambda}$

(Nr. 18 und Nr. 19, jeweils mit $a = \omega$ und Nr. 3 mit $a = \lambda$)

2) a) $\mathscr{L}\{(3t)^5\} = \dfrac{1}{3} \cdot F(s/3) = \dfrac{1}{3} \cdot \dfrac{120}{(s/3)^6} = \dfrac{29\,160}{s^6}$

b) $\mathscr{L}\{\cos(4t)\} = \dfrac{1}{4} \cdot F(s/4) = \dfrac{1}{4} \cdot \dfrac{(s/4)}{(s/4)^2 + 1} = \dfrac{s}{s^2 + 16}$

c) $\mathscr{L}\{e^{\lambda t}\} = \dfrac{1}{\lambda} \cdot F(s/\lambda) = \dfrac{1}{\lambda} \cdot \dfrac{1}{(s/\lambda) - 1} = \dfrac{1}{s - \lambda}$

d) $\mathscr{L}\{\cos^2(\omega t)\} = \dfrac{1}{\omega} \cdot F(s/\omega) = \dfrac{1}{\omega} \cdot \dfrac{(s/\omega)^2 + 2}{(s/\omega)\,[(s/\omega)^2 + 4]} = \dfrac{s^2 + 2\omega^2}{s(s^2 + 4\omega^2)}$

3) a) $\mathscr{L}\left\{\sin\left(t + \dfrac{\pi}{2}\right) \cdot \sigma(t)\right\} = e^{\frac{\pi}{2}s}\left(F(s) - \displaystyle\int_0^{\pi/2} \sin t \cdot e^{-st}\, dt\right) =$

$= e^{\frac{\pi}{2}s}\left(\dfrac{1}{s^2 + 1} + \left[\dfrac{(s \cdot \sin t + \cos t) \cdot e^{-st}}{s^2 + 1}\right]_0^{\pi/2}\right) =$

$= e^{\frac{\pi}{2}s}\left(\dfrac{1}{s^2 + 1} - \dfrac{1 - s \cdot e^{-\frac{\pi}{2}s}}{s^2 + 1}\right) = \dfrac{s}{s^2 + 1}$

(Integral: 322 mit $a = -s$ und $b = 1$)

b) $\mathscr{L}\{(t - 4)^2 \cdot \sigma(t - 4)\} = e^{-4s} \cdot F(s) = e^{-4s} \cdot \dfrac{2}{s^3} = \dfrac{2 \cdot e^{-4s}}{s^3}$

c) $\mathscr{L}\{e^{t-b} \cdot \sigma(t - b)\} = e^{-bs} \cdot F(s) = e^{-bs} \cdot \dfrac{1}{s - 1} = \dfrac{e^{-bs}}{s - 1}$

d) $\mathscr{L}\{\cos^2(t - 3) \cdot \sigma(t - 3)\} = e^{-3s} \cdot F(s) = e^{-3s} \cdot \dfrac{s^2 + 2}{s(s^2 + 4)} = \dfrac{(s^2 + 2) \cdot e^{-3s}}{s(s^2 + 4)}$

e) $\mathscr{L}\{\delta(t - T) \cdot \sigma(t - T)\} = e^{-Ts} \cdot F(s) = e^{-Ts} \cdot 1 = e^{-sT}$

4) 2. Verschiebungssatz (Verschiebung um φ nach links):

$\mathscr{L}\{g(t)\} = \mathscr{L}\{\sin(t + \varphi) \cdot \sigma(t)\} = e^{\varphi s}\left(\mathscr{L}\{\sin t\} - \displaystyle\int_0^{\varphi} \sin t \cdot e^{-st}\, dt\right) =$

$= e^{\varphi s}\left(\dfrac{1}{s^2 + 1} + \left[\dfrac{(s \cdot \sin t + \cos t) \cdot e^{-st}}{s^2 + 1}\right]_0^{\varphi}\right) =$

$= e^{\varphi s}\left(\dfrac{1}{s^2 + 1} + \dfrac{(s \cdot \sin\varphi + \cos\varphi) \cdot e^{-\varphi s} - 1}{s^2 + 1}\right) = \dfrac{s \cdot \sin\varphi + \cos\varphi}{s^2 + 1} = F_1(s)$

(Integral: 322 mit $a = -s$ und $b = 1$)

Jetzt wird die Funktion $g(t) = \sin(t + \varphi) \cdot \sigma(t)$ der *Ähnlichkeitstransformation* $t \to \omega t$ unterworfen. Dann gilt nach dem *Ähnlichkeitssatz*:

$$\mathscr{L}\{g(\omega t)\} = \mathscr{L}\{\sin(\omega t + \varphi) \cdot \sigma(t)\} = \frac{1}{\omega} \cdot F_1(s/\omega) = \frac{1}{\omega} \cdot \frac{(s/\omega) \cdot \sin\varphi + \cos\varphi}{(s/\omega)^2 + 1} =$$

$$= \frac{s \cdot \sin\varphi + \omega \cdot \cos\varphi}{s^2 + \omega^2}$$

5) a) $\mathscr{L}\{e^{3t} \cdot \cos(2t)\} = F(s - 3) = \dfrac{s - 3}{(s - 3)^2 + 4}$

b) $\mathscr{L}\{A \cdot e^{-\delta t} \cdot \sin(\omega t)\} = A \cdot F(s + \delta) = \dfrac{A\omega}{(s + \delta)^2 + \omega^2}$

c) $f(t) = 2^{3t} = e^{\ln(2^{3t})} = e^{3t \cdot \ln 2} = e^{(3 \cdot \ln 2)t} \cdot 1$

$\mathscr{L}\{2^{3t}\} = \mathscr{L}\{e^{(3 \cdot \ln 2)t} \cdot 1\} = F(s - 3 \cdot \ln 2) = \dfrac{1}{s - 3 \cdot \ln 2}$

6) a) $f'(t) = a \cdot \cosh(at);\ f(0) = \sinh 0 = 0$

$\mathscr{L}\{f'(t)\} = \mathscr{L}\{a \cdot \cosh(at)\} = s \cdot \mathscr{L}\{\sinh(at)\} - 0 = s \cdot \dfrac{a}{s^2 - a^2} = \dfrac{a s}{s^2 - a^2}$

(Nr. 24); *Neues Funktionenpaar:* $\mathscr{L}\{\cosh(at)\} = \dfrac{s}{s^2 - a^2}$

b) $f'(t) = 3t^2;\ f(0) = 0;\ \mathscr{L}\{f'(t)\} = \mathscr{L}\{3t^2\} = s \cdot \mathscr{L}\{t^3\} - 0 = s \cdot \dfrac{6}{s^4} = \dfrac{6}{s^3}$

(Nr. 16 mit $a = 4$); *Neues Funktionenpaar:* $\mathscr{L}\{t^2\} = \dfrac{2}{s^3}$

c) $f'(t) = a \cdot \cos(at + b);\ f(0) = \sin b$

$\mathscr{L}\{f'(t)\} = \mathscr{L}\{a \cdot \cos(at + b)\} = s \cdot \mathscr{L}\{\sin(at + b)\} - \sin b =$

$= s \cdot \dfrac{(\sin b) \cdot s + a \cdot \cos b}{s^2 + a^2} - \sin b = \dfrac{(a \cdot \cos b) \cdot s - a^2 \cdot \sin b}{s^2 + a^2}$ (Nr. 20)

Neues Funktionenpaar: $\mathscr{L}\{\cos(at + b)\} = \dfrac{(\cos b) \cdot s - a \cdot \sin b}{s^2 + a^2}$

7) $f(0) = \sin 0 = 0;\ f'(t) = \omega \cdot \cos(\omega t);\ f'(0) = \omega \cdot \cos 0 = \omega$

$\left.\begin{array}{l} \mathscr{L}\{f''\} = \mathscr{L}\{-\omega^2 \cdot f\} = -\omega^2 \cdot \mathscr{L}\{f\} = -\omega^2 \cdot \mathscr{L}\{\sin(\omega t)\} = -\omega^2 \cdot F(s) \\[2mm] \mathscr{L}\{f''\} = s^2 \cdot F(s) - s \cdot 0 - \omega = s^2 \cdot F(s) - \omega \end{array}\right\} \Rightarrow$

$-\omega^2 \cdot F(s) = s^2 \cdot F(s) - \omega$ oder $F(s) = \dfrac{\omega}{s^2 + \omega^2}$

8) $\mathscr{L}\{t \cdot \sin(\omega t)\} = -F'(s) = -\dfrac{d}{ds}\left(\dfrac{\omega}{s^2 + \omega^2}\right) = \dfrac{2\omega s}{(s^2 + \omega^2)^2}$ (Kettenregel)

$\mathscr{L}\{t^2 \cdot \sin(\omega t)\} = F''(s) = \dfrac{d}{ds}\left(-\dfrac{2\omega s}{(s^2 + \omega^2)^2}\right) = \dfrac{6\omega s^2 - 2\omega^3}{(s^2 + \omega^2)^3}$ (Quotientenregel)

9) a) $\mathscr{L}\left\{\underbrace{\int_0^t \cos u \, du}_{\sin t}\right\} = \frac{1}{s} \cdot \underbrace{\mathscr{L}\{\cos t\}}_{\text{Nr. 19, } a = 1} = \frac{1}{s} \cdot \frac{s}{s^2 + 1} = \frac{1}{s^2 + 1} \quad \Rightarrow \quad \mathscr{L}\{\sin t\} = \frac{1}{s^2 + 1}$

b) $\mathscr{L}\left\{\underbrace{\int_0^t u^2 \, du}_{\frac{1}{3}t^3}\right\} = \frac{1}{s} \cdot \underbrace{\mathscr{L}\{t^2\}}_{\text{Nr. 10}} = \frac{1}{s} \cdot \frac{2}{s^3} = \frac{2}{s^4} \quad \Rightarrow \quad \mathscr{L}\{t^3\} = \frac{6}{s^4}$

10) $\mathscr{L}\left\{\frac{1}{t} \cdot \sin(\omega t)\right\} = \int_s^\infty F(u) \, du = \int_s^\infty \frac{\omega}{u^2 + \omega^2} \, du = \omega \left[\frac{1}{\omega} \cdot \arctan\left(\frac{u}{\omega}\right)\right]_s^\infty =$

$= \frac{\pi}{2} - \arctan\left(\frac{s}{\omega}\right) = \arctan\left(\frac{\omega}{s}\right) \qquad (\text{Integral: 29 mit } a = \omega)$

11) a) $t * e^{-t} = \int_0^t u \cdot e^{-(t-u)} \, du = e^{-t} \cdot \int_0^t u \cdot e^u \, du = e^{-t} \left[(u-1) \cdot e^u\right]_0^t =$

$= e^{-t}\left[(t-1) \cdot e^t + 1\right] = t - 1 + e^{-t} \qquad (\text{Integral: 313 mit } a = 1)$

b) $e^t * \cos t = \cos t * e^t = \int_0^t \cos u \cdot e^{(t-u)} \, du = e^t \cdot \int_0^t \cos u \cdot e^{-u} \, du =$

$= e^t \left[\frac{1}{2}(-\cos u + \sin u) \cdot e^{-u}\right]_0^t = e^t \left[\frac{1}{2}(\sin t - \cos t) \cdot e^{-t} + \frac{1}{2}\right] =$

$= \frac{1}{2}(\sin t - \cos t + e^t) \qquad (\text{Integral: 324 mit } a = -1 \text{ und } b = 1)$

12) $F(s)$ wird in ein *Produkt* zerlegt, die Originalfunktionen der Faktoren der Transformations-tabelle aus Kap. VI, Abschnitt 4.2 entnommen. (Nr. 3 mit $a = 2$ bzw. $a = -4$)

a) $F(s) = \left(\frac{1}{s-2}\right) \cdot \left(\frac{1}{s+4}\right) = F_1(s) \cdot F_2(s)$

$f_1(t) = \mathscr{L}^{-1}\left\{\frac{1}{s-2}\right\} = e^{2t}; \quad f_2(t) = \mathscr{L}^{-1}\left\{\frac{1}{s+4}\right\} = e^{-4t}$

$f(t) = \mathscr{L}^{-1}\{F(s)\} = f_1 * f_2 = \int_0^t e^{2u} \cdot e^{-4(t-u)} \, du = e^{-4t} \cdot \int_0^t e^{6u} \, du =$

$= e^{-4t}\left[\frac{e^{6u}}{6}\right]_0^t = \frac{1}{6}(e^{2t} - e^{-4t}) \qquad (\text{Integral: Nr. 312 mit } a = 6)$

b) $F(s) = \left(\dfrac{2}{s^2 + 1}\right) \cdot \left(\dfrac{s}{s^2 + 1}\right) = F_1(s) \cdot F_2(s)$

$f_1(t) = \mathscr{L}^{-1}\left\{\dfrac{2}{s^2 + 1}\right\} = 2 \cdot \sin t ; \quad f_2(t) = \mathscr{L}^{-1}\left\{\dfrac{s}{s^2 + 1}\right\} = \cos t$

(Nr. 18 und Nr. 19, jeweils mit $a = 1$)

$$f(t) = \mathscr{L}^{-1}\{F(s)\} = f_1 * f_2 = \int_0^t 2 \cdot \sin u \cdot \cos(t - u)\, du$$

Den Faktor $\cos(t - u)$ entwickeln wir nach dem *Additionstheorem* der Kosinusfunktion:

$$f(t) = 2 \cdot \int_0^t \sin u\,(\cos t \cdot \cos u + \sin t \cdot \sin u)\, du = 2 \cdot \cos t \cdot \int_0^t \sin u \cdot \cos u\, du +$$

$$+ 2 \cdot \sin t \cdot \int_0^t \sin^2 u\, du = 2 \cdot \cos t \left[\frac{1}{2} \cdot \sin^2 u\right]_0^t + 2 \cdot \sin t \left[\frac{u - \sin u \cdot \cos u}{2}\right]_0^t =$$

$$= \cos t \cdot \sin^2 t + \sin t\,(t - \sin t \cdot \cos t) = t \cdot \sin t$$

(Integrale: 254 und 205, jeweils mit $a = 1$)

c) $F(s) = \left(\dfrac{1}{s^2 + 9}\right) \cdot \left(\dfrac{1}{s}\right) = F_1(s) \cdot F_2(s)$

$f_1(t) = \mathscr{L}^{-1}\left\{\dfrac{1}{s^2 + 9}\right\} = \dfrac{1}{3} \cdot \sin(3t) ; \quad f_2(t) = \mathscr{L}^{-1}\left\{\dfrac{1}{s}\right\} = 1$

(Nr. 18 mit $a = 3$ und Nr. 2)

$$f(t) = \mathscr{L}^{-1}\{F(s)\} = f_1 * f_2 = \int_0^t \frac{1}{3} \cdot \sin(3u) \cdot 1\, du = \frac{1}{3}\left[-\frac{1}{3} \cdot \cos(3u)\right]_0^t =$$

$$= \frac{1}{9}\,[1 - \cos(3t)] \quad \text{(Integral: 204 mit } a = 3)$$

13) $F(s) = \dfrac{s}{(s^2 + a^2)^2} = \left(\dfrac{1}{s^2 + a^2}\right) \cdot \left(\dfrac{s}{s^2 + a^2}\right) = F_1(s) \cdot F_2(s)$

$f_1(t) = \mathscr{L}^{-1}\left\{\dfrac{1}{s^2 + a^2}\right\} = \dfrac{\sin(at)}{a} ; \quad f_2(t) = \mathscr{L}^{-1}\left\{\dfrac{s}{s^2 + a^2}\right\} = \cos(at)$

(Nr. 18 und Nr. 19)

$$f(t) = \mathscr{L}^{-1}\{F(s)\} = f_1 * f_2 = \int_0^t \frac{\sin(au)}{a} \cdot \cos[a(t - u)]\, du$$

Umformung des Faktors $\cos[a(t - u)] = \cos(at - au)$ (Additionstheorem des Kosinus):

$\cos(x_1 - x_2) = \cos x_1 \cdot \cos x_2 + \sin x_1 \cdot \sin x_2$ mit $x_1 = at$ und $x_2 = au$

$$f(t) = \frac{1}{a} \cdot \int\limits_0^t \sin(au)\,[\cos(at) \cdot \cos(au) + \sin(at) \cdot \sin(au)]\,du =$$

$$= \frac{1}{a} \left[\cos at \cdot \int\limits_0^t \sin(au) \cdot \cos(au)\,du + \sin(at) \cdot \int\limits_0^t \sin^2(au)\,du \right] =$$

$$= \frac{\cos(at)}{a} \left[\frac{\sin^2(au)}{2a} \right]_0^t + \frac{\sin(at)}{a} \left[\frac{u}{2} - \frac{\sin(au) \cdot \cos(au)}{2a} \right]_0^t =$$

$$= \frac{\cos(at) \cdot \sin^2(at)}{2a^2} + \frac{t \cdot \sin(at)}{2a} - \frac{\sin^2(at) \cdot \cos(at)}{2a^2} = \frac{t \cdot \sin(at)}{2a}$$

(Integrale: 254 und 205)

14) a) $f(0) = \lim\limits_{s \to \infty} s\left(\frac{3s}{s^2 + 8} + \frac{1}{s^2} \right) = \lim\limits_{s \to \infty} \left(\frac{3s^2}{s^2 + 8} + \frac{1}{s} \right) = \lim\limits_{s \to \infty} \left(\frac{3}{1 + 8/s^2} + \frac{1}{s} \right) = 3$

   b) $f(0) = \lim\limits_{s \to \infty} s\left(\frac{1}{s(s-1)} + \frac{1}{s+4} \right) = \lim\limits_{s \to \infty} \left(\frac{1}{s-1} + \frac{s}{s+4} \right) =$

   $$= \lim\limits_{s \to \infty} \left(\frac{1}{s-1} + \frac{1}{1 + 4/s} \right) = 1$$

15) a) $f(\infty) = \lim\limits_{s \to 0} s\left(\frac{1}{s(s+4)} \right) = \lim\limits_{s \to 0} \left(\frac{1}{s+4} \right) = \frac{1}{4}$

   b) $f(\infty) = \lim\limits_{s \to 0} s\left(\frac{e^s - s - 1}{s^2} \right) = \lim\limits_{s \to 0} \left(\frac{e^s - s - 1}{s} \right) \to \frac{0}{0}$ (unbestimmter Ausdruck)

   Nach der *Grenzwertregel von Bernoulli-de L'Hospital* folgt weiter:

   $$f(\infty) = \lim\limits_{s \to 0} \frac{(e^s - s - 1)'}{(s)'} = \lim\limits_{s \to 0} \left(\frac{e^s - 1}{1} \right) = \lim\limits_{s \to 0} (e^s - 1) = 1 - 1 = 0$$

Abschnitt 3

1) a) $F(s) = \frac{1}{1 - e^{-\frac{\pi s}{\omega}}} \cdot \int\limits_0^{\pi/\omega} \sin^2(\omega t) \cdot e^{-st}\,dt =$

   $$= \frac{1}{1 - e^{-\frac{\pi}{\omega}s}} \left[\frac{\sin(\omega t)\,[-s \cdot \sin(\omega t) - 2\omega \cdot \cos(\omega t)] \cdot e^{-st}}{s^2 + 4\omega^2} - \frac{2\omega^2 \cdot e^{-st}}{s(s^2 + 4\omega^2)} \right]_0^{\pi/\omega} =$$

   $$= \frac{1}{1 - e^{-\frac{\pi}{\omega}s}} \left(-\frac{2\omega^2 \cdot e^{-\frac{\pi}{\omega}s}}{s(s^2 + 4\omega^2)} + \frac{2\omega^2}{s(s^2 + 4\omega^2)} \right) = \frac{2\omega^2\,(1 - e^{-\frac{\pi}{\omega}s})}{s(s^2 + 4\omega^2)\,(1 - e^{-\frac{\pi}{\omega}s})} =$$

   $$= \frac{2\omega^2}{s(s^2 + 4\omega^2)}$$

   (Integrale: 323 mit $n = 2$, $a = -s$, $b = \omega$ und 312 mit $a = -s$)

b) $\displaystyle F(s) = \frac{A}{1 - e^{-2as}} \cdot \int_0^a \sin\left(\frac{\pi}{a} t\right) \cdot e^{-st}\, dt =$

$\displaystyle = \frac{A a}{1 - e^{-2as}} \left[\frac{\left[-as \cdot \sin\left(\frac{\pi}{a} t\right) - \pi \cdot \cos\left(\frac{\pi}{a} t\right) \right] \cdot e^{-st}}{a^2 s^2 + \pi^2} \right]_0^a =$

$\displaystyle = \frac{A a}{\underbrace{(1 - e^{-2as})}_{\text{3. Binom}}} \cdot \frac{\pi \cdot e^{-as} + \pi}{a^2 s^2 + \pi^2} = \frac{A a \pi (1 + e^{-as})}{(a^2 s^2 + \pi^2)(1 + e^{-as})(1 - e^{-as})} =$

$\displaystyle = \frac{\pi a A}{(a^2 s^2 + \pi^2)(1 - e^{-as})}$ (Integral: 322 mit $a = -s$ und $b = \pi/a$)

Vorgenommene Umformung (3. Binom): $1 - e^{-2as} = (1 + e^{-as})(1 - e^{-as})$

2) $\displaystyle F(s) = \frac{A}{a(1 - e^{-as})} \cdot \int_0^a (a - t) \cdot e^{-st}\, dt = \frac{A}{a(1 - e^{-as})} \left[a \cdot \int_0^a e^{-st}\, dt - \int_0^a t \cdot e^{-st}\, dt \right] =$

$\displaystyle = \frac{A}{a(1 - e^{-as})} \left(a \left[\frac{e^{-st}}{-s} \right]_0^a + \left[\frac{(st + 1) \cdot e^{-st}}{s^2} \right]_0^a \right) =$

$\displaystyle = \frac{A}{a(1 - e^{-as})} \left(\frac{a(1 - e^{-as})}{s} + \frac{(as + 1) \cdot e^{-as} - 1}{s^2} \right) =$

$\displaystyle = \frac{A}{a(1 - e^{-as})} \cdot \frac{as - as \cdot e^{-as} + as \cdot e^{-as} + e^{-as} - 1}{s^2} =$

$\displaystyle = \frac{A(e^{-as} + as - 1)}{a s^2 (1 - e^{-as})}$ (Integrale: 312 und 313, jeweils mit $a = -s$)

Abschnitt 4

1) a) $\displaystyle \mathscr{L}^{-1}\left\{ \frac{1}{s - 8} \right\} = e^{8t}$ (Nr. 3 mit $a = 8$)

   b) $\displaystyle \mathscr{L}^{-1}\left\{ \frac{1}{s^4} \right\} = \frac{t^3}{6}$ (Nr. 16 mit $n = 4$)

   c) $\displaystyle \mathscr{L}^{-1}\left\{ \frac{3}{s^2 + 25} \right\} = 3 \cdot \mathscr{L}^{-1}\left\{ \frac{1}{s^2 + 5^2} \right\} = \frac{3}{5} \cdot \sin(5t)$ (Nr. 18 mit $a = 5$)

   d) $\displaystyle \mathscr{L}^{-1}\left\{ \frac{4s}{s^2 + 36} \right\} = 4 \cdot \mathscr{L}^{-1}\left\{ \frac{s}{s^2 + 6^2} \right\} = 4 \cdot \cos(6t)$ (Nr. 19 mit $a = 6$)

   e) $\displaystyle \mathscr{L}^{-1}\left\{ \frac{s - 4}{(s - 4)^2 + 4} \right\} = \mathscr{L}^{-1}\left\{ \frac{s - 4}{(s - 4)^2 + 2^2} \right\} = e^{4t} \cdot \cos(2t)$

   (Nr. 23 mit $a = 2$ und $b = 4$)

   f) $\displaystyle \mathscr{L}^{-1}\left\{ \frac{1}{s^2 + 25} - \frac{3s}{s^2 - 1} \right\} = \mathscr{L}^{-1}\left\{ \frac{1}{s^2 + 5^2} \right\} - 3 \cdot \mathscr{L}^{-1}\left\{ \frac{s}{s^2 - 1^2} \right\} =$

   $\displaystyle = \frac{1}{5} \cdot \sin(5t) - 3 \cdot \cosh t$ (Nr. 18 mit $a = 5$ und Nr. 25 mit $a = 1$)

2) a) Nennernullstellen: $s^2 + s - 2 = 0 \quad \Rightarrow \quad s_1 = 1; \ s_2 = -2$

   Ansatz: $\dfrac{5s + 1}{(s - 1)(s + 2)} = \dfrac{A}{s - 1} + \dfrac{B}{s + 2} = \dfrac{A(s + 2) + B(s - 1)}{(s - 1)(s + 2)} \quad \Rightarrow$

   $A(s + 2) + B(s - 1) = 5s + 1$

   Einsetzen der Werte $s = 1$ bzw. $s = -2$ liefert $A = 2$ und $B = 3$.

   $f(t) = \mathscr{L}^{-1}\left\{\dfrac{5s + 1}{s^2 + s - 2}\right\} = \mathscr{L}^{-1}\left\{\dfrac{2}{s - 1} + \dfrac{3}{s + 2}\right\} = 2 \cdot e^t + 3 \cdot e^{-2t}$

   (Nr. 3 mit $a = 1$ bzw. $a = -2$)

   b) $f(t) = \mathscr{L}^{-1}\left\{\dfrac{s + 2}{s^2 + 2s - 3}\right\} = \mathscr{L}^{-1}\left\{\dfrac{3}{4} \cdot \dfrac{1}{s - 1} + \dfrac{1}{4} \cdot \dfrac{1}{s + 3}\right\} =$

   $= \dfrac{3}{4} \cdot e^t + \dfrac{1}{4} \cdot e^{-3t}$ (Nr. 3 mit $a = 1$ bzw. $a = -3$)

   c) Nennernullstellen: $s^3 - s^2 - 8s + 12 = 0 \quad \Rightarrow \quad s_{1/2} = 2; \ s_3 = -3$

   Ansatz: $\dfrac{-2s^2 + 18s - 3}{(s - 2)^2 (s + 3)} = \dfrac{A}{s - 2} + \dfrac{B}{(s - 2)^2} + \dfrac{C}{s + 3} =$

   $= \dfrac{A(s - 2)(s + 3) + B(s + 3) + C(s - 2)^2}{(s - 2)^2 (s + 3)} \quad \Rightarrow$

   $A(s - 2)(s + 3) + B(s + 3) + C(s - 2)^2 = -2s^2 + 18s - 3$

   Einsetzen der Werte $2, -3$ bzw. 0 für die Variable s liefert $A = 1$, $B = 5$, $C = -3$.

   $f(t) = \mathscr{L}^{-1}\left\{\dfrac{-2s^2 + 18s - 3}{s^3 - s^2 - 8s + 12}\right\} = \mathscr{L}^{-1}\left\{\dfrac{1}{s - 2} + \dfrac{5}{(s - 2)^2} - \dfrac{3}{s + 3}\right\} =$

   $= e^{2t} + 5t \cdot e^{2t} - 3 \cdot e^{-3t}$ (Nr. 3 und Nr. 6 mit $a = 2$, Nr. 3 mit $a = -3$)

3) a) $\mathscr{L}^{-1}\left\{\dfrac{2}{s} - \dfrac{3}{s^2} + \dfrac{4}{s - 1}\right\} = 2 - 3t + 4 \cdot e^t$ (Nr. 2, Nr. 4 und Nr. 3 mit $a = 1$)

   b) $\mathscr{L}^{-1}\left\{\dfrac{1}{(s - 5)^3} + \dfrac{2s}{s^2 + 5^2} + \dfrac{5}{(s - 3)^2 + 1^2}\right\} =$

   $= \dfrac{1}{2} t^2 \cdot e^{5t} + 2 \cdot \cos(5t) + 5 \cdot e^{3t} \cdot \sin t$

   (Nr. 17 mit $n = 3$ und $a = 5$, Nr. 19 mit $a = 5$ und Nr. 22 mit $a = 1$ und $b = 3$)

Abschnitt 5

1) a) $3[s \cdot Y(s) - 0] + 2 \cdot Y(s) = \mathscr{L}\{t\} = \dfrac{1}{s^2}$ (Nr. 4) $\Rightarrow \quad Y(s) = \dfrac{1}{s^2(3s + 2)}$

   b) $[s^2 \cdot Y(s) - s \cdot 1 - 0] + 2[s \cdot Y(s) - 1] + Y(s) = \mathscr{L}\{\cos(2t)\} = \dfrac{s}{s^2 + 4}$

   (Nr. 19 mit $a = 2$) $\Rightarrow \quad Y(s) = \dfrac{s^3 + 2s^2 + 5s + 8}{(s + 1)^2(s^2 + 4)}$

2)   a) $[s \cdot Y(s) - 1] - Y(s) = \mathscr{L}\{e^t\} = \dfrac{1}{s-1}$ (Nr. 3 mit $a = 1$) $\Rightarrow$

$$Y(s) = \frac{s}{(s-1)^2}\,; \quad y(t) = \mathscr{L}^{-1}\{Y(s)\} = \mathscr{L}^{-1}\left\{\frac{s}{(s-1)^2}\right\} = (1+t)\cdot e^t$$

(Nr. 8 mit $a = 1$)

b) $[s \cdot Y(s) - 5] + 3 \cdot Y(s) = \mathscr{L}\{-\cos t\} = -\dfrac{s}{s^2+1}$ (Nr. 19 mit $a = 1$) $\Rightarrow$

$$Y(s) = \left(-\frac{s}{s^2+1}\right)\cdot\left(\frac{1}{s+3}\right) + \frac{5}{s+3} = F_1(s)\cdot F_2(s) + \frac{5}{s+3}$$

$$y(t) = \mathscr{L}^{-1}\{Y(s)\} = \mathscr{L}^{-1}\{F_1(s)\cdot F_2(s)\} + 5\cdot e^{-3t} \quad \text{(Nr. 3 mit } a = -3\text{)}$$

$\mathscr{L}^{-1}\{F_1(s)\cdot F_2(s)\}$ wird mit Hilfe des *Faltungssatzes* berechnet:

$$f_1(t) = \mathscr{L}^{-1}\left\{-\frac{s}{s^2+1}\right\} = -\cos t\,; \quad f_2(t) = \mathscr{L}^{-1}\left\{\frac{1}{s+3}\right\} = e^{-3t}$$

(Nr. 19 mit $a = 1$ und Nr. 3 mit $a = -3$)

$$\mathscr{L}^{-1}\{F_1(s)\cdot F_2(s)\} = f_1(t) * f_2(t) = \int\limits_0^t (-\cos u)\cdot e^{-3(t-u)}\, du =$$

$$= -e^{-3t}\cdot\int\limits_0^t \cos u\cdot e^{3u}\, du = -e^{-3t}\left[\frac{e^{3u}}{10}(3\cdot\cos u + \sin u)\right]_0^t =$$

$$= -0{,}3\cdot\cos t - 0{,}1\cdot\sin t + 0{,}3\cdot e^{-3t} \quad \text{(Integral: 324 mit } a = 3 \text{ und } b = 1\text{)}$$

Lösung: $y(t) = f_1(t) * f_2(t) + 5\cdot e^{-3t} = -0{,}3\cdot\cos t - 0{,}1\cdot\sin t + 5{,}3\cdot e^{-3t}$

c) $[s \cdot Y(s) - 0] - 5 \cdot Y(s) = \mathscr{L}\{2\cdot\cos t - \sin(3t)\} = \dfrac{2s}{s^2+1} - \dfrac{3}{s^2+9}$

(Nr. 19 mit $a = 1$ und Nr. 18 mit $a = 3$)

$$Y(s) = \left(\frac{s}{s^2+1}\right)\left(\frac{2}{s-5}\right) - \left(\frac{3}{s^2+9}\right)\left(\frac{1}{s-5}\right) = F_1(s)\cdot F_2(s) - F_3(s)\cdot F_4(s)$$

Bestimmung der Lösung $y(t) = \mathscr{L}^{-1}\{Y(s)\}$ mit Hilfe des *Faltungssatzes*:

$$f_1(t) = \mathscr{L}^{-1}\left\{\frac{s}{s^2+1}\right\} = \cos t\,; \quad f_2(t) = \mathscr{L}^{-1}\left\{\frac{2}{s-5}\right\} = 2\cdot e^{5t}\,;$$

$$f_3(t) = \mathscr{L}^{-1}\left\{\frac{3}{s^2+9}\right\} = \sin(3t)\,; \quad f_4(t) = \mathscr{L}^{-1}\left\{\frac{1}{s-5}\right\} = e^{5t}$$

(Nr. 19 mit $a = 1$, Nr. 18 mit $a = 3$ und Nr. 3 mit $a = 5$)

$$\mathscr{L}^{-1}\{F_1(s) \cdot F_2(s)\} = f_1(t) * f_2(t) = \int\limits_0^t \cos u \cdot 2 \cdot e^{5(t-u)}\, du =$$

$$= 2 \cdot e^{5t} \cdot \int\limits_0^t \cos u \cdot e^{-5u}\, du = 2 \cdot e^{5t}\left[\frac{e^{-5u}}{26}(-5 \cdot \cos u + \sin u)\right]_0^t =$$

$$= \frac{1}{13}(\sin t - 5 \cdot \cos t + 5 \cdot e^{5t}) \quad \text{(Integral: 324 mit } a = -5 \text{ und } b = 1)$$

$$\mathscr{L}^{-1}\{F_3(s) \cdot F_4(s)\} = f_3(t) * f_4(t) = \int\limits_0^t \sin(3u) \cdot e^{5(t-u)}\, du =$$

$$= e^{5t} \cdot \int\limits_0^t \sin(3u) \cdot e^{-5u}\, du = e^{5t}\left[\frac{e^{-5u}}{34}(-5 \cdot \sin(3t) - 3 \cdot \cos(3t))\right]_0^t =$$

$$= \frac{1}{34}(-5 \cdot \sin(3t) - 3 \cdot \cos(3t) + 3 \cdot e^{5t}) \quad \text{(Integral: 322 mit } a = -5 \text{ und } b = 3)$$

Lösung: $y(t) = f_1(t) * f_2(t) - f_3(t) * f_4(t) =$

$$= \frac{1}{13}(\sin t - 5 \cdot \cos t) + \frac{1}{34}(5 \cdot \sin(3t) + 3 \cdot \cos(3t)) + \frac{131}{442} \cdot e^{5t}$$

3)   a) $[s \cdot Y(s) - \alpha] - 3 \cdot Y(s) = \mathscr{L}\{4t \cdot e^t\} = \dfrac{4}{(s-1)^2}$ (Nr. 6 mit $a = 1$) $\Rightarrow$

$$Y(s) = \frac{4}{(s-1)^2(s-3)} + \frac{\alpha}{s-3} = -\frac{1}{s-1} - \frac{2}{(s-1)^2} + \frac{1+\alpha}{s-3}$$

(nach Partialbruchzerlegung des 1. Summanden, grau unterlegt)

$$y(t) = \mathscr{L}^{-1}\{Y(s)\} = -(1+2t) \cdot e^t + (1+\alpha) \cdot e^{3t}$$

(Nr. 3 mit $a = 1$, Nr. 6 mit $a = 1$ und Nr. 3 mit $a = 3$)

  b) $[s \cdot Y(s) - \alpha] - 4 \cdot Y(s) = \mathscr{L}\{5 \cdot \sin t\} = \dfrac{5}{s^2 + 1}$ (Nr. 18 mit $a = 1$) $\Rightarrow$

$$Y(s) = \left(\frac{1}{s^2+1}\right) \cdot \left(\frac{5}{s-4}\right) + \frac{\alpha}{s-4} = F_1(s) \cdot F_2(s) + \frac{\alpha}{s-4}$$

$$y(t) = \mathscr{L}^{-1}\{Y(s)\} = \mathscr{L}^{-1}\{F_1(s) \cdot F_2(s)\} + \alpha \cdot e^{4t} \quad \text{(Nr. 3 mit } a = 4)$$

$\mathscr{L}^{-1}\{F_1(s) \cdot F_2(s)\}$ wird mit Hilfe des *Faltungssatzes* berechnet:

$$f_1(t) = \mathscr{L}^{-1}\left\{\frac{1}{s^2+1}\right\} = \sin t; \quad f_2(t) = \mathscr{L}^{-1}\left\{\frac{5}{s-4}\right\} = 5 \cdot e^{4t}$$

(Nr. 18 mit $a = 1$ und Nr. 3 mit $a = 4$)

$$\mathscr{L}^{-1}\{F_1(s)\cdot F_2(s)\} = f_1(t) * f_2(t) = \int\limits_0^t \sin u \cdot 5 \cdot e^{4(t-u)}\, du =$$

$$= 5\cdot e^{4t}\cdot \int\limits_0^t \sin u\cdot e^{-4u}\, du = 5\cdot e^{4t}\left[\frac{e^{-4u}}{17}(-4\cdot\sin u - \cos u)\right]_0^t =$$

$$= \frac{5}{17}(-4\cdot\sin t - \cos t + e^{4t}) \quad (\text{Integral: 322 mit } a=-4 \text{ und } b=1)$$

Lösung: $y(t) = -\dfrac{5}{17}(4\cdot\sin t + \cos t) + \left(\dfrac{5}{17} + a\right)\cdot e^{4t}$

4) $[s\cdot Y(s) - y(0)] + 4\cdot Y(s) = \mathscr{L}\{t^3\} = \dfrac{6}{s^4}$ (Nr. 16 mit $n=4$) $\Rightarrow$

$$Y(s) = \left(\frac{6}{s^4}\right)\left(\frac{1}{s+4}\right) + \frac{y(0)}{s+4} = F_1(s)\cdot F_2(s) + \frac{y(0)}{s+4}$$

$$y(t) = \mathscr{L}^{-1}\{Y(s)\} = \mathscr{L}^{-1}\{F_1(s)\cdot F_2(s)\} + y(0)\cdot e^{-4t} \quad (\text{Nr. 3 mit } a=-4)$$

$\mathscr{L}^{-1}\{F_1(s)\cdot F_2(s)\}$ wird mit Hilfe des *Faltungssatzes* berechnet:

$$f_1(t) = \mathscr{L}^{-1}\left\{\frac{6}{s^4}\right\} = t^3;\quad f_2(t) = \mathscr{L}^{-1}\left\{\frac{1}{s+4}\right\} = e^{-4t}$$

(Nr. 16 mit $n=4$ und Nr. 3 mit $a=-4$)

$$\mathscr{L}^{-1}\{F_1(s)\cdot F_2(s)\} = f_1(t) * f_2(t) = \int\limits_0^t u^3\cdot e^{-4(t-u)}\, du = e^{-4t}\cdot\int\limits_0^t u^3\cdot e^{4u}\, du =$$

$$= e^{-4t}\left[\frac{u^3\cdot e^{4u}}{4} - \frac{3}{4}\cdot\frac{16u^2 - 8u + 2}{64}\cdot e^{4u}\right]_0^t =$$

$$= \frac{1}{128}(32\,t^3 - 24\,t^2 + 12\,t - 3 + 3\cdot e^{-4t})$$

(Integrale: 315 mit $n=3$, $a=4$ und 314 mit $a=4$)

Somit: $y(t) = \dfrac{1}{128}(32\,t^3 - 24\,t^2 + 12\,t - 3 + 3\cdot e^{-4t}) + y(0)\cdot e^{-4t}$

Berechnung des *Anfangswertes* $y(0)$: $y(1) = 2 \Rightarrow y(0) = 101{,}9215$

Lösung: $y(t) = \dfrac{1}{128}(32\,t^3 - 24\,t^2 + 12\,t - 3) + 101{,}9450\cdot e^{-4t}$

5)   a) $y' - 3y = 0 \Rightarrow y_0 = K\cdot e^{3t} \Rightarrow$ *Ansatz:* $y = K(t)\cdot e^{3t} \Rightarrow$

$$K'(t) = t\cdot e^{-2t} \Rightarrow K(t) = -\left(\frac{1}{2}t + \frac{1}{4}\right)\cdot e^{-2t} + C$$

(Integral: 313 mit $a=-2$)

$$y = -\left(\frac{1}{2}t + \frac{1}{4}\right)\cdot e^t + C\cdot e^{3t} \quad (\text{mit } C\in\mathbb{R})$$

Spezielle Lösung: $y = -\left(\dfrac{1}{2}t + \dfrac{1}{4}\right)\cdot e^t + \dfrac{5}{4}\cdot e^{3t}$

b) $y = y_0 + y_p = C \cdot e^{3t} + y_p$ (mit $C \in \mathbb{R}$)

Ansatz für y_p: $y_p = (At + B) \cdot e^t$ (*Begründung:* Das Störglied ist ein Produkt aus einer linearen Funktion und der e-Funktion)

Einsetzen in die inhomogene Dgl liefert: $-2At + (A - 2B) = t + 0$

Koeffizientenvergleich: $-2A = 1$ und $A - 2B = 0$ $\Rightarrow$ $A = -1/2$; $B = -1/4$

Allgemeine Lösung: $y = y_0 + y_p = C \cdot e^{3t} - \left(\dfrac{1}{2} t + \dfrac{1}{4} \right) \cdot e^t$

c) $[s \cdot Y(s) - 1] - 3 \cdot Y(s) = \mathscr{L}\{t \cdot e^t\} = \dfrac{1}{(s-1)^2}$ (Nr. 6 mit $a = 1$)

$Y(s) = \dfrac{1}{(s-3)(s-1)^2} + \dfrac{1}{s-3} = \dfrac{5}{4} \cdot \dfrac{1}{s-3} - \dfrac{1}{4} \cdot \dfrac{1}{s-1} - \dfrac{1}{2} \cdot \dfrac{1}{(s-1)^2}$

(nach Partialbruchzerlegung des 1. Summanden, grau unterlegt)

$y(t) = \mathscr{L}^{-1}\{Y(s)\} = \dfrac{5}{4} \cdot e^{3t} - \dfrac{1}{4} \cdot e^t - \dfrac{1}{2} t \cdot e^t = \dfrac{5}{4} \cdot e^{3t} - \left(\dfrac{1}{2} t + \dfrac{1}{4} \right) \cdot e^t$

(Nr. 3 mit $a = 3$ bzw. $a = 1$ und Nr. 6 mit $a = 1$)

6) a) $L[s \cdot I(s) - 0] + R \cdot I(s) = \mathscr{L}\{u_0\} = \dfrac{u_0}{s}$ (Nr. 2) $\Rightarrow$ $I(s) = \dfrac{u_0}{L} \cdot \dfrac{1}{s \left(s + \dfrac{R}{L} \right)}$

$i(t) = \mathscr{L}^{-1}\{I(s)\} = \dfrac{u_0}{R} \left(1 - e^{-\frac{R}{L}t} \right)$ (Nr. 5 mit $a = -R/L$)

b) $L[s \cdot I(s) - 0] + R \cdot I(s) = \mathscr{L}\{at\} = \dfrac{a}{s^2}$ (Nr. 4) $\Rightarrow$ $I(s) = \dfrac{a}{L} \cdot \dfrac{1}{s^2 \left(s + \dfrac{R}{L} \right)}$

$i(t) = \mathscr{L}^{-1}\{I(s)\} = \dfrac{aL}{R^2} \left(e^{-\frac{R}{L}t} + \dfrac{R}{L} t - 1 \right)$ (Nr. 11 mit $a = -R/L$)

7) $m[s \cdot V(s) - v_0] + k \cdot V(s) = \mathscr{L}\{F\} = \dfrac{F}{s}$ (Nr. 2) $\Rightarrow$

$V(s) = \dfrac{F}{m} \cdot \dfrac{1}{s \left(s + \dfrac{k}{m} \right)} + \dfrac{v_0}{s + \dfrac{k}{m}}$

$v(t) = \mathscr{L}^{-1}\{V(s)\} = \left(v_0 - \dfrac{F}{k} \right) \cdot e^{-\frac{k}{m}t} + \dfrac{F}{k}$

(Nr. 5 und Nr. 3, jeweils mit $a = -k/m$)

8) $[s \cdot I(s) - 0] + 20 \cdot I(s) = \mathscr{L}\{10 \cdot \sin(2t)\} = \dfrac{20}{s^2 + 4}$ (Nr. 18 mit $a = 2$) $\Rightarrow$

$I(s) = \left(\dfrac{2}{s^2 + 4} \right) \cdot \left(\dfrac{10}{s + 20} \right) = F_1(s) \cdot F_2(s)$

$i(t) = \mathscr{L}^{-1}\{I(s)\} = \mathscr{L}^{-1}\{F_1(s) \cdot F_2(s)\}$

$\mathscr{L}^{-1}\{F_1(s) \cdot F_2(s)\}$ wird mit Hilfe des *Faltungssatzes* berechnet:

$f_1(t) = \mathscr{L}^{-1}\left\{ \dfrac{2}{s^2 + 4} \right\} = \sin(2t)$; $f_2(t) = \mathscr{L}^{-1}\left\{ \dfrac{10}{s + 20} \right\} = 10 \cdot e^{-20t}$

(Nr. 18 mit $a = 2$ und Nr. 3 mit $a = -20$)

$$\mathscr{L}^{-1}\{F_1(s) \cdot F_2(s)\} = f_1(t) * f_2(t) = \int_0^t \sin(2u) \cdot 10 \cdot e^{-20(t-u)}\, du =$$

$$= 10 \cdot e^{-20t} \cdot \int_0^t \sin(2u) \cdot e^{20u}\, du = 10 \cdot e^{-20t} \left[\frac{e^{20u}}{404}(20 \cdot \sin(2u) - 2 \cdot \cos(2u))\right]_0^t =$$

$$= \frac{5}{101}(10 \cdot \sin(2t) - \cos(2t) + e^{-20t}) \quad \text{(Integral: 322 mit } a = 20 \text{ und } b = 2)$$

Lösung: $i(t) = f_1(t) * f_2(t) = \dfrac{5}{101}(10 \cdot \sin(2t) - \cos(2t) + e^{-20t})$

9) a) $[s^2 \cdot Y(s) - 2 \cdot s - 1] + 4 \cdot Y(s) = \mathscr{L}\{0\} = 0 \quad \Rightarrow$

$$Y(s) = \frac{2s+1}{s^2+4} = \frac{2s}{s^2+4} + \frac{1}{s^2+4}$$

Rücktransformation (Nr. 19 und Nr. 18 mit $a = 2$):

$$y(t) = \mathscr{L}^{-1}\{Y(s)\} = 2 \cdot \cos(2t) + \frac{1}{2} \cdot \sin(2t)$$

b) $[s^2 \cdot Y(s) - 0 \cdot s - 4] + 6[s \cdot Y(s) - 0] + 10 \cdot Y(s) = \mathscr{L}\{0\} = 0 \quad \Rightarrow$

$$Y(s) = \frac{4}{s^2+6s+10} = \frac{4}{(s-\alpha)(s-\beta)} \quad (\alpha = -3+\mathrm{j};\ \beta = -3-\mathrm{j})$$

Rücktransformation (Nr. 7 mit $a = \alpha$ und $b = \beta$):

$$y(t) = \mathscr{L}^{-1}\{Y(s)\} = 4 \cdot \frac{e^{\alpha t} - e^{\beta t}}{\alpha - \beta} = 4 \cdot e^{-3t} \cdot \frac{e^{\mathrm{j}t} - e^{-\mathrm{j}t}}{2\mathrm{j}} = 4 \cdot e^{-3t} \cdot \sin t$$

c) $[s^2 \cdot Y(s) - 0 \cdot s - 1] + [s \cdot Y(s) - 0] = \mathscr{L}\{e^{-2t}\} = \dfrac{1}{s+2} \quad$ (Nr. 3, $a = -2$)

$$Y(s) = \frac{1}{s(s+1)(s+2)} + \frac{1}{s(s+1)} = \frac{1}{2}\left(\frac{1}{s} - \frac{2}{s+1} + \frac{1}{s+2}\right) + \frac{1}{s(s+1)}$$

(nach Partialbruchzerlegung des 1. Summanden, grau unterlegt)

Rücktransformation (Nr. 2, Nr. 3 mit $a = -1$ bzw. $a = -2$ und Nr. 5 mit $a = -1$):

$$y(t) = \mathscr{L}^{-1}\{Y(s)\} = \frac{1}{2} \cdot e^{-2t} - 2 \cdot e^{-t} + \frac{3}{2}$$

d) $[s^2 \cdot Y(s) - 1 \cdot s - 0] + 2[s \cdot Y(s) - 1] - 3 \cdot Y(s) = \mathscr{L}\{2t\} = \dfrac{2}{s^2} \quad$ (Nr. 4)

$$Y(s) = \frac{s^3 + 2s^2 + 2}{s^2(s-1)(s+3)} = -\frac{4}{9} \cdot \frac{1}{s} - \frac{2}{3} \cdot \frac{1}{s^2} + \frac{5}{4} \cdot \frac{1}{s-1} + \frac{7}{36} \cdot \frac{1}{s+3}$$

(nach Partialbruchzerlegung)

Rücktransformation (Nr. 2, Nr. 4 und Nr. 3 mit $a = 1$ bzw. $a = -3$):

$$y(t) = \mathscr{L}^{-1}\{Y(s)\} = -\frac{4}{9} - \frac{2}{3} \cdot t + \frac{5}{4} \cdot e^t + \frac{7}{36} \cdot e^{-3t}$$

10) a) $[s^2 \cdot Y(s) - \alpha \cdot s - \beta] + 2[s \cdot Y(s) - \alpha] + Y(s) = \mathscr{L}\{t\} = \dfrac{1}{s^2}$ (Nr. 4)

$Y(s) = \dfrac{1}{s^2(s+1)^2} + \dfrac{\alpha \cdot s}{(s+1)^2} + \dfrac{2\alpha + \beta}{(s+1)^2} =$

$= -\dfrac{2}{s} + \dfrac{1}{s^2} + \dfrac{2}{s+1} + \dfrac{2\alpha + \beta + 1}{(s+1)^2} + \dfrac{\alpha \cdot s}{(s+1)^2}$

(nach Partialbruchzerlegung des 1. Summanden, grau unterlegt)

Rücktransformation (Nr. 2, Nr. 4 sowie Nr. 3, Nr. 6 und Nr. 8, jeweils mit $a = -1$):

$y(t) = \mathscr{L}^{-1}\{Y(s)\} =$

$= -2 + t + 2 \cdot e^{-t} + (2\alpha + \beta + 1) \cdot t \cdot e^{-t} + \alpha(1-t) \cdot e^{-t} =$

$= -2 + t + [(\alpha + \beta + 1)t + 2 + \alpha] \cdot e^{-t}$

b) $[s^2 \cdot Y(s) - \alpha \cdot s - \beta] - 2[s \cdot Y(s) - \alpha] - 8 \cdot Y(s) = \mathscr{L}\{e^{2t}\} = \dfrac{1}{s-2}$

(Nr. 3 mit $a = 2$)

$Y(s) = \dfrac{1}{(s-4)(s+2)(s-2)} + \dfrac{\alpha \cdot s}{(s-4)(s+2)} + \dfrac{\beta - 2\alpha}{(s-4)(s+2)} =$

$= \dfrac{1}{12} \cdot \dfrac{1}{s-4} + \dfrac{1}{24} \cdot \dfrac{1}{s+2} - \dfrac{1}{8} \cdot \dfrac{1}{s-2} + \dfrac{\alpha \cdot s}{(s-4)(s+2)} + \dfrac{\beta - 2\alpha}{(s-4)(s+2)}$

(nach Partialbruchzerlegung des 1. Summanden, grau unterlegt)

Rücktransformation (Nr. 3 mit $a = 4$ bzw. $a = -2$ bzw. $a = 2$, Nr. 9 und Nr. 7 jeweils mit $a = 4$ und $b = -2$):

$y(t) = \mathscr{L}^{-1}\{Y(s)\} = \dfrac{1}{12} \cdot e^{4t} + \dfrac{1}{24} \cdot e^{-2t} - \dfrac{1}{8} \cdot e^{2t} +$

$+ \alpha \cdot \dfrac{4 \cdot e^{4t} + 2 \cdot e^{-2t}}{6} + (\beta - 2\alpha) \cdot \dfrac{e^{4t} - e^{-2t}}{6} =$

$= \dfrac{1}{6}\left(\dfrac{1}{2} + 2\alpha + \beta\right) \cdot e^{4t} - \dfrac{1}{8} \cdot e^{2t} + \dfrac{1}{6}\left(\dfrac{1}{4} + 4\alpha - \beta\right) \cdot e^{-2t}$

11) a) $y'' + 2y' + y = 0 \;\Rightarrow\; \lambda^2 + 2\lambda + 1 = 0 \;\Rightarrow\; \lambda_{1/2} = -1 \;\Rightarrow$

$y_0 = (C_1 t + C_2) \cdot e^{-t}$; *Ansatz für* y_p: $y_p = At + B + C \cdot \sin t + D \cdot \cos t$

Einsetzen in die inhomogene Dgl, dann Koeffizientenvergleich:

$At + (2A + B) - 2D \cdot \sin t + 2C \cdot \cos t = t + \sin t \;\Rightarrow$

$A = 1, \;\; 2A + B = 0, \;\; -2D = 1, \;\; 2C = 0 \;\Rightarrow$

$A = 1, \;\; B = -2, \;\; C = 0, \;\; D = -\dfrac{1}{2}; \;\; y_p = t - 2 - \dfrac{1}{2} \cdot \cos t$

Allgemeine Lösung: $y = y_0 + y_p = (C_1 t + C_2) \cdot e^{-t} + t - 2 - \dfrac{1}{2} \cdot \cos t$

Spezielle Lösung: $y = \dfrac{1}{2}(5t + 7) \cdot e^{-t} + t - 2 - \dfrac{1}{2} \cdot \cos t$

b) $[s^2 \cdot Y(s) - 1 \cdot s - 0] + 2[s \cdot Y(s) - 1] + Y(s) = \mathscr{L}\{t + \sin t\} = \dfrac{1}{s^2} + \dfrac{1}{s^2 + 1}$

(Nr. 4 und Nr. 18 mit $a = 1$)

$$Y(s) = \dfrac{1}{s^2(s+1)^2} + \dfrac{1}{(s^2+1)(s+1)^2} + \dfrac{s}{(s+1)^2} + \dfrac{2}{(s+1)^2} =$$

$$= -\dfrac{2}{s} + \dfrac{1}{s^2} + \dfrac{5}{2} \cdot \dfrac{1}{s+1} + \dfrac{7}{2} \cdot \dfrac{1}{(s+1)^2} + \dfrac{s}{(s+1)^2} - \dfrac{1}{2} \cdot \dfrac{s}{s^2+1}$$

(nach Partialbruchzerlegung der ersten beiden Summanden, jeweils grau unterlegt)

Rücktransformation (Nr. 2 sowie Nr. 4 sowie Nr. 3, Nr. 6 und Nr. 8, jeweils mit $a = -1$ und Nr. 19 mit $a = 1$):

$$y(t) = \mathscr{L}^{-1}\{Y(s)\} = -2 + t + \dfrac{5}{2} \cdot e^{-t} + \dfrac{7}{2} t \cdot e^{-t} + (1 - t) \cdot e^{-t} - \dfrac{1}{2} \cdot \cos t =$$

$$= \dfrac{1}{2}(5t + 7) \cdot e^{-t} + t - 2 - \dfrac{1}{2} \cdot \cos t$$

12) a) $[s^2 \cdot X(s) - 0 \cdot s - v_0] + a^2 \cdot X(s) = \mathscr{L}\{0\} = 0 \;\Rightarrow\; X(s) = \dfrac{v_0}{s^2 + a^2}$

$x(t) = \mathscr{L}^{-1}\{X(s)\} = \dfrac{v_0}{a} \cdot \sin(at)$ (Nr. 18)

b) $[s^2 \cdot X(s) - 1 \cdot s + 2] + 4[s \cdot X(s) - 1] + 29 \cdot X(s) = \mathscr{L}\{0\} = 0$

$X(s) = \dfrac{s+2}{s^2 + 4s + 29} = \dfrac{s}{(s-\alpha)(s-\beta)} + \dfrac{2}{(s-\alpha)(s-\beta)}$

(mit $\alpha = -2 + 5j$ und $\beta = -2 - 5j$)

Rücktransformation (Nr. 7 und Nr. 9, jeweils mit $a = \alpha$ und $b = \beta$):

$$x(t) = \mathscr{L}^{-1}\{X(s)\} = \dfrac{\alpha \cdot e^{\alpha t} - \beta \cdot e^{\beta t}}{\alpha - \beta} + \dfrac{2(e^{\alpha t} - e^{\beta t})}{\alpha - \beta} =$$

$$= \dfrac{(2+\alpha) \cdot e^{\alpha t} - (2+\beta) \cdot e^{\beta t}}{\alpha - \beta} = e^{-2t}\left(\dfrac{e^{5jt} + e^{-5jt}}{2}\right) = e^{-2t} \cdot \cos(5t)$$

c) $[s^2 \cdot X(s) - 1 \cdot s + 1] + [s \cdot X(s) - 1] + 0{,}25 \cdot X(s) = \mathscr{L}\{0\} = 0 \;\Rightarrow$

$X(s) = \dfrac{s}{(s + 0{,}5)^2} \;\Rightarrow\; x(t) = \mathscr{L}^{-1}\{X(s)\} = (1 - 0{,}5\,t) \cdot e^{-0{,}5\,t}$

(Nr. 8 mit $a = -0{,}5$)

d) $[s^2 \cdot X(s) - 5s - 0] + 7[s \cdot X(s) - 5] + 12 \cdot X(s) = \mathscr{L}\{0\} = 0 \;\Rightarrow$

$X(s) = \dfrac{5s}{(s+3)(s+4)} + \dfrac{35}{(s+3)(s+4)} \;\Rightarrow$

$x(t) = \mathscr{L}^{-1}\{X(s)\} = 20 \cdot e^{-3t} - 15 \cdot e^{-4t}$

(Nr. 9 und Nr. 7, jeweils mit $a = -3$ und $b = -4$)

13) $\ddot{x} - 6{,}54\,x = 0\,;$ *Anfangswerte:* $x\,(0) = 0{,}75\,;\;\; \dot{x}\,(0) = 0$

$[\,s^2 \cdot X\,(s) - 0{,}75\,s - 0\,] - 6{,}54 \cdot X\,(s) = 0 \;\;\Rightarrow\;\; X\,(s) = \dfrac{0{,}75\,s}{s^2 - 6{,}54} = \dfrac{0{,}75\,s}{s^2 - 2{,}557^2}$

$x\,(t) = \mathscr{L}^{-1}\{X\,(s)\} = 0{,}75 \cdot \cosh\,(2{,}557\,t)$ (Nr. 25 mit $a = 2{,}557$)

Lösung: $x\,(t) = 0{,}75\,\mathrm{m} \cdot \cosh\,(2{,}557\,\mathrm{s}^{-1} \cdot t)$

14) $\ddot{x} + 83{,}33\,x = 0\,;$ *Anfangswerte:* $x\,(0) = 0\,;\;\; \dot{x}\,(0) = 0{,}5$

$[\,s^2 \cdot X\,(s) - 0 \cdot s - 0{,}5\,] + 83{,}33 \cdot X\,(s) = 0 \;\;\Rightarrow\;\; X\,(s) = \dfrac{0{,}5}{s^2 + 83{,}33} = \dfrac{0{,}5}{s^2 + 9{,}13^2}$

$x\,(t) = \mathscr{L}^{-1}\{X\,(s)\} = 0{,}055 \cdot \sin\,(9{,}13\,t)$ (Nr. 18 mit $a = 9{,}13$)

Lösung: $x\,(t) = 0{,}055\,\mathrm{m} \cdot \sin\,(9{,}13\,\mathrm{s}^{-1} \cdot t)$

15) a) $\ddot{\varphi} + \omega_0^2 \cdot \varphi = 0$ (mit $\omega_0^2 = g/l$); *Anfangswerte:* $\varphi\,(0),\; \dot{\varphi}\,(0)$

$[\,s^2 \cdot \phi\,(s) - \varphi(0) \cdot s - \varphi'\,(0)\,] + \omega_0^2 \cdot \phi\,(s) = \mathscr{L}\{0\} = 0$

$\phi\,(s) = \varphi\,(0) \cdot \dfrac{s}{s^2 + \omega_0^2} + \dot{\varphi}\,(0) \cdot \dfrac{1}{s^2 + \omega_0^2}$

Rücktransformation (Nr. 19 und Nr. 18, jeweils mit $a = \omega_0$):

$\varphi\,(t) = \mathscr{L}^{-1}\{\phi\,(s)\} = \varphi\,(0) \cdot \cos\,(\omega_0\,t) + \dfrac{\dot{\varphi}\,(0)}{\omega_0} \cdot \sin\,(\omega_0\,t)$

b) $\varphi\,(0) = \varphi_0,\;\; \dot{\varphi}\,(0) = 0 \;\;\Rightarrow\;\; \varphi(t) = \varphi_0 \cdot \cos\,(\omega_0\,t)$

16) $\ddot{x} + 16\,\dot{x} + 256\,x = 0\,;$ *Anfangswerte:* $x\,(0) = 0{,}2\,;\;\; \dot{x}\,(0) = 0$

$[\,s^2 \cdot X\,(s) - 0{,}2\,s - 0\,] + 16\,[\,s \cdot X\,(s) - 0{,}2\,] + 256 \cdot X\,(s) = \mathscr{L}\{0\} = 0 \;\;\Rightarrow$

$X\,(s) = \dfrac{0{,}2\,s + 3{,}2}{s^2 + 16\,s + 256} = \dfrac{0{,}2\,s}{(s - \alpha)\,(s - \beta)} + \dfrac{3{,}2}{(s - \alpha)\,(s - \beta)}$

(mit $\alpha = -8 + 8\sqrt{3}\,\mathrm{j}$ und $\beta = -8 - 8\sqrt{3}\,\mathrm{j}$)

Rücktransformation (Nr. 9 und Nr. 7, jeweils mit $a = \alpha$ und $b = \beta$):

$x\,(t) = \mathscr{L}^{-1}\{X\,(s)\} = 0{,}2 \cdot \dfrac{\alpha \cdot \mathrm{e}^{\alpha t} - \beta \cdot \mathrm{e}^{\beta t}}{\alpha - \beta} + 3{,}2 \cdot \dfrac{\mathrm{e}^{\alpha t} - \mathrm{e}^{\beta t}}{\alpha - \beta} =$

$= \dfrac{(0{,}2\,\alpha + 3{,}2) \cdot \mathrm{e}^{\alpha t} - (0{,}2\,\beta + 3{,}2) \cdot \mathrm{e}^{\beta t}}{\alpha - \beta} =$

$= \mathrm{e}^{-8t}\,(0{,}1155 \cdot \sin\,(8\sqrt{3}\,t) + 0{,}2 \cdot \cos\,(8\sqrt{3}\,t)$

Lösung: $x\,(t) = \mathrm{e}^{-8\,\mathrm{s}^{-1}\cdot t}\,[\,0{,}1155\,\mathrm{m} \cdot \sin\,(8\sqrt{3}\,\mathrm{s}^{-1} \cdot t) + 0{,}2\,\mathrm{m} \cdot \cos\,(8\sqrt{3}\,\mathrm{s}^{-1} \cdot t)\,]$

17) *Energielos* bedeutet: $i(0) = 0$ und $q(0) = \int\limits_{-\infty}^{0} i(\tau)\, d\tau = 0$ (stromlos und keine Ladungen zu Beginn). Somit gilt für $t \geq 0$:

$$R\, i + \frac{1}{C} \cdot \int\limits_{0}^{t} i(\tau)\, d\tau = u_0 \quad \Rightarrow \quad R \cdot I(s) + \frac{1}{C} \cdot \frac{I(s)}{s} = \mathscr{L}\{u_0\} = \frac{u_0}{s} \quad \text{(Nr. 2)} \quad \Rightarrow$$

$$I(s) = \frac{u_0}{R} \cdot \frac{1}{s + \dfrac{1}{RC}} \quad \Rightarrow \quad i(t) = \mathscr{L}^{-1}\{I(s)\} = \frac{u_0}{R} \cdot e^{-\frac{t}{RC}} \quad \text{(Nr. 3 mit } a = -1/RC)$$

18) $0{,}1 \cdot \dfrac{di}{dt} + 10\, i = 100$; *Anfangswert:* $i(0) = 0$

$$0{,}1\, [s \cdot I(s) - 0] + 10 \cdot I(s) = \mathscr{L}\{100\} = \frac{100}{s} \quad \text{(Nr. 2)} \quad \Rightarrow \quad I(s) = \frac{1000}{s\,(s + 100)}$$

$$i(t) = \mathscr{L}^{-1}\{I(s)\} = 10\,(1 - e^{-100\,t}) \quad \text{(Nr. 5 mit } a = -100)$$

Lösung: $i(t) = 10\,\text{A}\,(1 - e^{-100\,\text{s}^{-1}\cdot t})$

19) *Energielos* bedeutet: $i(0) = 0$ und $q(0) = \int\limits_{-\infty}^{0} i(\tau)\, d\tau = 0$ (stromlos und keine Ladungen zu Beginn). Die *Schwingungsgleichung* lautet somit für $t \geq 0$:

$$L \cdot \frac{di}{dt} + \frac{1}{C} \cdot \int\limits_{0}^{t} i(\tau)\, d\tau = u_0 \cdot \sin(\omega_0 t)$$

$$L\,[s \cdot I(s) - 0] + \frac{1}{C} \cdot \frac{I(s)}{s} = \mathscr{L}\{u_0 \cdot \sin(\omega_0 t)\} = \frac{u_0\, \omega_0}{s^2 + \omega_0^2} \quad \text{(Nr. 18 mit } a = \omega_0)$$

$$I(s) = \frac{u_0\, \omega_0}{L} \cdot \frac{s}{(s^2 + \omega_0^2)^2} \quad \left(\text{mit } \omega_0^2 = \frac{1}{LC}\right)$$

Rücktransformation (Nr. 30 mit $a = \omega_0$):

$$i(t) = \mathscr{L}^{-1}\{I(s)\} = \frac{u_0\, \omega_0}{L} \cdot \mathscr{L}^{-1}\left\{\frac{s}{(s^2 + \omega_0^2)^2}\right\} = \frac{u_0\, \omega_0}{L} \cdot \frac{t \cdot \sin(\omega_0 t)}{2\, \omega_0} =$$

$$= \frac{u_0}{2\, L} \cdot t \cdot \sin(\omega_0 t)$$

Literaturhinweise

Formelsammlungen

1. *Bronstein / Semendjajew:* Taschenbuch der Mathematik. Deutsch, Thun—Frankfurt/M..
2. *Papula:* Mathematische Formelsammlung für Ingenieure und Naturwissenschaftler. Vieweg + Teubner, Wiesbaden.

Aufgabensammlungen

1. *Minorski:* Aufgabensammlung der Höheren Mathematik. Vieweg, Braunschweig.
2. *Papula:* Mathematik für Ingenieure und Naturwissenschaftler, Klausur- und Übungsaufgaben. Vieweg + Teubner, Wiesbaden.
3. *Papula:* Mathematik für Ingenieure und Naturwissenschaftler, Anwendungsbeispiele. Vieweg + Teubner, Wiesbaden.

Weiterführende und ergänzende Literatur

1. *Ameling:* Laplace-Transformation. Vieweg, Braunschweig.
2. *Ayres:* Differentialgleichungen. Mc Graw-Hill, New York.
3. *Blatter:* Analysis (Bd. II und III). HTB. Springer, Berlin—Heidelberg—New York.
4. *Braun:* Differentialgleichungen und ihre Anwendungen. Springer, Berlin—Heidelberg—New York.
5. *Burg / Haf / Wille:* Höhere Mathematik für Ingenieure I, II, III. Vieweg + Teubner, Wiesbaden.
6. *Collatz:* Differentialgleichungen. Teubner, Stuttgart.
7. *Courant:* Vorlesungen über Differential- und Integralrechnung (Bd. II). Springer, Berlin—Heidelberg— New York.
8. *Dietrich / Stahl:* Matrizen und Determinanten. Deutsch, Thun—Frankfurt/M..
9. *Dirschmid:* Mathematische Grundlagen der Elektrotechnik. Vieweg, Braunschweig/Wiesbaden.
10. *Endl / Luh:* Analysis (Bd. I—III). Aula-Verlag, Wiesbaden.
11. *Fetzer / Fränkel:* Mathematik (Bd. II). VDI, Düsseldorf.
12. *Fischer / Lieb:* Funktionentheorie. Vieweg + Teubner, Wiesbaden.
13. *Föllinger:* Laplace-, Fourier- und z-Transformation. Hüthig, Heidelberg.
14. *Heuser:* Lehrbuch der Analysis, Teil 1 und 2. Vieweg + Teubner, Wiesbaden.
15. *Heuser:* Gewöhnliche Differentialgleichungen. Vieweg, Wiesbaden.
16. *Holbrook:* Laplace-Transformation. Vieweg, Braunschweig/Wiesbaden.
17. *Jänich:* Frunktionentheorie. Springer, Berlin—Heidelberg—New York.
18. *Jeffrey:* Mathematik für Naturwissenschaftler und Ingenieure (Bd. II). Verlag Chemie, Weinheim.
19. *Kamke:* Differentialgleichungen (Bd. I und II). Akademische Verlagsgesellschaft, Wiesbaden.
20. *Kamke:* Differentialgleichungen — Lösungsmethoden und Lösungen (Bd. I und II). Teubner, Stuttgart.
21. *Lipschutz:* Lineare Algebra. Mc Graw-Hill, New York.
22. *Madelung:* Die mathematischen Hilfsmittel des Physikers. Springer, Berlin—Heidelberg—New York.
23. *Margenau/Murphy:* Die Mathematik für Physik und Chemie (Bd. I und II). Deutsch. Thun—Frankfurt/M..
24. *Meyberg, Vachenauer:* Höhere Mathematik 1 + 2. Springer, Berlin—Heidelberg—New York.
25. *Smirnov:* Lehrgang der Höheren Mathematik (5 Bd.). Deutscher Verlag der Wissenschaften, Berlin.
26. *Weber / Ulrich:* Laplace-Transformation. Teubner, Wiesbaden.
27. *Zurmühl / Falk:* Matrizen und ihre technischen Anwendungen. Springer, Berlin—Heidelberg—New York.
28. *Zurmühl:* Praktische Mathematik für Ingenieure und Physiker. Springer, Berlin—Heidelberg—New York.

Sachwortverzeichnis

Printed by Wilco bv, the Netherlands